"十四五"时期国家重点出版物出版专项规划项目

极化成像与识别技术丛书

多极化矢量天线阵列

Diversely Polarized Vector-Antenna Arrays

徐友根　刘志文　著

国防工业出版社

·北京·

内容简介

本书系统阐述了多极化矢量天线阵列及其信号处理的新理论与新方法，主要包括波束优化设计与极化调控，极化波束方向图分集，多极化主动探测与感知，共点矢量天线稀疏阵列设计，非共点矢量天线阵列设计及其信号处理，宽带降秩与满秩处理，以及深度学习拟合与稀疏重构七个问题。

本书可供通信、雷达、导航、电子侦察、电子对抗等领域的广大技术人员学习和参考，也可作为高等院校、科研院所信号与信息处理、通信与信息系统等学科和专业的研究生教材或参考书。

图书在版编目（CIP）数据

多极化矢量天线阵列 / 徐友根，刘志文著. -- 北京：国防工业出版社，2025. 1. -- ISBN 978-7-118-13497-1

Ⅰ. TN820.1

中国国家版本馆 CIP 数据核字第 2024P072B3 号

※

国防工業出版社 出版发行

（北京市海淀区紫竹院南路 23 号　邮政编码 100048）

天津嘉恒印务有限公司印刷

新华书店经售

*

开本 710×1000　1/16　**印张** 39¼　**字数** 669 千字

2025 年 1 月第 1 版第 1 次印刷　**印数** 1—2000 册　**定价** 236.00 元

（本书如有印装错误，我社负责调换）

国防书店：（010）88540777　　书店传真：（010）88540776

发行业务：（010）88540717　　发行传真：（010）88540762

极化成像与识别技术丛书

编审委员会

极化成像与识别技术丛书

编写委员会

丛书序

极化一词源自英文 Polarization，在光学领域称为偏振，在雷达领域则称为极化。光学偏振现象的发现可以追溯到 1669 年丹麦科学家巴托林通过方解石晶体产生的双折射现象。偏振之父马吕斯于 1808 年利用波动光学理论完美解释了双折射现象，并证明了极化是光的固有属性，而非来自晶体的影响。19 世纪 50 年代至 20 世纪初，学者们陆续提出 Stokes 矢量、Poincaré 球、Jones 矢量和 Mueller 矩阵等数学描述来刻画光的极化现象和特性。

相对于光学，雷达领域对极化的研究则较晚。20 世纪 40 年代，研究者发现：目标受到电磁波照射时会出现变极化效应，即散射波的极化状态相对于入射波会发生改变，二者存在着特定的映射变换关系，其与目标的姿态、尺寸、结构、材料等物理属性密切相关，因此目标可以视为一个极化变换器。人们发现，目标变极化效应所蕴含的丰富物理属性对提升雷达的目标检测、抗干扰、分类和识别等各方面的能力都具有很大潜力。经过半个多世纪的发展，雷达极化学已经成为雷达科学与技术领域的一个专门学科专业，发展方兴未艾，世界各国雷达科学家和工程师们对雷达极化信息的开发利用已经深入到电磁波辐射、传播、散射、接收与处理等雷达探测全过程，极化对电磁正演/反演、微波成像、目标检测与识别等领域的理论发展和技术进步都产生了深刻影响。

总的来看，在 80 余年的发展历程中，雷达极化学主要围绕雷达极化信息获取、目标与环境极化散射机理认知以及雷达极化信息处理与应用这三个方面交融发展、螺旋上升。20 世纪四五十年代，人们发展了雷达目标极化特性测量与表征、天线极化特性分析、目标最优极化等基础理论和方法，兴起了雷达极化研究的第一次高潮。六七十年代，在当时技术条件下，雷达极化测量的实现技术难度大且代价昂贵，目标极化散射机理难以被深刻揭示，相关理论研究成果难以得到有效验证，雷达极化研究经历了一个短暂的低潮期。进入 80 年代，随着微波器件与工艺水平、数字信号处理技术的进步，雷达极化测量技术和系统接连不断获得重大突破，例如，在气象探测方面，1978 年英国的 S 波段雷达和 1983 年美国的 NCAR/CP-2 雷达先后完成极化捷变改造；

在目标特性测量方面，1980 年美国研制成功极化捷变雷达，并于 1984 年又研制成功脉内极化捷变雷达；在对地观测方面，1985 年美国研制出世界上第一部机载极化合成孔径雷达（SAR）；等等。这一时期，雷达极化学理论与雷达系统充分结合、相互促进、共同进步，丰富和发展了雷达目标唯象学、极化滤波、极化目标分解等一大批经典的雷达极化信息处理理论，催生了雷达极化在气象探测、抗杂波和电磁干扰、目标分类识别及对地遥感等领域一批早期的技术验证与应用实践，让人们再次开始重视雷达极化信息的重要性和不可替代性，雷达极化学迎来了第二次发展高潮。20 世纪 90 年代以来，雷达极化学受到世界各发达国家的普遍重视和持续投入，雷达极化理论进一步深化，极化测量数据更加丰富多样，极化应用愈加广泛深入。进入 21 世纪后，雷达极化学呈现出加速发展态势，不断在对地观测、空间监视、气象探测等众多的民用和军用领域取得令人振奋的应用成果，呈现出新的蓬勃发展的热烈局面。

在极化雷达发展历程中，极化合成孔径雷达由于兼具极化解析与空间多维分辨能力，受到了各国政府与科技界的高度重视，几十年来机载/星载极化 SAR 系统如雨后春笋般不断涌现。国际上最早成功研制的实用化的极化 SAR 系统是 1985 年美国的 L 波段机载 AIRSAR 系统。之后典型的机载全极化 SAR 系统有美国的 UAVSAR、加拿大的 CONVAIR、德国的 ESAR 和 FSAR、法国的 RAMSES、丹麦的 EMISAR、日本的 PISAR 等。星载系统方面，美国航天飞行于 1994 年搭载运行的 C 波段 SIR-C 系统是世界上第一部星载全极化 SAR。2006 年和 2007 年，日本的 ALOS/PALSAR 卫星和加拿大的 RADARSAT-2 卫星相继发射成功。近些年来，多部星载多/全极化 SAR 系统已在轨运行，包括日本的 ALOS-2/PALSAR-2、阿根廷的 SAOCOM-1A、加拿大的 RCM、意大利的 CSG-2 等。

1987 年，中国科学院电子所研制了我国第一部多极化机载 SAR 系统。近年来，在国家相关部门重大科研计划的支持下，中国科学院电子所、中国电子科技集团、中国航天科技集团、中国航天科工集团等单位研制的机载极化 SAR 系统覆盖了 P 波段到毫米波段。2016 年 8 月，我国首颗全极化 C 波段 SAR 卫星高分三号成功发射运行，之后高分三号 02 星和 03 星分别于 2021 年 11 月和 2022 年 4 月成功发射，实现多星协同观测。2022 年 1 月和 2 月，我国成功发射了两颗 L 波段 SAR 卫星——陆地探测一号 01 组 A 星和 B 星，二者均具备全极化模式，将组成双星编队服务于地质灾害监测、土地调查、地震评估、防灾减灾、基础测绘、林业调查等领域。这些系统的成功运行标志着我国在极化 SAR 系统研制方面达到了国际先进水平。总体上，我国在极化成像雷达与应用方面的研究工作虽然起步较晚，但在国家相关部门的大力支持下，在雷达极化测量的基础理论、测量体制、信号与数据处理等方面取得了不少的创新性成果，研究水平取得了长足进步。

目前，极化成像雷达在地物分类、森林生物量估计、地表高程测量、城区信息提取、海洋参数反演以及防空反导、精确打击等诸多领域中已得到广泛应用，而目标识别是其中最受关注的核心关键技术。在深刻理解雷达目标极化散射机理的基础上，将极化技术与宽带/超宽带、多维阵列、多发多收等技术相结合，通过极化信息与空、时、频等维度信息的充分融合，能够为提升成像雷达的探测识别与抗干扰能力提供崭新的技术途径，有望从根本上解决复杂电磁环境下雷达目标识别问题。一直以来，由于目标、自然环境及电磁环境的持续加速深刻演变，高价值目标识别始终被认为是雷达探测领域“永不过时”的前沿技术难题。因此，出版一套完善严谨的极化、成像与识别的学术著作对于开拓国内学术视野、推动前沿技术发展、指导相关实践工作具有重要意义。

为及时总结我国在该领域科研人员的创新成果，同时为未来发展指明方向，我们结合长期的极化成像与识别基础理论、关键技术以及创新应用的研究实践，以近年国家“863”、“973”、国家自然科学基金、国家科技支撑计划等项目成果为基础，组织全国雷达极化领域的同行专家一起编写了这套“极化成像与识别技术”丛书，以期进一步推动我国雷达技术的快速发展。本丛书共 24 分册，分为 3 个专题。

(一) 极化专题。着重介绍雷达极化的数学表征、极化特性分析、极化精密测量、极化检测与极化抗干扰等方面的基础理论和关键技术，共包括 10 个分册。

(1)《瞬态极化雷达理论、技术及应用》瞄准极化雷达技术发展前沿，系统介绍了我国首创的瞬态极化雷达理论与技术，主要内容包括瞬态极化概念及其表征体系、人造目标瞬态极化特性、多极化雷达波形设计、极化域变焦超分辨、极化滤波、特征提取与识别等一大批自主创新研究成果，揭示了电磁波与雷达目标的瞬态极化响应特性，阐述了瞬态极化响应的测量技术，并结合典型场景给出了瞬态极化理论在超分辨、抗干扰、目标精细特征提取与识别等方面的创新应用案例，可为极化雷达在微波遥感、气象探测、防空反导、精确制导等诸多领域中的应用提供理论指导和技术支撑。

(2)《雷达极化信号处理技术》系统地介绍了极化雷达信号处理的基础理论、关键技术与典型应用，涵盖电磁波极化及其数学表征、动态目标宽/窄带极化特性、典型极化雷达测量与处理、目标信号极化检测、极化雷达抗噪声压制干扰、转发式假目标极化识别以及极化雷达单脉冲测角与干扰抑制等内容，可为极化雷达系统的设计、研制和极化信息的处理与利用提供有益参考。

(3)《多极化矢量天线阵列》深入讨论了多极化天线波束方向图优化与自适应干扰抑制，基于方向图分集的波形方向图综合、单通道及相干信号处理，多极化主动感知，稀疏阵型设计及宽带测角等问题，是一本理论性较强的专著，对于阵列雷达的设计和信号处理具有很好的参考价值。

(4)《目标极化散射特性表征、建模与测量》介绍了雷达目标极化散射的电磁理论基础、典型结构和材料的极化散射表征方式、目标极化散射特性数值建模方法和测量技术，给出了多种典型目标的极化特性曲线、图表和数据，对于极化特征提取和目标识别系统的设计与研制具有基础支撑作用。

(5)《飞机尾流雷达探测与特征反演》介绍了飞机尾流这类特殊的分布式软目标的电磁散射特性与雷达探测技术，系统揭示了飞机尾流的动力学特征与雷达散射机理之间的内在联系，深入分析了飞机尾流的雷达可探测性，提出了一些典型气象条件下的飞机尾流特征参数反演方法，对推进我国军民航空管制以及舰载机安全起降等应用领域的技术进步具有较大的参考价值。

(6)《雷达极化精密测量》系统阐述了极化雷达测量这一基础性关键技术，分析了极化雷达系统误差机理，提出了误差模型与补偿算法，重点讨论了极化雷达波形设计、无人机协飞的雷达极化校准技术、动态有源雷达极化校准等精密测量技术，为极化雷达在空间监视、防空反导、气象探测等领域的应用提供理论指导和关键技术支撑。

(7)《极化单脉冲导引头多点源干扰对抗技术》面向复杂多点源干扰条件下的雷达导引头抗干扰需求，基于极化单脉冲雷达体制，围绕极化导引头系统构架设计、多点源干扰多域特性分析、多点源干扰多域抑制与抗干扰后精确测角算法等方面进行系统阐述。

(8)《相控阵雷达极化与波束联合控制技术》面向相控阵雷达的极化信息精确获取需求，深入阐述了相控阵雷达所特有的极化测量误差形成机理、极化校准方法以及极化波束形成技术，旨在实现极化信息获取与相控阵体制的有效兼容，为相关领域的技术创新与扩展应用提供指导。

(9)《极化雷达低空目标检测理论与应用》介绍了极化雷达低空目标检测面临的杂波与多径散射特性及其建模方法、目标回波特性及其建模方法、极化雷达抗杂波和抗多径散射检测方法及这些方法在实际工程中的应用效果。

(10)《偏振探测基础与目标偏振特性》是一本光学偏振方面理论技术和应用兼顾的专著。首先介绍了光的偏振现象及基本概念；其次在目标偏振反射/辐射理论的基础上，较为系统地介绍了目标偏振特性建模方法及经典模型、偏振特性测量方法与技术手段、典型目标的偏振特性数据及分析处理；最后介绍了一些基于偏振特性的目标检测、识别、导航定位方面的应用实例。

（二）成像专题。着重介绍雷达成像及其与目标极化特性的结合，探讨雷达在探地、地表穿透、海洋监测等领域的成像理论技术与应用，共包括7个分册。

（1）《高分辨率穿透成像雷达技术》面向穿透表层的高分辨率雷达成像技术，系统讲述了表层穿透成像雷达的成像原理与信号处理方法。既涵盖了穿透成像的电磁原理、信号模型、聚焦成像等基本问题，又探讨了阵列设计、融合穿透成像等前沿问题，并辅以大量实测数据和处理实例。

（2）《极化SAR海洋应用的理论与方法》从极化SAR海洋成像机制出发，重点阐述了极化SAR的海浪、海洋内波、海冰、船只目标等海洋现象和海上目标的图像解译分析与信息提取方法，针对海洋动力过程和海上目标的极化SAR探测给出了较为系统和全面的论述。

（3）《超宽带雷达地表穿透成像探测》介绍利用超宽带雷达获取浅地表雷达图像实现埋设地雷和雷场的探测。重点论述了超宽带穿透成像、地雷目标检测与鉴别、雷场提取与标定等技术，并通过大量实测数据处理结果展现了超宽带地表穿透成像雷达重要的应用价值。

（4）《合成孔径雷达定位处理技术》在介绍SAR基本原理和定位模型基础上，按照SAR单图像定位、立体定位、干涉定位三种定位应用方向，系统论述了定位解算、误差分析、精化处理、性能评估等关键技术，并辅以大量实测数据处理实例。

（5）《极化合成孔径雷达多维度成像》介绍了利用极化雷达对人造目标进行三维成像的理论和方法，重点讨论了极化干涉成像、极化层析成像、复杂轨迹稀疏成像、大转角观测数据的子孔径划分、多子孔径多极化联合成像等新技术，对从事微波成像研究的学者和工程师有重要参考价值。

（6）《机载圆周合成孔径雷达成像处理》介绍的是基于机载平台的合成孔径雷达以圆周轨迹环绕目标进行探测成像的技术。论述了圆周合成孔径雷达的目标特性与成像机理，提出了机载非理想环境下的自聚焦成像方法，探究了其在目标检测与三维重构方面的应用，并结合团队开展的多次飞行试验，介绍了技术实现和试验验证的研究成果，对推动机载圆周合成孔径雷达系统的实用化有重要参考价值。

（7）《红外偏振成像探测信息处理及其应用》系统介绍了红外偏振成像探测的基本原理，以及红外偏振成像探测信息处理技术，包括基于红外偏振信息的图像增强、基于红外偏振信息的目标检测与识别等，对从事红外成像探测及目标识别技术研究的学者和工程师有重要参考价值。

（三）识别专题。着重介绍基于极化特性、高分辨距离像以及合成孔径雷达图像的雷达目标识别技术，主要包括雷达目标极化识别、雷达高分辨距离像识别、合成孔径雷达目标识别、目标识别评估理论与方法等，共包括7个分册。

（1）《雷达高分辨距离像目标识别》详细介绍了雷达高分辨距离像极化特征提取与识别和极化多维匹配识别方法，以及基于支持矢量数据描述算法的高分辨距离像目标识别的理论和方法。

（2）《合成孔径雷达目标检测》主要介绍了SAR图像目标检测的理论、算法及具体应用，对比了经典的恒虚警率检测器及当前备受关注的深度神经网络目标检测框架在SAR图像目标检测领域的基础理论、实现方法和典型应用，对其中涉及的杂波统计建模、斑点噪声抑制、目标检测与鉴别、少样本条件下目标检测等技术进行了深入的研究和系统的阐述。

（3）《极化合成孔径雷达信息处理》介绍了极化合成孔径雷达基本概念以及信息处理的数学原则与方法，重点对雷达目标极化散射特性和极化散射表征及其在目标检测分类中的应用进行了深入研究，并以对地观测为背景选择典型实例进行了具体分析。

（4）《高分辨率SAR图像海洋目标识别》以海洋目标检测与识别为主线，深入研究了高分辨率SAR图像相干斑抑制和图像分割等预处理技术，以及港口目标检测、船舶目标检测、分类与识别方法，并利用实测数据开展了翔实的实验验证。

（5）《极化SAR图像目标检测与分类》对极化SAR图像分类、目标检测与识别进行了全面深入的总结，包括极化SAR图像处理的基本知识以及作者近年来在该领域的研究成果，主要有目标分解、恒虚警检测、混合统计建模、超像素分割、卷积神经网络检测识别等。

（6）《极化雷达成像处理与目标特征提取》深入讨论了极化雷达成像体制、极化SAR目标检测、目标极化散射机理分析、目标分解与地物分类、全极化散射中心特征提取、参数估计及其性能分析等一系列关键技术问题。

（7）《雷达图像相干斑滤波》系统介绍了雷达图像相干斑滤波的理论和方法，重点讨论了单极化SAR、极化SAR、极化干涉SAR、视频SAR等多种体制下的雷达图像相干斑滤波研究进展和最新方法，并利用多种机载和星载SAR系统的实测数据开展了翔实的对比实验验证。最后，对该领域研究趋势进行了总结和展望。

本套丛书是国内在该领域首次按照雷达极化、成像与识别知识体系组织的高水平学术专著丛书，是众多高等院校、科研院所专家团队集体智慧的结晶，其中的很多成果已在我国空间目标监视、防空反导、精确制导、航天侦察与测绘等国家重大任务中获得了成功应用。因此，丛书内容具有很强的代表性、先进性和实用性，对本领域研究人员具有很高的参考价值。本套丛书的出版既是对以往研究成果的提炼与总结，我们更希望以此为新起点，与广大的同行们一道开启雷达极化技术与应用研究的新征程。

在丛书的撰写与出版过程中，我们得到了郭桂蓉、何友、吕跃广、吴一戎等二十多位业界权威专家以及国防工业出版社的精心指导、热情鼓励和大力支持，在此向他们一并表示衷心的感谢！

王雪松

2022 年 7 月

前言

随着信息技术，尤其是信号产生技术、阵列天线技术、多通道接收技术、数字信号处理技术，以及计算技术等的不断发展，极化信息获取与利用技术也已取得了长足的进步，在通信、雷达、导航、电子侦察、电子对抗、射电天文等诸多领域应用的可实现性日益加大，已有不少较为成功的实例。

多极化矢量天线阵列的天线单元具有极化多样性，可以对信号波场进行矢量合成或感应，是极化信息获取与利用的重要手段之一，也是空、时、频等域信息不足时阵列系统及其信号处理能力提升的重要措施之一。极化信息的引入与挖掘，同时也为阵列系统的收发设计、分集与优化提供了更多的自由度。

关于多极化矢量天线阵列及其信号处理的研究最早可以追溯到 20 世纪 60 年代，20 世纪八九十年代进入理论与方法研究的一个快速发展期，最近十余年的关注点开始逐渐转向技术与工程实现。

2013 年，我们出版了《极化敏感阵列信号处理》一书，对多极化短偶极子和小磁环天线阵列及其信号处理领域的相关研究及其成果进行了梳理和总结，也融入了我们始于 2001 年的相关研究所取得的一些进展。近十年来，在国家自然科学基金和军委科技委等有关项目的支持下，我们对多极化矢量天线阵列系统收发分集、阵型设计、信号处理及其应用等进行了更加系统深入的研究，本书正是这近十年来研究工作的一个小结。

本书共分为八章，主要讨论多极化矢量天线阵列系统收发分集、稀疏阵型设计以及信号处理方面的内容。

第 1 章主要讨论极化表征、天线方向图与极化、阵列信号模型，以及多极化阵列流形校正等问题，相关内容是后续各章讨论的铺垫和基础。

第 2 章主要讨论多极化矢量天线阵列收发方向性的设计与优化、收发极化调控，以及基于多极化矢量天线阵列统计最优自适应波束形成的干扰和噪声抑制问题。介绍了计算复杂度较低的基于极化分离的分维和降维极化波束方向图综合方法，最小功率/方差无衰减响应、极化置零最小功率/方差无失真响应、极化抽取最小功率/方差无失真响应、极化分解最小功率/方差无失真响应、极化分离最小功率/方差无失真响应等统计最优波束形成器设计准则及其自适应实现，以及波束形成中的极化聚焦预处理。

第3章主要讨论极化波束方向图分集问题，用于实现发射波形方向图综合，定向数字调制，单通道信号波达方向与极化参数估计，相干干扰抑制，以及近场非平面波信号源定位等。介绍了基于权矢量连续随机时变、主瓣宽度或旁瓣电平周期性重设、周期性加窗函数重设、周期性天线开关等的发射波形方向图综合方法；基于幅相软扰乱、方向图和频偏同时扰乱等的定向或定位数字调制；基于功率约束和不确定集约束的高容差性极化调制，以及基于天线开关函数优化设计的定向极化调制技术；基于周期性和非周期性极化波束方向图分集的单通道信号参数估计方法，基于“图平滑”的相干干扰抑制理论与方法，以及基于“极化旋转不变分集接收”的近场信号源定位理论与方法。

第4章主要讨论与多极化主动探测与感知相关的极化空时联合自适应处理、多极化目标检测以及目标散射矩阵估计三个重要的问题。介绍了极化分集空时自适应处理理论、方法及其样本矩阵求逆实现；杂波背景下需要辅助数据的Ⅰ型多极化正则检测方法和无需辅助数据的Ⅱ型多极化正则检测方法；高斯和复合高斯杂波背景下，基于收发极化优化设计的目标散射矩阵估计方法。

第5章主要讨论共点矢量天线稀疏阵列设计问题，以及相应的信号参数估计方法。介绍了二阶矢量天线间距直接约束稀疏线阵、面阵设计准则，四阶矢量天线间距直接约束稀疏线阵设计准则，以及二阶、四阶差和无洞矢量天线稀疏线阵设计准则，并通过计算机仿真和部分实测数据对相应的信号参数估计方法进行了验证。

第6章主要讨论非共点矢量天线阵列信号参数估计与极化波束方向图综合中的阵型优化问题。介绍了白噪声和色噪声背景下的部分校正非共点矢量天线阵型设计方法，以及相应的二阶、混合阶多极化旋转不变信号参数估计方法；基于混合整数规划的非共点矢量天线稀疏阵列极化波束方向图综合方法。

第7章主要讨论宽带多极化矢量天线阵列信号处理方法。介绍了时滞正交表示、导向对齐、核展开等宽带降秩理论，以及相应的基于波束扫描、正交投影、旋转不变等的信号波达方向估计方法；基于宽带降秩处理的信号波极化参数估计方法；宽带满秩处理理论，以及相应的波束形成与信号/干扰参数估计方法。

第8章主要讨论基于深度学习的非线性拟合和稀疏重构问题。介绍了基于卷积门控循环单元网络的信号波达方向估计方法，以及基于深度神经网络的稀疏重构新思路。

本书是在北京理工大学信号与图像处理研究所长期科研积累的基础上完成的，融入了沈雷、黄昱淋、史树理、悦亚星、赵康、胡科晓、陆颖、王立程、李昊、李明月等在北京理工大学攻读博士、硕士学位期间的主要研究成果，亦纳入了我们在多极化统计最优自适应波束形成、极化波束方向图分集、极化聚焦处理、极化调制、深度学习稀疏重构等方面的一些最新的研究成果，在此衷心感谢所有相关老师和学生的辛勤付出与贡献。

同时也要感谢于江坤、赵羿硕、梁义、张思卿、张译文、吕旭宁、邴佳慧、冯珂、李昱、李子汉等在公式校对和图形绘制方面所做的大量工作。另外，在本书的撰写过程中，还得到了国防科技大学李永祯和康亚瑜两位老师，以及国防工业出版社编辑的极大支持与帮助，在此也一并表示衷心的感谢。

由于相关领域发展迅速，应用广泛，加之作者水平有限，书中难免有不足、不当甚至谬误之处，敬请读者批评指正。

著者

2024 年 4 月 10 日于北京理工大学

常用符号

符号	说　明
j	$\sqrt{-1}$
E	数学期望
$(\cdot)^*$	复共轭
Re	实部，下标为 $\Re$
Im	虚部，下标为 $\Im$
ω_0	信号中心频率
λ	信号波长
$*$	线性卷积积分
θ_m	第 m 个入射信号的俯仰角/z 轴锥角
ϕ_m	第 m 个入射信号的方位角
ϑ_m	第 m 个入射信号的 x 轴锥角
ψ_m	第 m 个入射信号的 y 轴锥角
M	待处理信号数
L	矢量天线数
$\boldsymbol{b}_{\mathrm{p}}(\theta,\phi)$	信号波传播矢量
$\boldsymbol{b}_{\mathbf{H}}(\phi)$	水平极化基矢量
$\boldsymbol{b}_{\mathbf{V}}(\theta,\phi)$	垂直极化基矢量
$(\cdot)_{\mathbf{H}}$	与水平极化有关的量
$(\cdot)_{\mathbf{V}}$	与垂直极化有关的量
$\boldsymbol{a}\times\boldsymbol{b}$	矢量 $\boldsymbol{a}$ 与矢量 $\boldsymbol{b}$ 的矢量叉积
$\boldsymbol{a}\cdot\boldsymbol{b}$	矢量 $\boldsymbol{a}$ 与矢量 $\boldsymbol{b}$ 的矢量点积
$a\times b$	数 a 乘以数 b，或 a 行 b 列
$a\cdot b$	数 a 乘以数 b
$\mathcal{Z}_0$	传输媒质的本征阻抗
γ_m	第 m 个入射信号波的极化辅角
η_m	第 m 个入射信号波的极化相位差
α_m	第 m 个入射信号波的极化倾角

续表

符号	说　明
β_m	第 m 个入射信号波的极化椭圆角
$\boldsymbol{p}_{\gamma_m,\eta_m}$	第 m 个入射信号波的极化矢量
$(\cdot)^{\mathrm{T}}$	转置
$(\cdot)^{\mathrm{H}}$	共轭转置
$\langle\cdot\rangle$	无限时间平均
$s_m(t)$	第 m 个信号
σ_m^2	第 m 个信号的功率
σ^2	噪声功率
DOP_m	第 m 个入射信号波的极化度
$\boldsymbol{x}(t)$	阵列输出矢量
$\boldsymbol{R}_{\boldsymbol{xx}}$	阵列输出协方差矩阵
$\tau_l(\theta_m,\phi_m)$	(θ_m,ϕ_m)方向的第 m 个入射信号波在第 l 个天线和参考点之间的传播时延，简记为 $\tau_{l,m}$
c	信号波传播速度
$\boldsymbol{b}_{\mathrm{iso}}(\theta,\phi,\gamma,\eta)$	矢量天线流形矢量
$\boldsymbol{b}_{\omega_0}(\theta,\phi,\gamma,\eta)$	矢量天线阵列流形矢量，简记为 $\boldsymbol{b}(\theta,\phi,\gamma,\eta)$，或者 $\boldsymbol{b}_{\omega_0,\theta,\phi,\gamma,\eta}$，抑或 $\boldsymbol{b}_{\theta,\phi,\gamma,\eta}$
$\boldsymbol{b}_{\mathrm{iso}\text{-}\mathbf{H},\omega_0}(\theta,\phi)$	矢量天线水平极化流形矢量，简记为 $\boldsymbol{b}_{\mathrm{iso}\text{-}\mathbf{H}}(\theta,\phi)$
$\boldsymbol{b}_{\mathrm{iso}\text{-}\mathbf{V},\omega_0}(\theta,\phi)$	矢量天线垂直极化流形矢量，简记为 $\boldsymbol{b}_{\mathrm{iso}\text{-}\mathbf{V}}(\theta,\phi)$
$\boldsymbol{a}_{\omega_0}(\theta,\phi)$	矢量天线阵列几何流形矢量，简记为 $\boldsymbol{a}(\theta,\phi)$，或者 $\boldsymbol{a}_{\omega_0,\theta,\phi}$，抑或 $\boldsymbol{a}_{\theta,\phi}$
$\boldsymbol{a}_{\mathbf{H},\omega_0}(\theta,\phi)$	矢量天线阵列水平极化流形矢量，简记为 $\boldsymbol{a}_{\mathbf{H}}(\theta,\phi)$，或者 $\boldsymbol{a}_{\mathbf{H},\theta,\phi}$
$\boldsymbol{a}_{\mathbf{V},\omega_0}(\theta,\phi)$	矢量天线阵列垂直极化流形矢量，简记为 $\boldsymbol{a}_{\mathbf{V}}(\theta,\phi)$，或者 $\boldsymbol{a}_{\mathbf{V},\theta,\phi}$
$\\|\cdot\\|_2$	2 范数。对于矩阵，也称 Frobenius 范数
$\vert\cdot\vert$	绝对值/模值
$\\|\cdot\\|_1$	1 范数
$\boldsymbol{w}$	波束方向图综合或波束形成权矢量
cum	四阶累积量
$\boldsymbol{o}_n$	$n\times1$ 维全零矢量，有时会略去维数下标
$\boldsymbol{\iota}_n$	$n\times1$ 维全 1 矢量，有时会略去维数下标
$\boldsymbol{I}_n$	$n\times n$ 维单位矩阵，有时会略去维数下标

续表

符号	说　明
$\boldsymbol{\iota}_{n,m}$	$n \times n$ 维单位矩阵的第 m 列
$\boldsymbol{O}_{m \times n}$	$m \times n$ 维零矩阵
$\boldsymbol{O}_m$	$m \times m$ 维零矩阵，有时会略去维数下标
abs(·)	括号内矢量各个元素取绝对值
det	矩阵行列式
vec	矩阵矢量化算符：列矢量按顺序依次堆栈
rank	矩阵秩
tr	矩阵迹
diag(·)	对角矩阵，其对角线元素依次为括号内元素
blkdiag(·)	块对角矩阵，其对角线矩阵依次为括号内矩阵
$\in$	属于
$a \to b$	a 趋近于 b
∞	无穷大
span(·)	括号内矩阵的列矢量所张成的线性空间
$\odot$	Hadamard 积
$\otimes$	Kronecker 积
$\boxtimes$	Khari-Rao 积
$\boldsymbol{a} \propto \boldsymbol{b}$	矢量 $\boldsymbol{a}$ 与 $\boldsymbol{b}$ 成比例关系：$\boldsymbol{a}=k\boldsymbol{b}$，其中 k 为非零常数；有时也记作 $\boldsymbol{a} \parallel \boldsymbol{b}$
$\sqcup$	笛卡儿积
$\angle$	辐角主值，有时也记作“arg”
$\mu_{\min}$	矩阵的最小特征值，或矩阵束的最小广义特征值
$\mu_{\max}$	矩阵的最大特征值，或矩阵束的最大广义特征值
$\boldsymbol{\mu}_{\min}$	矩阵最小特征值所对应的特征矢量，或矩阵束最小广义特征值所对应的广义特征矢量
$\boldsymbol{\mu}_{\max}$	矩阵最大特征值所对应的特征矢量，或矩阵束最大广义特征值所对应的广义特征矢量
$\mathrm{J}_{\mathrm{Bessel},1,n}$	第一类 n 阶贝塞尔函数
$\mathcal{J}$	参数谱
max	最大值
min	最小值

续表

符号	说 明
$\mathbf{p}$	天线位置集
$\mathbf{d}^{(2)}(\mathbf{p})$	位置集$\mathbf{p}$的二阶差阵
$\mathbf{d}^{(4)}(\mathbf{p})$	位置集$\mathbf{p}$的四阶差阵
card	集合的势，有限集合的元素个数
round	四舍五入
P_{fa}	虚警概率
$\mathrm{Sa}(x)$	采样函数：$\mathrm{Sa}(x)=\frac{\sin x}{x}$

缩 略 语

简 写	英文全称	中文名称
ACM	Averaged Cyclic MUSIC	平均循环多重信号分类
AIRMS	Altered Iterative Reweighted Minimization Scheme	交替迭代重加权最小化方法
ANA	Augmented Nested Array	增广嵌套阵列
APCE	Averaged Polarization Control Error	平均极化控制误差
APCM	Adjacent Point Correlation Maximization	邻点相关最大化
B&B	Branch and Bound	分支定界算法
BASS-ALE	Broad-band Signal-Subspace Spatial-Spectrum	宽带信号子空间空间谱
BMSE	Bayesian Mean Squared Error	贝叶斯均方误差
BP	Band-Pass	带通
BW	Band Width	带宽
CACIS	Coprime Array with Compressed Interelement Spacing	阵元间距压缩互质阵列
CADiS	Coprime Array with Displaced Subarrays	子阵位移互质阵列
CNN	Convolutional Neural Network	卷积神经网络
CNN-GRU	Convolutional Gated Recurrent Unit	卷积门控循环单元
CNR	Clutter to Noise Ratio	杂噪比
COLD	Cocentered Orthogonal Loop and Dipole	共点正交磁环和偶极子
CP	Completely Polarized	完全极化
CPA	Coprime Array	互质阵列
CPI	Coherent Processing Interval	相干处理间隔
CRB	Cramer-Rao Lower Bound	克拉美-罗下界
CSM	Coherent Signal Subspace Method	相干信号子空间方法
CST-OP1	Type Ⅰ Conjugated Steered and Aligned Orthogonal Projection	Ⅰ型共轭导向对齐正交投影
DD	Direction Difference	方向差异
DL	Diagonal Loading	对角加载
DM-MPDR	Dual-Message Minimum Power Distortionless Response	双息最小功率无失真响应

续表

简　写	英文全称	中文名称
DOA	Direction of Arrival	波达方向
DOP	Degree of Polarization	极化度
DS-NA	Difference-Sum Nested Array	差和嵌套阵列
ED	Effective Dimension	有效维数
EM	Expectation Maximization	期望最大
ESPRIT	Estimation of Signal Parameters via Rotational Invariance Technique	旋转不变信号参数估计技术
fDSH	Fourth-Order Difference-Sum Hole-Free	四阶差和无洞
FFT	Fast Fourier Transform	快速傅里叶变换
FIM	Fisher Information Matrix	Fisher 信息矩阵
fISC	Fourth-Order Direct Inter-Vector-Antenna Spacing Constraint	四阶矢量天线间距直接约束
FrDCA	Fractional Difference Co-array	分数差阵
FR-MP	Full-Rank Minimum Power	满秩最小功率
FR-MP~	Augmented Full-Rank Minimum Power	增广满秩最小功率
FR-MVDR	Full-Rank Minimum Variance Distortionless Response	满秩最小方差无失真响应
FR-MVDR~	Augmented Full-Rank Minimum Variance Distortionless Response	增广满秩最小方差无失真响应
FT	Fourier Transform	傅里叶变换
FTFT	Finite Time Fourier Transform	有限时间傅里叶变换
GA	Genetic Algorithm	遗传算法
GCM	Generalized Cyclic MUSIC	广义循环多重信号分类
GPRD1	Generalized Type Ⅰ Multi-Polarization Regularized Detector	推广的Ⅰ型多极化正则检测器
GRU	Gated Recurrent Unit	门控循环单元
HT	Hilbert Transform	希尔伯特变换
IF	Improvement Factor	改善因子
IHT	Iterative Hard Thresholding	迭代硬阈值
INR	Interference to Noise Ratio	干噪比
IPC	Individual Power Constraint	单独功率约束
ISM	Incoherent Signal Subspace Method	非相干信号子空间方法

续表

简　写	英文全称	中文名称
KE-MP1	Type I Kernel Expansion based Minimum Power	Ⅰ型核展开最小功率
KE-MP1~	Augmented Type Ⅰ Kernel Expansion based Minimum Power	Ⅰ型增广核展开最小功率
KE-MP2	Type Ⅱ Kernel Expansion based Minimum Power	Ⅱ型核展开最小功率
KE-MP3	Type Ⅲ Kernel Expansion based Minimum Power	Ⅲ型核展开最小功率
KE-OP1	Type Ⅰ Kernel Expansion based Orthogonal Projection	Ⅰ型核展开正交投影
KE-OP1~	Augmented Type Ⅰ Kernel Expansion based Orthogonal Projection	Ⅰ型增广核展开正交投影
KE-OP2	Type Ⅱ Kernel Expansion based Orthogonal Projection	Ⅱ型核展开正交投影
KE-OP3	Type Ⅲ Kernel Expansion based Orthogonal Projection	Ⅲ型核展开正交投影
KE-OP3~	Augmented Type Ⅲ Kernel Expansion based Orthogonal Projection	Ⅲ型增广核展开正交投影
KE-SR	Kernel Expansion based Sparse Recovery	核展开稀疏重构
LCMP	Linearly Constrained Minimum Power	线性约束最小功率
LCMV	Linearly Constrained Minimum Variance	线性约束最小方差
LMMSE	Linear Minimum Mean Square Error	线性最小均方误差
LP	Low-Pass	低通
LS	Least Square	最小二乘
LTI	Linear Time Invariant	线性时不变
MIMO	Multiple Input-Multiple Output	多输入-多输出
MIP	Mixed Integer Programming	混合整数规划
MLR	Main Lobe Region	主瓣区域
MLW	Main Lobe Width	主瓣宽度
MP	Minimum Power	最小功率
MPAR	Minimum Power Attenuationless Response	最小功率无衰减响应
MPDR	Minimum Power Distortionless Response	最小功率无失真（无畸变）响应
mPRI	The Mixed-Order Multi-Polarization Rotational Invariance Technique	混合阶多极化旋转不变方法

续表

简　写	英文全称	中文名称
MRA	Minimum Redundancy Array	最小冗余阵列
MRT	Modified Rao Test	改进 Rao 检验
MSE	Mean Squared Error	均方误差
MUSIC	Multiple Signal Classification	多重信号分类
MVAR	Minimum Variance Attenuationless Response	最小方差无衰减响应
MVDR	Minimum Variance Distortionless Response	最小方差无失真（无畸变）响应
MVDR~	Augmented Minimum Variance Distortionless Response	增广最小方差无失真响应
NA	Nested Array	嵌套阵列
NC-MUSIC	Non-Circular Multiple Signal Classification	非圆多重信号分类
OPC	Overall Power Constraint	总体功率约束
OR-IP	Orthogonal Representation based Inverse Power	正交表示逆幂
OR-MP1	Rank-1 Orthogonal Representation based Minimum Power	秩-1 正交表示最小功率
OR-MP1~	Augmented Rank-1 Orthogonal Representation based Minimum Power	增广秩-1 正交表示最小功率
OR-MP2~	Augmented Rank-2 Orthogonal Representation based Minimum Power	增广秩-2 正交表示最小功率
OR-MPDR1	Rank-1 Orthogonal Representation based Minimum Power Distortionless Response	秩-1 正交表示最小功率无失真响应
OR-OP1	Rank-1 Orthogonal Representation based Orthogonal Projection	秩-1 正交表示正交投影
OR-OP2~	Augmented Rank-2 Orthogonal Representation based Orthogonal Projection	增广秩-2 正交表示正交投影
PAMF	Polarimetric Adaptive Matched Filter	多极化自适应匹配滤波器
PASD	Polarimetric Adaptive Subspace Detection	多极化自适应子空间检测
PCP	Polarization Control Pattern	极化控制方向图
PCRB	Posterior CRB	后验克拉美-罗下界
PD	Polarization Distance	极化距离
PD-MPDR	Polarization - Decomposition based Minimum Power Distortionless Response	极化分解最小功率无失真响应
PD-STAP	Polarization Diversity based Space - Time Adaptive Processing	基于极化分集的空时自适应处理

续表

简　写	英文全称	中文名称
PE-MPDR	Polarization-Extraction based Minimum Power Distortionless Response	极化抽取最小功率无失真响应
PE-MVDR	Polarization-Extraction based Minimum Variance Distortionless Response	极化抽取最小方差无失真响应
PE-SMI	Polarization - Extraction based Sample Matrix Inversion	极化抽取样本矩阵求逆
PF	Polarization Focusing	极化聚焦
PF-MVAR	Polarization Focusing based Minimum Variance Attenuationless Response	极化聚焦最小方差无衰减响应
PM	Polarization Modulation	极化调制
PMP	Polarization Match Pattern	极化匹配方向图
PMR	Multi-Polarization Multiple Receivers	多极化多接收机/通道
PN-MPDR	Polarization Nulling based Minimum Power Distortionless Response	极化置零最小功率无失真响应
PN-MVDR	Polarization Nulling based Minimum Variance Distortionless Response	极化置零最小方差无失真响应
PP	Partially Polarized	部分极化
PPD-OP	Periodic Polarized Beam-pattern Diversity based Single-Channel Multi-Snapshot Orthogonal Projection	周期性极化波束方向图分集单通道-多快拍正交投影
PPD-SR1	Periodic Polarized Beam-pattern Diversity based Single-Channel Single-Snapshot Sparse Recovery	周期性极化波束方向图分集单通道-单快拍稀疏重构
PPD-SR2	Periodic Polarized Beam-pattern Diversity based Single-Channel Multi-Snapshot Sparse Recovery	周期性极化波束方向图分集单通道-多快拍稀疏重构
PRD1	Type Ⅰ Polarimetric Regularized Detector	Ⅰ型多极化正则检测器
PRD2	Type Ⅱ Polarimetric Regularized Detector	Ⅱ型多极化正则检测器
PRF	Pulse Repetition Frequency	脉冲重复频率
PRMI	Polarized Reconstruction Matrix Inversion	多极化重构矩阵求逆
PRT	Polarimetric Rao Test	多极化 Rao 检验
PSD	Power Spectral Density	功率谱密度
PSMI	Polarized Sample Matrix Inversion	多极化样本矩阵求逆

续表

简　写	英文全称	中文名称
PS-MPDR	Polarization-Separation based Minimum Power Distortionless Response	极化分离最小功率无失真响应
PS-MVDR	Polarization-Separation based Minimum Variance Distortionless Response	极化分离最小方差无失真响应
PSR	Multi-Polarization Single Receiver	多极化单接收机/通道
PST-GLRT	Polarization-Space-Time Generalized Likelihood Ratio Test	极化空时广义似然比检验
PST-SMI	Polarization-Space-Time Sample Matrix Inversion	极化空时样本矩阵求逆
PX-EM	Parameter Expanded Expectation Maximization	参数扩展期望最大
QPSK	Quadrature Phase Shift Keying	四进制相移键控
RNN	Recurrent Neural Network	循环神经网络
SAFOE-NA	Sparse Array Extension with the Fourth-Order Difference Co-array Enhancement based on the Two Level Nested Array	四阶差阵增强嵌套阵列
SCNR	Signal to Clutter plus Noise Ratio	信杂噪比
SCR	Signal to Clutter Ratio	信杂比
sDSH	Second-Order Difference-Sum Hole-Free	二阶差和无洞
SINR	Signal to Interference plus Noise Ratio	信干噪比
SIRV	Spherically Invariant Random Vector	球不变随机矢量
sISC	Second-Order Direct Inter-Vector-Antenna Spacing Constraint	二阶矢量天线间距直接约束
sISC1	Type Ⅰ sISC Array based Subspace Method	Ⅰ型二阶矢量天线间距直接约束阵列子空间方法
sISC2	Type Ⅱ sISC Array based Subspace Method	Ⅱ型二阶矢量天线间距直接约束阵列子空间方法
sISC-MRA	The Nested sISC Minimum Redundancy Arrays	二阶矢量天线间距直接约束嵌套最小冗余阵列
SLL	Side Lobe Level	旁瓣电平
SLR	Side Lobe Region	旁瓣区域
SMI	Sample Matrix Inversion	样本矩阵求逆
SNR	Signal to Noise Ratio	信噪比
SOCP	Second-Order Cone Programming	二阶锥规划

续表

简　写	英文全称	中文名称
SPAMF	Specified Polarimetric Adaptive Matched Filter	指定极化自适应匹配滤波器
sPRI	Second - Order Multi - Polarization Rotational Invariance	二阶多极化旋转不变
SPST-GLRT	Specified Polarization-Space-Time Generalized Likelihood Ratio Test	指定极化空时广义似然比检验
STEP	Steered Effective Projection	导向对齐有效投影
ST-MP1~	Augmented Type Ⅰ Steered and Aligned Minimum Power	增广Ⅰ型导向对齐最小功率
ST-MP2~	Augmented Type Ⅱ Steered and Aligned Minimum Power	增广Ⅱ型导向对齐最小功率
STMV	Steered Minimum Variance	导向对齐最小方差
ST-OP1	Type Ⅰ Steered Orthogonal Projection	Ⅰ型导向对齐正交投影
ST-OP2	Type Ⅱ Steered Orthogonal Projection	Ⅱ型导向对齐正交投影
ST-RI	Steered Rotational Invariance	导向对齐旋转不变
SuperCART	Superresolution Compact Array Radiolocation Technology	超分辨紧凑阵列无线电定位技术
Super-NA	Super Nested Array	超级嵌套阵列
TL-NA	Two-Level Nested Array	两级嵌套阵列
TOPS	Test of Orthogonality of Projected Subspace	投影子空间正交性检验
TRT	Tunable Rao Test	可调 Rao 检验
VISR	Virtual Interference to Signal Ratio	虚拟干信比
WAPP	Wavevector-Aperture-Polarization Product	波矢-孔径-极化积
WAVES	Weighted Average of Signal Subspaces	信号子空间加权平均
W-CMSR	Wideband Covariance Matrix Sparse Representation	宽带协方差矩阵稀疏表示
WL	Widely Linear	宽线性
W-LASSO	Wideband Least Absolute Shrinkage and Selection Operator	宽带最小绝对收缩与选择算子
WLS	Weighted Least Square	加权最小二乘
W-SpSF	Wideband Sparse Spectrum Fitting	宽带稀疏谱拟合
s. t.	subject to	在…约束下
CN	Complex Normal	复正态/复高斯

目 录

第1章

基础及预备知识

本章主要介绍复解析信号的概念，信号波极化的表征，天线的收发方向图与极化，多极化阵列及矢量天线的定义，多极化矢量天线阵列信号模型，以及小型多极化阵列流形校正等，作为后续各章讨论的基础。

1.1 复解析信号表示及分析

考虑中心频率为ω_0的实带通信号$\xi(t)$，其复解析形式定义为[1]

$$\xi_{\text{analytic}}(t)=\xi(t)+\text{jHT}(\xi(t)) \tag{1.1}$$

式中：j为虚数单位，$\text{j}=\sqrt{-1}$；“HT”表示希尔伯特变换：

$$\text{HT}(\xi(t))=\xi(t)*\left(\frac{1}{\pi t}\right)=\int_{-\infty}^{\infty}\frac{\xi(t-\varsigma)}{\pi\varsigma}\text{d}\varsigma=\int_{-\infty}^{\infty}\frac{\xi(\varsigma)}{\pi(t-\varsigma)}\text{d}\varsigma \tag{1.2}$$

其中，“$*$”表示线性卷积积分。

根据式（1.2），对$\xi(t)$进行希尔伯特变换，又等效于将其通过一个线性时不变（LTI）系统的输出，该系统的单位冲激响应为$\frac{1}{\pi t}$，频率响应也即$\frac{1}{\pi t}$的傅里叶变换为$-\text{j}\,\text{sgn}(\omega)$，其中$\text{sgn}(\omega)$的定义为

$$\text{sgn}(\omega)=\begin{cases}1, & \omega>0\\ 0, & \omega=0\\ -1, & \omega<0\end{cases}$$

若$\xi(t)$为傅里叶变换存在的带通确定信号，则

$$\text{FT}(\xi_{\text{analytic}}(t))=\text{FT}(\xi(t))+\text{jFT}(\text{HT}(\xi(t)))=(1+\text{sgn}(\omega))\text{FT}(\xi(t))$$

式中：FT表示傅里叶变换。

若$\xi(t)$为宽平稳、零均值带通随机信号/过程，根据希尔伯特变换的性质，可以证明：

$$\underbrace{\text{FT}(E(\xi^*_{\text{analytic}}(t)\xi_{\text{analytic}}(t+\tau)))}_{\stackrel{\text{def}}{=}S_{\xi_{\text{analytic}}\xi_{\text{analytic}}}(\omega)}=2(1+\text{sgn}(\omega))\underbrace{\text{FT}(E(\xi^*(t)\xi(t+\tau)))}_{\stackrel{\text{def}}{=}S_{\xi\xi}(\omega)}$$

式中：E 表示数学期望；上标“ * ”表示复共轭；τ 为延迟；$S_{\xi_{\text{analytic}}\xi_{\text{analytic}}}(\omega)$ 和 $S_{\xi\xi}(\omega)$ 分别为 $\xi_{\text{analytic}}(t)$ 和 $\xi(t)$ 的功率谱密度（PSD）。

由此可见，$\xi_{\text{analytic}}(t)$ 亦为带通信号/随机过程，且仅具有右边谱支撑 $[\omega_L, \omega_H]$，其中，$0<\omega_L<\omega_H<\infty$。

很显然，$\xi(t)$ 为其复解析信号 $\xi_{\text{analytic}}(t)$ 的实部：

$$\xi(t)=\mathrm{Re}(\xi_{\text{analytic}}(t)) \tag{1.3}$$

式中：Re 表示实部。

复解析信号 $\xi_{\text{analytic}}(t)$ 又可以写成

$$\xi_{\text{analytic}}(t)=(\xi_{\mathrm{I}}(t)+\mathrm{j}\xi_{\mathrm{Q}}(t))\mathrm{e}^{\mathrm{j}\omega_0 t}=\underbrace{(a(t)\mathrm{e}^{\mathrm{j}\varphi(t)})}_{\stackrel{\text{def}}{=}\varepsilon(t)}\mathrm{e}^{\mathrm{j}\omega_0 t} \tag{1.4}$$

式中：ω_0 为 $\xi(t)$ 的中心频率；$\xi_{\mathrm{I}}(t)$ 和 $\xi_{\mathrm{Q}}(t)$ 分别为 $\xi(t)$ 的同相分量和正交分量：

$$\xi_{\mathrm{I}}(t)=\mathrm{HT}(\xi(t))\sin\omega_0 t+\xi(t)\cos\omega_0 t=a(t)\cos\varphi(t) \tag{1.5}$$

$$\xi_{\mathrm{Q}}(t)=\mathrm{HT}(\xi(t))\cos\omega_0 t-\xi(t)\sin\omega_0 t=a(t)\sin\varphi(t) \tag{1.6}$$

而 $\varepsilon(t)=a(t)\mathrm{e}^{\mathrm{j}\varphi(t)}$ 为 $\xi(t)$ 的复振幅，其中 $a(t)$ 和 $\varphi(t)$ 分别为 $\xi(t)$ 的振幅和相位：

$$a(t)=\sqrt{\xi_{\mathrm{I}}^2(t)+\xi_{\mathrm{Q}}^2(t)}\geqslant 0 \tag{1.7}$$

$$\varphi(t)=\arctan\left(\frac{\xi_{\mathrm{Q}}(t)}{\xi_{\mathrm{I}}(t)}\right)\in(-180°,180°] \tag{1.8}$$

根据式（1.3）和式（1.4），$\xi(t)$ 也可以写成如下准余弦形式：

$$\xi(t)=\mathrm{Re}(\varepsilon(t)\mathrm{e}^{\mathrm{j}\omega_0 t})=a(t)\cos(\omega_0 t+\varphi(t)) \tag{1.9}$$

需要注意的是，虽然 $\xi(t)$ 形如一幅相调制信号，但其本身可为任意信号/随机过程。若 $\xi(t)$ 本身即为一幅相调制信号，比如

$$\xi(t)=\acute{a}(t)\cos(\omega_0 t+\acute{\varphi}(t)) \tag{1.10}$$

其中，$\acute{a}(t)$ 和 $\acute{\varphi}(t)$ 均为基带信号，$\xi(t)$ 的复振幅未必为 $\acute{\varepsilon}(t)=\acute{a}(t)\mathrm{e}^{\mathrm{j}\acute{\phi}(t)}$，尽管此时仍有

$$\xi(t)=\mathrm{Re}(\acute{a}(t)\mathrm{e}^{\mathrm{j}\acute{\phi}(t)}\mathrm{e}^{\mathrm{j}\omega_0 t})=\mathrm{Re}(\acute{\varepsilon}(t)\mathrm{e}^{\mathrm{j}\omega_0 t})$$

实际中如果 $\acute{a}(t)$ 和 $\acute{\varphi}(t)$ 的有效带宽远远小于 ω_0，则可用 $\acute{\varepsilon}(t)$ 近似表达 $\xi(t)$ 的复振幅 $\varepsilon(t)$，也即可用 $\acute{\varepsilon}(t)\mathrm{e}^{\mathrm{j}\omega_0 t}$ 近似表达 $\xi(t)$ 的复解析信号 $\xi_{\text{analytic}}(t)$。

将 $\xi(t)$ 通过某线性时不变系统进行带通滤波（图 1.1），其输出为

$$\zeta(t)=\xi(t)*h_{\mathrm{BP}}(t)=\int_{-\infty}^{\infty}\xi(t-\varsigma)h_{\mathrm{BP}}(\varsigma)\mathrm{d}\varsigma \tag{1.11}$$

式中：$h_{\mathrm{BP}}(t)$ 为此系统的单位冲激响应，其傅里叶变换为系统的频率响应 $H_{\mathrm{BP}}(\omega)$，满足 $H_{\mathrm{BP}}(-\omega)=H_{\mathrm{BP}}^*(\omega)$。

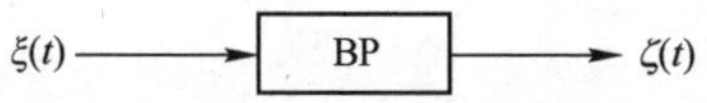

图 1.1　信号通过线性时不变系统进行带通滤波：BP 表示带通滤波

假设图 1.1 所示系统的频率响应 $H_{\mathrm{BP}}(\omega)$ 在 $[\omega_{\mathrm{L}},\omega_{\mathrm{H}}]$ 上近似不变，均为 $H_{\mathrm{BP}}(\omega_0)$，此时 $H_{\mathrm{BP}}(-\omega)$ 在 $[-\omega_{\mathrm{H}},-\omega_{\mathrm{L}}]$ 上也近似不变，均为 $H_{\mathrm{BP}}(-\omega_0)=H_{\mathrm{BP}}^*(\omega_0)$。

再注意到

$$\xi(t)=\frac{1}{2}(\xi_{\mathrm{analytic}}(t)+\xi_{\mathrm{analytic}}^*(t))=\frac{1}{2}(\varepsilon(t)\mathrm{e}^{\mathrm{j}\omega_0 t}+\varepsilon^*(t)\mathrm{e}^{-\mathrm{j}\omega_0 t}) \tag{1.12}$$

并且

$$\mathrm{FT}(\xi_{\mathrm{analytic}}^*(t))=\mathrm{FT}(\xi(t))-\mathrm{jFT}(\mathrm{HT}(\xi(t)))=(1-\mathrm{sgn}(\omega))\mathrm{FT}(\xi(t))$$

$$\underbrace{\mathrm{FT}(E(\xi_{\mathrm{analytic}}(t)\xi_{\mathrm{analytic}}^*(t+\tau)))}_{\overset{\mathrm{def}}{=}S_{\xi_{\mathrm{analytic}}^*\xi_{\mathrm{analytic}}^*}(\omega)}=S_{\xi_{\mathrm{analytic}}\xi_{\mathrm{analytic}}}^*(-\omega)$$

这意味着 $\xi_{\mathrm{analytic}}^*(t)$ 仅具有左边谱支撑 $[-\omega_{\mathrm{H}},-\omega_{\mathrm{L}}]$，中心频率为 $-\omega_0$。

于是有

$$\begin{aligned}\zeta(t)&=\frac{1}{2}(H_{\mathrm{BP}}(\omega_0)\xi_{\mathrm{analytic}}(t)+H_{\mathrm{BP}}(-\omega_0)\xi_{\mathrm{analytic}}^*(t))\\&=\mathrm{Re}(H_{\mathrm{BP}}(\omega_0)\xi_{\mathrm{analytic}}(t))\end{aligned}$$

也即

$$\zeta(t)=\mathrm{Re}(\varepsilon(t)\mathrm{e}^{\mathrm{j}\omega_0 t})*h_{\mathrm{BP}}(t)=\mathrm{Re}(H_{\mathrm{BP}}(\omega_0)\varepsilon(t)\mathrm{e}^{\mathrm{j}\omega_0 t}) \tag{1.13}$$

由于系统具有线性时不变响应，当其输入为 $\xi(t+\tau)$，输出存在相同的延时：

$$\zeta(t+\tau)=\mathrm{Re}(H_{\mathrm{BP}}(\omega_0)\xi_{\mathrm{analytic}}(t+\tau)) \tag{1.14}$$

如图 1.2 所示。

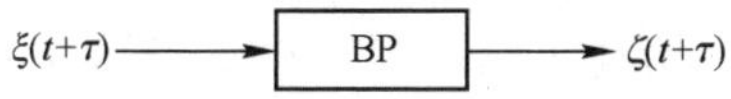

图 1.2　带通系统响应的线性时不变性

再注意到

$$\xi_{\mathrm{analytic}}(t+\tau)=\varepsilon(t+\tau)\mathrm{e}^{\mathrm{j}\omega_0(t+\tau)} \tag{1.15}$$

所以

$$\zeta(t+\tau)=\mathrm{Re}((H_{\mathrm{BP}}(\omega_0)\mathrm{e}^{\mathrm{j}\omega_0\tau})\varepsilon(t+\tau)\mathrm{e}^{\mathrm{j}\omega_0 t}) \tag{1.16}$$

根据式（1.16），$\zeta(t+\tau)$ 仍为带通信号，中心频率为 ω_0。下面考虑将其通过如图 1.3 所示的解调系统，并分析最终的基带输出。

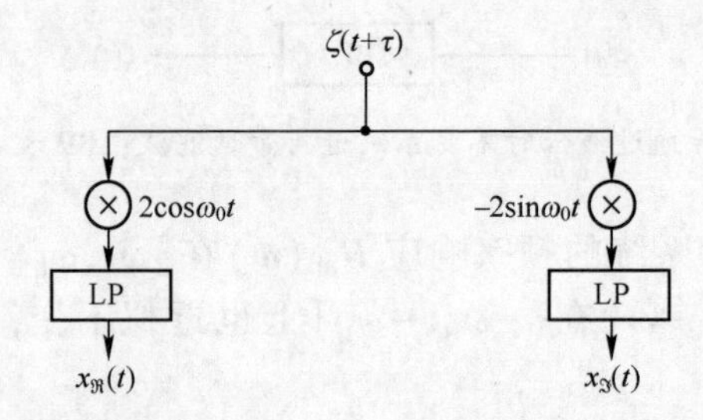

图 1.3 解调系统简单示意图：LP 表示低通滤波器，⊗表示乘法器

为书写方便，我们记 $H_{\mathrm{BP}}(\omega_0)\mathrm{e}^{\mathrm{j}\omega_0\tau}=b\mathrm{e}^{\mathrm{j}\beta}$，其中 b 和 β 分别为 $H_{\mathrm{BP}}(\omega_0)\mathrm{e}^{\mathrm{j}\omega_0\tau}$ 的模和辐角，这样

$$\zeta(t+\tau)=ba(t+\tau)\cos(\omega_0 t+\varphi(t+\tau)+\beta) \tag{1.17}$$

根据积化和差公式，可得

$$\begin{aligned}&2\zeta(t+\tau)\cos\omega_0 t=2ba(t+\tau)\cos(\omega_0 t+\varphi(t+\tau)+\beta)\cos\omega_0 t\\&=ba(t+\tau)\cos(2\omega_0 t+\varphi(t+\tau)+\beta)+ba(t+\tau)\cos(\varphi(t+\tau)+\beta)\end{aligned} \tag{1.18}$$

$$\begin{aligned}&-2\zeta(t+\tau)\sin\omega_0 t=-2ba(t+\tau)\cos(\omega_0 t+\varphi(t+\tau)+\beta)\sin\omega_0 t\\&=-ba(t+\tau)\sin(2\omega_0 t+\varphi(t+\tau)+\beta)+ba(t+\tau)\sin(\varphi(t+\tau)+\beta)\end{aligned} \tag{1.19}$$

式（1.18）和式（1.19）等号的右侧均包含高频和低频两项，其中低频项为

$$ba(t+\tau)\cos(\varphi(t+\tau)+\beta)=\mathrm{Re}(b\mathrm{e}^{\mathrm{j}\beta}\varepsilon(t+\tau)) \tag{1.20}$$

$$ba(t+\tau)\sin(\varphi(t+\tau)+\beta)=\mathrm{Im}(b\mathrm{e}^{\mathrm{j}\beta}\varepsilon(t+\tau)) \tag{1.21}$$

式中：Im 表示虚部。

记低通滤波器的频率响应为 $H_{\mathrm{LP}}(\omega)$，当高频和低频两部分在频域可分时，低通滤波后将只剩余低频项：

$$x_{\Re}(t)=\mathrm{Re}(H_{\mathrm{LP}}(0)b\mathrm{e}^{\mathrm{j}\beta}\varepsilon(t+\tau)) \tag{1.22}$$

$$\begin{aligned}x_{\Im}(t)&=\frac{1}{2\mathrm{j}}(H_{\mathrm{LP}}(0)b\mathrm{e}^{\mathrm{j}\beta}\varepsilon(t+\tau)-H_{\mathrm{LP}}^*(0)b^*\mathrm{e}^{-\mathrm{j}\beta}\varepsilon^*(t+\tau))\\&=\mathrm{Im}(H_{\mathrm{LP}}(0)b\mathrm{e}^{\mathrm{j}\beta}\varepsilon(t+\tau))\end{aligned} \tag{1.23}$$

所以 $\zeta(t+\tau)$ 通过图 1.3 所示解调系统后，将转化为下述复基带信号：

$$x(t)=x_{\Re}(t)+\mathrm{j}x_{\Im}(t)=H_{\mathrm{LP}}(0)H_{\mathrm{BP}}(\omega_0)\mathrm{e}^{\mathrm{j}\omega_0\tau}\varepsilon(t+\tau) \tag{1.24}$$

后面我们将会看到，本节所介绍的复解析信号概念，可使基于多极化矢量天线阵列的信号发射、接收以及处理等问题的分析与讨论更为方便。

1.2 信号波的极化

1.2.1 信号波电场矢量

考虑如图 1.4 所示的直角坐标系，并记 $\boldsymbol{b}_{\mathrm{s}}(\theta,\phi)$ 为指向远场信号源的单位矢量（这里称为信号源方向矢量），其反方向即为信号波的传播方向：

$$\boldsymbol{b}_{\mathrm{s}}(\theta,\phi)=[\sin\theta\cos\phi,\sin\theta\sin\phi,\cos\theta]^{\mathrm{T}}=-\boldsymbol{b}_{\mathrm{p}}(\theta,\phi) \tag{1.25}$$

式中：θ 和 ϕ 分别为信号（源）的俯仰角和方位角，且 $0°\leqslant\theta\leqslant180°$，$0°\leqslant\phi<360°$（或 $-180°<\phi\leqslant180°$）；上标“T”表示矢量/矩阵转置；$\boldsymbol{b}_{\mathrm{p}}(\theta,\phi)$ 称为信号波传播矢量。显然，信号波的传播方向可由 (θ,ϕ) 唯一确定，在阵列信号处理领域，(θ,ϕ) 通常专称为信号波达方向（DOA）。

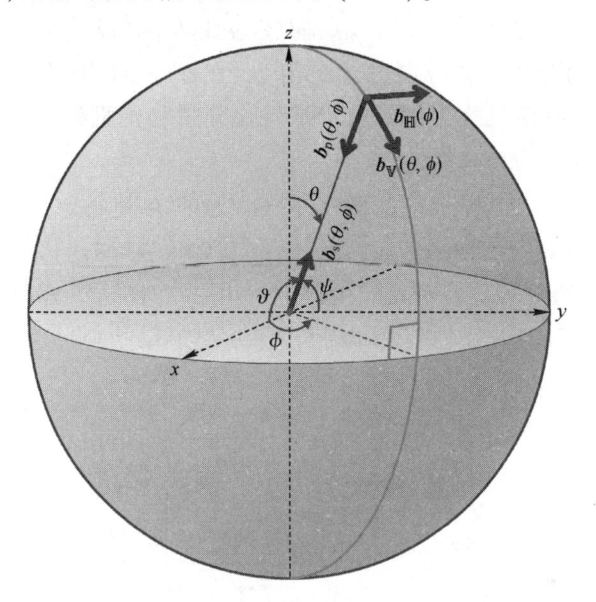

图 1.4　观测坐标系与信号波传播示意图

如果 $0°\leqslant\phi\leqslant180°$ 或 $180°\leqslant\phi\leqslant360°$，信号波的传播方向也可由 (θ,ϑ) 唯一确定，其中 ϑ 为信号源方向矢量与 x 轴正方向的夹角，又称为 x 轴锥角，其与 θ 和 ϕ 的关系如下：

$$\cos\vartheta=\sin\theta\cos\phi,\ 0°\leqslant\vartheta\leqslant180° \tag{1.26}$$

如果 $0°\leqslant\theta\leqslant90°$ 或 $90°\leqslant\theta\leqslant180°$，信号波的传播方向还可由 (ϑ,ψ) 唯一确定，其中 ψ 为信号源方向矢量与 y 轴正方向的夹角，又称为 y 轴锥角，其与 θ 和 ϕ 的关系如下：

$$\cos\psi=\sin\theta\sin\phi,\ 0°\leqslant\psi\leqslant180° \tag{1.27}$$

根据信号 x 轴锥角和 y 轴锥角的定义，$\boldsymbol{b}_{\mathrm{s}}(\theta,\phi)$ 又可写成

$$\boldsymbol{b}_{\mathrm{s}}(\theta,\phi)=[\cos\vartheta,\cos\psi,\cos\theta]^{\mathrm{T}}=\boldsymbol{b}_{\mathrm{s}}(\vartheta,\psi,\theta) \tag{1.28}$$

再令观测点处信号波的瞬时电场矢量为 $\boldsymbol{\xi}_{\mathrm{e}}(t)$，并假设信号波为横电磁波，也即 $\boldsymbol{\xi}_{\mathrm{e}}(t)$ 始终位于和矢量 $\boldsymbol{b}_{\mathrm{p}}(\theta,\phi)$ 垂直的二维极化平面内。

所以，$\boldsymbol{\xi}_{\mathrm{e}}(t)$ 可以写成[2]

$$\boldsymbol{\xi}_{\mathrm{e}}(t)=\xi_{\mathbf{H}}(t)\boldsymbol{b}_{\mathbf{H}}(\phi)+\xi_{\mathbf{V}}(t)\boldsymbol{b}_{\mathbf{V}}(\theta,\phi)+0\cdot\boldsymbol{b}_{\mathrm{p}}(\theta,\phi)$$
$$=\underbrace{[\boldsymbol{b}_{\mathbf{H}}(\phi),\boldsymbol{b}_{\mathbf{V}}(\theta,\phi)]}_{\stackrel{\mathrm{def}}{=}\boldsymbol{B}_{\mathrm{e}}(\theta,\phi)}\underbrace{[\xi_{\mathbf{H}}(t),\xi_{\mathbf{V}}(t)]^{\mathrm{T}}}_{\stackrel{\mathrm{def}}{=}\boldsymbol{\xi}_{\mathbf{H+V}}(t)} \tag{1.29}$$

式中：$\boldsymbol{b}_{\mathbf{H}}(\phi)$和$\boldsymbol{b}_{\mathbf{V}}(\theta,\phi)$为极化平面内的一对标准正交矢量，分别称为水平极化基矢量和垂直极化基矢量：

$$\boldsymbol{b}_{\mathbf{H}}(\phi)=[-\sin\phi,\cos\phi,0]^{\mathrm{T}} \tag{1.30}$$

$$\boldsymbol{b}_{\mathbf{V}}(\theta,\phi)=[\cos\theta\cos\phi,\cos\theta\sin\phi,-\sin\theta]^{\mathrm{T}} \tag{1.31}$$

而$\xi_{\mathbf{H}}(t)$和$\xi_{\mathbf{V}}(t)$分别为$\boldsymbol{\xi}_{\mathrm{e}}(t)$在$\boldsymbol{b}_{\mathbf{H}}(\phi)$和$\boldsymbol{b}_{\mathbf{V}}(\theta,\phi)$方向的投影，也即两个方向上的信号波形，有时也称为信号波水平极化分量和垂直极化分量，两者均是带通的，中心频率为ω_0：

$$\xi_{\mathbf{H}}(t)=\mathrm{Re}(\xi_{\mathbf{H},\mathrm{analytic}}(t))=a_{\mathbf{H}}(t)\cos(\omega_0 t+\varphi_{\mathbf{H}}(t)) \tag{1.32}$$

$$\xi_{\mathbf{V}}(t)=\mathrm{Re}(\xi_{\mathbf{V},\mathrm{analytic}}(t))=a_{\mathbf{V}}(t)\cos(\omega_0 t+\varphi_{\mathbf{V}}(t)) \tag{1.33}$$

其中，$a_{\mathbf{H}}(t)$和$\varphi_{\mathbf{H}}(t)$分别为$\xi_{\mathbf{H}}(t)$的振幅和相位，$a_{\mathbf{V}}(t)$和$\varphi_{\mathbf{V}}(t)$分别为$\xi_{\mathbf{V}}(t)$的振幅和相位；$\xi_{\mathbf{H},\mathrm{analytic}}(t)$和$\xi_{\mathbf{V},\mathrm{analytic}}(t)$分别为$\xi_{\mathbf{H}}(t)$和$\xi_{\mathbf{V}}(t)$的复解析形式：

$$\xi_{\mathbf{H},\mathrm{analytic}}(t)=\left(\underbrace{a_{\mathbf{H}}(t)\mathrm{e}^{\mathrm{j}\varphi_{\mathbf{H}}(t)}}_{\stackrel{\mathrm{def}}{=}\varepsilon_{\mathbf{H}}(t)}\right)\mathrm{e}^{\mathrm{j}\omega_0 t} \tag{1.34}$$

$$\xi_{\mathbf{V},\mathrm{analytic}}(t)=\left(\underbrace{a_{\mathbf{V}}(t)\mathrm{e}^{\mathrm{j}\varphi_{\mathbf{V}}(t)}}_{\stackrel{\mathrm{def}}{=}\varepsilon_{\mathbf{V}}(t)}\right)\mathrm{e}^{\mathrm{j}\omega_0 t} \tag{1.35}$$

其中，$\varepsilon_{\mathbf{H}}(t)$和$\varepsilon_{\mathbf{V}}(t)$分别为$\xi_{\mathbf{H}}(t)$和$\xi_{\mathbf{V}}(t)$的复振幅。

根据式（1.29）~式（1.35），$\boldsymbol{\xi}_{\mathrm{e}}(t)$又可以写成

$$\boldsymbol{\xi}_{\mathrm{e}}(t)=\mathrm{Re}(\boldsymbol{\xi}_{\mathrm{e},\mathrm{analytic}}(t))=\mathrm{Re}\left(\boldsymbol{B}_{\mathrm{e}}(\theta,\phi)\underbrace{\begin{bmatrix}\xi_{\mathbf{H},\mathrm{analytic}}(t)\\ \xi_{\mathbf{V},\mathrm{analytic}}(t)\end{bmatrix}}_{\stackrel{\mathrm{def}}{=}\boldsymbol{\xi}_{\mathbf{H+V},\mathrm{analytic}}(t)}\right) \tag{1.36}$$

其中

$$\boldsymbol{\xi}_{\mathrm{e},\mathrm{analytic}}(t)=\xi_{\mathbf{H},\mathrm{analytic}}(t)\boldsymbol{b}_{\mathbf{H}}(\phi)+\xi_{\mathbf{V},\mathrm{analytic}}(t)\boldsymbol{b}_{\mathbf{V}}(\theta,\phi) \tag{1.37}$$

1.2.2 信号波磁场矢量

根据麦克斯韦方程，信号波磁场矢量$\boldsymbol{\xi}_{\mathrm{m}}(t)$与电场矢量$\boldsymbol{\xi}_{\mathrm{e}}(t)$满足下述关系[2]：

$$\boldsymbol{\xi}_{\mathrm{m}}(t)=\mathrm{Re}(\boldsymbol{\xi}_{\mathrm{m},\mathrm{analytic}}(t))$$
$$=\mathcal{Z}_0^{-1}\boldsymbol{b}_{\mathrm{p}}(\theta,\phi)\times\mathrm{Re}(\boldsymbol{\xi}_{\mathrm{e},\mathrm{analytic}}(t))=\mathcal{Z}_0^{-1}\boldsymbol{b}_{\mathrm{p}}(\theta,\phi)\times\boldsymbol{\xi}_{\mathrm{e}}(t)$$

$$= \mathcal{Z}_0^{-1} \underbrace{\begin{bmatrix} 0 & \cos\theta & -\sin\theta\sin\phi \\ -\cos\theta & 0 & \sin\theta\cos\phi \\ \sin\theta\sin\phi & -\sin\theta\cos\phi & 0 \end{bmatrix}}_{\overset{\text{def}}{=} \boldsymbol{B}_{\text{p}}(\theta,\phi)} \boldsymbol{\xi}_{\text{e}}(t) \tag{1.38}$$

式中：$\mathcal{Z}_0$为传输媒质的本征阻抗；

$$\boldsymbol{\xi}_{\text{m,analytic}}(t) = \mathcal{Z}_0^{-1} \boldsymbol{B}_{\text{p}}(\theta,\phi) \boldsymbol{\xi}_{\text{e,analytic}}(t) \tag{1.39}$$

符号“×”表示矢量叉积：

$$\boldsymbol{a} \times \boldsymbol{b} = \begin{bmatrix} 0 & -\boldsymbol{a}(3) & +\boldsymbol{a}(2) \\ +\boldsymbol{a}(3) & 0 & -\boldsymbol{a}(1) \\ -\boldsymbol{a}(2) & +\boldsymbol{a}(1) & 0 \end{bmatrix} \boldsymbol{b} \tag{1.40}$$

满足 $\boldsymbol{a} \times \boldsymbol{a} = [0,0,0]^{\text{T}} = \boldsymbol{o}_3$。

由于

$$\boldsymbol{b}_{\text{p}}(\theta,\phi) \times [\boldsymbol{b}_{\text{H}}(\phi), \boldsymbol{b}_{\text{V}}(\theta,\phi)] = [\boldsymbol{b}_{\text{V}}(\theta,\phi), -\boldsymbol{b}_{\text{H}}(\phi)] \tag{1.41}$$

所以

$$\begin{aligned} \boldsymbol{\xi}_{\text{m}}(t) &= \boldsymbol{B}_{\text{m}}(\theta,\phi) \boldsymbol{\xi}_{\text{H+V}}(t) \\ &= (-\mathcal{Z}_0^{-1} \xi_{\text{V}}(t)) \boldsymbol{b}_{\text{H}}(\phi) + (\mathcal{Z}_0^{-1} \xi_{\text{H}}(t)) \boldsymbol{b}_{\text{V}}(\theta,\phi) \end{aligned} \tag{1.42}$$

$$\begin{aligned} \boldsymbol{\xi}_{\text{m,analytic}}(t) &= \boldsymbol{B}_{\text{m}}(\theta,\phi) \boldsymbol{\xi}_{\text{H+V,analytic}}(t) \\ &= (-\mathcal{Z}_0^{-1} \xi_{\text{V,analytic}}(t)) \boldsymbol{b}_{\text{H}}(\phi) + (\mathcal{Z}_0^{-1} \xi_{\text{H,analytic}}(t)) \boldsymbol{b}_{\text{V}}(\theta,\phi) \end{aligned} \tag{1.43}$$

其中

$$\boldsymbol{B}_{\text{m}}(\theta,\phi) = \mathcal{Z}_0^{-1} [\boldsymbol{b}_{\text{V}}(\theta,\phi), -\boldsymbol{b}_{\text{H}}(\phi)] \tag{1.44}$$

注意到

$$\boldsymbol{b}_{\text{H}}(\phi) \times \boldsymbol{b}_{\text{H}}(\phi) = \boldsymbol{b}_{\text{V}}(\theta,\phi) \times \boldsymbol{b}_{\text{V}}(\theta,\phi) = \boldsymbol{o}_3 \tag{1.45}$$

$$\boldsymbol{b}_{\text{H}}(\phi) \times \boldsymbol{b}_{\text{V}}(\theta,\phi) = -\boldsymbol{b}_{\text{V}}(\theta,\phi) \times \boldsymbol{b}_{\text{H}}(\phi) = \boldsymbol{b}_{\text{p}}(\theta,\phi) \tag{1.46}$$

根据式（1.37）和式（1.43），可得

$$\begin{aligned} &\boldsymbol{\xi}_{\text{e,analytic}}(t) \times \boldsymbol{\xi}^*_{\text{m,analytic}}(t) \\ &= \mathcal{Z}_0^{-1} \underbrace{(|\xi_{\text{H,analytic}}(t)|^2 + |\xi_{\text{V,analytic}}(t)|^2)}_{= a_{\text{H}}^2(t) + a_{\text{V}}^2(t)} \boldsymbol{b}_{\text{p}}(\theta,\phi) \end{aligned} \tag{1.47}$$

$$\begin{aligned} &\boldsymbol{\xi}_{\text{e,analytic}}(t) \times \boldsymbol{\xi}_{\text{m,analytic}}(t) \\ &= \mathcal{Z}_0^{-1} (\xi^2_{\text{H,analytic}}(t) + \xi^2_{\text{V,analytic}}(t)) \boldsymbol{b}_{\text{p}}(\theta,\phi) \end{aligned} \tag{1.48}$$

$$\begin{aligned} &\boldsymbol{\xi}_{\text{e}}(t) \times \boldsymbol{\xi}_{\text{m}}(t) \\ &= \frac{1}{4} (\boldsymbol{\xi}_{\text{e,analytic}}(t) + \boldsymbol{\xi}^*_{\text{e,analytic}}(t)) \times (\boldsymbol{\xi}_{\text{m,analytic}}(t) + \boldsymbol{\xi}^*_{\text{m,analytic}}(t)) \\ &= \mathcal{Z}_0^{-1} (a_{\text{H}}^2(t) \cos^2 \varphi_{\text{H},\omega_0}(t) + a_{\text{V}}^2(t) \cos^2 \varphi_{\text{V},\omega_0}(t)) \boldsymbol{b}_{\text{p}}(\theta,\phi) \end{aligned} \tag{1.49}$$

式中：“$|\cdot|$”表示绝对值/模值；

$$\varphi_{\mathbf{H},\omega_0}(t)=\omega_0 t+\varphi_{\mathbf{H}}(t) \tag{1.50}$$

$$\varphi_{\mathbf{V},\omega_0}(t)=\omega_0 t+\varphi_{\mathbf{V}}(t) \tag{1.51}$$

由式（1.47）~式（1.49），若能同时测得信号波的电场矢量和磁场矢量，则可通过两者矢量叉积的时间平均，获得信号波的传播矢量信息，进而可以确定信号源的方位角和俯仰角[2-3]。

1.2.3 完全极化波

若式（1.34）和式（1.35）所定义的$\xi_{\mathbf{H},\text{analytic}}(t)$和$\xi_{\mathbf{V},\text{analytic}}(t)$满足下述关系，则称信号波为完全极化（CP）：

$$\begin{bmatrix}\xi_{\mathbf{H},\text{analytic}}(t)\\ \xi_{\mathbf{V},\text{analytic}}(t)\end{bmatrix}=\underbrace{\begin{bmatrix}\cos\gamma\\ \sin\gamma e^{j\eta}\end{bmatrix}}_{\stackrel{\text{def}}{=}p_{\gamma,\eta}}\xi_{\text{analytic}}(t) \tag{1.52}$$

式中：γ 和 η 分别称为信号波的极化辅角和极化相位差，且 $0\leqslant\gamma\leqslant 90°$，$-180°<\eta\leqslant 180°$；$\xi_{\text{analytic}}(t)$为实带通信号$\xi(t)=\text{Re}(\xi_{\text{analytic}}(t))$的复解析形式。

例如：

$$\begin{bmatrix}\xi_{\mathbf{H}}(t)\\ \xi_{\mathbf{V}}(t)\end{bmatrix}=\begin{bmatrix}\xi(t)\cos\gamma\\ (\xi(t)\cos\eta-\text{HT}(\xi(t))\sin\eta)\sin\gamma\end{bmatrix} \tag{1.53}$$

很显然，$\xi_{\mathbf{H}}(t)$的复解析形式为

$$\xi(t)\cos\gamma+j\text{HT}(\xi(t)\cos\gamma)=\underbrace{(\xi(t)+j\text{HT}(\xi(t)))}_{\xi_{\text{analytic}}(t)}\cos\gamma \tag{1.54}$$

再注意到

$$\text{HT}(\text{HT}(\xi(t)))=-\xi(t) \tag{1.55}$$

所以

$$\text{HT}(\xi(t)\cos\eta-\text{HT}(\xi(t))\sin\eta)=\text{HT}(\xi(t))\cos\eta+\xi(t)\sin\eta \tag{1.56}$$

这意味着$\xi(t)\cos\eta-\text{HT}(\xi(t))\sin\eta$ 的复解析形式可写成

$$\begin{aligned}&\xi(t)\cos\eta-\text{HT}(\xi(t))\sin\eta+j(\text{HT}(\xi(t))\cos\eta+\xi(t)\sin\eta)\\ &=\xi_{\text{analytic}}(t)\cos\eta+j(\xi_{\text{analytic}}(t))\sin\eta=\xi_{\text{analytic}}(t)e^{j\eta}\end{aligned}$$

因此$\xi_{\mathbf{V}}(t)$的复解析形式为$\xi_{\text{analytic}}(t)\sin\gamma e^{j\eta}$，由此可得式（1.52）成立。

一个特例是：$\xi(t)=a\cos\omega_0 t$，其中 a 为任意非零常数，由于$\text{HT}(a\cos\omega_0 t)=a\sin\omega_0 t$，所以

$$\begin{bmatrix}\xi_{\mathbf{H}}(t)\\ \xi_{\mathbf{V}}(t)\end{bmatrix}=\begin{bmatrix}a\cos\omega_0 t\cos\gamma\\ a(\cos\omega_0 t\cos\eta-\sin\omega_0 t\sin\eta)\sin\gamma\end{bmatrix}=\begin{bmatrix}a\cos\gamma\cos\omega_0 t\\ a\sin\gamma\cos(\omega_0 t+\eta)\end{bmatrix}$$

需要指出的是，对于更为一般的波形$\xi(t)$，其希尔伯特变换可能难以准确计算和实现，此时信号波的实际极化特征（电场矢量的端点变化轨迹）与

理论结果可能并不完全相同[4]。

式（1.52）中的二维矢量 $\boldsymbol{p}_{\gamma,\eta}$ 又称为信号波的极化矢量（有时也称为 Jones 矢量[5-6]），可以证明，存在 α 和 β，使得[2]

$$\boldsymbol{p}_{\gamma,\eta}=\underbrace{\begin{bmatrix}\cos\alpha & -\sin\alpha\\ \sin\alpha & \cos\alpha\end{bmatrix}\begin{bmatrix}\cos\beta\\ \mathrm{j}\sin\beta\end{bmatrix}}_{\overset{\text{def}}{=}\boldsymbol{q}_{\alpha,\beta}}\mathrm{e}^{\mathrm{j}\varphi_{\alpha,\beta}} \tag{1.57}$$

其中，$-90°<\alpha\leqslant 90°$，$-45°\leqslant\beta\leqslant 45°$，$-180°<\varphi_{\alpha,\beta}\leqslant 180°$，并且 $\tan(\varphi_{\alpha,\beta})=\tan\alpha\tan\beta$，$\cos\gamma=\sqrt{(\cos\alpha\cos\beta)^2+(\sin\alpha\sin\beta)^2}$，

$$\cos2\gamma=\cos2\alpha\cos2\beta \tag{1.58}$$

$$\tan\eta=\csc2\alpha\tan2\beta \tag{1.59}$$

$$\tan2\alpha=\tan2\gamma\cos\eta \tag{1.60}$$

$$\sin2\beta=\sin2\gamma\sin\eta \tag{1.61}$$

这样，完全极化条件下，我们有

$$\boldsymbol{\xi}_{\mathrm{e}}(t)=\mathrm{Re}\left(\boldsymbol{B}_{\mathrm{e},\alpha}(\theta,\phi)\begin{bmatrix}\cos\beta\\ \mathrm{j}\sin\beta\end{bmatrix}\mathrm{e}^{\mathrm{j}\varphi_{\alpha,\beta}}\xi_{\mathrm{analytic}}(t)\right) \tag{1.62}$$

式中：

$$\boldsymbol{B}_{\mathrm{e},\alpha}(\theta,\phi)=\boldsymbol{B}_{\mathrm{e}}(\theta,\phi)\begin{bmatrix}\cos\alpha & -\sin\alpha\\ \sin\alpha & \cos\alpha\end{bmatrix}=[\boldsymbol{b}_{\mathrm{H},\alpha}(\theta,\phi),\boldsymbol{b}_{\mathrm{V},\alpha}(\theta,\phi)] \tag{1.63}$$

其中，$\boldsymbol{b}_{\mathrm{H},\alpha}(\theta,\phi)$ 和 $\boldsymbol{b}_{\mathrm{V},\alpha}(\theta,\phi)$ 分别由 $\boldsymbol{b}_{\mathrm{H}}(\phi)$ 和 $\boldsymbol{b}_{\mathrm{V}}(\theta,\phi)$ 在极化平面内逆时针旋转角度 α 得到，两者仍在与信号波传播方向垂直的极化平面内，如图 1.5 所示。

$$\boldsymbol{b}_{\mathrm{H},\alpha}(\theta,\phi)=\boldsymbol{b}_{\mathrm{V}}(\theta,\phi)\sin\alpha+\boldsymbol{b}_{\mathrm{H}}(\phi)\cos\alpha \tag{1.64}$$

$$\boldsymbol{b}_{\mathrm{V},\alpha}(\theta,\phi)=\boldsymbol{b}_{\mathrm{V}}(\theta,\phi)\cos\alpha-\boldsymbol{b}_{\mathrm{H}}(\phi)\sin\alpha \tag{1.65}$$

根据式（1.62），$\boldsymbol{\xi}_{\mathrm{e}}(t)$ 在 $\boldsymbol{b}_{\mathrm{H},\alpha}(\theta,\phi)$ 和 $\boldsymbol{b}_{\mathrm{V},\alpha}(\theta,\phi)$ 方向的投影 $\xi_{\mathrm{H},\alpha}(t)$ 和 $\xi_{\mathrm{V},\alpha}(t)$ 为

$$\begin{bmatrix}\xi_{\mathrm{H},\alpha}(t)\\ \xi_{\mathrm{V},\alpha}(t)\end{bmatrix}=\mathrm{Re}\left(\begin{bmatrix}\cos\beta\\ \mathrm{j}\sin\beta\end{bmatrix}\mathrm{e}^{\mathrm{j}\varphi_{\alpha,\beta}}\xi_{\mathrm{analytic}}(t)\right) \tag{1.66}$$

若 $\xi_{\mathrm{analytic}}(t)=a(t)\mathrm{e}^{\mathrm{j}\varphi(t)}\mathrm{e}^{\mathrm{j}\omega_0 t}$，也即 $\xi(t)=a(t)\cos(\omega_0 t+\varphi(t))$，则

$$\begin{bmatrix}\xi_{\mathrm{H},\alpha}(t)\\ \xi_{\mathrm{V},\alpha}(t)\end{bmatrix}=\begin{bmatrix}+a(t)\cos\beta\cos(\omega_0 t+\varphi(t)+\varphi_{\alpha,\beta})\\ -a(t)\sin\beta\sin(\omega_0 t+\varphi(t)+\varphi_{\alpha,\beta})\end{bmatrix} \tag{1.67}$$

根据式（1.58）~式（1.61）以及式（1.67），当式（1.52）所示完全极化波条件成立时，我们有下述结论：

（1）若 $\beta=0°$，也即 $\gamma=0°$ 或 $\gamma=90°$ 或 $\eta=0°$ 或 $\eta=180°$，$\xi_{\mathrm{V},\alpha}(t)=0$ 恒成立，此时信号波电场矢量的端点变化轨迹始终沿着 $\boldsymbol{b}_{\mathrm{H},\alpha}(\theta,\phi)$ 方向，相应的信

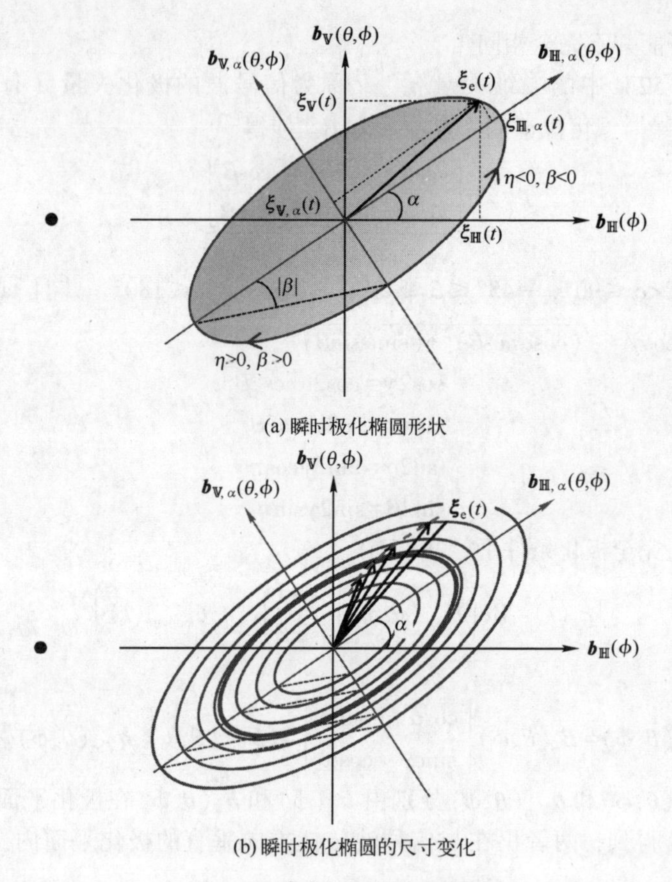

图 1.5 瞬时极化椭圆示意图

号波称为沿 $\boldsymbol{b}_{\mathbb{H},\alpha}(\theta,\phi)$ 方向的线极化波。

特别地，当 $\alpha=0°$、$\beta=0°$ 也即 $\gamma=0°$ 时，称信号波为水平线极化，其电场矢量的端点变化轨迹始终沿着 $\boldsymbol{b}_{\mathbb{H}}(\phi)$ 方向；当 $\alpha=90°$、$\beta=0°$ 也即 $\gamma=90°$ 时，称信号波为垂直线极化，其电场矢量的端点变化轨迹始终沿着 $\boldsymbol{b}_{\mathbb{V}}(\theta,\phi)$ 方向。对于水平或垂直线极化波，极化相位差 η 是没有意义的，可以取任意值，实际中亦可令其值为零。

（2）当 $\beta\neq0°$ 也即 $\gamma\neq0°$、$\gamma\neq90°$、$\eta\neq0°$、$\eta\neq180°$ 时，若 $a(t)>0$，则 $\xi_{\mathbb{H},\alpha}(t)$ 和 $\xi_{\mathbb{V},\alpha}(t)$ 满足下述等式：

$$\frac{\xi_{\mathbb{H},\alpha}^{2}(t)}{(a(t)\cos\beta)^{2}}+\frac{\xi_{\mathbb{V},\alpha}^{2}(t)}{(a(t)\sin\beta)^{2}}=1 \tag{1.68}$$

若还有 $\beta\neq45°$，则根据式（1.68）可知，t 时刻，点 $(\xi_{\mathbb{H},\alpha}(t),\xi_{\mathbb{V},\alpha}(t))$ 位于极化平面内一个倾角为 α、长短轴比为 $\cot|\beta|$ 的椭圆上，该椭圆的尺寸与 $a(t)$

的具体值有关，又称为瞬时（瞬态）极化椭圆，如图 1.5 所示，其中“·”表示信号波传播方向为垂直纸面向外。鉴于此，α 又称为极化倾角，而 β 则称为极化椭圆角。

如果 $a(t)$ 是时变的，信号波电场矢量的端点连续变化轨迹并不是一个固定尺寸的椭圆（如图 1.6（b）所示结果），但瞬时极化椭圆的倾角和长短轴比并不随时间而变，如图 1.5（b）所示；如果信号波形振幅是恒定的，比如单频和调相等恒模信号波，其电场矢量的端点连续变化轨迹是一个形状和尺寸均固定的椭圆，也即瞬时极化椭圆的倾角、长短轴比和尺寸均不随时间而变。上述两种情形我们都称信号波为椭圆极化波。

根据式（1.53）和式（1.67），可得

$$\begin{aligned}&\xi_{\mathrm{H}}(t)+\mathrm{j}\xi_{\mathrm{V}}(t)\\=&a(t)\cos\gamma\cos(\varphi_{\omega_0}(t)+0)+\mathrm{j}a(t)\sin\gamma\cos(\varphi_{\omega_0}(t)+\eta)\end{aligned}\tag{1.69}$$

$$\begin{aligned}&\xi_{\mathrm{H},\alpha}(t)+\mathrm{j}\xi_{\mathrm{V},\alpha}(t)\\=&a(t)\cos\beta\cos(\varphi_{\omega_0}(t)+\varphi_{\alpha,\beta})-\mathrm{j}a(t)\sin\beta\sin(\varphi_{\omega_0}(t)+\varphi_{\alpha,\beta})\end{aligned}\tag{1.70}$$

式中：$\varphi_{\omega_0}(t)=\omega_0 t+\varphi(t)$。由于 $a(t)>0$，$\cos\gamma>0$，$\sin\gamma>0$，所以：

① 当 $\eta>0$、$\beta>0$ 时，若 $\varphi(t)$ 非时变，比如单频、调幅等，则信号波为左旋椭圆极化，也即顺着信号波的传播方向看，其电场矢量随时间**逆时针**旋转，比如图 1.6（a）、（b）所示高斯调幅信号波的电场矢量端点连续变化轨迹；若 $\varphi(t)$ 时变，比如调相，但 $\varphi_{\omega_0}(t)$ 随时间单调递增，信号波仍为左旋椭圆极化，比如图 1.6（d）、（e）所示线性调频信号波的电场矢量端点连续变化轨迹；若 $\varphi(t)$ 时变，但 $\varphi_{\omega_0}(t)$ 随时间单调递减，则信号波为右旋椭圆极化，也即顺着信号波传播方向看，其电场矢量随时间**顺时针**旋转，比如图 1.6（f）所示线性调频信号波的电场矢量端点连续变化轨迹；若 $\varphi_{\omega_0}(t)$ 随时间非单调变化，则信号波的自旋方向并不固定。

② 当 $\eta<0$、$\beta<0$ 时，若 $\varphi(t)$ 非时变，则信号波为右旋椭圆极化，比如图 1.6（c）所示高斯调幅信号波的电场矢量端点连续变化轨迹；若 $\varphi_{\omega_0}(t)$ 随时间单调递增，信号波仍为右旋椭圆极化；若 $\varphi_{\omega_0}(t)$ 随时间单调递减，信号波为左旋椭圆极化；若 $\varphi_{\omega_0}(t)$ 随时间非单调变化，信号波的自旋方向亦不固定。

（3）若 $\beta=\pm45°$，也即 $\cos2\gamma=0$，$\sin2\gamma\sin\eta=\pm1$，$\gamma=45°$，$\eta=\pm90°$，此时极化椭圆退变为圆，相应的信号波称为圆极化波。

① 当 $\beta=45°$ 也即 $\gamma=45°$、$\eta=90°$ 时，有

$$\boldsymbol{p}_{\gamma,\eta}=\frac{\sqrt{2}}{2}\begin{bmatrix}1\\\mathrm{j}\end{bmatrix}=\frac{\sqrt{2}}{2}\begin{bmatrix}\cos\alpha&-\sin\alpha\\\sin\alpha&\cos\alpha\end{bmatrix}\begin{bmatrix}1\\\mathrm{j}\end{bmatrix}\mathrm{e}^{\mathrm{j}\varphi_{\alpha,\beta}}=\frac{\sqrt{2}}{2}\begin{bmatrix}1\\\mathrm{j}\end{bmatrix}\mathrm{e}^{-\mathrm{j}\alpha}\mathrm{e}^{\mathrm{j}\varphi_{\alpha,\beta}}\tag{1.71}$$

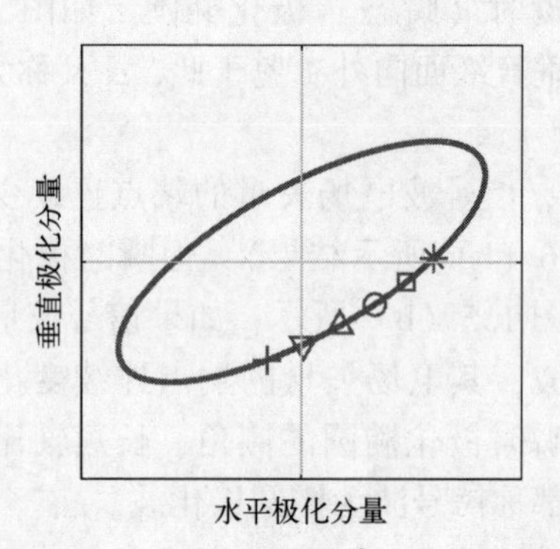

(a) 高斯调幅信号波：$\xi(t)=\mathrm{Re}(\mathrm{e}^{-k\omega_0 t^2}\mathrm{e}^{\mathrm{j}\omega_0 t})$，$k=10^{-6}$，$\omega_0=10000\pi$；
$\alpha=30°$，$\beta=20°$；$0\leqslant t_1<t_2<t_3<t_4<t_5<t_6\leqslant\dfrac{40\pi}{\omega_0}$，信号波为左旋椭圆极化

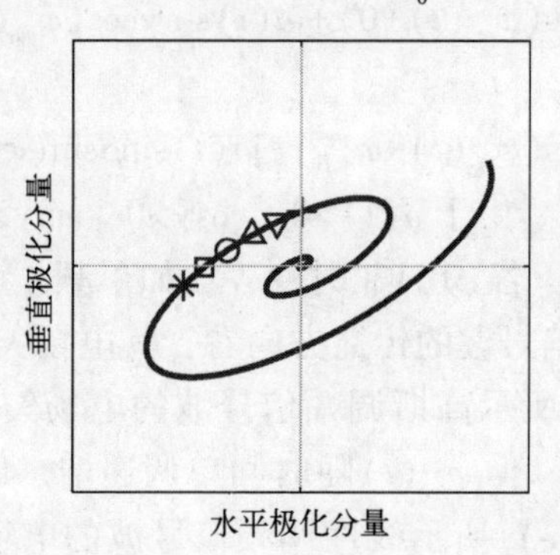

(b) 高斯调幅信号波：$\xi(t)=\mathrm{Re}(\mathrm{e}^{-k\omega_0 t^2}\mathrm{e}^{\mathrm{j}\omega_0 t})$，$k=600$，$\omega_0=10000\pi$；
$\alpha=30°$，$\beta=20°$；$0\leqslant t_1<t_2<t_3<t_4<t_5<t_6\leqslant\dfrac{40\pi}{\omega_0}$，信号波为左旋椭圆极化

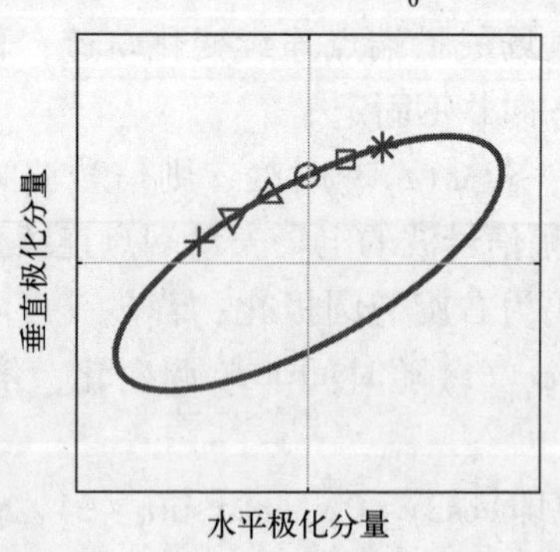

(c) 高斯调幅信号波：$\xi(t)=\mathrm{Re}(\mathrm{e}^{-k\omega_0 t^2}\mathrm{e}^{\mathrm{j}\omega_0 t})$，$k=10^{-6}$，$\omega_0=10000\pi$；
$\alpha=30°$，$\beta=-20°$；$0\leqslant t_1<t_2<t_3<t_4<t_5<t_6\leqslant\dfrac{40\pi}{\omega_0}$，信号波为右旋椭圆极化

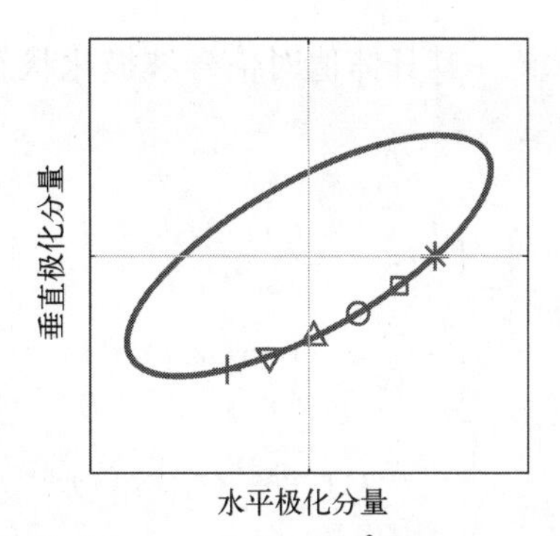

(d) 线性调频信号波：$\xi(t)=\mathrm{Re}(\mathrm{e}^{-\mathrm{j}k\omega_0 t^2}\mathrm{e}^{\mathrm{j}\omega_0 t})$，$k=-0.3$，$\omega_0=10000\pi$；$\alpha=30°$，$\beta=20°$；$0\leqslant t_1<t_2<t_3<t_4<t_5<t_6\leqslant\dfrac{40\pi}{\omega_0}$，信号波为左旋椭圆极化

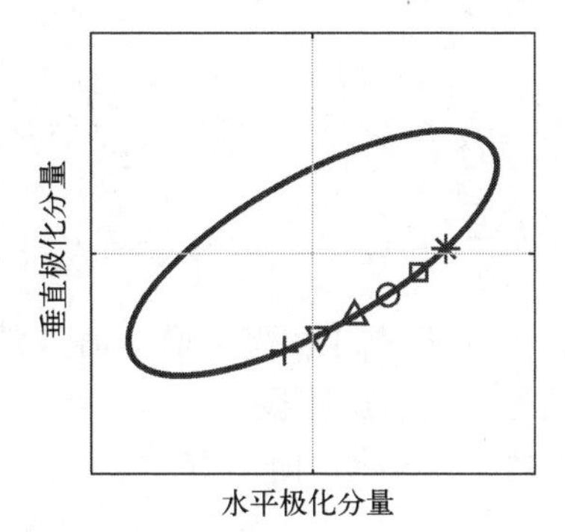

(e) 线性调频信号波：$\xi(t)=\mathrm{Re}(\mathrm{e}^{-\mathrm{j}k\omega_0 t^2}\mathrm{e}^{\mathrm{j}\omega_0 t})$，$k=250$，$\omega_0=10000\pi$；$\alpha=30°$，$\beta=20°$；$0\leqslant t_1<t_2<t_3<t_4<t_5<t_6\leqslant\dfrac{1}{2k}$，信号波为左旋椭圆极化

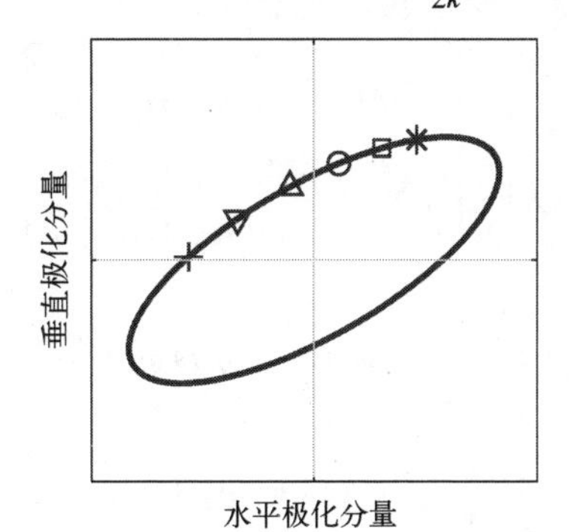

(f) 线性调频信号波：$\xi(t)=\mathrm{Re}(\mathrm{e}^{-\mathrm{j}k\omega_0 t^2}\mathrm{e}^{\mathrm{j}\omega_0 t})$，$k=250$，$\omega_0=10000\pi$；$\alpha=30°$，$\beta=20°$；$\dfrac{1}{2k}<t_1<t_2<t_3<t_4<t_5<t_6\leqslant\dfrac{40\pi}{\omega_0}$，信号波为右旋椭圆极化

图1.6　调幅及调频信号波电场矢量端点的连续变化轨迹：“✳”、“□”、“○”、“△”、“▽”和“+”所在点为t_1、t_2、t_3、t_4、t_5和t_6时刻电场矢量端点的位置

因此 $\alpha=\varphi_{\alpha,\beta}$，此时 α 无意义（其具体值对信号波极化状态的定义没有影响），可取任意值，并且

$$\begin{bmatrix}\xi_{\mathrm{H}}(t)\\ \xi_{\mathrm{V}}(t)\end{bmatrix}=\begin{bmatrix}+\frac{\sqrt{2}}{2}a(t)\cos(\omega_0 t+\varphi(t))\\ -\frac{\sqrt{2}}{2}a(t)\sin(\omega_0 t+\varphi(t))\end{bmatrix} \tag{1.72}$$

$$\begin{bmatrix}\xi_{\mathrm{H},\alpha}(t)\\ \xi_{\mathrm{V},\alpha}(t)\end{bmatrix}=\begin{bmatrix}+\frac{\sqrt{2}}{2}a(t)\cos(\omega_0 t+\varphi(t)+\alpha)\\ -\frac{\sqrt{2}}{2}a(t)\sin(\omega_0 t+\varphi(t)+\alpha)\end{bmatrix} \tag{1.73}$$

进一步有

$$\xi_{\mathrm{H}}(t)+\mathrm{j}\xi_{\mathrm{V}}(t)=\frac{\sqrt{2}}{2}a(t)\mathrm{e}^{-\mathrm{j}\varphi(t)}\mathrm{e}^{-\mathrm{j}\omega_0 t}=\frac{\sqrt{2}}{2}a(t)\mathrm{e}^{-\mathrm{j}\varphi_{\omega_0}(t)} \tag{1.74}$$

$$\xi_{\mathrm{H},\alpha}(t)+\mathrm{j}\xi_{\mathrm{V},\alpha}(t)=\frac{\sqrt{2}}{2}a(t)\mathrm{e}^{-\mathrm{j}\alpha}\mathrm{e}^{-\mathrm{j}\varphi_{\omega_0}(t)}=\mathrm{e}^{-\mathrm{j}\alpha}(\xi_{\mathrm{H}}(t)+\mathrm{j}\xi_{\mathrm{V}}(t)) \tag{1.75}$$

所以，若 $\varphi(t)$ 非时变或 $\varphi_{\omega_0}(t)$ 随时间单调递增，信号波为左旋圆极化；若 $\varphi_{\omega_0}(t)$ 随时间单调递减，信号波为右旋圆极化。

② 当 $\beta=-45°$ 也即 $\gamma=45°$、$\eta=-90°$ 时，有

$$\boldsymbol{p}_{\gamma,\eta}=\frac{\sqrt{2}}{2}\begin{bmatrix}1\\ -\mathrm{j}\end{bmatrix}=\frac{\sqrt{2}}{2}\begin{bmatrix}\cos\alpha & -\sin\alpha\\ \sin\alpha & \cos\alpha\end{bmatrix}\begin{bmatrix}1\\ -\mathrm{j}\end{bmatrix}\mathrm{e}^{\mathrm{j}\varphi_{\alpha,\beta}}=\frac{\sqrt{2}}{2}\begin{bmatrix}1\\ -\mathrm{j}\end{bmatrix}\mathrm{e}^{\mathrm{j}\alpha}\mathrm{e}^{\mathrm{j}\varphi_{\alpha,\beta}} \tag{1.76}$$

因此 $\alpha=-\varphi_{\alpha,\beta}$，此时 α 亦无意义，可取任意值，并且

$$\begin{bmatrix}\xi_{\mathrm{H}}(t)\\ \xi_{\mathrm{V}}(t)\end{bmatrix}=\begin{bmatrix}\frac{\sqrt{2}}{2}a(t)\cos(\omega_0 t+\varphi(t))\\ \frac{\sqrt{2}}{2}a(t)\sin(\omega_0 t+\varphi(t))\end{bmatrix} \tag{1.77}$$

$$\begin{bmatrix}\xi_{\mathrm{H},\alpha}(t)\\ \xi_{\mathrm{V},\alpha}(t)\end{bmatrix}=\begin{bmatrix}\frac{\sqrt{2}}{2}a(t)\cos(\omega_0 t+\varphi(t)-\alpha)\\ \frac{\sqrt{2}}{2}a(t)\sin(\omega_0 t+\varphi(t)-\alpha)\end{bmatrix} \tag{1.78}$$

进一步有

$$\xi_{\mathrm{H}}(t)+\mathrm{j}\xi_{\mathrm{V}}(t)=\frac{\sqrt{2}}{2}a(t)\mathrm{e}^{\mathrm{j}\varphi(t)}\mathrm{e}^{\mathrm{j}\omega_0 t} \tag{1.79}$$

$$\xi_{\mathrm{H},\alpha}(t)+\mathrm{j}\xi_{\mathrm{V},\alpha}(t)=\frac{\sqrt{2}}{2}a(t)\mathrm{e}^{-\mathrm{j}\alpha}\mathrm{e}^{\mathrm{j}\varphi(t)}\mathrm{e}^{\mathrm{j}\omega_0 t} \tag{1.80}$$

所以，若 $\varphi(t)$ 非时变或 $\varphi_{\omega_0}(t)$ 随时间单调递增，信号波为右旋圆极化；若 $\varphi_{\omega_0}(t)$ 随时间单调递减，信号波为左旋圆极化。

顺便指出，完全极化信号波的磁场矢量 $\boldsymbol{\xi}_{\mathrm{m}}(t)$ 具有下述形式：

$$\boldsymbol{\xi}_{\mathrm{m}}(t)=\boldsymbol{B}_{\mathrm{m}}(\theta,\phi)\mathrm{Re}(\boldsymbol{p}_{\gamma,\eta}\xi_{\mathrm{analytic}}(t)) \tag{1.81}$$

1.2.4 部分极化波

首先介绍信号波相干矩阵的概念。为此，令

$$\boldsymbol{\varepsilon}_{\mathbf{H+V}}(t)=\boldsymbol{\xi}_{\mathbf{H+V},\mathrm{analytic}}(t)\mathrm{e}^{-\mathrm{j}\omega_0 t}=\begin{bmatrix}\varepsilon_{\mathbf{H}}(t)\\ \varepsilon_{\mathbf{V}}(t)\end{bmatrix} \tag{1.82}$$

则信号波相干矩阵定义为下述 2×2 维矩阵[7]：

$$\boldsymbol{C}=\langle\boldsymbol{\varepsilon}_{\mathbf{H+V}}(t)\boldsymbol{\varepsilon}_{\mathbf{H+V}}^{\mathrm{H}}(t)\rangle=\langle\boldsymbol{\xi}_{\mathbf{H+V},\mathrm{analytic}}(t)\boldsymbol{\xi}_{\mathbf{H+V},\mathrm{analytic}}^{\mathrm{H}}(t)\rangle=\boldsymbol{C}^{\mathrm{H}} \tag{1.83}$$

式中：上标“H”表示矢量/矩阵共轭转置，也即 $(\cdot)^{\mathrm{H}}=((\cdot)^*)^{\mathrm{T}}$，符号“$\langle\cdot\rangle$”表示无限时间平均：

$$\langle\cdot\rangle=\lim_{\Delta T\to\infty}\frac{1}{2\Delta T}\int_{-\Delta T}^{\Delta T}(\cdot)\,\mathrm{d}t \tag{1.84}$$

若信号波为完全极化，则信号波相干矩阵为（其中 $\varepsilon(t)$ 为 $\xi(t)$ 的复振幅）

$$\boldsymbol{C}=\langle|\varepsilon(t)|^2\rangle\boldsymbol{p}_{\gamma,\eta}\boldsymbol{p}_{\gamma,\eta}^{\mathrm{H}}=\langle|\varepsilon(t)|^2\rangle\begin{bmatrix}\cos^2\gamma & \sin\gamma\cos\gamma\mathrm{e}^{-\mathrm{j}\eta}\\ \sin\gamma\cos\gamma\mathrm{e}^{\mathrm{j}\eta} & \sin^2\gamma\end{bmatrix} \tag{1.85}$$

很显然，完全极化波信号的波相干矩阵是奇异的，其秩为 1。

更一般地，信号波相干矩阵具有下述形式：

$$\boldsymbol{C}=\begin{bmatrix}\underbrace{\langle|\varepsilon_{\mathbf{H}}(t)|^2\rangle}_{\overset{\mathrm{def}}{=}\sigma^2_{\varepsilon_{\mathbf{H}}}} & \underbrace{\langle\varepsilon_{\mathbf{H}}(t)\varepsilon_{\mathbf{V}}^*(t)\rangle}_{\overset{\mathrm{def}}{=}r_{\varepsilon_{\mathbf{V}}\varepsilon_{\mathbf{H}}}}\\ \underbrace{\langle\varepsilon_{\mathbf{H}}^*(t)\varepsilon_{\mathbf{V}}(t)\rangle}_{\overset{\mathrm{def}}{=}r_{\varepsilon_{\mathbf{H}}\varepsilon_{\mathbf{V}}}} & \underbrace{\langle|\varepsilon_{\mathbf{V}}(t)|^2\rangle}_{\overset{\mathrm{def}}{=}\sigma^2_{\varepsilon_{\mathbf{V}}}}\end{bmatrix} \tag{1.86}$$

其中，$r_{\varepsilon_{\mathbf{V}}\varepsilon_{\mathbf{H}}}=r^*_{\varepsilon_{\mathbf{H}}\varepsilon_{\mathbf{V}}}$。

若 $\boldsymbol{C}$ 非奇异，则称信号波为部分极化（PP），此时

$$\langle|\varepsilon_{\mathbf{H}}(t)|^2\rangle\langle|\varepsilon_{\mathbf{V}}(t)|^2\rangle-|\langle\varepsilon_{\mathbf{H}}^*(t)\varepsilon_{\mathbf{V}}(t)\rangle|^2=\sigma^2_{\varepsilon_{\mathbf{H}}}\sigma^2_{\varepsilon_{\mathbf{V}}}-|r_{\varepsilon_{\mathbf{H}}\varepsilon_{\mathbf{V}}}|^2\neq 0 \tag{1.87}$$

若信号波为部分极化，则相应瞬时极化椭圆的倾角和长短轴比至少有一个是随时间而变的，无论 $\varepsilon_{\mathbf{H}}(t)$ 和 $\varepsilon_{\mathbf{V}}(t)$ 是否具有恒模特点，信号波电场矢量的端点连续变化轨迹均不是一个形状不变的固定椭圆。

若 $\varepsilon_{\mathbf{H}}(t)$ 和 $\varepsilon_{\mathbf{V}}(t)$ 均为零均值、宽遍历随机过程，并且两者联合宽遍历，

则信号波相干矩阵为

$$\boldsymbol{C}=\begin{bmatrix}\underbrace{E(|\varepsilon_{\mathrm{H}}(t)|^2)}_{\overset{\mathrm{def}}{=}\sigma^2_{\varepsilon_{\mathrm{H}}}} & \underbrace{E(\varepsilon_{\mathrm{H}}(t)\varepsilon_{\mathrm{V}}^*(t))}_{\overset{\mathrm{def}}{=}r_{\varepsilon_{\mathrm{V}}\varepsilon_{\mathrm{H}}}} \\ \underbrace{E(\varepsilon_{\mathrm{H}}^*(t)\varepsilon_{\mathrm{V}}(t))}_{\overset{\mathrm{def}}{=}r_{\varepsilon_{\mathrm{H}}\varepsilon_{\mathrm{V}}}} & \underbrace{E(|\varepsilon_{\mathrm{V}}(t)|^2)}_{\overset{\mathrm{def}}{=}\sigma^2_{\varepsilon_{\mathrm{V}}}}\end{bmatrix} \tag{1.88}$$

式（1.87）所示的部分极化条件等价于

$$E(|\varepsilon_{\mathrm{H}}(t)|^2)E(|\varepsilon_{\mathrm{V}}(t)|^2)-|E(\varepsilon_{\mathrm{H}}^*(t)\varepsilon_{\mathrm{V}}(t))|^2\neq 0 \tag{1.89}$$

也即 $\varepsilon_{\mathrm{H}}(t)$和 $\varepsilon_{\mathrm{V}}(t)$均不恒为 0，同时两者不完全相关（部分相关）。

信号波相干矩阵 $\boldsymbol{C}$ 的迹为信号波的总功率 $\sigma^2_{\varepsilon_{\mathrm{H}}}+\sigma^2_{\varepsilon_{\mathrm{V}}}$，其次对角线元素为 $\varepsilon_{\mathrm{H}}(t)$和 $\varepsilon_{\mathrm{V}}(t)$的互相关函数 $r_{\varepsilon_{\mathrm{H}}\varepsilon_{\mathrm{V}}}=\langle\varepsilon_{\mathrm{H}}^*(t)\varepsilon_{\mathrm{V}}(t)\rangle$。

信号波相干矩阵为非负定厄尔米特矩阵，所以有下述特征分解形式：

$$\boldsymbol{C}=\mu_1\boldsymbol{u}_1\boldsymbol{u}_1^{\mathrm{H}}+\mu_2\boldsymbol{u}_2\boldsymbol{u}_2^{\mathrm{H}}=(\mu_1-\mu_2)\boldsymbol{u}_1\boldsymbol{u}_1^{\mathrm{H}}+\mu_2(\boldsymbol{u}_1\boldsymbol{u}_1^{\mathrm{H}}+\boldsymbol{u}_2\boldsymbol{u}_2^{\mathrm{H}}) \tag{1.90}$$

式中：μ_1和μ_2为 $\boldsymbol{C}$ 的两个实特征值，$\boldsymbol{u}_1$和 $\boldsymbol{u}_2$为对应的两个标准正交特征矢量：$\mu_1\geqslant\mu_2\geqslant 0$，$\boldsymbol{u}_1^{\mathrm{H}}\boldsymbol{u}_1=\boldsymbol{u}_2^{\mathrm{H}}\boldsymbol{u}_2=1$，$\boldsymbol{u}_1^{\mathrm{H}}\boldsymbol{u}_2=\boldsymbol{u}_2^{\mathrm{H}}\boldsymbol{u}_1=0$，$\boldsymbol{u}_1\boldsymbol{u}_1^{\mathrm{H}}+\boldsymbol{u}_2\boldsymbol{u}_2^{\mathrm{H}}=\boldsymbol{I}_2$，其中 $\boldsymbol{I}_n$ 表示 $n\times n$ 维单位矩阵。

可以证明[2]，任意二维矢量 $\boldsymbol{v}$ 均可以写成 $\boldsymbol{v}=v[\cos\gamma,\sin\gamma\mathrm{e}^{\mathrm{j}\eta}]^{\mathrm{T}}=v\boldsymbol{p}_{\gamma,\eta}$ 的形式，其中 v 为复常数，$0°\leqslant\gamma\leqslant 90°$，$-180°<\eta\leqslant 180°$。再注意到 $\boldsymbol{p}_{\gamma,\eta}^{\mathrm{H}}\boldsymbol{p}_{\gamma,\eta}=1$，所以存在 $0°\leqslant\gamma_{\mathrm{cp}}\leqslant 90°$，$-180°<\eta_{\mathrm{cp}}\leqslant 180°$，使得

$$\boldsymbol{u}_1\boldsymbol{u}_1^{\mathrm{H}}=\boldsymbol{p}_{\gamma_{\mathrm{cp}},\eta_{\mathrm{cp}}}\boldsymbol{p}_{\gamma_{\mathrm{cp}},\eta_{\mathrm{cp}}}^{\mathrm{H}} \tag{1.91}$$

这样，式（1.90）可以重写为

$$\begin{aligned}\boldsymbol{C}&=\sigma^2_{\mathrm{cp}}\boldsymbol{p}_{\gamma_{\mathrm{cp}},\eta_{\mathrm{cp}}}\boldsymbol{p}_{\gamma_{\mathrm{cp}},\eta_{\mathrm{cp}}}^{\mathrm{H}}+\frac{\sigma^2_{\mathrm{up}}}{2}\boldsymbol{I}_2\\&=\begin{bmatrix}\underbrace{\sigma^2_{\mathrm{cp}}\cos^2\gamma_{\mathrm{cp}}+\frac{\sigma^2_{\mathrm{up}}}{2}}_{=\sigma^2_{\varepsilon_{\mathrm{H}}}} & \underbrace{\sigma^2_{\mathrm{cp}}\sin\gamma_{\mathrm{cp}}\cos\gamma_{\mathrm{cp}}\mathrm{e}^{-\mathrm{j}\eta_{\mathrm{cp}}}}_{=r_{\varepsilon_{\mathrm{V}}\varepsilon_{\mathrm{H}}}} \\ \underbrace{\sigma^2_{\mathrm{cp}}\sin\gamma_{\mathrm{cp}}\cos\gamma_{\mathrm{cp}}\mathrm{e}^{\mathrm{j}\eta_{\mathrm{cp}}}}_{=r_{\varepsilon_{\mathrm{H}}\varepsilon_{\mathrm{V}}}} & \underbrace{\sigma^2_{\mathrm{cp}}\sin^2\gamma_{\mathrm{cp}}+\frac{\sigma^2_{\mathrm{up}}}{2}}_{=\sigma^2_{\varepsilon_{\mathrm{V}}}}\end{bmatrix}\end{aligned} \tag{1.92}$$

式中：$\sigma^2_{\mathrm{cp}}=\mu_1-\mu_2$，$\sigma^2_{\mathrm{up}}=2\mu_2$；

$$\gamma_{\mathrm{cp}}=\frac{1}{2}\arccos\left(\frac{\sigma^2_{\varepsilon_{\mathrm{H}}}-\sigma^2_{\varepsilon_{\mathrm{V}}}}{\sigma^2_{\mathrm{cp}}}\right) \tag{1.93}$$

当 $\sigma_{\varepsilon_{\mathbf{H}}}^2=\sigma_{\varepsilon_{\mathbf{V}}}^2$ 但 $\sigma_{\mathrm{cp}}^2\neq0$ 时，$\gamma_{\mathrm{cp}}=45°$；当 $\sigma_{\varepsilon_{\mathbf{H}}}^2=\sigma_{\varepsilon_{\mathbf{V}}}^2$ 且 $\sigma_{\mathrm{cp}}^2=0$ 时，信号波为非极化波，所以 $\gamma_{\mathrm{cp}}=\dfrac{1}{2}\arccos\left(\dfrac{0}{0}\right)$ 无意义。

信号波相干矩阵 $\boldsymbol{C}$ 的两个特征值是下述二次方程的解：

$$\mu^2-(\boldsymbol{C}_{11}+\boldsymbol{C}_{22})\mu+(\boldsymbol{C}_{11}\boldsymbol{C}_{22}-\boldsymbol{C}_{12}\boldsymbol{C}_{21})=0 \tag{1.94}$$

其中，$\boldsymbol{C}_{mn}=\boldsymbol{C}(m,n)$。所以

$$\mu_1=\frac{\boldsymbol{C}_{11}+\boldsymbol{C}_{22}+\sqrt{(\boldsymbol{C}_{11}+\boldsymbol{C}_{22})^2-4(\boldsymbol{C}_{11}\boldsymbol{C}_{22}-\boldsymbol{C}_{12}\boldsymbol{C}_{21})}}{2}=\frac{\boldsymbol{C}_{11}+\boldsymbol{C}_{22}+\sqrt{(\boldsymbol{C}_{11}-\boldsymbol{C}_{22})^2+4\boldsymbol{C}_{12}\boldsymbol{C}_{21}}}{2} \tag{1.95}$$

$$\mu_2=\frac{\boldsymbol{C}_{11}+\boldsymbol{C}_{22}-\sqrt{(\boldsymbol{C}_{11}+\boldsymbol{C}_{22})^2-4(\boldsymbol{C}_{11}\boldsymbol{C}_{22}-\boldsymbol{C}_{12}\boldsymbol{C}_{21})}}{2}=\frac{\boldsymbol{C}_{11}+\boldsymbol{C}_{22}-\sqrt{(\boldsymbol{C}_{11}-\boldsymbol{C}_{22})^2+4\boldsymbol{C}_{12}\boldsymbol{C}_{21}}}{2} \tag{1.96}$$

由此有

$$\sigma_{\mathrm{cp}}^2=\sqrt{(\boldsymbol{C}_{11}-\boldsymbol{C}_{22})^2+4\boldsymbol{C}_{12}\boldsymbol{C}_{21}}=\sqrt{(\sigma_{\varepsilon_{\mathbf{H}}}^2-\sigma_{\varepsilon_{\mathbf{V}}}^2)^2+4\left|r_{\varepsilon_{\mathbf{H}}\varepsilon_{\mathbf{V}}}\right|^2} \tag{1.97}$$

$$\sigma_{\mathrm{up}}^2=(\boldsymbol{C}_{11}+\boldsymbol{C}_{22})-\sigma_{\mathrm{cp}}^2=\sigma_{\varepsilon_{\mathbf{H}}}^2+\sigma_{\varepsilon_{\mathbf{V}}}^2-\sigma_{\mathrm{cp}}^2 \tag{1.98}$$

根据 σ_{cp}^2 和 σ_{up}^2 的值，定义信号波的极化度（DOP）如下[7]：

$$\mathrm{DOP}\overset{\mathrm{def}}{=}(\sigma_{\mathrm{up}}^2+\sigma_{\mathrm{cp}}^2)^{-1}\sigma_{\mathrm{cp}}^2=(\sigma_{\varepsilon_{\mathbf{H}}}^2+\sigma_{\varepsilon_{\mathbf{V}}}^2)^{-1}\sqrt{(\sigma_{\varepsilon_{\mathbf{H}}}^2-\sigma_{\varepsilon_{\mathbf{V}}}^2)^2+4\left|r_{\varepsilon_{\mathbf{H}}\varepsilon_{\mathbf{V}}}\right|^2} \tag{1.99}$$

根据定义，有 $0\leqslant\mathrm{DOP}\leqslant1$。

若 $\mathrm{DOP}=1$，$\sigma_{\mathrm{up}}^2=0$，$\mu_2=0$，$\boldsymbol{C}=\sigma_{\mathrm{cp}}^2\boldsymbol{p}_{\gamma_{\mathrm{cp}},\eta_{\mathrm{cp}}}\boldsymbol{p}_{\gamma_{\mathrm{cp}},\eta_{\mathrm{cp}}}^{\mathrm{H}}$ 为奇异矩阵，此时信号波为完全极化，这与式（1.85）所得结论是相同的。

若 $0<\mathrm{DOP}<1$，$\sigma_{\mathrm{cp}}^2\neq0$，$\sigma_{\mathrm{up}}^2\neq0$，信号波为部分极化。

若 $\mathrm{DOP}=0$，则 $\sigma_{\mathrm{cp}}^2=0$，$\sigma_{\mathrm{up}}^2\neq0$，$\mu_1=\mu_2$，$\boldsymbol{C}=\dfrac{\sigma_{\mathrm{up}}^2}{2}\boldsymbol{I}_2$，信号波为非极化，也称随机极化，是部分极化的极端，此时 $\varepsilon_{\mathbf{H}}(t)$ 和 $\varepsilon_{\mathbf{V}}(t)$ 相互正交，并且功率相同：

$$\langle\varepsilon_{\mathbf{H}}^*(t)\varepsilon_{\mathbf{V}}(t)\rangle=0,\ \langle\left|\varepsilon_{\mathbf{H}}(t)\right|^2\rangle=\langle\left|\varepsilon_{\mathbf{V}}(t)\right|^2\rangle \tag{1.100}$$

需要注意的是，若 $\varepsilon_{\mathbf{H}}(t)$ 和 $\varepsilon_{\mathbf{V}}(t)$ 相互正交，但功率不同，信号波并不属于非极化波，因为此时信号波的极化度为

$$\mathrm{DOP}=(\sigma_{\varepsilon_{\mathbf{H}}}^2+\sigma_{\varepsilon_{\mathbf{V}}}^2)^{-1}\sqrt{(\sigma_{\varepsilon_{\mathbf{H}}}^2-\sigma_{\varepsilon_{\mathbf{V}}}^2)^2} \tag{1.101}$$

其值并不为零，也即信号波还包含功率 σ_{cp}^2 不为零的完全极化部分，比如若 $\sigma_{\varepsilon_{\mathbf{V}}}^2>\sigma_{\varepsilon_{\mathbf{H}}}^2$，则

$$\boldsymbol{C}=\begin{bmatrix}\sigma_{\varepsilon_{\mathbf{H}}}^2 & 0\\ 0 & \sigma_{\varepsilon_{\mathbf{V}}}^2\end{bmatrix}=\begin{bmatrix}\sigma_{\varepsilon_{\mathbf{H}}}^2 & 0\\ 0 & \sigma_{\varepsilon_{\mathbf{H}}}^2\end{bmatrix}+\begin{bmatrix}0 & 0\\ 0 & \sigma_{\varepsilon_{\mathbf{V}}}^2-\sigma_{\varepsilon_{\mathbf{H}}}^2\end{bmatrix} \tag{1.102}$$

而若 $\sigma_{\varepsilon_{\mathbf{V}}}^2<\sigma_{\varepsilon_{\mathbf{H}}}^2$，则

$$C=\begin{bmatrix}\sigma_{\varepsilon_H}^2 & 0\\ 0 & \sigma_{\varepsilon_V}^2\end{bmatrix}=\begin{bmatrix}\sigma_{\varepsilon_V}^2 & 0\\ 0 & \sigma_{\varepsilon_V}^2\end{bmatrix}+\begin{bmatrix}\sigma_{\varepsilon_H}^2-\sigma_{\varepsilon_V}^2 & 0\\ 0 & 0\end{bmatrix} \tag{1.103}$$

根据式（1.92）和式（1.99），信号波可以分解为完全极化和非极化两部分的和，两部分信号相互正交，功率分别为$\sigma_{cp}^2\cos^2\gamma_{cp}+\sigma_{cp}^2\sin^2\gamma_{cp}=\sigma_{cp}^2$和$\sigma_{up}^2/2+\sigma_{up}^2/2=\sigma_{up}^2$；信号波的极化度为其完全极化部分之功率$\sigma_{cp}^2$与其总功率$\sigma_{\varepsilon_H}^2+\sigma_{\varepsilon_V}^2=\sigma_{up}^2+\sigma_{cp}^2$的比。

注意到信号波的极化度又可以写成

$$\mathrm{DOP}=\sqrt{1-\frac{4(\sigma_{\varepsilon_H}^2\sigma_{\varepsilon_V}^2-|r_{\varepsilon_H\varepsilon_V}|^2)}{(\sigma_{\varepsilon_H}^2+\sigma_{\varepsilon_V}^2)^2}} \tag{1.104}$$

所以实际中也常考虑下述归一化信号波相干矩阵：

$$C_{nm}=(\sigma_{\varepsilon_H}^2+\sigma_{\varepsilon_V}^2)^{-1}C=(\sigma_{\varepsilon_H}^2+\sigma_{\varepsilon_V}^2)^{-1}\begin{bmatrix}\sigma_{\varepsilon_H}^2 & r_{\varepsilon_H\varepsilon_V}^*\\ r_{\varepsilon_H\varepsilon_V} & \sigma_{\varepsilon_V}^2\end{bmatrix} \tag{1.105}$$

表1.1给出了一些特殊情形下的归一化信号波相干矩阵。

表1.1　特殊情形下的归一化信号波相干矩阵

	水平线极化	垂直线极化	圆极化	非极化
C_{nm}	$\begin{bmatrix}1 & 0\\ 0 & 0\end{bmatrix}$	$\begin{bmatrix}0 & 0\\ 0 & 1\end{bmatrix}$	$\frac{1}{2}\begin{bmatrix}1 & \mp j\\ \pm j & 1\end{bmatrix}$	$\frac{1}{2}\begin{bmatrix}1 & 0\\ 0 & 1\end{bmatrix}=\frac{1}{2}I_2$

若信号具有二阶非圆性[8]，也即

$$\langle\varepsilon_H^2(t)\rangle\neq0,\ \langle\varepsilon_V^2(t)\rangle\neq0 \tag{1.106}$$

还可以定义下述所谓信号波“相干补矩阵”：

$$C_{cm}=\langle\varepsilon_{H+V}(t)\varepsilon_{H+V}^T(t)\rangle=\langle\xi_{H+V,\mathrm{analytic}}(t)\xi_{H+V,\mathrm{analytic}}^T(t)\mathrm{e}^{-j2\omega_0t}\rangle \tag{1.107}$$

代入式（1.82）所示$\varepsilon_{H+V}(t)$或式（1.36）所示$\xi_{H+V,\mathrm{analytic}}(t)$的定义，可得

$$C_{cm}=\begin{bmatrix}\langle\varepsilon_H^2(t)\rangle & \langle\varepsilon_H(t)\varepsilon_V(t)\rangle\\ \langle\varepsilon_V(t)\varepsilon_H(t)\rangle & \langle\varepsilon_V^2(t)\rangle\end{bmatrix}=C_{cm}^T \tag{1.108}$$

若信号为二阶完全非圆，也即$\varepsilon_H(t)=c_H\varepsilon_H^*(t)$，$\varepsilon_V(t)=c_V\varepsilon_V^*(t)$，其中$c_H\neq0$，$c_V\neq0$，则

$$C_{cm}=\begin{bmatrix}\underbrace{\langle c_H|\varepsilon_H(t)|^2\rangle}_{\stackrel{\mathrm{def}}{=}c_H\sigma_{\varepsilon_H}^2} & \underbrace{\langle\varepsilon_H(t)c_V\varepsilon_V^*(t)\rangle}_{\stackrel{\mathrm{def}}{=}c_V r_{\varepsilon_V\varepsilon_H}}\\ \underbrace{\langle c_H\varepsilon_H^*(t)\varepsilon_V(t)\rangle}_{\stackrel{\mathrm{def}}{=}c_H r_{\varepsilon_H\varepsilon_V}} & \underbrace{\langle c_V|\varepsilon_V(t)|^2\rangle}_{\stackrel{\mathrm{def}}{=}c_V\sigma_{\varepsilon_V}^2}\end{bmatrix}=C\begin{bmatrix}c_H & 0\\ 0 & c_V\end{bmatrix} \tag{1.109}$$

上面关于信号波极化度的定义和讨论，我们将信号波视为信号相互正交的完全极化波和非极化波的和。事实上，信号波也可以分解为两个完全极化波的和，信号可以正交，也可以不正交。

考虑任意两组不同的极化参数：$0°\leqslant\gamma_1\leqslant 90°$，$-180°<\eta_1\leqslant 180°$，$0°\leqslant\gamma_2\leqslant 90°$，$-180°<\eta_2\leqslant 180°$，其中$\boldsymbol{p}_{\gamma_1,\eta_1}\neq\boldsymbol{p}_{\gamma_2,\eta_2}$。

可以证明$\boldsymbol{p}_{\gamma_1,\eta_1}$和$\boldsymbol{p}_{\gamma_2,\eta_2}$线性无关，所以存在$\varepsilon_1(t)$和$\varepsilon_2(t)$，满足

$$\underbrace{\begin{bmatrix}\varepsilon_1(t)\\ \varepsilon_2(t)\end{bmatrix}}_{\stackrel{\text{def}}{=}\boldsymbol{\varepsilon}_{1+2}(t)}=\underbrace{[\boldsymbol{p}_{\gamma_1,\eta_1},\boldsymbol{p}_{\gamma_2,\eta_2}]^{-1}}_{\stackrel{\text{def}}{=}\boldsymbol{P}_{\text{inv}}}\underbrace{\begin{bmatrix}\varepsilon_{\text{H}}(t)\\ \varepsilon_{\text{V}}(t)\end{bmatrix}}_{\boldsymbol{\varepsilon}_{\text{H+V}}(t)}=\boldsymbol{P}_{\text{inv}}\boldsymbol{\varepsilon}_{\text{H+V}}(t) \tag{1.110}$$

由此，$\boldsymbol{\varepsilon}_{\text{H+V}}(t)$可以写成

$$\boldsymbol{\varepsilon}_{\text{H+V}}(t)=[\boldsymbol{p}_{\gamma_1,\eta_1},\boldsymbol{p}_{\gamma_2,\eta_2}]\boldsymbol{\varepsilon}_{1+2}(t)=\boldsymbol{p}_{\gamma_1,\eta_1}\varepsilon_1(t)+\boldsymbol{p}_{\gamma_2,\eta_2}\varepsilon_2(t) \tag{1.111}$$

此处$\varepsilon_1(t)$和$\varepsilon_2(t)$的特性及关系与$\boldsymbol{\varepsilon}_{\text{H+V}}(t)$以及$\boldsymbol{p}_{\gamma_1,\eta_1}$和$\boldsymbol{p}_{\gamma_2,\eta_2}$有关，下面考虑一些特殊情形。

(1) $\langle\varepsilon_1^*(t)\varepsilon_2(t)\rangle\neq 0$，定义

$$\begin{bmatrix}\rho_{\text{H1}}\\ \rho_{\text{V1}}\end{bmatrix}=\begin{bmatrix}\dfrac{\langle\varepsilon_1^*(t)\varepsilon_{\text{H}}(t)\rangle}{\langle|\varepsilon_1(t)|^2\rangle}\\ \dfrac{\langle\varepsilon_1^*(t)\varepsilon_{\text{V}}(t)\rangle}{\langle|\varepsilon_1(t)|^2\rangle}\end{bmatrix}=\begin{bmatrix}\dfrac{\langle\varepsilon_1^*(t)\varepsilon_{\text{H}}(t)\rangle}{\sigma_{\varepsilon_1}^2}\\ \dfrac{\langle\varepsilon_1^*(t)\varepsilon_{\text{V}}(t)\rangle}{\sigma_{\varepsilon_1}^2}\end{bmatrix} \tag{1.112}$$

则$\boldsymbol{\varepsilon}_{\text{H+V}}(t)$可以写成

$$\boldsymbol{\varepsilon}_{\text{H+V}}(t)=\begin{bmatrix}\varepsilon_{\text{H}}(t)\\ \varepsilon_{\text{V}}(t)\end{bmatrix}=\begin{bmatrix}\rho_{\text{H1}}\varepsilon_1(t)+\underbrace{(\varepsilon_{\text{H}}(t)-\rho_{\text{H1}}\varepsilon_1(t))}_{\stackrel{\text{def}}{=}\varepsilon_{\text{H1}}(t)}\\ \rho_{\text{V1}}\varepsilon_1(t)+\underbrace{(\varepsilon_{\text{V}}(t)-\rho_{\text{V1}}\varepsilon_1(t))}_{\stackrel{\text{def}}{=}\varepsilon_{\text{V1}}(t)}\end{bmatrix} \tag{1.113}$$

也即将式（1.111）重新写成

$$\boldsymbol{\varepsilon}_{\text{H+V}}(t)=\boldsymbol{\rho}_{\text{H}_1+\text{V}_1}\varepsilon_1(t)+(\acute{\boldsymbol{p}}_{\gamma_1,\eta_1}\varepsilon_1(t)+\boldsymbol{p}_{\gamma_2,\eta_2}\varepsilon_2(t)) \tag{1.114}$$

式中：$\langle\varepsilon_1^*(t)\varepsilon_{\text{H1}}(t)\rangle=\langle\varepsilon_1^*(t)\varepsilon_{\text{V1}}(t)\rangle=0$，$\boldsymbol{\rho}_{\text{H}_1+\text{V}_1}=[\rho_{\text{H1}},\rho_{\text{V1}}]^{\text{T}}$，$\acute{\boldsymbol{p}}_{\gamma_1,\eta_1}=\boldsymbol{p}_{\gamma_1,\eta_1}-\boldsymbol{\rho}_{\text{H}_1+\text{V}_1}$；

$$\acute{\boldsymbol{p}}_{\gamma_1,\eta_1}\varepsilon_1(t)+\boldsymbol{p}_{\gamma_2,\eta_2}\varepsilon_2(t)=\begin{bmatrix}\varepsilon_{\text{H1}}(t)\\ \varepsilon_{\text{V1}}(t)\end{bmatrix}=\boldsymbol{\varepsilon}_{\text{H}_1+\text{V}_1}(t) \tag{1.115}$$

注意到$\boldsymbol{\rho}_{\text{H}_1+\text{V}_1}$又可以写成$\boldsymbol{\rho}_{\text{H}_1+\text{V}_1}=v\boldsymbol{p}_{\acute{\gamma},\acute{\eta}}$，其中$v$为非零复常数，$0°\leqslant\acute{\gamma}\leqslant 90°$，$-180°<\acute{\eta}\leqslant 180°$。

由此，式（1.114）可以进一步写成

$$\boldsymbol{\varepsilon}_{\mathrm{H+V}}(t)=\boldsymbol{p}_{\acute{\gamma},\acute{\eta}}\acute{\varepsilon}_{\mathrm{cp}}(t)+\boldsymbol{\varepsilon}_{\mathrm{H_1+V_1}}(t) \tag{1.116}$$

式中：$\acute{\varepsilon}_{\mathrm{cp}}(t)=v\varepsilon_1(t)$，且$\langle|\acute{\varepsilon}_{\mathrm{cp}}(t)|^2\rangle=\acute{\sigma}_{\mathrm{cp}}^2=(|\rho_{\mathrm{H1}}|^2+|\rho_{\mathrm{V1}}|^2)\sigma_{\varepsilon_1}^2$。

如果式（1.110）中$\boldsymbol{P}_{\mathrm{inv}}(1,1)=p_{11}$和$\boldsymbol{P}_{\mathrm{inv}}(1,2)=p_{12}$满足下述条件：

$$\begin{bmatrix}p_{11}^*\\ p_{12}^*\end{bmatrix}=v\boldsymbol{C}^{-1}\boldsymbol{p}_{\gamma,\eta} \tag{1.117}$$

则$\acute{\gamma}=\gamma$，$\acute{\eta}=\eta$，$\rho_{\mathrm{H1}}=v\cos\gamma$，$\rho_{\mathrm{V1}}=v\sin\gamma\mathrm{e}^{\mathrm{j}\eta}$，$\acute{\sigma}_{\mathrm{cp}}^2=v^2\sigma_{\varepsilon_1}^2=\sigma_{\mathrm{cp}}^2$。这样，根据式（1.113）~式（1.116），此时的信号波相干矩阵具有下述分解形式：

$$\boldsymbol{C}=\sigma_{\mathrm{cp}}^2\boldsymbol{p}_{\gamma,\eta}\boldsymbol{p}_{\gamma,\eta}^{\mathrm{H}}+\begin{bmatrix}\sigma_{\varepsilon_{\mathrm{H}}}^2-\sigma_{\mathrm{cp}}^2\cos^2\gamma & 0\\ 0 & \sigma_{\varepsilon_{\mathrm{V}}}^2-\sigma_{\mathrm{cp}}^2\sin^2\gamma\end{bmatrix} \tag{1.118}$$

此即式（1.92）所示分解形式：

$$\sigma_{\varepsilon_{\mathrm{H}}}^2-\sigma_{\mathrm{cp}}^2\cos^2\gamma=\sigma_{\varepsilon_{\mathrm{V}}}^2-\sigma_{\mathrm{cp}}^2\sin^2\gamma=\sigma_{\mathrm{up}}^2/2 \tag{1.119}$$

（2）$\langle\varepsilon_1^*(t)\varepsilon_2(t)\rangle\neq0$，并且$p_{11}=\boldsymbol{P}_{\mathrm{inv}}(1,1)=1$，$p_{12}=\boldsymbol{P}_{\mathrm{inv}}(1,2)=0$，也即$\varepsilon_1(t)=\varepsilon_{\mathrm{H}}(t)$：

$$\begin{bmatrix}\rho_{\mathrm{H1}}\\ \rho_{\mathrm{V1}}\end{bmatrix}=\begin{bmatrix}\dfrac{\langle|\varepsilon_{\mathrm{H}}(t)|^2\rangle}{\langle|\varepsilon_{\mathrm{H}}(t)|^2\rangle}\\ \dfrac{\langle\varepsilon_{\mathrm{H}}^*(t)\varepsilon_{\mathrm{V}}(t)\rangle}{\langle|\varepsilon_{\mathrm{H}}(t)|^2\rangle}\end{bmatrix}=\begin{bmatrix}1\\ \dfrac{r_{\varepsilon_{\mathrm{H}}\varepsilon_{\mathrm{V}}}}{\sigma_{\varepsilon_{\mathrm{H}}}^2}\end{bmatrix} \tag{1.120}$$

其中，ρ_{V1}满足：$|\rho_{\mathrm{V1}}|^2\leqslant\sigma_{\varepsilon_{\mathrm{V}}}^2/\sigma_{\varepsilon_{\mathrm{H}}}^2$，也即$\sigma_{\varepsilon_{\mathrm{V}}}^2-|\rho_{\mathrm{V1}}|^2\sigma_{\varepsilon_{\mathrm{H}}}^2\geqslant0$。

若$\sigma_{\varepsilon_{\mathrm{H}}}^2\neq0$，则$\varepsilon_{\mathrm{V}}(t)$可以写成

$$\varepsilon_{\mathrm{V}}(t)=\rho_{\mathrm{V1}}\varepsilon_{\mathrm{H}}(t)+\underbrace{(\varepsilon_{\mathrm{V}}(t)-\rho_{\mathrm{V1}}\varepsilon_{\mathrm{H}}(t))}_{=\varepsilon_{\mathrm{V1}}(t)} \tag{1.121}$$

可以证明：

$$\langle\varepsilon_{\mathrm{H}}^*(t)\varepsilon_{\mathrm{V1}}(t)\rangle=\langle\varepsilon_{\mathrm{H}}^*(t)\varepsilon_{\mathrm{V}}(t)\rangle-\rho_{\mathrm{V1}}\langle\varepsilon_{\mathrm{H}}^*(t)\varepsilon_{\mathrm{H}}(t)\rangle=0 \tag{1.122}$$

再令$\rho_{\mathrm{V1}}=\tan\gamma_3\mathrm{e}^{\mathrm{j}\eta_3}$，$\varepsilon_{\gamma_3,\eta_3}(t)=\varepsilon_{\mathrm{H}}(t)/\cos\gamma_3$，$\cos\gamma_3\neq0$，进一步有

$$\begin{bmatrix}\varepsilon_{\mathrm{H}}(t)\\ \varepsilon_{\mathrm{V}}(t)\end{bmatrix}=\begin{bmatrix}1\\ \rho_{\mathrm{V1}}\end{bmatrix}\varepsilon_{\mathrm{H}}(t)+\begin{bmatrix}0\\ \varepsilon_{\mathrm{V1}}(t)\end{bmatrix}=\boldsymbol{p}_{\gamma_3,\eta_3}\varepsilon_{\gamma_3,\eta_3}(t)+\begin{bmatrix}0\\ 1\end{bmatrix}\varepsilon_{\mathrm{V1}}(t) \tag{1.123}$$

也即信号波被分解成两个完全极化波的和，其中之一为垂直线极化波，且两部分信号相互正交。此时的信号波相干矩阵又可写成

$$\boldsymbol{C}=\left(\frac{\sigma_{\varepsilon_{\mathrm{H}}}^2}{\cos^2\gamma_3}\right)\boldsymbol{p}_{\gamma_3,\eta_3}\boldsymbol{p}_{\gamma_3,\eta_3}^{\mathrm{H}}+(\sigma_{\varepsilon_{\mathrm{V}}}^2-|\rho_{\mathrm{V1}}|^2\sigma_{\varepsilon_{\mathrm{H}}}^2)\begin{bmatrix}0\\ 1\end{bmatrix}\begin{bmatrix}0\\ 1\end{bmatrix}^{\mathrm{H}} \tag{1.124}$$

进一步地，如果$\sigma_{\varepsilon_{\mathrm{V}}}^2-|\rho_{\mathrm{V1}}|^2\sigma_{\varepsilon_{\mathrm{H}}}^2=0$，则信号波为完全极化，极化矢量为$\boldsymbol{p}_{\gamma_3,\eta_3}$，

此时$\frac{|r_{\varepsilon_H\varepsilon_V}|^2}{\sigma^2_{\varepsilon_H}\sigma^2_{\varepsilon_V}}=1$；抑或$\varepsilon_{V1}(t)=0$，从而$\sigma^2_{\varepsilon_V}=0$，$\rho_{V1}=0$，也即信号波为水平线极化波，$\gamma_3=0°$。

若$\sigma^2_{\varepsilon_H}=0$，则

$$\begin{bmatrix}\varepsilon_H(t)\\ \varepsilon_V(t)\end{bmatrix}=\begin{bmatrix}0\\1\end{bmatrix}\varepsilon_V(t)=\begin{bmatrix}\cos 90°\\ \sin 90° e^{j0°}\end{bmatrix}\varepsilon_{cp}(t) \tag{1.125}$$

（3）$\langle\varepsilon_1^*(t)\varepsilon_2(t)\rangle=\langle\varepsilon_2^*(t)\varepsilon_1(t)\rangle=0$，此时$\boldsymbol{P}_{inv}=[\boldsymbol{p}_{\gamma_1,\eta_1},\boldsymbol{p}_{\gamma_2,\eta_2}]^{-1}$应为信号波相干矩阵$\boldsymbol{C}$的对角化矩阵：

$$\langle\boldsymbol{\varepsilon}_{1+2}(t)\boldsymbol{\varepsilon}^H_{1+2}(t)\rangle=\boldsymbol{P}_{inv}\boldsymbol{C}\boldsymbol{C}^H\boldsymbol{P}^H_{inv}=\begin{bmatrix}\mu_1'^2 & 0\\ 0 & \mu_2'^2\end{bmatrix} \tag{1.126}$$

比如

$$\boldsymbol{P}_{inv}=\boldsymbol{D}[\boldsymbol{u}_1,\boldsymbol{u}_2]^H=\boldsymbol{D}\begin{bmatrix}\boldsymbol{u}_1^H\\ \boldsymbol{u}_2^H\end{bmatrix} \tag{1.127}$$

其中，$\boldsymbol{D}$为满足$\boldsymbol{D}\boldsymbol{D}^H=\boldsymbol{I}_2$的任意对角矩阵。

由于$[\boldsymbol{u}_1,\boldsymbol{u}_2]^H[\boldsymbol{u}_1,\boldsymbol{u}_2]=\boldsymbol{I}_2$，所以

$$[\boldsymbol{p}_{\gamma_1,\eta_1},\boldsymbol{p}_{\gamma_2,\eta_2}]=[\boldsymbol{u}_1,\boldsymbol{u}_2]\boldsymbol{D}^{-1} \tag{1.128}$$

事实上，根据式（1.90），若$\boldsymbol{p}_{\gamma_1,\eta_1}=e^{j\varphi_1}\boldsymbol{u}_1$，$\boldsymbol{p}_{\gamma_2,\eta_2}=e^{j\varphi_2}\boldsymbol{u}_2$，也即

$$\boldsymbol{D}^{-1}=\begin{bmatrix}e^{j\varphi_1} & 0\\ 0 & e^{j\varphi_2}\end{bmatrix} \tag{1.129}$$

其中，φ_1和φ_2为任意相角，则$\boldsymbol{p}_{\gamma_1,\eta_1}\boldsymbol{p}^H_{\gamma_1,\eta_1}=\boldsymbol{u}_1\boldsymbol{u}_1^H$，$\boldsymbol{p}_{\gamma_2,\eta_2}\boldsymbol{p}^H_{\gamma_2,\eta_2}=\boldsymbol{u}_2\boldsymbol{u}_2^H$，于是有

$$\boldsymbol{C}=\mu_1\boldsymbol{p}_{\gamma_1,\eta_1}\boldsymbol{p}^H_{\gamma_1,\eta_1}+\mu_2\boldsymbol{p}_{\gamma_2,\eta_2}\boldsymbol{p}^H_{\gamma_2,\eta_2} \tag{1.130}$$

此时

$$\begin{bmatrix}\varepsilon_H(t)\\ \varepsilon_V(t)\end{bmatrix}=[\boldsymbol{u}_1,\boldsymbol{u}_2]\boldsymbol{D}^{-1}\begin{bmatrix}\varepsilon_1(t)\\ \varepsilon_2(t)\end{bmatrix}=\boldsymbol{p}_{\gamma_1,\eta_1}\varepsilon_1(t)+\boldsymbol{p}_{\gamma_2,\eta_2}\varepsilon_2(t) \tag{1.131}$$

式中：$\langle|\varepsilon_1(t)|^2\rangle=\mu_1\geqslant 0$，$\langle|\varepsilon_2(t)|^2\rangle=\mu_2\geqslant 0$，$\langle\varepsilon_1^*(t)\varepsilon_2(t)\rangle=0$。

1.3 信号波的传播方向差异和极化差异

1.3.1 传播矢量夹角

根据 1.2.1 节的讨论可知，对于两个固定的信号源，其方位角和俯仰角的值、信号波传播矢量均与所选择的坐标系有关，但传播矢量间的夹角却是与坐标系无关的，可用于描述信号波传播方向的差异（DD）：

$$\mathrm{DD}=\arccos(\boldsymbol{b}_{\mathrm{p}}^{\mathrm{H}}(\grave{\theta}_1,\grave{\phi}_1)\boldsymbol{b}_{\mathrm{p}}(\grave{\theta}_2,\grave{\phi}_2))\in[0°,180°] \tag{1.132}$$

式中：$\grave{\theta}_1$和$\grave{\phi}_1$分别为信号源 1 在某坐标系$\grave{x}\grave{y}\grave{z}$下（可直接选择之前讨论所定义和采用的坐标系 xyz）的俯仰角和方位角，$\grave{\theta}_2$和$\grave{\phi}_2$分别为信号源 2 在该坐标系下的俯仰角和方位角；

$$\boldsymbol{b}_{\mathrm{p}}(\grave{\theta},\grave{\phi})=-[\sin\grave{\theta}\cos\grave{\phi},\sin\grave{\theta}\sin\grave{\phi},\cos\grave{\theta}]^{\mathrm{T}} \tag{1.133}$$

特例之一是，在某坐标系比如$\grave{x}\grave{y}\grave{z}$下，$\grave{\phi}_1=\grave{\phi}_2$或$\grave{\theta}_1=\grave{\theta}_2=90°$，信号波传播矢量间的夹角即为信号源俯仰角或方位角的差值：

$$\mathrm{DD}=\grave{\theta}_1-\grave{\theta}_2,\ \grave{\phi}_1=\grave{\phi}_2 \tag{1.134}$$

$$\mathrm{DD}=\grave{\phi}_1-\grave{\phi}_2,\ \grave{\theta}_1=\grave{\theta}_2=90° \tag{1.135}$$

1.3.2 极化距离

根据 1.2.3 节的讨论可知，信号波极化参数的值与极化平面内一对极化基矢量的选择以及坐标轴的选择都是有关的。

首先讨论极化基矢量的变换对信号波极化参数值的影响。设$\grave{\boldsymbol{b}}_1$和$\grave{\boldsymbol{b}}_2$为两个线性无关的 3×1 维实矢量，若它们均位于信号波的极化平面内，则一定都能由同在该平面内的水平极化和垂直极化标准正交基矢量 $\boldsymbol{b}_{\mathrm{H}}(\phi)$ 和 $\boldsymbol{b}_{\mathrm{V}}(\theta,\phi)$ 线性表出：

$$[\grave{\boldsymbol{b}}_1,\grave{\boldsymbol{b}}_2]=\underbrace{[\boldsymbol{b}_{\mathrm{H}}(\phi),\boldsymbol{b}_{\mathrm{V}}(\theta,\phi)]}_{\boldsymbol{B}_{\mathrm{e}}(\theta,\phi)}\boldsymbol{T}^{-1} \tag{1.136}$$

式中：$\boldsymbol{T}$ 为 2×2 维非奇异实矩阵，这里称为极化基变换矩阵。

由此，存在$-90°\leqslant\grave{\alpha}\leqslant 90°$，$-45°<\grave{\beta}\leqslant 45°$和非零常数 v，使得

$$[\boldsymbol{b}_{\mathrm{H}}(\phi),\boldsymbol{b}_{\mathrm{V}}(\theta,\phi)]\boldsymbol{q}_{\alpha,\beta}=[\grave{\boldsymbol{b}}_1,\grave{\boldsymbol{b}}_2]\boldsymbol{T}\boldsymbol{q}_{\alpha,\beta}=v[\grave{\boldsymbol{b}}_1,\grave{\boldsymbol{b}}_2]\boldsymbol{q}_{\grave{\alpha},\grave{\beta}} \tag{1.137}$$

式中：

$$\boldsymbol{q}_{\grave{\alpha},\grave{\beta}}=\begin{bmatrix}\cos\grave{\alpha} & -\sin\grave{\alpha}\\ \sin\grave{\alpha} & \cos\grave{\alpha}\end{bmatrix}\begin{bmatrix}\cos\grave{\beta}\\ \mathrm{j}\sin\grave{\beta}\end{bmatrix} \tag{1.138}$$

由于 $\boldsymbol{b}_{\mathrm{H}}(\phi)$ 和 $\boldsymbol{b}_{\mathrm{V}}(\theta,\phi)$ 标准正交，一定线性无关，所以

$$\boldsymbol{q}_{\grave{\alpha},\grave{\beta}}=v^{-1}\boldsymbol{T}\boldsymbol{q}_{\alpha,\beta} \tag{1.139}$$

这意味着极化基矢量的变换可能会导致极化参数的值发生变化。

如果 $\boldsymbol{T}$ 为实酉矩阵，也即 $\boldsymbol{T}^{\mathrm{H}}\boldsymbol{T}=\boldsymbol{I}_2=\boldsymbol{T}\boldsymbol{T}^{\mathrm{H}}$，则 $|v|=1$，$\grave{\boldsymbol{b}}_1$和$\grave{\boldsymbol{b}}_2$仍是标准正交基。一个特例是

$$\boldsymbol{T}=\begin{bmatrix}\cos\Delta_\alpha & \sin\Delta_\alpha\\ -\sin\Delta_\alpha & \cos\Delta_\alpha\end{bmatrix} \tag{1.140}$$

此时

$$[\grave{\boldsymbol{b}}_1,\grave{\boldsymbol{b}}_2]=[\boldsymbol{b}_{\mathrm{H}}(\phi),\boldsymbol{b}_{\mathrm{V}}(\theta,\phi)]\begin{bmatrix}\cos\Delta_\alpha & -\sin\Delta_\alpha\\ \sin\Delta_\alpha & \cos\Delta_\alpha\end{bmatrix}\tag{1.141}$$

以及

$$\boldsymbol{q}_{\grave{\alpha},\grave{\beta}}=v^{-1}\begin{bmatrix}\cos(\alpha-\Delta_\alpha) & -\sin(\alpha-\Delta_\alpha)\\ \sin(\alpha-\Delta_\alpha) & \cos(\alpha-\Delta_\alpha)\end{bmatrix}\begin{bmatrix}\cos\beta\\ \mathrm{j}\sin\beta\end{bmatrix}\tag{1.142}$$

也即$\grave{\boldsymbol{b}}_1$和$\grave{\boldsymbol{b}}_2$是$\boldsymbol{b}_{\mathrm{H}}(\phi)$和$\boldsymbol{b}_{\mathrm{V}}(\theta,\phi)$在极化平面内的整体逆时针旋转，旋转角度为$\Delta_\alpha$；$\cos\grave{\alpha}=v^{-1}\cos(\alpha-\Delta_\alpha)$，$\sin\grave{\alpha}=v^{-1}\sin(\alpha-\Delta_\alpha)$，$\grave{\beta}=\beta$，极化倾角的值改变，而极化椭圆角的值不变。

另一个特例是

$$\boldsymbol{T}=\begin{bmatrix}-\cos\Delta_{\alpha,\beta} & \sin\Delta_{\alpha,\beta}\\ \sin\Delta_{\alpha,\beta} & \cos\Delta_{\alpha,\beta}\end{bmatrix}\tag{1.143}$$

此时$\grave{\boldsymbol{b}}_1$和$\grave{\boldsymbol{b}}_2$不再是$\boldsymbol{b}_{\mathrm{H}}(\phi)$和$\boldsymbol{b}_{\mathrm{V}}(\theta,\phi)$在极化平面内的整体旋转，而且

$$\boldsymbol{q}_{\grave{\alpha},\grave{\beta}}=-v^{-1}\begin{bmatrix}\cos(-\alpha-\Delta_{\alpha,\beta}) & -\sin(-\alpha-\Delta_{\alpha,\beta})\\ \sin(-\alpha-\Delta_{\alpha,\beta}) & \cos(-\alpha-\Delta_{\alpha,\beta})\end{bmatrix}\begin{bmatrix}\cos(-\beta)\\ \mathrm{j}\sin(-\beta)\end{bmatrix}\tag{1.144}$$

也即极化倾角和极化椭圆角的值均会发生变化。

坐标系的变换也可能会导致信号波极化参数值的改变。在坐标系$\grave{x}\grave{y}\grave{z}$下，水平极化和垂直极化基矢量分别为

$$\boldsymbol{b}_{\mathrm{H}}(\grave{\phi})=[-\sin\grave{\phi},\cos\grave{\phi},0]^{\mathrm{T}}\tag{1.145}$$

$$\boldsymbol{b}_{\mathrm{V}}(\grave{\theta},\grave{\phi})=[\cos\grave{\theta}\cos\grave{\phi},\cos\grave{\theta}\sin\grave{\phi},-\sin\grave{\theta}]^{\mathrm{T}}\tag{1.146}$$

两者仍为标准正交，矢量叉积为

$$\boldsymbol{b}_{\mathrm{H}}(\grave{\phi})\times\boldsymbol{b}_{\mathrm{V}}(\grave{\theta},\grave{\phi})=-[\sin\grave{\theta}\cos\grave{\phi},\sin\grave{\theta}\sin\grave{\phi},\cos\grave{\theta}]^{\mathrm{T}}=\boldsymbol{b}_{\mathrm{p}}(\grave{\theta},\grave{\phi})\tag{1.147}$$

坐标系 xyz 下此即$\boldsymbol{b}_{\mathrm{p}}(\theta,\phi)$。所以，若在坐标系 xyz 下$\boldsymbol{b}_{\mathrm{H}}(\grave{\phi})$和$\boldsymbol{b}_{\mathrm{V}}(\grave{\theta},\grave{\phi})$分别为$\grave{\boldsymbol{b}}_{\mathrm{H}}$和$\grave{\boldsymbol{b}}_{\mathrm{V}}$，则$\grave{\boldsymbol{b}}_{\mathrm{H}}$和$\grave{\boldsymbol{b}}_{\mathrm{V}}$一定位于信号波的极化平面内（极化平面与坐标系的旋转无关），且是$\boldsymbol{b}_{\mathrm{H}}(\phi)$和$\boldsymbol{b}_{\mathrm{V}}(\theta,\phi)$在极化平面内的一个整体旋转，如图 1.7 所示，也即

$$[\grave{\boldsymbol{b}}_{\mathrm{H}},\grave{\boldsymbol{b}}_{\mathrm{V}}]=[\boldsymbol{b}_{\mathrm{H}}(\phi),\boldsymbol{b}_{\mathrm{V}}(\theta,\phi)]\begin{bmatrix}\cos\Delta_{\grave{\alpha}} & -\sin\Delta_{\grave{\alpha}}\\ \sin\Delta_{\grave{\alpha}} & \cos\Delta_{\grave{\alpha}}\end{bmatrix}\tag{1.148}$$

式中：$\Delta_{\grave{\alpha}}$ 为极化基矢量旋转角度，

$$[\grave{\boldsymbol{b}}_{\mathrm{H}},\grave{\boldsymbol{b}}_{\mathrm{V}}]=\underbrace{[\boldsymbol{b}_{\grave{x}},\boldsymbol{b}_{\grave{y}},\boldsymbol{b}_{\grave{z}}]}_{\overset{\mathrm{def}}{=}\boldsymbol{B}_{\grave{x},\grave{y},\grave{z}}}\underbrace{[\boldsymbol{b}_{\mathrm{H}}(\grave{\phi}),\boldsymbol{b}_{\mathrm{V}}(\grave{\theta},\grave{\phi})]}_{=\boldsymbol{B}_{\mathrm{e}}(\grave{\theta},\grave{\phi})}\tag{1.149}$$

其中，$\boldsymbol{b}_{\grave{x}}$、$\boldsymbol{b}_{\grave{y}}$ 和 $\boldsymbol{b}_{\grave{z}}$ 为坐标系 xyz 下坐标系$\grave{x}\grave{y}\grave{z}$的三个坐标基矢量。

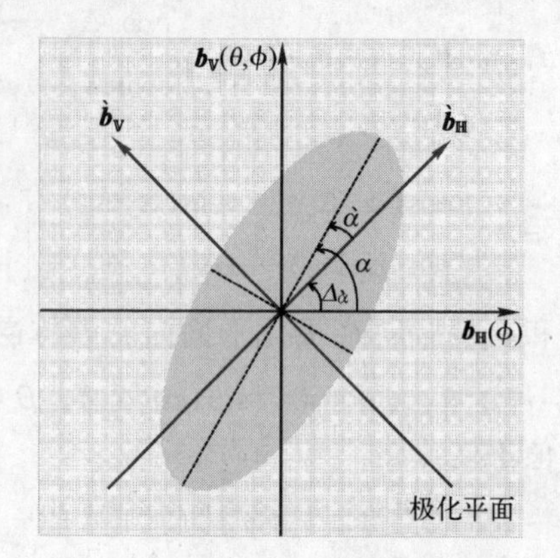

(a) 极化基矢量的整体旋转

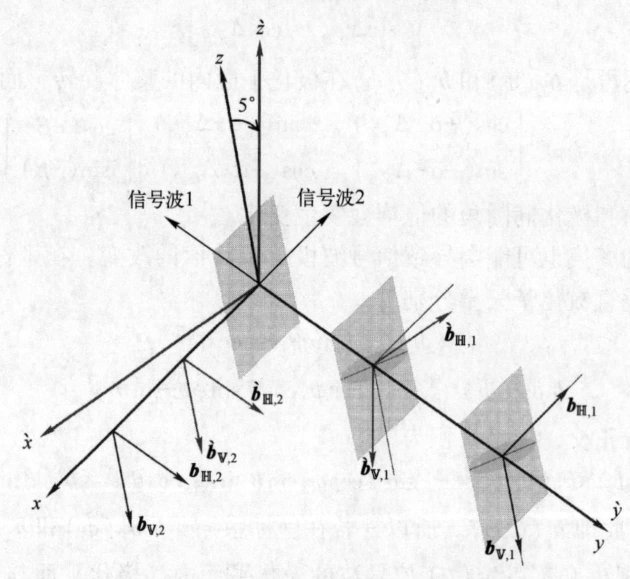

(b) 不同坐标系下的极化参数值变化

图 1.7　极化基矢量旋转示意图

由此可见，不同坐标系下的极化椭圆角值是相同的，但极化倾角值可能会发生变化。

不妨考虑一个简单的例子：两个信号源在坐标系 xyz 下方位角分别为 $\phi_1=90°$ 和 $\phi_2=0°$，俯仰角均为 90°，也即 $\theta_1=\theta_2=90°$，极化倾角分别为 $\alpha_1=10°$ 和 $\alpha_2=5°$，极化椭圆角均为 20°，也即 $\beta_1=\beta_2=20°$。

现将 x 轴和 z 轴围绕 y 轴逆时针旋转 5°，得到坐标系 $\grave{x}\grave{y}\grave{z}$，在该坐标系下，信号源的俯仰角、方位角变为：$\grave{\phi}_1=90°$，$\grave{\phi}_2=0°$，$\grave{\theta}_1=90°$，$\grave{\theta}_2=95°$。

在坐标系 xyz 下，$\boldsymbol{b}_{\grave{x}}$，$\boldsymbol{b}_{\grave{y}}$和 $\boldsymbol{b}_{\grave{z}}$分别为

$$\boldsymbol{b}_{\grave{x}}=[\cos5°,0,\sin5°]^{\mathrm{T}}$$

$$\boldsymbol{b}_{\grave{y}}=[0,1,0]^{\mathrm{T}}=\boldsymbol{b}_{y}$$

$$\boldsymbol{b}_{\grave{z}}=[-\sin5°,0,\cos5°]^{\mathrm{T}}$$

两个信号波的水平极化和垂直极化基矢量分别为

$$\boldsymbol{b}_{\mathrm{H}}(\phi_1=90°)=[-1,0,0]^{\mathrm{T}}=\boldsymbol{b}_{\mathrm{H},1}$$

$$\boldsymbol{b}_{\mathrm{H}}(\phi_2=0°)=[0,1,0]^{\mathrm{T}}=\boldsymbol{b}_{\mathrm{H},2}$$

$$\boldsymbol{b}_{\mathrm{V}}(\theta_1=90°,\phi_1=90°)=[0,0,-1]^{\mathrm{T}}=\boldsymbol{b}_{\mathrm{V},1}$$

$$\boldsymbol{b}_{\mathrm{V}}(\theta_2=90°,\phi_2=0°)=[0,0,-1]^{\mathrm{T}}=\boldsymbol{b}_{\mathrm{V},2}$$

在坐标系 $\grave{x}\grave{y}\grave{z}$ 下，信号波的水平极化和垂直极化基矢量分别为

$$\boldsymbol{b}_{\mathrm{H}}(\grave{\phi}_1=90°)=[-1,0,0]^{\mathrm{T}}$$

$$\boldsymbol{b}_{\mathrm{H}}(\grave{\phi}_2=0°)=[0,1,0]^{\mathrm{T}}$$

$$\boldsymbol{b}_{\mathrm{V}}(\grave{\theta}_1=90°,\grave{\phi}_1=90°)=[0,0,-1]^{\mathrm{T}}$$

$$\boldsymbol{b}_{\mathrm{V}}(\grave{\theta}_2=95°,\grave{\phi}_2=0°)=[\cos95°,0,-\sin95°]^{\mathrm{T}}$$

所以

$$\grave{\boldsymbol{b}}_{\mathrm{H},1}=[\boldsymbol{b}_{\grave{x}},\boldsymbol{b}_{\grave{y}},\boldsymbol{b}_{\grave{z}}]\boldsymbol{b}_{\mathrm{H}}(\grave{\phi}_1=90°)=-\boldsymbol{b}_{\grave{x}}=-[\cos5°,0,\sin5°]^{\mathrm{T}}$$

$$\grave{\boldsymbol{b}}_{\mathrm{H},2}=[\boldsymbol{b}_{\grave{x}},\boldsymbol{b}_{\grave{y}},\boldsymbol{b}_{\grave{z}}]\boldsymbol{b}_{\mathrm{H}}(\grave{\phi}_2=0°)=\boldsymbol{b}_{\grave{y}}=[0,1,0]^{\mathrm{T}}$$

$$\grave{\boldsymbol{b}}_{\mathrm{V},1}=[\boldsymbol{b}_{\grave{x}},\boldsymbol{b}_{\grave{y}},\boldsymbol{b}_{\grave{z}}]\boldsymbol{b}_{\mathrm{V}}(\grave{\theta}_1=90°,\grave{\phi}_1=90°)=-\boldsymbol{b}_{\grave{z}}=[\sin5°,0,-\cos5°]^{\mathrm{T}}$$

$$\grave{\boldsymbol{b}}_{\mathrm{V},2}=[\boldsymbol{b}_{\grave{x}},\boldsymbol{b}_{\grave{y}},\boldsymbol{b}_{\grave{z}}]\boldsymbol{b}_{\mathrm{V}}(\grave{\theta}_2=95°,\grave{\phi}_2=0°)=[0,0,-1]^{\mathrm{T}}$$

不难看出

$$\underbrace{\begin{bmatrix}-\cos5° & \sin5°\\ 0 & 0\\ -\sin5° & -\cos5°\end{bmatrix}}_{[\grave{\boldsymbol{b}}_{\mathrm{H},1},\ \grave{\boldsymbol{b}}_{\mathrm{V},1}]}=\underbrace{\begin{bmatrix}-1 & 0\\ 0 & 0\\ 0 & -1\end{bmatrix}}_{[\boldsymbol{b}_{\mathrm{H},1},\boldsymbol{b}_{\mathrm{V},1}]}\begin{bmatrix}\cos(\Delta_{\grave{\alpha}_1}=5°) & -\sin(\Delta_{\grave{\alpha}_1}=5°)\\ \sin(\Delta_{\grave{\alpha}_1}=5°) & \cos(\Delta_{\grave{\alpha}_1}=5°)\end{bmatrix}$$

$$\underbrace{\begin{bmatrix}0 & 0\\ 1 & 0\\ 0 & -1\end{bmatrix}}_{[\grave{\boldsymbol{b}}_{\mathrm{H},2},\ \grave{\boldsymbol{b}}_{\mathrm{V},2}]}=\underbrace{\begin{bmatrix}0 & 0\\ 1 & 0\\ 0 & -1\end{bmatrix}}_{[\boldsymbol{b}_{\mathrm{H},2},\boldsymbol{b}_{\mathrm{V},2}]}\begin{bmatrix}\cos(\Delta_{\grave{\alpha}_2}=0°) & -\sin(\Delta_{\grave{\alpha}_2}=0°)\\ \sin(\Delta_{\grave{\alpha}_2}=0°) & \cos(\Delta_{\grave{\alpha}_2}=0°)\end{bmatrix}$$

也即对应信号波 1 的极化基矢量在极化平面内发生了 5°的逆时针旋转，而对应信号波 2 的极化基矢量没有变化。

因此，在坐标系 $\grave{x}\grave{y}\grave{z}$ 下，信号波 1 的极化参数值发生了变化：$\grave{\alpha}_1=\alpha_1-5°=5°\neq\alpha_1=10°$，$\grave{\beta}_1=\beta_1=20°$，而信号波 2 的极化参数值没有发生改变：$\grave{\alpha}_2=\alpha_2=5°=\grave{\alpha}_1$，$\grave{\beta}_2=\beta_2=20°=\grave{\beta}_1$，如图 1.7（b）所示。

为衡量不同极化状态之间的差异，可采用 Poincaré① 极化球（球心位于坐标原点，半径为 1，如图 1.8 所示）几何描述方法[9]，将不同极化参数值映射于极化球上的不同点，如图 1.8（a）所示，该点的方向矢量为

$$\boldsymbol{b}_{\mathrm{s}}(90°-2\beta,2\alpha)=[\cos2\beta\cos2\alpha,\cos2\beta\sin2\alpha,\sin2\beta]^{\mathrm{T}} \tag{1.150}$$

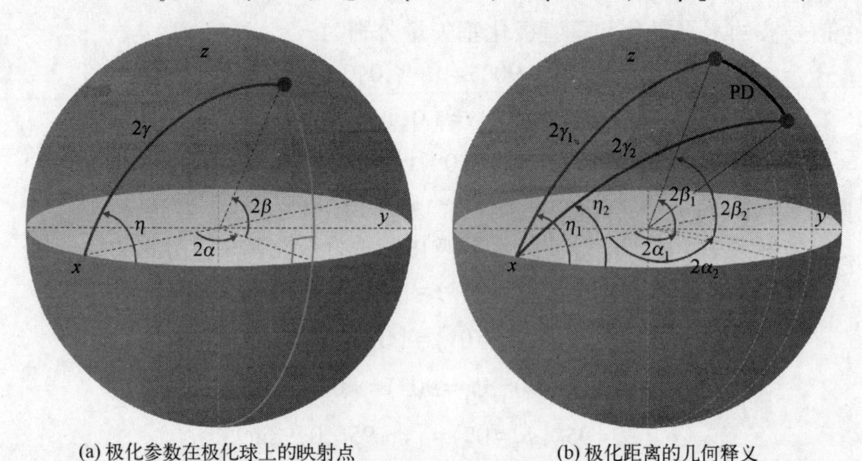

(a) 极化参数在极化球上的映射点　　(b) 极化距离的几何释义

图 1.8 Poincaré 极化球与极化距离示意图[9]

假定两种极化状态对应的极化参数分别为(α_1,β_1)和(α_2,β_2)，则两种极化状态间的差异，亦称极化距离（PD），可用(α_1,β_1)和(α_2,β_2)在极化球上映射点间弧长的较短值来衡量：

$$\begin{aligned}\mathrm{PD}&=\arccos(\boldsymbol{b}_{\mathrm{s}}^{\mathrm{H}}(90°-2\beta_2,2\alpha_2)\boldsymbol{b}_{\mathrm{s}}(90°-2\beta_1,2\alpha_1))\\&=\arccos(\cos2\beta_2\cos2\beta_1\cos(2(\alpha_2-\alpha_1))+\sin2\beta_2\sin2\beta_1)\end{aligned} \tag{1.151}$$

根据式（1.58）~式（1.61），还可以推得

$$\mathrm{PD}=\arccos(\cos2\gamma_2\cos2\gamma_1+\sin2\gamma_2\sin2\gamma_1\cos(\eta_2-\eta_1)) \tag{1.152}$$

再注意到

$$2\,|\boldsymbol{q}_{\alpha_2,\beta_2}^{\mathrm{H}}\boldsymbol{q}_{\alpha_1,\beta_1}|^2-1=2\,|\boldsymbol{p}_{\gamma_2,\eta_2}^{\mathrm{H}}\boldsymbol{p}_{\gamma_1,\eta_1}|^2-1=\cos\mathrm{PD} \tag{1.153}$$

所以

$$\mathrm{PD}=2\arccos(|\boldsymbol{q}_{\alpha_2,\beta_2}^{\mathrm{H}}\boldsymbol{q}_{\alpha_1,\beta_1}|)=\arccos(2|\boldsymbol{q}_{\alpha_2,\beta_2}^{\mathrm{H}}\boldsymbol{q}_{\alpha_1,\beta_1}|^2-1) \tag{1.154}$$

$$\mathrm{PD}=2\arccos(|\boldsymbol{p}_{\gamma_2,\eta_2}^{\mathrm{H}}\boldsymbol{p}_{\gamma_1,\eta_1}|)=\arccos(2|\boldsymbol{p}_{\gamma_2,\eta_2}^{\mathrm{H}}\boldsymbol{p}_{\gamma_1,\eta_1}|^2-1) \tag{1.155}$$

根据上文的讨论，坐标系 $\grave{x}\grave{y}\grave{z}$ 下的极化距离可以写成

$$2\arccos(|\boldsymbol{q}_{\grave{\alpha}_2,\grave{\beta}_2}^{\mathrm{H}}\boldsymbol{q}_{\grave{\alpha}_1,\grave{\beta}_1}|)=2\arccos(|\boldsymbol{q}_{\alpha_2,\beta_2}^{\mathrm{H}}\boldsymbol{\Delta}_{\grave{\alpha}_1,\grave{\alpha}_2}\boldsymbol{q}_{\alpha_1,\beta_1}|) \tag{1.156}$$

$$2\arccos(|\boldsymbol{p}_{\grave{\gamma}_2,\grave{\eta}_2}^{\mathrm{H}}\boldsymbol{p}_{\grave{\gamma}_1,\grave{\eta}_1}|)=2\arccos(|\boldsymbol{p}_{\gamma_2,\eta_2}^{\mathrm{H}}\boldsymbol{\Delta}_{\grave{\alpha}_1,\grave{\alpha}_2}\boldsymbol{p}_{\gamma_1,\eta_1}|) \tag{1.157}$$

① Poincaré H. Théorie mathématique de la lumiére. Georges Carré, Paris, 1892.

式中：

$$\boldsymbol{\Delta}_{\dot{\alpha}_1,\dot{\alpha}_2}=\boldsymbol{B}_{\mathrm{e}}^{\mathrm{H}}(\theta_2,\phi_2)\boldsymbol{B}_{\dot{x},\dot{y},\dot{z}}\boldsymbol{B}_{\mathrm{e}}(\dot{\theta}_2,\dot{\phi}_2)\boldsymbol{B}_{\mathrm{e}}^{\mathrm{H}}(\dot{\theta}_1,\dot{\phi}_1)\boldsymbol{B}_{\dot{x},\dot{y},\dot{z}}^{\mathrm{H}}\boldsymbol{B}_{\mathrm{e}}(\theta_1,\phi_1)$$
$$=\begin{bmatrix}\cos(\Delta_{\dot{\alpha}_2}-\Delta_{\dot{\alpha}_1}) & -\sin(\Delta_{\dot{\alpha}_2}-\Delta_{\dot{\alpha}_1})\\ \sin(\Delta_{\dot{\alpha}_2}-\Delta_{\dot{\alpha}_1}) & \cos(\Delta_{\dot{\alpha}_2}-\Delta_{\dot{\alpha}_1})\end{bmatrix}\tag{1.158}$$

其中，$\dot{\alpha}_1$和$\dot{\alpha}_2$分别为坐标系$\dot{x}\dot{y}\dot{z}$下对应信号波 1 和信号波 2 的极化基矢量整体旋转角度。

特别地，若$\dot{\theta}_1=\dot{\theta}_2=90°$，或$\dot{\phi}_1=\dot{\phi}_2$，则

$$\boldsymbol{\Delta}_{\dot{\alpha}_1,\dot{\alpha}_2}(1,1)=\boldsymbol{\Delta}_{\dot{\alpha}_1,\dot{\alpha}_2}(2,2)=\frac{(1+\cos\theta_2\cos\theta_1)\cos(\phi_2-\phi_1)+\sin\theta_2\sin\theta_1}{1+\cos\mathrm{DD}}\tag{1.159}$$

$$\boldsymbol{\Delta}_{\dot{\alpha}_1,\dot{\alpha}_2}(1,2)=-\boldsymbol{\Delta}_{\dot{\alpha}_1,\dot{\alpha}_2}(2,1)=-\frac{(\cos\theta_2+\cos\theta_1)\sin(\phi_2-\phi_1)}{1+\cos\mathrm{DD}}\tag{1.160}$$

其中，DD 的定义如式（1.132）所示。

很显然，若 $\theta_1=\theta_2=90°$或 $\phi_1=\phi_2$，则 $\boldsymbol{\Delta}_{\dot{\alpha}_1,\dot{\alpha}_2}=\boldsymbol{I}_2$。

1.4　天线方向图与极化

1.4.1　信号波的感应

根据 1.2 节对信号波场的分析，天线入射信号波，其电场矢量可以分解为水平极化和垂直极化两个分量，分别记为$\xi_{\mathbf{H}}(t)$和$\xi_{\mathbf{V}}(t)$。

暂不考虑噪声，并假设信号源的方位角和俯仰角分别为ϕ和θ，则信号波经天线感应后的输出可以写成

$$\zeta(t)=\xi_{\mathbf{H}}(t)*h_{\mathbf{H}}(\theta,\phi,t)+\xi_{\mathbf{V}}(t)*h_{\mathbf{V}}(\theta,\phi,t)\tag{1.161}$$

式中：$h_{\mathbf{H}}(\theta,\phi,t)$和$h_{\mathbf{V}}(\theta,\phi,t)$分别为天线在$(\theta,\phi)$方向上的水平和垂直极化单位冲激响应，如图 1.9 所示。

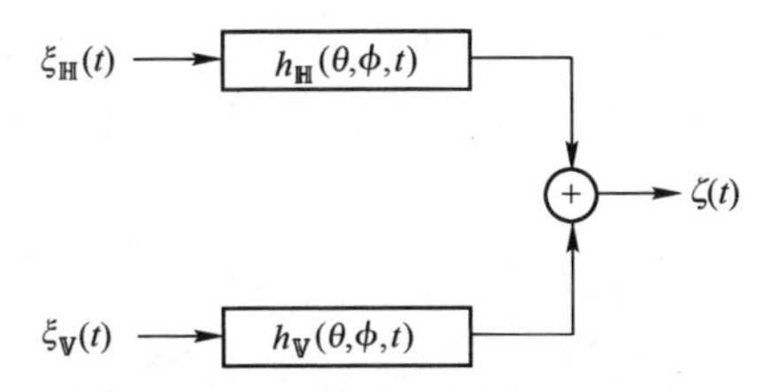

图 1.9　天线的水平和垂直极化单位冲激响应示意图

假设$\xi_{\mathrm{H}}(t)$和$\xi_{\mathrm{V}}(t)$的中心频率为ω_0，而天线在两者谱支撑上的(θ,ϕ)方向水平极化和垂直极化频率响应分别近似为$H_{\mathrm{H},\omega_0}(\theta,\phi)$和$H_{\mathrm{V},\omega_0}(\theta,\phi)$，则根据1.1节的讨论，$\zeta(t)$又可以近似写成

$$\zeta(t)\approx \mathrm{Re}(H_{\mathrm{H},\omega_0}(\theta,\phi)\xi_{\mathrm{H,analytic}}(t)+H_{\mathrm{V},\omega_0}(\theta,\phi)\xi_{\mathrm{V,analytic}}(t)) \tag{1.162}$$

式中：

$$\begin{bmatrix}\xi_{\mathrm{H,analytic}}(t)\\ \xi_{\mathrm{V,analytic}}(t)\end{bmatrix}=\begin{bmatrix}\xi_{\mathrm{H}}(t)+\mathrm{jHT}(\xi_{\mathrm{H}}(t))\\ \xi_{\mathrm{V}}(t)+\mathrm{jHT}(\xi_{\mathrm{V}}(t))\end{bmatrix} \tag{1.163}$$

特别地，若信号波为线极化，也即$\xi_{\mathrm{H}}(t)=\cos\gamma\xi(t)$和$\xi_{\mathrm{V}}(t)=\pm\sin\gamma\xi(t)$，其中，$\xi(t)=\mathrm{Re}(\xi_{\mathrm{analytic}}(t))$，$\xi_{\mathrm{analytic}}(t)=a(t)\mathrm{e}^{\mathrm{j}\varphi_{\omega_0}(t)}$，则$\zeta(t)$可以简化为

$$\zeta(t)=\xi(t)*h(\theta,\phi,t)\approx \mathrm{Re}(H_{\omega_0}(\theta,\phi)\xi_{\mathrm{analytic}}(t))$$

其中，$h(\theta,\phi,t)=\cos\gamma h_{\mathrm{H}}(\theta,\phi,t)\pm\sin\gamma h_{\mathrm{V}}(\theta,\phi,t)$，$H_{\omega_0}(\theta,\phi)$为$h(\theta,\phi,t)$的傅里叶变换。

根据式（1.37），也即

$$\boldsymbol{\xi}_{\mathrm{e,analytic}}(t)=\xi_{\mathrm{H,analytic}}(t)\boldsymbol{b}_{\mathrm{H}}(\phi)+\xi_{\mathrm{V,analytic}}(t)\boldsymbol{b}_{\mathrm{V}}(\theta,\phi)$$

式（1.162）可以重写成[7]

$$\zeta(t)=\mathrm{Re}(\boldsymbol{f}_{\omega_0}(\theta,\phi)\cdot\boldsymbol{\xi}_{\mathrm{e,analytic}}(t))=\mathrm{Re}(\boldsymbol{f}^{\mathrm{T}}_{\omega_0}(\theta,\phi)\boldsymbol{\xi}_{\mathrm{e,analytic}}(t)) \tag{1.164}$$

式中："·"表示矢量点积；

$$\boldsymbol{f}_{\omega_0}(\theta,\phi)=H_{\mathrm{H},\omega_0}(\theta,\phi)\boldsymbol{b}_{\mathrm{H}}(\phi)+H_{\mathrm{V},\omega_0}(\theta,\phi)\boldsymbol{b}_{\mathrm{V}}(\theta,\phi) \tag{1.165}$$

顺便指出，天线对信号波的感应，也可以利用天线的“复矢量有效长度/高度”进行分析[10-13]。

与式（1.165）所定义的$\boldsymbol{f}_{\omega_0}(\theta,\phi)$类似，天线复矢量有效长度一般也是3×1维复矢量，若记其为$\boldsymbol{\hbar}_{\omega_0}(\theta,\phi)$，则天线输出端的开路电压可以写成[10]

$$\zeta_{\mathrm{ocv}}(t)=\mathrm{Re}(\boldsymbol{\hbar}_{\omega_0}(\theta,\phi)\cdot\boldsymbol{\xi}_{\mathrm{e,analytic}}(t)) \tag{1.166}$$

对上述天线输出$\zeta(t)$进一步进行放大处理，并通过如图1.3所示的接收系统，解调成类似于式（1.24）所述的复基带信号，作为后续处理的对象。根据1.1节的讨论，该复基带信号具有下述形式：

$$x(t)=H_{\mathrm{channel}}(\omega_0)(H_{\mathrm{H},\omega_0}(\theta,\phi)\varepsilon_{\mathrm{H}}(t)+H_{\mathrm{V},\omega_0}(\theta,\phi)\varepsilon_{\mathrm{V}}(t)) \tag{1.167}$$

式中：$H_{\mathrm{channel}}(\omega)$为信号放大、解调环节总的幅相变化，$\varepsilon_{\mathrm{H}}(t)$和$\varepsilon_{\mathrm{V}}(t)$分别为$\xi_{\mathrm{H}}(t)$和$\xi_{\mathrm{V}}(t)$的复振幅：

$$\begin{bmatrix}\varepsilon_{\mathrm{H}}(t)\\ \varepsilon_{\mathrm{V}}(t)\end{bmatrix}=\begin{bmatrix}\xi_{\mathrm{H,analytic}}(t)\mathrm{e}^{-\mathrm{j}\omega_0 t}\\ \xi_{\mathrm{V,analytic}}(t)\mathrm{e}^{-\mathrm{j}\omega_0 t}\end{bmatrix} \tag{1.168}$$

若进一步记

$$s_{\mathrm{H}}(t)=H_{\mathrm{channel}}(\omega_0)\varepsilon_{\mathrm{H}}(t) \tag{1.169}$$

$$s_{\mathbf{V}}(t)=H_{\text{channel}}(\omega_0)\varepsilon_{\mathbf{V}}(t) \tag{1.170}$$

则 $x(t)$ 可以重写成

$$x(t)=H_{\mathbf{H},\omega_0}(\theta,\phi)s_{\mathbf{H}}(t)+H_{\mathbf{V},\omega_0}(\theta,\phi)s_{\mathbf{V}}(t) \tag{1.171}$$

再令

$$H_{\mathbf{H},\omega_0}(\theta,\phi)=B_{\mathbf{H},\omega_0}(\theta,\phi)\mathrm{e}^{\mathrm{j}\angle H_{\mathbf{H},\omega_0}(\theta,\phi)} \tag{1.172}$$

$$H_{\mathbf{V},\omega_0}(\theta,\phi)=B_{\mathbf{V},\omega_0}(\theta,\phi)\mathrm{e}^{\mathrm{j}\angle H_{\mathbf{V},\omega_0}(\theta,\phi)} \tag{1.173}$$

其中，$B_{\mathbf{H},\omega_0}(\theta,\phi)=|H_{\mathbf{H},\omega_0}(\theta,\phi)|$，$B_{\mathbf{V},\omega_0}(\theta,\phi)=|H_{\mathbf{V},\omega_0}(\theta,\phi)|$，“∠”表示辐角主值，则式（1.171）可以重写成

$$x(t)=\begin{bmatrix} B_{\mathbf{H},\omega_0}(\theta,\phi)\mathrm{e}^{-\mathrm{j}\angle H_{\mathbf{H},\omega_0}(\theta,\phi)} \\ B_{\mathbf{V},\omega_0}(\theta,\phi)\mathrm{e}^{-\mathrm{j}\angle H_{\mathbf{V},\omega_0}(\theta,\phi)} \end{bmatrix}^{\mathrm{H}} \begin{bmatrix} s_{\mathbf{H}}(t) \\ s_{\mathbf{V}}(t) \end{bmatrix} \tag{1.174}$$

如果入射信号波为完全极化，波形为 $\xi(t)$，则

$$\underbrace{\begin{bmatrix} s_{\mathbf{H}}(t) \\ s_{\mathbf{V}}(t) \end{bmatrix}}_{\overset{\text{def}}{=} s_{\mathbf{H+V}}(t)} = H_{\text{channel}}(\omega_0)\underbrace{\begin{bmatrix} \varepsilon_{\mathbf{H}}(t) \\ \varepsilon_{\mathbf{V}}(t) \end{bmatrix}}_{\varepsilon_{\mathbf{H+V}}(t)} = \boldsymbol{p}_{\gamma,\eta}\underbrace{H_{\text{channel}}(\omega_0)\varepsilon(t)}_{\overset{\text{def}}{=} s(t)} \tag{1.175}$$

其中，$\varepsilon(t)$ 为 $\xi(t)$ 的复振幅。

相应地，

$$x(t)=\begin{bmatrix} B_{\mathbf{H},\omega_0}(\theta,\phi)\mathrm{e}^{-\mathrm{j}\angle H_{\mathbf{H},\omega_0}(\theta,\phi)} \\ B_{\mathbf{V},\omega_0}(\theta,\phi)\mathrm{e}^{-\mathrm{j}\angle H_{\mathbf{V},\omega_0}(\theta,\phi)} \end{bmatrix}^{\mathrm{H}} \boldsymbol{p}_{\gamma,\eta}s(t) \tag{1.176}$$

同样根据 1.1 节的讨论，若信号波延时 τ 入射，则 $x(t)$ 具有下述形式：

$$x(t)=\begin{bmatrix} B_{\mathbf{H},\omega_0}(\theta,\phi)\mathrm{e}^{-\mathrm{j}\angle H_{\mathbf{H},\omega_0}(\theta,\phi)} \\ B_{\mathbf{V},\omega_0}(\theta,\phi)\mathrm{e}^{-\mathrm{j}\angle H_{\mathbf{V},\omega_0}(\theta,\phi)} \end{bmatrix}^{\mathrm{H}} \boldsymbol{s}_{\mathbf{H+V}}(t+\tau)\mathrm{e}^{\mathrm{j}\omega_0\tau} \tag{1.177}$$

$$x(t)=\begin{bmatrix} B_{\mathbf{H},\omega_0}(\theta,\phi)\mathrm{e}^{-\mathrm{j}\angle H_{\mathbf{H},\omega_0}(\theta,\phi)} \\ B_{\mathbf{V},\omega_0}(\theta,\phi)\mathrm{e}^{-\mathrm{j}\angle H_{\mathbf{V},\omega_0}(\theta,\phi)} \end{bmatrix}^{\mathrm{H}} \boldsymbol{p}_{\gamma,\eta}s(t+\tau)\mathrm{e}^{\mathrm{j}\omega_0\tau} \tag{1.178}$$

如果 $\xi_{\mathbf{H}}(t)$ 和 $\xi_{\mathbf{V}}(t)$ 带宽较大，天线在相应谱支撑上的频率响应并非近似恒定，则天线系统复基带输出 $x(t)$ 并不能简写成式（1.177）、式（1.178）所示的形式，但是式（1.161）仍然成立。

此外，本节所定义的 $s_{\mathbf{H}}(t)$ 和 $s_{\mathbf{V}}(t)$，下文中将被分别简称为信号水平极化分量和信号垂直极化分量，而 $s(t)$ 则简称为信号。

1.4.2 接收方向图与接收极化

定义

$$B_{\text{ae},\omega_0}(\theta,\phi)=\sqrt{B_{\mathbf{H},\omega_0}^2(\theta,\phi)+B_{\mathbf{V},\omega_0}^2(\theta,\phi)} \tag{1.179}$$

若$B_{\mathrm{ae},\omega_0}(\theta,\phi)\neq 0$，则式（1.174）和式（1.176）又可以重写成

$$x(t)=\underbrace{\left(B_{\mathrm{ae},\omega_0}(\theta,\phi)\mathrm{e}^{\mathrm{j}\angle H_{\mathrm{H},\omega_0}(\theta,\phi)}\right)}_{\stackrel{\mathrm{def}}{=}P_{\mathrm{ae},\omega_0}(\theta,\phi)}\left(\boldsymbol{p}_{\mathrm{Rae},\omega_0}^{\mathrm{H}}(\boldsymbol{b}_{\mathrm{p}}(\theta,\phi))\boldsymbol{s}_{\mathrm{H+V}}(t)\right) \tag{1.180}$$

$$x(t)=\underbrace{\left(B_{\mathrm{ae},\omega_0}(\theta,\phi)\mathrm{e}^{\mathrm{j}\angle H_{\mathrm{H},\omega_0}(\theta,\phi)}\right)}_{\stackrel{\mathrm{def}}{=}P_{\mathrm{ae},\omega_0}(\theta,\phi)}\left(\boldsymbol{p}_{\mathrm{Rae},\omega_0}^{\mathrm{H}}(\boldsymbol{b}_{\mathrm{p}}(\theta,\phi))\boldsymbol{p}_{\gamma,\eta}\right)s(t) \tag{1.181}$$

而式（1.177）和式（1.178）可以重写成

$$x(t)=P_{\mathrm{ae},\omega_0}(\theta,\phi)\left(\boldsymbol{p}_{\mathrm{Rae},\omega_0}^{\mathrm{H}}(\boldsymbol{b}_{\mathrm{p}}(\theta,\phi))\boldsymbol{s}_{\mathrm{H+V}}(t+\tau)\right)\mathrm{e}^{\mathrm{j}\omega_0\tau} \tag{1.182}$$

$$x(t)=P_{\mathrm{ae},\omega_0}(\theta,\phi)\left(\boldsymbol{p}_{\mathrm{Rae},\omega_0}^{\mathrm{H}}(\boldsymbol{b}_{\mathrm{p}}(\theta,\phi))\boldsymbol{p}_{\gamma,\eta}\right)s(t+\tau)\mathrm{e}^{\mathrm{j}\omega_0\tau} \tag{1.183}$$

式中：$P_{\mathrm{ae},\omega_0}(\theta,\phi)$称为天线的接收方向性函数/方向图，其模值也即$B_{\mathrm{ae},\omega_0}(\theta,\phi)$称为天线的接收幅度（强度）方向图；

$$\boldsymbol{p}_{\mathrm{Rae},\omega_0}(\boldsymbol{b}_{\mathrm{p}}(\theta,\phi))=\begin{bmatrix}\dfrac{B_{\mathrm{H},\omega_0}(\theta,\phi)}{B_{\mathrm{ae},\omega_0}(\theta,\phi)}\\ \left(\dfrac{B_{\mathrm{V},\omega_0}(\theta,\phi)}{B_{\mathrm{ae},\omega_0}(\theta,\phi)}\right)\mathrm{e}^{\mathrm{j}(\angle H_{\mathrm{H},\omega_0}(\theta,\phi)-\angle H_{\mathrm{V},\omega_0}(\theta,\phi))}\end{bmatrix} \tag{1.184}$$

称为天线的接收极化矢量，对应的极化参数为

$$\gamma_{\mathrm{Rae},\omega_0}(\theta,\phi)=\arctan\left(\frac{B_{\mathrm{V},\omega_0}(\theta,\phi)}{B_{\mathrm{H},\omega_0}(\theta,\phi)}\right) \tag{1.185}$$

$$\eta_{\mathrm{Rae},\omega_0}(\theta,\phi)=\angle H_{\mathrm{H},\omega_0}(\theta,\phi)-\angle H_{\mathrm{V},\omega_0}(\theta,\phi)+2k\pi \tag{1.186}$$

其中，k为整数。

由式（1.185）和式（1.186）可以看出，天线对入射信号波的感应既具有方向选择性，又具有极化选择性，分别由天线接收幅度方向图和接收极化决定。

需要注意的是，在$B_{\mathrm{ae},\omega_0}(\theta,\phi)=0$的方向，也即天线接收幅度方向图的零点方向，天线接收极化没有定义，也没有意义。

根据式（1.83）、式（1.175）中所定义的$\boldsymbol{s}_{\mathrm{H+V}}(t)$，其相关矩阵为

$$\langle\boldsymbol{s}_{\mathrm{H+V}}(t)\boldsymbol{s}_{\mathrm{H+V}}^{\mathrm{H}}(t)\rangle=|H_{\mathrm{channel}}(\omega_0)|^2\langle\boldsymbol{\varepsilon}_{\mathrm{H+V}}(t)\boldsymbol{\varepsilon}_{\mathrm{H+V}}^{\mathrm{H}}(t)\rangle=|H_{\mathrm{channel}}(\omega_0)|^2\boldsymbol{C}$$

由此，我们有以下结论：

（1）由$\boldsymbol{s}_{\mathrm{H+V}}(t)$的相关矩阵$\langle\boldsymbol{s}_{\mathrm{H+V}}(t)\boldsymbol{s}_{\mathrm{H+V}}^{\mathrm{H}}(t)\rangle$可以得到式（1.105）所定义的归一化信号波相干矩阵$\boldsymbol{C}_{\mathrm{nm}}$：

$$\frac{\langle\boldsymbol{s}_{\mathrm{H+V}}(t)\boldsymbol{s}_{\mathrm{H+V}}^{\mathrm{H}}(t)\rangle}{|H_{\mathrm{channel}}(\omega_0)|^2(\sigma_{\varepsilon_{\mathrm{H}}}^2+\sigma_{\varepsilon_{\mathrm{V}}}^2)}=\frac{\langle\boldsymbol{s}_{\mathrm{H+V}}(t)\boldsymbol{s}_{\mathrm{H+V}}^{\mathrm{H}}(t)\rangle}{\sigma_{s_{\mathrm{H}}}^2+\sigma_{s_{\mathrm{V}}}^2}=\frac{\langle\boldsymbol{s}_{\mathrm{H+V}}(t)\boldsymbol{s}_{\mathrm{H+V}}^{\mathrm{H}}(t)\rangle}{\sigma_{\mathrm{H}}^2+\sigma_{\mathrm{V}}^2}=\boldsymbol{C}_{\mathrm{nm}}$$

其中

$$\sigma_{s_{\mathrm{H}}}^2=\langle |s_{\mathrm{H}}(t)|^2\rangle=\sigma_{\mathrm{H}}^2=|H_{\mathrm{channel}}(\omega_0)|^2\sigma_{\varepsilon_{\mathrm{H}}}^2 \tag{1.187}$$

$$\sigma_{s_{\mathrm{V}}}^2=\langle |s_{\mathrm{V}}(t)|^2\rangle=\sigma_{\mathrm{V}}^2=|H_{\mathrm{channel}}(\omega_0)|^2\sigma_{\varepsilon_{\mathrm{V}}}^2 \tag{1.188}$$

分别为信号水平极化分量和垂直极化分量的功率。

（2）若信号波从天线接收幅度方向图的主瓣方向入射，称为空间完全匹配接收；而若信号波从天线接收幅度方向图的旁瓣甚至零点方向入射，则天线不能有效感应该信号波。

（3）注意到

$$0\leqslant |\boldsymbol{p}_{\mathrm{Rae},\omega_0}^{\mathrm{H}}(\boldsymbol{b}_{\mathrm{p}}(\theta,\phi))\boldsymbol{p}_{\gamma,\eta}|\leqslant 1 \tag{1.189}$$

① 若信号波完全极化分量的极化参数为(γ,η)，且与天线接收极化相同，根据极化矢量的定义，有

$$|\boldsymbol{p}_{\mathrm{Rae},\omega_0}^{\mathrm{H}}(\boldsymbol{b}_{\mathrm{p}}(\theta,\phi))\boldsymbol{p}_{\gamma,\eta}|=1 \tag{1.190}$$

对此分量在天线接收幅度方向图非零点方向可实现极化完全匹配接收。

② 天线和信号波圆极化与线极化分量间的失配恒为$\frac{\sqrt{2}}{2}$，也即

$$|\boldsymbol{p}_{\mathrm{Rae},\omega_0}^{\mathrm{H}}(\boldsymbol{b}_{\mathrm{p}}(\theta,\phi))\boldsymbol{p}_{\gamma,\eta}|=\frac{\sqrt{2}}{2} \tag{1.191}$$

③ 若

$$|\boldsymbol{p}_{\mathrm{Rae},\omega_0}^{\mathrm{H}}(\boldsymbol{b}_{\mathrm{p}}(\theta,\phi))\boldsymbol{p}_{\gamma,\eta}|\to 0 \tag{1.192}$$

不管是否在天线接收幅度方向图零点方向，天线均不能有效感应之。

④ 若信号波相干矩阵的较大特征值为μ_1，输出信号功率不会超过

$$B_{\mathrm{ae},\omega_0}^2(\theta,\phi)|H_{\mathrm{channel}}(\omega_0)|^2\mu_1 \tag{1.193}$$

对于非极化入射信号波，输出信号功率为

$$B_{\mathrm{ae},\omega_0}^2(\theta,\phi)\sigma_{\mathrm{H}}^2=B_{\mathrm{ae},\omega_0}^2(\theta,\phi)\sigma_{\mathrm{V}}^2=0.5B_{\mathrm{ae},\omega_0}^2(\theta,\phi)(\sigma_{\mathrm{H}}^2+\sigma_{\mathrm{V}}^2) \tag{1.194}$$

根据式（1.176），天线的接收方向图还可直接定义为

$$\boldsymbol{p}_{\mathrm{Rae,ve},\omega_0}(\boldsymbol{b}_{\mathrm{p}}(\theta,\phi),\gamma,\eta)=[H_{\mathrm{H},\omega_0}(\theta,\phi),H_{\mathrm{V},\omega_0}(\theta,\phi)]\boldsymbol{p}_{\gamma,\eta} \tag{1.195}$$

该矢量方向图可直接体现天线感应信号波时的方向、极化同时选择性。

1.4.3 信号波的辐射

假设天线位于坐标原点，根据天线互易定理，$\boldsymbol{b}_{\mathrm{s}}(\theta,\phi)$辐射方向的天线远区信号波，其电场矢量在$\boldsymbol{b}_{\mathrm{H}}(\phi)$和$\boldsymbol{b}_{\mathrm{V}}(\theta,\phi)$方向的投影$\acute{\xi}_{\mathrm{H}}(t)$和$\acute{\xi}_{\mathrm{V}}(t)$，满足下式：

$$\begin{bmatrix}\acute{\xi}_{\mathrm{H}}(t)\\ \acute{\xi}_{\mathrm{V}}(t)\end{bmatrix}=\acute{\boldsymbol{\xi}}_{\mathrm{H+V}}(t)=\begin{bmatrix}\mathrm{Re}(\acute{k}\cdot H_{\mathrm{H},\omega_0}(\theta,\phi)\acute{\varsigma}_{\mathrm{analytic}}(t))\\ \mathrm{Re}(\acute{k}\cdot H_{\mathrm{V},\omega_0}(\theta,\phi)\acute{\varsigma}_{\mathrm{analytic}}(t))\end{bmatrix} \tag{1.196}$$

也即电场矢量为

$$\boldsymbol{\xi}_{e}(t)=\acute{\xi}_{\mathrm{H}}(t)\boldsymbol{b}_{\mathrm{H}}(\phi)+\acute{\xi}_{\mathrm{V}}(t)\boldsymbol{b}_{\mathrm{V}}(\theta,\phi) \tag{1.197}$$

式（1.196）中：$\acute{k}\neq 0$ 为复常数；

$$\acute{\varsigma}_{\mathrm{analytic}}(t)=\varepsilon_{\mathrm{radiation}}(t-\tau)\mathrm{e}^{\mathrm{j}\omega_0(t-\tau)} \tag{1.198}$$

其中，$\varepsilon_{\mathrm{radiation}}(t)$ 为辐射信号复振幅，τ 为天线至观测点的信号波传播延时，也即辐射波形为

$$\mathrm{Re}(\varepsilon_{\mathrm{radiation}}(t)\mathrm{e}^{\mathrm{j}\omega_0 t})=\mathrm{Re}(\acute{\varsigma}_{\mathrm{analytic}}(t+\tau)) \tag{1.199}$$

注意到

$$\begin{aligned}\begin{bmatrix}\acute{k}\cdot H_{\mathrm{H},\omega_0}(\theta,\phi)\acute{\varsigma}_{\mathrm{analytic}}(t)\\ \acute{k}\cdot H_{\mathrm{V},\omega_0}(\theta,\phi)\acute{\varsigma}_{\mathrm{analytic}}(t)\end{bmatrix}&=\begin{bmatrix}H_{\mathrm{H},\omega_0}(\theta,\phi)\\ H_{\mathrm{V},\omega_0}(\theta,\phi)\end{bmatrix}(\acute{k}\cdot\acute{\varsigma}_{\mathrm{analytic}}(t))\\ &=P_{\mathrm{ae},\omega_0}(\theta,\phi)\boldsymbol{p}^{*}_{\mathrm{Rae},\omega_0}(\boldsymbol{b}_{\mathrm{p}}(\theta,\phi))\underbrace{(\acute{k}\cdot\acute{\varsigma}_{\mathrm{analytic}}(t))}_{\overset{\mathrm{def}}{=}\acute{\xi}_{\mathrm{analytic}}(t)}\end{aligned} \tag{1.200}$$

所以式（1.196）可以进一步写成

$$\acute{\boldsymbol{\xi}}_{\mathrm{H+V}}(t)=\mathrm{Re}(P_{\mathrm{ae},\omega_0}(\theta,\phi)\boldsymbol{p}^{*}_{\mathrm{Rae},\omega_0}(\boldsymbol{b}_{\mathrm{p}}(\theta,\phi))\acute{\xi}_{\mathrm{analytic}}(t)) \tag{1.201}$$

由此可以定义 $\boldsymbol{b}_{\mathrm{s}}(\theta,\phi)$ 方向的天线发射极化矢量为

$$\boldsymbol{p}_{\mathrm{Tae},\omega_0}(\boldsymbol{b}_{\mathrm{s}}(\theta,\phi))=\boldsymbol{p}^{*}_{\mathrm{Rae},\omega_0}(\boldsymbol{b}_{\mathrm{p}}(\theta,\phi)) \tag{1.202}$$

此处，信号波传播矢量为

$$\boldsymbol{b}_{\mathrm{s}}(\theta,\phi)=\boldsymbol{b}_{\mathrm{p}}(180°-\theta,180°+\phi)=-\boldsymbol{b}_{\mathrm{p}}(\theta,\phi) \tag{1.203}$$

相应的水平和垂直极化基矢量分别为

$$\boldsymbol{b}_{\mathrm{H}}(180°+\phi)=[\sin\phi,-\cos\phi,0]^{\mathrm{T}}=-\boldsymbol{b}_{\mathrm{H}}(\phi)$$

$$\boldsymbol{b}_{\mathrm{V}}(180°-\theta,180°+\phi)=[\cos\theta\cos\phi,\cos\theta\sin\phi,-\sin\theta]^{\mathrm{T}}=\boldsymbol{b}_{\mathrm{V}}(\theta,\phi)$$

仍记 $\xi_{\mathrm{H}}(t)$ 和 $\xi_{\mathrm{V}}(t)$ 为按式（1.29）所定义的信号波水平和垂直极化分量，根据 1.4.2 节的讨论，我们有

$$\boldsymbol{\xi}_{\mathrm{H+V}}(t)=\begin{bmatrix}\xi_{\mathrm{H}}(t)\\ \xi_{\mathrm{V}}(t)\end{bmatrix}=\begin{bmatrix}-\acute{\xi}_{\mathrm{H}}(t)\\ \acute{\xi}_{\mathrm{V}}(t)\end{bmatrix}=\mathrm{Re}(\boldsymbol{p}_{\mathrm{signal},\omega_0}(\boldsymbol{b}_{\mathrm{s}}(\theta,\phi))\xi_{\mathrm{analytic}}(t)) \tag{1.204}$$

式中：

$$\xi_{\mathrm{analytic}}(t)=-\acute{k}\cdot P_{\mathrm{ae},\omega_0}(\theta,\phi)\acute{\varsigma}_{\mathrm{analytic}}(t) \tag{1.205}$$

$$\boldsymbol{p}_{\mathrm{signal},\omega_0}(\boldsymbol{b}_{\mathrm{s}}(\theta,\phi))=\begin{bmatrix}\dfrac{B_{\mathrm{H},\omega_0}(\theta,\phi)}{B_{\mathrm{ae},\omega_0}(\theta,\phi)}\\ -\left(\dfrac{B_{\mathrm{V},\omega_0}(\theta,\phi)}{B_{\mathrm{ae},\omega_0}(\theta,\phi)}\right)\mathrm{e}^{\mathrm{j}(\angle H_{\mathrm{V},\omega_0}(\theta,\phi)-\angle H_{\mathrm{H},\omega_0}(\theta,\phi))}\end{bmatrix} \tag{1.206}$$

这表明信号波的极化矢量为$\boldsymbol{p}_{\text{signal},\omega_0}(\boldsymbol{b}_s(\theta,\phi))$，并且

$$\boldsymbol{p}_{\text{signal},\omega_0}(\boldsymbol{b}_s(\theta,\phi))=\begin{bmatrix}1 & \\ & -1\end{bmatrix}\boldsymbol{p}_{\text{Tae},\omega_0}(\boldsymbol{b}_s(\theta,\phi)) \tag{1.207}$$

根据式（1.201），$P_{\text{ae},\omega_0}(\theta,\phi)$可定义为天线的发射方向性函数/方向图，也即天线的接收方向图与发射方向图是相同的；与接收幅度方向图类似，可以定义天线的发射幅度方向图为$B_{\text{ae},\omega_0}(\theta,\phi)=|P_{\text{ae},\omega_0}(\theta,\phi)|$。

实际中也可将天线发射幅度方向图的最大值折并到信号项中，利用归一化的天线接收和发射幅度方向图刻画天线的收发强度方向性。

天线的发射方向图还可直接定义为下述矢量形式：

$$\boldsymbol{p}_{\text{Tae,ve},\omega_0}(\boldsymbol{b}_s(\theta,\phi))=[H_{\mathbf{H},\omega_0}(\theta,\phi),H_{\mathbf{V},\omega_0}(\theta,\phi)]^{\mathrm{T}} \tag{1.208}$$

该矢量方向图可以同时体现天线发射信号波其强度以及极化的方向性。

此外，为了书写方便，以下讨论将天线接收极化矢量和发射极化矢量分别简记为$\boldsymbol{p}_{\text{Rae},\omega_0}(\theta,\phi)$和$\boldsymbol{p}_{\text{Tae},\omega_0}(\theta,\phi)$。

如果负载影响可以折并到最终的信号项中，也可以利用天线的复矢量有效长度分析天线的收发方向图与收发极化。

1.5 多极化阵列与矢量天线阵列

本节考虑多极化阵列，其单元（也称阵元）为1.4节所讨论的天线。阵元天线的空间位置可以相同，也可以不同，但极化不完全相同。矢量天线及其阵列属于一类特殊的多极化阵列。

1.5.1 多极化阵列

假设第l个阵元天线的位置矢量为$\boldsymbol{d}_l$，并且$\boldsymbol{d}_0=\boldsymbol{o}_3$，也即0号阵元天线位于坐标原点。若不同阵元天线输出间的相互影响可以忽略，根据此前的讨论，第l个阵元天线的输出可以写成

$$x_l(t)=x_{\text{nb},l}(t+\tau_l(\theta,\phi))\mathrm{e}^{\mathrm{j}\omega_0\tau_l(\theta,\phi)} \tag{1.209}$$

式中：$\tau_l(\theta,\phi)$为第l个阵元天线相对于参考点的信号波传播时延，

$$x_{\text{nb},l}(t)=P_{\text{ae},\omega_0,l}(\theta,\phi)(\boldsymbol{p}^{\mathrm{H}}_{\text{Rae},\omega_0,l}(\theta,\phi)\boldsymbol{s}_{\mathbf{H+V}}(t)) \tag{1.210}$$

其中，$P_{\text{ae},\omega_0,l}(\theta,\phi)$和$\boldsymbol{p}_{\text{Rae},\omega_0,l}(\theta,\phi)$分别为第$l$个阵元天线的接收方向图和接收极化矢量。

若阵元天线的幅度方向图非零点方向极化矢量（接收或发射）不尽相同，则阵列称为多极化阵列，如图1.10（a）和（b）所示的阵列。若所有阵元天线的极化矢量都相同，则阵列称为单极化阵列，如图1.10（c）所示的阵列。

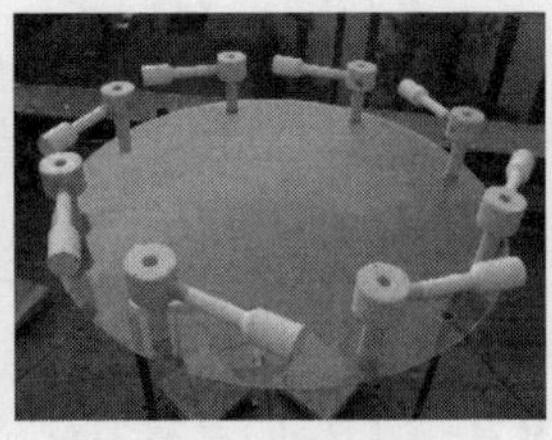

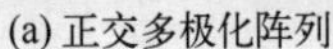

(a) 正交多极化阵列　(b) 切向多极化阵列　(c) 单极化阵列

图 1.10　多极化阵列和单极化阵列

若信号源与阵列间的距离远大于阵列尺寸（孔径），使得入射信号波近似为平面波，则第 l 个阵元天线与参考点间的波程差近似为 $\boldsymbol{b}_{\mathrm{s}}^{\mathrm{H}}(\theta,\phi)\boldsymbol{d}_l$，如图 1.11 所示，此时有

$$\tau_l(\theta,\phi)=\boldsymbol{b}_{\mathrm{s}}^{\mathrm{H}}(\theta,\phi)\boldsymbol{d}_l/c \tag{1.211}$$

其中，$\boldsymbol{b}_{\mathrm{s}}(\theta,\phi)$ 为信号源方向矢量，定义如式（1.25）所示，c 为信号波传播速度。根据此前假设，$\tau_0(\theta,\phi)=0$。

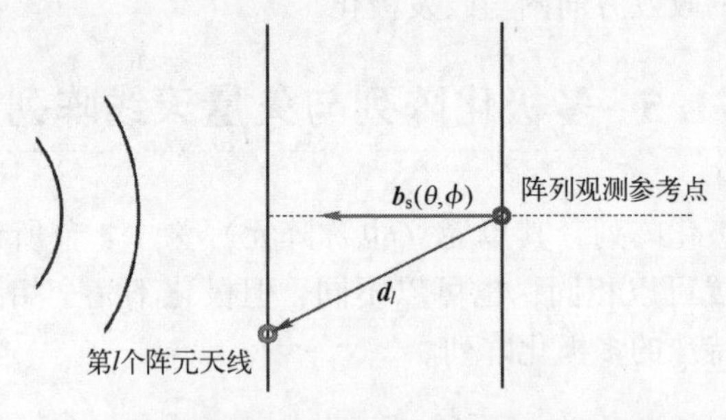

图 1.11　平面波假设下的信号波传播时延计算示意图

将所有阵元天线同一时刻的输出按次序排成一列矢量，构造所谓阵列输出矢量，记作 $\boldsymbol{x}(t)$，为书写简单，再记

$$P_{\mathrm{ae},\omega_0,l}(\theta,\phi)=P_l(\theta,\phi) \tag{1.212}$$

$$\boldsymbol{p}_{\mathbb{R}\mathrm{ae},\omega_0,l}(\theta,\phi)=[p_{\mathbb{H},l}^*(\theta,\phi),p_{\mathbb{V},l}^*(\theta,\phi)]^{\mathrm{T}} \tag{1.213}$$

根据式（1.209）和式（1.210），可得

$$\boldsymbol{x}(t)=[x_0(t),x_1(t),\cdots]^{\mathrm{T}}=\boldsymbol{x}_{\mathbb{H}}(t)+\boldsymbol{x}_{\mathbb{V}}(t) \tag{1.214}$$

式中：

$$\boldsymbol{x}_{\mathbb{H}}(t)=\begin{bmatrix} P_0(\theta,\phi)p_{\mathbb{H},0}(\theta,\phi)s_{\mathbb{H}}(t+\tau_0(\theta,\phi))\mathrm{e}^{\mathrm{j}\omega_0\tau_0(\theta,\phi)} \\ P_1(\theta,\phi)p_{\mathbb{H},1}(\theta,\phi)s_{\mathbb{H}}(t+\tau_1(\theta,\phi))\mathrm{e}^{\mathrm{j}\omega_0\tau_1(\theta,\phi)} \\ \vdots \end{bmatrix} \tag{1.215}$$

$$\boldsymbol{x}_{\mathrm{V}}(t)=\begin{bmatrix} P_0(\theta,\phi)p_{\mathrm{V},0}(\theta,\phi)s_{\mathrm{V}}(t+\tau_0(\theta,\phi))\mathrm{e}^{\mathrm{j}\omega_0\tau_0(\theta,\phi)} \\ P_1(\theta,\phi)p_{\mathrm{V},1}(\theta,\phi)s_{\mathrm{V}}(t+\tau_1(\theta,\phi))\mathrm{e}^{\mathrm{j}\omega_0\tau_1(\theta,\phi)} \\ \vdots \end{bmatrix} \tag{1.216}$$

对于多极化阵列，$\boldsymbol{x}_{\mathrm{H}}(t)$ 和 $\boldsymbol{x}_{\mathrm{V}}(t)$ 在阵元天线幅度方向图非零点方向不成比例关系；对于单极化阵列，

$$p_{\mathrm{H},0}(\theta,\phi)=p_{\mathrm{H},1}(\theta,\phi)=\cdots=p_{\mathrm{H}}(\theta,\phi) \tag{1.217}$$

$$p_{\mathrm{V},0}(\theta,\phi)=p_{\mathrm{V},1}(\theta,\phi)=\cdots=p_{\mathrm{V}}(\theta,\phi) \tag{1.218}$$

所以 $\boldsymbol{x}_{\mathrm{H}}(t)$ 和 $\boldsymbol{x}_{\mathrm{V}}(t)$ 成比例关系：

$$p_{\mathrm{V}}(\theta,\phi)\boldsymbol{x}_{\mathrm{H}}(t)=p_{\mathrm{H}}(\theta,\phi)\boldsymbol{x}_{\mathrm{V}}(t) \tag{1.219}$$

此时

$$\boldsymbol{x}(t)=\begin{cases}\left(1+\dfrac{p_{\mathrm{V}}(\theta,\phi)}{p_{\mathrm{H}}(\theta,\phi)}\right)\boldsymbol{x}_{\mathrm{H}}(t),\ p_{\mathrm{H}}(\theta,\phi)\neq 0 \\ \left(1+\dfrac{p_{\mathrm{H}}(\theta,\phi)}{p_{\mathrm{V}}(\theta,\phi)}\right)\boldsymbol{x}_{\mathrm{V}}(t),\ p_{\mathrm{V}}(\theta,\phi)\neq 0\end{cases} \tag{1.220}$$

上述单极化阵列的特点并不需要阵列所有阵元天线的方向图完全相同，这意味着多方向图阵列并不一定属于多极化阵列，是否多极化，关键看 $\boldsymbol{x}_{\mathrm{H}}(t)$ 和 $\boldsymbol{x}_{\mathrm{V}}(t)$ 是否成比例关系。

若源信号带宽较小，使得入射信号波在扫过整个阵列的过程中，信号水平和垂直极化分量 $s_{\mathrm{H}}(t)$ 和 $s_{\mathrm{V}}(t)$ 均近似不变，则式（1.215）和式（1.216）可简化成

$$\boldsymbol{x}_{\mathrm{H}}(t)=\underbrace{\begin{bmatrix} P_0(\theta,\phi)p_{\mathrm{H},0}(\theta,\phi)\mathrm{e}^{\mathrm{j}\omega_0\tau_0(\theta,\phi)} \\ P_1(\theta,\phi)p_{\mathrm{H},1}(\theta,\phi)\mathrm{e}^{\mathrm{j}\omega_0\tau_1(\theta,\phi)} \\ \vdots \end{bmatrix}}_{\overset{\mathrm{def}}{=}\boldsymbol{a}_{\mathrm{H},\omega_0}(\theta,\phi)}s_{\mathrm{H}}(t) \tag{1.221}$$

$$\boldsymbol{x}_{\mathrm{V}}(t)=\underbrace{\begin{bmatrix} P_0(\theta,\phi)p_{\mathrm{V},0}(\theta,\phi)\mathrm{e}^{\mathrm{j}\omega_0\tau_0(\theta,\phi)} \\ P_1(\theta,\phi)p_{\mathrm{V},1}(\theta,\phi)\mathrm{e}^{\mathrm{j}\omega_0\tau_1(\theta,\phi)} \\ \vdots \end{bmatrix}}_{\overset{\mathrm{def}}{=}\boldsymbol{a}_{\mathrm{V},\omega_0}(\theta,\phi)}s_{\mathrm{V}}(t) \tag{1.222}$$

其中，$\boldsymbol{a}_{\mathrm{H},\omega_0}(\theta,\phi)$ 和 $\boldsymbol{a}_{\mathrm{V},\omega_0}(\theta,\phi)$ 分别称为信号水平极化和垂直极化流形矢量。

相应地，$\boldsymbol{x}(t)$ 可以写成

$$\boldsymbol{x}(t)=\boldsymbol{a}_{\mathrm{H},\omega_0}(\theta,\phi)s_{\mathrm{H}}(t)+\boldsymbol{a}_{\mathrm{V},\omega_0}(\theta,\phi)s_{\mathrm{V}}(t) \tag{1.223}$$

上述模型有时也称为秩-2 模型。

多极化阵列，其信号水平极化和垂直极化流形矢量，在阵元天线幅度方

向图非零点方向是线性无关的，而单极化阵列，其信号水平极化和垂直极化流形矢量则是线性相关的，此时阵列输出退化为下述秩-1 模型：

$$\boldsymbol{x}(t)=\boldsymbol{a}_{\mathrm{H}\parallel\mathrm{V},\omega_0}(\theta,\phi)\left(p_{\mathrm{H}}(\theta,\phi)s_{\mathrm{H}}(t)+p_{\mathrm{V}}(\theta,\phi)s_{\mathrm{V}}(t)\right) \tag{1.224}$$

式中：

$$\boldsymbol{a}_{\mathrm{H}\parallel\mathrm{V},\omega_0}(\theta,\phi)=\begin{bmatrix} P_0(\theta,\phi)\mathrm{e}^{\mathrm{j}\omega_0\tau_0(\theta,\phi)} \\ P_1(\theta,\phi)\mathrm{e}^{\mathrm{j}\omega_0\tau_1(\theta,\phi)} \\ \vdots \end{bmatrix} \tag{1.225}$$

若入射信号波为完全极化，则

$$\boldsymbol{x}(t)=[\boldsymbol{a}_{\mathrm{H},\omega_0}(\theta,\phi),\boldsymbol{a}_{\mathrm{V},\omega_0}(\theta,\phi)]\boldsymbol{p}_{\gamma,\eta}s(t) \tag{1.226}$$

令

$$\boldsymbol{a}_{1,\omega_0}(\theta,\phi)=[\boldsymbol{a}_{\mathrm{H},\omega_0}(\theta,\phi),\boldsymbol{a}_{\mathrm{V},\omega_0}(\theta,\phi)]\boldsymbol{p}_{\gamma_1,\eta_1} \tag{1.227}$$

$$\boldsymbol{a}_{2,\omega_0}(\theta,\phi)=[\boldsymbol{a}_{\mathrm{H},\omega_0}(\theta,\phi),\boldsymbol{a}_{\mathrm{V},\omega_0}(\theta,\phi)]\boldsymbol{p}_{\gamma_2,\eta_2} \tag{1.228}$$

其中，$\boldsymbol{p}_{\gamma_1,\eta_1}\neq\boldsymbol{p}_{\gamma_2,\eta_2}$。由于 $\boldsymbol{p}_{\gamma_1,\eta_1}$ 和 $\boldsymbol{p}_{\gamma_2,\eta_2}$ 线性无关，所以

$$[\boldsymbol{a}_{\mathrm{H},\omega_0}(\theta,\phi),\boldsymbol{a}_{\mathrm{V},\omega_0}(\theta,\phi)]=[\boldsymbol{a}_{1,\omega_0}(\theta,\phi),\boldsymbol{a}_{2,\omega_0}(\theta,\phi)][\boldsymbol{p}_{\gamma_1,\eta_1},\boldsymbol{p}_{\gamma_2,\eta_2}]^{-1} \tag{1.229}$$

由此，$\boldsymbol{x}(t)$ 也可以写成

$$\boldsymbol{x}(t)=[\boldsymbol{a}_{1,\omega_0}(\theta,\phi),\boldsymbol{a}_{2,\omega_0}(\theta,\phi)][\boldsymbol{p}_{\gamma_1,\eta_1},\boldsymbol{p}_{\gamma_2,\eta_2}]^{-1}\boldsymbol{p}_{\gamma,\eta}s(t) \tag{1.230}$$

根据 1.2 节的讨论，存在 $0°\leqslant\acute{\gamma}\leqslant 90°$，$-180°<\acute{\eta}\leqslant 180°$，以及 $\acute{\upsilon}\neq 0$，使得

$$[\boldsymbol{p}_{\gamma_1,\eta_1},\boldsymbol{p}_{\gamma_2,\eta_2}]^{-1}\boldsymbol{p}_{\gamma,\eta}s(t)=\boldsymbol{p}_{\acute{\gamma},\acute{\eta}}(\acute{\upsilon}s(t))=\boldsymbol{p}_{\acute{\gamma},\acute{\eta}}\acute{s}(t) \tag{1.231}$$

这样

$$\boldsymbol{x}(t)=[\boldsymbol{a}_{1,\omega_0}(\theta,\phi),\boldsymbol{a}_{2,\omega_0}(\theta,\phi)]\boldsymbol{p}_{\acute{\gamma},\acute{\eta}}\acute{s}(t) \tag{1.232}$$

根据上述讨论还可以看出，$\boldsymbol{a}_{\mathrm{H},\omega_0}(\theta,\phi)$ 和 $\boldsymbol{a}_{\mathrm{V},\omega_0}(\theta,\phi)$ 可以采用任意两种互异极化进行测量和校正，最直接的方法是采用水平线极化和垂直线极化校正源：

$$\boldsymbol{p}_{\gamma_1,\eta_1}=\boldsymbol{p}_{0°,0°}=[1,0]^{\mathrm{T}} \tag{1.233}$$

$$\boldsymbol{p}_{\gamma_2,\eta_2}=\boldsymbol{p}_{90°,0°}=[0,1]^{\mathrm{T}} \tag{1.234}$$

1.5.2 矢量天线

用于信号发射或接收的多极化阵列，其功能与单个阵元天线类似，所以也称为多极化阵列天线。当其阵元天线数不超过 6，所有阵元天线空间共点配置，并且极化不尽相同，则又被称为**矢量天线**。

根据 1.5.1 节的讨论，矢量天线的输出具有下述形式：

$$\boldsymbol{x}(t)=\underbrace{\begin{bmatrix}P_0(\theta,\phi)p_{\mathrm{H},0}(\theta,\phi)\\P_1(\theta,\phi)p_{\mathrm{H},1}(\theta,\phi)\\\vdots\end{bmatrix}}_{\boldsymbol{a}_{\mathrm{H},\omega_0}(\theta,\phi)}s_{\mathrm{H}}(t)+\underbrace{\begin{bmatrix}P_0(\theta,\phi)p_{\mathrm{V},0}(\theta,\phi)\\P_1(\theta,\phi)p_{\mathrm{V},1}(\theta,\phi)\\\vdots\end{bmatrix}}_{\boldsymbol{a}_{\mathrm{V},\omega_0}(\theta,\phi)}s_{\mathrm{V}}(t)\quad(1.235)$$

其中，$\boldsymbol{a}_{\mathrm{H},\omega_0}(\theta,\phi)$和$\boldsymbol{a}_{\mathrm{V},\omega_0}(\theta,\phi)$分别为矢量天线在$(\theta,\phi)$方向上的水平和垂直极化流形矢量。

矢量天线本身属于一类特殊的多极化阵列，由多个矢量天线组成的矢量天线阵列仍属于多极化阵列。

下文中为了避免混淆，单个矢量天线在(θ,ϕ)方向上的水平和垂直极化流形矢量将分别记为$\boldsymbol{b}_{\mathrm{iso-H},\omega_0}(\theta,\phi)$和$\boldsymbol{b}_{\mathrm{iso-V},\omega_0}(\theta,\phi)$，或$\boldsymbol{b}_{\mathrm{iso-H},\lambda}(\theta,\phi)$和$\boldsymbol{b}_{\mathrm{iso-V},\lambda}(\theta,\phi)$，其中$\lambda$为信号波长。当所有信号中心频率/波长相同时，有时会略去下标中的中心频率/波长信息，也即将两者分别简记为$\boldsymbol{b}_{\mathrm{iso-H}}(\theta,\phi)$和$\boldsymbol{b}_{\mathrm{iso-V}}(\theta,\phi)$。

图 1.12 所示是两种实际的 3 元矢量天线，由 3 个极化互异的传感单元组成[14]。矢量天线也可以包含磁场传感单元，比如超分辨紧凑阵列无线电定位技术（SuperCART）6 元矢量天线[15]，该天线由 3 个相互正交的偶极子和 3 个相互正交的磁环组成，有文献也称之为电磁矢量传感器[2]。多模天线，比如多臂螺旋天线，也属于一种矢量天线[16]。

(a)

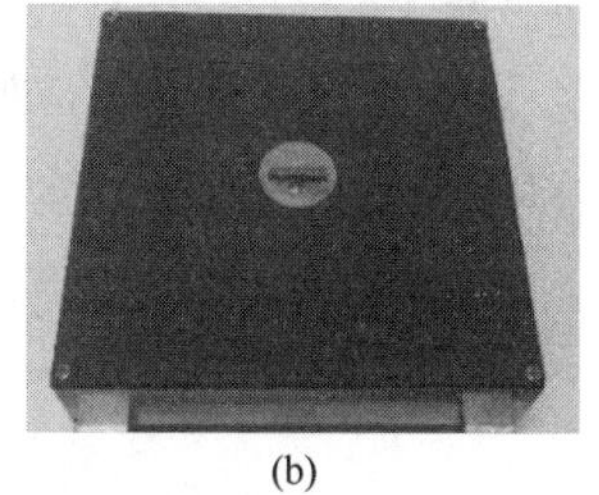

(b)

图 1.12　两种实际的三极化 3 元矢量天线

常见的矢量天线组成单元为偶极子天线，轴线平行于 x、y、z 轴的偶极子天线（也即轴线方向分别为 $\boldsymbol{b}_x=[1,0,0]^{\mathrm{T}}$，$\boldsymbol{b}_y=[0,1,0]^{\mathrm{T}}$，$\boldsymbol{b}_z=[0,0,1]^{\mathrm{T}}$），其复矢量有效长度分别为[10-12]

$$\boldsymbol{\hbar}_{\mathrm{dipole},x,\lambda}(\theta,\phi)=\hbar_{\mathrm{dipole},x,\lambda}(\theta,\phi)\underbrace{\left(\frac{\boldsymbol{b}_x\times\boldsymbol{b}_{\mathrm{p}}(\theta,\phi)\times\boldsymbol{b}_{\mathrm{p}}(\theta,\phi)}{\|\boldsymbol{b}_x\times\boldsymbol{b}_{\mathrm{p}}(\theta,\phi)\times\boldsymbol{b}_{\mathrm{p}}(\theta,\phi)\|_2}\right)}_{\overset{\mathrm{def}}{=}\boldsymbol{b}_{\vartheta}(\theta,\phi)}\quad(1.236)$$

$$\boldsymbol{\hbar}_{\mathrm{dipole},y,\lambda}(\theta,\phi)=\hbar_{\mathrm{dipole},y,\lambda}(\theta,\phi)\underbrace{\left(\frac{\boldsymbol{b}_y\times\boldsymbol{b}_{\mathrm{p}}(\theta,\phi)\times\boldsymbol{b}_{\mathrm{p}}(\theta,\phi)}{\|\boldsymbol{b}_y\times\boldsymbol{b}_{\mathrm{p}}(\theta,\phi)\times\boldsymbol{b}_{\mathrm{p}}(\theta,\phi)\|_2}\right)}_{\overset{\mathrm{def}}{=}\boldsymbol{b}_{\psi}(\theta,\phi)}\quad(1.237)$$

$$\boldsymbol{h}_{\mathrm{dipole},z,\lambda}(\theta,\phi)=h_{\mathrm{dipole},z,\lambda}(\theta,\phi)\underbrace{\left(\frac{\boldsymbol{b}_z\times\boldsymbol{b}_{\mathrm{p}}(\theta,\phi)\times\boldsymbol{b}_{\mathrm{p}}(\theta,\phi)}{\|\boldsymbol{b}_z\times\boldsymbol{b}_{\mathrm{p}}(\theta,\phi)\times\boldsymbol{b}_{\mathrm{p}}(\theta,\phi)\|_2}\right)}_{\stackrel{\mathrm{def}}{=}\boldsymbol{b}_\theta(\theta,\phi)=\boldsymbol{b}_{\mathbb{V}}(\theta,\phi)} \tag{1.238}$$

式中："$\|\cdot\|_2$" 表示 2 范数，对于矢量 $\boldsymbol{a}$，其 2 范数定义为$\|\boldsymbol{a}\|_2=\sqrt{\boldsymbol{a}^{\mathrm{H}}\boldsymbol{a}}$；

$$h_{\mathrm{dipole},x,\lambda}(\theta,\phi)=-\frac{\lambda}{\pi\sin\left(\pi\left(\frac{\ell}{\lambda}\right)\right)}\left(\frac{\cos\left(\pi\left(\frac{\ell}{\lambda}\right)\cos\vartheta\right)-\cos\left(\pi\left(\frac{\ell}{\lambda}\right)\right)}{\sin\vartheta}\right) \tag{1.239}$$

$$h_{\mathrm{dipole},y,\lambda}(\theta,\phi)=-\frac{\lambda}{\pi\sin\left(\pi\left(\frac{\ell}{\lambda}\right)\right)}\left(\frac{\cos\left(\pi\left(\frac{\ell}{\lambda}\right)\cos\psi\right)-\cos\left(\pi\left(\frac{\ell}{\lambda}\right)\right)}{\sin\psi}\right) \tag{1.240}$$

$$h_{\mathrm{dipole},z,\lambda}(\theta,\phi)=-\frac{\lambda}{\pi\sin\left(\pi\left(\frac{\ell}{\lambda}\right)\right)}\left(\frac{\cos\left(\pi\left(\frac{\ell}{\lambda}\right)\cos\theta\right)-\cos\left(\pi\left(\frac{\ell}{\lambda}\right)\right)}{\sin\theta}\right) \tag{1.241}$$

其中，$\cos^2\vartheta+\cos^2\psi+\cos^2\theta=1$；$\ell$ 为偶极子天线物理长度；

$$\cos\vartheta=\sin\theta\cos\phi,$$

$$\sin\vartheta=\sqrt{\sin^2\theta\,\sin^2\phi+\cos^2\theta}$$

$$\cos\psi=\sin\theta\sin\phi,$$

$$\sin\psi=\sqrt{\sin^2\theta\,\cos^2\phi+\cos^2\theta}$$

另外，由于

$$\boldsymbol{b}_\vartheta(\theta,\phi)\cdot\boldsymbol{b}_{\mathrm{p}}(\theta,\phi)=\boldsymbol{b}_\psi(\theta,\phi)\cdot\boldsymbol{b}_{\mathrm{p}}(\theta,\phi)=\boldsymbol{b}_\theta(\theta,\phi)\cdot\boldsymbol{b}_{\mathrm{p}}(\theta,\phi)=0 \tag{1.242}$$

所以 $\boldsymbol{b}_\vartheta(\theta,\phi)$ 和 $\boldsymbol{b}_\psi(\theta,\phi)$ 与 $\boldsymbol{b}_\theta(\theta,\phi)$ 一样，都位于入射信号波的极化平面内。

天线输出端的开路电压为

$$\zeta_{\mathrm{ocv}}(t)=\mathrm{Re}(\zeta_{\mathrm{ocv},\mathbb{H}}(t)+\zeta_{\mathrm{ocv},\mathbb{V}}(t)) \tag{1.243}$$

式中：

$$\zeta_{\mathrm{ocv},\mathbb{H}}(t)=\boldsymbol{h}^{\mathrm{T}}_{\mathrm{dipole},\cdot,\lambda}(\theta,\phi)\boldsymbol{b}_{\mathbb{H}}(\phi)\xi_{\mathbb{H},\mathrm{analytic}}(t) \tag{1.244}$$

$$\zeta_{\mathrm{ocv},\mathbb{V}}(t)=\boldsymbol{h}^{\mathrm{T}}_{\mathrm{dipole},\cdot,\lambda}(\theta,\phi)\boldsymbol{b}_{\mathbb{V}}(\theta,\phi)\xi_{\mathbb{V},\mathrm{analytic}}(t) \tag{1.245}$$

其中，下标中的 "$\cdot$"分别对应 x、y、z。

注意到

$$\boldsymbol{h}^{\mathrm{T}}_{\mathrm{dipole},\cdot,\lambda}(\theta,\phi)\boldsymbol{b}_{\mathbb{H}}(\phi)=h_{\mathrm{dipole},\cdot,\lambda}(\theta,\phi)\boldsymbol{b}^{\mathrm{T}}_{\cdot\cdot}(\theta,\phi)\boldsymbol{b}_{\mathbb{H}}(\phi) \tag{1.246}$$

$$\boldsymbol{h}_{\text{dipole},\cdot,\lambda}^{\mathrm{T}}(\theta,\phi)\boldsymbol{b}_{\mathrm{V}}(\theta,\phi)=h_{\text{dipole},\cdot,\lambda}(\theta,\phi)\boldsymbol{b}_{\cdot\cdot}^{\mathrm{T}}(\theta,\phi)\boldsymbol{b}_{\mathrm{V}}(\theta,\phi) \tag{1.247}$$

其中，下标中的“$\cdot\cdot$”分别对应 ϑ、ψ、θ。

若负载影响可以折并于信号项中，则偶极子天线的归一化接收幅度方向图为

$$\frac{|P_{\text{dipole},\cdot,\lambda}(\theta,\phi)|}{\max(|P_{\text{dipole},\cdot,\lambda}(\theta,\phi)|)}=|h_{\text{dipole},\cdot,\lambda}(\theta,\phi)|/\max(|h_{\text{dipole},\cdot,\lambda}(\theta,\phi)|) \tag{1.248}$$

接收极化为线极化，且极化矢量满足下式：

$$\boldsymbol{p}_{\text{dipole},\cdot,\lambda}(\theta,\phi)\propto[\boldsymbol{b}_{\cdot\cdot}^{\mathrm{T}}(\theta,\phi)\boldsymbol{b}_{\mathrm{H}}(\phi),\boldsymbol{b}_{\cdot\cdot}^{\mathrm{T}}(\theta,\phi)\boldsymbol{b}_{\mathrm{V}}(\theta,\phi)]^{\mathrm{T}} \tag{1.249}$$

其中，符号“$\propto$”表示“比例于”。

根据上述讨论，轴线分别平行于 x、y、z 轴的3个同位置正交偶极子天线所组成的所谓三极子矢量天线[17]，其输出矢量可写成

$$\boldsymbol{x}(t)=\boldsymbol{b}_{\text{iso-H},\lambda}(\theta,\phi)s_{\mathrm{H}}(t)+\boldsymbol{b}_{\text{iso-V},\lambda}(\theta,\phi)s_{\mathrm{V}}(t) \tag{1.250}$$

式中：

$$\boldsymbol{b}_{\text{iso-H},\lambda}(\theta,\phi)=\begin{bmatrix} h_{\text{dipole},x,\lambda}(\theta,\phi)\left(+\dfrac{\sin\phi}{\sin\vartheta}\right) \\ h_{\text{dipole},y,\lambda}(\theta,\phi)\left(-\dfrac{\cos\phi}{\sin\psi}\right) \\ 0 \end{bmatrix} \tag{1.251}$$

$$\boldsymbol{b}_{\text{iso-V},\lambda}(\theta,\phi)=\begin{bmatrix} h_{\text{dipole},x,\lambda}(\theta,\phi)\left(-\dfrac{\cos\theta\cos\phi}{\sin\vartheta}\right) \\ h_{\text{dipole},y,\lambda}(\theta,\phi)\left(-\dfrac{\cos\theta\sin\phi}{\sin\psi}\right) \\ h_{\text{dipole},z,\lambda}(\theta,\phi) \end{bmatrix} \tag{1.252}$$

（1）若 $\theta=90°$，则 $\cos\phi=\cos\vartheta$，$\cos\psi=\sin\phi=\sin\vartheta$，$\sin\psi=|\cos\phi|$，于是

$$h_{\text{dipole},x,\lambda}(90°,\phi)=-\frac{\lambda}{\pi\sin\left(\pi\left(\dfrac{\ell}{\lambda}\right)\right)}\left(\frac{\cos\left(\pi\left(\dfrac{\ell}{\lambda}\right)\cos\phi\right)-\cos\left(\pi\left(\dfrac{\ell}{\lambda}\right)\right)}{\sin\phi}\right),\quad \phi\neq 0° \tag{1.253}$$

$$h_{\text{dipole},y,\lambda}(90°,\phi)=-\frac{\lambda}{\pi\sin\left(\pi\left(\dfrac{\ell}{\lambda}\right)\right)}\left(\frac{\cos\left(\pi\left(\dfrac{\ell}{\lambda}\right)\sin\phi\right)-\cos\left(\pi\left(\dfrac{\ell}{\lambda}\right)\right)}{|\cos\phi|}\right),\quad \phi\neq 90° \tag{1.254}$$

$$\hbar_{\text{dipole},z,\lambda}(\theta,\phi)=-\frac{\lambda}{\pi\sin\left(\pi\left(\frac{\ell}{\lambda}\right)\right)}\left(1-\cos\left(\pi\left(\frac{\ell}{\lambda}\right)\right)\right) \tag{1.255}$$

并且

$$\boldsymbol{x}(t)=\frac{\lambda}{\pi\sin\left(\pi\left(\frac{\ell}{\lambda}\right)\right)}\begin{bmatrix}\frac{\cos\left(\pi\left(\frac{\ell}{\lambda}\right)\right)-\cos\left(\pi\left(\frac{\ell}{\lambda}\right)\cos\phi\right)}{\sin\phi} & 0\\ \frac{\cos\left(\pi\left(\frac{\ell}{\lambda}\right)\sin\phi\right)-\cos\left(\pi\left(\frac{\ell}{\lambda}\right)\right)}{\cos\phi} & 0\\ 0 & \cos\left(\pi\left(\frac{\ell}{\lambda}\right)\right)-1\end{bmatrix}\begin{bmatrix}s_{\mathrm{H}}(t)\\ s_{\mathrm{V}}(t)\end{bmatrix} \tag{1.256}$$

（2）对于短偶极子天线情形，也即 $0.02<\ell/\lambda\leqslant 0.1$，有

$$\cos\left(\pi\left(\frac{\ell}{\lambda}\right)\cos\phi\right)\approx 1-\frac{\left(\pi\left(\frac{\ell}{\lambda}\right)\cos\phi\right)^2}{2} \tag{1.257}$$

$$\cos\left(\pi\left(\frac{\ell}{\lambda}\right)\right)\approx 1-\frac{\left(\pi\left(\frac{\ell}{\lambda}\right)\right)^2}{2} \tag{1.258}$$

$$\frac{\lambda}{\pi\sin\left(\pi\left(\frac{\ell}{\lambda}\right)\right)}\approx\frac{\ell}{\pi^2\left(\frac{\ell}{\lambda}\right)^2} \tag{1.259}$$

因此（参见图 1.13）

$$\hbar_{\text{dipole},\cdot,\lambda}(\theta,\phi)\approx -0.5\ell\sin(\cdot\cdot) \tag{1.260}$$

进一步有

$$\boldsymbol{x}(t)\approx 0.5\ell\underbrace{\begin{bmatrix}-\sin\phi\\ \cos\phi\\ 0\end{bmatrix}}_{\boldsymbol{b}_{\mathrm{H}}(\phi)}s_{\mathrm{H}}(t)+0.5\ell\underbrace{\begin{bmatrix}\cos\theta\cos\phi\\ \cos\theta\sin\phi\\ -\sin\theta\end{bmatrix}}_{\boldsymbol{b}_{\mathrm{V}}(\theta,\phi)}s_{\mathrm{V}}(t) \tag{1.261}$$

与式（1.37）比较可以发现，此时三极子矢量天线输出近似与入射信号波电场矢量 $\boldsymbol{\xi}_{\mathrm{e,analytic}}(t)$ 的复基带解调输出成比例关系[12,17]。

（3）对于轴线平行于 z 轴的短偶极子天线，其接收幅度方向图为 $\sin\theta$，接收极化矢量为 $[0,1]^{\mathrm{T}}$。

磁环天线也是常见的矢量天线组成单元，法线平行于 x、y、z 轴的磁环天线，其复矢量有效长度分别为[10,11,13]

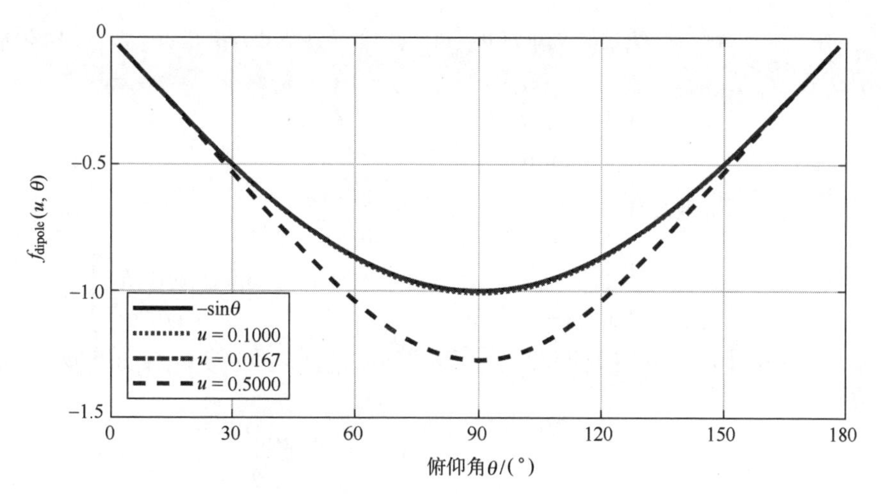

图 1.13　偶极子天线有效长度与其物理长度和信号波方向的关系：

$$f_{\text{dipole}}(u,\theta)=-\frac{2\lambda(\cos(\pi u\cos\theta)-\cos(\pi u))}{\ell\pi\sin(\pi u)\sin\theta},\quad u=\ell/\lambda$$

$$\boldsymbol{h}_{\text{loop},x,\lambda}(\theta,\phi)=\underbrace{\text{j}2\pi r\text{J}_{\text{Bessel},1,1}\left(2\pi\left(\frac{r}{\lambda}\right)\sin\vartheta\right)}_{\overset{\text{def}}{=}\hbar_{\text{loop},x,\lambda}(\theta,\phi)}\left(\frac{\boldsymbol{b}_x\times\boldsymbol{b}_{\text{p}}(\theta,\phi)}{\sin\vartheta}\right)\tag{1.262}$$

$$\boldsymbol{h}_{\text{loop},y,\lambda}(\theta,\phi)=\underbrace{\text{j}2\pi r\text{J}_{\text{Bessel},1,1}\left(2\pi\left(\frac{r}{\lambda}\right)\sin\psi\right)}_{\overset{\text{def}}{=}\hbar_{\text{loop},y,\lambda}(\theta,\phi)}\left(\frac{\boldsymbol{b}_y\times\boldsymbol{b}_{\text{p}}(\theta,\phi)}{\sin\psi}\right)\tag{1.263}$$

$$\boldsymbol{h}_{\text{loop},z,\lambda}(\theta,\phi)=\underbrace{\text{j}2\pi r\text{J}_{\text{Bessel},1,1}\left(2\pi\left(\frac{r}{\lambda}\right)\sin\theta\right)}_{\overset{\text{def}}{=}\hbar_{\text{loop},z,\lambda}(\theta,\phi)}\left(\frac{\boldsymbol{b}_z\times\boldsymbol{b}_{\text{p}}(\theta,\phi)}{\sin\theta}\right)\tag{1.264}$$

其中，r 为磁环天线物理半径，$\text{J}_{\text{Bessel},1,1}(\cdot)$ 为第一类一阶贝塞尔函数。

注意到

$$\begin{bmatrix}(\boldsymbol{b}_x\times\boldsymbol{b}_{\text{p}}(\theta,\phi))^{\text{T}}\boldsymbol{b}_{\text{H}}(\phi)\\(\boldsymbol{b}_y\times\boldsymbol{b}_{\text{p}}(\theta,\phi))^{\text{T}}\boldsymbol{b}_{\text{H}}(\phi)\\(\boldsymbol{b}_z\times\boldsymbol{b}_{\text{p}}(\theta,\phi))^{\text{T}}\boldsymbol{b}_{\text{H}}(\phi)\end{bmatrix}=\begin{bmatrix}-\cos\theta\cos\phi\\-\cos\theta\sin\phi\\\sin\theta\end{bmatrix}=-\boldsymbol{b}_{\text{V}}(\theta,\phi)\tag{1.265}$$

$$\begin{bmatrix}(\boldsymbol{b}_x\times\boldsymbol{b}_{\text{p}}(\theta,\phi))^{\text{T}}\boldsymbol{b}_{\text{V}}(\theta,\phi)\\(\boldsymbol{b}_y\times\boldsymbol{b}_{\text{p}}(\theta,\phi))^{\text{T}}\boldsymbol{b}_{\text{V}}(\theta,\phi)\\(\boldsymbol{b}_z\times\boldsymbol{b}_{\text{p}}(\theta,\phi))^{\text{T}}\boldsymbol{b}_{\text{V}}(\theta,\phi)\end{bmatrix}=\begin{bmatrix}-\sin\phi\\\cos\phi\\0\end{bmatrix}=\boldsymbol{b}_{\text{H}}(\phi)\tag{1.266}$$

所以，法线分别平行于 x、y、z 轴的 3 个同位置正交磁环天线所组成的矢量天线，其输出矢量可写成

$$\boldsymbol{x}(t)=\boldsymbol{H}_{\text{loop},\lambda}(\theta,\phi)(\boldsymbol{b}_{\mathrm{H}}(\phi)s_{\mathrm{V}}(t)-\boldsymbol{b}_{\mathrm{V}}(\theta,\phi)s_{\mathrm{H}}(t)) \tag{1.267}$$

式中：

$$\boldsymbol{H}_{\text{loop},\lambda}(\theta,\phi)=\begin{bmatrix}\dfrac{\hbar_{\text{loop},x,\lambda}(\theta,\phi)}{\sin\vartheta} & & \\ & \dfrac{\hbar_{\text{loop},y,\lambda}(\theta,\phi)}{\sin\psi} & \\ & & \dfrac{\hbar_{\text{loop},z,\lambda}(\theta,\phi)}{\sin\theta}\end{bmatrix} \tag{1.268}$$

此时式（1.251）和式（1.252）所定义的 $\boldsymbol{b}_{\text{iso-H},\lambda}(\theta,\phi)$ 和 $\boldsymbol{b}_{\text{iso-V},\lambda}(\theta,\phi)$ 分别变成

$$\boldsymbol{b}_{\text{iso-H},\lambda}(\theta,\phi)=\begin{bmatrix}\hbar_{\text{loop},x,\lambda}(\theta,\phi)\left(-\dfrac{\cos\theta\cos\phi}{\sin\vartheta}\right)\\ \hbar_{\text{loop},y,\lambda}(\theta,\phi)\left(-\dfrac{\cos\theta\sin\phi}{\sin\psi}\right)\\ \hbar_{\text{loop},z,\lambda}(\theta,\phi)\end{bmatrix} \tag{1.269}$$

$$\boldsymbol{b}_{\text{iso-V},\lambda}(\theta,\phi)=\begin{bmatrix}\hbar_{\text{loop},x,\lambda}(\theta,\phi)\left(-\dfrac{\sin\phi}{\sin\vartheta}\right)\\ \hbar_{\text{loop},y,\lambda}(\theta,\phi)\left(+\dfrac{\cos\phi}{\sin\psi}\right)\\ 0\end{bmatrix} \tag{1.270}$$

（1）若 $\theta=90°$，则

$$\hbar_{\text{loop},x,\lambda}(90°,\phi)=\mathrm{j}2\pi r\mathrm{J}_{\text{Bessel},1,1}\left(2\pi\left(\frac{r}{\lambda}\right)\sin\phi\right) \tag{1.271}$$

$$\hbar_{\text{loop},y,\lambda}(90°,\phi)=\mathrm{j}2\pi r\mathrm{J}_{\text{Bessel},1,1}\left(2\pi\left(\frac{r}{\lambda}\right)|\cos\phi|\right) \tag{1.272}$$

$$\hbar_{\text{loop},z,\lambda}(90°,\phi)=\mathrm{j}2\pi r\mathrm{J}_{\text{Bessel},1,1}\left(2\pi\left(\frac{r}{\lambda}\right)\right) \tag{1.273}$$

以及

$$\boldsymbol{x}(t)=\mathrm{j}2\pi r\begin{bmatrix}0 & -\mathrm{J}_{\text{Bessel},1,1}\left(2\pi\left(\dfrac{r}{\lambda}\right)\sin\phi\right)\\ 0 & \dfrac{\mathrm{J}_{\text{Bessel},1,1}\left(2\pi\left(\dfrac{r}{\lambda}\right)|\cos\phi|\right)\cos\phi}{|\cos\phi|}\\ \mathrm{J}_{\text{Bessel},1,1}\left(2\pi\left(\dfrac{r}{\lambda}\right)\right) & 0\end{bmatrix}\begin{bmatrix}s_{\mathrm{H}}(t)\\ s_{\mathrm{V}}(t)\end{bmatrix} \tag{1.274}$$

（2）对于小磁环天线情形，也即 $2\pi r/\lambda<0.1$，有

$$\mathrm{J}_{\mathrm{Bessel},1,1}\left(2\pi\left(\frac{r}{\lambda}\right)\sin(\cdot\cdot)\right)\approx\pi\left(\frac{r}{\lambda}\right)\sin(\cdot\cdot) \tag{1.275}$$

这样（参见图 1.14）

$$\hbar_{\mathrm{loop},\cdot,\lambda}(\theta,\phi)\approx \mathrm{j}2\pi^2\left(\frac{r^2}{\lambda}\right)\sin(\cdot\cdot) \tag{1.276}$$

由此，法线分别平行于 x、y、z 轴的 3 个同位置正交小磁环天线所组成的矢量天线，其输出矢量近似为

$$\boldsymbol{x}(t)=\mathrm{j}\left(\frac{2\pi^2r^2}{\lambda}\right)\left(\begin{bmatrix}-\cos\theta\cos\phi\\-\cos\theta\sin\phi\\\sin\theta\end{bmatrix}s_{\mathrm{H}}(t)+\begin{bmatrix}-\sin\phi\\\cos\phi\\0\end{bmatrix}s_{\mathrm{V}}(t)\right) \tag{1.277}$$

也即

$$\boldsymbol{x}(t)=-\mathrm{j}\left(\frac{2\pi^2r^2}{\lambda}\right)(\boldsymbol{b}_{\mathrm{V}}(\theta,\phi)s_{\mathrm{H}}(t)-\boldsymbol{b}_{\mathrm{H}}(\phi)s_{\mathrm{V}}(t)) \tag{1.278}$$

与式（1.43）比较可以发现，此时三正交磁环矢量天线输出近似与入射信号波磁场矢量 $\boldsymbol{\xi}_{\mathrm{m,analytic}}(t)$ 的复基带解调输出成比例关系。

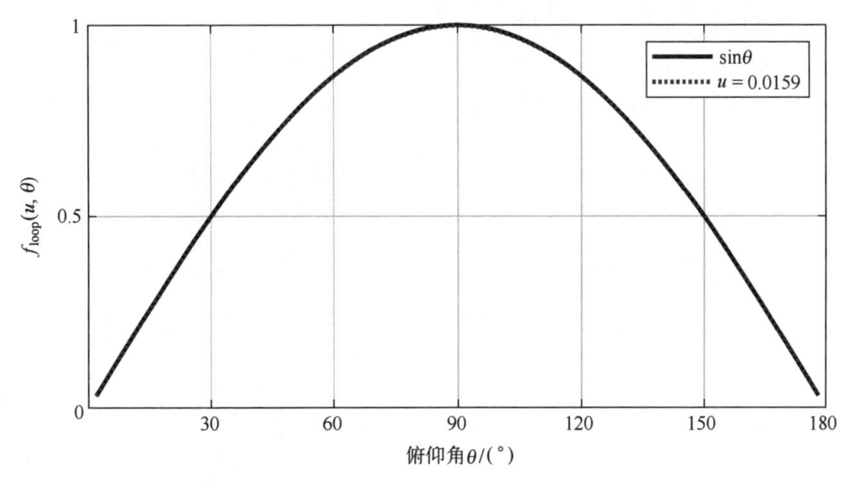

图 1.14　磁环天线有效长度与其物理长度和信号波方向的关系：
$f_{\mathrm{loop}}(u,\theta)=\lambda\ (\pi r)^{-1}\mathrm{J}_{\mathrm{Bessel},1,1}(2\pi u\sin\theta)$，$u=r/\lambda$

将偶极子和磁环矢量天线再正交共点集成在一起，可以形成一 6 元矢量天线，其输出具有下述形式：

$$
\boldsymbol{x}(t)=\left[\underbrace{\begin{matrix} \hbar_{\text{dipole},x,\lambda}(\theta,\phi)\left(+\dfrac{\sin\phi}{\sin\vartheta}\right) \\ \hbar_{\text{dipole},y,\lambda}(\theta,\phi)\left(-\dfrac{\cos\phi}{\sin\psi}\right) \\ 0 \\ \hbar_{\text{loop},x,\lambda}(\theta,\phi)\left(-\dfrac{\cos\theta\cos\phi}{\sin\vartheta}\right) \\ \hbar_{\text{loop},y,\lambda}(\theta,\phi)\left(-\dfrac{\cos\theta\sin\phi}{\sin\psi}\right) \\ \hbar_{\text{loop},z,\lambda}(\theta,\phi) \end{matrix}}_{\stackrel{\text{def}}{=}\boldsymbol{b}_{\text{iso-H},\lambda}(\theta,\phi)} \quad \underbrace{\begin{matrix} \hbar_{\text{dipole},x,\lambda}(\theta,\phi)\left(-\dfrac{\cos\theta\cos\phi}{\sin\vartheta}\right) \\ \hbar_{\text{dipole},y,\lambda}(\theta,\phi)\left(-\dfrac{\cos\theta\sin\phi}{\sin\psi}\right) \\ \hbar_{\text{dipole},z,\lambda}(\theta,\phi) \\ \hbar_{\text{loop},x,\lambda}(\theta,\phi)\left(-\dfrac{\sin\phi}{\sin\vartheta}\right) \\ \hbar_{\text{loop},y,\lambda}(\theta,\phi)\left(+\dfrac{\cos\phi}{\sin\psi}\right) \\ 0 \end{matrix}}_{\stackrel{\text{def}}{=}\boldsymbol{b}_{\text{iso-V},\lambda}(\theta,\phi)}\right]\begin{bmatrix} s_{\mathrm{H}}(t) \\ s_{\mathrm{V}}(t) \end{bmatrix}
$$

（1）当 $\theta=90°$，有

$$
\boldsymbol{x}(t)=\begin{bmatrix} \dfrac{\lambda\left(\cos\left(\pi\left(\frac{\ell}{\lambda}\right)\right)-\cos\left(\pi\left(\frac{\ell}{\lambda}\right)\cos\phi\right)\right)}{\pi\sin\left(\pi\left(\frac{\ell}{\lambda}\right)\right)\sin\phi} & 0 \\ \dfrac{\lambda\left(\cos\left(\pi\left(\frac{\ell}{\lambda}\right)\sin\phi\right)-\cos\left(\pi\left(\frac{\ell}{\lambda}\right)\right)\right)}{\pi\sin\left(\pi\left(\frac{\ell}{\lambda}\right)\right)\cos\phi} & 0 \\ 0 & \dfrac{\lambda\left(\cos\left(\pi\left(\frac{\ell}{\lambda}\right)\right)-1\right)}{\pi\sin\left(\pi\left(\frac{\ell}{\lambda}\right)\right)} \\ 0 & -\mathrm{j}2\pi r\mathrm{J}_{\text{Bessel},1,1}\left(2\pi\left(\frac{r}{\lambda}\right)\sin\phi\right) \\ 0 & \mathrm{j}2\pi r\dfrac{\mathrm{J}_{\text{Bessel},1,1}\left(2\pi\left(\frac{r}{\lambda}\right)|\cos\phi|\right)\cos\phi}{|\cos\phi|} \\ \mathrm{j}2\pi r\mathrm{J}_{\text{Bessel},1,1}\left(2\pi\left(\frac{r}{\lambda}\right)\right) & 0 \end{bmatrix}\begin{bmatrix} s_{\mathrm{H}}(t) \\ s_{\mathrm{V}}(t) \end{bmatrix}
$$

（2）当偶极子为短偶极子而磁环为小磁环时，有

$$\boldsymbol{x}(t)=\begin{bmatrix} -0.5\ell\sin\phi & 0.5\ell\cos\theta\cos\phi \\ +0.5\ell\cos\phi & 0.5\ell\cos\theta\sin\phi \\ 0 & -0.5\ell\sin\theta \\ -\mathrm{j}\left(\dfrac{2\pi^2r^2}{\lambda}\right)\cos\theta\cos\phi & -\mathrm{j}\left(\dfrac{2\pi^2r^2}{\lambda}\right)\sin\phi \\ -\mathrm{j}\left(\dfrac{2\pi^2r^2}{\lambda}\right)\cos\theta\sin\phi & \mathrm{j}\left(\dfrac{2\pi^2r^2}{\lambda}\right)\cos\phi \\ \mathrm{j}\left(\dfrac{2\pi^2r^2}{\lambda}\right)\sin\theta & 0 \end{bmatrix}\begin{bmatrix} s_{\mathrm{H}}(t) \\ s_{\mathrm{V}}(t) \end{bmatrix} \tag{1.279}$$

再对 $\boldsymbol{x}(t)$ 各分量作适当的幅度补偿，可得

$$\begin{bmatrix} 2\ell^{-1}\boldsymbol{I}_3 & \\ & \mathrm{j}\left(\dfrac{2\pi^2r^2}{\lambda}\right)^{-1}\boldsymbol{I}_3 \end{bmatrix}\boldsymbol{x}(t)=\begin{bmatrix} \boldsymbol{b}_{\mathrm{H}}(\phi) & \boldsymbol{b}_{\mathrm{V}}(\theta,\phi) \\ \boldsymbol{b}_{\mathrm{V}}(\theta,\phi) & -\boldsymbol{b}_{\mathrm{H}}(\phi) \end{bmatrix}\begin{bmatrix} s_{\mathrm{H}}(t) \\ s_{\mathrm{V}}(t) \end{bmatrix} \tag{1.280}$$

此时的矢量天线即为之前已经提及过的 SuperCART 天线，其水平和垂直极化流形矢量分别为

$$\boldsymbol{b}_{\text{iso-H},\lambda}(\theta,\phi)=[\boldsymbol{b}_{\mathrm{H}}^{\mathrm{T}}(\phi),\boldsymbol{b}_{\mathrm{V}}^{\mathrm{T}}(\theta,\phi)]^{\mathrm{T}} \tag{1.281}$$

$$\boldsymbol{b}_{\text{iso-V},\lambda}(\theta,\phi)=[\boldsymbol{b}_{\mathrm{V}}^{\mathrm{T}}(\theta,\phi),-\boldsymbol{b}_{\mathrm{H}}^{\mathrm{T}}(\phi)]^{\mathrm{T}} \tag{1.282}$$

其内部各传感单元接收方向图和接收极化的分析也相对比较简单：

① 轴线平行于 x 轴的短偶极子，其接收方向图为

$$B_{\mathrm{sd},x}(\theta,\phi)=\sqrt{\sin^2\phi+\cos^2\theta\cos^2\phi}=\sin\vartheta=B_{\mathrm{sd},x}(\vartheta) \tag{1.283}$$

当 $\sin\vartheta\neq 0$ 时，其接收极化矢量为

$$\boldsymbol{p}_{\mathrm{sd},x}(\theta,\phi)=\begin{bmatrix} \dfrac{|\sin\phi|}{\sin\vartheta} \\ \dfrac{|\cos\theta\cos\phi|}{\sin\vartheta}\mathrm{e}^{\mathrm{j}(\angle(-\sin\phi)-\angle(\cos\theta\cos\phi))} \end{bmatrix} \tag{1.284}$$

当 $\sin\phi=0$、$\cos\theta\cos\phi\neq 0$ 时，$\boldsymbol{p}_{\mathrm{sd},x}(\theta,\phi)=[0,1]^{\mathrm{T}}$；当 $\cos\theta\cos\phi=0$、$\sin\phi\neq 0$ 时，$\boldsymbol{p}_{\mathrm{sd},x}(\theta,\phi)=[1,0]^{\mathrm{T}}$。

② 轴线平行于 y 轴的短偶极子，其接收方向图为

$$B_{\mathrm{sd},y}(\theta,\phi)=\sqrt{\cos^2\phi+\cos^2\theta\sin^2\phi}=\sin\psi=B_{\mathrm{sd},y}(\psi) \tag{1.285}$$

当 $\sin\psi\neq 0$ 时，其接收极化矢量为

$$\boldsymbol{p}_{\mathrm{sd},y}(\theta,\phi)=\begin{bmatrix} \dfrac{|\cos\phi|}{\sin\psi} \\ \dfrac{|\cos\theta\sin\phi|}{\sin\psi}\mathrm{e}^{\mathrm{j}(\angle(\cos\phi)-\angle(\cos\theta\sin\phi))} \end{bmatrix} \tag{1.286}$$

当 $\cos\phi=0$、$\cos\theta\sin\phi\neq0$ 时，$\boldsymbol{p}_{\mathrm{sd},y}(\theta,\phi)=[0,1]^{\mathrm{T}}$；当 $\cos\theta\sin\phi=0$、$\cos\phi\neq0$ 时，$\boldsymbol{p}_{\mathrm{sd},y}(\theta,\phi)=[1,0]^{\mathrm{T}}$。

③ 轴线平行于 z 轴的短偶极子，其接收方向图为

$$B_{\mathrm{sd},z}(\theta,\phi)=\sin\theta=B_{\mathrm{sd},z}(\theta) \tag{1.287}$$

当 $\sin\theta\neq0$ 时，其接收极化矢量为 $\boldsymbol{p}_{\mathrm{sd},z}(\theta,\phi)=[0,1]^{\mathrm{T}}$。

④ 法线平行于 x 轴的小磁环，其接收方向图为

$$B_{\mathrm{sl},x}(\theta,\phi)=\sqrt{\cos^2\theta\cos^2\phi+\sin^2\phi}=\sin\vartheta=B_{\mathrm{sl},x}(\vartheta) \tag{1.288}$$

当 $\sin\vartheta\neq0$ 时，其接收极化矢量为

$$\boldsymbol{p}_{\mathrm{sl},x}(\theta,\phi)=\begin{bmatrix}\dfrac{|\cos\theta\cos\phi|}{\sin\vartheta}\\[2ex]\dfrac{|\sin\phi|}{\sin\vartheta}\mathrm{e}^{\mathrm{j}(\angle(\cos\theta\cos\phi)-\angle(\sin\phi))}\end{bmatrix} \tag{1.289}$$

当 $\cos\theta\cos\phi=0$、$\sin\phi\neq0$ 时，$\boldsymbol{p}_{\mathrm{sl},x}(\theta,\phi)=[0,1]^{\mathrm{T}}$；当 $\sin\phi=0$、$\cos\theta\cos\phi\neq0$ 时，$\boldsymbol{p}_{\mathrm{sl},x}(\theta,\phi)=[1,0]^{\mathrm{T}}$。

⑤ 法线平行于 y 轴的小磁环，其接收方向图为

$$B_{\mathrm{sl},y}(\theta,\phi)=\sqrt{\cos^2\theta\sin^2\phi+\cos^2\phi}=\sin\psi=B_{\mathrm{sl},y}(\psi) \tag{1.290}$$

当 $\sin\psi\neq0$ 时，其接收极化矢量为

$$\boldsymbol{p}_{\mathrm{sl},y}(\theta,\phi)=\begin{bmatrix}\dfrac{|\cos\theta\sin\phi|}{\sin\psi}\\[2ex]\dfrac{|\cos\phi|}{\sin\psi}\mathrm{e}^{\mathrm{j}(\angle(\cos\phi)-\angle(-\cos\theta\sin\phi))}\end{bmatrix} \tag{1.291}$$

当 $\cos\theta\sin\phi=0$、$\cos\phi\neq0$ 时，$\boldsymbol{p}_{\mathrm{sl},y}(\theta,\phi)=[0,1]^{\mathrm{T}}$；当 $\cos\phi=0$、$\cos\theta\sin\phi\neq0$ 时，$\boldsymbol{p}_{\mathrm{sl},y}(\theta,\phi)=[1,0]^{\mathrm{T}}$。

⑥ 法线平行于 z 轴的小磁环，其接收方向图为

$$B_{\mathrm{sl},z}(\theta,\phi)=\sin\theta=B_{\mathrm{sl},z}(\theta) \tag{1.292}$$

当 $\sin\theta\neq0$ 时，其接收极化矢量为 $\boldsymbol{p}_{\mathrm{sl},z}(\theta,\phi)=[1,0]^{\mathrm{T}}$。

1.5.3 矢量天线阵列

矢量天线阵列是一类特殊的多极化阵列，由多个子阵组成，其中每个子阵也称矢量阵元，均为 1.5.2 节所讨论的矢量天线。图 1.15 所示信号采集与处理系统所采用的阵列即为此类多极化阵列，它由若干个相同的 3 元矢量天线组成。

假设阵列由 L 个内部结构和倾角均相同的矢量天线组成，且第 0 个矢量天线位于坐标原点，其输出矢量记为 $\boldsymbol{x}_0(t)$。若矢量天线输出间的相互影响可

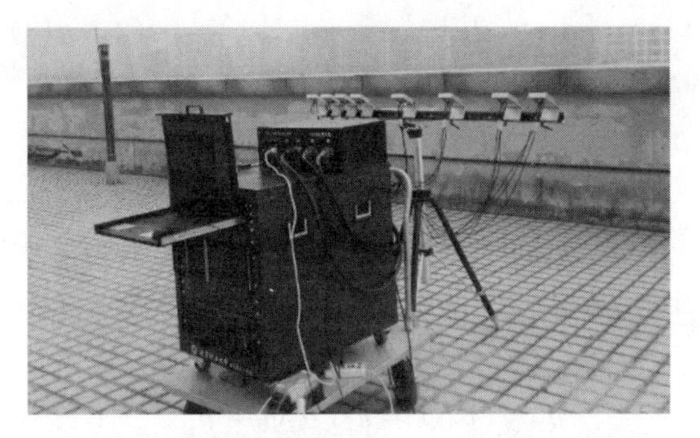

图 1.15　矢量天线阵列信号采集与处理系统

以忽略，则阵列输出矢量具有下述形式：

$$\boldsymbol{x}(t)=\begin{bmatrix}\boldsymbol{x}_0(t)\\ \boldsymbol{x}_0(t+\tau_1(\theta,\phi))\mathrm{e}^{\mathrm{j}\omega_0\tau_1(\theta,\phi)}\\ \vdots\\ \boldsymbol{x}_0(t+\tau_{L-1}(\theta,\phi))\mathrm{e}^{\mathrm{j}\omega_0\tau_{L-1}(\theta,\phi)}\end{bmatrix}\tag{1.293}$$

若 $s_{\mathrm{H}}(t)$ 和 $s_{\mathrm{V}}(t)$ 带宽较小，使得

$$\boldsymbol{x}_0(t)\approx\boldsymbol{x}_0(t+\tau_1(\theta,\phi))\approx\cdots\approx\boldsymbol{x}_0(t+\tau_{L-1}(\theta,\phi))\tag{1.294}$$

则有

$$\boldsymbol{x}(t)=\begin{bmatrix}\boldsymbol{x}_0(t)\\ \boldsymbol{x}_0(t)\mathrm{e}^{\mathrm{j}\omega_0\tau_1(\theta,\phi)}\\ \vdots\\ \boldsymbol{x}_0(t)\mathrm{e}^{\mathrm{j}\omega_0\tau_{L-1}(\theta,\phi)}\end{bmatrix}=\underbrace{\begin{bmatrix}1\\ \mathrm{e}^{\mathrm{j}\omega_0\tau_1(\theta,\phi)}\\ \vdots\\ \mathrm{e}^{\mathrm{j}\omega_0\tau_{L-1}(\theta,\phi)}\end{bmatrix}}_{\stackrel{\mathrm{def}}{=}\boldsymbol{a}_{\omega_0}(\theta,\phi)}\otimes\boldsymbol{x}_0(t)\tag{1.295}$$

其中，$\boldsymbol{a}_{\omega_0}(\theta,\phi)$称为矢量天线阵列的几何流形矢量；“⊗”表示 Kronecker 积。

注意到

$$\boldsymbol{x}_0(t)=\boldsymbol{b}_{\mathrm{iso-H},\omega_0}(\theta,\phi)s_{\mathrm{H}}(t)+\boldsymbol{b}_{\mathrm{iso-V},\omega_0}(\theta,\phi)s_{\mathrm{V}}(t)\tag{1.296}$$

其中，$\boldsymbol{b}_{\mathrm{iso-H},\omega_0}(\theta,\phi)$ 和 $\boldsymbol{b}_{\mathrm{iso-V},\omega_0}(\theta,\phi)$ 的定义参见 1.5.2 节的讨论。

由此

$$\boldsymbol{x}(t)=\boldsymbol{a}_{\mathrm{H},\omega_0}(\theta,\phi)s_{\mathrm{H}}(t)+\boldsymbol{a}_{\mathrm{V},\omega_0}(\theta,\phi)s_{\mathrm{V}}(t)\tag{1.297}$$

式中：

$$\boldsymbol{a}_{\mathrm{H},\omega_0}(\theta,\phi)=\boldsymbol{a}_{\omega_0}(\theta,\phi)\otimes\boldsymbol{b}_{\mathrm{iso-H},\omega_0}(\theta,\phi)\tag{1.298}$$

$$\boldsymbol{a}_{\mathrm{V},\omega_0}(\theta,\phi)=\boldsymbol{a}_{\omega_0}(\theta,\phi)\otimes\boldsymbol{b}_{\mathrm{iso-V},\omega_0}(\theta,\phi)\tag{1.299}$$

最后，若信号波还是完全极化，考虑噪声后，我们有

$$\boldsymbol{x}(t)=\underbrace{[\boldsymbol{a}_{\mathrm{H},\omega_0}(\theta,\phi),\boldsymbol{a}_{\mathrm{V},\omega_0}(\theta,\phi)]\boldsymbol{p}_{\gamma,\eta}}_{\stackrel{\mathrm{def}}{=}\boldsymbol{b}_{\omega_0}(\theta,\phi,\gamma,\eta)}s(t)+\boldsymbol{n}(t) \tag{1.300}$$

式中：$\boldsymbol{n}(t)$为噪声矢量，信号$s(t)$满足下述条件：

$$s(t)\approx s(t+\tau_1(\theta,\phi))\approx\cdots\approx s(t+\tau_{L-1}(\theta,\phi)) \tag{1.301}$$

若待处理信号中心频率/波长相同且已知，下文中为了书写方便，有时会略去下标中的频率/波长信息，有时会将角度信息置于下标中：

$$\boldsymbol{a}_{\omega_0}(\theta,\phi)=\boldsymbol{a}(\theta,\phi)=\boldsymbol{a}_{\omega_0,\theta,\phi}=\boldsymbol{a}_{\theta,\phi} \tag{1.302}$$

$$\boldsymbol{a}_{\mathrm{H},\omega_0}(\theta,\phi)=\boldsymbol{a}_{\mathrm{H}}(\theta,\phi)=\boldsymbol{a}_{\mathrm{H},\theta,\phi} \tag{1.303}$$

$$\boldsymbol{a}_{\mathrm{V},\omega_0}(\theta,\phi)=\boldsymbol{a}_{\mathrm{V}}(\theta,\phi)=\boldsymbol{a}_{\mathrm{V},\theta,\phi} \tag{1.304}$$

$$\boldsymbol{b}_{\omega_0}(\theta,\phi,\gamma,\eta)=\boldsymbol{b}(\theta,\phi,\gamma,\eta)=\boldsymbol{b}_{\omega_0,\theta,\phi,\gamma,\eta}=\boldsymbol{b}_{\theta,\phi,\gamma,\eta} \tag{1.305}$$

需要指出的是，由多个更一般多极化子阵所组成的阵列，也可视为一种特殊的矢量天线阵列，比如第6章将要讨论的非共点矢量天线阵列。

1.6 水平和垂直极化阵列流形的校正

在感兴趣角度范围内，所有$\boldsymbol{a}_{\mathrm{H},\omega_0}(\theta,\phi)$和$\boldsymbol{a}_{\mathrm{V},\omega_0}(\theta,\phi)$所组成的集合分别称为水平和垂直极化阵列流形。

假定：

(1) 待校正阵列固定于可以自由转动的转台，等效于观测坐标系可自由变换，如图1.16所示。

图1.16 阵列流形的校正试验图

(2) 初始坐标系为$x_0y_0z_0$，校正源可以发射中心频率为ω_0的窄带线极化波信号，其位置始终固定，初始坐标系下方向为(θ_0,ϕ_0)。

(3) 初始坐标系$x_0y_0z_0$下的水平和垂直极化基矢量分别为$\boldsymbol{b}_{\mathrm{H}}(\phi_0)=\boldsymbol{b}_{01}$和$\boldsymbol{b}_{\mathrm{V}}(\theta_0,\phi_0)=\boldsymbol{b}_{02}$。

假设阵列转台转动后，新的坐标系为xyz，校正信号源的方向在该坐标系下变为(θ,ϕ)。如果坐标系 $x_0y_0z_0$ 下新坐标系的三个坐标轴分别为 $\boldsymbol{b}_x$、$\boldsymbol{b}_y$ 和 $\boldsymbol{b}_z$，则有

$$[\boldsymbol{b}_x,\boldsymbol{b}_y,\boldsymbol{b}_z]\begin{bmatrix}\sin\theta\cos\phi\\ \sin\theta\sin\phi\\ \cos\theta\end{bmatrix}=\begin{bmatrix}\sin\theta_0\cos\phi_0\\ \sin\theta_0\sin\phi_0\\ \cos\theta_0\end{bmatrix} \tag{1.306}$$

所以

$$\begin{bmatrix}\sin\theta\cos\phi\\ \sin\theta\sin\phi\\ \cos\theta\end{bmatrix}=[\boldsymbol{b}_x,\boldsymbol{b}_y,\boldsymbol{b}_z]^{-1}\begin{bmatrix}\sin\theta_0\cos\phi_0\\ \sin\theta_0\sin\phi_0\\ \cos\theta_0\end{bmatrix}=\boldsymbol{v}_{\theta,\phi} \tag{1.307}$$

根据式（1.307），我们有

$$\theta=\arccos(\boldsymbol{v}_{\theta,\phi}(3)) \tag{1.308}$$

$$\phi=\arctan(\boldsymbol{v}_{\theta,\phi}(2)/\boldsymbol{v}_{\theta,\phi}(1)) \tag{1.309}$$

其中，ϕ 的具体象限根据 $\boldsymbol{v}_{\theta,\phi}(1)$ 和 $\boldsymbol{v}_{\theta,\phi}(2)$ 的正负进行确定。

坐标系 xyz 下，水平和垂直极化基矢量分别为 $\boldsymbol{b}_{\mathrm{H}}(\phi)$ 和 $\boldsymbol{b}_{\mathrm{V}}(\theta,\phi)$，两者在初始坐标系 $x_0y_0z_0$ 下看为 $\boldsymbol{b}_1$ 和 $\boldsymbol{b}_2$，满足下式：

$$[\boldsymbol{b}_1,\boldsymbol{b}_2]=[\boldsymbol{b}_x,\boldsymbol{b}_y,\boldsymbol{b}_z][\boldsymbol{b}_{\mathrm{H}}(\phi),\boldsymbol{b}_{\mathrm{V}}(\theta,\phi)] \tag{1.310}$$

根据 1.3.2 节的讨论，$\boldsymbol{b}_1$、$\boldsymbol{b}_2$ 与 $\boldsymbol{b}_{01}$、$\boldsymbol{b}_{02}$ 虽然在同一平面内，但两组极化基矢量之间可能存在一整体旋转，具体的旋转角 Δ 可以通过下式求得

$$\begin{bmatrix}\cos\Delta & -\sin\Delta\\ \sin\Delta & \cos\Delta\end{bmatrix}=\begin{bmatrix}\boldsymbol{b}_{\mathrm{H}}^{\mathrm{H}}(\phi)\boldsymbol{b}_1 & \boldsymbol{b}_{\mathrm{H}}^{\mathrm{H}}(\phi)\boldsymbol{b}_2\\ \boldsymbol{b}_{\mathrm{V}}^{\mathrm{H}}(\theta,\phi)\boldsymbol{b}_1 & \boldsymbol{b}_{\mathrm{V}}^{\mathrm{H}}(\theta,\phi)\boldsymbol{b}_2\end{bmatrix} \tag{1.311}$$

比如，通过坐标系旋转可以使得

$$\begin{aligned}&[\boldsymbol{b}_x,\boldsymbol{b}_y,\boldsymbol{b}_z]\\ &=\begin{bmatrix}\cos10^\circ & -\sin10^\circ & 0\\ \sin10^\circ & \cos10^\circ & 0\\ 0 & 0 & 1\end{bmatrix}\begin{bmatrix}\cos20^\circ & 0 & \sin20^\circ\\ 0 & 1 & 0\\ -\sin20^\circ & 0 & \cos20^\circ\end{bmatrix}\begin{bmatrix}1 & 0 & 0\\ 0 & \cos\psi & -\sin\psi\\ 0 & \sin\psi & \cos\psi\end{bmatrix}\end{aligned}$$

此时两组极化基矢量之间的整体旋转角 Δ 随 ψ 的变化曲线如图 1.17 所示。

再比如，$\theta_0=90^\circ$，$\phi_0=0^\circ$，$\boldsymbol{b}_{01}=[0,1,0]^{\mathrm{T}}$，$\boldsymbol{b}_{02}=[0,0,-1]^{\mathrm{T}}$。将原始坐标系 $x_0y_0z_0$ 围绕 x_0 轴旋转 ψ，也即

$$[\boldsymbol{b}_x,\boldsymbol{b}_y,\boldsymbol{b}_z]=\begin{bmatrix}1 & 0 & 0\\ 0 & \cos\psi & -\sin\psi\\ 0 & \sin\psi & \cos\psi\end{bmatrix}$$

此时新坐标系 xyz 下校正信号源的方向并没有改变：

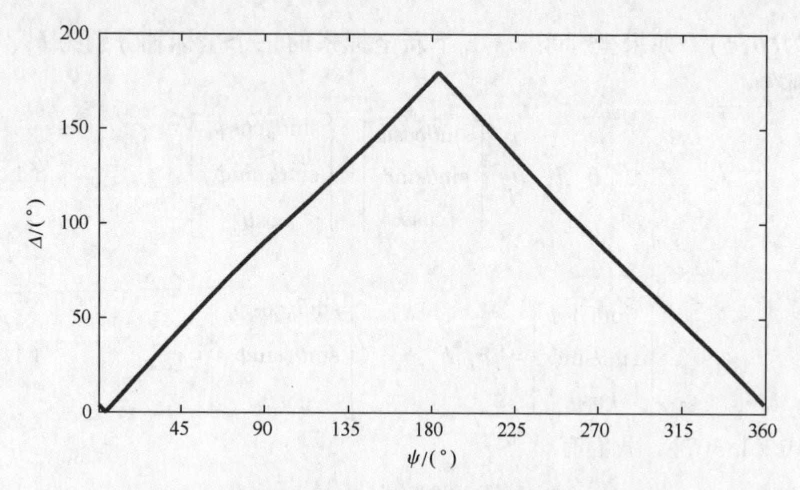

图 1.17 极化基矢量旋转角随坐标系旋转角的变化曲线

$$\begin{bmatrix}1 & 0 & 0\\0 & \cos\psi & -\sin\psi\\0 & \sin\psi & \cos\psi\end{bmatrix}\begin{bmatrix}1\\0\\0\end{bmatrix}=\begin{bmatrix}1\\0\\0\end{bmatrix}$$

$$\boldsymbol{b}_{\mathrm{H}}(\phi)=[0,1,0]^{\mathrm{T}}$$

$$\boldsymbol{b}_{\mathrm{V}}(\theta,\phi)=[0,0,-1]^{\mathrm{T}}$$

但由于极化基矢量存在旋转，导致校正信号源的波极化定义仍然发生了变化：

$$\begin{aligned}[\boldsymbol{b}_1,\boldsymbol{b}_2]&=\begin{bmatrix}1 & 0 & 0\\0 & \cos\psi & -\sin\psi\\0 & \sin\psi & \cos\psi\end{bmatrix}\begin{bmatrix}0 & 0\\1 & 0\\0 & -1\end{bmatrix}=\begin{bmatrix}0 & 0\\\cos\psi & \sin\psi\\\sin\psi & -\cos\psi\end{bmatrix}\\&=\begin{bmatrix}0 & 0\\1 & 0\\0 & -1\end{bmatrix}\begin{bmatrix}\cos(-\psi) & -\sin(-\psi)\\\sin(-\psi) & \cos(-\psi)\end{bmatrix}\end{aligned}$$

实际校正中，可令 $\theta_0=90°$，$\phi_0=0°$，坐标系旋转分为两步：首先将坐标系 $x_0y_0z_0$ 围绕 z_0 轴逆时针旋转 $360°-\phi$，再将新坐标系围绕 y_0 轴逆时针旋转 $90°-\theta$，得到坐标系 xyz，如图 1.18 所示。

此时

$$\boldsymbol{b}_x=\begin{bmatrix}0\\-\sin\phi\\0\end{bmatrix}+\begin{bmatrix}\cos\phi\sin\theta\\0\\-\cos\phi\cos\theta\end{bmatrix}=\begin{bmatrix}\cos\phi\sin\theta\\-\sin\phi\\-\cos\phi\cos\theta\end{bmatrix}\tag{1.312}$$

$$\boldsymbol{b}_y=\begin{bmatrix}0\\\cos\phi\\0\end{bmatrix}+\begin{bmatrix}\sin\phi\sin\theta\\0\\-\sin\phi\cos\theta\end{bmatrix}=\begin{bmatrix}\sin\phi\sin\theta\\\cos\phi\\-\sin\phi\cos\theta\end{bmatrix}\tag{1.313}$$

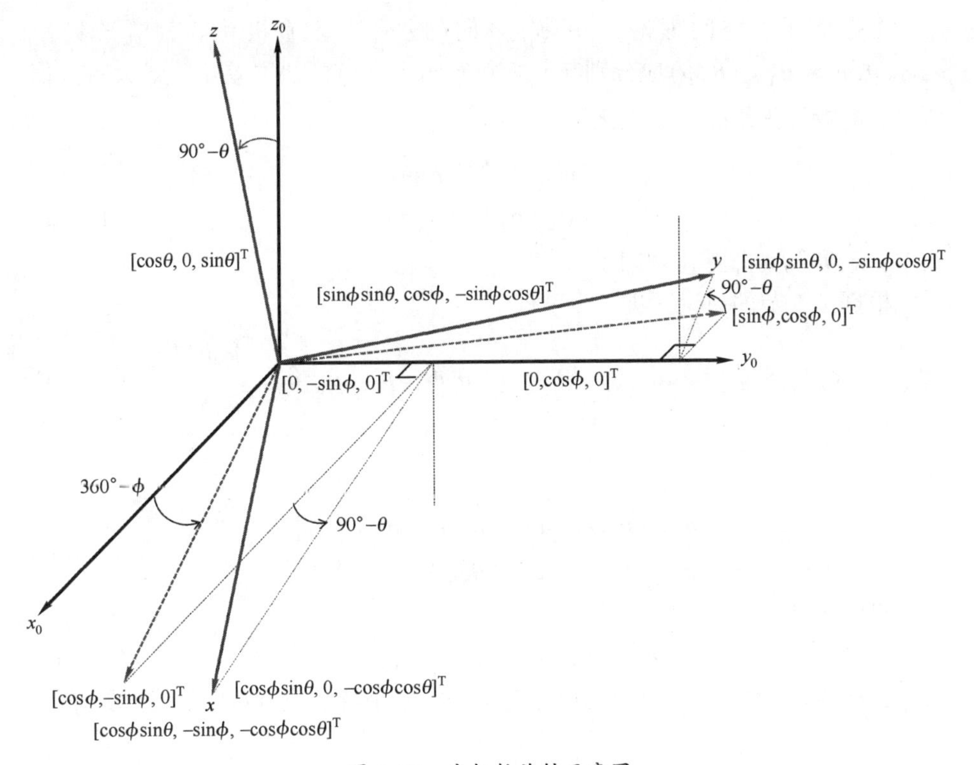

图 1.18　坐标轴旋转示意图

$$\boldsymbol{b}_z = \begin{bmatrix} \cos\theta \\ 0 \\ \sin\theta \end{bmatrix} \tag{1.314}$$

不难验证下述结论成立：

$$[\boldsymbol{b}_x, \boldsymbol{b}_y, \boldsymbol{b}_z]^{-1} \begin{bmatrix} \sin 90^\circ \cos 0^\circ \\ \sin 90^\circ \sin 0^\circ \\ \cos 90^\circ \end{bmatrix} = \begin{bmatrix} \sin\theta\cos\phi \\ \sin\theta\sin\phi \\ \cos\theta \end{bmatrix} \tag{1.315}$$

$$[\boldsymbol{b}_1, \boldsymbol{b}_2] = \begin{bmatrix} 0 & 0 \\ 1 & 0 \\ 0 & -1 \end{bmatrix} = [\boldsymbol{b}_{01}, \boldsymbol{b}_{02}] \tag{1.316}$$

也即在新坐标系 xyz 下，校正信号源的波达方向将变为(θ,ϕ)，而波极化则保持不变（极化基矢量并未发生旋转）。

（4）分别记 $\boldsymbol{x}_{\mathrm{H,cal}}(t)$、$\boldsymbol{x}_{\mathrm{V,cal}}(t)$ 和 $\boldsymbol{x}_{\boldsymbol{p},\mathrm{cal}}(t)$ 为坐标系 xyz 下，校正信号源发射水平极化波、垂直极化波和其他线极化波（对应的极化矢量为 $\boldsymbol{p}$）时的待校正阵列复基带输出矢量。

根据特征子空间理论，(θ,ϕ)方向的水平、垂直极化阵列流形矢量$\boldsymbol{a}_{\mathrm{H},\omega_0}(\theta,\phi)$、$\boldsymbol{a}_{\mathrm{V},\omega_0}(\theta,\phi)$应分别与$\boldsymbol{x}_{\mathrm{H},\mathrm{cal}}(t)$、$\boldsymbol{x}_{\mathrm{V},\mathrm{cal}}(t)$的协方差矩阵最大特征值所对应的特征矢量$\hat{\boldsymbol{a}}_{\mathrm{H}}$、$\hat{\boldsymbol{a}}_{\mathrm{V}}$成比例关系：

$$\boldsymbol{a}_{\mathrm{H},\omega_0}(\theta,\phi)=\hat{\kappa}_{\mathrm{H}}\hat{\boldsymbol{a}}_{\mathrm{H}} \tag{1.317}$$

$$\boldsymbol{a}_{\mathrm{V},\omega_0}(\theta,\phi)=\hat{\kappa}_{\mathrm{V}}\hat{\boldsymbol{a}}_{\mathrm{V}} \tag{1.318}$$

式中：$\hat{\kappa}_{\mathrm{H}}$和$\hat{\kappa}_{\mathrm{V}}$为非零比例因子。

根据1.5节的讨论，进一步可得

$$\boldsymbol{a}_{p,\omega_0}(\theta,\phi)=[\boldsymbol{a}_{\mathrm{H},\omega_0}(\theta,\phi),\boldsymbol{a}_{\mathrm{V},\omega_0}(\theta,\phi)]\boldsymbol{p}=[\hat{\boldsymbol{a}}_{\mathrm{H}},\hat{\boldsymbol{a}}_{\mathrm{V}}]\underbrace{\begin{bmatrix}\hat{\kappa}_{\mathrm{H}}\boldsymbol{p}(1)\\ \hat{\kappa}_{\mathrm{V}}\boldsymbol{p}(2)\end{bmatrix}}_{=\hat{\boldsymbol{p}}} \tag{1.319}$$

并且

$$\boldsymbol{a}_{p,\omega_0}(\theta,\phi)=\boldsymbol{a}_{\mathrm{H},\omega_0}(\theta,\phi),\ \boldsymbol{p}=[1,0]^{\mathrm{T}}$$
$$\boldsymbol{a}_{p,\omega_0}(\theta,\phi)=\boldsymbol{a}_{\mathrm{V},\omega_0}(\theta,\phi),\ \boldsymbol{p}=[0,1]^{\mathrm{T}}$$

再注意到

$$\boldsymbol{a}_{p,\omega_0}^{\mathrm{H}}(\theta,\phi)\boldsymbol{U}\boldsymbol{U}^{\mathrm{H}}\boldsymbol{a}_{p,\omega_0}(\theta,\phi)=0 \tag{1.320}$$

式中：$\boldsymbol{U}$的列矢量为$\boldsymbol{x}_{p,\mathrm{cal}}(t)$的协方差矩阵的较小特征值所对应的特征矢量。

因此

$$\hat{\boldsymbol{p}}^{\mathrm{H}}\underbrace{[\hat{\boldsymbol{a}}_{\mathrm{H}},\hat{\boldsymbol{a}}_{\mathrm{V}}]^{\mathrm{H}}\boldsymbol{U}\boldsymbol{U}^{\mathrm{H}}[\hat{\boldsymbol{a}}_{\mathrm{H}},\hat{\boldsymbol{a}}_{\mathrm{V}}]}_{=\boldsymbol{H}}\hat{\boldsymbol{p}}=0 \tag{1.321}$$

其中，$\boldsymbol{H}$为2×2维厄尔米特非零矩阵。

由于$\hat{\boldsymbol{p}}$为非零矢量，式（1.321）表明矩阵$\boldsymbol{H}$的秩为1，且$\hat{\boldsymbol{p}}$与矩阵$\boldsymbol{H}$的零特征值所对应的特征矢量$\hat{\boldsymbol{q}}$成比例关系，也即

$$\hat{\boldsymbol{p}}=\begin{bmatrix}\hat{\kappa}_{\mathrm{H}}\boldsymbol{p}(1)\\ \hat{\kappa}_{\mathrm{V}}\boldsymbol{p}(2)\end{bmatrix}=\hat{\kappa}\hat{\boldsymbol{q}} \tag{1.322}$$

式中：$\hat{\kappa}$为非零比例因子。

当校正信号源发射非水平/垂直极化波时，根据式（1.322），可以得到

$$\hat{\kappa}_{\mathrm{V}}/\hat{\kappa}_{\mathrm{H}}=(\boldsymbol{p}(1)\hat{\boldsymbol{q}}(2))/(\boldsymbol{p}(2)\hat{\boldsymbol{q}}(1))=\hat{\varrho} \tag{1.323}$$

最终分别令

$$\hat{\boldsymbol{a}}_{\mathrm{H},\omega_0}(\theta,\phi)=\hat{\boldsymbol{a}}_{\mathrm{H}} \tag{1.324}$$

$$\hat{\boldsymbol{a}}_{\mathrm{V},\omega_0}(\theta,\phi)=\hat{\varrho}\hat{\boldsymbol{a}}_{\mathrm{V}} \tag{1.325}$$

为水平和垂直极化阵列流形矢量的校正结果（与真实的水平和垂直极化阵列流形矢量成比例关系，比例因子均为$1/\hat{\kappa}_{\mathrm{H}}$），此时式（1.297）可以重写成下述形式：

$$\boldsymbol{x}(t)=[\hat{\boldsymbol{a}}_{\mathrm{H},\omega_0}(\theta,\phi),\hat{\boldsymbol{a}}_{\mathrm{V},\omega_0}(\theta,\phi)]\begin{bmatrix}\hat{\kappa}_{\mathrm{H}}s_{\mathrm{H}}(t)\\ \hat{\kappa}_{\mathrm{H}}s_{\mathrm{V}}(t)\end{bmatrix} \tag{1.326}$$

（5）若不关心信号波极化参数的具体值，可以不考虑式（1.325）所示的水平、垂直极化阵列流形矢量校正的比例因子同化处理。

另外，坐标系旋转之后，多极化阵列的未解调输出可以写成

$$\boldsymbol{x}_{\mathrm{rf}}(t)=\frac{1}{2}(\boldsymbol{a}_{p,\omega_0}(\theta,\phi)\xi_{\mathrm{analytic}}(t)+\boldsymbol{a}_{p,\omega_0}^{*}\xi_{\mathrm{analytic}}^{*}(t)) \tag{1.327}$$

式中：$\xi_{\mathrm{analytic}}(t)$为校正信号的复解析形式。

根据式（1.327），$\boldsymbol{a}_{p,\omega_0}(\theta,\phi)$也可以利用$\boldsymbol{x}_{\mathrm{rf}}(t)$在$\omega_0$或$-\omega_0$处的频谱值进行射频校正。

1.7 本章小结

本章主要讨论了信号波的极化表征，天线对信号波感应的方向和极化选择性，以及辐射信号波的方向性和极化，矢量天线、矢量天线阵列、多极化阵列、单极化阵列的区别与联系，以及各自的输出信号模型，小型矢量天线阵列的水平和垂直极化流形校正等，这些内容是后续各章讨论的铺垫和基础。

第 2 章

波束优化设计与极化调控

在 1.4 节中，我们讨论了阵元天线的收发方向性及其收发极化。由多个矢量天线所组成的多极化阵列天线，其收发功能与阵元天线类似，但方向性和极化更加多样，调整也更灵活。

本章将讨论多极化阵列天线收发方向性的设计与优化、收发极化控制，也即所谓极化波束方向图综合问题。本章还将讨论基于矢量天线阵列统计最优自适应波束形成的干扰和噪声抑制问题。

2.1 阵列天线收发方向图与收发极化

2.1.1 窄带信号发射

令第 l 个阵元天线的发射权重为 $w_{\mathrm{T},l}$，发射信号中心频率为 $\omega_l=\omega_0+\Delta\omega_l$，波形为

$$\xi_l(t)=\mathrm{Re}\left(\underbrace{w_{\mathrm{T},l}(\varepsilon_{\mathrm{radiation}}(t)\mathrm{e}^{\mathrm{j}\omega_l t})}_{=\xi_{\mathrm{analytic},l}(t)}\right)=\mathrm{Re}(w_{\mathrm{T},l}\acute{\varsigma}_{\mathrm{analytic},l}(t)) \tag{2.1}$$

$$\acute{\varsigma}_{\mathrm{analytic},l}(t)=\varepsilon_{\mathrm{radiation}}(t)\mathrm{e}^{\mathrm{j}\omega_l t} \tag{2.2}$$

其中，$\varepsilon_{\mathrm{radiation}}(t)$为发射信号的复振幅；$\acute{\varsigma}_{\mathrm{analytic},l}(t)$满足窄带假设。

根据 1.4.3 节中的分析，$\boldsymbol{b}_{\mathrm{s}}(\theta,\phi)$辐射方向（参见图 2.1）的阵列天线远区信号波，其电场矢量在$\boldsymbol{b}_{\mathrm{H}}(\phi)$和$\boldsymbol{b}_{\mathrm{V}}(\theta,\phi)$方向的投影$\acute{\xi}_{\mathrm{H}}(t)$和$\acute{\xi}_{\mathrm{V}}(t)$分别可以写成

$$\acute{\xi}_{\mathrm{H}}(t)=\mathrm{Re}\Big(\sum_{l=0} w_{\mathrm{T},l}(\acute{k}_l H_{\mathrm{H},\omega_l,l}(\theta,\phi))\,\acute{\varsigma}_{\mathrm{analytic},l}(t-\tau_0+\tau_l(\theta,\phi))\Big) \tag{2.3}$$

$$\acute{\xi}_{\mathrm{V}}(t)=\mathrm{Re}\Big(\sum_{l=0} w_{\mathrm{T},l}(\acute{k}_l H_{\mathrm{V},\omega_l,l}(\theta,\phi))\,\acute{\varsigma}_{\mathrm{analytic},l}(t-\tau_0+\tau_l(\theta,\phi))\Big) \tag{2.4}$$

式中：

（1）$\acute{k}_l\neq 0$ 为复常数，假设：①$\Delta\omega_l$远小于 ω_0；②阵列尺寸远小于其与观

测点间的距离，此时$\acute{k}_0 \approx \acute{k}_1 \approx \acute{k}_2 \approx \cdots \approx \acute{k}$。

（2）$H_{\mathrm{H},\omega_l,l}(\theta,\phi)$和$H_{\mathrm{V},\omega_l,l}(\theta,\phi)$分别为第 l 个阵元天线(θ,ϕ)方向的水平和垂直极化频率响应。此处假设所有阵元天线在整个信号谱支撑上都具有平坦频率响应，也即

$$H_{\mathrm{H},\omega_l,l}(\theta,\phi)=H_{\mathrm{H},\omega_0,l}(\theta,\phi),\ l=0,1,2,\cdots \tag{2.5}$$

$$H_{\mathrm{V},\omega_l,l}(\theta,\phi)=H_{\mathrm{V},\omega_0,l}(\theta,\phi),\ l=0,1,2,\cdots \tag{2.6}$$

（3）$\tau_0=R/c$ 为参考阵元天线（此处定义为 0 号天线）至观测点的信号波传播延时，其中 R 为参考阵元天线与观测点之间的距离，c 为信号波传播速度；$\tau_l(\theta,\phi)$为第 l 个阵元天线和参考阵元天线至观测点的信号波传播延时差，其定义与式（1.211）相同，也即$\tau_l(\theta,\phi)=\boldsymbol{b}_{\mathrm{s}}^{\mathrm{H}}(\theta,\phi)\boldsymbol{d}_l/c$，其中$\boldsymbol{d}_l$为第 l 个阵元天线的位置矢量，如图 2.1 所示。

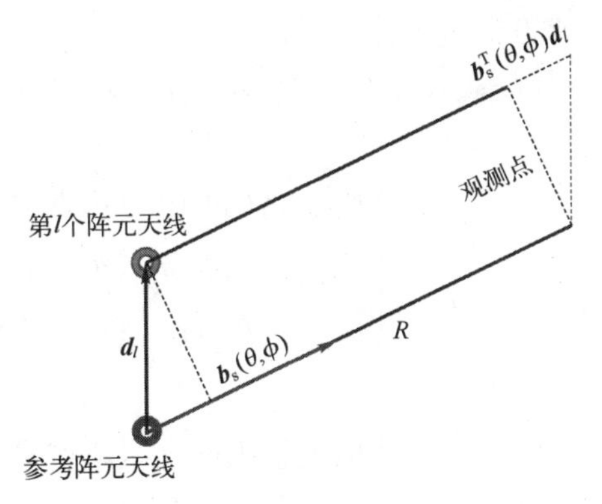

图 2.1　不同阵元天线发射远区信号波的传播延时差示意图

根据式（2.2），我们有

$$\begin{aligned}&\acute{\varsigma}_{\mathrm{analytic},l}(t-\tau_0+\tau_l(\theta,\phi))\\&=\varepsilon_{\mathrm{radiation}}(t-\tau_0+\tau_l(\theta,\phi))\mathrm{e}^{\mathrm{j}\omega_l(t-\tau_0+\tau_l(\theta,\phi))}\\&=\varepsilon_{\mathrm{radiation}}(t-\tau_0+\tau_l(\theta,\phi))\mathrm{e}^{\mathrm{j}\omega_0(t-\tau_0+\tau_l(\theta,\phi))}\mathrm{e}^{\mathrm{j}\Delta\omega_l(t-\tau_0+\tau_l(\theta,\phi))}\end{aligned} \tag{2.7}$$

再记

$$s(t)=\acute{k}\cdot\varepsilon_{\mathrm{radiation}}(t-\tau_0)\mathrm{e}^{-\mathrm{j}\omega_0\tau_0} \tag{2.8}$$

$$\acute{\xi}_{\mathrm{analytic}}(t)=\acute{k}\cdot\varepsilon_{\mathrm{radiation}}(t-\tau_0)\mathrm{e}^{\mathrm{j}\omega_0(t-\tau_0)}=s(t)\mathrm{e}^{\mathrm{j}\omega_0 t} \tag{2.9}$$

则

$$\begin{aligned}&\acute{k}\cdot\acute{\varsigma}_{\mathrm{analytic},l}(t-\tau_0+\tau_l(\theta,\phi))\\&=\acute{k}\cdot\varepsilon_{\mathrm{radiation}}(t-\tau_0+\tau_l(\theta,\phi))\mathrm{e}^{\mathrm{j}\omega_0(t-\tau_0+\tau_l(\theta,\phi))}\mathrm{e}^{\mathrm{j}\Delta\omega_l(t-\tau_0+\tau_l(\theta,\phi))}\\&=s(t+\tau_l(\theta,\phi))\mathrm{e}^{\mathrm{j}\omega_0(t+\tau_l(\theta,\phi))}\mathrm{e}^{\mathrm{j}\Delta\omega_l(t-\tau_0+\tau_l(\theta,\phi))}\end{aligned} \tag{2.10}$$

由于$\acute{\varsigma}_{\text{analytic},l}(t)$满足窄带假设，所以

$$s(t+\tau_0(\theta,\phi))=s(t)\approx s(t+\tau_1(\theta,\phi))\approx s(t+\tau_2(\theta,\phi))\approx\cdots \tag{2.11}$$

由此有

$$\acute{k}\cdot\acute{\varsigma}_{\text{analytic},l}(t-\tau_0+\tau_l(\theta,\phi))\approx a_{t,l}(\theta,\phi,R)\xi_{\text{analytic}}(t) \tag{2.12}$$

式中：

$$a_{t,l}(\theta,\phi,R)=\mathrm{e}^{\mathrm{j}\omega_l\tau_l(\theta,\phi)}\,\mathrm{e}^{\mathrm{j}\Delta\omega_l(t-R/c)} \tag{2.13}$$

$$\xi_{\text{analytic}}(t)=s(t)\mathrm{e}^{\mathrm{j}\omega_0 t}=\acute{\xi}_{\text{analytic}}(t) \tag{2.14}$$

利用式（2.12），可进一步将$\acute{\xi}_{\mathrm{H}}(t)$和$\acute{\xi}_{\mathrm{V}}(t)$分别近似写成

$$\acute{\xi}_{\mathrm{H}}(t)=\mathrm{Re}\Big(\sum_{l=0}w_{\mathrm{T},l}(H_{\mathrm{H},\omega_0,l}(\theta,\phi)a_{t,l}(\theta,\phi,R))\xi_{\text{analytic}}(t)\Big) \tag{2.15}$$

$$\acute{\xi}_{\mathrm{V}}(t)=\mathrm{Re}\Big(\sum_{l=0}w_{\mathrm{T},l}(H_{\mathrm{V},\omega_0,l}(\theta,\phi)a_{t,l}(\theta,\phi,R))\xi_{\text{analytic}}(t)\Big) \tag{2.16}$$

再定义多极化阵列天线发射权矢量如下：

$$\boldsymbol{w}_{\mathrm{T}}=[w_{\mathrm{T},0}^*,w_{\mathrm{T},1}^*,w_{\mathrm{T},2}^*,\cdots]^{\mathrm{T}} \tag{2.17}$$

同时定义

$$\boldsymbol{a}_{\mathrm{H},\boldsymbol{\omega},t}(\theta,\phi,R)=\begin{bmatrix}H_{\mathrm{H},\omega_0,0}(\theta,\phi)a_{t,0}(\theta,\phi,R)\\H_{\mathrm{H},\omega_0,1}(\theta,\phi)a_{t,1}(\theta,\phi,R)\\H_{\mathrm{H},\omega_0,2}(\theta,\phi)a_{t,2}(\theta,\phi,R)\\\vdots\end{bmatrix} \tag{2.18}$$

$$\boldsymbol{a}_{\mathrm{V},\boldsymbol{\omega},t}(\theta,\phi,R)=\begin{bmatrix}H_{\mathrm{V},\omega_0,0}(\theta,\phi)a_{t,0}(\theta,\phi,R)\\H_{\mathrm{V},\omega_0,1}(\theta,\phi)a_{t,1}(\theta,\phi,R)\\H_{\mathrm{V},\omega_0,2}(\theta,\phi)a_{t,2}(\theta,\phi,R)\\\vdots\end{bmatrix} \tag{2.19}$$

其中，$\boldsymbol{\omega}$为发射频率矢量：

$$\boldsymbol{\omega}=[\omega_0,\omega_1,\omega_2,\cdots]^{\mathrm{T}} \tag{2.20}$$

则$\acute{\xi}_{\mathrm{H}}(t)$和$\acute{\xi}_{\mathrm{V}}(t)$又分别可以写成

$$\acute{\xi}_{\mathrm{H}}(t)=\mathrm{Re}\left(\underbrace{(\boldsymbol{w}_{\mathrm{T}}^{\mathrm{H}}\boldsymbol{a}_{\mathrm{H},\boldsymbol{\omega},t}(\theta,\phi,R))}_{\stackrel{\mathrm{def}}{=}P_{\mathrm{H},\boldsymbol{w}_{\mathrm{T}},\boldsymbol{\omega},t}(\theta,\phi,R)}\xi_{\text{analytic}}(t)\right) \tag{2.21}$$

$$\acute{\xi}_{\mathrm{V}}(t)=\mathrm{Re}\left(\underbrace{(\boldsymbol{w}_{\mathrm{T}}^{\mathrm{H}}\boldsymbol{a}_{\mathrm{V},\boldsymbol{\omega},t}(\theta,\phi,R))}_{\stackrel{\mathrm{def}}{=}P_{\mathrm{V},\boldsymbol{w}_{\mathrm{T}},\boldsymbol{\omega},t}(\theta,\phi,R)}\xi_{\text{analytic}}(t)\right) \tag{2.22}$$

其中，$P_{\mathrm{H},\boldsymbol{w}_{\mathrm{T}},\boldsymbol{\omega},t}(\theta,\phi,R)$和$P_{\mathrm{V},\boldsymbol{w}_{\mathrm{T}},\boldsymbol{\omega},t}(\theta,\phi,R)$分别称为阵列天线的水平和垂直极化发射方向图，两者均是方向与距离的时变函数，所以也称为阵列天线的水平和垂直极化发射方向-距离性函数。

根据式（2.21）和式（2.22），我们有

$$\begin{bmatrix} P_{\mathbf{H},\boldsymbol{w}_\mathbf{T},\boldsymbol{\omega},t}(\theta,\phi,R) \\ P_{\mathbf{V},\boldsymbol{w}_\mathbf{T},\boldsymbol{\omega},t}(\theta,\phi,R) \end{bmatrix} = P_{\mathrm{aa},\boldsymbol{w}_\mathbf{T},\boldsymbol{\omega},t}(\theta,\phi,R)\boldsymbol{p}_{\mathrm{Taa},\boldsymbol{w}_\mathbf{T},\boldsymbol{\omega},t}(\boldsymbol{b}_\mathrm{s}(\theta,\phi),R) \tag{2.23}$$

式中：$P_{\mathrm{aa},\boldsymbol{w}_\mathbf{T},\boldsymbol{\omega},t}(\theta,\phi,R)$ 称为阵列天线的发射方向-距离性函数，

$$P_{\mathrm{aa},\boldsymbol{w}_\mathbf{T},\boldsymbol{\omega},t}(\theta,\phi,R) = B_{\mathrm{aa},\boldsymbol{w}_\mathbf{T},\boldsymbol{\omega},t}(\theta,\phi,R)\,\mathrm{e}^{\mathrm{j}\angle P_{\mathbf{H},\boldsymbol{w}_\mathbf{T},\boldsymbol{\omega},t}(\theta,\phi,R)} \tag{2.24}$$

其中

$$B_{\mathrm{aa},\boldsymbol{w}_\mathbf{T},\boldsymbol{\omega},t}(\theta,\phi,R) = \left\| \begin{bmatrix} P_{\mathbf{H},\boldsymbol{w}_\mathbf{T},\boldsymbol{\omega},t}(\theta,\phi,R) \\ P_{\mathbf{V},\boldsymbol{w}_\mathbf{T},\boldsymbol{\omega},t}(\theta,\phi,R) \end{bmatrix} \right\|_2 = \left\| \begin{bmatrix} \boldsymbol{w}_\mathbf{T}^\mathrm{H}\boldsymbol{a}_{\mathbf{H},\boldsymbol{\omega},t}(\theta,\phi,R) \\ \boldsymbol{w}_\mathbf{T}^\mathrm{H}\boldsymbol{a}_{\mathbf{V},\boldsymbol{\omega},t}(\theta,\phi,R) \end{bmatrix} \right\|_2 \tag{2.25}$$

称为阵列天线的发射幅度方向图；$\boldsymbol{p}_{\mathrm{Taa},\boldsymbol{w}_\mathbf{T},\boldsymbol{\omega},t}(\boldsymbol{b}_\mathrm{s}(\theta,\phi),R)$ 称为阵列天线的发射极化矢量，

$$\begin{aligned} \boldsymbol{p}_{\mathrm{Taa},\boldsymbol{w}_\mathbf{T},\boldsymbol{\omega},t}(\boldsymbol{b}_\mathrm{s}(\theta,\phi),R) &= \boldsymbol{p}_{\mathrm{Taa},\boldsymbol{w}_\mathbf{T},\boldsymbol{\omega},t}(\theta,\phi,R) \\ &= \begin{bmatrix} \dfrac{|P_{\mathbf{H},\boldsymbol{w}_\mathbf{T},\boldsymbol{\omega},t}(\theta,\phi,R)|}{B_{\mathrm{aa},\boldsymbol{w}_\mathbf{T},\boldsymbol{\omega},t}(\theta,\phi,R)} \\ \dfrac{|P_{\mathbf{V},\boldsymbol{w}_\mathbf{T},\boldsymbol{\omega},t}(\theta,\phi,R)|}{B_{\mathrm{aa},\boldsymbol{w}_\mathbf{T},\boldsymbol{\omega},t}(\theta,\phi,R)}\mathrm{e}^{\mathrm{j}(\angle P_{\mathbf{V},\boldsymbol{w}_\mathbf{T},\boldsymbol{\omega},t}(\theta,\phi,R)-\angle P_{\mathbf{H},\boldsymbol{w}_\mathbf{T},\boldsymbol{\omega},t}(\theta,\phi,R))} \end{bmatrix} \end{aligned} \tag{2.26}$$

阵列天线发射信号强度的方向性和发射信号波的极化，分别由式（2.25）所定义的发射幅度方向图和式（2.26）所定义的发射极化矢量决定，两者合称为阵列天线的发射极化波束方向图。若还关心发射方向-距离性函数中的相位特性，则将式（2.24）所定义的发射方向-距离性函数和式（2.26）所定义的发射极化矢量合称为阵列天线的发射极化波束方向图。

与第 1 章中所讨论的阵元天线发射幅度方向图和发射极化不同的是，此处所讨论的多极化阵列天线，在发射频偏也即 $\Delta\omega_l$ 不为零时，其发射幅度方向图和发射极化是时变的，并且与发射距离有关。发射频偏不为零的阵列天线又称为多频率阵列天线，有时也称为频率分集阵列天线[18]，或者频控阵列天线[19]。

根据式（2.13）、式（2.17）~式（2.19），我们有

$$P_{\mathbf{H},\boldsymbol{w}_\mathbf{T},\boldsymbol{\omega},t}(\theta,\phi,R) = \sum_{l=0} \underbrace{H_{\mathbf{H},\omega_0,l}(\theta,\phi)\,w_{\mathbf{T},l}\,\mathrm{e}^{\mathrm{j}(\omega_l\tau_l(\theta,\phi)-\Delta\omega_l(R/c))}}_{=g_{\mathrm{am},\mathbf{H},l}(\theta,\phi,R)}\mathrm{e}^{\mathrm{j}\Delta\omega_l t} \tag{2.27}$$

$$P_{\mathbf{V},\boldsymbol{w}_\mathbf{T},\boldsymbol{\omega},t}(\theta,\phi,R) = \sum_{l=0} \underbrace{H_{\mathbf{V},\omega_0,l}(\theta,\phi)\,w_{\mathbf{T},l}\,\mathrm{e}^{\mathrm{j}(\omega_l\tau_l(\theta,\phi)-\Delta\omega_l(R/c))}}_{=g_{\mathrm{am},\mathbf{V},l}(\theta,\phi,R)}\mathrm{e}^{\mathrm{j}\Delta\omega_l t} \tag{2.28}$$

进一步可得

$$\acute{\xi}_{\mathbf{H}}(t)=\mathrm{Re}\left(\underbrace{\left(\sum_{l=0} g_{\mathrm{am},\mathbf{H},l}(\theta,\phi,R)\mathrm{e}^{\mathrm{j}\Delta\omega_l t}\right)}_{=g_{\mathbf{H}\text{-m}}(\theta,\phi,R,t)}\xi_{\mathrm{analytic}}(t)\right) \tag{2.29}$$

$$\acute{\xi}_{\mathbf{V}}(t)=\mathrm{Re}\left(\underbrace{\left(\sum_{l=0} g_{\mathrm{am},\mathbf{V},l}(\theta,\phi,R)\mathrm{e}^{\mathrm{j}\Delta\omega_l t}\right)}_{=g_{\mathbf{V}\text{-m}}(\theta,\phi,R,t)}\xi_{\mathrm{analytic}}(t)\right) \tag{2.30}$$

由式（2.29）和式（2.30）可以看出，当发射频偏不为零时，$\acute{\xi}_{\mathbf{H}}(t)$和$\acute{\xi}_{\mathbf{V}}(t)$可能存在与方向和距离都有关的所谓“波束调制效应”，水平和垂直极化波束调制波形分别为$\mathrm{Re}(g_{\mathbf{H}\text{-m}}(\theta,\phi,R,t))$和$\mathrm{Re}(g_{\mathbf{V}\text{-m}}(\theta,\phi,R,t))$。若是不考虑谱搬移，只有当发射频偏较小时，才能保证一定的空域能量汇聚效果。

波束调制效应在雷达（抗干扰、杂波抑制、目标检测）和电子医疗等领域有着重要的应用[18-20]。

当发射频偏为零时，$g_{\mathbf{H}\text{-m}}(\theta,\phi,R,t)$和$g_{\mathbf{V}\text{-m}}(\theta,\phi,R,t)$均与时间无关，上述波束调制效应消失，$\acute{\xi}_{\mathbf{H}}(t)$和$\acute{\xi}_{\mathbf{V}}(t)$与射频发射信号$\mathrm{Re}(\xi_{\mathrm{analytic}}(t))$相比，都只存在振幅和相位的固定变化，通过发射权重的适当设计，可将发射信号能量汇聚于某一或者某些方向（也即单波束或者多波束）。

图2.2和图2.3所示仿真结果为非零发射频偏条件下，SuperCART天线等距线阵一维（$\theta=90°$）发射幅度波束方向图的方向（方位角）、距离依赖性，时变性，以及波束调制效应，其中SuperCART天线间距为半个射频发射信号波长；$w_{\mathbf{T},l}=1$，$\Delta\omega_l=2\pi l\Delta f$，$\Delta f=60\mathrm{kHz}$。

图2.3中，Ⅰ、Ⅱ、Ⅲ曲线分别对应$\mathrm{Re}(g_{\mathbf{H}\text{-m}}(90°,\phi,R,t)\xi_{\mathrm{analytic}}(t))$、$\mathrm{Re}(g_{\mathbf{V}\text{-m}}(90°,\phi,R,t)\xi_{\mathrm{analytic}}(t))$、$\mathrm{Re}(\xi_{\mathrm{analytic}}(t))$。

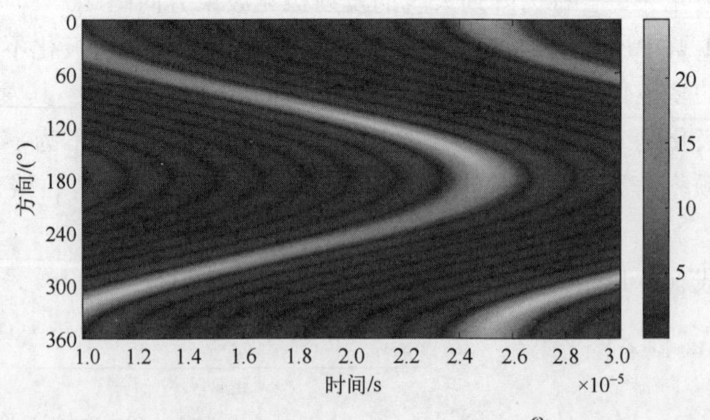

(a) 发射幅度波束方向图：R=5km；L=10；$f_0=\frac{\omega_0}{2\pi}$=10GHz

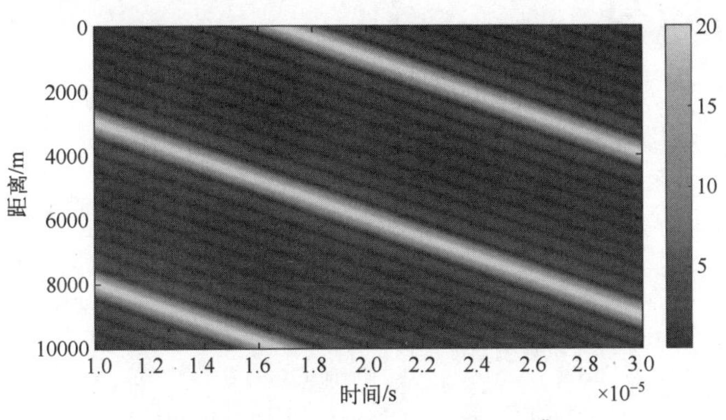

(b) 发射幅度波束方向图：ϕ=90°；L=10；$f_0=\frac{\omega_0}{2\pi}$=10GHz

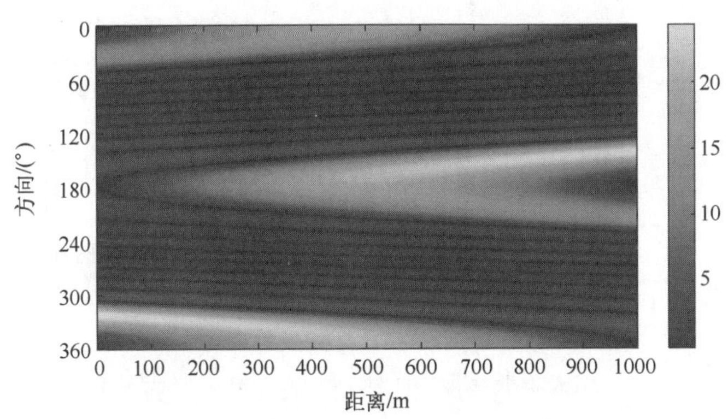

(c) 发射幅度波束方向图：t=10μs；L=10；$f_0=\frac{\omega_0}{2\pi}$=10GHz

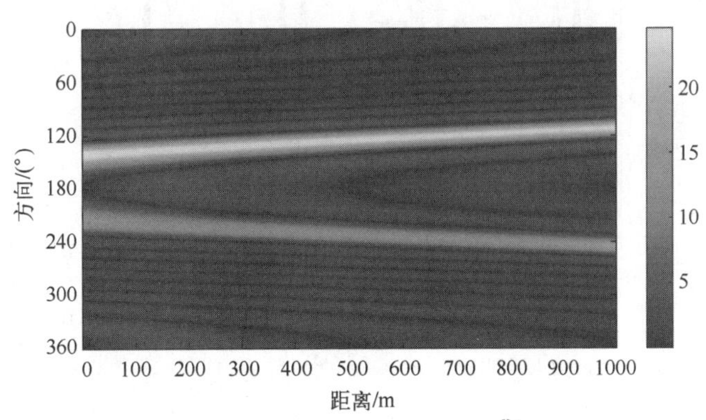

(d) 发射幅度波束方向图：t=40μs；L=10；$f_0=\frac{\omega_0}{2\pi}$=10GHz

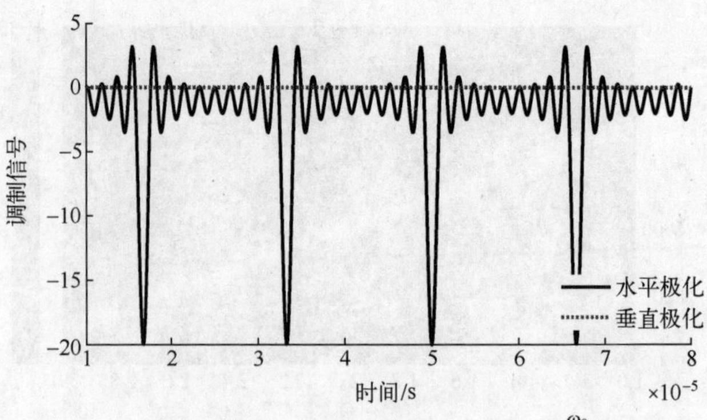

(e) 波束调制波形：R=5km, ϕ=90°；L=10；$f_0=\frac{\omega_0}{2\pi}$=10GHz

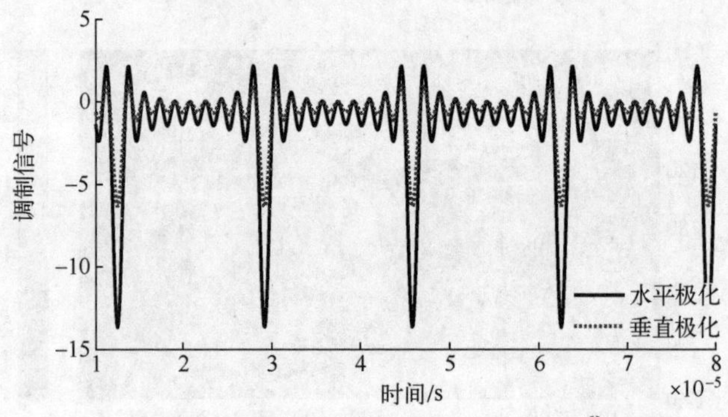

(f) 波束调制波形：R=5km, ϕ=60°；L=10；$f_0=\frac{\omega_0}{2\pi}$=10GHz

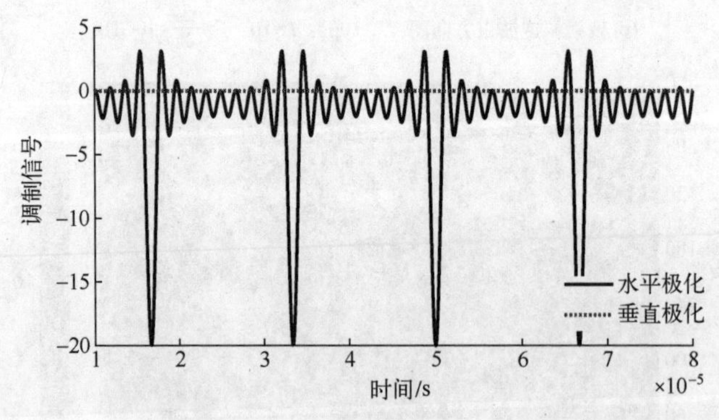

(g) 波束调制波形：R=10km, ϕ=90°；L=10；$f_0=\frac{\omega_0}{2\pi}$=10GHz

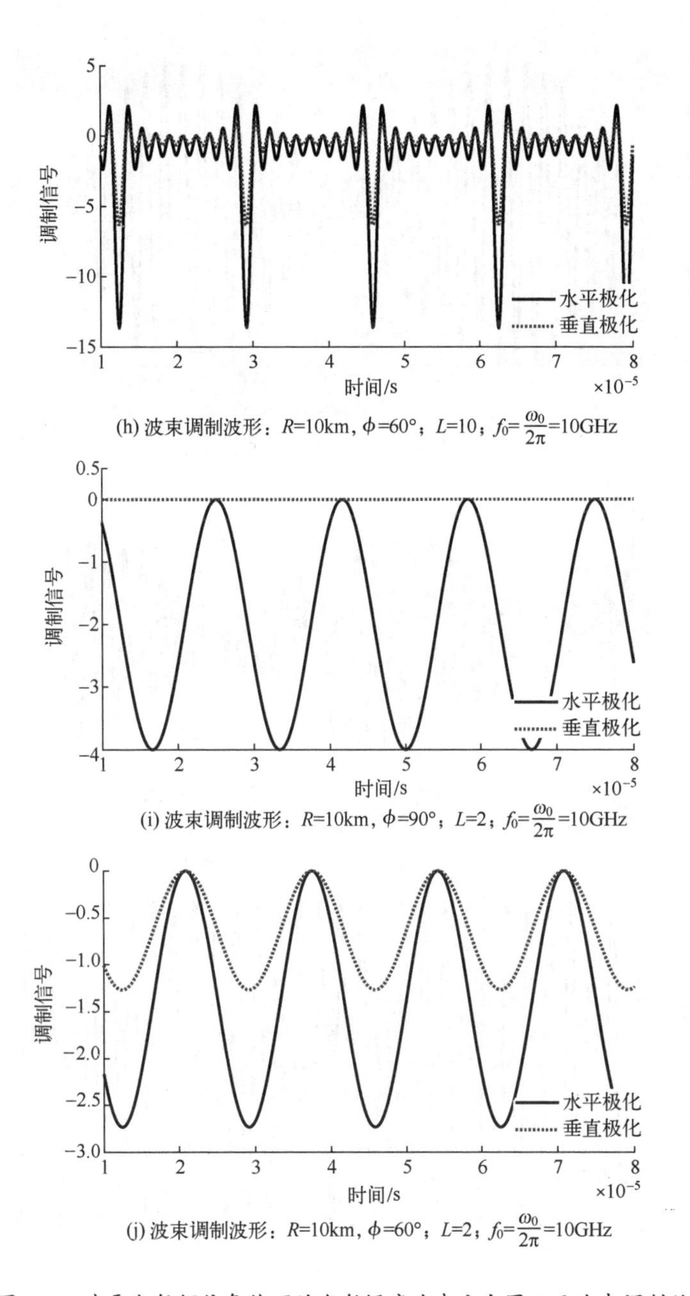

(h) 波束调制波形：R=10km, ϕ=60°；L=10；$f_0=\frac{\omega_0}{2\pi}$=10GHz

(i) 波束调制波形：R=10km, ϕ=90°；L=2；$f_0=\frac{\omega_0}{2\pi}$=10GHz

(j) 波束调制波形：R=10km, ϕ=60°；L=2；$f_0=\frac{\omega_0}{2\pi}$=10GHz

图 2.2　非零发射频偏条件下的发射幅度波束方向图以及波束调制效应

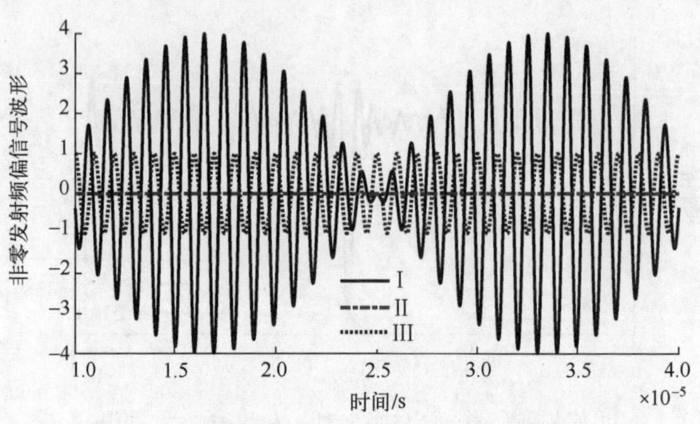

(a) 非零发射频偏信号波形：R=10km，ϕ=90°

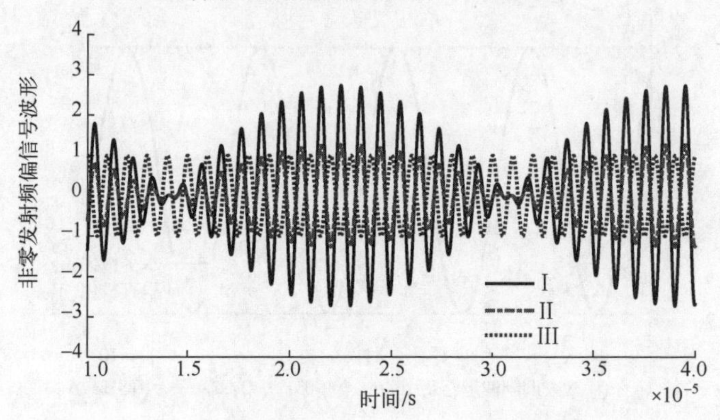

(b) 非零发射频偏信号波形：R=3km，ϕ=60°

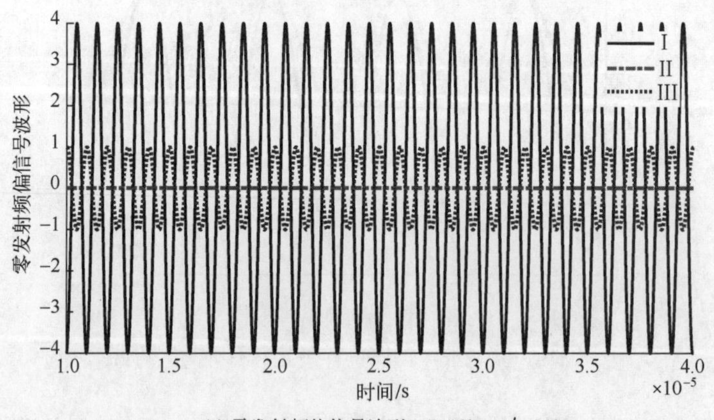

(c) 零发射频偏信号波形：R=10km，ϕ=90°

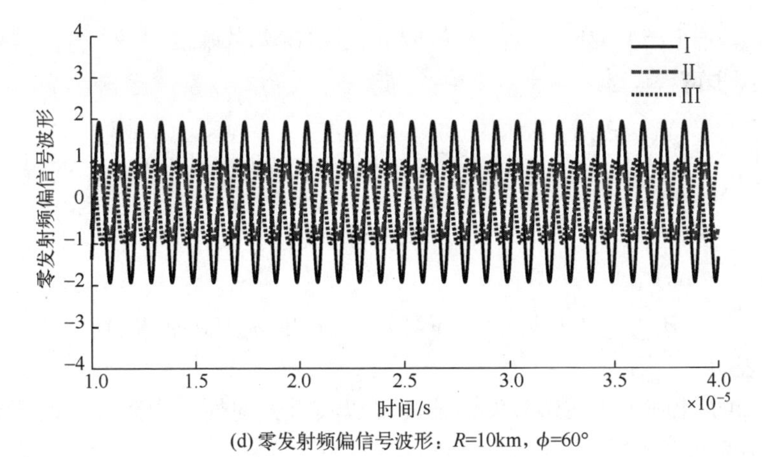

(d) 零发射频偏信号波形：R=10km，ϕ=60°

图 2.3　零发射频偏和非零发射频偏信号波形比较：$L=2$；$f_0=\frac{\omega_0}{2\pi}=1\text{MHz}$

（1）对于阵元天线发射极化矢量均为 $\boldsymbol{p}_{\text{Tae},\omega_0}(\theta,\phi)$ 的单极化阵列天线，

$$\begin{bmatrix} H_{\text{H},\omega_0,l}(\theta,\phi) \\ H_{\text{V},\omega_0,l}(\theta,\phi) \end{bmatrix} = P_{\text{ae},\omega_0,l}(\theta,\phi)\boldsymbol{p}_{\text{Tae},\omega_0}(\theta,\phi),\ l=0,1,2,\cdots \tag{2.31}$$

式中：

$$P_{\text{ae},\omega_0,l}(\theta,\phi) = \sqrt{|H_{\text{H},\omega_0,l}(\theta,\phi)|^2+|H_{\text{V},\omega_0,l}(\theta,\phi)|^2}\,\mathrm{e}^{\mathrm{j}\angle H_{\text{H},\omega_0,l}(\theta,\phi)} \tag{2.32}$$

$$\boldsymbol{p}_{\text{Tae},\omega_0}(\theta,\phi) = \begin{bmatrix} \dfrac{|H_{\text{H},\omega_0,l}(\theta,\phi)|}{\sqrt{|H_{\text{H},\omega_0,l}(\theta,\phi)|^2+|H_{\text{V},\omega_0,l}(\theta,\phi)|^2}} \\ \dfrac{|H_{\text{V},\omega_0,l}(\theta,\phi)|\mathrm{e}^{\mathrm{j}(\angle H_{\text{V},\omega_0,l}(\theta,\phi)-\angle H_{\text{H},\omega_0,l}(\theta,\phi))}}{\sqrt{|H_{\text{H},\omega_0,l}(\theta,\phi)|^2+|H_{\text{V},\omega_0,l}(\theta,\phi)|^2}} \end{bmatrix} = \begin{bmatrix} p_{\text{H}} \\ p_{\text{V}} \end{bmatrix} \tag{2.33}$$

其中

$$\sqrt{|H_{\text{H},\omega_0,l}(\theta,\phi)|^2+|H_{\text{V},\omega_0,l}(\theta,\phi)|^2} \neq 0,\ l\in\{0,1,2,\cdots\} \tag{2.34}$$

由此

$$\boldsymbol{a}_{\text{H},\boldsymbol{\omega},t}(\theta,\phi,R) = p_{\text{H}}(\boldsymbol{P}_{\text{ae},\omega_0}(\theta,\phi)\boldsymbol{a}_{\boldsymbol{\omega},t}(\theta,\phi,R)) \tag{2.35}$$

$$\boldsymbol{a}_{\text{V},\boldsymbol{\omega},t}(\theta,\phi,R) = p_{\text{V}}(\boldsymbol{P}_{\text{ae},\omega_0}(\theta,\phi)\boldsymbol{a}_{\boldsymbol{\omega},t}(\theta,\phi,R)) \tag{2.36}$$

式中：

$$\boldsymbol{a}_{\boldsymbol{\omega},t}(\theta,\phi,R) = \begin{bmatrix} a_{t,0}(\theta,\phi,R) \\ a_{t,1}(\theta,\phi,R) \\ a_{t,2}(\theta,\phi,R) \\ \vdots \end{bmatrix} \tag{2.37}$$

$$\boldsymbol{P}_{\mathrm{ae},\omega_0}(\theta,\phi)=\mathrm{diag}(P_{\mathrm{ae},\omega_0,0}(\theta,\phi),P_{\mathrm{ae},\omega_0,1}(\theta,\phi),P_{\mathrm{ae},\omega_0,2}(\theta,\phi),\cdots) \tag{2.38}$$

进一步可得

$$\begin{bmatrix} P_{\mathrm{H},\boldsymbol{w}_{\mathrm{T}},\boldsymbol{\omega},t}(\theta,\phi,R) \\ P_{\mathrm{V},\boldsymbol{w}_{\mathrm{T}},\boldsymbol{\omega},t}(\theta,\phi,R) \end{bmatrix}=(\boldsymbol{w}_{\mathrm{T}}^{\mathrm{H}}(\boldsymbol{P}_{\mathrm{ae},\omega_0}(\theta,\phi)\boldsymbol{a}_{\boldsymbol{\omega},t}(\theta,\phi,R)))\boldsymbol{p}_{\mathrm{Tae},\omega_0}(\theta,\phi) \tag{2.39}$$

并且

$$B_{\mathrm{aa},\boldsymbol{w}_{\mathrm{T}},\boldsymbol{\omega},t}(\theta,\phi,R)=|\boldsymbol{w}_{\mathrm{T}}^{\mathrm{H}}(\boldsymbol{P}_{\mathrm{ae},\omega_0}(\theta,\phi)\boldsymbol{a}_{\boldsymbol{\omega},t}(\theta,\phi,R))| \tag{2.40}$$

这表明：

① 单极化阵列天线信号发射强度可以具有方向性、距离性和时变性，具体由其发射幅度方向图 $B_{\mathrm{aa},\boldsymbol{w}_{\mathrm{T}},\boldsymbol{\omega},t}(\theta,\phi,R)$ 决定。由于 $B_{\mathrm{aa},\boldsymbol{w}_{\mathrm{T}},\boldsymbol{\omega},t}(\theta,\phi,R)$ 与发射权矢量 $\boldsymbol{w}_{\mathrm{T}}$ 有关，通过对 $\boldsymbol{w}_{\mathrm{T}}$ 的合理设计，可在一定准则下，对单极化阵列天线信号发射强度的方向性和距离性进行电子调整或优化。

② 单极化阵列天线的发射极化与发射权矢量 $\boldsymbol{w}_{\mathrm{T}}$ 无关，所以无法进行电子调整。根据式（2.39），单极化阵列天线的发射极化与其阵元天线的发射极化相同。

③ 若是所有阵元天线的方向性函数相同，也即

$$P_{\mathrm{ae},\omega_0,0}(\theta,\phi)=P_{\mathrm{ae},\omega_0}(\theta,\phi)=P_{\mathrm{ae},\omega_0,1}(\theta,\phi)=P_{\mathrm{ae},\omega_0,2}(\theta,\phi)=\cdots \tag{2.41}$$

则

$$B_{\mathrm{aa},\boldsymbol{w}_{\mathrm{T}},\boldsymbol{\omega},t}(\theta,\phi,R)=|P_{\mathrm{ae},\omega_0}(\theta,\phi)|\cdot|\boldsymbol{w}_{\mathrm{T}}^{\mathrm{H}}\boldsymbol{a}_{\boldsymbol{\omega},t}(\theta,\phi,R)| \tag{2.42}$$

若再有 $\omega_0=\omega_1=\omega_2=\cdots$，则式（2.42）变为

$$B_{\mathrm{aa},\boldsymbol{w}_{\mathrm{T}},\boldsymbol{\omega},t}(\theta,\phi,R)=|P_{\mathrm{ae},\omega_0}(\theta,\phi)|\cdot|\boldsymbol{w}_{\mathrm{T}}^{\mathrm{H}}\boldsymbol{a}_{\omega_0}(\theta,\phi)| \tag{2.43}$$

其中

$$\boldsymbol{a}_{\omega_0}(\theta,\phi)=\begin{bmatrix} 1 \\ \mathrm{e}^{\mathrm{j}\omega_0\tau_1(\theta,\phi)} \\ \mathrm{e}^{\mathrm{j}\omega_0\tau_2(\theta,\phi)} \\ \vdots \end{bmatrix} \tag{2.44}$$

此时阵列天线的发射幅度方向图不再与发射距离有关。

（2）对于多极化阵列天线，$\boldsymbol{a}_{\mathrm{H},\boldsymbol{\omega},t}(\theta,\phi,R)$ 和 $\boldsymbol{a}_{\mathrm{V},\boldsymbol{\omega},t}(\theta,\phi,R)$ 线性无关，发射幅度方向图和发射极化矢量均与发射权矢量 $\boldsymbol{w}_{\mathrm{T}}$ 有关，可以对两者同时进行电子调整或优化。

当 $\omega_0=\omega_1=\omega_2=\cdots$ 时，我们有

$$\boldsymbol{a}_{\mathrm{H},\boldsymbol{\omega},t}(\theta,\phi,R)=\begin{bmatrix} H_{\mathrm{H},\omega_0,0}(\theta,\phi) \\ H_{\mathrm{H},\omega_0,1}(\theta,\phi)\mathrm{e}^{\mathrm{j}\omega_0\tau_1(\theta,\phi)} \\ H_{\mathrm{H},\omega_0,2}(\theta,\phi)\mathrm{e}^{\mathrm{j}\omega_0\tau_2(\theta,\phi)} \\ \vdots \end{bmatrix}=\boldsymbol{a}_{\mathrm{H}}(\theta,\phi) \tag{2.45}$$

$$\boldsymbol{a}_{\mathrm{V},\boldsymbol{\omega},t}(\theta,\phi,R)=\begin{bmatrix} H_{\mathrm{V},\omega_0,0}(\theta,\phi) \\ H_{\mathrm{V},\omega_0,1}(\theta,\phi)\mathrm{e}^{\mathrm{j}\omega_0\tau_1(\theta,\phi)} \\ H_{\mathrm{V},\omega_0,2}(\theta,\phi)\mathrm{e}^{\mathrm{j}\omega_0\tau_2(\theta,\phi)} \\ \vdots \end{bmatrix}=\boldsymbol{a}_{\mathrm{V}}(\theta,\phi) \tag{2.46}$$

若多极化阵列为矢量天线阵列，且矢量天线间的互耦可以忽略，则

$$\boldsymbol{a}_{\mathrm{H}}(\theta,\phi)=\boldsymbol{a}_{\omega_0}(\theta,\phi)\otimes\boldsymbol{b}_{\text{iso-H},\omega_0}(\theta,\phi) \tag{2.47}$$

$$\boldsymbol{a}_{\mathrm{V}}(\theta,\phi)=\boldsymbol{a}_{\omega_0}(\theta,\phi)\otimes\boldsymbol{b}_{\text{iso-V},\omega_0}(\theta,\phi) \tag{2.48}$$

或者

$$\boldsymbol{a}_{\mathrm{H}}(\theta,\phi)=\boldsymbol{b}_{\text{iso-H},\omega_0}(\theta,\phi)\otimes\boldsymbol{a}_{\omega_0}(\theta,\phi) \tag{2.49}$$

$$\boldsymbol{a}_{\mathrm{V}}(\theta,\phi)=\boldsymbol{b}_{\text{iso-V},\omega_0}(\theta,\phi)\otimes\boldsymbol{a}_{\omega_0}(\theta,\phi) \tag{2.50}$$

其中，$\boldsymbol{a}_{\omega_0}(\theta,\phi)$为矢量天线阵列几何流形矢量，$\boldsymbol{b}_{\text{iso-H},\omega_0}(\theta,\phi)$和$\boldsymbol{b}_{\text{iso-V},\omega_0}(\theta,\phi)$为矢量天线水平和垂直极化流形矢量。

根据式（2.45）和式（2.46），我们有

$$B_{\mathrm{aa},\boldsymbol{w}_{\mathrm{T}},\boldsymbol{\omega},t}(\theta,\phi,R)=\left\|\begin{bmatrix} \boldsymbol{w}_{\mathrm{T}}^{\mathrm{H}}\boldsymbol{a}_{\mathrm{H}}(\theta,\phi) \\ \boldsymbol{w}_{\mathrm{T}}^{\mathrm{H}}\boldsymbol{a}_{\mathrm{V}}(\theta,\phi) \end{bmatrix}\right\|_2=B_{\boldsymbol{w}_{\mathrm{T}}}(\theta,\phi) \tag{2.51}$$

$$\boldsymbol{p}_{\mathrm{Taa},\boldsymbol{w}_{\mathrm{T}},\boldsymbol{\omega},t}(\theta,\phi,R)=\begin{bmatrix} \cos\gamma_{\theta,\phi} \\ \sin\gamma_{\theta,\phi}\mathrm{e}^{\mathrm{j}\eta_{\theta,\phi}} \end{bmatrix}=\boldsymbol{p}_{\mathrm{Taa},\boldsymbol{w}_{\mathrm{T}}}(\theta,\phi) \tag{2.52}$$

$$\begin{bmatrix} \boldsymbol{w}_{\mathrm{T}}^{\mathrm{H}}\boldsymbol{a}_{\mathrm{H}}(\theta,\phi) \\ \boldsymbol{w}_{\mathrm{T}}^{\mathrm{H}}\boldsymbol{a}_{\mathrm{V}}(\theta,\phi) \end{bmatrix}=P_{\boldsymbol{w}_{\mathrm{T}}}(\theta,\phi)\boldsymbol{p}_{\mathrm{Taa},\boldsymbol{w}_{\mathrm{T}}}(\theta,\phi) \tag{2.53}$$

式中：

$$P_{\boldsymbol{w}_{\mathrm{T}}}(\theta,\phi)=B_{\boldsymbol{w}_{\mathrm{T}}}(\theta,\phi)\mathrm{e}^{\mathrm{j}\angle(\boldsymbol{w}_{\mathrm{T}}^{\mathrm{H}}\boldsymbol{a}_{\mathrm{H}}(\theta,\phi))} \tag{2.54}$$

$$\gamma_{\theta,\phi}=\arctan\left(\frac{|\boldsymbol{w}_{\mathrm{T}}^{\mathrm{H}}\boldsymbol{a}_{\mathrm{V}}(\theta,\phi)|}{|\boldsymbol{w}_{\mathrm{T}}^{\mathrm{H}}\boldsymbol{a}_{\mathrm{H}}(\theta,\phi)|}\right) \tag{2.55}$$

$$\eta_{\theta,\phi}=\angle(\boldsymbol{w}_{\mathrm{T}}^{\mathrm{H}}\boldsymbol{a}_{\mathrm{V}}(\theta,\phi))-\angle(\boldsymbol{w}_{\mathrm{T}}^{\mathrm{H}}\boldsymbol{a}_{\mathrm{H}}(\theta,\phi))+2k\pi \tag{2.56}$$

其中，k 为整数。

（3）若辐射信号波形不满足窄带假设，则$\acute{\xi}_{\mathrm{H}}(t)$和$\acute{\xi}_{\mathrm{V}}(t)$具有下述形式：

$$\acute{\xi}_{\mathrm{H}}(t)=\sum_{l=0}\acute{\xi}_{\mathrm{H},l}(t+\tau_l(\theta,\phi)) \tag{2.57}$$

$$\acute{\xi}_{\mathrm{V}}(t)=\sum_{l=0}\acute{\xi}_{\mathrm{V},l}(t+\tau_l(\theta,\phi))\tag{2.58}$$

其中，$\acute{\xi}_{\mathrm{H},l}(t)$和$\acute{\xi}_{\mathrm{V},l}(t)$均为宽带波形。此种情形下的波束优化较为复杂，本书不作深入讨论。

2.1.2 窄带信号接收

阵列天线信号接收的一般结构如图 2.4 所示，其输出可以写成

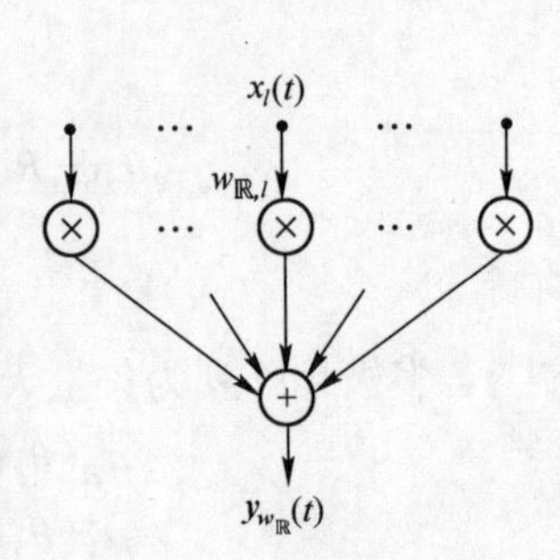

图 2.4　阵列天线信号接收示意图

$$y_{w_{\mathrm{R}}}(t)=\sum_{l=0}w_{\mathrm{R},l}x_l(t)=\boldsymbol{w}_{\mathrm{R}}^{\mathrm{H}}\boldsymbol{x}(t)\tag{2.59}$$

式中：$x_l(t)$为第 l 个阵元天线的复基带解调输出(采用图 1.3 所示接收系统)，$w_{\mathrm{R},l}$为对 $x_l(t)$的接收权重；$\boldsymbol{x}(t)=[x_0(t),x_1(t),x_2(t),\cdots]^{\mathrm{T}}$，$\boldsymbol{w}_{\mathrm{R}}$为阵列天线接收权矢量，定义为

$$\boldsymbol{w}_{\mathrm{R}}=[w_{\mathrm{R},0}^*,w_{\mathrm{R},1}^*,w_{\mathrm{R},2}^*,\cdots]^{\mathrm{T}}\tag{2.60}$$

根据 1.5 节中的讨论，$\boldsymbol{x}(t)$可以写成

$$\boldsymbol{x}(t)=\boldsymbol{a}_{\mathrm{H}}(\theta,\phi)s_{\mathrm{H}}(t)+\boldsymbol{a}_{\mathrm{V}}(\theta,\phi)s_{\mathrm{V}}(t)\tag{2.61}$$

所以

$$y_{w_{\mathrm{R}}}(t)=(\boldsymbol{w}_{\mathrm{R}}^{\mathrm{H}}\boldsymbol{a}_{\mathrm{H}}(\theta,\phi))s_{\mathrm{H}}(t)+(\boldsymbol{w}_{\mathrm{R}}^{\mathrm{H}}\boldsymbol{a}_{\mathrm{V}}(\theta,\phi))s_{\mathrm{V}}(t)\tag{2.62}$$

与 2.1.1 节中的讨论类似，定义

$$P_{\mathrm{H},w_{\mathrm{R}}}(\theta,\phi)=\boldsymbol{w}_{\mathrm{R}}^{\mathrm{H}}\boldsymbol{a}_{\mathrm{H}}(\theta,\phi)\tag{2.63}$$

$$P_{\mathrm{V},w_{\mathrm{R}}}(\theta,\phi)=\boldsymbol{w}_{\mathrm{R}}^{\mathrm{H}}\boldsymbol{a}_{\mathrm{V}}(\theta,\phi)\tag{2.64}$$

$$B_{w_{\mathrm{R}}}(\theta,\phi)=\left\|\begin{bmatrix}P_{\mathrm{H},w_{\mathrm{R}}}(\theta,\phi)\\P_{\mathrm{V},w_{\mathrm{R}}}(\theta,\phi)\end{bmatrix}\right\|_2=\left\|\begin{bmatrix}\boldsymbol{w}_{\mathrm{R}}^{\mathrm{H}}\boldsymbol{a}_{\mathrm{H}}(\theta,\phi)\\\boldsymbol{w}_{\mathrm{R}}^{\mathrm{H}}\boldsymbol{a}_{\mathrm{V}}(\theta,\phi)\end{bmatrix}\right\|_2\tag{2.65}$$

则

$$\begin{bmatrix}\boldsymbol{w}_{\mathrm{R}}^{\mathrm{H}}\boldsymbol{a}_{\mathrm{H}}(\theta,\phi)\\\boldsymbol{w}_{\mathrm{R}}^{\mathrm{H}}\boldsymbol{a}_{\mathrm{V}}(\theta,\phi)\end{bmatrix}=P_{w_{\mathrm{R}}}(\theta,\phi)\boldsymbol{p}_{\mathrm{Taa},w_{\mathrm{R}}}(\theta,\phi)\tag{2.66}$$

式中：

$$P_{w_{\mathrm{R}}}(\theta,\phi)=B_{w_{\mathrm{R}}}(\theta,\phi)\mathrm{e}^{\mathrm{j}\angle(\boldsymbol{w}_{\mathrm{R}}^{\mathrm{H}}\boldsymbol{a}_{\mathrm{H}}(\theta,\phi))}\tag{2.67}$$

$$\boldsymbol{p}_{\mathrm{Taa},w_{\mathrm{R}}}(\theta,\phi)=\begin{bmatrix}\dfrac{|\boldsymbol{w}_{\mathrm{R}}^{\mathrm{H}}\boldsymbol{a}_{\mathrm{H}}(\theta,\phi)|}{B_{w_{\mathrm{R}}}(\theta,\phi)}\\\dfrac{|\boldsymbol{w}_{\mathrm{R}}^{\mathrm{H}}\boldsymbol{a}_{\mathrm{V}}(\theta,\phi)|}{B_{w_{\mathrm{R}}}(\theta,\phi)}\mathrm{e}^{\mathrm{j}(\angle(\boldsymbol{w}_{\mathrm{R}}^{\mathrm{H}}\boldsymbol{a}_{\mathrm{V}}(\theta,\phi))-\angle(\boldsymbol{w}_{\mathrm{R}}^{\mathrm{H}}\boldsymbol{a}_{\mathrm{H}}(\theta,\phi)))}\end{bmatrix}\tag{2.68}$$

这样，$y_{w_R}(t)$ 又可以重写成

$$y_{w_R}(t)=P_{w_R}(\theta,\phi)(\boldsymbol{p}^{*}_{\mathrm{Taa},w_R}(\theta,\phi))^{\mathrm{H}}\begin{bmatrix}s_{\mathrm{H}}(t)\\s_{\mathrm{V}}(t)\end{bmatrix} \tag{2.69}$$

由此，可定义阵列天线的接收方向性函数/方向图为 $P_{w_R}(\theta,\phi)$，接收幅度方向图为 $B_{w_R}(\theta,\phi)=|P_{w_R}(\theta,\phi)|$，接收极化矢量为

$$\boldsymbol{p}_{\mathrm{Raa},w_R}(\boldsymbol{b}_{\mathrm{p}}(\theta,\phi))=\boldsymbol{p}_{\mathrm{Raa},w_R}(\theta,\phi)=\boldsymbol{p}^{*}_{\mathrm{Taa},w_R}(\theta,\phi) \tag{2.70}$$

阵列天线接收信号的方向选择性和极化选择性，分别由式（2.65）所定义的接收幅度方向图和式（2.70）所定义的接收极化矢量决定，两者合称为阵列天线的接收极化波束方向图。若还关心接收方向性函数中的相位特性，则将式（2.67）所定义的方向性函数和式（2.70）所定义的接收极化矢量合称为阵列天线的接收极化波束方向图。

（1）当 $\boldsymbol{w}_{\mathrm{R}}=\boldsymbol{w}_{\mathrm{T}}$时，阵列天线的收发幅度方向图相同，而收发极化矢量则是互为共轭的关系。

（2）对于单极化阵列天线，$\boldsymbol{a}_{\mathrm{H}}(\theta,\phi)$和 $\boldsymbol{a}_{\mathrm{V}}(\theta,\phi)$线性相关：

$$\boldsymbol{a}_{\mathrm{H}}(\theta,\phi)=p_{\mathrm{H}}(\boldsymbol{P}_{\mathrm{ae},\omega_0}(\theta,\phi)\boldsymbol{a}_{\omega_0}(\theta,\phi)) \tag{2.71}$$

$$\boldsymbol{a}_{\mathrm{V}}(\theta,\phi)=p_{\mathrm{V}}(\boldsymbol{P}_{\mathrm{ae},\omega_0}(\theta,\phi)\boldsymbol{a}_{\omega_0}(\theta,\phi)) \tag{2.72}$$

于是

$$y_{w_R}(t)=\underbrace{\boldsymbol{w}_{\mathrm{R}}^{\mathrm{H}}(\boldsymbol{P}_{\mathrm{ae},\omega_0}(\theta,\phi)\boldsymbol{a}_{\omega_0}(\theta,\phi))}_{=P_{w_R}(\theta,\phi)}(p_{\mathrm{H}}s_{\mathrm{H}}(t)+p_{\mathrm{V}}s_{\mathrm{V}}(t)) \tag{2.73}$$

所以：

① 单极化阵列天线的接收幅度方向图 $B_{w_R}(\theta,\phi)$与接收权矢量 $\boldsymbol{w}_{\mathrm{R}}$有关，可以通过合理设计 $\boldsymbol{w}_{\mathrm{R}}$，对信号接收的方向选择性进行电子调整和优化。

② 单极化阵列天线的接收极化矢量与接收权矢量 $\boldsymbol{w}_{\mathrm{R}}$无关，无法进行电子调整和优化。根据式（1.202）和式（2.33）可知，单极化阵列天线与其阵元天线的接收极化矢量相同。

（3）对于多极化阵列天线，其接收幅度方向图和接收极化矢量均与接收权矢量 $\boldsymbol{w}_{\mathrm{R}}$有关，可以同时进行电子调整和优化。

（4）若是

$$\begin{bmatrix}s_{\mathrm{H}}(t)\\s_{\mathrm{V}}(t)\end{bmatrix}=\boldsymbol{p}_{\gamma,\eta}s(t) \tag{2.74}$$

则

$$y_{w_R}(t)=(\boldsymbol{w}_{\mathrm{R}}^{\mathrm{H}}([\boldsymbol{a}_{\mathrm{H}}(\theta,\phi),\boldsymbol{a}_{\mathrm{V}}(\theta,\phi)]\boldsymbol{p}_{\gamma,\eta}))s(t) \tag{2.75}$$

此时也可以定义下述与极化有关的接收幅度方向图：

$$B_{w_R}(\theta,\phi,\gamma,\eta)=|\boldsymbol{w}_{\mathrm{R}}^{\mathrm{H}}([\boldsymbol{a}_{\mathrm{H}}(\theta,\phi),\boldsymbol{a}_{\mathrm{V}}(\theta,\phi)]\boldsymbol{p}_{\gamma,\eta})| \tag{2.76}$$

2.2 极化波束方向图综合

本节以信号发射为例，讨论基于矢量天线阵列的极化波束方向图综合问题，其中的方法亦可直接用于信号接收极化波束方向图的优化。

假设所采用的 L 个矢量天线均由轴线方向平行于坐标轴的偶极子和法线方向平行于坐标轴的磁环天线共点配置而成。

2.2.1 经典方法

经典的极化波束方向图综合方法（下文称为“Xiao”方法[21]）主要基于如下优化准则：

$$
\begin{aligned}
&\min_{\boldsymbol{w}} \rho \\
&\text{s. t.} \\
&\max_{(\theta,\phi,R)\in \mathrm{SLR}} \left\| \begin{bmatrix} \boldsymbol{w}^{\mathrm{H}} \boldsymbol{a}_{\mathrm{H},\omega,t}(\theta,\phi,R) \\ \boldsymbol{w}^{\mathrm{H}} \boldsymbol{a}_{\mathrm{V},\omega,t}(\theta,\phi,R) \end{bmatrix} \right\|_2 \leqslant \rho, \quad \left\| \begin{bmatrix} \boldsymbol{w}^{\mathrm{H}} \boldsymbol{a}_{\mathrm{H},\omega,t}(\theta_0,\phi_0,R_0) \\ \boldsymbol{w}^{\mathrm{H}} \boldsymbol{a}_{\mathrm{V},\omega,t}(\theta_0,\phi_0,R_0) \end{bmatrix} \right\|_2 = B_0, \\
&\begin{bmatrix} \boldsymbol{w}^{\mathrm{H}} \boldsymbol{a}_{\mathrm{H},\omega,t}(\theta_0,\phi_0,R_0) \\ \boldsymbol{w}^{\mathrm{H}} \boldsymbol{a}_{\mathrm{V},\omega,t}(\theta_0,\phi_0,R_0) \end{bmatrix} = B_0 \begin{bmatrix} \cos\gamma_0 \\ \sin\gamma_0 \mathrm{e}^{\mathrm{j}\eta_0} \end{bmatrix}
\end{aligned}
\tag{2.77}
$$

其中，SLR 为预设的阵列天线发射幅度方向图的旁瓣区域，也称波束旁瓣区域，(θ_0,ϕ_0,R_0)为预设的阵列天线发射幅度方向图的主瓣位置，也称主波束位置，B_0为预设的阵列天线发射幅度方向图的主瓣值，(γ_0,η_0)为预设的阵列天线发射幅度方向图主瓣位置的极化，也称主波束极化。

记 $\boldsymbol{z}=[\rho,\boldsymbol{w}^{\mathrm{H}}]^{\mathrm{T}}$，$\boldsymbol{f}=[1,\boldsymbol{o}^{\mathrm{T}}]^{\mathrm{T}}$（其中 $\boldsymbol{o}$ 为零矢量），同时将阵列天线波束旁瓣区域划分为若干个栅格，(θ_i,ϕ_i,R_i)是其中第 i 个栅格，$i=1,2,\cdots$，再记 $\boldsymbol{b}_i=\boldsymbol{o}$，$\boldsymbol{c}_i=[1,\boldsymbol{o}^{\mathrm{T}}]^{\mathrm{T}}$，$d_i=0$，$\boldsymbol{g}=B_0[\cos\gamma_0,\sin\gamma_0\mathrm{e}^{\mathrm{j}\eta_0}]^{\mathrm{T}}$，

$$
\boldsymbol{A}_i = \begin{bmatrix} 0 & \boldsymbol{a}_{\mathrm{H},\omega,t}^{\mathrm{T}}(\theta_i,\phi_i,R_i) \\ 0 & \boldsymbol{a}_{\mathrm{V},\omega,t}^{\mathrm{T}}(\theta_i,\phi_i,R_i) \end{bmatrix} \tag{2.78}
$$

$$
\boldsymbol{F} = \begin{bmatrix} 0 & \boldsymbol{a}_{\mathrm{H},\omega,t}^{\mathrm{T}}(\theta_0,\phi_0,R_0) \\ 0 & \boldsymbol{a}_{\mathrm{V},\omega,t}^{\mathrm{T}}(\theta_0,\phi_0,R_0) \end{bmatrix} \tag{2.79}
$$

则式（2.77）所示优化问题可以转化成下述二阶锥规划（SOCP）问题[21]：

$$
\min_{\boldsymbol{z}} \boldsymbol{f}^{\mathrm{T}}\boldsymbol{z} \ \text{s. t.} \ \|\boldsymbol{A}_i\boldsymbol{z}+\boldsymbol{b}_i\|_2 \leqslant \boldsymbol{c}_i^{\mathrm{T}}\boldsymbol{z}+d_i,\ i=1,2,\cdots;\ \boldsymbol{F}\boldsymbol{z}=\boldsymbol{g} \tag{2.80}
$$

所以可采用 CVX、SeDuMi 或 Gurobi 等数值优化工具包进行求解。

2.2.2 分维与降维方法

本节讨论基于分维与降维处理的矢量天线阵列极化波束方向图综合方法，其计算复杂度要低于 2.2.1 节中所讨论的经典方法。

（1）二维极化分离。

若矢量天线由相互正交的三个偶极子天线和三个磁环天线共点组成，也即矢量天线为 SuperCART 天线，根据 1.5.2 节的讨论，我们有

$$\boldsymbol{a}_{\mathrm{H},\boldsymbol{\omega},t}(\theta,\phi,R)=\boldsymbol{a}_{\boldsymbol{\omega},t}(\theta,\phi,R)\otimes\boldsymbol{b}_{\mathrm{iso}\text{-}\mathrm{H},\omega_0}(\theta,\phi) \tag{2.81}$$

$$\boldsymbol{a}_{\mathrm{V},\boldsymbol{\omega},t}(\theta,\phi,R)=\boldsymbol{a}_{\boldsymbol{\omega},t}(\theta,\phi,R)\otimes\boldsymbol{b}_{\mathrm{iso}\text{-}\mathrm{V},\omega_0}(\theta,\phi) \tag{2.82}$$

式中：$\boldsymbol{a}_{\boldsymbol{\omega},t}(\theta,\phi,R)$的定义与式（2.37）相同，也即

$$\boldsymbol{a}_{\boldsymbol{\omega},t}(\theta,\phi,R)=\begin{bmatrix} a_{t,0}(\theta,\phi,R) \\ a_{t,1}(\theta,\phi,R) \\ \vdots \\ a_{t,L-1}(\theta,\phi,R) \end{bmatrix} \tag{2.83}$$

$$\boldsymbol{b}_{\mathrm{iso}\text{-}\mathrm{H},\omega_0}(\theta,\phi)=\begin{bmatrix} \hbar_{\mathrm{dipole},x,\omega_0}(\theta,\phi)\left(+\dfrac{\sin\phi}{\sin\vartheta}\right) \\ \hbar_{\mathrm{dipole},y,\omega_0}(\theta,\phi)\left(-\dfrac{\cos\phi}{\sin\psi}\right) \\ 0 \\ \hbar_{\mathrm{loop},x,\omega_0}(\theta,\phi)\left(-\dfrac{\cos\theta\cos\phi}{\sin\vartheta}\right) \\ \hbar_{\mathrm{loop},y,\omega_0}(\theta,\phi)\left(-\dfrac{\cos\theta\sin\phi}{\sin\psi}\right) \\ \hbar_{\mathrm{loop},z,\omega_0}(\theta) \end{bmatrix} \tag{2.84}$$

$$\boldsymbol{b}_{\mathrm{iso}\text{-}\mathrm{V},\omega_0}(\theta,\phi)=\begin{bmatrix} \hbar_{\mathrm{dipole},x,\omega_0}(\theta,\phi)\left(-\dfrac{\cos\theta\cos\phi}{\sin\vartheta}\right) \\ \hbar_{\mathrm{dipole},y,\omega_0}(\theta,\phi)\left(-\dfrac{\cos\theta\sin\phi}{\sin\psi}\right) \\ \hbar_{\mathrm{dipole},z,\omega_0}(\theta) \\ \hbar_{\mathrm{loop},x,\omega_0}(\theta,\phi)\left(-\dfrac{\sin\phi}{\sin\vartheta}\right) \\ \hbar_{\mathrm{loop},y,\omega_0}(\theta,\phi)\left(+\dfrac{\cos\phi}{\sin\psi}\right) \\ 0 \end{bmatrix} \tag{2.85}$$

$$\hbar_{\text{dipole},x,\omega_0}(\theta,\phi)=-\frac{\lambda}{\pi\sin\left(\dfrac{\omega_0\ell}{2c}\right)}\left(\frac{\cos\left(\dfrac{\omega_0\ell}{2c}\cos\vartheta\right)-\cos\left(\dfrac{\omega_0\ell}{2c}\right)}{\sin\vartheta}\right) \tag{2.86}$$

$$\hbar_{\text{dipole},y,\omega_0}(\theta,\phi)=-\frac{\lambda}{\pi\sin\left(\dfrac{\omega_0\ell}{2c}\right)}\left(\frac{\cos\left(\dfrac{\omega_0\ell}{2c}\cos\psi\right)-\cos\left(\dfrac{\omega_0\ell}{2c}\right)}{\sin\psi}\right) \tag{2.87}$$

$$\hbar_{\text{dipole},z,\omega_0}(\theta)=-\frac{\lambda}{\pi\sin\left(\dfrac{\omega_0\ell}{2c}\right)}\left(\frac{\cos\left(\dfrac{\omega_0\ell}{2c}\cos\theta\right)-\cos\left(\dfrac{\omega_0\ell}{2c}\right)}{\sin\theta}\right) \tag{2.88}$$

$$\hbar_{\text{loop},x,\omega_0}(\theta,\phi)=\mathrm{j}2\pi r\mathrm{J}_{\text{Bessel},1,1}\left(\frac{\omega_0 r}{c}\sin\vartheta\right) \tag{2.89}$$

$$\hbar_{\text{loop},y,\omega_0}(\theta,\phi)=\mathrm{j}2\pi r\mathrm{J}_{\text{Bessel},1,1}\left(\frac{\omega_0 r}{c}\sin\psi\right) \tag{2.90}$$

$$\hbar_{\text{dipole},z,\omega_0}(\theta)=\mathrm{j}2\pi r\mathrm{J}_{\text{Bessel},1,1}\left(\frac{\omega_0 r}{c}\sin\theta\right) \tag{2.91}$$

其中，ℓ 为偶极子天线的物理长度，r 为磁环天线的物理半径，$\mathrm{J}_{\text{Bessel},1,1}(\cdot)$为第一类一阶贝塞尔函数；

$$\cos\vartheta=\sin\theta\cos\phi,\ \sin\vartheta=\sqrt{\sin^2\theta\sin^2\phi+\cos^2\theta}$$

$$\cos\psi=\sin\theta\sin\phi,\ \sin\psi=\sqrt{\sin^2\theta\cos^2\phi+\cos^2\theta}$$

根据式（2.84）和式（2.85），SuperCART 天线的第 3 个传感单元和第 6 个传感单元（又称为共点正交磁环和偶极子天线，简称为 COLD 天线[22]）分别仅发射信号波的垂直和水平极化分量，如图 2.5（c）和（d）所示。

由此，可令权矢量 $\boldsymbol{w}$ 具有下述形式（参见图 2.5）：

$$\boldsymbol{w}=\boldsymbol{w}_1\otimes\boldsymbol{w}_2 \tag{2.92}$$

其中，$\boldsymbol{w}_1$和 $\boldsymbol{w}_2$分别为 L×1 维和 6×1 维矢量，并且

$$\boldsymbol{w}_2=[0,0,\kappa_{\mathrm{V}}^*,0,0,\kappa_{\mathrm{H}}^*]^{\mathrm{T}} \tag{2.93}$$

相应地，

$$\begin{aligned}\boldsymbol{w}^{\mathrm{H}}\boldsymbol{a}_{\mathrm{H},\omega,t}(\theta,\phi,R)&=(\boldsymbol{w}_1^{\mathrm{H}}\otimes\boldsymbol{w}_2^{\mathrm{H}})(\boldsymbol{a}_{\omega,t}(\theta,\phi,R)\otimes\boldsymbol{b}_{\text{iso-H},\omega_0}(\theta,\phi))\\&=(\boldsymbol{w}_1^{\mathrm{H}}\boldsymbol{a}_{\omega,t}(\theta,\phi,R))\otimes(\boldsymbol{w}_2^{\mathrm{H}}\boldsymbol{b}_{\text{iso-H},\omega_0}(\theta,\phi))\end{aligned} \tag{2.94}$$

$$\begin{aligned}\boldsymbol{w}^{\mathrm{H}}\boldsymbol{a}_{\mathrm{V},\omega,t}(\theta,\phi,R)&=(\boldsymbol{w}_1^{\mathrm{H}}\otimes\boldsymbol{w}_2^{\mathrm{H}})(\boldsymbol{a}_{\omega,t}(\theta,\phi,R)\otimes\boldsymbol{b}_{\text{iso-V},\omega_0}(\theta,\phi))\\&=(\boldsymbol{w}_1^{\mathrm{H}}\boldsymbol{a}_{\omega,t}(\theta,\phi,R))\otimes(\boldsymbol{w}_2^{\mathrm{H}}\boldsymbol{b}_{\text{iso-V},\omega_0}(\theta,\phi))\end{aligned} \tag{2.95}$$

由于

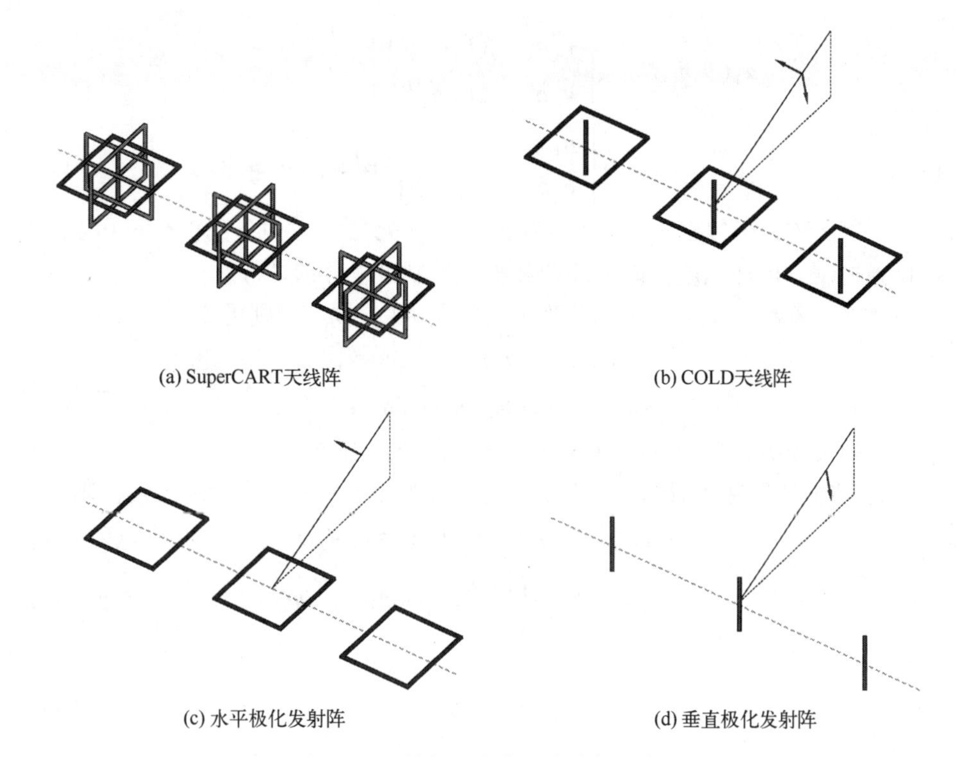

图 2.5　二维极化分离子阵选择示意图

$$\boldsymbol{w}_2^{\mathrm{H}}\boldsymbol{b}_{\mathrm{iso-H},\omega_0}(\theta,\phi)=\kappa_{\mathrm{H}}\hbar_{\mathrm{loop},z,\omega_0}(\theta) \tag{2.96}$$

$$\boldsymbol{w}_2^{\mathrm{H}}\boldsymbol{b}_{\mathrm{iso-V},\omega_0}(\theta,\phi)=\kappa_{\mathrm{V}}\hbar_{\mathrm{dipole},z,\omega_0}(\theta) \tag{2.97}$$

所以

$$\boldsymbol{w}^{\mathrm{H}}\boldsymbol{a}_{\mathrm{H},\boldsymbol{\omega},t}(\theta,\phi,R)=\kappa_{\mathrm{H}}\hbar_{\mathrm{loop},z,\omega_0}(\theta)(\boldsymbol{w}_1^{\mathrm{H}}\boldsymbol{a}_{\boldsymbol{\omega},t}(\theta,\phi,R)) \tag{2.98}$$

$$\boldsymbol{w}^{\mathrm{H}}\boldsymbol{a}_{\mathrm{V},\boldsymbol{\omega},t}(\theta,\phi,R)=\kappa_{\mathrm{V}}\hbar_{\mathrm{dipole},z,\omega_0}(\theta)(\boldsymbol{w}_1^{\mathrm{H}}\boldsymbol{a}_{\boldsymbol{\omega},t}(\theta,\phi,R)) \tag{2.99}$$

这意味着：

① 阵列天线的幅度方向图为

$$B_w(\theta,\phi,R)=\left\|\begin{bmatrix}\boldsymbol{w}^{\mathrm{H}}\boldsymbol{a}_{\mathrm{H},\boldsymbol{\omega},t}(\theta,\phi,R)\\ \boldsymbol{w}^{\mathrm{H}}\boldsymbol{a}_{\mathrm{V},\boldsymbol{\omega},t}(\theta,\phi,R)\end{bmatrix}\right\|_2=|\boldsymbol{w}_1^{\mathrm{H}}(g(\theta)\boldsymbol{a}_{\boldsymbol{\omega},t}(\theta,\phi,R))| \tag{2.100}$$

其中

$$g(\theta)=\sqrt{|\kappa_{\mathrm{H}}\hbar_{\mathrm{loop},z,\omega_0}(\theta)|^2+|\kappa_{\mathrm{V}}\hbar_{\mathrm{dipole},z,\omega_0}(\theta)|^2} \tag{2.101}$$

② 极化矢量具有下述特点：

$$\boldsymbol{p}_w(\theta,\phi,R) \propto \begin{bmatrix} \boldsymbol{w}^{\mathrm{H}}\boldsymbol{a}_{\mathrm{H},\omega,t}(\theta,\phi,R) \\ \boldsymbol{w}^{\mathrm{H}}\boldsymbol{a}_{\mathrm{V},\omega,t}(\theta,\phi,R) \end{bmatrix} = \begin{bmatrix} \kappa_{\mathrm{H}} \hbar_{\mathrm{loop},z,\omega_0}(\theta) \\ \kappa_{\mathrm{V}} \hbar_{\mathrm{dipole},z,\omega_0}(\theta) \end{bmatrix} (\boldsymbol{w}_1^{\mathrm{H}}\boldsymbol{a}_{\omega,t}(\theta,\phi,R)) \tag{2.102}$$

所以，阵列天线在$\hbar_{\mathrm{loop},z,\omega_0}(\theta)$和$\hbar_{\mathrm{dipole},z,\omega_0}(\theta)$非零方向上的极化可由$\kappa_{\mathrm{H}}$和$\kappa_{\mathrm{V}}$单独控制，也即幅度方向图综合和极化控制可以分别进行。

比如，若希望θ_0方向上的阵列天线极化为(γ_0,η_0)，则可令

$$\begin{bmatrix} \kappa_{\mathrm{H}} \hbar_{\mathrm{loop},z,\omega_0}(\theta_0) \\ \kappa_{\mathrm{V}} \hbar_{\mathrm{dipole},z,\omega_0}(\theta_0) \end{bmatrix} \propto \begin{bmatrix} \cos\gamma_0 \\ \sin\gamma_0 \mathrm{e}^{\mathrm{j}\eta_0} \end{bmatrix} \tag{2.103}$$

上述阵列天线极化不随方位角ϕ和距离R的变化而变。

③ 若轴线和法线方向平行于z轴的天线为短偶极子和小磁环天线，则

$$\hbar_{\mathrm{dipole},z,\omega_0}(\theta) \approx -0.5\ell\sin\theta = k_{\mathrm{sd}}\sin\theta \tag{2.104}$$

$$\hbar_{\mathrm{loop},z,\omega_0}(\theta) \approx \left(\frac{\mathrm{j}\pi\omega_0 r^2}{c}\right)\sin\theta = k_{\mathrm{sl}}\sin\theta \tag{2.105}$$

于是

$$g(\theta) = g\sin\theta \tag{2.106}$$

其中

$$g = \sqrt{|\kappa_{\mathrm{H}} k_{\mathrm{sl}}|^2 + |\kappa_{\mathrm{V}} k_{\mathrm{sd}}|^2} \tag{2.107}$$

相应地，

$$B_w(\theta,\phi,R) = g\,|\boldsymbol{w}_1^{\mathrm{H}}(\sin\theta\boldsymbol{a}_{\omega,t}(\theta,\phi,R))| \tag{2.108}$$

$$\boldsymbol{p}_w(\theta,\phi,R) \propto [\kappa_{\mathrm{H}} k_{\mathrm{sl}}, \kappa_{\mathrm{V}} k_{\mathrm{sd}}]^{\mathrm{T}} \tag{2.109}$$

此时阵列天线任意方向和距离上的极化均相同。

(2) 一维极化分离。

只考虑某一平面内的信号收发，不失一般性，假设$\theta=90°$，也即选择合适的坐标系使得波束扫描平面为xoy平面；同时所有偶极子和磁环天线均为短偶极子和小磁环天线，则

$$\boldsymbol{b}_{\mathrm{iso\text{-}H},\omega_0}(90°,\phi) = [k_{\mathrm{sd}}\sin\phi, -k_{\mathrm{sd}}\cos\phi, 0, 0, 0, k_{\mathrm{sl}}]^{\mathrm{T}} \tag{2.110}$$

$$\boldsymbol{b}_{\mathrm{iso\text{-}V},\omega_0}(90°,\phi) = [0, 0, k_{\mathrm{sd}}, -k_{\mathrm{sl}}\sin\phi, k_{\mathrm{sl}}\cos\phi, 0]^{\mathrm{T}} \tag{2.111}$$

根据式（2.110）和式（2.111），在xoy平面内，SuperCART 天线的第3、4、5个传感单元和第1、2、6个传感单元分别仅发射信号波的垂直和水平极化分量，如图2.6（b）和（c）所示。

由此可以定义（参见图2.6）

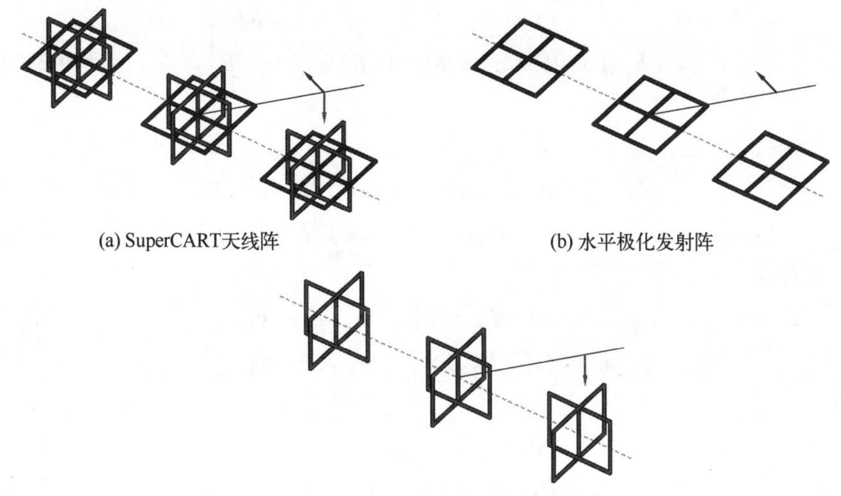

(a) SuperCART天线阵　　(b) 水平极化发射阵

(c) 垂直极化发射阵

图 2.6　一维极化分离子阵选择示意图

$$\boldsymbol{J}_{\mathrm{H},1}=\boldsymbol{I}_L\otimes\begin{bmatrix}k_{\mathrm{sd}}^{-1} & 0 & 0 & 0 & 0 & 0\\ 0 & k_{\mathrm{sd}}^{-1} & 0 & 0 & 0 & 0\\ 0 & 0 & 0 & 0 & 0 & k_{\mathrm{sl}}^{-1}\end{bmatrix} \tag{2.112}$$

$$\boldsymbol{J}_{\mathrm{V},1}=\boldsymbol{I}_L\otimes\begin{bmatrix}0 & 0 & 0 & -k_{\mathrm{sl}}^{-1} & 0 & 0\\ 0 & 0 & 0 & 0 & -k_{\mathrm{sl}}^{-1} & 0\\ 0 & 0 & k_{\mathrm{sd}}^{-1} & 0 & 0 & 0\end{bmatrix} \tag{2.113}$$

$$\boldsymbol{J}_{\mathrm{H},2}=\boldsymbol{I}_L\otimes\begin{bmatrix}k_{\mathrm{sd}} & 0 & 0 & 0 & 0 & 0\\ 0 & k_{\mathrm{sd}} & 0 & 0 & 0 & 0\\ 0 & 0 & 0 & 0 & 0 & k_{\mathrm{sl}}\end{bmatrix} \tag{2.114}$$

$$\boldsymbol{J}_{\mathrm{V},2}=\boldsymbol{I}_L\otimes\begin{bmatrix}0 & 0 & 0 & -k_{\mathrm{sl}} & 0 & 0\\ 0 & 0 & 0 & 0 & -k_{\mathrm{sl}} & 0\\ 0 & 0 & k_{\mathrm{sd}} & 0 & 0 & 0\end{bmatrix} \tag{2.115}$$

可以证明：

$$\boldsymbol{J}_{\mathrm{H},2}^{\mathrm{H}}\boldsymbol{J}_{\mathrm{H},1}\boldsymbol{a}_{\mathrm{H},\boldsymbol{\omega},t}(90°,\phi,R)=\boldsymbol{a}_{\mathrm{H},\boldsymbol{\omega},t}(90°,\phi,R) \tag{2.116}$$

$$\boldsymbol{J}_{\mathrm{V},2}^{\mathrm{H}}\boldsymbol{J}_{\mathrm{V},1}\boldsymbol{a}_{\mathrm{V},\boldsymbol{\omega},t}(90°,\phi,R)=\boldsymbol{a}_{\mathrm{V},\boldsymbol{\omega},t}(90°,\phi,R) \tag{2.117}$$

并且

$$\boldsymbol{J}_{\mathrm{H},1}\boldsymbol{a}_{\mathrm{H},\boldsymbol{\omega},t}(90°,\phi,R)=\boldsymbol{J}_{\mathrm{V},1}\boldsymbol{a}_{\mathrm{V},\boldsymbol{\omega},t}(90°,\phi,R)=\boldsymbol{b}_{\boldsymbol{\omega},t}(\phi,R) \tag{2.118}$$

其中

$$\boldsymbol{b}_{\omega,t}(\phi,R)=\boldsymbol{a}_{\omega,t}(90°,\phi,R)\otimes\begin{bmatrix}\sin\phi\\-\cos\phi\\1\end{bmatrix} \tag{2.119}$$

由此有

$$\boldsymbol{w}^{\mathrm{H}}\boldsymbol{a}_{\mathrm{H},\omega,t}(90°,\phi,R)=(\boldsymbol{J}_{\mathrm{H},2}\boldsymbol{w})^{\mathrm{H}}\boldsymbol{b}_{\omega,t}(\phi,R) \tag{2.120}$$

$$\boldsymbol{w}^{\mathrm{H}}\boldsymbol{a}_{\mathrm{V},\omega,t}(90°,\phi,R)=(\boldsymbol{J}_{\mathrm{V},2}\boldsymbol{w})^{\mathrm{H}}\boldsymbol{b}_{\omega,t}(\phi,R) \tag{2.121}$$

注意到

$$\boldsymbol{J}_{\mathrm{H},2}\boldsymbol{w}=(\boldsymbol{I}_L\otimes\boldsymbol{\Psi}_{\mathrm{H}})[\boldsymbol{w}_{\mathrm{H},1}^{\mathrm{T}},\boldsymbol{w}_{\mathrm{H},2}^{\mathrm{T}},\cdots,\boldsymbol{w}_{\mathrm{H},L}^{\mathrm{T}}]^{\mathrm{T}} \tag{2.122}$$

$$\boldsymbol{J}_{\mathrm{V},2}\boldsymbol{w}=(\boldsymbol{I}_L\otimes\boldsymbol{\Psi}_{\mathrm{V}})[\boldsymbol{w}_{\mathrm{V},1}^{\mathrm{T}},\boldsymbol{w}_{\mathrm{V},2}^{\mathrm{T}},\cdots,\boldsymbol{w}_{\mathrm{V},L}^{\mathrm{T}}]^{\mathrm{T}} \tag{2.123}$$

其中

$$\boldsymbol{\Psi}_{\mathrm{H}}=\mathrm{diag}(k_{\mathrm{sd}},k_{\mathrm{sd}},k_{\mathrm{sl}}) \tag{2.124}$$

$$\boldsymbol{\Psi}_{\mathrm{V}}=\mathrm{diag}(-k_{\mathrm{sl}},-k_{\mathrm{sl}},k_{\mathrm{sd}}) \tag{2.125}$$

$$\boldsymbol{w}_{\mathrm{H},l}=\begin{bmatrix}\boldsymbol{w}(6l-5)\\\boldsymbol{w}(6l-4)\\\boldsymbol{w}(6l)\end{bmatrix},\ l=1,2,\cdots,L \tag{2.126}$$

$$\boldsymbol{w}_{\mathrm{V},l}=\begin{bmatrix}\boldsymbol{w}(6l-2)\\\boldsymbol{w}(6l-1)\\\boldsymbol{w}(6l-3)\end{bmatrix},\ l=1,2,\cdots,L \tag{2.127}$$

由此可令

$$\boldsymbol{J}_{\mathrm{H},2}\boldsymbol{w}=\kappa_{\mathrm{H}}^{*}\boldsymbol{w}_3 \tag{2.128}$$

$$\boldsymbol{J}_{\mathrm{V},2}\boldsymbol{w}=\kappa_{\mathrm{V}}^{*}\boldsymbol{w}_3 \tag{2.129}$$

也即

$$[\boldsymbol{w}_{\mathrm{H},1}^{\mathrm{T}},\boldsymbol{w}_{\mathrm{H},2}^{\mathrm{T}},\cdots,\boldsymbol{w}_{\mathrm{H},L}^{\mathrm{T}}]^{\mathrm{T}}=\kappa_{\mathrm{H}}^{*}(\boldsymbol{I}_L\otimes\boldsymbol{\Psi}_{\mathrm{H}}^{-1})\boldsymbol{w}_3 \tag{2.130}$$

$$[\boldsymbol{w}_{\mathrm{V},1}^{\mathrm{T}},\boldsymbol{w}_{\mathrm{V},2}^{\mathrm{T}},\cdots,\boldsymbol{w}_{\mathrm{V},L}^{\mathrm{T}}]^{\mathrm{T}}=\kappa_{\mathrm{V}}^{*}(\boldsymbol{I}_L\otimes\boldsymbol{\Psi}_{\mathrm{V}}^{-1})\boldsymbol{w}_3 \tag{2.131}$$

其中

$$|\kappa_{\mathrm{H}}|^2+|\kappa_{\mathrm{V}}|^2=1 \tag{2.132}$$

这样

$$\boldsymbol{w}^{\mathrm{H}}\boldsymbol{a}_{\mathrm{H},\omega,t}(90°,\phi,R)=\kappa_{\mathrm{H}}(\boldsymbol{w}_3^{\mathrm{H}}\boldsymbol{b}_{\omega,t}(\phi,R)) \tag{2.133}$$

$$\boldsymbol{w}^{\mathrm{H}}\boldsymbol{a}_{\mathrm{V},\omega,t}(90°,\phi,R)=\kappa_{\mathrm{V}}(\boldsymbol{w}_3^{\mathrm{H}}\boldsymbol{b}_{\omega,t}(\phi,R)) \tag{2.134}$$

最终可得

$$B_{\boldsymbol{w}}(\theta,\phi,R)=|\boldsymbol{w}_3^{\mathrm{H}}\boldsymbol{b}_{\omega,t}(\phi,R)| \tag{2.135}$$

$$\boldsymbol{p}_{\boldsymbol{w}}(\theta,\phi,R)=[\kappa_{\mathrm{H}},\kappa_{\mathrm{V}}]^{\mathrm{T}} \tag{2.136}$$

根据以上讨论，基于分维与降维处理的矢量天线阵列极化波束方向图综合可分为两步：第一步对阵列天线的幅度方向图 $B_{\boldsymbol{w}}(\theta,\phi,R)$ 进行优化设计；

第二步通过参数 κ_{H} 和 κ_{V} 的选择，控制阵列天线的主波束极化。

(3) 幅度方向图的优化设计。

为便于讨论，将式（2.100）、式（2.108）和式（2.119）中所定义的 $g(\theta)\boldsymbol{a}_{\omega,t}(\theta,\phi,R)$，$\sin\theta\boldsymbol{a}_{\omega,t}(\theta,\phi,R)$ 和 $\boldsymbol{b}_{\omega,t}(\phi,R)$ 统一记为 $\boldsymbol{c}_{\omega,t}(\theta,\phi,R)$，同时定义

$$\boldsymbol{c}_{\omega}(\theta,\phi,R)=\mathrm{diag}(\mathrm{e}^{-\mathrm{j}\Delta\omega_0 t},\mathrm{e}^{-\mathrm{j}\Delta\omega_1 t},\cdots)\boldsymbol{c}_{\omega,t}(\theta,\phi,R) \tag{2.137}$$

① 波束方向图优化权矢量设计：

$$\begin{aligned}&\min_{\boldsymbol{w}}\rho\\&\mathrm{s.t.}\\&\max_{(\theta,\phi,R)\in\mathrm{SLR}}|\boldsymbol{w}^{\mathrm{H}}\boldsymbol{c}_{\omega,t}(\theta,\phi,R)|\leqslant\rho,\ \boldsymbol{w}^{\mathrm{H}}\boldsymbol{c}_{\omega,t}(\theta_0,\phi_0,R_0)=B_0\end{aligned} \tag{2.138}$$

若发射频偏均为零，则式（2.138）变为

$$\begin{aligned}&\min_{\boldsymbol{w}}\rho\\&\mathrm{s.t.}\\&\max_{(\theta,\phi)\in\mathrm{SLR}}|\boldsymbol{w}^{\mathrm{H}}\boldsymbol{c}_{\omega_0}(\theta,\phi)|\leqslant\rho,\ \boldsymbol{w}^{\mathrm{H}}\boldsymbol{c}_{\omega_0}(\theta_0,\phi_0)=B_0\end{aligned} \tag{2.139}$$

式中：$\boldsymbol{c}_{\omega_0}(\theta,\phi)$ 可为 $g(\theta)\boldsymbol{a}_{\omega_0}(\theta,\phi)$，$\sin\theta\boldsymbol{a}_{\omega_0}(\theta,\phi)$ 或 $\boldsymbol{b}_{\omega_0}(\phi)$，其中 $\boldsymbol{a}_{\omega_0}(\theta,\phi)$ 的定义参见式（2.44），

$$\boldsymbol{b}_{\omega_0}(\phi)=\boldsymbol{a}_{\omega_0}(90°,\phi)\otimes\begin{bmatrix}\sin\phi\\-\cos\phi\\1\end{bmatrix} \tag{2.140}$$

② 当发射频偏不为零时，阵列天线波束优化的方向性具有时变性，而且当发射频偏较大时，可能无法实现有效的能量汇聚。

若仅考虑 $\boldsymbol{c}_{\omega,t}(\theta,\phi,R)=\boldsymbol{c}_{\omega}(\theta,\phi,R)$ 时的能量汇聚效果，发射频偏的选择可以采用下述准则：

$$\begin{aligned}&\min_{\Delta\omega_0,\Delta\omega_1,\cdots}\max_{(\theta,\phi,R)\in\mathrm{SLR}}|\boldsymbol{c}_{\omega}^{\mathrm{H}}(\theta_0,\phi_0,R_0)\boldsymbol{c}_{\omega}(\theta,\phi,R)|^2\\&\mathrm{s.t.}\\&\Delta\omega_{\min}\leqslant\Delta\omega_l\leqslant\Delta\omega_{\max}\end{aligned} \tag{2.141}$$

其中，$\Delta\omega_{\max}$ 和 $\Delta\omega_{\min}$ 分别为频偏的最大值和最小值。

式（2.141）所示的优化问题为非凸问题，可以采用蚁群算法进行求解，其基本步骤如下[23]：

步骤一　初始化：选定频率增量 $\Delta\omega_l$ 的取值范围：$[-\Delta\omega_{\max},\Delta\omega_{\max}]$，对该区间进行 N 等份划分，构成 $(L-1)\times N$ 个离散节点，将多变量联合优化问题转化为多点离散寻优问题，总迭代次数记为 K，当前迭代次数 $k=1$。

步骤二　状态转移：以第一个矢量天线为起点，最后一个矢量天线为终

点，将每一只蚂蚁到达终点时所选择的所有频率增量视为一组解。不同的节点具有不同的信息素，信息素浓度的高低决定了蚂蚁选择该节点的概率大小。

对于第 i 个矢量天线，选择节点 m 的规则如下：

$$m=\begin{cases}\arg\max\limits_{n\in(1,2,\cdots,N)}(\iota_{i,n}), & q\leqslant q_0\\ m_1, & q>q_0\end{cases} \tag{2.142}$$

式中：q_0为介于 0 和 1 之间的常数；q 为介于 0 和 1 之间的随机数，通过引入随机数，增强算法跳出局部最优解的能力；$\iota_{i,n}$表示第 i 个矢量天线、第 n 个节点的信息素；m_1表示根据下式轮盘赌选择的节点：

$$p_{i,m}=\left(\sum_{n=1}^{N}\iota_{i,n}\right)^{-1}\iota_{i,m} \tag{2.143}$$

步骤三　信息素更新：

$$\iota_{i,m}(t)=(1-\varsigma)\iota_{i,m}(t-1)+\varsigma\,\Delta\iota_{i,m} \tag{2.144}$$

其中，ς为信息素挥发因子，$\Delta\iota_{i,m}$的定义为

$$\Delta\iota_{i,m}=\begin{cases}\dfrac{C_1}{|\boldsymbol{c}_{\boldsymbol{\omega}}^{\mathrm{H}}(\theta_0,\phi_0,R_0)\boldsymbol{c}_{\boldsymbol{\omega}}(\theta,\phi,R)|_{\mathrm{best}}^2}, & \text{若第 } m \text{ 个值为最优选择}\\ \dfrac{C_2}{|\boldsymbol{c}_{\boldsymbol{\omega}}^{\mathrm{H}}(\theta_0,\phi_0,R_0)\boldsymbol{c}_{\boldsymbol{\omega}}(\theta,\phi,R)|_{\mathrm{best}}^2}, & \text{若第 } m \text{ 个值为次优选择}\\ 0, & \text{其他}\end{cases} \tag{2.145}$$

其中，C_1和 C_2为加权系数，其取值范围为 $C_2<C_1\leqslant 2C_2$。

步骤四　若迭代次数 $k=K$，则循环结束，否则返回步骤二，并记所得的最优发射频率矢量为$\hat{\boldsymbol{\omega}}$。

关于式（2.141）所示优化问题的求解，也可以采用遗传算法（GA），具体参见文献［24］。

下面看一个仿真例子，例中的多极化阵列天线为由 y 轴上 12 个同倾角共点矢量天线所构成的等距/均匀线阵，$f_0=\dfrac{\omega_0}{2\pi}=10\mathrm{GHz}$；仅考虑 xoy 平面内的波束优化，其中主波束位置为$(90°,0°,50\mathrm{km})$，主波束极化为圆极化。

发射频率增量采用上述蚁群算法得到，相应参数为 $\Delta f_{\max}=\dfrac{\Delta\omega_{\max}}{2\pi}=30\mathrm{kHz}$，$K=100$，$N=20$，$q_0=0.9$，$\varsigma=0.2$，信息素初始值为 1，$C_1=1$，$C_2=0.8$。

上述条件下对应的极化波束方向图综合结果如图 2.7~图 2.9 所示，其中极化控制方向图（PCP）的定义如下：

$$\mathrm{PCP}_{w}=2\arccos\left(\left|\frac{\begin{bmatrix}\boldsymbol{w}^{\mathrm{H}}\boldsymbol{a}_{\mathrm{H},\omega,t}(\theta,\phi,R)\\ \boldsymbol{w}^{\mathrm{H}}\boldsymbol{a}_{\mathrm{V},\omega,t}(\theta,\phi,R)\end{bmatrix}^{\mathrm{H}}\begin{bmatrix}\cos\gamma_{0}\\ \sin\gamma_{0}\mathrm{e}^{\mathrm{j}\eta_{0}}\end{bmatrix}}{\left\|\begin{bmatrix}\boldsymbol{w}^{\mathrm{H}}\boldsymbol{a}_{\mathrm{H},\omega,t}(\theta,\phi,R)\\ \boldsymbol{w}^{\mathrm{H}}\boldsymbol{a}_{\mathrm{V},\omega,t}(\theta,\phi,R)\end{bmatrix}\right\|_{2}}\right|\right) \tag{2.146}$$

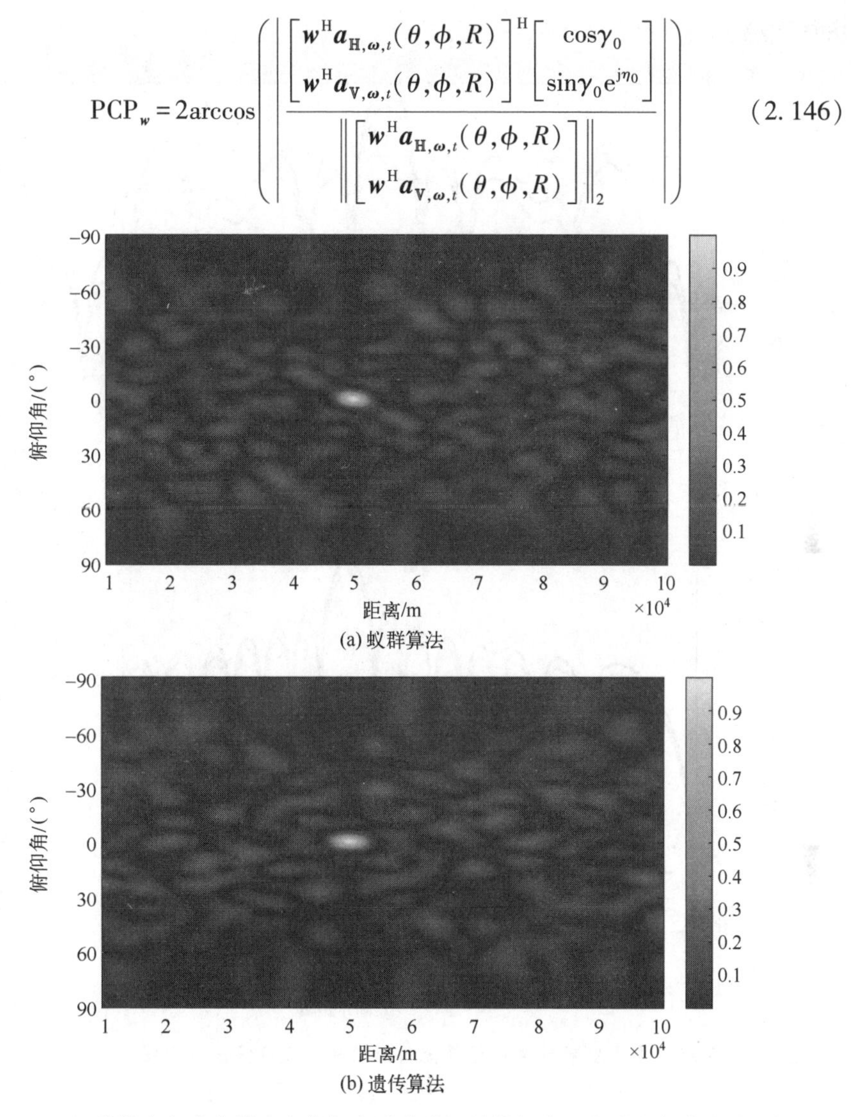

(a) 蚁群算法

(b) 遗传算法

图 2.7　蚁群算法和遗传算法发射频率增量寻优所得幅度方向图综合结果的比较

由图 2.7 中所示结果可以看出，基于蚁群算法和遗传算法发射频率增量寻优所得的幅度方向图综合结果相似，性能相仿。

由图 2.9 中所示结果可以看出，采用分维和降维处理，可以实现精确的阵列天线极化控制。

（4）短偶极子/小磁环天线阵列极化分离波束方向图综合。

若矢量天线仅由三个相互正交的短偶极子天线或三个相互正交的小磁环天线共点组成，也即矢量天线为三极子天线，仍可以基于极化分离进行波束方向图综合。

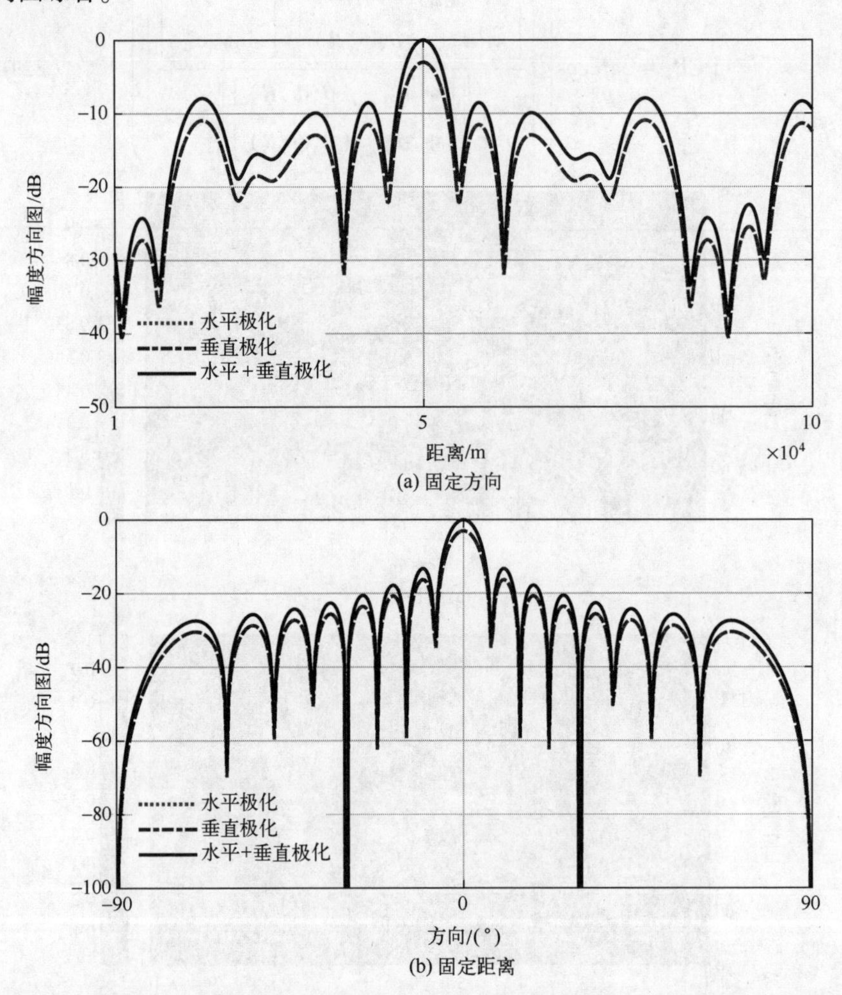

图 2.8 基于蚁群算法发射频率增量寻优所得的阵列天线幅度方向图（水平+垂直极化）及其水平和垂直极化幅度方向图综合结果

以前者为例，定义

$$\boldsymbol{J}_{\mathrm{H},3}=\boldsymbol{I}_L\otimes\begin{bmatrix}1&0&0\\0&1&0\end{bmatrix}\tag{2.147}$$

$$\boldsymbol{J}_{\mathrm{V},3}=\boldsymbol{I}_L\otimes[0\quad 0\quad -1]\tag{2.148}$$

为简单起见，假设已对三极子天线进行了幅相补偿，也即

$$\boldsymbol{J}_{\mathrm{H},3}\boldsymbol{a}_{\mathrm{H},\omega,t}(90^\circ,\phi,R)=\boldsymbol{a}_{\omega,t}(90^\circ,\phi,R)\otimes\begin{bmatrix}\sin\phi\\-\cos\phi\end{bmatrix}\tag{2.149}$$

$$\boldsymbol{J}_{\mathrm{H},3}\boldsymbol{a}_{\mathrm{V},\omega,t}(90^\circ,\phi,R)=\boldsymbol{o}\tag{2.150}$$

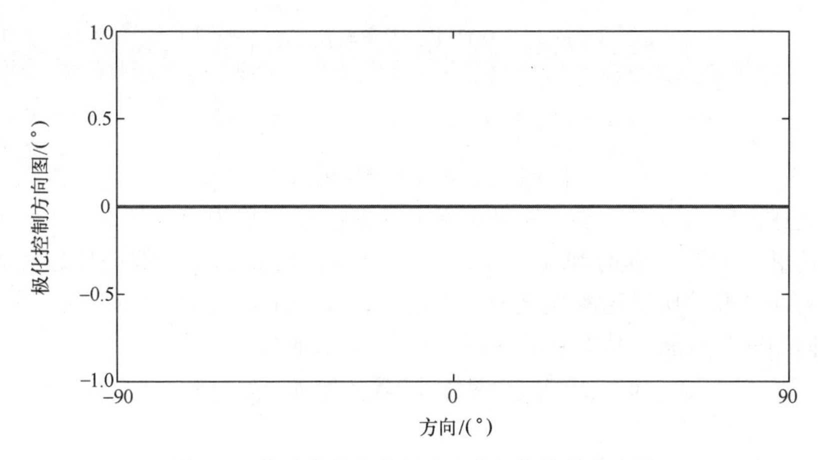

图 2.9　基于分维和降维处理的极化控制方向图

$$\boldsymbol{J}_{\mathrm{V},3}\boldsymbol{a}_{\mathrm{V},\boldsymbol{\omega},t}(90°,\phi,R)=\boldsymbol{a}_{\boldsymbol{\omega},t}(90°,\phi,R) \tag{2.151}$$

$$\boldsymbol{J}_{\mathrm{V},3}\boldsymbol{a}_{\mathrm{H},\boldsymbol{\omega},t}(90°,\phi,R)=\boldsymbol{o} \tag{2.152}$$

若定义

$$\boldsymbol{w}=\boldsymbol{J}_{\mathrm{H},3}^{\mathrm{H}}\boldsymbol{w}_{\mathrm{H},3}+\boldsymbol{J}_{\mathrm{V},3}^{\mathrm{H}}\boldsymbol{w}_{\mathrm{V},3} \tag{2.153}$$

其中，$\boldsymbol{w}_{\mathrm{H},3}$和$\boldsymbol{w}_{\mathrm{V},3}$分别为$2L\times1$维权矢量和$L\times1$维权矢量，则

$$\boldsymbol{w}^{\mathrm{H}}\boldsymbol{a}_{\mathrm{H},\boldsymbol{\omega},t}(90°,\phi,R)=\boldsymbol{w}_{\mathrm{H},3}^{\mathrm{H}}\boldsymbol{J}_{\mathrm{H},3}\boldsymbol{a}_{\mathrm{H},\boldsymbol{\omega},t}(90°,\phi,R)=\boldsymbol{w}_{\mathrm{H},3}^{\mathrm{H}}\boldsymbol{e}_{\boldsymbol{\omega},t}(90°,\phi,R) \tag{2.154}$$

$$\boldsymbol{w}^{\mathrm{H}}\boldsymbol{a}_{\mathrm{V},\boldsymbol{\omega},t}(90°,\phi,R)=\boldsymbol{w}_{\mathrm{V},3}^{\mathrm{H}}\boldsymbol{J}_{\mathrm{V},3}\boldsymbol{a}_{\mathrm{V},\boldsymbol{\omega},t}(90°,\phi,R)=\boldsymbol{w}_{\mathrm{V},3}^{\mathrm{H}}\boldsymbol{a}_{\boldsymbol{\omega},t}(90°,\phi,R) \tag{2.155}$$

其中

$$\boldsymbol{e}_{\boldsymbol{\omega},t}(90°,\phi,R)=\boldsymbol{a}_{\boldsymbol{\omega},t}(90°,\phi,R)\otimes\begin{bmatrix}\sin\phi\\-\cos\phi\end{bmatrix} \tag{2.156}$$

由此，若期望位置$(90°,\phi_0,R_0)$处的阵列天线发射极化为(γ_0,η_0)，则$\boldsymbol{w}_{\mathrm{H},3}$和$\boldsymbol{w}_{\mathrm{V},3}$可分别按下述准则进行设计[14]：

$$\begin{aligned}&\min_{\boldsymbol{w}_{\mathrm{H},3}}\rho_{\mathrm{H},3}\\&\text{s. t.}\\&\max_{(\phi,R)\in\mathrm{SLR}}\left|\boldsymbol{w}_{\mathrm{H},3}^{\mathrm{H}}\boldsymbol{J}_{\mathrm{H},3}\boldsymbol{a}_{\mathrm{H},\boldsymbol{\omega},t}(90°,\phi,R)\right|\leqslant\rho_{\mathrm{H},3}\\&\boldsymbol{w}_{\mathrm{H},3}^{\mathrm{H}}\boldsymbol{J}_{\mathrm{H},3}\boldsymbol{a}_{\mathrm{H},\boldsymbol{\omega},t}(90°,\phi_0,R_0)=B_0\cos\gamma_0\\&\min_{\boldsymbol{w}_{\mathrm{V},3}}\rho_{\mathrm{V},3}\\&\text{s. t.}\\&\max_{(\phi,R)\in\mathrm{SLR}}\left|\boldsymbol{w}_{\mathrm{V},3}^{\mathrm{H}}\boldsymbol{J}_{\mathrm{V},3}\boldsymbol{a}_{\mathrm{V},\boldsymbol{\omega},t}(90°,\phi,R)\right|\leqslant\rho_{\mathrm{V},3}\end{aligned} \tag{2.157}$$

$$\boldsymbol{w}_{\mathrm{V},3}^{\mathrm{H}}\boldsymbol{J}_{\mathrm{V},3}\boldsymbol{a}_{\mathrm{V},\boldsymbol{\omega},t}(90°,\phi_0,R_0)=B_0\sin\gamma_0\mathrm{e}^{\mathrm{j}\eta_0} \tag{2.158}$$

其中

$$B_0=\left\|\begin{bmatrix}\boldsymbol{w}_{\mathrm{H},3}^{\mathrm{H}}\boldsymbol{J}_{\mathrm{H},3}\boldsymbol{a}_{\mathrm{H},\boldsymbol{\omega},t}(90°,\phi_0,R_0)\\ \boldsymbol{w}_{\mathrm{V},3}^{\mathrm{H}}\boldsymbol{J}_{\mathrm{V},3}\boldsymbol{a}_{\mathrm{V},\boldsymbol{\omega},t}(90°,\phi_0,R_0)\end{bmatrix}\right\|_2 \tag{2.159}$$

上述方法仍适用于单一发射频率也即发射频偏均为零的情形，下面看几个此情形下的距离和时间无关波束方向图综合仿真例子，例中比较经典的 Xiao 方法，此处所讨论的极化分离方法，以及 Dolph-Chebyshev 方法[25]的波束方向图综合性能，其中 Dolph-Chebyshev 方法的权矢量为

$$\boldsymbol{w}_{\text{Dolph-Chebyshev}}=\boldsymbol{w}_{\mathrm{d-c}}\otimes\underbrace{(\boldsymbol{\varXi}_{\mathrm{iso}}(\theta_0,\phi_0)\boldsymbol{p}_{\gamma_0,\eta_0}^{*})}_{=\boldsymbol{w}_{\mathrm{iso}}} \tag{2.160}$$

式中：$\boldsymbol{w}_{\mathrm{d-c}}$为几何阵列 Chebyshev 权矢量；

$$\boldsymbol{\varXi}_{\mathrm{iso}}(\theta,\phi)=[\boldsymbol{b}_{\mathrm{iso-H}}(\theta,\phi),\boldsymbol{b}_{\mathrm{iso-V}}(\theta,\phi)] \tag{2.161}$$

注意到

$$\begin{bmatrix}\boldsymbol{w}_{\text{Dolph-Chebyshev}}^{\mathrm{H}}\boldsymbol{a}_{\mathrm{H}}(\theta,\phi)\\ \boldsymbol{w}_{\text{Dolph-Chebyshev}}^{\mathrm{H}}\boldsymbol{a}_{\mathrm{V}}(\theta,\phi)\end{bmatrix}=(\boldsymbol{w}_{\mathrm{d-c}}^{\mathrm{H}}\boldsymbol{a}_{\omega_0}(\theta,\phi))\underbrace{\begin{bmatrix}\boldsymbol{w}_{\mathrm{iso}}^{\mathrm{H}}\boldsymbol{b}_{\mathrm{iso-H}}(\theta,\phi)\\ \boldsymbol{w}_{\mathrm{iso}}^{\mathrm{H}}\boldsymbol{b}_{\mathrm{iso-V}}(\theta,\phi)\end{bmatrix}}_{=\boldsymbol{p}_{\mathrm{iso}}(\theta,\phi)} \tag{2.162}$$

所以阵列天线(θ,ϕ)方向的发射极化矢量与$\boldsymbol{p}_{\mathrm{iso}}(\theta,\phi)$成比例关系，阵列天线的幅度方向图为

$$|\boldsymbol{w}_{\mathrm{d-c}}^{\mathrm{H}}\boldsymbol{a}_{\omega_0}(\theta,\phi)|\cdot\|\boldsymbol{p}_{\mathrm{iso}}(\theta,\phi)\|_2 \tag{2.163}$$

此处我们还可以看出，式（2.160）中“$\boldsymbol{w}_{\mathrm{iso}}$”的作用是，将所有矢量天线转化为发射极化和方向图均相同的等效阵元天线，且整个阵列天线的发射极化与等效阵元天线的发射极化相同（与单极化阵列类似），幅度方向图则为几何阵列幅度方向图$|\boldsymbol{w}_{\mathrm{d-c}}^{\mathrm{H}}\boldsymbol{a}_{\omega_0}(\theta,\phi)|$与等效阵元天线幅度方向图$\|\boldsymbol{p}_{\mathrm{iso}}(\theta,\phi)\|_2$的乘积。

特别地，若矢量天线为经过幅相补偿的三极子天线，也即

$$\boldsymbol{b}_{\mathrm{iso-H}}(\theta,\phi)=\boldsymbol{b}_{\mathrm{H}}(\phi) \tag{2.164}$$

$$\boldsymbol{b}_{\mathrm{iso-V}}(\theta,\phi)=\boldsymbol{b}_{\mathrm{V}}(\theta,\phi) \tag{2.165}$$

则

$$\boldsymbol{p}_{\mathrm{iso}}(\theta_0,\phi_0)=\boldsymbol{p}_{\gamma_0,\eta_0}=[\cos\gamma_0,\sin\gamma_0\mathrm{e}^{\mathrm{j}\eta_0}]^{\mathrm{T}} \tag{2.166}$$

这表明三极子阵列天线(θ_0,ϕ_0)方向的发射极化即为(γ_0,η_0)，(θ_0,ϕ_0)方向的幅度方向图与几何阵列的幅度方向图相同。

若矢量天线为经过幅相补偿的 SuperCART 天线，也即

$$\boldsymbol{b}_{\mathrm{iso-H}}(\theta,\phi)=\begin{bmatrix}\boldsymbol{b}_{\mathrm{H}}(\phi)\\ \boldsymbol{b}_{\mathrm{V}}(\theta,\phi)\end{bmatrix} \tag{2.167}$$

$$\boldsymbol{b}_{\text{iso-V}}(\theta,\phi)=\begin{bmatrix}\boldsymbol{b}_{\text{V}}(\theta,\phi)\\-\boldsymbol{b}_{\text{H}}(\phi)\end{bmatrix} \tag{2.168}$$

则

$$\boldsymbol{p}_{\text{iso}}(\theta_0,\phi_0)=2\boldsymbol{p}_{\gamma_0,\eta_0} \tag{2.169}$$

这表明 SuperCART 阵列天线(θ_0,ϕ_0)方向的发射极化也为(γ_0,η_0)，(θ_0,ϕ_0)方向的幅度方向图为几何阵列幅度方向图的两倍。

下面看几个仿真例子。首先考虑一维波束方向图综合，例中阵列为矢量天线等距线阵，其中矢量天线为三极子天线或 SuperCART 天线，所有 12 个矢量天线均位于 y 轴上，矢量天线间距为半个信号波长。

图 2.10~图 2.17 所示为相应的波束方向图综合结果，其中功率方向图为幅度方向图的平方，主瓣宽度（MLW）均预设为 20°，其余仿真参数参见图 2.10~图 2.17 中的说明。

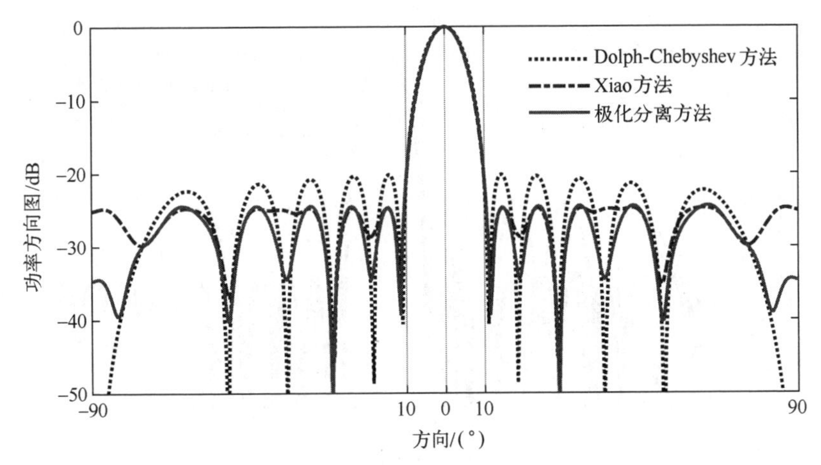

图 2.10　三种方法功率方向图的比较：三极子天线阵列；$(\theta_0,\phi_0)=(90°,0°)$，$(\gamma_0,\eta_0)=(45°,90°)$，SLR $=[-90°,-10°)\cup(10°,90°]$

可以看出，三种方法的主瓣增益相近，但 Xiao 方法和极化分离方法对应的幅度方向图，其旁瓣功率要低于 Dolph-Chebyshev 方法所对应的幅度方向图。此外，三种方法都可以精确控制(θ_0,ϕ_0)方向的发射极化。

下面考虑二维波束方向图综合，例中阵列为 8×8 矢量天线等距矩形阵，矢量天线为 SuperCART 天线，均位于 xoy 平面内，天线间距为半个信号波长。主瓣区域（MLR）为

$$\text{MLR}=\left\{(\theta,\phi)\,\middle|\,\arccos(\boldsymbol{b}_{\text{s}}^{\text{H}}(\theta,\phi)\boldsymbol{b}_{\text{s}}(\theta_0,\phi_0))\leqslant\frac{\text{MLW}}{2}\right\} \tag{2.170}$$

其中，$\boldsymbol{b}_{\text{s}}(\theta,\phi)$的定义参见式（1.25）。

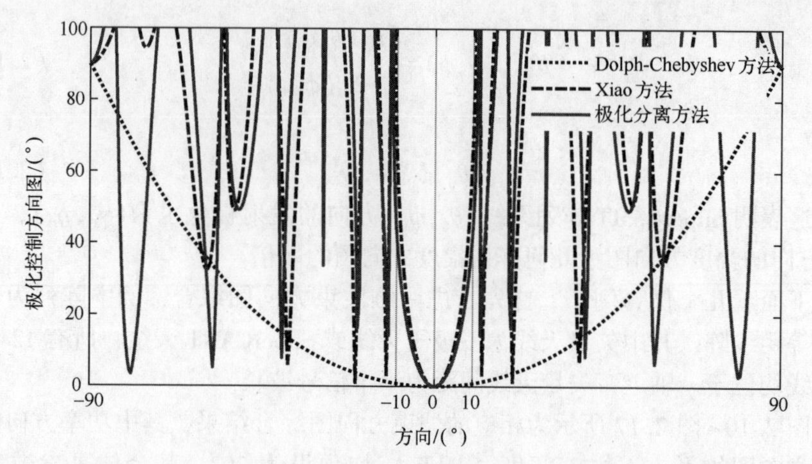

图 2.11 三种方法极化控制方向图的比较：三极子天线阵列；
$(\theta_0,\phi_0)=(90°,0°)$，$(\gamma_0,\eta_0)=(45°,90°)$，$\text{SLR}=[-90°,-10°)\cup(10°,90°]$

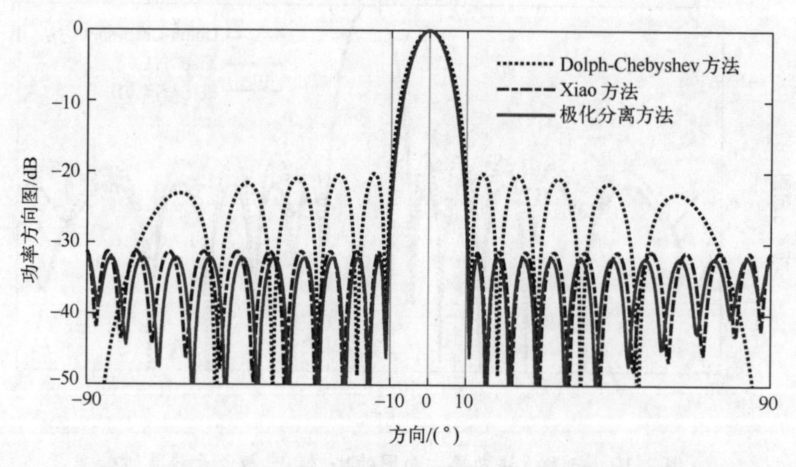

图 2.12 三种方法功率方向图的比较：SuperCART 天线阵列；
$(\theta_0,\phi_0)=(90°,0°)$，$(\gamma_0,\eta_0)=(45°,90°)$，$\text{SLR}=[-90°,-10°)\cup(10°,90°]$

旁瓣区域为

$$\text{SLR}=\{[0,90°]\times[0,360°)\}\backslash\text{MLR} \tag{2.171}$$

例中主瓣宽度仍预设为 20°。

图 2.18~图 2.21 为相应的基于极化分离的二维波束方向图综合结果。

（5）迭代极化分离波束方向图综合。

本节讨论极化分离波束方向图综合的更一般形式：迭代极化分离方法。为简单起见，假设矢量天线为 SuperCART 天线，并且经过幅相补偿，也即其水平和垂直极化流形矢量分别为$[\boldsymbol{b}_{\text{H}}^{\text{T}}(\phi),\boldsymbol{b}_{\text{V}}^{\text{T}}(\theta,\phi)]^{\text{T}}$和$[\boldsymbol{b}_{\text{V}}^{\text{T}}(\theta,\phi),-\boldsymbol{b}_{\text{H}}^{\text{T}}(\phi)]^{\text{T}}$。

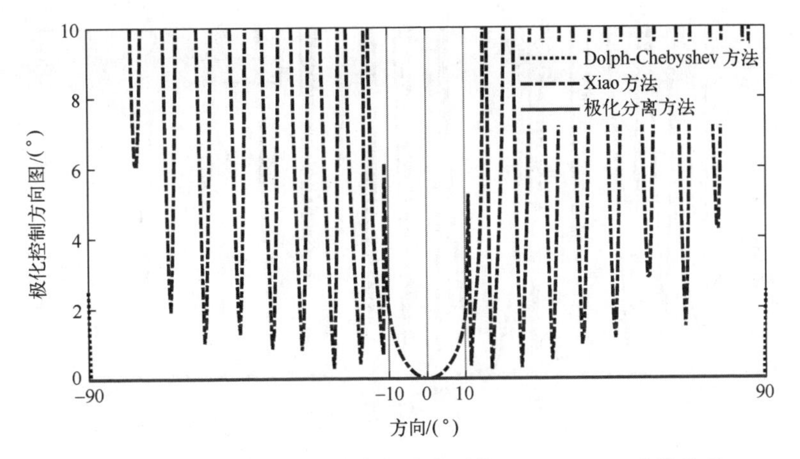

图 2.13　三种方法极化控制方向图的比较：SuperCART 天线阵列；
$(\theta_0,\phi_0)=(90°,0°)$，$(\gamma_0,\eta_0)=(45°,90°)$，SLR $=[-90°,-10°)\cup(10°,90°]$

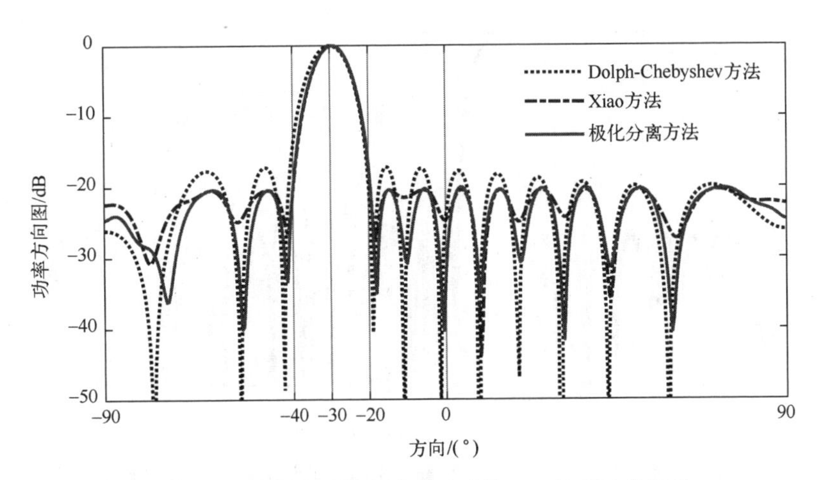

图 2.14　三种方法功率方向图的比较：三极子天线阵列；
$(\theta_0,\phi_0)=(90°,-30°)$，$(\gamma_0,\eta_0)=(30°,60°)$，SLR $=[-90°,-40°)\cup(-20°,90°]$

根据 1.3.2 节的讨论，存在一坐标系 $\grave{x}\grave{y}\grave{z}$，使得$(\theta_0,\phi_0)$的值在该坐标系下变为$(90°,\grave{\phi}_0)$，比如将原坐标系 xyz 围绕 y 轴顺时针转动角度$\grave{\varphi}_0$，其中

$$\sin\grave{\varphi}_0\sin\theta_0\cos\phi_0=\cos\grave{\varphi}_0\cos\theta_0 \tag{2.172}$$

记 $\boldsymbol{b}_{\grave{x}}$、$\boldsymbol{b}_{\grave{y}}$和 $\boldsymbol{b}_{\grave{z}}$为坐标系 xyz 下坐标系 $\grave{x}\grave{y}\grave{z}$ 三个坐标轴方向的单位矢量，则

$$\boldsymbol{B}_{\grave{x},\grave{y},\grave{z}}=[\boldsymbol{b}_{\grave{x}},\boldsymbol{b}_{\grave{y}},\boldsymbol{b}_{\grave{z}}]=\begin{bmatrix}\cos\grave{\varphi}_0 & 0 & -\sin\grave{\varphi}_0\\ 0 & 1 & 0\\ \sin\grave{\varphi}_0 & 0 & \cos\grave{\varphi}_0\end{bmatrix} \tag{2.173}$$

于是

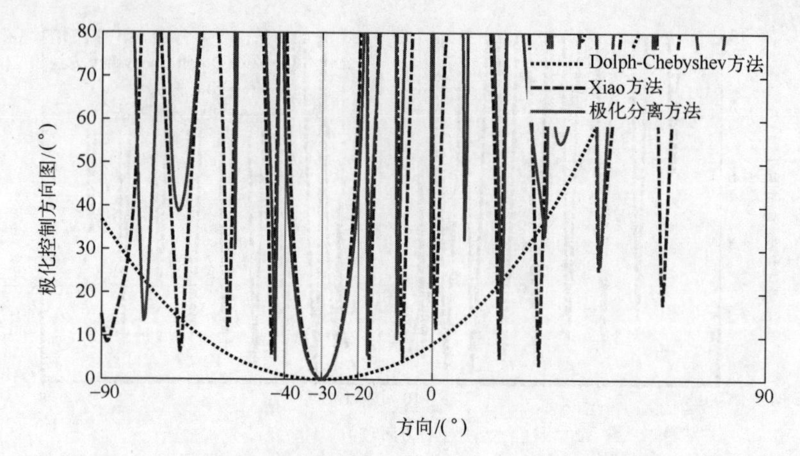

图 2.15 三种方法极化控制方向图的比较：三极子天线阵列；
$(\theta_0,\phi_0)=(90°,-30°)$，$(\gamma_0,\eta_0)=(30°,60°)$，SLR=[−90°,−40°)∪(−20°,90°]

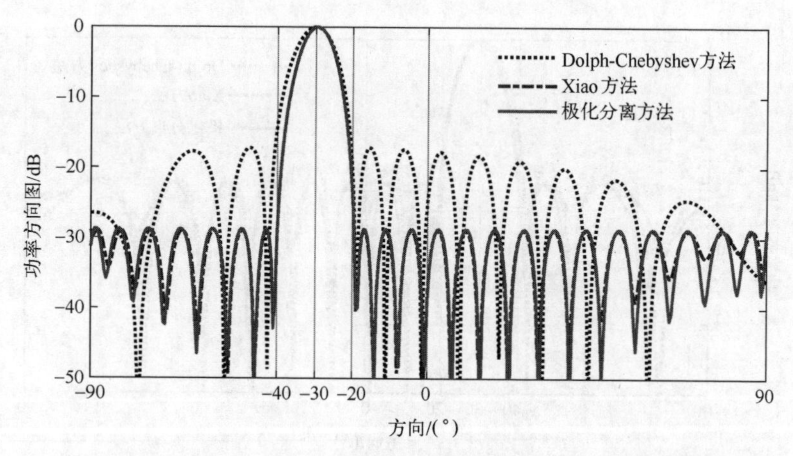

图 2.16 三种方法功率方向图的比较：SuperCART 天线阵列；
$(\theta_0,\phi_0)=(90°,-30°)$，$(\gamma_0,\eta_0)=(30°,60°)$，SLR=[−90°,−40°)∪(−20°,90°]

$$\boldsymbol{b}_{\grave{z}}^{\mathrm{H}}\boldsymbol{b}_{\mathrm{s}}(\theta_0,\phi_0)=-\sin\grave{\varphi}_0\sin\theta_0\cos\phi_0+\cos\grave{\varphi}_0\cos\theta_0=0 \tag{2.174}$$

$$\boldsymbol{\Xi}_{\mathrm{iso}}(\theta_0,\phi_0)=\underbrace{(\boldsymbol{I}_2\otimes\boldsymbol{B}_{\grave{x},\grave{y},\grave{z}})}_{=\boldsymbol{B}_0}\boldsymbol{\Xi}_{\mathrm{iso}}(90°,\grave{\varphi}_0)\underbrace{\begin{bmatrix}\cos\Delta_{\grave{\alpha}} & \sin\Delta_{\grave{\alpha}}\\ -\sin\Delta_{\grave{\alpha}} & \cos\Delta_{\grave{\alpha}}\end{bmatrix}}_{=\boldsymbol{T}_0} \tag{2.175}$$

其中，$\boldsymbol{b}_{\mathrm{s}}(\theta_0,\phi_0)$、$\boldsymbol{b}_{\mathrm{H}}(\phi)$和$\boldsymbol{b}_{\mathrm{V}}(\theta,\phi)$的定义参见式（1.25）、式（1.30）和式（1.31），$\Delta_{\grave{\alpha}}$的定义参见1.3.2节；

$$\boldsymbol{\Xi}_{\mathrm{iso}}(\theta,\phi)=\begin{bmatrix}\boldsymbol{b}_{\mathrm{H}}(\phi) & \boldsymbol{b}_{\mathrm{V}}(\theta,\phi)\\ \boldsymbol{b}_{\mathrm{V}}(\theta,\phi) & -\boldsymbol{b}_{\mathrm{H}}(\phi)\end{bmatrix} \tag{2.176}$$

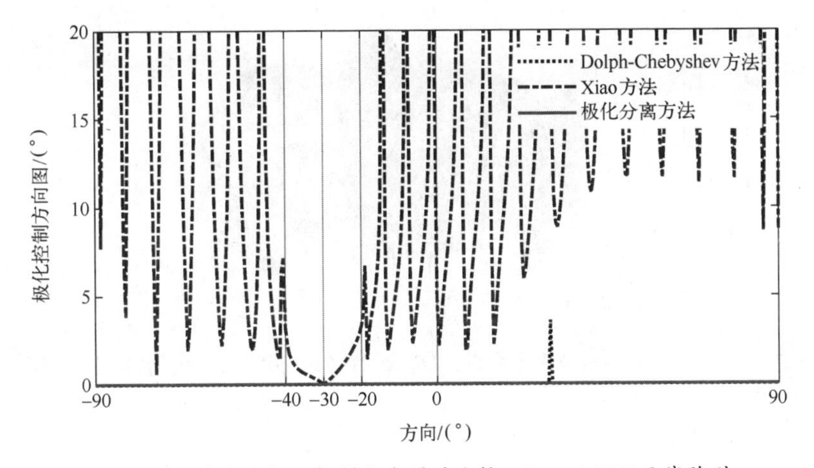

图 2.17　三种方法极化控制方向图的比较：SuperCART 天线阵列；$(\theta_0,\phi_0)=(90°,-30°)$，$(\gamma_0,\eta_0)=(30°,60°)$，$\mathrm{SLR}=[-90°,-40°)\cup(-20°,90°]$

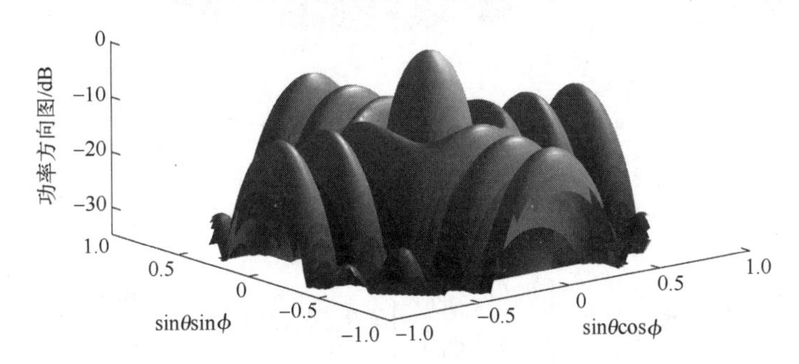

图 2.18　极化分离二维功率方向图：$(\theta_0,\phi_0)=(0°,0°)$，$(\gamma_0,\eta_0)=(45°,90°)$

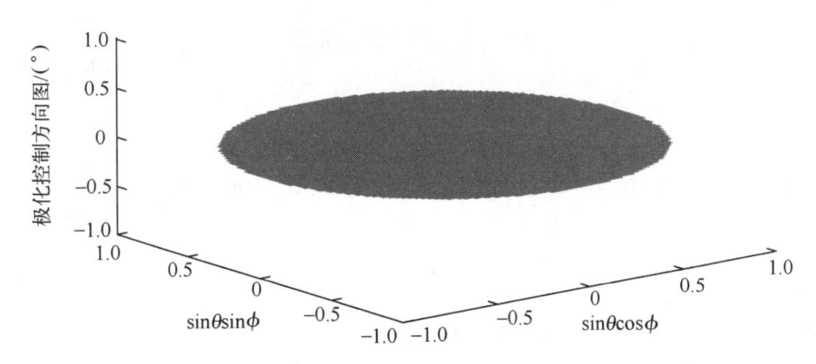

图 2.19　极化分离二维极化控制方向图：$(\theta_0,\phi_0)=(0°,0°)$，$(\gamma_0,\eta_0)=(45°,90°)$

这样

$$\boldsymbol{\varXi}_{\text{iso-H}}(\theta_0,\phi_0)=\begin{bmatrix}\boldsymbol{b}_{\mathrm{H}}(\phi_0)\\ \boldsymbol{b}_{\mathrm{V}}(\theta_0,\phi_0)\end{bmatrix}=\grave{\boldsymbol{B}}_0\boldsymbol{\varXi}_{\text{iso}}(90°,\grave{\phi}_0)\begin{bmatrix}\cos\Delta_{\grave{\alpha}}\\ -\sin\Delta_{\grave{\alpha}}\end{bmatrix}\tag{2.177}$$

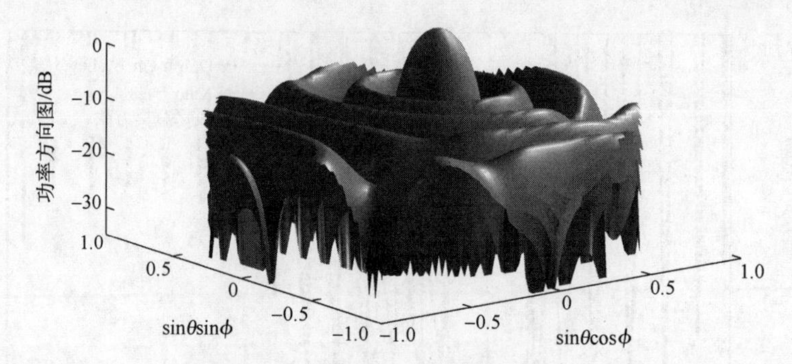

图 2.20 极化分离二维功率方向图：$(\theta_0,\phi_0)=(30°,45°)$，$(\gamma_0,\eta_0)=(30°,60°)$

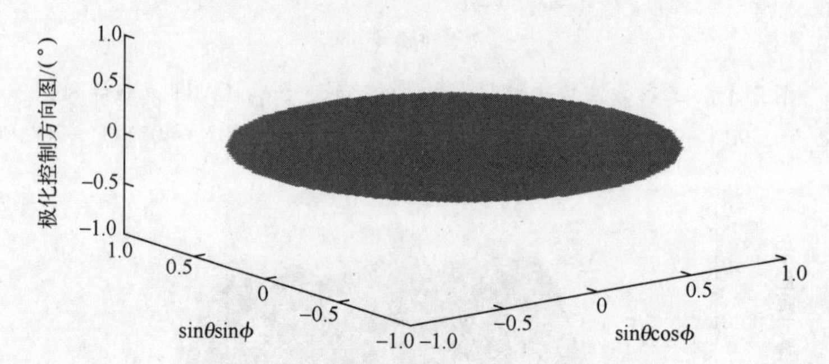

图 2.21 极化分离二维极化控制方向图：$(\theta_0,\phi_0)=(30°,45°)$，$(\gamma_0,\eta_0)=(30°,60°)$

$$\boldsymbol{\Xi}_{\text{iso-V}}(\theta_0,\phi_0)=\begin{bmatrix}\boldsymbol{b}_{\mathrm{V}}(\theta_0,\phi_0)\\-\boldsymbol{b}_{\mathrm{H}}(\phi_0)\end{bmatrix}=\grave{\boldsymbol{B}}_0\boldsymbol{\Xi}_{\text{iso}}(90°,\grave{\phi}_0)\begin{bmatrix}\sin\Delta_{\grave{\alpha}}\\\cos\Delta_{\grave{\alpha}}\end{bmatrix}\tag{2.178}$$

进一步有

$$\boldsymbol{a}_{\mathrm{H},\boldsymbol{\omega},t}(\theta_0,\phi_0,R_0)=\boldsymbol{a}_{\boldsymbol{\omega},t}(\theta_0,\phi_0,R_0)\otimes\left(\grave{\boldsymbol{B}}_0\boldsymbol{\Xi}_{\text{iso}}(90°,\grave{\phi}_0)\begin{bmatrix}\cos\Delta_{\grave{\alpha}}\\-\sin\Delta_{\grave{\alpha}}\end{bmatrix}\right)\tag{2.179}$$

$$\boldsymbol{a}_{\mathrm{V},\boldsymbol{\omega},t}(\theta_0,\phi_0,R_0)=\boldsymbol{a}_{\boldsymbol{\omega},t}(\theta_0,\phi_0,R_0)\otimes\left(\grave{\boldsymbol{B}}_0\boldsymbol{\Xi}_{\text{iso}}(90°,\grave{\phi}_0)\begin{bmatrix}\sin\Delta_{\grave{\alpha}}\\\cos\Delta_{\grave{\alpha}}\end{bmatrix}\right)\tag{2.180}$$

再定义

$$\boldsymbol{J}_{\mathrm{h}}=\boldsymbol{I}_L\otimes\left(\begin{bmatrix}-1&0&0&0&0&0\\0&-1&0&0&0&0\\0&0&0&0&0&-1\end{bmatrix}\grave{\boldsymbol{B}}_0^{-1}\right)\tag{2.181}$$

$$\boldsymbol{J}_{\mathrm{v}}=\boldsymbol{I}_L\otimes\left(\begin{bmatrix}0&0&0&1&0&0\\0&0&0&0&1&0\\0&0&-1&0&0&0\end{bmatrix}\grave{\boldsymbol{B}}_0^{-1}\right)\tag{2.182}$$

则

$$\boldsymbol{J}_{\mathrm{h}}\boldsymbol{a}_{\mathrm{H},\boldsymbol{\omega},t}(\theta_0,\phi_0,R_0)=\cos\Delta_{\dot{\alpha}}\boldsymbol{b}_{\boldsymbol{\omega},t,0} \tag{2.183}$$

$$\boldsymbol{J}_{\mathrm{h}}\boldsymbol{a}_{\mathrm{V},\boldsymbol{\omega},t}(\theta_0,\phi_0,R_0)=\sin\Delta_{\dot{\alpha}}\boldsymbol{b}_{\boldsymbol{\omega},t,0} \tag{2.184}$$

$$\boldsymbol{J}_{\mathrm{v}}\boldsymbol{a}_{\mathrm{V},\boldsymbol{\omega},t}(\theta_0,\phi_0,R_0)=\cos\Delta_{\dot{\alpha}}\boldsymbol{b}_{\boldsymbol{\omega},t,0} \tag{2.185}$$

$$\boldsymbol{J}_{\mathrm{v}}\boldsymbol{a}_{\mathrm{H},\boldsymbol{\omega},t}(\theta_0,\phi_0,R_0)=-\sin\Delta_{\dot{\alpha}}\boldsymbol{b}_{\boldsymbol{\omega},t,0} \tag{2.186}$$

其中

$$\boldsymbol{b}_{\boldsymbol{\omega},t,0}=\boldsymbol{a}_{\boldsymbol{\omega},t}(\theta_0,\phi_0,R_0)\otimes\begin{bmatrix}\sin\dot{\phi}_0\\-\cos\dot{\phi}_0\\1\end{bmatrix} \tag{2.187}$$

由此，可令波束方向图综合权矢量具有下述形式：

$$\boldsymbol{w}=\boldsymbol{J}_{\mathrm{h}}^{\mathrm{H}}\boldsymbol{w}_{\mathrm{h}}+\boldsymbol{J}_{\mathrm{v}}^{\mathrm{H}}\boldsymbol{w}_{\mathrm{v}} \tag{2.188}$$

其中，$\boldsymbol{w}_{\mathrm{h}}$和$\boldsymbol{w}_{\mathrm{v}}$均为 $3L\times1$ 维权矢量。

相应地，

$$\begin{aligned}\boldsymbol{w}^{\mathrm{H}}\boldsymbol{a}_{\mathrm{H},\boldsymbol{\omega},t}(\theta_0,\phi_0,R_0)&=\boldsymbol{w}_{\mathrm{h}}^{\mathrm{H}}\boldsymbol{J}_{\mathrm{h}}\boldsymbol{a}_{\mathrm{H},\boldsymbol{\omega},t}(\theta_0,\phi_0,R_0)+\boldsymbol{w}_{\mathrm{v}}^{\mathrm{H}}\boldsymbol{J}_{\mathrm{v}}\boldsymbol{a}_{\mathrm{H},\boldsymbol{\omega},t}(\theta_0,\phi_0,R_0)\\&=(\boldsymbol{w}_{\mathrm{h}}^{\mathrm{H}}\boldsymbol{b}_{\boldsymbol{\omega},t,0})\cos\Delta_{\dot{\alpha}}-(\boldsymbol{w}_{\mathrm{v}}^{\mathrm{H}}\boldsymbol{b}_{\boldsymbol{\omega},t,0})\sin\Delta_{\dot{\alpha}}\end{aligned} \tag{2.189}$$

$$\begin{aligned}\boldsymbol{w}^{\mathrm{H}}\boldsymbol{a}_{\mathrm{V},\boldsymbol{\omega},t}(\theta_0,\phi_0,R_0)&=\boldsymbol{w}_{\mathrm{h}}^{\mathrm{H}}\boldsymbol{J}_{\mathrm{h}}\boldsymbol{a}_{\mathrm{V},\boldsymbol{\omega},t}(\theta_0,\phi_0,R_0)+\boldsymbol{w}_{\mathrm{v}}^{\mathrm{H}}\boldsymbol{J}_{\mathrm{v}}\boldsymbol{a}_{\mathrm{V},\boldsymbol{\omega},t}(\theta_0,\phi_0,R_0)\\&=(\boldsymbol{w}_{\mathrm{h}}^{\mathrm{H}}\boldsymbol{b}_{\boldsymbol{\omega},t,0})\sin\Delta_{\dot{\alpha}}+(\boldsymbol{w}_{\mathrm{v}}^{\mathrm{H}}\boldsymbol{b}_{\boldsymbol{\omega},t,0})\cos\Delta_{\dot{\alpha}}\end{aligned} \tag{2.190}$$

所以

$$\begin{bmatrix}\boldsymbol{w}^{\mathrm{H}}\boldsymbol{a}_{\mathrm{H},\boldsymbol{\omega},t}(\theta_0,\phi_0,R_0)\\\boldsymbol{w}^{\mathrm{H}}\boldsymbol{a}_{\mathrm{V},\boldsymbol{\omega},t}(\theta_0,\phi_0,R_0)\end{bmatrix}=\underbrace{\begin{bmatrix}\cos\Delta_{\dot{\alpha}}&-\sin\Delta_{\dot{\alpha}}\\\sin\Delta_{\dot{\alpha}}&\cos\Delta_{\dot{\alpha}}\end{bmatrix}}_{=\boldsymbol{T}_0^{-1}=\boldsymbol{T}_0^{\mathrm{H}}}\begin{bmatrix}\boldsymbol{w}_{\mathrm{h}}^{\mathrm{H}}\boldsymbol{b}_{\boldsymbol{\omega},t,0}\\\boldsymbol{w}_{\mathrm{v}}^{\mathrm{H}}\boldsymbol{b}_{\boldsymbol{\omega},t,0}\end{bmatrix} \tag{2.191}$$

由此，若期望位置(θ_0,ϕ_0,R_0)处的天线发射极化为(γ_0,η_0)，只需

$$\begin{bmatrix}\boldsymbol{w}_{\mathrm{h}}^{\mathrm{H}}\boldsymbol{b}_{\boldsymbol{\omega},t,0}\\\boldsymbol{w}_{\mathrm{v}}^{\mathrm{H}}\boldsymbol{b}_{\boldsymbol{\omega},t,0}\end{bmatrix}=\underbrace{\left\|\begin{bmatrix}\boldsymbol{w}^{\mathrm{H}}\boldsymbol{a}_{\mathrm{H},\boldsymbol{\omega},t}(\theta_0,\phi_0,R_0)\\\boldsymbol{w}^{\mathrm{H}}\boldsymbol{a}_{\mathrm{V},\boldsymbol{\omega},t}(\theta_0,\phi_0,R_0)\end{bmatrix}\right\|_2}_{=B_0}\boldsymbol{T}_0\begin{bmatrix}\cos\gamma_0\\\sin\gamma_0\mathrm{e}^{\mathrm{j}\eta_0}\end{bmatrix}=\begin{bmatrix}p_{\mathrm{h},0}\\p_{\mathrm{v},0}\end{bmatrix} \tag{2.192}$$

① $\dot{x}o\dot{y}$平面内的一维波束方向图综合：首先注意到在$\dot{x}o\dot{y}$平面内，下述等式成立：

$$\begin{bmatrix}\boldsymbol{w}^{\mathrm{H}}\boldsymbol{a}_{\mathrm{H},\boldsymbol{\omega},t}(\theta,\phi,R)\\\boldsymbol{w}^{\mathrm{H}}\boldsymbol{a}_{\mathrm{V},\boldsymbol{\omega},t}(\theta,\phi,R)\end{bmatrix}=\boldsymbol{T}_0^{-1}\begin{bmatrix}\boldsymbol{w}_{\mathrm{h}}^{\mathrm{H}}\boldsymbol{b}_{\boldsymbol{\omega},t}(\theta,\phi,R,\dot{\phi})\\\boldsymbol{w}_{\mathrm{v}}^{\mathrm{H}}\boldsymbol{b}_{\boldsymbol{\omega},t}(\theta,\phi,R,\dot{\phi})\end{bmatrix} \tag{2.193}$$

$$\left\|\begin{bmatrix}\boldsymbol{w}^{\mathrm{H}}\boldsymbol{a}_{\mathrm{H},\boldsymbol{\omega},t}(\theta,\phi,R)\\\boldsymbol{w}^{\mathrm{H}}\boldsymbol{a}_{\mathrm{V},\boldsymbol{\omega},t}(\theta,\phi,R)\end{bmatrix}\right\|_2=\left\|\begin{bmatrix}\boldsymbol{w}_{\mathrm{h}}^{\mathrm{H}}\boldsymbol{b}_{\boldsymbol{\omega},t}(\theta,\phi,R,\dot{\phi})\\\boldsymbol{w}_{\mathrm{v}}^{\mathrm{H}}\boldsymbol{b}_{\boldsymbol{\omega},t}(\theta,\phi,R,\dot{\phi})\end{bmatrix}\right\|_2 \tag{2.194}$$

其中，$\dot{\phi}$是(θ,ϕ)在坐标系$\dot{x}\dot{y}\dot{z}$中的方位角值；

$$\boldsymbol{b}_{\omega,t}(\theta,\phi,R,\dot{\phi})=\boldsymbol{a}_{\omega,t}(\theta,\phi,R)\otimes\begin{bmatrix}\sin\dot{\phi}\\-\cos\dot{\phi}\\1\end{bmatrix}\tag{2.195}$$

所以，可以直接利用此前所讨论的极化分离方法进行波束方向图综合：

$$\begin{aligned}&\min_{\boldsymbol{w}}\rho\\&\text{s. t.}\\&\max_{(\theta,\phi,R)\in\text{SLR}}|\boldsymbol{w}^{\text{H}}\boldsymbol{b}_{\omega,t}(\theta,\phi,R,\dot{\phi})|\leqslant\rho\\&|\boldsymbol{w}^{\text{H}}\boldsymbol{b}_{\omega,t,0}|=1,\ \boldsymbol{w}_{\text{h}}=p_{\text{h},0}^{*}\boldsymbol{w},\ \boldsymbol{w}_{\text{v}}=p_{\text{v},0}^{*}\boldsymbol{w}\end{aligned}\tag{2.196}$$

此时波束方向综合仍无须迭代进行。

② 二维波束方向图综合：

对于二维情形，式（2.193）和式（2.194）所示结论不再恒成立，此时可采用下述**迭代极化分离**方法进行波束方向图综合[14]：

步骤一　初始化 $\boldsymbol{w}_{\text{v}}$：$\boldsymbol{w}_{\text{v}}=\boldsymbol{o}$；

步骤二　按下述准则设计 $\boldsymbol{w}_{\text{h}}$：

$$\begin{aligned}&\min_{\boldsymbol{w}_{\text{h}}}\rho_{\text{h}}\\&\text{s. t.}\\&\max_{(\theta,\phi,R)\in\text{SLR}}\left\|\begin{bmatrix}\boldsymbol{w}_{\text{h}}^{\text{H}}\boldsymbol{J}_{\text{h}}\boldsymbol{a}_{\text{H},\omega,t}(\theta,\phi,R)\\\boldsymbol{w}_{\text{h}}^{\text{H}}\boldsymbol{J}_{\text{h}}\boldsymbol{a}_{\text{V},\omega,t}(\theta,\phi,R)\end{bmatrix}+\begin{bmatrix}\boldsymbol{w}_{\text{v}}^{\text{H}}\boldsymbol{J}_{\text{v}}\boldsymbol{a}_{\text{H},\omega,t}(\theta,\phi,R)\\\boldsymbol{w}_{\text{v}}^{\text{H}}\boldsymbol{J}_{\text{v}}\boldsymbol{a}_{\text{V},\omega,t}(\theta,\phi,R)\end{bmatrix}\right\|_2\leqslant\rho_{\text{h}}\\&\boldsymbol{w}_{\text{h}}^{\text{H}}\boldsymbol{b}_{\omega,t,0}=p_{\text{h},0}\end{aligned}\tag{2.197}$$

步骤三　利用步骤二所得的 $\boldsymbol{w}_{\text{h}}$ 的解 $\hat{\boldsymbol{w}}_{\text{h}}$，按下述准则设计 $\boldsymbol{w}_{\text{v}}$：

$$\begin{aligned}&\min_{\boldsymbol{w}_{\text{v}}}\rho_{\text{v}}\\&\text{s. t.}\\&\max_{(\theta,\phi,R)\in\text{SLR}}\left\|\begin{bmatrix}\boldsymbol{w}_{\text{v}}^{\text{H}}\boldsymbol{J}_{\text{v}}\boldsymbol{a}_{\text{H},\omega,t}(\theta,\phi,R)\\\boldsymbol{w}_{\text{v}}^{\text{H}}\boldsymbol{J}_{\text{v}}\boldsymbol{a}_{\text{V},\omega,t}(\theta,\phi,R)\end{bmatrix}+\begin{bmatrix}\hat{\boldsymbol{w}}_{\text{h}}^{\text{H}}\boldsymbol{J}_{\text{h}}\boldsymbol{a}_{\text{H},\omega,t}(\theta,\phi,R)\\\hat{\boldsymbol{w}}_{\text{h}}^{\text{H}}\boldsymbol{J}_{\text{h}}\boldsymbol{a}_{\text{V},\omega,t}(\theta,\phi,R)\end{bmatrix}\right\|_2\leqslant\rho_{\text{v}}\\&\boldsymbol{w}_{\text{v}}^{\text{H}}\boldsymbol{b}_{\omega,t,0}=p_{\text{v},0}\end{aligned}\tag{2.198}$$

步骤四　利用 $\hat{\boldsymbol{w}}_{\text{h}}$ 和步骤三所得的 $\boldsymbol{w}_{\text{v}}$ 的解 $\hat{\boldsymbol{w}}_{\text{v}}$，计算下述阵列天线幅度方向图的旁瓣电平：

$$\rho_{(\theta,\phi,R)\in\text{SLR}}=\left\|\begin{bmatrix}\hat{\boldsymbol{w}}_{\text{h}}^{\text{H}}\boldsymbol{J}_{\text{h}}\boldsymbol{a}_{\text{H},\omega,t}(\theta,\phi,R)\\\hat{\boldsymbol{w}}_{\text{h}}^{\text{H}}\boldsymbol{J}_{\text{h}}\boldsymbol{a}_{\text{V},\omega,t}(\theta,\phi,R)\end{bmatrix}+\begin{bmatrix}\hat{\boldsymbol{w}}_{\text{v}}^{\text{H}}\boldsymbol{J}_{\text{v}}\boldsymbol{a}_{\text{H},\omega,t}(\theta,\phi,R)\\\hat{\boldsymbol{w}}_{\text{v}}^{\text{H}}\boldsymbol{J}_{\text{v}}\boldsymbol{a}_{\text{V},\omega,t}(\theta,\phi,R)\end{bmatrix}\right\|_2\tag{2.199}$$

步骤五　重复步骤二至步骤四，直至步骤四中的旁瓣电平与上次迭代的差值小于预设的阈值。

迭代极化分离方法中的两个子阵，对于(θ_0,ϕ_0,R_0)之外的位置，并不是严格地仅分别发射信号波的水平极化分量和垂直极化分量，可以视为一种广义的极化分离技术，其主要优势是将幅度方向图的优化设计与特定位置处的极化控制进行了分维或降维处理，从而降低了波束方向图综合的计算复杂度。

下面看一个简单的仿真例子，例中阵列还是 8×8 维的 SuperCART 天线矩形阵，波束主瓣宽度仍预设为 20°；$(\theta_0,\phi_0)=(30°,45°)$，$(\gamma_0,\eta_0)=(30°,60°)$；迭代极化分离方法中，迭代的终止条件为两次旁瓣电平差小于 0.02dB。

图 2.22~图 2.27 所示为相应的基于 Xiao 方法、极化分离方法和 Dolph-Chebyshev 方法的二维波束方向图综合结果，可以看出，三种方法在目标方向上均能实现精确的极化控制；迭代极化分离方法结果的最高旁瓣功率为 -17.37dB，略高于 Xiao 方法结果的-18.81dB，但显著低于 Dolph-Chebyshev 方法结果的-10dB。

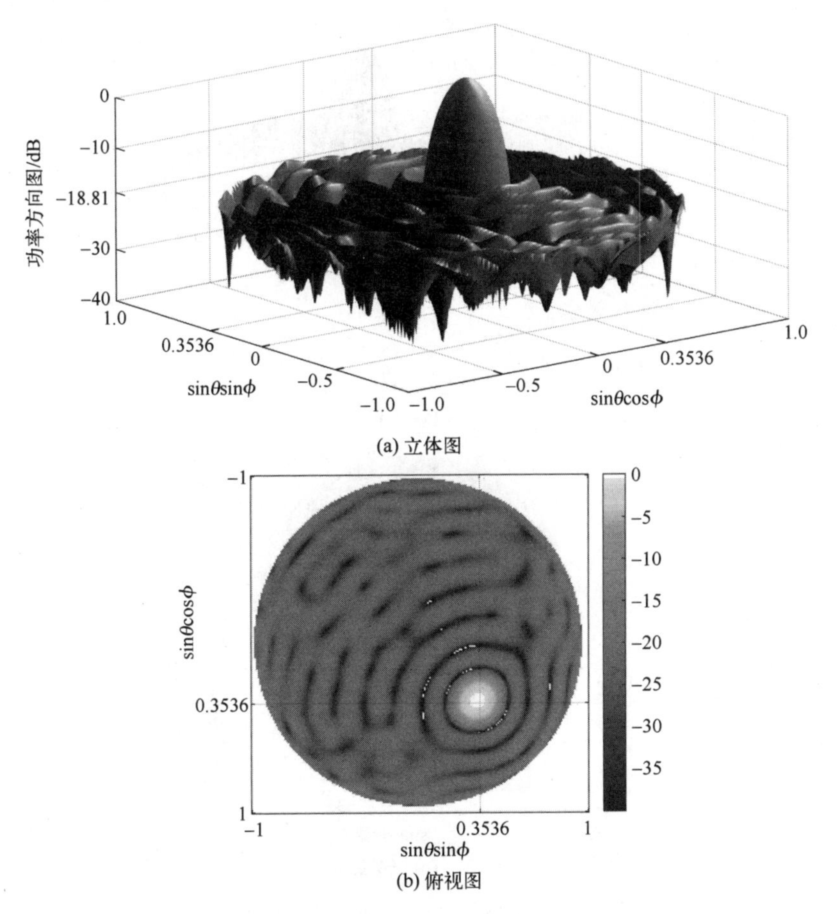

(a) 立体图

(b) 俯视图

图 2.22　Xiao 方法二维功率方向图

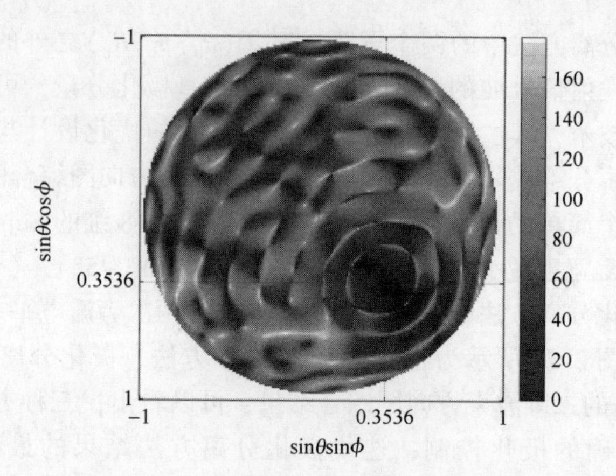

图 2.23 Xiao 方法二维极化控制方向图

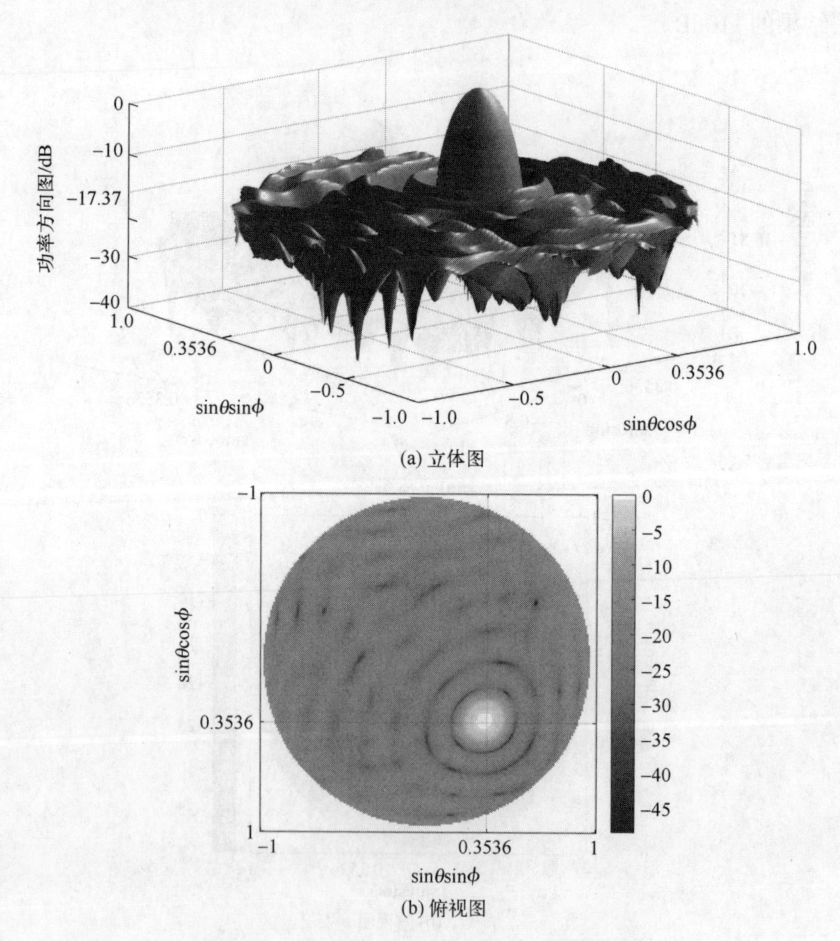

(a) 立体图

(b) 俯视图

图 2.24 迭代极化分离方法二维功率方向图

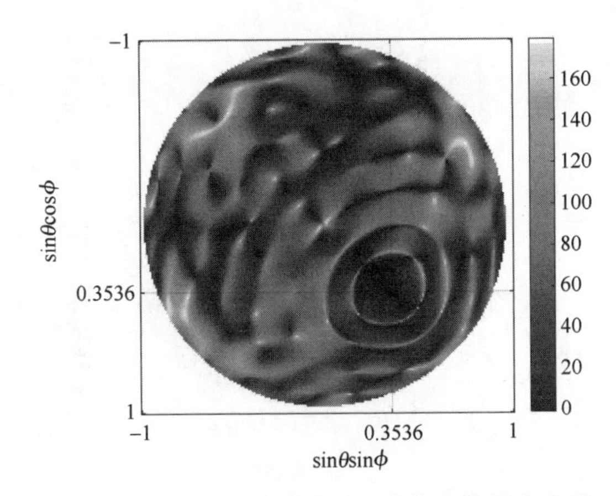

图 2.25　迭代极化分离方法二维极化控制方向图

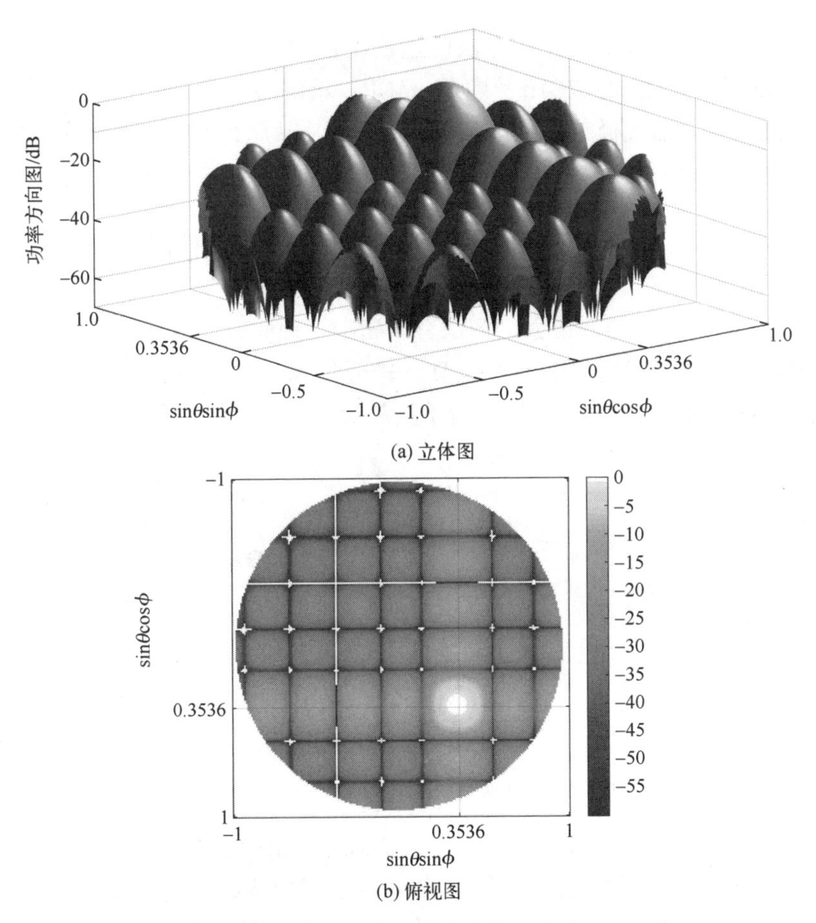

(a) 立体图

(b) 俯视图

图 2.26　Dolph-Chebyshev 方法二维功率方向图

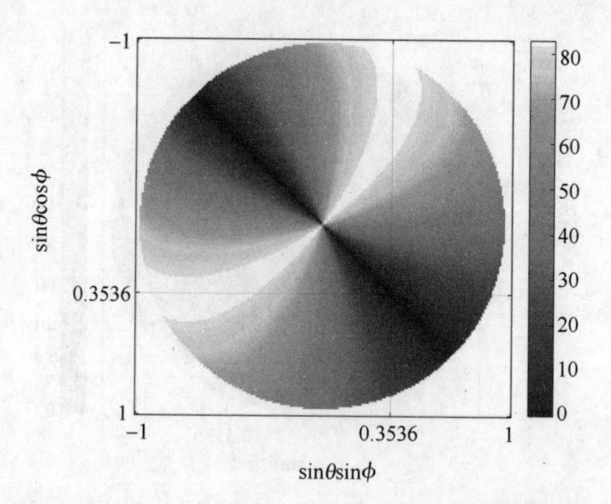

图 2.27 Dolph-Chebyshev 方法二维极化控制方向图

此外，例中迭代极化分离方法的迭代次数为 4，耗时 550s，而 Xiao 方法则耗时 921s（CPU：2.27GHz，内存：4GB，求解器：Gurobi）。

由此可见，迭代极化分离方法在波束方向图综合效果和计算效率之间实现了较好的折中。

2.3 统计最优及自适应波束形成

2.2 节中所讨论的波束方向图综合，属于一种波束形成技术，从信号接收的角度看，对应的多极化阵列天线具有较低的幅度方向图旁瓣和特定的主瓣极化，如图 2.28 所示，这对于旁瓣干扰和噪声的抑制都是有利的。

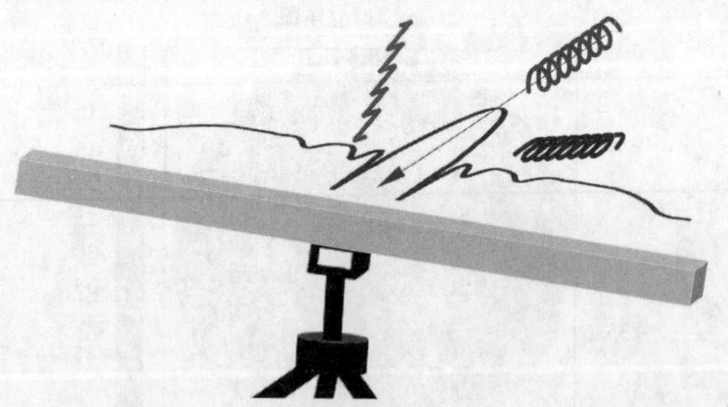

图 2.28 多极化阵列天线幅度方向图及其主瓣、旁瓣极化示意图

但在接收波束方向图综合中，接收方向-极化选择性的设计是数据无关的，采用的也是一些静态的指标，并未考虑实际的波束形成环境。

本节着重讨论如何有效利用期望信号、干扰和噪声的统计特性，以及三者的极化-空间域差异，通过更有针对性的统计优化设计，进一步提升多极化阵列天线信号接收中的干扰和噪声抑制能力。

首先作如下假设：

(1) 若无特别说明，波束形成阵列由 L 个同类型、同倾角 J 元矢量天线组成，并且经过水平和垂直极化精确校正；0号矢量天线位于阵列观测参考点。

(2) 若无特别说明，期望信号和干扰为互不相关的零均值、宽平稳随机过程，中心频率相同且已知。

(3) 期望信号和干扰的波达方向与波极化参数不同时相同，流形矢量线性无关，并且期望信号和干扰总数小于 LJ。

(4) 阵元噪声为零均值、圆对称、宽平稳极化空时白随机过程，并且与期望信号和干扰统计独立。

本节所讨论的多极化矢量天线阵列波束形成器，其一般结构如图2.29所示，其中 $x_l(t)$ 为波束形成阵列第 l 个阵元天线的复基带解调输出。

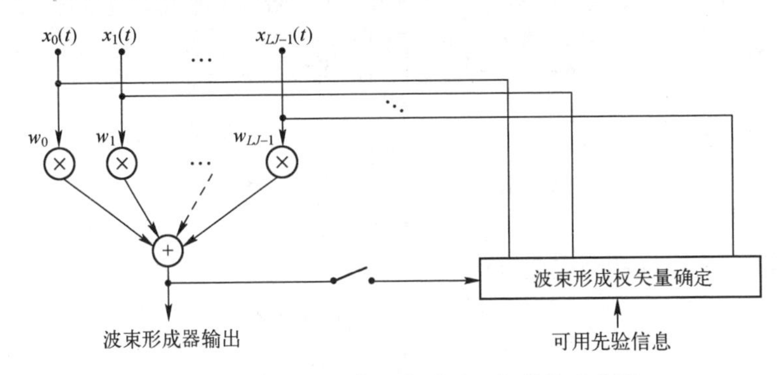

图2.29 多极化波束形成器的一般结构示意图

由图2.29所示波束形成器的结构框图可知，多极化矢量天线阵列波束形成器的输出可以写成

$$y_{\boldsymbol{w}}(t)=\sum_{l=0}^{LJ-1}w_l x_l(t)=\boldsymbol{w}^{\mathrm{H}}\boldsymbol{x}(t) \tag{2.200}$$

式中：

$$\boldsymbol{w}=[w_0^*,w_1^*,\cdots,w_{LJ-1}^*]^{\mathrm{T}} \tag{2.201}$$

$$\boldsymbol{x}(t)=[x_0(t),x_1(t),\cdots,x_{LJ-1}]^{\mathrm{T}} \tag{2.202}$$

根据1.5.3节的讨论，$\boldsymbol{x}(t)$ 具有下述形式：

$$\boldsymbol{x}(t)=\underbrace{\boldsymbol{a}_{\mathrm{H},\theta_0,\phi_0}s_{\mathrm{H},0}(t)+\boldsymbol{a}_{\mathrm{V},\theta_0,\phi_0}s_{\mathrm{V},0}(t)}_{=\boldsymbol{d}(t)}+\underbrace{\boldsymbol{i}(t)+\boldsymbol{n}(t)}_{=\boldsymbol{u}(t)} \tag{2.203}$$

式中：$\boldsymbol{a}_{\mathrm{H},\theta_0,\phi_0}$ 和 $\boldsymbol{a}_{\mathrm{V},\theta_0,\phi_0}$ 分别为期望信号的 $LJ\times1$ 维水平和垂直极化流形矢量，θ_0 和 ϕ_0 分别为期望信号的俯仰角和方位角；$s_{\mathrm{H},0}(t)$ 和 $s_{\mathrm{V},0}(t)$ 分别为期望信号的水平和垂直极化分量；$\boldsymbol{i}(t)$ 为 $LJ\times1$ 维干扰矢量，

$$\boldsymbol{i}(t)=\sum_{m=1}^{M-1}\underbrace{\boldsymbol{a}_{\mathrm{H},\theta_m,\phi_m}s_{\mathrm{H},m}(t)+\boldsymbol{a}_{\mathrm{V},\theta_m,\phi_m}s_{\mathrm{V},m}(t)}_{=\boldsymbol{i}_m(t)} \tag{2.204}$$

其中，$\boldsymbol{a}_{\mathrm{H},\theta_m,\phi_m}$和$\boldsymbol{a}_{\mathrm{V},\theta_m,\phi_m}$分别为第 m 个干扰的 $LJ\times1$ 维水平和垂直极化流形矢量，θ_m和ϕ_m分别为第 m 个干扰的俯仰角和方位角，$s_{\mathrm{H},m}(t)$和$s_{\mathrm{V},m}(t)$分别为第 m 个干扰的水平和垂直极化分量，M 为期望信号和干扰总数；$\boldsymbol{n}(t)$为 $LJ\times1$ 维噪声矢量。

若期望信号波为完全极化，则

$$\boldsymbol{d}(t)=\underbrace{[\boldsymbol{a}_{\mathrm{H},\theta_0,\phi_0},\boldsymbol{a}_{\mathrm{V},\theta_0,\phi_0}]}_{=\boldsymbol{\Xi}_{\theta_0,\phi_0}=\boldsymbol{\Xi}_0}\underbrace{\begin{bmatrix}\cos\gamma_0\\ \sin\gamma_0\mathrm{e}^{\mathrm{j}\eta_0}\end{bmatrix}}_{=\boldsymbol{p}_{\gamma_0,\eta_0}=\boldsymbol{p}_0}s_0(t) \tag{2.205}$$

式中：$\boldsymbol{p}_{\gamma_0,\eta_0}=\boldsymbol{p}_0$为期望信号 $s_0(t)$的波极化矢量，γ_0和η_0分别为期望信号波的极化辅角和极化相位差；$\boldsymbol{a}_{\mathrm{H},\theta_0,\phi_0}$和$\boldsymbol{a}_{\mathrm{V},\theta_0,\phi_0}$分别为期望信号的水平和垂直极化流形矢量，

$$\boldsymbol{a}_{\mathrm{H},\theta_0,\phi_0}=\boldsymbol{\Xi}_{\theta_0,\phi_0}\underbrace{\begin{bmatrix}1\\0\end{bmatrix}}_{\boldsymbol{\iota}_{2,1}}=\boldsymbol{\Xi}_0\boldsymbol{\iota}_{2,1}=\boldsymbol{a}_{\mathrm{H},0} \tag{2.206}$$

$$\boldsymbol{a}_{\mathrm{V},\theta_0,\phi_0}=\boldsymbol{\Xi}_{\theta_0,\phi_0}\underbrace{\begin{bmatrix}0\\1\end{bmatrix}}_{\boldsymbol{\iota}_{2,2}}=\boldsymbol{\Xi}_0\boldsymbol{\iota}_{2,2}=\boldsymbol{a}_{\mathrm{V},0} \tag{2.207}$$

若第 m 个干扰波为完全极化，则

$$\boldsymbol{i}_m(t)=\underbrace{[\boldsymbol{a}_{\mathrm{H},\theta_m,\phi_m},\boldsymbol{a}_{\mathrm{V},\theta_m,\phi_m}]}_{=\boldsymbol{\Xi}_{\theta_m,\phi_m}=\boldsymbol{\Xi}_m}\underbrace{\begin{bmatrix}\cos\gamma_m\\ \sin\gamma_m\mathrm{e}^{\mathrm{j}\eta_m}\end{bmatrix}}_{=\boldsymbol{p}_{\gamma_m,\eta_m}=\boldsymbol{p}_m}s_m(t) \tag{2.208}$$

式中：$\boldsymbol{p}_{\gamma_m,\eta_m}=\boldsymbol{p}_m$为第 m 个干扰 $s_m(t)$的波极化矢量，γ_m和η_m分别为第 m 个干扰波的极化辅角和极化相位差；$\boldsymbol{a}_{\mathrm{H},\theta_m,\phi_m}$和$\boldsymbol{a}_{\mathrm{V},\theta_m,\phi_m}$分别为第 m 个干扰的水平和垂直极化流形矢量，

$$\boldsymbol{a}_{\mathrm{H},\theta_m,\phi_m}=\boldsymbol{\Xi}_m\boldsymbol{\iota}_{2,1}=\boldsymbol{a}_{\mathrm{H},m} \tag{2.209}$$

$$\boldsymbol{a}_{\mathrm{V},\theta_m,\phi_m}=\boldsymbol{\Xi}_m\boldsymbol{\iota}_{2,2}=\boldsymbol{a}_{\mathrm{V},m} \tag{2.210}$$

可以看到，多极化矢量天线阵列波束形成器与单极化阵列波束形成器具有类似的处理结构，但前者可以利用期望信号和干扰在极化-空间域的联合差异进行滤波，达到抑制干扰的目的，后者只能通过空间选择滤波实现干扰抑制[26-27]，其处理性能主要取决于期望信号和干扰的空域差异。

2.3.1 经典的多极化波束形成器

(1) 完全极化期望信号情形。

若期望信号波为完全极化，则

$$\boldsymbol{d}(t)=\boldsymbol{b}_{\theta_0,\phi_0,\gamma_0,\eta_0}s_0(t)=\boldsymbol{b}_0 s_0(t) \tag{2.211}$$

其中

$$\boldsymbol{b}_{\theta_0,\phi_0,\gamma_0,\eta_0}=\boldsymbol{\Xi}_{\theta_0,\phi_0}\boldsymbol{p}_{\gamma_0,\eta_0}=\boldsymbol{\Xi}_0\boldsymbol{p}_0=\boldsymbol{b}_0 \tag{2.212}$$

所以，可将窄带、单极化最小方差无失真（无畸变）响应（MVDR[26-27]）波束形成器直接推广于多极化情形：

$$\min_{\boldsymbol{w}} \boldsymbol{w}^{\mathrm{H}}\boldsymbol{R}_{\boldsymbol{uu}}\boldsymbol{w} \text{ s. t. } \boldsymbol{w}^{\mathrm{H}}\boldsymbol{b}_0=1 \tag{2.213}$$

式中：$\boldsymbol{R}_{\boldsymbol{uu}}$为干扰加噪声协方差矩阵，

$$\boldsymbol{R}_{\boldsymbol{uu}}=\langle \boldsymbol{u}(t)\boldsymbol{u}^{\mathrm{H}}(t)\rangle=\sum_{m=1}^{M-1}\boldsymbol{\Xi}_m\boldsymbol{C}_m\boldsymbol{\Xi}_m^{\mathrm{H}}+\sigma^2\boldsymbol{I}_{LJ} \tag{2.214}$$

其中，$\boldsymbol{C}_m$为第 m 个干扰的波相干矩阵，σ^2 为噪声功率，

$$\boldsymbol{C}_m=\begin{bmatrix} r_{s_{\mathbf{H},m}s_{\mathbf{H},m}} & r^*_{s_{\mathbf{H},m}s_{\mathbf{V},m}} \\ r_{s_{\mathbf{H},m}s_{\mathbf{V},m}} & r_{s_{\mathbf{V},m}s_{\mathbf{V},m}} \end{bmatrix} \tag{2.215}$$

$$r_{s_{\mathbf{H},m}s_{\mathbf{H},m}}=\langle s_{\mathbf{H},m}(t)s^*_{\mathbf{H},m}(t)\rangle=\sigma^2_{\mathbf{H},m} \tag{2.216}$$

$$r_{s_{\mathbf{V},m}s_{\mathbf{V},m}}=\langle s_{\mathbf{V},m}(t)s^*_{\mathbf{V},m}(t)\rangle=\sigma^2_{\mathbf{V},m} \tag{2.217}$$

$$r_{s_{\mathbf{H},m}s_{\mathbf{V},m}}=\langle s_{\mathbf{V},m}(t)s^*_{\mathbf{H},m}(t)\rangle=r_{\mathbf{HV},m} \tag{2.218}$$

式（2.213）所示问题可采用拉格朗日乘子法进行求解。为此，首先构造下述拉格朗日函数：

$$\mathcal{L}(\boldsymbol{w},\iota)=\boldsymbol{w}^{\mathrm{H}}\boldsymbol{R}_{\boldsymbol{uu}}\boldsymbol{w}-2\mathrm{Re}(\iota(\boldsymbol{w}^{\mathrm{H}}\boldsymbol{b}_0-1))$$

式中：$\mathcal{L}(\boldsymbol{w},\iota)$为关于 $\boldsymbol{w}$ 和 ι 的实值函数，ι 为拉格朗日乘子。

然后将上述拉格朗日函数 $\mathcal{L}(\boldsymbol{w},\iota)$关于拉格朗日乘子 ι 和权矢量 $\boldsymbol{w}$ 分别求下述偏导①：

$$\frac{\partial\mathcal{L}(\boldsymbol{w},\iota)}{\partial\iota}=\left(\frac{\partial\mathcal{L}(\boldsymbol{w},\iota)}{\partial\iota^*}\right)^*=\frac{1}{2}\left(\frac{\partial\mathcal{L}(\boldsymbol{w},\iota)}{\partial\mathrm{Re}(\iota)}+\mathrm{j}\frac{\partial\mathcal{L}(\boldsymbol{w},\iota)}{\partial\mathrm{Im}(\iota)}\right)=(\boldsymbol{w}^{\mathrm{H}}\boldsymbol{b}_0-1)^*$$

---

① 也有文献将$\frac{\partial\mathcal{L}(\boldsymbol{w},\iota)}{\partial\iota}$和$\frac{\partial\mathcal{L}(\boldsymbol{w},\iota)}{\partial\boldsymbol{w}}$分别定义为

$$\frac{\partial\mathcal{L}(\boldsymbol{w},\iota)}{\partial\iota}=\frac{1}{2}\left(\frac{\partial\mathcal{L}(\boldsymbol{w},\iota)}{\partial\mathrm{Re}(\iota)}-\mathrm{j}\frac{\partial\mathcal{L}(\boldsymbol{w},\iota)}{\partial\mathrm{Im}(\iota)}\right)$$

$$\frac{\partial\mathcal{L}(\boldsymbol{w},\iota)}{\partial\boldsymbol{w}}=\frac{1}{2}\begin{bmatrix}\frac{\partial\mathcal{L}(\boldsymbol{w},\iota)}{\partial\mathrm{Re}(\boldsymbol{w}(1))}-\mathrm{j}\frac{\partial\mathcal{L}(\boldsymbol{w},\iota)}{\partial\mathrm{Im}(\boldsymbol{w}(1))}\\ \frac{\partial\mathcal{L}(\boldsymbol{w},\iota)}{\partial\mathrm{Re}(\boldsymbol{w}(2))}-\mathrm{j}\frac{\partial\mathcal{L}(\boldsymbol{w},\iota)}{\partial\mathrm{Im}(\boldsymbol{w}(2))}\\ \vdots\end{bmatrix}$$

$$\frac{\partial \mathcal{L}(\boldsymbol{w},\iota)}{\partial \boldsymbol{w}}=\left(\frac{\partial \mathcal{L}(\boldsymbol{w},\iota)}{\partial \boldsymbol{w}^*}\right)^*=\frac{1}{2}\begin{bmatrix}\frac{\partial \mathcal{L}(\boldsymbol{w},\iota)}{\partial \mathrm{Re}(\boldsymbol{w}(1))}+\mathrm{j}\frac{\partial \mathcal{L}(\boldsymbol{w},\iota)}{\partial \mathrm{Im}(\boldsymbol{w}(1))}\\ \frac{\partial \mathcal{L}(\boldsymbol{w},\iota)}{\partial \mathrm{Re}(\boldsymbol{w}(2))}+\mathrm{j}\frac{\partial \mathcal{L}(\boldsymbol{w},\iota)}{\partial \mathrm{Im}(\boldsymbol{w}(2))}\\ \vdots\end{bmatrix}=\boldsymbol{R}_{uu}\boldsymbol{w}-\iota\boldsymbol{b}_0$$

再分别令 $\boldsymbol{R}_{uu}\boldsymbol{w}-\iota\boldsymbol{b}_0$ 和 $\boldsymbol{w}^{\mathrm{H}}\boldsymbol{b}_0-1$ 为零，即可得到式（2.213）所示优化问题的解，即多极化最小方差无失真响应波束形成器的权矢量为[28]

$$\boldsymbol{w}_{\mathrm{MVDR}}=(\boldsymbol{b}_0^{\mathrm{H}}\boldsymbol{R}_{uu}^{-1}\boldsymbol{b}_0)^{-1}\boldsymbol{R}_{uu}^{-1}\boldsymbol{b}_0 \tag{2.219}$$

若可得到真实的波束形成阵列输出协方差矩阵 $\boldsymbol{R}_{xx}=\langle\boldsymbol{x}(t)\boldsymbol{x}^{\mathrm{H}}(t)\rangle$，则多极化最小方差无失真响应波束形成器又等效于下述最小功率无失真响应（MPDR[26-27]）波束形成器（此处的“等效”是指两种波束形成器的输出信干噪比（SINR）相同）：

$$\min_{\boldsymbol{w}} \boldsymbol{w}^{\mathrm{H}}\boldsymbol{R}_{xx}\boldsymbol{w} \ \text{ s.t. } \ \boldsymbol{w}^{\mathrm{H}}\boldsymbol{b}_0=1 \tag{2.220}$$

利用拉格朗日乘子法，可得多极化最小功率无失真响应波束形成器的权矢量为

$$\boldsymbol{w}_{\mathrm{MPDR}}=(\boldsymbol{b}_0^{\mathrm{H}}\boldsymbol{R}_{xx}^{-1}\boldsymbol{b}_0)^{-1}\boldsymbol{R}_{xx}^{-1}\boldsymbol{b}_0 \tag{2.221}$$

实际中，$\boldsymbol{R}_{xx}$一般是未知的；另外，信号环境可能还是时变的，为此需要考虑式（2.221）所示波束形成的自适应实现。

如果 $t_0\sim t_{K-1}$时间区间上的信号环境变化可以忽略，可以采用批处理方法，也即将式（2.221）中的$\boldsymbol{R}_{xx}$用经由 K 次快拍数据 $\boldsymbol{x}(t_0)\sim\boldsymbol{x}(t_{K-1})$估计所得的样本协方差矩阵$\hat{\boldsymbol{R}}_{xx}$代替：

$$\hat{\boldsymbol{R}}_{xx}=\frac{1}{K}\sum_{k=0}^{K-1}\boldsymbol{x}(t_k)\boldsymbol{x}^{\mathrm{H}}(t_k) \tag{2.222}$$

相应的波束形成器称为样本矩阵求逆（SMI）波束形成器[26-27]：

$$\boldsymbol{w}_{\mathrm{SMI}}=(\boldsymbol{b}_0^{\mathrm{H}}\hat{\boldsymbol{R}}_{xx}^{-1}\boldsymbol{b}_0)^{-1}\hat{\boldsymbol{R}}_{xx}^{-1}\boldsymbol{b}_0 \tag{2.223}$$

式（2.221）所示的波束形成器也可以连续自适应实现，也即对波束形成器权矢量进行连续更新，具体方法这里不作讨论。

（2）部分/非极化期望信号情形。

① 当期望信号波为部分极化时，

$$\boldsymbol{d}(t)=\boldsymbol{a}_{\mathrm{H},0}s_{\mathrm{H},0}(t)+\boldsymbol{a}_{\mathrm{V},0}s_{\mathrm{V},0}(t) \tag{2.224}$$

考虑到此时期望信号波的水平极化分量 $s_{\mathrm{H},0}(t)$和垂直极化分量 $s_{\mathrm{V},0}(t)$具有一定的相关性，为避免两者相消，可以设计下述两个波束形成器分别对 $s_{\mathrm{H},0}(t)$和 $s_{\mathrm{V},0}(t)$进行估计：

$$\min_{\boldsymbol{w}} \boldsymbol{w}^{\mathrm{H}}\boldsymbol{R}\boldsymbol{w} \text{ s. t. } \boldsymbol{w}^{\mathrm{H}}\boldsymbol{a}_{\mathbb{H},0}=1,\ \boldsymbol{w}^{\mathrm{H}}\boldsymbol{a}_{\mathbb{V},0}=0 \tag{2.225}$$

$$\min_{\boldsymbol{w}} \boldsymbol{w}^{\mathrm{H}}\boldsymbol{R}\boldsymbol{w} \text{ s. t. } \boldsymbol{w}^{\mathrm{H}}\boldsymbol{a}_{\mathbb{H},0}=0,\ \boldsymbol{w}^{\mathrm{H}}\boldsymbol{a}_{\mathbb{V},0}=1 \tag{2.226}$$

其中，$\boldsymbol{R}$ 既可为 $\boldsymbol{R}_{xx}$，也可为 $\boldsymbol{R}_{uu}$。

若 $\boldsymbol{R}=\boldsymbol{R}_{xx}$，两个波束形成器分别称为水平极化线性约束最小功率（LCMP-ℍ）波束形成器和垂直极化线性约束最小功率（LCMP-𝕍）波束形成器；若 $\boldsymbol{R}=\boldsymbol{R}_{uu}$，两个波束形成器分别称为水平极化线性约束最小方差（LCMV-ℍ）波束形成器和垂直极化线性约束最小方差（LCMV-𝕍）波束形成器。

利用拉格朗日乘子法，可得式（2.225）和式（2.226）所示优化问题的解，也即上述各相应波束形成器的权矢量分别为

$$\boldsymbol{w}_{\text{LCMP-}\mathbb{H}}=\boldsymbol{R}_{xx}^{-1}\boldsymbol{\Xi}_0(\boldsymbol{\Xi}_0^{\mathrm{H}}\boldsymbol{R}_{xx}^{-1}\boldsymbol{\Xi}_0)^{-1}\boldsymbol{\iota}_{2,1} \tag{2.227}$$

$$\boldsymbol{w}_{\text{LCMP-}\mathbb{V}}=\boldsymbol{R}_{xx}^{-1}\boldsymbol{\Xi}_0(\boldsymbol{\Xi}_0^{\mathrm{H}}\boldsymbol{R}_{xx}^{-1}\boldsymbol{\Xi}_0)^{-1}\boldsymbol{\iota}_{2,2} \tag{2.228}$$

$$\boldsymbol{w}_{\text{LCMV-}\mathbb{H}}=\boldsymbol{R}_{uu}^{-1}\boldsymbol{\Xi}_0(\boldsymbol{\Xi}_0^{\mathrm{H}}\boldsymbol{R}_{uu}^{-1}\boldsymbol{\Xi}_0)^{-1}\boldsymbol{\iota}_{2,1} \tag{2.229}$$

$$\boldsymbol{w}_{\text{LCMV-}\mathbb{V}}=\boldsymbol{R}_{uu}^{-1}\boldsymbol{\Xi}_0(\boldsymbol{\Xi}_0^{\mathrm{H}}\boldsymbol{R}_{uu}^{-1}\boldsymbol{\Xi}_0)^{-1}\boldsymbol{\iota}_{2,2} \tag{2.230}$$

② 当期望信号波为非极化时，$s_{\mathbb{H},0}(t)$ 和 $s_{\mathbb{V},0}(t)$ 互不相关，此时可以设计下述水平极化最小功率无失真响应（MPDR-ℍ）波束形成器和垂直极化最小功率无失真响应（MPDR-𝕍）波束形成器：

$$\min_{\boldsymbol{w}} \boldsymbol{w}^{\mathrm{H}}\boldsymbol{R}_{xx}\boldsymbol{w} \text{ s. t. } \boldsymbol{w}^{\mathrm{H}}\boldsymbol{a}_{\mathbb{H},0}=1 \tag{2.231}$$

$$\min_{\boldsymbol{w}} \boldsymbol{w}^{\mathrm{H}}\boldsymbol{R}_{xx}\boldsymbol{w} \text{ s. t. } \boldsymbol{w}^{\mathrm{H}}\boldsymbol{a}_{\mathbb{V},0}=1 \tag{2.232}$$

利用拉格朗日乘子法，可得相应波束形成器的权矢量分别为

$$\boldsymbol{w}_{\text{MPDR-}\mathbb{H}}=(\boldsymbol{a}_{\mathbb{H},0}^{\mathrm{H}}\boldsymbol{R}_{xx}^{-1}\boldsymbol{a}_{\mathbb{H},0})^{-1}\boldsymbol{R}_{xx}^{-1}\boldsymbol{a}_{\mathbb{H},0} \tag{2.233}$$

$$\boldsymbol{w}_{\text{MPDR-}\mathbb{V}}=(\boldsymbol{a}_{\mathbb{V},0}^{\mathrm{H}}\boldsymbol{R}_{xx}^{-1}\boldsymbol{a}_{\mathbb{V},0})^{-1}\boldsymbol{R}_{xx}^{-1}\boldsymbol{a}_{\mathbb{V},0} \tag{2.234}$$

将 $\boldsymbol{R}_{xx}$ 用 $\hat{\boldsymbol{R}}_{xx}$ 代替，可得下述水平极化样本矩阵求逆（SMI-ℍ）波束形成器和垂直极化样本矩阵求逆（SMI-𝕍）波束形成器：

$$\boldsymbol{w}_{\text{SMI-}\mathbb{H}}=(\boldsymbol{a}_{\mathbb{H},0}^{\mathrm{H}}\hat{\boldsymbol{R}}_{xx}^{-1}\boldsymbol{a}_{\mathbb{H},0})^{-1}\hat{\boldsymbol{R}}_{xx}^{-1}\boldsymbol{a}_{\mathbb{H},0} \tag{2.235}$$

$$\boldsymbol{w}_{\text{SMI-}\mathbb{V}}=(\boldsymbol{a}_{\mathbb{V},0}^{\mathrm{H}}\hat{\boldsymbol{R}}_{xx}^{-1}\boldsymbol{a}_{\mathbb{V},0})^{-1}\hat{\boldsymbol{R}}_{xx}^{-1}\boldsymbol{a}_{\mathbb{V},0} \tag{2.236}$$

2.3.2 最小方差无衰减响应波束形成器

若期望信号波达方向和归一化波相干矩阵 $\boldsymbol{C}_{\mathrm{nm},0}$ 已知，可定义下述 $LJ\times LJ$ 维归一化期望信号协方差矩阵：

$$\boldsymbol{\Theta}_0=\boldsymbol{\Xi}_0\boldsymbol{C}_{\mathrm{nm},0}\boldsymbol{\Xi}_0^{\mathrm{H}}=\sigma_0^{-2}\langle\boldsymbol{d}(t)\boldsymbol{d}^{\mathrm{H}}(t)\rangle=\sigma_0^{-2}\boldsymbol{R}_{dd} \tag{2.237}$$

式中：$\boldsymbol{R}_{dd}=\langle\boldsymbol{d}(t)\boldsymbol{d}^{\mathrm{H}}(t)\rangle$ 为期望信号协方差矩阵，

$$\boldsymbol{C}_{\mathrm{nm},0}=\frac{1}{\sigma_0^2}\underbrace{\begin{bmatrix} r_{s_{\mathbf{H},0}s_{\mathbf{H},0}} & r_{s_{\mathbf{H},0}s_{\mathbf{V},0}}^* \\ r_{s_{\mathbf{H},0}s_{\mathbf{V},0}} & r_{s_{\mathbf{V},0}s_{\mathbf{V},0}} \end{bmatrix}}_{=\boldsymbol{C}_0} \tag{2.238}$$

其中，$\boldsymbol{C}_0$为期望信号的波相干矩阵，

$$r_{s_{\mathbf{H},0}s_{\mathbf{H},0}}=\langle s_{\mathbf{H},0}(t)s_{\mathbf{H},0}^*(t)\rangle=\sigma_{\mathbf{H},0}^2 \tag{2.239}$$

$$r_{s_{\mathbf{V},0}s_{\mathbf{V},0}}=\langle s_{\mathbf{V},0}(t)s_{\mathbf{V},0}^*(t)\rangle=\sigma_{\mathbf{V},0}^2 \tag{2.240}$$

$$r_{s_{\mathbf{H},0}s_{\mathbf{V},0}}=\langle s_{\mathbf{V},0}(t)s_{\mathbf{H},0}^*(t)\rangle=r_{\mathbf{HV},0} \tag{2.241}$$

$$\sigma_0^2=\sigma_{\mathbf{H},0}^2+\sigma_{\mathbf{V},0}^2 \tag{2.242}$$

基于式（2.237）所定义的归一化信号协方差矩阵 $\boldsymbol{\Theta}_0$，可考虑下述最小方差无衰减响应（MVAR）波束形成设计准则[29]：

$$\min_{\boldsymbol{w}} \boldsymbol{w}^{\mathrm{H}}\boldsymbol{R}_{\boldsymbol{uu}}\boldsymbol{w} \ \text{ s.t. } \ \boldsymbol{w}^{\mathrm{H}}\boldsymbol{\Theta}_0\boldsymbol{w}=1 \tag{2.243}$$

其中，约束量 $\boldsymbol{w}^{\mathrm{H}}\boldsymbol{\Theta}_0\boldsymbol{w}$ 为波束形成输出-输入期望信号功率比：

$$\boldsymbol{w}^{\mathrm{H}}\boldsymbol{\Theta}_0\boldsymbol{w}=\sigma_0^{-2}(\boldsymbol{w}^{\mathrm{H}}\boldsymbol{R}_{\boldsymbol{dd}}\boldsymbol{w}) \tag{2.244}$$

若 $\boldsymbol{w}^{\mathrm{H}}\boldsymbol{\Theta}_0\boldsymbol{w}=1$ 成立，则波束形成前后，期望信号分量的功率是无衰减的，由此得名“无衰减响应”波束形成器。

当期望信号波为部分极化或非极化时，无衰减响应与无失真响应一般并不等价，也即 $\boldsymbol{w}^{\mathrm{H}}\boldsymbol{\Theta}_0\boldsymbol{w}=1$ 并不能保证 $\boldsymbol{w}^{\mathrm{H}}\boldsymbol{d}(t)=s_{\mathbf{H},0}(t)$ 或者 $\boldsymbol{w}^{\mathrm{H}}\boldsymbol{d}(t)=s_{\mathbf{V},0}(t)$；当期望信号波为完全极化时，

$$\boldsymbol{\Theta}_0=\boldsymbol{\Xi}_0\boldsymbol{p}_{\gamma_0,\eta_0}\boldsymbol{p}_{\gamma_0,\eta_0}^{\mathrm{H}}\boldsymbol{\Xi}_0^{\mathrm{H}}\Rightarrow\boldsymbol{w}^{\mathrm{H}}\boldsymbol{\Theta}_0\boldsymbol{w}=|\boldsymbol{w}^{\mathrm{H}}\boldsymbol{\Xi}_0\boldsymbol{p}_{\gamma_0,\eta_0}|^2 \tag{2.245}$$

所以

$$\boldsymbol{w}^{\mathrm{H}}\boldsymbol{\Theta}_0\boldsymbol{w}=1\Rightarrow\boldsymbol{w}^{\mathrm{H}}\boldsymbol{\Xi}_0\boldsymbol{p}_{\gamma_0,\eta_0}=\mathrm{e}^{\mathrm{j}\varphi_0} \tag{2.246}$$

其中，φ_0为一未知相角，$-\pi<\varphi_0\leqslant\pi$。

顺便指出，本节统一用“φ”表示不影响问题实质的未知相角，有时不同的问题会采用相同的记法。

式（2.243）所示优化问题仍可用拉格朗日乘子法进行求解，首先构造下述拉格朗日函数：

$$\mathcal{L}(\boldsymbol{w},\iota)=\boldsymbol{w}^{\mathrm{H}}\boldsymbol{R}_{\boldsymbol{uu}}\boldsymbol{w}+\iota(1-\boldsymbol{w}^{\mathrm{H}}\boldsymbol{\Theta}_0\boldsymbol{w}) \tag{2.247}$$

将 $\mathcal{L}(\boldsymbol{w},\iota)$对 $\boldsymbol{w}$ 求导，并令所得结果为零矢量，可得

$$\frac{\partial\mathcal{L}(\boldsymbol{w},\iota)}{\partial\boldsymbol{w}}=\frac{1}{2}\begin{bmatrix}\dfrac{\partial\mathcal{L}(\boldsymbol{w},\iota)}{\partial\operatorname{Re}(\boldsymbol{w}(1))}+\mathrm{j}\dfrac{\partial\mathcal{L}(\boldsymbol{w},\iota)}{\partial\operatorname{Im}(\boldsymbol{w}(1))}\\ \dfrac{\partial\mathcal{L}(\boldsymbol{w},\iota)}{\partial\operatorname{Re}(\boldsymbol{w}(2))}+\mathrm{j}\dfrac{\partial\mathcal{L}(\boldsymbol{w},\iota)}{\partial\operatorname{Im}(\boldsymbol{w}(2))}\\ \vdots\end{bmatrix}=\boldsymbol{R}_{\boldsymbol{uu}}\boldsymbol{w}-\iota\boldsymbol{\Theta}_0\boldsymbol{w}=\boldsymbol{o}$$

$$\Rightarrow$$

$$\boldsymbol{R}_{uu}\boldsymbol{w}=\iota\boldsymbol{\Theta}_0\boldsymbol{w} \tag{2.248}$$

由此可以看出，最小方差无衰减响应波束形成器的权矢量应为 $\boldsymbol{R}_{uu}^{-1}\boldsymbol{\Theta}_0$ 对应于特征值 ι^{-1} 的特征矢量。

再注意到 $\boldsymbol{w}^{\mathrm{H}}\boldsymbol{\Theta}_0\boldsymbol{w}=1$（令 $\partial\mathcal{L}(\boldsymbol{w},\iota)/\partial\iota=0$，也可得到此约束），因此

$$\boldsymbol{w}^{\mathrm{H}}\boldsymbol{R}_{uu}\boldsymbol{w}=\iota \tag{2.249}$$

当 $\boldsymbol{w}$ 为 $\boldsymbol{R}_{uu}^{-1}\boldsymbol{\Theta}_0$ 最大特征值所对应的特征矢量时，$\boldsymbol{w}^{\mathrm{H}}\boldsymbol{R}_{uu}\boldsymbol{w}$ 在 $\boldsymbol{w}^{\mathrm{H}}\boldsymbol{\Theta}_0\boldsymbol{w}=1$ 约束下可取得的最小值为 ι 的最小值，也即 $\boldsymbol{R}_{uu}^{-1}\boldsymbol{\Theta}_0$ 的最大特征值：

$$\boldsymbol{w}_{\mathrm{MVAR}}=\boldsymbol{\mu}_{\max}(\boldsymbol{R}_{uu}^{-1}\boldsymbol{\Theta}_0)=\boldsymbol{\mu}_{\max}(\boldsymbol{R}_{uu}^{-1}\boldsymbol{\Xi}_0\boldsymbol{C}_{\mathrm{nm},0}\boldsymbol{\Xi}_0^{\mathrm{H}}) \tag{2.250}$$

其中，$\boldsymbol{\mu}_{\max}(\cdot)$ 表示括号中矩阵最大特征值所对应的特征矢量。

上述最小方差无衰减响应波束形成器，既适用于完全极化情形，亦即 $\boldsymbol{\Theta}_0$ 的秩为 1，也适用于部分极化情形，亦即 $\boldsymbol{\Theta}_0$ 的秩为 2。

考虑到波束形成器权矢量的尺度变化并不会改变波束形成器的输出信干噪比（SINR），所以，当期望信号波达方向和归一化波相干矩阵未知，但其协方差矩阵 $\boldsymbol{R}_{dd}$ 已知（或能较好估出）时，最小方差无衰减响应波束形成器的权矢量也可以设计为

$$\boldsymbol{w}_{\mathrm{MVAR}}=\boldsymbol{\mu}_{\max}(\boldsymbol{R}_{uu}^{-1}\boldsymbol{R}_{dd}) \tag{2.251}$$

最小方差无衰减响应波束形成器能达到的最优也即最大输出信干噪比为

$$\mathrm{SINR}_{\max}=\mathrm{SINR}(\boldsymbol{w}_{\mathrm{MVAR}})=\mathrm{SINR}_{\mathrm{MVAR}}=\frac{\boldsymbol{\mu}_{\max}^{\mathrm{H}}(\boldsymbol{R}_{uu}^{-1}\boldsymbol{R}_{dd})\boldsymbol{R}_{dd}\boldsymbol{\mu}_{\max}(\boldsymbol{R}_{uu}^{-1}\boldsymbol{R}_{dd})}{\boldsymbol{\mu}_{\max}^{\mathrm{H}}(\boldsymbol{R}_{uu}^{-1}\boldsymbol{R}_{dd})\boldsymbol{R}_{uu}\boldsymbol{\mu}_{\max}(\boldsymbol{R}_{uu}^{-1}\boldsymbol{R}_{dd})} \tag{2.252}$$

其中，$\boldsymbol{R}_{uu}^{-1}\boldsymbol{R}_{dd}$ 也可替换为 $\boldsymbol{R}_{uu}^{-1}\boldsymbol{\Xi}_0\boldsymbol{C}_{\mathrm{nm},0}\boldsymbol{\Xi}_0^{\mathrm{H}}$。

下面看几个仿真例子。图 2.30 所示为最小方差无衰减响应波束形成器（阵列天线）的接收幅度方向图：

$$B(\phi)=\left\|\begin{bmatrix}\boldsymbol{w}_{\mathrm{MVAR}}^{\mathrm{H}}\boldsymbol{a}_{\mathrm{H},\phi}\\ \boldsymbol{w}_{\mathrm{MVAR}}^{\mathrm{H}}\boldsymbol{a}_{\mathrm{V},\phi}\end{bmatrix}\right\|_2 \tag{2.253}$$

其中，$\boldsymbol{a}_{\mathrm{H},\phi}$ 和 $\boldsymbol{a}_{\mathrm{V},\phi}$ 分别为波束形成阵列的水平和垂直极化流形矢量：

$$\boldsymbol{a}_{\mathrm{H},\phi}=\boldsymbol{a}_{\mathrm{H},\omega_0}(90°,\phi) \tag{2.254}$$

$$\boldsymbol{a}_{\mathrm{V},\phi}=\boldsymbol{a}_{\mathrm{V},\omega_0}(90°,\phi) \tag{2.255}$$

波束形成阵列由 4 个位于 y 轴的等间距 SuperCART 矢量天线组成，矢量天线间距为半个信号波长；期望信号源和干扰源均位于 xoy 平面内，其中期望信号的波达方向也即方位角为 10°，期望信号波的完全极化分量参数为(35°,70°)；两个干扰的波达方向分别为 50°和 150°，干扰波的完全极化分量参数分别为(35°,60°)和(65°,20°)；输入信噪比（SNR）为 0dB，输入干噪比（INR）均

为 30dB。

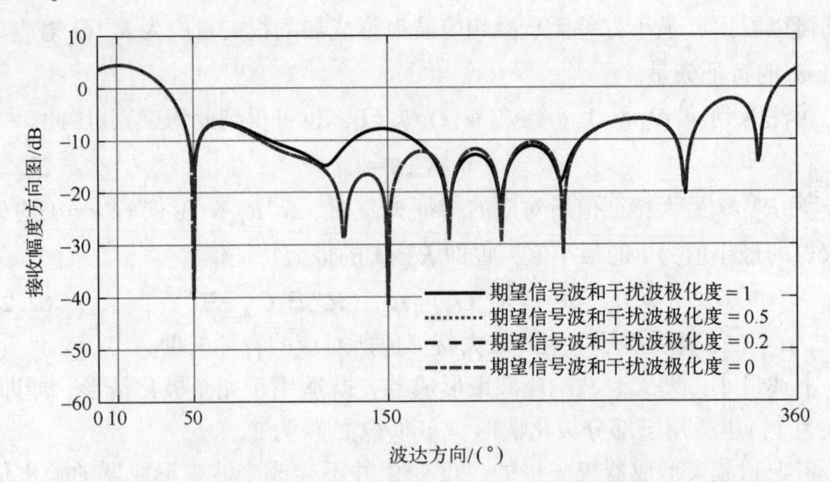

图 2.30 最小方差无衰减响应波束形成器的接收幅度方向图：期望信号波达方向为 10°，完全极化分量参数为(35°,70°)；干扰波达方向为 50°和 150°

图 2.31 所示为相同条件下，最小方差无衰减响应波束形成器的干扰波极化匹配方向图（PMP）：

$$\mathrm{PMP}_m(\phi)=B^{-1}(\phi)\left|\left[\boldsymbol{w}_{\mathrm{MVAR}}^{\mathrm{H}}\boldsymbol{a}_{\mathrm{H},\phi},\boldsymbol{w}_{\mathrm{MVAR}}^{\mathrm{H}}\boldsymbol{a}_{\mathrm{V},\phi}\right]\boldsymbol{p}_{\gamma_{\mathrm{cp},m},\eta_{\mathrm{cp},m}}\right| \tag{2.256}$$

式中：

$$\boldsymbol{p}_{\gamma_{\mathrm{cp},m},\eta_{\mathrm{cp},m}}=\left[\cos\gamma_{\mathrm{cp},m},\sin\gamma_{\mathrm{cp},m}\mathrm{e}^{\mathrm{j}\eta_{\mathrm{cp},m}}\right]^{\mathrm{T}} \tag{2.257}$$

其中，$(\gamma_{\mathrm{cp},m},\eta_{\mathrm{cp},m})$为第 m 个干扰波的完全极化分量参数。

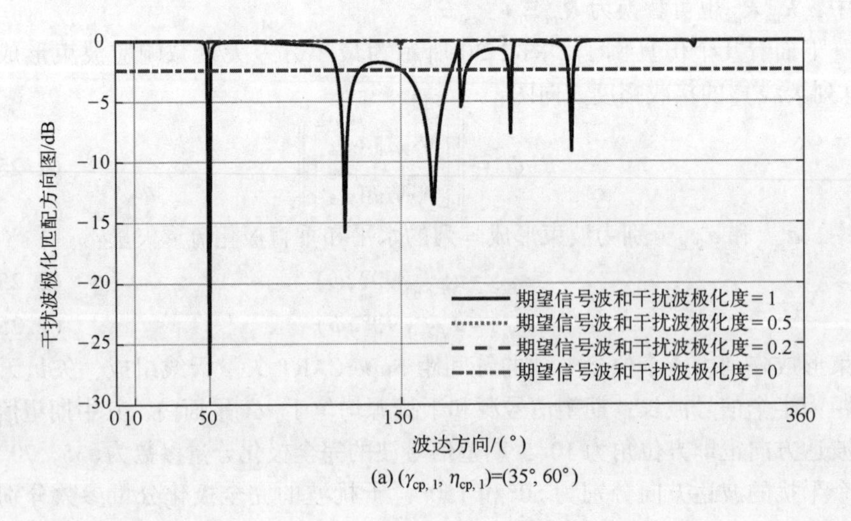

(a) $(\gamma_{\mathrm{cp},1},\eta_{\mathrm{cp},1})=(35°,60°)$

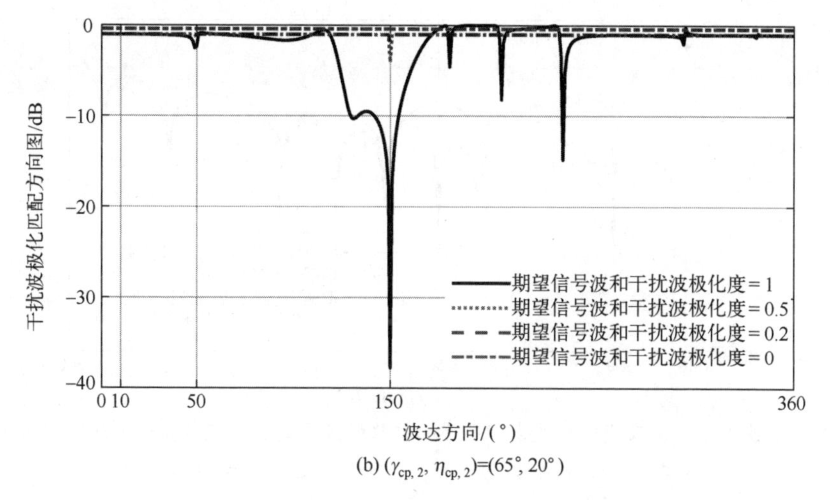

(b) $(\gamma_{cp,2}, \eta_{cp,2})$=(65°, 20°)

图 2.31　最小方差无衰减响应波束形成器的干扰波极化匹配方向图：期望信号波达方向为 10°，完全极化分量参数为(35°,70°)；干扰波达方向为 50°和 150°

图 2.32 所示为相同条件下，最小方差无衰减响应波束形成器的期望信号波极化匹配方向图：

$$\mathrm{PMP}_0(\phi)=B^{-1}(\phi)\left|\left[\boldsymbol{w}_{\mathrm{MVAR}}^{\mathrm{H}}\boldsymbol{a}_{\mathrm{H},\phi},\boldsymbol{w}_{\mathrm{MVAR}}^{\mathrm{H}}\boldsymbol{a}_{\mathrm{V},\phi}\right]\boldsymbol{p}_{\gamma_{\mathrm{cp},0},\eta_{\mathrm{cp},0}}\right| \tag{2.258}$$

其中，$(\gamma_{\mathrm{cp},0},\eta_{\mathrm{cp},0})$为期望信号波的完全极化分量参数。

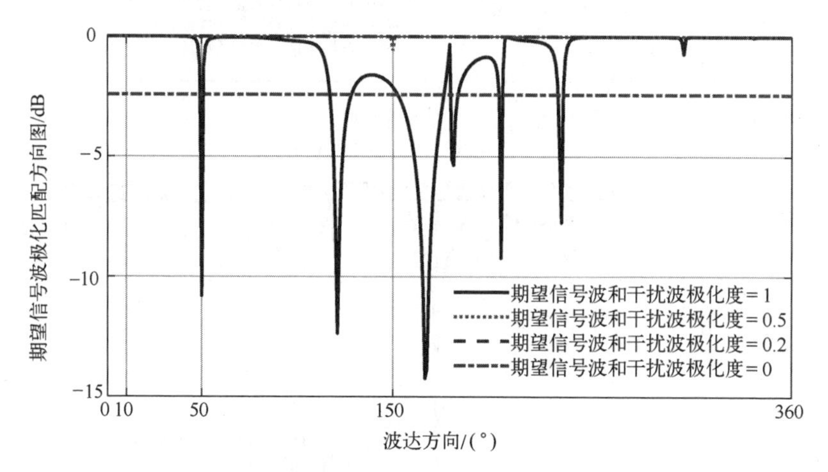

图 2.32　最小方差无衰减响应波束形成器的期望信号波极化匹配方向图：期望信号波达方向为 10°，完全极化分量参数为(35°,70°)；干扰波达方向为 50°和 150°

图 2.33～图 2.35 所示为期望信号波完全极化分量参数为(15°,45°)、其他条件不变所对应的结果。

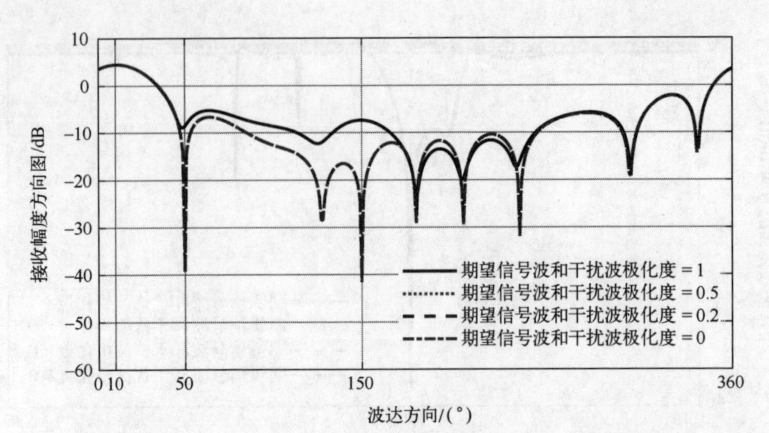

图 2.33 最小方差无衰减响应波束形成器的接收幅度方向图：期望信号波达方向为 10°，完全极化分量参数为(15°,45°)；干扰波达方向为 50°和 150°

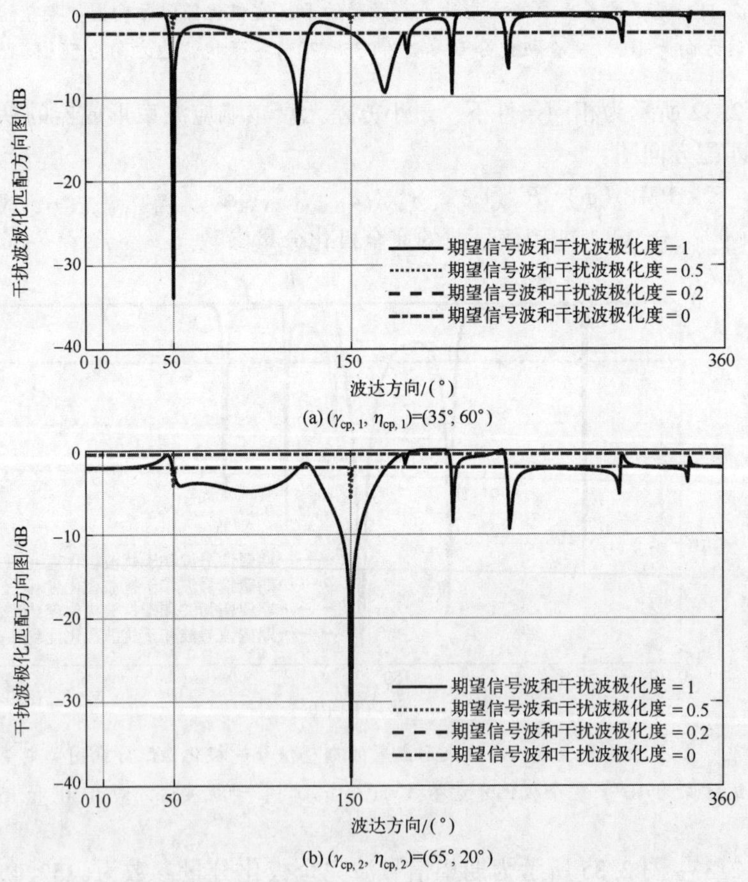

图 2.34 最小方差无衰减响应波束形成器的干扰波极化匹配方向图：期望信号波达方向为 10°，完全极化分量参数为(15°,45°)；干扰波达方向为 50°和 150°

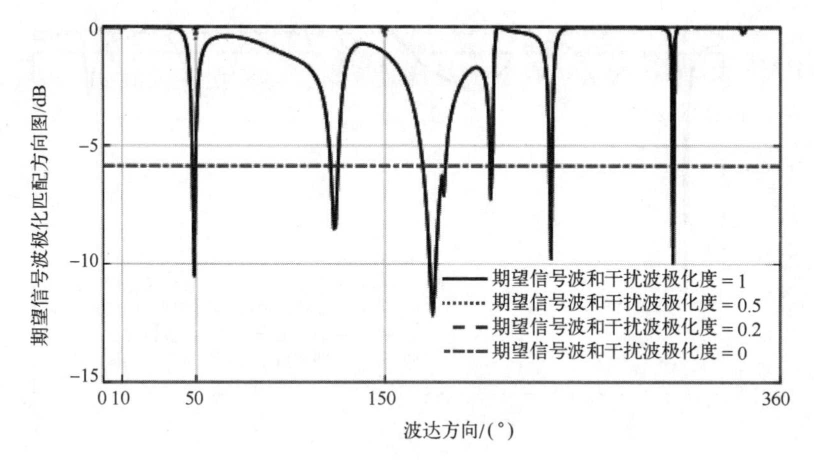

图 2.35　最小方差无衰减响应波束形成器的期望信号波极化匹配方向图：期望信号波达方向为 10°，完全极化分量参数为(15°,45°)；干扰波达方向为 50°和 150°

图 2.36~图 2.38 所示为期望信号波完全极化分量参数为(15°,45°)、干扰波达方向分别为 20°和 30°、其他条件不变所对应的结果。

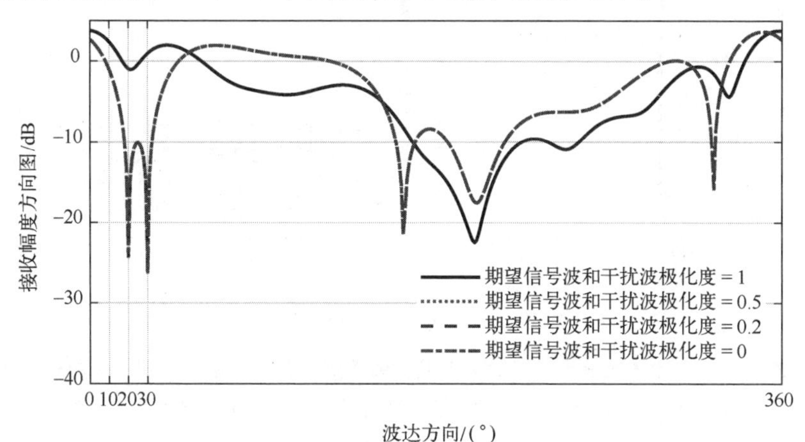

图 2.36　最小方差无衰减响应波束形成器的接收幅度方向图：期望信号波达方向为 10°，完全极化分量参数为(15°,45°)；干扰波达方向为 20°和 30°

由图中所示结果，我们有以下结论：

① 当期望信号波和干扰波均为完全极化时，若期望信号波和干扰波的极化参数相近，最小方差无衰减响应波束形成器的接收幅度方向图和极化匹配方向图将在干扰波达方向出现零陷，也即主要通过其方向和极化的联合选择性对干扰进行抑制。

若期望信号波和干扰波的极化参数有一定差异，阵列天线的接收幅度方向图在干扰波达方向可能并不存在较深的零陷，但阵列天线在干扰波达方向

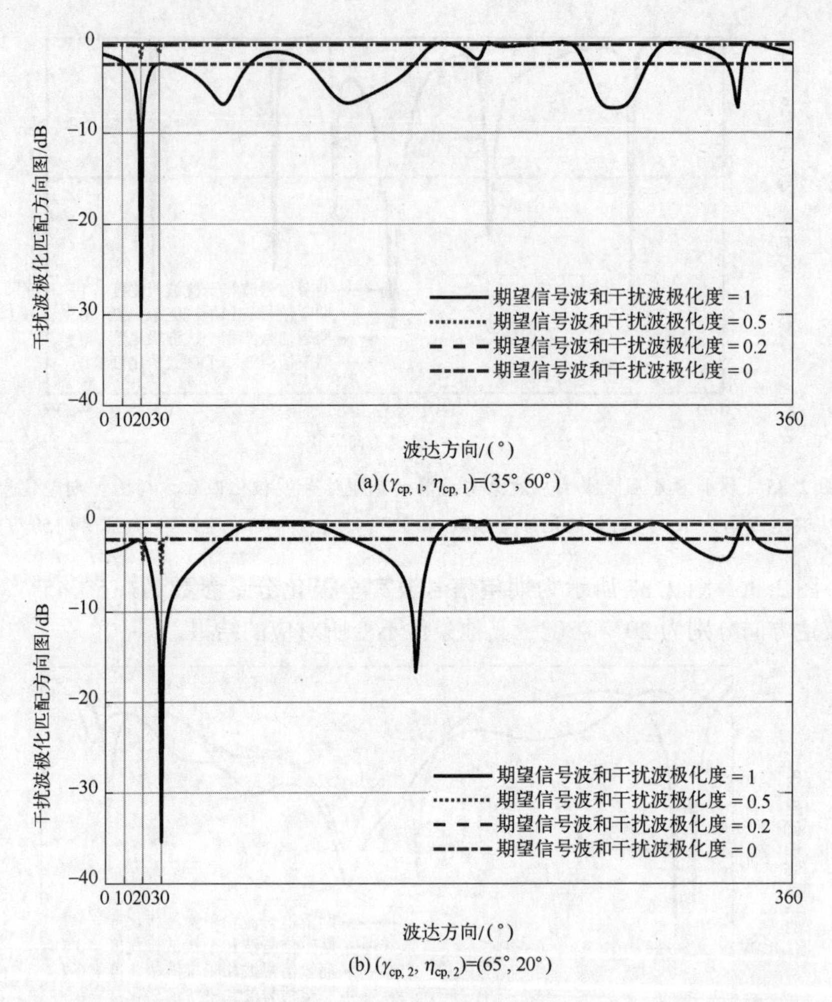

(a) $(\gamma_{cp,1}, \eta_{cp,1})=(35°, 60°)$

(b) $(\gamma_{cp,2}, \eta_{cp,2})=(65°, 20°)$

图 2.37 最小方差无衰减响应波束形成器的干扰波极化匹配方向图：期望信号波达方向为 10°，完全极化分量参数为(15°,45°)；干扰波达方向为 20°和 30°

的接收极化将与干扰波的极化接近失配，也即干扰波极化匹配方向图在干扰波达方向出现零陷，此时阵列天线主要利用期望信号波和干扰波的极化差异，通过其极化选择性实现对干扰的抑制。

若期望信号与干扰的波达方向差异较大，则阵列天线在期望信号波达方向的接收极化与期望信号波的极化接近匹配；若期望信号与干扰的波达方向差异较小，则阵列天线在期望信号波达方向的接收极化与期望信号波的极化存在一定程度的失配。

② 当期望信号波和干扰波为部分极化或非极化且极化度小于 0.5 时，最小方差无衰减响应波束形成器的方向和极化选择性几乎与期望信号波和干扰

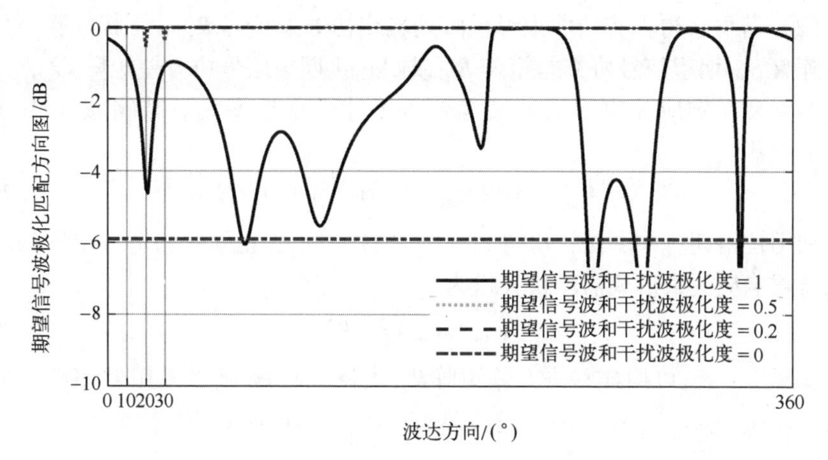

图 2.38　最小方差无衰减响应波束形成器的期望信号波极化匹配方向图：期望信号波达方向为 10°，完全极化分量参数为(15°,45°)；干扰波达方向为 20°和 30°

波的极化度无关；无论期望信号波和干扰波的完全极化分量参数是否相近，波达方向差异是否较小，阵列天线主要基于期望信号和干扰的空间差异对后者进行抑制，阵列天线的接收幅度方向图在干扰波达方向存在零陷，但干扰波极化匹配方向图在干扰波达方向的零陷随着极化度变小而迅速变浅。

当期望信号和干扰的波达方向差异较大时，阵列天线接收幅度方向图的主瓣方向近似为期望信号波达方向，但在期望信号波达方向的接收极化与期望信号波的完全极化分量接近匹配。

当期望信号和干扰的波达方向差异较小时，阵列天线接收幅度方向图的主瓣方向偏离期望信号波达方向，但在期望信号波达方向的接收极化与期望信号波的完全极化分量并无明显的失配。

③ 当期望信号波和干扰波均为非极化时，最小方差无衰减响应波束形成器的接收幅度方向图会在干扰波达方向出现零陷，但干扰波极化匹配方向图在干扰波达方向无零陷。

下面对最小方差无衰减响应波束形成器作进一步的解释和分析，并讨论其具体实现和一些拓展。

(1) 如果期望信号波为完全极化，则

$$\boldsymbol{R}_{dd}=\sigma_0^2\boldsymbol{b}_0\boldsymbol{b}_0^{\mathrm{H}} \tag{2.259}$$

此时，最小方差无衰减响应波束形成器与经典的最小方差无失真响应波束形成器等效：

$$\boldsymbol{w}_{\mathrm{MVAR}}=\boldsymbol{\mu}_{\max}(\boldsymbol{R}_{uu}^{-1}\boldsymbol{R}_{dd})\propto(\boldsymbol{b}_0^{\mathrm{H}}\boldsymbol{R}_{uu}^{-1}\boldsymbol{b}_0)^{-1}\boldsymbol{R}_{uu}^{-1}\boldsymbol{b}_0=\boldsymbol{w}_{\mathrm{MVDR}} \tag{2.260}$$

$$\mathrm{SINR}_{\max}=\sigma_0^2\boldsymbol{b}_0^{\mathrm{H}}\boldsymbol{R}_{uu}^{-1}\boldsymbol{b}_0 \tag{2.261}$$

（2）若可获得真实的波束形成阵列输出协方差矩阵 $\boldsymbol{R}_{xx}$、干扰加噪声协方差矩阵 $\boldsymbol{R}_{uu}$、期望信号协方差矩阵 $\boldsymbol{R}_{dd}$ 或归一化期望信号协方差矩阵 $\boldsymbol{\Theta}_0$，则最小方差无衰减响应波束形成器又等效于下述最小功率无衰减响应（MPAR）波束形成器：

$$\min_{\boldsymbol{w}}(\boldsymbol{w}^{\mathrm{H}}\boldsymbol{R}_{xx}\boldsymbol{w}=\boldsymbol{w}^{\mathrm{H}}(\boldsymbol{R}_{dd}+\boldsymbol{R}_{uu})\boldsymbol{w})\ \text{s.t.}\ \boldsymbol{w}^{\mathrm{H}}\boldsymbol{\Theta}_0\boldsymbol{w}=1 \tag{2.262}$$

利用拉格朗日乘子法，可得式（2.262）所示优化问题的解，也即最小功率无衰减响应波束形成器的权矢量为

$$\boldsymbol{w}_{\mathrm{MPAR}}=\boldsymbol{\mu}_{\max}(\boldsymbol{R}_{xx}^{-1}\boldsymbol{\Theta}_0) \tag{2.263}$$

实际中，$\boldsymbol{R}_{xx}$ 可用样本协方差矩阵 $\hat{\boldsymbol{R}}_{xx}$ 代替，而 $\boldsymbol{\Theta}_0$ 则需采用期望信号的标称归一化协方差矩阵 $\hat{\boldsymbol{\Theta}}_0$，或采用重构的期望信号协方差矩阵 $\hat{\boldsymbol{R}}_{dd}$。

由此所得的批处理自适应波束形成器，称为多极化样本矩阵求逆（PSMI）波束形成器，其权矢量为

$$\boldsymbol{w}_{\mathrm{PSMI}}=\boldsymbol{\mu}_{\max}(\hat{\boldsymbol{R}}_{xx}^{-1}\hat{\boldsymbol{\Theta}}_0)\approx\boldsymbol{\mu}_{\max}(\hat{\boldsymbol{R}}_{xx}^{-1}\hat{\boldsymbol{R}}_{dd}) \tag{2.264}$$

（3）实际中，最小方差无衰减响应波束形成器所需的干扰加噪声协方差矩阵 $\boldsymbol{R}_{uu}$ 一般也是未知的，需要根据阵列观测进行重构，相应的批处理自适应波束形成器称为多极化重构矩阵求逆（PRMI）波束形成器，其权矢量为

$$\boldsymbol{w}_{\mathrm{PRMI}}=\boldsymbol{\mu}_{\max}(\hat{\boldsymbol{R}}_{uu}^{-1}\hat{\boldsymbol{\Theta}}_0)\approx\boldsymbol{\mu}_{\max}(\hat{\boldsymbol{R}}_{uu}^{-1}\hat{\boldsymbol{R}}_{dd}) \tag{2.265}$$

其中，$\hat{\boldsymbol{R}}_{uu}$ 为重构的干扰加噪声协方差矩阵。

需要注意的是，多极化样本矩阵求逆波束形成器与多极化重构矩阵求逆波束形成器一般并不等效。

下面分完全极化干扰和部分/非极化干扰两种情况，讨论干扰加噪声协方差矩阵 $\boldsymbol{R}_{uu}$ 的重构。

① 对于完全极化干扰情形，$\boldsymbol{R}_{uu}$ 具有下述形式：

$$\boldsymbol{R}_{uu}=\sum_{m=1}^{M-1}\sigma_m^2\boldsymbol{b}_{\theta_m,\phi_m,\gamma_m,\eta_m}\boldsymbol{b}_{\theta_m,\phi_m,\gamma_m,\eta_m}^{\mathrm{H}}+\sigma^2\boldsymbol{I}_{LJ} \tag{2.266}$$

其中，$\sigma_m^2=\langle|s_m(t)|^2\rangle$ 为第 m 个干扰的功率。

由此，干扰加噪声协方差矩阵可以按以下公式进行重构：

$$\hat{\boldsymbol{R}}_{uu}=\int_{\Theta}\int_{\Phi}\int_{\Gamma}\int_{\Lambda}\frac{\boldsymbol{b}_{\theta,\phi,\gamma,\eta}\boldsymbol{b}_{\theta,\phi,\gamma,\eta}^{\mathrm{H}}}{\boldsymbol{b}_{\theta,\phi,\gamma,\eta}^{\mathrm{H}}\hat{\boldsymbol{R}}_{xx}^{-1}\boldsymbol{b}_{\theta,\phi,\gamma,\eta}}\mathrm{d}\theta\mathrm{d}\phi\mathrm{d}\gamma\mathrm{d}\eta \tag{2.267}$$

式中：Θ、Φ、Γ 和 Λ 分别为干扰俯仰角、方位角、极化辅角和极化相位差的积分区间，

$$\boldsymbol{b}_{\theta,\phi,\gamma,\eta}=\underbrace{[\boldsymbol{a}_{\mathrm{H},\theta,\phi},\boldsymbol{a}_{\mathrm{V},\theta,\phi}]}_{=\boldsymbol{\Xi}_{\theta,\phi}}\underbrace{[\cos\gamma,\sin\gamma\mathrm{e}^{\mathrm{j}\eta}]^{\mathrm{T}}}_{=\boldsymbol{p}_{\gamma,\eta}} \tag{2.268}$$

其中，$\boldsymbol{a}_{\mathrm{H},\theta,\phi}$和$\boldsymbol{a}_{\mathrm{V},\theta,\phi}$分别为$(\theta,\phi)$方向的波束形成器阵列 $LJ\times 1$ 维水平和垂直极化流形矢量。

上述重构过程涉及极化-空间域的四重积分，可以采用数值积分近似，但是计算量极大。为了降低干扰加噪声协方差矩阵重构的计算复杂度，可以考虑干扰波达方向和波极化参数的解耦，讨论如下。

首先对波束形成阵列输出协方差矩阵$\boldsymbol{R}_{xx}$进行特征分解，得到

$$\boldsymbol{R}_{xx}=\boldsymbol{U\Sigma U}^{\mathrm{H}}+\sigma^2\boldsymbol{VV}^{\mathrm{H}} \tag{2.269}$$

式中：$\boldsymbol{\Sigma}$ 为对角矩阵，其对角线元素为$\boldsymbol{R}_{xx}$的 $\sum_{m=0}^{M-1} r_{C_m}$ 个较大的特征值，r_{C_m}为$\boldsymbol{C}_m$的秩；$\boldsymbol{U}$ 和 $\boldsymbol{V}$ 的列矢量分别为$\boldsymbol{R}_{xx}$的 $\sum_{m=0}^{M-1} r_{C_m}$ 个主特征矢量和 $LJ-\sum_{m=0}^{M-1} r_{C_m}$ 个次特征矢量。

根据特征子空间理论[30-33]：

$$\boldsymbol{b}_m^{\mathrm{H}}\boldsymbol{VV}^{\mathrm{H}}\boldsymbol{b}_m=\boldsymbol{p}_{\gamma_m,\eta_m}^{\mathrm{H}}\boldsymbol{H}_{\theta_m,\phi_m}\boldsymbol{p}_{\gamma_m,\eta_m}=0 \tag{2.270}$$

式中：

$$\boldsymbol{H}_{\theta_m,\phi_m}=\boldsymbol{\Xi}_{\theta_m,\phi_m}^{\mathrm{H}}\boldsymbol{VV}^{\mathrm{H}}\boldsymbol{\Xi}_{\theta_m,\phi_m} \tag{2.271}$$

其中，$m=0,1,\cdots,M-1$。

由此有

$$\boldsymbol{p}_{\gamma_m,\eta_m}=\mathrm{e}^{\mathrm{j}\varphi_m}\boldsymbol{\mu}_{\min}(\boldsymbol{H}_{\theta_m,\phi_m}) \tag{2.272}$$

其中，φ_m为一未知相角，$-\pi<\varphi_m\leqslant\pi$；$\boldsymbol{\mu}_{\min}(\cdot)$表示括号中矩阵的最小特征值所对应的特征矢量。

所以，$\boldsymbol{R}_{uu}$可按下述公式进行重构：

$$\hat{\boldsymbol{R}}_{uu}=\hat{\sigma}^2\boldsymbol{I}_{LJ}+\hat{\boldsymbol{R}}_{ii} \tag{2.273}$$

式中：$\hat{\sigma}^2$为噪声功率的估计值，可通过$\hat{\boldsymbol{R}}_{xx}$较小特征值的平均获得；

$$\hat{\boldsymbol{R}}_{ii}=\sum_{m=1}^{M-1}\int_{\Theta_m}\int_{\Phi_m}\frac{\boldsymbol{\Xi}_{\theta,\phi}^{\mathrm{H}}\boldsymbol{\mu}_{\min}(\hat{\boldsymbol{H}}_{\theta,\phi})\boldsymbol{\mu}_{\min}^{\mathrm{H}}(\hat{\boldsymbol{H}}_{\theta,\phi})\boldsymbol{\Xi}_{\theta,\phi}}{\boldsymbol{\mu}_{\min}^{\mathrm{H}}(\hat{\boldsymbol{H}}_{\theta,\phi})\boldsymbol{\Xi}_{\theta,\phi}^{\mathrm{H}}\hat{\boldsymbol{R}}_{xx}^{-1}\boldsymbol{\Xi}_{\theta,\phi}\boldsymbol{\mu}_{\min}(\hat{\boldsymbol{H}}_{\theta,\phi})}\mathrm{d}\theta\mathrm{d}\phi \tag{2.274}$$

其中，$\boldsymbol{\Theta}_m$和$\boldsymbol{\Phi}_m$分别为选在第 m 个干扰波达方向附近的角度积分区间（可通过干扰波达方向估计进行确定）；

$$\hat{\boldsymbol{H}}_{\theta,\phi}=\boldsymbol{\Xi}_{\theta,\phi}^{\mathrm{H}}\hat{\boldsymbol{V}}\hat{\boldsymbol{V}}^{\mathrm{H}}\boldsymbol{\Xi}_{\theta,\phi} \tag{2.275}$$

其中，$\hat{\boldsymbol{V}}$为 $\boldsymbol{V}$ 的估计，其列矢量为$\hat{\boldsymbol{R}}_{xx}$的较小特征值所对应的特征矢量。

通过干扰波达方向和波极化参数解耦，干扰加噪声协方差矩阵的重构可通过唯空域数值积分实现，计算复杂度大为降低。

② 部分/非极化干扰情形：

此时波束形成阵列输出矢量可以写成

$$\boldsymbol{x}(t)=\boldsymbol{\Xi}_0\underbrace{\begin{bmatrix}s_{\mathrm{H},0}(t)\\ s_{\mathrm{V},0}(t)\end{bmatrix}}_{=\boldsymbol{s}_{\mathrm{H+V},0}(t)}+\boldsymbol{u}(t)=\boldsymbol{\Xi}_0\boldsymbol{s}_{\mathrm{H+V},0}(t)+\boldsymbol{u}(t) \tag{2.276}$$

其中，$\boldsymbol{s}_{\mathrm{H+V},0}(t)$可以通过下述极化置零最小功率无失真响应（PN-MPDR）秩-2波束形成进行估计：

$$\min_{\boldsymbol{W}}\operatorname{tr}(\boldsymbol{W}^{\mathrm{H}}\boldsymbol{R}_{xx}\boldsymbol{W})\ \text{ s. t. }\ \boldsymbol{W}^{\mathrm{H}}\boldsymbol{\Xi}_0=\boldsymbol{I}_2 \tag{2.277}$$

式中：tr 表示矩阵的迹；$\boldsymbol{W}$ 为待确定的 $LJ\times2$ 维秩-2 波束形成矩阵，

$$\boldsymbol{W}=[\boldsymbol{w}_{\mathrm{H}},\boldsymbol{w}_{\mathrm{V}}] \tag{2.278}$$

其中，$\boldsymbol{w}_{\mathrm{H}}$和 $\boldsymbol{w}_{\mathrm{V}}$分别为 $LJ\times1$ 维水平和垂直极化最小功率无失真响应秩-2 波束形成权矢量。

根据式（2.277）和式（2.278），水平极化权矢量 $\boldsymbol{w}_{\mathrm{H}}$是垂直极化置零的，也即 $\boldsymbol{w}_{\mathrm{H}}^{\mathrm{H}}\boldsymbol{a}_{\mathrm{V},0}=0$；垂直极化权矢量 $\boldsymbol{w}_{\mathrm{V}}$则是水平极化置零的，也即 $\boldsymbol{w}_{\mathrm{V}}^{\mathrm{H}}\boldsymbol{a}_{\mathrm{H},0}=0$。

由于 $\boldsymbol{W}^{\mathrm{H}}\boldsymbol{\Xi}_0=\boldsymbol{I}_2$，我们有

$$\boldsymbol{W}^{\mathrm{H}}\boldsymbol{d}(t)=\boldsymbol{s}_{\mathrm{H+V},0}(t) \tag{2.279}$$

因此，基于优化问题（2.277）所设计的波束形成器具有“无失真响应”，其权矩阵仍可以通过拉格朗日乘子法进行求解，具体如下。

首先定义下述拉格朗日函数：

$$\mathcal{L}(\boldsymbol{W},\boldsymbol{L})=\operatorname{tr}(\boldsymbol{W}^{\mathrm{H}}\boldsymbol{R}_{xx}\boldsymbol{W})-2\operatorname{Re}(\operatorname{tr}((\boldsymbol{W}^{\mathrm{H}}\boldsymbol{\Xi}_0-\boldsymbol{I}_2)\boldsymbol{L})) \tag{2.280}$$

式中：$\boldsymbol{L}$ 为 2×2 维拉格朗日乘子矩阵，定义为

$$\boldsymbol{L}=[\boldsymbol{l}_{\mathrm{H}},\boldsymbol{l}_{\mathrm{V}}] \tag{2.281}$$

其中，$\boldsymbol{l}_{\mathrm{H}}$和 $\boldsymbol{l}_{\mathrm{V}}$均为 2×1 维拉格朗日乘子矢量。

注意到

$$\operatorname{tr}(\boldsymbol{W}^{\mathrm{H}}\boldsymbol{R}_{xx}\boldsymbol{W})=\boldsymbol{w}_{\mathrm{H}}^{\mathrm{H}}\boldsymbol{R}_{xx}\boldsymbol{w}_{\mathrm{H}}+\boldsymbol{w}_{\mathrm{V}}^{\mathrm{H}}\boldsymbol{R}_{xx}\boldsymbol{w}_{\mathrm{V}} \tag{2.282}$$

$$\operatorname{tr}((\boldsymbol{W}^{\mathrm{H}}\boldsymbol{\Xi}_0-\boldsymbol{I}_2)\boldsymbol{L})=(\boldsymbol{w}_{\mathrm{H}}^{\mathrm{H}}\boldsymbol{\Xi}_0-\boldsymbol{\iota}_{2,1}^{\mathrm{H}})\boldsymbol{l}_{\mathrm{H}}+(\boldsymbol{w}_{\mathrm{V}}^{\mathrm{H}}\boldsymbol{\Xi}_0-\boldsymbol{\iota}_{2,2}^{\mathrm{H}})\boldsymbol{l}_{\mathrm{V}} \tag{2.283}$$

所以

$$\begin{aligned}\frac{\partial\operatorname{tr}(\boldsymbol{W}^{\mathrm{H}}\boldsymbol{R}_{xx}\boldsymbol{W})}{\partial\boldsymbol{W}}&=\left[\frac{\partial\operatorname{tr}(\boldsymbol{W}^{\mathrm{H}}\boldsymbol{R}_{xx}\boldsymbol{W})}{\partial\boldsymbol{w}_{\mathrm{H}}},\frac{\partial\operatorname{tr}(\boldsymbol{W}^{\mathrm{H}}\boldsymbol{R}_{xx}\boldsymbol{W})}{\partial\boldsymbol{w}_{\mathrm{V}}}\right]\\&=[\boldsymbol{R}_{xx}\boldsymbol{w}_{\mathrm{H}},\boldsymbol{R}_{xx}\boldsymbol{w}_{\mathrm{V}}]=\boldsymbol{R}_{xx}\boldsymbol{W}\end{aligned} \tag{2.284}$$

$$\begin{aligned}&\frac{\partial2\operatorname{Re}(\operatorname{tr}((\boldsymbol{W}^{\mathrm{H}}\boldsymbol{\Xi}_0-\boldsymbol{I}_2)\boldsymbol{L}))}{\partial\boldsymbol{W}}\\&=\left[\frac{\partial2\operatorname{Re}(\operatorname{tr}((\boldsymbol{W}^{\mathrm{H}}\boldsymbol{\Xi}_0-\boldsymbol{I}_2)\boldsymbol{L}))}{\partial\boldsymbol{w}_{\mathrm{H}}},\frac{\partial2\operatorname{Re}(\operatorname{tr}((\boldsymbol{W}^{\mathrm{H}}\boldsymbol{\Xi}_0-\boldsymbol{I}_2)\boldsymbol{L}))}{\partial\boldsymbol{w}_{\mathrm{V}}}\right]\\&=[\boldsymbol{\Xi}_0\boldsymbol{l}_{\mathrm{H}},\boldsymbol{\Xi}_0\boldsymbol{l}_{\mathrm{V}}]=\boldsymbol{\Xi}_0\boldsymbol{L}\end{aligned} \tag{2.285}$$

进一步有

$$\frac{\partial \mathcal{L}(\boldsymbol{W},\boldsymbol{L})}{\partial \boldsymbol{W}}=\boldsymbol{R}_{xx}\boldsymbol{W}-\boldsymbol{\Xi}_0\boldsymbol{L}=\boldsymbol{O}_{LJ\times 2}\Rightarrow \boldsymbol{W}=\boldsymbol{R}_{xx}^{-1}\boldsymbol{\Xi}_0\boldsymbol{L} \tag{2.286}$$

又 $\boldsymbol{W}^{\mathrm{H}}\boldsymbol{\Xi}_0=\boldsymbol{I}_2$（此为约束条件，注意到 $2\mathrm{Re}(\mathrm{tr}((\boldsymbol{W}^{\mathrm{H}}\boldsymbol{\Xi}_0-\boldsymbol{I}_2)\boldsymbol{L}))$ 关于 $\boldsymbol{L}^{\mathrm{H}}$ 的偏导为 $\boldsymbol{W}^{\mathrm{H}}\boldsymbol{\Xi}_0-\boldsymbol{I}_2$，令其为零亦可得此约束条件），因此

$$\boldsymbol{L}=(\boldsymbol{\Xi}_0^{\mathrm{H}}\boldsymbol{R}_{xx}^{-1}\boldsymbol{\Xi}_0)^{-1} \tag{2.287}$$

最终可得优化问题（2.277）的解，也即极化置零最小功率无失真响应秩-2 波束形成器的权矩阵为

$$\boldsymbol{W}_{\text{PN-MPDR}}=\boldsymbol{R}_{xx}^{-1}\boldsymbol{\Xi}_0(\boldsymbol{\Xi}_0^{\mathrm{H}}\boldsymbol{R}_{xx}^{-1}\boldsymbol{\Xi}_0)^{-1} \tag{2.288}$$

（i）极化置零最小功率无失真响应秩-2 波束形成器，又等价于下述水平和垂直极化两个线性约束最小功率波束形成器的并行实现：

$$\boldsymbol{w}_{\text{PN-MPDR-H}}=\boldsymbol{w}_{\text{LCMP-H}}=\arg\min_{\boldsymbol{w}}\boldsymbol{w}^{\mathrm{H}}\boldsymbol{R}_{xx}\boldsymbol{w}\ \text{ s. t. }\ \boldsymbol{w}^{\mathrm{H}}\boldsymbol{\Xi}_0=[1,0] \tag{2.289}$$

$$\boldsymbol{w}_{\text{PN-MPDR-V}}=\boldsymbol{w}_{\text{LCMP-V}}=\arg\min_{\boldsymbol{w}}\boldsymbol{w}^{\mathrm{H}}\boldsymbol{R}_{xx}\boldsymbol{w}\ \text{ s. t. }\ \boldsymbol{w}^{\mathrm{H}}\boldsymbol{\Xi}_0=[0,1] \tag{2.290}$$

其结构示意图如图 2.39 所示，其中

$$\boldsymbol{w}_{\mathrm{H}}=\boldsymbol{w}_{\text{PN-MPDR-H}}=\boldsymbol{w}_{\text{LCMP-H}} \tag{2.291}$$

$$\boldsymbol{w}_{\mathrm{V}}=\boldsymbol{w}_{\text{PN-MPDR-V}}=\boldsymbol{w}_{\text{LCMP-V}} \tag{2.292}$$

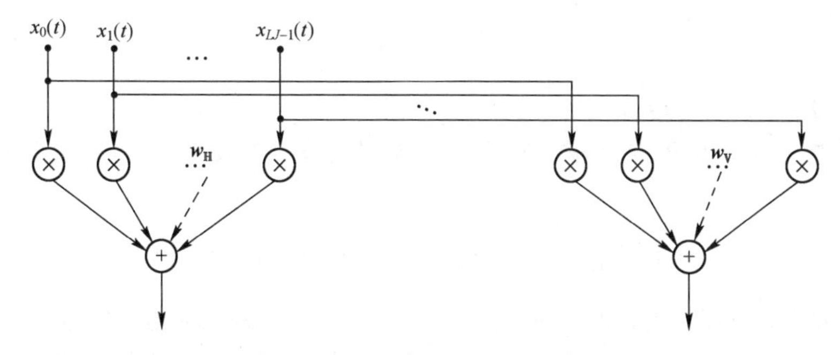

图 2.39　极化置零最小功率无失真响应秩-2 波束形成器的结构示意图

（ii）优化问题（2.277）中的约束项“$\boldsymbol{W}^{\mathrm{H}}\boldsymbol{\Xi}_0=\boldsymbol{I}_2$”，既是“极化置零”约束，同时也是“无失真响应”约束。

秩-2 波束形成器也可以不采用单位矩阵作为约束矩阵，而是采用下述更为一般的设计准则[34]：

$$\min_{\boldsymbol{W}}\mathrm{tr}(\boldsymbol{W}^{\mathrm{H}}\boldsymbol{R}_{xx}\boldsymbol{W})\ \text{ s. t. }\ \boldsymbol{W}^{\mathrm{H}}\boldsymbol{\Xi}_0=\boldsymbol{D} \tag{2.293}$$

其中，$\boldsymbol{D}$ 为一合理选择的约束矩阵。

由于 $\boldsymbol{W}=\boldsymbol{R}_{xx}^{-1}\boldsymbol{\Xi}_0\boldsymbol{L}$ 此时应满足 $\boldsymbol{W}^{\mathrm{H}}\boldsymbol{\Xi}_0=\boldsymbol{D}$，所以

$$\boldsymbol{L}=(\boldsymbol{\Xi}_0^{\mathrm{H}}\boldsymbol{R}_{xx}^{-1}\boldsymbol{\Xi}_0)^{-1}\boldsymbol{D}^{\mathrm{H}} \tag{2.294}$$

由此可得权矩阵的解为

$$\boldsymbol{W}_{\text{MP-R2}}=\boldsymbol{R}_{xx}^{-1}\boldsymbol{\Xi}_0(\boldsymbol{\Xi}_0^{\text{H}}\boldsymbol{R}_{xx}^{-1}\boldsymbol{\Xi}_0)^{-1}\boldsymbol{D}^{\text{H}} \tag{2.295}$$

由于$\boldsymbol{D}$的一般性，此时的秩-2波束形成器不一定具有“无失真响应”：

$$\boldsymbol{W}_{\text{MP-R2}}^{\text{H}}\boldsymbol{d}(t)=\boldsymbol{D}\boldsymbol{s}_{\text{H+V},0}(t) \tag{2.296}$$

根据极化置零最小功率无失真响应秩-2波束形成器的滤波原理，我们还有下述结论成立：

$$\boldsymbol{W}_m^{\text{H}}\boldsymbol{R}_{xx}\boldsymbol{W}_m=(\boldsymbol{\Xi}_{\theta_m,\phi_m}^{\text{H}}\boldsymbol{R}_{xx}^{-1}\boldsymbol{\Xi}_{\theta_m,\phi_m})^{-1}\approx\boldsymbol{C}_m \tag{2.297}$$

其中

$$\boldsymbol{W}_m=\boldsymbol{R}_{xx}^{-1}\boldsymbol{\Xi}_{\theta_m,\phi_m}(\boldsymbol{\Xi}_{\theta_m,\phi_m}^{\text{H}}\boldsymbol{R}_{xx}^{-1}\boldsymbol{\Xi}_{\theta_m,\phi_m})^{-1} \tag{2.298}$$

基于此，可按以下公式对$\boldsymbol{R}_{uu}$进行重构：

$$\hat{\boldsymbol{R}}_{uu}=\sum_{m=1}^{M-1}\int_{\Theta_m}\int_{\Phi_m}\boldsymbol{\Xi}_{\theta,\phi}(\boldsymbol{\Xi}_{\theta,\phi}^{\text{H}}\hat{\boldsymbol{R}}_{xx}^{-1}\boldsymbol{\Xi}_{\theta,\phi})^{-1}\boldsymbol{\Xi}_{\theta,\phi}^{\text{H}}\text{d}\theta\text{d}\phi+\hat{\sigma}^2\boldsymbol{I}_{LJ} \tag{2.299}$$

关于期望信号协方差矩阵$\boldsymbol{R}_{dd}$的重构，可以基于期望信号的波达方向先验信息，采用类似的步骤实现，不再重复讨论。

(4) 记$\hat{\boldsymbol{C}}_0$为期望信号的标称波相干矩阵，其为半正定厄尔米特矩阵。因此，通过特征分解可以将$\hat{\boldsymbol{C}}_0$写成

$$\hat{\boldsymbol{C}}_0=\hat{\boldsymbol{\Psi}}_0\hat{\boldsymbol{\Psi}}_0^{\text{H}} \tag{2.300}$$

其中，$\hat{\boldsymbol{\Psi}}_0$为2×2维矩阵。

这样，多极化重构矩阵求逆波束形成器的设计准则可以重新表述为下述等价形式：

$$\min_{\boldsymbol{w}}\boldsymbol{w}^{\text{H}}\hat{\boldsymbol{R}}_{uu}\boldsymbol{w}\ \text{s.t.}\ (\boldsymbol{\Xi}_{\hat{\theta}_0,\hat{\phi}_0}\hat{\boldsymbol{\Psi}}_0)^{\text{H}}\boldsymbol{w}=\boldsymbol{c},\ \boldsymbol{c}^{\text{H}}\boldsymbol{c}=\kappa\neq0 \tag{2.301}$$

其中，$\hat{\theta}_0$和$\hat{\phi}_0$分别为θ_0和ϕ_0的标称值/估计值，$\boldsymbol{c}$为2×1维约束矢量。

同样地，将干扰波相干矩阵写成$\boldsymbol{C}_m=\boldsymbol{\Psi}_m\boldsymbol{\Psi}_m^{\text{H}}$，其中$\boldsymbol{\Psi}_m$为2×2维矩阵。如果$\boldsymbol{R}_{uu}$的重构误差足够小（例如，波束形成阵列输入信噪比和输入干噪比都很高时，即使快拍数较少，也能获得较高精度的干扰波达方向估计），则有

$$\boldsymbol{w}^{\text{H}}\hat{\boldsymbol{R}}_{uu}\boldsymbol{w}\approx\sum_{m=1}^{M-1}\|(\boldsymbol{\Xi}_{\theta_m,\phi_m}\boldsymbol{\Psi}_m)^{\text{H}}\boldsymbol{w}\|_2^2+\sigma^2\|\boldsymbol{w}\|_2^2 \tag{2.302}$$

因此，如果波束形成阵列尺寸较小，在输入信噪比较高、存在指向误差和极化失配的条件下，最小化$\boldsymbol{w}^{\text{H}}\hat{\boldsymbol{R}}_{uu}\boldsymbol{w}$一般并不会导致

$$\|(\boldsymbol{\Xi}_{\theta_0,\phi_0}\boldsymbol{\Psi}_0)^{\text{H}}\boldsymbol{w}\|_2^2\to0 \tag{2.303}$$

从而可以避免严重的信号相消问题。

如果波束形成阵列尺寸较大，可以进一步结合主瓣展宽技术提高波束形

成器的鲁棒性。

再注意到

$$\boldsymbol{w}^{\mathrm{H}}\hat{\boldsymbol{R}}_{xx}\boldsymbol{w} \approx \sum_{m=0}^{M-1}\|(\boldsymbol{\Xi}_{\theta_m,\phi_m}\boldsymbol{\Psi}_m)^{\mathrm{H}}\boldsymbol{w}\|_2^2+\sigma^2\|\boldsymbol{w}\|_2^2 \tag{2.304}$$

所以，如果采用$\hat{\boldsymbol{R}}_{xx}$而非$\hat{\boldsymbol{R}}_{uu}$设计多极化波束形成器，在高输入信噪比条件下，最小化 $\boldsymbol{w}^{\mathrm{H}}\hat{\boldsymbol{R}}_{xx}\boldsymbol{w}$ 通常会导致式（2.303）所示的结果，也即

$$\|(\boldsymbol{\Xi}_{\theta_0,\phi_0}\boldsymbol{\Psi}_0)^{\mathrm{H}}\boldsymbol{w}\|_2^2\to 0$$

由此造成严重的信号相消现象。

特别地，如果$\hat{\boldsymbol{R}}_{uu}\approx\boldsymbol{R}_{uu}$，$\hat{\boldsymbol{R}}_{xx}\approx\boldsymbol{R}_{xx}$，在期望信号波为完全极化的条件下，利用下述求逆公式[35]：

$$(\boldsymbol{A}+\boldsymbol{UBV})^{-1}=\boldsymbol{A}^{-1}-\boldsymbol{A}^{-1}\boldsymbol{U}(\boldsymbol{I}+\boldsymbol{BVA}^{-1}\boldsymbol{U})^{-1}\boldsymbol{BVA}^{-1}$$

可以导出 PRMI 和 PSMI 波束形成器的输出信干噪比分别近似为[29,36]

$$\mathrm{SINR}_{\mathrm{PRMI}}\approx\cos^2(\hat{\boldsymbol{b}}_0,\boldsymbol{b}_0;\boldsymbol{R}_{uu}^{-1})\,\mathrm{SINR}_{\max} \tag{2.305}$$

$$\mathrm{SINR}_{\mathrm{PSMI}}\approx\frac{\cos^2(\hat{\boldsymbol{b}}_0,\boldsymbol{b}_0;\boldsymbol{R}_{uu}^{-1})}{1+(2\mathrm{SINR}_{\max}+(\mathrm{SINR}_{\max})^2)\sin^2(\hat{\boldsymbol{b}}_0,\boldsymbol{b}_0;\boldsymbol{R}_{uu}^{-1})}\mathrm{SINR}_{\max} \tag{2.306}$$

其中，$\hat{\boldsymbol{b}}_0$为标称的 $\boldsymbol{b}_0$，

$$\cos^2(\hat{\boldsymbol{b}}_0,\boldsymbol{b}_0;\boldsymbol{R}_{uu}^{-1})=\frac{|\hat{\boldsymbol{b}}_0^{\mathrm{H}}\boldsymbol{R}_{uu}^{-1}\boldsymbol{b}_0|^2}{(\hat{\boldsymbol{b}}_0^{\mathrm{H}}\boldsymbol{R}_{uu}^{-1}\hat{\boldsymbol{b}}_0)(\boldsymbol{b}_0^{\mathrm{H}}\boldsymbol{R}_{uu}^{-1}\boldsymbol{b}_0)} \tag{2.307}$$

为白化空间中$\hat{\boldsymbol{b}}_0$和 $\boldsymbol{b}_0$夹角的余弦平方值，可用于衡量白化后期望信号流形矢量 $\boldsymbol{b}_0$的失配程度；

$$\sin^2(\hat{\boldsymbol{b}}_0,\boldsymbol{b}_0;\boldsymbol{R}_{uu}^{-1})=1-\cos^2(\hat{\boldsymbol{b}}_0,\boldsymbol{b}_0;\boldsymbol{R}_{uu}^{-1}) \tag{2.308}$$

可以看到，若 LJ 不是非常大，$\mathrm{SINR}_{\mathrm{PRMI}}$对$\hat{\boldsymbol{b}}_0$和 $\boldsymbol{b}_0$间较小的失配不太敏感。然而，如果输入信噪比较高，$\mathrm{SINR}_{\max}$因此也很高，$\mathrm{SINR}_{\mathrm{PSMI}}$对该失配则相当敏感。

① 若$\hat{\boldsymbol{b}}_0\neq\boldsymbol{b}_0$，一般有

$$\mathrm{SINR}_{\mathrm{PSMI}}<\mathrm{SINR}_{\mathrm{PRMI}} \tag{2.309}$$

② 若$\hat{\boldsymbol{b}}_0=\boldsymbol{b}_0$，则有

$$\mathrm{SINR}_{\mathrm{PSMI}}\approx\mathrm{SINR}_{\mathrm{PRMI}} \tag{2.310}$$

部分极化条件下，也有类似的结论。

（5）为能有效抑制干扰，PRMI 需要 $\boldsymbol{\Xi}_{\hat{\theta}_0,\hat{\phi}_0}\hat{\boldsymbol{\Psi}}_0$和 $\boldsymbol{\Xi}_{\theta_m,\phi_m}\boldsymbol{\Psi}_m$具有不同的列扩

张空间。

重写 $\boldsymbol{C}_m$如下：

$$\boldsymbol{C}_m=\sigma_m^2\left(\frac{1}{2}(1-\mathrm{DOP}_m)\boldsymbol{I}+\mathrm{DOP}_m\boldsymbol{p}_{\gamma_{\mathrm{cp},m},\eta_{\mathrm{cp},m}}\boldsymbol{p}^{\mathrm{H}}_{\gamma_{\mathrm{cp},m},\eta_{\mathrm{cp},m}}\right) \tag{2.311}$$

式中：σ_m^2和 DOP_m分别为期望信号/干扰的功率和极化度；$(\gamma_{\mathrm{cp},m},\eta_{\mathrm{cp},m})$为期望信号/干扰波的完全极化分量参数。

如果 $\mathrm{DOP}_m\neq 0$，其中 $m=0,1,2,\cdots,M-1$，期望信号和干扰波间存在空间和极化联合差异可资利用。随着期望信号/干扰波极化度的逐渐减小，极化差异的权重随之降低，空间差异逐渐成为影响干扰抑制性能的主要因素。

(6) PRMI 的计算负担主要在于特征分解和（数值）积分运算。结合干扰波达方向估计，干扰协方差矩阵重构数值积分区间可以简单地设为

$$\boldsymbol{\Theta}_m=[\hat{\theta}_m-\Delta\theta,\hat{\theta}_m+\Delta\theta] \tag{2.312}$$

$$\boldsymbol{\Phi}_m=[\hat{\phi}_m-\Delta\phi,\hat{\phi}_m+\Delta\phi] \tag{2.313}$$

其中，$\hat{\theta}_m$和$\hat{\phi}_m$分别为第 m 个干扰俯仰角和方位角的估计值。

(7) 若期望信号波为部分/非极化，PRMI 并不能直接用于估计其水平和垂直极化分量。

若需估计部分/非极化期望信号波的水平和垂直极化分量，可以考虑采用下述极化置零最小方差无失真响应（PN-MVDR）秩-2 波束形成：

$$\min_{\boldsymbol{W}}\mathrm{tr}(\boldsymbol{W}^{\mathrm{H}}\boldsymbol{R}_{\boldsymbol{uu}}\boldsymbol{W})\ \text{s.t.}\ \boldsymbol{W}^{\mathrm{H}}\boldsymbol{\Xi}_0=\boldsymbol{I}_2 \tag{2.314}$$

利用拉格朗日乘子法，可得极化置零最小方差无失真响应秩-2 波束形成器的权矩阵为

$$\boldsymbol{W}_{\mathrm{PN-MVDR}}=\boldsymbol{R}_{\boldsymbol{uu}}^{-1}\boldsymbol{\Xi}_0(\boldsymbol{\Xi}_0^{\mathrm{H}}\boldsymbol{R}_{\boldsymbol{uu}}^{-1}\boldsymbol{\Xi}_0)^{-1} \tag{2.315}$$

由此，期望信号波的水平和垂直极化分量可以估计为

$$\hat{\boldsymbol{s}}_{\mathbb{H}+\mathbb{V},0}(t)=\begin{bmatrix}\hat{s}_{\mathbb{H},0}(t)\\ \hat{s}_{\mathbb{V},0}(t)\end{bmatrix}=(\boldsymbol{\Xi}_0^{\mathrm{H}}\hat{\boldsymbol{R}}_{\boldsymbol{uu}}^{-1}\boldsymbol{\Xi}_0)^{-1}\boldsymbol{\Xi}_0^{\mathrm{H}}\hat{\boldsymbol{R}}_{\boldsymbol{uu}}^{-1}\boldsymbol{x}(t) \tag{2.316}$$

该解近似为 $\boldsymbol{s}_{\mathbb{H}+\mathbb{V},0}(t)$的加权最小二乘（WLS）解。

① 极化置零最小方差无失真响应秩-2 波束形成器，又等价于下述水平和垂直极化两个线性约束最小方差波束形成器的并行实现：

$$\boldsymbol{w}_{\mathrm{PN-MVDR-}\mathbb{H}}=\boldsymbol{w}_{\mathrm{LCMV-}\mathbb{H}}=\arg\min_{\boldsymbol{w}}\boldsymbol{w}^{\mathrm{H}}\boldsymbol{R}_{\boldsymbol{uu}}\boldsymbol{w}\ \text{s.t.}\ \boldsymbol{w}^{\mathrm{H}}\boldsymbol{\Xi}_0=[1,0] \tag{2.317}$$

$$\boldsymbol{w}_{\mathrm{PN-MVDR-}\mathbb{V}}=\boldsymbol{w}_{\mathrm{LCMV-}\mathbb{V}}=\arg\min_{\boldsymbol{w}}\boldsymbol{w}^{\mathrm{H}}\boldsymbol{R}_{\boldsymbol{uu}}\boldsymbol{w}\ \text{s.t.}\ \boldsymbol{w}^{\mathrm{H}}\boldsymbol{\Xi}_0=[0,1] \tag{2.318}$$

② 对极化置零最小方差无失真响应秩-2 波束形成器的输出，还可以进一步进行下述极化合成：

$$\max_{\boldsymbol{v}}\boldsymbol{v}^{\mathrm{H}}(\boldsymbol{W}^{\mathrm{H}}_{\mathrm{PN-MVDR}}\boldsymbol{\Theta}_0\boldsymbol{W}_{\mathrm{PN-MVDR}})\boldsymbol{v}\ \text{s.t.}\ \boldsymbol{v}^{\mathrm{H}}\boldsymbol{v}=1 \tag{2.319}$$

其中，$\boldsymbol{v}$ 为待确定的 2×1 维极化合成矢量。

由于 $\boldsymbol{W}_{\text{PN-MVDR}}^{\text{H}}\boldsymbol{\Xi}_0=\boldsymbol{I}_2$，所以式（2.319）所示优化问题又等价于

$$\max_{\boldsymbol{v}} \boldsymbol{v}^{\text{H}}\boldsymbol{C}_{\text{nm},0}\boldsymbol{v} \text{ s. t. } \boldsymbol{v}^{\text{H}}\boldsymbol{v}=1 \tag{2.320}$$

通过拉格朗日乘子法，可得极化合成矢量的解为

$$\boldsymbol{v}_{\text{PN-MVDR}}=\begin{bmatrix}v_{\text{PN-MVDR-H}}^{*}\\ v_{\text{PN-MVDR-V}}^{*}\end{bmatrix}=\boldsymbol{\mu}_{\max}(\boldsymbol{C}_{\text{nm},0}) \tag{2.321}$$

这样，最终的波束形成权矢量为

$$\boldsymbol{w}_{\text{PN-MVDR}}=\boldsymbol{W}_{\text{PN-MVDR}}\boldsymbol{v}_{\text{PN-MVDR}} \tag{2.322}$$

上述极化置零最小方差无失真响应加极化合成波束形成器的结构如图 2.40 所示，其中

$$\boldsymbol{w}_{\text{H}}=\boldsymbol{w}_{\text{PN-MVDR-H}}=\boldsymbol{w}_{\text{LCMV-H}} \tag{2.323}$$

$$\boldsymbol{w}_{\text{V}}=\boldsymbol{w}_{\text{PN-MVDR-V}}=\boldsymbol{w}_{\text{LCMV-V}} \tag{2.324}$$

$$v_{\text{H}}=v_{\text{PN-MVDR-H}} \tag{2.325}$$

$$v_{\text{V}}=v_{\text{PN-MVDR-V}} \tag{2.326}$$

该波束形成器可以提供期望信号波水平和垂直极化分量的估计，亦能提供极化合成之后的滤波输出。

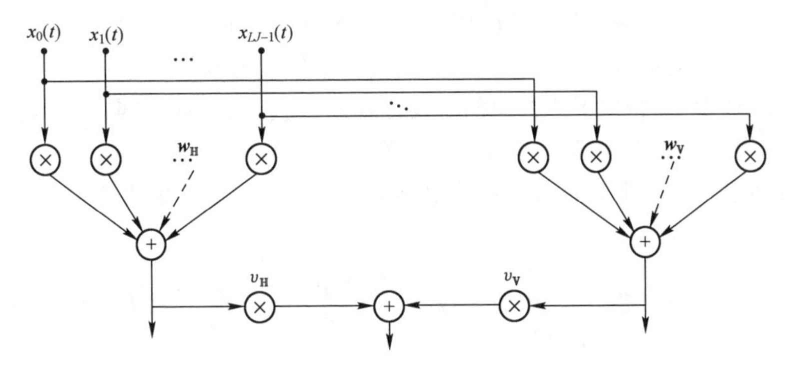

图 2.40　极化置零最小方差无失真响应加极化合成波束形成器的结构示意图

有趣的是，当期望信号波为完全极化时，经典的最小功率/方差无失真响应波束形成器，或其样本矩阵求逆/重构矩阵求逆实现形式，也可以利用该结构进行解释：

$$(\boldsymbol{b}_0^{\text{H}}\boldsymbol{R}^{-1}\boldsymbol{b}_0)^{-1}\boldsymbol{R}^{-1}\boldsymbol{b}_0=v_{\text{H}}^{*}\boldsymbol{w}_{\text{H}}+v_{\text{V}}^{*}\boldsymbol{w}_{\text{V}} \tag{2.327}$$

其中，$\boldsymbol{R}$ 可为 $\boldsymbol{R}_{xx}$ 或其样本估计 $\hat{\boldsymbol{R}}_{xx}$，亦可为 $\boldsymbol{R}_{uu}$ 或其重构 $\hat{\boldsymbol{R}}_{uu}$；$\boldsymbol{w}_{\text{H}}$ 和 $\boldsymbol{w}_{\text{V}}$ 分别为下述水平和垂直极化两个无失真响应波束形成器的权矢量，也即

$$\boldsymbol{w}_{\mathrm{H}}=\boldsymbol{w}_{\mathrm{DR-H}}=\frac{\boldsymbol{R}^{-1}\boldsymbol{a}_{\mathrm{H},0}}{\boldsymbol{a}_{\mathrm{H},0}^{\mathrm{H}}\boldsymbol{R}^{-1}\boldsymbol{a}_{\mathrm{H},0}}=\arg\min_{\boldsymbol{w}}(\boldsymbol{w}^{\mathrm{H}}\boldsymbol{R}\boldsymbol{w}\ \text{ s. t. }\ \boldsymbol{w}^{\mathrm{H}}\boldsymbol{a}_{\mathrm{H},0}=1) \tag{2.328}$$

$$\boldsymbol{w}_{\mathrm{V}}=\boldsymbol{w}_{\mathrm{DR-V}}=\frac{\boldsymbol{R}^{-1}\boldsymbol{a}_{\mathrm{V},0}}{\boldsymbol{a}_{\mathrm{V},0}^{\mathrm{H}}\boldsymbol{R}^{-1}\boldsymbol{a}_{\mathrm{V},0}}=\arg\min_{\boldsymbol{w}}(\boldsymbol{w}^{\mathrm{H}}\boldsymbol{R}\boldsymbol{w}\ \text{ s. t. }\ \boldsymbol{w}^{\mathrm{H}}\boldsymbol{a}_{\mathrm{V},0}=1) \tag{2.329}$$

而υ_{H}和υ_{V}则为极化合成矢量的两个权值：

$$\upsilon_{\mathrm{H}}=\upsilon_{\mathrm{DR-H}}=\cos\gamma_0\left(\frac{\boldsymbol{a}_{\mathrm{H},0}^{\mathrm{H}}\boldsymbol{R}^{-1}\boldsymbol{a}_{\mathrm{H},0}}{\boldsymbol{b}_0^{\mathrm{H}}\boldsymbol{R}^{-1}\boldsymbol{b}_0}\right)^* \tag{2.330}$$

$$\upsilon_{\mathrm{V}}=\upsilon_{\mathrm{DR-V}}=\sin\gamma_0\mathrm{e}^{-\mathrm{j}\eta_0}\left(\frac{\boldsymbol{a}_{\mathrm{V},0}^{\mathrm{H}}\boldsymbol{R}^{-1}\boldsymbol{a}_{\mathrm{V},0}}{\boldsymbol{b}_0^{\mathrm{H}}\boldsymbol{R}^{-1}\boldsymbol{b}_0}\right)^* \tag{2.331}$$

本节后续所讨论的多极化波束形成器，也都可以在图 2.40 所示的统一结构下进行解释与分析，不同的多极化波束形成器，其区别主要在于两点：一是水平和垂直极化波束形成器不同，也即$\boldsymbol{w}_{\mathrm{H}}$和$\boldsymbol{w}_{\mathrm{V}}$不同；二是极化合成矢量$\boldsymbol{\upsilon}$不同，也即$\upsilon_{\mathrm{H}}$和$\upsilon_{\mathrm{V}}$不同。

（8）多极化波束形成器是具有方向-极化选择性的多极化阵列天线，其在期望信号/干扰方向的接收极化矢量与下述矢量$\boldsymbol{p}_{w,m}$成比例关系：

$$\boldsymbol{p}_{w,m}=\begin{bmatrix}\upsilon_{\mathrm{H}}\boldsymbol{w}_{\mathrm{H}}^{\mathrm{H}}\boldsymbol{a}_{\mathrm{H},m}+\upsilon_{\mathrm{V}}\boldsymbol{w}_{\mathrm{V}}^{\mathrm{H}}\boldsymbol{a}_{\mathrm{H},m}\\ \upsilon_{\mathrm{H}}\boldsymbol{w}_{\mathrm{H}}^{\mathrm{H}}\boldsymbol{a}_{\mathrm{V},m}+\upsilon_{\mathrm{V}}\boldsymbol{w}_{\mathrm{V}}^{\mathrm{H}}\boldsymbol{a}_{\mathrm{V},m}\end{bmatrix}=\begin{bmatrix}\boldsymbol{w}_{\mathrm{H}}^{\mathrm{H}}\boldsymbol{a}_{\mathrm{H},m} & \boldsymbol{w}_{\mathrm{V}}^{\mathrm{H}}\boldsymbol{a}_{\mathrm{H},m}\\ \boldsymbol{w}_{\mathrm{H}}^{\mathrm{H}}\boldsymbol{a}_{\mathrm{V},m} & \boldsymbol{w}_{\mathrm{V}}^{\mathrm{H}}\boldsymbol{a}_{\mathrm{V},m}\end{bmatrix}\begin{bmatrix}\upsilon_{\mathrm{H}}\\ \upsilon_{\mathrm{V}}\end{bmatrix} \tag{2.332}$$

所以极化合成矢量可用于多极化阵列天线接收极化的调整。

注意到期望信号/干扰方向的多极化阵列天线接收幅度方向图即为$\boldsymbol{p}_{w,m}$的2 范数，所以一般也与极化合成矢量有关。

特别地，若水平和垂直极化波束形成器采用了下述“极化置零+无失真响应”约束：

$$\boldsymbol{W}^{\mathrm{H}}\boldsymbol{\Xi}_0=\begin{bmatrix}\boldsymbol{w}_{\mathrm{H}}^{\mathrm{H}}\\ \boldsymbol{w}_{\mathrm{V}}^{\mathrm{H}}\end{bmatrix}[\boldsymbol{a}_{\mathrm{H},0},\boldsymbol{a}_{\mathrm{V},0}]=\begin{bmatrix}\boldsymbol{w}_{\mathrm{H}}^{\mathrm{H}}\boldsymbol{a}_{\mathrm{H},0} & \boldsymbol{w}_{\mathrm{H}}^{\mathrm{H}}\boldsymbol{a}_{\mathrm{V},0}\\ \boldsymbol{w}_{\mathrm{V}}^{\mathrm{H}}\boldsymbol{a}_{\mathrm{H},0} & \boldsymbol{w}_{\mathrm{V}}^{\mathrm{H}}\boldsymbol{a}_{\mathrm{V},0}\end{bmatrix}=\boldsymbol{I}_2 \tag{2.333}$$

则

$$\boldsymbol{p}_{w,0}=\begin{bmatrix}\boldsymbol{w}_{\mathrm{H}}^{\mathrm{H}}\boldsymbol{a}_{\mathrm{H},0} & \boldsymbol{w}_{\mathrm{V}}^{\mathrm{H}}\boldsymbol{a}_{\mathrm{H},0}\\ \boldsymbol{w}_{\mathrm{H}}^{\mathrm{H}}\boldsymbol{a}_{\mathrm{V},0} & \boldsymbol{w}_{\mathrm{V}}^{\mathrm{H}}\boldsymbol{a}_{\mathrm{V},0}\end{bmatrix}\begin{bmatrix}\upsilon_{\mathrm{H}}\\ \upsilon_{\mathrm{V}}\end{bmatrix}=\boldsymbol{\upsilon}^* \tag{2.334}$$

所以此时多极化波束形成器在期望信号方向上的接收幅度方向图和接收极化完全由极化合成矢量决定。

需要注意的是，用于干扰和噪声抑制的多极化波束形成器，其在期望信号方向上的接收极化与期望信号波的实际极化可能并不是完全匹配的。

下面看几个仿真例子，例中阵列为图 2.41 所示的 6 元非共点矢量天线

(我们将在第6章中更详细地讨论非共点矢量天线及其阵列)，包括3个轴线方向分别平行于三个坐标轴的短偶极子天线和3个法线方向分别平行于三个坐标轴的小磁环天线，6个天线均位于 y 轴上，间距均为半个信号波长。为简单起见，假定期望信号源和干扰源均位于 xoy 平面内。

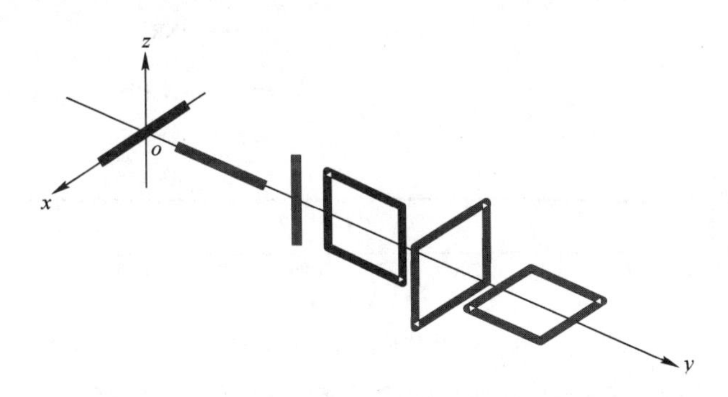

图2.41 6元直线拉伸非共点矢量天线的结构示意图

第一例中，期望信号波和两个干扰波均为完全极化；期望信号的真实波达方向和波极化参数分别为(90°,0°)和(45°,90°)，两者的标称/估计值分别为(90°,2°)和(47°,92°)；两个干扰的波达方向分别为(90°,30°)和(90°,60°)，波极化参数分别为(60°,40°)和(30°,50°)；输入干噪比为20dB。

图2.42（a）所示为多极化重构矩阵求逆和多极化样本矩阵求逆波束形成器输出信干噪比随输入信噪比变化的曲线，其中快拍数为100；图2.42（b）所示为两种波束形成器输出信干噪比随快拍数变化的曲线，其中输入信噪比为20dB。

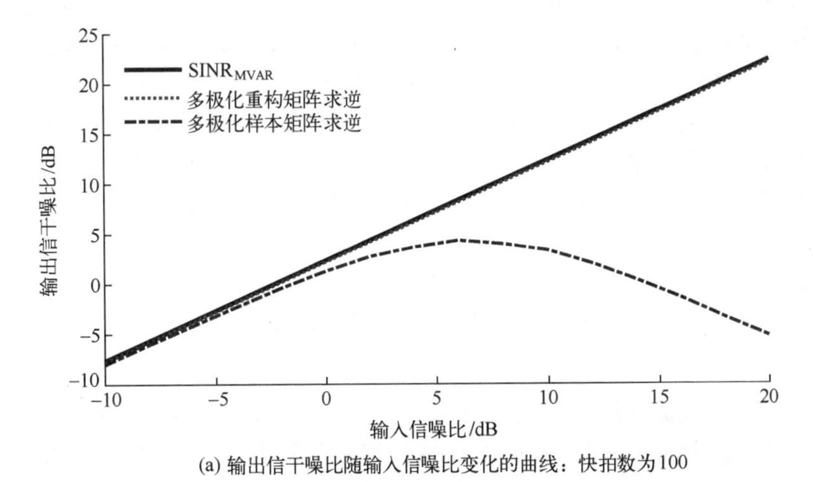

(a) 输出信干噪比随输入信噪比变化的曲线：快拍数为100

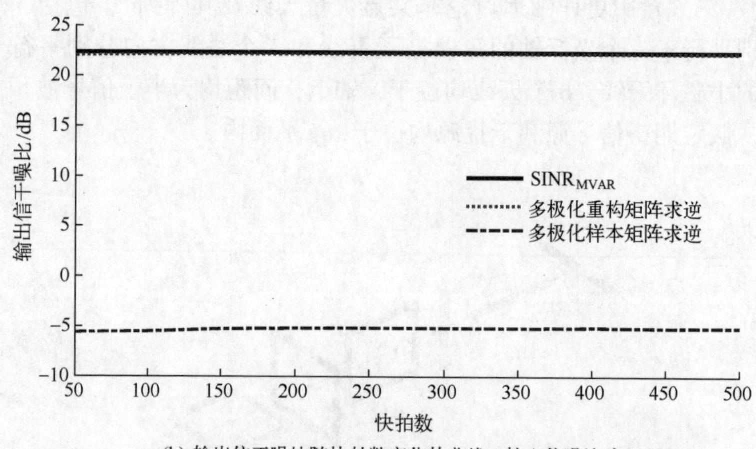

(b) 输出信干噪比随快拍数变化的曲线：输入信噪比为20dB

图 2.42 波束形成器的干扰和噪声抑制性能曲线：期望信号波为完全极化，两个干扰波亦为完全极化

由图中所示结果可以看出，在很宽的输入信噪比和快拍数范围上，多极化重构矩阵求逆波束形成器的输出信干噪比明显优于多极化样本矩阵求逆波束形成器的输出信干噪比，且前者非常接近相应的最优值。这是由于本例中的波束形成存在指向和极化误差，当输入信噪比较高时，多极化样本矩阵求逆波束形成器会将期望信号误作干扰进行抑制，从而导致输出信干噪比性能明显恶化。

第二例中，期望信号波为完全极化，只存在一个干扰波，且为非极化；期望信号的真实波达方向和波极化参数分别为(90°,30°)和(45°,90°)，两者的标称值分别为(90°,32°)和(47°,92°)；干扰的波达方向为(90°,60°)；输入干噪比为20dB。

图 2.43（a）所示为多极化重构矩阵求逆和多极化样本矩阵求逆波束形成器输出信干噪比随输入信噪比变化的曲线，其中快拍数为100；图 2.43（b）所示为两种波束形成器输出信干噪比随快拍数变化的曲线，其中输入信噪比为 20dB。

由图中所示结果可以看出，多极化重构矩阵求逆波束形成器在很宽的输入信噪比和快拍数范围上，仍然非常接近相应的最优值，同时显著优于多极化样本矩阵求逆波束形成器。

第三例中，期望信号波为非极化，亦只存在一个干扰波，且为非极化；期望信号的真实波达方向为(90°,10°)，其标称值为(90°,12°)；干扰的波达方向为(90°,60°)；输入干噪比为 20dB。

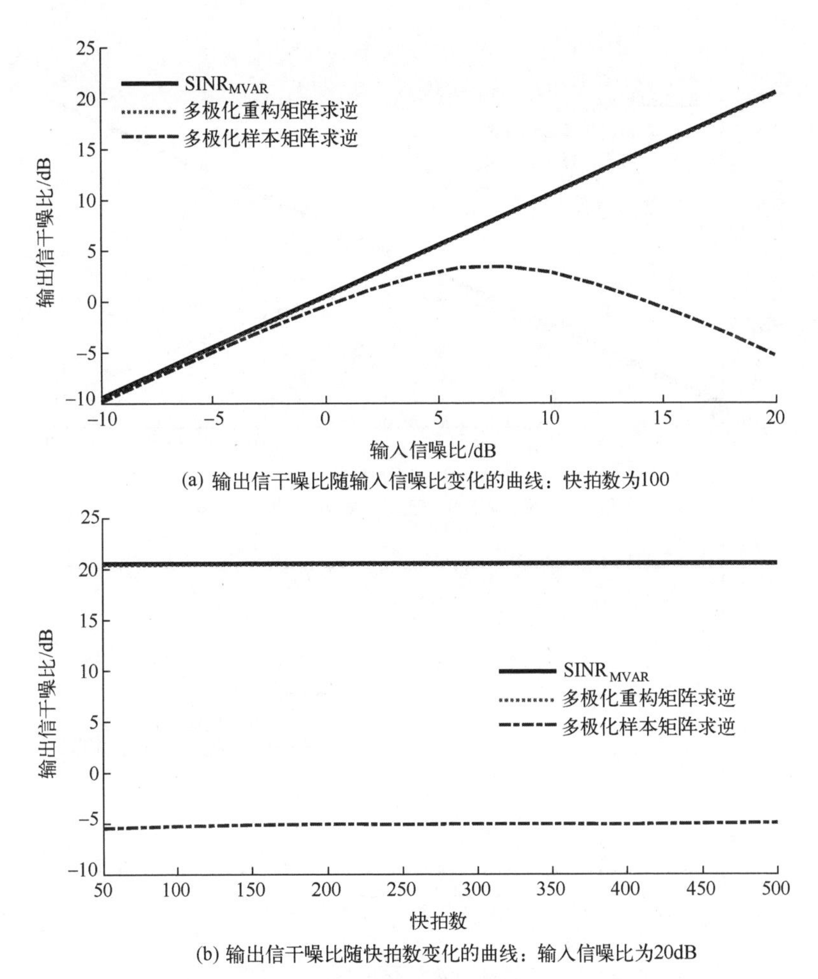

(a) 输出信干噪比随输入信噪比变化的曲线：快拍数为100

(b) 输出信干噪比随快拍数变化的曲线：输入信噪比为20dB

图 2.43　波束形成器的干扰和噪声抑制性能曲线：期望信号波为完全极化，干扰波为非极化

图 2.44（a）所示为多极化重构矩阵求逆和多极化样本矩阵求逆波束形成器输出信干噪比随输入信噪比变化的曲线，其中快拍数为 100；图 2.44（b）所示为两种波束形成器输出信干噪比随快拍数变化的曲线，其中输入信噪比为 20dB。

由图中所示结果可以看出，非极化条件下的多极化重构矩阵求逆波束形成器，在很宽的输入信噪比和快拍数范围上仍具有较好的性能，对指向误差具有较高的鲁棒性。

第四例中，期望信号波为非极化，而两个干扰波则为完全极化；期望信号的真实波达方向为(90°,10°)，其标称值为(90°,12°)；两个干扰的波达方

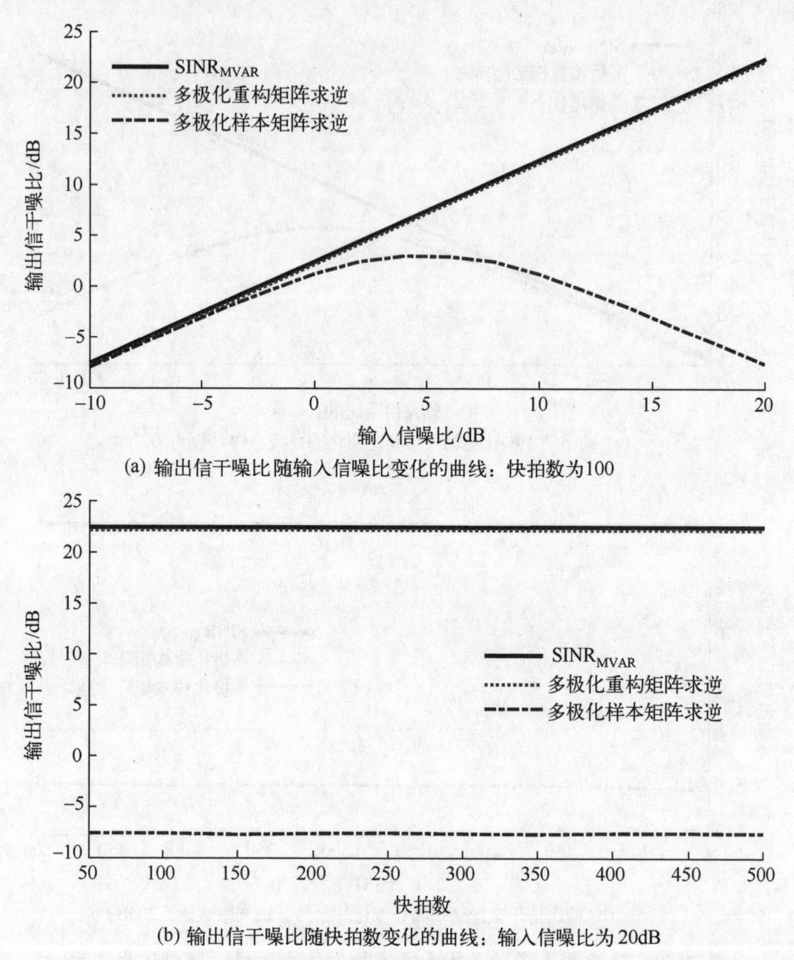

图 2.44 波束形成器的干扰和噪声抑制性能曲线：期望信号波为非极化，干扰波亦为非极化

向分别为(90°,40°)和(90°,60°)，波极化参数分别为(60°,40°)和(30°,50°)；输入干噪比为20dB。

图2.45（a）所示为多极化重构矩阵求逆和多极化样本矩阵求逆波束形成器输出信干噪比随输入信噪比变化的曲线，其中快拍数为100；图2.45（b）所示为两种波束形成器输出信干噪比随快拍数变化的曲线，其中输入信噪比为20dB。

可以看出，多极化重构矩阵求逆波束形成器在此例条件下，仍具有较好的干扰和噪声抑制性能。

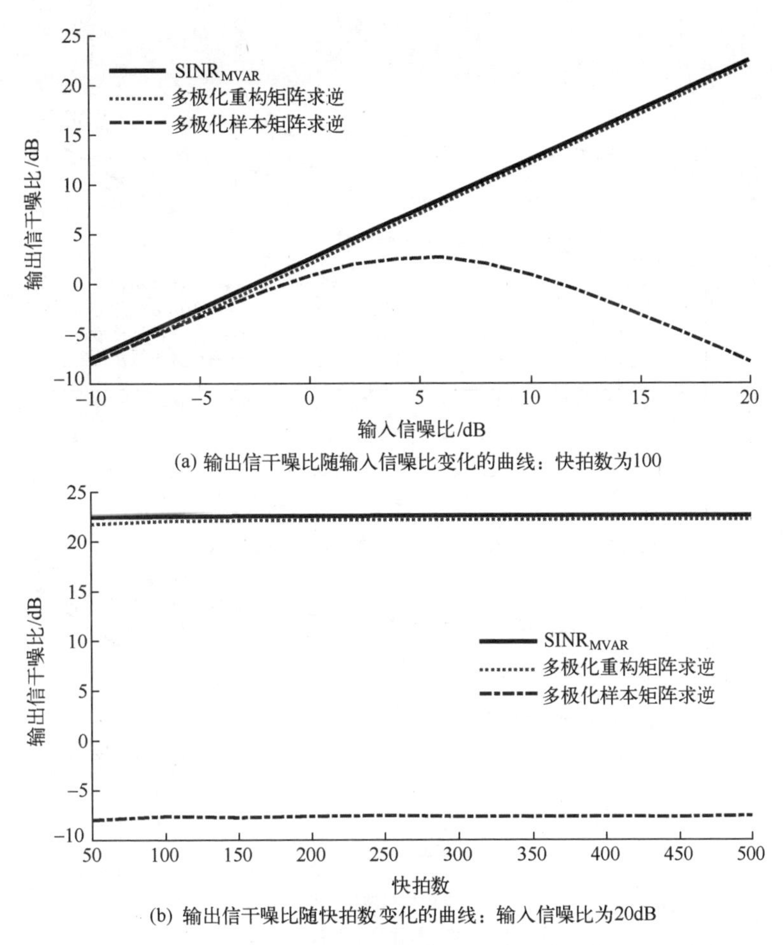

(a) 输出信干噪比随输入信噪比变化的曲线：快拍数为100

(b) 输出信干噪比随快拍数变化的曲线：输入信噪比为20dB

图 2.45　波束形成器的干扰和噪声抑制性能曲线：期望信号波为非极化，两个干扰波均为完全极化

第五例，研究期望信号波和干扰波极化度对多极化重构矩阵求逆波束形成器干扰和噪声抑制性能的影响。例中期望信号的真实波达方向为(90°, 10°)，其标称值为(90°,12°)；期望信号波的完全极化分量参数为(45°,90°)；干扰的波达方向为(90°,25°)；输入信噪比和干噪比均为 20dB；快拍数为 100。

图 2.46 所示为多极化重构矩阵求逆波束形成器输出信干噪比关于期望信号波和干扰波极化度的变化曲线，可以看出，期望信号波或干扰波极化度的降低，都会导致多极化重构矩阵求逆波束形成器的干扰和噪声抑制性能下降。

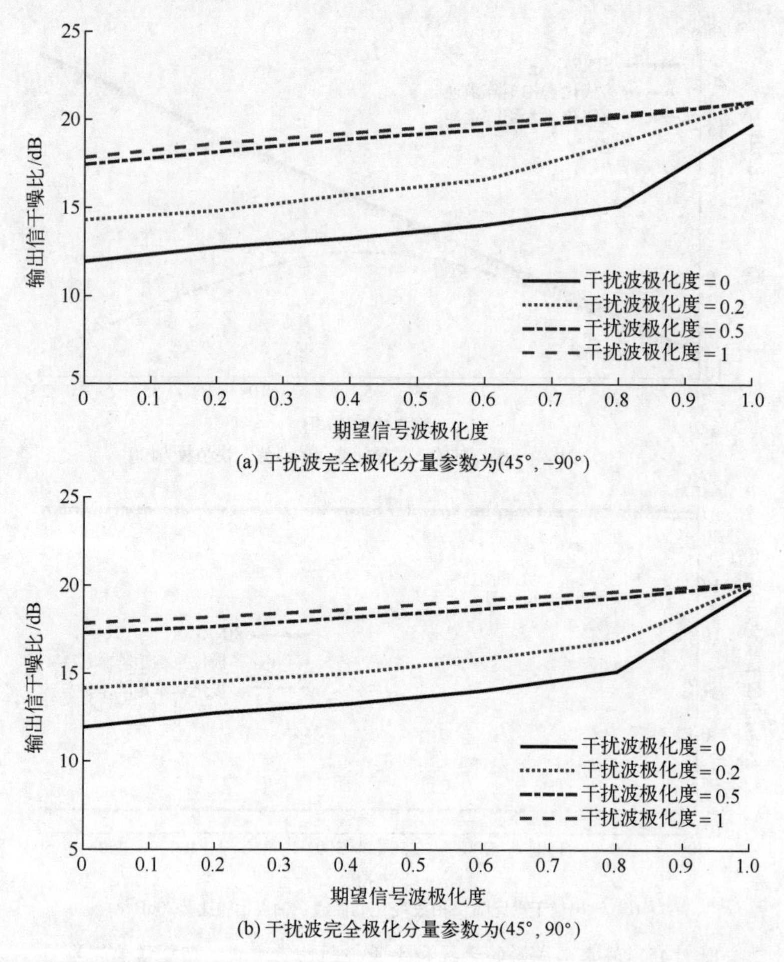

图 2.46 期望信号波和干扰波的极化度对多极化重构矩阵求逆波束形成干扰和噪声抑制性能的影响

第六例，研究期望信号和干扰波达方向差（也即角度间隔）对多极化重构矩阵求逆波束形成器干扰和噪声抑制性能的影响。例中期望信号波和两个干扰波均为完全极化；期望信号的真实波达方向和波极化参数为(90°,0°)和(45°,90°)；两个干扰波的极化参数分别为(60°,40°)和(30°,50°)；输入信噪比和干噪比均为20dB；快拍数为100。

图 2.47 所示为多极化重构矩阵求逆波束形成器输出信干噪比随期望信号和干扰波达方向差变化的曲线，其中一个干扰的方位角在10°和30°之间变化，俯仰角固定为90°；另一个干扰的波达方向固定为(90°,60°)；期望信号波达方向和波极化参数的标称值分别为(90°,2°)和(47°,92°)。

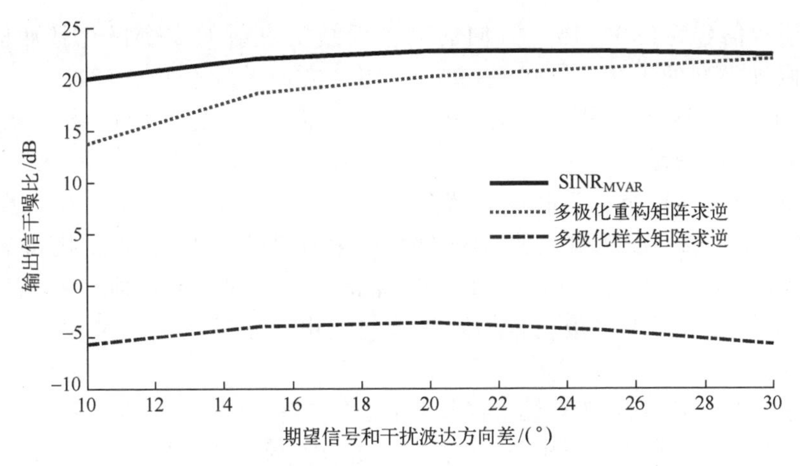

图 2.47　期望信号和干扰的波达方向差对多极化重构矩阵求逆波束形成干扰和噪声抑制性能的影响

由图中所示结果可以看出，随着期望信号和干扰波达方向差异的减小，多极化重构矩阵求逆波束形成器的干扰和噪声抑制性能会逐渐下降，多极化样本矩阵求逆波束形成器的干扰和噪声抑制性能则没有明显变化。

有些场合，干扰加噪声协方差矩阵也可以直接利用波束形成阵列的多次快拍进行重构，比如当期望信号为脉冲信号时，可以利用其脉冲间歇的多次快拍：$\boldsymbol{x}(t_{k_0}),\boldsymbol{x}(t_{k_0+1}),\cdots,\boldsymbol{x}(t_{k_0+K-1})$，对干扰加噪声协方差矩阵进行估计：

$$\hat{\boldsymbol{R}}_{\boldsymbol{uu}}=\frac{1}{K}\sum_{n=0}^{K-1}\boldsymbol{x}(t_{k_0+n})\boldsymbol{x}^{\mathrm{H}}(t_{k_0+n}) \tag{2.335}$$

进而可实现多极化重构矩阵求逆波束形成。

看一个简单的基于暗室数据的多极化重构矩阵求逆波束形成例子，例中的波束形成阵列为 24 元矢量天线等距线阵，由 8 个 3 元矢量天线组成，矢量天线间距为 0.9 个信号波长，信号源与阵列在同一平面内，如图 2.48 所示。

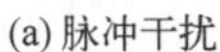
(a) 脉冲干扰

(b) 连续干扰

图 2.48　基于暗室数据的多极化重构矩阵求逆波束形成的实验场景图

期望信号为(90°,15°)方向的喇叭天线所发射的完全极化脉冲信号，考虑两种类型的干扰，一种是(90°,-15°)方向的完全极化脉冲干扰，如图2.48（a）所示；另一种是(90°,0°)方向的完全极化连续干扰，如图2.48（b）所示。

图2.49（a）所示为脉冲干扰条件下，参考矢量天线第1个传感单元（参考阵元）的一段观测，图2.49（b）所示为期望信号与脉冲干扰和噪声的一段混合波形，图2.49（c）所示为期望信号与干扰不重叠时的一段波形，图2.49（d）所示为多极化重构矩阵求逆波束形成后的一段期望信号估计波形。

图2.50（a）所示为连续干扰条件下，参考阵元的一段观测，图2.50（b）所示为期望信号与连续干扰和噪声的一段混合波形，图2.50（c）所示为连续干扰和噪声的一段混合波形，图2.50（d）所示为多极化重构矩阵求逆波束形成后的一段期望信号估计波形。

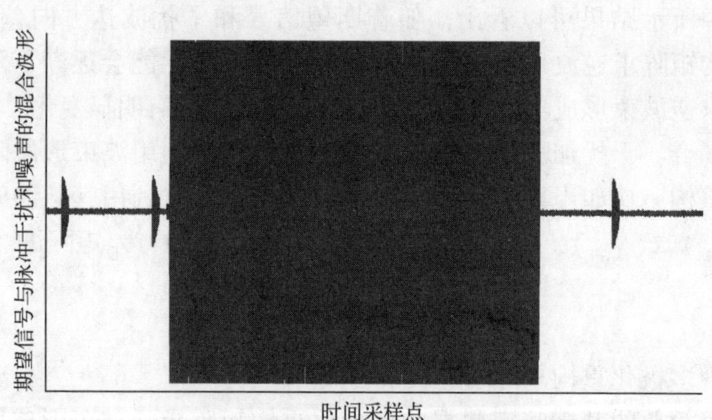

(a) 参考阵元的一段观测

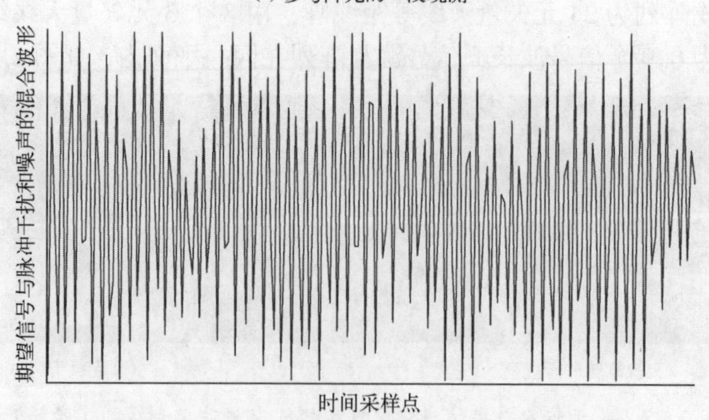

(b) 期望信号与干扰重叠时的一段波形

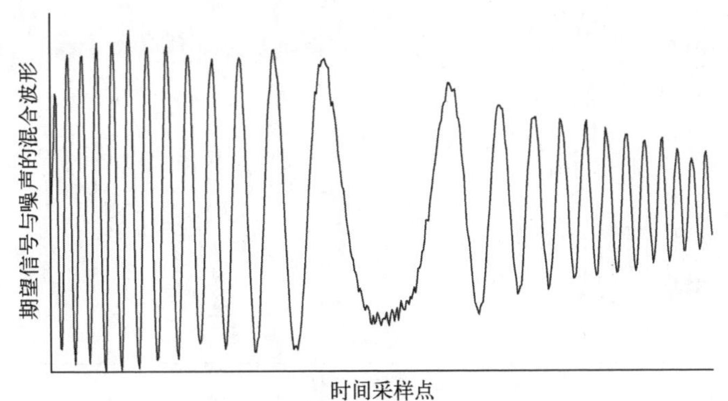

(c) 期望信号与干扰不重叠时的一段波形

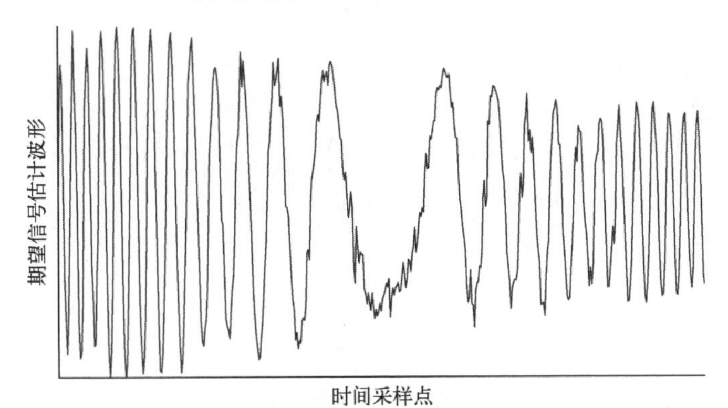

(d) 波束形成后的一段期望信号估计波形

图 2.49　基于暗室数据的多极化重构矩阵求逆波束形成干扰和噪声抑制实验结果

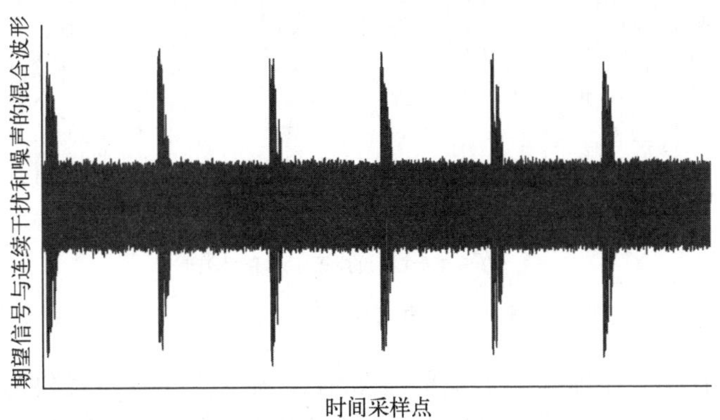

(a) 参考阵元的一段观测

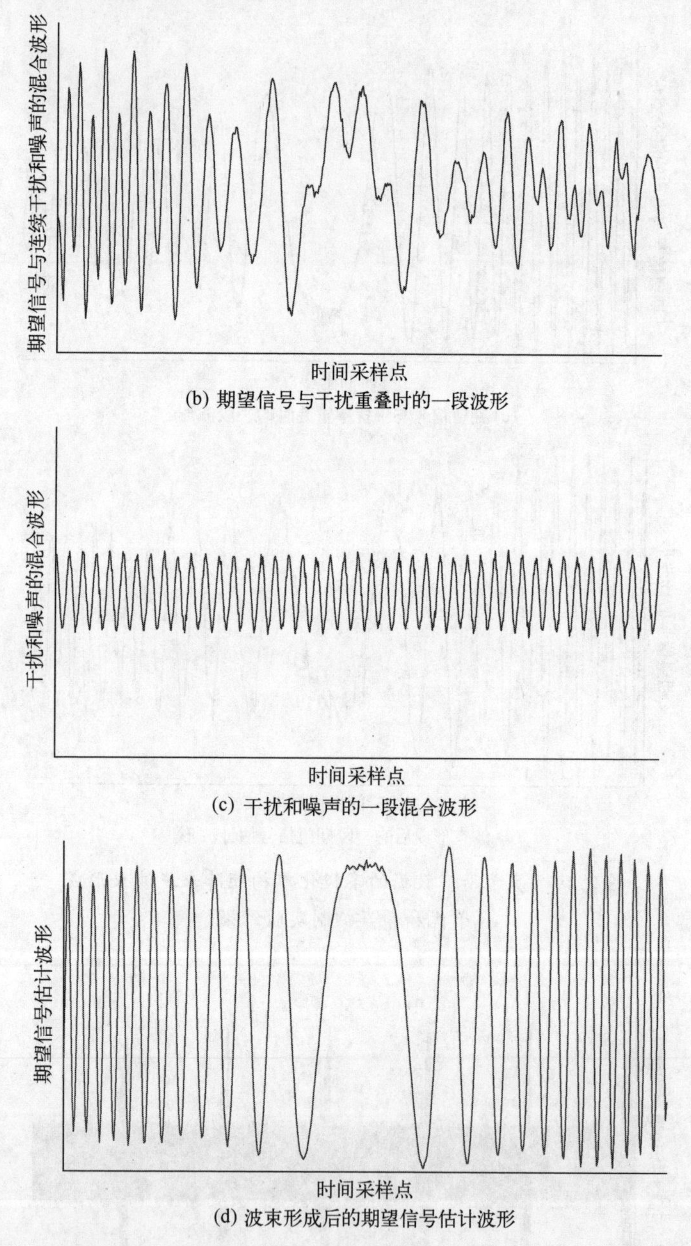

(b) 期望信号与干扰重叠时的一段波形

(c) 干扰和噪声的一段混合波形

(d) 波束形成后的期望信号估计波形

图 2.50 基于暗室数据的多极化重构矩阵求逆波束形成干扰和噪声抑制实验结果

再看一个基于外场实测数据的波束形成例子，期望信号仍为脉冲信号，波达方向为(90°,0°)，存在一个脉冲干扰，波达方向为(90°,70°)，如图 2.51 所示；波束形成阵列为 24（$L=8$，$J=3$）元矢量天线非等距线阵，以半个信号波长为单位的矢量天线位置分别为 0、3、8、13、18、20、22、24，如图 2. 52 所示。图 2. 53 所示为相应的干扰和噪声抑制实验结果。

图 2. 51　基于外场实测数据的多极化重构矩阵求逆波束形成实验场景图

图 2. 52　多极化重构矩阵求逆波束形成阵列实物图

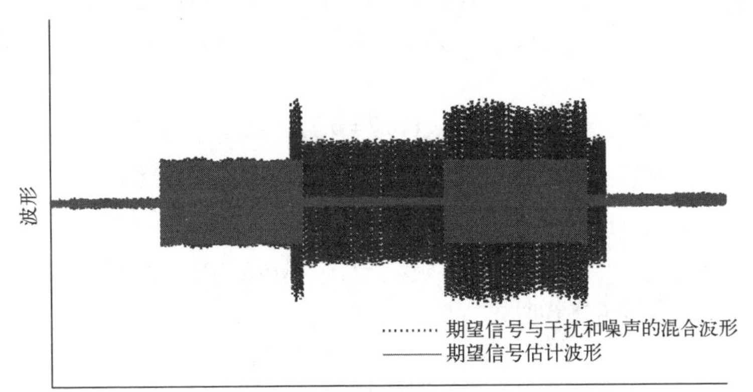

图 2. 53　基于外场实测数据的多极化重构矩阵求逆波束形成干扰和噪声抑制实验结果

由图 2. 49、图 2. 50 和图 2. 53 所示的实验结果可以看出，对于暗室数据和外场实测数据，多极化重构矩阵求逆波束形成器也具有较好的干扰和噪声抑制效果。

2. 3. 3　极化抽取最小功率无失真响应波束形成器

首先记

$$\varsigma_{0,\epsilon}(t)=\epsilon s_{\mathbf{H},0}(t)+(1-\epsilon)s_{\mathbf{V},0}(t)=\boldsymbol{\epsilon}^{\mathrm{H}}\boldsymbol{s}_{\mathbf{H}+\mathbf{V},0}(t) \tag{2.336}$$

式中：$\boldsymbol{\epsilon}=[\epsilon,1-\epsilon]^{\mathrm{T}}$，$\epsilon$ 为实值抽取参数，满足 $0\leqslant\epsilon\leqslant1$。

再将 $s_{\mathbf{H},0}(t)$ 和 $s_{\mathbf{V},0}(t)$ 同时以 $\varsigma_{0,\epsilon}(t)$ 为基准写成下述正交表示形式：

$$s_{\mathbf{H},0}(t)=\rho_{\mathbf{H},0,\epsilon}\varsigma_{0,\epsilon}(t)+\underbrace{(s_{\mathbf{H},0}(t)-\rho_{\mathbf{H},0,\epsilon}\varsigma_{0,\epsilon}(t))}_{=i_{\mathbf{H},0,\epsilon}(t)} \tag{2.337}$$

$$s_{\mathbf{V},0}(t)=\rho_{\mathbf{V},0,\epsilon}\varsigma_{0,\epsilon}(t)+\underbrace{(s_{\mathbf{V},0}(t)-\rho_{\mathbf{V},0,\epsilon}\varsigma_{0,\epsilon}(t))}_{=i_{\mathbf{V},0,\epsilon}(t)} \tag{2.338}$$

式中：

$$\rho_{\mathbf{H},0,\epsilon}=\frac{\langle s_{\mathbf{H},0}(t)\varsigma_{0,\epsilon}^{*}(t)\rangle}{\langle \varsigma_{0,\epsilon}(t)\varsigma_{0,\epsilon}^{*}(t)\rangle}=\frac{[\boldsymbol{C}_0(1,1),\boldsymbol{C}_0(1,2)]\boldsymbol{\epsilon}}{\boldsymbol{\epsilon}^{\mathrm{H}}\boldsymbol{C}_0\boldsymbol{\epsilon}}=\frac{[\boldsymbol{C}_{\mathrm{nm},0}(1,1),\boldsymbol{C}_{\mathrm{nm},0}(1,2)]\boldsymbol{\epsilon}}{\boldsymbol{\epsilon}^{\mathrm{H}}\boldsymbol{C}_{\mathrm{nm},0}\boldsymbol{\epsilon}} \tag{2.339}$$

$$\rho_{\mathbf{V},0,\epsilon}=\frac{\langle s_{\mathbf{V},0}(t)\varsigma_{0,\epsilon}^{*}(t)\rangle}{\langle \varsigma_{0,\epsilon}(t)\varsigma_{0,\epsilon}^{*}(t)\rangle}=\frac{[\boldsymbol{C}_0(2,1),\boldsymbol{C}_0(2,2)]\boldsymbol{\epsilon}}{\boldsymbol{\epsilon}^{\mathrm{H}}\boldsymbol{C}_0\boldsymbol{\epsilon}}=\frac{[\boldsymbol{C}_{\mathrm{nm},0}(2,1),\boldsymbol{C}_{\mathrm{nm},0}(2,2)]\boldsymbol{\epsilon}}{\boldsymbol{\epsilon}^{\mathrm{H}}\boldsymbol{C}_{\mathrm{nm},0}\boldsymbol{\epsilon}} \tag{2.340}$$

$$\langle \varsigma_{0,\epsilon}(t)\varsigma_{0,\epsilon}^{*}(t)\rangle=\sigma_{\varsigma_{0,\epsilon}}^{2}=\boldsymbol{\epsilon}^{\mathrm{H}}\boldsymbol{C}_0\boldsymbol{\epsilon}\neq 0 \tag{2.341}$$

另外，$i_{\mathbf{H},0,\epsilon}(t)$ 和 $i_{\mathbf{V},0,\epsilon}(t)$ 为虚拟干扰，均与 $\varsigma_{0,\epsilon}(t)$ 互不相关：

$$\langle i_{\mathbf{H},0,\epsilon}(t)\varsigma_{0,\epsilon}^{*}(t)\rangle=\langle i_{\mathbf{V},0,\epsilon}(t)\varsigma_{0,\epsilon}^{*}(t)\rangle=0 \tag{2.342}$$

并且

$$\sigma_{i_{\mathbf{H},0,\epsilon}}^{2}=\langle i_{\mathbf{H},0,\epsilon}(t)i_{\mathbf{H},0,\epsilon}^{*}(t)\rangle=\sigma_{\mathbf{H},0}^{2}-|\rho_{\mathbf{H},0,\epsilon}|^{2}(\boldsymbol{\epsilon}^{\mathrm{H}}\boldsymbol{C}_0\boldsymbol{\epsilon}) \tag{2.343}$$

$$\sigma_{i_{\mathbf{V},0,\epsilon}}^{2}=\langle i_{\mathbf{V},0,\epsilon}(t)i_{\mathbf{V},0,\epsilon}^{*}(t)\rangle=\sigma_{\mathbf{V},0}^{2}-|\rho_{\mathbf{V},0,\epsilon}|^{2}(\boldsymbol{\epsilon}^{\mathrm{H}}\boldsymbol{C}_0\boldsymbol{\epsilon}) \tag{2.344}$$

$$r_{i_{\mathbf{H},0,\epsilon}i_{\mathbf{V},0,\epsilon}}=\langle i_{\mathbf{V},0,\epsilon}(t)i_{\mathbf{H},0,\epsilon}^{*}(t)\rangle=r_{\mathbf{HV},0}-(\rho_{\mathbf{H},0,\epsilon}^{*}\rho_{\mathbf{V},0,\epsilon})(\boldsymbol{\epsilon}^{\mathrm{H}}\boldsymbol{C}_0\boldsymbol{\epsilon}) \tag{2.345}$$

$$r_{i_{\mathbf{V},0,\epsilon}i_{\mathbf{H},0,\epsilon}}=\langle i_{\mathbf{H},0,\epsilon}(t)i_{\mathbf{V},0,\epsilon}^{*}(t)\rangle=r_{\mathbf{VH},0}-(\rho_{\mathbf{V},0,\epsilon}^{*}\rho_{\mathbf{H},0,\epsilon})(\boldsymbol{\epsilon}^{\mathrm{H}}\boldsymbol{C}_0\boldsymbol{\epsilon}) \tag{2.346}$$

当期望信号波为完全极化时，

$$\sigma_{\mathbf{H},0}^{2}=|\rho_{\mathbf{H},0,\epsilon}|^{2}(\boldsymbol{\epsilon}^{\mathrm{H}}\boldsymbol{C}_0\boldsymbol{\epsilon})\Rightarrow\sigma_{i_{\mathbf{H},0,\epsilon}}^{2}=0 \tag{2.347}$$

$$\sigma_{\mathbf{V},0}^{2}=|\rho_{\mathbf{V},0,\epsilon}|^{2}(\boldsymbol{\epsilon}^{\mathrm{H}}\boldsymbol{C}_0\boldsymbol{\epsilon})\Rightarrow\sigma_{i_{\mathbf{V},0,\epsilon}}^{2}=0 \tag{2.348}$$

此处抽取参数 $\boldsymbol{\epsilon}$ 的引入，其主要目的是使正交表示基准信号 $\varsigma_{0,\epsilon}(t)$ 可在 $s_{\mathbf{H},0}(t)$ 和 $s_{\mathbf{V},0}(t)$ 之间权衡，同时保证 $\varsigma_{0,\epsilon}(t)$ 的功率 $\boldsymbol{\epsilon}^{\mathrm{H}}\boldsymbol{C}_0\boldsymbol{\epsilon}$ 不为零。

当期望信号波为部分/非极化时，$\boldsymbol{C}_0$ 为正定厄尔米特矩阵，而 $\boldsymbol{\epsilon}$ 为非零矢量，所以一定有 $\boldsymbol{\epsilon}^{\mathrm{H}}\boldsymbol{C}_0\boldsymbol{\epsilon}>0$。

当期望信号波为完全极化时，$\boldsymbol{C}_0$ 为奇异矩阵：

$$\boldsymbol{C}_0=\sigma_0^2\boldsymbol{p}_{\gamma_0,\eta_0}\boldsymbol{p}_{\gamma_0,\eta_0}^{\mathrm{H}}=\sigma_0^2\begin{bmatrix}\cos^2\gamma_0 & \cos\gamma_0\sin\gamma_0\mathrm{e}^{-\mathrm{j}\eta_0}\\ \cos\gamma_0\sin\gamma_0\mathrm{e}^{\mathrm{j}\eta_0} & \sin^2\gamma_0\end{bmatrix} \tag{2.349}$$

$$\boldsymbol{\epsilon}^{\mathrm{H}}\boldsymbol{C}_0\boldsymbol{\epsilon}=\sigma_0^2\cdot|\boldsymbol{\epsilon}^{\mathrm{H}}\boldsymbol{p}_{\gamma_0,\eta_0}|^2 \tag{2.350}$$

由于 $\boldsymbol{\epsilon}$ 为实矢量，只有当期望信号为线极化时，$\boldsymbol{\epsilon}$ 才可能与期望信号波的极化矢量 $\boldsymbol{p}_{\gamma_0,\eta_0}$ 正交，从而导致 $\boldsymbol{\epsilon}^{\mathrm{H}}\boldsymbol{C}_0\boldsymbol{\epsilon}=0$。又 $\sin\gamma_0\geqslant 0$，$\cos\gamma_0\geqslant 0$，而 $0\leqslant\boldsymbol{\epsilon}\leqslant 1$，0

$\leqslant 1-\epsilon \leqslant 1$，所以当 $\eta_0=0°$时，若 $\gamma_0 \neq 0°$、$\gamma_0 \neq 90°$，则 $\boldsymbol{\epsilon}^{\mathrm{H}}\boldsymbol{C}_0\boldsymbol{\epsilon}>0$；若 $\gamma_0=0°$，则$\epsilon \neq 0$；若 $\gamma_0=90°$，则 $\epsilon \neq 1$；若 $\eta_0=180°$，$\epsilon \neq \dfrac{1}{1+\cot\gamma_0}$。

基于式（2.336）~式（2.338），可将期望信号矢量 $\boldsymbol{d}(t)$重写为

$$\boldsymbol{d}(t)=\boldsymbol{\Xi}_0\underbrace{\begin{bmatrix}\rho_{\mathrm{H},0,\epsilon}\\ \rho_{\mathrm{V},0,\epsilon}\end{bmatrix}}_{=\boldsymbol{\rho}_{0,\epsilon}}\varsigma_{0,\epsilon}(t)+\boldsymbol{\Xi}_0\underbrace{\begin{bmatrix}i_{\mathrm{H},0,\epsilon}(t)\\ i_{\mathrm{V},0,\epsilon}(t)\end{bmatrix}}_{=\boldsymbol{i}_{\mathrm{H+V},0,\epsilon}(t)} \tag{2.351}$$

也即将 $\boldsymbol{s}_{\mathrm{H+V},0}(t)$分解为了 $\boldsymbol{\rho}_{0,\epsilon}\varsigma_{0,\epsilon}(t)$和 $\boldsymbol{i}_{\mathrm{H+V},0,\epsilon}(t)$两项，两项的协方差矩阵分别为

$$\boldsymbol{\rho}_{0,\epsilon}\langle\varsigma_{0,\epsilon}(t)\varsigma_{0,\epsilon}^{*}(t)\rangle\boldsymbol{\rho}_{0,\epsilon}^{\mathrm{H}}=(\boldsymbol{\epsilon}^{\mathrm{H}}\boldsymbol{C}_0\boldsymbol{\epsilon})(\boldsymbol{\rho}_{0,\epsilon}\boldsymbol{\rho}_{0,\epsilon}^{\mathrm{H}}) \tag{2.352}$$

$$\langle\boldsymbol{i}_{\mathrm{H+V},0,\epsilon}(t)\boldsymbol{i}_{\mathrm{H+V},0,\epsilon}^{\mathrm{H}}(t)\rangle=\boldsymbol{C}_0-(\boldsymbol{\epsilon}^{\mathrm{H}}\boldsymbol{C}_0\boldsymbol{\epsilon})(\boldsymbol{\rho}_{0,\epsilon}\boldsymbol{\rho}_{0,\epsilon}^{\mathrm{H}}) \tag{2.353}$$

其中，第一项无论期望信号波是否为完全极化，总是对应于一个完全极化信号波，故此得名“极化抽取”。

进一步可将波束形成阵列输出矢量重写为

$$\boldsymbol{x}(t)=\boldsymbol{\Xi}_0\boldsymbol{\rho}_{0,\epsilon}\varsigma_{0,\epsilon}(t)+\boldsymbol{i}_{0,\epsilon}(t)+\sum_{m=1}^{M-1}\boldsymbol{i}_m(t)+\boldsymbol{n}(t) \tag{2.354}$$

其中，$\boldsymbol{i}_{0,\epsilon}(t)=\boldsymbol{\Xi}_0\boldsymbol{i}_{\mathrm{H+V},0,\epsilon}(t)$和 $\boldsymbol{i}_1(t),\boldsymbol{i}_2(t),\cdots,\boldsymbol{i}_{M-1}(t)$分别为虚拟干扰矢量和实际干扰矢量，均与$\varsigma_{0,\epsilon}(t)$互不相关。

由此，可考虑下述极化抽取最小功率无失真响应（PE－MPDR）波束形成：

$$\min_{\boldsymbol{w}}\boldsymbol{w}^{\mathrm{H}}\boldsymbol{R}_{xx}\boldsymbol{w}\ \ \text{s. t.}\ \ \boldsymbol{w}^{\mathrm{H}}\boldsymbol{\Xi}_0\boldsymbol{\rho}_{0,\epsilon}=1 \tag{2.355}$$

该优化问题仍可通过拉格朗日乘子法进行求解，首先构造下述拉格朗日函数：

$$\mathcal{L}(\boldsymbol{w},\iota)=\boldsymbol{w}^{\mathrm{H}}\boldsymbol{R}_{xx}\boldsymbol{w}+2\mathrm{Re}(\iota(1-\boldsymbol{w}^{\mathrm{H}}\boldsymbol{\Xi}_0\boldsymbol{\rho}_{0,\epsilon})) \tag{2.356}$$

将 $\mathcal{L}(\boldsymbol{w},\iota)$对 $\boldsymbol{w}$ 求偏导，并令所得结果为零，可得

$$\frac{\partial\mathcal{L}(\boldsymbol{w},\iota)}{\partial\boldsymbol{w}}=\boldsymbol{R}_{xx}\boldsymbol{w}-\iota\boldsymbol{\Xi}_0\boldsymbol{\rho}_{0,\epsilon}=\boldsymbol{o}\Rightarrow\boldsymbol{R}_{xx}\boldsymbol{w}=\iota\boldsymbol{\Xi}_0\boldsymbol{\rho}_{0,\epsilon} \tag{2.357}$$

再考虑到 $\boldsymbol{w}^{\mathrm{H}}\boldsymbol{\Xi}_0\boldsymbol{\rho}_{0,\epsilon}=1$（由$\partial\mathcal{L}(\boldsymbol{w},\iota)/\partial\iota=0$ 也可推得该结果），可得波束形成权矢量为

$$\boldsymbol{w}_{\mathrm{PE-MPDR},\epsilon}=(\boldsymbol{\rho}_{0,\epsilon}^{\mathrm{H}}\boldsymbol{\Xi}_0^{\mathrm{H}}\boldsymbol{R}_{xx}^{-1}\boldsymbol{\Xi}_0\boldsymbol{\rho}_{0,\epsilon})^{-1}\boldsymbol{R}_{xx}^{-1}\boldsymbol{\Xi}_0\boldsymbol{\rho}_{0,\epsilon} \tag{2.358}$$

（1）极化抽取最小功率无失真响应波束形成器的“无失真响应”，是针对正交表示基准信号$\varsigma_{0,\epsilon}(t)$而言的。

注意到

$$\boldsymbol{w}_{\mathrm{PE-MPDR},\epsilon_1}^{\mathrm{H}}\boldsymbol{x}(t)\approx\varsigma_{0,\epsilon_1}(t)=[\epsilon_1,1-\epsilon_1]\boldsymbol{s}_{\mathrm{H+V},0}(t) \tag{2.359}$$

$$\boldsymbol{w}_{\mathrm{PE-MPDR},\epsilon_2}^{\mathrm{H}}\boldsymbol{x}(t)\approx\varsigma_{0,\epsilon_2}(t)=[\epsilon_2,1-\epsilon_2]\boldsymbol{s}_{\mathrm{H+V},0}(t) \tag{2.360}$$

其中，$\epsilon_1 \neq \epsilon_2$。

所以

$$\begin{bmatrix} \epsilon_1 & 1-\epsilon_1 \\ \epsilon_2 & 1-\epsilon_2 \end{bmatrix}^{-1} \begin{bmatrix} \boldsymbol{w}^{\mathrm{H}}_{\mathrm{PE\text{-}MPDR},\epsilon_1} \\ \boldsymbol{w}^{\mathrm{H}}_{\mathrm{PE\text{-}MPDR},\epsilon_2} \end{bmatrix} \boldsymbol{x}(t) \approx \boldsymbol{s}_{\mathbf{H+V},0}(t) \tag{2.361}$$

由此可以定义下述波束形成权矩阵：

$$\boldsymbol{W}_{\mathrm{PE\text{-}MPDR},\epsilon_1,\epsilon_2} = [\boldsymbol{w}_{\mathrm{PE\text{-}MPDR},\epsilon_1}, \boldsymbol{w}_{\mathrm{PE\text{-}MPDR},\epsilon_2}] \boldsymbol{K}_{\epsilon_1,\epsilon_2} \tag{2.362}$$

其中

$$\boldsymbol{K}_{\epsilon_1,\epsilon_2} = \begin{bmatrix} \dfrac{1-\epsilon_2}{\epsilon_1-\epsilon_2} & \dfrac{-\epsilon_2}{\epsilon_1-\epsilon_2} \\ \dfrac{\epsilon_1-1}{\epsilon_1-\epsilon_2} & \dfrac{\epsilon_1}{\epsilon_1-\epsilon_2} \end{bmatrix} \tag{2.363}$$

利用该波束形成矩阵可直接进行信号估计：

$$\boldsymbol{s}_{\mathbf{H+V},0}(t) \approx \boldsymbol{W}^{\mathrm{H}}_{\mathrm{PE\text{-}MPDR},\epsilon_1,\epsilon_2} \boldsymbol{x}(t) \tag{2.364}$$

特别地，若 $\epsilon_1=1$，$\epsilon_2=0$，可得 $\boldsymbol{K}_{1,0}=\boldsymbol{I}_2$，并且

$$\boldsymbol{W}_{\mathrm{PE\text{-}MPDR},1,0} = [\boldsymbol{w}_{\mathrm{PE\text{-}MPDR},1}, \boldsymbol{w}_{\mathrm{PE\text{-}MPDR},0}] \tag{2.365}$$

同时，期望信号波又为非极化：$\sigma^2_{\mathbf{H},0}=\sigma^2_{\mathbf{V},0}$，$r_{\mathbf{HV},0}=0$，

$$\rho_{\mathbf{H},0,\epsilon} = \frac{\epsilon}{\epsilon^2+(1-\epsilon)^2} \tag{2.366}$$

$$\rho_{\mathbf{V},0,\epsilon} = \frac{1-\epsilon}{\epsilon^2+(1-\epsilon)^2} \tag{2.367}$$

也即

$$\boldsymbol{\rho}_{0,1} = \boldsymbol{\iota}_{2,1} = [1,0]^{\mathrm{T}} \tag{2.368}$$

$$\boldsymbol{\rho}_{0,0} = \boldsymbol{\iota}_{2,2} = [0,1]^{\mathrm{T}} \tag{2.369}$$

则 $\boldsymbol{w}_{\mathrm{PE\text{-}MPDR},1}$ 和 $\boldsymbol{w}_{\mathrm{PE\text{-}MPDR},0}$ 分别等效为水平和垂直极化最小功率无失真响应波束形成器：

$$\boldsymbol{w}_{\mathrm{PE\text{-}MPDR},1} = \arg\min_{\boldsymbol{w}} (\boldsymbol{w}^{\mathrm{H}} \boldsymbol{R}_{xx} \boldsymbol{w} \text{ s. t. } \boldsymbol{w}^{\mathrm{H}} \boldsymbol{a}_{\mathbf{H},0} = 1) = \underbrace{\left(\frac{\boldsymbol{R}_{xx}^{-1} \boldsymbol{a}_{\mathbf{H},0}}{\boldsymbol{a}^{\mathrm{H}}_{\mathbf{H},0} \boldsymbol{R}_{xx}^{-1} \boldsymbol{a}_{\mathbf{H},0}} \right)}_{=\boldsymbol{w}_{\mathrm{MPDR\text{-}H}}} \tag{2.370}$$

$$\boldsymbol{w}_{\mathrm{PE\text{-}MPDR},0} = \arg\min_{\boldsymbol{w}} (\boldsymbol{w}^{\mathrm{H}} \boldsymbol{R}_{xx} \boldsymbol{w} \text{ s. t. } \boldsymbol{w}^{\mathrm{H}} \boldsymbol{a}_{\mathbf{V},0} = 1) = \underbrace{\left(\frac{\boldsymbol{R}_{xx}^{-1} \boldsymbol{a}_{\mathbf{V},0}}{\boldsymbol{a}^{\mathrm{H}}_{\mathbf{V},0} \boldsymbol{R}_{xx}^{-1} \boldsymbol{a}_{\mathbf{V},0}} \right)}_{=\boldsymbol{w}_{\mathrm{MPDR\text{-}V}}} \tag{2.371}$$

相应地，

$$\boldsymbol{W}_{\mathrm{PE\text{-}MPDR},1,0} = [\boldsymbol{w}_{\mathrm{MPDR\text{-}H}}, \boldsymbol{w}_{\mathrm{MPDR\text{-}V}}] \tag{2.372}$$

该特例说明 $\boldsymbol{W}_{\mathrm{PE\text{-}MPDR},1,0}$ 通常并不对应着一个“无失真响应”秩-2 波束形

成器：

$$\boldsymbol{W}_{\text{PE-MPDR},1,0}^{\text{H}}\boldsymbol{\Xi}_0=\begin{bmatrix}1 & \dfrac{\boldsymbol{a}_{\text{H},0}^{\text{H}}\boldsymbol{R}_{xx}^{-1}\boldsymbol{a}_{\text{V},0}}{\boldsymbol{a}_{\text{H},0}^{\text{H}}\boldsymbol{R}_{xx}^{-1}\boldsymbol{a}_{\text{H},0}}\\ \dfrac{\boldsymbol{a}_{\text{V},0}^{\text{H}}\boldsymbol{R}_{xx}^{-1}\boldsymbol{a}_{\text{H},0}}{\boldsymbol{a}_{\text{V},0}^{\text{H}}\boldsymbol{R}_{xx}^{-1}\boldsymbol{a}_{\text{V},0}} & 1\end{bmatrix} \tag{2.373}$$

事实上，由于期望信号波为非极化，所以

$$\boldsymbol{R}_{xx}=\sigma_{\text{H},0}^2\boldsymbol{a}_{\text{H},0}\boldsymbol{a}_{\text{H},0}^{\text{H}}+\sigma_{\text{V},0}^2\boldsymbol{a}_{\text{V},0}\boldsymbol{a}_{\text{V},0}^{\text{H}}+\boldsymbol{R}_{uu} \tag{2.374}$$

所以

$$\min_{\boldsymbol{w}} \boldsymbol{w}^{\text{H}}\boldsymbol{R}_{xx}\boldsymbol{w} \text{ s. t. } \boldsymbol{w}^{\text{H}}\boldsymbol{a}_{\text{H},0}=1$$

$$\min_{\boldsymbol{w}} \boldsymbol{w}^{\text{H}}\boldsymbol{R}_{xx}\boldsymbol{w} \text{ s. t. } \boldsymbol{w}^{\text{H}}\boldsymbol{a}_{\text{V},0}=1$$

分别等价于

$$\min_{\boldsymbol{w}} \boldsymbol{w}^{\text{H}}\underbrace{(\sigma_{\text{V},0}^2\boldsymbol{a}_{\text{V},0}\boldsymbol{a}_{\text{V},0}^{\text{H}}+\boldsymbol{R}_{uu})}_{=\boldsymbol{R}_{uu,\text{H}}}\boldsymbol{w} \text{ s. t. } \boldsymbol{w}^{\text{H}}\boldsymbol{a}_{\text{H},0}=1 \tag{2.375}$$

$$\min_{\boldsymbol{w}} \boldsymbol{w}^{\text{H}}\underbrace{(\sigma_{\text{H},0}^2\boldsymbol{a}_{\text{H},0}\boldsymbol{a}_{\text{H},0}^{\text{H}}+\boldsymbol{R}_{uu})}_{=\boldsymbol{R}_{uu,\text{V}}}\boldsymbol{w} \text{ s. t. } \boldsymbol{w}^{\text{H}}\boldsymbol{a}_{\text{V},0}=1 \tag{2.376}$$

由此

$$(\boldsymbol{a}_{\text{H},0}^{\text{H}}\boldsymbol{R}_{xx}^{-1}\boldsymbol{a}_{\text{H},0})^{-1}\boldsymbol{R}_{xx}^{-1}\boldsymbol{a}_{\text{H},0}=(\boldsymbol{a}_{\text{H},0}^{\text{H}}\boldsymbol{R}_{uu,\text{H}}^{-1}\boldsymbol{a}_{\text{H},0})^{-1}\boldsymbol{R}_{uu,\text{H}}^{-1}\boldsymbol{a}_{\text{H},0} \tag{2.377}$$

$$(\boldsymbol{a}_{\text{V},0}^{\text{H}}\boldsymbol{R}_{xx}^{-1}\boldsymbol{a}_{\text{V},0})^{-1}\boldsymbol{R}_{xx}^{-1}\boldsymbol{a}_{\text{V},0}=(\boldsymbol{a}_{\text{V},0}^{\text{H}}\boldsymbol{R}_{uu,\text{V}}^{-1}\boldsymbol{a}_{\text{V},0})^{-1}\boldsymbol{R}_{uu,\text{V}}^{-1}\boldsymbol{a}_{\text{V},0} \tag{2.378}$$

式中：

$$\boldsymbol{R}_{uu,\text{H}}^{-1}=\sum_{l=1}^{M_1}\frac{1}{\mu_{\text{H},l}}\boldsymbol{u}_{\text{H},l}\boldsymbol{u}_{\text{H},l}^{\text{H}}+\sum_{l=M_1+1}^{LJ}\frac{1}{\sigma^2}\boldsymbol{u}_{\text{H},l}\boldsymbol{u}_{\text{H},l}^{\text{H}} \tag{2.379}$$

$$\boldsymbol{R}_{uu,\text{V}}^{-1}=\sum_{l=1}^{M_1}\frac{1}{\mu_{\text{V},l}}\boldsymbol{u}_{\text{V},l}\boldsymbol{u}_{\text{V},l}^{\text{H}}+\sum_{l=M_1+1}^{LJ}\frac{1}{\sigma^2}\boldsymbol{u}_{\text{V},l}\boldsymbol{u}_{\text{V},l}^{\text{H}} \tag{2.380}$$

其中，$M_1=1+\sum_{m=1}^{M-1}r_{C_m}$，$\mu_{\text{H},1}$，$\mu_{\text{H},2}$，$\cdots$，$\mu_{\text{H},M_1}$为$\boldsymbol{R}_{uu,\text{H}}$的$M_1$个大于噪声功率$\sigma^2$的较大特征值，$\boldsymbol{u}_{\text{H},1}$，$\boldsymbol{u}_{\text{H},2}$，$\cdots$，$\boldsymbol{u}_{\text{H},M_1}$为对应的主特征矢量，$\boldsymbol{u}_{\text{H},M_1+1}$，$\boldsymbol{u}_{\text{H},M_1+2}$，$\cdots$，$\boldsymbol{u}_{\text{H},LJ}$为$\boldsymbol{R}_{uu,\text{H}}$的$LJ-M_1$个等于噪声功率的较小特征值所对应的次特征矢量；$\mu_{\text{V},1}$，$\mu_{\text{V},2}$，$\cdots$，$\mu_{\text{V},M_1}$为$\boldsymbol{R}_{uu,\text{V}}$的$M_1$个大于噪声功率的较大特征值，$\boldsymbol{u}_{\text{V},1}$，$\boldsymbol{u}_{\text{V},2}$，$\cdots$，$\boldsymbol{u}_{\text{V},M_1}$为对应的主特征矢量，$\boldsymbol{u}_{\text{V},M_1+1}$，$\boldsymbol{u}_{\text{V},M_1+2}$，$\cdots$，$\boldsymbol{u}_{\text{V},LJ}$为$\boldsymbol{R}_{uu,\text{V}}$的$LJ-M_1$个等于噪声功率的较小特征值所对应的次特征矢量。

根据特征子空间理论，我们有

$$\boldsymbol{u}_{\text{H},l}^{\text{H}}\boldsymbol{a}_{\text{V},0}=0,\ l=M_1+1,M_1+2,\cdots,LJ \tag{2.381}$$

$$\boldsymbol{u}_{\text{V},l}^{\text{H}}\boldsymbol{a}_{\text{H},0}=0,\ l=M_1+1,M_1+2,\cdots,LJ \tag{2.382}$$

由此可得

$$(\boldsymbol{a}_{\mathrm{H},0}^{\mathrm{H}}\boldsymbol{R}_{xx}^{-1}\boldsymbol{a}_{\mathrm{H},0})^{-1}\boldsymbol{a}_{\mathrm{H},0}^{\mathrm{H}}\boldsymbol{R}_{xx}^{-1}\boldsymbol{a}_{\mathrm{V},0}=\sum_{l=1}^{M_1}\frac{(\boldsymbol{a}_{\mathrm{H},0}^{\mathrm{H}}\boldsymbol{u}_{\mathrm{H},l})(\boldsymbol{u}_{\mathrm{H},l}^{\mathrm{H}}\boldsymbol{a}_{\mathrm{V},0})}{\mu_{\mathrm{H},l}(\boldsymbol{a}_{\mathrm{H},0}^{\mathrm{H}}\boldsymbol{R}_{uu,\mathrm{H}}^{-1}\boldsymbol{a}_{\mathrm{H},0})} \tag{2.383}$$

$$(\boldsymbol{a}_{\mathrm{V},0}^{\mathrm{H}}\boldsymbol{R}_{xx}^{-1}\boldsymbol{a}_{\mathrm{V},0})^{-1}\boldsymbol{a}_{\mathrm{V},0}^{\mathrm{H}}\boldsymbol{R}_{xx}^{-1}\boldsymbol{a}_{\mathrm{H},0}=\sum_{l=1}^{M_1}\frac{(\boldsymbol{a}_{\mathrm{V},0}^{\mathrm{H}}\boldsymbol{u}_{\mathrm{V},l})(\boldsymbol{u}_{\mathrm{V},l}^{\mathrm{H}}\boldsymbol{a}_{\mathrm{H},0})}{\mu_{\mathrm{V},l}(\boldsymbol{a}_{\mathrm{V},0}^{\mathrm{H}}\boldsymbol{R}_{uu,\mathrm{V}}^{-1}\boldsymbol{a}_{\mathrm{V},0})} \tag{2.384}$$

再注意到

$$\boldsymbol{R}_{uu,\mathrm{H}}^{-1}=\frac{1}{\sigma^2}\left(\sum_{l=1}^{M_1}\left(\frac{\sigma^2}{\mu_{\mathrm{H},l}}\right)\boldsymbol{u}_{\mathrm{H},l}\boldsymbol{u}_{\mathrm{H},l}^{\mathrm{H}}+\sum_{l=M_1+1}^{LJ}\boldsymbol{u}_{\mathrm{H},l}\boldsymbol{u}_{\mathrm{H},l}^{\mathrm{H}}\right) \tag{2.385}$$

$$\boldsymbol{R}_{uu,\mathrm{V}}^{-1}=\frac{1}{\sigma^2}\left(\sum_{l=1}^{M_1}\left(\frac{\sigma^2}{\mu_{\mathrm{V},l}}\right)\boldsymbol{u}_{\mathrm{V},l}\boldsymbol{u}_{\mathrm{V},l}^{\mathrm{H}}+\sum_{l=M_1+1}^{LJ}\boldsymbol{u}_{\mathrm{V},l}\boldsymbol{u}_{\mathrm{V},l}^{\mathrm{H}}\right) \tag{2.386}$$

若$\mu_{\mathrm{H},l}$和$\mu_{\mathrm{V},l}$远大于σ^2，则

$$\boldsymbol{a}_{\mathrm{H},0}^{\mathrm{H}}\boldsymbol{R}_{uu,\mathrm{H}}^{-1}\boldsymbol{a}_{\mathrm{H},0}\approx\frac{1}{\sigma^2}\sum_{l=M_1+1}^{LJ}|\boldsymbol{a}_{\mathrm{H},0}^{\mathrm{H}}\boldsymbol{u}_{\mathrm{H},l}|^2 \tag{2.387}$$

$$\boldsymbol{a}_{\mathrm{V},0}^{\mathrm{H}}\boldsymbol{R}_{uu,\mathrm{V}}^{-1}\boldsymbol{a}_{\mathrm{V},0}\approx\frac{1}{\sigma^2}\sum_{l=M_1+1}^{LJ}|\boldsymbol{a}_{\mathrm{V},0}^{\mathrm{H}}\boldsymbol{u}_{\mathrm{V},l}|^2 \tag{2.388}$$

由此

$$(\boldsymbol{a}_{\mathrm{H},0}^{\mathrm{H}}\boldsymbol{R}_{xx}^{-1}\boldsymbol{a}_{\mathrm{H},0})^{-1}\boldsymbol{a}_{\mathrm{H},0}^{\mathrm{H}}\boldsymbol{R}_{xx}^{-1}\boldsymbol{a}_{\mathrm{V},0}\approx\sum_{l=1}^{M_1}\frac{(\boldsymbol{a}_{\mathrm{H},0}^{\mathrm{H}}\boldsymbol{u}_{\mathrm{H},l})(\boldsymbol{u}_{\mathrm{H},l}^{\mathrm{H}}\boldsymbol{a}_{\mathrm{V},0})}{\left(\frac{\mu_{\mathrm{H},l}}{\sigma^2}\right)\sum_{n=M_1+1}^{LJ}|\boldsymbol{a}_{\mathrm{H},0}^{\mathrm{H}}\boldsymbol{u}_{\mathrm{H},n}|^2}\to 0 \tag{2.389}$$

$$(\boldsymbol{a}_{\mathrm{V},0}^{\mathrm{H}}\boldsymbol{R}_{xx}^{-1}\boldsymbol{a}_{\mathrm{V},0})^{-1}\boldsymbol{a}_{\mathrm{V},0}^{\mathrm{H}}\boldsymbol{R}_{xx}^{-1}\boldsymbol{a}_{\mathrm{H},0}\approx\sum_{l=1}^{M_1}\frac{(\boldsymbol{a}_{\mathrm{V},0}^{\mathrm{H}}\boldsymbol{u}_{\mathrm{V},l})(\boldsymbol{u}_{\mathrm{V},l}^{\mathrm{H}}\boldsymbol{a}_{\mathrm{H},0})}{\left(\frac{\mu_{\mathrm{V},l}}{\sigma^2}\right)\sum_{n=M_1+1}^{LJ}|\boldsymbol{a}_{\mathrm{V},0}^{\mathrm{H}}\boldsymbol{u}_{\mathrm{V},n}|^2}\to 0 \tag{2.390}$$

此时采用$\boldsymbol{W}_{\mathrm{PE-MPDR},1,0}$，可近似实现“无失真响应”秩-2波束形成。

(2) 若期望信号波为完全极化，则

$$\boldsymbol{\rho}_{\mathrm{H},0,\epsilon}=\left(\frac{\boldsymbol{p}_{\gamma_0,\eta_0}^{\mathrm{H}}\boldsymbol{\epsilon}}{\boldsymbol{\epsilon}^{\mathrm{H}}\boldsymbol{C}_{\mathrm{nm},0}\boldsymbol{\epsilon}}\right)\cos\gamma_0 \tag{2.391}$$

$$\boldsymbol{\rho}_{\mathrm{V},0,\epsilon}=\left(\frac{\boldsymbol{p}_{\gamma_0,\eta_0}^{\mathrm{H}}\boldsymbol{\epsilon}}{\boldsymbol{\epsilon}^{\mathrm{H}}\boldsymbol{C}_{\mathrm{nm},0}\boldsymbol{\epsilon}}\right)\sin\gamma_0\mathrm{e}^{\mathrm{j}\eta_0} \tag{2.392}$$

所以

$$\boldsymbol{\rho}_{0,\epsilon}=\left(\frac{\boldsymbol{p}_{\gamma_0,\eta_0}^{\mathrm{H}}\boldsymbol{\epsilon}}{\boldsymbol{\epsilon}^{\mathrm{H}}\boldsymbol{C}_{\mathrm{nm},0}\boldsymbol{\epsilon}}\right)\boldsymbol{p}_{\gamma_0,\eta_0} \tag{2.393}$$

此时极化抽取最小功率无失真响应波束形成器等效为经典的最小功率无

失真响应波束形成器：

$$\boldsymbol{w}_{\text{PE-MPDR},\epsilon} \propto (\boldsymbol{b}_0^{\text{H}}\boldsymbol{R}_{xx}^{-1}\boldsymbol{b}_0)^{-1}\boldsymbol{R}_{xx}^{-1}\boldsymbol{b}_0 = \boldsymbol{w}_{\text{MPDR}} \tag{2.394}$$

由此可以看出，当期望信号波为完全极化时，只要 $\boldsymbol{\epsilon}^{\text{H}}\boldsymbol{C}_{\text{nm},0}\boldsymbol{\epsilon}\neq 0$，则 ϵ 的取值改变并不会影响极化抽取最小功率无失真响应波束形成器的干扰和噪声抑制性能。

事实上，若已知期望信号波为完全极化，则式（2.337）和式（2.338）所示的正交表示以及后续的极化抽取都是没有必要的。

（3）注意到 $\boldsymbol{\rho}_{0,\epsilon}$ 又可以写成

$$\boldsymbol{\rho}_{0,\epsilon} = \rho_{\text{H},0,\epsilon}\boldsymbol{\iota}_{2,1} + \rho_{\text{V},0,\epsilon}\boldsymbol{\iota}_{2,2} \tag{2.395}$$

若再记

$$\iota_{2,1,\epsilon} = (\boldsymbol{\rho}_{0,\epsilon}^{\text{H}}\boldsymbol{\Xi}_0^{\text{H}}\boldsymbol{R}_{xx}^{-1}\boldsymbol{\Xi}_0\boldsymbol{\rho}_{0,\epsilon})^{-1}\boldsymbol{a}_{\text{H},0}^{\text{H}}\boldsymbol{R}_{xx}^{-1}\boldsymbol{a}_{\text{H},0} \tag{2.396}$$

$$\iota_{2,2,\epsilon} - (\boldsymbol{\rho}_{0,\epsilon}^{\text{H}}\boldsymbol{\Xi}_0^{\text{H}}\boldsymbol{R}_{xx}^{-1}\boldsymbol{\Xi}_0\boldsymbol{\rho}_{0,\epsilon})^{-1}\boldsymbol{a}_{\text{V},0}^{\text{H}}\boldsymbol{R}_{xx}^{-1}\boldsymbol{a}_{\text{V},0} \tag{2.397}$$

则极化抽取最小功率无失真响应波束形成器的权矢量又可以重写为

$$\boldsymbol{w}_{\text{PE-MPDR},\epsilon} = \upsilon_{\text{PE-MPDR-H},\epsilon}^{*}\boldsymbol{w}_{\text{MPDR-H}} + \upsilon_{\text{PE-MPDR-V},\epsilon}^{*}\boldsymbol{w}_{\text{MPDR-V}} \tag{2.398}$$

其中

$$\upsilon_{\text{PE-MPDR-H},\epsilon} = (\iota_{2,1,\epsilon}\rho_{\text{H},0,\epsilon})^{*} \tag{2.399}$$

$$\upsilon_{\text{PE-MPDR-V},\epsilon} = (\iota_{2,2,\epsilon}\rho_{\text{V},0,\epsilon})^{*} \tag{2.400}$$

相应地，可以把波束形成器的输出重写为

$$y_{\boldsymbol{w}_{\text{PE-MPDR},\epsilon}}(t) = \upsilon_{\text{H},\epsilon}(\boldsymbol{w}_{\text{H}}^{\text{H}}\boldsymbol{x}(t)) + \upsilon_{\text{V},\epsilon}(\boldsymbol{w}_{\text{V}}^{\text{H}}\boldsymbol{x}(t)) \tag{2.401}$$

其中

$$\upsilon_{\text{H},\epsilon} = \upsilon_{\text{PE-MPDR-H},\epsilon} \tag{2.402}$$

$$\upsilon_{\text{V},\epsilon} = \upsilon_{\text{PE-MPDR-V},\epsilon} \tag{2.403}$$

$$\boldsymbol{w}_{\text{H}} = \boldsymbol{w}_{\text{MPDR-H}} \tag{2.404}$$

$$\boldsymbol{w}_{\text{V}} = \boldsymbol{w}_{\text{MPDR-V}} \tag{2.405}$$

所以，式（2.322）所示结构亦是极化抽取最小功率无失真响应波束形成器的一种等效结构。

（4）当期望信号波不是完全极化时，即使可获得真实的波束形成阵列输出协方差矩阵 $\boldsymbol{R}_{xx}$ 和干扰加噪声协方差矩阵 $\boldsymbol{R}_{uu}$，极化抽取最小功率无失真响应波束形成器通常并不等效于下述极化抽取最小方差无失真响应（PE-MVDR）波束形成器：

$$\min_{\boldsymbol{w}} \boldsymbol{w}^{\text{H}}\boldsymbol{R}_{uu}\boldsymbol{w} \ \text{ s. t. } \ \boldsymbol{w}^{\text{H}}\boldsymbol{\Xi}_0\boldsymbol{\rho}_{0,\epsilon} = 1 \tag{2.406}$$

利用拉格朗日乘子法，可得极化抽取最小方差无失真响应波束形成器的权矢量为

$$\boldsymbol{w}_{\text{PE-MVDR},\epsilon} = (\boldsymbol{\rho}_{0,\epsilon}^{\text{H}}\boldsymbol{\Xi}_0^{\text{H}}\boldsymbol{R}_{uu}^{-1}\boldsymbol{\Xi}_0\boldsymbol{\rho}_{0,\epsilon})^{-1}\boldsymbol{R}_{uu}^{-1}\boldsymbol{\Xi}_0\boldsymbol{\rho}_{0,\epsilon} \tag{2.407}$$

(5) 实际实现中，极化抽取最小功率无失真响应波束形成准则中的 $\boldsymbol{R}_{xx}$，可用 $\hat{\boldsymbol{R}}_{xx}$ 代替，相应的波束形成器称为极化抽取样本矩阵求逆（PE-SMI）波束形成器，为了提高其容差性，还可以进一步考虑下述对角加载（DL）技术：

$$\min_{\boldsymbol{w}} \boldsymbol{w}^{\mathrm{H}}(\hat{\boldsymbol{R}}_{xx}+\kappa_{\mathrm{dl}}\boldsymbol{I}_{LJ})\boldsymbol{w} \text{ s.t. } \boldsymbol{w}^{\mathrm{H}}\boldsymbol{\Xi}_0\boldsymbol{\rho}_{0,\epsilon}=1 \tag{2.408}$$

其中，κ_{dl} 为加载量。

(6) 根据式（2.339）和式（2.340），$\boldsymbol{\rho}_{0,\epsilon}$ 一定位于期望信号（归一化）波相干矩阵 $\boldsymbol{C}_{\mathrm{nm},0}$ 的列扩张空间中：

$$\boldsymbol{\rho}_{0,\epsilon}=(\boldsymbol{\epsilon}^{\mathrm{H}}\boldsymbol{C}_{\mathrm{nm},0}\boldsymbol{\epsilon})^{-1}\boldsymbol{C}_{\mathrm{nm},0}\boldsymbol{\epsilon}=(\boldsymbol{\epsilon}^{\mathrm{H}}\boldsymbol{C}_0\boldsymbol{\epsilon})^{-1}\boldsymbol{C}_0\boldsymbol{\epsilon} \tag{2.409}$$

再注意到 $\boldsymbol{C}_{\mathrm{nm},0}$ 可以写成

$$\boldsymbol{C}_{\mathrm{nm},0}=\left(\frac{\sigma_{\mathrm{cp},0}^2}{\sigma_0^2}\right)\boldsymbol{p}_{\gamma_{\mathrm{cp},0},\eta_{\mathrm{cp},0}}\boldsymbol{p}_{\gamma_{\mathrm{cp},0},\eta_{\mathrm{cp},0}}^{\mathrm{H}}+\left(\frac{\sigma_{\mathrm{up},0}^2}{2\sigma_0^2}\right)\boldsymbol{I}_2 \tag{2.410}$$

其中，$\sigma_{\mathrm{cp},0}^2$ 为期望信号波完全极化分量的功率，$\gamma_{\mathrm{cp},0}$ 为期望信号波完全极化分量的极化辅角，$\eta_{\mathrm{cp},0}$ 为期望信号波完全极化分量的极化相位差，$\sigma_{\mathrm{up},0}^2$ 为期望信号波非极化分量的功率。

所以

$$\boldsymbol{\rho}_{0,\epsilon}=\upsilon_{\mathrm{cp},0,\epsilon}\boldsymbol{p}_{\gamma_{\mathrm{cp},0},\eta_{\mathrm{cp},0}}+\upsilon_{\mathrm{up},0,\epsilon}\boldsymbol{\epsilon} \tag{2.411}$$

式中：

$$\upsilon_{\mathrm{cp},0,\epsilon}=\mathrm{DOP}_0\cdot(\boldsymbol{\epsilon}^{\mathrm{H}}\boldsymbol{C}_{\mathrm{nm},0}\boldsymbol{\epsilon})^{-1}(\boldsymbol{p}_{\gamma_{\mathrm{cp},0},\eta_{\mathrm{cp},0}}^{\mathrm{H}}\boldsymbol{\epsilon}) \tag{2.412}$$

$$\upsilon_{\mathrm{up},0,\epsilon}=\frac{1}{2}(1-\mathrm{DOP}_0)(\boldsymbol{\epsilon}^{\mathrm{H}}\boldsymbol{C}_{\mathrm{nm},0}\boldsymbol{\epsilon})^{-1} \tag{2.413}$$

其中，DOP_0 为期望信号波的极化度，

$$\mathrm{DOP}_0=\sigma_{\mathrm{cp},0}^2/\sigma_0^2 \tag{2.414}$$

由此，$\boldsymbol{w}_{\mathrm{PE-MPDR},\epsilon}$ 又可以写成

$$\boldsymbol{w}_{\mathrm{PE-MPDR},\epsilon}=\boldsymbol{w}_{\mathrm{cp},\epsilon}+\boldsymbol{w}_{\mathrm{up-H},\epsilon}+\boldsymbol{w}_{\mathrm{up-V},\epsilon} \tag{2.415}$$

式中：

$$\boldsymbol{w}_{\mathrm{cp},\epsilon}=\upsilon_{\mathrm{cp},\epsilon}^*\underbrace{\left(\frac{\boldsymbol{R}_{xx}^{-1}\boldsymbol{\Xi}_0\boldsymbol{p}_{\gamma_{\mathrm{cp},0},\eta_{\mathrm{cp},0}}}{\boldsymbol{p}_{\gamma_{\mathrm{cp},0},\eta_{\mathrm{cp},0}}^{\mathrm{H}}\boldsymbol{\Xi}_0^{\mathrm{H}}\boldsymbol{R}_{xx}^{-1}\boldsymbol{\Xi}_0\boldsymbol{p}_{\gamma_{\mathrm{cp},0},\eta_{\mathrm{cp},0}}}\right)}_{=\boldsymbol{w}_{\mathrm{MPDR-cp}}}=\upsilon_{\mathrm{cp},\epsilon}^*\boldsymbol{w}_{\mathrm{MPDR-cp}} \tag{2.416}$$

$$\boldsymbol{w}_{\mathrm{up-H},\epsilon}=\upsilon_{\mathrm{up-H},\epsilon}^*\boldsymbol{w}_{\mathrm{MPDR-H}} \tag{2.417}$$

$$\boldsymbol{w}_{\mathrm{up-V},\epsilon}=\upsilon_{\mathrm{up-V},\epsilon}^*\boldsymbol{w}_{\mathrm{MPDR-V}} \tag{2.418}$$

其中

$$\upsilon_{\mathrm{cp},\epsilon}=\upsilon_{\mathrm{cp},0,\epsilon}^*\cdot\left(\frac{\boldsymbol{p}_{\gamma_{\mathrm{cp},0},\eta_{\mathrm{cp},0}}^{\mathrm{H}}\boldsymbol{\Xi}_0^{\mathrm{H}}\boldsymbol{R}_{xx}^{-1}\boldsymbol{\Xi}_0\boldsymbol{p}_{\gamma_{\mathrm{cp},0},\eta_{\mathrm{cp},0}}}{\boldsymbol{\rho}_{0,\epsilon}^{\mathrm{H}}\boldsymbol{\Xi}_0^{\mathrm{H}}\boldsymbol{R}_{xx}^{-1}\boldsymbol{\Xi}_0\boldsymbol{\rho}_{0,\epsilon}}\right)^* \tag{2.419}$$

$$\upsilon_{\mathrm{up-H},\epsilon}=\epsilon\cdot\upsilon_{\mathrm{up},0,\epsilon}^*\cdot\left(\frac{\boldsymbol{a}_{\mathrm{H},0}^{\mathrm{H}}\boldsymbol{R}_{xx}^{-1}\boldsymbol{a}_{\mathrm{H},0}}{\boldsymbol{\rho}_{0,\epsilon}^{\mathrm{H}}\boldsymbol{\Xi}_0^{\mathrm{H}}\boldsymbol{R}_{xx}^{-1}\boldsymbol{\Xi}_0\boldsymbol{\rho}_{0,\epsilon}}\right)^* \tag{2.420}$$

$$\boldsymbol{v}_{\mathrm{up}-\mathbb{V},\epsilon}=(1-\epsilon)\cdot\boldsymbol{v}_{\mathrm{up},0,\epsilon}^{*}\cdot\left(\frac{\boldsymbol{a}_{\mathbb{V},0}^{\mathrm{H}}\boldsymbol{R}_{xx}^{-1}\boldsymbol{a}_{\mathbb{V},0}}{\boldsymbol{\rho}_{0,\epsilon}^{\mathrm{H}}\boldsymbol{\Xi}_{0}^{\mathrm{H}}\boldsymbol{R}_{xx}^{-1}\boldsymbol{\Xi}_{0}\boldsymbol{\rho}_{0,\epsilon}}\right)^{*} \tag{2.421}$$

根据上述分析可知，极化抽取最小功率无失真响应波束形成器同时利用了期望信号波的完全极化分量和部分极化分量，其输出又可以解释为三个波束形成器的输出加权和，如图 2.54 所示。

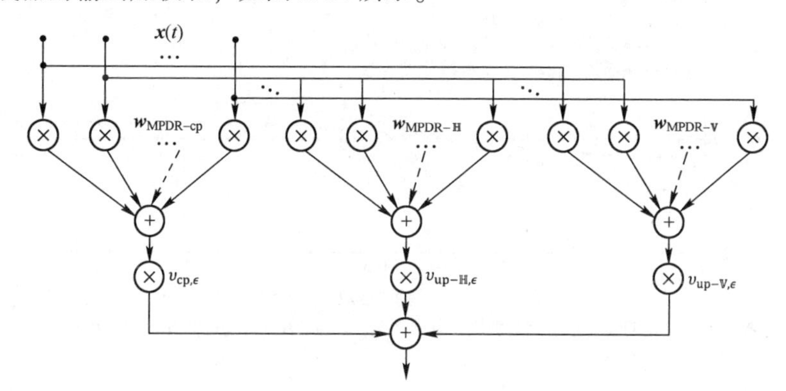

图 2.54　极化抽取最小功率无失真响应波束形成器的另一种等效结构

特别地，当期望信号波为完全极化时，$\mathrm{DOP}_0=1$，$\boldsymbol{v}_{\mathrm{up},0,\epsilon}=0$，$\gamma_{\mathrm{cp},0}=\gamma_0$，$\eta_{\mathrm{cp},0}=\eta_0$，

$$\boldsymbol{v}_{\mathrm{cp},0,\epsilon}=|\boldsymbol{p}_{\gamma_0,\eta_0}^{\mathrm{H}}\boldsymbol{\epsilon}|^{-2}(\boldsymbol{p}_{\gamma_0,\eta_0}^{\mathrm{H}}\boldsymbol{\epsilon}) \tag{2.422}$$

$$\boldsymbol{v}_{\mathrm{up}-\mathbb{H},\epsilon}=\boldsymbol{v}_{\mathrm{up}-\mathbb{V},\epsilon}=0 \tag{2.423}$$

所以

$$\boldsymbol{w}_{\mathrm{PE-MPDR},\epsilon}=\boldsymbol{w}_{\mathrm{cp},\epsilon}\propto\boldsymbol{w}_{\mathrm{MPDR}}=\frac{\boldsymbol{R}_{xx}^{-1}\boldsymbol{\Xi}_0\boldsymbol{p}_{\gamma_0,\eta_0}}{\boldsymbol{p}_{\gamma_0,\eta_0}^{\mathrm{H}}\boldsymbol{\Xi}_0^{\mathrm{H}}\boldsymbol{R}_{xx}^{-1}\boldsymbol{\Xi}_0\boldsymbol{p}_{\gamma_0,\eta_0}} \tag{2.424}$$

当期望信号波为非极化时，$\mathrm{DOP}_0=0$，$\boldsymbol{v}_{\mathrm{cp},0,\epsilon}=\boldsymbol{v}_{\mathrm{cp},\epsilon}=0$，$\boldsymbol{v}_{\mathrm{up},0,\epsilon}=\|\boldsymbol{\epsilon}\|_2^{-2}$，

$$\boldsymbol{w}_{\mathrm{PE-MPDR},\epsilon}=\boldsymbol{v}_{\mathrm{up}-\mathbb{H},\epsilon}^{*}\boldsymbol{w}_{\mathrm{MPDR}-\mathbb{H}}+\boldsymbol{v}_{\mathrm{up}-\mathbb{V},\epsilon}^{*}\boldsymbol{w}_{\mathrm{MPDR}-\mathbb{V}} \tag{2.425}$$

其中，$\boldsymbol{w}_{\mathrm{MPDR}-\mathbb{H}}$和 $\boldsymbol{w}_{\mathrm{MPDR}-\mathbb{V}}$均与 $\boldsymbol{\epsilon}$ 无关。

下面看几个仿真例子，例中的波束形成阵列由 4 个位于 y 轴的等间距（半个信号波长）、同倾角 SuperCART 天线组成；期望信号源和干扰源均位于 xoy 平面内。

首先研究抽取参数对极化抽取最小功率无失真响应波束形成器干扰和噪声抑制性能的影响。

图 2.55（a）所示为极化抽取最小功率无失真响应波束形成器输出信干噪比随抽取参数变化的曲线，其中期望信号的波达方向也即方位角为 10°，期望信号波的完全极化分量参数为(15°,45°)；两个干扰的波达方向分别为 20°和

30°，干扰波的完全极化分量参数分别为(35°,60°)和(65°,20°)；输入信噪比为20dB，输入干噪比均为30dB。

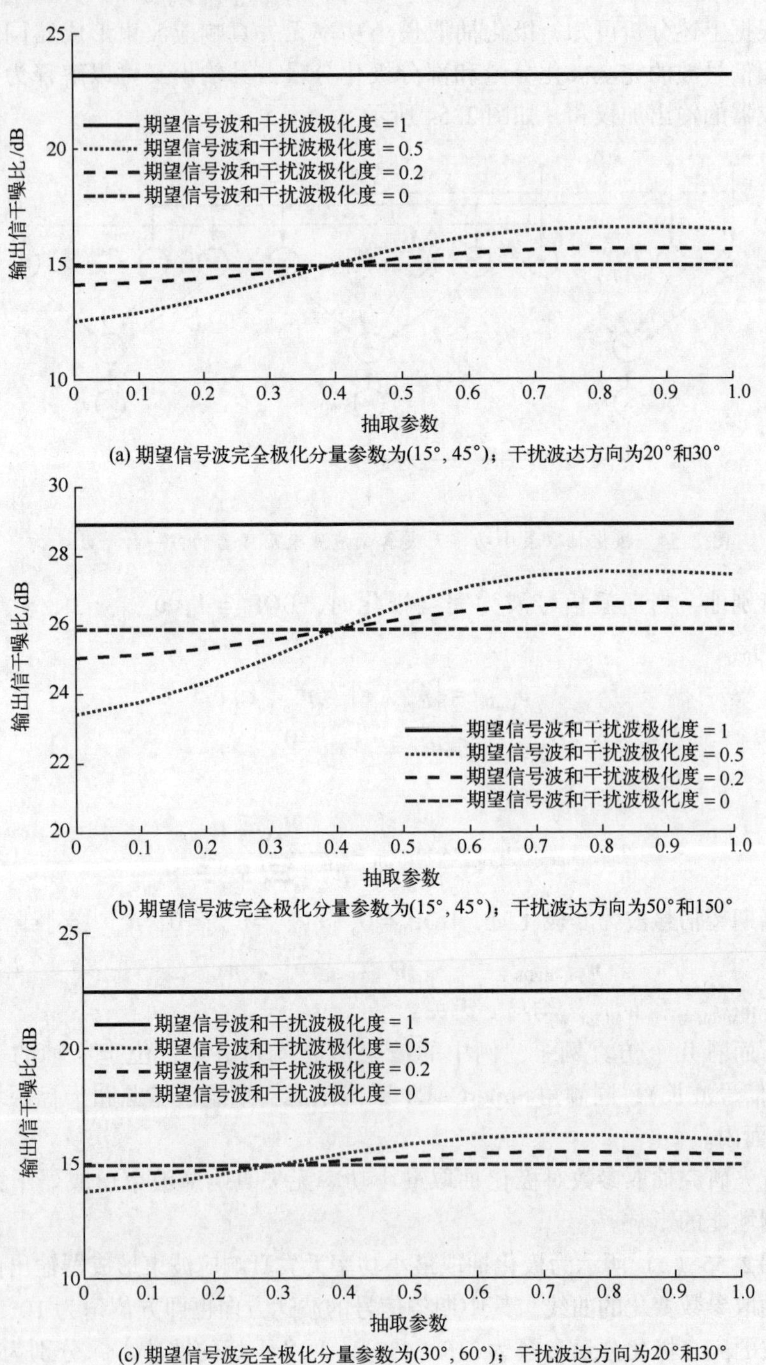

(a) 期望信号波完全极化分量参数为(15°, 45°)；干扰波达方向为20°和30°

(b) 期望信号波完全极化分量参数为(15°, 45°)；干扰波达方向为50°和150°

(c) 期望信号波完全极化分量参数为(30°, 60°)；干扰波达方向为20°和30°

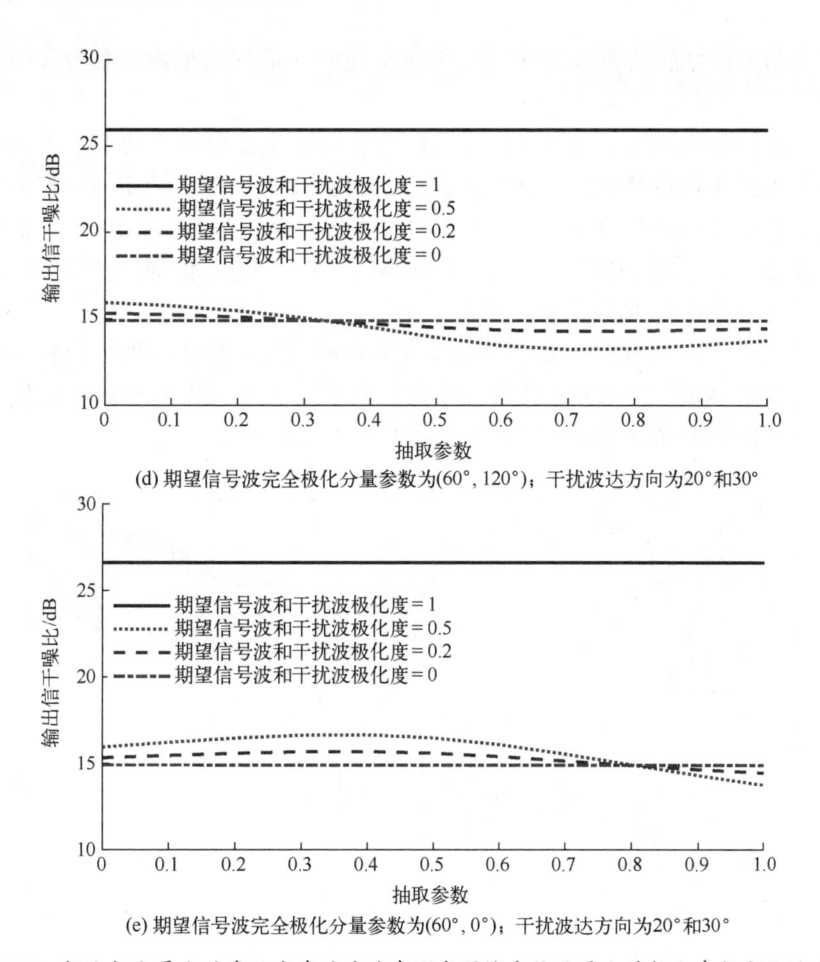

(d) 期望信号波完全极化分量参数为(60°, 120°)；干扰波达方向为20°和30°

(e) 期望信号波完全极化分量参数为(60°, 0°)；干扰波达方向为20°和30°

图 2.55　极化抽取最小功率无失真响应波束形成器输出信干噪比随抽取参数变化的曲线

图 2.55（b）所示为干扰波达方向分别为 50°和 150°、其他条件不变所对应的结果。

图 2.55（c）所示为期望信号波完全极化分量参数为(30°,60°)、干扰波达方向分别为 20°和 30°、其他条件不变所对应的结果。

图 2.55（d）所示为期望信号波完全极化分量参数为(60°,120°)、干扰波达方向分别为 20°和 30°、其他条件不变所对应的结果。

图 2.55（e）所示为期望信号波完全极化分量参数为(60°,0°)、干扰波达方向分别为 20°和 30°、其他条件不变所对应的结果。

由图中所示结果可以看出，当期望信号波为完全极化或非极化时，极化抽取最小功率无失真响应波束形成器的输出信干噪比与抽取参数无关；当期望信号波为部分极化时，波束形成器的输出信干噪比与抽取参数有关。特别地，当期望信号波的完全极化分量为线极化时，最优的抽取参数介于 0 和 1 之间。

下面研究期望信号波和干扰波的极化度对极化抽取最小功率无失真响应波束形成器性能的影响，其中期望信号的波达方向为 10°，期望信号波的完全极化分量参数为(60°,0°)；两个干扰的波达方向分别为 20°和 30°，干扰波的完全极化分量参数分别为(35°,60°)和(65°,20°)；输入信噪比为 0dB，输入干噪比均为 30dB；抽取参数为 0.4。

图 2.56 所示为极化抽取最小功率无失真响应波束形成器的接收幅度方向图；图 2.57 和图 2.58 所示分别为极化抽取最小功率无失真响应波束形成器的干扰波极化匹配方向图和期望信号波极化匹配方向图。

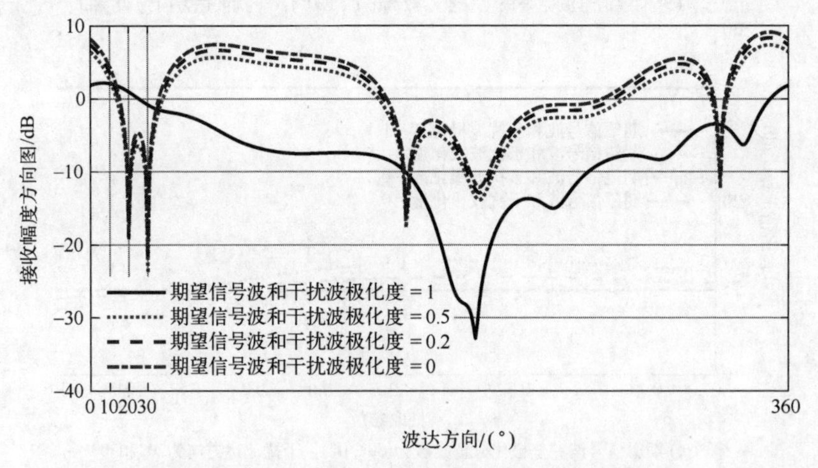

图 2.56 极化抽取最小功率无失真响应波束形成器的接收幅度方向图：期望信号波达方向为 10°，干扰波达方向为 20°和 30°

由图中所示结果，可以看出：

(1) 当期望信号波和干扰波均为完全极化时，在本例条件下，极化抽取最小功率无失真响应波束形成器的接收幅度方向图在干扰波达方向并未出现较深的零陷，但其干扰波极化匹配方向图在干扰波达方向出现了较深的零陷，也即极化抽取最小功率无失真响应波束形成器的干扰抑制能力，此时主要利用的是期望信号波和干扰波的极化差异。

(2) 当期望信号波和干扰波为部分极化或非极化时，在本例条件下，极化抽取最小功率无失真响应波束形成器主要基于期望信号和干扰的空间差异对后者进行抑制，其接收幅度方向图在干扰波达方向出现了零陷。

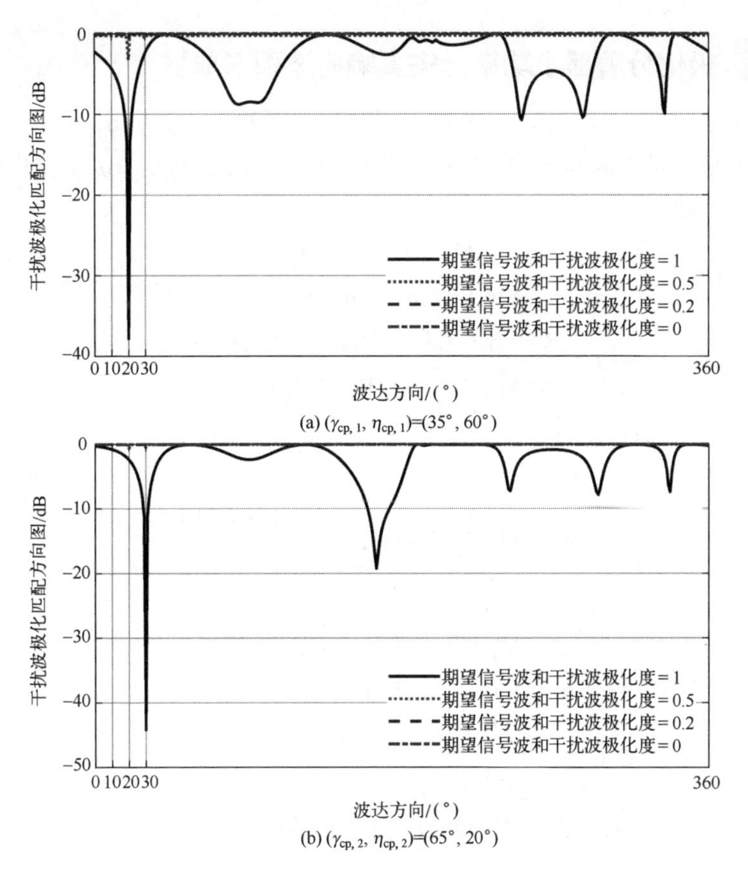

(a) $(\gamma_{cp,1}, \eta_{cp,1})$=(35°, 60°)

(b) $(\gamma_{cp,2}, \eta_{cp,2})$=(65°, 20°)

图 2.57　极化抽取最小功率无失真响应波束形成器的干扰波极化匹配方向图：期望信号波达方向为 10°，干扰波达方向为 20°和 30°

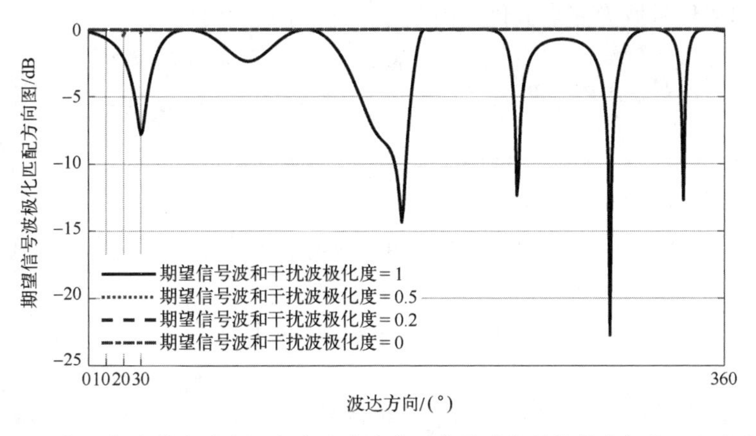

图 2.58　极化抽取最小功率无失真响应波束形成器的期望信号波极化匹配方向图：期望信号波达方向为 10°，干扰波达方向为 20°和 30°

2.3.4 极化分解最小功率无失真响应波束形成器

首先令 $\boldsymbol{U}_{\mathrm{nm},0}=[\boldsymbol{u}_{1,0},\boldsymbol{u}_{2,0}]$ 为 $\boldsymbol{C}_{\mathrm{nm},0}$ 的特征矢量矩阵，其中 $\boldsymbol{u}_{1,0}$ 和 $\boldsymbol{u}_{2,0}$ 为 $\boldsymbol{C}_{\mathrm{nm},0}$ 的特征矢量，对应的两个实特征值分别记为 $\mu_{1,0}=\mu_{1,0}^*$ 和 $\mu_{2,0}=\mu_{2,0}^*$，其中 $\mu_{1,0}\geqslant\mu_{2,0}\geqslant 0$，也即

$$\boldsymbol{C}_{\mathrm{nm},0}\boldsymbol{u}_{1,0}=\mu_{1,0}\boldsymbol{u}_{1,0} \tag{2.426}$$

$$\boldsymbol{C}_{\mathrm{nm},0}\boldsymbol{u}_{2,0}=\mu_{2,0}\boldsymbol{u}_{2,0} \tag{2.427}$$

$$\boldsymbol{C}_0\boldsymbol{u}_{1,0}=\sigma_0^2\boldsymbol{C}_{\mathrm{nm},0}\boldsymbol{u}_{1,0}=\sigma_0^2\mu_{1,0}\boldsymbol{u}_{1,0} \tag{2.428}$$

$$\boldsymbol{C}_0\boldsymbol{u}_{2,0}=\sigma_0^2\boldsymbol{C}_{\mathrm{nm},0}\boldsymbol{u}_{2,0}=\sigma_0^2\mu_{2,0}\boldsymbol{u}_{2,0} \tag{2.429}$$

并且 $\boldsymbol{u}_{1,0}^{\mathrm{H}}\boldsymbol{u}_{1,0}=\boldsymbol{u}_{2,0}^{\mathrm{H}}\boldsymbol{u}_{2,0}=1$，$\boldsymbol{u}_{1,0}^{\mathrm{H}}\boldsymbol{u}_{2,0}=0$。

再定义 $\boldsymbol{s}_{1+2,0}(t)$ 如下：

$$\boldsymbol{s}_{1+2,0}(t)=\boldsymbol{U}_{\mathrm{nm},0}^{\mathrm{H}}\boldsymbol{s}_{\mathrm{H+V},0}(t)=\begin{bmatrix}s_{1,0}(t)\\ s_{2,0}(t)\end{bmatrix} \tag{2.430}$$

其中

$$\boldsymbol{U}_{\mathrm{nm},0}^{\mathrm{H}}\boldsymbol{U}_{\mathrm{nm},0}=\boldsymbol{U}_{\mathrm{nm},0}\boldsymbol{U}_{\mathrm{nm},0}^{\mathrm{H}}=\boldsymbol{I}_2 \tag{2.431}$$

根据 $\boldsymbol{U}_{\mathrm{nm},0}$ 的定义以及 $\boldsymbol{u}_{1,0}$ 和 $\boldsymbol{u}_{2,0}$ 的性质，我们有

$$\boldsymbol{U}_{\mathrm{nm},0}^{\mathrm{H}}\boldsymbol{C}_0\boldsymbol{U}_{\mathrm{nm},0}=\begin{bmatrix}\boldsymbol{u}_{1,0}^{\mathrm{H}}\boldsymbol{C}_0\boldsymbol{u}_{1,0} & \boldsymbol{u}_{1,0}^{\mathrm{H}}\boldsymbol{C}_0\boldsymbol{u}_{2,0}\\ \boldsymbol{u}_{2,0}^{\mathrm{H}}\boldsymbol{C}_0\boldsymbol{u}_{1,0} & \boldsymbol{u}_{2,0}^{\mathrm{H}}\boldsymbol{C}_0\boldsymbol{u}_{2,0}\end{bmatrix}=\sigma_0^2\begin{bmatrix}\mu_{1,0} & \\ & \mu_{2,0}\end{bmatrix} \tag{2.432}$$

由此可以证明 $\boldsymbol{s}_{1+2,0}(t)$ 的协方差矩阵为对角矩阵：

$$\langle\boldsymbol{s}_{1+2,0}(t)\boldsymbol{s}_{1+2,0}^{\mathrm{H}}(t)\rangle=\sigma_0^2\begin{bmatrix}\mu_{1,0} & \\ & \mu_{2,0}\end{bmatrix}=\mathrm{diag}(\sigma_0^2\mu_{1,0},\sigma_0^2\mu_{2,0}) \tag{2.433}$$

若期望信号波为完全极化，则 $\boldsymbol{C}_{\mathrm{nm},0}$ 的秩为 1，并且

$$\boldsymbol{C}_{\mathrm{nm},0}=\boldsymbol{p}_{\gamma_0,\eta_0}\boldsymbol{p}_{\gamma_0,\eta_0}^{\mathrm{H}}=\begin{bmatrix}\cos^2\gamma_0 & \cos\gamma_0\sin\gamma_0\mathrm{e}^{-\mathrm{j}\eta_0}\\ \cos\gamma_0\sin\gamma_0\mathrm{e}^{\mathrm{j}\eta_0} & \sin^2\gamma_0\end{bmatrix} \tag{2.434}$$

$$\det(\boldsymbol{C}_{\mathrm{nm},0}-x\boldsymbol{I}_2)=x(x-1) \tag{2.435}$$

所以 $\mu_{1,0}=1$，$\mu_{2,0}=0$，

$$\boldsymbol{p}_{\gamma_0,\eta_0}\boldsymbol{p}_{\gamma_0,\eta_0}^{\mathrm{H}}\boldsymbol{u}_{1,0}=\mu_{1,0}\boldsymbol{u}_{1,0}=\boldsymbol{u}_{1,0}\Rightarrow\boldsymbol{u}_{1,0}=(\boldsymbol{p}_{\gamma_0,\eta_0}^{\mathrm{H}}\boldsymbol{u}_{1,0})\boldsymbol{p}_{\gamma_0,\eta_0} \tag{2.436}$$

又

$$\boldsymbol{p}_{\gamma_0,\eta_0}^{\mathrm{H}}\boldsymbol{p}_{\gamma_0,\eta_0}=\boldsymbol{u}_{1,0}^{\mathrm{H}}\boldsymbol{u}_{1,0}=1 \tag{2.437}$$

因此

$$\boldsymbol{p}_{\gamma_0,\eta_0}^{\mathrm{H}}\boldsymbol{u}_{1,0}=\mathrm{e}^{\mathrm{j}\varphi_0} \tag{2.438}$$

其中，$-\pi<\varphi_0\leqslant\pi$。

由此可得

$$\boldsymbol{C}_{\text{nm},0}=\boldsymbol{p}_{\gamma_0,\eta_0}\boldsymbol{p}_{\gamma_0,\eta_0}^{\text{H}}=\boldsymbol{u}_{1,0}\boldsymbol{u}_{1,0}^{\text{H}} \tag{2.439}$$

$$\boldsymbol{u}_{1,0}=\text{e}^{\text{j}\varphi_0}\boldsymbol{p}_{\gamma_0,\eta_0} \tag{2.440}$$

$$\boldsymbol{u}_{2,0}^{\text{H}}\boldsymbol{p}_{\gamma_0,\eta_0}=\text{e}^{-\text{j}\varphi_0}\boldsymbol{u}_{2,0}^{\text{H}}\boldsymbol{u}_{1,0}=0 \tag{2.441}$$

事实上，我们在第1章中就曾经指出过，任意一个2×1维非零矢量$\boldsymbol{v}$，均可以写成$k\boldsymbol{p}_{\gamma,\eta}$的形式，其中$0\leqslant\gamma\leqslant\pi/2$，$-\pi<\eta\leqslant\pi$，$|k|=\sqrt{\boldsymbol{v}^{\text{H}}\boldsymbol{v}}=\|\boldsymbol{v}\|_2$。

由此可以直接得到式（2.440）所示的结论，同时亦可推得，当期望信号波为部分/非极化时，$\boldsymbol{u}_{1,0}$和$\boldsymbol{u}_{2,0}$可分别写成

$$\boldsymbol{u}_{1,0}=\text{e}^{\text{j}\varphi_{1,0}}\boldsymbol{p}_{\gamma_{1,0},\eta_{1,0}} \tag{2.442}$$

$$\boldsymbol{u}_{2,0}=\text{e}^{\text{j}\varphi_{2,0}}\boldsymbol{p}_{\gamma_{2,0},\eta_{2,0}} \tag{2.443}$$

其中，$0\leqslant\gamma_{1,0}\leqslant\pi/2$，$0\leqslant\gamma_{2,0}\leqslant\pi/2$，$-\pi<\eta_{1,0}\leqslant\pi$，$-\pi<\eta_{2,0}\leqslant\pi$；$-\pi<\varphi_{1,0}\leqslant\pi$，$-\pi<\varphi_{2,0}\leqslant\pi$。

所以，当期望信号波为部分/非极化时，式（2.430）所示操作，相当于将期望信号波等效为两个互不相关的完全极化信号波：

$$\begin{bmatrix} s_{\text{H},0}(t) \\ s_{\text{V},0}(t) \end{bmatrix}=\boldsymbol{U}_{\text{nm},0}\boldsymbol{U}_{\text{nm},0}^{\text{H}}\begin{bmatrix} s_{\text{H},0}(t) \\ s_{\text{V},0}(t) \end{bmatrix}=[\boldsymbol{p}_{\gamma_{1,0},\eta_{1,0}},\boldsymbol{p}_{\gamma_{2,0},\eta_{2,0}}]\begin{bmatrix} \text{e}^{\text{j}\varphi_{1,0}}s_{1,0}(t) \\ \text{e}^{\text{j}\varphi_{2,0}}s_{2,0}(t) \end{bmatrix} \tag{2.444}$$

$$\langle \text{e}^{\text{j}\varphi_{1,0}}s_{1,0}(t)(\text{e}^{\text{j}\varphi_{2,0}}s_{2,0}(t))^*\rangle=\text{e}^{\text{j}(\varphi_{1,0}-\varphi_{2,0})}\langle s_{1,0}(t)s_{2,0}^*(t)\rangle=0 \tag{2.445}$$

而当期望信号波为完全极化时，

$$\boldsymbol{s}_{1+2,0}(t)=\begin{bmatrix} s_{1,0}(t) \\ s_{2,0}(t) \end{bmatrix}=\begin{bmatrix} \boldsymbol{u}_{1,0}^{\text{H}} \\ \boldsymbol{u}_{2,0}^{\text{H}} \end{bmatrix}\boldsymbol{p}_{\gamma_0,\eta_0}s_0(t)=\begin{bmatrix} \text{e}^{-\text{j}\varphi_0}s_0(t) \\ 0 \end{bmatrix} \tag{2.446}$$

由此得名“极化分解”。

综上所述，我们令

$$[\boldsymbol{a}_{1,0},\boldsymbol{a}_{2,0}]=\boldsymbol{\Xi}_0\boldsymbol{U}_{\text{nm},0}=[\boldsymbol{a}_{\text{H},0},\boldsymbol{a}_{\text{V},0}]\boldsymbol{U}_{\text{nm},0} \tag{2.447}$$

则$\boldsymbol{x}(t)$可以写成

$$\boldsymbol{x}(t)=\boldsymbol{a}_{1,0}s_{1,0}(t)+\boldsymbol{a}_{2,0}s_{2,0}(t)+\boldsymbol{u}(t) \tag{2.448}$$

其中，$s_{2,0}(t)$在期望信号波为完全极化时，功率为零。

为估计$s_{1,0}(t)$和$s_{2,0}(t)$，以进一步估计$s_{\text{H},0}(t)$和$s_{\text{V},0}(t)$，对应的两个波束形成器可以按下述准则进行设计：

$$\min_{\boldsymbol{w}}\ \boldsymbol{w}^{\text{H}}\boldsymbol{R}_{xx}\boldsymbol{w}\ \text{s.t.}\ \boldsymbol{w}^{\text{H}}\boldsymbol{a}_{1,0}=1 \tag{2.449}$$

$$\min_{\boldsymbol{w}}\ \boldsymbol{w}^{\text{H}}\boldsymbol{R}_{xx}\boldsymbol{w}\ \text{s.t.}\ \boldsymbol{w}^{\text{H}}\boldsymbol{a}_{2,0}=1 \tag{2.450}$$

通过拉格朗日乘子法，可得对应的权矢量分别为

$$\boldsymbol{w}_{\text{MPDR-1}}=(\boldsymbol{a}_{1,0}^{\text{H}}\boldsymbol{R}_{xx}^{-1}\boldsymbol{a}_{1,0})^{-1}\boldsymbol{R}_{xx}^{-1}\boldsymbol{a}_{1,0} \tag{2.451}$$

$$\boldsymbol{w}_{\text{MPDR-2}}=(\boldsymbol{a}_{2,0}^{\text{H}}\boldsymbol{R}_{xx}^{-1}\boldsymbol{a}_{2,0})^{-1}\boldsymbol{R}_{xx}^{-1}\boldsymbol{a}_{2,0} \tag{2.452}$$

上述两个波束形成器分别对 $s_{1,0}(t)$ 和 $s_{2,0}(t)$ 具有“无失真响应”，这里分别称为“1”极化最小功率无失真响应（MPDR-1）波束形成器和“2”极化最小功率无失真响应（MPDR-2）波束形成器。

注意到

$$\begin{bmatrix} \boldsymbol{w}_{\text{MPDR-1}}^{\text{H}} \\ \boldsymbol{w}_{\text{MPDR-2}}^{\text{H}} \end{bmatrix} \boldsymbol{x}(t) \approx \boldsymbol{s}_{1+2,0}(t) \tag{2.453}$$

而且 $\boldsymbol{U}_{\text{nm},0}\boldsymbol{U}_{\text{nm},0}^{\text{H}}=\boldsymbol{I}_2$，

$$\boldsymbol{s}_{1+2,0}(t)=\boldsymbol{U}_{\text{nm},0}^{\text{H}}\boldsymbol{s}_{\mathbf{H+V},0}(t) \Rightarrow \boldsymbol{s}_{\mathbf{H+V},0}(t)=\boldsymbol{U}_{\text{nm},0}\boldsymbol{s}_{1+2,0}(t) \tag{2.454}$$

由此，$s_{\mathbf{H},0}(t)$ 和 $s_{\mathbf{V},0}(t)$ 可以估计为

$$\boldsymbol{s}_{\mathbf{H+V},0}(t)=\begin{bmatrix} s_{\mathbf{H},0}(t) \\ s_{\mathbf{V},0}(t) \end{bmatrix} \approx \Big(\underbrace{[\boldsymbol{w}_{\text{MPDR-1}},\boldsymbol{w}_{\text{MPDR-2}}]\boldsymbol{U}_{\text{nm},0}^{\text{H}}}_{=\boldsymbol{w}_{\text{PD-MPDR}}}\Big)^{\text{H}} \boldsymbol{x}(t) \tag{2.455}$$

对“1”极化和“2”极化最小功率无失真响应波束形成器的输出再进行极化合成，最终实现下述所谓极化分解最小功率无失真响应（PD-MPDR）波束形成：

$$\boldsymbol{w}_{\text{PD-MPDR}}=\boldsymbol{v}_{\mathbf{H}}^{*}\boldsymbol{w}_{\text{MPDR-1}}+\boldsymbol{v}_{\mathbf{V}}^{*}\boldsymbol{w}_{\text{MPDR-2}} \tag{2.456}$$

实际中，可以基于波束形成器输出期望信号分量功率最大化准则设计极化合成矢量 $[\boldsymbol{v}_{\mathbf{H}},\boldsymbol{v}_{\mathbf{V}}]^{\text{H}}$，也即

$$\max_{\boldsymbol{v}} \boldsymbol{v}^{\text{H}}\Big(\boldsymbol{W}_{\text{PD-MPDR}}^{\text{H}}\underbrace{(\boldsymbol{\Xi}_0\boldsymbol{C}_{\text{nm},0}\boldsymbol{\Xi}_0^{\text{H}})}_{=\boldsymbol{\Theta}_0}\boldsymbol{W}_{\text{PD-MPDR}}\Big)\boldsymbol{v} \ \text{ s. t. } \ \boldsymbol{v}^{\text{H}}\boldsymbol{v}=1 \tag{2.457}$$

其中，$\boldsymbol{v}$ 为 2×1 维矢量，$\boldsymbol{W}_{\text{PD-MPDR}}=[\boldsymbol{w}_{\text{MPDR-1}},\boldsymbol{w}_{\text{MPDR-2}}]$。

若是 $\boldsymbol{W}_{\text{PD-MPDR}}^{\text{H}}\boldsymbol{\Xi}_0 \approx \boldsymbol{I}_2$，则 $\boldsymbol{v}$ 的最优解近似为 $\boldsymbol{u}_{1,0}$。后面将会看到，当波束形成器输入信噪比和干扰比较大时，$\boldsymbol{W}_{\text{PD-MPDR}}^{\text{H}}\boldsymbol{\Xi}_0=\boldsymbol{I}_2$ 近似成立。

为了兼顾完全极化和部分/非极化信号的接收，也可直接令 $\boldsymbol{v}_{\mathbf{H}}=\boldsymbol{\mu}_{1,0}$，$\boldsymbol{v}_{\mathbf{V}}=\boldsymbol{\mu}_{2,0}$，也即

$$\boldsymbol{w}_{\text{PD-MPDR}}=\boldsymbol{\mu}_{1,0}\boldsymbol{w}_{\text{MPDR-1}}+\boldsymbol{\mu}_{2,0}\boldsymbol{w}_{\text{MPDR-2}} \tag{2.458}$$

该波束形成器的结构仍如图 2.40 所示，其中

$$\boldsymbol{w}_{\mathbf{H}}=\boldsymbol{w}_{\text{MPDR-1}} \tag{2.459}$$

$$\boldsymbol{w}_{\mathbf{V}}=\boldsymbol{w}_{\text{MPDR-2}} \tag{2.460}$$

$$\boldsymbol{v}_{\mathbf{H}}=\boldsymbol{\mu}_{1,0} \tag{2.461}$$

$$\boldsymbol{v}_{\mathbf{V}}=\boldsymbol{\mu}_{2,0} \tag{2.462}$$

图 2.59 为完全极化和部分/非极化条件下，极化分解最小方差无失真响应波束形成器的信号接收结构示意图。

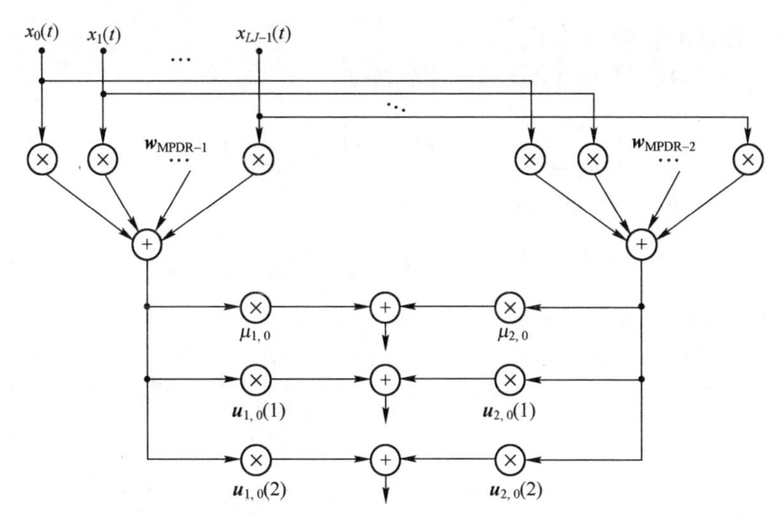

图 2.59　完全极化和部分/非极化条件下，极化分解最小方差无失真响应波束形成器的信号接收结构示意图

（1）当期望信号波为完全极化时，$\boldsymbol{u}_{1,0}=e^{j\varphi_0}\boldsymbol{p}_{\gamma_0,\eta_0}$，$\mu_{1,0}=1$，$\mu_{2,0}=0$，

$$\boldsymbol{a}_{1,0}=\boldsymbol{\Xi}_0\boldsymbol{u}_{1,0}=[\boldsymbol{a}_{H,0},\boldsymbol{a}_{V,0}]e^{j\varphi_0}\boldsymbol{p}_{\gamma_0,\eta_0}=e^{j\varphi_0}\boldsymbol{b}_0 \tag{2.463}$$

此时极化分解最小功率无失真响应波束形成器等效于经典的最小功率无失真响应波束形成器：

$$\boldsymbol{w}_{PD-MPDR}=\boldsymbol{w}_{MPDR-1}=e^{j\varphi_0}\boldsymbol{w}_{MPDR} \tag{2.464}$$

（2）注意到式（2.448）所示阵列输出信号模型与“双息”信号模型[2]类似，也即利用不同极化沿同一方向传送互不相关的两路信号：

$$\boldsymbol{d}(t)=\underbrace{(\boldsymbol{\Xi}_0\boldsymbol{p}_{\gamma_{01},\eta_{01}})}_{=\boldsymbol{a}_{01}}s_{01}(t)+\underbrace{(\boldsymbol{\Xi}_0\boldsymbol{p}_{\gamma_{02},\eta_{02}})}_{=\boldsymbol{a}_{02}}s_{02}(t) \tag{2.465}$$

式中：$\boldsymbol{p}_{\gamma_{01},\eta_{01}}$和$\boldsymbol{p}_{\gamma_{02},\eta_{02}}$分别为互不相关的信号$s_{01}(t)$和$s_{02}(t)$的波极化矢量，两者线性无关，$\sigma_{01}^2=\langle|s_{01}(t)|^2\rangle\neq0$，$\sigma_{02}^2=\langle|s_{02}(t)|^2\rangle\neq0$。

此时，可以直接采用下述所谓双息最小功率无失真响应（DM-MPDR）波束形成器估计两路信号：

$$\min_{\boldsymbol{w}}\ \boldsymbol{w}^H\boldsymbol{R}_{xx}\boldsymbol{w}\ \text{ s. t. }\ \boldsymbol{w}^H\boldsymbol{a}_{01}=1 \tag{2.466}$$

$$\min_{\boldsymbol{w}}\ \boldsymbol{w}^H\boldsymbol{R}_{xx}\boldsymbol{w}\ \text{ s. t. }\ \boldsymbol{w}^H\boldsymbol{a}_{02}=1 \tag{2.467}$$

若双息信号功率不同，同时波极化矢量相互正交，也即

$$\sigma_{01}^2\neq\sigma_{02}^2 \tag{2.468}$$

$$\boldsymbol{p}_{\gamma_{02},\eta_{02}}^H\boldsymbol{p}_{\gamma_{01},\eta_{01}}=0 \tag{2.469}$$

则双息最小功率无失真响应波束形成器与极化分解最小功率无失真响应波束

形成器是等效的，简析如下。

首先，双息信号的归一化波相干矩阵为

$$\boldsymbol{C}_{\mathrm{nm},0}=\left(\frac{\sigma_{01}^2}{\sigma_{01}^2+\sigma_{02}^2}\right)\boldsymbol{p}_{\gamma_{01},\eta_{01}}\boldsymbol{p}_{\gamma_{01},\eta_{01}}^{\mathrm{H}}+\left(\frac{\sigma_{02}^2}{\sigma_{01}^2+\sigma_{02}^2}\right)\boldsymbol{p}_{\gamma_{02},\eta_{02}}\boldsymbol{p}_{\gamma_{02},\eta_{02}}^{\mathrm{H}} \tag{2.470}$$

根据特征子空间理论，我们有

$$\boldsymbol{U}_{\mathrm{nm},0}=[\boldsymbol{u}_{1,0},\boldsymbol{u}_{2,0}]=\underbrace{[\boldsymbol{p}_{\gamma_{01},\eta_{01}},\boldsymbol{p}_{\gamma_{02},\eta_{02}}]}_{=\boldsymbol{P}}\boldsymbol{T}=\boldsymbol{P}\boldsymbol{T} \tag{2.471}$$

其中，$\boldsymbol{T}$ 为 2×2 维非奇异矩阵，

$$\boldsymbol{T}=\begin{bmatrix}\left(\frac{\sigma_{01}^2}{(\sigma_{01}^2+\sigma_{02}^2)\mu_{1,0}}\right)\boldsymbol{p}_{\gamma_{01},\eta_{01}}^{\mathrm{H}}\boldsymbol{u}_{1,0} & \left(\frac{\sigma_{01}^2}{(\sigma_{01}^2+\sigma_{02}^2)\mu_{2,0}}\right)\boldsymbol{p}_{\gamma_{01},\eta_{01}}^{\mathrm{H}}\boldsymbol{u}_{2,0}\\ \left(\frac{\sigma_{02}^2}{(\sigma_{01}^2+\sigma_{02}^2)\mu_{1,0}}\right)\boldsymbol{p}_{\gamma_{02},\eta_{02}}^{\mathrm{H}}\boldsymbol{u}_{1,0} & \left(\frac{\sigma_{02}^2}{(\sigma_{01}^2+\sigma_{02}^2)\mu_{2,0}}\right)\boldsymbol{p}_{\gamma_{02},\eta_{02}}^{\mathrm{H}}\boldsymbol{u}_{2,0}\end{bmatrix} \tag{2.472}$$

由此可得

$$\boldsymbol{a}_{1,0}=\boldsymbol{\Xi}_0\boldsymbol{u}_{1,0}=\boldsymbol{\Xi}_0[\boldsymbol{p}_{\gamma_{01},\eta_{01}},\boldsymbol{p}_{\gamma_{02},\eta_{02}}]\begin{bmatrix}\left(\frac{\sigma_{01}^2}{(\sigma_{01}^2+\sigma_{02}^2)\mu_{1,0}}\right)\boldsymbol{p}_{\gamma_{01},\eta_{01}}^{\mathrm{H}}\boldsymbol{u}_{1,0}\\ \left(\frac{\sigma_{02}^2}{(\sigma_{01}^2+\sigma_{02}^2)\mu_{1,0}}\right)\boldsymbol{p}_{\gamma_{02},\eta_{02}}^{\mathrm{H}}\boldsymbol{u}_{1,0}\end{bmatrix} \tag{2.473}$$

$$\boldsymbol{a}_{2,0}=\boldsymbol{\Xi}_0\boldsymbol{u}_{2,0}=\boldsymbol{\Xi}_0[\boldsymbol{p}_{\gamma_{01},\eta_{01}},\boldsymbol{p}_{\gamma_{02},\eta_{02}}]\begin{bmatrix}\left(\frac{\sigma_{01}^2}{(\sigma_{01}^2+\sigma_{02}^2)\mu_{2,0}}\right)\boldsymbol{p}_{\gamma_{01},\eta_{01}}^{\mathrm{H}}\boldsymbol{u}_{2,0}\\ \left(\frac{\sigma_{02}^2}{(\sigma_{01}^2+\sigma_{02}^2)\mu_{2,0}}\right)\boldsymbol{p}_{\gamma_{02},\eta_{02}}^{\mathrm{H}}\boldsymbol{u}_{2,0}\end{bmatrix} \tag{2.474}$$

由于 $\boldsymbol{p}_{\gamma_{02},\eta_{02}}^{\mathrm{H}}\boldsymbol{p}_{\gamma_{01},\eta_{01}}=0$，因此

$$\boldsymbol{C}_{\mathrm{nm},0}\,\boldsymbol{p}_{\gamma_{01},\eta_{01}}=\left(\frac{\sigma_{01}^2}{\sigma_{01}^2+\sigma_{02}^2}\right)\boldsymbol{p}_{\gamma_{01},\eta_{01}} \tag{2.475}$$

$$\boldsymbol{C}_{\mathrm{nm},0}\,\boldsymbol{p}_{\gamma_{02},\eta_{02}}=\left(\frac{\sigma_{02}^2}{\sigma_{01}^2+\sigma_{02}^2}\right)\boldsymbol{p}_{\gamma_{02},\eta_{02}} \tag{2.476}$$

这意味着 $\boldsymbol{C}_{\mathrm{nm},0}$ 的两个特征值分别为 $\frac{\sigma_{01}^2}{\sigma_{01}^2+\sigma_{02}^2}$ 和 $\frac{\sigma_{02}^2}{\sigma_{01}^2+\sigma_{02}^2}$。

① 若 $\sigma_{01}^2>\sigma_{02}^2$，则

$$\mu_{1,0}=\frac{\sigma_{01}^2}{\sigma_{01}^2+\sigma_{02}^2} \tag{2.477}$$

$$\mu_{2,0}=\frac{\sigma_{02}^2}{\sigma_{01}^2+\sigma_{02}^2} \tag{2.478}$$

同时

$$\boldsymbol{u}_{1,0}=\mathrm{e}^{\mathrm{j}\varphi_{01}}\boldsymbol{p}_{\gamma_{01},\eta_{01}} \tag{2.479}$$

$$\boldsymbol{u}_{2,0}=\mathrm{e}^{\mathrm{j}\varphi_{02}}\boldsymbol{p}_{\gamma_{02},\eta_{02}} \tag{2.480}$$

其中，$-\pi<\varphi_{01}\leqslant\pi$，$-\pi<\varphi_{02}\leqslant\pi$。

由此有

$$\boldsymbol{a}_{1,0}=\boldsymbol{\Xi}_0[\boldsymbol{p}_{\gamma_{01},\eta_{01}},\boldsymbol{p}_{\gamma_{02},\eta_{02}}]\begin{bmatrix}\mathrm{e}^{\mathrm{j}\varphi_{01}}\\0\end{bmatrix}=\mathrm{e}^{\mathrm{j}\varphi_{01}}\boldsymbol{a}_{01} \tag{2.481}$$

$$\boldsymbol{a}_{2,0}=\boldsymbol{\Xi}_0[\boldsymbol{p}_{\gamma_{01},\eta_{01}},\boldsymbol{p}_{\gamma_{02},\eta_{02}}]\begin{bmatrix}0\\\mathrm{e}^{\mathrm{j}\varphi_{02}}\end{bmatrix}=\mathrm{e}^{\mathrm{j}\varphi_{02}}\boldsymbol{a}_{02} \tag{2.482}$$

所以此时极化分解最小功率无失真响应波束形成器与双息最小功率无失真响应波束形成器是等效的。

② 若 $\sigma_{01}^2<\sigma_{02}^2$，则

$$\mu_{1,0}=\frac{\sigma_{02}^2}{\sigma_{01}^2+\sigma_{02}^2} \tag{2.483}$$

$$\mu_{2,0}=\frac{\sigma_{01}^2}{\sigma_{01}^2+\sigma_{02}^2} \tag{2.484}$$

同时

$$\boldsymbol{u}_{1,0}=\mathrm{e}^{\mathrm{j}\varphi_{02}}\boldsymbol{p}_{\gamma_{02},\eta_{02}} \tag{2.485}$$

$$\boldsymbol{u}_{2,0}=\mathrm{e}^{\mathrm{j}\varphi_{01}}\boldsymbol{p}_{\gamma_{01},\eta_{01}} \tag{2.486}$$

由此有

$$\boldsymbol{a}_{1,0}=\boldsymbol{\Xi}_0[\boldsymbol{p}_{\gamma_{01},\eta_{01}},\boldsymbol{p}_{\gamma_{02},\eta_{02}}]\begin{bmatrix}0\\\mathrm{e}^{\mathrm{j}\varphi_{02}}\end{bmatrix}=\mathrm{e}^{\mathrm{j}\varphi_{02}}\boldsymbol{a}_{02} \tag{2.487}$$

$$\boldsymbol{a}_{2,0}=\boldsymbol{\Xi}_0[\boldsymbol{p}_{\gamma_{01},\eta_{01}},\boldsymbol{p}_{\gamma_{02},\eta_{02}}]\begin{bmatrix}\mathrm{e}^{\mathrm{j}\varphi_{01}}\\0\end{bmatrix}=\mathrm{e}^{\mathrm{j}\varphi_{01}}\boldsymbol{a}_{01} \tag{2.488}$$

此时极化分解最小功率无失真响应波束形成器与双息最小功率无失真响应波束形成器仍是等效的。

③ 若 $\sigma_{01}^2=\sigma_{02}^2$，则

$$\mu_{1,0}=\mu_{2,0}=\frac{\sigma_{02}^2}{\sigma_{01}^2+\sigma_{02}^2}=\frac{\sigma_{01}^2}{\sigma_{01}^2+\sigma_{02}^2}=\mu_0 \tag{2.489}$$

此时

$$\boldsymbol{C}_{\mathrm{nm},0}(k_{01}\boldsymbol{p}_{\gamma_{01},\eta_{01}}+k_{02}\boldsymbol{p}_{\gamma_{02},\eta_{02}})=\mu_0(k_{01}\boldsymbol{p}_{\gamma_{01},\eta_{01}}+k_{02}\boldsymbol{p}_{\gamma_{02},\eta_{02}}) \tag{2.490}$$

即使 $\boldsymbol{p}_{\gamma_{02},\eta_{02}}^{\mathrm{H}}\boldsymbol{p}_{\gamma_{01},\eta_{01}}=0$，$\boldsymbol{u}_{1,0}$ 和 $\boldsymbol{u}_{2,0}$ 一般仍分别为 $\boldsymbol{p}_{\gamma_{01},\eta_{01}}$ 和 $\boldsymbol{p}_{\gamma_{02},\eta_{02}}$ 的线性组合，难以判定极化分解最小功率无失真响应波束形成器与双息最小功率无失真响应

波束形成器是否等效。

若双息信号极化矢量互不正交，也即

$$\boldsymbol{p}_{\gamma_{02},\eta_{02}}^{\mathrm{H}}\boldsymbol{p}_{\gamma_{01},\eta_{01}}\neq 0 \tag{2.491}$$

极化分解最小功率无失真响应波束形成器与双息最小功率无失真响应波束形成器通常也是不等效的。

极化分解最小功率无失真响应波束形成器与双息最小功率无失真响应波束形成器的不完全等效，主要源于极化分解的非唯一性。

事实上，式（2.444）所示的极化分解有下述更为一般的形式：

$$\begin{bmatrix} s_{\mathrm{H},0}(t) \\ s_{\mathrm{V},0}(t) \end{bmatrix}=\boldsymbol{U}_{\mathrm{nm},0}(\boldsymbol{U}^{-1}\boldsymbol{U})\boldsymbol{U}_{\mathrm{nm},0}^{\mathrm{H}}\begin{bmatrix} s_{\mathrm{H},0}(t) \\ s_{\mathrm{V},0}(t) \end{bmatrix} \tag{2.492}$$

其中，$\boldsymbol{U}$ 为 2×2 维非奇异矩阵，并且可使下述矩阵为对角矩阵：

$$\boldsymbol{U}\boldsymbol{U}_{\mathrm{nm},0}^{\mathrm{H}}\boldsymbol{C}_0\boldsymbol{U}_{\mathrm{nm},0}\boldsymbol{U}^{\mathrm{H}} \tag{2.493}$$

如果 $\boldsymbol{U}=\boldsymbol{T}$，则

$$[\boldsymbol{a}_{1,0},\boldsymbol{a}_{2,0}]=\boldsymbol{\Xi}_0\boldsymbol{U}_{\mathrm{nm},0}\boldsymbol{T}^{-1}=\boldsymbol{\Xi}_0\boldsymbol{P}=[\boldsymbol{a}_{01},\boldsymbol{a}_{02}] \tag{2.494}$$

又由于 $\boldsymbol{U}_{\mathrm{nm},0}=\boldsymbol{PT}$，因此 $\boldsymbol{T}=\boldsymbol{P}^{-1}\boldsymbol{U}_{\mathrm{nm},0}$，

$$\boldsymbol{T}\boldsymbol{T}^{\mathrm{H}}\boldsymbol{P}^{\mathrm{H}}\boldsymbol{P}=\boldsymbol{P}^{-1}\boldsymbol{U}_{\mathrm{nm},0}\boldsymbol{U}_{\mathrm{nm},0}^{\mathrm{H}}(\boldsymbol{P}^{-1})^{\mathrm{H}}\boldsymbol{P}^{\mathrm{H}}\boldsymbol{P}=\boldsymbol{I}_2 \tag{2.495}$$

$$\boldsymbol{P}\boldsymbol{T}\boldsymbol{U}_{\mathrm{nm},0}^{\mathrm{H}}=\boldsymbol{P}\boldsymbol{P}^{-1}\boldsymbol{U}_{\mathrm{nm},0}\boldsymbol{U}_{\mathrm{nm},0}^{\mathrm{H}}=\boldsymbol{I}_2\Rightarrow\boldsymbol{T}\boldsymbol{U}_{\mathrm{nm},0}^{\mathrm{H}}=\boldsymbol{P}^{-1} \tag{2.496}$$

由此有

$$\boldsymbol{U}\boldsymbol{U}_{\mathrm{nm},0}^{\mathrm{H}}\boldsymbol{C}_0\boldsymbol{U}_{\mathrm{nm},0}\boldsymbol{U}^{\mathrm{H}}=\begin{bmatrix} \sigma_{01}^2 & \\ & \sigma_{02}^2 \end{bmatrix} \tag{2.497}$$

$$\boldsymbol{U}\boldsymbol{U}_{\mathrm{nm},0}^{\mathrm{H}}\begin{bmatrix} s_{\mathrm{H},0}(t) \\ s_{\mathrm{V},0}(t) \end{bmatrix}=\boldsymbol{T}\boldsymbol{U}_{\mathrm{nm},0}^{\mathrm{H}}\boldsymbol{P}\begin{bmatrix} s_{01}(t) \\ s_{02}(t) \end{bmatrix}=\begin{bmatrix} s_{01}(t) \\ s_{02}(t) \end{bmatrix} \tag{2.498}$$

此时极化分解最小功率无失真响应波束形成器即为双息最小功率无失真响应波束形成器。

（3）极化分解最小功率无失真响应波束形成器与 2.3.3 节中所讨论的极化抽取最小功率无失真响应波束形成器也有一定关系。

事实上，式（2.336）所示的用于极化抽取的信号正交表示基准也有下述更为一般的形式：

$$\varsigma_{0,\boldsymbol{\epsilon}}(t)=\epsilon_{\mathrm{H}}s_{\mathrm{H},0}(t)+\epsilon_{\mathrm{V}}s_{\mathrm{V},0}(t) \tag{2.499}$$

其中

$$\boldsymbol{\epsilon}=[\epsilon_{\mathrm{H}},\epsilon_{\mathrm{V}}]^{\mathrm{H}} \tag{2.500}$$

相应地，

$$\boldsymbol{\rho}_{0,\boldsymbol{\epsilon}}=(\boldsymbol{\epsilon}^{\mathrm{H}}\boldsymbol{C}_0\boldsymbol{\epsilon})^{-1}\boldsymbol{C}_0\boldsymbol{\epsilon}=(\boldsymbol{\epsilon}^{\mathrm{H}}\boldsymbol{C}_{\mathrm{nm},0}\boldsymbol{\epsilon})^{-1}\boldsymbol{C}_{\mathrm{nm},0}\boldsymbol{\epsilon} \tag{2.501}$$

也即 $\boldsymbol{\rho}_{0,\boldsymbol{\epsilon}}$ 是下述问题的解：

$$\min_{\boldsymbol{\rho}} \boldsymbol{\rho}^{\mathrm{H}} \boldsymbol{C}_0^{-1} \boldsymbol{\rho} \ \text{s.t.}\ \boldsymbol{\rho}^{\mathrm{H}} \boldsymbol{\epsilon} = 1 \tag{2.502}$$

所以，若 $\boldsymbol{\epsilon}=\boldsymbol{u}_{1,0}$，则

$$\boldsymbol{\rho}_{0,\boldsymbol{\epsilon}} = (\boldsymbol{u}_{1,0}^{\mathrm{H}} \boldsymbol{C}_0 \boldsymbol{u}_{1,0})^{-1} \boldsymbol{C}_0 \boldsymbol{u}_{1,0} = \boldsymbol{u}_{1,0} \tag{2.503}$$

此时

$$\boldsymbol{w}_{\text{PE-MPDR},\boldsymbol{\epsilon}} = \frac{\boldsymbol{R}_{xx}^{-1} \boldsymbol{\Xi}_0 \boldsymbol{\rho}_{0,\boldsymbol{\epsilon}}}{\boldsymbol{\rho}_{0,\boldsymbol{\epsilon}}^{\mathrm{H}} \boldsymbol{\Xi}_0^{\mathrm{H}} \boldsymbol{R}_{xx}^{-1} \boldsymbol{\Xi}_0 \boldsymbol{\rho}_{0,\boldsymbol{\epsilon}}} = \frac{\boldsymbol{R}_{xx}^{-1} \boldsymbol{a}_{1,0}}{\boldsymbol{a}_{1,0}^{\mathrm{H}} \boldsymbol{R}_{xx}^{-1} \boldsymbol{a}_{1,0}} = \boldsymbol{w}_{\text{MPDR-1}} \tag{2.504}$$

若 $\boldsymbol{\epsilon}=\boldsymbol{u}_{2,0}$，则

$$\boldsymbol{\rho}_{0,\boldsymbol{\epsilon}} = (\boldsymbol{u}_{2,0}^{\mathrm{H}} \boldsymbol{C}_0 \boldsymbol{u}_{2,0})^{-1} \boldsymbol{C}_0 \boldsymbol{u}_{2,0} = \boldsymbol{u}_{2,0} \tag{2.505}$$

此时

$$\boldsymbol{w}_{\text{PE-MPDR},\boldsymbol{\epsilon}} = \frac{\boldsymbol{R}_{xx}^{-1} \boldsymbol{\Xi}_0 \boldsymbol{\rho}_{0,\boldsymbol{\epsilon}}}{\boldsymbol{\rho}_{0,\boldsymbol{\epsilon}}^{\mathrm{H}} \boldsymbol{\Xi}_0^{\mathrm{H}} \boldsymbol{R}_{xx}^{-1} \boldsymbol{\Xi}_0 \boldsymbol{\rho}_{0,\boldsymbol{\epsilon}}} = \frac{\boldsymbol{R}_{xx}^{-1} \boldsymbol{a}_{2,0}}{\boldsymbol{a}_{2,0}^{\mathrm{H}} \boldsymbol{R}_{xx}^{-1} \boldsymbol{a}_{2,0}} = \boldsymbol{w}_{\text{MPDR-2}} \tag{2.506}$$

由此，可以将极化分解视为极化抽取的特例，当 $\boldsymbol{\epsilon}=\boldsymbol{u}_{1,0}$ 或 $\boldsymbol{\epsilon}=\boldsymbol{u}_{2,0}$ 时，极化抽取信号的虚拟干扰也对应着一个完全极化分量：

$$\begin{aligned}
\underbrace{\langle \boldsymbol{i}_{\mathrm{H+V},0,\boldsymbol{\epsilon}}(t) \boldsymbol{i}_{\mathrm{H+V},0,\boldsymbol{\epsilon}}^{\mathrm{H}}(t) \rangle}_{=\boldsymbol{R}_{\boldsymbol{i}_{\mathrm{H+V},0,\boldsymbol{\epsilon}} \boldsymbol{i}_{\mathrm{H+V},0,\boldsymbol{\epsilon}}}} &= \boldsymbol{C}_0 - (\boldsymbol{\epsilon}^{\mathrm{H}} \boldsymbol{C}_0 \boldsymbol{\epsilon})^{-1} (\boldsymbol{C}_0 \boldsymbol{\epsilon})(\boldsymbol{C}_0 \boldsymbol{\epsilon})^{\mathrm{H}} \\
&= \begin{cases} \boldsymbol{C}_0 - \mu_{1,0} \boldsymbol{u}_{1,0} \boldsymbol{u}_{1,0}^{\mathrm{H}} = \mu_{2,0} \boldsymbol{u}_{2,0} \boldsymbol{u}_{2,0}^{\mathrm{H}}, \boldsymbol{\epsilon} = \boldsymbol{u}_{1,0} \\ \boldsymbol{C}_0 - \mu_{2,0} \boldsymbol{u}_{2,0} \boldsymbol{u}_{2,0}^{\mathrm{H}} = \mu_{1,0} \boldsymbol{u}_{1,0} \boldsymbol{u}_{1,0}^{\mathrm{H}}, \boldsymbol{\epsilon} = \boldsymbol{u}_{2,0} \end{cases}
\end{aligned} \tag{2.507}$$

下面看几个仿真例子。图 2.60 所示为 $\boldsymbol{\epsilon}=\boldsymbol{u}_{1,0}$ 时的极化抽取最小功率无失真响应（PE-MPDR，$\boldsymbol{u}_{1,0}$）波束形成器，也即“1”极化最小功率无失真响应波束形成器、$\boldsymbol{\epsilon}=\boldsymbol{u}_{2,0}$ 时的极化抽取最小功率无失真响应（PE-MPDR，$\boldsymbol{u}_{2,0}$）波束形成器，也即“2”极化最小功率无失真响应波束形成器、$\boldsymbol{\epsilon}=[0.9,0.1]^{\mathrm{T}}$ 时的极化抽取最小功率无失真响应（PE-MPDR，$[0.9,0.1]^{\mathrm{T}}$）波束形成器、极化分解最小功率无失真响应（PD-MPDR）波束形成器的输出信干噪比随输入信噪比变化的曲线。

例中的波束形成阵列仍由 4 个位于 y 轴的 SuperCART 天线组成，天线间距为半个信号波长，倾角相同；期望信号源和干扰源均位于 xoy 平面内，其中期望信号的波达方向为 10°，两个干扰的波达方向分别为 20° 和 30°；其余仿真参数参见各图中的说明。

由图中所示结果可以看出，通过极化合成，极化分解最小功率无失真响应波束形成器的输出信干噪比性能，与极化抽取最小功率无失真响应波束形成器相比，整体上有一定的提升。

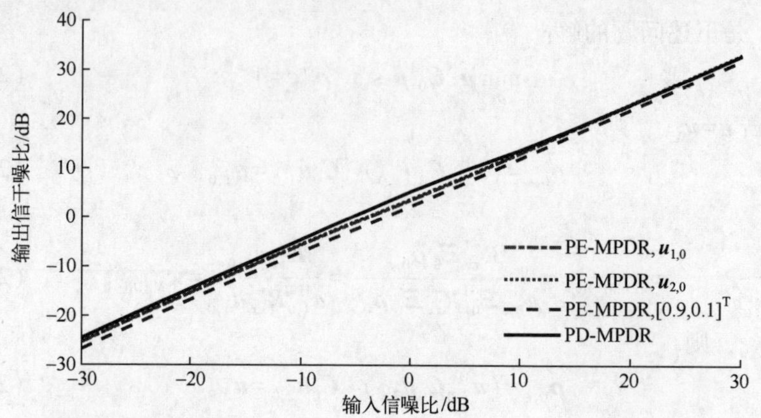

(a) 期望信号波极化度为0.1，完全极化分量参数为(60°, 20°)；干扰极化度均为1，极化参数分别为(35°, 60°)和(65°, 20°)；输入干噪比均为0dB

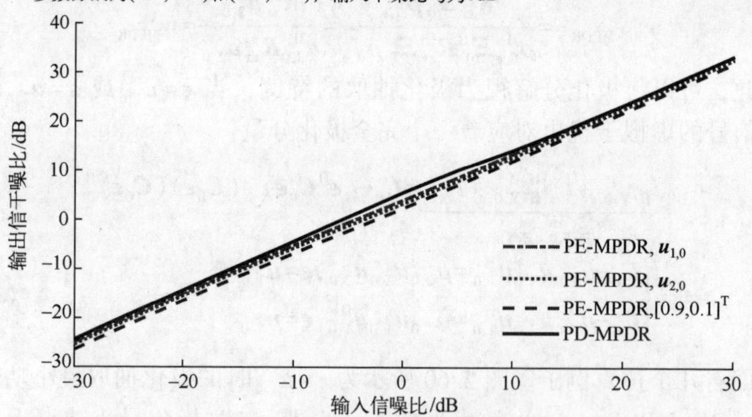

(b) 期望信号波极化度为0.1，完全极化分量参数为(60°, 0°)；干扰极化度均为1，极化参数分别为(35°, 60°)和(65°, 20°)；输入干噪比均为0dB

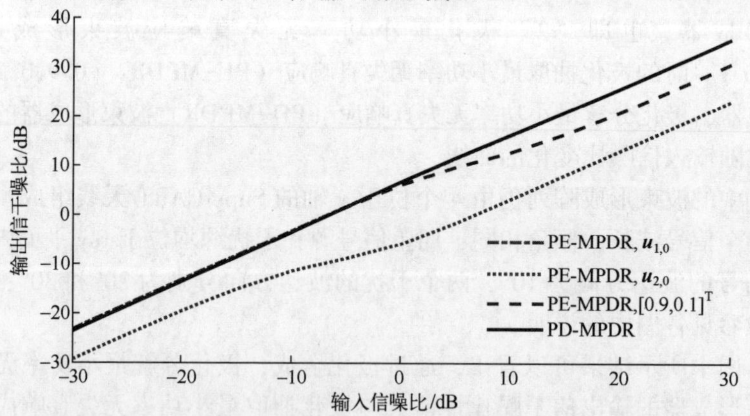

(c) 期望信号波极化度为0.9，完全极化分量参数为(60°, 0°)；干扰极化度均为1，极化参数分别为(35°, 60°)和(65°, 20°)；输入干噪比均为0dB

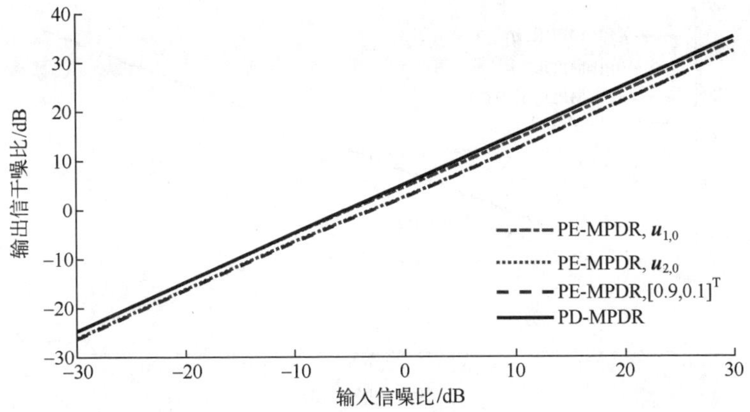

(d) 期望信号波极化度为0；干扰极化度均为1，极化参数分别为(35°, 60°)和(65°, 20°)；输入干噪比均为0dB

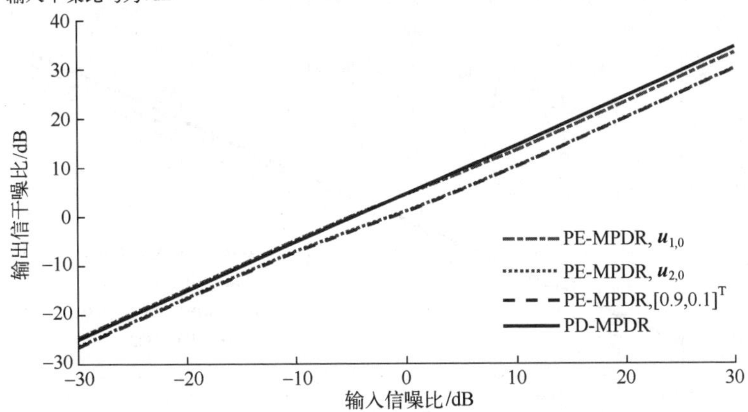

(e) 期望信号波极化度为0；干扰极化度均为1，极化参数分别为(35°, 60°)和(65°, 20°)；输入干噪比均为30dB

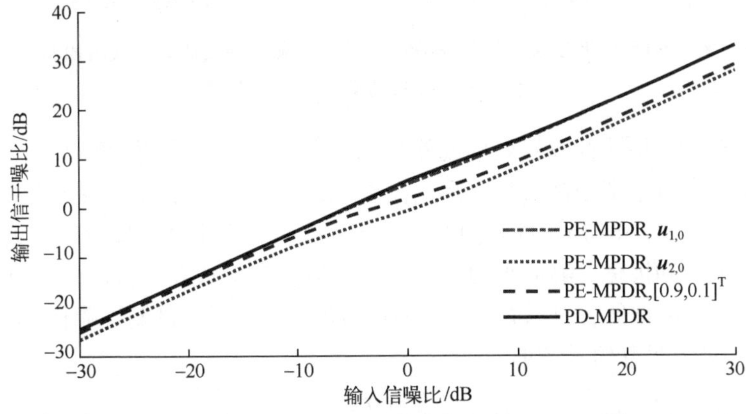

(f) 期望信号波极化度为0.6，完全极化分量参数为(60°, 20°)；干扰极化度均为1，极化参数分别为(35°, 60°)和(65°, 20°)；输入干噪比均为30dB

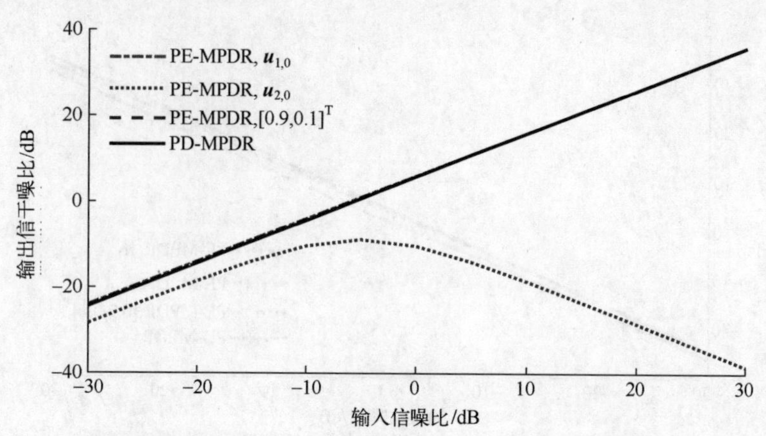

(g) 期望信号波极化度为1，极化参数为(60°, 20°)；干扰极化度均为1，极化参数分别为(35°, 60°)和(65°, 20°)；输入干噪比均为30dB

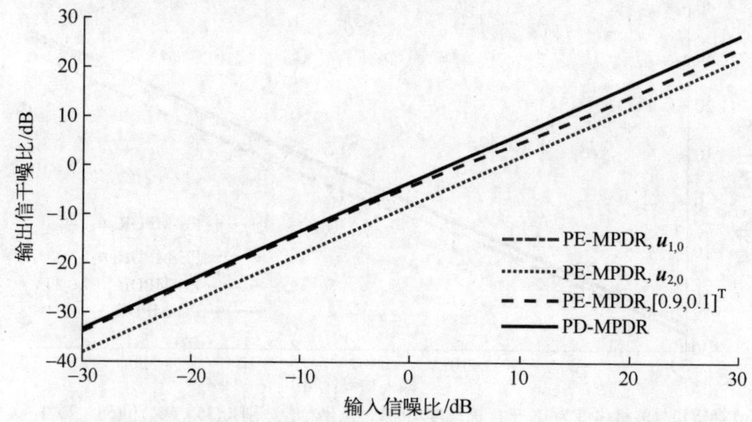

(h) 期望信号波极化度为0.5，完全极化分量参数为(60°, 20°)；干扰极化度均为0.5，完全极化分量参数分别为(35°, 60°)和(65°, 20°)；输入干噪比均为30dB

图 2.60　极化抽取与极化分解最小功率无失真响应波束形成器输出信干噪比随输入信噪比变化的曲线

注意到例中极化抽取波束形成器的抽取参数不是最优的。事实上，通过仿真实验尝试，对于图 2.60（h）所示结果的波束形成条件，抽取参数选择 0.4 是比较合适的。图 2.61 所示即是抽取参数为 0.4 时，极化抽取最小功率无失真响应波束形成器和极化分解最小功率无失真响应波束形成器，输出信干噪比随输入信噪比变化的曲线，可以看到，此时两者的干扰和噪声抑制性能相仿。

（4）对于双息信号情形，

$$\boldsymbol{C}_0^{-1}=(\boldsymbol{P}^{\mathrm{H}})^{-1}\begin{bmatrix}\sigma_{01}^{-2} & \\ & \sigma_{02}^{-2}\end{bmatrix}\boldsymbol{P}^{-1} \tag{2.508}$$

所以

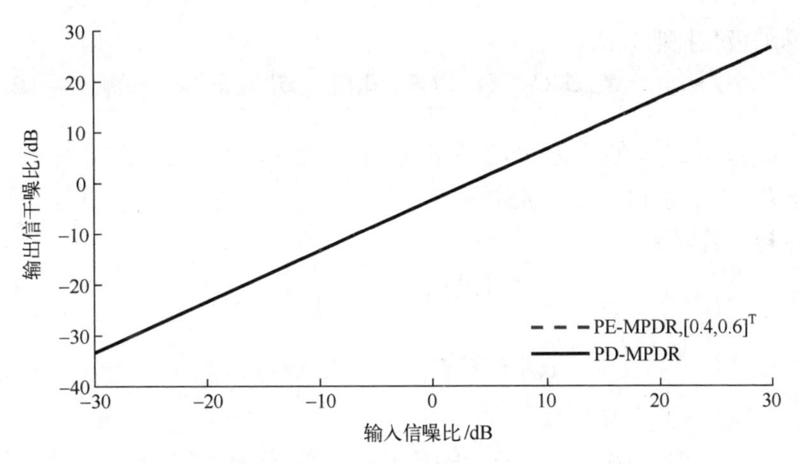

图 2.61 抽取参数合理选择的极化抽取最小功率无失真响应波束形成器与极化分解最小功率无失真响应波束形成器干扰和噪声抑制性能的比较

$$\boldsymbol{P}^{\mathrm{H}}\boldsymbol{C}_0^{-1}\boldsymbol{P}=\begin{bmatrix}\sigma_{01}^{-2} & \\ & \sigma_{02}^{-2}\end{bmatrix}\Rightarrow\begin{cases}\boldsymbol{p}_{\gamma_{01},\eta_{01}}^{\mathrm{H}}\boldsymbol{C}_0^{-1}\boldsymbol{p}_{\gamma_{01},\eta_{01}}=\sigma_{01}^{-2}\\ \boldsymbol{p}_{\gamma_{02},\eta_{02}}^{\mathrm{H}}\boldsymbol{C}_0^{-1}\boldsymbol{p}_{\gamma_{02},\eta_{02}}=\sigma_{02}^{-2}\end{cases} \tag{2.509}$$

此时：

① 可考虑取 $\boldsymbol{\epsilon}$ 为

$$\boldsymbol{\epsilon}=(\boldsymbol{p}_{\gamma_{01},\eta_{01}}^{\mathrm{H}}\boldsymbol{C}_0^{-1}\boldsymbol{p}_{\gamma_{01},\eta_{01}})^{-1}\boldsymbol{C}_0^{-1}\boldsymbol{p}_{\gamma_{01},\eta_{01}} \tag{2.510}$$

代入式（2.501）和式（2.507），可得

$$\boldsymbol{\rho}_{0,\boldsymbol{\epsilon}}=(\boldsymbol{\epsilon}^{\mathrm{H}}\boldsymbol{C}_0\boldsymbol{\epsilon})^{-1}\boldsymbol{C}_0\boldsymbol{\epsilon}=\boldsymbol{p}_{\gamma_{01},\eta_{01}} \tag{2.511}$$

$$\boldsymbol{R}_{i_{\mathbf{H+V},0,\epsilon}i_{\mathbf{H+V},0,\epsilon}}=\boldsymbol{C}_0-\frac{\boldsymbol{p}_{\gamma_{01},\eta_{01}}\boldsymbol{p}_{\gamma_{01},\eta_{01}}^{\mathrm{H}}}{\boldsymbol{p}_{\gamma_{01},\eta_{01}}^{\mathrm{H}}\boldsymbol{C}_0^{-1}\boldsymbol{p}_{\gamma_{01},\eta_{01}}}=\sigma_{02}^2\boldsymbol{p}_{\gamma_{02},\eta_{02}}\boldsymbol{p}_{\gamma_{02},\eta_{02}}^{\mathrm{H}} \tag{2.512}$$

也即此时极化抽取波束形成器等效于式（2.466）所示双息波束形成器之一：

$$\min_{\boldsymbol{w}}\ \boldsymbol{w}^{\mathrm{H}}\boldsymbol{R}_{xx}\boldsymbol{w}\quad \text{s. t.}\quad \boldsymbol{w}^{\mathrm{H}}\boldsymbol{a}_{01}=1$$

② 或者取 $\boldsymbol{\epsilon}$ 为

$$\boldsymbol{\epsilon}=(\boldsymbol{p}_{\gamma_{02},\eta_{02}}^{\mathrm{H}}\boldsymbol{C}_0^{-1}\boldsymbol{p}_{\gamma_{02},\eta_{02}})^{-1}\boldsymbol{C}_0^{-1}\boldsymbol{p}_{\gamma_{02},\eta_{02}} \tag{2.513}$$

此时

$$\boldsymbol{\rho}_{0,\boldsymbol{\epsilon}}=(\boldsymbol{\epsilon}^{\mathrm{H}}\boldsymbol{C}_0\boldsymbol{\epsilon})^{-1}\boldsymbol{C}_0\boldsymbol{\epsilon}=\boldsymbol{p}_{\gamma_{02},\eta_{02}} \tag{2.514}$$

$$r_{i_{\mathbf{H+V},0,\epsilon}i_{\mathbf{H+V},0,\epsilon}}=\boldsymbol{C}_0-\frac{\boldsymbol{p}_{\gamma_{02},\eta_{02}}\boldsymbol{p}_{\gamma_{02},\eta_{02}}^{\mathrm{H}}}{\boldsymbol{p}_{\gamma_{02},\eta_{02}}^{\mathrm{H}}\boldsymbol{C}_0^{-1}\boldsymbol{p}_{\gamma_{02},\eta_{02}}}=\sigma_{01}^2\boldsymbol{p}_{\gamma_{01},\eta_{01}}\boldsymbol{p}_{\gamma_{01},\eta_{01}}^{\mathrm{H}} \tag{2.515}$$

也即此时极化抽取波束形成器等效于式（2.467）所示双息波束形成器之二：

$$\min_{\boldsymbol{w}}\ \boldsymbol{w}^{\mathrm{H}}\boldsymbol{R}_{xx}\boldsymbol{w}\quad \text{s. t.}\quad \boldsymbol{w}^{\mathrm{H}}\boldsymbol{a}_{02}=1$$

（5）2.3.2 节中所讨论的最小功率无衰减响应波束形成器也可以视为一

种特殊的极化抽取方法：

$$\boldsymbol{w}_{\text{MPAR}}=\boldsymbol{R}_{xx}^{-1}\boldsymbol{\Xi}_0\underbrace{\boldsymbol{C}_{\text{nm},0}(\mu_{\max}^{-1}(\boldsymbol{R}_{xx}^{-1}\boldsymbol{\Xi}_0\boldsymbol{C}_{\text{nm},0}\boldsymbol{\Xi}_0^{\text{H}})(\boldsymbol{\Xi}_0^{\text{H}}\boldsymbol{w}_{\text{MPAR}}))}_{=\boldsymbol{p}} \tag{2.516}$$

其中，$\boldsymbol{C}_{\text{nm},0}$和$\boldsymbol{C}_{\text{nm},0}^{-1}$在期望信号波为部分/非极化时均为正定厄尔米特矩阵，而$\boldsymbol{p}$为非零矢量，所以$\boldsymbol{p}^{\text{H}}\boldsymbol{C}_{\text{nm},0}^{-1}\boldsymbol{p}>0$。

这样，若取$\boldsymbol{\epsilon}$为

$$\boldsymbol{\epsilon}=(\boldsymbol{p}^{\text{H}}\boldsymbol{C}_{\text{nm},0}^{-1}\boldsymbol{p})^{-1}\boldsymbol{C}_{\text{nm},0}^{-1}\boldsymbol{p} \tag{2.517}$$

则

$$\boldsymbol{\rho}_{0,\boldsymbol{\epsilon}}=(\boldsymbol{\epsilon}^{\text{H}}\boldsymbol{C}_{\text{nm},0}\boldsymbol{\epsilon})^{-1}\boldsymbol{C}_{\text{nm},0}\boldsymbol{\epsilon}=\boldsymbol{p} \tag{2.518}$$

此时

$$\boldsymbol{w}_{\text{PE-MPDR},\boldsymbol{\epsilon}}=(\boldsymbol{\rho}_{0,\boldsymbol{\epsilon}}^{\text{H}}\boldsymbol{\Xi}_0^{\text{H}}\boldsymbol{R}_{xx}^{-1}\boldsymbol{\Xi}_0\boldsymbol{\rho}_{0,\boldsymbol{\epsilon}})^{-1}\boldsymbol{R}_{xx}^{-1}\boldsymbol{\Xi}_0\boldsymbol{\rho}_{0,\boldsymbol{\epsilon}}\propto\boldsymbol{w}_{\text{MPAR}} \tag{2.519}$$

当期望信号波为完全极化时，最小功率无衰减响应波束形成器、极化抽取最小功率无失真响应波束形成器、极化分解最小功率无失真响应波束形成器都与经典的最小功率无失真响应波束形成器等效。

(6) 根据$\boldsymbol{W}_{\text{PD-MPDR}}$的定义，可得

$$\boldsymbol{W}_{\text{PD-MPDR}}^{\text{H}}\boldsymbol{\Xi}_0=\boldsymbol{U}_{\text{nm},0}\begin{bmatrix}\boldsymbol{w}_{\text{MPDR-1}}^{\text{H}}\boldsymbol{a}_{\text{H},0} & \boldsymbol{w}_{\text{MPDR-1}}^{\text{H}}\boldsymbol{a}_{\text{V},0}\\ \boldsymbol{w}_{\text{MPDR-2}}^{\text{H}}\boldsymbol{a}_{\text{H},0} & \boldsymbol{w}_{\text{MPDR-2}}^{\text{H}}\boldsymbol{a}_{\text{V},0}\end{bmatrix} \tag{2.520}$$

若期望信号波为部分/非极化，则

$$\boldsymbol{R}_{xx}=\sigma_{1,0}^2\boldsymbol{a}_{1,0}\boldsymbol{a}_{1,0}^{\text{H}}+\sigma_{2,0}^2\boldsymbol{a}_{2,0}\boldsymbol{a}_{2,0}^{\text{H}}+\boldsymbol{R}_{uu} \tag{2.521}$$

其中，$\sigma_{1,0}^2=\langle|s_{1,0}(t)|^2\rangle\neq0$，$\sigma_{2,0}^2=\langle|s_{2,0}(t)|^2\rangle\neq0$。

所以式（2.449）和式（2.450）所示准则分别等价于

$$\min_{\boldsymbol{w}}\boldsymbol{w}^{\text{H}}\underbrace{(\sigma_{2,0}^2\boldsymbol{a}_{2,0}\boldsymbol{a}_{2,0}^{\text{H}}+\boldsymbol{R}_{uu})}_{=\boldsymbol{R}_{uu,1}}\boldsymbol{w}\quad \text{s.t.}\quad \boldsymbol{w}^{\text{H}}\boldsymbol{a}_{1,0}=1 \tag{2.522}$$

$$\min_{\boldsymbol{w}}\boldsymbol{w}^{\text{H}}\underbrace{(\sigma_{1,0}^2\boldsymbol{a}_{1,0}\boldsymbol{a}_{1,0}^{\text{H}}+\boldsymbol{R}_{uu})}_{=\boldsymbol{R}_{uu,2}}\boldsymbol{w}\quad \text{s.t.}\quad \boldsymbol{w}^{\text{H}}\boldsymbol{a}_{2,0}=1 \tag{2.523}$$

由此

$$(\boldsymbol{a}_{1,0}^{\text{H}}\boldsymbol{R}_{xx}^{-1}\boldsymbol{a}_{1,0})^{-1}\boldsymbol{R}_{xx}^{-1}\boldsymbol{a}_{1,0}=(\boldsymbol{a}_{1,0}^{\text{H}}\boldsymbol{R}_{uu,1}^{-1}\boldsymbol{a}_{1,0})^{-1}\boldsymbol{R}_{uu,1}^{-1}\boldsymbol{a}_{1,0} \tag{2.524}$$

$$(\boldsymbol{a}_{2,0}^{\text{H}}\boldsymbol{R}_{xx}^{-1}\boldsymbol{a}_{2,0})^{-1}\boldsymbol{R}_{xx}^{-1}\boldsymbol{a}_{2,0}=(\boldsymbol{a}_{2,0}^{\text{H}}\boldsymbol{R}_{uu,2}^{-1}\boldsymbol{a}_{2,0})^{-1}\boldsymbol{R}_{uu,2}^{-1}\boldsymbol{a}_{2,0} \tag{2.525}$$

利用$\boldsymbol{R}_{uu,1}^{-1}$和$\boldsymbol{R}_{uu,2}^{-1}$的特征值与特征矢量可将两者重新写成

$$\boldsymbol{R}_{uu,1}^{-1}=\sum_{l=1}^{M_1}\frac{1}{\mu_{1,0,l}}\boldsymbol{u}_{1,0,l}\boldsymbol{u}_{1,0,l}^{\text{H}}+\sum_{l=M_1+1}^{LJ}\frac{1}{\sigma^2}\boldsymbol{u}_{1,0,l}\boldsymbol{u}_{1,0,l}^{\text{H}} \tag{2.526}$$

$$\boldsymbol{R}_{uu,2}^{-1}=\sum_{l=1}^{M_1}\frac{1}{\mu_{2,0,l}}\boldsymbol{u}_{2,0,l}\boldsymbol{u}_{2,0,l}^{\text{H}}+\sum_{l=M_1+1}^{LJ}\frac{1}{\sigma^2}\boldsymbol{u}_{2,0,l}\boldsymbol{u}_{2,0,l}^{\text{H}} \tag{2.527}$$

其中，$\mu_{1,0,1},\mu_{1,0,2},\cdots,\mu_{1,0,M_1}$为$\boldsymbol{R}_{uu,1}$的$M_1$个大于噪声功率$\sigma^2$的较大特征值，

$\boldsymbol{u}_{1,0,1},\boldsymbol{u}_{1,0,2},\cdots,\boldsymbol{u}_{1,0,M_1}$为对应的主特征矢量，$\boldsymbol{u}_{1,0,M_1+1},\boldsymbol{u}_{1,0,M_1+2},\cdots,\boldsymbol{u}_{1,0,LJ}$为$\boldsymbol{R}_{uu,1}$的$LJ-M_1$个等于噪声功率的较小特征值所对应的次特征矢量；$\mu_{2,0,1},\mu_{2,0,2},\cdots,\mu_{2,0,M_1}$为$\boldsymbol{R}_{uu,2}$的$M_1$个大于噪声功率的较大特征值，$\boldsymbol{u}_{2,0,1},\boldsymbol{u}_{2,0,2},\cdots,\boldsymbol{u}_{2,0,M_1}$为对应的主特征矢量，$\boldsymbol{u}_{2,0,M_1+1},\boldsymbol{u}_{2,0,M_1+2},\cdots,\boldsymbol{u}_{2,0,LJ}$为$\boldsymbol{R}_{uu,2}$的$LJ-M_1$个等于噪声功率的较小特征值所对应的次特征矢量。

根据特征子空间理论，我们有

$$\boldsymbol{u}_{1,0,l}^{\mathrm{H}}\boldsymbol{a}_{2,0}=0,\ l=M_1+1,M_1+2,\cdots,LJ \tag{2.528}$$

$$\boldsymbol{u}_{2,0,l}^{\mathrm{H}}\boldsymbol{a}_{1,0}=0,\ l=M_1+1,M_1+2,\cdots,LJ \tag{2.529}$$

由此可得

$$(\boldsymbol{a}_{1,0}^{\mathrm{H}}\boldsymbol{R}_{xx}^{-1}\boldsymbol{a}_{1,0})^{-1}\boldsymbol{a}_{1,0}^{\mathrm{H}}\boldsymbol{R}_{xx}^{-1}\boldsymbol{a}_{2,0}=\sum_{l=1}^{M_1}\frac{(\boldsymbol{a}_{1,0}^{\mathrm{H}}\boldsymbol{u}_{1,0,l})(\boldsymbol{u}_{1,0,l}^{\mathrm{H}}\boldsymbol{a}_{2,0})}{\mu_{1,0,l}(\boldsymbol{a}_{1,0}^{\mathrm{H}}\boldsymbol{R}_{uu,1}^{-1}\boldsymbol{a}_{1,0})} \tag{2.530}$$

$$(\boldsymbol{a}_{2,0}^{\mathrm{H}}\boldsymbol{R}_{xx}^{-1}\boldsymbol{a}_{2,0})^{-1}\boldsymbol{a}_{2,0}^{\mathrm{H}}\boldsymbol{R}_{xx}^{-1}\boldsymbol{a}_{1,0}=\sum_{l=1}^{M_1}\frac{(\boldsymbol{a}_{2,0}^{\mathrm{H}}\boldsymbol{u}_{2,0,l})(\boldsymbol{u}_{2,0,l}^{\mathrm{H}}\boldsymbol{a}_{1,0})}{\mu_{2,0,l}(\boldsymbol{a}_{2,0}^{\mathrm{H}}\boldsymbol{R}_{uu,2}^{-1}\boldsymbol{a}_{2,0})} \tag{2.531}$$

再注意到

$$\boldsymbol{R}_{uu,1}^{-1}=\frac{1}{\sigma^2}\left(\sum_{l=1}^{M_1}\left(\frac{\sigma^2}{\mu_{1,0,l}}\right)\boldsymbol{u}_{1,0,l}\boldsymbol{u}_{1,0,l}^{\mathrm{H}}+\sum_{l=M_1+1}^{LJ}\boldsymbol{u}_{1,0,l}\boldsymbol{u}_{1,0,l}^{\mathrm{H}}\right) \tag{2.532}$$

$$\boldsymbol{R}_{uu,2}^{-1}=\frac{1}{\sigma^2}\left(\sum_{l=1}^{M_1}\left(\frac{\sigma^2}{\mu_{2,0,l}}\right)\boldsymbol{u}_{2,0,l}\boldsymbol{u}_{2,0,l}^{\mathrm{H}}+\sum_{l=M_1+1}^{LJ}\boldsymbol{u}_{2,0,l}\boldsymbol{u}_{2,0,l}^{\mathrm{H}}\right) \tag{2.533}$$

若$\mu_{1,0,l}$和$\mu_{2,0,l}$远大于σ^2，则

$$\boldsymbol{a}_{1,0}^{\mathrm{H}}\boldsymbol{R}_{uu,1}^{-1}\boldsymbol{a}_{1,0}\approx\frac{1}{\sigma^2}\sum_{l=M_1+1}^{LJ}|\boldsymbol{a}_{1,0}^{\mathrm{H}}\boldsymbol{u}_{1,0,l}|^2 \tag{2.534}$$

$$\boldsymbol{a}_{2,0}^{\mathrm{H}}\boldsymbol{R}_{uu,2}^{-1}\boldsymbol{a}_{2,0}\approx\frac{1}{\sigma^2}\sum_{l=M_1+1}^{LJ}|\boldsymbol{a}_{2,0}^{\mathrm{H}}\boldsymbol{u}_{2,0,l}|^2 \tag{2.535}$$

由此

$$(\boldsymbol{a}_{1,0}^{\mathrm{H}}\boldsymbol{R}_{xx}^{-1}\boldsymbol{a}_{1,0})^{-1}\boldsymbol{a}_{1,0}^{\mathrm{H}}\boldsymbol{R}_{xx}^{-1}\boldsymbol{a}_{2,0}\approx\sum_{l=1}^{M_1}\frac{(\boldsymbol{a}_{1,0}^{\mathrm{H}}\boldsymbol{u}_{1,0,l})(\boldsymbol{u}_{1,0,l}^{\mathrm{H}}\boldsymbol{a}_{2,0})}{\left(\dfrac{\mu_{1,0,l}}{\sigma^2}\right)\sum\limits_{n=M_1+1}^{LJ}|\boldsymbol{a}_{1,0}^{\mathrm{H}}\boldsymbol{u}_{1,0,n}|^2}\to 0 \tag{2.536}$$

$$(\boldsymbol{a}_{2,0}^{\mathrm{H}}\boldsymbol{R}_{xx}^{-1}\boldsymbol{a}_{2,0})^{-1}\boldsymbol{a}_{2,0}^{\mathrm{H}}\boldsymbol{R}_{xx}^{-1}\boldsymbol{a}_{1,0}\approx\sum_{l=1}^{M_1}\frac{(\boldsymbol{a}_{2,0}^{\mathrm{H}}\boldsymbol{u}_{2,0,l})(\boldsymbol{u}_{2,0,l}^{\mathrm{H}}\boldsymbol{a}_{1,0})}{\left(\dfrac{\mu_{2,0,l}}{\sigma^2}\right)\sum\limits_{n=M_1+1}^{LJ}|\boldsymbol{a}_{2,0}^{\mathrm{H}}\boldsymbol{u}_{2,0,n}|^2}\to 0 \tag{2.537}$$

此时利用$\boldsymbol{W}_{\text{PD-MPDR}}$可近似实现“无失真响应”秩-2 波束形成。

为了使 $\boldsymbol{W}_{\text{PD-MPDR}}$ 能实现“无失真响应”秩-2 波束形成，也可在极化分解中考虑极化置零，也即按下述准则分别设计 $\boldsymbol{w}_{\text{MPDR-1}}$ 和 $\boldsymbol{w}_{\text{MPDR-2}}$：

$$\min_{\boldsymbol{w}} \boldsymbol{w}^{\mathrm{H}}\boldsymbol{R}_{xx}\boldsymbol{w} \text{ s. t. } \boldsymbol{w}^{\mathrm{H}}\boldsymbol{\Xi}_0\boldsymbol{U}_{\text{nm},0}=[1,0] \tag{2.538}$$

$$\min_{\boldsymbol{w}} \boldsymbol{w}^{\mathrm{H}}\boldsymbol{R}_{xx}\boldsymbol{w} \text{ s. t. } \boldsymbol{w}^{\mathrm{H}}\boldsymbol{\Xi}_0\boldsymbol{U}_{\text{nm},0}=[0,1] \tag{2.539}$$

2.3.5 极化分离最小功率无失真响应波束形成器

本节假设矢量天线由轴线方向平行于三个坐标轴的三个偶极子和法线方向平行于三个坐标轴的三个磁环天线组成，此时

$$\boldsymbol{d}(t)=([\boldsymbol{b}_{\text{iso-H},0},\boldsymbol{b}_{\text{iso-V},0}]\otimes\boldsymbol{a}_0)\boldsymbol{s}_{\text{H+V},0}(t) \tag{2.540}$$

式中：$\boldsymbol{b}_{\text{iso-H},0}$ 和 $\boldsymbol{b}_{\text{iso-V},0}$ 分别为期望信号方向的矢量天线水平和垂直极化流形矢量，并且

$$\boldsymbol{b}_{\text{iso-H},0}(3)=0 \tag{2.541}$$

$$\boldsymbol{b}_{\text{iso-H},0}(6)=\hbar_{\text{loop},z,\omega_0}(\theta_0) \tag{2.542}$$

$$\boldsymbol{b}_{\text{iso-V},0}(3)=\hbar_{\text{dipole},z,\omega_0}(\theta_0) \tag{2.543}$$

$$\boldsymbol{b}_{\text{iso-V},0}(6)=0 \tag{2.544}$$

其中，$\hbar_{\text{loop},z,\omega_0}(\theta_0)\neq0$ 和 $\hbar_{\text{dipole},z,\omega_0}(\theta_0)\neq0$ 分别为法线方向平行于 z 轴的磁环和轴线方向平行于 z 轴的偶极子天线的复矢量有效长度，两者与期望信号的中心频率 ω_0 和俯仰角 θ_0 有关。

定义

$$\boldsymbol{J}_{\text{ps-H-1}}=(\hbar_{\text{loop},z,\omega_0}(\theta_0))^{-1}\boldsymbol{\iota}_{6,6}^{\mathrm{T}}\otimes\boldsymbol{I}_L \tag{2.545}$$

$$\boldsymbol{J}_{\text{ps-V-1}}=(\hbar_{\text{dipole},z,\omega_0}(\theta_0))^{-1}\boldsymbol{\iota}_{6,3}^{\mathrm{T}}\otimes\boldsymbol{I}_L \tag{2.546}$$

其中，$\boldsymbol{\iota}_{n,m}$ 表示 $n\times n$ 维单位矩阵的第 m 列。

根据式（2.541）~式（2.544），我们有

$$\boldsymbol{J}_{\text{ps-H-1}}([\boldsymbol{b}_{\text{iso-H},0},\boldsymbol{b}_{\text{iso-V},0}]\otimes\boldsymbol{a}_0)=[\boldsymbol{a}_0,\boldsymbol{o}_L] \tag{2.547}$$

$$\boldsymbol{J}_{\text{ps-V-1}}([\boldsymbol{b}_{\text{iso-H},0},\boldsymbol{b}_{\text{iso-V},0}]\otimes\boldsymbol{a}_0)=[\boldsymbol{o}_L,\boldsymbol{a}_0] \tag{2.548}$$

进一步可得

$$\boldsymbol{x}_{\text{H-1}}(t)=\boldsymbol{J}_{\text{ps-H-1}}\boldsymbol{x}(t)=\boldsymbol{a}_0 s_{\text{H},0}(t)+\underbrace{\boldsymbol{J}_{\text{ps-H-1}}\boldsymbol{u}(t)}_{=\boldsymbol{u}_{\text{H-1}}(t)} \tag{2.549}$$

$$\boldsymbol{x}_{\text{V-1}}(t)=\boldsymbol{J}_{\text{ps-V-1}}\boldsymbol{x}(t)=\boldsymbol{a}_0 s_{\text{V},0}(t)+\underbrace{\boldsymbol{J}_{\text{ps-V-1}}\boldsymbol{u}(t)}_{=\boldsymbol{u}_{\text{V-1}}(t)} \tag{2.550}$$

显然，$\boldsymbol{x}_{\text{H-1}}(t)$ 只涉及期望信号波的水平极化分量 $s_{\text{H},0}(t)$，所以称为水平极化子阵；而 $\boldsymbol{x}_{\text{V-1}}(t)$ 只涉及期望信号波的垂直极化分量 $s_{\text{V},0}(t)$，所以称为垂直极化子阵。

由此，可采用两个并行的波束形成器对期望信号波的水平和垂直极化分

量分别进行估计：

$$\min_{w} \boldsymbol{w}^{\mathrm{H}} \boldsymbol{R}_{x_{\mathrm{H}-1} x_{\mathrm{H}-1}} \boldsymbol{w} \quad \text{s. t.} \quad \boldsymbol{w}^{\mathrm{H}} \boldsymbol{a}_0 = 1 \tag{2.551}$$

$$\min_{w} \boldsymbol{w}^{\mathrm{H}} \boldsymbol{R}_{x_{\mathrm{V}-1} x_{\mathrm{V}-1}} \boldsymbol{w} \quad \text{s. t.} \quad \boldsymbol{w}^{\mathrm{H}} \boldsymbol{a}_0 = 1 \tag{2.552}$$

式中：

$$\boldsymbol{R}_{x_{\mathrm{H}-1} x_{\mathrm{H}-1}} = \langle \boldsymbol{x}_{\mathrm{H}-1}(t) \boldsymbol{x}_{\mathrm{H}-1}^{\mathrm{H}}(t) \rangle = \boldsymbol{J}_{\mathrm{ps}-\mathrm{H}-1} \boldsymbol{R}_{xx} \boldsymbol{J}_{\mathrm{ps}-\mathrm{H}-1}^{\mathrm{H}} \tag{2.553}$$

$$\boldsymbol{R}_{x_{\mathrm{V}-1} x_{\mathrm{V}-1}} = \langle \boldsymbol{x}_{\mathrm{V}-1}(t) \boldsymbol{x}_{\mathrm{V}-1}^{\mathrm{H}}(t) \rangle = \boldsymbol{J}_{\mathrm{ps}-\mathrm{V}-1} \boldsymbol{R}_{xx} \boldsymbol{J}_{\mathrm{ps}-\mathrm{V}-1}^{\mathrm{H}} \tag{2.554}$$

利用拉格朗日乘子法，可得水平和垂直极化子阵波束形成器的权矢量分别为

$$\boldsymbol{w}_{\mathrm{PS-MPDR-H}} = (\boldsymbol{a}_0^{\mathrm{H}} \boldsymbol{R}_{x_{\mathrm{H}-1} x_{\mathrm{H}-1}}^{-1} \boldsymbol{a}_0)^{-1} \boldsymbol{R}_{x_{\mathrm{H}-1} x_{\mathrm{H}-1}}^{-1} \boldsymbol{a}_0 \tag{2.555}$$

$$\boldsymbol{w}_{\mathrm{PS-MPDR-V}} = (\boldsymbol{a}_0^{\mathrm{H}} \boldsymbol{R}_{x_{\mathrm{V}-1} x_{\mathrm{V}-1}}^{-1} \boldsymbol{a}_0)^{-1} \boldsymbol{R}_{x_{\mathrm{V}-1} x_{\mathrm{V}-1}}^{-1} \boldsymbol{a}_0 \tag{2.556}$$

最后再将水平和垂直极化子阵波束形成的输出进行合成：

$$\boldsymbol{w}_{\mathrm{PS-MPDR}} = [\upsilon_{\mathrm{H}}^{*} \boldsymbol{J}_{\mathrm{ps}-\mathrm{H}-1}^{\mathrm{H}}, \upsilon_{\mathrm{V}}^{*} \boldsymbol{J}_{\mathrm{ps}-\mathrm{V}-1}^{\mathrm{H}}] \begin{bmatrix} \boldsymbol{w}_{\mathrm{PS-MPDR-H}} \\ \boldsymbol{w}_{\mathrm{PS-MPDR-V}} \end{bmatrix} \tag{2.557}$$

上述波束形成器称为极化分离最小功率无失真响应（PS-MPDR）波束形成器，其输出为

$$\begin{aligned} y_{w_{\mathrm{PS-MPDR}}}(t) &= \boldsymbol{w}_{\mathrm{PS-MPDR}}^{\mathrm{H}} \boldsymbol{x}(t) \\ &= \upsilon_{\mathrm{H}} \boldsymbol{w}_{\mathrm{PS-MPDR-H}}^{\mathrm{H}} \boldsymbol{x}_{\mathrm{H}-1}(t) + \upsilon_{\mathrm{V}} \boldsymbol{w}_{\mathrm{PS-MPDR-V}}^{\mathrm{H}} \boldsymbol{x}_{\mathrm{V}-1}(t) \\ &= \upsilon_{\mathrm{H}} \boldsymbol{w}_{\mathrm{H}}^{\mathrm{H}} \boldsymbol{x}(t) + \upsilon_{\mathrm{V}} \boldsymbol{w}_{\mathrm{V}}^{\mathrm{H}} \boldsymbol{x}(t) \end{aligned} \tag{2.558}$$

其中

$$\boldsymbol{w}_{\mathrm{H}} = \boldsymbol{J}_{\mathrm{ps}-\mathrm{H}-1}^{\mathrm{H}} \boldsymbol{w}_{\mathrm{PS-MPDR-H}} \tag{2.559}$$

$$\boldsymbol{w}_{\mathrm{V}} = \boldsymbol{J}_{\mathrm{ps}-\mathrm{V}-1}^{\mathrm{H}} \boldsymbol{w}_{\mathrm{PS-MPDR-V}} \tag{2.560}$$

图 2.62 所示为极化分离最小功率无失真响应波束形成器的结构示意图，图 2.40 所示结构仍是其等效结构。

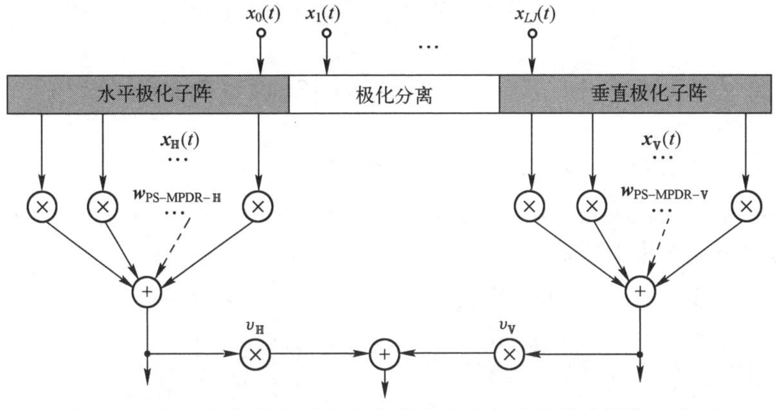

图 2.62　极化分离最小功率无失真响应波束形成器的结构示意图

根据式（2.540），$y_{w_{\text{PS-MPDR}}}(t)$中的期望信号分量为

$$\boldsymbol{w}_{\text{PS-MPDR}}^{\text{H}}\boldsymbol{d}(t)=\upsilon_{\text{H}}s_{\text{H},0}(t)+\upsilon_{\text{V}}s_{\text{V},0}(t) \tag{2.561}$$

若期望信号波为完全极化，则

$$\boldsymbol{w}_{\text{PS-MPDR}}^{\text{H}}\boldsymbol{d}(t)=(\upsilon_{\text{H}}\cos\gamma_0+\upsilon_{\text{V}}\sin\gamma_0\text{e}^{\text{j}\eta_0})s_0(t) \tag{2.562}$$

为实现“无失真响应”，也即 $\boldsymbol{w}_{\text{PS-MPDR}}^{\text{H}}\boldsymbol{d}(t)=s_0(t)$，$\upsilon_{\text{H}}$和$\upsilon_{\text{V}}$可取为

$$\upsilon_{\text{H}}=\cos\gamma_0 \tag{2.563}$$

$$\upsilon_{\text{V}}=\sin\gamma_0\text{e}^{-\text{j}\eta_0} \tag{2.564}$$

与此前所讨论的几种多极化波束形成器相比，极化分离最小功率无失真响应波束形成器，其权矢量的求解维数有所降低，因而计算复杂度相对较低。

（1）当矢量天线仅由轴线方向平行于z轴的偶极子和法线方向平行于z轴的磁环天线组成时，选择矩阵$\boldsymbol{J}_{\text{ps-H-1}}$和$\boldsymbol{J}_{\text{ps-V-1}}$分别简化为

$$\boldsymbol{J}_{\text{ps-H-1}}=(\hbar_{\text{loop},z,\omega_0}(\theta_0))^{-1}\boldsymbol{\iota}_{2,2}^{\text{T}}\otimes\boldsymbol{I}_L \tag{2.565}$$

$$\boldsymbol{J}_{\text{ps-V-1}}=(\hbar_{\text{dipole},z,\omega_0}(\theta_0))^{-1}\boldsymbol{\iota}_{2,1}^{\text{T}}\otimes\boldsymbol{I}_L \tag{2.566}$$

再定义

$$\boldsymbol{x}_{\text{H+V-1}}(t)=\begin{bmatrix}\boldsymbol{x}_{\text{H-1}}(t)\\ \boldsymbol{x}_{\text{V-1}}(t)\end{bmatrix}=\underbrace{\begin{bmatrix}\boldsymbol{J}_{\text{ps-H-1}}\\ \boldsymbol{J}_{\text{ps-V-1}}\end{bmatrix}}_{=\boldsymbol{J}_{\text{H+V-1}}}\boldsymbol{x}(t) \tag{2.567}$$

其中

$$\boldsymbol{J}_{\text{H+V-1}}=\begin{bmatrix} & (\hbar_{\text{loop},z,\omega_0}(\theta_0))^{-1}\boldsymbol{I}_L\\ (\hbar_{\text{dipole},z,\omega_0}(\theta_0))^{-1}\boldsymbol{I}_L & \end{bmatrix} \tag{2.568}$$

为非奇异矩阵：

$$\boldsymbol{J}_{\text{H+V-1}}^{-1}=\begin{bmatrix} & \hbar_{\text{dipole},z,\omega_0}(\theta_0)\boldsymbol{I}_L\\ \hbar_{\text{loop},z,\omega_0}(\theta_0)\boldsymbol{I}_L & \end{bmatrix} \tag{2.569}$$

同时

$$\begin{aligned}&\boldsymbol{J}_{\text{H+V-1}}[\boldsymbol{a}_{\text{H},0},\boldsymbol{a}_{\text{V},0}]=[\boldsymbol{J}_{\text{H+V-1}}\boldsymbol{a}_{\text{H},0},\boldsymbol{J}_{\text{H+V-1}}\boldsymbol{a}_{\text{V},0}]=[\boldsymbol{a}_{0\text{-H}},\boldsymbol{a}_{0\text{-V}}]=\boldsymbol{A}_0\\ &\Rightarrow\\ &\boldsymbol{J}_{\text{H+V-1}}\boldsymbol{d}(t)=[\boldsymbol{a}_{0\text{-H}},\boldsymbol{a}_{0\text{-V}}]\boldsymbol{s}_{\text{H+V},0}(t)\end{aligned} \tag{2.570}$$

式中：$\boldsymbol{a}_{\text{H},0}=\boldsymbol{b}_{\text{iso-H},0}\otimes\boldsymbol{a}_0$，$\boldsymbol{a}_{\text{V},0}=\boldsymbol{b}_{\text{iso-V},0}\otimes\boldsymbol{a}_0$；$\boldsymbol{a}_{0\text{-H}}=[\boldsymbol{a}_0^{\text{T}},\boldsymbol{o}_L^{\text{T}}]^{\text{T}}$，$\boldsymbol{a}_{0\text{-V}}=[\boldsymbol{o}_L^{\text{T}},\boldsymbol{a}_0^{\text{T}}]^{\text{T}}$。

考虑下述波束形成器：

$$\min_{\boldsymbol{w}}\boldsymbol{w}^{\text{H}}\boldsymbol{R}_{\boldsymbol{x}_{\text{H+V-1}}\boldsymbol{x}_{\text{H+V-1}}}\boldsymbol{w}\ \text{s.t.}\ \boldsymbol{w}^{\text{H}}\boldsymbol{a}_{0\text{-H}}=1 \tag{2.571}$$

$$\min_{\boldsymbol{w}}\boldsymbol{w}^{\text{H}}\boldsymbol{R}_{\boldsymbol{x}_{\text{H+V-1}}\boldsymbol{x}_{\text{H+V-1}}}\boldsymbol{w}\ \text{s.t.}\ \boldsymbol{w}^{\text{H}}\boldsymbol{a}_{0\text{-V}}=1 \tag{2.572}$$

其中

$$\boldsymbol{R}_{\boldsymbol{x}_{\text{H+V-1}}\boldsymbol{x}_{\text{H+V-1}}}=\langle\boldsymbol{x}_{\text{H+V-1}}(t)\boldsymbol{x}_{\text{H+V-1}}^{\text{H}}(t)\rangle=\boldsymbol{J}_{\text{H+V-1}}\boldsymbol{R}_{\boldsymbol{xx}}\boldsymbol{J}_{\text{H+V-1}}^{\text{H}} \tag{2.573}$$

利用拉格朗日乘子法，可得式（2.571）和式（2.572）所示波束形成器的权矢量分别为

$$\frac{(\boldsymbol{J}_{\mathrm{H+V-1}}\boldsymbol{R}_{xx}\boldsymbol{J}_{\mathrm{H+V-1}}^{\mathrm{H}})^{-1}\boldsymbol{J}_{\mathrm{H+V-1}}\boldsymbol{a}_{\mathrm{H},0}}{\boldsymbol{a}_{\mathrm{H},0}^{\mathrm{H}}\boldsymbol{J}_{\mathrm{H+V-1}}^{\mathrm{H}}(\boldsymbol{J}_{\mathrm{H+V-1}}\boldsymbol{R}_{xx}\boldsymbol{J}_{\mathrm{H+V-1}}^{\mathrm{H}})^{-1}\boldsymbol{J}_{\mathrm{H+V-1}}\boldsymbol{a}_{\mathrm{H},0}}=\frac{(\boldsymbol{J}_{\mathrm{H+V-1}}^{\mathrm{H}})^{-1}\boldsymbol{R}_{xx}^{-1}\boldsymbol{a}_{\mathrm{H},0}}{\boldsymbol{a}_{\mathrm{H},0}^{\mathrm{H}}\boldsymbol{R}_{xx}^{-1}\boldsymbol{a}_{\mathrm{H},0}} \tag{2.574}$$

$$\frac{(\boldsymbol{J}_{\mathrm{H+V-1}}\boldsymbol{R}_{xx}\boldsymbol{J}_{\mathrm{H+V-1}}^{\mathrm{H}})^{-1}\boldsymbol{J}_{\mathrm{H+V-1}}\boldsymbol{a}_{\mathrm{V},0}}{\boldsymbol{a}_{\mathrm{V},0}^{\mathrm{H}}\boldsymbol{J}_{\mathrm{H+V-1}}^{\mathrm{H}}(\boldsymbol{J}_{\mathrm{H+V-1}}\boldsymbol{R}_{xx}\boldsymbol{J}_{\mathrm{H+V-1}}^{\mathrm{H}})^{-1}\boldsymbol{J}_{\mathrm{H+V-1}}\boldsymbol{a}_{\mathrm{V},0}}=\frac{(\boldsymbol{J}_{\mathrm{H+V-1}}^{\mathrm{H}})^{-1}\boldsymbol{R}_{xx}^{-1}\boldsymbol{a}_{\mathrm{V},0}}{\boldsymbol{a}_{\mathrm{V},0}^{\mathrm{H}}\boldsymbol{R}_{xx}^{-1}\boldsymbol{a}_{\mathrm{V},0}} \tag{2.575}$$

由于

$$((\boldsymbol{J}_{\mathrm{H+V-1}}^{\mathrm{H}})^{-1})^{\mathrm{H}}\boldsymbol{J}_{\mathrm{H+V-1}}=\boldsymbol{I}_{2L} \tag{2.576}$$

两个波束形成器的输出分别为

$$\left(\frac{\boldsymbol{a}_{\mathrm{H},0}^{\mathrm{H}}\boldsymbol{R}_{xx}^{-1}}{\boldsymbol{a}_{\mathrm{H},0}^{\mathrm{H}}\boldsymbol{R}_{xx}^{-1}\boldsymbol{a}_{\mathrm{H},0}}\right)((\boldsymbol{J}_{\mathrm{H+V-1}}^{\mathrm{H}})^{-1})^{\mathrm{H}}\boldsymbol{J}_{\mathrm{H+V-1}}\boldsymbol{x}(t)=\left(\frac{\boldsymbol{a}_{\mathrm{H},0}^{\mathrm{H}}\boldsymbol{R}_{xx}^{-1}}{\boldsymbol{a}_{\mathrm{H},0}^{\mathrm{H}}\boldsymbol{R}_{xx}^{-1}\boldsymbol{a}_{\mathrm{H},0}}\right)\boldsymbol{x}(t) \tag{2.577}$$

$$\left(\frac{\boldsymbol{a}_{\mathrm{V},0}^{\mathrm{H}}\boldsymbol{R}_{xx}^{-1}}{\boldsymbol{a}_{\mathrm{V},0}^{\mathrm{H}}\boldsymbol{R}_{xx}^{-1}\boldsymbol{a}_{\mathrm{V},0}}\right)((\boldsymbol{J}_{\mathrm{H+V-1}}^{\mathrm{H}})^{-1})^{\mathrm{H}}\boldsymbol{J}_{\mathrm{H+V-1}}\boldsymbol{x}(t)=\left(\frac{\boldsymbol{a}_{\mathrm{V},0}^{\mathrm{H}}\boldsymbol{R}_{xx}^{-1}}{\boldsymbol{a}_{\mathrm{V},0}^{\mathrm{H}}\boldsymbol{R}_{xx}^{-1}\boldsymbol{a}_{\mathrm{V},0}}\right)\boldsymbol{x}(t) \tag{2.578}$$

所以式（2.571）和式（2.572）所示的两个波束形成器等价于式（2.231）和式（2.232）所定义的水平和垂直极化最小功率无失真响应波束形成器。

再注意到

$$[\boldsymbol{w}^{\mathrm{H}},\boldsymbol{o}_L^{\mathrm{H}}]\boldsymbol{R}_{\boldsymbol{x}_{\mathrm{H+V-1}}\boldsymbol{x}_{\mathrm{H+V-1}}}\begin{bmatrix}\boldsymbol{w}\\ \boldsymbol{o}_L\end{bmatrix}=\boldsymbol{w}^{\mathrm{H}}\boldsymbol{R}_{\boldsymbol{x}_{\mathrm{H-1}}\boldsymbol{x}_{\mathrm{H-1}}}\boldsymbol{w} \tag{2.579}$$

$$[\boldsymbol{o}_L^{\mathrm{H}},\boldsymbol{w}^{\mathrm{H}}]\boldsymbol{R}_{\boldsymbol{x}_{\mathrm{H+V-1}}\boldsymbol{x}_{\mathrm{H+V-1}}}\begin{bmatrix}\boldsymbol{o}_L\\ \boldsymbol{w}\end{bmatrix}=\boldsymbol{w}^{\mathrm{H}}\boldsymbol{R}_{\boldsymbol{x}_{\mathrm{V-1}}\boldsymbol{x}_{\mathrm{V-1}}}\boldsymbol{w} \tag{2.580}$$

$$[\boldsymbol{w}^{\mathrm{H}},\boldsymbol{o}_L^{\mathrm{H}}]\boldsymbol{a}_{0\text{-}\mathrm{H}}=\boldsymbol{w}^{\mathrm{H}}\boldsymbol{a}_0 \tag{2.581}$$

$$[\boldsymbol{o}_L^{\mathrm{H}},\boldsymbol{w}^{\mathrm{H}}]\boldsymbol{a}_{0\text{-}\mathrm{V}}=\boldsymbol{w}^{\mathrm{H}}\boldsymbol{a}_0 \tag{2.582}$$

所以式（2.551）和式（2.552）所示的极化分离水平和垂直极化最小功率无失真响应波束形成准则又等价于

$$\min_{\boldsymbol{w}}\ \boldsymbol{w}^{\mathrm{H}}\boldsymbol{R}_{\boldsymbol{x}_{\mathrm{H+V-1}}\boldsymbol{x}_{\mathrm{H+V-1}}}\boldsymbol{w}\ \ \text{s. t.}\ \ \boldsymbol{w}^{\mathrm{H}}\boldsymbol{a}_{0\text{-}\mathrm{H}}=1,\ \boldsymbol{w}^{\mathrm{H}}\begin{bmatrix}\boldsymbol{O}_L\\ \boldsymbol{I}_L\end{bmatrix}=\boldsymbol{o}_L^{\mathrm{H}} \tag{2.583}$$

$$\min_{\boldsymbol{w}}\ \boldsymbol{w}^{\mathrm{H}}\boldsymbol{R}_{\boldsymbol{x}_{\mathrm{H+V-1}}\boldsymbol{x}_{\mathrm{H+V-1}}}\boldsymbol{w}\ \ \text{s. t.}\ \ \boldsymbol{w}^{\mathrm{H}}\boldsymbol{a}_{0\text{-}\mathrm{V}}=1,\ \boldsymbol{w}^{\mathrm{H}}\begin{bmatrix}\boldsymbol{I}_L\\ \boldsymbol{O}_L\end{bmatrix}=\boldsymbol{o}_L^{\mathrm{H}} \tag{2.584}$$

所以，极化分离波束形成器设计准则与非极化分离波束形成器设计准则相比，对权矢量的约束更多。

当信号波为非极化时，极化分离波束形成器的输出功率为

$$\begin{aligned}&\boldsymbol{w}^{\mathrm{H}}\boldsymbol{R}_{\boldsymbol{x}_{\mathrm{H+V-1}}\boldsymbol{x}_{\mathrm{H+V-1}}}\boldsymbol{w}\\&=\sigma_{\mathrm{H},0}^2\cdot|\boldsymbol{w}^{\mathrm{H}}\boldsymbol{a}_{0\text{-}\mathrm{H}}|^2+\sigma_{\mathrm{V},0}^2\cdot|\boldsymbol{w}^{\mathrm{H}}\boldsymbol{a}_{0\text{-}\mathrm{V}}|^2+\boldsymbol{w}^{\mathrm{H}}\boldsymbol{J}_{\mathrm{H+V-1}}\boldsymbol{R}_{uu}\boldsymbol{J}_{\mathrm{H+V-1}}^{\mathrm{H}}\boldsymbol{w}\end{aligned} \tag{2.585}$$

对于水平极化波束形成器，可定义其输出信干噪比为

$$\mathrm{SINR_H}=\frac{\sigma_{\mathrm{H},0}^2\cdot|\boldsymbol{w}^{\mathrm{H}}\boldsymbol{a}_{0\text{-H}}|^2}{\sigma_{\mathrm{V},0}^2\cdot|\boldsymbol{w}^{\mathrm{H}}\boldsymbol{a}_{0\text{-V}}|^2+\boldsymbol{w}^{\mathrm{H}}\boldsymbol{J}_{\mathrm{H+V-1}}\boldsymbol{R}_{\boldsymbol{uu}}\boldsymbol{J}_{\mathrm{H+V-1}}^{\mathrm{H}}\boldsymbol{w}} \tag{2.586}$$

对于垂直极化波束形成器，可定义其输出信干噪比为

$$\mathrm{SINR_V}=\frac{\sigma_{\mathrm{V},0}^2\cdot|\boldsymbol{w}^{\mathrm{H}}\boldsymbol{a}_{0\text{-V}}|^2}{\sigma_{\mathrm{H},0}^2\cdot|\boldsymbol{w}^{\mathrm{H}}\boldsymbol{a}_{0\text{-H}}|^2+\boldsymbol{w}^{\mathrm{H}}\boldsymbol{J}_{\mathrm{H+V-1}}\boldsymbol{R}_{\boldsymbol{uu}}\boldsymbol{J}_{\mathrm{H+V-1}}^{\mathrm{H}}\boldsymbol{w}} \tag{2.587}$$

若波束形成器设计准则中包括无失真响应约束“$\boldsymbol{w}^{\mathrm{H}}\boldsymbol{a}_{0\text{-H}}=1$”和“$\boldsymbol{w}^{\mathrm{H}}\boldsymbol{a}_{0\text{-V}}=1$”，则波束形成器输出功率，也即设计准则中的代价函数能取得的最小值越小，波束形成器的输出信干噪比就越大。

所以，与非极化分离方法相比，极化分离降维操作虽然可以降低权矢量求解的计算复杂度，但式（2.583）和式（2.584）所示的对权矢量的额外约束使得其输出信干噪比会有所降低：

$$\mathrm{SINR_{PS\text{-}MPDR\text{-}H}}\leqslant\mathrm{SINR_{MPDR\text{-}H}} \tag{2.588}$$

$$\mathrm{SINR_{PS\text{-}MPDR\text{-}V}}\leqslant\mathrm{SINR_{MPDR\text{-}V}} \tag{2.589}$$

再注意到

$$\boldsymbol{w}^{\mathrm{H}}\boldsymbol{a}_{0\text{-H}}=1,\ \boldsymbol{w}^{\mathrm{H}}\begin{bmatrix}\boldsymbol{O}_L\\\boldsymbol{I}_L\end{bmatrix}=\boldsymbol{o}_L^{\mathrm{H}}\Rightarrow\boldsymbol{w}^{\mathrm{H}}\boldsymbol{a}_{0\text{-H}}=1,\ \boldsymbol{w}^{\mathrm{H}}\boldsymbol{a}_{0\text{-V}}=0 \tag{2.590}$$

$$\boldsymbol{w}^{\mathrm{H}}\boldsymbol{a}_{0\text{-V}}=1,\ \boldsymbol{w}^{\mathrm{H}}\begin{bmatrix}\boldsymbol{I}_L\\\boldsymbol{O}_L\end{bmatrix}=\boldsymbol{o}_L^{\mathrm{H}}\Rightarrow\boldsymbol{w}^{\mathrm{H}}\boldsymbol{a}_{0\text{-V}}=1,\ \boldsymbol{w}^{\mathrm{H}}\boldsymbol{a}_{0\text{-H}}=0 \tag{2.591}$$

反之则不一定成立。

所以，极化分离波束形成器的输出信干噪比通常也要低于下述波束形成器的输出信干噪比：

$$\min_{\boldsymbol{w}}\boldsymbol{w}^{\mathrm{H}}\boldsymbol{R}_{\boldsymbol{x}_{\mathrm{H+V-1}}\boldsymbol{x}_{\mathrm{H+V-1}}}\boldsymbol{w}\ \text{s.t.}\ \boldsymbol{w}^{\mathrm{H}}\boldsymbol{a}_{0\text{-H}}=1,\ \boldsymbol{w}^{\mathrm{H}}\boldsymbol{a}_{0\text{-V}}=0 \tag{2.592}$$

$$\min_{\boldsymbol{w}}\boldsymbol{w}^{\mathrm{H}}\boldsymbol{R}_{\boldsymbol{x}_{\mathrm{H+V-1}}\boldsymbol{x}_{\mathrm{H+V-1}}}\boldsymbol{w}\ \text{s.t.}\ \boldsymbol{w}^{\mathrm{H}}\boldsymbol{a}_{0\text{-V}}=1,\ \boldsymbol{w}^{\mathrm{H}}\boldsymbol{a}_{0\text{-H}}=0 \tag{2.593}$$

采用拉格朗日乘子法，对式（2.592）和式（2.593）所示波束形成器的权矢量进行求解：

$$\mathcal{L}(\boldsymbol{w},\boldsymbol{l})=\boldsymbol{w}^{\mathrm{H}}\boldsymbol{R}_{\boldsymbol{x}_{\mathrm{H+V-1}}\boldsymbol{x}_{\mathrm{H+V-1}}}\boldsymbol{w}-2\mathrm{Re}((\boldsymbol{w}^{\mathrm{H}}\boldsymbol{A}_0-\boldsymbol{\iota}^{\mathrm{H}})\boldsymbol{l}) \tag{2.594}$$

其中，$\boldsymbol{\iota}=\boldsymbol{\iota}_{2,1},\boldsymbol{\iota}_{2,2}$，$\boldsymbol{l}$ 为拉格朗日乘子矢量。令 $\partial\mathcal{L}(\boldsymbol{w},\boldsymbol{l})/\partial\boldsymbol{w}$ 为零矢量，并考虑线性约束 $\boldsymbol{w}^{\mathrm{H}}\boldsymbol{A}_0=\boldsymbol{\iota}^{\mathrm{H}}$，可得两个波束形成器的权矢量分别为

$$\boldsymbol{R}_{\boldsymbol{x}_{\mathrm{H+V-1}}\boldsymbol{x}_{\mathrm{H+V-1}}}^{-1}\boldsymbol{A}_0(\boldsymbol{A}_0^{\mathrm{H}}\boldsymbol{R}_{\boldsymbol{x}_{\mathrm{H+V-1}}\boldsymbol{x}_{\mathrm{H+V-1}}}^{-1}\boldsymbol{A}_0)^{-1}\boldsymbol{\iota}_{2,1}=(\boldsymbol{J}_{\mathrm{H+V-1}}^{\mathrm{H}})^{-1}\boldsymbol{w}_{\mathrm{LCMP\text{-}H}} \tag{2.595}$$

$$\boldsymbol{R}_{\boldsymbol{x}_{\mathrm{H+V-1}}\boldsymbol{x}_{\mathrm{H+V-1}}}^{-1}\boldsymbol{A}_0(\boldsymbol{A}_0^{\mathrm{H}}\boldsymbol{R}_{\boldsymbol{x}_{\mathrm{H+V-1}}\boldsymbol{x}_{\mathrm{H+V-1}}}^{-1}\boldsymbol{A}_0)^{-1}\boldsymbol{\iota}_{2,2}=(\boldsymbol{J}_{\mathrm{H+V-1}}^{\mathrm{H}})^{-1}\boldsymbol{w}_{\mathrm{LCMP\text{-}V}} \tag{2.596}$$

并且

$$\boldsymbol{w}_{\mathrm{LCMP\text{-}H}}^{\mathrm{H}}((\boldsymbol{J}_{\mathrm{H+V-1}}^{\mathrm{H}})^{-1})^{\mathrm{H}}\boldsymbol{x}_{\mathrm{H+V-1}}(t)=\boldsymbol{w}_{\mathrm{LCMP\text{-}H}}^{\mathrm{H}}\boldsymbol{x}(t) \tag{2.597}$$

$$\boldsymbol{w}_{\mathrm{LCMP-V}}^{\mathrm{H}}((\boldsymbol{J}_{\mathrm{H+V-1}}^{\mathrm{H}})^{-1})^{\mathrm{H}}\boldsymbol{x}_{\mathrm{H+V-1}}(t)=\boldsymbol{w}_{\mathrm{LCMP-V}}^{\mathrm{H}}\boldsymbol{x}(t) \tag{2.598}$$

再注意到

$$\boldsymbol{w}^{\mathrm{H}}\boldsymbol{a}_{0\text{-H}}=1,\ \boldsymbol{w}^{\mathrm{H}}\boldsymbol{a}_{0\text{-V}}=0\Rightarrow\boldsymbol{w}^{\mathrm{H}}\boldsymbol{a}_{0\text{-H}}=1 \tag{2.599}$$

$$\boldsymbol{w}^{\mathrm{H}}\boldsymbol{a}_{0\text{-V}}=1,\ \boldsymbol{w}^{\mathrm{H}}\boldsymbol{a}_{0\text{-H}}=0\Rightarrow\boldsymbol{w}^{\mathrm{H}}\boldsymbol{a}_{0\text{-V}}=1 \tag{2.600}$$

反之则不一定成立。

所以，当期望信号波为非极化时，有

$$\mathrm{SINR}_{\mathrm{PS-MPDR-H}}\leqslant\mathrm{SINR}_{\mathrm{LCMP-H}}\leqslant\mathrm{SINR}_{\mathrm{MPDR-H}} \tag{2.601}$$

$$\mathrm{SINR}_{\mathrm{PS-MPDR-V}}\leqslant\mathrm{SINR}_{\mathrm{LCMP-V}}\leqslant\mathrm{SINR}_{\mathrm{MPDR-V}} \tag{2.602}$$

但需要注意的是，当期望信号波为部分极化或完全极化时，由于水平和垂直极化最小功率无失真响应波束形成器存在一定程度的水平和垂直极化分量相消，上述结论不一定成立。

特别地，当期望信号波为完全极化时，

$$s_{\mathrm{H},0}(t)=\cot\gamma_0\mathrm{e}^{-\mathrm{j}\eta_0}s_{\mathrm{V},0}(t) \tag{2.603}$$

$$s_{\mathrm{V},0}(t)=\tan\gamma_0\mathrm{e}^{\mathrm{j}\eta_0}s_{\mathrm{H},0}(t) \tag{2.604}$$

所以

$$\begin{aligned}&\boldsymbol{w}^{\mathrm{H}}\boldsymbol{R}_{\boldsymbol{x}_{\mathrm{H+V-1}}\boldsymbol{x}_{\mathrm{H+V-1}}}\boldsymbol{w}\\&=\sigma_{\mathrm{H},0}^{2}\cdot|\boldsymbol{w}^{\mathrm{H}}(\boldsymbol{a}_{0\text{-H}}+\tan\gamma_0\mathrm{e}^{\mathrm{j}\eta_0}\boldsymbol{a}_{0\text{-V}})|^2+\boldsymbol{w}^{\mathrm{H}}\boldsymbol{J}_{\mathrm{H+V-1}}\boldsymbol{R}_{\boldsymbol{uu}}\boldsymbol{J}_{\mathrm{H+V-1}}^{\mathrm{H}}\boldsymbol{w}\\&=\sigma_{\mathrm{V},0}^{2}\cdot|\boldsymbol{w}^{\mathrm{H}}(\cot\gamma_0\mathrm{e}^{-\mathrm{j}\eta_0}\boldsymbol{a}_{0\text{-H}}+\boldsymbol{a}_{0\text{-V}})|^2+\boldsymbol{w}^{\mathrm{H}}\boldsymbol{J}_{\mathrm{H+V-1}}\boldsymbol{R}_{\boldsymbol{uu}}\boldsymbol{J}_{\mathrm{H+V-1}}^{\mathrm{H}}\boldsymbol{w}\end{aligned} \tag{2.605}$$

由此可得水平和垂直极化最小功率无失真响应波束形成器的输出信干噪比分别为

$$\mathrm{SINR}_{\mathrm{H}}=\frac{\sigma_{\mathrm{H},0}^{2}\cdot|\boldsymbol{w}^{\mathrm{H}}(\boldsymbol{a}_{0\text{-H}}+\tan\gamma_0\mathrm{e}^{\mathrm{j}\eta_0}\boldsymbol{a}_{0\text{-V}})|^2}{\boldsymbol{w}^{\mathrm{H}}\boldsymbol{J}_{\mathrm{H+V-1}}\boldsymbol{R}_{\boldsymbol{uu}}\boldsymbol{J}_{\mathrm{H+V-1}}^{\mathrm{H}}\boldsymbol{w}} \tag{2.606}$$

$$\mathrm{SINR}_{\mathrm{V}}=\frac{\sigma_{\mathrm{V},0}^{2}\cdot|\boldsymbol{w}^{\mathrm{H}}(\cot\gamma_0\mathrm{e}^{-\mathrm{j}\eta_0}\boldsymbol{a}_{0\text{-H}}+\boldsymbol{a}_{0\text{-V}})|^2}{\boldsymbol{w}^{\mathrm{H}}\boldsymbol{J}_{\mathrm{H+V-1}}\boldsymbol{R}_{\boldsymbol{uu}}\boldsymbol{J}_{\mathrm{H+V-1}}^{\mathrm{H}}\boldsymbol{w}} \tag{2.607}$$

对于非极化分离水平和垂直极化最小功率无失真响应波束形成器而言，权矢量分别满足“$\boldsymbol{w}^{\mathrm{H}}\boldsymbol{a}_{0\text{-H}}=1$”和“$\boldsymbol{w}^{\mathrm{H}}\boldsymbol{a}_{0\text{-V}}=1$”，所以波束形成器输出功率最小化可能会使得

$$\tan\gamma_0\mathrm{e}^{\mathrm{j}\eta_0}\boldsymbol{w}^{\mathrm{H}}\boldsymbol{a}_{0\text{-V}}\to-1\Rightarrow\mathrm{SINR}_{\mathrm{MPDR-H}}\to0 \tag{2.608}$$

$$\cot\gamma_0\mathrm{e}^{-\mathrm{j}\eta_0}\boldsymbol{w}^{\mathrm{H}}\boldsymbol{a}_{0\text{-H}}\to-1\Rightarrow\mathrm{SINR}_{\mathrm{MPDR-V}}\to0 \tag{2.609}$$

对于极化分离水平极化最小功率无失真响应波束形成器而言，权矢量同时满足“$\boldsymbol{w}^{\mathrm{H}}\boldsymbol{a}_{0\text{-H}}=1$”和“$\boldsymbol{w}^{\mathrm{H}}\begin{bmatrix}\boldsymbol{O}_L\\\boldsymbol{I}_L\end{bmatrix}=\boldsymbol{o}_L^{\mathrm{H}}$”，所以 $\boldsymbol{w}^{\mathrm{H}}\boldsymbol{a}_{0\text{-V}}=0$，这样

$$\boldsymbol{w}^{\mathrm{H}}\boldsymbol{a}_{0\text{-V}}=0\Rightarrow\boldsymbol{w}^{\mathrm{H}}(\boldsymbol{a}_{0\text{-H}}+\tan\gamma_0\mathrm{e}^{\mathrm{j}\eta_0}\boldsymbol{a}_{0\text{-V}})=\boldsymbol{w}^{\mathrm{H}}\boldsymbol{a}_{0\text{-H}}=1 \tag{2.610}$$

对于极化分离垂直极化最小功率无失真响应波束形成器而言，权矢量同时满

足“$\boldsymbol{w}^{\mathrm{H}}\boldsymbol{a}_{0\text{-}\mathrm{V}}=1$”和“$\boldsymbol{w}^{\mathrm{H}}\begin{bmatrix}\boldsymbol{I}_L\\\boldsymbol{O}_L\end{bmatrix}=\boldsymbol{o}_L^{\mathrm{H}}$”，所以$\boldsymbol{w}^{\mathrm{H}}\boldsymbol{a}_{0\text{-}\mathrm{H}}=0$，这样

$$\boldsymbol{w}^{\mathrm{H}}\boldsymbol{a}_{0\text{-}\mathrm{H}}=0\Rightarrow\boldsymbol{w}^{\mathrm{H}}(\cot\gamma_0\mathrm{e}^{-\mathrm{j}\eta_0}\boldsymbol{a}_{0\text{-}\mathrm{H}}+\boldsymbol{a}_{0\text{-}\mathrm{V}})=\boldsymbol{w}^{\mathrm{H}}\boldsymbol{a}_{0\text{-}\mathrm{V}}=1 \tag{2.611}$$

由此有

$$\mathrm{SINR}_{\mathrm{PS\text{-}MPDR\text{-}H}}=\frac{\sigma_{\mathrm{H},0}^2}{\boldsymbol{w}_{\mathrm{PS\text{-}MPDR\text{-}H}}^{\mathrm{H}}\boldsymbol{J}_{\mathrm{H+V-1}}\boldsymbol{R}_{\boldsymbol{uu}}\boldsymbol{J}_{\mathrm{H+V-1}}^{\mathrm{H}}\boldsymbol{w}_{\mathrm{PS\text{-}MPDR\text{-}H}}} \tag{2.612}$$

$$\mathrm{SINR}_{\mathrm{PS\text{-}MPDR\text{-}V}}=\frac{\sigma_{\mathrm{V},0}^2}{\boldsymbol{w}_{\mathrm{PS\text{-}MPDR\text{-}V}}^{\mathrm{H}}\boldsymbol{J}_{\mathrm{H+V-1}}\boldsymbol{R}_{\boldsymbol{uu}}\boldsymbol{J}_{\mathrm{H+V-1}}^{\mathrm{H}}\boldsymbol{w}_{\mathrm{PS\text{-}MPDR\text{-}V}}} \tag{2.613}$$

类似地，可得

$$\mathrm{SINR}_{\mathrm{LCMP\text{-}H}}=\frac{\sigma_{\mathrm{H},0}^2}{\boldsymbol{w}_{\mathrm{LCMP\text{-}H}}^{\mathrm{H}}\boldsymbol{J}_{\mathrm{H+V-1}}\boldsymbol{R}_{\boldsymbol{uu}}\boldsymbol{J}_{\mathrm{H+V-1}}^{\mathrm{H}}\boldsymbol{w}_{\mathrm{LCMP\text{-}H}}} \tag{2.614}$$

$$\mathrm{SINR}_{\mathrm{LCMP\text{-}V}}=\frac{\sigma_{\mathrm{V},0}^2}{\boldsymbol{w}_{\mathrm{LCMP\text{-}V}}^{\mathrm{H}}\boldsymbol{J}_{\mathrm{H+V-1}}\boldsymbol{R}_{\boldsymbol{uu}}\boldsymbol{J}_{\mathrm{H+V-1}}^{\mathrm{H}}\boldsymbol{w}_{\mathrm{LCMP\text{-}V}}} \tag{2.615}$$

再注意到极化分离水平极化最小功率无失真响应波束形成器和水平极化线性约束最小功率波束形成器的输出功率分别为

$$\begin{aligned}&\boldsymbol{w}_{\mathrm{PS\text{-}MPDR\text{-}H}}^{\mathrm{H}}\boldsymbol{R}_{\boldsymbol{x}_{\mathrm{H+V-1}}\boldsymbol{x}_{\mathrm{H+V-1}}}\boldsymbol{w}_{\mathrm{PS\text{-}MPDR\text{-}H}}\\&=\sigma_{\mathrm{H},0}^2+\boldsymbol{w}_{\mathrm{PS\text{-}MPDR\text{-}H}}^{\mathrm{H}}\boldsymbol{J}_{\mathrm{H+V-1}}\boldsymbol{R}_{\boldsymbol{uu}}\boldsymbol{J}_{\mathrm{H+V-1}}^{\mathrm{H}}\boldsymbol{w}_{\mathrm{PS\text{-}MPDR\text{-}H}}\end{aligned} \tag{2.616}$$

$$\begin{aligned}&\boldsymbol{w}_{\mathrm{LCMP\text{-}H}}^{\mathrm{H}}\boldsymbol{R}_{\boldsymbol{x}_{\mathrm{H+V-1}}\boldsymbol{x}_{\mathrm{H+V-1}}}\boldsymbol{w}_{\mathrm{LCMP\text{-}H}}\\&=\sigma_{\mathrm{H},0}^2+\boldsymbol{w}_{\mathrm{LCMP\text{-}H}}^{\mathrm{H}}\boldsymbol{J}_{\mathrm{H+V-1}}\boldsymbol{R}_{\boldsymbol{uu}}\boldsymbol{J}_{\mathrm{H+V-1}}^{\mathrm{H}}\boldsymbol{w}_{\mathrm{LCMP\text{-}H}}\end{aligned} \tag{2.617}$$

而极化分离垂直极化最小功率无失真响应波束形成器和垂直极化线性约束最小功率波束形成器的输出功率分别为

$$\begin{aligned}&\boldsymbol{w}_{\mathrm{PS\text{-}MPDR\text{-}V}}^{\mathrm{H}}\boldsymbol{R}_{\boldsymbol{x}_{\mathrm{H+V-1}}\boldsymbol{x}_{\mathrm{H+V-1}}}\boldsymbol{w}_{\mathrm{PS\text{-}MPDR\text{-}V}}\\&=\sigma_{\mathrm{V},0}^2+\boldsymbol{w}_{\mathrm{PS\text{-}MPDR\text{-}V}}^{\mathrm{H}}\boldsymbol{J}_{\mathrm{H+V-1}}\boldsymbol{R}_{\boldsymbol{uu}}\boldsymbol{J}_{\mathrm{H+V-1}}^{\mathrm{H}}\boldsymbol{w}_{\mathrm{PS\text{-}MPDR\text{-}V}}\end{aligned} \tag{2.618}$$

$$\begin{aligned}&\boldsymbol{w}_{\mathrm{LCMP\text{-}V}}^{\mathrm{H}}\boldsymbol{R}_{\boldsymbol{x}_{\mathrm{H+V-1}}\boldsymbol{x}_{\mathrm{H+V-1}}}\boldsymbol{w}_{\mathrm{LCMP\text{-}V}}\\&=\sigma_{\mathrm{V},0}^2+\boldsymbol{w}_{\mathrm{LCMP\text{-}V}}^{\mathrm{H}}\boldsymbol{J}_{\mathrm{H+V-1}}\boldsymbol{R}_{\boldsymbol{uu}}\boldsymbol{J}_{\mathrm{H+V-1}}^{\mathrm{H}}\boldsymbol{w}_{\mathrm{LCMP\text{-}V}}\end{aligned} \tag{2.619}$$

所以下述输出信干噪比关系依然成立：

$$\mathrm{SINR}_{\mathrm{PS\text{-}MPDR\text{-}H}}\leqslant\mathrm{SINR}_{\mathrm{LCMP\text{-}H}} \tag{2.620}$$

$$\mathrm{SINR}_{\mathrm{PS\text{-}MPDR\text{-}V}}\leqslant\mathrm{SINR}_{\mathrm{LCMP\text{-}V}} \tag{2.621}$$

此外，当期望信号波为完全极化时，经典的最小功率无失真响应波束形成器设计准则等价为

$$\min_{\boldsymbol{w}}\boldsymbol{w}^{\mathrm{H}}\boldsymbol{R}_{\boldsymbol{x}_{\mathrm{H+V-1}}\boldsymbol{x}_{\mathrm{H+V-1}}}\boldsymbol{w}\ \ \text{s.t.}\ \ \boldsymbol{w}^{\mathrm{H}}\boldsymbol{a}_{0\text{-}1}=1 \tag{2.622}$$

其中

$$\boldsymbol{a}_{0\text{-}1}=\begin{bmatrix}\cos\gamma_0\boldsymbol{a}_0\\ \sin\gamma_0\mathrm{e}^{\mathrm{j}\eta_0}\boldsymbol{a}_0\end{bmatrix}=\boldsymbol{J}_{\mathrm{H+V-1}}[\boldsymbol{a}_{\mathrm{H},0},\boldsymbol{a}_{\mathrm{V},0}]\boldsymbol{p}_{\gamma_0,\eta_0}=\boldsymbol{J}_{\mathrm{H+V-1}}\boldsymbol{b}_0 \tag{2.623}$$

该波束形成器的权矢量为

$$\frac{(\boldsymbol{J}_{\mathrm{H+V-1}}\boldsymbol{R}_{xx}\boldsymbol{J}_{\mathrm{H+V-1}}^{\mathrm{H}})^{-1}\boldsymbol{J}_{\mathrm{H+V-1}}\boldsymbol{b}_0}{\boldsymbol{b}_0^{\mathrm{H}}\boldsymbol{J}_{\mathrm{H+V-1}}^{\mathrm{H}}(\boldsymbol{J}_{\mathrm{H+V-1}}\boldsymbol{R}_{xx}\boldsymbol{J}_{\mathrm{H+V-1}}^{\mathrm{H}})^{-1}\boldsymbol{J}_{\mathrm{H+V-1}}\boldsymbol{b}_0}=\frac{(\boldsymbol{J}_{\mathrm{H+V-1}}^{\mathrm{H}})^{-1}\boldsymbol{R}_{xx}^{-1}\boldsymbol{b}_0}{\boldsymbol{b}_0^{\mathrm{H}}\boldsymbol{R}_{xx}^{-1}\boldsymbol{b}_0} \tag{2.624}$$

输出为

$$\left(\frac{\boldsymbol{b}_0^{\mathrm{H}}\boldsymbol{R}_{xx}^{-1}}{\boldsymbol{b}_0^{\mathrm{H}}\boldsymbol{R}_{xx}^{-1}\boldsymbol{b}_0}\right)\boldsymbol{x}(t)=\boldsymbol{w}_{\mathrm{MPDR}}^{\mathrm{H}}\boldsymbol{x}(t)=y_{\boldsymbol{w}_{\mathrm{MPDR}}}(t) \tag{2.625}$$

输出信干噪比为

$$\mathrm{SINR}_{\mathrm{MPDR}}=\frac{\sigma_0^2}{\boldsymbol{w}_{\mathrm{MPDR}}^{\mathrm{H}}\boldsymbol{J}_{\mathrm{H+V-1}}\boldsymbol{R}_{uu}\boldsymbol{J}_{\mathrm{H+V-1}}^{\mathrm{H}}\boldsymbol{w}_{\mathrm{MPDR}}} \tag{2.626}$$

① 若 $\sigma_{\mathrm{H},0}^2\neq 0$，最小功率无失真响应波束形成器等效为

$$\min_{\boldsymbol{w}}\boldsymbol{w}^{\mathrm{H}}\boldsymbol{R}_{x_{\mathrm{H+V-1}}x_{\mathrm{H+V-1}}}\boldsymbol{w}\ \text{s. t.}\ \boldsymbol{w}^{\mathrm{H}}\begin{bmatrix}\boldsymbol{a}_0\\ \tan\gamma_0\mathrm{e}^{\mathrm{j}\eta_0}\boldsymbol{a}_0\end{bmatrix}=1 \tag{2.627}$$

若 $\boldsymbol{w}_{\mathrm{MPDR\cdots H}}$是上述问题的解，则

$$\mathrm{SINR}_{\mathrm{MPDR}}=\frac{\sigma_{\mathrm{H},0}^2}{\boldsymbol{w}_{\mathrm{MPDR\cdots H}}^{\mathrm{H}}\boldsymbol{J}_{\mathrm{H+V-1}}\boldsymbol{R}_{uu}\boldsymbol{J}_{\mathrm{H+V-1}}^{\mathrm{H}}\boldsymbol{w}_{\mathrm{MPDR\cdots H}}} \tag{2.628}$$

再注意到

$$\boldsymbol{w}^{\mathrm{H}}\boldsymbol{a}_{0\text{-H}}=1,\ \boldsymbol{w}^{\mathrm{H}}\begin{bmatrix}\boldsymbol{O}_L\\ \boldsymbol{I}_L\end{bmatrix}=\boldsymbol{o}_L^{\mathrm{H}}\Rightarrow\boldsymbol{w}^{\mathrm{H}}\begin{bmatrix}\boldsymbol{a}_0\\ \tan\gamma_0\mathrm{e}^{\mathrm{j}\eta_0}\boldsymbol{a}_0\end{bmatrix}=1 \tag{2.629}$$

$$\boldsymbol{w}^{\mathrm{H}}\boldsymbol{a}_{0\text{-H}}=1,\ \boldsymbol{w}^{\mathrm{H}}\boldsymbol{a}_{0\text{-V}}=0\Rightarrow\boldsymbol{w}^{\mathrm{H}}\begin{bmatrix}\boldsymbol{a}_0\\ \tan\gamma_0\mathrm{e}^{\mathrm{j}\eta_0}\boldsymbol{a}_0\end{bmatrix}=1 \tag{2.630}$$

反之则不一定成立，所以

$$\mathrm{SINR}_{\mathrm{PS\text{-}MPDR\text{-}H}}\leqslant\mathrm{SINR}_{\mathrm{LCMP\text{-}H}}\leqslant\mathrm{SINR}_{\mathrm{MPDR}} \tag{2.631}$$

② 若 $\sigma_{\mathrm{V},0}^2\neq 0$，最小功率无失真响应波束形成器等效为

$$\min_{\boldsymbol{w}}\boldsymbol{w}^{\mathrm{H}}\boldsymbol{R}_{x_{\mathrm{H+V-1}}x_{\mathrm{H+V-1}}}\boldsymbol{w}\ \text{s. t.}\ \boldsymbol{w}^{\mathrm{H}}\begin{bmatrix}\cot\gamma_0\mathrm{e}^{-\mathrm{j}\eta_0}\boldsymbol{a}_0\\ \boldsymbol{a}_0\end{bmatrix}=1 \tag{2.632}$$

若 $\boldsymbol{w}_{\mathrm{MPDR\cdots V}}$是上述问题的解，则

$$\mathrm{SINR}_{\mathrm{MPDR}}=\frac{\sigma_{\mathrm{V},0}^2}{\boldsymbol{w}_{\mathrm{MPDR\cdots V}}^{\mathrm{H}}\boldsymbol{J}_{\mathrm{H+V-1}}\boldsymbol{R}_{uu}\boldsymbol{J}_{\mathrm{H+V-1}}^{\mathrm{H}}\boldsymbol{w}_{\mathrm{MPDR\cdots V}}} \tag{2.633}$$

再注意到

$$\boldsymbol{w}^{\mathrm{H}}\boldsymbol{a}_{0\text{-V}}=1,\ \boldsymbol{w}^{\mathrm{H}}\begin{bmatrix}\boldsymbol{I}_L\\ \boldsymbol{O}_L\end{bmatrix}=\boldsymbol{o}_L^{\mathrm{H}}\Rightarrow\boldsymbol{w}^{\mathrm{H}}\begin{bmatrix}\cot\gamma_0\mathrm{e}^{-\mathrm{j}\eta_0}\boldsymbol{a}_0\\ \boldsymbol{a}_0\end{bmatrix}=1 \tag{2.634}$$

$$\boldsymbol{w}^{\mathrm{H}}\boldsymbol{a}_{0\text{-V}}=1,\ \boldsymbol{w}^{\mathrm{H}}\boldsymbol{a}_{0\text{-H}}=0 \Rightarrow \boldsymbol{w}^{\mathrm{H}}\begin{bmatrix}\cot\gamma_0 \mathrm{e}^{-\mathrm{j}\eta_0}\boldsymbol{a}_0\\ \boldsymbol{a}_0\end{bmatrix}=1 \tag{2.635}$$

反之则不一定成立，所以

$$\mathrm{SINR}_{\text{PS-MPDR-V}} \leqslant \mathrm{SINR}_{\text{LCMP-V}} \leqslant \mathrm{SINR}_{\text{MPDR}} \tag{2.636}$$

③ 极化分离水平和垂直极化最小功率无失真响应波束形成器在输出信干噪比方面不占优势，但可通过极化合成作一定的弥补。

当期望信号波为完全极化时，经极化合成后，波束形成器的输出可以写成

$$y_{\boldsymbol{w}_{\text{PS-MPDR}}}(t)=s_0(t)+\boldsymbol{w}_{\text{PS-MPDR-1}}^{\mathrm{H}}\boldsymbol{J}_{\text{H+V-1}}\boldsymbol{u}(t) \tag{2.637}$$

其中

$$\boldsymbol{w}_{\text{PS-MPDR-1}}=\begin{bmatrix}\cos\gamma_0 \boldsymbol{w}_{\text{PS-MPDR-H}}\\ \sin\gamma_0 \mathrm{e}^{\mathrm{j}\eta_0}\boldsymbol{w}_{\text{PS-MPDR-V}}\end{bmatrix} \tag{2.638}$$

所以波束形成器的输出信干噪比为

$$\mathrm{SINR}_{\text{PS-MPDR}}=\frac{\sigma_0^2}{\boldsymbol{w}_{\text{PS-MPDR-1}}^{\mathrm{H}}\boldsymbol{J}_{\text{H+V-1}}\boldsymbol{R}_{\boldsymbol{uu}}\boldsymbol{J}_{\text{H+V-1}}^{\mathrm{H}}\boldsymbol{w}_{\text{PS-MPDR-1}}} \tag{2.639}$$

再注意到经典的（非极化分离）最小功率无失真响应波束形成器的输出为

$$y_{\boldsymbol{w}_{\text{MPDR}}}(t)=s_0(t)+\left(\frac{(\boldsymbol{J}_{\text{H+V-1}}^{\mathrm{H}})^{-1}\boldsymbol{R}_{\boldsymbol{xx}}^{-1}\boldsymbol{b}_0}{\boldsymbol{b}_0^{\mathrm{H}}\boldsymbol{R}_{\boldsymbol{xx}}^{-1}\boldsymbol{b}_0}\right)^{\mathrm{H}}\boldsymbol{J}_{\text{H+V-1}}\boldsymbol{u}(t) \tag{2.640}$$

其中，$\dfrac{(\boldsymbol{J}_{\text{H+V-1}}^{\mathrm{H}})^{-1}\boldsymbol{R}_{\boldsymbol{xx}}^{-1}\boldsymbol{b}_0}{\boldsymbol{b}_0^{\mathrm{H}}\boldsymbol{R}_{\boldsymbol{xx}}^{-1}\boldsymbol{b}_0}$为下述优化问题的解：

$$\min_{\boldsymbol{w}} \boldsymbol{w}^{\mathrm{H}}\boldsymbol{R}_{\boldsymbol{x}_{\text{H+V-1}}\boldsymbol{x}_{\text{H+V-1}}}\boldsymbol{w}\ \text{s. t.}\ \boldsymbol{w}^{\mathrm{H}}\boldsymbol{a}_{0\text{-1}}=1$$

所以

$$\mathrm{SINR}_{\text{PS-MPDR}} \leqslant \mathrm{SINR}_{\text{MPDR}} \tag{2.641}$$

图 2.63（a）所示为经典（非极化分离）最小功率无失真响应波束形成器、极化分离最小功率无失真响应波束形成器、极化分离水平和垂直极化最小功率无失真响应波束形成器最优输出信干噪比随输入信噪比变化的曲线，其中波束形成阵列由 4 个位于 y 轴的 2 元矢量天线组成，期望信号源和干扰源均位于 xoy 平面内；期望信号的真实波达方向和波极化参数分别为(90°,10°)和(60°,120°)；两个干扰的波达方向分别为(90°,30°)和(90°,330°)，波极化参数分别为(35°,35°)和(65°,170°)；干噪比均为 30dB。

可以看出，当矢量天线数较少时，极化分离最小功率无失真响应波束形成器的性能略低于经典的最小功率无失真响应波束形成器，但要优于极化分离水平和垂直极化最小功率无失真响应波束形成器。

图2.63（b）所示为采用8个矢量天线而其他条件不变时的相应结果，可以看出，随着矢量天线数的增多，极化分离最小功率无失真响应波束形成器的性能与经典最小功率无失真响应波束形成器更加接近。

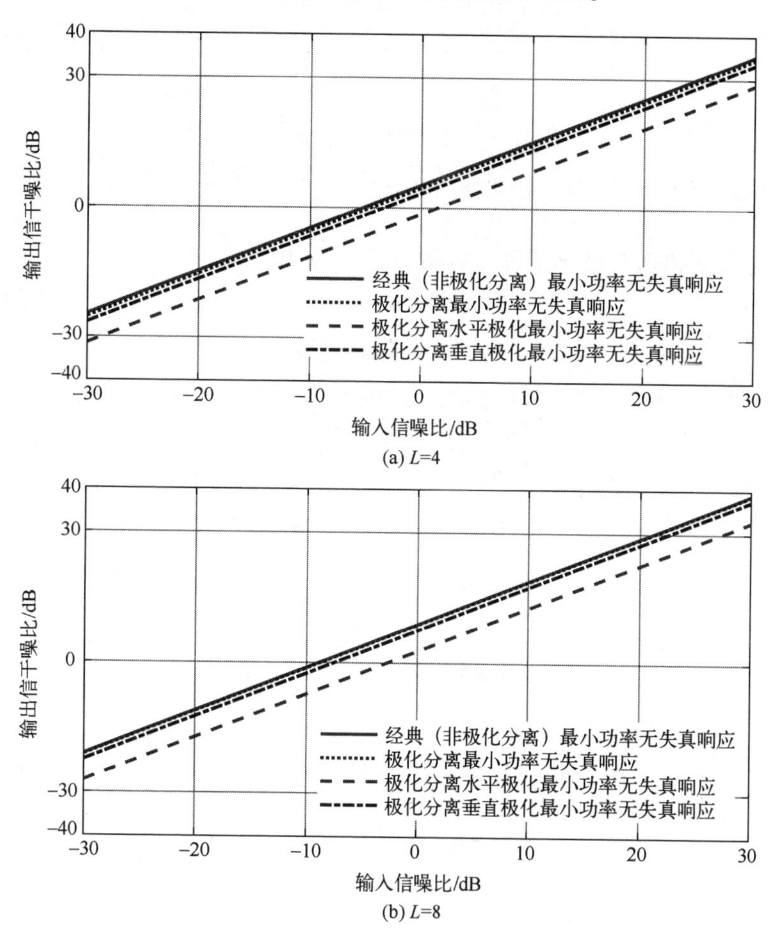

图2.63 极化分离最小功率无失真响应波束形成器与经典最小功率无失真响应波束形成器的性能比较

④ 极化分离波束形成器对指向误差的鲁棒性一般也要高于非极化分离波束形成器，而且现有的用于提高单极化阵列波束形成器鲁棒性的技术一般都可以直接采用。

（2）若期望信号源和干扰源均位于 xoy 平面内，且矢量天线由短偶极子和小磁环天线组成，则

$$\boldsymbol{d}(t)=(\boldsymbol{\Xi}_{\mathrm{iso},0}\otimes\boldsymbol{a}_0)s_{\mathrm{H+V},0}(t) \tag{2.642}$$

式中：

$$\boldsymbol{\Xi}_{\mathrm{iso},0}=\begin{bmatrix}\boldsymbol{e}_{\mathrm{iso},0,11} & \boldsymbol{e}_{\mathrm{iso},0,12}\\ \boldsymbol{e}_{\mathrm{iso},0,21} & \boldsymbol{e}_{\mathrm{iso},0,22}\end{bmatrix} \tag{2.643}$$

$$\boldsymbol{e}_{\mathrm{iso},0,11}=[k_{\mathrm{sd}}\sin\phi_0,-k_{\mathrm{sd}}\cos\phi_0,0]^{\mathrm{T}} \tag{2.644}$$

$$\boldsymbol{e}_{\mathrm{iso},0,12}=[0,0,k_{\mathrm{sd}}]^{\mathrm{T}} \tag{2.645}$$

$$\boldsymbol{e}_{\mathrm{iso},0,21}=[0,0,k_{\mathrm{sl}}]^{\mathrm{T}} \tag{2.646}$$

$$\boldsymbol{e}_{\mathrm{iso},0,22}=[-k_{\mathrm{sl}}\sin\phi_0,k_{\mathrm{sl}}\cos\phi_0,0]^{\mathrm{T}} \tag{2.647}$$

其中，$k_{\mathrm{sd}}=-0.5\ell$，$k_{\mathrm{sl}}=\mathrm{j}\pi\omega_0 r^2/c$，$\ell$ 为偶极子天线的物理长度，r 为磁环天线的物理半径。

此时水平和垂直极化子阵可以重新定义为

$$\boldsymbol{x}_{\mathrm{H}-2}(t)=\boldsymbol{J}_{\mathrm{ps-H}-2}\boldsymbol{x}(t) \tag{2.648}$$

$$\boldsymbol{x}_{\mathrm{V}-2}(t)=\boldsymbol{J}_{\mathrm{ps-V}-2}\boldsymbol{x}(t) \tag{2.649}$$

其中

$$\boldsymbol{J}_{\mathrm{ps-H}-2}=\begin{bmatrix}k_{\mathrm{sd}}^{-1} & 0 & 0 & 0 & 0 & 0\\ 0 & -k_{\mathrm{sd}}^{-1} & 0 & 0 & 0 & 0\\ 0 & 0 & 0 & 0 & 0 & k_{\mathrm{sl}}^{-1}\end{bmatrix}\otimes\boldsymbol{I}_L \tag{2.650}$$

$$\boldsymbol{J}_{\mathrm{ps-V}-2}=\begin{bmatrix}0 & 0 & 0 & -k_{\mathrm{sl}}^{-1} & 0 & 0\\ 0 & 0 & 0 & 0 & k_{\mathrm{sl}}^{-1} & 0\\ 0 & 0 & k_{\mathrm{sd}}^{-1} & 0 & 0 & 0\end{bmatrix}\otimes\boldsymbol{I}_L \tag{2.651}$$

相应地，

$$\boldsymbol{x}_{\mathrm{H}-2}(t)=\boldsymbol{a}_{0-2}s_{\mathrm{H},0}(t)+\underbrace{\boldsymbol{J}_{\mathrm{ps-H}-2}\boldsymbol{u}(t)}_{=\boldsymbol{u}_{\mathrm{H}-2}(t)} \tag{2.652}$$

$$\boldsymbol{x}_{\mathrm{V}-2}(t)=\boldsymbol{a}_{0-2}s_{\mathrm{V},0}(t)+\underbrace{\boldsymbol{J}_{\mathrm{ps-V}-2}\boldsymbol{u}(t)}_{=\boldsymbol{u}_{\mathrm{V}-2}(t)} \tag{2.653}$$

式中：

$$\boldsymbol{a}_{0-2}=[\sin\phi_0,\cos\phi_0,1]^{\mathrm{T}}\otimes\boldsymbol{a}_0 \tag{2.654}$$

于是可按下述准则设计极化分离最小功率无失真响应波束形成器：

$$\min_{\boldsymbol{w}}\boldsymbol{w}^{\mathrm{H}}\boldsymbol{R}_{x_{\mathrm{H}-2}x_{\mathrm{H}-2}}\boldsymbol{w}\ \text{s.t.}\ \boldsymbol{w}^{\mathrm{H}}\boldsymbol{a}_{0-2}=1 \tag{2.655}$$

$$\min_{\boldsymbol{w}}\boldsymbol{w}^{\mathrm{H}}\boldsymbol{R}_{x_{\mathrm{V}-2}x_{\mathrm{V}-2}}\boldsymbol{w}\ \text{s.t.}\ \boldsymbol{w}^{\mathrm{H}}\boldsymbol{a}_{0-2}=1 \tag{2.656}$$

（3）若水平和垂直极化子阵干扰加噪声协方差矩阵已知或能重构，也可以设计下述极化分离最小方差无失真响应（PS-MVDR）波束形成器：

$$\boldsymbol{w}_{\mathrm{PS-MVDR}}=[\upsilon_{\mathrm{H}}^{*}\boldsymbol{J}_{\mathrm{ps-H}-n}^{\mathrm{H}},\upsilon_{\mathrm{V}}^{*}\boldsymbol{J}_{\mathrm{ps-V}-n}^{\mathrm{H}}]\begin{bmatrix}\boldsymbol{w}_{\mathrm{PS-MVDR-H}}\\ \boldsymbol{w}_{\mathrm{PS-MVDR-V}}\end{bmatrix} \tag{2.657}$$

式中：$n=1,2$，

$$\boldsymbol{w}_{\text{PS-MVDR-H}}=\arg\min_{\boldsymbol{w}}\boldsymbol{w}^{\mathrm{H}}\boldsymbol{R}_{\boldsymbol{u}_{\mathrm{H}-n}\boldsymbol{u}_{\mathrm{H}-n}}\boldsymbol{w}\ \text{ s. t. }\ \boldsymbol{w}^{\mathrm{H}}\boldsymbol{a}_{0-n}=1 \tag{2.658}$$

$$\boldsymbol{w}_{\text{PS-MVDR-V}}=\arg\min_{\boldsymbol{w}}\boldsymbol{w}^{\mathrm{H}}\boldsymbol{R}_{\boldsymbol{u}_{\mathrm{V}-n}\boldsymbol{u}_{\mathrm{V}-n}}\boldsymbol{w}\ \text{ s. t. }\ \boldsymbol{w}^{\mathrm{H}}\boldsymbol{a}_{0-n}=1 \tag{2.659}$$

其中

$$\boldsymbol{R}_{\boldsymbol{u}_{\mathrm{H}-n}\boldsymbol{u}_{\mathrm{H}-n}}=\langle\boldsymbol{u}_{\mathrm{H}-n}(t)\boldsymbol{u}_{\mathrm{H}-n}^{\mathrm{H}}(t)\rangle \tag{2.660}$$

$$\boldsymbol{R}_{\boldsymbol{u}_{\mathrm{V}-n}\boldsymbol{u}_{\mathrm{V}-n}}=\langle\boldsymbol{u}_{\mathrm{V}-n}(t)\boldsymbol{u}_{\mathrm{V}-n}^{\mathrm{H}}(t)\rangle \tag{2.661}$$

2.4 极化聚焦预处理

此前所讨论的波束形成器，均假设矢量天线的响应在期望信号/干扰带宽内近似恒定，同时满足下述条件：

$$s_{\mathrm{H},m}(t+\tau_l(\theta_m,\phi_m))\approx s_{\mathrm{H},m}(t),\ l=1,2,\cdots,L-1 \tag{2.662}$$

$$s_{\mathrm{V},m}(t+\tau_l(\theta_m,\phi_m))\approx s_{\mathrm{V},m}(t),\ l=1,2,\cdots,L-1 \tag{2.663}$$

若波束形成阵列尺寸较大，或者期望信号/干扰相对带宽较大，上述条件可能并不成立，这通常会导致波束形成器干扰和噪声抑制性能下降。

此时可考虑先对波束形成阵列输出进行极化聚焦（PF）预处理，在一定条件下，近似将不同位置处矢量天线输出中期望信号/干扰的水平和垂直极化分量进行对齐，以满足秩-1 模型，然后再利用之前所讨论的方法进行波束形成。

根据第 1 章中的讨论，第 l 个矢量天线的输出矢量可以写成

$$\boldsymbol{x}_l(t)=\sum_{m=0}^{M-1}\boldsymbol{\Xi}_{\mathrm{iso},m}\begin{bmatrix}s_{\mathrm{H},m}(t+\tau_l(\theta_m,\phi_m))\\ s_{\mathrm{V},m}(t+\tau_l(\theta_m,\phi_m))\end{bmatrix}\mathrm{e}^{\mathrm{j}\omega_0\tau_l(\theta_m,\phi_m)}+\boldsymbol{n}_l(t) \tag{2.664}$$

其中，$\tau_l(\theta_0,\phi_0)$ 和 $\tau_l(\theta_m,\phi_m)$ 分别为期望信号波和第 m 个干扰波在第 l 个矢量天线和阵列观测参考点间的传播时延；$\boldsymbol{n}_l(t)$ 为第 l 个矢量天线的噪声矢量。

注意到 $s_{\mathrm{H},m}(t)$ 和 $s_{\mathrm{V},m}(t)$ 分别可以近似写成

$$s_{\mathrm{H},m}(t)=\sum_{\omega_k\in\Omega}\mathcal{S}_{\mathrm{H},m}(\omega_k)\mathrm{e}^{\mathrm{j}\omega_k t} \tag{2.665}$$

$$s_{\mathrm{V},m}(t)=\sum_{\omega_k\in\Omega}\mathcal{S}_{\mathrm{V},m}(\omega_k)\mathrm{e}^{\mathrm{j}\omega_k t} \tag{2.666}$$

式中：Ω 为期望信号水平和垂直极化分量的谱支撑区间，$\omega_k=2\pi k/T_0$，其中 k 为整数，T_0 为观测时长；$\mathcal{S}_{\mathrm{H},m}(\omega_k)$ 和 $\mathcal{S}_{\mathrm{V},m}(\omega_k)$ 分别为 $s_{\mathrm{H},m}(t)$ 和 $s_{\mathrm{V},m}(t)$ 的有限时间傅里叶变换（FTFT[37]），也即

$$\mathcal{S}_{\mathrm{H},m}(\omega_k)=\frac{1}{T_0}\int_0^{T_0}s_{\mathrm{H},m}(t)\mathrm{e}^{-\mathrm{j}\omega_k t}\mathrm{d}t=\mathrm{FTFT}_{\omega_k}(s_{\mathrm{H},m}(t)) \tag{2.667}$$

$$\mathcal{S}_{\mathrm{V},m}(\omega_k)=\frac{1}{T_0}\int_0^{T_0}s_{\mathrm{V},m}(t)\mathrm{e}^{-\mathrm{j}\omega_k t}\mathrm{d}t=\mathrm{FTFT}_{\omega_k}(s_{\mathrm{V},m}(t)) \tag{2.668}$$

所以

$$s_{\mathbf{H},m}(t+\tau_l(\theta_m,\phi_m))=\sum_{\omega_k\in\Omega}(\mathscr{s}_{\mathbf{H},m}(\omega_k)\mathrm{e}^{\mathrm{j}\omega_k\tau_l(\theta_m,\phi_m)})\mathrm{e}^{\mathrm{j}\omega_k t} \tag{2.669}$$

$$s_{\mathbf{V},m}(t+\tau_l(\theta_m,\phi_m))=\sum_{\omega_k\in\Omega}(\mathscr{s}_{\mathbf{V},m}(\omega_k)\mathrm{e}^{\mathrm{j}\omega_k\tau_l(\theta_m,\phi_m)})\mathrm{e}^{\mathrm{j}\omega_k t} \tag{2.670}$$

由此，$\boldsymbol{x}_l(t)$的有限时间傅里叶变换可以写成

$$\boldsymbol{x}_l(\omega_k)=\sum_{m=0}^{M-1}\boldsymbol{\Xi}_{\mathrm{iso},m}\begin{bmatrix}\mathscr{s}_{\mathbf{H},m}(\omega_k)\\ \mathscr{s}_{\mathbf{V},m}(\omega_k)\end{bmatrix}\mathrm{e}^{\mathrm{j}(\omega_0+\omega_k)\tau_l(\theta_m,\phi_m)}+\boldsymbol{n}_l(\omega_k) \tag{2.671}$$

其中，$\boldsymbol{n}_l(\omega_k)$为$\boldsymbol{n}_l(t)$的有限时间傅里叶变换。

进一步可得阵列输出矢量$\boldsymbol{x}(t)$的有限时间傅里叶变换如下：

$$\boldsymbol{x}(\omega_k)=\sum_{m=0}^{M-1}\boldsymbol{\Xi}_m\begin{bmatrix}\mathscr{s}_{\mathbf{H},m}(\omega_k)\\ \mathscr{s}_{\mathbf{V},m}(\omega_k)\end{bmatrix}+\boldsymbol{n}(\omega_k) \tag{2.672}$$

式中：

$$\boldsymbol{\Xi}_m=[\boldsymbol{a}_{\omega_0+\omega_k,m}\otimes\boldsymbol{b}_{\mathrm{iso-H},m},\boldsymbol{a}_{\omega_0+\omega_k,m}\otimes\boldsymbol{b}_{\mathrm{iso-V},m}] \tag{2.673}$$

其中，$\boldsymbol{b}_{\mathrm{iso-H},m}$和$\boldsymbol{b}_{\mathrm{iso-V},m}$为期望信号/干扰的水平和垂直极化矢量天线流形矢量，$\boldsymbol{a}_{\omega_0+\omega_k,m}$为期望信号/干扰对应于频点$\omega_0+\omega_k$的几何流形矢量，其定义为

$$\boldsymbol{a}_{\omega_0+\omega_k,m}=[1,\mathrm{e}^{\mathrm{j}(\omega_0+\omega_k)\tau_1(\theta_m,\phi_m)},\cdots,\mathrm{e}^{\mathrm{j}(\omega_0+\omega_k)\tau_{L-1}(\theta_m,\phi_m)}]^{\mathrm{T}} \tag{2.674}$$

（1）仍记$\boldsymbol{d}_l$为第l个矢量天线的位置矢量，同时假设$\boldsymbol{d}_0=[0,0,0]^{\mathrm{T}}$，若矢量天线阵列具有直线几何结构，也即所有矢量天线都位于一条经过坐标原点的直线上，则

$$\tau_l(\theta,\phi)=\frac{\|\boldsymbol{d}_l\|_2\cos\Delta}{c}=\tau_l(\Delta)=\tau_l(\Delta+2n\pi) \tag{2.675}$$

式中："$\|\cdot\|_2$" 表示2范数；Δ为$\boldsymbol{b}_{\mathrm{s}}(\theta,\varphi)$与$\boldsymbol{d}_l$的夹角，$l=1,2,\cdots,L-1$；$c$为信号波传播速度；$n$为整数。

特别地，若矢量天线均位于x轴，则Δ为x轴锥角ϑ，若矢量天线均位于y轴，则Δ为y轴锥角ψ，若矢量天线均位于z轴，则Δ为俯仰角θ。

定义

$$f_{k,l}(\theta,\phi)=\mathrm{e}^{\mathrm{j}(\omega_0+\omega_k)\tau_l(\theta,\phi)}=\mathrm{e}^{\mathrm{j}\frac{(\omega_0+\omega_k)\|d_l\|_2\cos\Delta}{c}}=f_{k,l}(\Delta) \tag{2.676}$$

根据定义，$f_{k,l}(\Delta)$为Δ的周期函数，周期为2π，所以可以通过傅里叶级数重写成下述形式：

$$f_{k,l}(\Delta)=\sum_{n=-\infty}^{\infty}\varsigma_{k,l,n}\mathrm{e}^{\mathrm{j}n\Delta} \tag{2.677}$$

式中：

$$\varsigma_{k,l,n}=\frac{1}{2\pi}\int_{-\pi}^{\pi}f_{k,l}(\Delta)\mathrm{e}^{-\mathrm{j}n\Delta}\mathrm{d}\Delta=\frac{1}{2\pi}\int_{-\pi}^{\pi}\mathrm{e}^{\mathrm{j}\frac{(\omega_0+\omega_k)\|d_l\|_2\cos\Delta}{c}}\mathrm{e}^{-\mathrm{j}n\Delta}\mathrm{d}\Delta \tag{2.678}$$

对于 $l=0$，我们有

$$\varsigma_{k,0,n}=\frac{1}{2\pi}\int_{-\pi}^{\pi}\mathrm{e}^{-\mathrm{j}n\Delta}\mathrm{d}\Delta=\delta(n)=\begin{cases}1,n=0\\0,n\neq 0\end{cases}\tag{2.679}$$

对于 $l=1,2,\cdots,L-1$，我们有

$$\varsigma_{k,l,n}=\mathrm{j}^{n}\cdot \mathrm{J}_{\mathrm{Bessel},1,n}\left(\frac{(\omega_0+\omega_k)\|\boldsymbol{d}_l\|_2}{c}\right)\tag{2.680}$$

式中：

$$\mathrm{J}_{\mathrm{Bessel},1,n}(x)=\frac{1}{\mathrm{j}^{n}}\cdot\frac{1}{2\pi}\int_{-\pi}^{\pi}\mathrm{e}^{\mathrm{j}x\cos\Delta}\mathrm{e}^{-\mathrm{j}n\Delta}\mathrm{d}\Delta\tag{2.681}$$

为第一类 n 阶贝塞尔函数。

由此，$\boldsymbol{a}_{\omega_0+\omega_k,m}$可以写成

$$\boldsymbol{a}_{\omega_0+\omega_k,m}=\begin{bmatrix}f_{k,0}(\theta_m,\phi_m)\\f_{k,1}(\theta_m,\phi_m)\\\vdots\\f_{k,L-1}(\theta_m,\phi_m)\end{bmatrix}=\begin{bmatrix}1\\f_{k,1}(\Delta_m)\\\vdots\\f_{k,L-1}(\Delta_m)\end{bmatrix}\approx\boldsymbol{\mathcal{F}}_k\boldsymbol{a}_{\Delta_m}\tag{2.682}$$

式中：

$$\boldsymbol{\mathcal{F}}_k=\begin{bmatrix}0&0&\cdots&1&\cdots&0&0\\\varsigma_{k,1,-N}&\varsigma_{k,1,-(N-1)}&\cdots&\varsigma_{k,1,0}&\cdots&\varsigma_{k,1,N-1}&\varsigma_{k,1,N}\\\vdots&\vdots&\ddots&\vdots&\ddots&\vdots&\vdots\\\varsigma_{k,L-1,-N}&\varsigma_{k,L-1,-(N-1)}&\cdots&\varsigma_{k,L-1,0}&\cdots&\varsigma_{k,L-1,N-1}&\varsigma_{k,L-1,N}\end{bmatrix}\tag{2.683}$$

$$\boldsymbol{a}_{\Delta_m}=[\mathrm{e}^{-\mathrm{j}N\Delta_m},\mathrm{e}^{-\mathrm{j}(N-1)\Delta_m},\cdots,1,\cdots,\mathrm{e}^{\mathrm{j}(N-1)\Delta_m},\mathrm{e}^{\mathrm{j}N\Delta_m}]^{\mathrm{T}}\tag{2.684}$$

其中，N 为整数，称为极化聚焦阶数。

基于上述讨论，当 $L\geqslant 2N+1$，并且$\boldsymbol{\mathcal{F}}_k^{\mathrm{H}}\boldsymbol{\mathcal{F}}_k$为非奇异矩阵时，可定义下述几何聚焦矩阵：

$$\boldsymbol{F}_k=(\boldsymbol{\mathcal{F}}_k^{\mathrm{H}}\boldsymbol{\mathcal{F}}_k)^{-1}\boldsymbol{\mathcal{F}}_k^{\mathrm{H}}\tag{2.685}$$

以使得

$$\boldsymbol{F}_k\boldsymbol{a}_{\omega_0+\omega_k,m}\approx\boldsymbol{a}_{\Delta_m}\tag{2.686}$$

进一步有

$$(\boldsymbol{F}_k\otimes\boldsymbol{I}_J)\boldsymbol{\varXi}_m\approx[\boldsymbol{a}_{\Delta_m}\otimes\boldsymbol{b}_{\mathrm{iso\text{-}H},m},\boldsymbol{a}_{\Delta_m}\otimes\boldsymbol{b}_{\mathrm{iso\text{-}V},m}]=\boldsymbol{\varXi}_{\mathrm{pf},m}\tag{2.687}$$

由此，可对$\boldsymbol{x}(\omega_k)$进行下述极化聚焦处理，实现期望信号/干扰水平极化分量和垂直极化分量在时域的同时对齐：

$$\boldsymbol{y}(t)=\sum_{\omega_k\in\Omega}(\boldsymbol{F}_k\otimes\boldsymbol{I}_J)\,\boldsymbol{x}(\omega_k)\,\mathrm{e}^{\mathrm{j}\omega_k t}\approx\boldsymbol{s}_{\mathrm{pf}}(t)+\sum_{m=1}^{M-1}\boldsymbol{i}_{\mathrm{pf},m}(t)+\boldsymbol{n}_{\mathrm{pf}}(t)\tag{2.688}$$

式中：

$$\boldsymbol{s}_{\mathrm{pf}}(t)=\boldsymbol{\Xi}_{\mathrm{pf},0}\begin{bmatrix}s_{\mathbf{H},0}(t)\\ s_{\mathbf{V},0}(t)\end{bmatrix}\tag{2.689}$$

$$\boldsymbol{i}_{\mathrm{pf},m}(t)=\boldsymbol{\Xi}_{\mathrm{pf},m}\begin{bmatrix}s_{\mathbf{H},m}(t)\\ s_{\mathbf{V},m}(t)\end{bmatrix}\tag{2.690}$$

$$\boldsymbol{n}_{\mathrm{pf}}(t)=\sum_{\omega_k\in\Omega}(\boldsymbol{F}_k\otimes\boldsymbol{I}_J)\,\boldsymbol{n}(\omega_k)\,\mathrm{e}^{\mathrm{j}\omega_k t}\tag{2.691}$$

可以看到，经过极化聚焦预处理之后，$\boldsymbol{y}(t)$与窄带条件下的波束形成阵列输出矢量$\boldsymbol{x}(t)$具有类似的秩-1代数结构，所以之前所讨论的所有窄带波束形成方法都可以直接应用于$\boldsymbol{y}(t)$，如图2.64所示。

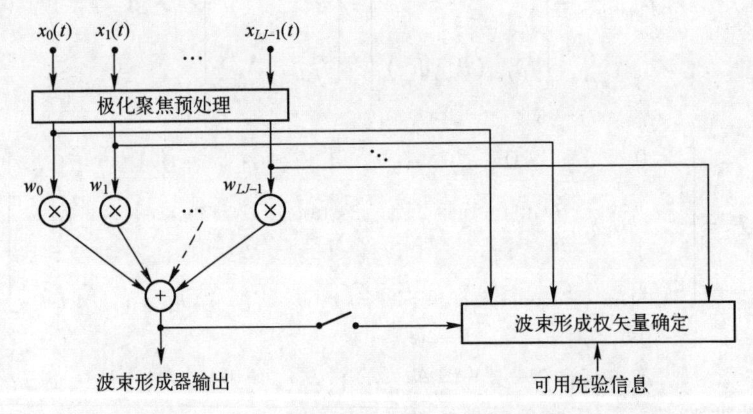

图2.64 极化聚焦预处理多极化波束形成器结构示意图

（2）若矢量天线位于过坐标原点的三条直线上，比如直角坐标系的三个坐标轴，仍可采用（1）中方法对阵列输出进行极化聚焦处理，此时$\boldsymbol{\mathcal{F}}_k$和$\boldsymbol{a}_{\Delta_m}$应分别重新定义为

$$\boldsymbol{\mathcal{F}}_k\rightarrow\boldsymbol{\mathcal{F}}_{\mathrm{tl},k}=\begin{bmatrix}\boldsymbol{\mathcal{F}}_{x,k}&&\\&\boldsymbol{\mathcal{F}}_{y,k}&\\&&\boldsymbol{\mathcal{F}}_{z,k}\end{bmatrix}\tag{2.692}$$

$$\boldsymbol{a}_{\Delta_m}\rightarrow\boldsymbol{a}_{\mathrm{tl},m}=[\boldsymbol{a}_{\vartheta_m}^{\mathrm{T}},\boldsymbol{a}_{\psi_m}^{\mathrm{T}},\boldsymbol{a}_{\theta_m}^{\mathrm{T}}]^{\mathrm{T}}\tag{2.693}$$

也即

$$\boldsymbol{a}_{\omega_0+\omega_k,m} \approx \boldsymbol{\mathcal{F}}_{\mathrm{tl},k}\boldsymbol{a}_{\mathrm{tl},m} = \begin{bmatrix} \boldsymbol{\mathcal{F}}_{x,k}\boldsymbol{a}_{\vartheta_m} \\ \boldsymbol{\mathcal{F}}_{y,k}\boldsymbol{a}_{\psi_m} \\ \boldsymbol{\mathcal{F}}_{z,k}\boldsymbol{a}_{\theta_m} \end{bmatrix} \tag{2.694}$$

式中：$\boldsymbol{\mathcal{F}}_{x,k}$、$\boldsymbol{\mathcal{F}}_{y,k}$和$\boldsymbol{\mathcal{F}}_{z,k}$分别为$L_x \times (2N_\vartheta+1)$维矩阵、$(L_y-1)\times(2N_\psi+1)$维矩阵和$(L_z-1)\times(2N_\theta+1)$维矩阵；$L_x$，$L_y$和$L_z$分别为 x 轴子阵、y 轴子阵和 z 轴子阵的矢量天线数，$\boldsymbol{a}_{\vartheta_m}$、$\boldsymbol{a}_{\psi_m}$和$\boldsymbol{a}_{\theta_m}$分别为$(2N_\vartheta+1)\times 1$ 维矢量、$(2N_\psi+1)\times 1$ 维矢量和$(2N_\theta+1)\times 1$ 维矢量：

$$\boldsymbol{\mathcal{F}}_{x,k}(l,n) = \frac{1}{2\pi}\int_{-\pi}^{\pi} \mathrm{e}^{\mathrm{j}\frac{(\omega_0+\omega_k)\|\boldsymbol{d}_{x,l}\|_2\cos\Delta}{c}}\mathrm{e}^{-\mathrm{j}n\Delta}\mathrm{d}\Delta \tag{2.695}$$

$$\boldsymbol{\mathcal{F}}_{y,k}(l,n) = \frac{1}{2\pi}\int_{-\pi}^{\pi} \mathrm{e}^{\mathrm{j}\frac{(\omega_0+\omega_k)\|\boldsymbol{d}_{y,l}\|_2\cos\Delta}{c}}\mathrm{e}^{-\mathrm{j}n\Delta}\mathrm{d}\Delta \tag{2.696}$$

$$\boldsymbol{\mathcal{F}}_{z,k}(l,n) = \frac{1}{2\pi}\int_{-\pi}^{\pi} \mathrm{e}^{\mathrm{j}\frac{(\omega_0+\omega_k)\|\boldsymbol{d}_{z,l}\|_2\cos\Delta}{c}}\mathrm{e}^{-\mathrm{j}n\Delta}\mathrm{d}\Delta \tag{2.697}$$

$$\boldsymbol{a}_{\vartheta_m} = [\mathrm{e}^{-\mathrm{j}N_x\vartheta_m}, \mathrm{e}^{-\mathrm{j}(N_x-1)\vartheta_m}, \cdots, 1, \cdots, \mathrm{e}^{\mathrm{j}(N_x-1)\vartheta_m}, \mathrm{e}^{\mathrm{j}N_x\vartheta_m}]^{\mathrm{T}} \tag{2.698}$$

$$\boldsymbol{a}_{\psi_m} = [\mathrm{e}^{-\mathrm{j}N_y\psi_m}, \mathrm{e}^{-\mathrm{j}(N_y-1)\psi_m}, \cdots, 1, \cdots, \mathrm{e}^{\mathrm{j}(N_y-1)\psi_m}, \mathrm{e}^{\mathrm{j}N_y\psi_m}]^{\mathrm{T}} \tag{2.699}$$

$$\boldsymbol{a}_{\theta_m} = [\mathrm{e}^{-\mathrm{j}N_z\theta_m}, \mathrm{e}^{-\mathrm{j}(N_z-1)\theta_m}, \cdots, 1, \cdots, \mathrm{e}^{\mathrm{j}(N_z-1)\theta_m}, \mathrm{e}^{\mathrm{j}N_z\theta_m}]^{\mathrm{T}} \tag{2.700}$$

其中，$\boldsymbol{d}_{x,l}$、$\boldsymbol{d}_{y,l}$和$\boldsymbol{d}_{z,l}$分别为 x 轴子阵、y 轴子阵和 z 轴子阵的第 l 个矢量天线的位置矢量，N_x、N_y和 N_z分别为 x 轴子阵、y 轴子阵和 z 轴子阵的聚焦阶数。

（3）若期望信号源和干扰源与所有矢量天线均位于同一平面内，则上述极化聚焦方法的适用阵型可以更为一般。

比如，期望信号源和干扰源与所有矢量天线均位于 xoy 平面，则

$$\tau_l(\theta,\phi) = \tau_l(90°,\phi) = \frac{\|\boldsymbol{d}_l\|_2\cos(\chi_l-\phi)}{c} = \tau_l(\phi) = \tau_l(\phi+2n\pi) \tag{2.701}$$

其中，χ_l为第 l 个矢量天线的位置矢量与 x 轴的夹角。

于是有

$$f_{k,l}(\theta,\phi) = f_{k,l}(90°,\phi) = f_{k,l}(\phi) = \sum_{n=-\infty}^{\infty} \varsigma_{k,l,n}\mathrm{e}^{\mathrm{j}n\phi} \tag{2.702}$$

式中：

$$\varsigma_{k,l,n} = \mathrm{j}^n \cdot \mathrm{J}_{\mathrm{Bessel},1,n}\left(\frac{(\omega_0+\omega_k)\|\boldsymbol{d}_l\|_2}{c}\right) \cdot \mathrm{e}^{-\mathrm{j}n\chi_l} \tag{2.703}$$

也即

$$f_{k,l}(\phi) = \sum_{n=-\infty}^{\infty} \mathrm{j}^n \cdot \mathrm{J}_{\mathrm{Bessel},1,n}\left(\frac{(\omega_0+\omega_k)\|\boldsymbol{d}_l\|_2}{c}\right)\mathrm{e}^{\mathrm{j}n(\phi-\chi_l)} \tag{2.704}$$

如果所有矢量天线均位于过坐标原点的一条直线上，则

$$\phi-\chi_l=\pm\Delta \tag{2.705}$$

又因为

$$\mathrm{j}^{-n}\cdot \mathrm{J}_{\mathrm{Bessel},1,-n}(x)=\mathrm{j}^{n}\cdot \mathrm{J}_{\mathrm{Bessel},1,n}(x)=\frac{1}{2\pi}\int_{-\pi}^{\pi}\mathrm{e}^{\mathrm{j}x\cos\Delta}\mathrm{e}^{\pm\mathrm{j}n\Delta}\mathrm{d}\Delta \tag{2.706}$$

所以

$$f_{k,l}(\phi)=\sum_{n=-\infty}^{\infty}\mathrm{j}^{n}\cdot \mathrm{J}_{\mathrm{Bessel},1,n}\left(\frac{(\omega_0+\omega_k)\|\boldsymbol{d}_l\|_2}{c}\right)\mathrm{e}^{\mathrm{j}n\Delta} \tag{2.707}$$

此即（1）中所考虑的情形。

以上所讨论的极化聚焦方法无须期望信号和干扰的波达方向信息，但不适用于任意多极化阵列，而且所需的矢量天线数较多。

（4）如果期望信号和干扰的波达方向已知，或者能够较好估出，也可以采用下面的方法进行极化聚焦，该方法适用于更为一般的多极化阵列。

为简单起见，假设期望信号源、干扰源和阵列均位于 xoy 平面内，同时波束形成阵列输出中的期望信号和干扰分量具有下述较为理想的形式：

$$\boldsymbol{j}_m(t)=\boldsymbol{j}_{\mathrm{H},m}(t)+\boldsymbol{j}_{\mathrm{V},m}(t) \tag{2.708}$$

式中：

$$\boldsymbol{j}_{\mathrm{H},m}(t)=\begin{bmatrix}-\sin\phi_m s_{\mathrm{H},m}(t+\tau_{0,m})\\ \cos\phi_m s_{\mathrm{H},m}(t+\tau_{1,m})\\ 0\\ 0\\ 0\\ -s_{\mathrm{H},m}(t+\tau_{5,m})\end{bmatrix} \tag{2.709}$$

$$\boldsymbol{j}_{\mathrm{V},m}(t)=\begin{bmatrix}0\\ 0\\ -s_{\mathrm{V},m}(t+\tau_{2,m})\\ \sin\phi_m s_{\mathrm{V},m}(t+\tau_{3,m})\\ -\cos\phi_m s_{\mathrm{V},m}(t+\tau_{4,m})\\ 0\end{bmatrix} \tag{2.710}$$

$$\tau_{l,m}=\tau_l(90°,\phi_m)=ld_0\sin\phi_m/c \tag{2.711}$$

其中，d_0为天线间距，$0°<\phi_m<90°$。

矢量$\boldsymbol{j}_m(t)$的有限时间傅里叶变换为

$$\boldsymbol{\jmath}_m(\omega_k)=\boldsymbol{\jmath}_{\mathrm{H},m}(\omega_k)\mathcal{s}_{\mathrm{H},m}(\omega_k)+\boldsymbol{\jmath}_{\mathrm{V},m}(\omega_k)\mathcal{s}_{\mathrm{V},m}(\omega_k) \tag{2.712}$$

式中：

$$\boldsymbol{\jmath}_{\mathbf{H},m}(\omega_k)=\begin{bmatrix}-\sin\phi_m\\ \cos\phi_m \mathrm{e}^{\mathrm{j}(\omega_0+\omega_k)d_0\sin\phi_m/c}\\ 0\\ 0\\ 0\\ -\mathrm{e}^{\mathrm{j}5(\omega_0+\omega_k)d_0\sin\phi_m/c}\end{bmatrix} \tag{2.713}$$

$$\boldsymbol{\jmath}_{\mathbf{V},m}(\omega_k)=\begin{bmatrix}0\\ 0\\ -\mathrm{e}^{\mathrm{j}2(\omega_0+\omega_k)d_0\sin\phi_m/c}\\ \sin\phi_m \mathrm{e}^{\mathrm{j}3(\omega_0+\omega_k)d_0\sin\phi_m/c}\\ -\cos\phi_m \mathrm{e}^{\mathrm{j}4(\omega_0+\omega_k)d_0\sin\phi_m/c}\\ 0\end{bmatrix} \tag{2.714}$$

定义

$$\mathcal{J}(\omega_k)=[\mathcal{J}_{\mathbf{H}}(\omega_k),\mathcal{J}_{\mathbf{V}}(\omega_k)] \tag{2.715}$$

其中

$$\mathcal{J}_{\mathbf{H}}(\omega_k)=[\boldsymbol{\jmath}_{\mathbf{H},0}(\omega_k),\boldsymbol{\jmath}_{\mathbf{H},1}(\omega_k),\cdots,\boldsymbol{\jmath}_{\mathbf{H},M-1}(\omega_k)] \tag{2.716}$$

$$\mathcal{J}_{\mathbf{V}}(\omega_k)=[\boldsymbol{\jmath}_{\mathbf{V},0}(\omega_k),\boldsymbol{\jmath}_{\mathbf{V},1}(\omega_k),\cdots,\boldsymbol{\jmath}_{\mathbf{V},M-1}(\omega_k)] \tag{2.717}$$

若 $M\leqslant 3$，存在 ϕ_0、ϕ_1和 ϕ_2，使得$\mathcal{J}^{\mathrm{H}}(\omega_k)\mathcal{J}(\omega_k)$为非奇异矩阵。所以，如果期望信号和干扰的波达方向已知，且$\mathcal{J}^{\mathrm{H}}(\omega_k)\mathcal{J}(\omega_k)$为非奇异矩阵，则 $\boldsymbol{F}_k$可以构造为

$$\boldsymbol{F}_k=\mathcal{J}_{\mathrm{ref}}(\mathcal{J}^{\mathrm{H}}(\omega_k)\mathcal{J}(\omega_k))^{-1}\mathcal{J}^{\mathrm{H}}(\omega_k) \tag{2.718}$$

式中：

$$\mathcal{J}_{\mathrm{ref}}=[\mathcal{J}_{\mathrm{ref}\text{-}\mathbf{H}},\mathcal{J}_{\mathrm{ref}\text{-}\mathbf{V}}] \tag{2.719}$$

$$\mathcal{J}_{\mathrm{ref}\text{-}\mathbf{H}}=[\boldsymbol{\jmath}_{\mathrm{ref}\text{-}\mathbf{H},0},\boldsymbol{\jmath}_{\mathrm{ref}\text{-}\mathbf{H},1},\cdots,\boldsymbol{\jmath}_{\mathrm{ref}\text{-}\mathbf{H},M-1}] \tag{2.720}$$

$$\mathcal{J}_{\mathrm{ref}\text{-}\mathbf{V}}=[\boldsymbol{\jmath}_{\mathrm{ref}\text{-}\mathbf{V},0},\boldsymbol{\jmath}_{\mathrm{ref}\text{-}\mathbf{V},1},\cdots,\boldsymbol{\jmath}_{\mathrm{ref}\text{-}\mathbf{V},M-1}] \tag{2.721}$$

其中，$\boldsymbol{\jmath}_{\mathrm{ref}\text{-}\mathbf{H},m}$和 $\boldsymbol{\jmath}_{\mathrm{ref}\text{-}\mathbf{V},m}$根据实际阵列进行合理设计。

根据式（2.712）和式（2.718），可得

$$\boldsymbol{F}_k\boldsymbol{\jmath}_m(\omega_k)=\boldsymbol{\jmath}_{\mathrm{ref}\text{-}\mathbf{H},m}\mathcal{s}_{\mathbf{H},m}(\omega_k)+\boldsymbol{\jmath}_{\mathrm{ref}\text{-}\mathbf{V},m}\mathcal{s}_{\mathbf{V},m}(\omega_k) \tag{2.722}$$

所以极化聚焦处理之后的波束形成阵列观测为

$$\boldsymbol{y}(t)=\sum_{\omega_k\in\Omega}\boldsymbol{F}_k\boldsymbol{x}(\omega_k)\mathrm{e}^{\mathrm{j}\omega_k t}=\sum_{m=0}^{M-1}\boldsymbol{\Xi}_{\mathrm{ref},m}\boldsymbol{s}_{\mathbf{H+V},m}(t)+\boldsymbol{n}_{\mathrm{ref}}(t) \tag{2.723}$$

式中：

$$\boldsymbol{\Xi}_{\mathrm{ref},m}=[\boldsymbol{\jmath}_{\mathrm{ref-H},m},\boldsymbol{\jmath}_{\mathrm{ref-V},m}] \tag{2.724}$$

$$\boldsymbol{s}_{\mathrm{H+V},m}(t)=[s_{\mathrm{H},m}(t),s_{\mathrm{V},m}(t)]^{\mathrm{T}} \tag{2.725}$$

$$\boldsymbol{n}_{\mathrm{ref}}(t)=\sum_{\omega_k\in\Omega}\boldsymbol{F}_k\boldsymbol{n}(\omega_k)\mathrm{e}^{\mathrm{j}\omega_k t} \tag{2.726}$$

由此可见，$\boldsymbol{y}(t)$与图 2.41 所示的窄带波束形成阵列输出具有类似的代数结构。特别地，若是

$$\boldsymbol{\jmath}_{\mathrm{ref-H},m}=\boldsymbol{b}_{\mathrm{iso-H},m} \tag{2.727}$$

$$\boldsymbol{\jmath}_{\mathrm{ref-V},m}=\boldsymbol{b}_{\mathrm{iso-V},m} \tag{2.728}$$

则在宽带条件下，极化聚焦操作可将一个非共点矢量天线的输出变换成类似于共点矢量天线的输出，也即具有矢量天线虚拟共点化功能。

下面以多极化重构矩阵求逆和样本矩阵求逆波束形成器为例，研究极化聚焦预处理后，波束形成对宽带干扰的抑制效果。为简单起见，例中假设极化聚焦是精确的；波束形成阵列如图 2.41 所示。

第一例中，期望信号波为完全极化，两个干扰波亦为完全极化；期望信号的波达方向和波极化参数分别为(90°,20°)和(45°,90°)，标称值分别为(90°,22°)和(47°,92°)；两个干扰的波达方向分别为(90°,40°)和(90°,60°)，波极化参数分别为(60°,40°)和(30°,50°)；输入干噪比为 20dB。

图 2.65（a）所示为极化聚焦重构矩阵求逆和样本矩阵求逆波束形成器输出信干噪比随输入信噪比变化的曲线，其中快拍数为 1000；图 2.65（b）所示为两者输出信干噪比随快拍数变化的曲线，其中输入信噪比为 20dB。图中 $\mathrm{SINR}_{\mathrm{PF-MVAR}}$对应的曲线为极化聚集最小方差无衰减响应（PF-MVAR）波束形成器的输出信干噪比曲线：

$$\mathrm{SINR}_{\mathrm{PF-MVAR}}=\frac{\boldsymbol{\mu}_{\max}^{\mathrm{H}}(\boldsymbol{R}_{yy}^{-1}\boldsymbol{R}_{\mathrm{ref},dd})\boldsymbol{R}_{\mathrm{ref},dd}\boldsymbol{\mu}_{\max}(\boldsymbol{R}_{yy}^{-1}\boldsymbol{R}_{\mathrm{ref},dd})}{\boldsymbol{\mu}_{\max}^{\mathrm{H}}(\boldsymbol{R}_{yy}^{-1}\boldsymbol{R}_{\mathrm{ref},dd})\boldsymbol{R}_{\mathrm{ref},uu}\boldsymbol{\mu}_{\max}(\boldsymbol{R}_{yy}^{-1}\boldsymbol{R}_{\mathrm{ref},dd})} \tag{2.729}$$

式中：

$$\boldsymbol{R}_{yy}=\langle\boldsymbol{y}(t)\boldsymbol{y}^{\mathrm{H}}(t)\rangle \tag{2.730}$$

$$\boldsymbol{R}_{\mathrm{ref},dd}=\boldsymbol{\Xi}_{\mathrm{ref},0}\boldsymbol{C}_0\boldsymbol{\Xi}_{\mathrm{ref},0}^{\mathrm{H}} \tag{2.731}$$

$$\boldsymbol{R}_{\mathrm{ref},uu}=\sum_{m=1}^{M-1}\boldsymbol{\Xi}_{\mathrm{ref},m}\boldsymbol{C}_m\boldsymbol{\Xi}_{\mathrm{ref},m}^{\mathrm{H}}+\langle\boldsymbol{n}_{\mathrm{ref}}(t)\boldsymbol{n}_{\mathrm{ref}}^{\mathrm{H}}(t)\rangle \tag{2.732}$$

第二例中，期望信号波仍然为完全极化，同时存在一个非极化干扰波；期望信号的真实波达方向和波极化参数分别为(90°,10°)和(45°,90°)，标称值分别为(90°,12°)和(47°,92°)；干扰的波达方向为(90°,40°)；输入干噪比为 20dB。

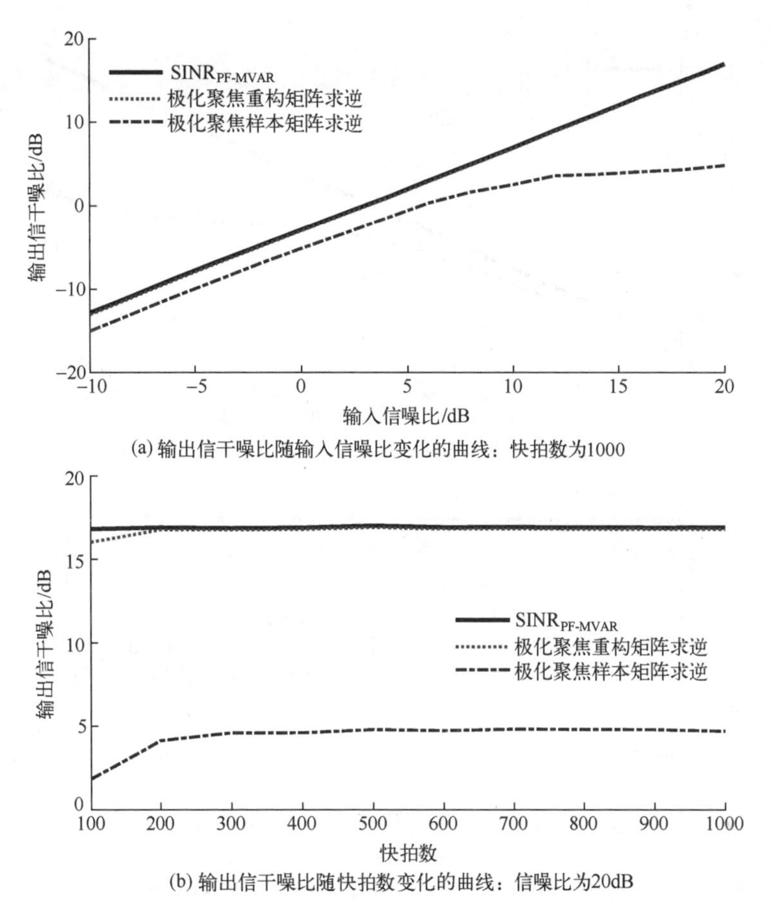

(a) 输出信干噪比随输入信噪比变化的曲线：快拍数为1000

(b) 输出信干噪比随快拍数变化的曲线：信噪比为20dB

图 2.65　极化聚焦重构矩阵求逆和样本矩阵求逆波束形成器的宽带干扰抑制性能比较：期望信号波和两个干扰波均为完全极化

图 2.66（a）所示为极化聚焦重构矩阵求逆和样本矩阵求逆波束形成器输出信干噪比随输入信噪比变化的曲线，其中快拍数为 1000；图 2.66（b）所示为两者输出信干噪比随快拍数变化的曲线，其中输入信噪比为 20dB。

第三例中，期望信号波为非极化，同时存在一个非极化干扰波；期望信号的真实波达方向为(90°,10°)，其标称值为(90°,12°)；干扰的波达方向为(90°,40°)；输入干噪比为 20dB。

图 2.67（a）所示为极化聚焦重构矩阵求逆和样本矩阵求逆波束形成器输出信干噪比随输入信噪比变化的曲线，其中快拍数为 1000；图 2.67（b）所示为两者输出信干噪比随快拍数变化的曲线，其中输入信噪比为 20dB。

由图 2.65～图 2.67 所示的结果可以看出，极化聚焦重构矩阵求逆波束形成器具有较好的宽带干扰抑制性能，整体优于极化聚焦样本矩阵求逆波束形成器。

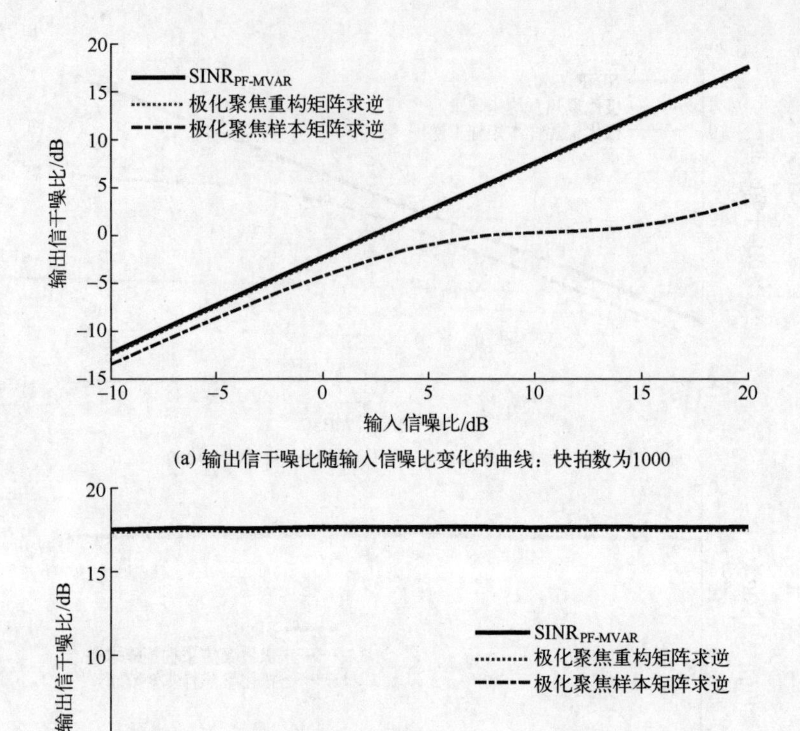

(a) 输出信干噪比随输入信噪比变化的曲线：快拍数为1000

(b) 输出信干噪比随快拍数变化的曲线：信噪比为20dB

图 2.66 极化聚焦重构矩阵求逆和样本矩阵求逆波束形成器的宽带干扰抑制性能比较：期望信号波为完全极化，存在一个非极化干扰波

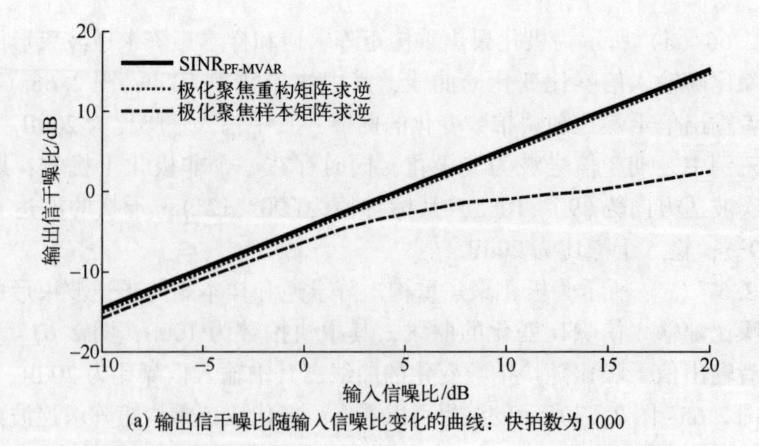

(a) 输出信干噪比随输入信噪比变化的曲线：快拍数为1000

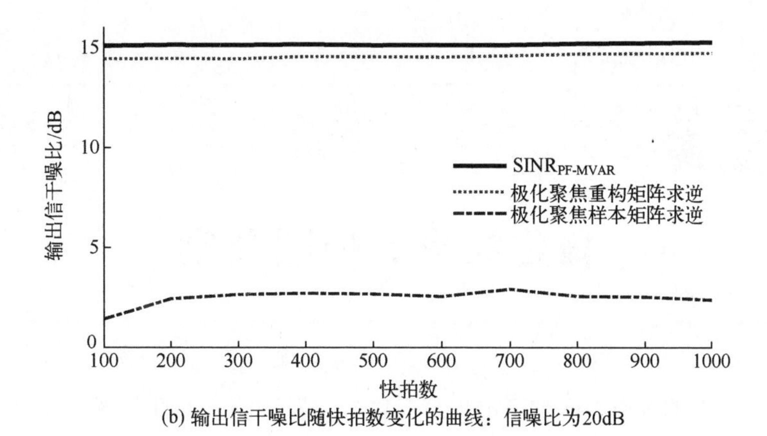

(b) 输出信干噪比随快拍数变化的曲线：信噪比为20dB

图 2.67　极化聚焦重构矩阵求逆和样本矩阵求逆波束形成器的宽带干扰抑制性能比较：期望信号波为非极化，存在一个非极化干扰波

2.5 本章小结

本章讨论了基于矢量天线阵列的波束方向图综合问题，以及统计最优波束形成干扰和噪声抑制问题。

在波束方向图综合方面，讨论了基于迭代/非迭代极化分离的降维和分维处理方法，可实现精确的极化控制，与经典方法相比，幅度方向图综合效果相似，但计算复杂度更低。

在统计最优波束形成器设计方面，提出了最小方差无衰减响应、极化抽取最小功率无失真响应、极化分解最小功率无失真响应，以及极化分离最小功率无失真响应等理论与方法。还讨论了多极化波束形成器的重构矩阵求逆实现方法，以及宽带条件下的极化聚焦预处理方法。

本章内容进一步丰富了多极化矢量天线阵列波束方向图综合和统计最优波束形成方面的理论与方法。

第3章

极化波束方向图分集

阵列天线的波束方向图决定了其在信号收发中的方向性和极化，也是在相关系统及其信号处理中值得挖掘和加以利用的一个重要的自由度。由第2章中的讨论可知，阵列天线的收、发波束方向图均可以电子调整，前者还可以通过信号处理的方法进行调整，所以极化波束方向图的分集实际可行，且易于实现。

本章将讨论基于极化波束方向图分集的发射波形方向图综合，定向数字调制，单通道信号波达方向与波极化参数估计，相干干扰抑制，以及近场非平面波信号源定位等问题。

3.1 发射波形方向图综合

在第2章中，我们讨论了基于矢量天线阵列的发射波束方向图综合问题，所得的多极化阵列天线，在不同方向上的发射信号强度虽然不同，但是信号波形均为 $\mathrm{Re}(\xi_{\mathrm{analytic}}(t))$，其中 $\xi_{\mathrm{analytic}}(t)$ 的定义参见2.1节的讨论。

其实，利用多极化阵列天线还可以进行发射波形方向图的综合，以使得不同方向上的发射信号波形满足一定的要求，也即使得发射信号的强度和波形同时具有方向性。

极化波束方向图分集是实现波形方向图综合的主要途径之一：

$$\acute{\xi}_{\mathrm{H}}(t)=\mathrm{Re}(((\boldsymbol{w}_{\mathrm{T}}+\Delta\boldsymbol{w}(t))^{\mathrm{H}}\boldsymbol{a}_{\mathrm{H}}(\theta,\phi))\xi_{\mathrm{analytic}}(t)) \tag{3.1}$$

$$\acute{\xi}_{\mathrm{V}}(t)=\mathrm{Re}(((\boldsymbol{w}_{\mathrm{T}}+\Delta\boldsymbol{w}(t))^{\mathrm{H}}\boldsymbol{a}_{\mathrm{V}}(\theta,\phi))\xi_{\mathrm{analytic}}(t)) \tag{3.2}$$

式中：$\Delta\boldsymbol{w}(t)$ 为连续时变或非连续时变极化波束方向图分集矢量，一般要求满足下述条件：

$$(\Delta\boldsymbol{w}(t))^{\mathrm{H}}\boldsymbol{a}_{\mathrm{H}}(\theta_n,\phi_n)=0,\ n=0,1,\cdots,N-1 \tag{3.3}$$

$$(\Delta\boldsymbol{w}(t))^{\mathrm{H}}\boldsymbol{a}_{\mathrm{V}}(\theta_n,\phi_n)=0,\ n=0,1,\cdots,N-1 \tag{3.4}$$

其中，$(\theta_0,\phi_0),(\theta_1,\phi_1),\cdots,(\theta_{N-1},\phi_{N-1})$ 为无须极化波束方向图分集的方向，这些方向上的发射信号波形仍为 $\mathrm{Re}(\xi_{\mathrm{analytic}}(t))$，而其他方向上的发射信号则

被进行了扰乱/加密；对于矢量天线阵列，

$$\boldsymbol{a}_{\mathrm{H}}(\theta,\phi)=\boldsymbol{b}_{\text{iso-H}}(\theta,\phi)\otimes\boldsymbol{a}(\theta,\phi)$$
$$\boldsymbol{a}_{\mathrm{V}}(\theta,\phi)=\boldsymbol{b}_{\text{iso-V}}(\theta,\phi)\otimes\boldsymbol{a}(\theta,\phi)$$

其中，$\boldsymbol{a}(\theta,\phi)$仍表示矢量天线阵列的几何流形矢量，而 $\boldsymbol{b}_{\text{iso-H}}(\theta,\phi)$ 和 $\boldsymbol{b}_{\text{iso-V}}(\theta,\phi)$仍分别表示矢量天线$(\theta,\phi)$方向的流形矢量。

（1）$\Delta\boldsymbol{w}(t)$连续时变：式（3.1）和式（3.2）中，$\boldsymbol{w}_{\mathrm{T}}$可按第 2 章所介绍的方法进行设计，$\Delta\boldsymbol{w}(t)$则可按下述方式进行设计：

$$\Delta\boldsymbol{w}(t)=(\boldsymbol{I}_{LJ}-\boldsymbol{A}_{i\perp}(\boldsymbol{A}_{i\perp}^{\mathrm{H}}\boldsymbol{A}_{i\perp})^{-1}\boldsymbol{A}_{i\perp}^{\mathrm{H}})\boldsymbol{i}(t) \tag{3.5}$$

式中：

$$\boldsymbol{A}_{i\perp}=[\boldsymbol{\Xi}(\theta_0,\phi_0),\boldsymbol{\Xi}(\theta_1,\phi_1),\cdots,\boldsymbol{\Xi}(\theta_{N-1},\phi_{N-1})] \tag{3.6}$$

其中

$$\boldsymbol{\Xi}(\theta_n,\phi_n)=[\boldsymbol{a}_{\mathrm{H}}(\theta_n,\phi_n),\boldsymbol{a}_{\mathrm{V}}(\theta_n,\phi_n)],\ n=0,1,\cdots,N-1 \tag{3.7}$$

$$\boldsymbol{i}(t)=\varsigma_{i\perp}(\boldsymbol{\varsigma}_{i\perp}i(t)) \tag{3.8}$$

此处$\boldsymbol{i}(t)$为 $LJ\times1$ 维扰乱矢量，其中$\varsigma_{i\perp}\neq0$控制扰乱强度，$\boldsymbol{\varsigma}_{i\perp}$为 $LJ\times1$ 维矢量，并且$\boldsymbol{\varsigma}_{i\perp}\notin\mathrm{span}(\boldsymbol{A}_{i\perp})$，其中 $\mathrm{span}(\boldsymbol{A}_{i\perp})$为非分集方向水平、垂直极化流形矢量所张成的子空间；$i(t)$为扰乱信号，并且$\langle|i(t)|^2\rangle=1$。

式（3.5）中所定义的极化波束方向图分集矢量等价为

$$\Delta\boldsymbol{w}(t)=(\boldsymbol{V}_{i\perp}\boldsymbol{V}_{i\perp}^{\mathrm{H}})\boldsymbol{i}(t) \tag{3.9}$$

其中，$\boldsymbol{V}_{i\perp}$为$\boldsymbol{A}_{i\perp}\boldsymbol{A}_{i\perp}^{\mathrm{H}}$的次特征矢量矩阵。

看一个简单的仿真例子，例中阵列为 SuperCART 天线均匀圆阵，半径为半个信号波长；$L=16$；$N=1$，$(\theta_0,\phi_0)=(30°,60°)$；发射信号为单位幅度正弦波形，中心频率为 100MHz；$\boldsymbol{i}(t)$是方差为 0.005、均值为零的独立同分布高斯随机矢量。

为简单起见，

$$\boldsymbol{w}_{\mathrm{T}}=\frac{1}{2L}[\boldsymbol{a}_{\mathrm{H}}(\theta_0,\phi_0),\boldsymbol{a}_{\mathrm{V}}(\theta_0,\phi_0)]\underbrace{\begin{bmatrix}\cos45°\\ \sin45°\mathrm{e}^{-\mathrm{j}90°}\end{bmatrix}}_{=\boldsymbol{p}_{45°,-90°}} \tag{3.10}$$

对于 SuperCART 天线阵列，

$$\boldsymbol{a}_{\mathrm{H}}(\theta_0,\phi_0)=\begin{bmatrix}\boldsymbol{b}_{\mathrm{H}}(\phi_0)\\ \boldsymbol{b}_{\mathrm{V}}(\theta_0,\phi_0)\end{bmatrix}\otimes\boldsymbol{a}(\theta_0,\phi_0) \tag{3.11}$$

$$\boldsymbol{a}_{\mathrm{V}}(\theta_0,\phi_0)=\begin{bmatrix}\boldsymbol{b}_{\mathrm{V}}(\theta_0,\phi_0)\\ -\boldsymbol{b}_{\mathrm{H}}(\phi_0)\end{bmatrix}\otimes\boldsymbol{a}(\theta_0,\phi_0) \tag{3.12}$$

所以

$$\boldsymbol{a}_{\mathrm{H}}^{\mathrm{H}}(\theta_0,\phi_0)\boldsymbol{a}_{\mathrm{H}}(\theta_0,\phi_0)=\boldsymbol{a}_{\mathrm{V}}^{\mathrm{H}}(\theta_0,\phi_0)\boldsymbol{a}_{\mathrm{V}}(\theta_0,\phi_0)=2L \tag{3.13}$$

$$\boldsymbol{a}_{\mathrm{H}}^{\mathrm{H}}(\theta_0,\phi_0)\boldsymbol{a}_{\mathrm{V}}(\theta_0,\phi_0)=\boldsymbol{a}_{\mathrm{V}}^{\mathrm{H}}(\theta_0,\phi_0)\boldsymbol{a}_{\mathrm{H}}(\theta_0,\phi_0)=0 \tag{3.14}$$

这样

$$\begin{bmatrix} (\boldsymbol{w}_{\mathrm{T}}+\Delta\boldsymbol{w}(t))^{\mathrm{H}}\boldsymbol{a}_{\mathrm{H}}(\theta_0,\phi_0) \\ (\boldsymbol{w}_{\mathrm{T}}+\Delta\boldsymbol{w}(t))^{\mathrm{H}}\boldsymbol{a}_{\mathrm{V}}(\theta_0,\phi_0) \end{bmatrix} = \begin{bmatrix} \boldsymbol{w}_{\mathrm{T}}^{\mathrm{H}}\boldsymbol{a}_{\mathrm{H}}(\theta_0,\phi_0) \\ \boldsymbol{w}_{\mathrm{T}}^{\mathrm{H}}\boldsymbol{a}_{\mathrm{V}}(\theta_0,\phi_0) \end{bmatrix} = \underbrace{\begin{bmatrix} \cos45^\circ \\ \sin45^\circ \mathrm{e}^{\mathrm{j}90^\circ} \end{bmatrix}}_{=\boldsymbol{p}_{\gamma_0,\eta_0}} \tag{3.15}$$

由此可知，(θ_0,ϕ_0)方向的阵列天线发射极化参数为$(\gamma_0,\eta_0)=(45^\circ, 90^\circ)$，并且具有单位幅度方向图。

图 3.1 所示为未考虑阵列天线极化波束方向图分集条件下的波形方向图综合结果；图 3.2 所示为考虑阵列天线极化波束方向图分集条件下的波形方向图综合结果，图 3.3 和图 3.4 所示分别为 15 个时间点上对应的阵列天线幅度方向图和极化控制方向图。

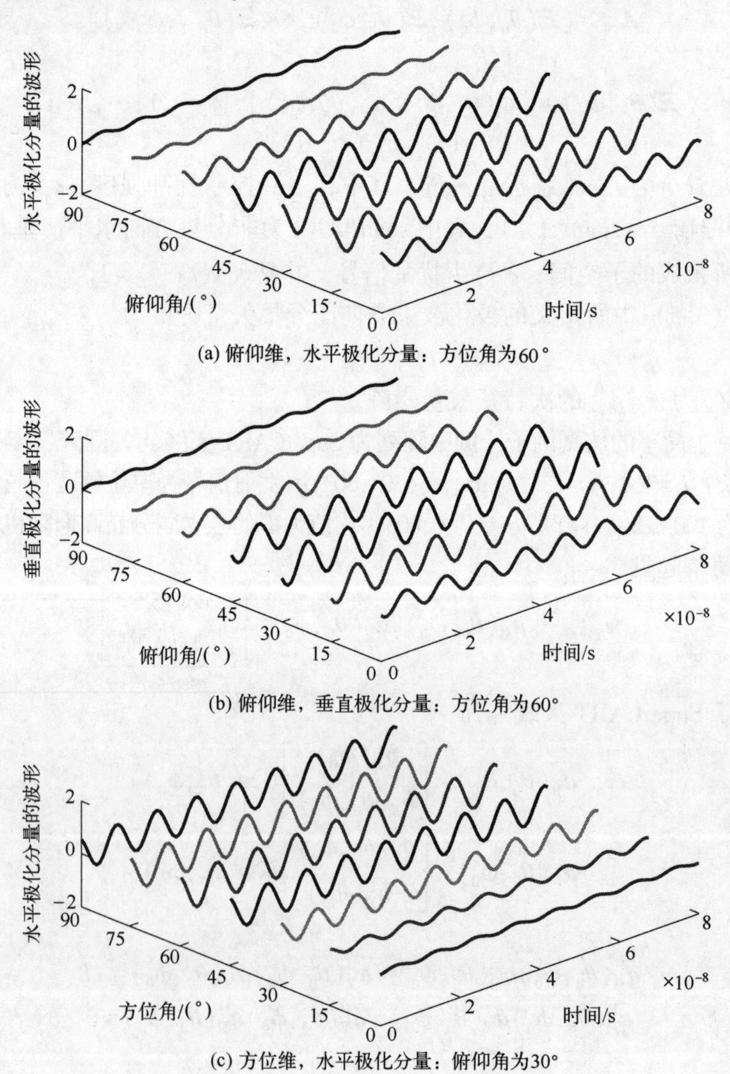

(a) 俯仰维，水平极化分量：方位角为60°

(b) 俯仰维，垂直极化分量：方位角为60°

(c) 方位维，水平极化分量：俯仰角为30°

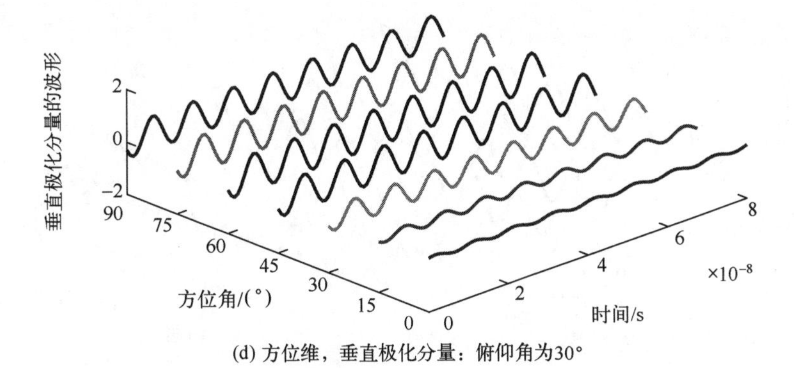

(d) 方位维，垂直极化分量：俯仰角为30°

图 3.1　未考虑阵列天线极化波束方向图分集条件下的阵列天线发射波形方向图综合结果：本质为阵列天线发射幅度方向图综合

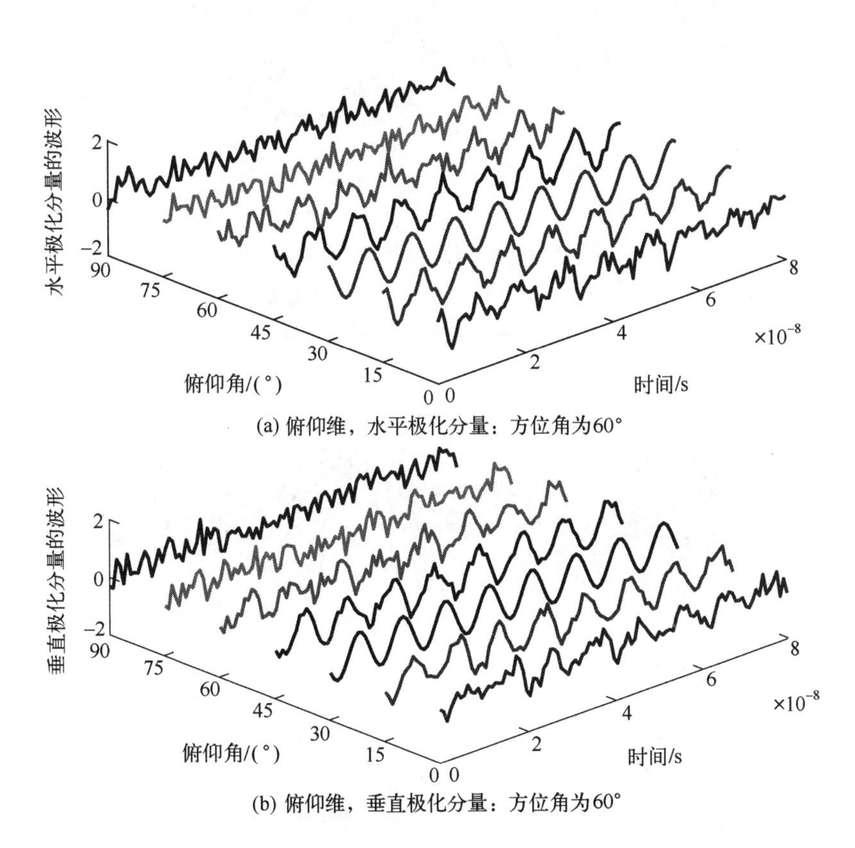

(a) 俯仰维，水平极化分量：方位角为60°

(b) 俯仰维，垂直极化分量：方位角为60°

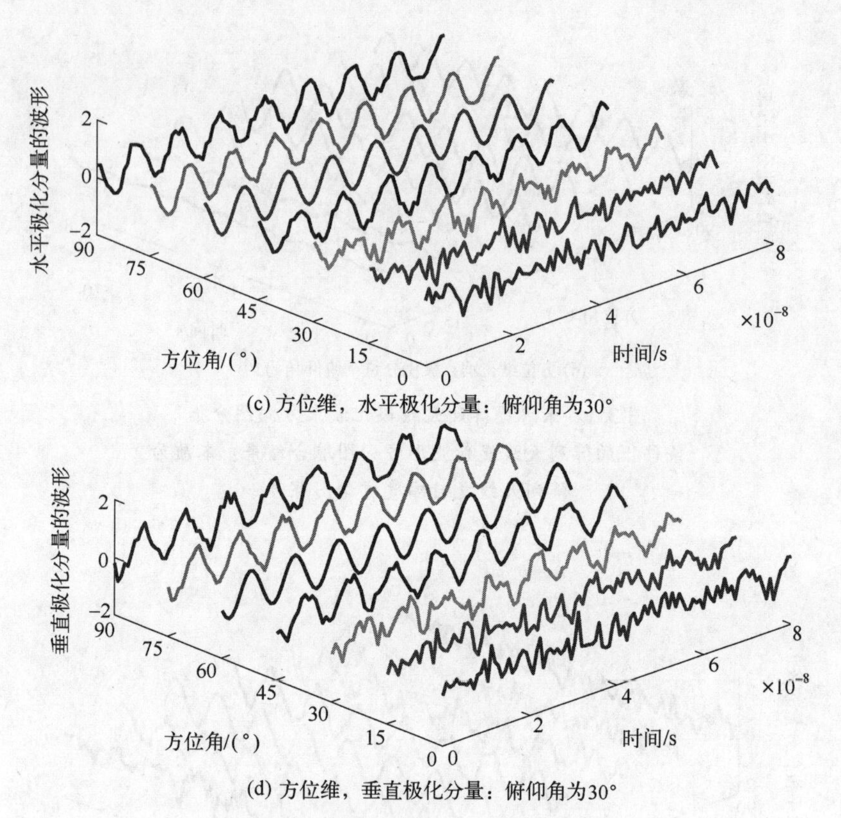

(c) 方位维，水平极化分量：俯仰角为30°

(d) 方位维，垂直极化分量：俯仰角为30°

图 3.2 考虑阵列天线极化波束方向图分集条件下的阵列天线发射波形方向图综合结果

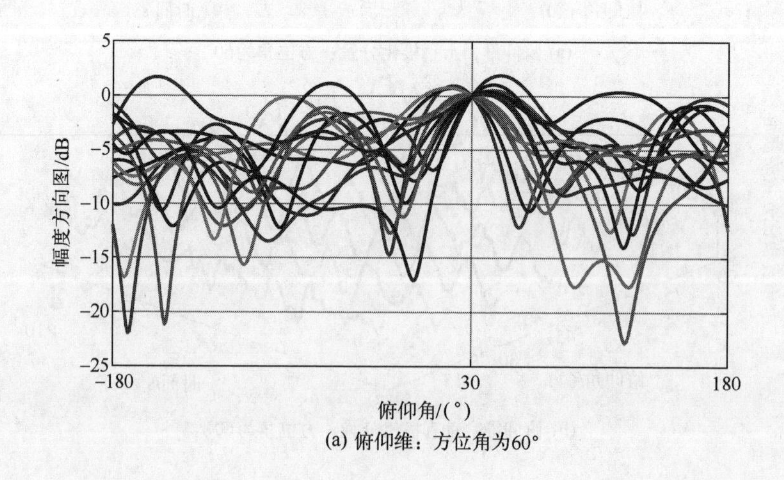

(a) 俯仰维：方位角为60°

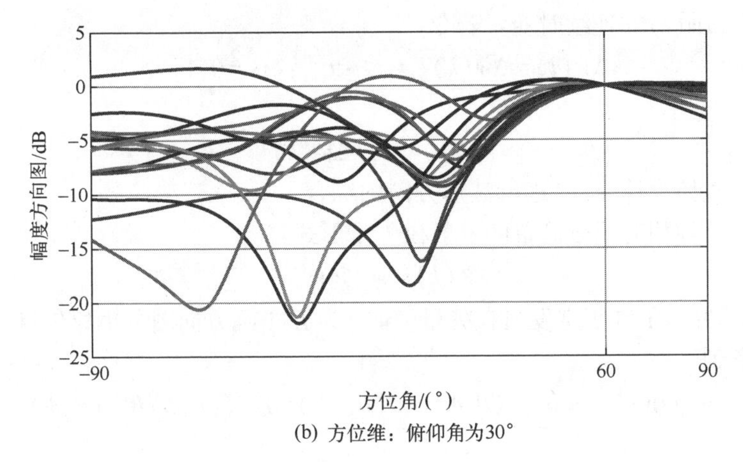

(b) 方位维：俯仰角为30°

图 3.3　考虑阵列天线极化波束方向图分集条件下的阵列天线发射幅度方向图分集结果

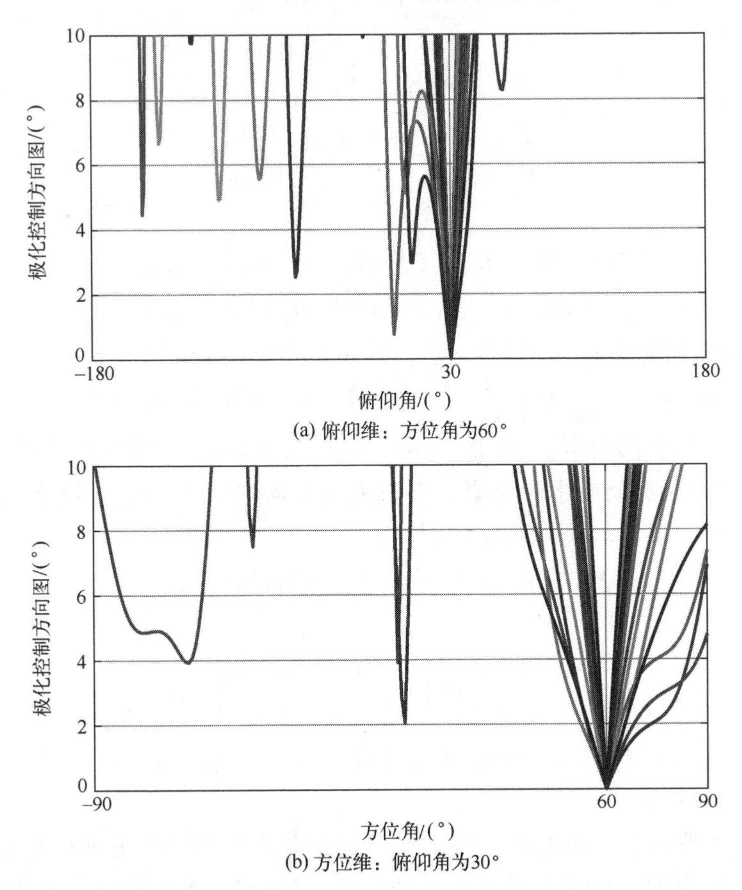

(a) 俯仰维：方位角为60°

(b) 方位维：俯仰角为30°

图 3.4　考虑阵列天线极化波束方向图分集条件下的阵列天线发射极化控制方向图

(2) $\Delta\boldsymbol{w}(t)$非连续时变：若令

$$\Delta\boldsymbol{w}(t)=\Delta\boldsymbol{w}(k),\ t_k\leqslant t<t_{k+1};\quad k=0,1,\cdots \tag{3.16}$$

并记

$$\boldsymbol{w}(k)=\boldsymbol{w}_{\mathbf{T}}+\Delta\boldsymbol{w}(k) \tag{3.17}$$

则可通过直接设计$\boldsymbol{w}(k)$进行波形方向图综合。

考虑一种相对比较简单的发射权矢量形式：

$$\boldsymbol{w}(k)=\boldsymbol{w}_{\mathrm{va}}\otimes\boldsymbol{w}^{(k)} \tag{3.18}$$

其中，$\boldsymbol{w}_{\mathrm{va}}$为$J\times1$维固定发射权矢量，$\boldsymbol{w}^{(k)}$为$L\times1$维方向图分集权矢量。

注意到

$$(\boldsymbol{w}_{\mathrm{va}}\otimes\boldsymbol{w}^{(k)})^{\mathrm{H}}\underbrace{(\boldsymbol{b}_{\mathrm{iso-}\mathbf{H}}(\theta,\phi)\otimes\boldsymbol{a}(\theta,\phi))}_{=\boldsymbol{a}_{\mathbf{H}}(\theta,\phi)}=B_{\mathrm{va},\mathbf{H}}(\theta,\phi)B^{(k)}(\theta,\phi) \tag{3.19}$$

$$(\boldsymbol{w}_{\mathrm{va}}\otimes\boldsymbol{w}^{(k)})^{\mathrm{H}}\underbrace{(\boldsymbol{b}_{\mathrm{iso-}\mathbf{V}}(\theta,\phi)\otimes\boldsymbol{a}(\theta,\phi))}_{=\boldsymbol{a}_{\mathbf{V}}(\theta,\phi)}=B_{\mathrm{va},\mathbf{V}}(\theta,\phi)B^{(k)}(\theta,\phi) \tag{3.20}$$

其中

$$B_{\mathrm{va},\mathbf{H}}(\theta,\phi)=\boldsymbol{w}_{\mathrm{va}}^{\mathrm{H}}\boldsymbol{b}_{\mathrm{iso-}\mathbf{H}}(\theta,\phi) \tag{3.21}$$

$$B_{\mathrm{va},\mathbf{V}}(\theta,\phi)=\boldsymbol{w}_{\mathrm{va}}^{\mathrm{H}}\boldsymbol{b}_{\mathrm{iso-}\mathbf{V}}(\theta,\phi) \tag{3.22}$$

$$B^{(k)}(\theta,\phi)=(\boldsymbol{w}^{(k)})^{\mathrm{H}}\boldsymbol{a}(\theta,\phi) \tag{3.23}$$

所以

$$\acute{\xi}_{\mathbf{H}}(t)=\mathrm{Re}((B_{\mathrm{va},\mathbf{H}}(\theta,\phi)B^{(k)}(\theta,\phi))\xi_{\mathrm{analytic}}(t)) \tag{3.24}$$

$$\acute{\xi}_{\mathbf{V}}(t)=\mathrm{Re}((B_{\mathrm{va},\mathbf{V}}(\theta,\phi)B^{(k)}(\theta,\phi))\xi_{\mathrm{analytic}}(t)) \tag{3.25}$$

① 若采用波束方向图综合方法，则$\boldsymbol{w}^{(k)}$可按下述准则进行设计：

$$\min_{\boldsymbol{w}}\rho\ \text{s.t.}\ \max_{(\theta,\phi)\in\mathrm{SLR}^{(k)}}|\boldsymbol{w}^{\mathrm{H}}\boldsymbol{a}(\theta,\phi)|\leqslant\rho,\ \boldsymbol{w}^{\mathrm{H}}\boldsymbol{a}(\theta_0,\phi_0)=P_0\neq0 \tag{3.26}$$

其中，$\mathrm{SLR}^{(k)}$对于不同的k设置不同的区域，也即通过主瓣宽度的改变/分集（这里也等效于旁瓣电平的分集）实现波形方向图综合；$\boldsymbol{w}_{\mathrm{va}}$可按第2章所介绍的方法进行设计，或者简单地设计为

$$\boldsymbol{w}_{\mathrm{va}}=[\boldsymbol{b}_{\mathrm{iso-}\mathbf{H}}(\theta_0,\phi_0),\boldsymbol{b}_{\mathrm{iso-}\mathbf{V}}(\theta_0,\phi_0)]\boldsymbol{p}_{\gamma_0,\eta_0}^{*} \tag{3.27}$$

此时

$$\begin{bmatrix}B_{\mathrm{va},\mathbf{H}}(\theta_0,\phi_0)\\B_{\mathrm{va},\mathbf{V}}(\theta_0,\phi_0)\end{bmatrix}=\begin{bmatrix}\boldsymbol{w}_{\mathrm{va}}^{\mathrm{H}}\boldsymbol{b}_{\mathrm{iso-}\mathbf{H}}(\theta_0,\phi_0)\\\boldsymbol{w}_{\mathrm{va}}^{\mathrm{H}}\boldsymbol{b}_{\mathrm{iso-}\mathbf{V}}(\theta_0,\phi_0)\end{bmatrix}=2\boldsymbol{p}_{\gamma_0,\eta_0} \tag{3.28}$$

所以阵列天线在(θ_0,ϕ_0)方向的发射极化为(γ_0,η_0)，发射幅度方向图为$2|B^{(k)}(\theta,\phi)|$。

图3.5所示为一例采用上述主瓣宽度分集方法的波形方向图综合结果，例中所用阵列为SuperCART天线等距线阵，$L=12$，天线间距为半个信号波长；阵列天线主瓣方向$(\theta_0,\phi_0)=(0°,90°)$，$(\gamma_0,\eta_0)=(60°,0°)$。

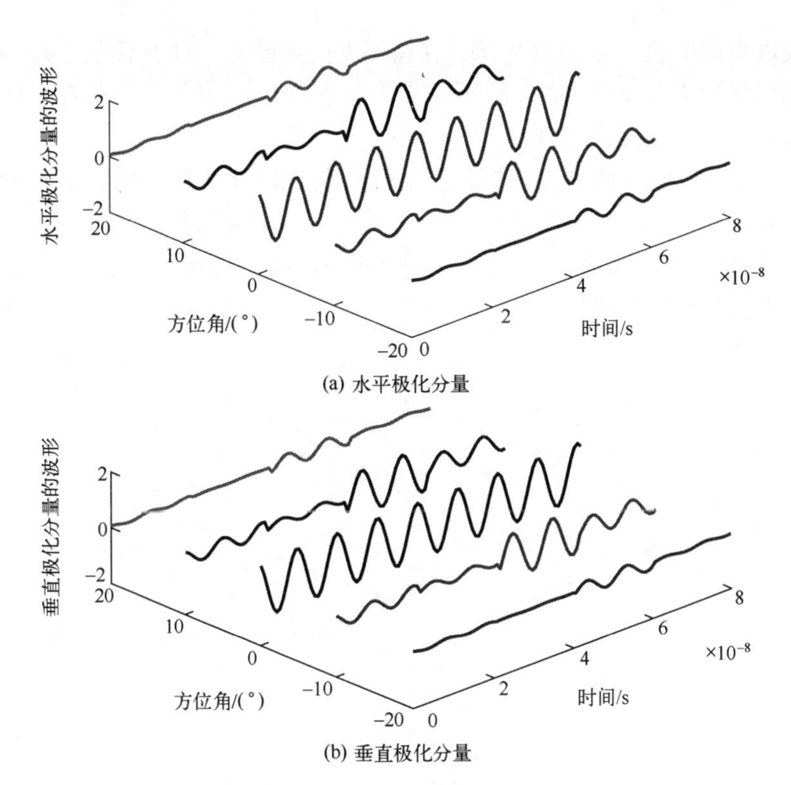

(a) 水平极化分量

(b) 垂直极化分量

图 3.5　基于主瓣宽度分集的阵列天线发射波形方向图综合结果

通过10°、20°和30°三种不同主瓣宽度每隔0.02μs一次的切换，实现阵列天线极化波束方向图分集及其波形方向图综合。

图3.6所示为对应的发射幅度方向图分集结果。

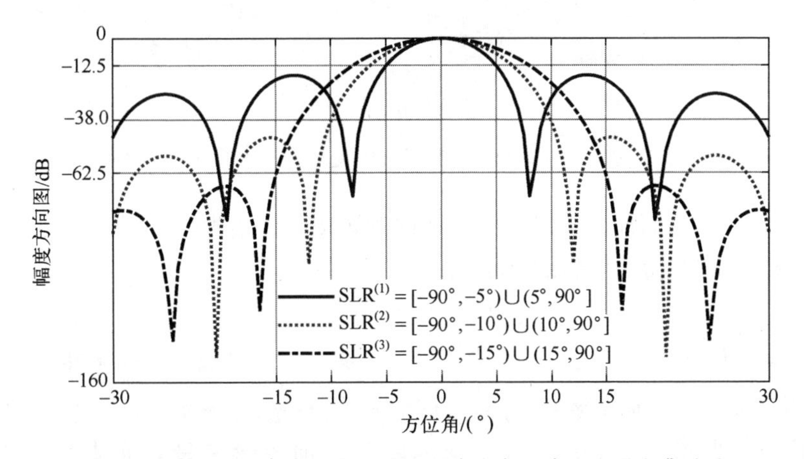

图 3.6　基于主瓣宽度分集的阵列天线发射幅度方向图分集结果

或者更简单地，在 $B^{(k)}(\theta_0,\phi_0)$ 保持不变的条件下，对于不同的 k，$\boldsymbol{w}^{(k)}$ 选择为几何流形矢量 $\boldsymbol{a}(\theta_0,\phi_0)$ 的不同加窗，比如余弦窗、升余弦窗、Dolph-Chebyshev 窗、三角窗等渐变窗[38]。

图 3.7~图 3.10 所示为一例基于上述几何流形渐变加窗的波形方向图综合结果以及对应的发射幅度方向图分集结果，例中所用阵列与前例相同，每隔 0.02μs 变换一次窗形；$(\theta_0,\phi_0)=(90°,0°)$，$(\gamma_0,\eta_0)=(45°,90°)$；其他仿真参数参见图中的说明。

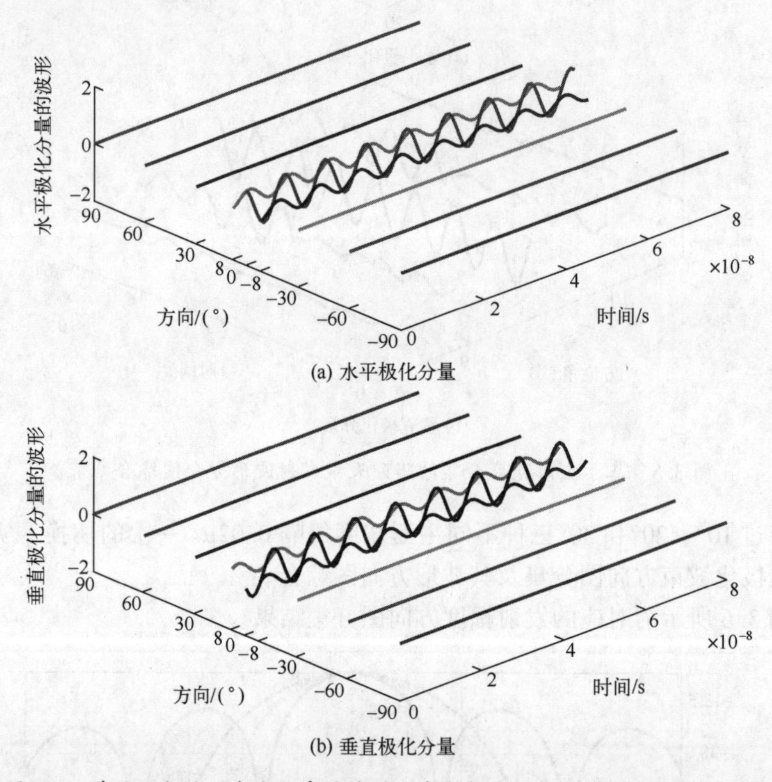

(a) 水平极化分量

(b) 垂直极化分量

图 3.7 基于几何流形渐变加窗的阵列天线发射波形方向图综合结果：$L=16$

② 也可采用周期性天线开关，又称时间调制或超维阵列[39-42]方法，对几何流形矢量 $\boldsymbol{a}(\theta_0,\phi_0)$ 进行非渐变加窗：

$$\boldsymbol{w}^{(k)}=\boldsymbol{w}_{\mathrm{b},k}\odot\boldsymbol{a}(\theta_0,\phi_0) \tag{3.29}$$

其中，$\boldsymbol{w}_{\mathrm{b},k}$ 为 $L\times1$ 维矢量，其元素为“1”或“0”，且满足下述条件：

$$\boldsymbol{w}_{\mathrm{b},k_1}\neq\boldsymbol{w}_{\mathrm{b},k_2},\ \boldsymbol{w}_{\mathrm{b},k_1}^{\mathrm{T}}\boldsymbol{w}_{\mathrm{b},k_1}=\boldsymbol{w}_{\mathrm{b},k_2}^{\mathrm{T}}\boldsymbol{w}_{\mathrm{b},k_2},\ k_1\neq k_2 \tag{3.30}$$

比如，当 $N=1$、(θ_0,ϕ_0) 方向的阵列几何流形矢量其元素均为 1 时，$\boldsymbol{w}(k)$ 可以简单地确定为

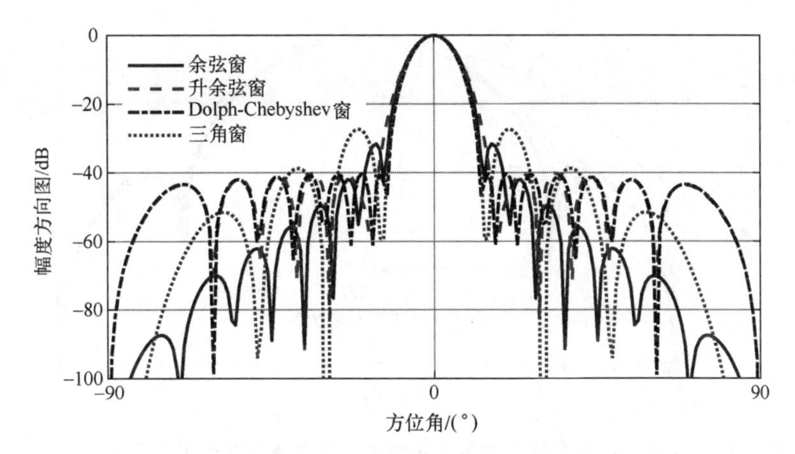

图 3.8　基于几何流形渐变加窗的阵列天线发射幅度方向图分集结果：$L=16$

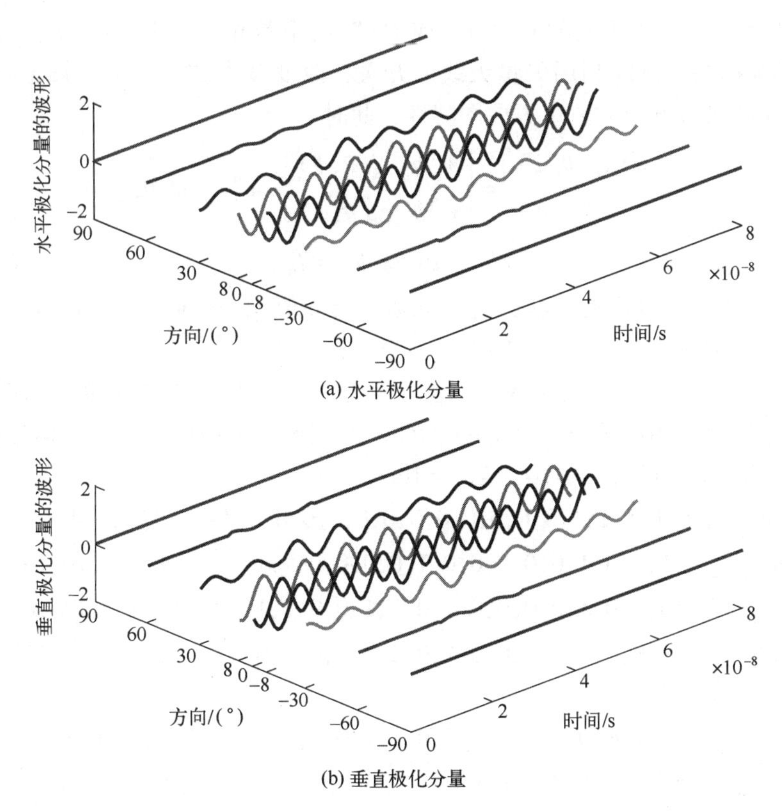

图 3.9　基于几何流形渐变加窗的阵列天线发射波形方向图综合结果：$L=4$

$$\boldsymbol{w}(k)=\boldsymbol{w}_{\mathrm{va}}\otimes\boldsymbol{w}_{\mathrm{switch},k} \tag{3.31}$$

式中：$\boldsymbol{w}_{\mathrm{va}}$用于控制主瓣极化；$\boldsymbol{w}_{\mathrm{switch},k}$为 $L\times1$ 维矢量天线开关矢量，其元素为

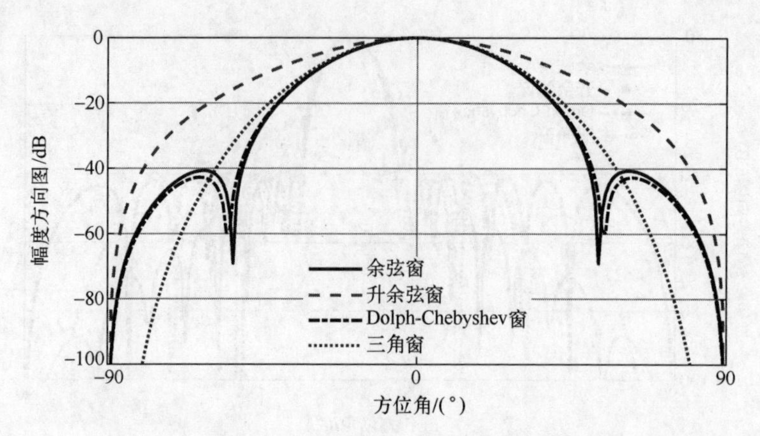

图 3.10 基于几何流形渐变加窗的阵列天线发射幅度方向图分集结果：$L=4$

“0”或“1”，对于不同的 k，“0”或“1”的个数相同，但“0”或“1”的位置不全相同，也即利用矢量天线的开关，改变波束方向图的旁瓣形状，但不改变(θ_0,ϕ_0)方向的波束方向图特性，此时

$$\begin{bmatrix} \boldsymbol{w}^{\mathrm{H}}(k)\boldsymbol{a}_{\mathrm{H}}(\theta,\phi) \\ \boldsymbol{w}^{\mathrm{H}}(k)\boldsymbol{a}_{\mathrm{V}}(\theta,\phi) \end{bmatrix} = \begin{bmatrix} \boldsymbol{w}_{\mathrm{va}}^{\mathrm{H}}\boldsymbol{b}_{\mathrm{iso-H}}(\theta,\phi) \\ \boldsymbol{w}_{\mathrm{va}}^{\mathrm{H}}\boldsymbol{b}_{\mathrm{iso-V}}(\theta,\phi) \end{bmatrix} (\boldsymbol{w}_{\mathrm{switch},k}^{\mathrm{H}}\boldsymbol{a}(\theta,\phi)) \tag{3.32}$$

$$\boldsymbol{w}_{\mathrm{switch},k}^{\mathrm{H}}\boldsymbol{a}(\theta_0,\phi_0) = L_{\mathrm{on}} \tag{3.33}$$

其中，L_{on} 为预先设定的工作矢量天线数，与 k 值无关；$\boldsymbol{w}_{\mathrm{switch},k}^{\mathrm{H}}\boldsymbol{a}(\theta,\phi)$ 则一般与方向(θ,ϕ)有关。

图 3.11 和图 3.12 所示为两例基于上述方法的阵列天线幅度方向图分集结果，例中所采用的阵列为 SuperCART 等距线阵，天线间距为半个信号波长，天线开关转换时间为 0.02μs，当 $L=16$ 时：

$\boldsymbol{w}_{\mathrm{switch},1} = [1,1,1,1,0,0,0,0,0,0,0,0,0,0,0,1]^{\mathrm{T}}$； “1,2,3,4,16”

$\boldsymbol{w}_{\mathrm{switch},2} = [1,0,0,1,0,0,1,0,0,1,0,0,0,0,0,1]^{\mathrm{T}}$； “1,4,7,10,16”

$\boldsymbol{w}_{\mathrm{switch},3} = [0,1,0,1,0,0,0,0,1,0,0,1,0,0,0,1]^{\mathrm{T}}$； “2,4,9,12,16”

$\boldsymbol{w}_{\mathrm{switch},4} = [1,0,0,0,1,0,0,0,1,0,0,1,0,0,1,0]^{\mathrm{T}}$； “1,5,9,12,15”

而当 $L=12$ 时：

$\boldsymbol{w}_{\mathrm{switch},1} = [1,0,0,1,1,0,1,1,0,1,1,0]^{\mathrm{T}}$； “1,4,5,7,8,10,11”

$\boldsymbol{w}_{\mathrm{switch},2} = [0,1,0,1,1,0,0,1,0,1,1,1]^{\mathrm{T}}$； “2,4,5,8,10,11,12”

$\boldsymbol{w}_{\mathrm{switch},3} = [1,0,1,0,0,1,0,1,1,1,0,1]^{\mathrm{T}}$； “1,3,6,8,9,10,12”

$\boldsymbol{w}_{\mathrm{switch},4} = [0,1,1,1,0,1,0,0,1,1,0,1]^{\mathrm{T}}$； “2,3,4,6,9,10,12”

其他仿真参数以及各例中实际工作的 SuperCART 天线序号参见图中的说明。

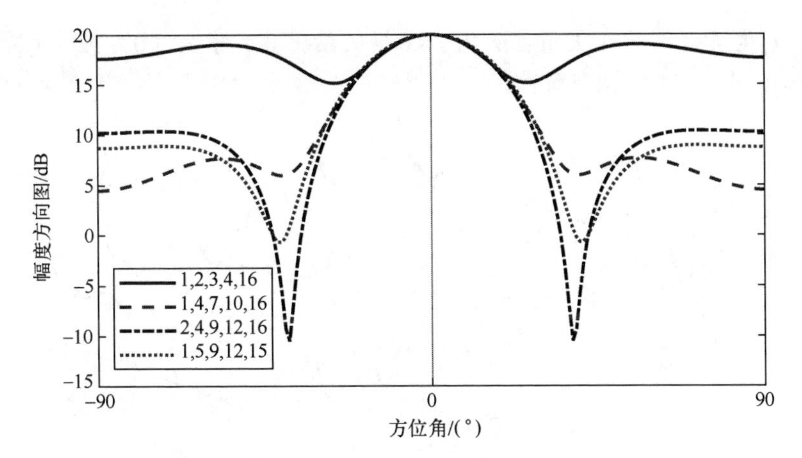

图 3.11　基于几何流形非渐变加窗的阵列天线发射幅度方向图分集结果：$L=16$；$(\theta_0,\phi_0)=(90°,0°)$，$(\gamma_0,\eta_0)=(45°,90°)$

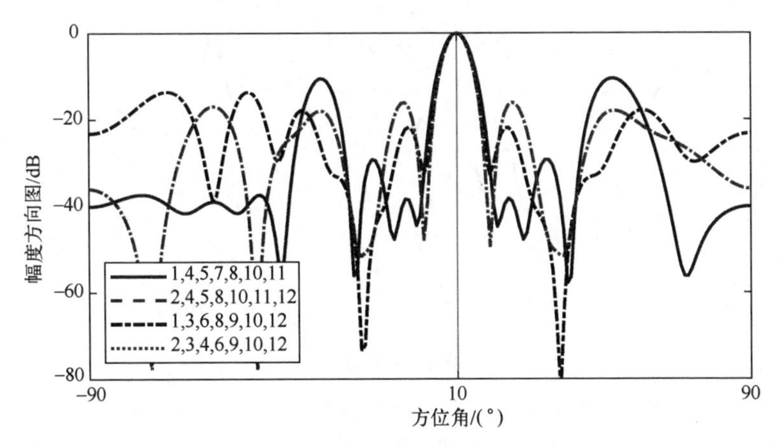

图 3.12　基于几何流形非渐变加窗的阵列天线发射幅度方向图分集结果：$L=12$；$(\theta_0,\phi_0)=(90°,10°)$，$(\gamma_0,\eta_0)=(60°,0°)$

图 3.13 和图 3.14 所示为相应的波形方向图综合结果，其中信号为单位幅度正弦波，初始相位为 30°。

③ 也可将②中的天线开关几何流形非渐变加窗与①中的阵列天线幅度方向图的旁瓣电平分集相结合，也即按照下述准则设计 $\boldsymbol{w}^{(k)}$：

$$\begin{aligned}&\min_{\boldsymbol{w},\boldsymbol{w}_{\mathrm{b}}} \boldsymbol{\iota}_L^{\mathrm{H}}\boldsymbol{w}_{\mathrm{b}}\\&\text{s.t.}\\&|\boldsymbol{w}(l)|\leqslant \boldsymbol{w}_{\mathrm{b}}(l),\ l=1,2,\cdots,L\\&\boldsymbol{w}^{\mathrm{H}}\boldsymbol{a}(\theta_0,\phi_0)=1,\quad \max_{(\theta,\phi)\in \mathrm{SLR}}|\boldsymbol{w}^{\mathrm{H}}\boldsymbol{a}(\theta,\phi)|\leqslant \rho_{\mathrm{sll},k}\end{aligned}\tag{3.34}$$

式中：$\boldsymbol{\iota}_L$为$L\times1$维全1矢量；$\boldsymbol{w}_\mathrm{b}$为$L\times1$维矢量，其元素为“0”或“1”；$\boldsymbol{\rho}_{\mathrm{sll},k}$为旁瓣电平（SLL）调节参数。

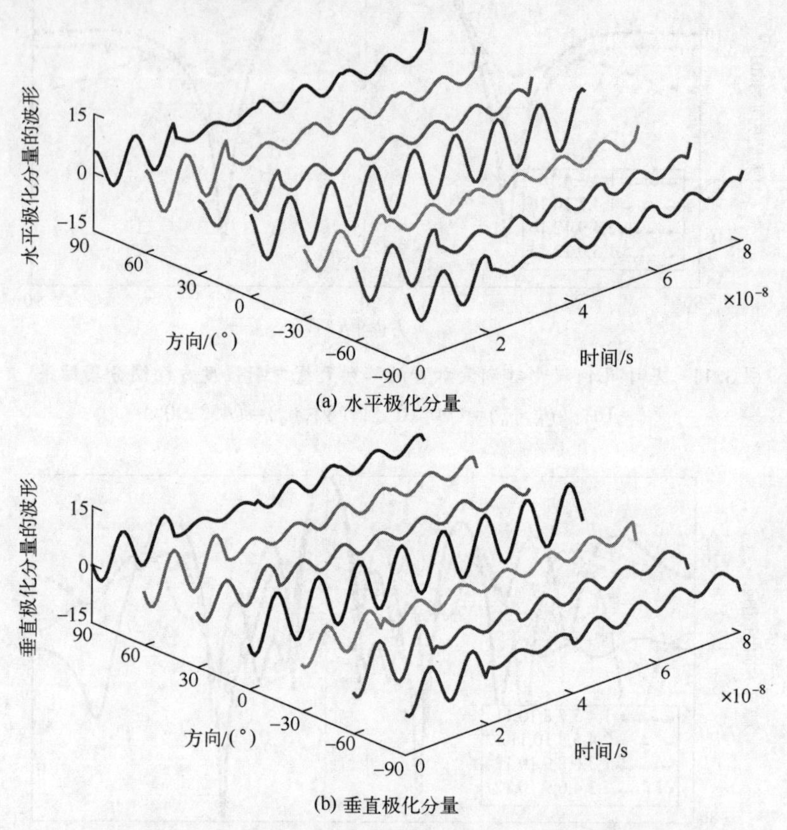

(a) 水平极化分量

(b) 垂直极化分量

图 3.13 基于几何流形非渐变加窗的发射波形方向图综合结果：$L=16$；$(\theta_0,\phi_0)=(90°,0°)$，$(\gamma_0,\eta_0)=(45°,90°)$

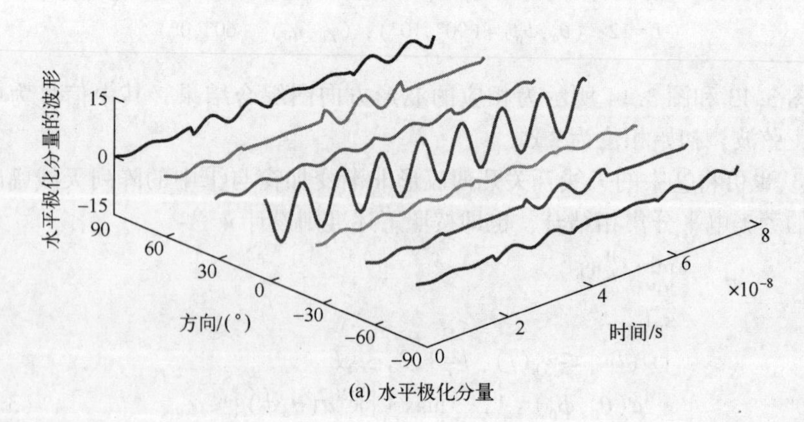

(a) 水平极化分量

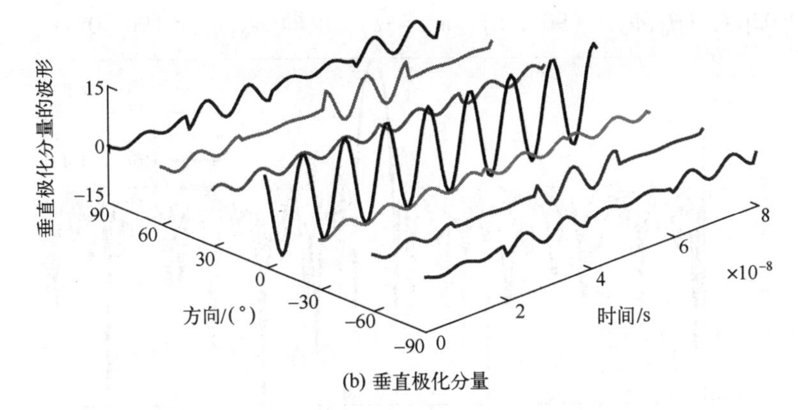

(b) 垂直极化分量

图 3.14　基于几何流形非渐变加窗的发射波形方向图综合结果：
$L=12$；$(\theta_0,\phi_0)=(90°,10°)$，$(\gamma_0,\eta_0)=(60°,0°)$

图 3.15 所示为一例基于上述方法的波形方向图综合结果，图 3.16 所示为对应的发射幅度方向图分集结果，例中所采用的阵列为 SuperCART 天线均匀圆阵，半径为半个信号波长，SuperCART 天线总数为 36；旁瓣电平的切换时间间

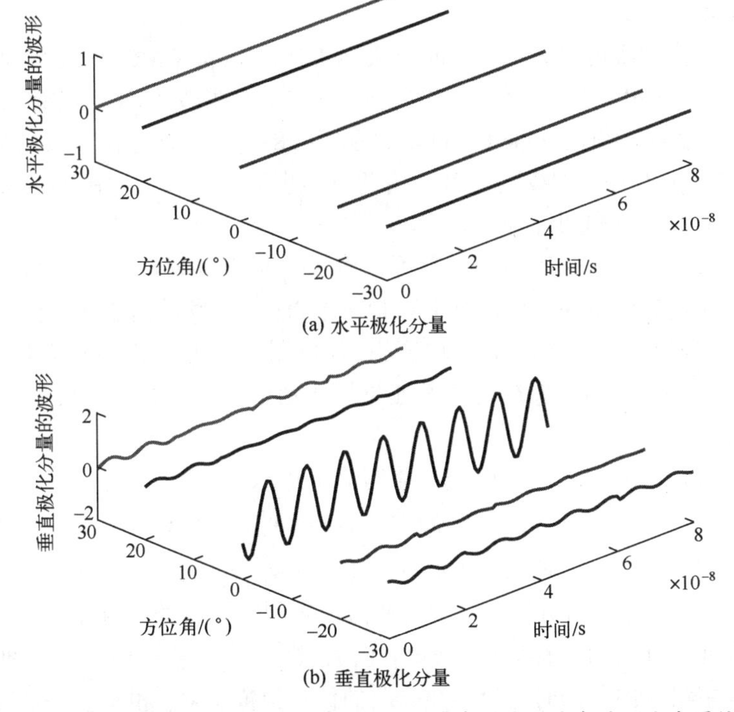

(a) 水平极化分量

(b) 垂直极化分量

图 3.15　基于几何流形非渐变加窗与旁瓣电平分集相结合的发射波形方向图综合结果

隔为0.02μs；$(\theta_0,\phi_0)=(90°,0°)$，$\boldsymbol{w}_{\text{va}}=-\boldsymbol{\iota}_J$，也即$(\gamma_0,\eta_0)=(90°,0°)$：

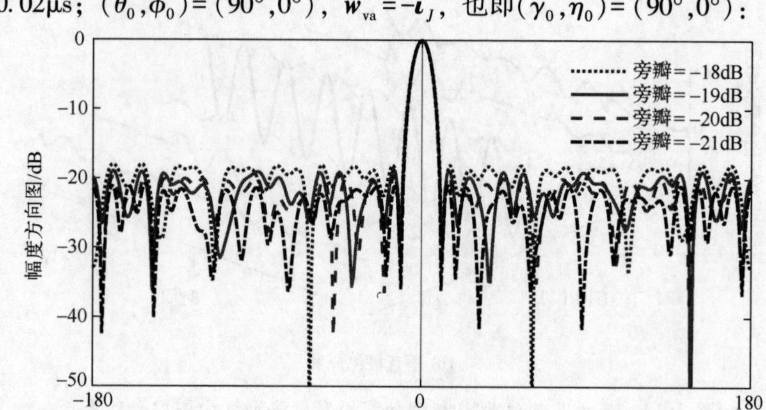

图3.16 基于几何流形非渐变加窗与旁瓣电平分集相结合的阵列天线发射幅度方向图分集结果

$$\begin{bmatrix} B_{\text{va,H}}(90°,0°) \\ B_{\text{va,V}}(90°,0°) \end{bmatrix} = -\begin{bmatrix} \boldsymbol{\iota}_6^{\text{H}}\boldsymbol{b}_{\text{iso-H}}(90°,0°) \\ \boldsymbol{\iota}_6^{\text{H}}\boldsymbol{b}_{\text{iso-V}}(90°,0°) \end{bmatrix} = 2\begin{bmatrix} 0 \\ 1 \end{bmatrix} \tag{3.35}$$

主瓣宽度设置为20°。

例中，当旁瓣电平为-18dB时，实际工作的SuperCART天线数为24；当旁瓣电平为-19dB时，实际工作的SuperCART天线数为26；当旁瓣电平为-20dB时，实际工作的SuperCART天线数为28；当旁瓣电平为-21dB时，实际工作的SuperCART天线数为30，由此可实现阵列天线方向图的分集以及在此基础上的波形方向图综合。

由图3.2~图3.16所示的结果可以看出，基于发射波形方向图综合，可以实现传输信息的空间加密，其中（1）中方法可以发送模拟调制信号，也可以发送数字调制信号，而（2）中方法一般仅用于发送数字调制信号。

（3）发射波形方向图综合技术还可用于通信感知一体化中的发射波束赋形与优化。

首先将式（3.1）和式（3.2）重写为下述双息发射形式：

$$\acute{\xi}_{\text{H}}(t)=\text{Re}((\boldsymbol{w}_{\text{com}}^{\text{H}}\boldsymbol{a}_{\text{H}}(\theta,\phi))\xi_{\text{com}}(t)+(\boldsymbol{w}_{\text{sen}}^{\text{H}}\boldsymbol{a}_{\text{H}}(\theta,\phi))\xi_{\text{sen}}(t)) \tag{3.36}$$

$$\acute{\xi}_{\text{V}}(t)=\text{Re}((\boldsymbol{w}_{\text{com}}^{\text{H}}\boldsymbol{a}_{\text{V}}(\theta,\phi))\xi_{\text{com}}(t)+(\boldsymbol{w}_{\text{sen}}^{\text{H}}\boldsymbol{a}_{\text{V}}(\theta,\phi))\xi_{\text{sen}}(t)) \tag{3.37}$$

其中，$\xi_{\text{com}}(t)$和$\xi_{\text{sen}}(t)$分别为复解析通信信号和感知信号，两者统计独立。

假设通信方向为(θ_0,ϕ_0)，感知方向为(θ_1,ϕ_1)，若希望通信方向和感知方向均为主瓣方向，同时避免感知方向的信息泄露，$\boldsymbol{w}_{\text{com}}$和$\boldsymbol{w}_{\text{sen}}$可按下述准则进行设计：

$$
\begin{aligned}
&\min_{\boldsymbol{w}} \|\boldsymbol{w}\|_2 \\
&\text{s. t.} \\
&\begin{bmatrix} \boldsymbol{w}^{\mathrm{H}}\boldsymbol{a}_{\mathrm{H}}(\theta_0,\phi_0) \\ \boldsymbol{w}^{\mathrm{H}}\boldsymbol{a}_{\mathrm{V}}(\theta_0,\phi_0) \end{bmatrix} = \begin{bmatrix} \cos\gamma_0 \\ \sin\gamma_0 \mathrm{e}^{\mathrm{j}\eta_0} \end{bmatrix}, \begin{bmatrix} \boldsymbol{w}^{\mathrm{H}}\boldsymbol{a}_{\mathrm{H}}(\theta_1,\phi_1) \\ \boldsymbol{w}^{\mathrm{H}}\boldsymbol{a}_{\mathrm{V}}(\theta_1,\phi_1) \end{bmatrix} = \begin{bmatrix} \cos\gamma_1 \\ \sin\gamma_1 \mathrm{e}^{\mathrm{j}\eta_1} \end{bmatrix}
\end{aligned}
\tag{3.38}
$$

$$
\begin{aligned}
&\min_{\boldsymbol{w}} \|\boldsymbol{w}\|_2 \\
&\text{s. t.} \\
&\begin{bmatrix} \boldsymbol{w}^{\mathrm{H}}\boldsymbol{a}_{\mathrm{H}}(\theta_0,\phi_0) \\ \boldsymbol{w}^{\mathrm{H}}\boldsymbol{a}_{\mathrm{V}}(\theta_0,\phi_0) \end{bmatrix} = \boldsymbol{o}_2, \begin{bmatrix} \boldsymbol{w}^{\mathrm{H}}\boldsymbol{a}_{\mathrm{H}}(\theta_1,\phi_1) \\ \boldsymbol{w}^{\mathrm{H}}\boldsymbol{a}_{\mathrm{V}}(\theta_1,\phi_1) \end{bmatrix} = \begin{bmatrix} \cos\gamma_1 \\ \sin\gamma_1 \mathrm{e}^{\mathrm{j}\eta_1} \end{bmatrix}
\end{aligned}
\tag{3.39}
$$

这样，通信主瓣方向的信号波形为

$$
\begin{bmatrix} \acute{\xi}_{\mathrm{H,com}}(t) \\ \acute{\xi}_{\mathrm{V,com}}(t) \end{bmatrix} = \mathrm{Re}\left(\begin{bmatrix} \cos\gamma_0 \\ \sin\gamma_0 \mathrm{e}^{\mathrm{j}\eta_0} \end{bmatrix} \xi_{\mathrm{com}}(t) \right) \tag{3.40}
$$

而感知主瓣方向的信号波形为

$$
\begin{bmatrix} \acute{\xi}_{\mathrm{H,sen}}(t) \\ \acute{\xi}_{\mathrm{V,sen}}(t) \end{bmatrix} = \mathrm{Re}\left(\begin{bmatrix} \cos\gamma_1 \\ \sin\gamma_1 \mathrm{e}^{\mathrm{j}\eta_1} \end{bmatrix} (\xi_{\mathrm{com}}(t) + \xi_{\mathrm{sen}}(t)) \right) \tag{3.41}
$$

若 $\boldsymbol{w}_{\mathrm{com}}$ 按下述准则进行设计：

$$
\begin{aligned}
&\min_{\boldsymbol{w}} \|\boldsymbol{w}\|_2 \\
&\text{s. t.} \\
&\begin{bmatrix} \boldsymbol{w}^{\mathrm{H}}\boldsymbol{a}_{\mathrm{H}}(\theta_0,\phi_0) \\ \boldsymbol{w}^{\mathrm{H}}\boldsymbol{a}_{\mathrm{V}}(\theta_0,\phi_0) \end{bmatrix} = \begin{bmatrix} \cos\gamma_0 \\ \sin\gamma_0 \mathrm{e}^{\mathrm{j}\eta_0} \end{bmatrix}, \begin{bmatrix} \boldsymbol{w}^{\mathrm{H}}\boldsymbol{a}_{\mathrm{H}}(\theta_1,\phi_1) \\ \boldsymbol{w}^{\mathrm{H}}\boldsymbol{a}_{\mathrm{V}}(\theta_1,\phi_1) \end{bmatrix} = \boldsymbol{o}_2
\end{aligned}
\tag{3.42}
$$

则感知主瓣方向的信号波形为

$$
\begin{bmatrix} \acute{\xi}_{\mathrm{H,sen}}(t) \\ \acute{\xi}_{\mathrm{V,sen}}(t) \end{bmatrix} = \mathrm{Re}\left(\begin{bmatrix} \cos\gamma_1 \\ \sin\gamma_1 \mathrm{e}^{\mathrm{j}\eta_1} \end{bmatrix} \xi_{\mathrm{sen}}(t) \right) \tag{3.43}
$$

若通信信号为数字调制，并利用通信载波进行感知，也即

$$
\xi_{\mathrm{sen}}(t) = \xi_{\mathrm{com}}(t) \tag{3.44}
$$

则阵列天线极化波束方向图分集权矢量可以写成

$$
\boldsymbol{w}_{\mathrm{com+sen}}^{(k)} = \boldsymbol{w}^{(k)} + \boldsymbol{w}_{\mathrm{sen}} \tag{3.45}
$$

其中，$\boldsymbol{w}^{(k)}$ 可按下述“定向数字调制”准则进行设计：

$$
\begin{aligned}
&\min_{\boldsymbol{w}} \|\boldsymbol{w}\|_2 \\
&\text{s. t.} \\
&\begin{bmatrix} \boldsymbol{w}^{\mathrm{H}}\boldsymbol{a}_{\mathrm{H}}(\theta_0,\phi_0) \\ \boldsymbol{w}^{\mathrm{H}}\boldsymbol{a}_{\mathrm{V}}(\theta_0,\phi_0) \end{bmatrix} = \begin{bmatrix} \cos\gamma_0 \\ \sin\gamma_0 \mathrm{e}^{\mathrm{j}\eta_0} \end{bmatrix} c^{(k)}, \begin{bmatrix} \boldsymbol{w}^{\mathrm{H}}\boldsymbol{a}_{\mathrm{H}}(\theta_1,\phi_1) \\ \boldsymbol{w}^{\mathrm{H}}\boldsymbol{a}_{\mathrm{V}}(\theta_1,\phi_1) \end{bmatrix} = \begin{bmatrix} \cos\gamma_1 \\ \sin\gamma_1 \mathrm{e}^{\mathrm{j}\eta_1} \end{bmatrix}
\end{aligned}
\tag{3.46}
$$

或者

$$\begin{aligned}&\min_{\boldsymbol{w}}\|\boldsymbol{w}\|_2\\&\text{s. t.}\\&\begin{bmatrix}\boldsymbol{w}^{\mathrm{H}}\boldsymbol{a}_{\mathrm{H}}(\theta_0,\phi_0)\\\boldsymbol{w}^{\mathrm{H}}\boldsymbol{a}_{\mathrm{V}}(\theta_0,\phi_0)\end{bmatrix}=\begin{bmatrix}\cos\gamma_0\\\sin\gamma_0\mathrm{e}^{\mathrm{j}\eta_0}\end{bmatrix}c^{(k)},\ \begin{bmatrix}\boldsymbol{w}^{\mathrm{H}}\boldsymbol{a}_{\mathrm{H}}(\theta_1,\phi_1)\\\boldsymbol{w}^{\mathrm{H}}\boldsymbol{a}_{\mathrm{V}}(\theta_1,\phi_1)\end{bmatrix}=\boldsymbol{o}_2\end{aligned}\tag{3.47}$$

其中，$c^{(k)}$ 为通信信号的第 k 个星座图状态。

式（3.46）所示的定向数字调制技术，也具有空间加密能力。与（2）中方法不同的是，此处的定向数字调制技术，其数字信息的加载是通过发射权矢量的调控加以实现的，属于天线级的数字调制[43-50]。关于定向数字调制技术，我们还将在 3.2 节中专门进行讨论。

图 3.17 和图 3.18 所示为一例基于上述方法的波形方向图综合结果，例中所采用的阵列仍为 SuperCART 等距线阵，$L=12$，天线间距为半个信号波

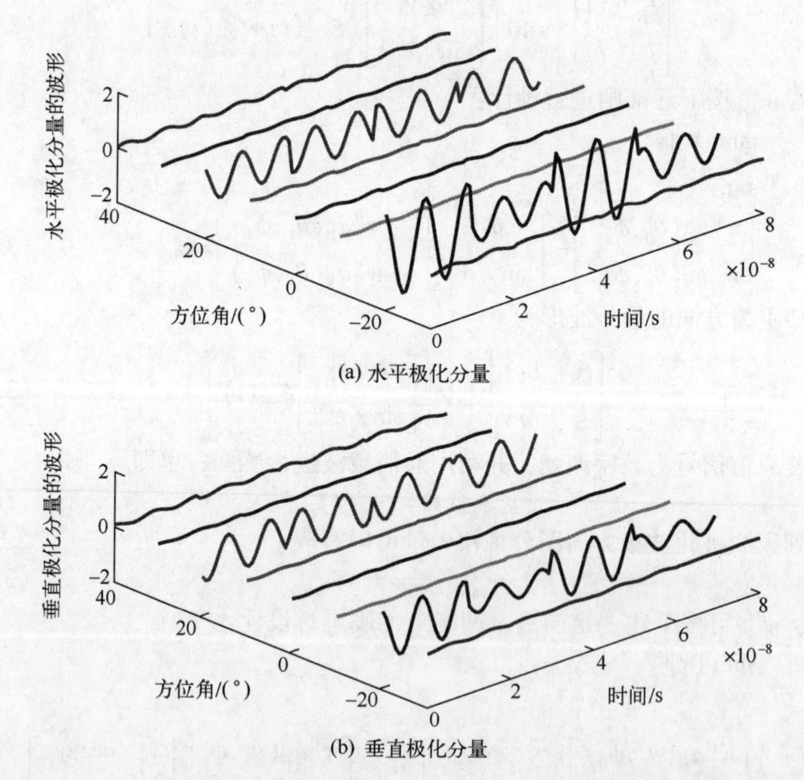

图 3.17 用于通信-感知波束赋形与优化的波形方向图综合结果：权矢量按式（3.46）所示准则进行设计

长；通信方向为(90°,20°)，圆极化（$\gamma_0=45°$，$\eta_0=90°$），通信信号为四进制相移键控调制（QPSK），也即 $c^{(1)}=e^{j45°}$（对应于“00”），$c^{(2)}=e^{j135°}$（对应于“01”），$c^{(3)}=e^{-j135°}$（对应于“11”），$c^{(4)}=e^{-j45°}$（对应于“10”）；感知方向为(90°,-20°)，线极化（$\gamma_1=60°$，$\eta_1=0°$），感知信号亦为四进制相移键控调制；其余仿真参数参见图中的说明。

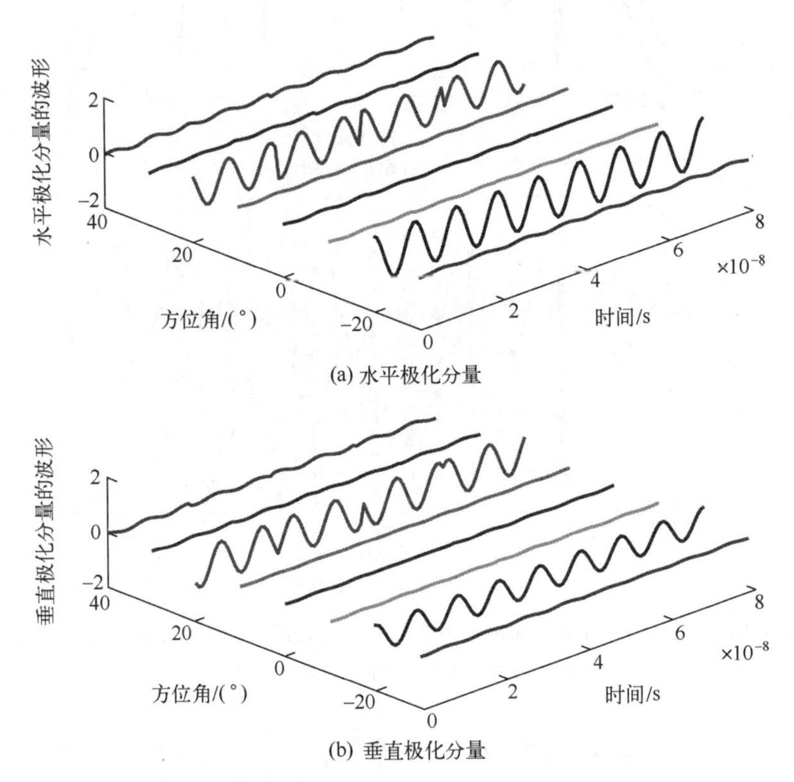

图 3.18　用于通信-感知波束赋形与优化的波形方向图综合结果：权矢量按式（3.47）所示准则进行设计

图 3.19 所示为对应于四种通信信号星座图状态的阵列天线幅度方向图和相位方向图，其中相位方向图定义为

$$\angle\left(\left(\boldsymbol{w}_{\text{com+sen}}^{(k)}\right)^{\mathrm{H}}\boldsymbol{a}_{\mathrm{H}}(\theta,\phi)\right) \tag{3.48}$$

图 3.20 所示为当信噪比为 15dB 时，各个方向的通信误码率，这里称之为通信误码率方向图。

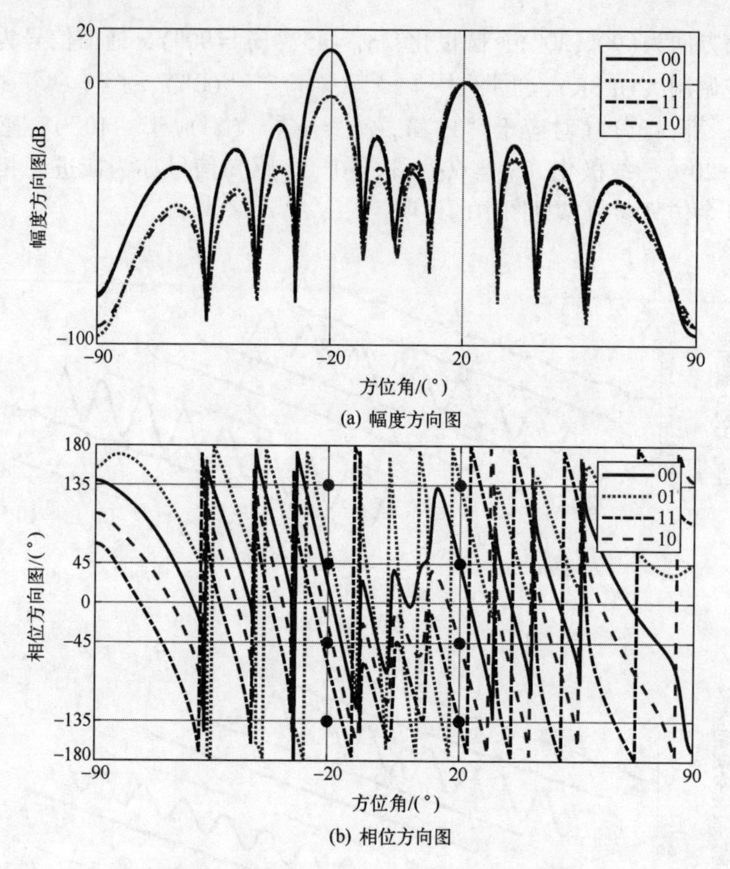

(a) 幅度方向图

(b) 相位方向图

图 3.19　用于通信-感知波束赋形与优化的阵列天线极化波束方向图分集结果：权矢量按式（3.46）所示准则进行设计

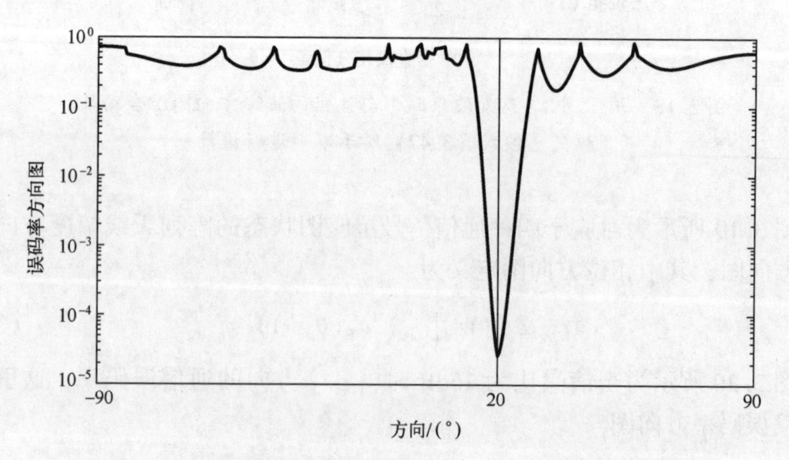

图 3.20　用于通信-感知波束赋形与优化的通信误码率方向图：权矢量按式（3.46）所示准则进行设计

3.2 定向数字调制

3.2.1 幅相调制

为实现有方向性的所谓定向幅相调制，对应的发射权矢量可按式（3.18）所示的形式进行设计，也即 $\boldsymbol{w}(k)=\boldsymbol{w}_{\mathrm{va}}\otimes\boldsymbol{w}^{(k)}$，其中矢量天线权矢量 $\boldsymbol{w}_{\mathrm{va}}$ 主要用于控制调制信号波的极化，几何阵列权矢量 $\boldsymbol{w}^{(k)}$ 则主要用于拟合调制信号的星座图。

若调制信号的星座图状态为 $c^{(1)},c^{(2)},c^{(3)},\cdots$，则 $\boldsymbol{w}^{(k)}$ 应满足[51]：

$$(\boldsymbol{w}^{(k)})^{\mathrm{H}}\boldsymbol{a}(\theta_0,\phi_0)=B^{(k)}(\theta_0,\phi_0)=c^{(k)},\ k=1,2,3,\cdots \tag{3.49}$$

根据 3.1 节的讨论，(θ_0,ϕ_0) 方向的发射信号波为

$$\begin{bmatrix}\acute{\xi}_{\mathrm{H}}(t)\\ \acute{\xi}_{\mathrm{V}}(t)\end{bmatrix}=\mathrm{Re}\left(c^{(k)}\begin{bmatrix}B_{\mathrm{va,H}}(\theta_0,\phi_0)\\ B_{\mathrm{va,V}}(\theta_0,\phi_0)\end{bmatrix}\xi_{\mathrm{analytic}}(t)\right) \tag{3.50}$$

式中：

$$B_{\mathrm{va,H}}(\theta_0,\phi_0)=\boldsymbol{w}_{\mathrm{va}}^{\mathrm{H}}\boldsymbol{b}_{\mathrm{iso-H}}(\theta_0,\phi_0) \tag{3.51}$$

$$B_{\mathrm{va,V}}(\theta_0,\phi_0)=\boldsymbol{w}_{\mathrm{va}}^{\mathrm{H}}\boldsymbol{b}_{\mathrm{iso-V}}(\theta_0,\phi_0) \tag{3.52}$$

而非 (θ_0,ϕ_0) 方向的发射信号波为

$$\begin{bmatrix}\acute{\xi}_{\mathrm{H}}(t)\\ \acute{\xi}_{\mathrm{V}}(t)\end{bmatrix}=\mathrm{Re}\left(((\boldsymbol{w}^{(k)})^{\mathrm{H}}\boldsymbol{a}(\theta_i,\phi_i))\begin{bmatrix}B_{\mathrm{va,H}}(\theta_i,\phi_i)\\ B_{\mathrm{va,V}}(\theta_i,\phi_i)\end{bmatrix}\xi_{\mathrm{analytic}}(t)\right) \tag{3.53}$$

其中，$(\theta_i,\phi_i)\neq(\theta_0,\phi_0)$。

当采用如图 1.3 所示的解调系统时，式（3.50）和式（3.53）的复基带形式为

$$\begin{cases}\varepsilon_{\mathrm{H}}(t)\propto((\boldsymbol{w}^{(k)})^{\mathrm{H}}\boldsymbol{a}(\theta_n,\phi_n))B_{\mathrm{va,H}}(\theta_n,\phi_n)\varepsilon(t)\\ \varepsilon_{\mathrm{V}}(t)\propto((\boldsymbol{w}^{(k)})^{\mathrm{H}}\boldsymbol{a}(\theta_n,\phi_n))B_{\mathrm{va,V}}(\theta_n,\phi_n)\varepsilon(t)\end{cases} \tag{3.54}$$

式中：$n=0,1,2,\cdots$；$\varepsilon_{\mathrm{H}}(t)$、$\varepsilon_{\mathrm{V}}(t)$ 和 $\varepsilon(t)$ 分别为 $\acute{\xi}_{\mathrm{H}}(t)$、$\acute{\xi}_{\mathrm{V}}(t)$ 和 $\xi_{\mathrm{analytic}}(t)$ 的复振幅。

若是

$$(\boldsymbol{w}^{(k)})^{\mathrm{H}}\boldsymbol{a}(\theta_i,\phi_i)\neq c^{(k)},\ k=1,2,3,\cdots,\ i=1,2,3,\cdots \tag{3.55}$$

$$\frac{B_{\mathrm{va,V}}(\theta_i,\phi_i)}{B_{\mathrm{va,H}}(\theta_i,\phi_i)}\neq\frac{B_{\mathrm{va,V}}(\theta_0,\phi_0)}{B_{\mathrm{va,H}}(\theta_0,\phi_0)},\ i=1,2,3,\cdots \tag{3.56}$$

则非 (θ_0,ϕ_0) 方向的发射信号与 (θ_0,ϕ_0) 方向的发射信号相比，幅相信息和波极化都发生了扰乱，也即幅相调制是具有方向性的。

(1) 关于 $\boldsymbol{w}^{(k)}$ 的优化设计，一种简单的方法是：

$$\min_{\boldsymbol{w}}(\|\boldsymbol{w}^{\mathrm{H}}\boldsymbol{A}-(\boldsymbol{c}^{(k)})^{\mathrm{T}}\|_2^2+\nu\boldsymbol{w}^{\mathrm{H}}\boldsymbol{w})\ \text{s.t.}\ \boldsymbol{w}^{\mathrm{H}}\boldsymbol{a}(\theta_0,\phi_0)=c^{(k)} \tag{3.57}$$

式中：ν 为正则化参数；

$$\boldsymbol{A}=[\boldsymbol{a}(\theta_1,\phi_1),\boldsymbol{a}(\theta_2,\phi_2),\boldsymbol{a}(\theta_3,\phi_3),\cdots],\ (\theta_i,\phi_i)\in\mathrm{SLR} \tag{3.58}$$

$$\boldsymbol{c}^{(k)}=[c^{(k,1)},c^{(k,2)},c^{(k,3)},\cdots]^{\mathrm{T}} \tag{3.59}$$

其中，$c^{(k,i)}$ 为 (θ_i,ϕ_i) 方向的幅相扰乱“软”约束。

式（3.57）所示优化问题的求解，可以采用拉格朗日乘子方法。首先定义下述拉格朗日函数：

$$\mathcal{L}(\boldsymbol{w},\iota)=\underbrace{(\|\boldsymbol{w}^{\mathrm{H}}\boldsymbol{A}-(\boldsymbol{c}^{(k)})^{\mathrm{T}}\|_2^2+\nu\boldsymbol{w}^{\mathrm{H}}\boldsymbol{w})}_{=\mathcal{L}_1(\boldsymbol{w})}-2\mathrm{Re}(\iota(\boldsymbol{w}^{\mathrm{H}}\boldsymbol{a}(\theta_0,\phi_0)-c^{(k)})) \tag{3.60}$$

其中，ι 为拉格朗日乘子。

注意到

$$\mathcal{L}_1(\boldsymbol{w})=\boldsymbol{w}^{\mathrm{H}}(\boldsymbol{A}\boldsymbol{A}^{\mathrm{H}}+\nu\boldsymbol{I})\boldsymbol{w}-2\mathrm{Re}(\boldsymbol{w}^{\mathrm{H}}\boldsymbol{A}(\boldsymbol{c}^{(k)})^*)+(\boldsymbol{c}^{(k)})^{\mathrm{T}}(\boldsymbol{c}^{(k)})^* \tag{3.61}$$

所以

$$\frac{\partial\mathcal{L}(\boldsymbol{w},\iota)}{\partial\boldsymbol{w}}=(\boldsymbol{A}\boldsymbol{A}^{\mathrm{H}}+\nu\boldsymbol{I})\boldsymbol{w}-\boldsymbol{A}(\boldsymbol{c}^{(k)})^*-\iota\boldsymbol{a}(\theta_0,\phi_0) \tag{3.62}$$

又 $\boldsymbol{w}^{\mathrm{H}}\boldsymbol{a}(\theta_0,\phi_0)=c^{(k)}$，由此可得式（3.57）所示优化问题的解为

$$\boldsymbol{w}^{(k)}=(\boldsymbol{A}\boldsymbol{A}^{\mathrm{H}}+\nu\boldsymbol{I})^{-1}(\boldsymbol{A}(\boldsymbol{c}^{(k)})^*+\iota^{(k)}\boldsymbol{a}(\theta_0,\phi_0)) \tag{3.63}$$

其中

$$\iota^{(k)}=\frac{(c^{(k)})^*-\boldsymbol{a}^{\mathrm{H}}(\theta_0,\phi_0)(\boldsymbol{A}\boldsymbol{A}^{\mathrm{H}}+\nu\boldsymbol{I})^{-1}\boldsymbol{A}(\boldsymbol{c}^{(k)})^*}{\boldsymbol{a}^{\mathrm{H}}(\theta_0,\phi_0)(\boldsymbol{A}\boldsymbol{A}^{\mathrm{H}}+\nu\boldsymbol{I})^{-1}\boldsymbol{a}(\theta_0,\phi_0)} \tag{3.64}$$

在式（3.57）所示优化问题的线性约束部分还可以增加“硬”迫零项：

$$\boldsymbol{w}^{\mathrm{H}}\boldsymbol{a}(\theta_{\mathrm{zf},n},\phi_{\mathrm{zf},n})=0,\ n=1,2,3,\cdots \tag{3.65}$$

其中，$(\theta_{\mathrm{zf},n},\phi_{\mathrm{zf},n})$ 为迫零方向，此时几何阵列幅相调制权矢量 $\boldsymbol{w}^{(k)}$ 的解为

$$\boldsymbol{w}^{(k)}=(\boldsymbol{A}\boldsymbol{A}^{\mathrm{H}}+\nu\boldsymbol{I})^{-1}(\boldsymbol{A}(\boldsymbol{c}^{(k)})^*+\boldsymbol{B}\boldsymbol{l}^{(k)}) \tag{3.66}$$

式中：

$$\boldsymbol{B}=[\boldsymbol{a}(\theta_0,\phi_0),\boldsymbol{a}(\theta_{\mathrm{zf},1},\phi_{\mathrm{zf},1}),\boldsymbol{a}(\theta_{\mathrm{zf},2},\phi_{\mathrm{zf},2}),\cdots] \tag{3.67}$$

$$\boldsymbol{l}^{(k)}=(\boldsymbol{B}^{\mathrm{H}}(\boldsymbol{A}\boldsymbol{A}^{\mathrm{H}}+\nu\boldsymbol{I})^{-1}\boldsymbol{B})^{-1}\boldsymbol{g}^{(k)} \tag{3.68}$$

其中

$$\boldsymbol{g}^{(k)}=\begin{bmatrix}(c^{(k)})^*\\0\\0\\\vdots\end{bmatrix}-\boldsymbol{B}^{\mathrm{H}}(\boldsymbol{A}\boldsymbol{A}^{\mathrm{H}}+\nu\boldsymbol{I})^{-1}\boldsymbol{A}(\boldsymbol{c}^{(k)})^* \tag{3.69}$$

类似地，也可以在线性约束部分增加不同方向的主瓣幅相约束，以实现多方向同时幅相调制。

另外，若 $\nu=0$，则旁瓣区域的幅相扰乱软约束方向数不能少于矢量天线数，当仅考虑相位扰乱，而相位扰乱“软”约束方向又较少时，定向调制的几何阵列幅度方向图 $|(\boldsymbol{w}^{(k)})^{\mathrm{H}}\boldsymbol{a}(\theta,\phi)|$ 易发生主瓣偏移现象，也即主瓣方向偏离 (θ_0,ϕ_0)。

（2）若仅考虑一维（比如 xoy 平面内的）定向幅相调制，也可以采用矢量天线非等距线阵进行，比如对 $\boldsymbol{w}^{(k)}$ 进一步施加稀疏性约束。

为此，首先定义一个定向调制基础阵，该基础阵为矢量天线间距非常小的等距线阵。在此基础上，令

$$\boldsymbol{W}=[\boldsymbol{w}^{(1)},\boldsymbol{w}^{(2)},\boldsymbol{w}^{(3)},\cdots] \tag{3.70}$$

并记 $\boldsymbol{W}_n$ 为 $\boldsymbol{W}$ 的第 n 行，则考虑稀疏性约束的 $\boldsymbol{w}^{(k)}$ 的设计准则可以写成

$$\begin{aligned}&\min_{\boldsymbol{W}}\|\boldsymbol{W}\|_{2,1}\\&\text{s. t.}\\&\|\boldsymbol{W}^{\mathrm{H}}\boldsymbol{A}-\boldsymbol{C}\|_2\leqslant\varsigma\\&\boldsymbol{W}^{\mathrm{H}}\boldsymbol{a}(\theta_0,\phi_0)=\boldsymbol{c},\ \boldsymbol{W}^{\mathrm{H}}\boldsymbol{a}(\theta_{\mathrm{zf},n},\phi_{\mathrm{zf},n})=\boldsymbol{o},\ n=1,2,3,\cdots\end{aligned} \tag{3.71}$$

其中，ς 为正则化参数，

$$\|\boldsymbol{W}\|_{2,1}=\left\|\begin{bmatrix}\|\boldsymbol{W}_1\|_2\\\|\boldsymbol{W}_2\|_2\\\|\boldsymbol{W}_3\|_2\\\vdots\end{bmatrix}\right\|_1 \tag{3.72}$$

$$\boldsymbol{C}=\begin{bmatrix}c^{(1,1)}&c^{(1,2)}&c^{(1,3)}&\cdots\\c^{(2,1)}&c^{(2,2)}&c^{(2,3)}&\cdots\\c^{(3,1)}&c^{(3,2)}&c^{(3,3)}&\cdots\\\vdots&\vdots&\vdots&\ddots\end{bmatrix} \tag{3.73}$$

$$\boldsymbol{c}=[c^{(1)},c^{(2)},c^{(3)},\cdots]^{\mathrm{T}} \tag{3.74}$$

此外，$\|\boldsymbol{W}^{\mathrm{H}}\boldsymbol{A}-\boldsymbol{C}\|_2$ 表示矩阵 $\boldsymbol{W}^{\mathrm{H}}\boldsymbol{A}-\boldsymbol{C}$ 的 2 范数，其定义与矢量的 2 范数类似，也即（矩阵的 2 范数也称 Frobenius 范数，记作“$\|\cdot\|_{\mathrm{F}}$”）

$$\|\boldsymbol{M}\|_2=\sqrt{\sum_p\sum_q|\boldsymbol{M}(p,q)|^2} \tag{3.75}$$

其中，$\boldsymbol{M}=\boldsymbol{W}^{\mathrm{H}}\boldsymbol{A}-\boldsymbol{C}$。

式（3.71）所示优化问题可采用 CVX 数值优化工具包进行求解。为了进一步减小通道数以节省成本，可考虑采用迭代加权 1 范数最小化准则替换式

(3.71) 中的直接 1 范数最小化准则，这一方法我们将在第 6 章中进行详细的讨论。

下面看几个仿真例子，为简单起见，例中只考虑 xoy 平面内的定向相位调制，其中 $\phi_0=0°$；$c^{(1)}=\mathrm{e}^{\mathrm{j}45°}$，$c^{(2)}=\mathrm{e}^{\mathrm{j}135°}$，$c^{(3)}=\mathrm{e}^{-\mathrm{j}135°}$，$c^{(4)}=\mathrm{e}^{-\mathrm{j}45°}$。

图 3.21～图 3.24 所示为矢量天线等距线阵定向调制的几何阵列发射幅度方向图和几何阵列发射相位方向图，也即 $|(\boldsymbol{w}^{(k)})^{\mathrm{H}}\boldsymbol{a}(\theta,\phi)|$ 和 $\angle((\boldsymbol{w}^{(k)})^{\mathrm{H}}\boldsymbol{a}(\theta,\phi))$。

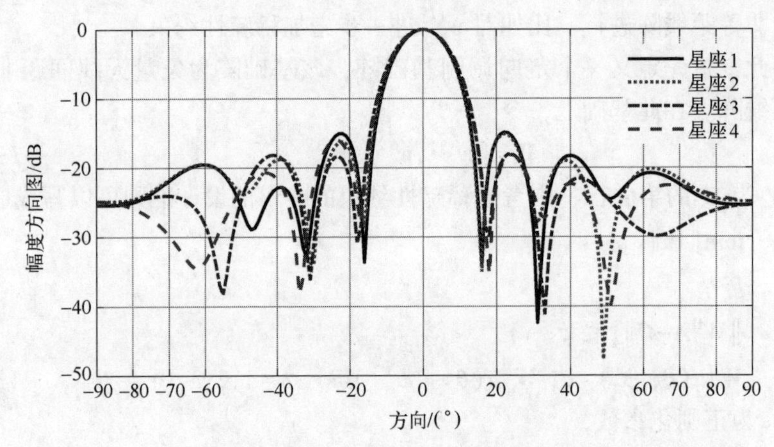

图 3.21 几何阵列发射幅度方向图：矢量天线等距线阵；未考虑迫零

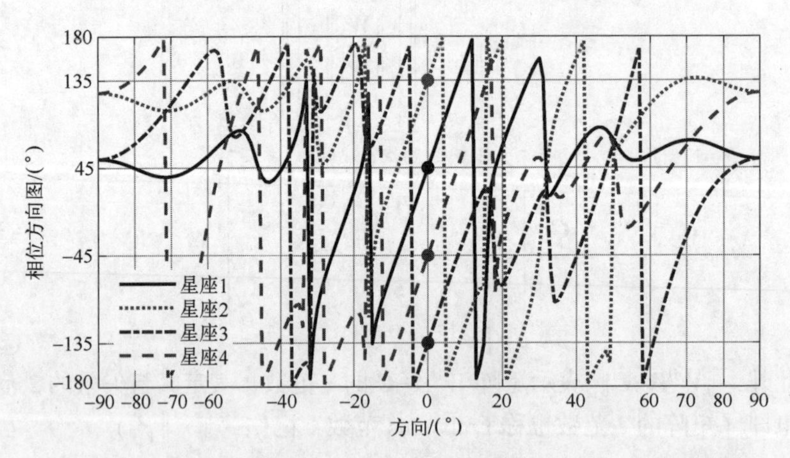

图 3.22 几何阵列发射相位方向图：矢量天线等距线阵；未考虑迫零

该例中，矢量天线数为 8，矢量天线间距为半个信号波长；旁瓣区域考虑了 10 个幅相扰乱“软”约束方向，分别为±20°、±40°、±60°、±70°、±80°，并且 $c^{(1,1)}=0.1\mathrm{e}^{\mathrm{j}40°}$，$c^{(1,2)}=0.1\mathrm{e}^{\mathrm{j}35°}$，$c^{(1,3)}=0.1\mathrm{e}^{\mathrm{j}30°}$，$c^{(1,4)}=0.1\mathrm{e}^{\mathrm{j}125°}$，$c^{(1,5)}=$

$0.1e^{j120°}$，$c^{(1,6)}=0.1e^{j45°}$，$c^{(1,7)}=0.1e^{j50°}$，$c^{(1,8)}=0.1e^{j65°}$，$c^{(1,9)}=0.1e^{j0°}$，$c^{(1,10)}=0.1e^{j110°}$；$c^{(2,1)}=0.1e^{j200°}$，$c^{(2,2)}=0.1e^{j180°}$，$c^{(2,3)}=0.1e^{j120°}$，$c^{(2,4)}=0.1e^{j150°}$，$c^{(2,5)}=0.1e^{j100°}$，$c^{(2,6)}=0.1e^{j95°}$，$c^{(2,7)}=0.1e^{j60°}$，$c^{(2,8)}=0.1e^{j85°}$，$c^{(2,9)}=0.1e^{j140°}$，$c^{(2,10)}=0.1e^{j170°}$；$c^{(3,1)}=0.1e^{j40°}$，$c^{(3,2)}=0.1e^{j35°}$，$c^{(3,3)}=0.1e^{j30°}$，$c^{(3,4)}=0.1e^{j125°}$，$c^{(3,5)}=0.1e^{j120°}$，$c^{(3,6)}=0.1e^{j45°}$，$c^{(3,7)}=0.1e^{j50°}$，$c^{(3,8)}=0.1e^{j65°}$，$c^{(3,9)}=0.1e^{j0°}$，$c^{(3,10)}=0.1e^{j110°}$；$c^{(4,1)}=0.1e^{j200°}$，$c^{(4,2)}=0.1e^{j180°}$，$c^{(4,3)}=0.1e^{j120°}$，$c^{(4,4)}=0.1e^{j150°}$，$c^{(4,5)}=0.1e^{j100°}$，$c^{(4,6)}=0.1e^{j95°}$，$c^{(4,7)}=0.1e^{j60°}$，$c^{(4,8)}=0.1e^{j85°}$，$c^{(4,9)}=0.1e^{j140°}$，$c^{(4,10)}=0.1e^{j170°}$；$\nu=10$；其他仿真参数参见图中的说明。

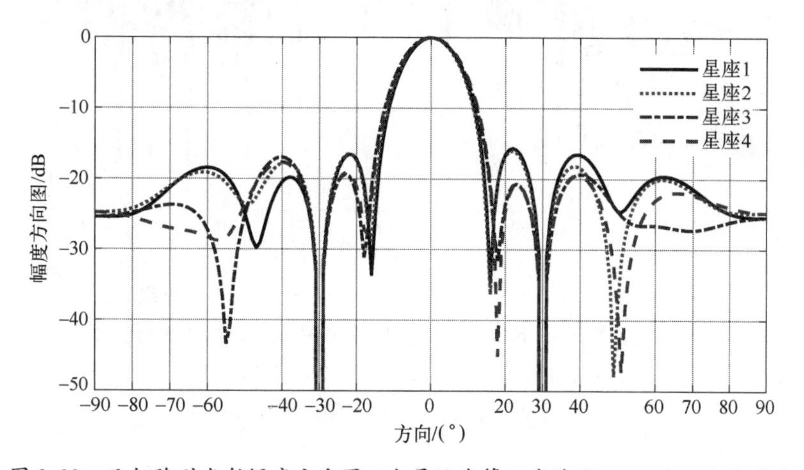

图 3.23 几何阵列发射幅度方向图：矢量天线等距线阵；30°、-30°方向迫零

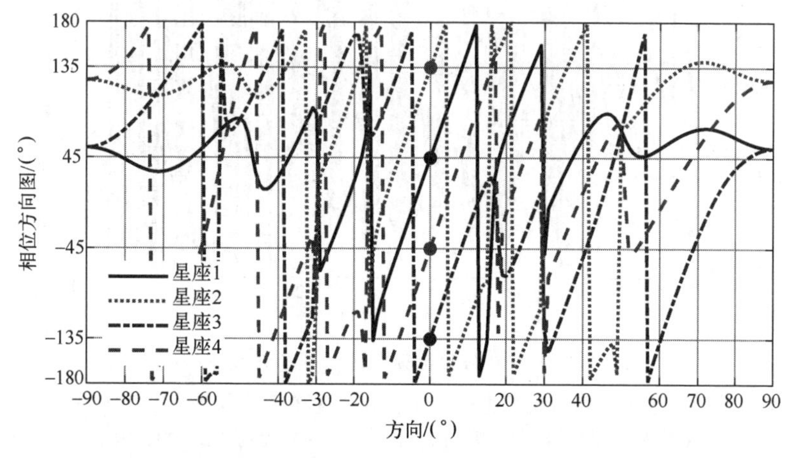

图 3.24 几何阵列发射相位方向图：矢量天线等距线阵；30°、-30°方向迫零

图 3.25~图 3.28 所示为矢量天线非等距线阵定向调制的几何阵列发射幅度方向图和相位方向图，其中基础阵矢量天线数为 50，矢量天线间隔为半个信号波长，$\varsigma=0.1$；10 个旁瓣区域相位扰乱“软”约束与矢量天线等距线阵情形相同；模小于10^{-3}的权系数所对应的基础阵矢量天线设置为不工作；其余仿真参数参见图中的说明。

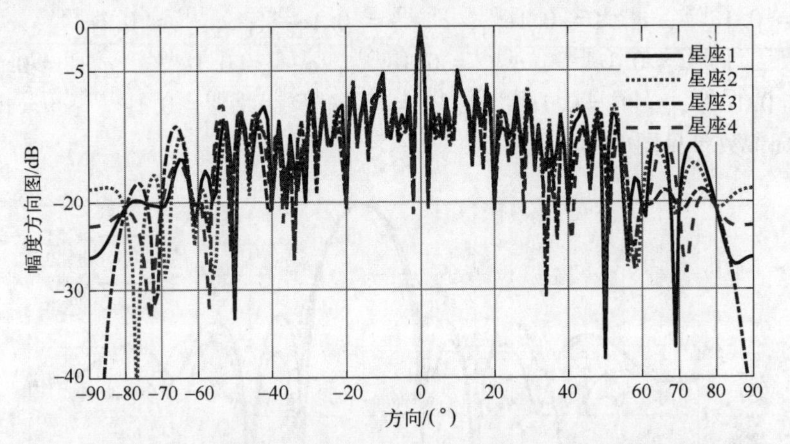

图 3.25 几何阵列发射幅度方向图：矢量天线非等距线阵，基础阵矢量天线间距为半个信号波长，24 个矢量天线是工作状态，序号为 1，2，4，7，9，10，11，12，19，21，22，23，24，28，31，32，33，34，36，37，39，46，47，50；未考虑迫零

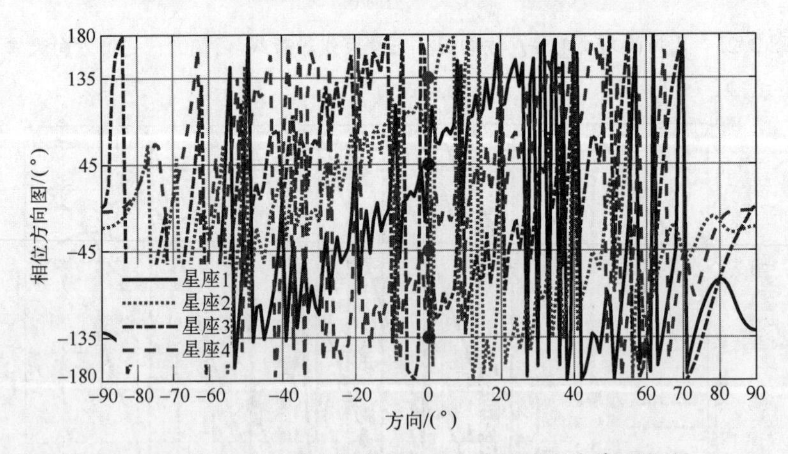

图 3.26 几何阵列发射相位方向图：矢量天线非等距线阵，基础阵矢量天线间距为半个信号波长，24 个矢量天线是工作状态，序号为 1，2，4，7，9，10，11，12，19，21，22，23，24，28，31，32，33，34，36，37，39，46，47，50；未考虑迫零

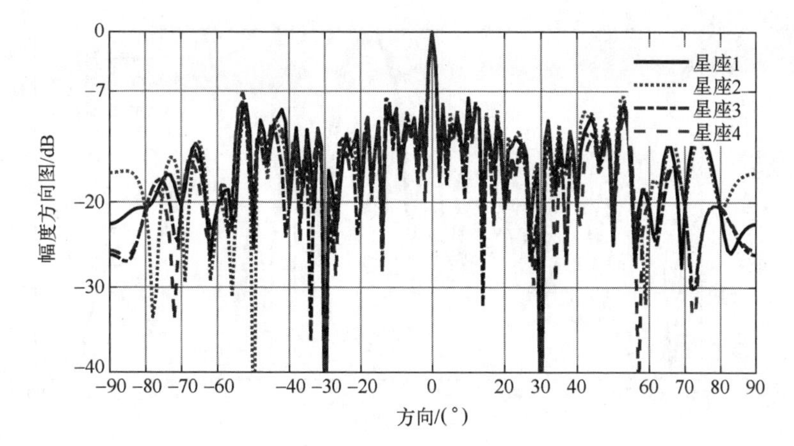

图 3.27 几何阵列发射幅度方向图：矢量天线非等距线阵，
基础阵矢量天线间距为半个信号波长，24 个矢量天线是工作状态，
序号为 1，2，4，7，9，10，11，12，19，21，22，23，24，28，31，32，33，
34，36，37，39，46，47，50；30°、-30°方向迫零

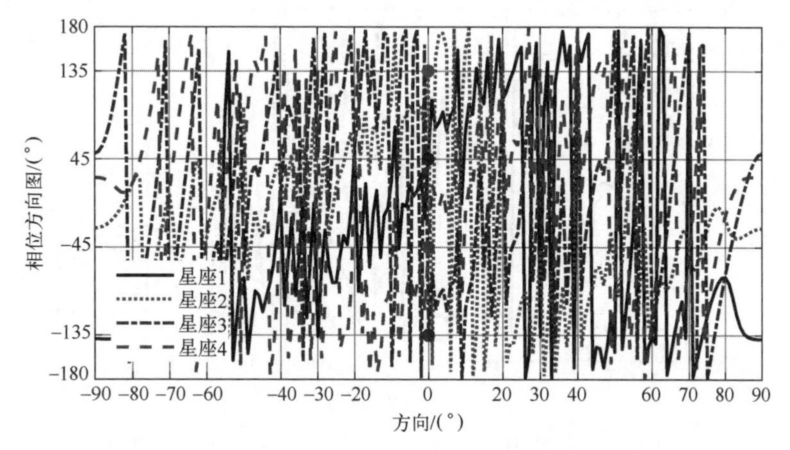

图 3.28 几何阵列发射相位方向图：矢量天线非等距线阵，
基础阵矢量天线间距为半个信号波长，24 个矢量天线是工作状态，
序号为 1，2，4，7，9，10，11，12，19，21，22，23，24，28，31，32，33，34，
36，37，39，46，47，50；30°、-30°方向迫零

图 3.29 和图 3.30 所示是基础阵矢量天线间距为 0.07 个信号波长时所对应的结果，为了避免主瓣偏移，在区域[-90°,-10°]∪[10°,90°]内每隔 10°就设置一相位扰乱方向（一共 18 个方向），扰乱相位在(-180°,180°]区间上均匀分布。

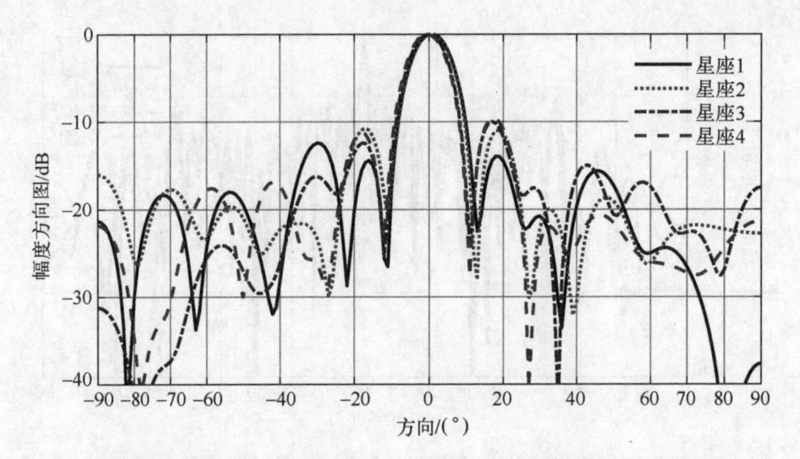

图 3.29 几何阵列发射幅度方向图：矢量天线非等距线阵，基础阵矢量天线间距为 0.07 个信号波长，18 个矢量天线是工作状态，序号为 1，2，4，8，12，17，22，26，27，30，31，34，38，39，43，47，49，50；未考虑迫零

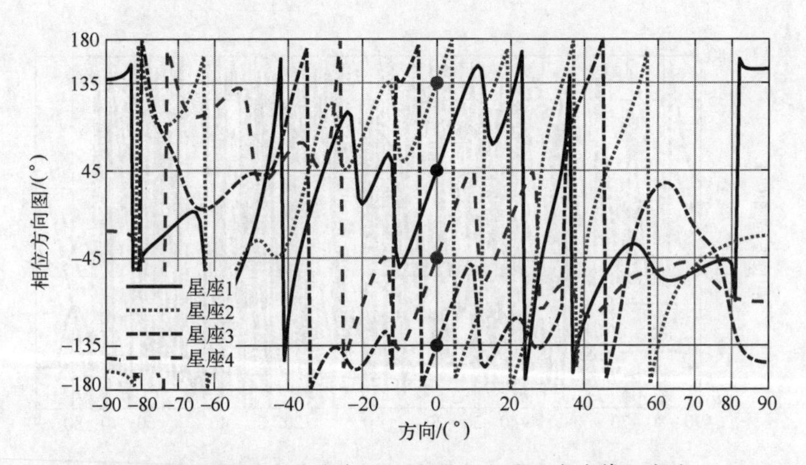

图 3.30 几何阵列发射相位方向图：矢量天线非等距线阵，基础阵矢量天线间距为 0.07 个信号波长，18 个矢量天线是工作状态，序号为 1，2，4，8，12，17，22，26，27，30，31，34，38，39，43，47，49，50；未考虑迫零

可以看出，定向调制可保证主瓣方向信号星座图的无失真，而在旁瓣方向可通过幅度、相位扰动或迫零等方法使信号星座图发生扰乱，从而可实现有方向性的信号加密。基于矢量天线等距和非等距线阵的定向调制，后者阵列孔径较大，几何阵列幅度方向图主瓣宽度较窄，但旁瓣电平较高，但当基础阵矢量天线间距为半个信号波长时，最终的定向调制阵有一定稀疏性，这

对于减小天线间的互耦是有利的。

与第 2 章中所讨论的多极化阵列天线信号定向发射和极化控制不同，基于多极化阵列天线极化波束方向图分集的定向幅相调制几何阵列权矢量是与信号星座图有关的，既要考虑信号发射强度的方向性及特定方向的极化控制，又要考虑天线级调制的方向性，而信号定向发射通常仅需要考虑信号发射强度的方向性与极化控制，对应的权矢量是与信号星座图（也即信号内容）无关的。

（3）根据 2.1 节中的讨论，采用发射频偏分集技术，也可以实现对发射信号的时域扰动。

此外，当发射频偏较大时，还可以实现定位/定点幅相调制，也即幅相调制同时具有方向性和距离性。

假设不同位置处的矢量天线采用不同的发射频率，则式（2.18）和式（2.19）中所定义的 $\boldsymbol{a}_{\mathrm{H},\boldsymbol{\omega},t}(\theta,\phi,R)$ 和 $\boldsymbol{a}_{\mathrm{V},\boldsymbol{\omega},t}(\theta,\phi,R)$ 可以重写成

$$\boldsymbol{a}_{\mathrm{H},\boldsymbol{\omega},t}(\theta,\phi,R)=\begin{bmatrix}\boldsymbol{b}_{\text{iso-H}}(\theta,\phi)a_{t,0}(\theta,\phi,R)\\ \boldsymbol{b}_{\text{iso-H}}(\theta,\phi)a_{t,1}(\theta,\phi,R)\\ \vdots\\ \boldsymbol{b}_{\text{iso-H}}(\theta,\phi)a_{t,L-1}(\theta,\phi,R)\end{bmatrix}=\boldsymbol{a}_t(\theta,\phi,R)\otimes\boldsymbol{b}_{\text{iso-H}}(\theta,\phi) \tag{3.76}$$

$$\boldsymbol{a}_{\mathrm{V},\boldsymbol{\omega},t}(\theta,\phi,R)=\begin{bmatrix}\boldsymbol{b}_{\text{iso-V}}(\theta,\phi)a_{t,0}(\theta,\phi,R)\\ \boldsymbol{b}_{\text{iso-V}}(\theta,\phi)a_{t,1}(\theta,\phi,R)\\ \vdots\\ \boldsymbol{b}_{\text{iso-V}}(\theta,\phi)a_{t,L-1}(\theta,\phi,R)\end{bmatrix}=\boldsymbol{a}_t(\theta,\phi,R)\otimes\boldsymbol{b}_{\text{iso-V}}(\theta,\phi) \tag{3.77}$$

式中：L 为矢量天线数；

$$\boldsymbol{a}_t(\theta,\phi,R)=\begin{bmatrix}a_{t,0}(\theta,\phi,R)\\ a_{t,1}(\theta,\phi,R)\\ \vdots\\ a_{t,L-1}(\theta,\phi,R)\end{bmatrix} \tag{3.78}$$

$$a_{t,l}(\theta,\phi,R)=\mathrm{e}^{\mathrm{j}(\omega_l\tau_l(\theta,\phi)-\Delta\omega_l(R/c))}\mathrm{e}^{\mathrm{j}\Delta\omega_l t} \tag{3.79}$$

其中，$\Delta\omega_l$ 为第 l 个矢量天线的发射频偏。

若是 $\boldsymbol{w}(k)=\boldsymbol{w}^{(k)}\otimes\boldsymbol{w}_{\mathrm{va}}$，则式（2.21）和式（2.22）所定义的 $\acute{\xi}_{\mathrm{H}}(t)$ 和 $\acute{\xi}_{\mathrm{V}}(t)$ 又可以分别写成

$$\acute{\xi}_{\mathrm{H}}(t)=\mathrm{Re}(((\boldsymbol{w}^{(k)})^{\mathrm{H}}\boldsymbol{a}_t(\theta,\phi,R))(\boldsymbol{w}_{\mathrm{va}}^{\mathrm{H}}\boldsymbol{b}_{\text{iso-H}}(\theta,\phi))\xi_{\text{analytic}}(t)) \tag{3.80}$$

$$\xi_{\mathrm{V}}(t)=\mathrm{Re}(((\boldsymbol{w}^{(k)})^{\mathrm{H}}\boldsymbol{a}_t(\theta,\phi,R))(\boldsymbol{w}_{\mathrm{va}}^{\mathrm{H}}\boldsymbol{b}_{\mathrm{iso-V}}(\theta,\phi))\xi_{\mathrm{analytic}}(t)) \tag{3.81}$$

采用图 3.31 所示的解调系统，当频偏分量可以通过低通滤波进行滤除时，式（3.80）和式（3.81）的复基带形式为

$$\begin{cases}\boldsymbol{\varepsilon}_{\mathrm{H}}(t)\propto((\boldsymbol{w}^{(k)})^{\mathrm{H}}\boldsymbol{b}(\theta,\phi,R))(\boldsymbol{w}_{\mathrm{va}}^{\mathrm{H}}\boldsymbol{b}_{\mathrm{iso-H}}(\theta,\phi))\boldsymbol{\varepsilon}(t)\\ \boldsymbol{\varepsilon}_{\mathrm{V}}(t)\propto((\boldsymbol{w}^{(k)})^{\mathrm{H}}\boldsymbol{b}(\theta,\phi,R))(\boldsymbol{w}_{\mathrm{va}}^{\mathrm{H}}\boldsymbol{b}_{\mathrm{iso-V}}(\theta,\phi))\boldsymbol{\varepsilon}(t)\end{cases} \tag{3.82}$$

其中

$$\boldsymbol{b}(\theta,\phi,R)=\begin{bmatrix}b_0(\theta,\phi,R)\\ b_1(\theta,\phi,R)\\ \vdots\\ b_{L-1}(\theta,\phi,R)\end{bmatrix} \tag{3.83}$$

$$b_l(\theta,\phi,R)=\mathrm{e}^{\mathrm{j}(\omega_l\tau_l(\theta,\phi)-\Delta\omega_l(R/c))} \tag{3.84}$$

注意到 $\boldsymbol{b}(\theta,\phi,R)$ 既与方向有关，又与距离有关，所以可以采用式（3.49）~式（3.69）所述的方法进行定向、定距幅相调制，合称为定点或定位幅相调制。

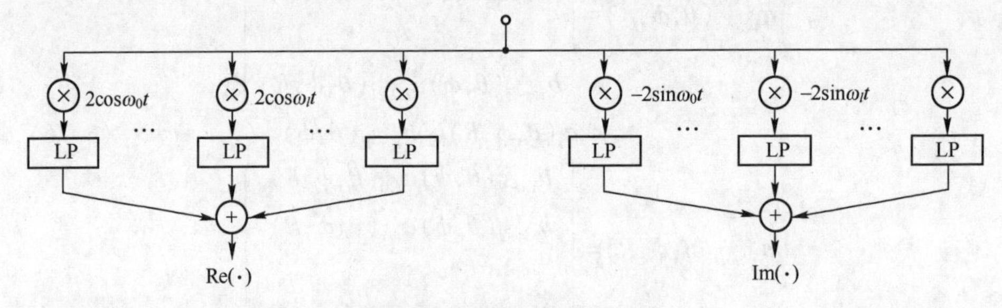

图 3.31 定位调制接收系统示意图

上述发射频偏分集定位调制方法的主要缺点是接收系统过于复杂，这是由于每个矢量天线的发射频率都是不同的，矢量天线数 L 越多，接收系统的信号分离支路数越多。

一种可行的解决措施是允许矢量天线发射频率具有一定的重度，比如采用下述（4）中的频偏扰动法。

（4）所谓频偏扰动法，是指对于不同的星座图状态 $c^{(k)}$，矢量天线的发射频偏 $\Delta\omega_{k,l}$ 也不同，可以从某个频偏集中随机选择，比如下面的对数频偏集：

$$\{\Delta\omega_l=(\log(l+1))\Delta\omega\,|\,l=0,1,2,\cdots,L_0-1\} \tag{3.85}$$

其中，$\Delta\omega$ 为基础频偏，$L_0\leqslant L$。

相应地，

$$\begin{cases}\varepsilon_{\mathrm{H}}(t)=((\boldsymbol{w}^{(k)})^{\mathrm{H}}\boldsymbol{b}^{(k)}(\theta,\phi,R))(\boldsymbol{w}_{\mathrm{va}}^{\mathrm{H}}\boldsymbol{b}_{\mathrm{iso-H}}(\theta,\phi))\varepsilon(t)\\ \varepsilon_{\mathrm{V}}(t)=((\boldsymbol{w}^{(k)})^{\mathrm{H}}\boldsymbol{b}^{(k)}(\theta,\phi,R))(\boldsymbol{w}_{\mathrm{va}}^{\mathrm{H}}\boldsymbol{b}_{\mathrm{iso-V}}(\theta,\phi))\varepsilon(t)\end{cases} \tag{3.86}$$

式中：

$$\boldsymbol{b}^{(k)}(\theta,\phi,R)=\begin{bmatrix}b_0^{(k)}(\theta,\phi,R)\\ b_1^{(k)}(\theta,\phi,R)\\ \vdots\\ b_{L-1}^{(k)}(\theta,\phi,R)\end{bmatrix} \tag{3.87}$$

$$b_l^{(k)}(\theta,\phi,R)=\mathrm{e}^{\mathrm{j}(\omega_{k,l}\tau_l(\theta,\phi)-\Delta\omega_{k,l}(R/c))} \tag{3.88}$$

若是

$$\boldsymbol{w}^{(k)}=L^{-1}(c^{(k)})^*\boldsymbol{b}^{(k)}(\theta_0,\phi_0,R_0) \tag{3.89}$$

则有

$$(\boldsymbol{w}^{(k)})^{\mathrm{H}}\boldsymbol{b}^{(k)}(\theta,\phi,R)=c^{(k)}\underbrace{\left(\frac{(\boldsymbol{b}^{(k)}(\theta_0,\phi_0,R_0))^{\mathrm{H}}\boldsymbol{b}^{(k)}(\theta,\phi,R)}{L}\right)}_{=\varsigma^{(k)}} \tag{3.90}$$

① 对于目标位置(θ_0,ϕ_0,R_0)，

$$(\boldsymbol{w}^{(k)})^{\mathrm{H}}\boldsymbol{b}^{(k)}(\theta_0,\phi_0,R_0)=c^{(k)} \tag{3.91}$$

② 当$\Delta\omega_{k,l}\ll\omega_{k,l}$时，

$$b_l^{(k)}(\theta,\phi,R)\approx\mathrm{e}^{\mathrm{j}(\omega_0\tau_l(\theta,\phi)-\Delta\omega_{k,l}(R/c))} \tag{3.92}$$

于是

$$\varsigma^{(k)}=L^{-1}\left(\sum_{l=0}^{L-1}\mathrm{e}^{\mathrm{j}\omega_0(\tau_l(\theta,\phi)-\tau_l(\theta_0,\phi_0))}\mathrm{e}^{\mathrm{j}\Delta\omega_{k,l}(R_0-R)/c}\right) \tag{3.93}$$

当$R=R_0$时，$\varsigma^{(k)}$近似与k无关，$\Delta\omega_{k,l}$的幅相扰动作用几乎消失；当$\theta=\theta_0$，$\phi=\phi_0$时，若$L_0=L$，且不同矢量天线的发射频偏不同，则$\Delta\omega_{k,l}$也没有幅相扰动作用。

③ 对于②中的问题，可通过下述天线开关方向图和频偏双重扰动技术加以解决，既可以进行信号空间加密，又可以降低接收系统的复杂度：

$$\boldsymbol{w}^{(k)}=(c^{(k)})^*(\boldsymbol{w}_{\mathrm{b},k}^{\mathrm{H}}\boldsymbol{w}_{\mathrm{b},k})^{-1}(\boldsymbol{w}_{\mathrm{b},k}\odot\boldsymbol{b}^{(k)}(\theta_0,\phi_0,R_0)) \tag{3.94}$$

其中，$\boldsymbol{w}_{\mathrm{b},k}$的元素为1或0，$\boldsymbol{w}_{\mathrm{b},k}^{\mathrm{H}}\boldsymbol{w}_{\mathrm{b},k}$的值恒为$L_1$，与$k$无关，同时

$$L_0\leqslant\boldsymbol{w}_{\mathrm{b},k}^{\mathrm{H}}\boldsymbol{w}_{\mathrm{b},k}=L_1<L \tag{3.95}$$

下面看几个仿真例子。为简单起见，例中仅考虑xoy平面内的定位幅相调制，也即$\phi_0=0°$。

图3.32~图3.39所示为SuperCART矢量天线等距线阵定位调制在距离维和角度维的几何阵列发射幅度方向图、相位方向图，其中$(\theta_0,\phi_0,R_0)=(10°,0°,5\mathrm{km})$，$L=10$，$f_0=\dfrac{\omega_0}{2\pi}=10\mathrm{GHz}$，$\Delta f=\dfrac{\Delta\omega}{2\pi}=200\mathrm{kHz}$，采用对数频偏集。

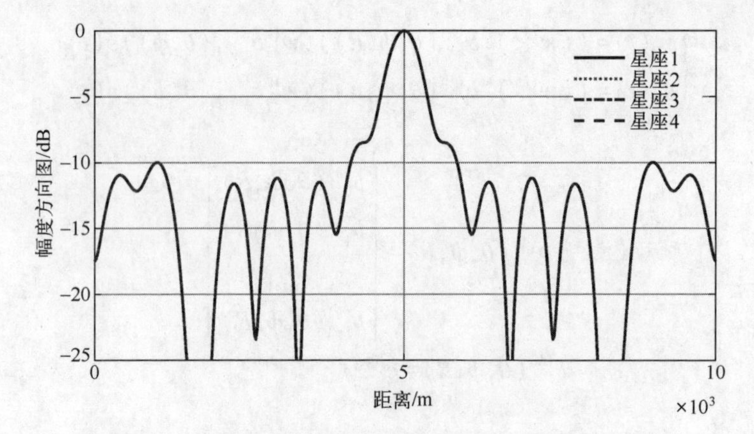

图 3.32 几何阵列距离维发射幅度方向图，固定方向 $\theta=\theta_0$

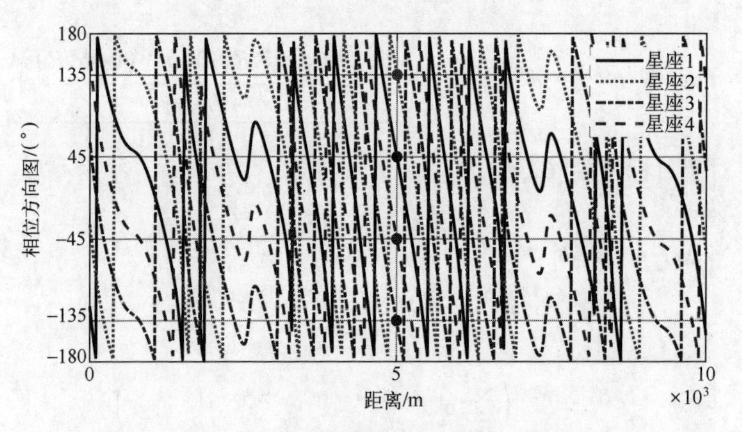

图 3.33 几何阵列距离维发射相位方向图，固定方向 $\theta=\theta_0$

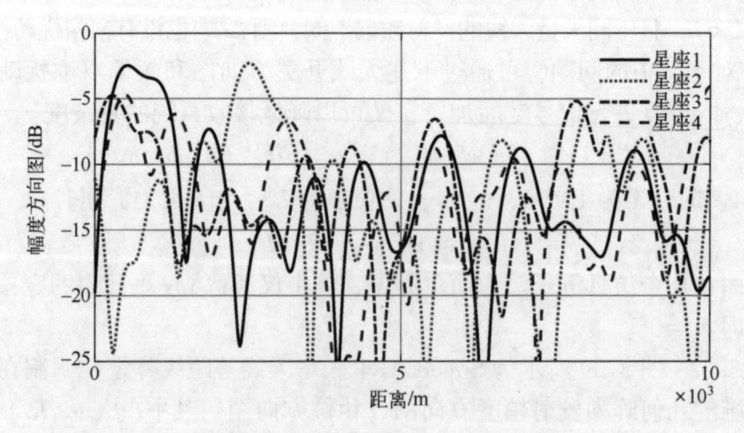

图 3.34 几何阵列距离维发射幅度方向图，固定方向 $\theta=0°$

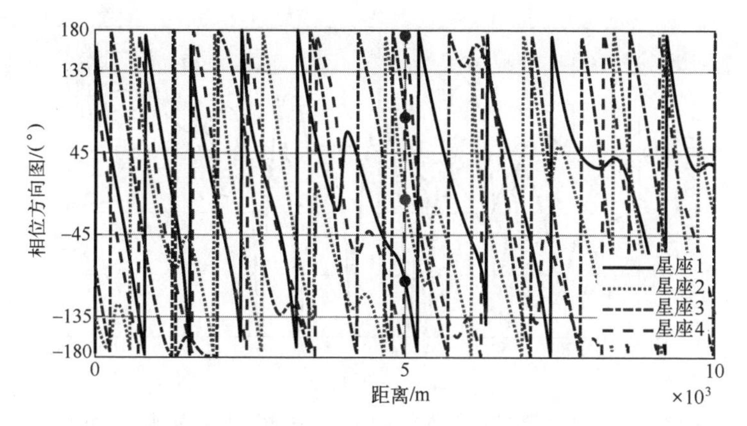

图 3.35 几何阵列距离维发射相位方向图，固定方向 $\theta=0°$

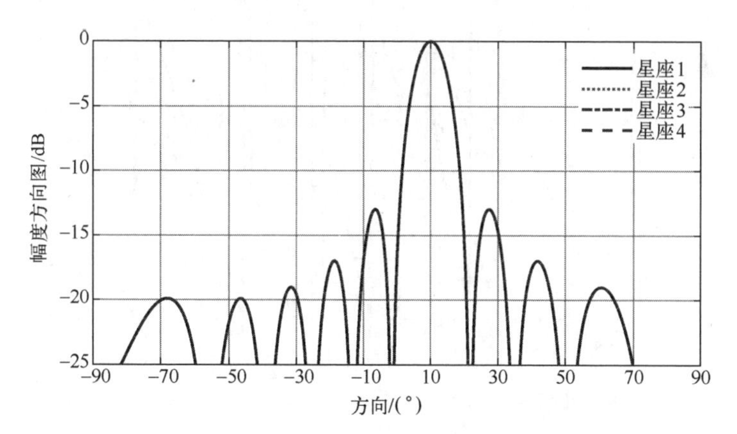

图 3.36 几何阵列角度维发射幅度方向图，固定距离 $R=R_0$

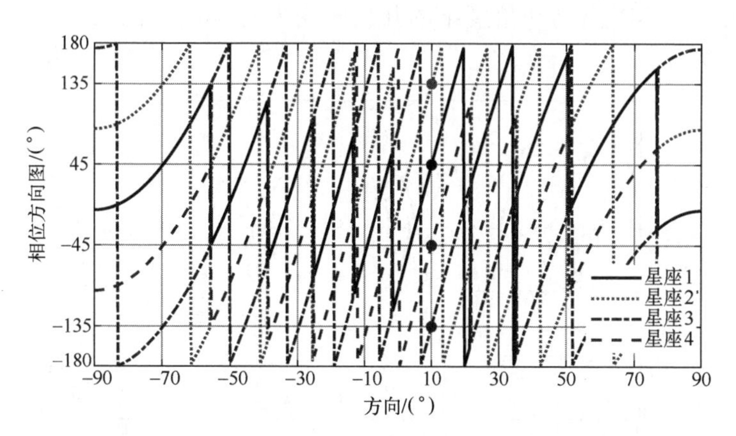

图 3.37 几何阵列角度维发射相位方向图，固定距离 $R=R_0$

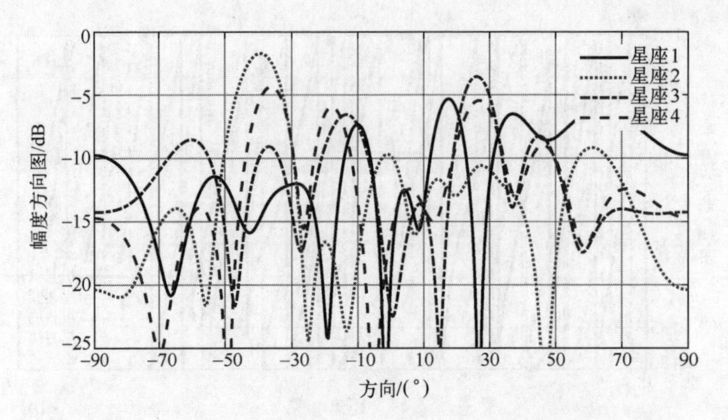

图 3.38　几何阵列角度维发射幅度方向图，固定距离 $R=4\text{km}$

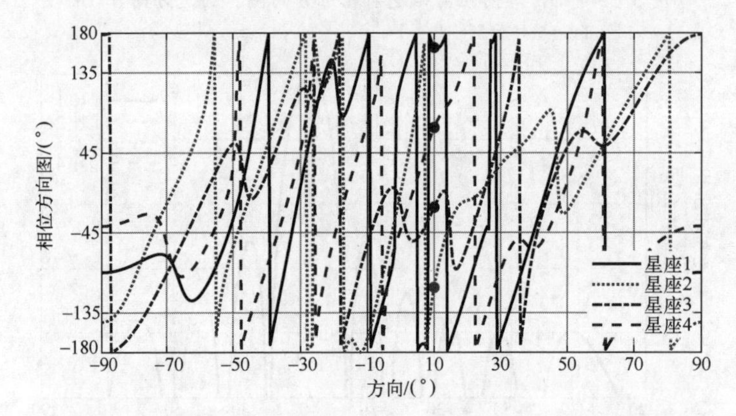

图 3.39　几何阵列角度维发射相位方向图，固定距离 $R=4\text{km}$

图 3.40～图 3.47 所示为 $L_0<L$ 条件下，基于方向图、频偏扰动的定位幅相调制技术，其距离维和角度维的几何阵列发射幅度方向图、相位方向图，其中 $L=10$，$L_0=5$，$L_1=7$。

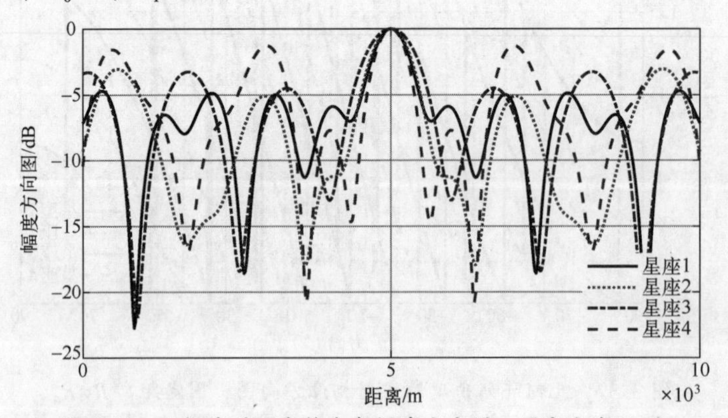

图 3.40　几何阵列距离维发射幅度方向图，固定方向 $\theta=\theta_0$

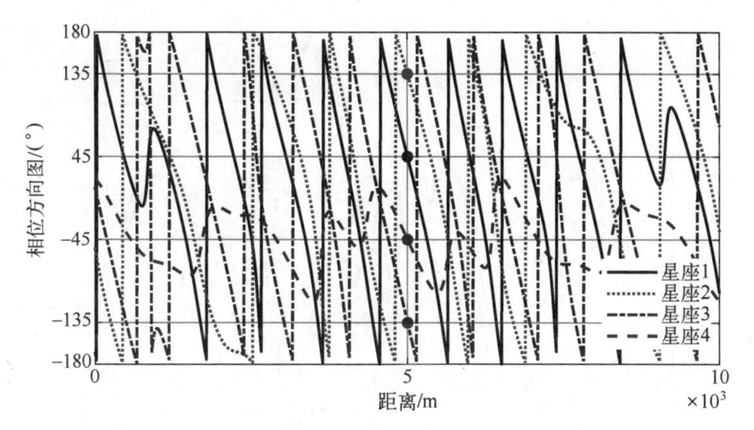

图 3.41　几何阵列距离维发射相位方向图，固定方向 $\theta=\theta_0$

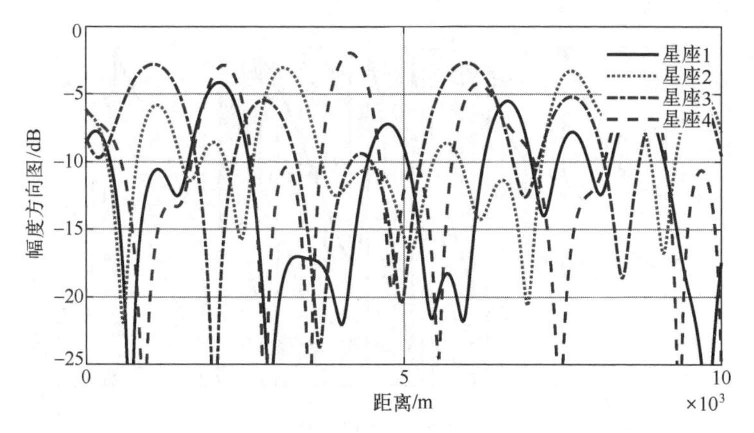

图 3.42　几何阵列距离维发射幅度方向图，固定方向 $\theta=0°$

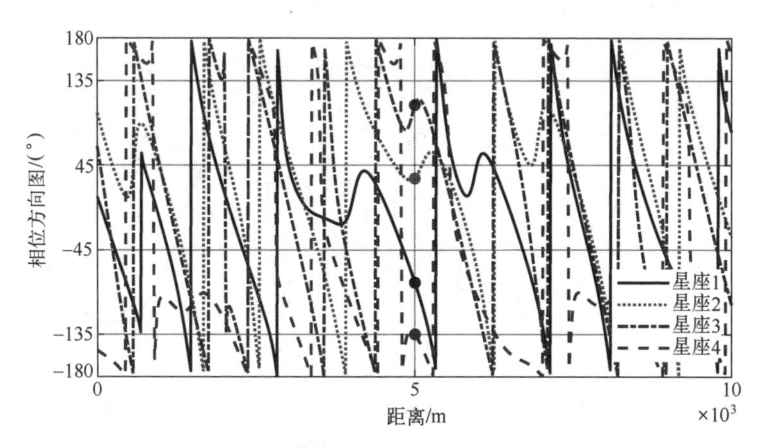

图 3.43　几何阵列距离维发射相位方向图，固定方向 $\theta=0°$

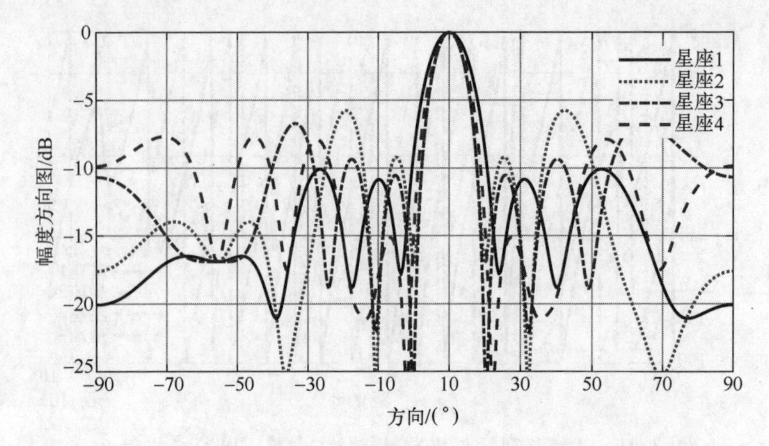

图 3.44 几何阵列角度维发射幅度方向图，固定距离 $R=R_0$

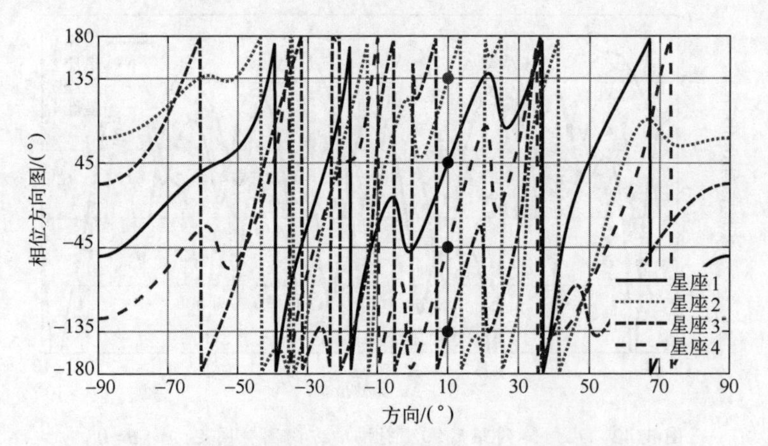

图 3.45 几何阵列角度维发射相位方向图，固定距离 $R=R_0$

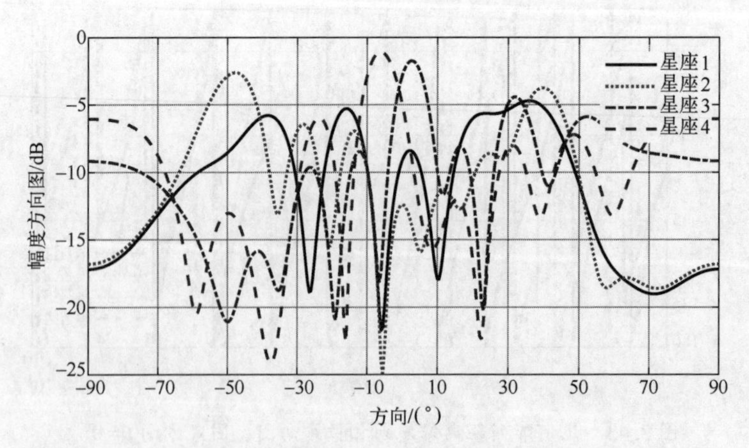

图 3.46 几何阵列角度维发射幅度方向图，固定距离 $R=4\mathrm{km}$

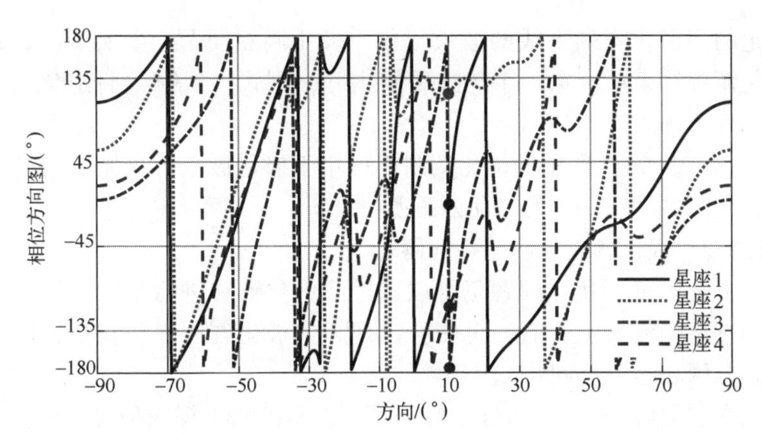

图 3.47　几何阵列角度维发射相位方向图，固定距离 $R=4$km

3.2.2 极化调制

3.2.2.1 基本概念与方法

极化调制（PM）的主要思想是将信号星座图的状态用不同的主瓣方向信号波极化进行表征，若主瓣方向信号波极化(γ_k,η_k)对应信号星座图状态 $c^{(k)}$，则对应的发射权矢量 $\boldsymbol{w}_{\mathrm{pm},k}$可采用下述 Fuchs 设计准则[52]：

$$
\begin{aligned}
&\min_{\boldsymbol{w}} \rho \\
&\text{s.t.} \\
&\max_{(\theta,\phi)\in \mathrm{MLR}} \left| \cos\gamma_k(\boldsymbol{w}^{\mathrm{H}}\boldsymbol{a}_{\mathrm{V}}(\theta,\phi)) - \sin\gamma_k \mathrm{e}^{\mathrm{j}\eta_k}(\boldsymbol{w}^{\mathrm{H}}\boldsymbol{a}_{\mathrm{H}}(\theta,\phi)) \right| \leqslant \tau \\
&\max_{(\theta,\phi)\in \mathrm{SLR}} \left\| \begin{bmatrix} \boldsymbol{w}^{\mathrm{H}}\boldsymbol{a}_{\mathrm{H}}(\theta,\phi) \\ \boldsymbol{w}^{\mathrm{H}}\boldsymbol{a}_{\mathrm{V}}(\theta,\phi) \end{bmatrix} \right\|_2 \leqslant \rho, \quad \begin{bmatrix} \boldsymbol{w}^{\mathrm{H}}\boldsymbol{a}_{\mathrm{H}}(\theta_0,\phi_0) \\ \boldsymbol{w}^{\mathrm{H}}\boldsymbol{a}_{\mathrm{V}}(\theta_0,\phi_0) \end{bmatrix} = B_k \begin{bmatrix} \cos\gamma_k \\ \sin\gamma_k \mathrm{e}^{\mathrm{j}\eta_k} \end{bmatrix}
\end{aligned}
\tag{3.96}
$$

该准则下的信号波发射具有下述特点：

（1）幅度方向图主瓣方向为(θ_0,ϕ_0)，主瓣方向的幅度方向图值为

$$
B_k = \left\| \begin{bmatrix} \boldsymbol{w}^{\mathrm{H}}\boldsymbol{a}_{\mathrm{H}}(\theta_0,\phi_0) \\ \boldsymbol{w}^{\mathrm{H}}\boldsymbol{a}_{\mathrm{V}}(\theta_0,\phi_0) \end{bmatrix} \right\|_2
\tag{3.97}
$$

发射信号波极化为(γ_k,η_k)。

（2）幅度方向图的主瓣区域为 MLR，主瓣区域对应方向的发射信号波极化近似为(γ_k,η_k)，近似程度与参数 τ 有关。

（3）幅度方向图的旁瓣区域为 SLR，旁瓣区域对应方向的发射信号波强度尽可能小，波极化则偏离(γ_k,η_k)，以使得极化调制具有方向性。

（4）式（3.96）所示的极化调制权矢量优化设计问题，其本质仍是 2.2

节所讨论的多极化阵列天线的波束优化与极化调控问题。事实上，若将主瓣区域极化调控约束项（第一个约束项）去除，则式（3.96）将退化成单一发射频率条件下的式（2.77）。

（5）式（3.96）所示的极化调制亦可用于极化波束方向图综合的其他应用场合，比如主动感知中的极化匹配照射。

3.2.2.2 极化调制的容差性问题

式（3.96）所示优化问题仍可以通过凸优化算法进行求解，但当矢量天线内部传感单元数大于2时，可能会出现超大极化调制发射权重，由此带来超大动态范围和容差性问题。

考虑交叉偶极子[53]、COLD、三极子、SuperCART等四种典型矢量天线所组成的等距线阵，阵列包含12个矢量天线，均位于y轴上，间距为半个信号波长；采用Fuchs方法进行xoy平面内的一维极化波束方向图综合。

图3.48和图3.49所示分别为基于四种矢量天线阵列的功率方向图综合结果以及对应的极化调制最优发射权重，其中主瓣方向为阵列法线方向(90°，0°)，$B_k=1$，主瓣宽度为16°，主瓣和旁瓣区域分别为

$$\mathrm{MLR}=[-8°,8°]$$

$$\mathrm{SLR}=[-90°,-8°)\cup(8°,90°]$$

主瓣区域对应方向的发射信号波为右旋圆极化，$\tau=0.1$。

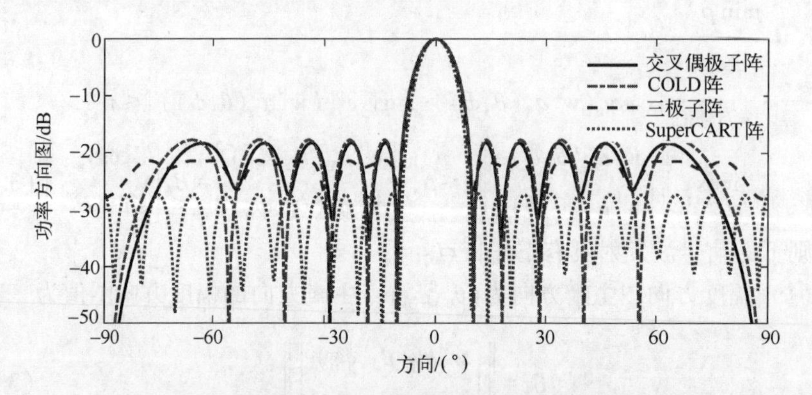

图3.48 基于四种矢量天线阵列的功率方向图综合结果

由图3.48所示结果可以看出，在相同主瓣宽度和阵列孔径条件下，交叉偶极子阵和COLD阵具有较高的旁瓣电平，三极子阵次之，SuperCART阵的旁瓣电平最低，这说明矢量天线内部传感单元数越多，对应阵列的旁瓣电平越低。但是，随着矢量天线内部传感单元数的增多，可能会出现超大极化调制发射权重，如图3.49所示。

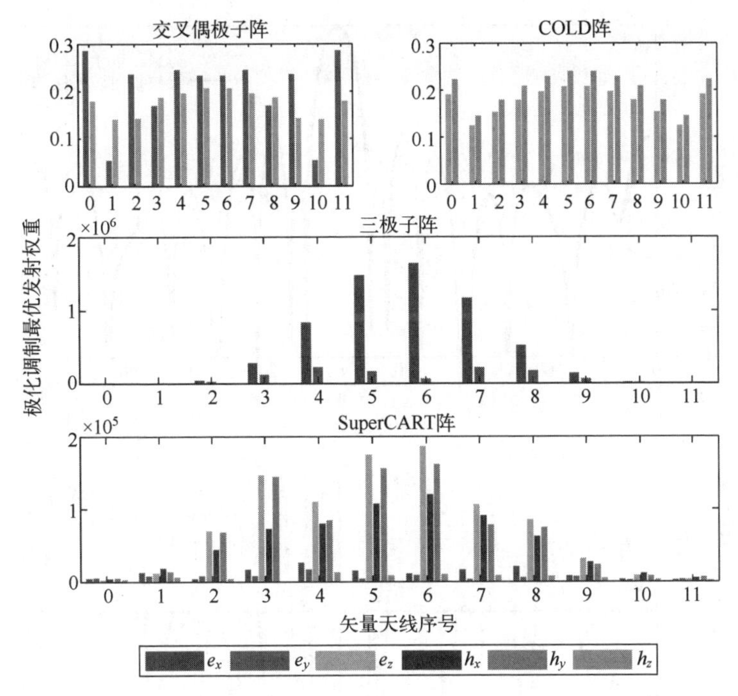

图 3.49　四种矢量天线阵列极化调制最优发射权重的对比

若只保留较大发射权重所对应的天线单元，实际的波束方向图综合结果可能并不满足要求。以三极子阵为例，将发射权重小于最大发射权重 1%的天线单元舍弃，对应的波束方向图综合结果如图 3.50 所示。与完整三极子天线阵结果相比，大权重对应天线阵的功率方向图旁瓣有大约 3dB 的抬升，而由于轴线方向平行于 y 轴和 z 轴的偶极子天线的舍弃，极化控制/调制几乎失败（实际极化调制阵列发射极化与轴线方向平行于 x 轴的偶极子天线极化相同）。

下面对上述超大极化调制权重现象的出现原因作一简单的理论分析。为此，首先令 $\boldsymbol{\Theta}_{\mathrm{m}}$ 和 $\boldsymbol{\Theta}_{\mathrm{s}}$ 分别表示主瓣区域和旁瓣区域的角度栅格集合：

$$\boldsymbol{\Theta}_{\mathrm{m}}=\{(\theta_{\mathrm{m},n},\phi_{\mathrm{m},n}),n=1,2,\cdots,N_{\mathrm{m}}\} \tag{3.98}$$

$$\boldsymbol{\Theta}_{\mathrm{s}}=\{(\theta_{\mathrm{s},n},\phi_{\mathrm{s},n}),n=1,2,\cdots,N_{\mathrm{s}}\} \tag{3.99}$$

其中，N_{m} 和 N_{s} 分别为主瓣区域和旁瓣区域的角度栅格数。

进一步定义下述 $LJ\times(2N_{\mathrm{s}}+N_{\mathrm{m}})$ 维主瓣-旁瓣栅格角度流形矩阵：

$$\boldsymbol{B}(\boldsymbol{\Theta}_{\mathrm{m}},\boldsymbol{\Theta}_{\mathrm{s}})=[\boldsymbol{A}_{\mathrm{cr}}(\boldsymbol{\Theta}_{\mathrm{m}}),\boldsymbol{A}_{\mathrm{hv}}(\boldsymbol{\Theta}_{\mathrm{s}})] \tag{3.100}$$

式中：

$$\boldsymbol{A}_{\mathrm{cr}}(\boldsymbol{\Theta}_{\mathrm{m}})=[\boldsymbol{a}_{\mathrm{cr}}(\theta_{\mathrm{m},1},\phi_{\mathrm{m},1}),\boldsymbol{a}_{\mathrm{cr}}(\theta_{\mathrm{m},2},\phi_{\mathrm{m},2}),\cdots,\boldsymbol{a}_{\mathrm{cr}}(\theta_{\mathrm{m},N_{\mathrm{m}}},\phi_{\mathrm{m},N_{\mathrm{m}}})] \tag{3.101}$$

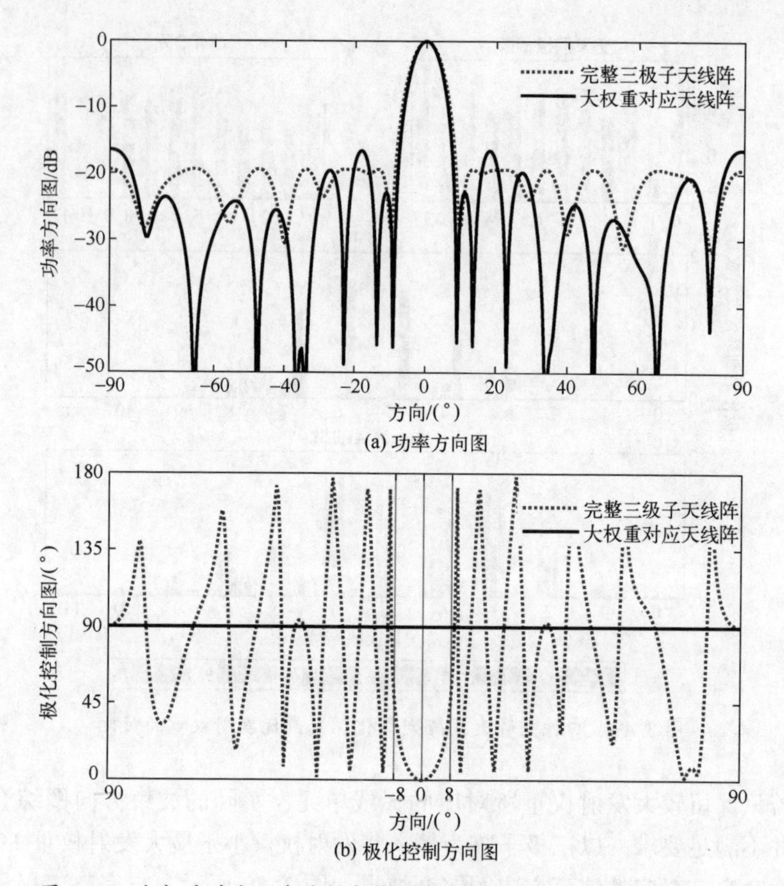

(a) 功率方向图

(b) 极化控制方向图

图 3.50 大权重对应天线阵与完整天线阵的波束方向图综合结果比较

$$\boldsymbol{a}_{\mathrm{cr}}(\theta_{\mathrm{m},n},\phi_{\mathrm{m},n})=\cos\gamma_k\boldsymbol{a}_{\mathrm{V}}(\theta_{\mathrm{m},n},\phi_{\mathrm{m},n})-\sin\gamma_k\mathrm{e}^{\mathrm{j}\eta_k}\boldsymbol{a}_{\mathrm{H}}(\theta_{\mathrm{m},n},\phi_{\mathrm{m},n}) \tag{3.102}$$

$$\boldsymbol{A}_{\mathrm{hv}}(\boldsymbol{\Theta}_{\mathrm{s}})=[\boldsymbol{\Xi}_{\mathrm{hv}}(\theta_{\mathrm{s},1},\phi_{\mathrm{s},1}),\boldsymbol{\Xi}_{\mathrm{hv}}(\theta_{\mathrm{s},2},\phi_{\mathrm{s},2}),\cdots,\boldsymbol{\Xi}_{\mathrm{hv}}(\theta_{\mathrm{s},N_{\mathrm{s}}},\phi_{\mathrm{s},N_{\mathrm{s}}})] \tag{3.103}$$

$$\boldsymbol{\Xi}_{\mathrm{hv}}(\theta_{\mathrm{s},n},\phi_{\mathrm{s},n})=[\boldsymbol{a}_{\mathrm{H}}(\theta_{\mathrm{s},n},\phi_{\mathrm{s},n}),\boldsymbol{a}_{\mathrm{V}}(\theta_{\mathrm{s},n},\phi_{\mathrm{s},n})] \tag{3.104}$$

这样，式（3.96）所示的极化调制权矢量设计问题又近似等价于下述问题：

$$\min_{\boldsymbol{w}}\|\boldsymbol{w}^{\mathrm{H}}\boldsymbol{B}(\boldsymbol{\Theta}_{\mathrm{m}},\boldsymbol{\Theta}_{\mathrm{s}})\|_2 \text{ s.t. } \boldsymbol{w}^{\mathrm{H}}\boldsymbol{\Xi}(\theta_0,\phi_0)=B_k\boldsymbol{p}_k^{\mathrm{H}} \tag{3.105}$$

其中，$\boldsymbol{\Xi}(\theta_0,\phi_0)=[\boldsymbol{a}_{\mathrm{H}}(\theta_0,\phi_0),\boldsymbol{a}_{\mathrm{V}}(\theta_0,\phi_0)]$，$\boldsymbol{p}_k=[\cos\gamma_k,\sin\gamma_k\mathrm{e}^{-\mathrm{j}\eta_k}]^{\mathrm{T}}$。

式（3.105）所示问题可以采用拉格朗日乘子方法进行求解，为此需构造下述拉格朗日函数：

$$\mathcal{L}(\boldsymbol{w},\boldsymbol{\ell})=\|\boldsymbol{w}^{\mathrm{H}}\boldsymbol{B}(\boldsymbol{\Theta}_{\mathrm{m}},\boldsymbol{\Theta}_{\mathrm{s}})\|_2+2\mathrm{Re}((B_k\boldsymbol{p}_k^{\mathrm{H}}-\boldsymbol{w}^{\mathrm{H}}\boldsymbol{\Xi}(\theta_0,\phi_0))\boldsymbol{\ell}) \tag{3.106}$$

其中，$\boldsymbol{\ell}$ 为 2×1 维拉格朗日乘子矢量。

将 $\mathcal{L}(\boldsymbol{w},\boldsymbol{\ell})$ 对 $\boldsymbol{w}$ 求偏导，并令结果为零，可得

$$\underbrace{(\boldsymbol{B}(\boldsymbol{\Theta}_{\mathrm{m}},\boldsymbol{\Theta}_{\mathrm{s}})\boldsymbol{B}^{\mathrm{H}}(\boldsymbol{\Theta}_{\mathrm{m}},\boldsymbol{\Theta}_{\mathrm{s}}))}_{=\boldsymbol{Q}(\boldsymbol{\Theta}_{\mathrm{m}},\boldsymbol{\Theta}_{\mathrm{s}})}\boldsymbol{w}=\boldsymbol{\Xi}(\theta_0,\phi_0)\boldsymbol{\ell} \tag{3.107}$$

所以极化调制权矢量 $\boldsymbol{w}$ 具有下述形式：

$$\boldsymbol{w}=\boldsymbol{Q}^{-1}(\boldsymbol{\Theta}_{\mathrm{m}},\boldsymbol{\Theta}_{\mathrm{s}})\boldsymbol{\Xi}(\theta_0,\phi_0)\boldsymbol{\ell} \tag{3.108}$$

当 $\boldsymbol{Q}(\boldsymbol{\Theta}_{\mathrm{m}},\boldsymbol{\Theta}_{\mathrm{s}})$ 的条件数很大，也即 $\boldsymbol{Q}(\boldsymbol{\Theta}_{\mathrm{m}},\boldsymbol{\Theta}_{\mathrm{s}})$ 接近奇异时，权矢量 $\boldsymbol{w}$ 将出现超大值元素。

矩阵 $\boldsymbol{Q}(\boldsymbol{\Theta}_{\mathrm{m}},\boldsymbol{\Theta}_{\mathrm{s}})$ 的条件数可以通过 $\boldsymbol{B}(\boldsymbol{\Theta}_{\mathrm{m}},\boldsymbol{\Theta}_{\mathrm{s}})$ 的奇异值分解进行分析：

$$\boldsymbol{B}(\boldsymbol{\Theta}_{\mathrm{m}},\boldsymbol{\Theta}_{\mathrm{s}})\approx\boldsymbol{U}\boldsymbol{\Sigma}\boldsymbol{V}^{\mathrm{H}} \tag{3.109}$$

其中，$\boldsymbol{U}=[\boldsymbol{u}_1,\boldsymbol{u}_2,\cdots,\boldsymbol{u}_{L_{\mathrm{pc}}}]$ 和 $\boldsymbol{V}=[\boldsymbol{v}_1,\boldsymbol{v}_2,\cdots,\boldsymbol{v}_{L_{\mathrm{pc}}}]$ 的列矢量分别为 $\boldsymbol{B}(\boldsymbol{\Theta}_{\mathrm{m}},\boldsymbol{\Theta}_{\mathrm{s}})$ 的主左奇异矢量和主右奇异矢量，$\boldsymbol{\Sigma}=\mathrm{diag}(u_1,u_2,\cdots,u_{L_{\mathrm{pc}}})$ 的对角线元素为 $\boldsymbol{B}(\boldsymbol{\Theta}_{\mathrm{m}},\boldsymbol{\Theta}_{\mathrm{s}})$ 的 $L_{\mathrm{pc}}\leqslant LJ$ 个较大奇异值，假设 $u_1\geqslant u_2\geqslant\cdots\geqslant u_{L_{\mathrm{pc}}}>0$。矩阵 $\boldsymbol{Q}(\boldsymbol{\Theta}_{\mathrm{m}},\boldsymbol{\Theta}_{\mathrm{s}})$ 的条件数也可以通过 $\boldsymbol{Q}(\boldsymbol{\Theta}_{\mathrm{m}},\boldsymbol{\Theta}_{\mathrm{s}})$ 的特征值分解进行分析：$\boldsymbol{Q}(\boldsymbol{\Theta}_{\mathrm{m}},\boldsymbol{\Theta}_{\mathrm{s}})\approx\boldsymbol{U}(\boldsymbol{\Sigma}\boldsymbol{\Sigma}^{\mathrm{H}})\boldsymbol{U}^{\mathrm{H}}$。如果 $L_{\mathrm{pc}}=LJ$，则此处的约等号应为等号。

定义 $\mathrm{span}(\boldsymbol{U})$ 的维数，也即 $\boldsymbol{B}(\boldsymbol{\Theta}_{\mathrm{m}},\boldsymbol{\Theta}_{\mathrm{s}})$ 的较大奇异值的个数 L_{pc}，为主瓣-旁瓣栅格角度流形矩阵 $\boldsymbol{B}(\boldsymbol{\Theta}_{\mathrm{m}},\boldsymbol{\Theta}_{\mathrm{s}})$ 的列矢量所张成的线性空间的有效维数（ED）：

$$\mathrm{ED}(\mathrm{span}(\boldsymbol{B}(\boldsymbol{\Theta}_{\mathrm{m}},\boldsymbol{\Theta}_{\mathrm{s}})))=L_{\mathrm{pc}} \tag{3.110}$$

该有效维数近似为下述所谓波矢-孔径-极化积（WAPP[54]）：

$$\mathrm{WAPP}=2(\lceil \mathrm{AA}_{\lambda}\cdot\overline{\overline{\mathrm{SLR}}}\rceil+1)+(\lceil \mathrm{AA}_{\lambda}\cdot\overline{\overline{\mathrm{MLR}}}\rceil+1) \tag{3.111}$$

式中：

$$\mathrm{AA}_{\lambda}=\begin{cases}\dfrac{D}{\lambda},\text{线阵情形}\\[2ex]\dfrac{\pi R^2}{\lambda^2},\text{面阵情形}\end{cases} \tag{3.112}$$

$$\overline{\overline{\Omega}}=\begin{cases}\displaystyle\int_{\Omega}\cos\phi\mathrm{d}\phi,\text{线阵情形}\\[2ex]\displaystyle\int_{\Omega}\sin\theta\cos\theta\mathrm{d}\theta\mathrm{d}\phi,\text{面阵情形}\end{cases} \tag{3.113}$$

其中，λ 为信号波长；对于线阵情形，D 为线阵（位于 y 轴上）的物理尺寸；对于面阵情形，R 为包围整个面阵（位于 xoy 平面内）最小圆的半径。

当阵列维数 LJ 大于 $\mathrm{span}(\boldsymbol{B}(\boldsymbol{\Theta}_{\mathrm{m}},\boldsymbol{\Theta}_{\mathrm{s}}))$ 的有效维数时，$\boldsymbol{Q}(\boldsymbol{\Theta}_{\mathrm{m}},\boldsymbol{\Theta}_{\mathrm{s}})$ 奇异或接近奇异，条件数无穷大或非常大；当阵列维数 LJ 等于 $\mathrm{span}(\boldsymbol{B}(\boldsymbol{\Theta}_{\mathrm{m}},\boldsymbol{\Theta}_{\mathrm{s}}))$ 的有效维数时，$\boldsymbol{Q}(\boldsymbol{\Theta}_{\mathrm{m}},\boldsymbol{\Theta}_{\mathrm{s}})$ 的条件数一般不会非常大。

此处所讨论的子空间 $\mathrm{span}(\boldsymbol{B}(\boldsymbol{\Theta}_{\mathrm{m}},\boldsymbol{\Theta}_{\mathrm{s}}))$ 的有效维数与第 7 章将要讨论的宽带阵列“有效秩”的概念非常类似。

对于上例，阵列尺寸为 5.5λ，于是 $AA_\lambda=5.5$；主瓣区域为 MLR=[-8°, 8°]，旁瓣区域为 SLR=[-90°,-8°)∪(8°,90°]，所以 $\overline{\overline{\mathrm{MLR}}}\approx0.28$，$\overline{\overline{\mathrm{SLR}}}\approx$ 1.72，由此可得 WAPP≈25。

图 3.51 所示为四种矢量天线阵列主瓣-旁瓣栅格角度流形矩阵 $\boldsymbol{B}(\boldsymbol{\Theta}_\mathrm{m},\boldsymbol{\Theta}_\mathrm{s})$ 的奇异值分布情况，其中交叉偶极子阵和 COLD 阵的维数均为 24，与 WAPP 相近，奇异值均明显大于 0，所以 $\mathrm{span}(\boldsymbol{B}(\boldsymbol{\Theta}_\mathrm{m},\boldsymbol{\Theta}_\mathrm{s}))$ 的有效维数为 24；三极子阵的维数为 36，SuperCART 阵的维数为 72，均大于 WAPP，当序号超过 WAPP 时，奇异值迅速趋近于 0，所以 $\mathrm{span}(\boldsymbol{B}(\boldsymbol{\Theta}_\mathrm{m},\boldsymbol{\Theta}_\mathrm{s}))$ 的有效维数约为 25。

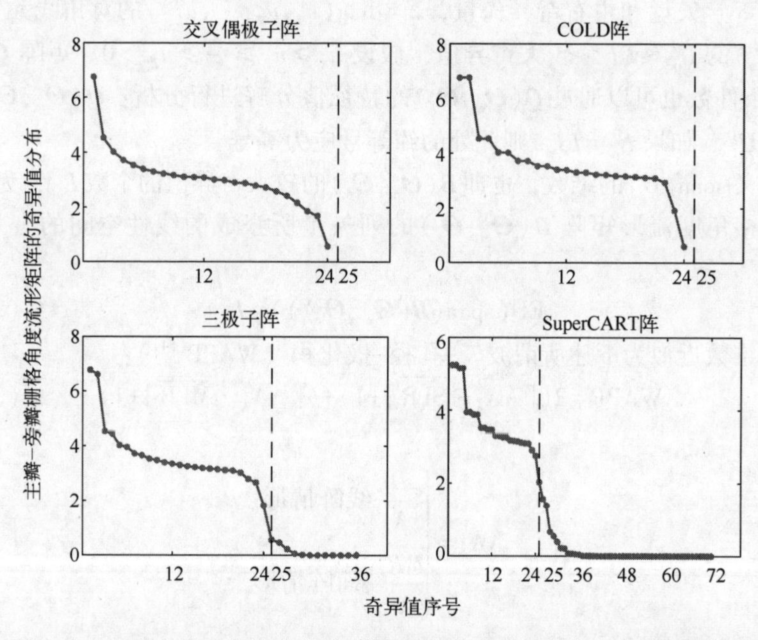

图 3.51 四种矢量天线阵列主瓣-旁瓣栅格角度流形矩阵的奇异值分布图

这表明以 WAPP 来近似衡量子空间 $\mathrm{span}(\boldsymbol{B}(\boldsymbol{\Theta}_\mathrm{m},\boldsymbol{\Theta}_\mathrm{s}))$ 的有效维数是合理的：当 LJ>WAPP 时，$\boldsymbol{Q}(\boldsymbol{\Theta}_\mathrm{m},\boldsymbol{\Theta}_\mathrm{s})$ 奇异或者接近奇异，会出现超大极化调制权重现象；当 $LJ\leqslant$WAPP 时，$\boldsymbol{Q}(\boldsymbol{\Theta}_\mathrm{m},\boldsymbol{\Theta}_\mathrm{s})$ 的条件数不会太大，一般不会出现超大极化调制权重现象。

超大极化调制权重的出现会放大 $\boldsymbol{a}_\mathrm{H}(\theta_0,\phi_0)$ 和 $\boldsymbol{a}_\mathrm{V}(\theta_0,\phi_0)$ 中可能存在的误差/扰动，由此可能造成较大的极化调制误差：

$$\begin{bmatrix}\boldsymbol{w}^\mathrm{H}\boldsymbol{a}_\mathrm{H}(\theta_0,\phi_0)\\ \boldsymbol{w}^\mathrm{H}\boldsymbol{a}_\mathrm{V}(\theta_0,\phi_0)\end{bmatrix}=B_k\begin{bmatrix}\cos\gamma_k\\ \sin\gamma_k\mathrm{e}^{\mathrm{j}\eta_k}\end{bmatrix}+\begin{bmatrix}\boldsymbol{w}^\mathrm{H}\boldsymbol{e}_\mathrm{H}(\theta_0,\phi_0)\\ \boldsymbol{w}^\mathrm{H}\boldsymbol{e}_\mathrm{V}(\theta_0,\phi_0)\end{bmatrix}\tag{3.114}$$

其中，$\boldsymbol{e}_{\mathrm{H}}(\theta_0,\phi_0)$ 和 $\boldsymbol{e}_{\mathrm{V}}(\theta_0,\phi_0)$ 分别为 $\boldsymbol{a}_{\mathrm{H}}(\theta_0,\phi_0)$ 和 $\boldsymbol{a}_{\mathrm{V}}(\theta_0,\phi_0)$ 中所含的误差/扰动。

根据式（3.105），为避免极化调制中的超大发射权重问题，可以考虑对权矢量的范数进行软约束：

$$\min_{\boldsymbol{w}} \|\boldsymbol{w}^{\mathrm{H}}\boldsymbol{B}(\boldsymbol{\Theta}_{\mathrm{m}},\boldsymbol{\Theta}_{\mathrm{s}})\|_2+\kappa\boldsymbol{w}^{\mathrm{H}}\boldsymbol{w} \text{ s. t. } \boldsymbol{w}^{\mathrm{H}}\boldsymbol{\Xi}(\theta_0,\phi_0)=B_k\boldsymbol{p}_k^{\mathrm{H}} \tag{3.115}$$

其中，κ 为惩罚因子。

或者在波束方向图优化过程中直接引入功率约束（等价于对权矢量的范数或元素进行硬约束），直接压制极化调制发射权重；抑或引入阵列流形不确定集约束，根据最坏情况最优化准则，进行极化调制权矢量设计。

（1）功率约束方法。

功率约束方法是一种直接对极化调制发射权矢量 $\boldsymbol{w}$ 施加约束的方法，其物理含义为限制馈入天线的功率[55]，具体分为式（3.116）所示的总体功率约束（OPC）和式（3.117）所示的单独功率约束（IPC）两种形式[14]：

$$\|\boldsymbol{w}\|_2^2=\boldsymbol{w}^{\mathrm{H}}\boldsymbol{w}\leqslant p_{\mathrm{opc}} \tag{3.116}$$

$$|\boldsymbol{w}(l)|^2\leqslant p_{\mathrm{ipc}},\ l=1,2,\cdots,LJ \tag{3.117}$$

也即将式（3.96）所示的优化问题修正为

$$\begin{aligned}
&\min_{\boldsymbol{w}} \rho\\
&\text{s. t.}\\
&\max_{(\theta,\phi)\in\mathrm{MLR}}|\cos\gamma_k(\boldsymbol{w}^{\mathrm{H}}\boldsymbol{a}_{\mathrm{V}}(\theta,\phi))-\sin\gamma_k\mathrm{e}^{\mathrm{j}\eta_k}(\boldsymbol{w}^{\mathrm{H}}\boldsymbol{a}_{\mathrm{H}}(\theta,\phi))|\leqslant\tau\\
&\max_{(\theta,\phi)\in\mathrm{SLR}}\left\|\begin{bmatrix}\boldsymbol{w}^{\mathrm{H}}\boldsymbol{a}_{\mathrm{H}}(\theta,\phi)\\ \boldsymbol{w}^{\mathrm{H}}\boldsymbol{a}_{\mathrm{V}}(\theta,\phi)\end{bmatrix}\right\|_2\leqslant\rho\\
&\begin{bmatrix}\boldsymbol{w}^{\mathrm{H}}\boldsymbol{a}_{\mathrm{H}}(\theta_0,\phi_0)\\ \boldsymbol{w}^{\mathrm{H}}\boldsymbol{a}_{\mathrm{V}}(\theta_0,\phi_0)\end{bmatrix}=B_k\begin{bmatrix}\cos\gamma_k\\ \sin\gamma_k\mathrm{e}^{\mathrm{j}\eta_k}\end{bmatrix}\\
&\|\boldsymbol{w}\|_2\leqslant\sqrt{p_{\mathrm{opc}}}\text{ 或者 }|\boldsymbol{w}(l)|\leqslant\sqrt{p_{\mathrm{ipc}}},\ l=1,2,\cdots,LJ
\end{aligned} \tag{3.118}$$

由于 OPC 约束和 IPC 约束都是凸约束，式（3.118）所示的优化问题仍然可以转化为 SOCP 问题进行求解。

关于 p_{opc} 和 p_{ipc} 的选择，应考虑实际阵列天线馈电网络的影响。注意到

$$|\boldsymbol{w}^{\mathrm{H}}\boldsymbol{a}_{\mathrm{H}}(\theta_0,\phi_0)|=|B_k\cos\gamma_k|\leqslant\|\boldsymbol{w}\|_2\cdot\|\boldsymbol{a}_{\mathrm{H}}(\theta_0,\phi_0)\|_2 \tag{3.119}$$

$$|\boldsymbol{w}^{\mathrm{H}}\boldsymbol{a}_{\mathrm{V}}(\theta_0,\phi_0)|=|B_k\sin\gamma_k|\leqslant\|\boldsymbol{w}\|_2\cdot\|\boldsymbol{a}_{\mathrm{V}}(\theta_0,\phi_0)\|_2 \tag{3.120}$$

所以 p_{opc} 还应满足

$$p_{\mathrm{opc}}\geqslant p_0=\max\left(\frac{|B_k\cos\gamma_k|^2}{\|\boldsymbol{a}_{\mathrm{H}}(\theta_0,\phi_0)\|_2^2},\frac{|B_k\sin\gamma_k|^2}{\|\boldsymbol{a}_{\mathrm{V}}(\theta_0,\phi_0)\|_2^2}\right) \tag{3.121}$$

对于 p_{ipc}，虽然无法直接给出其下界的解析式，但从功率分配的角度考虑，可以设定 $p_{\mathrm{ipc}} \geqslant \frac{p_0}{LJ}$。

下面看几个仿真例子，主要研究功率约束对波束方向图综合/极化调制性能的影响。

图 3.52 所示为三极子阵和 SuperCART 阵在不含功率约束和包含功率约束时的功率方向图综合结果，其中

$$p_{\mathrm{opc}} = 10p_0,\ p_{\mathrm{ipc}} = 10\left(\frac{p_0}{LJ}\right)$$

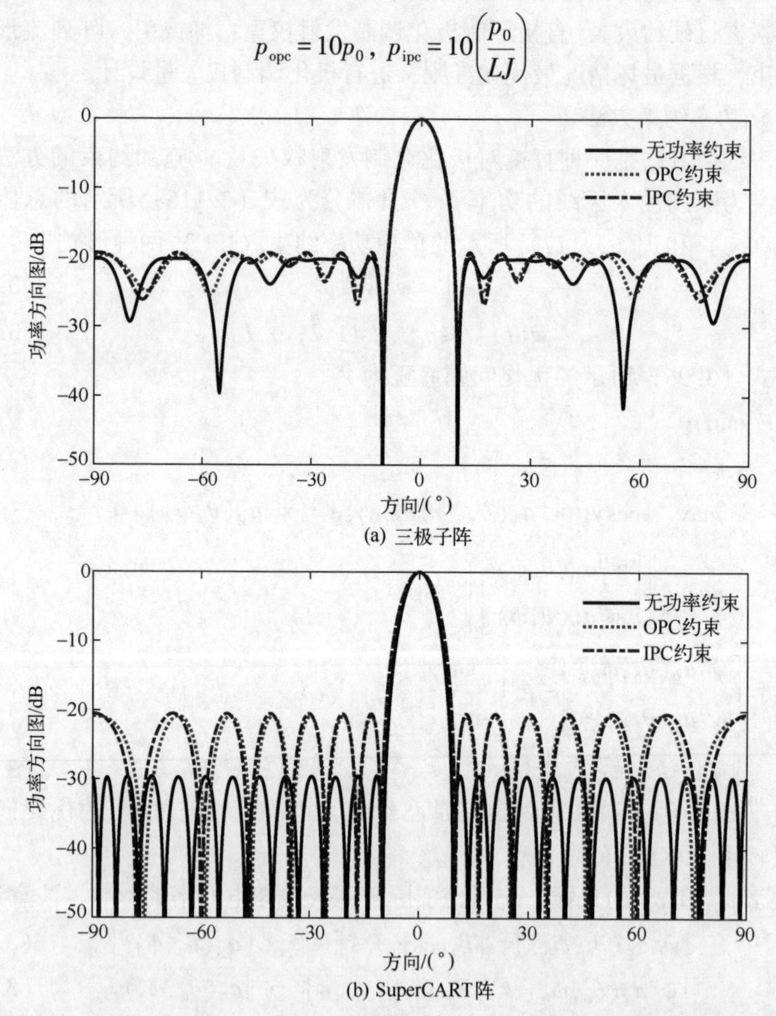

图 3.52 不同功率约束准则下，三极子阵和 SuperCART 阵的功率方向图综合结果

由图中所示结果可以看出，增加 OPC 约束和 IPC 约束后，三极子阵的旁瓣功率分别抬升了 0.6dB 和 0.85dB，而 SuperCART 阵的旁瓣功率抬升幅度则

达到了 8.89dB 和 9.24dB。

上述现象表明，引入功率约束后，$\|\boldsymbol{w}^{\mathrm{H}}\boldsymbol{B}(\boldsymbol{\Theta}_{\mathrm{m}},\boldsymbol{\Theta}_{\mathrm{s}})\|_2$ 可取得的最小值与无功率约束情形相比有所增大。尽管此例中 $\boldsymbol{Q}(\boldsymbol{\Theta}_{\mathrm{m}},\boldsymbol{\Theta}_{\mathrm{s}})$ 是奇异的，但是权矢量并未近似落入 $\boldsymbol{B}(\boldsymbol{\Theta}_{\mathrm{m}},\boldsymbol{\Theta}_{\mathrm{s}})$ 较小奇异值对应左奇异矢量所张成的线性空间之中。

通过功率约束，最直接的效果是避免了超大极化调制权重，由此可降低存在流形误差条件下的极化调制误差。

图 3.53 所示为 SuperCART 阵最高旁瓣功率随馈电功率约束值变化的曲线，可以看到，随着馈电约束功率值的指数增长，旁瓣功率近乎线性降低，并逐渐靠近无功率约束时的旁瓣功率。此外，由于 IPC 约束相比 OPC 约束更严苛，所以相应的旁瓣功率略高。

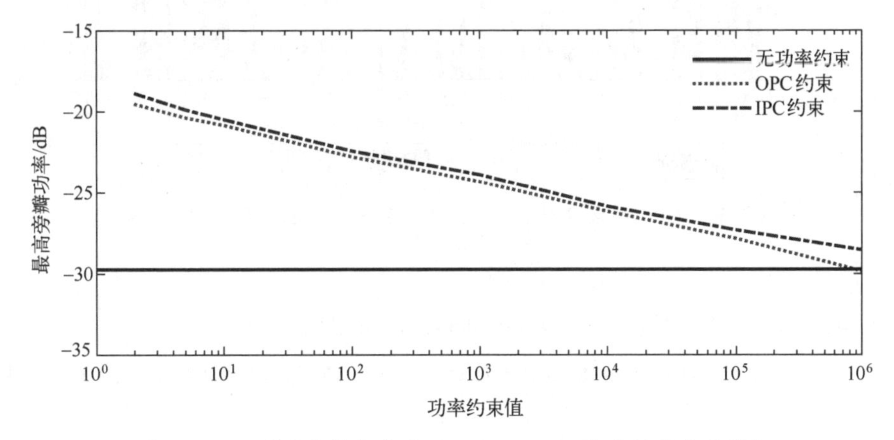

图 3.53　不同功率约束准则下，SuperCART 阵旁瓣高度随馈电约束功率值变化的曲线

图 3.54 所示结果为在 OPC 约束下（$p_{\mathrm{opc}}=10p_0$），两种矢量天线阵列的极化调制发射权重分布情况，可以看到，超大权重未再出现。

顺便指出，功率约束也可应用于基于极化分离的矢量天线阵列波束方向图综合，具体方法与式（3.118）所示方法类似，不再重复讨论。

（2）不确定集约束方法。

假设实际的水平和垂直极化流形矢量 $\boldsymbol{a}_{\mathrm{H}}(\theta,\phi)$ 和 $\boldsymbol{a}_{\mathrm{V}}(\theta,\phi)$ 分别位于如下两个不确定集之中：

$$\mathcal{U}_{\mathrm{H}}(\theta,\phi)=\{\boldsymbol{h}\,|\,\boldsymbol{h}=\hat{\boldsymbol{a}}_{\mathrm{H}}(\theta,\phi)+\boldsymbol{e}_{\mathrm{H}}(\theta,\phi),\|\boldsymbol{e}_{\mathrm{H}}(\theta,\phi)\|_2\leqslant\epsilon_{\mathrm{H}}\}\tag{3.122}$$

$$\mathcal{U}_{\mathrm{V}}(\theta,\phi)=\{\boldsymbol{v}\,|\,\boldsymbol{v}=\hat{\boldsymbol{a}}_{\mathrm{V}}(\theta,\phi)+\boldsymbol{e}_{\mathrm{V}}(\theta,\phi),\|\boldsymbol{e}_{\mathrm{V}}(\theta,\phi)\|_2\leqslant\epsilon_{\mathrm{V}}\}\tag{3.123}$$

其中，$\hat{\boldsymbol{a}}_{\mathrm{H}}(\theta,\phi)$ 和 $\hat{\boldsymbol{a}}_{\mathrm{V}}(\theta,\phi)$ 分别为 $\boldsymbol{a}_{\mathrm{H}}(\theta,\phi)$ 和 $\boldsymbol{a}_{\mathrm{V}}(\theta,\phi)$ 的标称值，$\boldsymbol{e}_{\mathrm{H}}(\theta,\phi)$ 和 $\boldsymbol{e}_{\mathrm{V}}(\theta,\phi)$ 为相应的误差/扰动矢量，误差的大小程度由参数 ϵ_{H} 和 ϵ_{V} 决定。

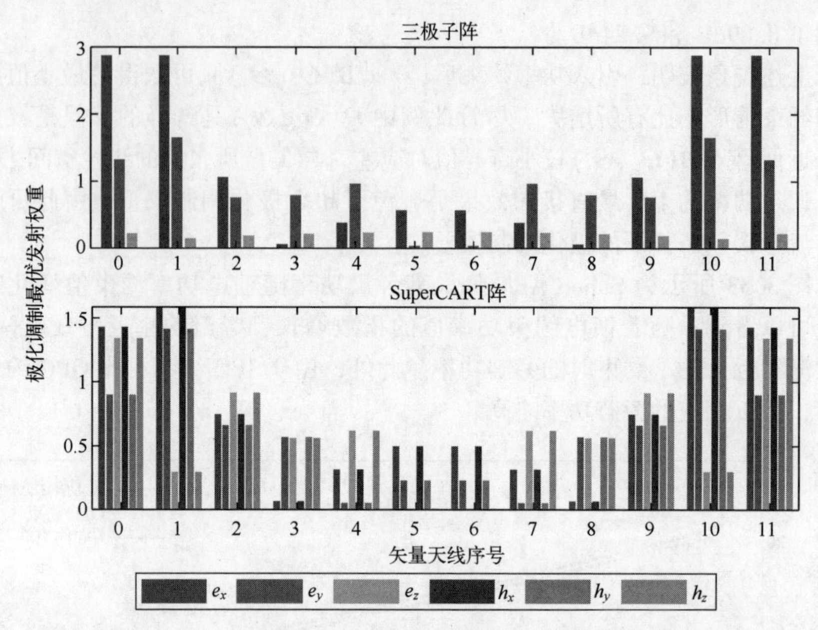

图 3.54 OPC 约束准则下，三极子阵和 SuperCART 阵的极化调制最优发射权重比较

水平和垂直极化流形矢量 $\boldsymbol{a}_{\mathrm{H}}(\theta,\phi)$ 和 $\boldsymbol{a}_{\mathrm{V}}(\theta,\phi)$ 还可以写成

$$\boldsymbol{a}_{\mathrm{H}}(\theta,\phi)=\boldsymbol{C}_{\mathrm{H}}\hat{\boldsymbol{a}}_{\mathrm{H}}(\theta,\phi)=\hat{\boldsymbol{a}}_{\mathrm{H}}(\theta,\phi)+\underbrace{\boldsymbol{C}_{\mathrm{H}}^{-}\hat{\boldsymbol{a}}_{\mathrm{H}}(\theta,\phi)}_{=\boldsymbol{e}_{\mathrm{H}}(\theta,\phi)} \tag{3.124}$$

$$\boldsymbol{a}_{\mathrm{V}}(\theta,\phi)=\boldsymbol{C}_{\mathrm{V}}\hat{\boldsymbol{a}}_{\mathrm{V}}(\theta,\phi)=\hat{\boldsymbol{a}}_{\mathrm{V}}(\theta,\phi)+\underbrace{\boldsymbol{C}_{\mathrm{V}}^{-}\hat{\boldsymbol{a}}_{\mathrm{V}}(\theta,\phi)}_{=\boldsymbol{e}_{\mathrm{V}}(\theta,\phi)} \tag{3.125}$$

式中：$\boldsymbol{C}_{\mathrm{H}}$ 和 $\boldsymbol{C}_{\mathrm{V}}$ 均为 $LJ\times LJ$ 维矩阵，

$$\boldsymbol{C}_{\mathrm{H}}^{-}=\boldsymbol{C}_{\mathrm{H}}-\boldsymbol{I}_{LJ} \tag{3.126}$$

$$\boldsymbol{C}_{\mathrm{V}}^{-}=\boldsymbol{C}_{\mathrm{V}}-\boldsymbol{I}_{LJ} \tag{3.127}$$

进而有

$$\|\boldsymbol{e}_{\mathrm{H}}(\theta,\phi)\|_2\leqslant(\|\boldsymbol{C}_{\mathrm{H}}^{-}\|_2)(\|\hat{\boldsymbol{a}}_{\mathrm{H}}(\theta,\phi)\|_2) \tag{3.128}$$

其中

$$\|\boldsymbol{C}_{\mathrm{H}}^{-}\|_2=\sqrt{\mu_{\max}((\boldsymbol{C}_{\mathrm{H}}^{-})^{\mathrm{H}}\boldsymbol{C}_{\mathrm{H}}^{-})} \tag{3.129}$$

最终可得

$$\epsilon_{\mathrm{H}}=(\max(\|\boldsymbol{C}_{\mathrm{H}}^{-}\|_2))(\max_{\theta,\phi\in\mathrm{SLR}\cup\mathrm{MLR}}\|\hat{\boldsymbol{a}}_{\mathrm{H}}(\theta,\phi)\|_2) \tag{3.130}$$

对于不同类型的误差，$\max(\|\boldsymbol{C}_{\mathrm{H}}^{-}\|_2)$ 可通过文献［56］中的方法获得。

关于 $\boldsymbol{e}_{\mathrm{V}}(\theta,\phi)$、$\boldsymbol{C}_{\mathrm{V}}^{-}$ 以及 ϵ_{V} 的分析，与 $\boldsymbol{e}_{\mathrm{H}}(\theta,\phi)$、$\boldsymbol{C}_{\mathrm{H}}^{-}$ 以及 ϵ_{H} 的分析类似，不再重复。

当存在模型误差时，优化问题（3.96）中的约束准则需要加以调整，以使最坏情况下，幅度方向图的主瓣/旁瓣电平和极化控制能够较好地满足指标要求，也即对于任意的 $\boldsymbol{a}_{\mathbb{H}}(\theta,\phi)\in\mathcal{U}_{\mathbb{H}}(\theta,\phi)$ 和 $\boldsymbol{a}_{\mathbb{V}}(\theta,\phi)\in\mathcal{U}_{\mathbb{V}}(\theta,\phi)$，都有

① 在幅度方向图主瓣区域对应方向上，发射信号波的极化与 (γ_k,η_k) 之间的最大差异不大于 τ_{rob}。

② 在幅度方向图旁瓣区域对应方向上，对于存在误差的流形矢量，最高旁瓣电平尽可能小。

③ 在给定的目标方向 (θ_0,ϕ_0) 上，对于存在误差的流形矢量，幅度方向图值不小于 B_k。

由于模型误差的存在，优化问题（3.96）中，关于目标方向幅度方向图值和极化的等式约束不再合理，可以调整成只针对水平极化分量的不等式约束：

$$|\boldsymbol{w}^{\mathrm{H}}\boldsymbol{a}_{\mathbb{H}}(\theta_0,\phi_0)|\geqslant B_{k,\mathbb{H}}=B_k(1+|\kappa_k|^2)^{-1/2} \tag{3.131}$$

考虑到“$|\boldsymbol{w}^{\mathrm{H}}\boldsymbol{a}_{\mathbb{H}}(\theta_0,\phi_0)|\geqslant B_{k,\mathbb{H}}$”为非凸约束，而对 $\boldsymbol{w}$ 作任意相位旋转不会影响模值约束下解的最优性，所以可用下述凸约束进行替代：

$$\mathrm{Re}(\boldsymbol{w}^{\mathrm{H}}\boldsymbol{a}_{\mathbb{H}}(\theta_0,\phi_0))\geqslant B_{k,\mathbb{H}} \tag{3.132}$$

此时，在最坏情况最优化准则下，波束方向图优化极化调制问题可以表述为

$$\begin{aligned}
&\min_{\boldsymbol{w}}\rho_{\mathrm{rob}}\\
&\text{s.t.}\\
&\max_{(\theta,\phi)\in\mathrm{MLR}}\ \max_{\substack{\boldsymbol{a}_{\mathbb{H}}(\theta,\phi)\in\mathcal{U}_{\mathbb{H}}(\theta,\phi)\\ \boldsymbol{a}_{\mathbb{V}}(\theta,\phi)\in\mathcal{U}_{\mathbb{V}}(\theta,\phi)}}|\boldsymbol{w}^{\mathrm{H}}\boldsymbol{a}_{\mathbb{V}}(\theta,\phi)-\kappa_k\boldsymbol{w}^{\mathrm{H}}\boldsymbol{a}_{\mathbb{H}}(\theta,\phi)|\leqslant\tau_{\mathrm{rob}}\\
&\max_{(\theta,\phi)\in\mathrm{SLR}}\ \max_{\substack{\boldsymbol{a}_{\mathbb{H}}(\theta,\phi)\in\mathcal{U}_{\mathbb{H}}(\theta,\phi)\\ \boldsymbol{a}_{\mathbb{V}}(\theta,\phi)\in\mathcal{U}_{\mathbb{V}}(\theta,\phi)}}\left\|\begin{bmatrix}\boldsymbol{w}^{\mathrm{H}}\boldsymbol{a}_{\mathbb{H}}(\theta,\phi)\\ \boldsymbol{w}^{\mathrm{H}}\boldsymbol{a}_{\mathbb{V}}(\theta,\phi)\end{bmatrix}\right\|_2\leqslant\rho_{\mathrm{rob}}\\
&\min_{\boldsymbol{a}_{\mathbb{H}}(\theta_0,\phi_0)\in\mathcal{U}_{\mathbb{H}}(\theta_0,\phi_0)}\mathrm{Re}(\boldsymbol{w}^{\mathrm{H}}\boldsymbol{a}_{\mathbb{H}}(\theta_0,\phi_0))\geqslant B_{k,\mathbb{H}}
\end{aligned} \tag{3.133}$$

特别地，当 (γ_k,η_k) 对应垂直线极化时，可将式（3.133）中的一、三两个约束项调整为

$$\max_{(\theta,\phi)\in\mathrm{MLR}}\ \max_{\boldsymbol{a}_{\mathbb{H}}(\theta,\phi)\in\mathcal{U}_{\mathbb{H}}(\theta,\phi)}|\boldsymbol{w}^{\mathrm{H}}\boldsymbol{a}_{\mathbb{H}}(\theta,\phi)|\leqslant\tau_{\mathrm{rob}} \tag{3.134}$$

$$\min_{\boldsymbol{a}_{\mathbb{V}}(\theta_0,\phi_0)\in\mathcal{U}_{\mathbb{V}}(\theta_0,\phi_0)}\mathrm{Re}(\boldsymbol{w}^{\mathrm{H}}\boldsymbol{a}_{\mathbb{V}}(\theta_0,\phi_0))\geqslant B_{k,\mathbb{V}} \tag{3.135}$$

当 (γ_k,η_k) 对应水平线极化时，则应将式（3.134）中的 $\mathbb{H}$ 改成 $\mathbb{V}$，而将式（3.135）中的 $\mathbb{V}$ 改成 $\mathbb{H}$。

对于式（3.133）中的第一个约束项，根据三角不等式和柯西-施瓦茨（Cauchy-Schwarz）不等式，有（为了书写方便，下述推导略去了角度参数）

$$|\boldsymbol{w}^{\mathrm{H}}\boldsymbol{a}_{\mathbb{V}}-\kappa_k\boldsymbol{w}^{\mathrm{H}}\boldsymbol{a}_{\mathbb{H}}|=|(\boldsymbol{w}^{\mathrm{H}}\hat{\boldsymbol{a}}_{\mathbb{V}}-\kappa_k\boldsymbol{w}^{\mathrm{H}}\hat{\boldsymbol{a}}_{\mathbb{H}})+(\boldsymbol{w}^{\mathrm{H}}\boldsymbol{e}_{\mathbb{V}}-\kappa_k\boldsymbol{w}^{\mathrm{H}}\boldsymbol{e}_{\mathbb{H}})|$$

$$\leqslant |\boldsymbol{w}^{\mathrm{H}}\hat{\boldsymbol{a}}_{\mathrm{V}}-\kappa_k\boldsymbol{w}^{\mathrm{H}}\hat{\boldsymbol{a}}_{\mathrm{H}}|+|\boldsymbol{w}^{\mathrm{H}}\boldsymbol{e}_{\mathrm{V}}-\kappa_k\boldsymbol{w}^{\mathrm{H}}\boldsymbol{e}_{\mathrm{H}}|$$

$$\leqslant |\boldsymbol{w}^{\mathrm{H}}\hat{\boldsymbol{a}}_{\mathrm{V}}-\kappa_k\boldsymbol{w}^{\mathrm{H}}\hat{\boldsymbol{a}}_{\mathrm{H}}|+c_1\|\boldsymbol{w}\|_2 \tag{3.136}$$

其中，$c_1=|\kappa_k|\epsilon_{\mathrm{H}}+\epsilon_{\mathrm{V}}$。

若是

$$\boldsymbol{e}_{\mathrm{H}}=-\epsilon_{\mathrm{H}}\left(\frac{\boldsymbol{w}}{\|\boldsymbol{w}\|_2}\right)\mathrm{e}^{\mathrm{j}(-\angle\kappa_k+\angle(\boldsymbol{w}^{\mathrm{H}}\hat{\boldsymbol{a}}_{\mathrm{V}}-\kappa_k\boldsymbol{w}^{\mathrm{H}}\hat{\boldsymbol{a}}_{\mathrm{H}}))} \tag{3.137}$$

$$\boldsymbol{e}_{\mathrm{V}}=\epsilon_{\mathrm{V}}\left(\frac{\boldsymbol{w}}{\|\boldsymbol{w}\|_2}\right)\mathrm{e}^{\mathrm{j}\angle(\boldsymbol{w}^{\mathrm{H}}\hat{\boldsymbol{a}}_{\mathrm{V}}-\kappa_k\boldsymbol{w}^{\mathrm{H}}\hat{\boldsymbol{a}}_{\mathrm{H}})} \tag{3.138}$$

则式（3.136）后面两个不等式中的等号成立：

$$|\boldsymbol{w}^{\mathrm{H}}\boldsymbol{e}_{\mathrm{V}}-\kappa_k\boldsymbol{w}^{\mathrm{H}}\boldsymbol{e}_{\mathrm{H}}|=c_1\|\boldsymbol{w}\|_2$$

$$|\boldsymbol{w}^{\mathrm{H}}\boldsymbol{a}_{\mathrm{V}}-\kappa_k\boldsymbol{w}^{\mathrm{H}}\boldsymbol{a}_{\mathrm{H}}|=\|\boldsymbol{w}^{\mathrm{H}}\hat{\boldsymbol{a}}_{\mathrm{V}}-\kappa_k\boldsymbol{w}^{\mathrm{H}}\hat{\boldsymbol{a}}_{\mathrm{H}}|+c_1\|\boldsymbol{w}\|_2|$$

$$=|\boldsymbol{w}^{\mathrm{H}}\hat{\boldsymbol{a}}_{\mathrm{V}}-\kappa_k\boldsymbol{w}^{\mathrm{H}}\hat{\boldsymbol{a}}_{\mathrm{H}}|+c_1\|\boldsymbol{w}\|_2$$

类似地，对于式（3.133）中的第二个约束项，有

$$\|[\boldsymbol{w}^{\mathrm{H}}\boldsymbol{a}_{\mathrm{H}},\boldsymbol{w}^{\mathrm{H}}\boldsymbol{a}_{\mathrm{V}}]\|_2=\|[\boldsymbol{w}^{\mathrm{H}}\hat{\boldsymbol{a}}_{\mathrm{H}},\boldsymbol{w}^{\mathrm{H}}\hat{\boldsymbol{a}}_{\mathrm{V}}]+[\boldsymbol{w}^{\mathrm{H}}\boldsymbol{e}_{\mathrm{H}},\boldsymbol{w}^{\mathrm{H}}\boldsymbol{e}_{\mathrm{V}}]\|_2$$

$$\leqslant\|[\boldsymbol{w}^{\mathrm{H}}\hat{\boldsymbol{a}}_{\mathrm{H}},\boldsymbol{w}^{\mathrm{H}}\hat{\boldsymbol{a}}_{\mathrm{V}}]\|_2+\|[\boldsymbol{w}^{\mathrm{H}}\boldsymbol{e}_{\mathrm{H}},\boldsymbol{w}^{\mathrm{H}}\boldsymbol{e}_{\mathrm{V}}]\|_2$$

$$\leqslant\|[\boldsymbol{w}^{\mathrm{H}}\hat{\boldsymbol{a}}_{\mathrm{H}},\boldsymbol{w}^{\mathrm{H}}\hat{\boldsymbol{a}}_{\mathrm{V}}]\|_2+c_2\|\boldsymbol{w}\|_2 \tag{3.139}$$

其中，$c_2=\sqrt{\epsilon_{\mathrm{H}}^2+\epsilon_{\mathrm{V}}^2}$。

若是

$$\boldsymbol{e}_{\mathrm{H}}=\epsilon_{\mathrm{H}}\left(\frac{\boldsymbol{w}}{\|\boldsymbol{w}\|_2}\right)\mathrm{e}^{\mathrm{j}\angle(\boldsymbol{w}^{\mathrm{H}}\hat{\boldsymbol{a}}_{\mathrm{H}})} \tag{3.140}$$

$$\boldsymbol{e}_{\mathrm{V}}=\epsilon_{\mathrm{V}}\left(\frac{\boldsymbol{w}}{\|\boldsymbol{w}\|_2}\right)\mathrm{e}^{\mathrm{j}\angle(\boldsymbol{w}^{\mathrm{H}}\hat{\boldsymbol{a}}_{\mathrm{V}})} \tag{3.141}$$

同时

$$|\boldsymbol{w}^{\mathrm{H}}\hat{\boldsymbol{a}}_{\mathrm{H}}||\boldsymbol{w}^{\mathrm{H}}\hat{\boldsymbol{a}}_{\mathrm{V}}|^{-1}=\epsilon_{\mathrm{H}}\epsilon_{\mathrm{V}}^{-1} \tag{3.142}$$

则式（3.139）后两个不等式中的等号成立：

$$\|[\boldsymbol{w}^{\mathrm{H}}\boldsymbol{e}_{\mathrm{H}},\boldsymbol{w}^{\mathrm{H}}\boldsymbol{e}_{\mathrm{V}}]\|_2=c_2\|\boldsymbol{w}\|_2$$

$$\|[\boldsymbol{w}^{\mathrm{H}}\boldsymbol{a}_{\mathrm{H}},\boldsymbol{w}^{\mathrm{H}}\boldsymbol{a}_{\mathrm{V}}]\|_2=\sqrt{|\boldsymbol{w}^{\mathrm{H}}\hat{\boldsymbol{a}}_{\mathrm{H}}|^2+|\boldsymbol{w}^{\mathrm{H}}\hat{\boldsymbol{a}}_{\mathrm{V}}|^2}+c_2\|\boldsymbol{w}\|_2$$

$$=\|[\boldsymbol{w}^{\mathrm{H}}\hat{\boldsymbol{a}}_{\mathrm{H}},\boldsymbol{w}^{\mathrm{H}}\hat{\boldsymbol{a}}_{\mathrm{V}}]\|_2+c_2\|\boldsymbol{w}\|_2$$

最后，对于式（3.133）中的第三个约束项，有

$$|\boldsymbol{w}^{\mathrm{H}}\boldsymbol{a}_{\mathrm{H}}|=|\boldsymbol{w}^{\mathrm{H}}\hat{\boldsymbol{a}}_{\mathrm{H}}+\boldsymbol{w}^{\mathrm{H}}\boldsymbol{e}_{\mathrm{H}}|\geqslant|\boldsymbol{w}^{\mathrm{H}}\hat{\boldsymbol{a}}_{\mathrm{H}}|-|\boldsymbol{w}^{\mathrm{H}}\boldsymbol{e}_{\mathrm{H}}|\geqslant|\boldsymbol{w}^{\mathrm{H}}\hat{\boldsymbol{a}}_{\mathrm{H}}|-\epsilon_{\mathrm{H}}\|\boldsymbol{w}\|_2 \tag{3.143}$$

如果

$$\boldsymbol{e}_{\mathrm{H}}=-\epsilon_{\mathrm{H}}\left(\frac{\boldsymbol{w}}{\|\boldsymbol{w}\|_2}\right)\mathrm{e}^{\mathrm{j}\angle(\boldsymbol{w}^{\mathrm{H}}\hat{\boldsymbol{a}}_{\mathrm{H}})} \tag{3.144}$$

且$|\boldsymbol{w}^{\mathrm{H}}\hat{\boldsymbol{a}}_{\mathrm{H}}|-\epsilon_{\mathrm{H}}\|\boldsymbol{w}\|_2>0$，则后面两个不等式中的等号成立：

$$|\boldsymbol{w}^{\mathrm{H}}\boldsymbol{e}_{\mathrm{H}}|=\epsilon_{\mathrm{H}}\|\boldsymbol{w}\|_2$$

$$|\boldsymbol{w}^{\mathrm{H}}\boldsymbol{a}_{\mathrm{H}}|=\big||\boldsymbol{w}^{\mathrm{H}}\hat{\boldsymbol{a}}_{\mathrm{H}}|-\epsilon_{\mathrm{H}}\|\boldsymbol{w}\|_2\big|=|\boldsymbol{w}^{\mathrm{H}}\hat{\boldsymbol{a}}_{\mathrm{H}}|-\epsilon_{\mathrm{H}}\|\boldsymbol{w}\|_2$$

再注意到$|\boldsymbol{w}^{\mathrm{H}}\hat{\boldsymbol{a}}_{\mathrm{H}}|\geqslant\mathrm{Re}(\boldsymbol{w}^{\mathrm{H}}\hat{\boldsymbol{a}}_{\mathrm{H}})$，而且对 $\boldsymbol{w}$ 进行任意相位旋转不影响优化问题解的最优性，所以

$$\mathrm{Re}(\boldsymbol{w}^{\mathrm{H}}\boldsymbol{a}_{\mathrm{H}})=|\boldsymbol{w}^{\mathrm{H}}\boldsymbol{a}_{\mathrm{H}}|\geqslant|\boldsymbol{w}^{\mathrm{H}}\hat{\boldsymbol{a}}_{\mathrm{H}}|-\epsilon_{\mathrm{H}}\|\boldsymbol{w}\|_2\geqslant\mathrm{Re}(\boldsymbol{w}^{\mathrm{H}}\hat{\boldsymbol{a}}_{\mathrm{H}})-\epsilon_{\mathrm{H}}\|\boldsymbol{w}\|_2 \tag{3.145}$$

综合式（3.136）、式（3.139）和式（3.145），优化问题（3.133）可以转化为

$$\begin{aligned}
&\min_{\boldsymbol{w}}\rho_{\mathrm{rob}}\\
&\mathrm{s.\,t.}\\
&\max_{(\theta,\phi)\in\mathrm{MLR}}|\boldsymbol{w}^{\mathrm{H}}\hat{\boldsymbol{a}}_{\mathrm{V}}(\theta,\phi)-\kappa_k\boldsymbol{w}^{\mathrm{H}}\hat{\boldsymbol{a}}_{\mathrm{H}}(\theta,\phi)|+c_1\|\boldsymbol{w}\|_2\leqslant\tau_{\mathrm{rob}}\\
&\max_{(\theta,\phi)\in\mathrm{SLR}}\left\|\begin{bmatrix}\boldsymbol{w}^{\mathrm{H}}\hat{\boldsymbol{a}}_{\mathrm{H}}(\theta,\phi)\\\boldsymbol{w}^{\mathrm{H}}\hat{\boldsymbol{a}}_{\mathrm{V}}(\theta,\phi)\end{bmatrix}\right\|_2+c_2\|\boldsymbol{w}\|_2\leqslant\rho_{\mathrm{rob}}\\
&\mathrm{Re}(\boldsymbol{w}^{\mathrm{H}}\hat{\boldsymbol{a}}_{\mathrm{H}}(\theta_0,\phi_0))-\epsilon_{\mathrm{H}}\|\boldsymbol{w}\|_2\geqslant B_{k,\mathrm{H}}
\end{aligned} \tag{3.146}$$

式（3.146）所示问题同样为二阶锥规划问题，可利用 CVX 数值优化工具包进行求解，所得解记为 $\boldsymbol{w}_{\mathrm{rob}}$。

下面分析参数 τ_{rob} 的选择以及 ρ_{rob} 可达到的下界。为了便于区分，将优化问题（3.96）中的 τ、ρ 和 $\boldsymbol{w}$ 分别重记为 τ_{nom}、ρ_{nom} 和 $\boldsymbol{w}_{\mathrm{nom}}$。

分析优化问题（3.146）的第三个约束项，可得

$$\begin{aligned}
\epsilon_{\mathrm{H}}\|\boldsymbol{w}_{\mathrm{rob}}\|_2&\leqslant\mathrm{Re}(\boldsymbol{w}_{\mathrm{rob}}^{\mathrm{H}}\hat{\boldsymbol{a}}_{\mathrm{H}}(\theta_0,\phi_0))-B_{k,\mathrm{H}}\leqslant|\boldsymbol{w}_{\mathrm{rob}}^{\mathrm{H}}\hat{\boldsymbol{a}}_{\mathrm{H}}(\theta_0,\phi_0)|-B_{k,\mathrm{H}}\\
&\leqslant\|\boldsymbol{w}_{\mathrm{rob}}\|_2\cdot\|\hat{\boldsymbol{a}}_{\mathrm{H}}(\theta_0,\phi_0)\|_2-B_{k,\mathrm{H}}
\end{aligned} \tag{3.147}$$

所以

$$\|\boldsymbol{w}_{\mathrm{rob}}\|_2\geqslant\frac{B_{k,\mathrm{H}}}{\|\hat{\boldsymbol{a}}_{\mathrm{H}}(\theta_0,\phi_0)\|_2-\epsilon_{\mathrm{H}}} \tag{3.148}$$

为保证优化问题（3.146）所得到的幅度方向图主瓣区域对应方向的发射信号波极化纯度与优化问题（3.96）相同，参数 τ_{rob} 需要满足下述条件：

$$\tau_{\mathrm{rob}}\leqslant\frac{c_1B_{k,\mathrm{H}}}{\|\hat{\boldsymbol{a}}_{\mathrm{H}}(\theta_0,\phi_0)\|_2-\epsilon_{\mathrm{H}}}+\tau_{\mathrm{nom}} \tag{3.149}$$

对于旁瓣电平约束，令 $\hat{\rho}_{\mathrm{rob}}$ 和 $\hat{\rho}_{\mathrm{nom}}$ 分别对应由优化问题（3.146）和式（3.96）所得幅度方向图的最高旁瓣电平值：

$$\hat{\rho}_{\text{rob}}=\max_{(\theta,\phi)\in\text{SLR}}\|\boldsymbol{w}_{\text{rob}}^{\text{H}}[\hat{\boldsymbol{a}}_{\text{H}}(\theta,\phi),\hat{\boldsymbol{a}}_{\text{V}}(\theta,\phi)]\|_2+c_2\|\boldsymbol{w}_{\text{rob}}\|_2 \tag{3.150}$$

$$\hat{\rho}_{\text{nom}}=\max_{(\theta,\phi)\in\text{SLR}}\|\boldsymbol{w}_{\text{nom}}^{\text{H}}[\hat{\boldsymbol{a}}_{\text{H}}(\theta,\phi),\hat{\boldsymbol{a}}_{\text{V}}(\theta,\phi)]\|_2 \tag{3.151}$$

当参数 τ_{rob} 设成式（3.149）所示的最大值时，$\boldsymbol{w}_{\text{rob}}$ 同样也是优化问题（3.96）的可行解，尽管可能不是最优的，也即

$$\max_{(\theta,\phi)\in\text{SLR}}\|\boldsymbol{w}_{\text{rob}}^{\text{H}}[\hat{\boldsymbol{a}}_{\text{H}}(\theta,\phi),\hat{\boldsymbol{a}}_{\text{V}}(\theta,\phi)]\|_2\geqslant\max_{(\theta,\phi)\in\text{SLR}}\|\boldsymbol{w}_{\text{nom}}^{\text{H}}[\hat{\boldsymbol{a}}_{\text{H}}(\theta,\phi),\hat{\boldsymbol{a}}_{\text{V}}(\theta,\phi)]\|_2$$

根据式（3.148）、式（3.150）、式（3.151）以及上式，最终可得

$$\hat{\rho}_{\text{rob}}-\hat{\rho}_{\text{nom}}\geqslant c_2\|\boldsymbol{w}_{\text{rob}}\|_2\geqslant\frac{c_2B_{k,\text{H}}}{\|\hat{\boldsymbol{a}}_{\text{H}}(\theta_0,\phi_0)\|_2-\epsilon_{\text{H}}} \tag{3.152}$$

这意味着 $\hat{\rho}_{\text{rob}}$ 不可能低于

$$\frac{c_2B_{k,\text{H}}}{\|\hat{\boldsymbol{a}}_{\text{H}}(\theta_0,\phi_0)\|_2-\epsilon_{\text{H}}}+\hat{\rho}_{\text{nom}} \tag{3.153}$$

然而，这一电平高度对应的是最坏情况的结果。

实际中，当 $\boldsymbol{a}_{\text{H}}(\theta,\phi)$ 和 $\boldsymbol{a}_{\text{V}}(\theta,\phi)$ 所含误差较小时，$\boldsymbol{w}_{\text{rob}}$ 对应的幅度方向图最高旁瓣电平 $\max_{(\theta,\phi)\in\text{SLR}}\|\boldsymbol{w}_{\text{rob}}^{\text{H}}[\boldsymbol{a}_{\text{H}}(\theta,\phi),\boldsymbol{a}_{\text{V}}(\theta,\phi)]\|_2$ 可能会小于此值。

下面看几个仿真例子。首先考虑一维情形，极化调制阵列为矢量天线等距线阵，$L=12$，矢量天线均位于 y 轴上，间距为半个信号波长；$(\theta_0,\phi_0)=(90°,-30°)$，$B_k=1$，主瓣宽度为 20°，$(\gamma_k,\eta_k)=(30°,60°)$；幅度方向图旁瓣区域为

$$\text{SLR}=[-90°,-40°)\cup(-20°,90°]$$

主瓣区域为

$$\text{MLR}=[-40°,-20°]$$

对应的 WAPP≈25。

假设 $\boldsymbol{e}_{\text{H}}(\theta,\phi)$ 和 $\boldsymbol{e}_{\text{V}}(\theta,\phi)$ 服从零均值高斯分布，并且

$$\epsilon_{\text{H}}=0.04\cdot\max_{\theta,\phi}(\|\boldsymbol{a}_{\text{H}}(\theta,\phi)\|_2) \tag{3.154}$$

$$\epsilon_{\text{V}}=0.04\cdot\max_{\theta,\phi}(\|\boldsymbol{a}_{\text{V}}(\theta,\phi)\|_2) \tag{3.155}$$

此外，$\tau_{\text{nom}}=0.04$，

$$\tau_{\text{rob}}=\frac{c_1B_{k,\text{H}}}{\|\hat{\boldsymbol{a}}_{\text{H}}(\theta_0,\phi_0)\|_2-\epsilon_{\text{H}}}+\tau_{\text{nom}} \tag{3.156}$$

图 3.55～图 3.57 所示为不存在模型误差时，分别基于交叉偶极子阵、三极子阵以及 SuperCART 阵，采用 Dolph-Chebyshev 功率与极化独立控制方法（后文也简称 D-C 方法）、Fuchs 方法和不确定集约束方法的波束方向图综合结果。

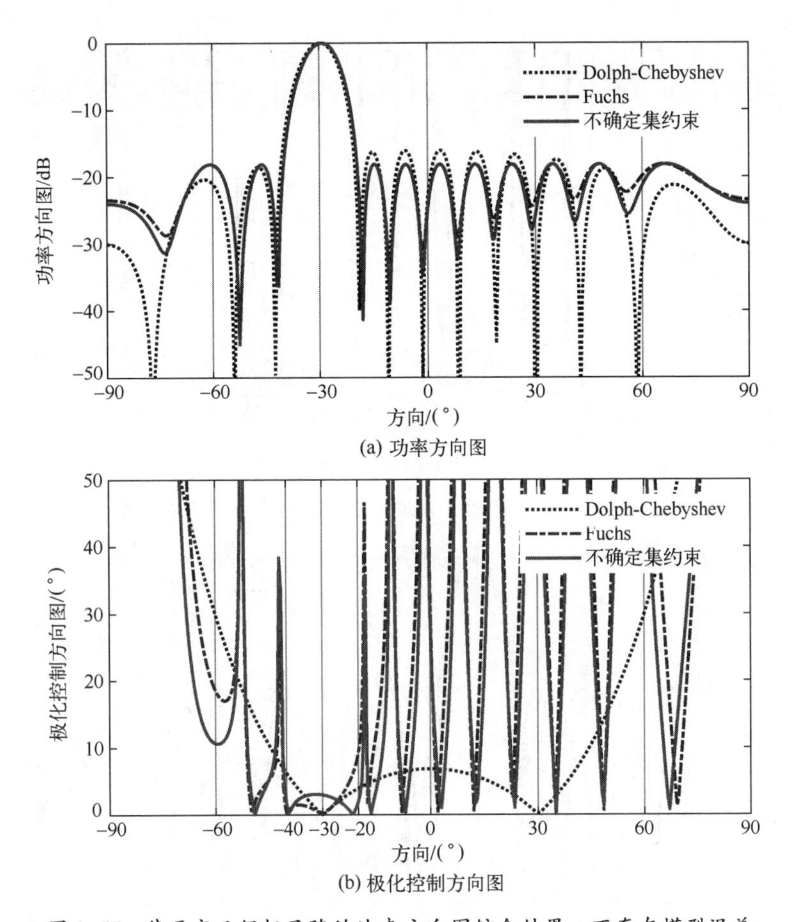

(a) 功率方向图

(b) 极化控制方向图

图 3.55　基于交叉偶极子阵的波束方向图综合结果：不存在模型误差

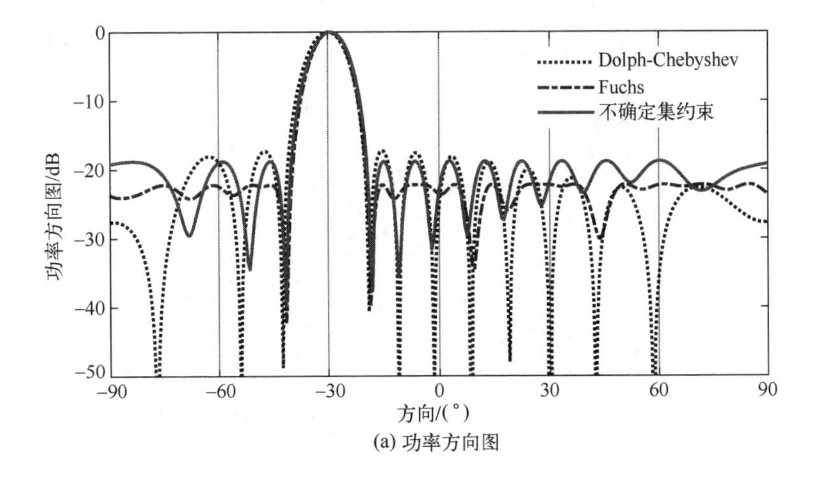

(a) 功率方向图

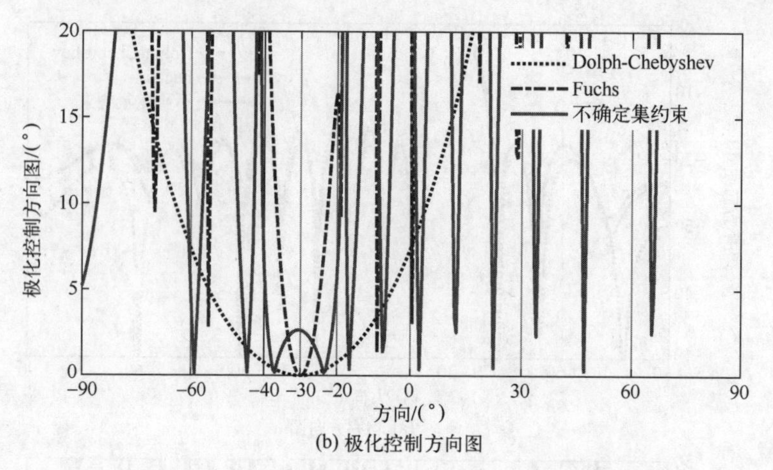

(b) 极化控制方向图

图 3.56 基于三极子阵的波束方向图综合结果：不存在模型误差

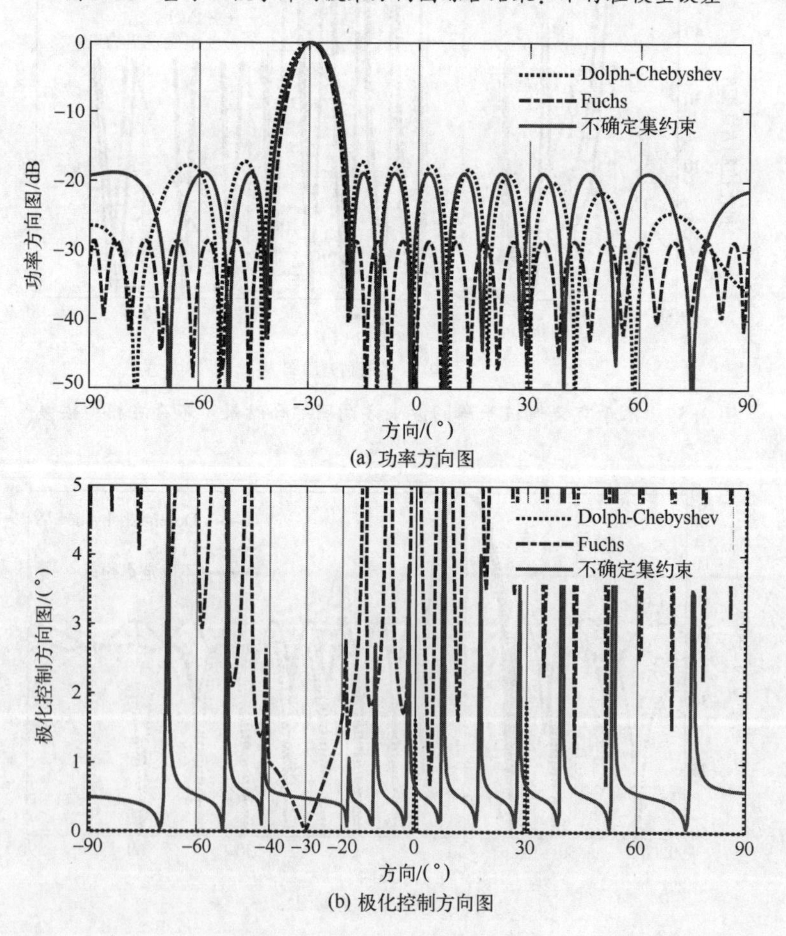

(a) 功率方向图

(b) 极化控制方向图

图 3.57 基于 SuperCART 阵的波束方向图综合结果（一）：不存在模型误差

图3.58所示为基于SuperCART阵的功率约束方法（OPC约束：$p_{\mathrm{opc}}=10p_0$）和Fuchs方法的波束方向图综合结果。

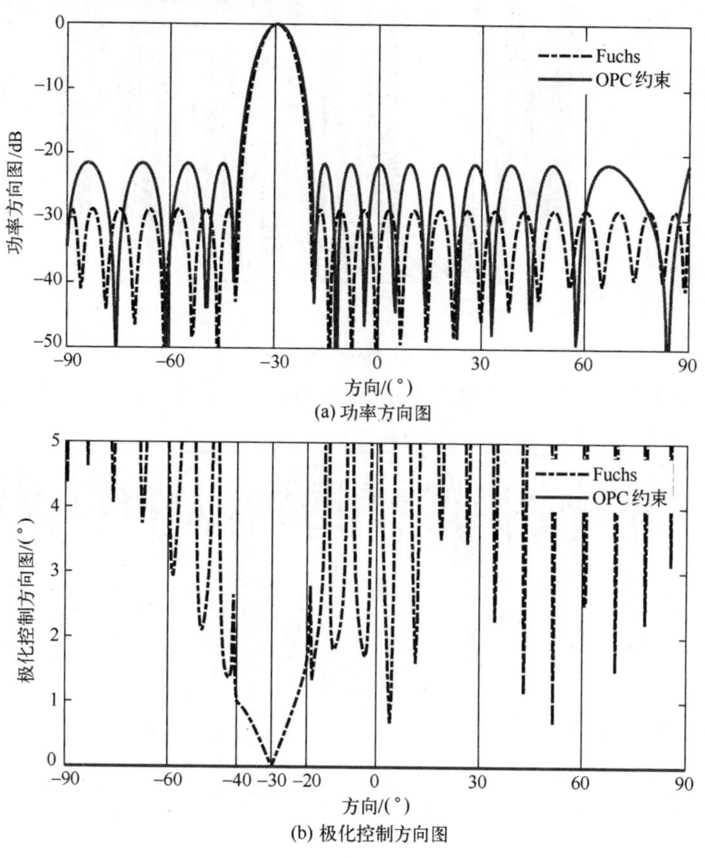

图3.58　基于SuperCART阵的波束方向图综合结果（二）：不存在模型误差

图3.59~图3.62所示为存在模型误差时对应的波束方向图综合结果。

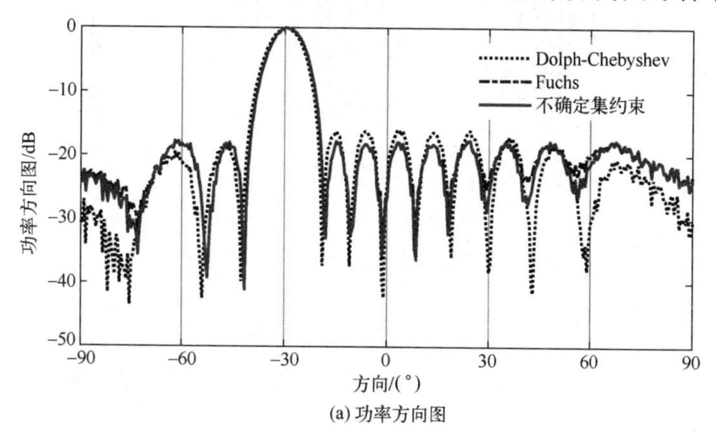

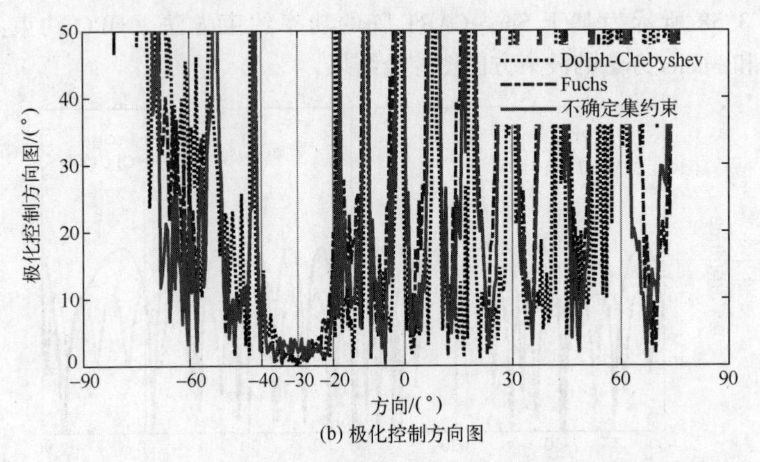

(b) 极化控制方向图

图 3.59　基于交叉偶极子阵的波束方向图综合结果：存在模型误差

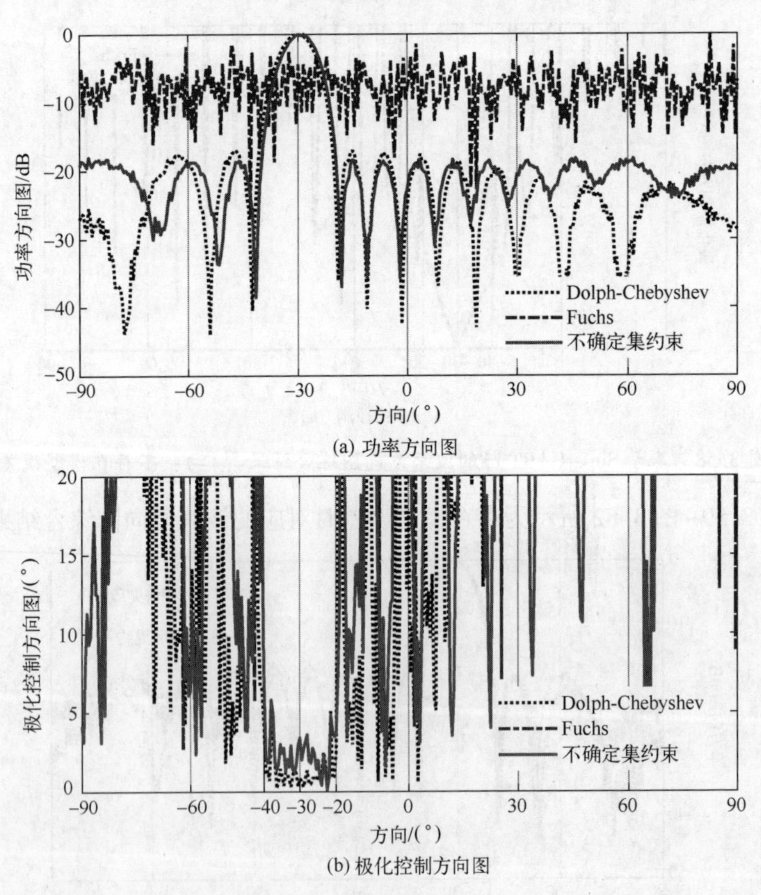

(b) 极化控制方向图

图 3.60　基于三极子阵的波束方向图综合结果：存在模型误差

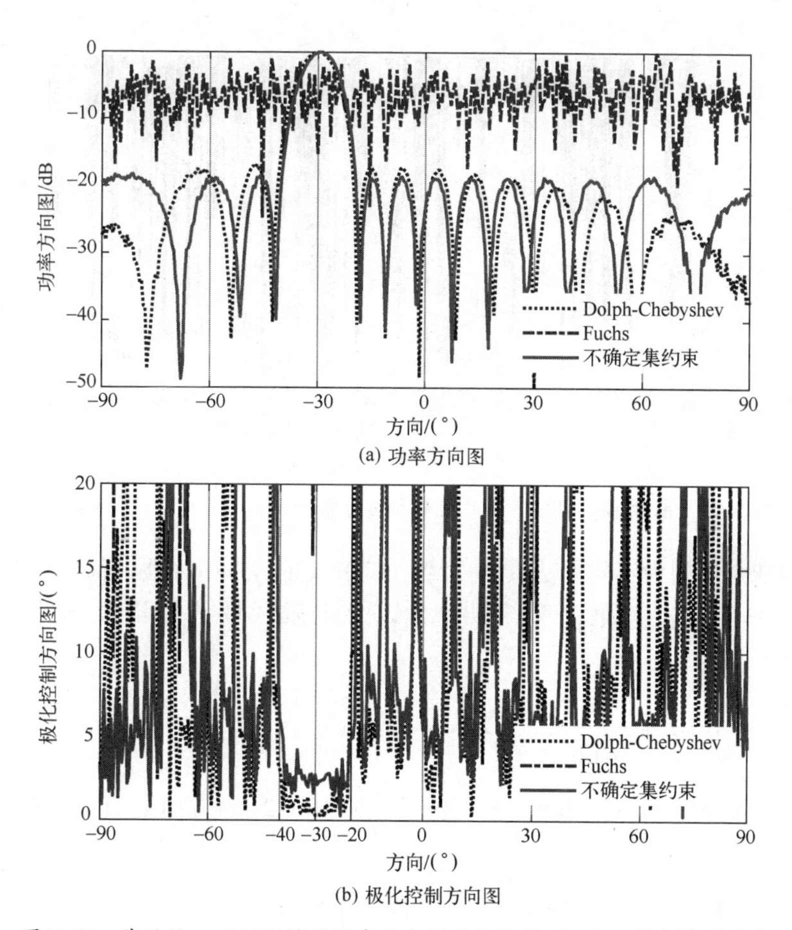

图 3.61 基于 SuperCART 阵的波束方向图综合结果（一）：存在模型误差

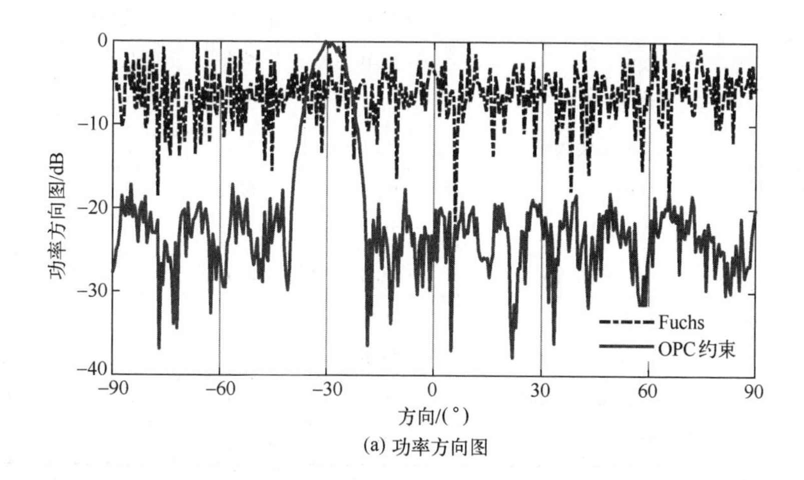

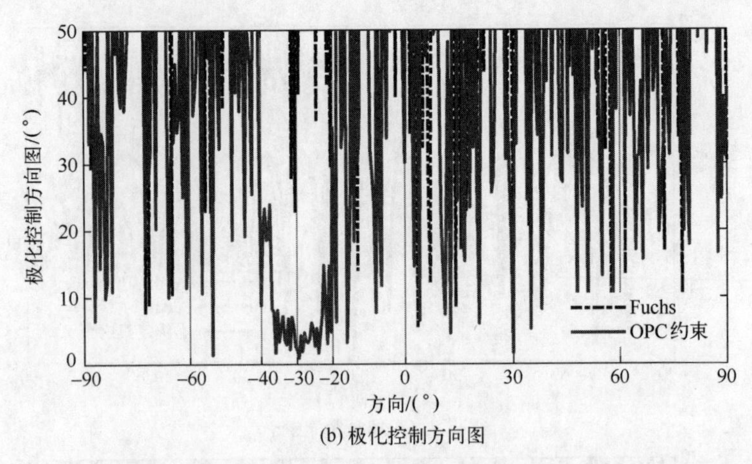

(b) 极化控制方向图

图 3.62　基于 SuperCART 阵的波束方向图综合结果（二）：存在模型误差

表 3.1 所列为不同方法（D-C 为 Dolph-Chebyshev 方法的简写）所综合出的功率方向图其最高旁瓣功率，以及主瓣区域的平均极化控制误差（APCE）：

$$\text{APCE}=\frac{1}{\overline{\overline{\text{MLR}}}}\int_{\phi\in\text{MLR}}2\arccos\left(\left|\boldsymbol{p}^{\text{H}}(\gamma_{\phi},\eta_{\phi})\boldsymbol{p}(\gamma_{k},\eta_{k})\right|\right)\text{d}\phi \tag{3.157}$$

其中，$\boldsymbol{p}(\gamma,\eta)=[\cos\gamma,\sin\gamma e^{j\eta}]^{\text{T}}$，$(\gamma_{\phi},\eta_{\phi})$为$(\pi/2,\phi)$方向上的实际发射信号波极化。

表 3.1　不同方法波束方向图综合和极化调制结果的对比

阵　型	方　法	最高旁瓣功率/dB		APCE/(°)	
		无误差	有误差	无误差	有误差
交叉偶极子阵	D-C	-16.0	-15.8	2.6	3.3
	Fuchs	-18.1	-17.4	2.2	3.2
	不确定集约束	-18.1	-17.4	2.0	3.0
三极子阵	D-C	-16.3	-16.1	0.3	1.5
	Fuchs	-22.2	—	7.3	—
	不确定集约束	-18.8	-18.3	2.1	2.3
SuperCART 阵	D-C	-16.2	-16.1	0	1.2
	Fuchs	-28.6	—	0.6	—
	不确定集约束	-18.8	-18.2	0.5	1.3
	功率约束	-21.5	-16.2	0	8.3

可以看到，增加矢量天线的内部传感单元数，可以更加有效地控制旁瓣水平和主瓣极化。

当不存在模型误差时，Fuchs 方法可以实现最低的旁瓣电平。当存在模型误差时，由于三极子阵和 SuperCART 阵的 WAPP 大于阵列维数，Fuchs 方法无法工作，其他方法则对模型误差具有一定的鲁棒性。

下面考虑二维情形，极化调制阵列由 xoy 平面内均匀排列的 8×8 个矢量天线构成，矢量天线间距为半个信号波长。$(\theta_0,\phi_0)=(0°,0°)$，$B_k=1$，主瓣宽度为 24°，主瓣区域对应方向的发射信号波为右旋圆极化；WAPP≈122；采用 Fuchs 方法，矢量天线为交叉偶极子、COLD、三极子和 SuperCART 天线。

图 3.63 所示为四种矢量天线面阵主瓣–旁瓣栅格角度流形矩阵 $\boldsymbol{B}(\boldsymbol{\Theta}_{\mathrm{m}},\boldsymbol{\Theta}_{\mathrm{s}})$ 的奇异值分布情况，图 3.64 所示为对应的矢量大线内部传感单元的最大发射权重。

由于交叉偶极子阵和 COLD 阵的阵列维数与 WAPP 接近，所以极化调制发射权重较为正常；三极子阵和 SuperCART 阵的阵列维数远大于 WAPP，因而存在较大极化调制发射权重。

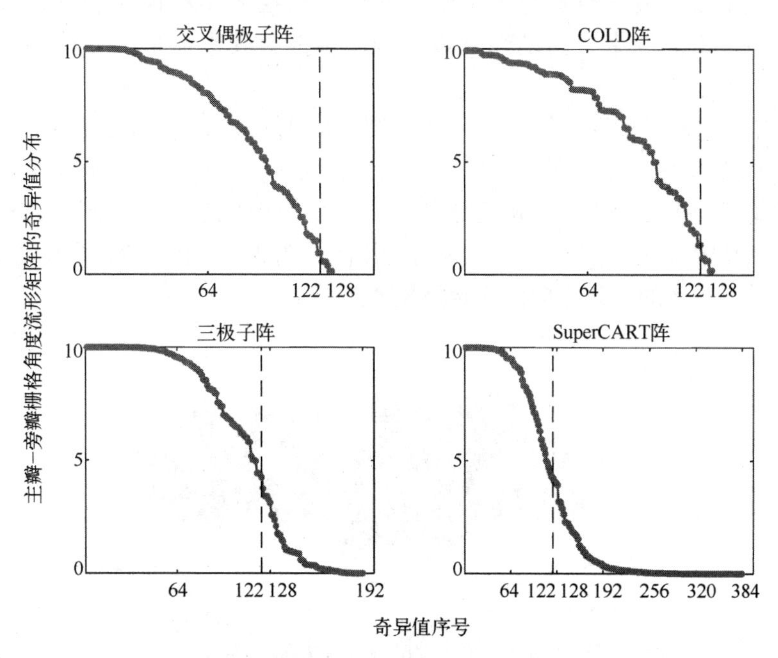

图 3.63　四种矢量天线面阵主瓣–旁瓣栅格角度流形矩阵的奇异值分布

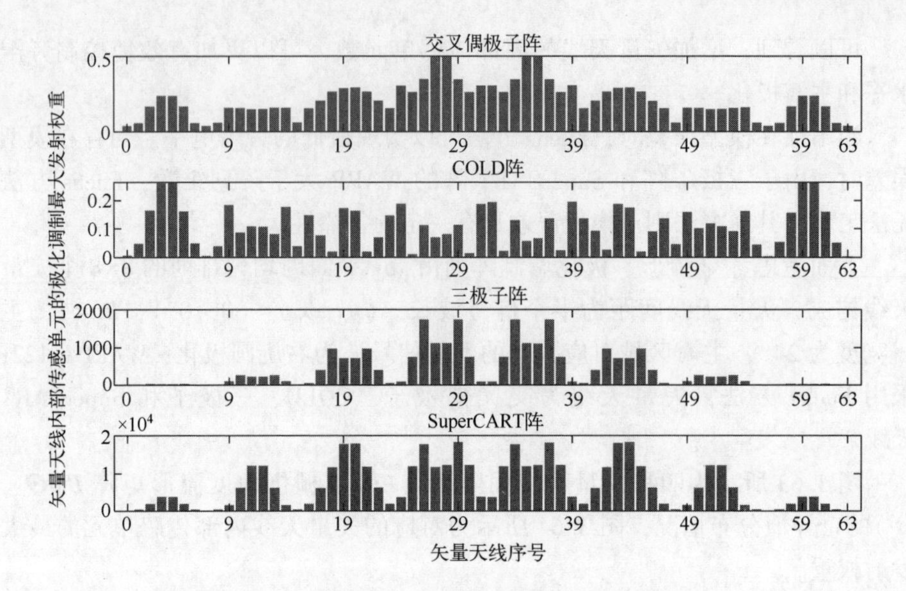

图 3.64 四种矢量天线面阵矢量天线内部传感单元的极化调制最大发射权重

进一步以三极子面阵为例，比较不同方法在无模型误差和存在模型误差两种条件下的波束方向图综合极化调制性能，其中流形误差模型与前例相同。

首先考虑无模型误差情形，图 3.65~图 3.69 所示为 Dolph-Chebyshev（D-C）方法、Fuchs 方法、功率约束方法（OPC 约束，$p_{\mathrm{opc}}=10p_0$）、不确定集约束方法，以及基于极化分离的不确定集约束方法所对应的波束方向图综合极化调制结果，其中参数 $\boldsymbol{\tau}_{\mathrm{nom}}$ 和 $\boldsymbol{\tau}_{\mathrm{rob}}$ 与一维情形相同。图 3.70~图 3.74 所示为存在模型误差时，对应的波束方向图综合极化调制结果。

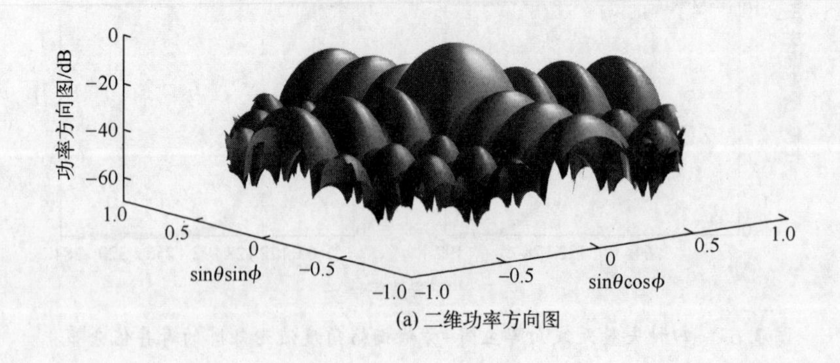

(a) 二维功率方向图

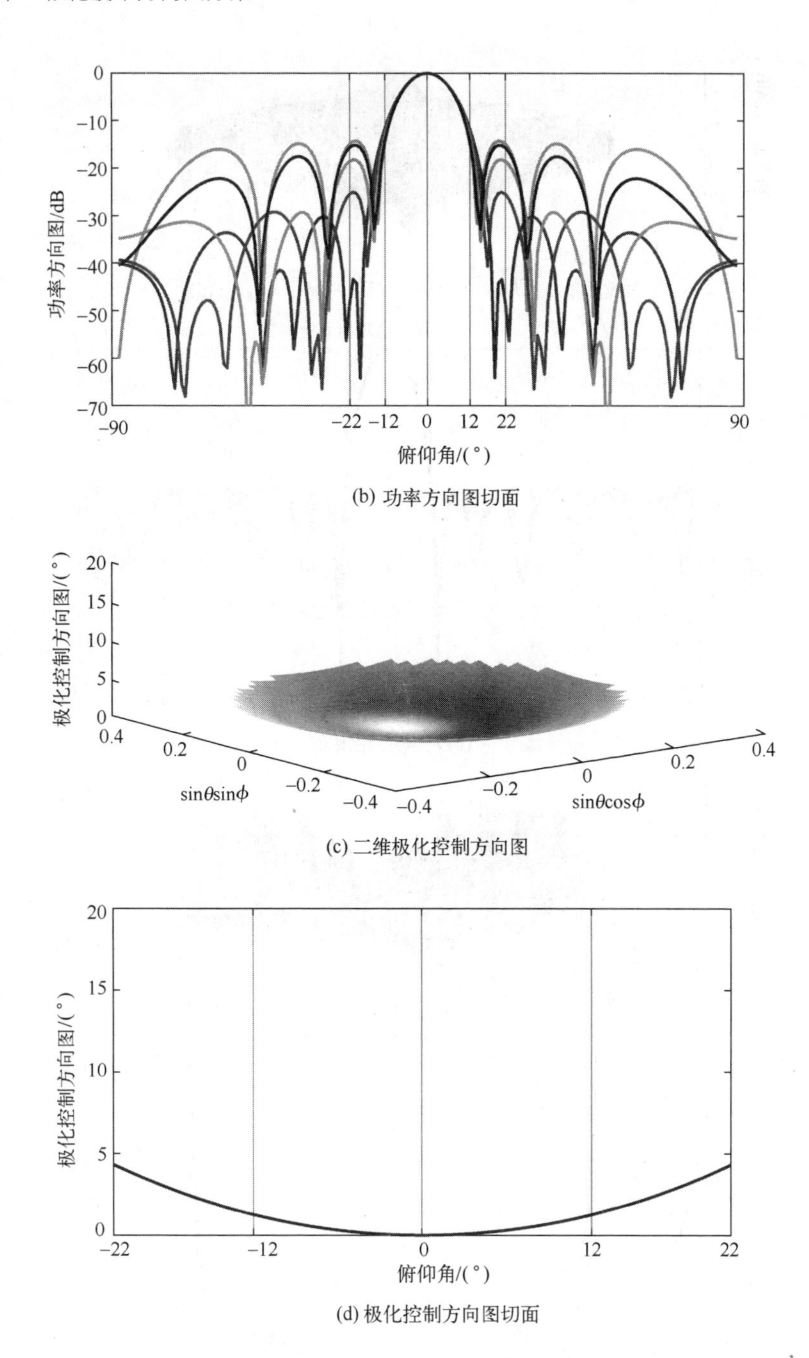

(b) 功率方向图切面

(c) 二维极化控制方向图

(d) 极化控制方向图切面

图3.65　Dolph-Chebyshev (D-C) 方法波束方向图综合极化调制结果：不存在模型误差

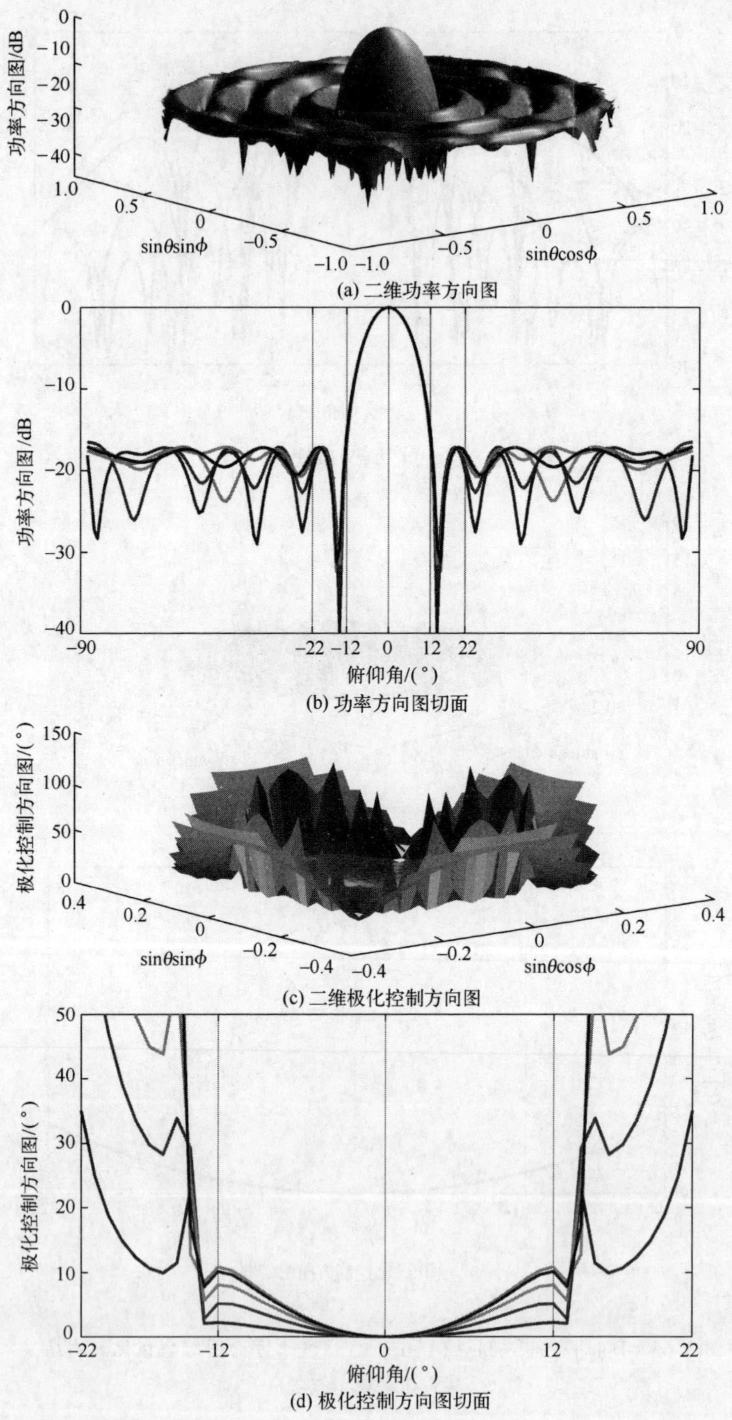

图 3.66 Fuchs 方法波束方向图综合极化调制结果：不存在模型误差

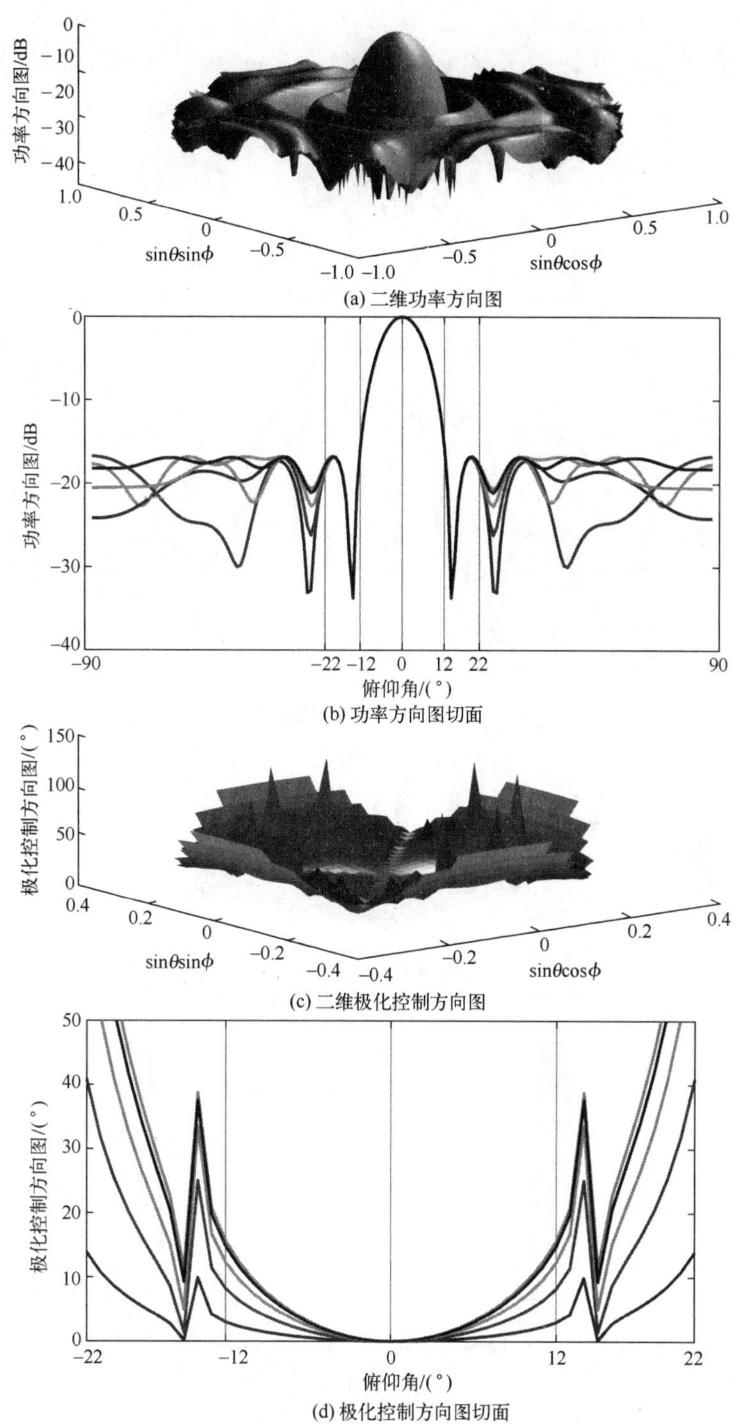

(a) 二维功率方向图

(b) 功率方向图切面

(c) 二维极化控制方向图

(d) 极化控制方向图切面

图 3.67　功率约束方法波束方向图综合极化调制结果：不存在模型误差

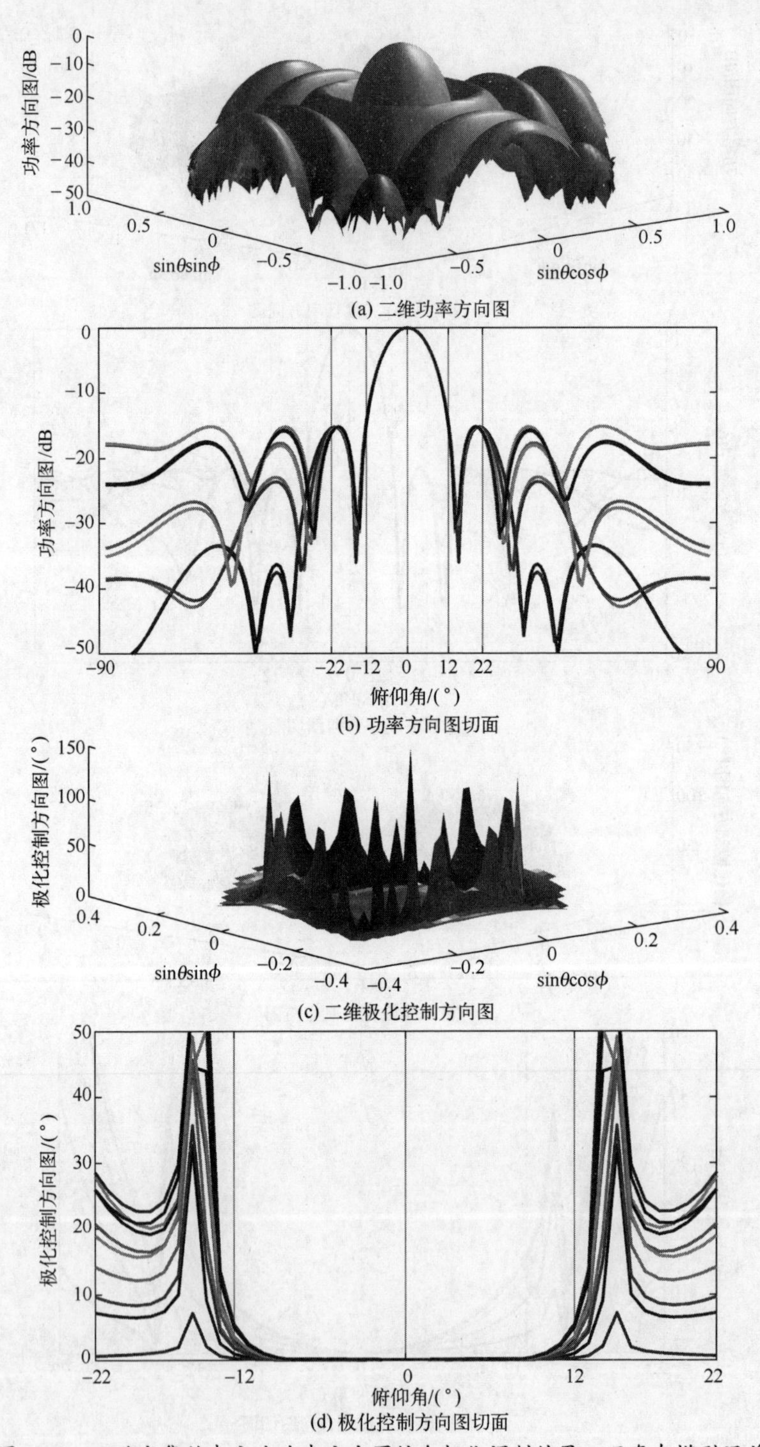

图 3.68　不确定集约束方法波束方向图综合极化调制结果：不存在模型误差

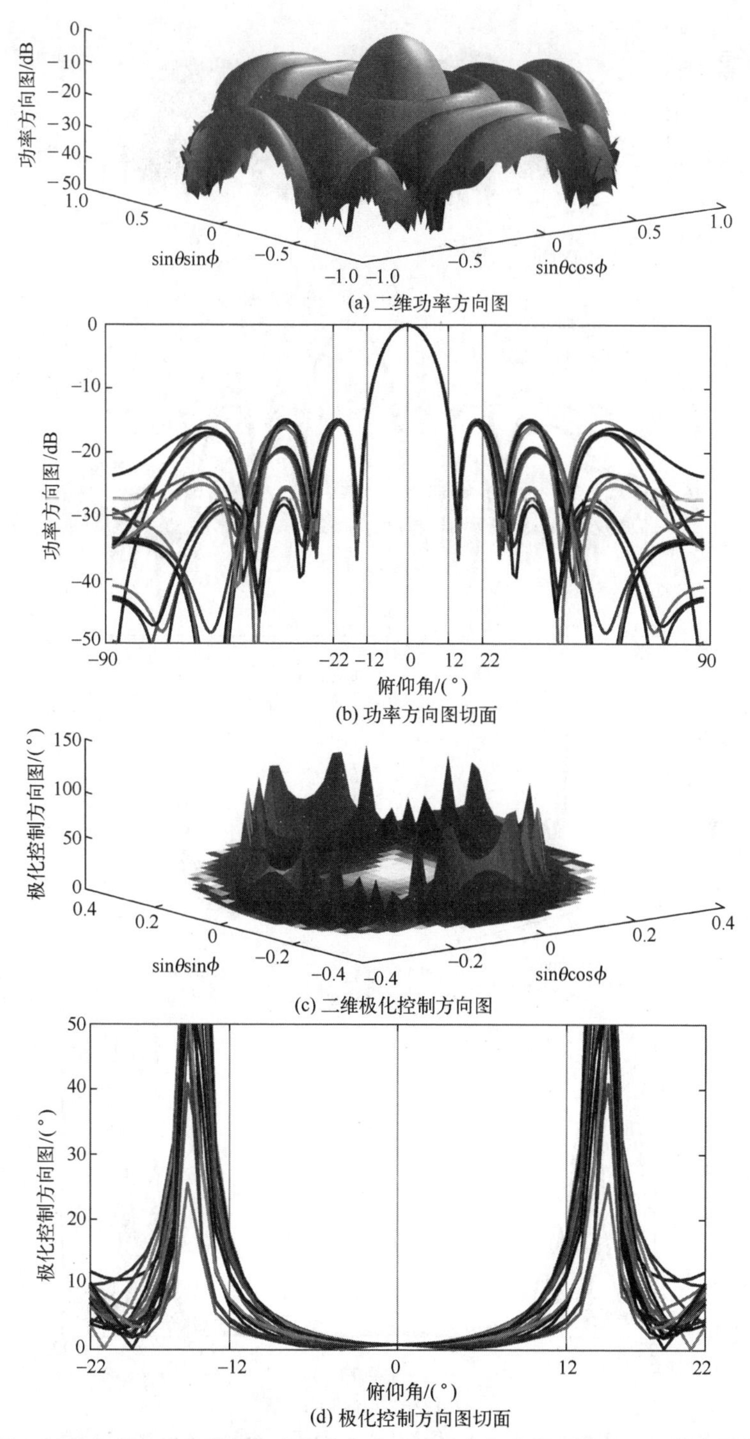

图 3.69　极化分离不确定集约束方法波束方向图综合极化调制结果：不存在模型误差

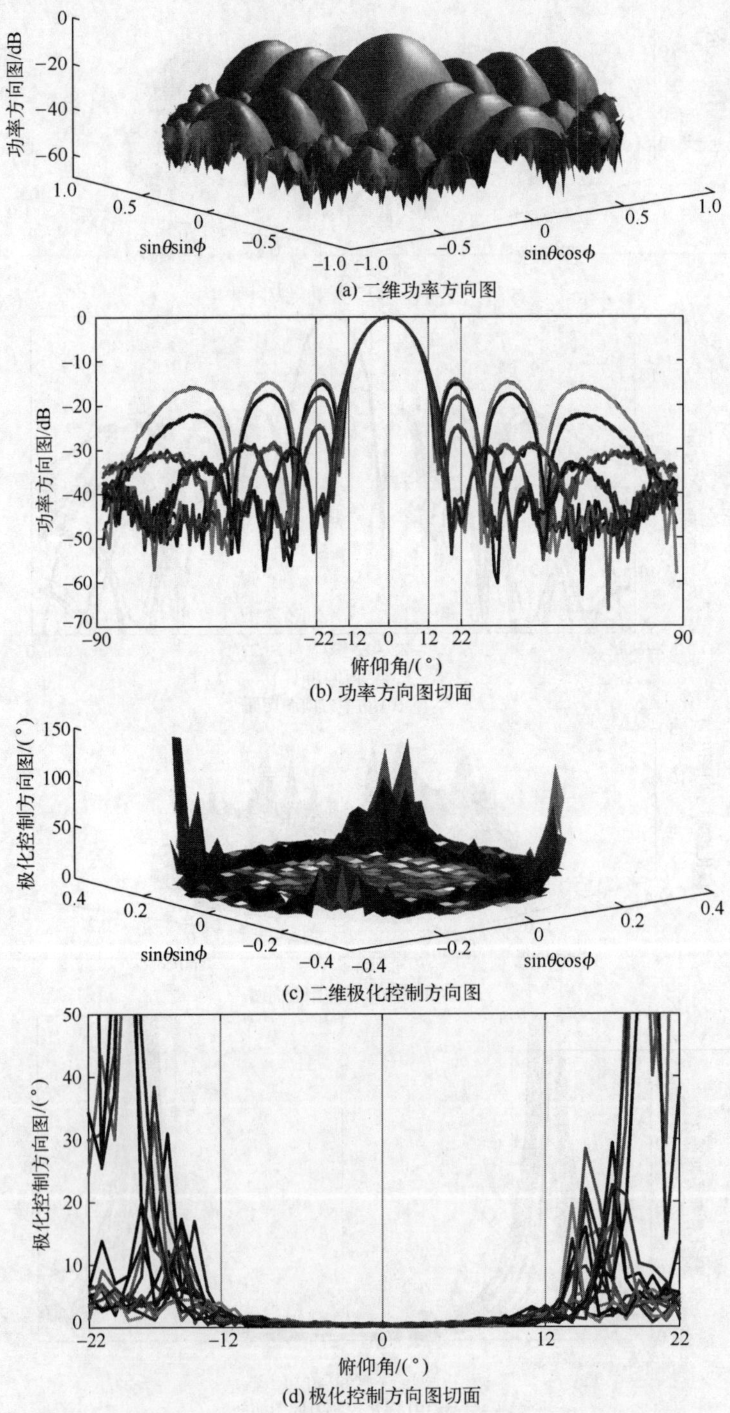

图 3.70 Dolph-Chebyshev (D-C) 方法波束方向图综合极化调制结果：存在模型误差

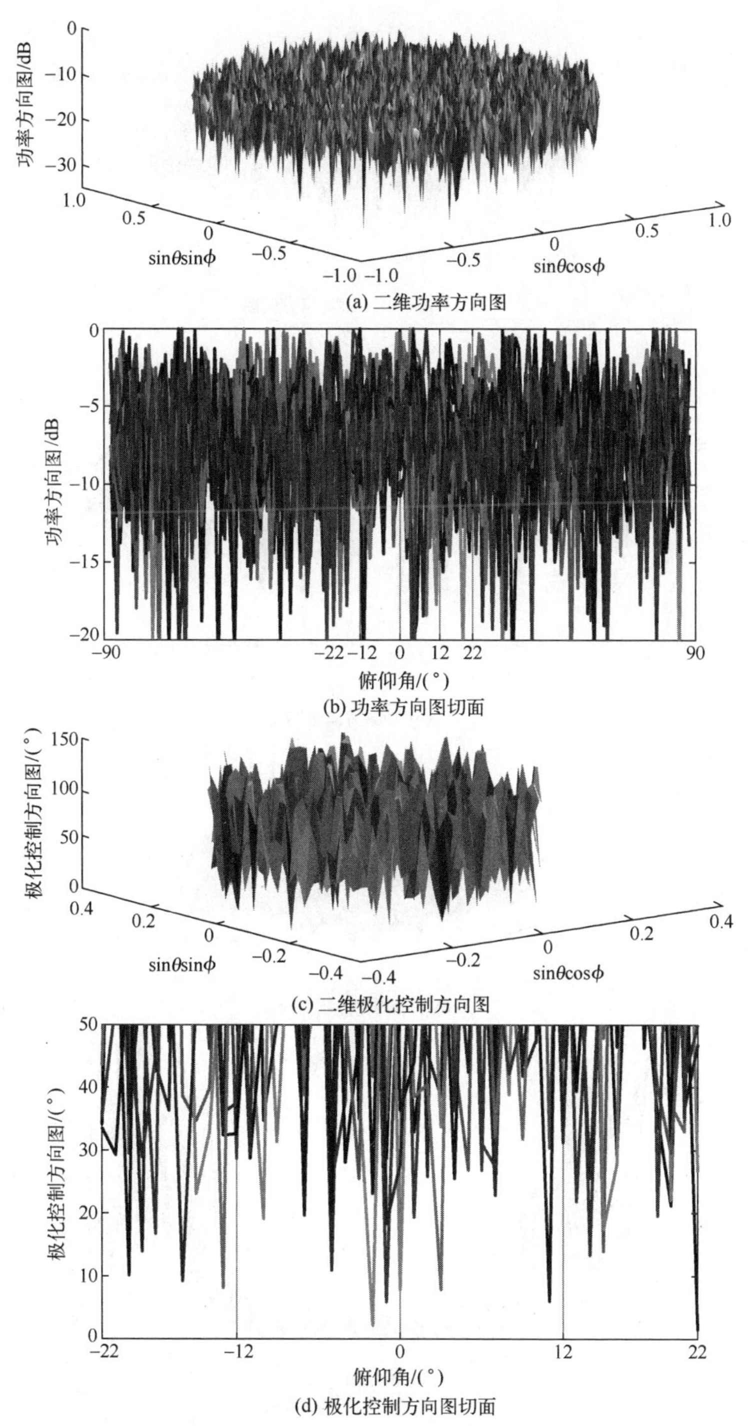

(a) 二维功率方向图

(b) 功率方向图切面

(c) 二维极化控制方向图

(d) 极化控制方向图切面

图 3.71　Fuchs 方法波束方向图综合极化调制结果：存在模型误差

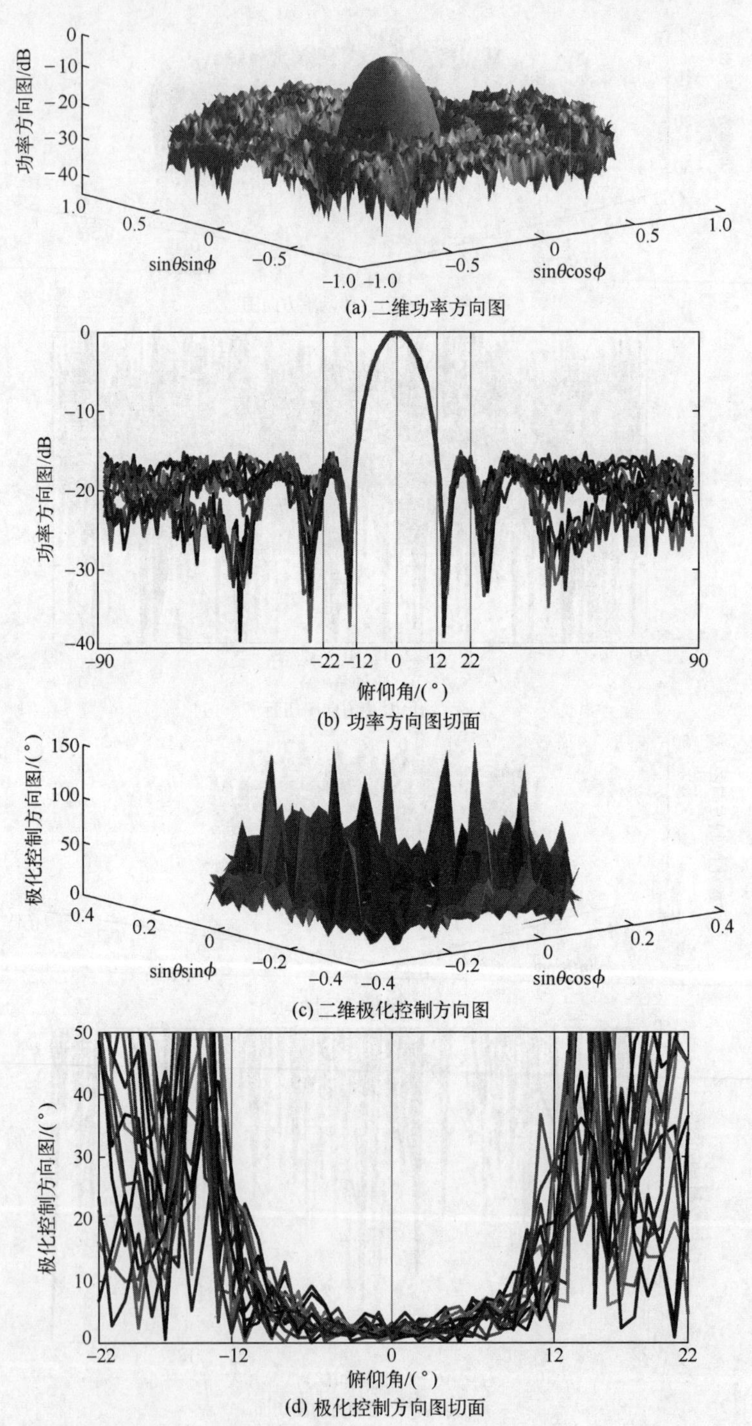

(a) 二维功率方向图

(b) 功率方向图切面

(c) 二维极化控制方向图

(d) 极化控制方向图切面

图 3.72 功率约束方法波束方向图综合极化调制结果：存在模型误差

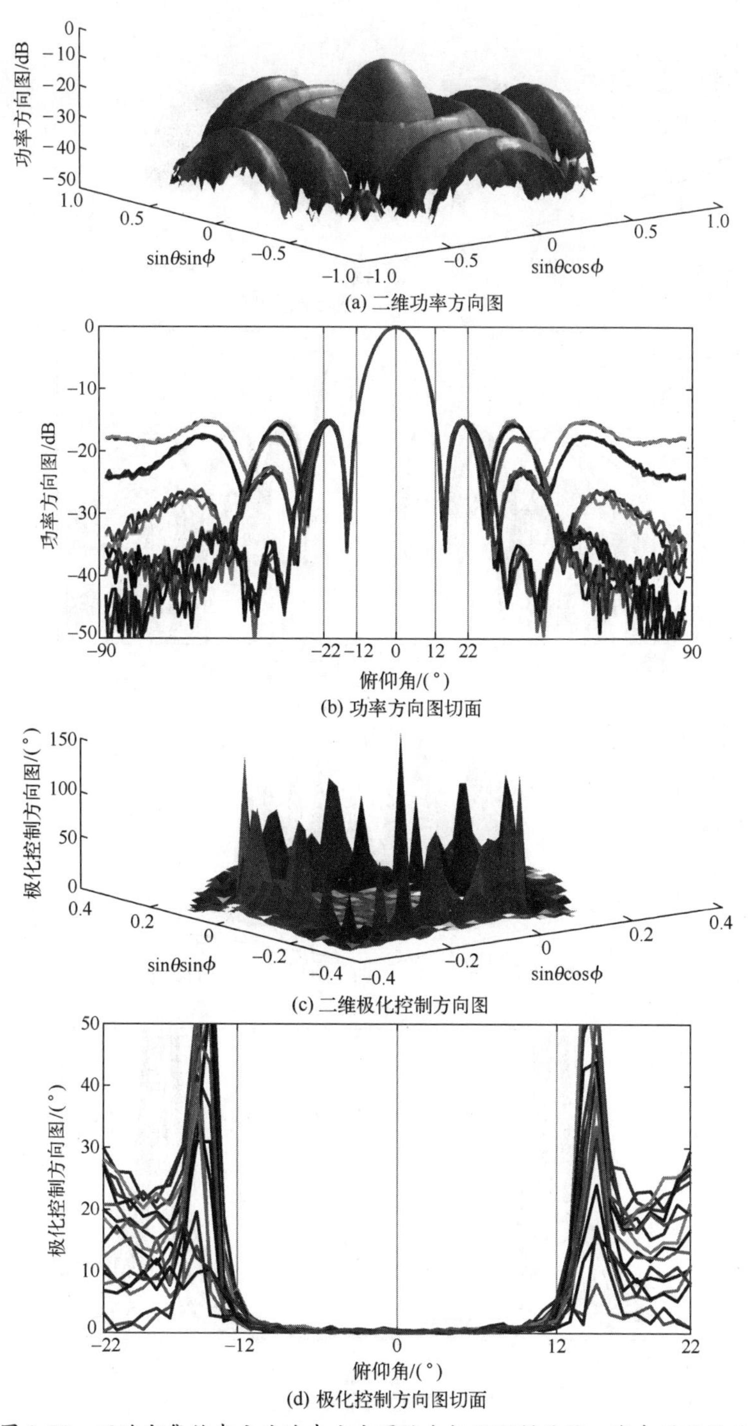

图 3.73　不确定集约束方法波束方向图综合极化调制结果：存在模型误差

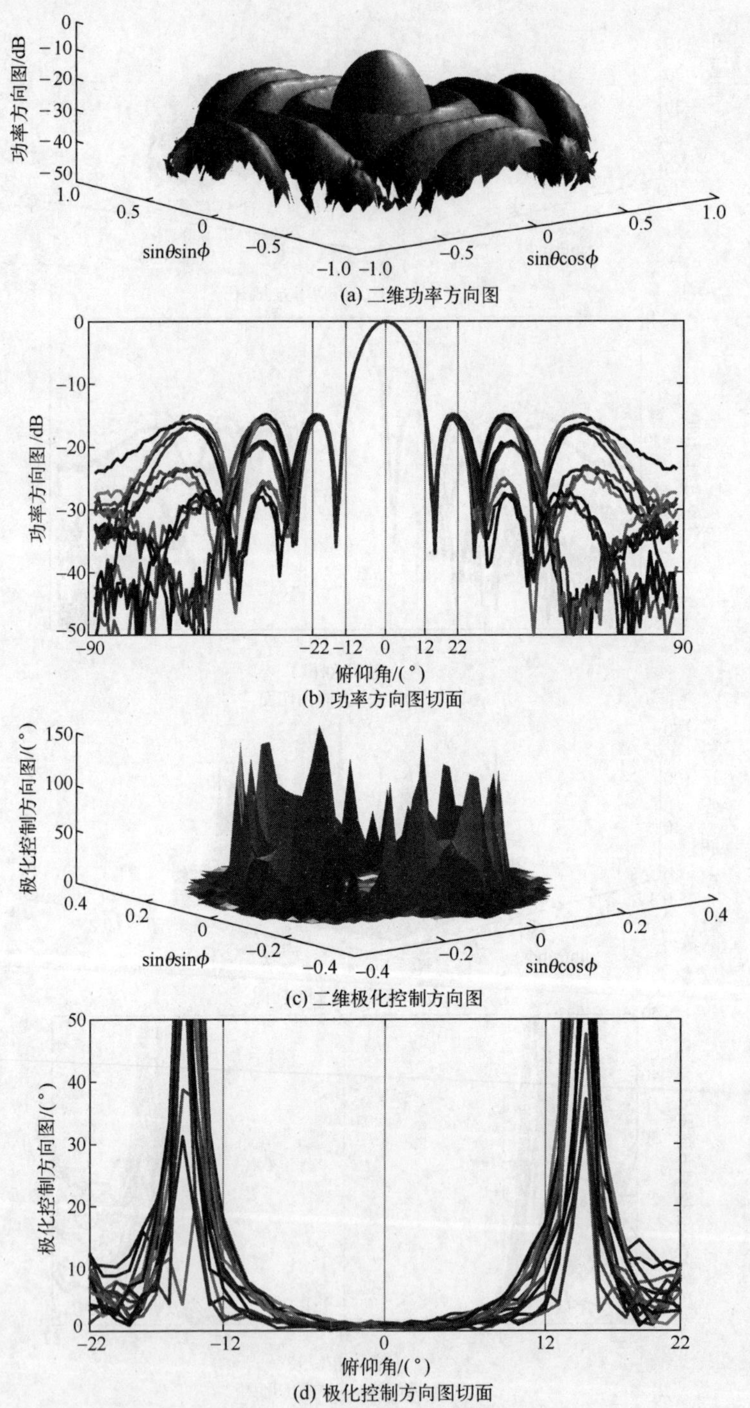

图 3.74 极化分离不确定集约束方法波束方向图综合极化调制结果：存在模型误差

表 3.2 所列为不同方法对应功率方向图的最高旁瓣功率，以及主瓣区域的平均极化控制误差。

表 3.2　不同方法波束方向图综合和极化调制结果的对比

方　　法	最高旁瓣功率/dB		APCE/(°)	
	无误差	有误差	无误差	有误差
D-C	-12.3	-12.2	0.4	0.6
Fuchs	-15.7	—	3.0	—
功率约束	-15.6	-14.7	2.9	4.8
不确定集约束	-15.0	-14.8	0.1	0.6

可以看出，几种方法的二维波束方向图综合和极化调制的比较结果与一维情形相似。Dolph-Chebyshev（D-C）方法虽然具有较好的主瓣极化控制精度，但无论是否存在模型误差，其幅度方向图的旁瓣电平要远高于其他方法。Fuchs 方法在不存在模型误差时，幅度方向图的旁瓣较低，但当存在模型误差时，会彻底失效，其他方法则具有较好的容差性。

其中，不确定集约束方法的性能较为稳定，功率约束方法在不存在模型误差的条件下，幅度方向图的旁瓣电平较低，但当存在模型误差时，其性能下降的程度要大于不确定集约束方法。

3.2.2.3　天线周期开关极化调制

假设极化调制阵列第 l 个矢量天线第 i 个内部传感单元的开关函数为 $w_{l,i}(t)$，其中 $l=0,1,\cdots,L-1$，$i=0,1,\cdots,J-1$，则(θ,ϕ)方向的发射信号波场具有下述形式：

$$\acute{\xi}_{\mathbf{H}}(t)=\sum_{l=0}^{L-1}\sum_{i=0}^{J-1}\mathrm{Re}(w_{l,i}(t)(w_{\mathbf{T},l,i}^{*}a_{\mathbf{H},l,i}(\theta,\phi))\xi_{\mathrm{analytic}}(t)) \tag{3.158}$$

$$\acute{\xi}_{\mathbf{V}}(t)=\sum_{l=0}^{L-1}\sum_{i=0}^{J-1}\mathrm{Re}(w_{l,i}(t)(w_{\mathbf{T},l,i}^{*}a_{\mathbf{V},l,i}(\theta,\phi))\xi_{\mathrm{analytic}}(t)) \tag{3.159}$$

其中 $a_{\mathbf{H},l,i}(\theta,\phi)$ 和 $a_{\mathbf{V},l,i}(\theta,\phi)$ 分别为极化调制阵列水平极化流形矢量 $\boldsymbol{a}_{\mathbf{H}}(\theta,\phi)$ 和垂直极化流形矢量 $\boldsymbol{a}_{\mathbf{V}}(\theta,\phi)$ 的第 $iL+l$ 个元素。

若是 $w_{l,i}(t)$ 为周期时变函数，则其又可以写成

$$w_{l,i}(t)=\sum_{p}\boldsymbol{\varpi}_{l,i,p}\mathrm{e}^{\mathrm{j}\left(\frac{2\pi p}{\Delta T}\right)t} \tag{3.160}$$

其中，$\boldsymbol{\varpi}_{l,i,p}$ 为第 p 个谐波系数，ΔT 为开关函数的周期。

将式（3.160）代入式（3.158）和式（3.159），可得

$$\acute{\xi}_{\mathbf{H}}(t)=\sum_{p}\mathrm{Re}(((\boldsymbol{w}_{\mathbf{T}}\odot\boldsymbol{\varpi}_{p}^{*})^{\mathrm{H}}\boldsymbol{a}_{\mathbf{H}}(\theta,\phi))\xi_{\mathrm{analytic}}(t)\mathrm{e}^{\mathrm{j}\left(\frac{2\pi p}{\Delta T}\right)t}) \tag{3.161}$$

$$\acute{\xi}_{\mathrm{V}}(t)=\sum_{p}\mathrm{Re}(((\boldsymbol{w}_{\mathrm{T}}\odot\boldsymbol{w}_{p}^{*})^{\mathrm{H}}\boldsymbol{a}_{\mathrm{V}}(\theta,\phi))\xi_{\mathrm{analytic}}(t)\mathrm{e}^{\mathrm{j}\left(\frac{2\pi p}{\Delta T}\right)t})\tag{3.162}$$

式中：

$$\boldsymbol{w}_{\mathrm{T}}=[\boldsymbol{w}_{\mathrm{T},0}^{\mathrm{T}},\boldsymbol{w}_{\mathrm{T},1}^{\mathrm{T}},\cdots,\boldsymbol{w}_{\mathrm{T},J-1}^{\mathrm{T}}]^{\mathrm{T}}\tag{3.163}$$

$$\boldsymbol{w}_{\mathrm{T},i}=[w_{\mathrm{T},0,i},w_{\mathrm{T},1,i},\cdots,w_{\mathrm{T},L-1,i}]^{\mathrm{T}}\tag{3.164}$$

$$\boldsymbol{w}_{p}=[\boldsymbol{w}_{0,p}^{\mathrm{T}},\boldsymbol{w}_{1,p}^{\mathrm{T}},\cdots,\boldsymbol{w}_{J-1,p}^{\mathrm{T}}]^{\mathrm{T}}\tag{3.165}$$

$$\boldsymbol{w}_{i,p}=[w_{0,i,p},w_{1,i,p},\cdots,w_{L-1,i,p}]^{\mathrm{T}}\tag{3.166}$$

$$w_{l,i,p}=\begin{cases}\dfrac{\tau_{l,i,\mathrm{off}}-\tau_{l,i,\mathrm{on}}}{\Delta T}, & p=0\\ \dfrac{\sin\left(\dfrac{p\pi(\tau_{l,i,\mathrm{off}}-\tau_{l,i,\mathrm{on}})}{\Delta T}\right)}{p\pi}\mathrm{e}^{-\mathrm{j}\frac{p\pi}{\Delta T}(\tau_{l,i,\mathrm{on}}+\tau_{l,i,\mathrm{off}})}, & p\neq 0\end{cases}\tag{3.167}$$

其中，$\tau_{l,i,\mathrm{on}}$、$\tau_{l,i,\mathrm{off}}$分别为某一开关函数周期内第 l 个矢量天线第 i 个内部传感单元的通、断时刻。

为简单起见，假设矢量天线为 COLD 天线，此时极化调制阵列水平和垂直极化流形矢量分别为

$$\boldsymbol{a}_{\mathrm{H}}(\theta,\phi)=-\begin{bmatrix}\boldsymbol{o}\\ \sin\theta\boldsymbol{a}(\theta,\phi)\end{bmatrix}\tag{3.168}$$

$$\boldsymbol{a}_{\mathrm{V}}(\theta,\phi)=-\begin{bmatrix}\sin\theta\boldsymbol{a}(\theta,\phi)\\ \boldsymbol{o}\end{bmatrix}\tag{3.169}$$

其中，$\boldsymbol{a}(\theta,\phi)$为极化调制阵列几何流形矢量。

再令

$$\boldsymbol{w}_{\mathrm{T}}=-\begin{bmatrix}\kappa_{\mathrm{V},0}^{*}\boldsymbol{a}(\theta_0,\phi_0)\\ \kappa_{\mathrm{H},0}^{*}\boldsymbol{a}(\theta_0,\phi_0)\end{bmatrix}\tag{3.170}$$

其中，$\kappa_{\mathrm{H},0}$和 $\kappa_{\mathrm{V},0}$为极化控制参数。

假定 $\tau_{l,i,\mathrm{on}}$、$\tau_{l,i,\mathrm{off}}$满足下述条件：

$$\begin{cases}\tau_{l,i,\mathrm{off}}-\tau_{l,i,\mathrm{on}}=\Delta\tau\\ \tau_{l,i,\mathrm{on}}+\tau_{l,i,\mathrm{off}}=2\tau_0+\Delta\tau+2(iL+l)\Delta\tau\end{cases}\tag{3.171}$$

极化调制阵列天线开关时序如图 3.75 所示。

根据式（3.161）~式（3.167），以及图 3.75 所示的极化调制阵列天线开关时序设置，(θ_0,ϕ_0)方向的发射信号波场为

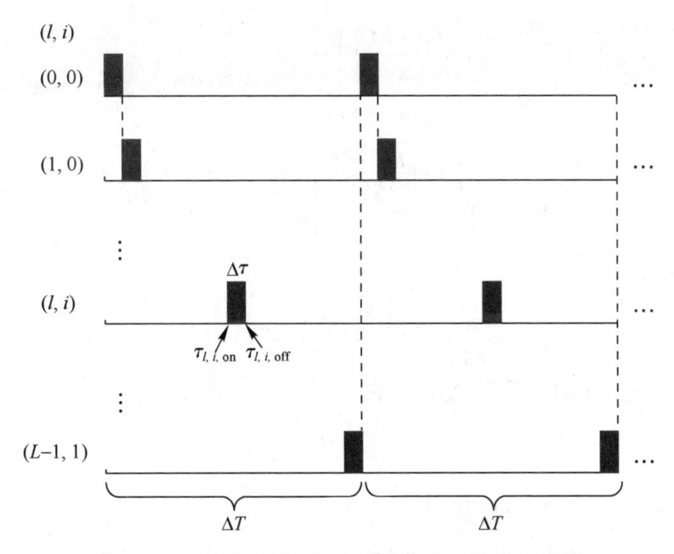

图 3.75　COLD 天线阵极化调制天线开关时序图

$$\acute{\xi}_{\mathbf{H}}(t)=\sum_{p}\underbrace{\operatorname{Re}\left(\left(\left(\boldsymbol{w}_{\mathbf{T}}\odot\boldsymbol{w}_{p}^{*}\right)^{\mathrm{H}}\boldsymbol{a}_{\mathbf{H}}(\theta_0,\phi_0)\right)\xi_{\text{analytic}}(t)\mathrm{e}^{\mathrm{j}\left(\frac{2\pi p}{\Delta T}\right)t}\right)}_{=\acute{\xi}_{\mathbf{H},p}(t)} \tag{3.172}$$

$$\acute{\xi}_{\mathbf{V}}(t)=\sum_{p}\underbrace{\operatorname{Re}\left(\left(\left(\boldsymbol{w}_{\mathbf{T}}\odot\boldsymbol{w}_{p}^{*}\right)^{\mathrm{H}}\boldsymbol{a}_{\mathbf{V}}(\theta_0,\phi_0)\right)\xi_{\text{analytic}}(t)\mathrm{e}^{\mathrm{j}\left(\frac{2\pi p}{\Delta T}\right)t}\right)}_{=\acute{\xi}_{\mathbf{V},p}(t)} \tag{3.173}$$

其中，对应于 $p=0$ 的分量为

$$\acute{\xi}_{\mathbf{H},0}(t)=\left(\frac{L\Delta\tau}{\Delta T}\right)\operatorname{Re}\left(\kappa_{\mathbf{H},0}\sin\theta_0\xi_{\text{analytic}}(t)\right) \tag{3.174}$$

$$\acute{\xi}_{\mathbf{V},0}(t)=\left(\frac{L\Delta\tau}{\Delta T}\right)\operatorname{Re}\left(\kappa_{\mathbf{V},0}\sin\theta_0\xi_{\text{analytic}}(t)\right) \tag{3.175}$$

而对应于 $p\neq0$ 的分量为

$$\acute{\xi}_{\mathbf{H},p\neq0}(t)=\operatorname{Re}\left(\kappa_{\mathbf{H},0}\sin\theta_0\boldsymbol{a}_{1,p}^{\mathrm{H}}(\theta_0,\phi_0)\boldsymbol{a}(\theta_0,\phi_0)\xi_{\text{analytic}}(t)\mathrm{e}^{\mathrm{j}\left(\frac{2\pi p}{\Delta T}\right)t}\right) \tag{3.176}$$

$$\acute{\xi}_{\mathbf{V},p\neq0}(t)=\operatorname{Re}\left(\kappa_{\mathbf{V},0}\sin\theta_0\boldsymbol{a}_{0,p}^{\mathrm{H}}(\theta_0,\phi_0)\boldsymbol{a}(\theta_0,\phi_0)\xi_{\text{analytic}}(t)\mathrm{e}^{\mathrm{j}\left(\frac{2\pi p}{\Delta T}\right)t}\right) \tag{3.177}$$

式中：

$$\boldsymbol{a}_{1,p}(\theta_0,\phi_0)=\boldsymbol{a}(\theta_0,\phi_0)\odot\boldsymbol{w}_{1,p}^{*} \tag{3.178}$$

$$\boldsymbol{a}_{0,p}(\theta_0,\phi_0)=\boldsymbol{a}(\theta_0,\phi_0)\odot\boldsymbol{w}_{0,p}^{*} \tag{3.179}$$

$$\boldsymbol{a}_{1,p}^{\mathrm{H}}\boldsymbol{a}(\theta_0,\phi_0)=\sum_{l=0}^{L-1}w_{l,1,p} \tag{3.180}$$

$$\boldsymbol{a}_{0,p}^{\mathrm{H}}\boldsymbol{a}(\theta_0,\phi_0)=\sum_{l=0}^{L-1}w_{l,0,p} \tag{3.181}$$

其中

$$w_{l,1,p}=\left(\frac{\sin\left(\frac{p\pi\Delta\tau}{\Delta T}\right)}{p\pi}\right)\mathrm{e}^{-\mathrm{j}\frac{p\pi}{\Delta T}(2\tau_0+(2L+1)\Delta\tau)}\mathrm{e}^{-\mathrm{j}\frac{2lp\pi\Delta\tau}{\Delta T}} \tag{3.182}$$

$$w_{l,0,p}=\left(\frac{\sin\left(\frac{p\pi\Delta\tau}{\Delta T}\right)}{p\pi}\right)\mathrm{e}^{-\mathrm{j}\frac{p\pi}{\Delta T}(2\tau_0+\Delta\tau)}\mathrm{e}^{-\mathrm{j}\frac{2lp\pi\Delta\tau}{\Delta T}} \tag{3.183}$$

注意到

$$\sum_{l=0}^{L-1}\mathrm{e}^{-\mathrm{j}\frac{2lp\pi\Delta\tau}{\Delta T}}=\sum_{l=0}^{L-1}\left(\mathrm{e}^{-\mathrm{j}\frac{2p\pi\Delta\tau}{\Delta T}}\right)^{l} \tag{3.184}$$

当 $p\neq k\Delta T/\Delta\tau$，其中 k 为整数时，有

$$\sum_{l=0}^{L-1}\left(\mathrm{e}^{-\mathrm{j}\frac{2p\pi\Delta\tau}{\Delta T}}\right)^{l}=0 \tag{3.185}$$

当 $p=k\Delta T/\Delta\tau$，其中 k 为整数时，又有

$$\sin\left(\frac{p\pi\Delta\tau}{\Delta T}\right)=\sin(k\pi)=0 \tag{3.186}$$

所以

$$\sum_{l=0}^{L-1}w_{l,1,p}=0 \tag{3.187}$$

$$\sum_{l=0}^{L-1}w_{l,0,p}=0 \tag{3.188}$$

由此有

$$\acute{\xi}_{\mathrm{H},p\neq0}(t)=0 \tag{3.189}$$

$$\acute{\xi}_{\mathrm{V},p\neq0}(t)=0 \tag{3.190}$$

这样，(θ_0,ϕ_0)方向的发射信号波场为

$$\acute{\xi}_{\mathrm{H}}(t)=\acute{\xi}_{\mathrm{H},0}(t)=L\left(\frac{\Delta\tau}{\Delta T}\right)\mathrm{Re}(\kappa_{\mathrm{H},0}\sin\theta_0\xi_{\mathrm{analytic}}(t)) \tag{3.191}$$

$$\acute{\xi}_{\mathrm{V}}(t)=\acute{\xi}_{\mathrm{V},0}(t)=L\left(\frac{\Delta\tau}{\Delta T}\right)\mathrm{Re}(\kappa_{\mathrm{V},0}\sin\theta_0\xi_{\mathrm{analytic}}(t)) \tag{3.192}$$

若是 $\kappa_{\mathrm{H},0}=\kappa\cos\gamma_0$、$\kappa_{\mathrm{V},0}=\kappa\sin\gamma_0\mathrm{e}^{\mathrm{j}\eta_0}$，其中 κ 为实常数，用以调整发射功率，则当 $\sin\theta_0\neq0$ 时，(θ_0,ϕ_0)方向的发射极化为(γ_0,η_0)。

此外，根据式（3.161）和式（3.162），非(θ_0,ϕ_0)方向的发射信号波场具有下述形式：

$$\acute{\xi}_{\mathrm{H}}(t)=\sum_{p}\mathrm{Re}\left(\kappa_{\mathrm{H},0}\sin\theta\boldsymbol{a}_{1,p}^{\mathrm{H}}(\theta_0,\phi_0)\boldsymbol{a}(\theta,\phi)\xi_{\mathrm{analytic}}(t)\mathrm{e}^{\mathrm{j}\left(\frac{2\pi p}{\Delta T}\right)t}\right) \tag{3.193}$$

$$\acute{\xi}_{\mathrm{V}}(t)=\sum_{p}\mathrm{Re}\left(\kappa_{\mathrm{V},0}\sin\theta\boldsymbol{a}_{0,p}^{\mathrm{H}}(\theta_0,\phi_0)\boldsymbol{a}(\theta,\phi)\xi_{\mathrm{analytic}}(t)\mathrm{e}^{\mathrm{j}\left(\frac{2\pi p}{\Delta T}\right)t}\right) \tag{3.194}$$

式中：

$$\boldsymbol{a}_{1,p}^{\mathrm{H}}\boldsymbol{a}(\theta,\phi)=\sum_{l=0}^{L-1} w_{l,1,p}\mathrm{e}^{\mathrm{j}\omega_0(\tau_l(\theta,\phi)-\tau_l(\theta_0,\phi_0))} \tag{3.195}$$

$$\boldsymbol{a}_{0,p}^{\mathrm{H}}\boldsymbol{a}(\theta,\phi)=\sum_{l=0}^{L-1} w_{l,0,p}\mathrm{e}^{\mathrm{j}\omega_0(\tau_l(\theta,\phi)-\tau_l(\theta_0,\phi_0))} \tag{3.196}$$

由于$\boldsymbol{w}_{0,p}\neq\boldsymbol{w}_{1,p}$，所以$\boldsymbol{a}_{1,p}^{\mathrm{H}}\boldsymbol{a}(\theta,\phi)\neq\boldsymbol{a}_{0,p}^{\mathrm{H}}\boldsymbol{a}(\theta,\phi)$，这样

$$\frac{\sum_p \kappa_{\mathrm{V},0}\sin\theta\boldsymbol{a}_{0,p}^{\mathrm{H}}(\theta_0,\phi_0)\boldsymbol{a}(\theta,\phi)\xi_{\mathrm{analytic}}(t)\mathrm{e}^{\mathrm{j}\left(\frac{2\pi p}{\Delta T}\right)t}}{\sum_p \kappa_{\mathrm{H},0}\sin\theta\boldsymbol{a}_{1,p}^{\mathrm{H}}(\theta_0,\phi_0)\boldsymbol{a}(\theta,\phi)\xi_{\mathrm{analytic}}(t)\mathrm{e}^{\mathrm{j}\left(\frac{2\pi p}{\Delta T}\right)t}}\neq\frac{\kappa_{\mathrm{V},0}}{\kappa_{\mathrm{H},0}} \tag{3.197}$$

也即非(θ_0,ϕ_0)方向的发射信号波极化将出现扰动而偏离(γ_0,η_0)，由此可实现定向极化调制。

若仅考虑 xoy 平面的极化调制，也可以采用 SuperCART 天线，此时极化调制阵列水平和垂直极化流形矢量分别为

$$\boldsymbol{a}_{\mathrm{H}}(\theta,\phi)=\boldsymbol{a}_{\mathrm{H}}(\phi)=\begin{bmatrix}-\sin\phi\boldsymbol{a}(\phi)\\ \cos\phi\boldsymbol{a}(\phi)\\ \boldsymbol{o}\\ \boldsymbol{o}\\ \boldsymbol{o}\\ -\boldsymbol{a}(\phi)\end{bmatrix}=\begin{bmatrix}-\sin\phi\\ \cos\phi\\ 0\\ 0\\ 0\\ -1\end{bmatrix}\otimes\boldsymbol{a}(\phi) \tag{3.198}$$

$$\boldsymbol{a}_{\mathrm{V}}(\theta,\phi)=\boldsymbol{a}_{\mathrm{V}}(\phi)=\begin{bmatrix}\boldsymbol{o}\\ \boldsymbol{o}\\ -\boldsymbol{a}(\phi)\\ \sin\phi\boldsymbol{a}(\phi)\\ -\cos\phi\boldsymbol{a}(\phi)\\ \boldsymbol{o}\end{bmatrix}=\begin{bmatrix}0\\ 0\\ -1\\ \sin\phi\\ -\cos\phi\\ 0\end{bmatrix}\otimes\boldsymbol{a}(\phi) \tag{3.199}$$

而 $\boldsymbol{w}_{\mathrm{T}}$具有下述形式：

$$\boldsymbol{w}_{\mathrm{T}}=\begin{bmatrix}\kappa_{\mathrm{H},0}^{*}\boldsymbol{a}(\phi_0)\\ \kappa_{\mathrm{H},0}^{*}\boldsymbol{a}(\phi_0)\\ \kappa_{\mathrm{V},0}^{*}\boldsymbol{a}(\phi_0)\\ -\kappa_{\mathrm{V},0}^{*}\boldsymbol{a}(\phi_0)\\ -\kappa_{\mathrm{V},0}^{*}\boldsymbol{a}(\phi_0)\\ \kappa_{\mathrm{H},0}^{*}\boldsymbol{a}(\phi_0)\end{bmatrix}=[\kappa_{\mathrm{H},0}^{*},\kappa_{\mathrm{H},0}^{*},\kappa_{\mathrm{V},0}^{*},-\kappa_{\mathrm{V},0}^{*},-\kappa_{\mathrm{V},0}^{*},\kappa_{\mathrm{H},0}^{*}]^{\mathrm{T}}\otimes\boldsymbol{a}(\phi_0) \tag{3.200}$$

其中，$-90°<\phi<90°$，$-90°<\phi_0<90°$，$\kappa_{\mathrm{H},0}$和 $\kappa_{\mathrm{V},0}$为极化控制参数。

同时：

$$\begin{cases}\tau_{l,i,\text{off}}-\tau_{l,i,\text{on}}=\Delta\tau\\ \tau_{l,0,\text{on}}=\tau_{l,1,\text{on}}=\tau_{l,5,\text{on}}=\tau_{\mathbf{H},l,\text{on}}\\ \tau_{l,0,\text{off}}=\tau_{l,1,\text{off}}=\tau_{l,5,\text{off}}=\tau_{\mathbf{H},l,\text{off}}\\ \tau_{l,2,\text{on}}=\tau_{l,3,\text{on}}=\tau_{l,4,\text{on}}=\tau_{\mathbf{V},l,\text{on}}\\ \tau_{l,2,\text{off}}=\tau_{l,3,\text{off}}=\tau_{l,4,\text{off}}=\tau_{\mathbf{V},l,\text{off}}\\ \tau_{\mathbf{H},l,\text{on}}+\tau_{\mathbf{H},l,\text{off}}=2\tau_0+(2L+2l+1)\Delta\tau\\ \tau_{\mathbf{V},l,\text{on}}+\tau_{\mathbf{V},l,\text{off}}=2\tau_0+(2l+1)\Delta\tau\end{cases}\tag{3.201}$$

对应的极化调制阵列天线开关时序如图 3.76 所示。

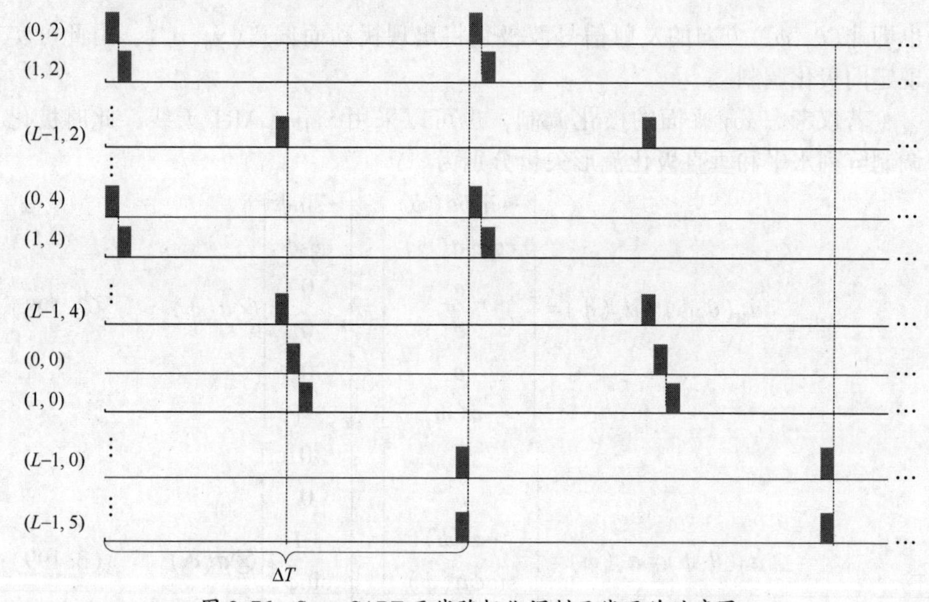

图 3.76 SuperCART 天线阵极化调制天线开关时序图

再令

$$\begin{cases}w_{l,0,p}=w_{l,1,p}=w_{l,5,p}=w_{\mathbf{H},l,p}\\ w_{l,2,p}=w_{l,3,p}=w_{l,4,p}=w_{\mathbf{V},l,p}\end{cases}\tag{3.202}$$

这样，ϕ_0方向的发射信号波场对应 $p=0$ 的分量为

$$\acute{\xi}_{\mathbf{H},0}(t)=\left(\frac{L\Delta\tau}{\Delta T}\right)\text{Re}\left(\kappa_{\mathbf{H},0}\underbrace{(\cos\phi_0-\sin\phi_0-1)}_{=f_{\phi_0}}\xi_{\text{analytic}}(t)\right)\tag{3.203}$$

$$\acute{\xi}_{\mathbf{V},0}(t)=\left(\frac{L\Delta\tau}{\Delta T}\right)\text{Re}\left(\kappa_{\mathbf{V},0}\underbrace{(\cos\phi_0-\sin\phi_0-1)}_{=f_{\phi_0}}\xi_{\text{analytic}}(t)\right)\tag{3.204}$$

对应 $p\neq0$ 的分量为

$$\acute{\xi}_{\mathbf{H},p\neq0}(t)=\text{Re}\left(\kappa_{\mathbf{H},0}f_{\phi_0}\boldsymbol{a}^{\text{H}}_{\mathbf{H},p}(\phi_0)\boldsymbol{a}(\phi_0)\xi_{\text{analytic}}(t)\text{e}^{\text{j}\left(\frac{2\pi p}{\Delta T}\right)t}\right)\tag{3.205}$$

$$\acute{\xi}_{\mathrm{V},p\neq 0}(t)=\mathrm{Re}\left(\kappa_{\mathrm{V},0}f_{\phi_0}\boldsymbol{a}_{\mathrm{V},p}^{\mathrm{H}}(\phi_0)\boldsymbol{a}(\phi_0)\xi_{\text{analytic}}(t)\mathrm{e}^{\mathrm{j}\left(\frac{2\pi p}{\Delta T}\right)t}\right) \tag{3.206}$$

式中：

$$\boldsymbol{a}_{\mathrm{H},p}(\phi_0)=\boldsymbol{a}(\phi_0)\odot\boldsymbol{w}_{\mathrm{H},p}^{*} \tag{3.207}$$

$$\boldsymbol{a}_{\mathrm{V},p}(\phi_0)=\boldsymbol{a}(\phi_0)\odot\boldsymbol{w}_{\mathrm{V},p}^{*} \tag{3.208}$$

$$\boldsymbol{w}_{\mathrm{H},p}=[w_{\mathrm{H},0,p},w_{\mathrm{H},1,p},\cdots,w_{\mathrm{H},L-1,p}]^{\mathrm{T}} \tag{3.209}$$

$$\boldsymbol{w}_{\mathrm{V},p}=[w_{\mathrm{V},0,p},w_{\mathrm{V},1,p},\cdots,w_{\mathrm{V},L-1,p}]^{\mathrm{T}} \tag{3.210}$$

$$\boldsymbol{a}_{\mathrm{H},p}^{\mathrm{H}}\boldsymbol{a}(\phi_0)=\sum_{l=0}^{L-1}w_{\mathrm{H},l,p} \tag{3.211}$$

$$\boldsymbol{a}_{\mathrm{V},p}^{\mathrm{H}}\boldsymbol{a}(\phi_0)=\sum_{l=0}^{L-1}w_{\mathrm{V},l,p} \tag{3.212}$$

其中

$$w_{\mathrm{H},l,p}=\left(\frac{\sin\left(\frac{p\pi\Delta\tau}{\Delta T}\right)}{p\pi}\right)\mathrm{e}^{-\mathrm{j}\frac{p\pi}{\Delta T}(2\tau_0+(2L+1)\Delta\tau)}\mathrm{e}^{-\mathrm{j}\frac{2lp\pi\Delta\tau}{\Delta T}} \tag{3.213}$$

$$w_{\mathrm{V},l,p}=\left(\frac{\sin\left(\frac{p\pi\Delta\tau}{\Delta T}\right)}{p\pi}\right)\mathrm{e}^{-\mathrm{j}\frac{p\pi}{\Delta T}(2\tau_0+\Delta\tau)}\mathrm{e}^{-\mathrm{j}\frac{2lp\pi\Delta\tau}{\Delta T}} \tag{3.214}$$

所以仍然有$\acute{\xi}_{\mathrm{H},p\neq 0}(t)=0$，$\acute{\xi}_{\mathrm{V},p\neq 0}(t)=0$。

由式（3.203）和式（3.204）可知，ϕ_0方向的信号波极化为(γ_0,η_0)。由于$\boldsymbol{w}_{\mathrm{H},p}\neq\boldsymbol{w}_{\mathrm{V},p}$，非$\phi_0$方向的信号波极化将偏离$(\gamma_0,\eta_0)$。

图 3.77～图 3.79 所示为一例基于上述方法的极化调制结果，例中阵列由 12 个等距排列的 SuperCART 天线组成，SuperCART 天线间距为半个信号波长；调制方向为(90°,0°)，极化为(45°,90°)，信号频率为 100MHz，极化调制天线开关切换频率为 5MHz。

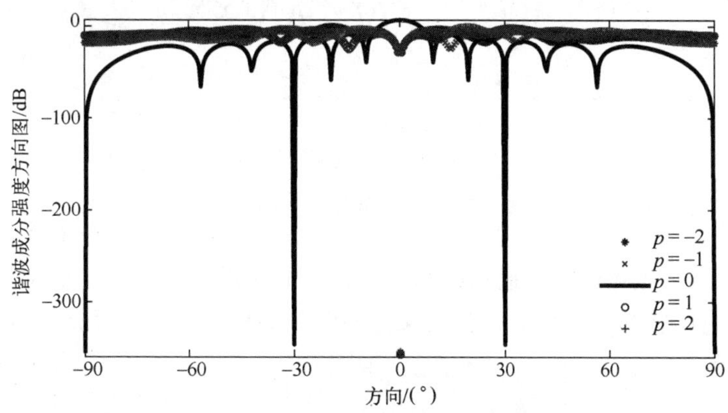

图 3.77　极化调制不同谐波成分强度方向图

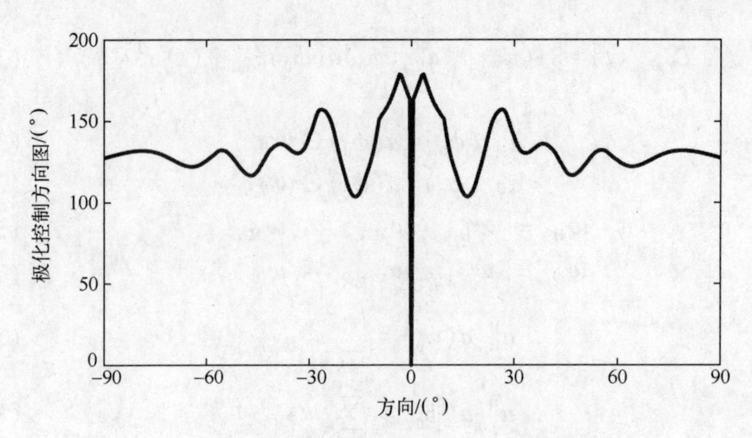

图 3.78 极化调制极化控制方向图

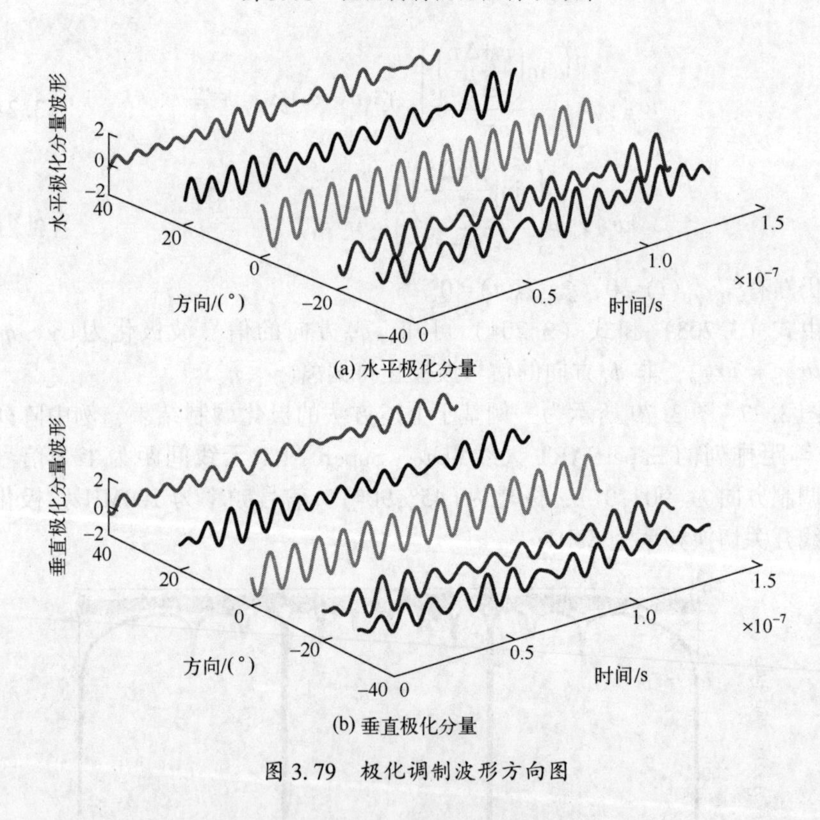

图 3.79 极化调制波形方向图

3.2.2.4 极化调制在通信感知一体化中的应用

用于通信感知一体化的极化波束方向图分集权矢量可以写成下述形式：

$$\boldsymbol{w}_{\text{com+sen}}^{(k)}=\boldsymbol{w}_{\text{com}}^{(k)}+\boldsymbol{w}_{\text{sen}} \tag{3.215}$$

式中：

$$\boldsymbol{w}_{\text{com}}^{(k)}=\boldsymbol{P}_{\text{sen}}^{\perp}\boldsymbol{w}^{(k)},\ k=1,2,\cdots,K \tag{3.216}$$

$$\boldsymbol{w}_{\text{sen}}=\boldsymbol{P}_{\text{com}}^{\perp}\boldsymbol{w} \tag{3.217}$$

$$\boldsymbol{P}_{\text{sen}}^{\perp}=\boldsymbol{I}_{LJ}-\boldsymbol{A}_{\text{sen}}(\boldsymbol{A}_{\text{sen}}^{\text{H}}\boldsymbol{A}_{\text{sen}})^{-1}\boldsymbol{A}_{\text{sen}}^{\text{H}} \tag{3.218}$$

$$\boldsymbol{P}_{\text{com}}^{\perp}=\boldsymbol{I}_{LJ}-\boldsymbol{A}_{\text{com}}(\boldsymbol{A}_{\text{com}}^{\text{H}}\boldsymbol{A}_{\text{com}})^{-1}\boldsymbol{A}_{\text{com}}^{\text{H}} \tag{3.219}$$

$$\boldsymbol{A}_{\text{sen}}=[\boldsymbol{a}_{\text{H}}(\theta_{\text{sen}},\phi_{\text{sen}}),\boldsymbol{a}_{\text{V}}(\theta_{\text{sen}},\phi_{\text{sen}})] \tag{3.220}$$

$$\boldsymbol{A}_{\text{com}}=[\boldsymbol{\Xi}(\theta_1,\phi_1),\boldsymbol{\Xi}(\theta_2,\phi_2),\cdots,\boldsymbol{\Xi}(\theta_M,\phi_M)] \tag{3.221}$$

其中，$(\theta_{\text{sen}},\phi_{\text{sen}})$为感知方向，$(\theta_m,\phi_m)$为第 m 个通信方向，

$$\boldsymbol{\Xi}(\theta_m,\phi_m)=[\boldsymbol{a}_{\text{H}}(\theta_m,\phi_m),\boldsymbol{a}_{\text{V}}(\theta_m,\phi_m)],\ m=1,2,\cdots,M \tag{3.222}$$

（1）通信权矢量 $\boldsymbol{w}_{\text{com}}^{(k)}$按下述准则进行设计：

$$\begin{aligned}
&\min_{\boldsymbol{w}^{(k)}}\|\boldsymbol{w}^{(k)}\|_2\\
&\text{s. t.}\\
&\begin{bmatrix}(\boldsymbol{P}_{\text{sen}}^{\perp}\boldsymbol{w}^{(k)})^{\text{H}}\boldsymbol{a}_{\text{H}}(\theta_1,\phi_1)\\(\boldsymbol{P}_{\text{sen}}^{\perp}\boldsymbol{w}^{(k)})^{\text{H}}\boldsymbol{a}_{\text{V}}(\theta_1,\phi_1)\end{bmatrix}=B_1\begin{bmatrix}\cos\gamma_1^{(k)}\\ \sin\gamma_1^{(k)}\text{e}^{\text{j}\eta_1^{(k)}}\end{bmatrix}\\
&\qquad\vdots\\
&\begin{bmatrix}(\boldsymbol{P}_{\text{sen}}^{\perp}\boldsymbol{w}^{(k)})^{\text{H}}\boldsymbol{a}_{\text{H}}(\theta_M,\phi_M)\\(\boldsymbol{P}_{\text{sen}}^{\perp}\boldsymbol{w}^{(k)})^{\text{H}}\boldsymbol{a}_{\text{V}}(\theta_M,\phi_M)\end{bmatrix}=B_M\begin{bmatrix}\cos\gamma_M^{(k)}\\ \sin\gamma_M^{(k)}\text{e}^{\text{j}\eta_M^{(k)}}\end{bmatrix}
\end{aligned} \tag{3.223}$$

其中，$(\gamma_m^{(k)},\eta_m^{(k)})$为第 m 个通信方向用户的第 k 个星座所对应的极化，B_m为相应的信号强度。

根据式（3.216）、式（3.218）和式（3.220），我们有$(\boldsymbol{w}_{\text{com}}^{(k)})^{\text{H}}\boldsymbol{A}_{\text{sen}}=\boldsymbol{O}$，所以感知方向并无通信极化信息的泄露。

（2）感知权矢量 $\boldsymbol{w}_{\text{sen}}$按下述准则进行设计：

$$\begin{aligned}
&\min_{\boldsymbol{w}}\rho\\
&\text{s. t.}\\
&\max_{(\theta,\phi)\in\text{SLR}}\left\|\begin{bmatrix}(\boldsymbol{P}_{\text{com}}^{\perp}\boldsymbol{w})^{\text{H}}\boldsymbol{a}_{\text{H}}(\theta_{\text{sen}},\phi_{\text{sen}})\\(\boldsymbol{P}_{\text{com}}^{\perp}\boldsymbol{w})^{\text{H}}\boldsymbol{a}_{\text{V}}(\theta_{\text{sen}},\phi_{\text{sen}})\end{bmatrix}\right\|_2\leqslant\rho\\
&\left\|\begin{bmatrix}(\boldsymbol{P}_{\text{com}}^{\perp}\boldsymbol{w})^{\text{H}}\boldsymbol{a}_{\text{H}}(\theta_{\text{sen}},\phi_{\text{sen}})\\(\boldsymbol{P}_{\text{com}}^{\perp}\boldsymbol{w})^{\text{H}}\boldsymbol{a}_{\text{V}}(\theta_{\text{sen}},\phi_{\text{sen}})\end{bmatrix}\right\|_2=B_{\text{sen}}\\
&\begin{bmatrix}(\boldsymbol{P}_{\text{com}}^{\perp}\boldsymbol{w})^{\text{H}}\boldsymbol{a}_{\text{H}}(\theta_{\text{sen}},\phi_{\text{sen}})\\(\boldsymbol{P}_{\text{com}}^{\perp}\boldsymbol{w})^{\text{H}}\boldsymbol{a}_{\text{V}}(\theta_{\text{sen}},\phi_{\text{sen}})\end{bmatrix}=B_{\text{sen}}\begin{bmatrix}\cos\gamma_{\text{sen}}\\ \sin\gamma_{\text{sen}}\text{e}^{\text{j}\eta_{\text{sen}}}\end{bmatrix}
\end{aligned} \tag{3.224}$$

其中，B_{sen}为感知方向信号强度，$(\gamma_{\text{sen}},\eta_{\text{sen}})$为感知方向极化。

根据式（3.217）、式（3.219）和式（3.221），我们有 $\boldsymbol{w}_{\text{sen}}^{\text{H}}\boldsymbol{A}_{\text{com}}=\boldsymbol{O}$，感知方向的信号并不会影响通信方向的极化信息。

为进一步增加极化调制通信的安全性，还可考虑下述噪声扰动：

$$\boldsymbol{w}_{\mathrm{com+sen}}^{(k)}(t)=\boldsymbol{w}_{\mathrm{com}}^{(k)}+\boldsymbol{w}_{\mathrm{sen}}+\Delta\boldsymbol{w}(t) \tag{3.225}$$

其中，$\Delta\boldsymbol{w}(t)$的设计可采用式（3.5）所示的连续时变方法。

图3.80和图3.81所示为一例基于上述方法的通信感知一体化极化调制结果，例中阵列为SuperCART等距线阵，$L=12$，SuperCART天线间距为半个信号波长；通信方向为(90°,-30°),(90°,20°)，四个极化调制状态为："00"状态(45°,0°)，"01"状态(45°,90°)，"11"状态(45°,180°)，"10"状态(45°,-90°)；感知方向为(90°,0°)，感知极化为(20°,10°)。

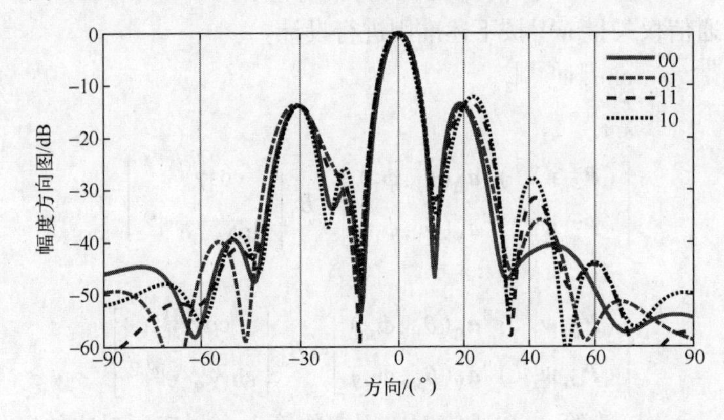

图3.80 极化调制幅度方向图

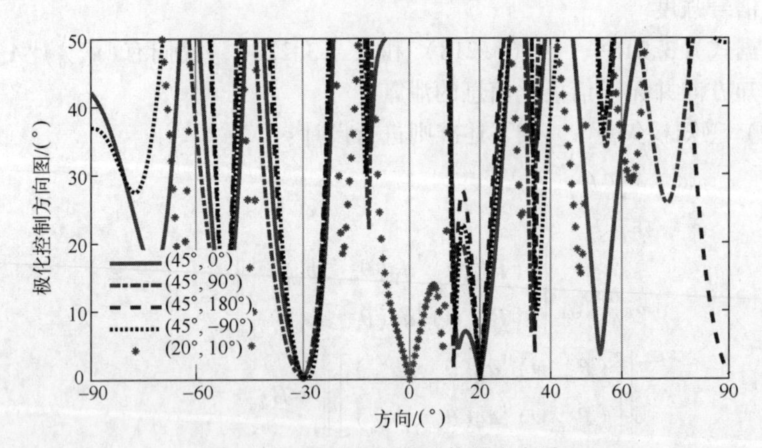

图3.81 极化调制极化控制方向图

以上我们讨论了具有方向性的极化调制技术。需要指出的是，当星座数较少且不同星座极化距离较大时，极化解调本身允许存在一定的发射极化调控误差，如果非目标方向的发射极化扰动较小，可能并不能真正地实现空域加密。

3.3　单通道信号参数估计

本节讨论基于天线非周期或周期开关、极化波束方向图分集的单通道、多信号波达方向与波极化参数联合估计问题。

3.3.1 非周期极化波束方向图分集方法

单通道阵列输出可以写成下述形式：

$$y_w(t)=\boldsymbol{w}^{\mathrm{H}}\boldsymbol{x}(t)=\boldsymbol{w}^{\mathrm{H}}(\boldsymbol{A}\boldsymbol{s}(t)+\boldsymbol{n}(t))\tag{3.226}$$

式中：

$$\boldsymbol{w}=[w_0^*,w_1^*,\cdots,w_{LJ-1}^*]^{\mathrm{T}}\tag{3.227}$$

其中，w_l等于 0，或者 1，抑或 $\mathrm{j}=\sqrt{-1}$，由天线开关控制，如图 3.82 所示，L 为矢量天线数，J 为矢量天线内部单元数；$\boldsymbol{x}(t)=[x_0(t),x_1(t),\cdots,x_{LJ-1}(t)]^{\mathrm{T}}$ 为多通道条件下的阵列输出矢量，$x_l(t)$为阵元 l 的解调复基带输出；

$$\boldsymbol{A}=[\boldsymbol{a}_0\otimes\boldsymbol{b}_{\mathrm{iso},0},\boldsymbol{a}_1\otimes\boldsymbol{b}_{\mathrm{iso},1},\cdots,\boldsymbol{a}_{M-1}\otimes\boldsymbol{b}_{\mathrm{iso},M-1}]\tag{3.228}$$

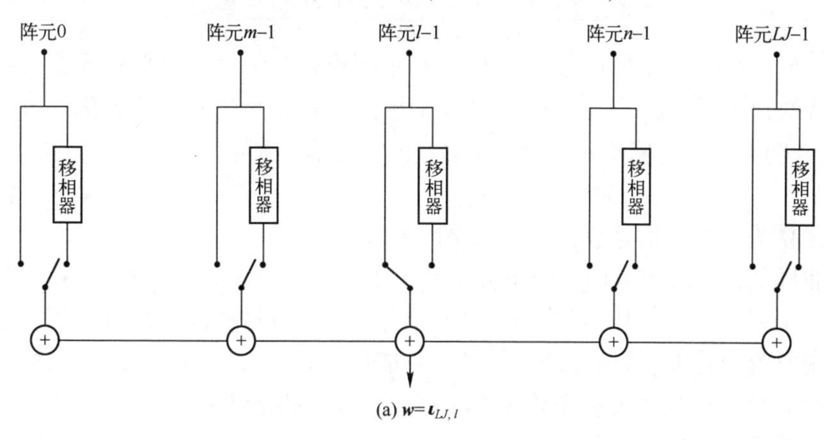

(a) $\boldsymbol{w}=\boldsymbol{\iota}_{LJ,l}$

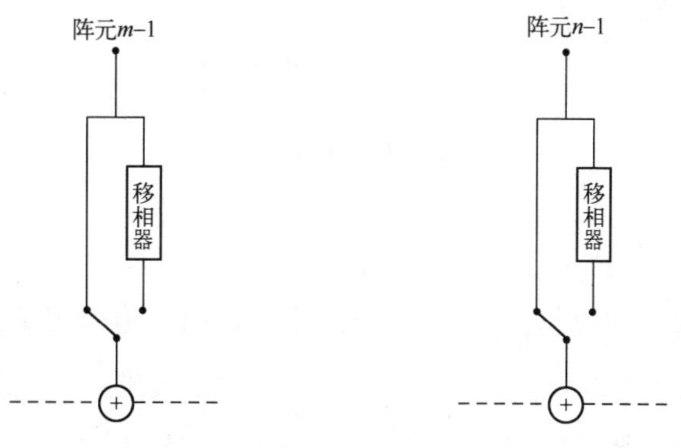

(b) $\boldsymbol{w}=\boldsymbol{\iota}_{LJ,m}+\boldsymbol{\iota}_{LJ,n}$

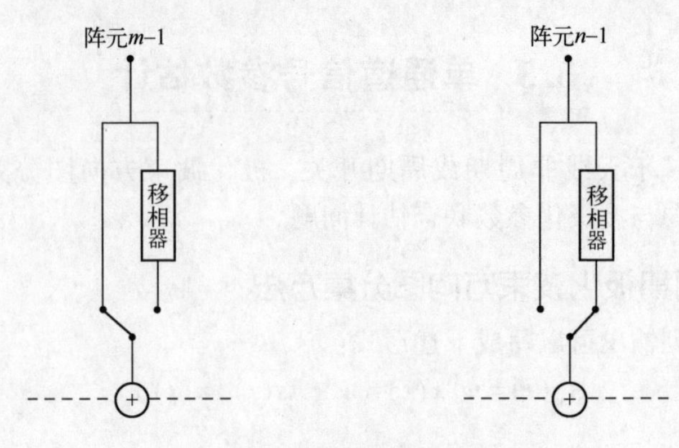

(c) $w=\iota_{LJ,m}-j\iota_{LJ,n}$

图 3.82 天线开关极化波束方向图分集示意图

其中，$\boldsymbol{a}_m=\boldsymbol{a}(\theta_m,\phi_m)$为第 m 个信号的几何流形矢量，θ_m和 ϕ_m分别为其俯仰角和方位角，$\boldsymbol{b}_{\text{iso},m}$为第 m 个信号的矢量天线流形矢量，也即

$$\boldsymbol{b}_{\text{iso},m}=\underbrace{[\boldsymbol{b}_{\text{iso-H}}(\theta_m,\phi_m),\boldsymbol{b}_{\text{iso-V}}(\theta_m,\phi_m)]}_{=\boldsymbol{\Xi}_{\text{iso}}(\theta_m,\phi_m)}\boldsymbol{p}_{\gamma_m,\eta_m} \tag{3.229}$$

其中，$\boldsymbol{b}_{\text{iso-H}}(\theta_m,\phi_m)$和 $\boldsymbol{b}_{\text{iso-V}}(\theta_m,\phi_m)$分别为第 m 个信号的水平和垂直极化矢量天线流形矢量，$\boldsymbol{p}_{\gamma_m,\eta_m}=[\cos\gamma_m,\sin\gamma_m e^{j\eta_m}]^{\text{T}}$为第 m 个信号波的极化矢量，γ_m和 η_m分别为其极化辅角和极化相位差，$\boldsymbol{s}(t)$为信号矢量，

$$\boldsymbol{s}(t)=[s_0(t),s_1(t),\cdots,s_{M-1}(t)]^{\text{T}} \tag{3.230}$$

其中，M 为待处理信号数；$\boldsymbol{n}(t)$为噪声矢量。

非周期极化波束方向图分集方法的主要思想是，根据式（3.226）所示的单通道观测 $y_{\boldsymbol{w}}(t)$，对阵列输出协方差矩阵 $\boldsymbol{R}_{xx}=\langle \boldsymbol{x}(t)\boldsymbol{x}^{\text{H}}(t)\rangle$进行估计，然后再利用所得到的 $\boldsymbol{R}_{xx}$的估计进行信号参数估计。

（1）阵列输出协方差矩阵 $\boldsymbol{R}_{xx}=\langle \boldsymbol{x}(t)\boldsymbol{x}^{\text{H}}(t)\rangle$的估计：

根据式（3.226），可得

$$\langle |y_{\boldsymbol{w}}(t)|^2\rangle=\boldsymbol{w}^{\text{H}}\boldsymbol{R}_{xx}\boldsymbol{w} \tag{3.231}$$

注意到

$$x_{l-1}(t)=\boldsymbol{\iota}_{LJ,l}^{\text{H}}\boldsymbol{x}(t)=y_{\boldsymbol{\iota}_{LJ,l}}(t) \tag{3.232}$$

所以

$$\boldsymbol{R}_{xx}(l,l)=\langle |x_{l-1}(t)|^2\rangle=\langle |y_{\boldsymbol{\iota}_{LJ,l}}(t)|^2\rangle \tag{3.233}$$

根据式（3.233），通过$|y_{\boldsymbol{\iota}_{LJ,l}}(t)|^2$的时间平均，可以直接对 $\boldsymbol{R}_{xx}$的对角线元素进行估计：

$$\boldsymbol{R}_{xx}(l,l)\approx\frac{1}{K_0}\sum_k |y_{\boldsymbol{\iota}_{LJ,l}}(t_k)|^2=\hat{\boldsymbol{R}}_{xx}(l,l) \tag{3.234}$$

其中，K_0为极化波束方向图分集快拍数。

下面讨论如何估计$\boldsymbol{R}_{xx}$的非对角线元素$\boldsymbol{R}_{xx}(m,n)=\langle x_{m-1}(t)x_{n-1}^*(t)\rangle$，其中$m\neq n$；

$$x_{m-1}(t)=\boldsymbol{\iota}_{LJ,m}^{\mathrm{H}}\boldsymbol{x}(t)=y_{\boldsymbol{\iota}_{LJ,m}}(t)$$

$$x_{n-1}(t)=\boldsymbol{\iota}_{LJ,n}^{\mathrm{H}}\boldsymbol{x}(t)=y_{\boldsymbol{\iota}_{LJ,n}}(t)$$

由于$\boldsymbol{R}_{xx}$为厄尔米特矩阵，也即

$$\boldsymbol{R}_{xx}(m,n)=\langle x_{m-1}(t)x_{n-1}^*(t)\rangle=\langle x_{n-1}^*(t)x_{m-1}(t)\rangle=\boldsymbol{R}_{xx}^*(n,m)\tag{3.235}$$

所以仅需考虑$n>m$的情形。

根据$x_{m-1}(t)$、$x_{n-1}(t)$的定义，$x_{m-1}(t)x_{n-1}^*(t)$一般为复数，可以写成下述形式：

$$x_{m-1}(t)x_{n-1}^*(t)=\underbrace{\mathrm{Re}(x_{m-1}(t)x_{n-1}^*(t))}_{=x_{\Re,m,n}(t)}+\mathrm{j}\underbrace{\mathrm{Im}(x_{m-1}(t)x_{n-1}^*(t))}_{=x_{\Im,m,n}(t)}\tag{3.236}$$

相应地，$\boldsymbol{R}_{xx}(m,n)$可以写成

$$\boldsymbol{R}_{xx}(m,n)=\underbrace{\langle\mathrm{Re}(x_{m-1}(t)x_{n-1}^*(t))\rangle}_{=\boldsymbol{R}_{\Re}(m,n)}+\mathrm{j}\underbrace{\langle\mathrm{Im}(x_{m-1}(t)x_{n-1}^*(t))\rangle}_{=\boldsymbol{R}_{\Im}(m,n)}\tag{3.237}$$

其中，$\boldsymbol{R}_{\Re}$和$\boldsymbol{R}_{\Im}$分别为对称矩阵和反对称矩阵，

$$\boldsymbol{R}_{\Re}(m,n)=\boldsymbol{R}_{\Re}(n,m)\tag{3.238}$$

$$\boldsymbol{R}_{\Im}(m,n)=-\boldsymbol{R}_{\Im}(n,m)\tag{3.239}$$

再注意到

$$\frac{1}{2}|x_m(t)+x_n(t)|^2=\frac{1}{2}(|x_m(t)|^2+|x_n(t)|^2)+\mathrm{Re}(x_m(t)x_n^*(t))\tag{3.240}$$

$$\frac{1}{2}|x_m(t)+\mathrm{j}x_n(t)|^2=\frac{1}{2}(|x_m(t)|^2+|x_n(t)|^2)+\mathrm{Im}(x_m(t)x_n^*(t))\tag{3.241}$$

所以

$$x_{\Re,m,n}(t)=\frac{1}{2}(|x_{m-1}(t)+x_{n-1}(t)|^2-|x_{m-1}(t)|^2-|x_{n-1}(t)|^2)\tag{3.242}$$

$$x_{\Im,m,n}(t)=\frac{1}{2}(|x_{m-1}(t)+\mathrm{j}x_{n-1}(t)|^2-|x_{m-1}(t)|^2-|x_{n-1}(t)|^2)\tag{3.243}$$

进一步有

$$\langle x_{\Re,m,n}(t)\rangle=\frac{1}{2}(\langle|x_{m-1}(t)+x_{n-1}(t)|^2\rangle-\langle|x_{m-1}(t)|^2\rangle-\langle|x_{n-1}(t)|^2\rangle)\tag{3.244}$$

$$\langle x_{\Im,m,n}(t)\rangle=\frac{1}{2}(\langle|x_{m-1}(t)+\mathrm{j}x_{n-1}(t)|^2\rangle-\langle|x_{m-1}(t)|^2\rangle-\langle|x_{n-1}(t)|^2\rangle)\tag{3.245}$$

由于

$$\langle |x_{m-1}(t)|^2 \rangle = \langle |y_{\iota_{LJ,m}}(t)|^2 \rangle$$

$$\langle |x_{n-1}(t)|^2 \rangle = \langle |y_{\iota_{LJ,n}}(t)|^2 \rangle$$

并且

$$\langle |x_{m-1}(t)+x_{n-1}(t)|^2 \rangle = \langle |y_{\iota_{LJ,m}+\iota_{LJ,n}}(t)|^2 \rangle \tag{3.246}$$

$$\langle |x_{m-1}(t)+\mathrm{j}x_{n-1}(t)|^2 \rangle = \langle |y_{\iota_{LJ,m}-\mathrm{j}\iota_{LJ,n}}(t)|^2 \rangle \tag{3.247}$$

所以 $\boldsymbol{R}_{xx}(m,n)$ 也可以通过单通道观测进行估计：

$$\hat{\boldsymbol{R}}_{xx}(m,n)=\hat{\boldsymbol{R}}_{\Re}(m,n)+\mathrm{j}\hat{\boldsymbol{R}}_{\Im}(m,n)=\hat{\boldsymbol{R}}_{xx}^{*}(n,m),\ n>m \tag{3.248}$$

其中

$$\hat{\boldsymbol{R}}_{\Re}(m,n)=\frac{1}{2}\left(\frac{1}{K_0}\sum_{k}|y_{\iota_{LJ,m}+\iota_{LJ,n}}(t_k)|^2-\hat{\boldsymbol{R}}_{xx}(m,m)-\hat{\boldsymbol{R}}_{xx}(n,n)\right) \tag{3.249}$$

$$\hat{\boldsymbol{R}}_{\Im}(m,n)=\frac{1}{2}\left(\frac{1}{K_0}\sum_{k}|y_{\iota_{LJ,m}-\mathrm{j}\iota_{LJ,n}}(t_k)|^2-\hat{\boldsymbol{R}}_{xx}(m,m)-\hat{\boldsymbol{R}}_{xx}(n,n)\right) \tag{3.250}$$

当 $m=n=l$ 时，

$$\hat{\boldsymbol{R}}_{\Re}(l,l)=\hat{\boldsymbol{R}}_{xx}(l,l) \tag{3.251}$$

$$\hat{\boldsymbol{R}}_{\Im}(l,l)=0 \tag{3.252}$$

上述基于非周期极化波束方向图分集的阵列输出协方差矩阵估计步骤总结于表 3.3 之中，对应的天线开关时序如图 3.83 所示。

表 3.3 所给的阵列输出协方差矩阵单通道估计方法，对矢量天线阵列的阵型没有特别要求，也适用于第 5 章和第 6 章中将要讨论的矢量天线稀疏阵列。

表 3.3 非周期极化波束方向图分集阵列输出协方差矩阵估计步骤[57]

1. 设置 $\boldsymbol{w}=\iota_{LJ,l}$，估计 $\boldsymbol{R}_{\Re}(l,l)$： $$\hat{\boldsymbol{R}}_{\Re}(l,l)=\frac{\sum_{k}|y_{\iota_{LJ,l}}(t_k)|^2}{K_0}$$ 其中 K_0 为极化波束方向图分集快拍数；对应的天线开关示意图参见图 3.82（a）.
2. 设置 $\boldsymbol{w}=\iota_{LJ,m}+\iota_{LJ,n}$，$n>m$，估计 $\boldsymbol{R}_{\Re}(m,n)$： $$\hat{\boldsymbol{R}}_{\Re}(m,n)=\frac{\frac{1}{K_0}\sum_{k}|y_{\iota_{LJ,m}+\iota_{LJ,n}}(t_k)|^2-\hat{\boldsymbol{R}}_{\Re}(m,m)-\hat{\boldsymbol{R}}_{\Re}(n,n)}{2}$$ 对应的天线开关示意图参见图 3.82（b）.

续表

3. 通过对称性质得到 $\boldsymbol{R}_{\Re}$ 的其余元素的估计.
4. 由于 $\boldsymbol{R}_{\Im}$ 为反对称矩阵，所以其主对角线元素均为 0.
5. 设置 $\boldsymbol{w}=\boldsymbol{\iota}_{LJ,m}-\mathrm{j}\boldsymbol{\iota}_{LJ,n}$，其中 $n>m$，估计 $\boldsymbol{R}_{\Im}(m,n)$：$$\hat{\boldsymbol{R}}_{\Im}(m,n)=\frac{\frac{1}{K_0}\sum_k \lvert y_{\boldsymbol{\iota}_{LJ,m}-\mathrm{j}\boldsymbol{\iota}_{LJ,n}}(t_k)\rvert^2-\hat{\boldsymbol{R}}_{\Re}(m,m)-\hat{\boldsymbol{R}}_{\Re}(n,n)}{2}$$ 对应的天线开关示意图参见图 3.82（c）.
6. 通过反对称性质得到 $\boldsymbol{R}_{\Im}$ 的其余元素的估计.
7. 根据 $\hat{\boldsymbol{R}}_{xx}=\hat{\boldsymbol{R}}_{\Re}+\mathrm{j}\hat{\boldsymbol{R}}_{\Im}$，得到 $\boldsymbol{R}_{xx}$ 的估计 $\hat{\boldsymbol{R}}_{xx}$.

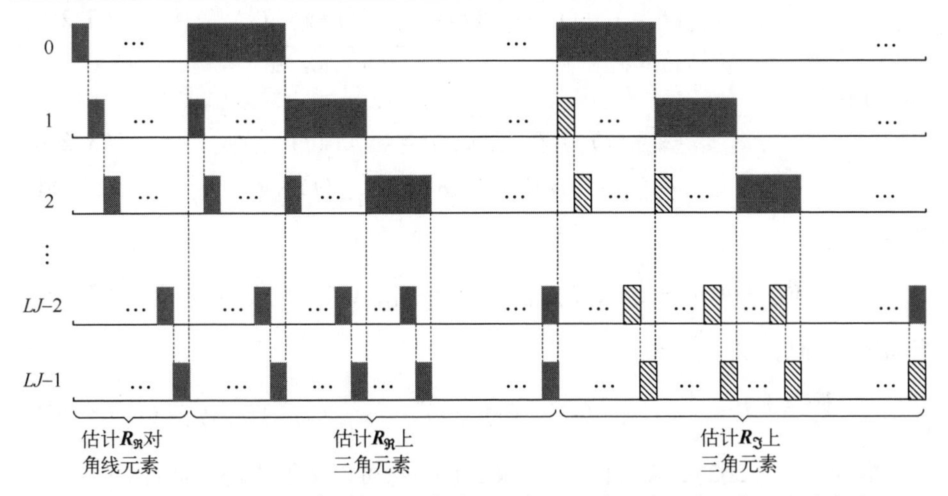

图 3.83　非周期极化波束方向图分集阵列输出协方差矩阵估计天线开关时序图："▮"表示直接通，"▧"表示移相通

（2）阵列输出共轭协方差矩阵 $\boldsymbol{R}_{xx^*}=\langle \boldsymbol{x}(t)\boldsymbol{x}^{\mathrm{T}}(t)\rangle$ 的单通道估计方法：

根据式（3.226），可得

$$\langle y_{\boldsymbol{w}}^2(t)\rangle=\boldsymbol{w}^{\mathrm{H}}\boldsymbol{R}_{xx^*}\boldsymbol{w}^* \tag{3.253}$$

所以

$$\boldsymbol{R}_{xx^*}(l,l)=\langle x_{l-1}^2(t)\rangle=\langle y_{\boldsymbol{\iota}_{LJ,l}}^2(t)\rangle \tag{3.254}$$

由式（3.254），通过 $y_{\boldsymbol{\iota}_{LJ,l}}^2(t)$ 的时间平均，可以直接对 $\boldsymbol{R}_{xx^*}$ 的对角线元素进行估计：

$$\boldsymbol{R}_{xx^*}(l,l)\approx\frac{1}{K_0}\sum_k y_{\boldsymbol{\iota}_{LJ,l}}^2(t_k)=\hat{\boldsymbol{R}}_{xx^*}(l,l) \tag{3.255}$$

下面讨论如何估计 $\boldsymbol{R}_{xx^*}$ 的非对角线元素 $\boldsymbol{R}_{xx^*}(m,n)=\langle x_{m-1}(t)x_{n-1}(t)\rangle$，其

中 $m \neq n$。由于 $\boldsymbol{R}_{xx^*}$ 为对称矩阵，也即

$$\boldsymbol{R}_{xx^*}(m,n)=\langle x_{m-1}(t)x_{n-1}(t)\rangle=\langle x_{n-1}(t)x_{m-1}(t)\rangle=\boldsymbol{R}_{xx^*}(n,m) \tag{3.256}$$

所以仅需考虑 $n>m$ 的情形。

注意到

$$\frac{1}{2}(x_m(t)+x_n(t))^2=\frac{1}{2}(x_m^2(t)+x_n^2(t))+x_m(t)x_n(t) \tag{3.257}$$

所以

$$\langle x_{m-1}(t)x_{n-1}(t)\rangle=\frac{1}{2}(\langle x_{m,n}^2(t)\rangle-\langle x_{m-1}^2(t)\rangle-\langle x_{n-1}^2(t)\rangle) \tag{3.258}$$

其中

$$x_{m,n}(t)=x_{m-1}(t)+x_{n-1}(t)=\underbrace{y_{\boldsymbol{\iota}_{LJ,m}}(t)+y_{\boldsymbol{\iota}_{LJ,n}}(t)}_{=y_{\boldsymbol{\iota}_{LJ,m}+\boldsymbol{\iota}_{LJ,n}}(t)} \tag{3.259}$$

又由于

$$\langle x_{m-1}^2(t)\rangle=\boldsymbol{R}_{xx^*}(m,m)=\langle y_{\boldsymbol{\iota}_{LJ,m}}^2(t)\rangle \tag{3.260}$$

$$\langle x_{n-1}^2(t)\rangle=\boldsymbol{R}_{xx^*}(n,n)=\langle y_{\boldsymbol{\iota}_{LJ,n}}^2(t)\rangle \tag{3.261}$$

因此

$$\boldsymbol{R}_{xx^*}(m,n)=\frac{1}{2}(\langle y_{\boldsymbol{\iota}_{LJ,m}+\boldsymbol{\iota}_{LJ,n}}^2(t)\rangle-\langle y_{\boldsymbol{\iota}_{LJ,m}}^2(t)\rangle-\langle y_{\boldsymbol{\iota}_{LJ,n}}^2(t)\rangle) \tag{3.262}$$

当 $m=n=l$ 时，

$$\boldsymbol{R}_{xx^*}(l,l)=\frac{1}{2}(\langle y_{2\boldsymbol{\iota}_{LJ,l}}^2(t)\rangle-\langle y_{\boldsymbol{\iota}_{LJ,l}}^2(t)\rangle-\langle y_{\boldsymbol{\iota}_{LJ,l}}^2(t)\rangle)=\langle y_{\boldsymbol{\iota}_{LJ,l}}^2(t)\rangle \tag{3.263}$$

根据式（3.262），$\boldsymbol{R}_{xx^*}(m,n)=\boldsymbol{R}_{xx^*}(n,m)$ 可以按下式进行估计：

$$\hat{\boldsymbol{R}}_{xx^*}(m,n)=\frac{1}{2}\left(\frac{1}{K_0}\sum_k y_{\boldsymbol{\iota}_{LJ,m}+\boldsymbol{\iota}_{LJ,n}}^2(t_k)-\hat{\boldsymbol{R}}_{xx^*}(m,m)-\hat{\boldsymbol{R}}_{xx^*}(n,n)\right) \tag{3.264}$$

当 $m=n=l$ 时，公式（3.264）退变为公式（3.255）。

上述基于非周期极化波束方向图分集的阵列输出共轭协方差矩阵估计步骤总结于表 3.4 之中，对应的天线开关时序如图 3.84 所示。

表 3.4　非周期极化波束方向图分集阵列输出共轭协方差矩阵估计步骤[58]

1. 设置 $\boldsymbol{w}=\boldsymbol{\iota}_{LJ,l}$，估计 $\boldsymbol{R}_{xx^*}(l,l)$： $$\hat{\boldsymbol{R}}_{xx^*}(l,l)=\frac{\sum_k y_{\boldsymbol{\iota}_{LJ,l}}^2(t_k)}{K_0}$$ 对应的天线开关示意图参见图 3.82（a）.

续表

2. 设置 $\boldsymbol{w}=\boldsymbol{\iota}_{LJ,m}+\boldsymbol{\iota}_{LJ,n}$，其中 $m<n$，估计 $\boldsymbol{R}_{\boldsymbol{xx}^*}(m,n)$： $$\hat{\boldsymbol{R}}_{\boldsymbol{xx}^*}(m,n)=\frac{\frac{1}{K_0}\sum_k\gamma^2_{\boldsymbol{\iota}_{LJ,m}+\boldsymbol{\iota}_{LJ,n}}(t_k)-\hat{\boldsymbol{R}}_{\boldsymbol{xx}^*}(m,m)-\hat{\boldsymbol{R}}_{\boldsymbol{xx}^*}(n,n)}{2}$$ 对应的天线开关示意图参见图 3.82（b）.
3. 由 $\boldsymbol{R}_{\boldsymbol{xx}^*}$ 的对称性，得到 $\boldsymbol{R}_{\boldsymbol{xx}^*}$ 的估计： $$\hat{\boldsymbol{R}}_{\boldsymbol{xx}^*}(n,m)=\hat{\boldsymbol{R}}_{\boldsymbol{xx}^*}(m,n)$$ 其中 $m<n$.

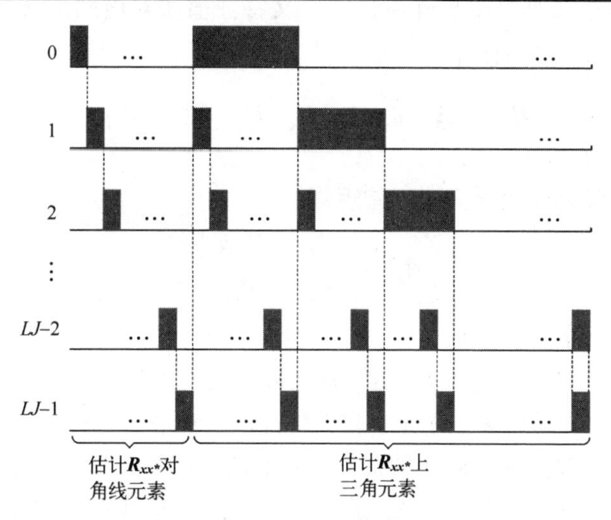

图 3.84　非周期极化波束方向图分集阵列输出共轭协方差矩阵估计天线开关时序图：“▮”表示直接通

（3）信号波达方向与波极化参数的估计：

① 非增广方法。

对 $\boldsymbol{R}_{\boldsymbol{xx}}$ 作特征分解，得到

$$\boldsymbol{R}_{\boldsymbol{xx}}=\boldsymbol{U}_{\text{sr-s}}\boldsymbol{\Sigma}_{\text{sr-s}}\boldsymbol{U}_{\text{sr-s}}^{\text{H}}+\boldsymbol{U}_{\text{sr-n}}\boldsymbol{\Sigma}_{\text{sr-n}}\boldsymbol{U}_{\text{sr-n}}^{\text{H}} \tag{3.265}$$

式中：$\boldsymbol{U}_{\text{sr-s}}$ 的列矢量为 $\boldsymbol{R}_{\boldsymbol{xx}}$ 的 M 个较大特征值所对应的主特征矢量，$\boldsymbol{U}_{\text{sr-n}}$ 的列矢量则为 $\boldsymbol{R}_{\boldsymbol{xx}}$ 的 $LJ-M$ 个较小特征值所对应的次特征矢量；$\boldsymbol{\Sigma}_{\text{sr-s}}$ 和 $\boldsymbol{\Sigma}_{\text{sr-n}}$ 均为对角矩阵，其对角线元素分别为 $\boldsymbol{R}_{\boldsymbol{xx}}$ 的 M 个较大特征值和 $LJ-M$ 个较小特征值。

根据特征子空间理论，可以构造如下多极化单通道（PSR）空间谱：

$$\mathcal{J}_{\text{PSR}}(\theta,\phi)=\mu_{\min}^{-1}(\boldsymbol{\Xi}^{\text{H}}(\theta,\phi)\boldsymbol{U}_{\text{sr-n}}\boldsymbol{U}_{\text{sr-n}}^{\text{H}}\boldsymbol{\Xi}(\theta,\phi)) \tag{3.266}$$

其中，“$\mu_{\min}(\cdot)$”表示括号中矩阵的最小特征值；

$$\boldsymbol{\Xi}(\theta,\phi)=\boldsymbol{a}(\theta,\phi)\otimes\boldsymbol{\Xi}_{\text{iso}}(\theta,\phi) \tag{3.267}$$

相应的信号波极化参数估计公式为

$$\hat{\gamma}_m = \arctan\left(\frac{|\hat{\boldsymbol{l}}_{\mathrm{sr},m}(2)|}{|\hat{\boldsymbol{l}}_{\mathrm{sr},m}(1)|}\right) \tag{3.268}$$

$$\hat{\eta}_m = \angle\left(\frac{\hat{\boldsymbol{l}}_{\mathrm{sr},m}(2)}{\hat{\boldsymbol{l}}_{\mathrm{sr},m}(1)}\right) \tag{3.269}$$

式中:

$$\hat{\boldsymbol{l}}_{\mathrm{sr},m} = \boldsymbol{\mu}_{\min}(\boldsymbol{H}_{\mathrm{sr},m}, \boldsymbol{\Xi}^{\mathrm{H}}(\hat{\theta}_m,\hat{\phi}_m)\boldsymbol{\Xi}(\hat{\theta}_m,\hat{\phi}_m)) \tag{3.270}$$

其中，$\boldsymbol{\mu}_{\min}(\cdot)$表示括号中矩阵束最小广义特征值所对应的广义特征矢量，$\hat{\theta}_m$和$\hat{\phi}_m$分别为θ_m和ϕ_m的估计，

$$\boldsymbol{H}_{\mathrm{sr},m} = \boldsymbol{\Xi}^{\mathrm{H}}(\hat{\theta}_m,\hat{\phi}_m)\boldsymbol{U}_{\mathrm{sr-n}}\boldsymbol{U}^{\mathrm{H}}_{\mathrm{sr-n}}\boldsymbol{\Xi}(\hat{\theta}_m,\hat{\phi}_m) \tag{3.271}$$

② 增广方法。

构造下述阵列输出增广协方差矩阵:

$$\boldsymbol{R}_{\tilde{x}\tilde{x}} = \begin{bmatrix} \boldsymbol{R}_{xx} & \boldsymbol{R}_{xx^*} \\ \boldsymbol{R}^*_{xx^*} & \boldsymbol{R}^*_{xx} \end{bmatrix} \tag{3.272}$$

再对$\boldsymbol{R}_{\tilde{x}\tilde{x}}$作特征分解，得到

$$\boldsymbol{R}_{\tilde{x}\tilde{x}} = \widetilde{\boldsymbol{U}}_{\mathrm{sr-s}}\widetilde{\boldsymbol{\Sigma}}_{\mathrm{sr-s}}\widetilde{\boldsymbol{U}}^{\mathrm{H}}_{\mathrm{sr-s}} + \widetilde{\boldsymbol{U}}_{\mathrm{sr-n}}\widetilde{\boldsymbol{\Sigma}}_{\mathrm{sr-n}}\widetilde{\boldsymbol{U}}^{\mathrm{H}}_{\mathrm{sr-n}} \tag{3.273}$$

式中：$\widetilde{\boldsymbol{U}}_{\mathrm{sr-s}}$的列矢量为$\boldsymbol{R}_{\tilde{x}\tilde{x}}$的$M$个较大特征值所对应的主特征矢量，$\widetilde{\boldsymbol{U}}_{\mathrm{sr-n}}$的列矢量则为$\boldsymbol{R}_{\tilde{x}\tilde{x}}$的$2LJ-M$个较小特征值所对应的次特征矢量；$\widetilde{\boldsymbol{\Sigma}}_{\mathrm{sr-s}}$和$\widetilde{\boldsymbol{\Sigma}}_{\mathrm{sr-n}}$均为对角矩阵，其对角线元素分别为$\boldsymbol{R}_{\tilde{x}\tilde{x}}$的$M$个较大特征值和$2LJ-M$个较小特征值。

根据特征子空间理论，可以构造如下增广多极化单通道（PSR～）空间谱:

$$\mathcal{J}_{\mathrm{PSR}\sim}(\theta,\phi) = \mu^{-1}_{\min}(\widetilde{\boldsymbol{\Xi}}^{\mathrm{H}}(\theta,\phi)\widetilde{\boldsymbol{U}}_{\mathrm{sr-n}}\widetilde{\boldsymbol{U}}^{\mathrm{H}}_{\mathrm{sr-n}}\widetilde{\boldsymbol{\Xi}}(\theta,\phi)) \tag{3.274}$$

其中

$$\widetilde{\boldsymbol{\Xi}}(\theta,\phi) = \begin{bmatrix} \boldsymbol{a}(\theta,\phi)\otimes\boldsymbol{\Xi}_{\mathrm{iso}}(\theta,\phi) & \\ & (\boldsymbol{a}(\theta,\phi)\otimes\boldsymbol{\Xi}_{\mathrm{iso}}(\theta,\phi))^* \end{bmatrix} \tag{3.275}$$

相应的信号波极化参数估计公式为

$$\hat{\gamma}_m = \arctan\left(\frac{|\tilde{\boldsymbol{l}}_{\mathrm{sr},m}(2)|}{|\tilde{\boldsymbol{l}}_{\mathrm{sr},m}(1)|}\right) \tag{3.276}$$

$$\hat{\eta}_m = \angle\left(\frac{\tilde{\boldsymbol{l}}_{\mathrm{sr},m}(2)}{\tilde{\boldsymbol{l}}_{\mathrm{sr},m}(1)}\right) \tag{3.277}$$

式中:

$$\tilde{\boldsymbol{l}}_{\mathrm{sr},m} = \mu_{\min}(\widetilde{\boldsymbol{H}}_{\mathrm{sr},m}, \widetilde{\boldsymbol{\Xi}}^{\mathrm{H}}(\hat{\theta}_m,\hat{\phi}_m)\widetilde{\boldsymbol{\Xi}}(\hat{\theta}_m,\hat{\phi}_m)) \tag{3.278}$$

其中

$$\widetilde{\boldsymbol{H}}_{\mathrm{sr},m}=\widetilde{\boldsymbol{\Xi}}^{\mathrm{H}}(\hat{\theta}_m,\hat{\phi}_m)\widetilde{\boldsymbol{U}}_{\mathrm{sr-n}}\widetilde{\boldsymbol{U}}_{\mathrm{sr-n}}^{\mathrm{H}}\widetilde{\boldsymbol{\Xi}}(\hat{\theta}_m,\hat{\phi}_m) \tag{3.279}$$

下面看几个仿真例子，例中阵列均为矢量天线等距线阵，矢量天线间距为半个信号波长；待处理信号均为二阶严格非圆，功率相同，并且互不相关。

图3.85所示为增广和非增广多极化单通道方法的空间谱（仅考虑信号方位角估计），表3.5所示为增广多极化单通道方法的信号波极化参数估计结果，其中$L=8$，$J=6$；$M=3$；信号波达方向分别为

$$(\theta_0,\phi_0)=(90°,10°)$$
$$(\theta_1,\phi_1)=(90°,-20°)$$
$$(\theta_2,\phi_2)=(90°,30°)$$

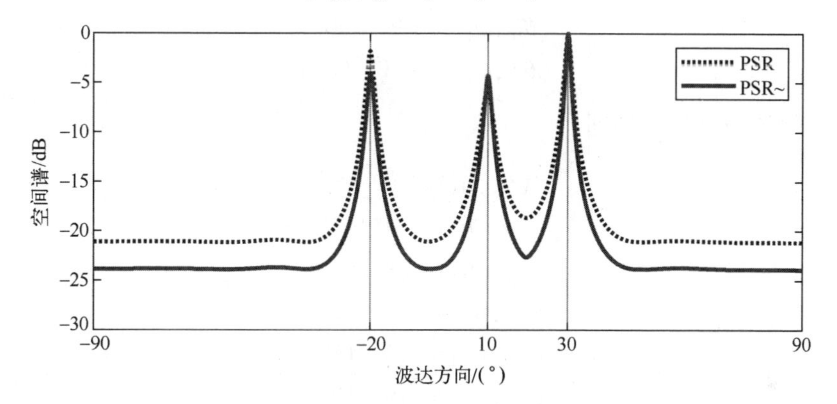

图3.85 增广和非增广多极化单通道方法的空间谱：$L=8$，$M=3$

表3.5 增广多极化单通道方法的信号波极化参数估计结果

信号0	信号1	信号2
$\hat{\gamma}_0=20.6194°$	$\hat{\gamma}_1=9.5105°$	$\hat{\gamma}_2=29.6530°$
$\hat{\eta}_0=21.3499°$	$\hat{\eta}_1=10.7878°$	$\hat{\eta}_2=29.9630°$

信号波极化参数分别为

$$(\gamma_0,\eta_0)=(20°,20°)$$
$$(\gamma_1,\eta_1)=(10°,10°)$$
$$(\gamma_2,\eta_2)=(30°,30°)$$

信号非圆相位分别为0°、30°和90°；信噪比（SNR）为10dB，极化波束方向图分集快拍数为100。

进一步考虑12个信号的分辨，其中$L=6$；信号波达方向分别为

$$(\theta_0,\phi_0)=(90°,-60°)$$
$$(\theta_1,\phi_1)=(90°,-49°)$$
$$(\theta_2,\phi_2)=(90°,-38°)$$
$$(\theta_3,\phi_3)=(90°,-27°)$$
$$(\theta_4,\phi_4)=(90°,-16°)$$
$$(\theta_5,\phi_5)=(90°,-5°)$$
$$(\theta_6,\phi_6)=(90°,6°)$$
$$(\theta_7,\phi_7)=(90°,17°)$$
$$(\theta_8,\phi_8)=(90°,28°)$$
$$(\theta_9,\phi_9)=(90°,39°)$$
$$(\theta_{10},\phi_{10})=(90°,50°)$$
$$(\theta_{11},\phi_{11})=(90°,60°)$$

信号波极化参数分别为

$$(\gamma_0,\eta_0)=(0°,0°)$$
$$(\gamma_1,\eta_1)=(4°,4°)$$
$$(\gamma_2,\eta_2)=(8°,8°)$$
$$(\gamma_3,\eta_3)=(11°,11°)$$
$$(\gamma_4,\eta_4)=(15°,15°)$$
$$(\gamma_5,\eta_5)=(19°,19°)$$
$$(\gamma_6,\eta_6)=(22°,22°)$$
$$(\gamma_7,\eta_7)=(26°,26°)$$
$$(\gamma_8,\eta_8)=(30°,30°)$$
$$(\gamma_9,\eta_9)=(33°,33°)$$
$$(\gamma_{10},\eta_{10})=(37°,37°)$$
$$(\gamma_{11},\eta_{11})=(40°,40°)$$

信号非圆相位分别为 0°、6°、11°、17°、22°、28°、33°、39°、44°、50°、55°、60°；极化波束方向图分集快拍数为 10000；信噪比为 10dB。

图 3.86 所示是对应的空间谱，可以看出增广方法仍然能够成功分辨所有信号，但非增广方法几乎失效，这表明前者的处理容量要高于后者。

图 3.87 所示为增广和非增广多极化单通道方法信号波达方向与波极化参数估计均方根误差随信噪比变化的曲线（所示结果为 500 次独立实验结果的平均，下同），其中 $L=16$，$M=3$，信号波达方向分别为(90°,10°)、(90°,−20°)和(90°,30°)，信号波极化参数分别为(30°,10°)、(20°,20°)和(10°,

30°)，信号非圆相位分别为0°、60°和90°；极化波束方向图分集快拍数为200。

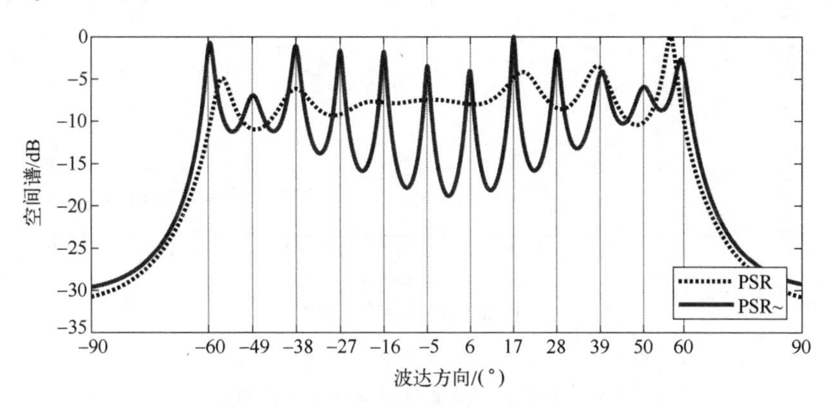

图3.86　增广和非增广多极化单通道空间谱：$L=6$，$M=12$

图3.88和图3.89所示为存在通道失配条件下，常规多极化多通道（PMR）方法也即多极化正交投影方法和极化波束方向图分集单通道方法，在

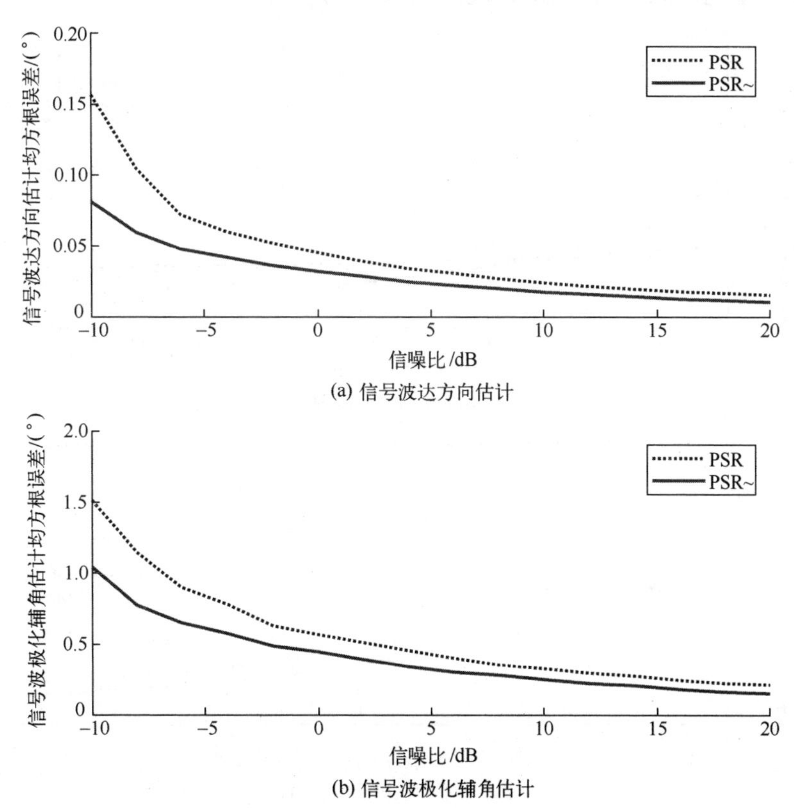

(a) 信号波达方向估计

(b) 信号波极化辅角估计

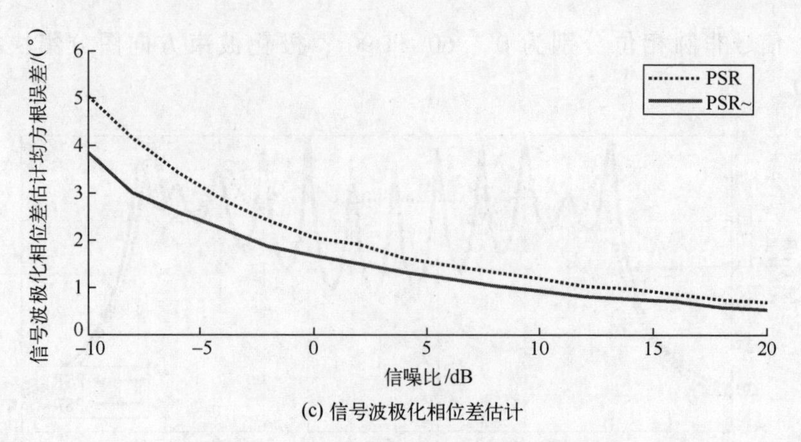

(c) 信号波极化相位差估计

图 3.87 增广和非增广多极化单通道方法信号波达方向与波极化参数估计均方根误差随信噪比变化的曲线

不同条件下的信号波达方向与波极化参数估计性能比较，其中通道幅度随机误差在[0.5,1.5]上均匀分布，通道相位随机误差在[0°,5°]上均匀分布；信号参数与上例相同，其他仿真参数参见图中的说明。

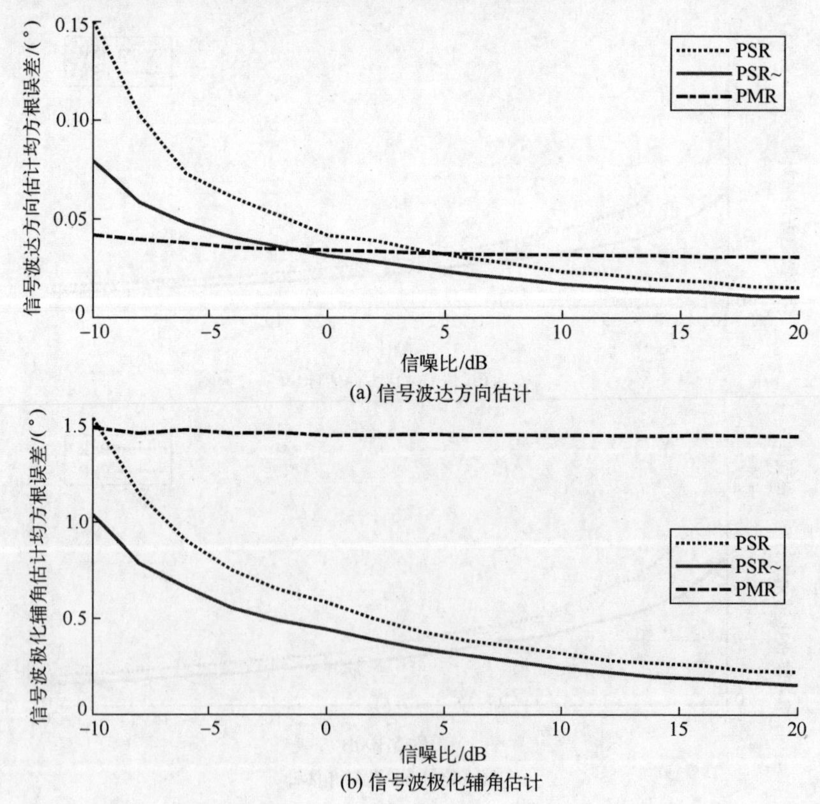

(a) 信号波达方向估计

(b) 信号波极化辅角估计

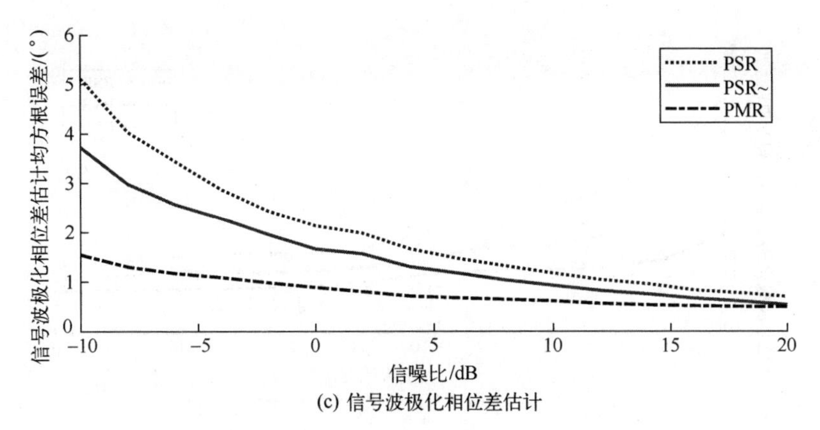

(c) 信号波极化相位差估计

图 3.88　存在通道失配条件下，单通道方法与多通道方法信号波达方向及波极化参数估计均方根误差随信噪比变化的曲线：$L=16$，极化波束方向图分集快拍数为 200

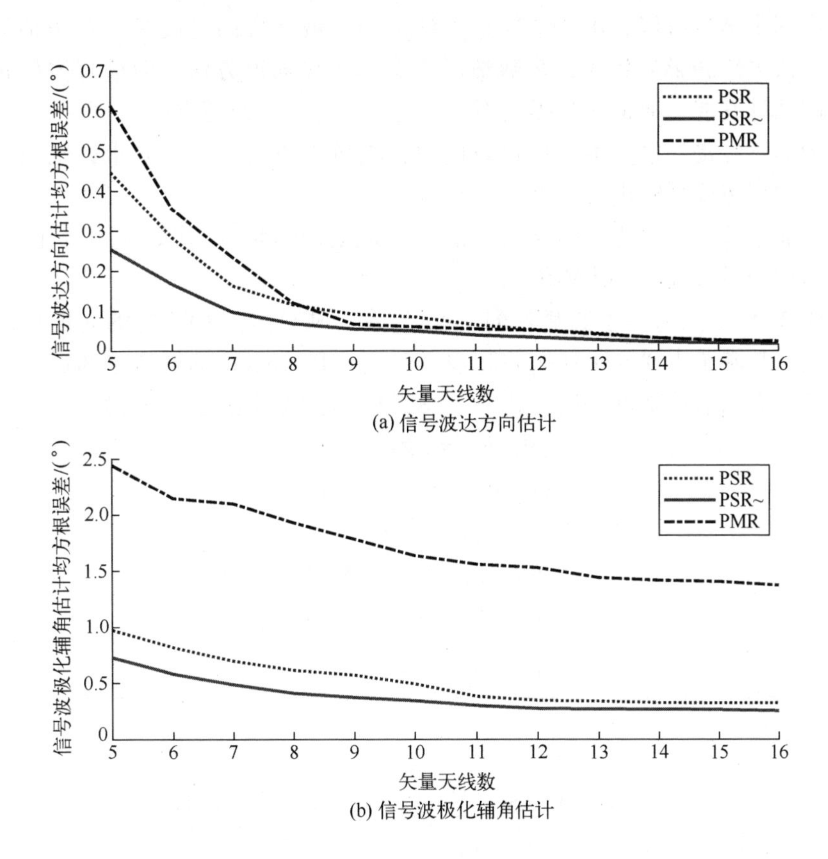

(a) 信号波达方向估计

(b) 信号波极化辅角估计

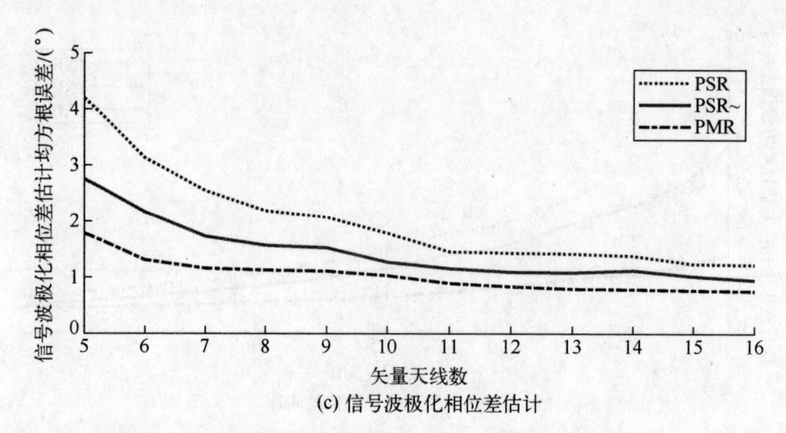

(c) 信号波极化相位差估计

图 3.89 存在通道失配条件下，单通道方法与多通道方法信号波达方向及波极化参数估计均方根误差随矢量天线数变化的曲线：信噪比为 5dB，极化波束方向图分集快拍数为 200

由图中结果可以看出，多通道方法的信号波达方向与波极化辅角估计性能受通道失配的影响较大，多数情况下会劣于单通道方法；但信号波极化相位差的估计性能受通道失配影响不大，且明显优于单通道方法。

前面已经提到过，本节所讨论的方法对阵型没有特别的要求，也适用于矢量天线稀疏阵列输出协方差矩阵的估计。

为简单起见，只考虑信号几何流形矢量信息的利用，比如采用极化平滑，或只采用矢量天线一个传感单元。

图 3.90 所示为基于嵌套阵列（NA）和互质阵列（CPA）的非增广单通道方法，与基于表 3.6 所列的差和嵌套阵列（DS-NA）的增广单通道方法的信号波达方向估计精度比较，其中 $L=8$，$M=5$，信号波达方向分别为

$$(\theta_0,\phi_0)=(90°,-60°)$$
$$(\theta_1,\phi_1)=(90°,-30°)$$
$$(\theta_2,\phi_2)=(90°,0°)$$
$$(\theta_3,\phi_3)=(90°,30°)$$
$$(\theta_4,\phi_4)=(90°,60°)$$

表 3.6 一些差和嵌套阵列结构

L	矢量天线位置/半个信号波长
4	0 1 3 4
5	0 1 3 5 6
6	0 1 3 5 7 8

续表

L	矢量天线位置/半个信号波长
7	0 1 3 5 7 9 10
7	0 1 2 5 8 9 10
8	0 1 3 5 7 9 11 12
8	0 1 2 5 8 11 12 13
8	0 1 2 3 7 8 9 10

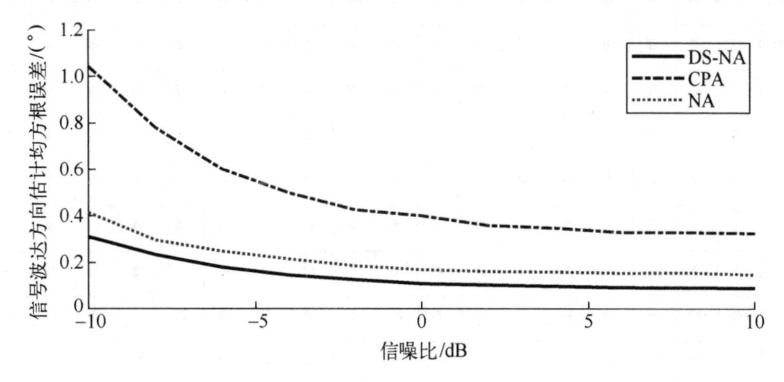

图 3.90　基于嵌套阵列和互质阵列的非增广单通道方法与基于差和嵌套阵列的增广单通道方法信号波达方向估计均方根误差随信噪比变化的曲线

波束方向图分集快拍数为 1000；表 3.7 所示为例中所采用的嵌套阵列、互质阵列与差和嵌套阵列的矢量天线位置。

表 3.7　图 3.90 所示结果中嵌套、互质、差和嵌套阵列的矢量天线位置

阵　型	矢量天线位置/半个信号波长
嵌套阵列	0 1 2 3 4 9 14 19
互质阵列	0 4 5 8 10 12 15 16
差和嵌套阵列	0 1 2 5 8 11 12 13

对于天线间距为半个信号波长的均匀阵列而言，当待处理信号互不相关时，$\boldsymbol{R}_{xx}(l,n)$只与 $l-n$ 的值有关，也即 $\boldsymbol{R}_{xx}$的每一条对角线上的元素都相同。

基于表 3.7 所示的 8 元嵌套阵列方向图分集输出，利用此前所讨论的单通道阵列输出协方差矩阵估计方法，可以估计出与 8 元嵌套阵列同尺寸的一个 20 元均匀阵列的 20×20 维输出协方差矩阵每条对角线上的至少一个元素。注意到 20 元均匀阵列的每一条对角线上的元素又都相同，所以利用单通道方法可以重构该 20 元均匀阵列的完整输出协方差矩阵，如图 3.91 所示，其中

“■”表示直接利用单通道方法即可估计的 20 元均匀阵列输出协方差矩阵元素，“●”表示利用 20 元均匀阵列输出协方差矩阵每条对角线上的元素都相同这一特点而重构的其他元素。

	1	2	3	4	5	6	7	8	9	10	11	12	13	14	15	16	17	18	19	20
1	■	■	■	■	■	●	●	●	●	■	●	●	●	●	■	●	●	●	●	■
2	■	■	■	■	■	●	●	●	●	■	●	●	●	●	■	●	●	●	●	■
3	■	■	■	■	■	●	●	●	●	■	●	●	●	●	■	●	●	●	●	■
4	■	■	■	■	■	●	●	●	●	■	●	●	●	●	■	●	●	●	●	■
5	■	■	■	■	■	●	●	●	●	■	●	●	●	●	■	●	●	●	●	■
6	●	●	●	●	●	●	●	●	●	●	●	●	●	●	●	●	●	●	●	●
7	●	●	●	●	●	●	●	●	●	●	●	●	●	●	●	●	●	●	●	●
8	●	●	●	●	●	●	●	●	●	●	●	●	●	●	●	●	●	●	●	●
9	●	●	●	●	●	●	●	●	●	●	●	●	●	●	●	●	●	●	●	●
10	■	■	■	■	■	●	●	●	●	■	●	●	●	●	■	●	●	●	●	■
11	●	●	●	●	●	●	●	●	●	●	●	●	●	●	●	●	●	●	●	●
12	●	●	●	●	●	●	●	●	●	●	●	●	●	●	●	●	●	●	●	●
13	●	●	●	●	●	●	●	●	●	●	●	●	●	●	●	●	●	●	●	●
14	●	●	●	●	●	●	●	●	●	●	●	●	●	●	●	●	●	●	●	●
15	■	■	■	■	■	●	●	●	●	■	●	●	●	●	■	●	●	●	●	■
16	●	●	●	●	●	●	●	●	●	●	●	●	●	●	●	●	●	●	●	●
17	●	●	●	●	●	●	●	●	●	●	●	●	●	●	●	●	●	●	●	●
18	●	●	●	●	●	●	●	●	●	●	●	●	●	●	●	●	●	●	●	●
19	●	●	●	●	●	●	●	●	●	●	●	●	●	●	●	●	●	●	●	●
20	■	■	■	■	■	●	●	●	●	■	●	●	●	●	■	●	●	●	●	■

图 3.91　8 元嵌套阵列的虚拟均匀阵列输出协方差矩阵重构

此处的均匀阵列又称为虚拟阵列，例中 NA 方法，即是指基于此 20 元虚拟均匀阵列输出协方差矩阵特征分解的正交投影方法。

基于表 3.7 所示的 8 元互质阵列，利用单通道方法则不能重构出一个 17 元虚拟均匀阵列的 17×17 维完整输出协方差矩阵，而只能重构出一个 9 元虚拟均匀阵列的 9×9 维完整输出协方差矩阵，如图 3.92 所示，其中“×”表示无法重构的 17 元虚拟均匀阵列输出协方差矩阵元素。

	1	2	3	4	5	6	7	8	9	10	11	12	13	14	15	16	17
1	■	●	●	●	■	■	●	●	■	×	■	●	■	×	×	■	■
2	●	●	●	●	●	●	●	●	●	●	×	●	●	●	×	×	●
3	●	●	●	●	●	●	●	●	●	●	●	×	●	●	●	×	×
4	●	●	●	●	●	●	●	●	●	●	●	●	×	●	●	●	×
5	■	●	●	●	■	■	●	●	■	●	■	●	■	×	●	■	■
6	■	●	●	●	■	■	●	●	■	●	■	●	■	●	×	■	■
7	●	●	●	●	●	●	●	●	●	●	●	●	●	●	●	×	●
8	●	●	●	●	●	●	●	●	●	●	●	●	●	●	●	●	×
9	■	●	●	●	■	■	●	●	■	●	■	●	■	●	●	■	■
10	×	●	●	●	●	●	●	●	●	●	●	●	●	●	●	●	●
11	■	×	●	●	■	■	●	●	■	●	■	●	■	●	●	■	■
12	●	●	×	●	●	●	●	●	●	●	●	●	●	●	●	●	●
13	■	●	●	×	■	■	●	●	■	●	■	●	■	●	●	■	■
14	×	●	●	●	×	●	●	●	●	●	●	●	●	●	●	●	●
15	×	×	●	●	●	×	●	●	●	●	●	●	●	●	●	●	●
16	■	×	×	●	■	■	×	●	■	●	●	●	●	●	●	■	■
17	■	●	×	×	■	■	●	×	■	●	●	●	●	●	●	■	■

图 3.92　8 元互质阵列的虚拟均匀阵列输出协方差矩阵重构

例中的 CPA 方法，是指基于上述 9 元虚拟均匀阵列输出协方差矩阵特征分解的正交投影方法。

对于表 3.7 所示的 8 元差和嵌套阵列，利用单通道方法，可以重构一个 14 元虚拟均匀阵列的 14×14 维完整输出协方差矩阵，如图 3.93 所示。

对于天线间距为半个信号波长的均匀阵列而言，当待处理信号互不相关时，$\boldsymbol{R}_{xx^*}(l,n)$ 只与 $l+n$ 的值有关，也即 $\boldsymbol{R}_{xx^*}$ 的每一条反对角线上的元素都相同。

对于表 3.7 所示的 8 元差和嵌套阵列，利用单通道方法，同样也可以重构 14 元虚拟均匀阵列的完整输出共轭协方差矩阵，如图 3.94 所示，其中“□”表示直接利用单通道方法即可估计的 14 元虚拟均匀阵列输出共轭协方差矩阵元素，“○”表示利用 14 元虚拟均匀阵列输出共轭协方差矩阵每条反对角线上的元素都相同这一特点而能重构的其他元素。

	1	2	3	4	5	6	7	8	9	10	11	12	13	14
1	■	■	■	●	●	■	●	●	■	●	●	■	■	■
2	■	■	■	●	●	■	●	●	■	●	●	■	■	■
3	■	■	■	●	●	■	●	●	■	●	●	■	■	■
4	●	●	●	●	●	●	●	●	●	●	●	●	●	●
5	●	●	●	●	●	●	●	●	●	●	●	●	●	●
6	■	■	■	●	●	●	●	●	●	●	●	●	●	●
7	●	●	●	●	●	●	●	●	●	●	●	●	●	●
8	●	●	●	●	●	●	●	●	●	●	●	●	●	●
9	■	■	■	●	●	■	●	●	■	●	●	■	■	■
10	●	●	●	●	●	●	●	●	●	●	●	●	●	●
11	●	●	●	●	●	●	●	●	●	●	●	●	●	●
12	■	■	■	●	●	■	●	●	■	●	●	■	■	■
13	■	■	■	●	●	■	●	●	■	●	●	■	■	■
14	■	■	■	●	●	■	●	●	■	●	●	■	■	■

图 3.93　8 元差和嵌套阵列的虚拟均匀阵列输出协方差矩阵重构

	1	2	3	4	5	6	7	8	9	10	11	12	13	14
1	□	□	□	○	○	□	○	○	□	○	○	□	□	□
2	□	□	□	○	○	□	○	○	□	○	○	□	□	□
3	□	□	□	○	○	□	○	○	□	○	○	□	□	□
4	○	○	○	○	○	○	○	○	○	○	○	○	○	○
5	○	○	○	○	○	○	○	○	○	○	○	○	○	○
6	□	□	□	○	○	○	○	○	○	○	○	○	○	○
7	○	○	○	○	○	○	○	○	○	○	○	○	○	○
8	○	○	○	○	○	○	○	○	○	○	○	○	○	○
9	□	□	□	○	○	□	○	○	□	○	○	□	□	□
10	○	○	○	○	○	○	○	○	○	○	○	○	○	○
11	○	○	○	○	○	○	○	○	○	○	○	○	○	○
12	□	□	□	○	○	□	○	○	□	○	○	□	□	□
13	□	□	□	○	○	□	○	○	□	○	○	□	□	□
14	□	□	□	○	○	□	○	○	□	○	○	□	□	□

图 3.94　8 元差和嵌套阵列的虚拟均匀阵列输出共轭协方差矩阵重构

例中的 DS-NA 方法，是指基于上述 14 元虚拟均匀阵列输出增广协方差矩阵特征分解的正交投影方法。

由图 3.90 所示结果可以看出，由于互质阵列对应的虚拟均匀阵列孔径最小，所以信号波达方向估计性能相对较差；差和嵌套阵列对应的虚拟均匀阵列孔径虽然小于嵌套阵列的虚拟均匀阵列孔径，但由于采用了增广处理，所以信号波达方向估计性能反而优于嵌套阵列方法。

图 3.95 所示为基于嵌套阵列和互质阵列的非增广单通道方法，与基于差和嵌套阵列的增广单通道方法，对两个信号分辨性能的比较，其中信号之一波达方向固定为(90°,5°)，另一信号的俯仰角固定为 90°，方位角则从 5°变化到 15°；波束方向图分集快拍数为 200，信噪比为 10dB。

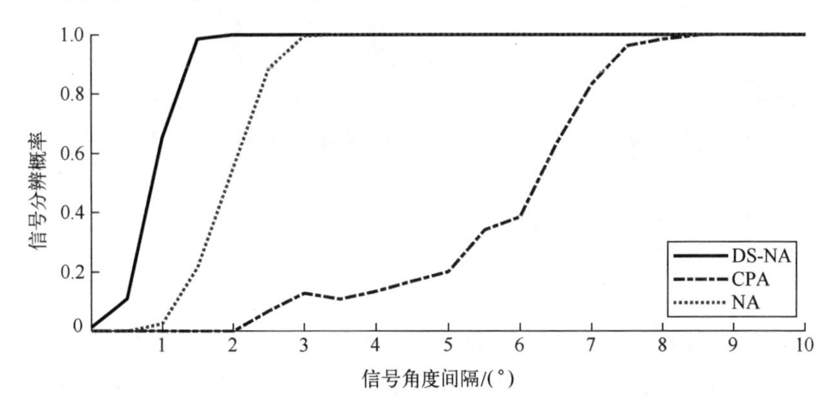

图 3.95　基于嵌套阵列和互质阵列的非增广单通道方法与基于差和嵌套阵列的增广单通道方法信号分辨概率随信号角度间隔变化的曲线

由所示结果可以看出，差和嵌套阵列方法的信号分辨性能最优，嵌套阵列方法次之，互质阵列方法仍然最差。

3.3.2 周期极化波束方向图分集方法

单通道信号波达方向与波极化参数的无模糊估计，也可以通过周期性极化波束方向图分集时间调制矢量天线阵列实现，相应的天线开关时序如图 3.96 所示。

暂不考虑噪声，位置矢量为 $\boldsymbol{d}_l$ 的第 l 个矢量天线，其第 i 个内部传感单元的开关输出可以写成

$$\zeta_{l,i}(t)=w_{l,i}(t)\left(\sum_{m=0}^{M-1}\mathrm{Re}((\boldsymbol{b}_{\mathrm{iso},m}(i)\mathrm{e}^{\mathrm{j}\omega_0\tau_{l,m}})\boldsymbol{\varepsilon}_m(t)\mathrm{e}^{\mathrm{j}\omega_0 t})\right)\tag{3.280}$$

式中：$w_{l,i}(t)$ 为第 l 个矢量天线第 i 个内部传感单元的周期开关函数。

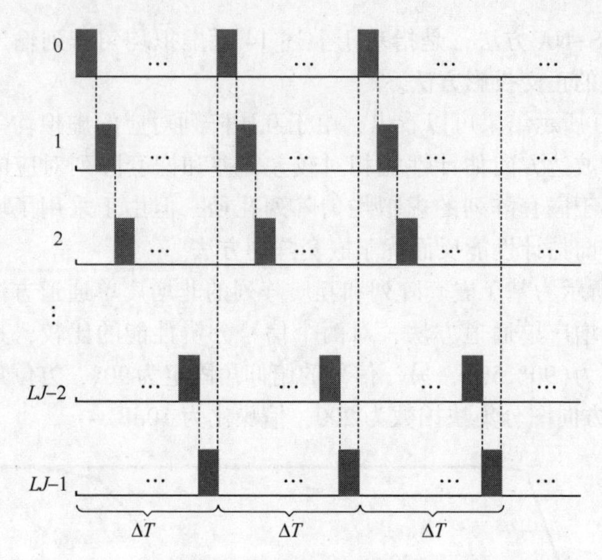

图 3.96 周期性极化波束方向图分集天线开关时序图

$$w_{l,i}(t)=\sum_{p=-\infty}^{\infty}\boldsymbol{w}_{l,i,p}\mathrm{e}^{\mathrm{j}2\pi\left(\frac{p}{\Delta T}\right)t},\ l=0,1,\cdots,L-1,\ i=0,1,\cdots,J-1 \tag{3.281}$$

其中，$\boldsymbol{w}_{l,i,p}$为第 p 个谐波系数，ΔT 为开关函数的周期，L 和 J 分别为矢量天线数和矢量天线内部传感单元数；$\omega_0 \gg \mathrm{BW}$ 为信号中心频率，BW 为信号带宽；$\varepsilon_m(t)$为第 m 个信号的复振幅；

$$\boldsymbol{b}_{\mathrm{iso},m}=\underbrace{[\boldsymbol{b}_{\mathrm{iso\text{-}H}}(\theta_m,\phi_m),\boldsymbol{b}_{\mathrm{iso\text{-}V}}(\theta_m,\phi_m)]}_{=\boldsymbol{\Xi}_{\mathrm{iso}}(\theta_m,\phi_m)=\boldsymbol{\Xi}_{\mathrm{iso},m}}\boldsymbol{p}_{\gamma_m,\eta_m} \tag{3.282}$$

$$\boldsymbol{\tau}_{l,m}=[\sin\theta_m\cos\phi_m,\sin\theta_m\sin\phi_m,\cos\theta_m]\boldsymbol{d}_l/c \tag{3.283}$$

假设 $\omega_0 \gg 2\pi/\Delta T$，同时选择合适的 $w_{l,i}(t)$，使得$|\boldsymbol{w}_{l,i,p}|$的值随着$|p|$的增大，逐渐趋近于零，将式（3.280）所示的第 i 个内部传感单元的开关输出进行带通滤波和解调，其输出 $x_{l,i}(t)$可以进一步近似写成下述时间调制形式：

$$x_{l,i}(t)=\sum_{m=0}^{M-1}\sum_{p}(\boldsymbol{w}_{l,i,p}\boldsymbol{b}_{\mathrm{iso},m}(i)\mathrm{e}^{\mathrm{j}\omega_0\tau_{l,m}})(s_m(t)\mathrm{e}^{\mathrm{j}\left(\frac{2\pi p}{\Delta T}\right)t}) \tag{3.284}$$

式中：$-P \leqslant p \leqslant P$，其中 P 为整数；$s_m(t)=H_{\mathrm{channel}}(\omega_0)\varepsilon_m(t)$，其中 $H_{\mathrm{channel}}(\omega_0)$为带通滤波和解调环节信号总的幅相变化。

若再记

$$\boldsymbol{w}_p=[\boldsymbol{w}_{0,p}^{\mathrm{T}},\boldsymbol{w}_{1,p}^{\mathrm{T}},\cdots,\boldsymbol{w}_{L-1,p}^{\mathrm{T}}]^{\mathrm{T}} \tag{3.285}$$

其中

$$\boldsymbol{w}_{l,p}=[\boldsymbol{w}_{l,0,p},\boldsymbol{w}_{l,1,p},\cdots,\boldsymbol{w}_{l,J-1,p}]^{\mathrm{T}} \tag{3.286}$$

则整个阵列的合成复输出为

$$y(t)=\sum_{m=0}^{M-1}\sum_{p}(\boldsymbol{w}_p^{\mathrm{T}}(\boldsymbol{a}_m\otimes\boldsymbol{b}_{\mathrm{iso},m}))(s_m(t)\mathrm{e}^{\mathrm{j}\left(\frac{2\pi p}{\Delta T}\right)t})\tag{3.287}$$

其中

$$\boldsymbol{a}_m=[\mathrm{e}^{\mathrm{j}\omega_0\tau_{0,m}},\mathrm{e}^{\mathrm{j}\omega_0\tau_{1,m}},\cdots,\mathrm{e}^{\mathrm{j}\omega_0\tau_{L-1,m}}]^{\mathrm{T}}\tag{3.288}$$

由式（3.287）可以看出，基于周期性天线开关时间调制的单通道解调输出，又可以解释为多通道解调输出波束空间变换信号的重调制，如图 3.97 所示。

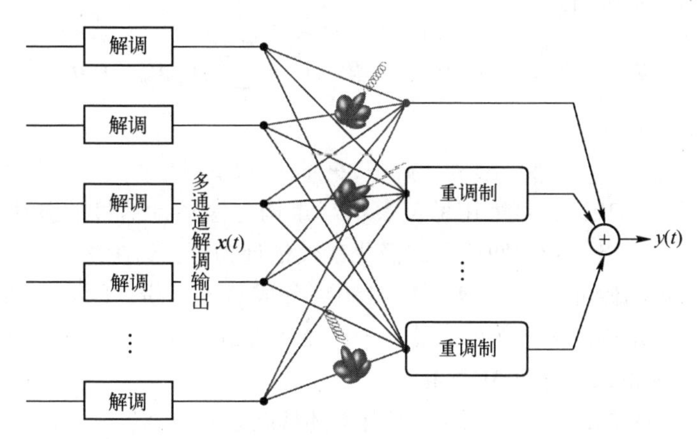

图 3.97　周期性天线开关时间调制单通道解调的“多通道解调+波束空间变换+重调制”解释

所以，通过重调制信号分离，也可得到无模糊信号波达方向与波极化参数估计所需的多通道数据信息。

考虑时间调制信号 $s_m(t)\mathrm{e}^{\mathrm{j}\left(\frac{2\pi p}{\Delta T}\right)t}$ 在时间区间 $[t_k,t_k+T_0]$ 上的有限时间傅里叶变换，若 $T_0=I_1\Delta T<T_c$，其中 I_1 为正整数，T_c 为信号相关时间，则

$$\frac{1}{T_0}\int_{t_k}^{t_k+T_0}s_m(t)\mathrm{e}^{\mathrm{j}\left(\frac{2\pi p}{\Delta T}\right)t}\mathrm{e}^{-\mathrm{j}\omega t}\mathrm{d}t=\mathcal{g}_{m,k}\left(\omega-\frac{2\pi p}{\Delta T}\right)\mathrm{Sa}\left(\frac{T_0}{2}\left(\omega-\frac{2\pi p}{\Delta T}\right)\right)\tag{3.289}$$

其中，$\mathrm{Sa}(x)=\dfrac{\sin x}{x}$，

$$\mathcal{g}_{m,k}(\omega)=\mathrm{e}^{-\mathrm{j}\omega\left(t_k+\frac{T_0}{2}\right)}s_m(t_k)\tag{3.290}$$

对 $y(t)$ 在时间区间 $[t_k,t_k+T_0]$ 上进行有限时间傅里叶变换，频点 $\dfrac{2\pi p}{\Delta T}$ 对应的谱峰数据可以写成下述形式：

$$\mathscr{Y}_{p,k} = \sum_{m=0}^{M-1} \underbrace{(\boldsymbol{w}_p^{\mathrm{T}}(\boldsymbol{a}_m \otimes \boldsymbol{\Xi}_{\mathrm{iso},m}))}_{\overset{\mathrm{def}}{=}\boldsymbol{\mathscr{b}}_{m,p}^{\mathrm{T}}} \underbrace{(\boldsymbol{p}_{\gamma_m,\eta_m} s_m(t_k))}_{\overset{\mathrm{def}}{=}\boldsymbol{\mathscr{p}}_{m,k}} = \sum_{m=0}^{M-1} \boldsymbol{\mathscr{b}}_{m,p}^{\mathrm{T}} \boldsymbol{\mathscr{p}}_{m,k} \quad (3.291)$$

其中，$\boldsymbol{\mathscr{p}}_{m,k}=\boldsymbol{p}_{\gamma_m,\eta_m}s_m(t_k)$。

共取 $2P+1>2M$ 个谱峰数据（对于采样数据，可以利用采样间隔倍的快速傅里叶变换（FFT）进行谱峰提取，为避免谱混叠，采样间隔可设为 $\dfrac{T_0}{I_1(P-1)+I_2}$，其中，$I_2$为正整数，同时采样频率大于最高谐波频率的两倍），并考虑噪声，最终可得

$$\boldsymbol{\mathscr{Y}}_k = [\mathscr{Y}_{-P,k},\cdots,\mathscr{Y}_{0,k},\cdots,\mathscr{Y}_{P,k}]^{\mathrm{T}} = \sum_{m=0}^{M-1} \boldsymbol{\mathscr{B}}_m \boldsymbol{\mathscr{p}}_{m,k} + \boldsymbol{n}_k \quad (3.292)$$

其中，$\boldsymbol{n}_k$为噪声项，

$$\boldsymbol{\mathscr{B}}_m=[\boldsymbol{\mathscr{b}}_{m,-P},\cdots,\boldsymbol{\mathscr{b}}_{m,0},\cdots,\boldsymbol{\mathscr{b}}_{m,P}]^{\mathrm{T}} \quad (3.293)$$

基于式（3.292），可采用稀疏表示与重构方法估计信号的波达方向与波极化参数，下面以信号俯仰角和波极化参数估计为例，讨论之。

将感兴趣的俯仰角区域 $\Theta=[0°,180°]$ 分成若干等份，间隔为 $\Delta\theta°$，则用于稀疏表示与重构的离散俯仰角集为$\{0°,\Delta\theta°,2\Delta\theta°,\cdots\}$，假设其中一共包含 M_0个角度作为备选，并且 $M_0 \gg M$。

根据式（3.292）可知，$\boldsymbol{\mathscr{Y}}_k$近似有下述稀疏表示形式：

$$\boldsymbol{\mathscr{Y}}_k \approx \boldsymbol{\mathcal{D}}\,\boldsymbol{s}_k \quad (3.294)$$

式中：

（1）$\boldsymbol{\mathcal{D}}$为$(2P+1)\times(2M_0)$维字典矩阵：

$$\boldsymbol{\mathcal{D}}=[\boldsymbol{\mathscr{B}}_{0°},\boldsymbol{\mathscr{B}}_{\Delta\theta°},\boldsymbol{\mathscr{B}}_{2\Delta\theta°},\cdots] \quad (3.295)$$

$$\boldsymbol{\mathscr{B}}_\theta=[\boldsymbol{\mathscr{b}}_{\theta,-P},\cdots,\boldsymbol{\mathscr{b}}_{\theta,0},\cdots,\boldsymbol{\mathscr{b}}_{\theta,P}]^{\mathrm{T}} \quad (3.296)$$

其中

$$\boldsymbol{\mathscr{b}}_{\theta,p}=(\boldsymbol{a}(\theta,0°)\otimes\boldsymbol{\Xi}_{\mathrm{iso}}(\theta,0°))^{\mathrm{T}}\boldsymbol{w}_p \quad (3.297)$$

$$\boldsymbol{a}(\theta,0°)=[\mathrm{e}^{\mathrm{j}\omega_0\tau_0(\theta,0°)},\mathrm{e}^{\mathrm{j}\omega_0\tau_1(\theta,0°)},\cdots,\mathrm{e}^{\mathrm{j}\omega_0\tau_{L-1}(\theta,0°)}]^{\mathrm{T}} \quad (3.298)$$

$$\tau_l(\theta,0°)=\frac{[\sin\theta,0,\cos\theta]\boldsymbol{d}_l}{c} \quad (3.299)$$

$$\boldsymbol{\Xi}_{\mathrm{iso}}(\theta,0°)=[\boldsymbol{b}_{\mathrm{iso\text{-}H}}(\theta,0°),\boldsymbol{b}_{\mathrm{iso\text{-}V}}(\theta,0°)] \quad (3.300)$$

（2）$\boldsymbol{s}_k$为 $2M_0\times1$ 维稀疏矢量：

$$\boldsymbol{s}_k=[\boldsymbol{s}_{k,1}^{\mathrm{T}},\boldsymbol{s}_{k,2}^{\mathrm{T}},\cdots,\boldsymbol{s}_{k,M_0}^{\mathrm{T}}]^{\mathrm{T}} \quad (3.301)$$

其中，$\boldsymbol{s}_{k,1},\boldsymbol{s}_{k,2},\cdots,\boldsymbol{s}_{k,M_0}$均为 2×1 维矢量。

根据$\boldsymbol{s}_k$的 M 个非零块（2×1 维非零矢量）位置所对应的稀疏表示角度可估计信号的俯仰角和波极化参数，关于$\boldsymbol{s}_k$的具体求解可考虑下述稀疏重构优化

问题：

$$\min_{z}\|z\|_{2,1}\ \text{s. t.}\ \|\boldsymbol{\mathcal{Y}}_k-\boldsymbol{\mathcal{D}}z\|_2\leqslant\varsigma \tag{3.302}$$

式中：ς为用来约束数据拟合误差的用户参数，

$$z=[z_1^{\mathrm{T}},z_2^{\mathrm{T}},\cdots,z_{M_0}^{\mathrm{T}}]^{\mathrm{T}} \tag{3.303}$$

其中，$z_1,z_2,\cdots,z_{M_0}$均为 2×1 维矢量，“$\|\cdot\|_{2,1}$”表示 1、2 混合范数：

$$\|z\|_{2,1}=\left\|\begin{bmatrix}\|z_1\|_2\\\|z_2\|_2\\\vdots\\\|z_{M_0}\|_2\end{bmatrix}\right\|_1 \tag{3.304}$$

其中，“$\|\cdot\|_1$”和“$\|\cdot\|_2$”分别表示 1 范数和 2 范数。

式（3.302）所示优化问题可以通过数值优化工具包 CVX 求解，或者通过 8.4.1 小节所讨论的深度学习方法进行求解，将所得的$\boldsymbol{s}_k$的解记为

$$\hat{\boldsymbol{s}}_k=[\hat{\boldsymbol{s}}_{k,1}^{\mathrm{T}},\hat{\boldsymbol{s}}_{k,2}^{\mathrm{T}},\cdots,\hat{\boldsymbol{s}}_{k,M_0}^{\mathrm{T}}]^{\mathrm{T}} \tag{3.305}$$

则基于周期性极化波束方向图分集单通道-单快拍稀疏重构（PPD-SR1）的空间（伪）谱可以构造如下：

$$\mathcal{J}_{\text{PPD-SR1}}(n\Delta\theta^{\circ})=\left\|\hat{\boldsymbol{s}}_{k,n}\right\|_2 \tag{3.306}$$

若$\hat{\boldsymbol{s}}_{k,i}$为对应于第 m 个信号的非零矢量，则其波极化参数可估计为

$$\hat{\gamma}_m=\arctan\left(\left|\frac{\hat{\boldsymbol{s}}_{k,i}(2)}{\hat{\boldsymbol{s}}_{k,i}(1)}\right|\right) \tag{3.307}$$

$$\hat{\eta}_m=\angle\left(\frac{\hat{\boldsymbol{s}}_{k,i}(2)}{\hat{\boldsymbol{s}}_{k,i}(1)}\right) \tag{3.308}$$

下面看几个仿真例子，例中：

$$w_{l,i}(t)=1,\ v_1\tau\leqslant t\leqslant v_2\tau;\quad \tau=\frac{\Delta T}{L} \tag{3.309}$$

其中，$v_1=l+\dfrac{i}{J}$，$v_2=l+\dfrac{(i+1)}{J}$。

此时

$$w_{l,i,p}=\frac{1}{\Delta T}\int_{v_1\tau}^{v_2\tau}\mathrm{e}^{-\mathrm{j}2\pi\left(\frac{p}{\Delta T}\right)t}\mathrm{d}t=\begin{cases}\dfrac{1}{JL}, & p=0\\[2ex]\dfrac{\sin\left(\dfrac{p\pi}{JL}\right)}{p\pi}\mathrm{e}^{-\mathrm{j}\frac{p\pi}{L}\left(2l+\frac{2i+1}{J}\right)}, & p\neq 0\end{cases} \tag{3.310}$$

例中阵列为 SuperCART 天线等距线阵，$L=10$；矢量天线间距为半个信号

波长；为简单起见，假设所有信号的俯仰角均为90°，也即仅考虑信号的方位角估计；$P=6$，采样频率为10GHz，$\Delta T=0.09\mu s$，总数据处理点数为1800，也即$I_1=2$，$I_2=1790$。

所选择的谱峰及其位置如图3.98所示：①$|Sa(T_0(\omega-2\pi p/\Delta T)/2)|$的谱峰宽度和零点距离分别为$2/T_0=1/90$GHz和$1/T_0=1/45$GHz，不同次谐波谱峰之间的距离为$1/\Delta T=1/90$GHz，$f=p/\Delta T$处的谱峰互不影响；②采样频率为10GHz，采样后谱延拓周期为10GHz，是1/45的45倍，在谱峰位置$f=p/\Delta T$处不存在谱混叠；③频率采样间隔为10/1800=1/180GHz，是谱峰距离1/90GHz的0.5倍，所以1800点FFT结果中，第1、3、5、7、9、11、13点分别对应着p为0、1、2、3、4、5、6的谱峰，第1799、1797、1795、1793、1791、1789点分别对应着p为−1、−2、−3、−4、−5、−6的谱峰。

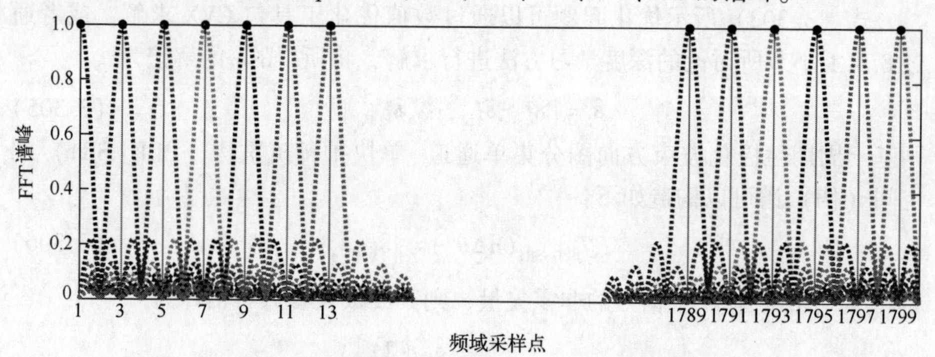

图3.98　单通道-单快拍稀疏重构谐波分离所选择的谱峰及其位置

图3.99（a）所示为$M=2$条件下的单通道-单快拍稀疏重构空间伪谱，其中信号波达方向分别为12°和23°，信号波极化参数分别为(10°,20°)和(20°,30°)，$\varsigma=3\times10^{-2}$，信噪比为10dB；信号波的极化参数估计分别为(9.21°,19.76°)和(7.07°,18.13°)。

图3.99（b）所示为$M=3$条件下的单通道-单快拍稀疏重构空间伪谱，其中信号波达方向分别为12°、23°和34°，信号波极化参数分别为(10°,20°)、(20°,30°)和(30°,30°)，$\varsigma=5\times10^{-3}$，信噪比为10dB；信号波的极化参数估计分别为(8.94°,20.92°)、(17.78°,31.89°)和(31.76°,25.89°)。

图3.100~图3.102所示分别为单通道-单快拍稀疏重构方法信号波达方向与波极化参数估计均方根误差随信噪比（SNR）、谐波数（P）和矢量天线数（L）变化的曲线，具体仿真参数参见各图的说明。

由图中所示结果可以看出，周期性极化波束方向图分集单通道-单快拍稀疏重构方法的信号参数估计性能与信噪比、矢量天线数、谐波数，以及矢量天线数与谐波数的比例关系有关：

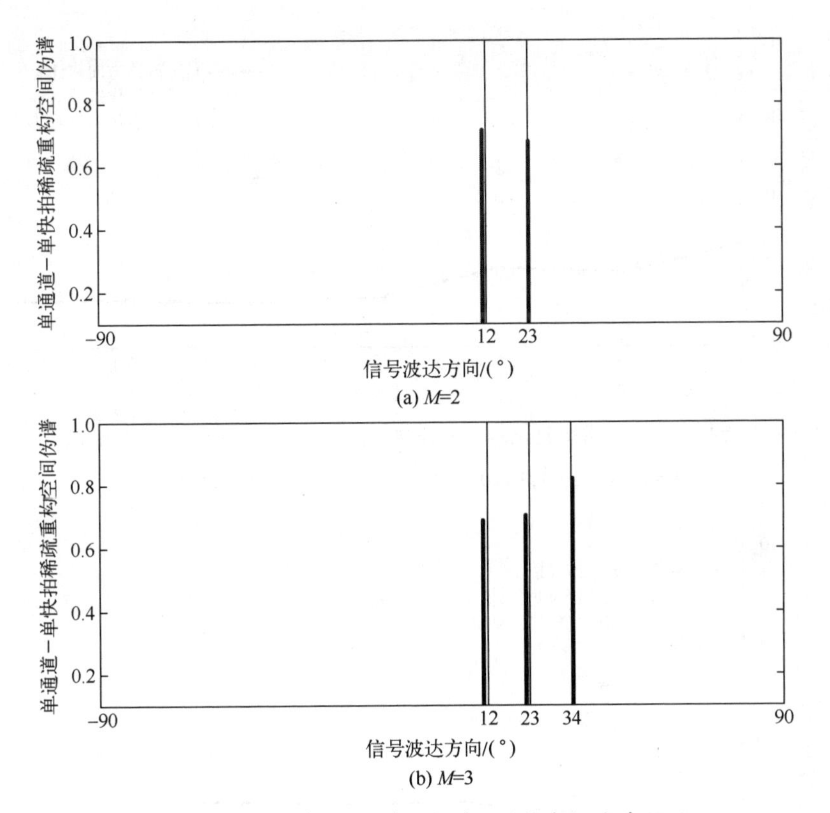

图 3.99 单通道-单快拍稀疏重构空间伪谱

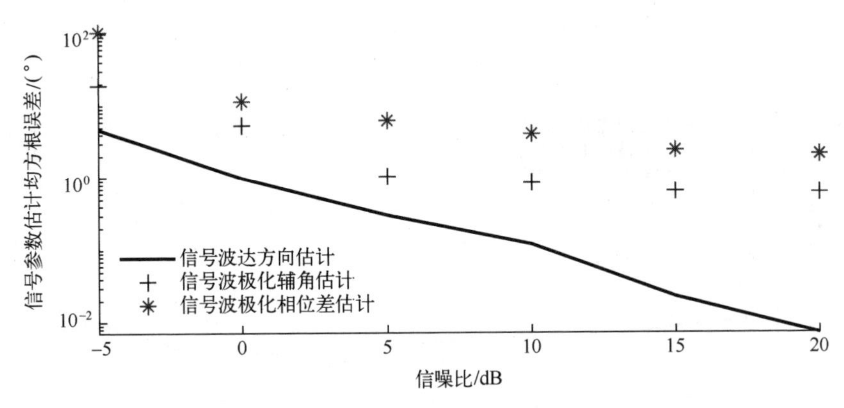

图 3.100 信号波达方向与波极化参数估计精度随信噪比变化的曲线：$L=6$，$P=6$；$\varsigma=10^{-1},10^{-1},5\times10^{-2},2\times10^{-2},3\times10^{-3},3\times10^{-3}$

（1）在例中条件下，当信噪比为正、谐波数与矢量天线数相同时，信号估计精度可在1°以内。

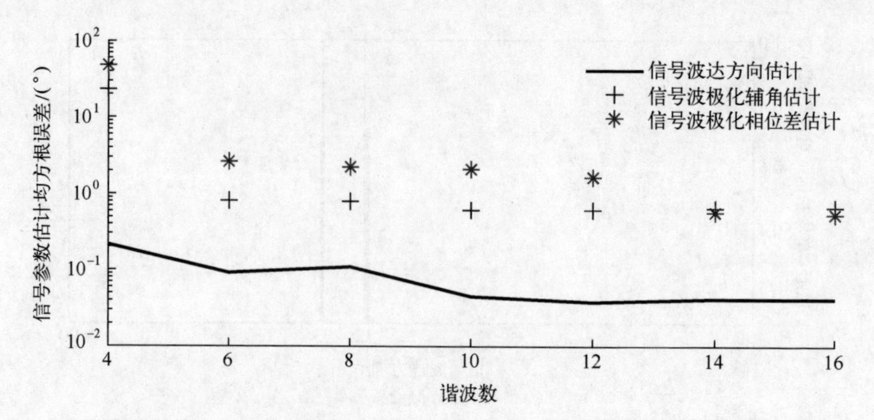

图 3.101 信号波达方向与波极化参数估计精度随谐波数变化的曲线：信噪比为 10dB，$L=6$；$\varsigma=10^{-2},4\times10^{-2},4\times10^{-2},4\times10^{-2},4\times10^{-2},4\times10^{-2}$

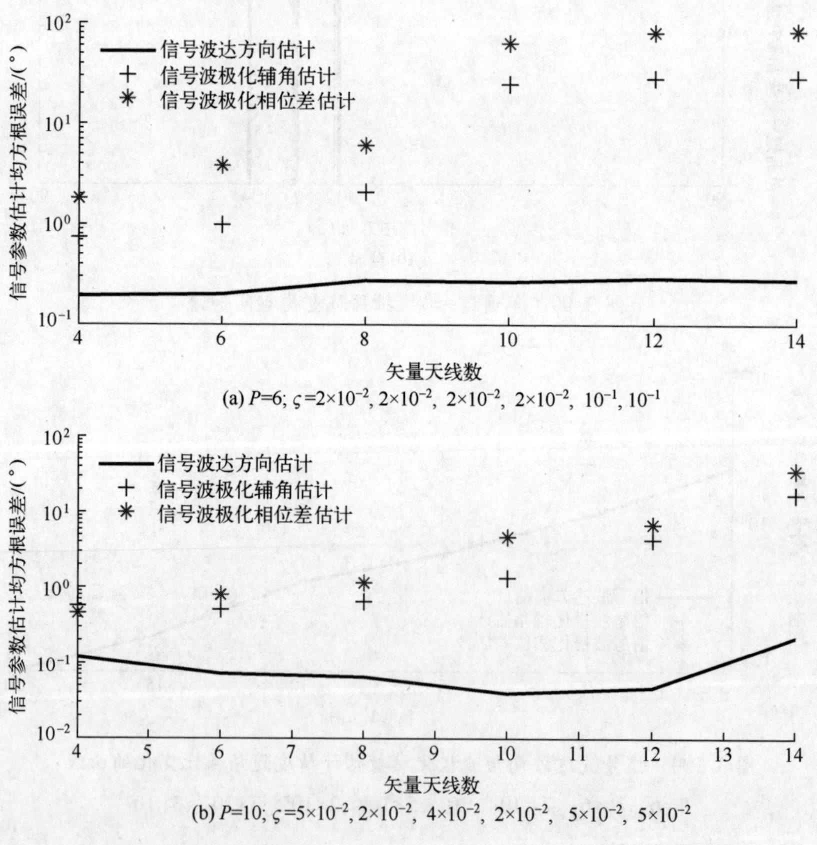

图 3.102 不同谐波数条件下，信号波达方向与波极化参数估计精度随矢量天线数变化的曲线：信噪比为 10dB

（2）实际中谐波数应选择大于矢量天线数，在此条件下信号参数估计精度会随着矢量天线数或谐波数的增加而增加。

（3）当谐波数小于矢量天线数时，信号参数估计尤其是极化参数估计精度会明显地下降。

本节所讨论的基于周期性极化波束方向图分集的单通道–单快拍稀疏重构信号波达方向与波极化参数同时估计方法：

（1）可以处理多个相干源信号，也即适用于多径传播环境。

（2）估计性能与参数 ς 及谐波数 P 的选择有很大的关系，在实用性方面有一定限制。

（3）信号波达方向估计精度尚可，但信号波极化参数的估计精度较低。

（4）为了提高低信噪比条件下的信号参数估计性能，可以在 K 个时间区间上作相同时长的有限时间傅里叶变换，得到下述多快拍数据：

$$\boldsymbol{\mathcal{Y}}_k = \sum_{m=0}^{M-1} (\boldsymbol{\mathcal{B}}_m \boldsymbol{p}_{\gamma_m,\eta_m}) s_m(t_k) + \boldsymbol{n}_k,\ k = 0,1,\cdots,K-1 \tag{3.311}$$

构造下述矩阵：

$$\hat{\boldsymbol{R}}_{\boldsymbol{\mathcal{Y}}\boldsymbol{\mathcal{Y}}} = \frac{1}{K}\sum_{k=0}^{K-1} \boldsymbol{\mathcal{Y}}_k \boldsymbol{\mathcal{Y}}_k^{\mathrm{H}} \tag{3.312}$$

① 若是整个观测时长（$\geqslant KT_0$）仍小于信号相关时间，则 $s_m(t_0) \approx s_m(t_1) \approx \cdots \approx s_m(t_{K-1})$，此时 $\hat{\boldsymbol{R}}_{\boldsymbol{\mathcal{Y}}\boldsymbol{\mathcal{Y}}}$ 的主特征矢量 $\boldsymbol{u}$ 近似可以写成 $\sum_{m=0}^{M-1} \boldsymbol{\mathcal{B}}_m(k_m \boldsymbol{p}_{\gamma_m,\eta_m})$，其中 k_m 为复常数。很显然，$\boldsymbol{u}$ 与 $\boldsymbol{\mathcal{Y}}_k$ 具有类似的稀疏表示形式，通过 $\boldsymbol{u}$ 的稀疏表示与重构仍可获得信号波达方向和波极化参数的估计，我们称之为周期性极化波束方向图分集单通道–多快拍稀疏重构（PPD–SR2）方法。

② 若是有限时间傅里叶变换时间区间间隔大于信号相关时间，则 $s_m(t_0)$、$s_m(t_1)$、…、$s_m(t_{K-1})$ 互不相关，此时仍可通过①中的方法获得信号波达方向和波极化参数的估计。若 $s_0(t)$、$s_1(t)$、…、$s_{M-1}(t)$ 也是互不相关的，还可以通过多极化正交子空间投影方法[30]进行信号参数估计，我们称之为周期性极化波束方向图分集单通道–多快拍正交投影（PPD–OP）方法。

下面看一个仿真例子，例中阵列为 SuperCART 天线等距线阵，$L=10$，矢量天线间距为半个信号波长；$P=15$，采样频率为 10GHz，$\Delta T=0.09\mu s$，所选择的谱峰及其位置如图 3.103 所示；$M=2$，信号波达方向分别为 12° 和 23°，信号波极化参数分别为(10°,20°)和(20°,30°)；信噪比为 −10dB。

图 3.104 所示为 $K=5$ 和 $K=25$ 条件下，单通道–多快拍稀疏重构和正交投影方法的空间伪谱，两种条件下前者的信号波极化参数估计分别为(16.88°,9.85°)、(21.15°,30.12°)和(9.46°,22.76°)、(24.27°,37.73°)，

后者的信号波极化参数估计分别为(10.62°,12.21°)、(16.71°,36.07°)和(10.16°,13.17°)、(21.26°,25.54°)。

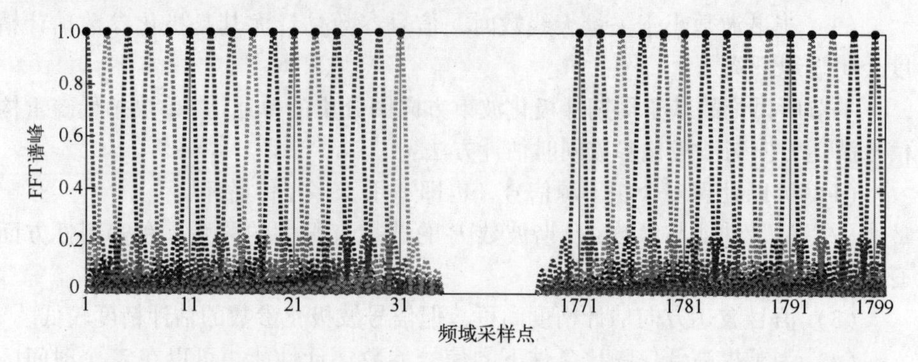

图 3.103 单通道-多快拍稀疏重构与正交投影谐波分离所选择的谱峰及其位置

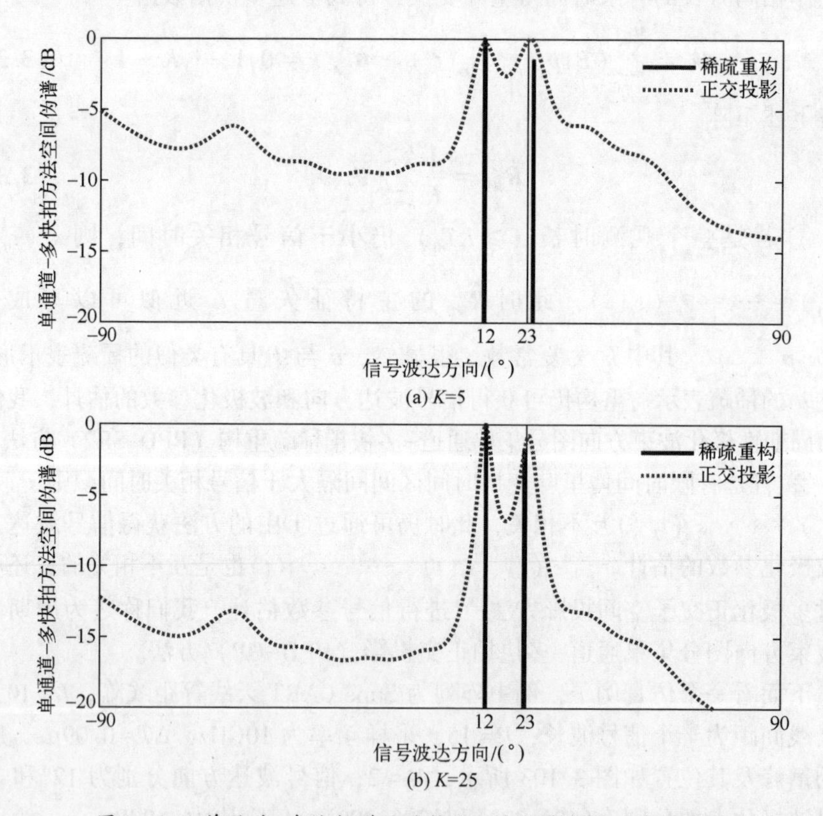

图 3.104 单通道-多快拍稀疏重构和正交投影方法的空间伪谱

图 3.105 和图 3.106 所示分别为两种方法信号分辨概率和信号参数估计精度随快拍数变化的曲线，其中信噪比为-10dB。

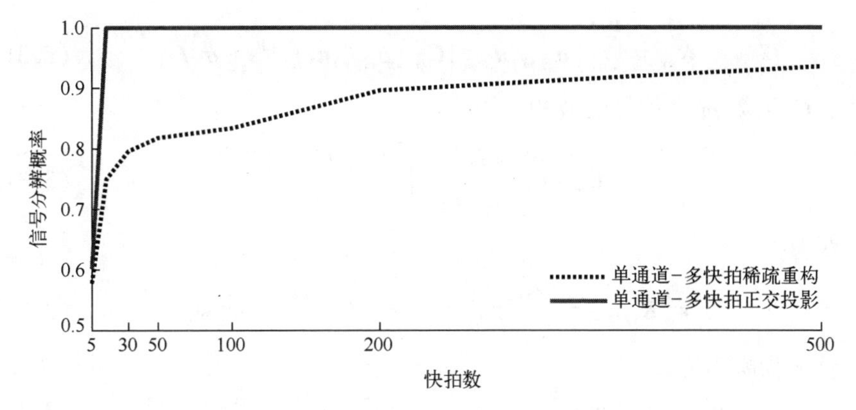

图 3.105　单通道-多快拍稀疏重构和正交投影方法信号分辨概率随快拍数变化的曲线

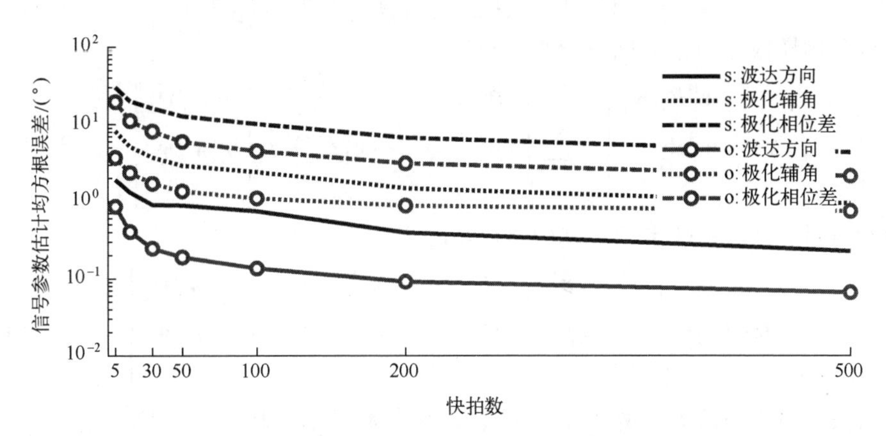

图 3.106　单通道-多快拍稀疏重构和正交投影方法信号参数估计精度随快拍数变化的曲线："s"和"o"分别表示稀疏重构方法和正交投影方法

可以看到，随着快拍数的增加，低信噪比条件下的信号分辨能力和信号参数估计精度都有所提升，整体优于单快拍条件下的性能。

(5) 当信号互不相关时，也可以基于非周期极化波束方向图分集，通过稀疏表示与重构获得信号参数估计，简述如下。

首先注意到

$$\boldsymbol{x}(t)=\sum_{m=0}^{M-1}[\boldsymbol{a}_{\mathrm{H},m},\boldsymbol{a}_{\mathrm{V},m}]\begin{bmatrix}s_{\mathrm{H},m}(t)\\ s_{\mathrm{V},m}(t)\end{bmatrix}+\boldsymbol{n}(t) \tag{3.313}$$

其中

$$\boldsymbol{a}_{\mathrm{H},m}=\boldsymbol{a}_{\mathrm{H},\theta_m,\phi_m}=\boldsymbol{a}(\theta_m,\phi_m)\otimes\boldsymbol{b}_{\mathrm{iso\text{-}H}}(\theta_m,\phi_m)$$
$$\boldsymbol{a}_{\mathrm{V},m}=\boldsymbol{a}_{\mathrm{V},\theta_m,\phi_m}=\boldsymbol{a}(\theta_m,\phi_m)\otimes\boldsymbol{b}_{\mathrm{iso\text{-}V}}(\theta_m,\phi_m)$$

当信号互不相关时，

$$\boldsymbol{R}_{xx} = \sum_{m=0}^{M-1} [\boldsymbol{a}_{\mathrm{H},m}, \boldsymbol{a}_{\mathrm{V},m}] \boldsymbol{C}_m [\boldsymbol{a}_{\mathrm{H},m}, \boldsymbol{a}_{\mathrm{V},m}]^{\mathrm{H}} + \sigma^2 \boldsymbol{I} \tag{3.314}$$

其中，$\boldsymbol{C}_m$为第 m 个信号的波相干矩阵：

$$\boldsymbol{C}_m = E\left(\begin{bmatrix} s_{\mathrm{H},m}(t) \\ s_{\mathrm{V},m}(t) \end{bmatrix}\begin{bmatrix} s_{\mathrm{H},m}(t) \\ s_{\mathrm{V},m}(t) \end{bmatrix}^{\mathrm{H}}\right) \tag{3.315}$$

进一步有

$$\boldsymbol{w}_n^{\mathrm{H}} \boldsymbol{R}_{xx} \boldsymbol{w}_n = \sum_{m=0}^{M-1} (\boldsymbol{p}_{\theta_m,\phi_m}^{(n)})^{\mathrm{T}} \mathrm{vec}(\boldsymbol{C}_m) + \sigma^2 \boldsymbol{w}_n^{\mathrm{H}} \boldsymbol{w}_n \tag{3.316}$$

式中：σ^2为噪声方差；

$$\boldsymbol{p}_{\theta_m,\phi_m}^{(n)} = ([\boldsymbol{w}_n^{\mathrm{H}} \boldsymbol{a}_{\mathrm{H},m}, \boldsymbol{w}_n^{\mathrm{H}} \boldsymbol{a}_{\mathrm{V},m}]^* \otimes [\boldsymbol{w}_n^{\mathrm{H}} \boldsymbol{a}_{\mathrm{H},m}, \boldsymbol{w}_n^{\mathrm{H}} \boldsymbol{a}_{\mathrm{V},m}])^{\mathrm{T}} \tag{3.317}$$

$$\mathrm{vec}(\boldsymbol{C}_m) = [\boldsymbol{C}_m(1,1), \boldsymbol{C}_m(2,1), \boldsymbol{C}_m(1,2), \boldsymbol{C}_m(2,2)]^{\mathrm{T}} \tag{3.318}$$

通过非周期极化波束方向图分集，可得

$$\boldsymbol{z} = \begin{bmatrix} \boldsymbol{w}_1^{\mathrm{H}} \boldsymbol{R}_{xx} \boldsymbol{w}_1 \\ \boldsymbol{w}_2^{\mathrm{H}} \boldsymbol{R}_{xx} \boldsymbol{w}_2 \\ \vdots \end{bmatrix} = \sum_{m=0}^{M-1} \begin{bmatrix} (\boldsymbol{p}_{\theta_m,\phi_m}^{(1)})^{\mathrm{T}} \\ (\boldsymbol{p}_{\theta_m,\phi_m}^{(2)})^{\mathrm{T}} \\ \vdots \end{bmatrix} \mathrm{vec}(\boldsymbol{C}_m) + \begin{bmatrix} \sigma^2 \boldsymbol{w}_1^{\mathrm{H}} \boldsymbol{w}_1 \\ \sigma^2 \boldsymbol{w}_2^{\mathrm{H}} \boldsymbol{w}_2 \\ \vdots \end{bmatrix} \tag{3.319}$$

由此可对 $\boldsymbol{z}$ 进行稀疏表示，其中字典矩阵为

$$\boldsymbol{D} = \begin{bmatrix} (\boldsymbol{p}_{0°,0°}^{(1)})^{\mathrm{T}} & (\boldsymbol{p}_{\Delta\theta°,0°}^{(1)})^{\mathrm{T}} & \cdots & (\boldsymbol{p}_{0°,\Delta\phi°}^{(1)})^{\mathrm{T}} & \cdots & \boldsymbol{w}_1^{\mathrm{H}} \boldsymbol{w}_1 \\ (\boldsymbol{p}_{0°,0°}^{(2)})^{\mathrm{T}} & (\boldsymbol{p}_{\Delta\theta°,0°}^{(2)})^{\mathrm{T}} & \cdots & (\boldsymbol{p}_{0°,\Delta\phi°}^{(2)})^{\mathrm{T}} & \cdots & \boldsymbol{w}_2^{\mathrm{H}} \boldsymbol{w}_2 \\ \vdots & \vdots & \ddots & \vdots & \ddots & \vdots \end{bmatrix} \tag{3.320}$$

稀疏矢量可以写成$\boldsymbol{s} = [\boldsymbol{s}_1^{\mathrm{T}}, \boldsymbol{s}_2^{\mathrm{T}}, \cdots, \sigma^2]^{\mathrm{T}}$，其中$\boldsymbol{s}_1, \boldsymbol{s}_2, \cdots$ 均为 4×1 维矢量。

由于稀疏矢量的非零块对应着某个信号波相干矩阵的矢量化，非零元素对应着噪声方差，因此可通过 $\boldsymbol{z}$ 的稀疏重构获得信号波达方向、波极化参数以及噪声方差的联合估计。

图 3.107 所示是非周期极化波束方向图分集稀疏重构方法的一些仿真结果，总计选择下述$(LJ)^2$种不同的权矢量：

$$\boldsymbol{w}_l = \boldsymbol{\iota}_{LJ,l},\ 1 \leqslant l \leqslant LJ$$

$$\boldsymbol{w}_{l_{m,n}} = \boldsymbol{\iota}_{LJ,m} + \boldsymbol{\iota}_{LJ,n},\ 1 \leqslant m \leqslant LJ-1;\quad m+1 \leqslant n \leqslant LJ$$

$$\boldsymbol{w}_{k_{m,n}} = \boldsymbol{\iota}_{LJ,m} - \mathrm{j}\boldsymbol{\iota}_{LJ,n},\ 1 \leqslant m \leqslant LJ-1;\quad m+1 \leqslant n \leqslant LJ$$

其中

$$LJ+1 \leqslant l_{m,n} = LJ + \frac{(2LJ-m)(m-1)}{2} + n - m \leqslant \frac{LJ(LJ+1)}{2}$$

$$\frac{LJ(LJ+1)}{2} + 1 \leqslant k_{m,n} = \frac{LJ(LJ+1)}{2} + \frac{(2LJ-m)(m-1)}{2} + n - m \leqslant (LJ)^2$$

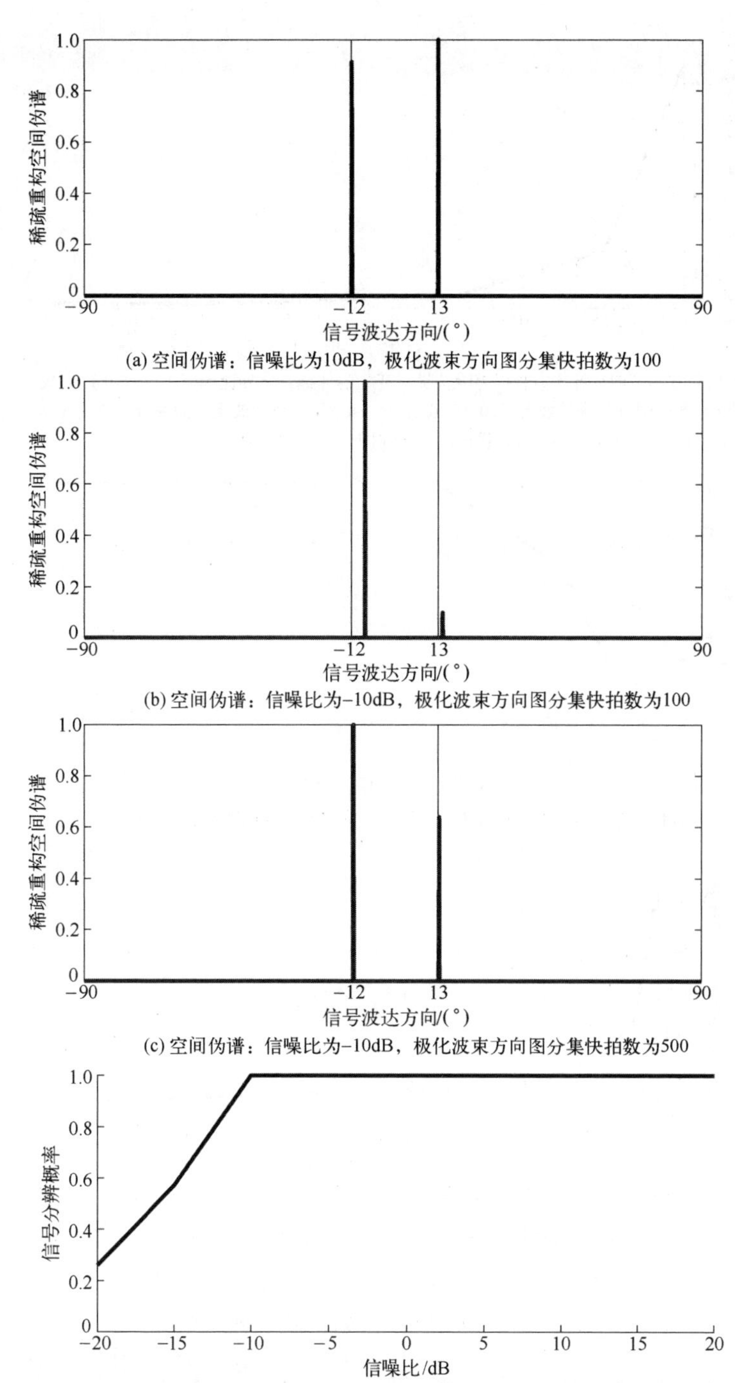

(a) 空间伪谱：信噪比为10dB，极化波束方向图分集快拍数为100

(b) 空间伪谱：信噪比为−10dB，极化波束方向图分集快拍数为100

(c) 空间伪谱：信噪比为−10dB，极化波束方向图分集快拍数为500

(d) 信号分辨概率随信噪比变化的曲线：信噪比为−20～−16dB时，极化波束方向图分集快拍数为2000，信噪比为−14dB时，极化波束方向图分集快拍数为1000，信噪比为−12～20dB时，极化波束方向图分集快拍数为500

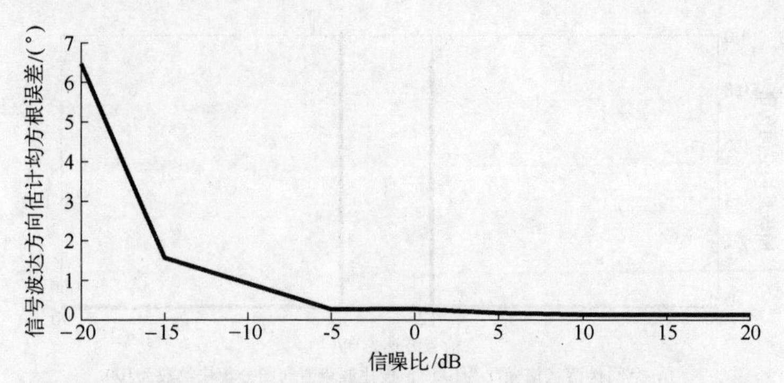

(e) 信号波达方向估计均方根误差随信噪比变化的曲线：信噪比为-20～-16dB时，极化波束方向图分集快拍数为2000，信噪比为-14dB时，极化波束方向图分集快拍数为1000，信噪比为-12~20dB时，极化波束方向图分集快拍数为500

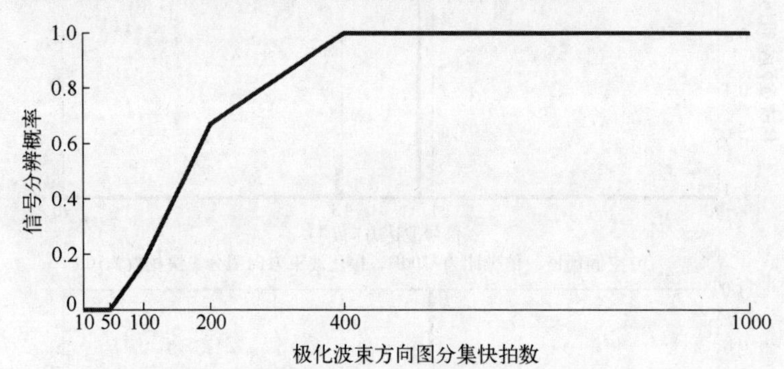

(f) 信号分辨概率随极化波束方向图分集快拍数变化的曲线：信噪比为-10dB

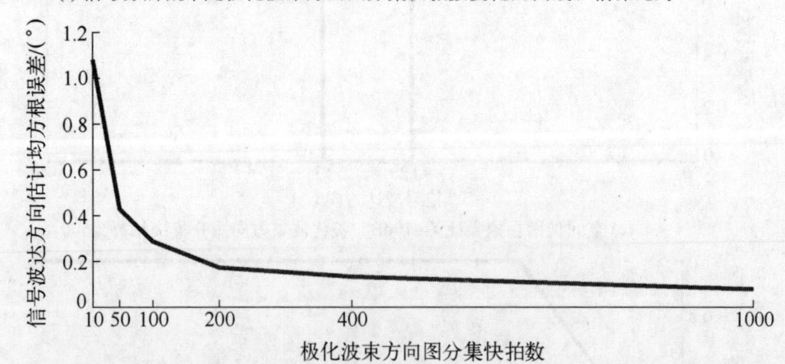

(g) 信号波达方向估计均方根误差随极化波束方向图分集快拍数变化的曲线：信噪比为0dB

图 3.107 非周期极化波束方向图分集稀疏重构方法的一些仿真结果：
$L=6$，$(\theta_0,\phi_0)=(-12°,90°)$，$(\theta_1,\phi_1)=(13°,90°)$，
$(\gamma_0,\eta_0)=(50°,40°)$，$(\gamma_1,\eta_1)=(30°,50°)$

其他仿真参数参见各图的说明。

3.4 相干干扰抑制

假设波束形成阵列为 LJ 元矢量天线阵列，并且可以划分为 L_0 个空间结构完全相同的多极化子阵，其中第 l 个子阵的输出可以写成

$$\boldsymbol{x}_{\text{sub},l}(t)=\boldsymbol{b}_{\text{sub},l,0}s_0(t)+\sum_{m=1}^{M-1}\boldsymbol{b}_{\text{sub},l,m}s_m(t)+\boldsymbol{n}_{\text{sub},l}(t) \tag{3.321}$$

式中：M 为期望信号加干扰数，满足 $M<L_0$；$\boldsymbol{n}_{\text{sub},l}(t)$ 为第 l 个子阵的噪声矢量；

$$\boldsymbol{b}_{\text{sub},l,m}=\mathrm{e}^{\mathrm{j}\omega_0\left(\frac{\boldsymbol{b}_{\mathrm{s}}^{\mathrm{T}}(\theta_m,\phi_m)\boldsymbol{d}_{\text{sub},l}}{c}\right)}\boldsymbol{b}_{\text{pd},m} \tag{3.322}$$

$$\boldsymbol{b}_{\text{pd},m}=\boldsymbol{a}_{\text{sub},0}(\theta_m,\phi_m)\otimes\boldsymbol{b}_{\text{iso}}(\theta_m,\phi_m,\gamma_m,\eta_m) \tag{3.323}$$

其中，$(\theta_0,\phi_0,\gamma_0,\eta_0)$ 和 $(\theta_m,\phi_m,\gamma_m,\eta_m)$ 分别为期望信号 $s_0(t)$ 和第 m 个干扰 $s_m(t)$ 的波达方向与波极化参数，$\boldsymbol{b}_{\mathrm{s}}(\theta_0,\phi_0)$ 和 $\boldsymbol{b}_{\mathrm{s}}(\theta_m,\phi_m)$ 分别为期望信号和第 m 个干扰的源方向矢量，$\boldsymbol{d}_{\text{sub},l}$ 为第 l 个子阵的位置矢量，$\boldsymbol{b}_{\text{iso}}(\theta_m,\phi_m,\gamma_m,\eta_m)$ 为矢量天线流形矢量，c 为期望信号/干扰波传播速度，

$$\boldsymbol{a}_{\text{sub},0}(\theta_m,\phi_m)=\begin{bmatrix}\mathrm{e}^{\mathrm{j}\omega_0\left(\frac{\boldsymbol{b}_{\mathrm{s}}^{\mathrm{T}}(\theta_m,\phi_m)\boldsymbol{d}_{\text{sub},0,0}}{c}\right)}\\ \mathrm{e}^{\mathrm{j}\omega_0\left(\frac{\boldsymbol{b}_{\mathrm{s}}^{\mathrm{T}}(\theta_m,\phi_m)\boldsymbol{d}_{\text{sub},0,1}}{c}\right)}\\ \vdots\\ \mathrm{e}^{\mathrm{j}\omega_0\left(\frac{\boldsymbol{b}_{\mathrm{s}}^{\mathrm{T}}(\theta_m,\phi_m)\boldsymbol{d}_{\text{sub},0,L_1-1}}{c}\right)}\end{bmatrix} \tag{3.324}$$

其中，$\boldsymbol{d}_{\text{sub},0,l}$ 为第 0 个子阵的第 l 个矢量天线的位置矢量，$\boldsymbol{d}_{\text{sub},0,0}=\boldsymbol{o}_3$，$L_1$ 为每个子阵的矢量天线数，$L_1\geqslant M$。

定义下述极化波束方向图分集权矢量：

$$\boldsymbol{w}_{l,n},\ l=1,2,\cdots,L_0,\ n=1,2,\cdots,N_0,\ L_0\geqslant M,\ N_0\geqslant M \tag{3.325}$$

再考虑下述极化波束方向图分集：

$$\boldsymbol{x}_{\text{pd},n}(t)=\begin{bmatrix}\boldsymbol{w}_{1,n}^{\mathrm{H}}\boldsymbol{x}_{\text{sub},1}(t)\\ \boldsymbol{w}_{2,n}^{\mathrm{H}}\boldsymbol{x}_{\text{sub},2}(t)\\ \vdots\\ \boldsymbol{w}_{L_0,n}^{\mathrm{H}}\boldsymbol{x}_{\text{sub},L_0}(t)\end{bmatrix} \tag{3.326}$$

根据式（3.321），

$$\boldsymbol{w}_{l,n}^{\mathrm{H}}\boldsymbol{x}_{\text{sub},l}(t)=p_{l,n,0}s_0(t)+\sum_{m=1}^{M-1}p_{l,n,m}s_m(t)+\boldsymbol{w}_{l,n}^{\mathrm{H}}\boldsymbol{n}_{\text{sub},l}(t) \tag{3.327}$$

式中：

$$p_{l,n,m}=\boldsymbol{w}_{l,n}^{\mathrm{H}}\boldsymbol{b}_{\mathrm{sub},l,m}=\mathrm{e}^{\mathrm{j}\omega_0\left(\frac{\boldsymbol{b}_{\mathrm{s}}^{\mathrm{T}}(\theta_m,\phi_m)\boldsymbol{d}_{\mathrm{sub},l}}{c}\right)}q_{l,n,m} \tag{3.328}$$

$$q_{l,n,m}=\boldsymbol{w}_{l,n}^{\mathrm{H}}\underbrace{(\boldsymbol{a}_{\mathrm{sub},0}(\theta_m,\phi_m)\otimes\boldsymbol{b}_{\mathrm{iso}}(\theta_m,\phi_m,\gamma_m,\eta_m))}_{=\boldsymbol{b}_{\mathrm{pd},m}} \tag{3.329}$$

由于

$$\boldsymbol{b}_{\mathrm{pd},m}=[\boldsymbol{a}_{\mathrm{sub-H},0}(\theta_m,\phi_m),\boldsymbol{a}_{\mathrm{sub-V},0}(\theta_m,\phi_m)]\boldsymbol{p}_{\gamma_m,\eta_m} \tag{3.330}$$

其中

$$\boldsymbol{a}_{\mathrm{sub-H},0}(\theta_m,\phi_m)=\boldsymbol{a}_{\mathrm{sub},0}(\theta_m,\phi_m)\otimes\boldsymbol{b}_{\mathrm{iso-H}}(\theta_m,\phi_m) \tag{3.331}$$

$$\boldsymbol{a}_{\mathrm{sub-V},0}(\theta_m,\phi_m)=\boldsymbol{a}_{\mathrm{sub},0}(\theta_m,\phi_m)\otimes\boldsymbol{b}_{\mathrm{iso-V}}(\theta_m,\phi_m) \tag{3.332}$$

由此

$$\begin{aligned}q_{l,n,m}&=[\boldsymbol{w}_{l,n}^{\mathrm{H}}\boldsymbol{a}_{\mathrm{sub-H},0}(\theta_m,\phi_m),\boldsymbol{w}_{l,n}^{\mathrm{H}}\boldsymbol{a}_{\mathrm{sub-V},0}(\theta_m,\phi_m)]\boldsymbol{p}_{\gamma_m,\eta_m}\\&=[H_{\mathrm{sub-H},l,n,m},H_{\mathrm{sub-V},l,n,m}]\boldsymbol{p}_{\gamma_m,\eta_m}=f_{l,n,m}\boldsymbol{p}_{l,n,m}^{\mathrm{H}}\boldsymbol{p}_{\gamma_m,\eta_m}\end{aligned} \tag{3.333}$$

式中:

$$f_{l,n,m}=\sqrt{|H_{\mathrm{sub-H},l,n,m}|^2+|H_{\mathrm{sub-V},l,n,m}|^2}\,\mathrm{e}^{\mathrm{j}\angle H_{\mathrm{sub-H},l,n,m}} \tag{3.334}$$

$$\boldsymbol{p}_{l,n,m}=\begin{bmatrix}\dfrac{|H_{\mathrm{sub-H},l,n,m}|}{|f_{l,n,m}|}\\ \dfrac{|H_{\mathrm{sub-V},l,n,m}|}{|f_{l,n,m}|}\mathrm{e}^{\mathrm{j}(\angle H_{\mathrm{sub-H},l,n,m}-\angle H_{\mathrm{sub-V},l,n,m})}\end{bmatrix} \tag{3.335}$$

根据式（3.327），我们有

$$\boldsymbol{x}_{\mathrm{pd},n}(t)=\sum_{m=0}^{M-1}(\boldsymbol{a}_{\mathrm{pd},m}\odot\boldsymbol{q}_{n,m})s_m(t)+\boldsymbol{n}_{\mathrm{pd},n}(t) \tag{3.336}$$

式中:

$$\boldsymbol{a}_{\mathrm{pd},m}=\boldsymbol{a}_{\mathrm{pd}}(\theta_m,\phi_m)=\begin{bmatrix}\mathrm{e}^{\mathrm{j}\omega_0\left(\frac{\boldsymbol{b}_{\mathrm{s}}^{\mathrm{T}}(\theta_m,\phi_m)\boldsymbol{d}_{\mathrm{sub},1}}{c}\right)}\\ \mathrm{e}^{\mathrm{j}\omega_0\left(\frac{\boldsymbol{b}_{\mathrm{s}}^{\mathrm{T}}(\theta_m,\phi_m)\boldsymbol{d}_{\mathrm{sub},2}}{c}\right)}\\ \vdots\\ \mathrm{e}^{\mathrm{j}\omega_0\left(\frac{\boldsymbol{b}_{\mathrm{s}}^{\mathrm{T}}(\theta_m,\phi_m)\boldsymbol{d}_{\mathrm{sub},L_0}}{c}\right)}\end{bmatrix} \tag{3.337}$$

$$\boldsymbol{q}_{n,m}=[q_{1,n,m},q_{2,n,m},\cdots,q_{L_0,n,m}]^{\mathrm{T}} \tag{3.338}$$

$$\boldsymbol{n}_{\mathrm{pd},n}(t)=\begin{bmatrix}\boldsymbol{w}_{1,n}^{\mathrm{H}}\boldsymbol{n}_{\mathrm{sub},1}(t)\\ \boldsymbol{w}_{2,n}^{\mathrm{H}}\boldsymbol{n}_{\mathrm{sub},2}(t)\\ \vdots\\ \boldsymbol{w}_{L_0,n}^{\mathrm{H}}\boldsymbol{n}_{\mathrm{sub},L_0}(t)\end{bmatrix} \tag{3.339}$$

注意到$\boldsymbol{x}_{\mathrm{sub},l}(t)$又可以写成

$$\boldsymbol{x}_{\mathrm{sub},l}(t)=\boldsymbol{J}_{\mathrm{sub},l}\boldsymbol{x}(t) \tag{3.340}$$

$$\boldsymbol{n}_{\mathrm{sub},l}(t)=\boldsymbol{J}_{\mathrm{sub},l}\boldsymbol{n}(t) \tag{3.341}$$

其中，$\boldsymbol{J}_{\mathrm{sub},l}$为第 l 个子阵的 $L_1J\times LJ$ 维选择矩阵，$\boldsymbol{x}(t)$和 $\boldsymbol{n}(t)$分别为阵列输出矢量和阵列噪声矢量。

所以

$$\boldsymbol{x}_{\mathrm{pd},n}(t)=\underbrace{\begin{bmatrix}\boldsymbol{w}_{1,n}^{\mathrm{H}}\boldsymbol{J}_{\mathrm{sub},1}\\ \boldsymbol{w}_{2,n}^{\mathrm{H}}\boldsymbol{J}_{\mathrm{sub},2}\\ \vdots\\ \boldsymbol{w}_{L_0,n}^{\mathrm{H}}\boldsymbol{J}_{\mathrm{sub},L_0}\end{bmatrix}}_{\stackrel{\mathrm{def}}{=}\boldsymbol{W}_n}\boldsymbol{x}(t)=\boldsymbol{W}_n\boldsymbol{x}(t) \tag{3.342}$$

$$\boldsymbol{n}_{\mathrm{pd},n}(t)=\begin{bmatrix}\boldsymbol{w}_{1,n}^{\mathrm{H}}\boldsymbol{J}_{\mathrm{sub},1}\\ \boldsymbol{w}_{2,n}^{\mathrm{H}}\boldsymbol{J}_{\mathrm{sub},2}\\ \vdots\\ \boldsymbol{w}_{L_0,n}^{\mathrm{H}}\boldsymbol{J}_{\mathrm{sub},L_0}\end{bmatrix}\boldsymbol{n}(t)=\boldsymbol{W}_n\boldsymbol{n}(t) \tag{3.343}$$

进一步有

$$\boldsymbol{R}_{\boldsymbol{x}_{\mathrm{pd},n}\boldsymbol{x}_{\mathrm{pd},n}}=\langle\boldsymbol{x}_{\mathrm{pd},n}(t)\boldsymbol{x}_{\mathrm{pd},n}^{\mathrm{H}}(t)\rangle=\boldsymbol{W}_n\boldsymbol{R}_{\boldsymbol{xx}}\boldsymbol{W}_n^{\mathrm{H}} \tag{3.344}$$

$$\boldsymbol{R}_{\boldsymbol{n}_{\mathrm{pd},n}\boldsymbol{n}_{\mathrm{pd},n}}=\langle\boldsymbol{n}_{\mathrm{pd},n}(t)\boldsymbol{n}_{\mathrm{pd},n}^{\mathrm{H}}(t)\rangle=\boldsymbol{W}_n\boldsymbol{R}_{\boldsymbol{nn}}\boldsymbol{W}_n^{\mathrm{H}} \tag{3.345}$$

其中，$\boldsymbol{R}_{\boldsymbol{xx}}=\langle\boldsymbol{x}(t)\boldsymbol{x}^{\mathrm{H}}(t)\rangle$，$\boldsymbol{R}_{\boldsymbol{nn}}=\langle\boldsymbol{n}(t)\boldsymbol{n}^{\mathrm{H}}(t)\rangle$。

此处 $\boldsymbol{x}_{\mathrm{pd},n}(t)$为 $L_0\times1$ 维矢量，也称为分集阵列输出矢量，其元素称为分集天线输出。若所有分集天线的极化都相同，则分集阵列等效为一个单极化阵列，如图 3.108（a）、（b）所示。若分集天线的极化不尽相同，则分集阵列等效为一个多极化阵列，如图 3.108（c）、（d）所示。

如果

$$\sum_{n=1}^{N_0}\boldsymbol{W}_n\boldsymbol{W}_n^{\mathrm{H}}=\boldsymbol{I}_{L_0} \tag{3.346}$$

则噪声的白性不会改变：

$$\sum_{n=1}^{N_0}\boldsymbol{W}_n\boldsymbol{R}_{\boldsymbol{nn}}\boldsymbol{W}_n^{\mathrm{H}}=\sigma^2\boldsymbol{I}_{L_0} \tag{3.347}$$

其中，σ^2为噪声方差。

（1）若极化波束方向图分集权矢量满足：

$$\boldsymbol{w}_{1,n}=\boldsymbol{w}_{2,n}=\cdots=\boldsymbol{w}_{L_0,n}=\boldsymbol{\varpi}_n^{(1)} \tag{3.348}$$

则 $q_{l,n,m}$与 l 无关，也即

$$q_{l,n,m}=(\boldsymbol{\varpi}_n^{(1)})^{\mathrm{H}}\boldsymbol{b}_{\mathrm{pd},m}=f_{n,m}\boldsymbol{p}_{n,m}^{\mathrm{H}}\boldsymbol{p}_{\gamma_m,\eta_m}=q_{n,m} \tag{3.349}$$

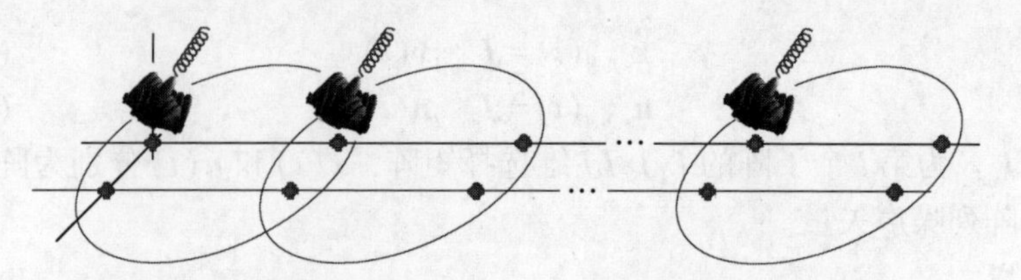

(a) 1号极化、幅度方向图：$\boldsymbol{w}_{1,1}=\boldsymbol{w}_{2,1}=\cdots=\boldsymbol{w}_{L_0,1}$；分集阵列等效为单极化阵列

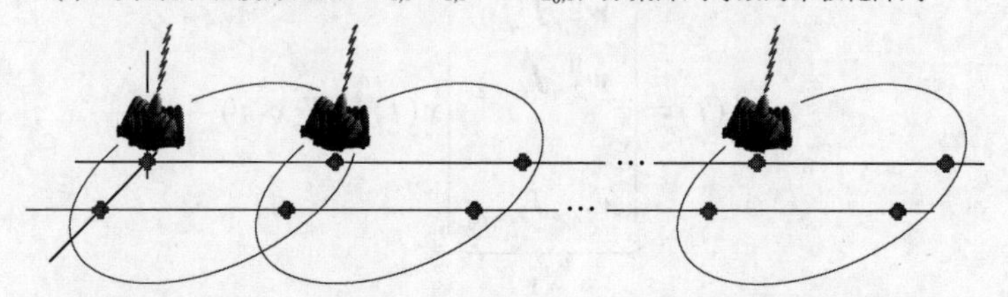

(b) n号极化、幅度方向图：$\boldsymbol{w}_{1,n}=\boldsymbol{w}_{2,n}=\cdots=\boldsymbol{w}_{L_0,n}$；分集阵列等效为单极化阵列

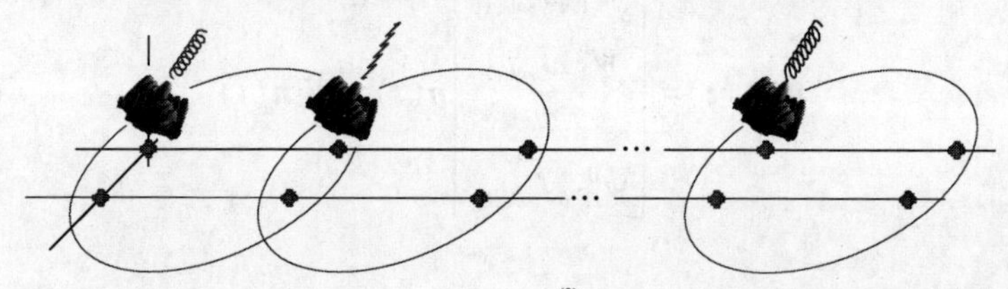

(c) 1号极化、幅度方向图：$\boldsymbol{w}_{1,1,1}=\boldsymbol{w}_{2,1,1}=\cdots=\boldsymbol{w}_{L_0,1,1}=\boldsymbol{\varpi}_1^{(2)},\boldsymbol{w}_{l,1,2}=\boldsymbol{\kappa}_{\mathrm{HV},l}$；分集阵列等效为多极化阵列

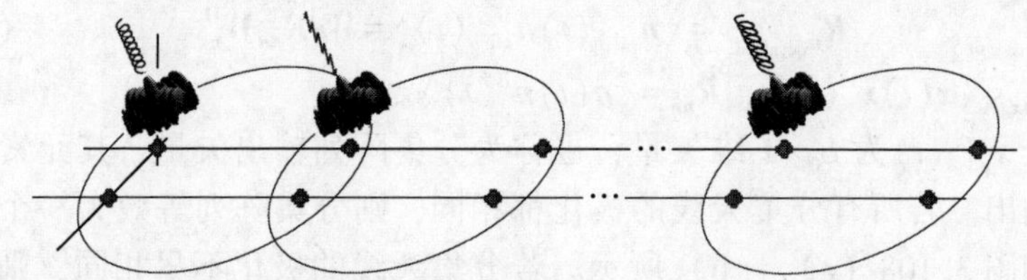

(d) n号极化、幅度方向图：$\boldsymbol{w}_{1,n,1}=\boldsymbol{w}_{2,n,1}=\cdots=\boldsymbol{w}_{L_0,n,1}=\boldsymbol{\varpi}_n^{(2)},\boldsymbol{w}_{l,n,2}=\boldsymbol{\kappa}_{\mathrm{HV},l}$；分集阵列等效为多极化阵列

图 3.108 信号和干扰解相干极化波束方向图分集示意图

并且

$$\boldsymbol{W}_n=\begin{bmatrix}(\boldsymbol{\varpi}_n^{(1)})^{\mathrm{H}}\boldsymbol{J}_{\mathrm{sub},1}\\(\boldsymbol{\varpi}_n^{(1)})^{\mathrm{H}}\boldsymbol{J}_{\mathrm{sub},2}\\\vdots\\(\boldsymbol{\varpi}_n^{(1)})^{\mathrm{H}}\boldsymbol{J}_{\mathrm{sub},L_0}\end{bmatrix}\tag{3.350}$$

根据式（3.349），有

$$\boldsymbol{a}_{\mathrm{pd},m}\odot\boldsymbol{q}_{n,m}=\boldsymbol{a}_{\mathrm{pd},m}q_{n,m}\tag{3.351}$$

此时分集阵列如图 3.108（a）、（b）所示，$\boldsymbol{x}_{\mathrm{pd},n}(t)$可以重写成

$$\boldsymbol{x}_{\mathrm{pd},n}(t)=\boldsymbol{A}_{\mathrm{pd}}\boldsymbol{Q}_{\mathrm{pd},n}\boldsymbol{s}(t)+\boldsymbol{n}_{\mathrm{pd},n}(t)$$

$$= \boldsymbol{a}_{\mathrm{pd},0}(q_{n,0}s_0(t)) + \sum_{m=1}^{M-1}\boldsymbol{a}_{\mathrm{pd},m}(q_{n,m}s_m(t)) + \boldsymbol{n}_{\mathrm{pd},n}(t) \tag{3.352}$$

式中：

$$\boldsymbol{A}_{\mathrm{pd}} = [\boldsymbol{a}_{\mathrm{pd},0}, \boldsymbol{a}_{\mathrm{pd},1}, \cdots, \boldsymbol{a}_{\mathrm{pd},M-1}] \tag{3.353}$$

$$\boldsymbol{Q}_{\mathrm{pd},n} = \mathrm{diag}(q_{n,0}, q_{n,1}, \cdots, q_{n,M-1}) \tag{3.354}$$

$$\boldsymbol{s}(t) = [s_0(t), s_1(t), \cdots, s_{M-1}(t)]^{\mathrm{T}} = \boldsymbol{g}s_0(t) \tag{3.355}$$

其中，$\boldsymbol{g}$ 为 $M\times1$ 维复矢量，且

$$\boldsymbol{g}(1)=1,\ \boldsymbol{g}(2)\neq0,\ \cdots,\ \boldsymbol{g}(M)\neq0 \tag{3.356}$$

由式（3.352）可以看出，通过如图 3.108（a）、（b）所示的极化波束方向图分集，$\boldsymbol{x}_{\mathrm{pd},n}(t)$ 中的期望信号分量和干扰分量可存在不同的幅相扰动，由此可通过下述所谓“图平滑”操作，实现信号和干扰的解相干：

$$\boldsymbol{R}_{\mathrm{pd}} = \sum_{n=1}^{N_0}\langle \boldsymbol{x}_{\mathrm{pd},n}(t)\boldsymbol{x}_{\mathrm{pd},n}^{\mathrm{H}}(t)\rangle = \sigma_0^2\boldsymbol{A}_{\mathrm{pd}}\boldsymbol{R}_{\mathrm{pd-s},1}\boldsymbol{A}_{\mathrm{pd}}^{\mathrm{H}} + \boldsymbol{R}_{\boldsymbol{n}_{\mathrm{pd}}\boldsymbol{n}_{\mathrm{pd}}} \tag{3.357}$$

其中，$\sigma_0^2=\langle |s_0(t)|^2\rangle$；

$$\boldsymbol{R}_{\mathrm{pd-s},1} = \boldsymbol{G}\left(\sum_{n=1}^{N_0}\boldsymbol{q}_{\mathrm{pd},n}\boldsymbol{q}_{\mathrm{pd},n}^{\mathrm{H}}\right)\boldsymbol{G}^{\mathrm{H}} \tag{3.358}$$

$$\boldsymbol{G} = \mathrm{diag}(\boldsymbol{g}(1), \boldsymbol{g}(2), \cdots, \boldsymbol{g}(M)) \tag{3.359}$$

$$\boldsymbol{q}_{\mathrm{pd},n} = \begin{bmatrix} q_{n,0} \\ q_{n,1} \\ \vdots \\ q_{n,M-1} \end{bmatrix} = \begin{bmatrix} (\boldsymbol{\varpi}_n^{(1)})^{\mathrm{H}}\boldsymbol{b}_{\mathrm{pd},0} \\ (\boldsymbol{\varpi}_n^{(1)})^{\mathrm{H}}\boldsymbol{b}_{\mathrm{pd},1} \\ \vdots \\ (\boldsymbol{\varpi}_n^{(1)})^{\mathrm{H}}\boldsymbol{b}_{\mathrm{pd},M-1} \end{bmatrix} = \boldsymbol{B}_{\mathrm{pd}}^{\mathrm{T}}(\boldsymbol{\varpi}_n^{(1)})^* \tag{3.360}$$

$$\boldsymbol{B}_{\mathrm{pd}} = [\boldsymbol{b}_{\mathrm{pd},0}, \boldsymbol{b}_{\mathrm{pd},1}, \cdots, \boldsymbol{b}_{\mathrm{pd},M-1}] \tag{3.361}$$

$$\boldsymbol{R}_{\boldsymbol{n}_{\mathrm{pd}}\boldsymbol{n}_{\mathrm{pd}}} = \sum_{n=1}^{N_0}\langle \boldsymbol{n}_{\mathrm{pd},n}(t)\boldsymbol{n}_{\mathrm{pd},n}^{\mathrm{H}}(t)\rangle \tag{3.362}$$

根据式（3.360），有

$$\sum_{n=1}^{N_0}\boldsymbol{q}_{\mathrm{pd},n}\boldsymbol{q}_{\mathrm{pd},n}^{\mathrm{H}} = \boldsymbol{B}_{\mathrm{pd}}^{\mathrm{T}}\left(\sum_{n=1}^{N_0}(\boldsymbol{\varpi}_n^{(1)})^*(\boldsymbol{\varpi}_n^{(1)})^{\mathrm{T}}\right)\boldsymbol{B}_{\mathrm{pd}}^* \tag{3.363}$$

所以，若下述条件满足，则 $\boldsymbol{R}_{\mathrm{pd-s},1}$ 为满秩矩阵：

$$\mathrm{rank}\left(\boldsymbol{B}_{\mathrm{pd}}^{\mathrm{T}}\left(\sum_{n=1}^{N_0}(\boldsymbol{\varpi}_n^{(1)})^*(\boldsymbol{\varpi}_n^{(1)})^{\mathrm{T}}\right)\boldsymbol{B}_{\mathrm{pd}}^*\right) = M \tag{3.364}$$

① 由于

$$\mathrm{rank}(\boldsymbol{A}\boldsymbol{A}^{\mathrm{H}}) = \mathrm{rank}(\boldsymbol{A}\boldsymbol{A}^{\mathrm{T}}) = \mathrm{rank}(\boldsymbol{A})$$

所以，若要条件（3.364）成立，则需要

$$\mathrm{rank}(\boldsymbol{B}_{\mathrm{pd}}^{\mathrm{T}}[(\boldsymbol{\varpi}_1^{(1)})^*,(\boldsymbol{\varpi}_2^{(1)})^*,\cdots,(\boldsymbol{\varpi}_{N_0}^{(1)})^*])=M \tag{3.365}$$

这要求期望信号和干扰的波达方向和极化不能同时相同，以使得对应的子阵流形矢量 $\boldsymbol{b}_{\mathrm{pd},0},\boldsymbol{b}_{\mathrm{pd},1},\cdots,\boldsymbol{b}_{\mathrm{pd},M-1}$ 线性无关，也即

$$\mathrm{rank}(\boldsymbol{B}_{\mathrm{pd}})=\mathrm{rank}(\boldsymbol{B}_{\mathrm{pd}}^{\mathrm{T}})=M \tag{3.366}$$

② 注意到

$$\mathrm{rank}(\boldsymbol{AB})=\mathrm{rank}(\boldsymbol{A})$$

其中，$\boldsymbol{B}$ 为满秩方阵。

所以，若条件（3.366）成立，则条件（3.364）成立的充分条件是 $N_0=L_1J$，同时 $\boldsymbol{\varpi}_1^{(1)},\boldsymbol{\varpi}_2^{(1)},\cdots,\boldsymbol{\varpi}_{L_1J}^{(1)}$ 线性无关。当然此条件并非必要条件，比如 $N_0=M$，同时

$$[(\boldsymbol{\varpi}_1^{(1)})^*,(\boldsymbol{\varpi}_2^{(1)})^*,\cdots,(\boldsymbol{\varpi}_M^{(1)})^*]=\boldsymbol{B}_{\mathrm{pd}}\boldsymbol{T}^{(1)} \tag{3.367}$$

也可使得条件（3.364）成立，其中 $\boldsymbol{T}^{(1)}$ 为 $M\times M$ 维满秩矩阵。

特别地，若是

$$[(\boldsymbol{\varpi}_1^{(1)})^*,(\boldsymbol{\varpi}_2^{(1)})^*,\cdots,(\boldsymbol{\varpi}_M^{(1)})^*]=\boldsymbol{B}_{\mathrm{pd}}(\boldsymbol{B}_{\mathrm{pd}}^{\mathrm{T}}\boldsymbol{B}_{\mathrm{pd}})^{-1}\boldsymbol{D}^{(1)}\boldsymbol{U}^{(1)} \tag{3.368}$$

其中，$\boldsymbol{D}^{(1)}$ 为对角线元素均不为零的 $M\times M$ 维对角矩阵，$\boldsymbol{U}^{(1)}$ 为 $M\times M$ 维酉矩阵，则 $\boldsymbol{R}_{\mathrm{pd-s},1}$ 为满秩对角矩阵，且其对角线元素均为正实数，这又等效于期望信号和干扰实现了完全解相干。为简单起见，可直接令

$$\boldsymbol{D}^{(1)}\boldsymbol{U}^{(1)}=\boldsymbol{I}_M \tag{3.369}$$

根据式（3.368），有

$$(\boldsymbol{\varpi}_n^{(1)})^*=\boldsymbol{B}_{\mathrm{pd}}(\boldsymbol{B}_{\mathrm{pd}}^{\mathrm{T}}\boldsymbol{B}_{\mathrm{pd}})^{-1}\boldsymbol{D}^{(1)}\boldsymbol{u}_n^{(1)} \tag{3.370}$$

其中，$\boldsymbol{u}_n^{(1)}$ 为 $\boldsymbol{U}^{(1)}$ 的第 n 列。

由此有

$$\boldsymbol{W}_n=\begin{bmatrix}(\boldsymbol{u}_n^{(1)})^{\mathrm{T}}\boldsymbol{D}^{(1)}(\boldsymbol{B}_{\mathrm{pd}}^{\mathrm{T}}\boldsymbol{B}_{\mathrm{pd}})^{-1}\boldsymbol{B}_{\mathrm{pd}}^{\mathrm{T}}\boldsymbol{J}_{\mathrm{sub},1}\\(\boldsymbol{u}_n^{(1)})^{\mathrm{T}}\boldsymbol{D}^{(1)}(\boldsymbol{B}_{\mathrm{pd}}^{\mathrm{T}}\boldsymbol{B}_{\mathrm{pd}})^{-1}\boldsymbol{B}_{\mathrm{pd}}^{\mathrm{T}}\boldsymbol{J}_{\mathrm{sub},2}\\\vdots\\(\boldsymbol{u}_n^{(1)})^{\mathrm{T}}\boldsymbol{D}^{(1)}(\boldsymbol{B}_{\mathrm{pd}}^{\mathrm{T}}\boldsymbol{B}_{\mathrm{pd}})^{-1}\boldsymbol{B}_{\mathrm{pd}}^{\mathrm{T}}\boldsymbol{J}_{\mathrm{sub},L_0}\end{bmatrix} \tag{3.371}$$

上述极化波束方向图分集权矢量的设计方法称为Ⅰ型直接对角化方法，该方法涉及干扰波达方向和极化参数信息，实际中可用其粗略估计值代替。干扰波达方向和极化参数的估计应考虑无须期望信号和干扰解相干处理的方法，比如常规波束扫描方法。

另外，采用Ⅰ型直接对角化方法所得的极化波束方向图分集矢量进行图平滑解相干处理，通常会改变噪声的白性。

③ 考虑下述加权图平滑：

$$\boldsymbol{R}_{\mathrm{pd},\boldsymbol{w}}=\sum_{n=1}^{N_0}w_n(\boldsymbol{W}_n\boldsymbol{R}_{\boldsymbol{xx}}\boldsymbol{W}_n^{\mathrm{H}}) \tag{3.372}$$

其中，w_n为实权值，

$$\boldsymbol{w}=[w_1,w_2,\cdots,w_{N_0}]^{\mathrm{T}}\neq\boldsymbol{o} \tag{3.373}$$

再定义

$$\boldsymbol{R}_{\mathrm{pd-},\boldsymbol{w}}=\sum_{n=1}^{N_0}w_n\underbrace{(\boldsymbol{W}_n(\boldsymbol{R}_{\boldsymbol{xx}}-\sigma^2\boldsymbol{I}_{LJ})\boldsymbol{W}_n^{\mathrm{H}})}_{\overset{\mathrm{def}}{=}\boldsymbol{R}_{\boldsymbol{xx}-,n}}=\boldsymbol{A}_{\mathrm{pd}}\boldsymbol{R}_{\mathrm{pd-s},\boldsymbol{w}}\boldsymbol{A}_{\mathrm{pd}}^{\mathrm{H}} \tag{3.374}$$

其中

$$\boldsymbol{R}_{\mathrm{pd-s},\boldsymbol{w}}=\sigma_0^2\sum_{n=1}^{N_0}w_n\boldsymbol{Q}_{\mathrm{pd},n}\boldsymbol{g}\boldsymbol{g}^{\mathrm{H}}\boldsymbol{Q}_{\mathrm{pd},n}^{\mathrm{H}} \tag{3.375}$$

若$\boldsymbol{a}_{\mathrm{pd},m}$具有范德蒙结构，则当信号和干扰完全解相干，也即$\boldsymbol{R}_{\mathrm{pd-s},\boldsymbol{w}}$为对角矩阵时，$\boldsymbol{R}_{\mathrm{pd-},\boldsymbol{w}}$为托普利兹矩阵：

$$\begin{aligned}&\boldsymbol{R}_{\mathrm{pd-},\boldsymbol{w}}(p,q)\\&=\sum_{m=0}^{M-1}\boldsymbol{R}_{\mathrm{pd-s},\boldsymbol{w}}(m,m)\mathrm{e}^{\mathrm{j}\omega_0\left(\frac{\boldsymbol{b}_{\mathrm{s}}^{\mathrm{T}}(\theta_m,\phi_m)(\boldsymbol{d}_{\mathrm{sub},p}-\boldsymbol{d}_{\mathrm{sub},q})}{c}\right)}=\boldsymbol{R}_{\mathrm{pd-},\boldsymbol{w}}(q-p)\end{aligned} \tag{3.376}$$

据此，可通过$\boldsymbol{w}$的合理设计对信号和干扰进行完全解相干：

$$\min_{\boldsymbol{w}\neq\boldsymbol{o}}\sum_{q=0}^{L_0-2}\sum_{p=1}^{L_0-q}\left|\boldsymbol{R}_{\mathrm{pd-},\boldsymbol{w}}(p+q,p)-\frac{1}{L_0-q}\sum_{i=1}^{L_0-q}\boldsymbol{R}_{\mathrm{pd-},\boldsymbol{w}}(i+q,i)\right|^2 \tag{3.377}$$

式中：

$$\boldsymbol{R}_{\mathrm{pd-},\boldsymbol{w}}(p+q,p)=\sum_{n=1}^{N_0}w_n\boldsymbol{R}_{\boldsymbol{xx}-,n}(p+q,p)=\boldsymbol{w}^{\mathrm{T}}\begin{bmatrix}\boldsymbol{R}_{\boldsymbol{xx}-,1}(p+q,p)\\\boldsymbol{R}_{\boldsymbol{xx}-,2}(p+q,p)\\\vdots\\\boldsymbol{R}_{\boldsymbol{xx}-,N_0}(p+q,p)\end{bmatrix} \tag{3.378}$$

$$\boldsymbol{R}_{\mathrm{pd-},\boldsymbol{w}}(i+q,i)=\sum_{n=1}^{N_0}w_n\boldsymbol{R}_{\boldsymbol{xx}-,n}(i+q,i)=\boldsymbol{w}^{\mathrm{T}}\begin{bmatrix}\boldsymbol{R}_{\boldsymbol{xx}-,1}(i+q,i)\\\boldsymbol{R}_{\boldsymbol{xx}-,2}(i+q,i)\\\vdots\\\boldsymbol{R}_{\boldsymbol{xx}-,N_0}(i+q,i)\end{bmatrix} \tag{3.379}$$

所以

$$\boldsymbol{R}_{\mathrm{pd-},\boldsymbol{w}}(p+q,p)-\frac{1}{L_0-q}\sum_{i=1}^{L_0-q}\boldsymbol{R}_{\mathrm{pd-},\boldsymbol{w}}(i+q,i)=\boldsymbol{w}^{\mathrm{T}}\boldsymbol{\beta}_{p,q} \tag{3.380}$$

其中

$$\boldsymbol{\beta}_{p,q}=\begin{bmatrix}\boldsymbol{R}_{xx-,1}(p+q,p)\\\boldsymbol{R}_{xx-,2}(p+q,p)\\\vdots\\\boldsymbol{R}_{xx-,N_0}(p+q,p)\end{bmatrix}-\frac{1}{L_0-q}\sum_{i=1}^{L_0-q}\begin{bmatrix}\boldsymbol{R}_{xx-,1}(i+q,i)\\\boldsymbol{R}_{xx-,2}(i+q,i)\\\vdots\\\boldsymbol{R}_{xx-,N_0}(i+q,i)\end{bmatrix}\tag{3.381}$$

又因为

$$\begin{aligned}|\boldsymbol{w}^{\mathrm{T}}\boldsymbol{\beta}_{p,q}|^2&=|\boldsymbol{w}^{\mathrm{T}}\mathrm{Re}(\boldsymbol{\beta}_{p,q})+\mathrm{j}\cdot\boldsymbol{w}^{\mathrm{T}}\mathrm{Im}(\boldsymbol{\beta}_{p,q})|^2\\&=\boldsymbol{w}^{\mathrm{T}}(\mathrm{Re}(\boldsymbol{\beta}_{p,q})\mathrm{Re}^{\mathrm{T}}(\boldsymbol{\beta}_{p,q})+\mathrm{Im}(\boldsymbol{\beta}_{p,q})\mathrm{Im}^{\mathrm{T}}(\boldsymbol{\beta}_{p,q}))\boldsymbol{w}\\&=\boldsymbol{w}^{\mathrm{T}}\mathrm{Re}(\boldsymbol{\beta}_{p,q}\boldsymbol{\beta}_{p,q}^{\mathrm{H}})\boldsymbol{w}\end{aligned}\tag{3.382}$$

所以问题（3.377）又可以重写为

$$\min_{\boldsymbol{w}\neq\boldsymbol{o}}\boldsymbol{w}^{\mathrm{T}}\underbrace{\left(\sum_{q=0}^{L_0-2}\sum_{p=1}^{L_0-q}\mathrm{Re}(\boldsymbol{\beta}_{p,q}\boldsymbol{\beta}_{p,q}^{\mathrm{H}})\right)}_{\overset{\mathrm{def}}{=}\boldsymbol{\Pi}_1}\boldsymbol{w}=\min_{\boldsymbol{w}\neq\boldsymbol{o}}\boldsymbol{w}^{\mathrm{T}}\boldsymbol{\Pi}_1\boldsymbol{w}\tag{3.383}$$

再者，加权图平滑后的噪声协方差矩阵为

$$\sigma^2\boldsymbol{R}_{\mathrm{pd-n},\boldsymbol{w}}=\sigma^2\left(\sum_{n=1}^{N_0}w_n\underbrace{(\boldsymbol{W}_n\boldsymbol{W}_n^{\mathrm{H}})}_{\overset{\mathrm{def}}{=}\boldsymbol{M}_n}\right)\tag{3.384}$$

为了不改变噪声的白性，可以按以下准则设计 $\boldsymbol{w}$：

$$\min_{\boldsymbol{w}}(\alpha_{1,\boldsymbol{w}}+\kappa_1\alpha_{2,\boldsymbol{w}})\ \mathrm{s.t.}\ \boldsymbol{w}^{\mathrm{T}}\boldsymbol{\gamma}_{1,0}=1\tag{3.385}$$

其中，κ_1为正则化参数，通常取较大的值；

$$\alpha_{1,\boldsymbol{w}}=\sum_{p=1}^{L_0}\left|\boldsymbol{R}_{\mathrm{pd-n},\boldsymbol{w}}(p,p)-\frac{1}{L_0}\sum_{i=1}^{L_0}\boldsymbol{R}_{\mathrm{pd-n},\boldsymbol{w}}(i,i)\right|^2\tag{3.386}$$

$$\alpha_{2,\boldsymbol{w}}=\sum_{q=1}^{L_0-1}\sum_{p=1}^{L_0-q}|\boldsymbol{R}_{\mathrm{pd-},\boldsymbol{w}}(p+q,p)|^2\tag{3.387}$$

$$\boldsymbol{\gamma}_{p,q}=\begin{bmatrix}\boldsymbol{M}_1(p+q,p)\\\boldsymbol{M}_2(p+q,p)\\\vdots\\\boldsymbol{M}_{N_0}(p+q,p)\end{bmatrix}\tag{3.388}$$

又由于

$$\boldsymbol{R}_{\mathrm{pd-n},\boldsymbol{w}}(p,p)=\sum_{n=1}^{N_0}w_n\boldsymbol{M}_n(p,p)=\boldsymbol{w}^{\mathrm{T}}\boldsymbol{\gamma}_{p,0}\tag{3.389}$$

$$\boldsymbol{R}_{\mathrm{pd-n},\boldsymbol{w}}(i,i)=\sum_{n=1}^{N_0}w_n\boldsymbol{M}_n(i,i)=\boldsymbol{w}^{\mathrm{T}}\boldsymbol{\gamma}_{i,0}\tag{3.390}$$

$$\boldsymbol{R}_{\mathrm{pd-},\boldsymbol{w}}(p+q,p)=\sum_{n=1}^{N_0}w_n\boldsymbol{M}_n(p+q,p)=\boldsymbol{w}^{\mathrm{T}}\boldsymbol{\gamma}_{p,q}\tag{3.391}$$

所以

$$\alpha_{1,w}+\kappa_1\alpha_{2,w}=\boldsymbol{w}^{\mathrm{T}}\underbrace{(\boldsymbol{\Pi}_{2,1}+\kappa_1\boldsymbol{\Pi}_{2,2})}_{\overset{\text{def}}{=}\boldsymbol{\Pi}_2}\boldsymbol{w} \tag{3.392}$$

式中:

$$\boldsymbol{\Pi}_{2,1}=\sum_{p=1}^{L_0}\mathrm{Re}\left(\left(\boldsymbol{\gamma}_{p,0}-\frac{1}{L_0}\sum_{i=1}^{L_0}\boldsymbol{\gamma}_{i,0}\right)\left(\boldsymbol{\gamma}_{p,0}-\frac{1}{L_0}\sum_{i=1}^{L_0}\boldsymbol{\gamma}_{i,0}\right)^{\mathrm{H}}\right) \tag{3.393}$$

$$\boldsymbol{\Pi}_{2,2}=\sum_{q=1}^{L_0-1}\sum_{p=1}^{L_0-q}\mathrm{Re}(\boldsymbol{\gamma}_{p,q}\boldsymbol{\gamma}_{p,q}^{\mathrm{H}}) \tag{3.394}$$

综合式(3.383)和式(3.385),可得

$$\min_{\boldsymbol{w}}\boldsymbol{w}^{\mathrm{T}}\boldsymbol{\Pi}\boldsymbol{w}\ \ \text{s. t.}\ \ \boldsymbol{w}^{\mathrm{T}}\boldsymbol{\gamma}_{1,0}=1 \tag{3.395}$$

式中:

$$\boldsymbol{\Pi}=\kappa_2\boldsymbol{\Pi}_1+(1-\kappa_2)\boldsymbol{\Pi}_2 \tag{3.396}$$

其中,κ_2为正则化参数。

再考虑到$\boldsymbol{\Pi}$可能为奇异矩阵,最终可按下述准则设计$\boldsymbol{w}$:

$$\min_{\boldsymbol{w}}\boldsymbol{w}^{\mathrm{T}}(\boldsymbol{\Pi}+\kappa_3\boldsymbol{I}_{N_0})\boldsymbol{w}\ \ \text{s. t.}\ \ \boldsymbol{w}^{\mathrm{T}}\boldsymbol{\gamma}_{1,0}=1 \tag{3.397}$$

其中,κ_3为正则化参数。

利用拉格朗日乘子法,可得$\boldsymbol{w}$的解为

$$\boldsymbol{w}_{\mathrm{wps}}=(\boldsymbol{\gamma}_{1,0}^{\mathrm{T}}(\boldsymbol{\Pi}+\kappa_3\boldsymbol{I}_{N_0})^{-1}\boldsymbol{\gamma}_{1,0})^{-1}(\boldsymbol{\Pi}+\kappa_3\boldsymbol{I}_{N_0})^{-1}\boldsymbol{\gamma}_{1,0} \tag{3.398}$$

上述方法称为正则托普利兹化方法,属于一种间接的近似对角化方法。与②中的Ⅰ型直接对角化方法不同,此处的正则托普利兹化极化波束方向图分集权矢量设计方法无须干扰波达方向和极化参数,所涉及的噪声功率可直接用阵列输出协方差矩阵较小特征值的平均进行代替,这一操作并不需要期望信号和干扰的解相干处理。

④ 满足条件(3.348)的图平滑是极化平滑理论[59-61]的发展:若$L_1=1$,$L_0=L$,$N_0=J\geqslant M$,$\boldsymbol{w}_{l,n}=\boldsymbol{\iota}_{J,n}$,则图平滑退变成极化平滑。极化平滑的主要缺点是处理容量最多为J,图平滑则通过空间自由度的利用突破了这一限制,但对阵列空间几何结构增加了一定的要求。

⑤ 某些特殊情形,图平滑等效于空间平滑[62-63]和极化平滑的联合使用。比如,$J=2$,$L=4$,$L_0=3$,$L_1=2$,$N_0=4$;

$$\boldsymbol{w}_{l,n}=\boldsymbol{\iota}_{L_1J,n}=\boldsymbol{\iota}_{4,n},\ l=1,2,3,\ n=1,2,3,4 \tag{3.399}$$

此时图平滑等效于采用图3.109所示的四个空间平移不变和极化旋转不变子阵的数据进行平滑处理。

对于更一般的图平滑操作,又可解释为同时加权利用了这些子阵数据的自相关信息和子阵数据间的互相关信息:

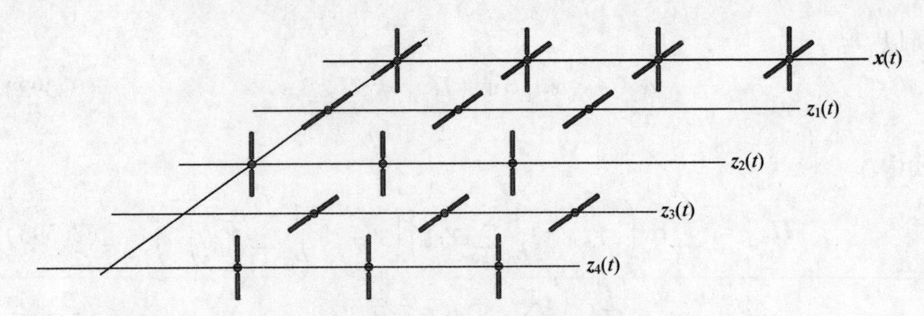

图 3.109 特殊情形下图平滑的极化域和空域联合平滑解释：极化旋转不变和空间平移不变子阵数据平滑

$$\underbrace{\begin{bmatrix} z_1x_0(t)+z_2x_1(t)+z_3x_2(t)+z_4x_3(t) \\ z_1x_2(t)+z_2x_3(t)+z_3x_4(t)+z_4x_5(t) \\ z_1x_4(t)+z_2x_5(t)+z_3x_6(t)+z_4x_7(t) \end{bmatrix}}_{=\boldsymbol{x}_{\mathrm{pd},n}(t)}$$

$$=z_1\underbrace{\begin{bmatrix} x_0(t) \\ x_2(t) \\ x_4(t) \end{bmatrix}}_{\stackrel{\mathrm{def}}{=}z_1(t)}+z_2\underbrace{\begin{bmatrix} x_1(t) \\ x_3(t) \\ x_5(t) \end{bmatrix}}_{\stackrel{\mathrm{def}}{=}z_2(t)}+z_3\underbrace{\begin{bmatrix} x_2(t) \\ x_4(t) \\ x_6(t) \end{bmatrix}}_{\stackrel{\mathrm{def}}{=}z_3(t)}+z_4\underbrace{\begin{bmatrix} x_3(t) \\ x_5(t) \\ x_7(t) \end{bmatrix}}_{\stackrel{\mathrm{def}}{=}z_4(t)}$$

$$\Rightarrow$$

$$\langle \boldsymbol{x}_{\mathrm{pd},n}(t)\boldsymbol{x}_{\mathrm{pd},n}^{\mathrm{H}}(t) \rangle = \sum_{p=1}^{4}\sum_{q=1}^{4} |z_p z_q^*| \langle \boldsymbol{z}_p(t)\boldsymbol{z}_q^{\mathrm{H}}(t) \rangle \tag{3.400}$$

其中，$z_i=(\boldsymbol{\varpi}_n^{(1)}(i))^*$。

最后，考虑下述空域波束形成器：

$$y_{\boldsymbol{w}}(t)=\boldsymbol{w}^{\mathrm{H}}\boldsymbol{x}_{\mathrm{pd},0}(t) \tag{3.401}$$

其中，权矢量 $\boldsymbol{w}$ 的设计准则为

$$\min_{\boldsymbol{w}} \boldsymbol{w}^{\mathrm{H}}\boldsymbol{R}_{\mathrm{pd}}\boldsymbol{w} \text{ s. t. } \boldsymbol{w}^{\mathrm{H}}\boldsymbol{a}_{\mathrm{pd},0}=1 \tag{3.402}$$

利用拉格朗日乘子法，可得上述波束形成器的权矢量为

$$\boldsymbol{w}_{\mathrm{pd},1}=(\boldsymbol{a}_{\mathrm{pd},0}^{\mathrm{H}}\boldsymbol{R}_{\mathrm{pd}}^{-1}\boldsymbol{a}_{\mathrm{pd},0})^{-1}\boldsymbol{R}_{\mathrm{pd}}^{-1}\boldsymbol{a}_{\mathrm{pd},0} \tag{3.403}$$

对应的空间谱表达式为

$$\mathcal{J}_{\mathrm{pd},1}(\theta,\phi)=(\boldsymbol{a}_{\mathrm{pd}}^{\mathrm{H}}(\theta,\phi)\boldsymbol{R}_{\mathrm{pd}}^{-1}\boldsymbol{a}_{\mathrm{pd}}(\theta,\phi))^{-1} \tag{3.404}$$

式中：

$$\boldsymbol{a}_{\mathrm{pd}}(\theta,\phi)=\begin{bmatrix} \mathrm{e}^{\mathrm{j}\omega_0\left(\frac{\boldsymbol{b}_{\mathrm{s}}^{\mathrm{T}}(\theta,\phi)\boldsymbol{d}_{\mathrm{sub},1}}{c}\right)} \\ \mathrm{e}^{\mathrm{j}\omega_0\left(\frac{\boldsymbol{b}_{\mathrm{s}}^{\mathrm{T}}(\theta,\phi)\boldsymbol{d}_{\mathrm{sub},2}}{c}\right)} \\ \vdots \\ \mathrm{e}^{\mathrm{j}\omega_0\left(\frac{\boldsymbol{b}_{\mathrm{s}}^{\mathrm{T}}(\theta,\phi)\boldsymbol{d}_{\mathrm{sub},L_0}}{c}\right)} \end{bmatrix} \tag{3.405}$$

其中，$\boldsymbol{b}_{\mathrm{s}}(\theta,\phi)$的定义如式（1.25）所示，也即

$$\boldsymbol{b}_{\mathrm{s}}(\theta,\phi)=[\sin\theta\cos\phi,\sin\theta\sin\phi,\cos\theta]^{\mathrm{T}}$$

（2）根据式（3.337）、式（3.352）和式（3.405）可知，（1）中方法只能实现空域滤波。为了能利用阵列的多极化特点，实现极化域和空域的联合滤波，还可考虑具有下述特点的极化波束方向图分集（相应的分集阵列如图 3.108（c）、（d）所示）：

$$q_{l,n,m}=\boldsymbol{w}_{l,n}^{\mathrm{H}}\boldsymbol{b}_{\mathrm{pd},m}=f_{n,m}\boldsymbol{p}_{l}^{\mathrm{H}}\boldsymbol{p}_{\gamma_m,\eta_m} \tag{3.406}$$

式中：

$$\boldsymbol{w}_{l,n}=\boldsymbol{w}_{l,n,1}\otimes\boldsymbol{w}_{l,n,2} \tag{3.407}$$

其中，$\boldsymbol{w}_{l,n,1}$和$\boldsymbol{w}_{l,n,2}$分别为 $L_1\times1$ 维和 6×1 维矢量。

相应地，

$$\begin{aligned}\boldsymbol{w}_{l,n}^{\mathrm{H}}\boldsymbol{a}_{\mathrm{sub-H},0}(\theta_m,\phi_m)&=(\boldsymbol{w}_{l,n,1}^{\mathrm{H}}\otimes\boldsymbol{w}_{l,n,2}^{\mathrm{H}})(\boldsymbol{a}_{\mathrm{sub},0}(\theta_m,\phi_m)\otimes\boldsymbol{b}_{\mathrm{iso-H}}(\theta_m,\phi_m))\\&=(\boldsymbol{w}_{l,n,1}^{\mathrm{H}}\boldsymbol{a}_{\mathrm{sub},0}(\theta_m,\phi_m))\otimes(\boldsymbol{w}_{l,n,2}^{\mathrm{H}}\boldsymbol{b}_{\mathrm{iso-H}}(\theta_m,\phi_m))\end{aligned} \tag{3.408}$$

$$\begin{aligned}\boldsymbol{w}_{l,n}^{\mathrm{H}}\boldsymbol{a}_{\mathrm{sub-V},0}(\theta_m,\phi_m)&=(\boldsymbol{w}_{l,n,1}^{\mathrm{H}}\otimes\boldsymbol{w}_{l,n,2}^{\mathrm{H}})(\boldsymbol{a}_{\mathrm{sub},0}(\theta_m,\phi_m)\otimes\boldsymbol{b}_{\mathrm{iso-V}}(\theta_m,\phi_m))\\&=(\boldsymbol{w}_{l,n,1}^{\mathrm{H}}\boldsymbol{a}_{\mathrm{sub},0}(\theta_m,\phi_m))\otimes(\boldsymbol{w}_{l,n,2}^{\mathrm{H}}\boldsymbol{b}_{\mathrm{iso-V}}(\theta_m,\phi_m))\end{aligned} \tag{3.409}$$

当波束形成阵列为 SuperCART 天线阵列时，我们有

$$\begin{aligned}&[\boldsymbol{w}_{l,n,2}^{\mathrm{H}}\boldsymbol{b}_{\mathrm{iso-H}}(\theta_m,\phi_m),\boldsymbol{w}_{l,n,2}^{\mathrm{H}}\boldsymbol{b}_{\mathrm{iso-V}}(\theta_m,\phi_m)]\\&=\boldsymbol{w}_{l,n,2}^{\mathrm{H}}\begin{bmatrix}-\sin\phi_m & \cos\theta_m\cos\phi_m\\ \cos\phi_m & \cos\theta_m\sin\phi_m\\ 0 & -\sin\theta_m\\ \cos\theta_m\cos\phi_m & \sin\phi_m\\ \cos\theta_m\sin\phi_m & -\cos\phi_m\\ -\sin\theta_m & 0\end{bmatrix}\end{aligned} \tag{3.410}$$

因此，可令 $\boldsymbol{w}_{l,n,1}$和 $\boldsymbol{w}_{l,n,2}$分别具有下述形式：

$$\boldsymbol{w}_{1,n,1}=\boldsymbol{w}_{2,n,1}=\cdots=\boldsymbol{w}_{L_0,n,1}=\boldsymbol{\varpi}_n^{(2)} \tag{3.411}$$

$$\boldsymbol{w}_{l,n,2}=[0,0,\kappa_{\mathbf{V},l,2}^{*},0,0,\kappa_{\mathbf{H},l,2}^{*}]^{\mathrm{T}}=\boldsymbol{\kappa}_{\mathbf{HV},l} \tag{3.412}$$

式中：$(\kappa_{\mathbf{H},1,2},\kappa_{\mathbf{V},1,2}),(\kappa_{\mathbf{H},2,2},\kappa_{\mathbf{V},2,2}),\cdots,(\kappa_{\mathbf{H},L_0,2},\kappa_{\mathbf{V},L_0,2})$不尽相同，其中

$$\kappa_{\mathbf{H},l,2}=\cos\gamma_{l,2} \tag{3.413}$$

$$\kappa_{\mathbf{V},l,2}=\sin\gamma_{l,2}\mathrm{e}^{-\mathrm{j}\eta_{l,2}} \tag{3.414}$$

此时

$$\boldsymbol{w}_{l,n,2}^{\mathrm{H}}\boldsymbol{b}_{\mathrm{iso-H}}(\theta_m,\phi_m)=-\kappa_{\mathbf{H},l,2}\sin\theta_m \tag{3.415}$$

$$\boldsymbol{w}_{l,n,2}^{\mathrm{H}}\boldsymbol{b}_{\mathrm{iso-V}}(\theta_m,\phi_m)=-\kappa_{\mathbf{V},l,2}\sin\theta_m \tag{3.416}$$

所以

$$\boldsymbol{w}_{l,n}^{\mathrm{H}}\boldsymbol{a}_{\mathrm{sub-H},0}(\theta_m,\phi_m)=-\kappa_{\mathrm{H},l,2}\sin\theta_m((\boldsymbol{\varpi}_n^{(2)})^{\mathrm{H}}\boldsymbol{a}_{\mathrm{sub},0}(\theta_m,\phi_m)) \tag{3.417}$$

$$\boldsymbol{w}_{l,n}^{\mathrm{H}}\boldsymbol{a}_{\mathrm{sub-V},0}(\theta_m,\phi_m)=-\kappa_{\mathrm{V},l,2}\sin\theta_m((\boldsymbol{\varpi}_n^{(2)})^{\mathrm{H}}\boldsymbol{a}_{\mathrm{sub},0}(\theta_m,\phi_m)) \tag{3.418}$$

这意味着

$$\begin{aligned} q_{l,n,m} &= -\sin\theta_m((\boldsymbol{\varpi}_n^{(2)})^{\mathrm{H}}\boldsymbol{a}_{\mathrm{sub},0}(\theta_m,\phi_m))[\kappa_{\mathrm{H},l,2},\kappa_{\mathrm{V},l,2}]\boldsymbol{p}_{\gamma_m,\eta_m} \\ &= (\boldsymbol{\varpi}_n^{(2)})^{\mathrm{H}}\underbrace{(-\sin\theta_m\boldsymbol{a}_{\mathrm{sub},0}(\theta_m,\phi_m))}_{\overset{\mathrm{def}}{=}\boldsymbol{e}_{\mathrm{pd},m}}(\boldsymbol{p}_l^{\mathrm{H}}\boldsymbol{p}_{\gamma_m,\eta_m}) \end{aligned} \tag{3.419}$$

也即

$$f_{n,m}=(\boldsymbol{\varpi}_n^{(2)})^{\mathrm{H}}\boldsymbol{e}_{\mathrm{pd},m} \tag{3.420}$$

$$\boldsymbol{p}_l=[\kappa_{\mathrm{H},l,2}^*,\kappa_{\mathrm{V},l,2}^*]^{\mathrm{T}}=[\cos\gamma_{l,2},\sin\gamma_{l,2}\mathrm{e}^{\mathrm{j}\eta_{l,2}}]^{\mathrm{T}} \tag{3.421}$$

由式（3.419）和式（3.420），可得

$$\boldsymbol{a}_{\mathrm{pd},m}\odot\boldsymbol{q}_{n,m}=f_{n,m}\underbrace{\begin{bmatrix}\mathrm{e}^{\mathrm{j}\omega_0\left(\frac{\boldsymbol{b}_{\mathrm{s}}^{\mathrm{T}}(\theta_m,\phi_m)\boldsymbol{d}_{\mathrm{sub},1}}{c}\right)}\boldsymbol{p}_1^{\mathrm{H}} \\ \mathrm{e}^{\mathrm{j}\omega_0\left(\frac{\boldsymbol{b}_{\mathrm{s}}^{\mathrm{T}}(\theta_m,\phi_m)\boldsymbol{d}_{\mathrm{sub},2}}{c}\right)}\boldsymbol{p}_2^{\mathrm{H}} \\ \vdots \\ \mathrm{e}^{\mathrm{j}\omega_0\left(\frac{\boldsymbol{b}_{\mathrm{s}}^{\mathrm{T}}(\theta_m,\phi_m)\boldsymbol{d}_{\mathrm{sub},L_0}}{c}\right)}\boldsymbol{p}_{L_0}^{\mathrm{H}}\end{bmatrix}\boldsymbol{p}_{\gamma_m,\eta_m}}_{\overset{\mathrm{def}}{=}\boldsymbol{c}_{\mathrm{pd},m}} \tag{3.422}$$

此时 $\boldsymbol{x}_{\mathrm{pd},n}(t)$ 可以重写成

$$\boldsymbol{x}_{\mathrm{pd},n}(t)=\boldsymbol{C}_{\mathrm{pd}}\boldsymbol{F}_{\mathrm{pd},n}\boldsymbol{s}(t)+\boldsymbol{n}_{\mathrm{pd},n}(t) \tag{3.423}$$

式中：

$$\boldsymbol{C}_{\mathrm{pd}}=[\boldsymbol{c}_{\mathrm{pd},0},\boldsymbol{c}_{\mathrm{pd},1},\cdots,\boldsymbol{c}_{\mathrm{pd},M-1}] \tag{3.424}$$

$$\boldsymbol{F}_{\mathrm{pd},n}=\mathrm{diag}(f_{n,0},f_{n,1},\cdots,f_{n,M-1}) \tag{3.425}$$

由此

$$\boldsymbol{R}_{\mathrm{pd}}=\sigma_0^2\boldsymbol{C}_{\mathrm{pd}}\underbrace{\boldsymbol{G}\left(\sum_{n=1}^{N_0}\boldsymbol{f}_{\mathrm{pd},n}\boldsymbol{f}_{\mathrm{pd},n}^{\mathrm{H}}\right)\boldsymbol{G}^{\mathrm{H}}}_{\overset{\mathrm{def}}{=}\boldsymbol{R}_{\mathrm{pd-s},2}}\boldsymbol{C}_{\mathrm{pd}}^{\mathrm{H}}+\boldsymbol{R}_{\boldsymbol{n}_{\mathrm{pd}}\boldsymbol{n}_{\mathrm{pd}}} \tag{3.426}$$

式中：

$$\boldsymbol{f}_{\mathrm{pd},n}=\begin{bmatrix}f_{n,0}\\ f_{n,1}\\ \vdots \\ f_{n,M-1}\end{bmatrix}=\begin{bmatrix}(\boldsymbol{\varpi}_n^{(2)})^{\mathrm{H}}\boldsymbol{e}_{\mathrm{pd},0}\\ (\boldsymbol{\varpi}_n^{(2)})^{\mathrm{H}}\boldsymbol{e}_{\mathrm{pd},1}\\ \vdots \\ (\boldsymbol{\varpi}_n^{(2)})^{\mathrm{H}}\boldsymbol{e}_{\mathrm{pd},M-1}\end{bmatrix}=\boldsymbol{E}_{\mathrm{pd}}^{\mathrm{T}}(\boldsymbol{\varpi}_n^{(2)})^* \tag{3.427}$$

其中

$$\boldsymbol{E}_{\mathrm{pd}}=[\boldsymbol{e}_{\mathrm{pd},0},\boldsymbol{e}_{\mathrm{pd},1},\cdots,\boldsymbol{e}_{\mathrm{pd},M-1}] \tag{3.428}$$

根据式（3.427），有

$$\sum_{n=1}^{N_0}\boldsymbol{f}_{\mathrm{pd},n}\boldsymbol{f}_{\mathrm{pd},n}^{\mathrm{H}}=\boldsymbol{E}_{\mathrm{pd}}^{\mathrm{T}}\left(\sum_{n=1}^{N_0}(\boldsymbol{\varpi}_n^{(2)})^*(\boldsymbol{\varpi}_n^{(2)})^{\mathrm{T}}\right)\boldsymbol{E}_{\mathrm{pd}}^* \tag{3.429}$$

所以，若下述条件满足，则 $\boldsymbol{R}_{\mathrm{pd-s},2}$ 为满秩矩阵：

$$\mathrm{rank}\left(\boldsymbol{E}_{\mathrm{pd}}^{\mathrm{T}}\left(\sum_{n=1}^{N_0}(\boldsymbol{\varpi}_n^{(2)})^*(\boldsymbol{\varpi}_n^{(2)})^{\mathrm{T}}\right)\boldsymbol{E}_{\mathrm{pd}}^*\right)=M \tag{3.430}$$

① 若要条件（3.430）成立，则需要

$$\mathrm{rank}(\boldsymbol{E}_{\mathrm{pd}}^{\mathrm{T}}[(\boldsymbol{\varpi}_1^{(2)})^*,(\boldsymbol{\varpi}_2^{(2)})^*,\cdots,(\boldsymbol{\varpi}_{N_0}^{(2)})^*])=M \tag{3.431}$$

这要求期望信号和干扰的波达方向不能相同，以使得对应的子阵流形矢量 $\boldsymbol{e}_{\mathrm{pd},0},\boldsymbol{e}_{\mathrm{pd},1},\cdots,\boldsymbol{e}_{\mathrm{pd},M-1}$ 线性无关，也即

$$\mathrm{rank}(\boldsymbol{E}_{\mathrm{pd}})=\mathrm{rank}(\boldsymbol{E}_{\mathrm{pd}}^{\mathrm{T}})=M \tag{3.432}$$

② 若条件（3.432）成立，则条件（3.430）成立的充分条件是 $N_0=L_1$，同时 $\boldsymbol{\varpi}_1^{(2)},\boldsymbol{\varpi}_2^{(2)},\cdots,\boldsymbol{\varpi}_{L_1}^{(2)}$ 线性无关。此条件并非必要条件，比如 $N_0=M$，同时

$$[(\boldsymbol{\varpi}_1^{(2)})^*,(\boldsymbol{\varpi}_2^{(2)})^*,\cdots,(\boldsymbol{\varpi}_M^{(2)})^*]=\boldsymbol{E}_{\mathrm{pd}}\boldsymbol{T}^{(2)} \tag{3.433}$$

也可使得条件（3.430）成立，其中 $\boldsymbol{T}^{(2)}$ 为 $M\times M$ 维满秩矩阵。

特别地，若

$$[(\boldsymbol{\varpi}_1^{(2)})^*,(\boldsymbol{\varpi}_2^{(2)})^*,\cdots,(\boldsymbol{\varpi}_M^{(2)})^*]=\boldsymbol{E}_{\mathrm{pd}}(\boldsymbol{E}_{\mathrm{pd}}^{\mathrm{T}}\boldsymbol{E}_{\mathrm{pd}})^{-1}\boldsymbol{D}^{(2)}\boldsymbol{U}^{(2)} \tag{3.434}$$

其中，$\boldsymbol{D}^{(2)}$ 为对角线元素均不为零的 $M\times M$ 维对角矩阵，$\boldsymbol{U}^{(2)}$ 为 $M\times M$ 维酉矩阵，则 $\boldsymbol{R}_{\mathrm{pd-s},2}$ 为满秩对角矩阵，且其对角线元素均为正实数，这又等效于期望信号和干扰实现了完全解相干。为简单起见，可令 $\boldsymbol{D}^{(2)}\boldsymbol{U}^{(2)}=\boldsymbol{I}_M$，基于此的极化波束方向图分集权矢量设计方法称为Ⅱ型直接对角化方法。

③ 根据式（3.434），有

$$(\boldsymbol{\varpi}_n^{(2)})^*=\boldsymbol{E}_{\mathrm{pd}}(\boldsymbol{E}_{\mathrm{pd}}^{\mathrm{T}}\boldsymbol{E}_{\mathrm{pd}})^{-1}\boldsymbol{D}^{(2)}\boldsymbol{u}_n^{(2)} \tag{3.435}$$

其中，$\boldsymbol{u}_n^{(2)}$ 为 $\boldsymbol{U}^{(2)}$ 的第 n 列。

再注意到

$$\boldsymbol{w}_{l,n}=(\boldsymbol{I}_{L_1}\boldsymbol{\varpi}_n^{(2)})\otimes\boldsymbol{\kappa}_{\mathrm{HV},l}=(\boldsymbol{I}_{L_1}\otimes\boldsymbol{\kappa}_{\mathrm{HV},l})\boldsymbol{\varpi}_n^{(2)} \tag{3.436}$$

所以

$$\boldsymbol{w}_{l,n}^{\mathrm{H}}=((\boldsymbol{u}_n^{(2)})^{\mathrm{T}}\boldsymbol{D}^{(2)}(\boldsymbol{E}_{\mathrm{pd}}^{\mathrm{T}}\boldsymbol{E}_{\mathrm{pd}})^{-1}\boldsymbol{E}_{\mathrm{pd}}^{\mathrm{T}})(\boldsymbol{I}_{L_1}\otimes\boldsymbol{\kappa}_{\mathrm{HV},l})^{\mathrm{H}} \tag{3.437}$$

由此有

$$\boldsymbol{W}_n=\begin{bmatrix}((\boldsymbol{u}_n^{(2)})^{\mathrm{T}}\boldsymbol{D}^{(2)}(\boldsymbol{E}_{\mathrm{pd}}^{\mathrm{T}}\boldsymbol{E}_{\mathrm{pd}})^{-1}\boldsymbol{E}_{\mathrm{pd}}^{\mathrm{T}})(\boldsymbol{I}_{L_1}\otimes\boldsymbol{\kappa}_{\mathrm{HV},1})^{\mathrm{H}}\boldsymbol{J}_{\mathrm{sub},1}\\((\boldsymbol{u}_n^{(2)})^{\mathrm{T}}\boldsymbol{D}^{(2)}(\boldsymbol{E}_{\mathrm{pd}}^{\mathrm{T}}\boldsymbol{E}_{\mathrm{pd}})^{-1}\boldsymbol{E}_{\mathrm{pd}}^{\mathrm{T}})(\boldsymbol{I}_{L_1}\otimes\boldsymbol{\kappa}_{\mathrm{HV},2})^{\mathrm{H}}\boldsymbol{J}_{\mathrm{sub},2}\\\vdots\\((\boldsymbol{u}_n^{(2)})^{\mathrm{T}}\boldsymbol{D}^{(2)}(\boldsymbol{E}_{\mathrm{pd}}^{\mathrm{T}}\boldsymbol{E}_{\mathrm{pd}})^{-1}\boldsymbol{E}_{\mathrm{pd}}^{\mathrm{T}})(\boldsymbol{I}_{L_1}\otimes\boldsymbol{\kappa}_{\mathrm{HV},L_0})^{\mathrm{H}}\boldsymbol{J}_{\mathrm{sub},L_0}\end{bmatrix} \tag{3.438}$$

④ 若是

$$\theta_0=\theta_1=\cdots=\theta_{M-1}=90° \tag{3.439}$$

则有

$$[\boldsymbol{b}_{\text{iso-H}}(90°,\phi_m),\boldsymbol{b}_{\text{iso-V}}(90°,\phi_m)]=\begin{bmatrix}-\sin\phi_m & 0\\ \cos\phi_m & 0\\ 0 & -1\\ 0 & \sin\phi_m\\ 0 & -\cos\phi_m\\ -1 & 0\end{bmatrix} \tag{3.440}$$

再定义

$$\boldsymbol{b}_{\text{iso-ps},m}=[-\sin\phi_m,\cos\phi_m,-1]^{\mathrm{T}} \tag{3.441}$$

由此

$$\boldsymbol{w}_{l,n}^{\mathrm{H}}\boldsymbol{a}_{\text{sub-H},0}(90°,\phi_m)=\boldsymbol{w}_{\mathrm{H},l,n}^{\mathrm{H}}(\boldsymbol{a}_{\text{sub},0}(90°,\phi_m)\otimes\boldsymbol{b}_{\text{iso-ps},m}) \tag{3.442}$$

$$\boldsymbol{w}_{l,n}^{\mathrm{H}}\boldsymbol{a}_{\text{sub-V},0}(90°,\phi_m)=\boldsymbol{w}_{\mathrm{V},l,n}^{\mathrm{H}}(\boldsymbol{a}_{\text{sub},0}(90°,\phi_m)\otimes\boldsymbol{b}_{\text{iso-ps},m}) \tag{3.443}$$

式中:

$$\boldsymbol{w}_{\mathrm{H},l,n}=[\boldsymbol{w}_{\mathrm{H},l,n,1}^{\mathrm{T}},\boldsymbol{w}_{\mathrm{H},l,n,2}^{\mathrm{T}},\cdots,\boldsymbol{w}_{\mathrm{H},l,n,L_1}^{\mathrm{T}}]^{\mathrm{T}} \tag{3.444}$$

$$\boldsymbol{w}_{\mathrm{V},l,n}=[\boldsymbol{w}_{\mathrm{V},l,n,1}^{\mathrm{T}},\boldsymbol{w}_{\mathrm{V},l,n,2}^{\mathrm{T}},\cdots,\boldsymbol{w}_{\mathrm{V},l,n,L_1}^{\mathrm{T}}]^{\mathrm{T}} \tag{3.445}$$

其中

$$\boldsymbol{w}_{\mathrm{H},l,n,i}=\begin{bmatrix}\boldsymbol{w}_{l,n}(6i-5)\\ \boldsymbol{w}_{l,n}(6i-4)\\ \boldsymbol{w}_{l,n}(6i)\end{bmatrix},\ i=1,2,\cdots,L_1 \tag{3.446}$$

$$\boldsymbol{w}_{\mathrm{V},l,n,i}=\begin{bmatrix}-\boldsymbol{w}_{l,n}(6i-2)\\ -\boldsymbol{w}_{l,n}(6i-1)\\ \boldsymbol{w}_{l,n}(6i-3)\end{bmatrix},\ i=1,2,\cdots,L_1 \tag{3.447}$$

于是可以令

$$\boldsymbol{w}_{\mathrm{H},l,n}=\kappa_{\mathrm{H},l,2}^{*}\boldsymbol{\varpi}_n^{(3)} \tag{3.448}$$

$$\boldsymbol{w}_{\mathrm{V},l,n}=\kappa_{\mathrm{V},l,2}^{*}\boldsymbol{\varpi}_n^{(3)} \tag{3.449}$$

其中，$\boldsymbol{\varpi}_n^{(3)}$ 为 $3L_1\times1$ 维矢量。

此时

$$\boldsymbol{w}_{l,n}^{\mathrm{H}}\boldsymbol{a}_{\text{sub-H},0,m}=\kappa_{\mathrm{H},l,2}(\boldsymbol{\varpi}_n^{(3)})^{\mathrm{H}}(\boldsymbol{a}_{\text{sub},0,m}\otimes\boldsymbol{b}_{\text{iso-ps},m}) \tag{3.450}$$

$$\boldsymbol{w}_{l,n}^{\mathrm{H}}\boldsymbol{a}_{\text{sub-V},0,m}=\kappa_{\mathrm{V},l,2}(\boldsymbol{\varpi}_n^{(3)})^{\mathrm{H}}(\boldsymbol{a}_{\text{sub},0,m}\otimes\boldsymbol{b}_{\text{iso-ps},m}) \tag{3.451}$$

其中

$$\boldsymbol{a}_{\text{sub-H},0,m}=\boldsymbol{a}_{\text{sub-H},0}(90°,\phi_m) \tag{3.452}$$

$$\boldsymbol{a}_{\text{sub-V},0,m}=\boldsymbol{a}_{\text{sub-V},0}(90°,\phi_m) \tag{3.453}$$

$$\boldsymbol{a}_{\text{sub},0,m}=\boldsymbol{a}_{\text{sub},0}(90°,\phi_m) \tag{3.454}$$

这意味着

$$\begin{aligned}q_{l,n,m}&=(\boldsymbol{\varpi}_n^{(3)})^{\text{H}}(\boldsymbol{a}_{\text{sub},0,m}\otimes\boldsymbol{b}_{\text{iso-ps},m})[\kappa_{\text{H},l,2},\kappa_{\text{V},l,2}]\boldsymbol{p}_{\gamma_m,\eta_m}\\&=(\boldsymbol{\varpi}_n^{(3)})^{\text{H}}(\boldsymbol{a}_{\text{sub},0,m}\otimes\boldsymbol{b}_{\text{iso-ps},m})(\boldsymbol{p}_l^{\text{H}}\boldsymbol{p}_{\gamma_m,\eta_m})\end{aligned} \tag{3.455}$$

也即 $\boldsymbol{e}_{\text{pd},m}$的定义变成下述形式：

$$\boldsymbol{e}_{\text{pd},m}=\boldsymbol{a}_{\text{sub},0,m}\otimes\boldsymbol{b}_{\text{iso-ps},m} \tag{3.456}$$

再注意到

$$\begin{bmatrix}\boldsymbol{w}_{\text{H},l,n}\\\boldsymbol{w}_{\text{V},l,n}\end{bmatrix}=\underbrace{\begin{bmatrix}\kappa_{\text{H},l,2}^{*}\boldsymbol{I}_{3L_1}\\\kappa_{\text{V},l,2}^{*}\boldsymbol{I}_{3L_1}\end{bmatrix}}_{\boldsymbol{\mathcal{K}}_{\text{HV},l}}\boldsymbol{\varpi}_n^{(3)}=\underbrace{\begin{bmatrix}\boldsymbol{J}_{\text{H}}\\\boldsymbol{J}_{\text{V}}\end{bmatrix}}_{\boldsymbol{J}}\boldsymbol{w}_{l,n} \tag{3.457}$$

其中

$$\boldsymbol{J}_{\text{H}}=\boldsymbol{I}_{L_1}\otimes\begin{bmatrix}1&0&0&0&0&0\\0&1&0&0&0&0\\0&0&0&0&0&1\end{bmatrix} \tag{3.458}$$

$$\boldsymbol{J}_{\text{V}}=\boldsymbol{I}_{L_1}\otimes\begin{bmatrix}0&0&0&-1&0&0\\0&0&0&0&-1&0\\0&0&1&0&0&0\end{bmatrix} \tag{3.459}$$

所以

$$\boldsymbol{w}_{l,n}=(\boldsymbol{J}^{-1}\boldsymbol{\mathcal{K}}_{\text{HV},l})\boldsymbol{\varpi}_n^{(3)} \tag{3.460}$$

由此可得

$$\boldsymbol{W}_n=\begin{bmatrix}(\boldsymbol{\varpi}_n^{(3)})^{\text{H}}(\boldsymbol{J}^{-1}\boldsymbol{\mathcal{K}}_{\text{HV},1})^{\text{H}}\boldsymbol{J}_{\text{sub},1}\\(\boldsymbol{\varpi}_n^{(3)})^{\text{H}}(\boldsymbol{J}^{-1}\boldsymbol{\mathcal{K}}_{\text{HV},2})^{\text{H}}\boldsymbol{J}_{\text{sub},2}\\\vdots\\(\boldsymbol{\varpi}_n^{(3)})^{\text{H}}(\boldsymbol{J}^{-1}\boldsymbol{\mathcal{K}}_{\text{HV},L_0})^{\text{H}}\boldsymbol{J}_{\text{sub},L_0}\end{bmatrix} \tag{3.461}$$

⑤ 基于矢量天线等距线阵的空间平滑[60]与满足条件（3.406）的图平滑具有类似的期望信号和干扰解相干原理：

$$f_{n,m}=\text{e}^{\text{j}\omega_0\left(\frac{\boldsymbol{b}_{\text{s}}^{\text{T}}(\theta_m,\phi_m)(\boldsymbol{d}_{\text{sub},n}-\boldsymbol{d}_{\text{sub},1})}{c}\right)} \tag{3.462}$$

最后，根据式（3.423）、式（3.424）和式（3.426），极化-空域波束形成器权矢量 $\boldsymbol{w}$ 可按下述准则进行设计：

$$\min_{\boldsymbol{w}}\boldsymbol{w}^{\text{H}}\boldsymbol{R}_{\text{pd}}\boldsymbol{w}\ \text{ s. t. }\ \boldsymbol{w}^{\text{H}}\boldsymbol{c}_{\text{pd},0}=1 \tag{3.463}$$

利用拉格朗日乘子法，可得上述波束形成器的权矢量为

$$\boldsymbol{w}_{\text{pd},2}=(\boldsymbol{c}_{\text{pd},0}^{\text{H}}\boldsymbol{R}_{\text{pd}}^{-1}\boldsymbol{c}_{\text{pd},0})^{-1}\boldsymbol{R}_{\text{pd}}^{-1}\boldsymbol{c}_{\text{pd},0} \tag{3.464}$$

对应的极化-空间谱表达式为

$$\mathcal{J}_{\mathrm{pd}}(\theta,\phi,\gamma,\eta)=(\boldsymbol{c}_{\mathrm{pd}}^{\mathrm{H}}(\theta,\phi,\gamma,\eta)\boldsymbol{R}_{\mathrm{pd}}^{-1}\boldsymbol{c}_{\mathrm{pd}}(\theta,\phi,\gamma,\eta))^{-1} \tag{3.465}$$

式中：

$$\boldsymbol{c}_{\mathrm{pd}}(\theta,\phi,\gamma,\eta)=\underbrace{\begin{bmatrix} \mathrm{e}^{\mathrm{j}\omega_0\left(\frac{\boldsymbol{b}_{\mathrm{s}}^{\mathrm{T}}(\theta,\phi)\boldsymbol{d}_{\mathrm{sub},1}}{c}\right)}\boldsymbol{p}_1^{\mathrm{H}} \\ \mathrm{e}^{\mathrm{j}\omega_0\left(\frac{\boldsymbol{b}_{\mathrm{s}}^{\mathrm{T}}(\theta,\phi)\boldsymbol{d}_{\mathrm{sub},2}}{c}\right)}\boldsymbol{p}_2^{\mathrm{H}} \\ \vdots \\ \mathrm{e}^{\mathrm{j}\omega_0\left(\frac{\boldsymbol{b}_{\mathrm{s}}^{\mathrm{T}}(\theta,\phi)\boldsymbol{d}_{\mathrm{sub},L_0}}{c}\right)}\boldsymbol{p}_{L_0}^{\mathrm{H}} \end{bmatrix}}_{\boldsymbol{\Xi}_{\mathrm{pd\text{-}df}}(\theta,\phi)}\boldsymbol{p}_{\gamma,\eta} \tag{3.466}$$

由于 $\boldsymbol{p}_{\gamma,\eta}^{\mathrm{H}}\boldsymbol{p}_{\gamma,\eta}=1$，所以

$$\mathcal{J}_{\mathrm{pd}}(\theta,\phi,\gamma,\eta)=\frac{\boldsymbol{p}_{\gamma,\eta}^{\mathrm{H}}\boldsymbol{p}_{\gamma,\eta}}{\boldsymbol{p}_{\gamma,\eta}^{\mathrm{H}}(\boldsymbol{\Xi}_{\mathrm{pd\text{-}df}}^{\mathrm{H}}(\theta,\phi)\boldsymbol{R}_{\mathrm{pd}}^{-1}\boldsymbol{\Xi}_{\mathrm{pd\text{-}df}}(\theta,\phi))\boldsymbol{p}_{\gamma,\eta}} \tag{3.467}$$

由此可以定义下述空间谱：

$$\mathcal{J}_{\mathrm{pd},2}(\theta,\phi)=\mu_{\min}^{-1}(\boldsymbol{\Xi}_{\mathrm{pd\text{-}df}}^{\mathrm{H}}(\theta,\phi)\boldsymbol{R}_{\mathrm{pd}}^{-1}\boldsymbol{\Xi}_{\mathrm{pd\text{-}df}}(\theta,\phi)) \tag{3.468}$$

其中，$\mu_{\min}(\cdot)$表示括号中矩阵的最小特征值。

下面看一个仿真例子，为简单起见，例中假设期望信号源和相干干扰源均位于 xoy 平面，波束形成阵列为矢量天线等距线阵，矢量天线为 SuperCART 天线，均位于 y 轴上，间距为半个信号波长。

图 3.110~图 3.119 所示为图平滑解相关的一些结果和比较，其中 $L=6$，$L_0=5$，$L_1=2$，$M=2$；$\theta_0=\theta_1=90°$，$(\gamma_0,\eta_0)=(45°,90°)$，$(\gamma_1,\eta_1)=(45°,-90°)$；所有方法都采用了真实的协方差矩阵和噪声功率；Ⅰ型和Ⅱ型直接对角化方法利用了真实的期望信号/干扰波达方向和极化参数信息；托普利兹化方法在构造 $\boldsymbol{W}_n$ 时采用了存在 10°误差的期望信号/干扰波达方向和极化参数，$\kappa_1=10^6$，$\kappa_2=0.5$，$\kappa_3=10^{-4}$；Ⅱ型直接对角化方法中的天线极化分集参数如下：

$$\boldsymbol{p}_1=[\cos45°,\sin45°\mathrm{e}^{\mathrm{j}90°}]^{\mathrm{T}} \tag{3.469}$$

$$\boldsymbol{p}_2=[\cos45°,\sin45°\mathrm{e}^{-\mathrm{j}90°}]^{\mathrm{T}} \tag{3.470}$$

$$\boldsymbol{p}_3=[\cos0°,\sin0°\mathrm{e}^{\mathrm{j}0°}]^{\mathrm{T}} \tag{3.471}$$

$$\boldsymbol{p}_4=[\cos90°,\sin90°\mathrm{e}^{\mathrm{j}0°}]^{\mathrm{T}} \tag{3.472}$$

$$\boldsymbol{p}_5=[\cos45°,\sin45°\mathrm{e}^{\mathrm{j}0°}]^{\mathrm{T}} \tag{3.473}$$

其余仿真参数参见各图中的说明。

可以看出，当干噪比较大时，基于Ⅰ型直接对角化图平滑和托普利兹化图平滑的两种波束形成器，其接收幅度方向图都在干扰波达方向出现了较深的零陷，并且前者的性能要优于后者。

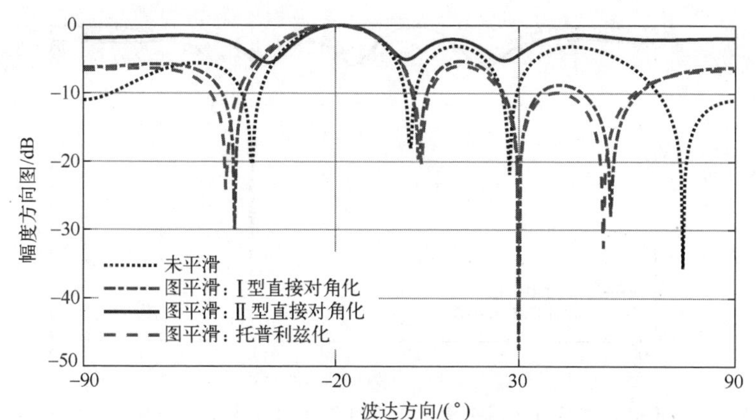

图 3.110　未平滑与图平滑波束形成器幅度方向图的比较：

$\phi_0=-20°$，$\phi_1=30°$；信噪比为−20dB，干噪比为 30dB

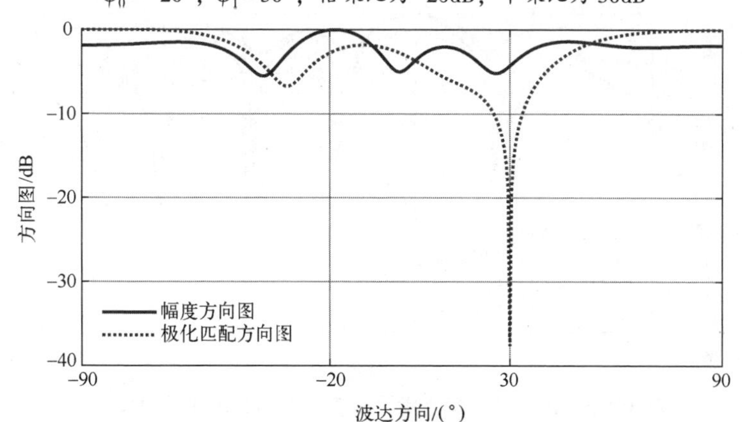

图 3.111　Ⅱ型直接对角化图平滑波束形成器的幅度方向图和极化匹配方向图：

$\phi_0=-20°$，$\phi_1=30°$；信噪比为−20dB，干噪比为 30dB

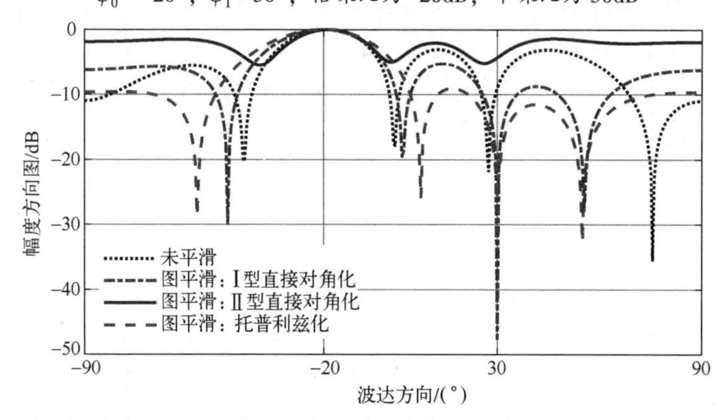

图 3.112　未平滑与图平滑波束形成器幅度方向图的比较：

$\phi_0=-20°$，$\phi_1=30°$；信噪比为 30dB，干噪比为 30dB

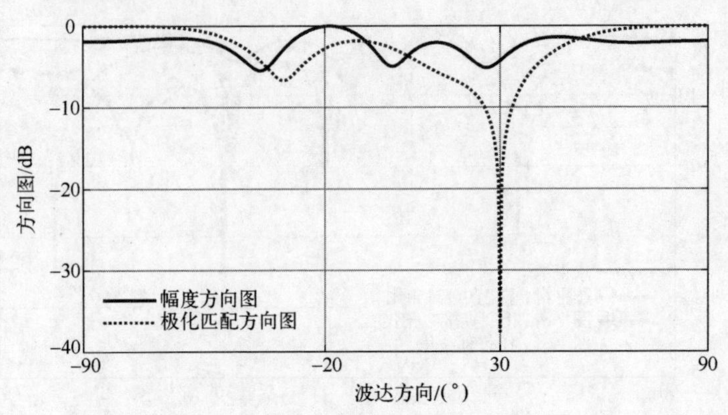

图 3.113 Ⅱ型直接对角化图平滑波束形成器的幅度方向图和极化匹配方向图：$\phi_0=-20°$，$\phi_1=30°$；信噪比为 30dB，干噪比为 30dB

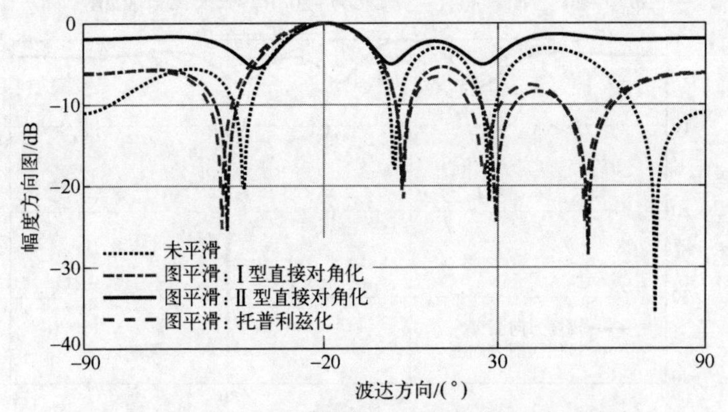

图 3.114 未平滑与图平滑波束形成器幅度方向图的比较：$\phi_0=-20°$，$\phi_1=30°$；信噪比为 0dB，干噪比为 0dB

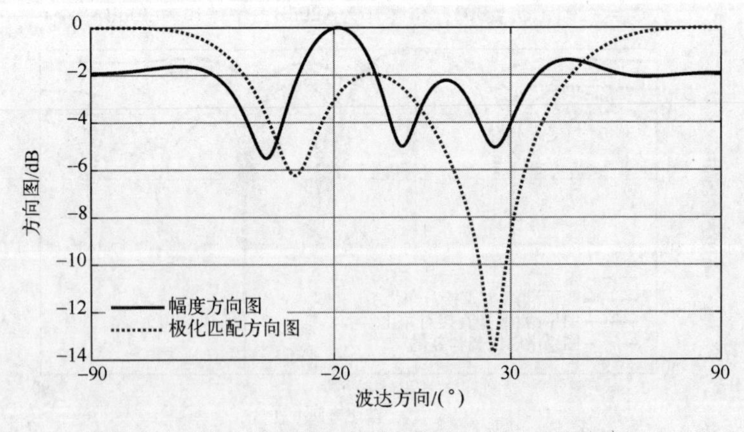

图 3.115 Ⅱ型直接对角化图平滑波束形成器的幅度方向图和极化匹配方向图：$\phi_0=-20°$，$\phi_1=30°$；信噪比为 0dB，干噪比为 0dB

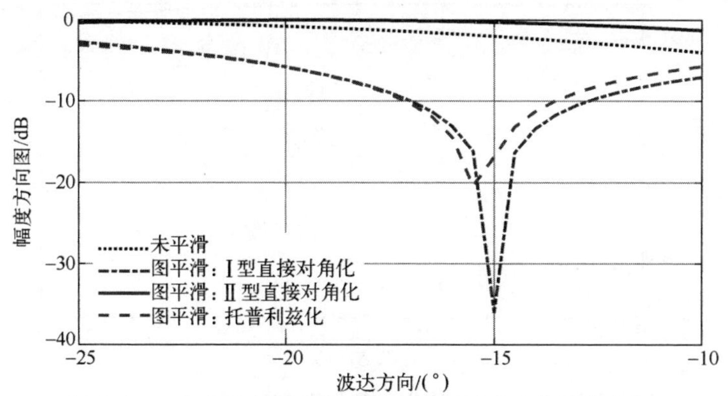

图3.116　未平滑与图平滑波束形成器幅度方向图的比较：
$\phi_0=-20°$，$\phi_1=-15°$；信噪比为-20dB，干噪比为30dB

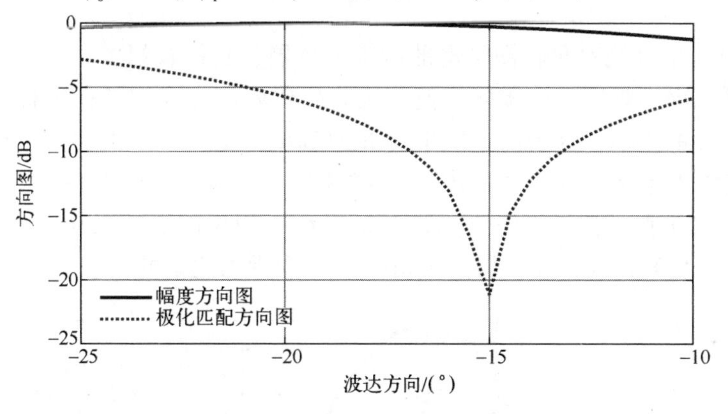

图3.117　Ⅱ型直接对角化图平滑波束形成器的幅度方向图和极化匹配方向图：
$\phi_0=-20°$，$\phi_1=-15°$；信噪比为-20dB，干噪比为30dB

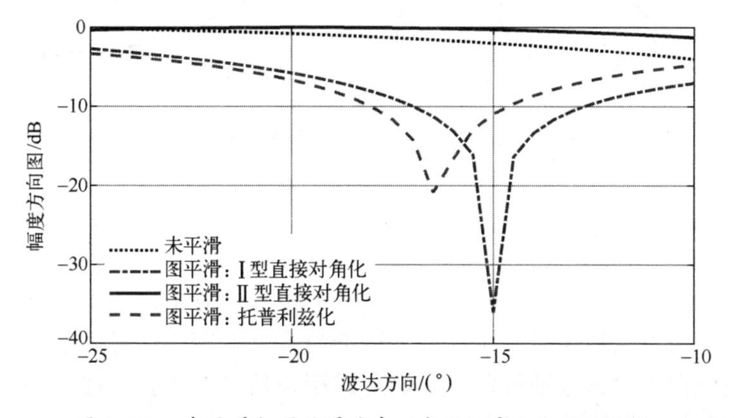

图3.118　未平滑与图平滑波束形成器幅度方向图的比较：
$\phi_0=-20°$，$\phi_1=-15°$；信噪比为30dB，干噪比为30dB

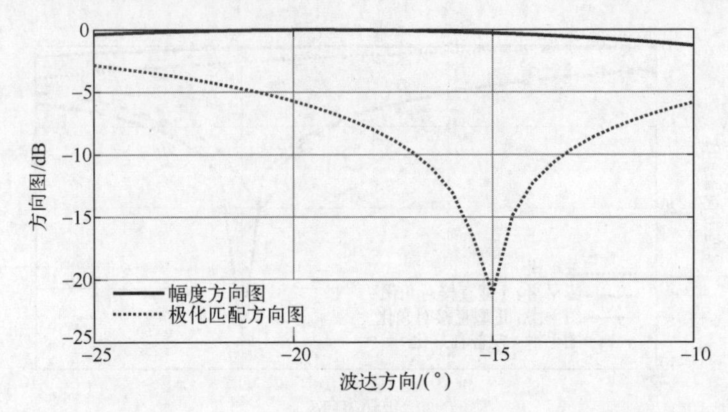

图 3.119 Ⅱ型直接对角化图平滑波束形成器的幅度方向图和极化匹配方向图：$\phi_0=-20°$，$\phi_1=-15°$；信噪比为 30dB，干噪比为 30dB

基于Ⅱ型直接对角化图平滑的波束形成器，其接收幅度方向图虽然未在干扰波达方向出现明显的零陷，但其接收极化匹配方向图却在干扰波达方向出现了较深的零陷，这表明本例中的Ⅱ型直接对角化图平滑波束形成器，其相干干扰抑制能力主要是基于其极化选择性，而非空间/方向选择性。

图 3.120 所示为图平滑空间谱与未平滑空间谱的比较，其中 $\phi_0=-20°$，$\phi_1=-15°$；信噪比和干噪比均为 20dB；其余参数与之前的例子相同。

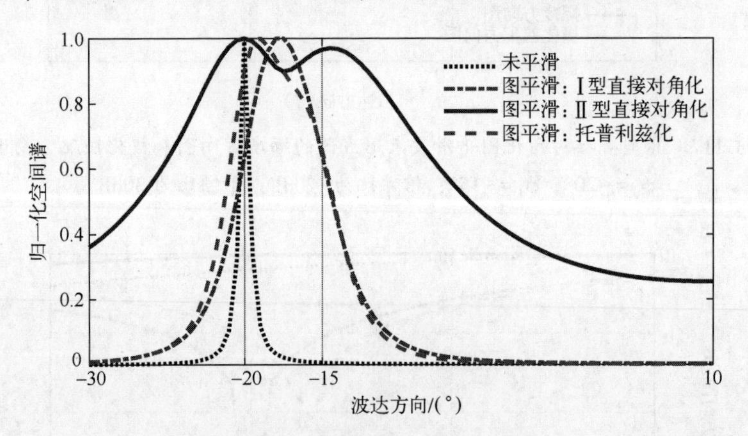

图 3.120 未平滑与图平滑空间谱的比较：$\phi_0=-20°$，$\phi_1=-15°$

由图中结果可以看出，未平滑方法，Ⅰ型直接对角化图平滑方法和托普利兹化图平滑方法均未能成功分辨波达方向较近的期望信号和干扰，而Ⅱ型直接对角化图平滑方法则可以正确地分辨期望信号和干扰，这主要归因于其极化和空间域的同时滤波能力。

图 3.121 所示是 $\phi_0=-20°$、$\phi_1=-10°$，而其他条件不变的相应结果，此时三种图平滑方法均能正确地分辨期望信号和干扰，但未平滑方法仍然无法检测到干扰。

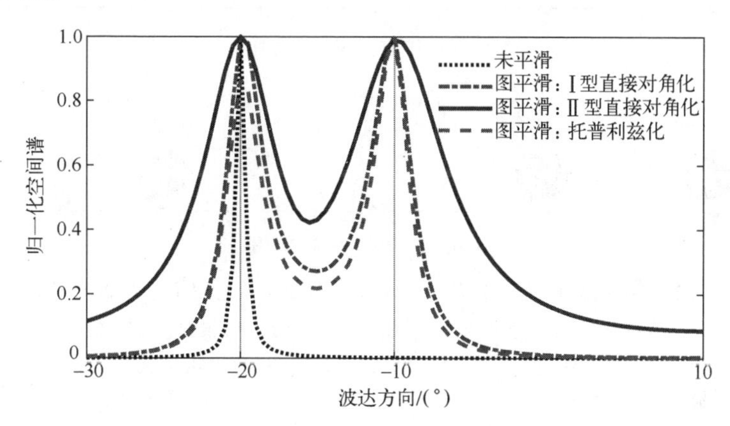

图 3.121　未平滑与图平滑空间谱的比较：$\phi_0=-20°$，$\phi_1=-10°$

3.5　近场信号源定位

本节讨论非平面波前条件下，基于极化波束方向图分集的近场信号波达方向与源距离的联合估计也即近场信号源定位问题。

考虑一 LJ 元矢量天线阵列，其中 L 仍为矢量天线数，J 为矢量天线内部单元数；阵列输出矢量仍记作 $\boldsymbol{x}(t)$。

根据第 2 章的讨论，通过多组波束空间变换，可以实现如图 3.122 和图 3.123 所示的所谓“全向极化旋转不变”波束方向图分集：

$$\boldsymbol{y}_n(t)=\boldsymbol{W}_n\boldsymbol{x}(t)=\sum_{m=0}^{M-1}\boldsymbol{c}_m y_{n,m}s_m(t)+\boldsymbol{n}_n(t) \tag{3.474}$$

式中：$\boldsymbol{y}_n(t)$ 为单极化分集阵列输出（与 3.4 节中定义的 $\boldsymbol{x}_{\mathrm{pd},n}(t)$ 类似），其维数小于等于 L；$\boldsymbol{W}_n$ 为分集权矩阵，M 为信号源数，$\boldsymbol{c}_m$ 为第 m 个信号 $s_m(t)$ 的分集阵列流形矢量，与阵列几何结构、信号波达方向、分集权矩阵等有关；$y_{n,m}$ 反映了分集天线与第 m 个信号波的极化匹配程度，其具体值与分集权矩阵和信号波极化有关，但与信号波达方向无关，故此称为“全向极化旋转不变”，这一特点对非平面波信号的处理非常重要；$\boldsymbol{n}_n(t)=\boldsymbol{W}_n\boldsymbol{n}(t)$ 为分集阵列噪声矢量，其中 $\boldsymbol{n}(t)$ 为原始阵列噪声矢量。

本节讨论作如下假设：①信号和噪声均为零均值、宽平稳、宽遍历随机

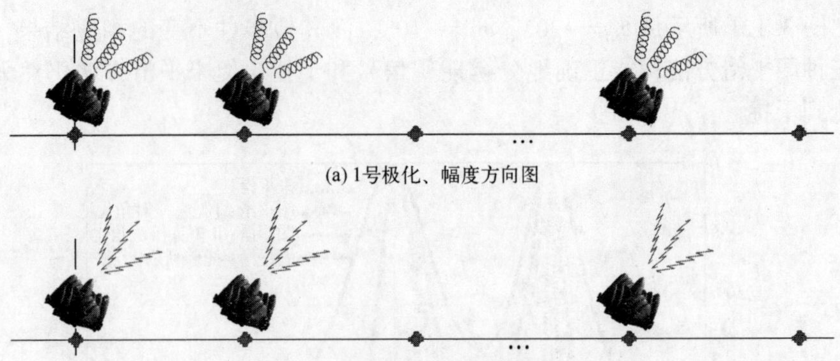

(a) 1号极化、幅度方向图

(b) n号极化、幅度方向图

图 3.122 “全向极化旋转不变”波束方向图分集示意图Ⅰ：分集阵列等效为单极化阵列，分集天线极化和波束方向图均相同；分集时，分集天线波束方向图保持不变，极化发生变化

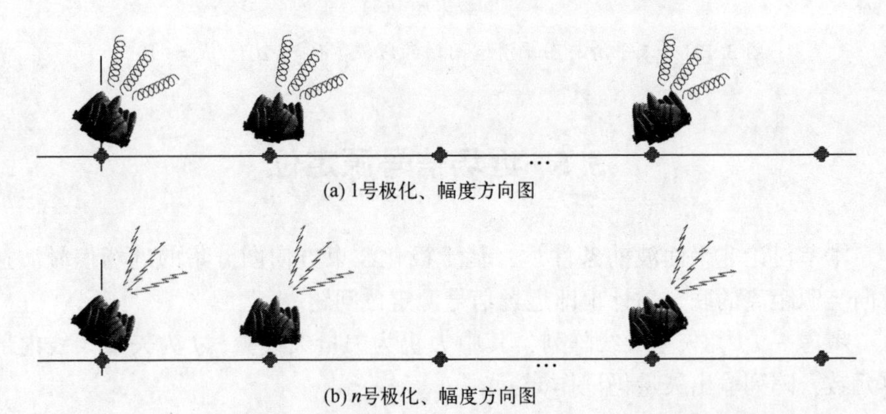

(a) 1号极化、幅度方向图

(b) n号极化、幅度方向图

图 3.123 “全向极化旋转不变”波束方向图分集示意图Ⅱ：分集阵列等效为单极化阵列，分集天线极化均相同，波束方向图不尽相同；分集时，分集天线波束方向图保持不变，极化发生变化

过程；②信号非完全相关，并且与极化空时白噪声统计独立；③不同观测视角下，同一信号波的极化相同；④组成多极化阵列的所有矢量天线，其倾角均相同；⑤所有信号的分集阵列流形矢量线性无关。

3.5.1 一维情形

首先考虑一维情形，也即 $\theta_m=90°$，其中 $m=0,1,\cdots,M-1$，如图 3.124 所示，所有分集天线均位于 y 轴上，参考分集天线位于坐标原点。

若第 m 个信号源与 0 号参考分集天线间的距离为 R_m，当信号波达方向

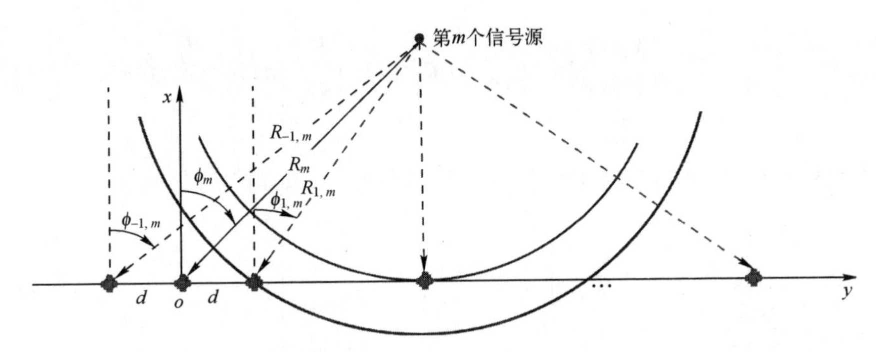

图 3.124　非平面波前条件下分集阵列信号接收示意图：一维情形

（方位角）为 ϕ_m 时，信号源与位置矢量为 $[0,-d,0]^{\mathrm{T}}$ 和 $[0,d,0]^{\mathrm{T}}$ 的 −1 号和 1 号分集天线间的距离分别为

$$\begin{aligned}R_{-1,m}&=\sqrt{(R_m\cos\phi_m)^2+(R_m\sin\phi_m+d)^2}\\&=\sqrt{R_m^2+d^2+2dR_m\sin\phi_m}\end{aligned}\tag{3.475}$$

$$\begin{aligned}R_{1,m}&=\sqrt{(R_m\cos\phi_m)^2+(R_m\sin\phi_m-d)^2}\\&=\sqrt{R_m^2+d^2-2dR_m\sin\phi_m}\end{aligned}\tag{3.476}$$

由此，分集阵列流形矢量可以写成

$$\boldsymbol{c}_m=[p_{-1,m}\mathrm{e}^{\mathrm{j}\omega_0\tau_{-1,m}},p_{0,m},p_{1,m}\mathrm{e}^{\mathrm{j}\omega_0\tau_{1,m}},\cdots]^{\mathrm{T}}\tag{3.477}$$

式中：$p_{l,m}$ 为第 l 个分集天线的方向性函数；

$$\tau_{-1,m}=(R_m-\sqrt{R_m^2+d^2+2dR_m\sin\phi_m})/c\tag{3.478}$$

$$\tau_{1,m}=(R_m-\sqrt{R_m^2+d^2-2dR_m\sin\phi_m})/c\tag{3.479}$$

其中，c 为信号波传播速度。

由于 $-1\leqslant\sin\phi_m\leqslant1$，所以

$$-\frac{\omega_0 d}{c}=-2\pi\left(\frac{d}{\lambda}\right)\leqslant\omega_0\tau_{-1,m}\leqslant\frac{\omega_0 d}{c}=2\pi\left(\frac{d}{\lambda}\right)\tag{3.480}$$

$$-\frac{\omega_0 d}{c}=-2\pi\left(\frac{d}{\lambda}\right)\leqslant\omega_0\tau_{1,m}\leqslant\frac{\omega_0 d}{c}=2\pi\left(\frac{d}{\lambda}\right)\tag{3.481}$$

其中，λ 为信号波长。

可以看出，若是基于时延 $\tau_{-1,m}$ 和 $\tau_{1,m}$ 进行信号波达方向估计，为保证结果的唯一性，也即不存在信号波达方向估计模糊问题，d 不能超过半个信号波长。

根据式（3.474），我们有

$$\underbrace{\begin{bmatrix} \boldsymbol{y}_n(t) \\ \boldsymbol{y}_p(t) \end{bmatrix}}_{=\boldsymbol{y}_{n,p}(t)} = \begin{bmatrix} \boldsymbol{C} \\ \boldsymbol{C\Phi}_{n,p} \end{bmatrix} \boldsymbol{\Phi}_n \boldsymbol{s}(t) + \underbrace{\begin{bmatrix} \boldsymbol{W}_n \\ \boldsymbol{W}_p \end{bmatrix}}_{=\boldsymbol{W}_{n,p}} \boldsymbol{n}(t) \tag{3.482}$$

式中：$\boldsymbol{C}=[\boldsymbol{c}_0,\boldsymbol{c}_1,\cdots,\boldsymbol{c}_{M-1}]$；$\boldsymbol{s}(t)=[s_0(t),s_1(t),\cdots,s_{M-1}]^{\mathrm{T}}$；

$$\boldsymbol{\Phi}_n = \begin{bmatrix} y_{n,0} & & & \\ & y_{n,1} & & \\ & & \ddots & \\ & & & y_{n,M-1} \end{bmatrix} \tag{3.483}$$

$$\boldsymbol{\Phi}_{n,p} = \begin{bmatrix} \dfrac{y_{p,0}}{y_{n,0}} & & & \\ & \dfrac{y_{p,1}}{y_{n,1}} & & \\ & & \ddots & \\ & & & \dfrac{y_{p,M-1}}{y_{n,M-1}} \end{bmatrix} \tag{3.484}$$

由式（3.482），$\boldsymbol{y}_{n,p}(t)$的协方差矩阵$\boldsymbol{R}_{\boldsymbol{y}_{n,p}\boldsymbol{y}_{n,p}}=\langle \boldsymbol{y}_{n,p}(t)\boldsymbol{y}_{n,p}^{\mathrm{H}}(t)\rangle$具有下述形式：

$$\boldsymbol{R}_{\boldsymbol{y}_{n,p}\boldsymbol{y}_{n,p}} = \begin{bmatrix} \boldsymbol{C} \\ \boldsymbol{C\Phi}_{n,p} \end{bmatrix} \boldsymbol{\Phi}_n \boldsymbol{R}_{ss} \boldsymbol{\Phi}_n^{\mathrm{H}} \begin{bmatrix} \boldsymbol{C} \\ \boldsymbol{C\Phi}_{n,p} \end{bmatrix}^{\mathrm{H}} + \sigma^2 \boldsymbol{W}_{n,p} \boldsymbol{W}_{n,p}^{\mathrm{H}} \tag{3.485}$$

式中：$\boldsymbol{R}_{ss}=\langle \boldsymbol{s}(t)\boldsymbol{s}^{\mathrm{H}}(t)\rangle$为信号协方差矩阵；$\sigma^2$为噪声方差。

（1）如果$\boldsymbol{W}_{n,p}\boldsymbol{W}_{n,p}^{\mathrm{H}}$为对角线元素相等的对角矩阵，对$\boldsymbol{R}_{\boldsymbol{y}_{n,p}\boldsymbol{y}_{n,p}}$进行特征分解。

（2）若$\boldsymbol{W}_{n,p}\boldsymbol{W}_{n,p}^{\mathrm{H}}$不满足（1）中条件，则利用阵列输出协方差矩阵的较小特征值估计噪声方差，然后对$\boldsymbol{R}_{\boldsymbol{y}_{n,p}\boldsymbol{y}_{n,p}}-\sigma^2\boldsymbol{W}_{n,p}\boldsymbol{W}_{n,p}^{\mathrm{H}}$进行特征分解。

利用上述（1）或（2）中特征分解所得的M个主特征矢量构造$2L\times M$维矩阵$\boldsymbol{U}_{n,p}$，根据特征子空间理论，有

$$\boldsymbol{U}_{n,p} = \begin{bmatrix} \boldsymbol{U}_{n,p,1} \\ \boldsymbol{U}_{n,p,2} \end{bmatrix} = \begin{bmatrix} \boldsymbol{C} \\ \boldsymbol{C\Phi}_{n,p} \end{bmatrix} \boldsymbol{T}_{n,p} = \begin{bmatrix} \boldsymbol{CT}_{n,p} \\ \boldsymbol{C\Phi}_{n,p}\boldsymbol{T}_{n,p} \end{bmatrix} \tag{3.486}$$

式中：$\boldsymbol{T}_{n,p}$为满秩矩阵。

考虑下述矩阵：

$$\begin{aligned} \boldsymbol{\Psi}_{n,p} &= \boldsymbol{U}_{n,p,2}(\boldsymbol{U}_{n,p,1}^{\mathrm{H}}\boldsymbol{U}_{n,p,1})^{-1}\boldsymbol{U}_{n,p,1}^{\mathrm{H}} = \boldsymbol{C\Phi}_{n,p}\boldsymbol{T}_{n,p}(\boldsymbol{T}_{n,p}^{\mathrm{H}}\boldsymbol{C}^{\mathrm{H}}\boldsymbol{CT}_{n,p})^{-1}\boldsymbol{T}_{n,p}^{\mathrm{H}}\boldsymbol{C}^{\mathrm{H}} \\ &= \boldsymbol{C\Phi}_{n,p}\boldsymbol{T}_{n,p}\boldsymbol{T}_{n,p}^{-1}(\boldsymbol{C}^{\mathrm{H}}\boldsymbol{C})^{-1}(\boldsymbol{T}_{n,p}^{\mathrm{H}})^{-1}\boldsymbol{T}_{n,p}^{\mathrm{H}}\boldsymbol{C}^{\mathrm{H}} \\ &= \boldsymbol{C\Phi}_{n,p}(\boldsymbol{C}^{\mathrm{H}}\boldsymbol{C})^{-1}\boldsymbol{C}^{\mathrm{H}} \end{aligned} \tag{3.487}$$

由于$(\boldsymbol{C}^{\mathrm{H}}\boldsymbol{C})^{-1}$为$M\times M$维满秩矩阵，当$y_{n,m}y_{p,m}\neq 0$时，$\boldsymbol{\Phi}_{n,p}(\boldsymbol{C}^{\mathrm{H}}\boldsymbol{C})^{-1}$亦为$M\times M$

维满秩矩阵，所以矩阵 $\boldsymbol{\Psi}_{n,p}$ 的秩为 M，只存在 M 个非零特征值。再注意到

$$\boldsymbol{\Psi}_{n,p}\boldsymbol{C}=\boldsymbol{C}\boldsymbol{\Phi}_{n,p}(\boldsymbol{C}^{\mathrm{H}}\boldsymbol{C})^{-1}\boldsymbol{C}^{\mathrm{H}}\boldsymbol{C}=\boldsymbol{C}\boldsymbol{\Phi}_{n,p} \tag{3.488}$$

所以，当对角矩阵 $\boldsymbol{\Phi}_{n,p}$ 的对角线元素互不相同时，矩阵 $\boldsymbol{\Psi}_{n,p}$ 的 M 个非零特征值为 $\mu_m=\gamma_{p,m}/\gamma_{n,m}$，其中 $m=0,1,\cdots,M-1$，并且 μ_m 所对应的特征矢量 $\boldsymbol{u}_m$ 与 $\boldsymbol{c}_m$ 成比例关系：

$$\boldsymbol{u}_m=k_m\boldsymbol{c}_m=\begin{bmatrix} k_m p_{-1,m}\mathrm{e}^{\mathrm{j}\omega_0\tau_{-1,m}} \\ k_m p_{0,m} \\ k_m p_{1,m}\mathrm{e}^{\mathrm{j}\omega_0\tau_{1,m}} \\ \vdots \end{bmatrix} \tag{3.489}$$

其中，$k_m\neq 0$。

若 $p_{-1,m}$、$p_{0,m}$、$p_{1,m}$ 均为实值，则

$$\left(\frac{c}{\omega_0}\right)\cdot\angle\left(\frac{\boldsymbol{u}_m(1)}{\boldsymbol{u}_m(2)}\right)=R_m-\sqrt{R_m^2+d^2+2dR_m\sin\phi_m}=v_{m,1} \tag{3.490}$$

$$\left(\frac{c}{\omega_0}\right)\cdot\angle\left(\frac{\boldsymbol{u}_m(3)}{\boldsymbol{u}_m(2)}\right)=R_m-\sqrt{R_m^2+d^2-2dR_m\sin\phi_m}=v_{m,2} \tag{3.491}$$

进一步可得

$$(R_m-v_{m,1})^2=R_m^2+d^2+2dR_m\sin\phi_m \tag{3.492}$$

$$(R_m-v_{m,2})^2=R_m^2+d^2-2dR_m\sin\phi_m \tag{3.493}$$

所以

$$\begin{aligned}(R_m-v_{m,1})^2+(R_m-v_{m,2})^2&=2R_m^2-2R_m(v_{m,1}+v_{m,2})+(v_{m,1}^2+v_{m,2}^2)\\&=2R_m^2+2d^2\end{aligned} \tag{3.494}$$

由此可得下述信号源距离估计公式：

$$R_m=\frac{1}{2}(v_{m,1}^2+v_{m,2}^2-2d^2)(v_{m,1}+v_{m,2})^{-1} \tag{3.495}$$

根据式（3.492）和式（3.493），还可得

$$\begin{aligned}(R_m-v_{m,1})^2-(R_m-v_{m,2})^2&=2R_m(v_{m,2}-v_{m,1})+(v_{m,1}^2-v_{m,2}^2)\\&=4dR_m\sin\phi_m\end{aligned} \tag{3.496}$$

所以

$$\sin\phi_m=\frac{v_{m,2}-v_{m,1}}{2d}+\frac{v_{m,1}^2-v_{m,2}^2}{4dR_m}=\frac{(v_{m,1}-v_{m,2})(v_{m,1}v_{m,2}+d^2)}{(v_{m,1}^2+v_{m,2}^2-2d^2)d} \tag{3.497}$$

由此可得下述信号波达方向估计公式：

$$\phi_m=\arcsin\left(\frac{(v_{m,1}-v_{m,2})(v_{m,1}v_{m,2}+d^2)}{(v_{m,1}^2+v_{m,2}^2-2d^2)d}\right) \tag{3.498}$$

若信号统计独立或互不相关，则

$$\boldsymbol{R}_{y_n y_{n^-}} = \langle \boldsymbol{y}_n(t)\boldsymbol{y}_n^{\mathrm{H}}(t)\rangle - \sigma^2 \boldsymbol{W}_n \boldsymbol{W}_n^{\mathrm{H}} = \boldsymbol{C}(\boldsymbol{\Phi}_n \boldsymbol{R}_{ss} \boldsymbol{\Phi}_n^{\mathrm{H}})\boldsymbol{C}^{\mathrm{H}} \tag{3.499}$$

其中，$\boldsymbol{\Phi}_n \boldsymbol{R}_{ss} \boldsymbol{\Phi}_n^{\mathrm{H}}$为对角矩阵，所以可以对 $\boldsymbol{R}_{y_1 y_{1^-}}$、$\boldsymbol{R}_{y_2 y_{2^-}}$、$\boldsymbol{R}_{y_3 y_{3^-}}$、… 进行联合对角化或采用平行因子分析方法获得 $k_m \boldsymbol{c}_m$。

下面看一个仿真例子，其中矢量天线为 SuperCART 天线，此时原始阵列流形矢量为

$$\boldsymbol{b}_m = \begin{bmatrix} \boldsymbol{b}_{\mathrm{H}}(\phi_{-1,m})\mathrm{e}^{\mathrm{j}\omega_0\tau_{-1,m}} & \boldsymbol{b}_{\mathrm{V}}\mathrm{e}^{\mathrm{j}\omega_0\tau_{-1,m}} \\ \boldsymbol{b}_{\mathrm{V}}\mathrm{e}^{\mathrm{j}\omega_0\tau_{-1,m}} & -\boldsymbol{b}_{\mathrm{H}}(\phi_{-1,m})\mathrm{e}^{\mathrm{j}\omega_0\tau_{-1,m}} \\ \boldsymbol{b}_{\mathrm{H}}(\phi_m) & \boldsymbol{b}_{\mathrm{V}} \\ \boldsymbol{b}_{\mathrm{V}} & -\boldsymbol{b}_{\mathrm{H}}(\phi_m) \\ \boldsymbol{b}_{\mathrm{H}}(\phi_{1,m})\mathrm{e}^{\mathrm{j}\omega_0\tau_{1,m}} & \boldsymbol{b}_{\mathrm{V}}\mathrm{e}^{\mathrm{j}\omega_0\tau_{1,m}} \\ \boldsymbol{b}_{\mathrm{V}}\mathrm{e}^{\mathrm{j}\omega_0\tau_{1,m}} & -\boldsymbol{b}_{\mathrm{H}}(\phi_{1,m})\mathrm{e}^{\mathrm{j}\omega_0\tau_{1,m}} \\ \vdots & \vdots \end{bmatrix} \begin{bmatrix} \cos\gamma_m \\ \sin\gamma_m \mathrm{e}^{\mathrm{j}\eta_m} \end{bmatrix} \tag{3.500}$$

其中，γ_m和η_m分别为第 m 个信号波的极化辅角和极化相位差；

$$\boldsymbol{b}_{\mathrm{H}}(\phi) = [-\sin\phi, \cos\phi, 0]^{\mathrm{T}}$$

$$\boldsymbol{b}_{\mathrm{V}} = [0, 0, -1]^{\mathrm{T}}$$

若是

$$\boldsymbol{W}_n = \begin{bmatrix} \boldsymbol{w}_n^{\mathrm{H}} & & \\ & \boldsymbol{w}_n^{\mathrm{H}} & \\ & & \ddots \end{bmatrix} \tag{3.501}$$

式中：$\boldsymbol{w}_n$为 6×1 维矢量，具有下述形式：

$$\boldsymbol{w}_n = \begin{bmatrix} \mathrm{diag}(\kappa_{\mathrm{H},n}^*, \kappa_{\mathrm{H},n}^*, \kappa_{\mathrm{V},n}^*) \\ \mathrm{diag}(-\kappa_{\mathrm{V},n}^*, -\kappa_{\mathrm{V},n}^*, \kappa_{\mathrm{H},n}^*) \end{bmatrix} \begin{bmatrix} w_{n,1}^* \\ w_{n,2}^* \\ w_{n,3}^* \end{bmatrix} \tag{3.502}$$

其中，$\kappa_{\mathrm{H},n}$ 和 $\kappa_{\mathrm{V},n}$ 可为复数，$w_{n,1}$、$w_{n,2}$、$w_{n,3}$ 为实数。

此时有

$$\boldsymbol{W}_n \boldsymbol{b}_m = \underbrace{\begin{bmatrix} p_{-1,m}\mathrm{e}^{\mathrm{j}\omega_0\tau_{-1,m}} \\ p_{0,m} \\ p_{1,m}\mathrm{e}^{\mathrm{j}\omega_0\tau_{1,m}} \\ \vdots \end{bmatrix}}_{=\boldsymbol{c}_m} \underbrace{(\kappa_{\mathrm{H},n}\cos\gamma_m + \kappa_{\mathrm{V},n}\sin\gamma_m \mathrm{e}^{\mathrm{j}\eta_m})}_{=\gamma_{n,m}} \tag{3.503}$$

其中

$$p_{-1,m} = -w_{n,1}\sin\phi_{-1,m} + w_{n,2}\cos\phi_{-1,m} - w_{n,3} \tag{3.504}$$

$$p_{0,m}=p_m=-w_{n,1}\sin\phi_m+w_{n,2}\cos\phi_m-w_{n,3} \tag{3.505}$$

$$p_{1,m}=-w_{n,1}\sin\phi_{1,m}+w_{n,2}\cos\phi_{1,m}-w_{n,3} \tag{3.506}$$

根据式 (3.503)，可得

$$\mu_m=\frac{y_{p,m}}{y_{n,m}}=\frac{\kappa_{\mathrm{H},p}\cos\gamma_m+\kappa_{\mathrm{V},p}\sin\gamma_m\mathrm{e}^{\mathrm{j}\eta_m}}{\kappa_{\mathrm{H},n}\cos\gamma_m+\kappa_{\mathrm{V},n}\sin\gamma_m\mathrm{e}^{\mathrm{j}\eta_m}} \tag{3.507}$$

进一步有

$$\mu_m\kappa_{\mathrm{H},n}\cos\gamma_m+\mu_m\kappa_{\mathrm{V},n}\sin\gamma_m\mathrm{e}^{\mathrm{j}\eta_m}=\kappa_{\mathrm{H},p}\cos\gamma_m+\kappa_{\mathrm{V},p}\sin\gamma_m\mathrm{e}^{\mathrm{j}\eta_m} \tag{3.508}$$

也即

$$\tan\gamma_m\mathrm{e}^{\mathrm{j}\eta_m}=\frac{\mu_m\kappa_{\mathrm{H},n}-\kappa_{\mathrm{H},p}}{\kappa_{\mathrm{V},p}-\mu_m\kappa_{\mathrm{V},n}} \tag{3.509}$$

由此可得下述信号波极化参数估计公式：

$$\gamma_m=\arctan\left(\left|\frac{\mu_m\kappa_{\mathrm{H},n}-\kappa_{\mathrm{H},p}}{\kappa_{\mathrm{V},p}-\mu_m\kappa_{\mathrm{V},n}}\right|\right) \tag{3.510}$$

$$\eta_m=\angle\left(\frac{\mu_m\kappa_{\mathrm{H},n}-\kappa_{\mathrm{H},p}}{\kappa_{\mathrm{V},p}-\mu_m\kappa_{\mathrm{V},n}}\right) \tag{3.511}$$

假设 $L=5$，$M=2$；SuperCART 天线的位置矢量分别为

$[0,-0.5\lambda,0]^{\mathrm{T}}$，$[0,0,0]^{\mathrm{T}}$，$[0,0.5\lambda,0]^{\mathrm{T}}$，$[0,1.5\lambda,0]^{\mathrm{T}}$，$[0,3.5\lambda,0]^{\mathrm{T}}$

两个信号的波达方向分别为 10°和 30°，信号源距离分别为 1.5λ 和 3λ，信号波极化参数分别为(20°,10°)和(40°,30°)；快拍数为 500。

信号参数估计性能结果如图 3.125 所示，其中"(1)""(2)"和"(3)"情形的分集权矢量分别为

(1) $\boldsymbol{w}_n=[0,0,0,0,0,1]^{\mathrm{T}}$，$\boldsymbol{w}_p=[0,0,1,0,0,0]^{\mathrm{T}}$。

(2) $\boldsymbol{w}_n=[0,0,1,0,0,2]^{\mathrm{T}}$，$\boldsymbol{w}_p=[0,0,2,0,0,1]^{\mathrm{T}}$。

(3) $\boldsymbol{w}_n=[-1,0,0,0,0,1]^{\mathrm{T}}$，$\boldsymbol{w}_p=[0,0,1,1,0,0]^{\mathrm{T}}$。

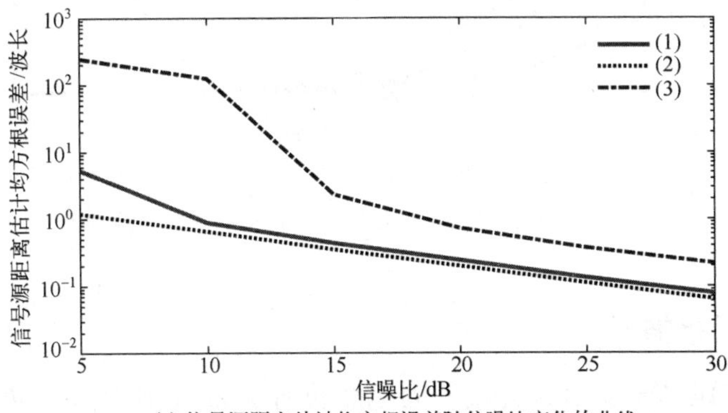

(a) 信号源距离估计均方根误差随信噪比变化的曲线

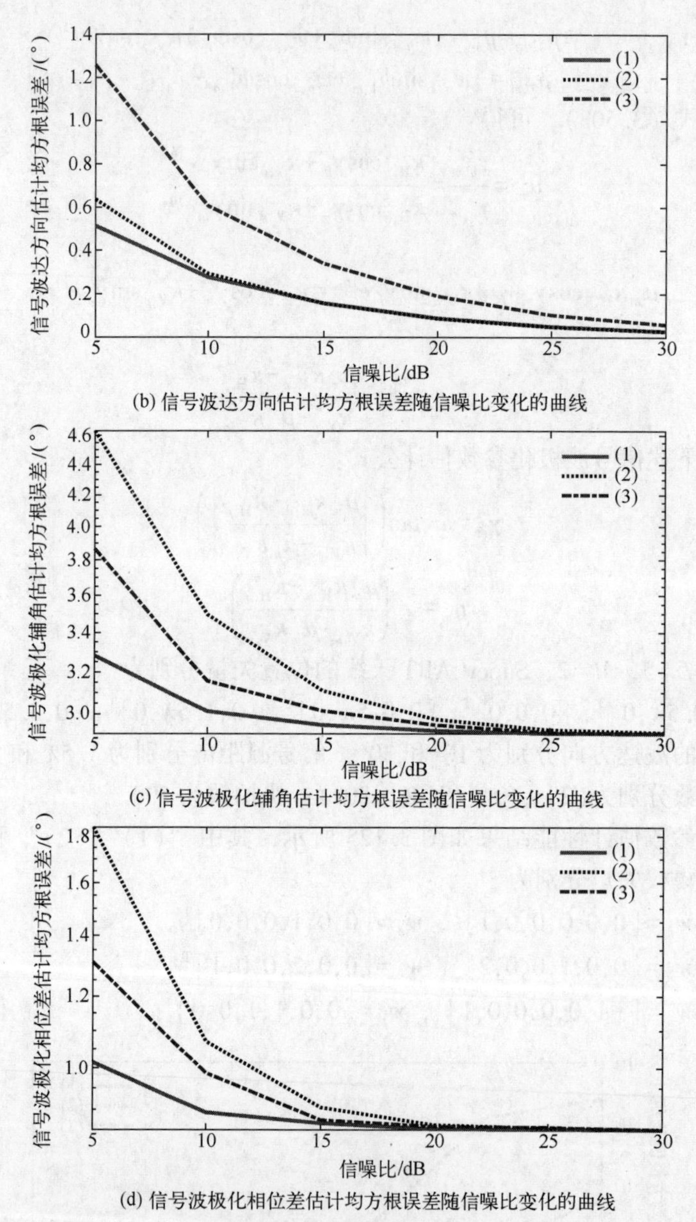

(b) 信号波达方向估计均方根误差随信噪比变化的曲线

(c) 信号波极化辅角估计均方根误差随信噪比变化的曲线

(d) 信号波极化相位差估计均方根误差随信噪比变化的曲线

图 3.125 SuperCART 天线阵一维信号源定位精度曲线

3.5.2 二维情形

对于二维情形，假设分集阵列包含位置矢量分别为$[0,-d,0]^{\mathrm{T}}$、$[0,d,0]^{\mathrm{T}}$、$[-d,0,0]^{\mathrm{T}}$、$[d,0,0]^{\mathrm{T}}$的-1 号、1 号、-2 号、2 号分集天线，如

图 3.126 所示，其中$\overline{AB}=R_m\cos\theta_m$，$\overline{BD}=R_m\sin\theta_m\cos\phi_m$，$\theta_m$和$\phi_m$分别为第 m 个信号的俯仰角和方位角。

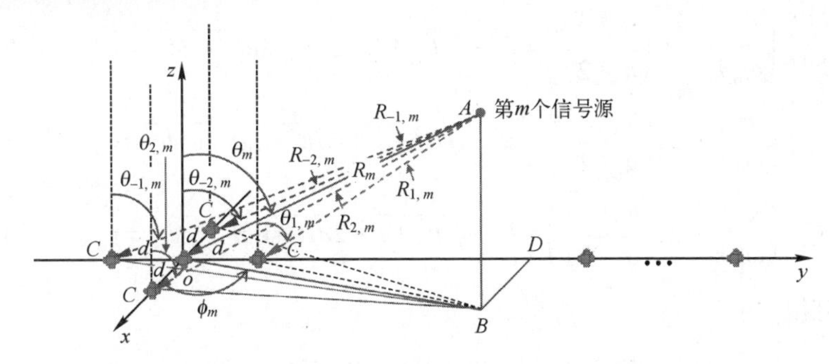

图 3.126　非平面波前条件下分集阵列信号接收示意图：二维情形

记第 m 个信号源与−1 号、1 号、−2 号、2 号分集天线的距离分别为 $R_{-1,m}$、$R_{1,m}$、$R_{-2,m}$、$R_{2,m}$，四者均可利用公式$\sqrt{\overline{AB}^2+\overline{BC}^2}$进行计算，由此可得

$$R_{-1,m}=\sqrt{R_m^2+d^2+2dR_m\sin\theta_m\sin\phi_m} \tag{3.512}$$

$$R_{1,m}=\sqrt{R_m^2+d^2-2dR_m\sin\theta_m\sin\phi_m} \tag{3.513}$$

$$R_{-2,m}=\sqrt{R_m^2+d^2+2dR_m\sin\theta_m\cos\phi_m} \tag{3.514}$$

$$R_{2,m}=\sqrt{R_m^2+d^2-2dR_m\sin\theta_m\cos\phi_m} \tag{3.515}$$

对应的信号波传播时延分别为

$$\tau_{-1,m}=(R_m-\sqrt{R_m^2+d^2+2dR_m\sin\theta_m\sin\phi_m})/c \tag{3.516}$$

$$\tau_{1,m}=(R_m-\sqrt{R_m^2+d^2-2dR_m\sin\theta_m\sin\phi_m})/c \tag{3.517}$$

$$\tau_{-2,m}=(R_m-\sqrt{R_m^2+d^2+2dR_m\sin\theta_m\cos\phi_m})/c \tag{3.518}$$

$$\tau_{2,m}=(R_m-\sqrt{R_m^2+d^2-2dR_m\sin\theta_m\cos\phi_m})/c \tag{3.519}$$

而 $\boldsymbol{u}_m$可以写成

$$\boldsymbol{u}_m=k_m\boldsymbol{c}_m=\begin{bmatrix} k_m p_{-1,m}\mathrm{e}^{\mathrm{j}\omega_0\tau_{-1,m}} \\ k_m p_{0,m} \\ k_m p_{1,m}\mathrm{e}^{\mathrm{j}\omega_0\tau_{1,m}} \\ k_m p_{-2,m}\mathrm{e}^{\mathrm{j}\omega_0\tau_{-2,m}} \\ k_m p_{2,m}\mathrm{e}^{\mathrm{j}\omega_0\tau_{2,m}} \\ \vdots \end{bmatrix} \tag{3.520}$$

若 $p_{-1,m}$、$p_{0,m}$、$p_{1,m}$、$p_{-2,m}$、$p_{2,m}$均为实值，则

$$\left(\frac{c}{\omega_0}\right)\cdot\angle\left(\frac{\boldsymbol{u}_m(1)}{\boldsymbol{u}_m(2)}\right)=R_m-\sqrt{R_m^2+d^2+2dR_m\sin\theta_m\sin\phi_m}=v_{m,1} \tag{3.521}$$

$$\left(\frac{c}{\omega_0}\right)\cdot\angle\left(\frac{\boldsymbol{u}_m(3)}{\boldsymbol{u}_m(2)}\right)=R_m-\sqrt{R_m^2+d^2-2dR_m\sin\theta_m\sin\phi_m}=v_{m,2} \tag{3.522}$$

$$\left(\frac{c}{\omega_0}\right)\cdot\angle\left(\frac{\boldsymbol{u}_m(4)}{\boldsymbol{u}_m(2)}\right)=R_m-\sqrt{R_m^2+d^2+2dR_m\sin\theta_m\cos\phi_m}=v_{m,3} \tag{3.523}$$

$$\left(\frac{c}{\omega_0}\right)\cdot\angle\left(\frac{\boldsymbol{u}_m(5)}{\boldsymbol{u}_m(2)}\right)=R_m-\sqrt{R_m^2+d^2-2dR_m\sin\theta_m\cos\phi_m}=v_{m,4} \tag{3.524}$$

进一步可得

$$(R_m-v_{m,1})^2=R_m^2+d^2+2dR_m\sin\theta_m\sin\phi_m \tag{3.525}$$

$$(R_m-v_{m,2})^2=R_m^2+d^2-2dR_m\sin\theta_m\sin\phi_m \tag{3.526}$$

$$(R_m-v_{m,3})^2=R_m^2+d^2+2dR_m\sin\theta_m\cos\phi_m \tag{3.527}$$

$$(R_m-v_{m,4})^2=R_m^2+d^2-2dR_m\sin\theta_m\cos\phi_m \tag{3.528}$$

所以

$$\begin{aligned}(R_m-v_{m,1})^2+(R_m-v_{m,2})^2&=2R_m^2-2R_m(v_{m,1}+v_{m,2})+(v_{m,1}^2+v_{m,2}^2)\\&=2R_m^2+2d^2\end{aligned} \tag{3.529}$$

$$\begin{aligned}(R_m-v_{m,3})^2+(R_m-v_{m,4})^2&=2R_m^2-2R_m(v_{m,3}+v_{m,4})+(v_{m,3}^2+v_{m,4}^2)\\&=2R_m^2+2d^2\end{aligned} \tag{3.530}$$

由此可得下述信号源距离估计公式：

$$R_m=\frac{1}{2}\left(\frac{v_{m,1}^2+v_{m,2}^2+v_{m,3}^2+v_{m,4}^2-4d^2}{v_{m,1}+v_{m,2}+v_{m,3}+v_{m,4}}\right) \tag{3.531}$$

根据式（3.525）~式（3.528），还可得

$$\begin{aligned}(R_m-v_{m,1})^2-(R_m-v_{m,2})^2&=2R_m(v_{m,2}-v_{m,1})+(v_{m,1}^2-v_{m,2}^2)\\&=4dR_m\sin\theta_m\sin\phi_m\end{aligned} \tag{3.532}$$

$$\begin{aligned}(R_m-v_{m,3})^2-(R_m-v_{m,4})^2&=2R_m(v_{m,4}-v_{m,3})+(v_{m,3}^2-v_{m,4}^2)\\&=4dR_m\sin\theta_m\cos\phi_m\end{aligned} \tag{3.533}$$

所以

$$\sin\theta_m\sin\phi_m=\frac{v_{m,2}-v_{m,1}}{2d}+\frac{v_{m,1}^2-v_{m,2}^2}{4dR_m}=\frac{(v_{m,1}-v_{m,2})(v_{m,1}v_{m,2}+d^2)}{(v_{m,1}^2+v_{m,2}^2-2d^2)d} \tag{3.534}$$

$$\sin\theta_m\cos\phi_m=\frac{v_{m,4}-v_{m,3}}{2d}+\frac{v_{m,3}^2-v_{m,4}^2}{4dR_m}=\frac{(v_{m,3}-v_{m,4})(v_{m,3}v_{m,4}+d^2)}{(v_{m,3}^2+v_{m,4}^2-2d^2)d} \tag{3.535}$$

由此可得下述信号波达方向估计公式：

$$\theta_m=\arcsin\left(\sqrt{\frac{(v_{m,1}-v_{m,2})^2(v_{m,1}v_{m,2}+d^2)^2}{(v_{m,1}^2+v_{m,2}^2-2d^2)^2d^2}+\frac{(v_{m,3}-v_{m,4})^2(v_{m,3}v_{m,4}+d^2)^2}{(v_{m,3}^2+v_{m,4}^2-2d^2)^2d^2}}\right) \tag{3.536}$$

$$\phi_m=\arctan\left(\frac{(v_{m,3}^2+v_{m,4}^2-2d^2)(v_{m,1}-v_{m,2})(v_{m,1}v_{m,2}+d^2)}{(v_{m,1}^2+v_{m,2}^2-2d^2)(v_{m,3}-v_{m,4})(v_{m,3}v_{m,4}+d^2)}\right) \tag{3.537}$$

下面再看一个仿真例子，其中矢量天线仍为 SuperCART 天线，$\boldsymbol{w}_n$可以设计为

$$\boldsymbol{w}_n=[0,0,\kappa_{\mathrm{V},n}^*,0,0,\kappa_{\mathrm{H},n}^*]^{\mathrm{T}}w_n^* \tag{3.538}$$

其中，$w_n^*=w_n$。

相应地，

$$\boldsymbol{W}_n\boldsymbol{b}_m=\underbrace{\begin{bmatrix} p_{-1,m}\mathrm{e}^{\mathrm{j}\omega_0\tau_{-1,m}} \\ p_{0,m} \\ p_{1,m}\mathrm{e}^{\mathrm{j}\omega_0\tau_{1,m}} \\ p_{-2,m}\mathrm{e}^{\mathrm{j}\omega_0\tau_{-2,m}} \\ p_{2,m}\mathrm{e}^{\mathrm{j}\omega_0\tau_{2,m}} \\ \vdots \end{bmatrix}}_{=\boldsymbol{c}_m}\underbrace{(\kappa_{\mathrm{H},n}\cos\gamma_m+\kappa_{\mathrm{V},n}\sin\gamma_m\mathrm{e}^{\mathrm{j}\eta_m})}_{=y_{n,m}} \tag{3.539}$$

其中

$$p_{-1,m}=-w_n\sin\theta_{-1,m} \tag{3.540}$$

$$p_{0,m}=p_m=-w_n\sin\theta_m \tag{3.541}$$

$$p_{1,m}=-w_n\sin\theta_{1,m} \tag{3.542}$$

$$p_{-2,m}=-w_n\sin\theta_{-2,m} \tag{3.543}$$

$$p_{2,m}=-w_n\sin\theta_{2,m} \tag{3.544}$$

其中，$\theta_{-1,m}$、θ_m、$\theta_{1,m}$、$\theta_{-2,m}$、$\theta_{2,m}$的定义参见图 3.126。

由式（3.539）还可知，式（3.510）和式（3.511）所示的信号波极化参数估计公式对于二维情形仍然适用。

假设 $L=7$，$M=2$；SuperCART 天线的位置矢量分别为

$$[0,-0.5\lambda,0]^{\mathrm{T}},\ [0,0,0]^{\mathrm{T}},\ [0,0.5\lambda,0]^{\mathrm{T}},\ [-0.5\lambda,0,0]^{\mathrm{T}},$$
$$[0.5\lambda,0,0]^{\mathrm{T}},\ [0,1.5\lambda,0]^{\mathrm{T}},\ [0,3.5\lambda,0]^{\mathrm{T}}$$

信号波达方向分别为(20°,30°)和(60°,50°)，信号源距离分别为 1.5λ 和 3λ，信号波极化参数分别为(20°,10°)和(40°,30°)；快拍数为 500。

信号参数估计性能结果如图 3.127 所示，其中“(1)”“(2)”和“(3)”情形的分集权矢量分别为

(1) $\boldsymbol{w}_n=[0,0,0,0,0,1]^{\mathrm{T}}$，$\boldsymbol{w}_p=[0,0,1,0,0,0]^{\mathrm{T}}$。

(2) $\boldsymbol{w}_n=[0,0,1-\mathrm{j},0,0,0]^{\mathrm{T}}$，$\boldsymbol{w}_p=[0,0,0,0,0,1+\mathrm{j}]^{\mathrm{T}}$。

(3) $\boldsymbol{w}_n=[0,0,1,0,0,1]^{\mathrm{T}}$，$\boldsymbol{w}_p=[0,0,1,0,0,0]^{\mathrm{T}}$。

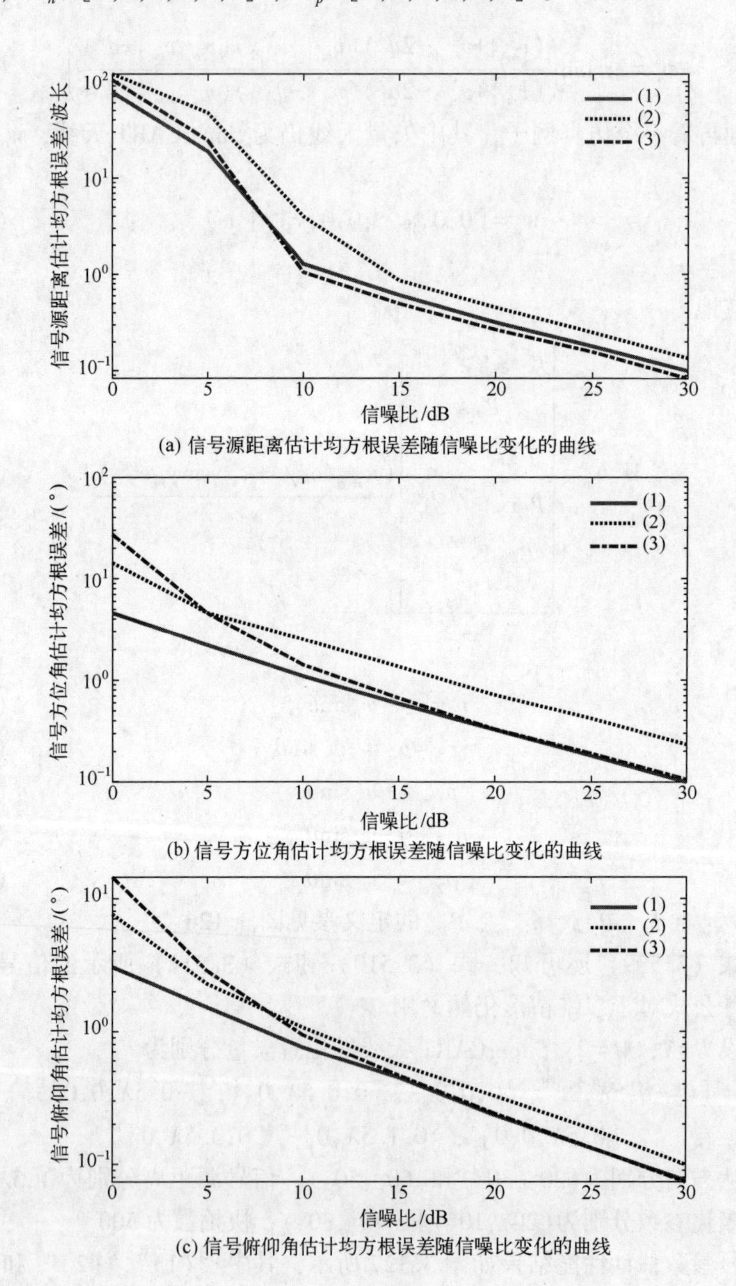

(a) 信号源距离估计均方根误差随信噪比变化的曲线

(b) 信号方位角估计均方根误差随信噪比变化的曲线

(c) 信号俯仰角估计均方根误差随信噪比变化的曲线

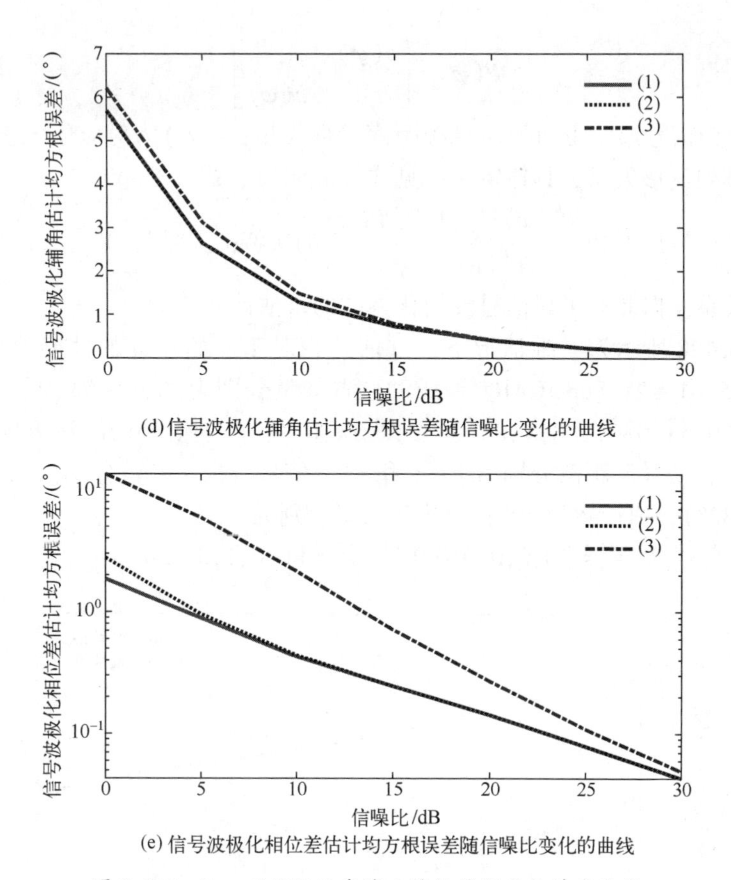

(d) 信号波极化辅角估计均方根误差随信噪比变化的曲线

(e) 信号波极化相位差估计均方根误差随信噪比变化的曲线

图 3.127　SuperCART 天线阵二维信号源定位精度曲线

（1）本节方法是基于 COLD 天线阵列的极化旋转不变方法[60]的推广和发展，由图 3.125 和图 3.127 所示结果可以看出，本节方法在高信噪比条件下的信号参数估计精度尚可，但在低信噪比条件下的估计精度较差。

（2）根据式（3.485），若记 $\boldsymbol{U}_{\text{pi-n}}$ 为 $\boldsymbol{R}_{\boldsymbol{y}_{n,p}\boldsymbol{y}_{n,p}}-\sigma^2\boldsymbol{W}_{n,p}\boldsymbol{W}_{n,p}^{\text{H}}$ 的次特征矢量矩阵，则有

$$\begin{bmatrix}1\\ \dfrac{y_{p,m}}{y_{n,m}}\end{bmatrix}^{\text{H}}\begin{bmatrix}\boldsymbol{c}_m & \\ & \boldsymbol{c}_m\end{bmatrix}^{\text{H}}\boldsymbol{U}_{\text{pi-n}}\boldsymbol{U}_{\text{pi-n}}^{\text{H}}\begin{bmatrix}\boldsymbol{c}_m & \\ & \boldsymbol{c}_m\end{bmatrix}\begin{bmatrix}1\\ \dfrac{y_{p,m}}{y_{n,m}}\end{bmatrix}=0 \tag{3.545}$$

其中，$m=0,1,\cdots,M-1$。

由此，可以根据 3.5.1 节、3.5.2 节方法所得信号参数的估计值，设定相对较小的搜索区域[64]，根据下述参数谱的谱峰位置对信号参数进行重估计：

$$\mathcal{J}_{\text{pi}}(\boldsymbol{\varphi})=\det{}^{-1}(\boldsymbol{\Psi}^{\text{H}}(\boldsymbol{\varphi})\boldsymbol{U}_{\text{pi-n}}\boldsymbol{U}_{\text{pi-n}}^{\text{H}}\boldsymbol{\Psi}(\boldsymbol{\varphi})) \tag{3.546}$$

式中：

$$\boldsymbol{\Psi}(\boldsymbol{\varphi})=\begin{bmatrix}\boldsymbol{c}(\boldsymbol{\varphi}) & \\ & \boldsymbol{c}(\boldsymbol{\varphi})\end{bmatrix} \tag{3.547}$$

其中，$\boldsymbol{\varphi}$ 为信号波达方向与信号源距离参数矢量，$\boldsymbol{c}(\boldsymbol{\varphi})$ 为对应于该参数矢量的分集阵列流形矢量，具体定义参见式（3.503）、式（3.539）。

由于谱峰位置处$\dfrac{\boldsymbol{\Psi}^{\mathrm{H}}(\boldsymbol{\varphi})\boldsymbol{U}_{\mathrm{pi-n}}\boldsymbol{U}_{\mathrm{pi-n}}^{\mathrm{H}}\boldsymbol{\Psi}(\boldsymbol{\varphi})}{\boldsymbol{\Psi}^{\mathrm{H}}(\boldsymbol{\varphi})\boldsymbol{\Psi}(\boldsymbol{\varphi})}$的次特征矢量与$[1,\gamma_{p,m}/\gamma_{n,m}]^{\mathrm{T}}$近似成比例关系，据此亦可得信号波极化参数的重估计。

图 3.128 所示为一维情形下，重估计相对于原始估计的性能改善情况，其中 $L=5$，$M=2$；SuperCART 天线的位置矢量分别为$[0,-0.5\lambda,0]^{\mathrm{T}}$、$[0,0,0]^{\mathrm{T}}$、$[0,0.5\lambda,0]^{\mathrm{T}}$、$[0,\lambda,0]^{\mathrm{T}}$、$[0,1.5\lambda,0]^{\mathrm{T}}$；两个信号的波达方向分别为 10°和 30°，信号源距离分别为 1.5λ 和 3λ，信号波极化参数分别为(20°,10°)和(40°,30°)；快拍数为 500；分集权矢量分别为

$$\boldsymbol{w}_n=[0,0,0,0,0,1]^{\mathrm{T}},\ \boldsymbol{w}_p=[0,0,1,0,0,0]^{\mathrm{T}}$$

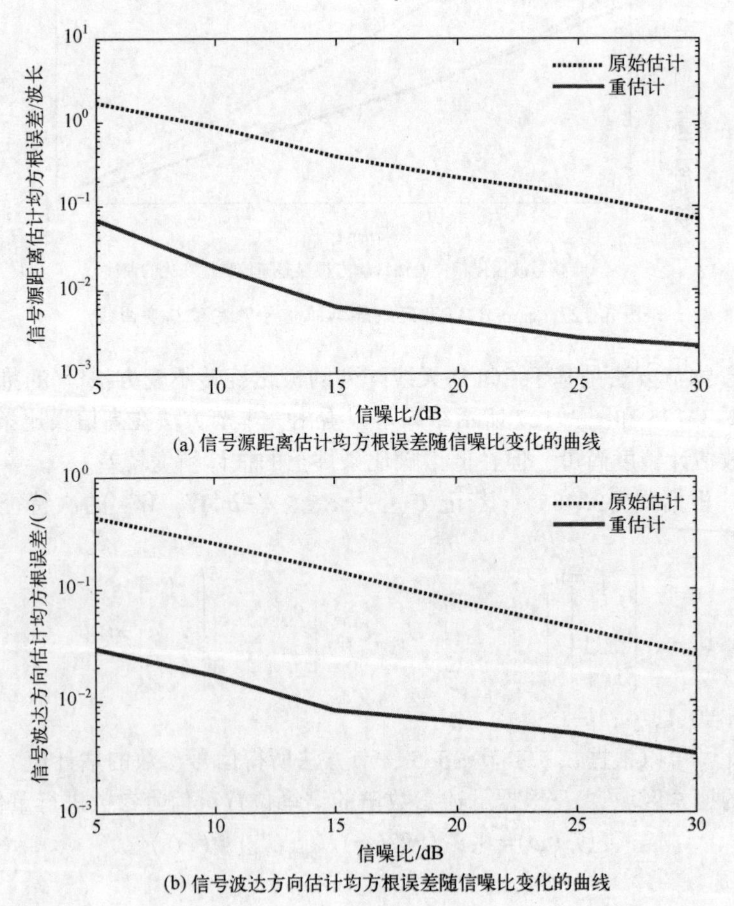

(a) 信号源距离估计均方根误差随信噪比变化的曲线

(b) 信号波达方向估计均方根误差随信噪比变化的曲线

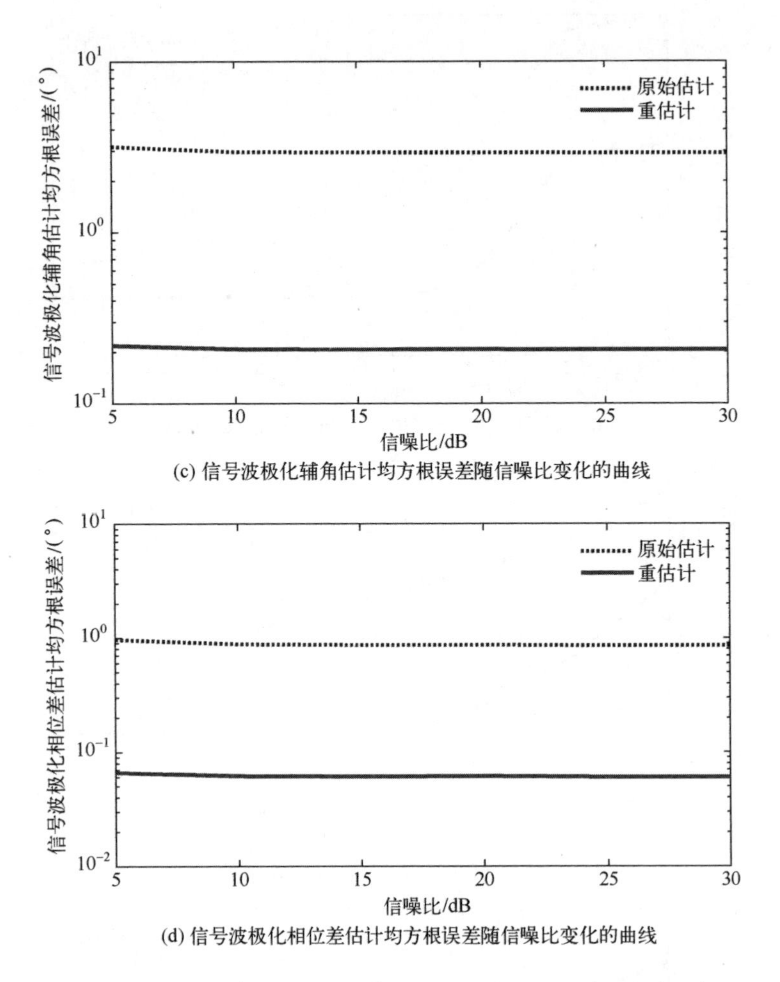

(c) 信号波极化辅角估计均方根误差随信噪比变化的曲线

(d) 信号波极化相位差估计均方根误差随信噪比变化的曲线

图 3.128　一维情形下，信号参数重估计与原始估计的性能比较

图 3.129 所示为二维情形下，重估计相对于原始估计的性能改善情况，其中 $L=7$，$M=2$；SuperCART 天线的位置矢量分别为$[0,-0.5\lambda,0]^{\mathrm{T}}$、$[0,0,0]^{\mathrm{T}}$、$[0,0.5\lambda,0]^{\mathrm{T}}$、$[-0.5\lambda,0,0]^{\mathrm{T}}$、$[0.5\lambda,0,0]^{\mathrm{T}}$、$[0,\lambda,0]^{\mathrm{T}}$、$[0,1.5\lambda,0]^{\mathrm{T}}$；信号波达方向分别为(20°,30°)和(60°,50°)，信号源距离分别为 1.5λ 和 3λ，信号波极化参数分别为(20°,10°)和(40°,30°)；快拍数为 500；分集权矢量分别为

$$\boldsymbol{w}_n=[0,0,0,0,0,1]^{\mathrm{T}},\ \boldsymbol{w}_p=[0,0,1,0,0,0]^{\mathrm{T}}$$

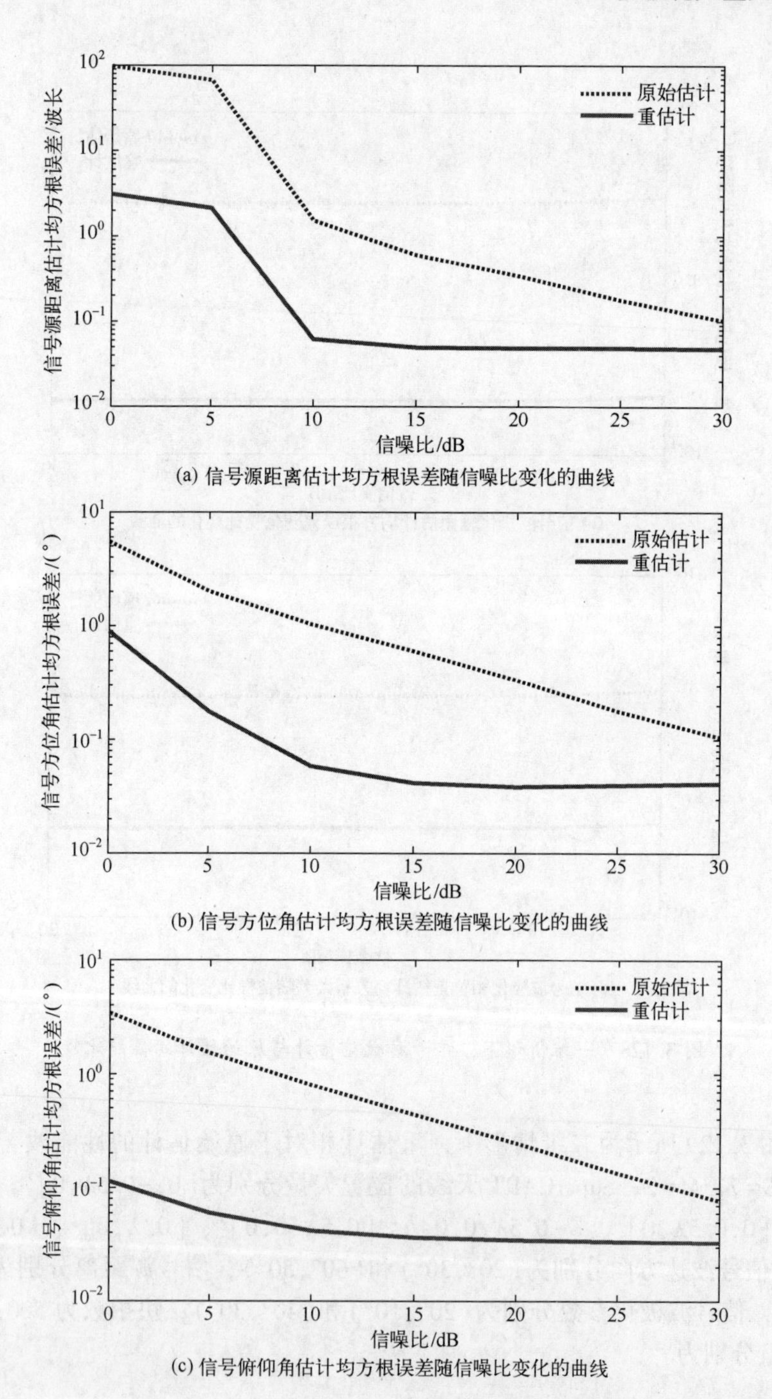

(a) 信号源距离估计均方根误差随信噪比变化的曲线

(b) 信号方位角估计均方根误差随信噪比变化的曲线

(c) 信号俯仰角估计均方根误差随信噪比变化的曲线

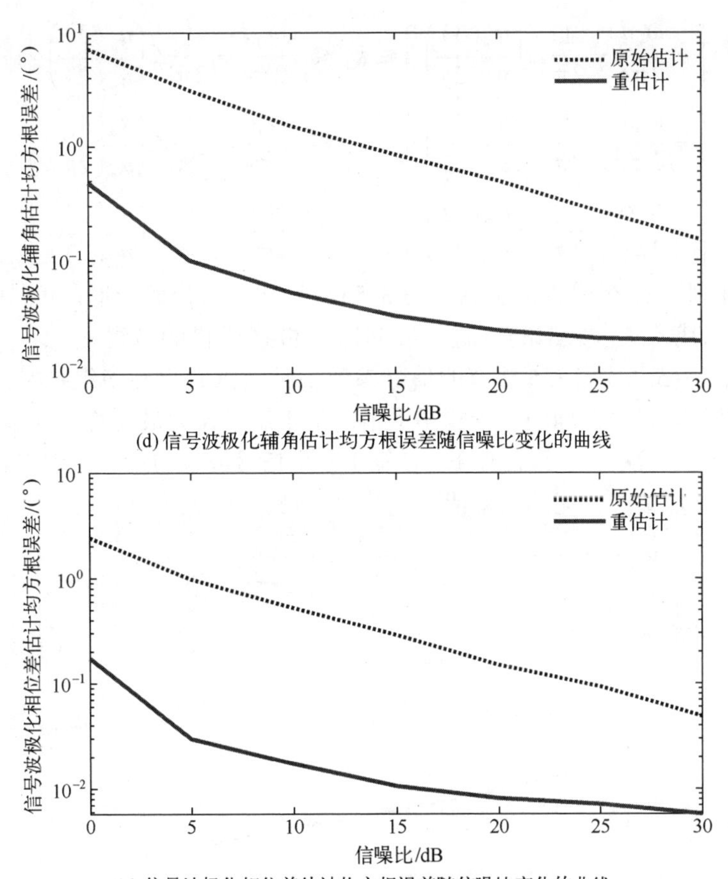

(d) 信号波极化辅角估计均方根误差随信噪比变化的曲线

(e) 信号波极化相位差估计均方根误差随信噪比变化的曲线

图 3.129　二维情形下，信号参数重估计与原始估计的性能比较

（3）如果 d 大于半个信号波长，则有

$$v_{m,1}=\left(\frac{c}{\omega_0}\right)\cdot\angle\left(\frac{\boldsymbol{u}_m(1)}{\boldsymbol{u}_m(2)}\right)+\frac{2k_1\pi c}{\omega_0} \tag{3.548}$$

$$v_{m,2}=\left(\frac{c}{\omega_0}\right)\cdot\angle\left(\frac{\boldsymbol{u}_m(3)}{\boldsymbol{u}_m(2)}\right)+\frac{2k_2\pi c}{\omega_0} \tag{3.549}$$

$$v_{m,3}=\left(\frac{c}{\omega_0}\right)\cdot\angle\left(\frac{\boldsymbol{u}_m(4)}{\boldsymbol{u}_m(2)}\right)+\frac{2k_3\pi c}{\omega_0} \tag{3.550}$$

$$v_{m,4}=\left(\frac{c}{\omega_0}\right)\cdot\angle\left(\frac{\boldsymbol{u}_m(5)}{\boldsymbol{u}_m(2)}\right)+\frac{2k_4\pi c}{\omega_0} \tag{3.551}$$

其中，k_1、k_2、k_3、k_4均是整数，并且

$$\left\lceil -\frac{\omega_0 d}{2\pi c}-\frac{1}{2\pi}\angle\left(\frac{\boldsymbol{u}_m(1)}{\boldsymbol{u}_m(2)}\right)\right\rceil \leqslant k_1 \leqslant \left\lfloor \frac{\omega_0 d}{2\pi c}-\frac{1}{2\pi}\angle\left(\frac{\boldsymbol{u}_m(1)}{\boldsymbol{u}_m(2)}\right)\right\rfloor \tag{3.552}$$

$$\left\lceil -\frac{\omega_0 d}{2\pi c}-\frac{1}{2\pi}\angle\left(\frac{\boldsymbol{u}_m(3)}{\boldsymbol{u}_m(2)}\right)\right\rceil \leqslant k_2 \leqslant \left\lfloor \frac{\omega_0 d}{2\pi c}-\frac{1}{2\pi}\angle\left(\frac{\boldsymbol{u}_m(3)}{\boldsymbol{u}_m(2)}\right)\right\rfloor \quad (3.553)$$

$$\left\lceil -\frac{\omega_0 d}{2\pi c}-\frac{1}{2\pi}\angle\left(\frac{\boldsymbol{u}_m(4)}{\boldsymbol{u}_m(2)}\right)\right\rceil \leqslant k_3 \leqslant \left\lfloor \frac{\omega_0 d}{2\pi c}-\frac{1}{2\pi}\angle\left(\frac{\boldsymbol{u}_m(4)}{\boldsymbol{u}_m(2)}\right)\right\rfloor \quad (3.554)$$

$$\left\lceil -\frac{\omega_0 d}{2\pi c}-\frac{1}{2\pi}\angle\left(\frac{\boldsymbol{u}_m(5)}{\boldsymbol{u}_m(2)}\right)\right\rceil \leqslant k_4 \leqslant \left\lfloor \frac{\omega_0 d}{2\pi c}-\frac{1}{2\pi}\angle\left(\frac{\boldsymbol{u}_m(5)}{\boldsymbol{u}_m(2)}\right)\right\rfloor \quad (3.555)$$

当阵列不存在模糊时，将式（3.552）~式（3.555）所示范围内的 k_1、k_2、k_3、k_4代入式（3.548）~式（3.551），再将所得的多组 $v_{m,1}$、$v_{m,2}$、$v_{m,3}$、$v_{m,4}$值代入 3.5.1 节、3.5.2 节的信号参数估计公式，得到多组结果，最后将多组结果代入式（3.546），取得最大值的那组结果作为最终的信号参数估计。

图 3.130 所示为一维情形下，d 等于一个信号波长与等于半个信号波长相比，信号参数估计性能的改善情况，其中 $L=5$，$M=2$；

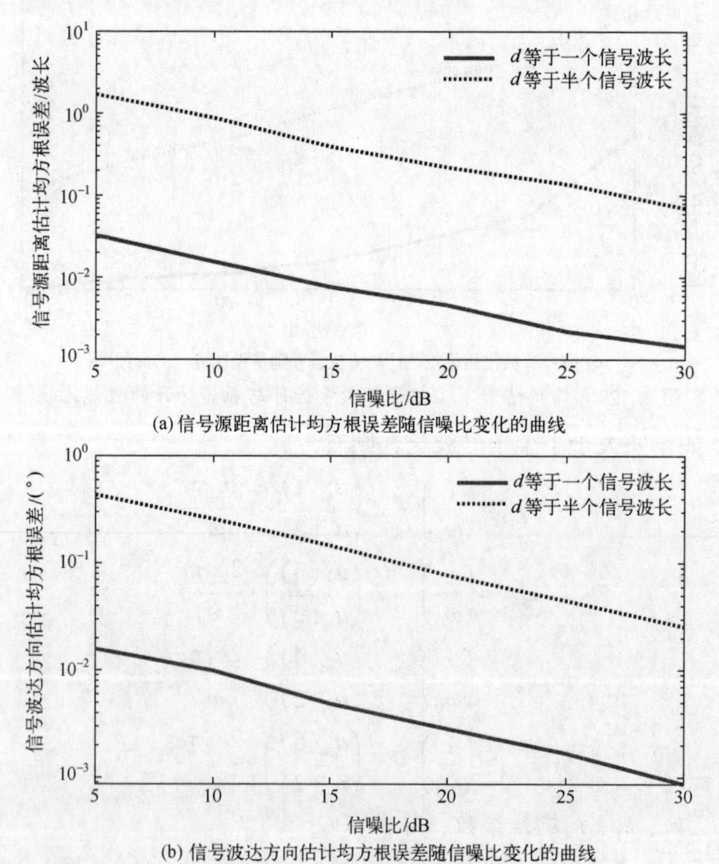

图 3.130 一维情形下，d 等于一个信号波长与等于半个信号波长两种条件下，信号参数估计性能的比较

① 当 d 等于半个信号波长时，SuperCART 天线的位置矢量分别为

$$[0,-0.5\lambda,0]^{\mathrm{T}},\ [0,0,0]^{\mathrm{T}},\ [0,0.5\lambda,0]^{\mathrm{T}},\ [0,\lambda,0]^{\mathrm{T}},\ [0,1.5\lambda,0]^{\mathrm{T}}$$

② 当 d 等于一个信号波长时，SuperCART 天线的位置矢量分别为

$$[0,-\lambda,0]^{\mathrm{T}},\ [0,0,0]^{\mathrm{T}},\ [0,\lambda,0]^{\mathrm{T}},\ [0,1.5\lambda,0]^{\mathrm{T}},\ [0,2\lambda,0]^{\mathrm{T}}$$

两个信号的波达方向分别为 10°和 30°，信号源距离分别为 1.5λ 和 3λ，信号波极化参数分别为(20°,10°)和(40°,30°)；快拍数为 500；分集权矢量分别为

$$\boldsymbol{w}_n=[0,0,0,0,0,1]^{\mathrm{T}},\ \boldsymbol{w}_p=[0,0,1,0,0,0]^{\mathrm{T}}$$

图 3.131 所示为二维情形下，d 等于一个信号波长与等于半个信号波长相比，信号参数估计性能的改善情况，其中 $L=7$，$M=2$；

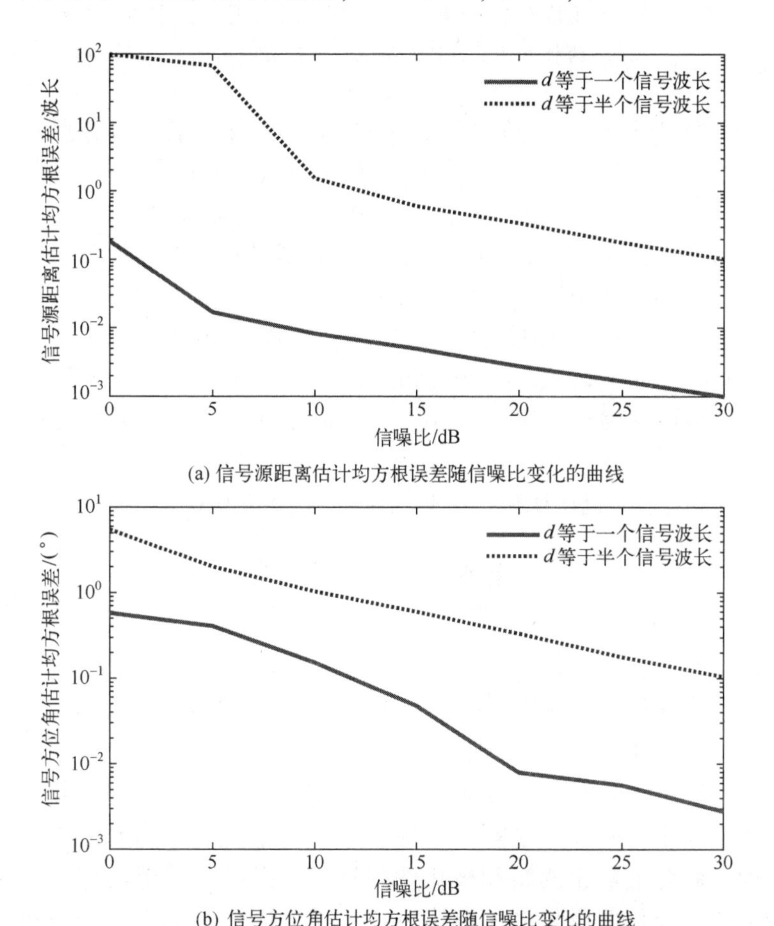

(a) 信号源距离估计均方根误差随信噪比变化的曲线

(b) 信号方位角估计均方根误差随信噪比变化的曲线

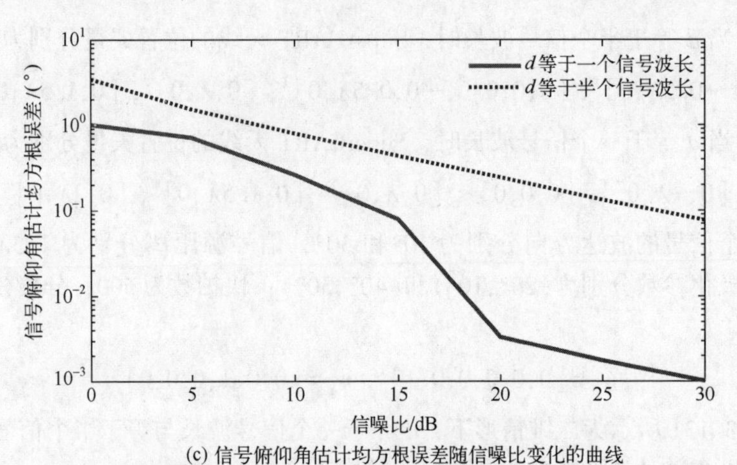

(c) 信号俯仰角估计均方根误差随信噪比变化的曲线

图 3.131 二维情形下，d 等于一个信号波长与等于半个信号波长两种条件下，信号参数估计性能的比较

① 当 d 等于半个信号波长时，SuperCART 天线的位置矢量分别为

$$[0,-0.5\lambda,0]^{\mathrm{T}},\ [0,0,0]^{\mathrm{T}},\ [0,0.5\lambda,0]^{\mathrm{T}},$$
$$[-0.5\lambda,0,0]^{\mathrm{T}},\ [0,\lambda,0]^{\mathrm{T}},\ [0,1.5\lambda,0]^{\mathrm{T}}$$

② 当 d 等于一个信号波长时，SuperCART 天线的位置矢量分别为

$$[0,-\lambda,0]^{\mathrm{T}},\ [0,0,0]^{\mathrm{T}},\ [0,\lambda,0]^{\mathrm{T}},\ [-\lambda,0,0]^{\mathrm{T}},$$
$$[\lambda,0,0]^{\mathrm{T}},\ [0,1.5\lambda,0]^{\mathrm{T}},\ [0,2\lambda,0]^{\mathrm{T}}$$

信号波达方向分别为(20°,30°)和(60°,50°)，信号源距离分别为 1.5λ 和 3λ，信号波极化参数分别为(20°,10°)和(40°,30°)；快拍数为 500；分集权矢量分别为

$$\boldsymbol{w}_n=[0,0,0,0,0,1]^{\mathrm{T}},\ \boldsymbol{w}_p=[0,0,1,0,0,0]^{\mathrm{T}}$$

3.6 本章小结

本章讨论了基于极化波束方向图分集的发射波形方向图综合，定向（甚至定位）数字调制，单通道信号波达方向与波极化参数同时估计，相干干扰抑制，以及近场信号源定位等问题。

在发射波形方向图综合方面，研究了基于连续时变方向性扰动，以及基于主瓣宽度或旁瓣电平分集，流形加窗/时间调制等的方法；在定向数字调制方面，研究了幅相调制和极化调制技术，提出了基于功率约束和不确定集约束的高容差性极化调制方案；在单通道信号波达方向与波极化参数同时估计方面，研究了信号二阶非圆信息的利用，提出了基于谱峰分离数据稀疏表示与重构的方法；在相干干扰抑制方面，对矢量天线阵列极化平滑和空间平滑技术进行了推广，提出了图平滑理论及方法；在近场信号源定位方面，提出了基于极化旋转不变分集接收的信号源距离与信号波达方向联合估计方法。

极化波束方向图分集也可采用可编程智能超表面[65]进行波级设计，其效果与本章所讨论的基于多极化阵列天线的信号级设计类似。在某些涡旋雷达成像高分辨技术中也有类似于波束方向图分集的思想[66]。

第 4 章

多极化主动探测与感知

矢量天线阵列也可用于多极化主动探测与感知，本章主要讨论与此相关的三个重要问题：极化空时联合自适应处理杂波抑制，不同杂波背景下的多极化目标检测以及目标散射矩阵估计。

4.1 极化空时联合自适应处理

4.1.1 数据模型

考虑图 4.1 所示的 JL 元正侧视空时自适应处理矢量天线等距线阵，其中 J 为矢量天线内部传感单元（独立接收通道）数，L 为矢量天线数，矢量天线间距 d 为信号（满足窄带假设）波长 λ 的 1/2；阵列平台以速度 v 沿 x 轴正方向匀速移动，采用 I 种不同的极化进行照射，同一照射极化每个相干处理间隔（CPI）内的脉冲数为 M，脉冲重复频率为 PRF；观测方向为(θ,ϕ)；假设处理期间阵列平台与坐标原点的距离始终远小于观测距离。

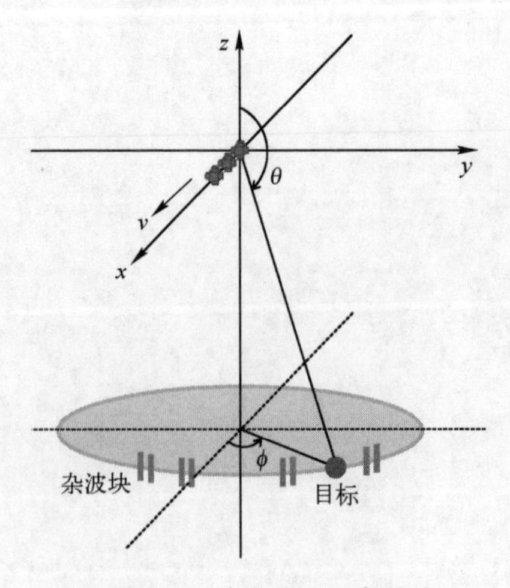

图 4.1　系统观测示意图

在上述假设下，当阵列平台速度远小于信号波传播速度时，指定距离单元的信号波在发射点，观测点以及第 l 个矢量天线间的往返延时近似为

$$\tau_{t,l}=\tau-(2vt+ld)\sin\theta\cos\phi/c \tag{4.1}$$

其中，τ 为一固定延时，c 为信号波传播速度，$v\sin\theta\cos\phi$ 为阵列平台的径向速度。

这样，若系统所发信号为 $\mathrm{Re}(\varepsilon(t)\mathrm{e}^{\mathrm{j}\omega_0 t})$，则第 l 个矢量天线处的信号回波的水平和垂直极化分量分别近似为

$$\mathrm{Re}\left(p_1\varepsilon\left(t-\tau+\frac{2vt\sin\theta\cos\phi+ld\sin\theta\cos\phi}{c}\right)\mathrm{e}^{\mathrm{j}\omega_0\left(t-\tau+\frac{2vt\sin\theta\cos\phi+ld\sin\theta\cos\phi}{c}\right)}\right) \tag{4.2}$$

$$\mathrm{Re}\left(p_2\varepsilon\left(t-\tau+\frac{2vt\sin\theta\cos\phi+ld\sin\theta\cos\phi}{c}\right)\mathrm{e}^{\mathrm{j}\omega_0\left(t-\tau+\frac{2vt\sin\theta\cos\phi+ld\sin\theta\cos\phi}{c}\right)}\right) \tag{4.3}$$

其中，p_1和 p_2与发射信号波的极化和目标/杂波的极化散射特性有关。

根据1.4节的讨论，第 l 个矢量天线对上述信号回波进行感应并解调后，所得的复基带信号矢量可以写成

$$\boldsymbol{b}_{\mathrm{iso}}\varepsilon\left(t-\tau+\frac{2vt\sin\theta\cos\phi+ld\sin\theta\cos\phi}{c}\right)\mathrm{e}^{-\mathrm{j}\omega_0\tau}\mathrm{e}^{\mathrm{j}\omega_0\left(\frac{2vt\sin\theta\cos\phi+ld\sin\theta\cos\phi}{c}\right)} \tag{4.4}$$

式中：

$$\boldsymbol{b}_{\mathrm{iso}}=\begin{bmatrix} H_{\mathrm{H},\omega_0,0}(\theta,\phi) & H_{\mathrm{V},\omega_0,0}(\theta,\phi) \\ \vdots & \vdots \\ H_{\mathrm{H},\omega_0,j}(\theta,\phi) & H_{\mathrm{V},\omega_0,j}(\theta,\phi) \\ \vdots & \vdots \\ H_{\mathrm{H},\omega_0,J-1}(\theta,\phi) & H_{\mathrm{V},\omega_0,J-1}(\theta,\phi) \end{bmatrix}\begin{bmatrix} p_1 \\ p_2 \end{bmatrix} \tag{4.5}$$

其中，$H_{\mathrm{H},\omega_0,j}(\theta,\phi)$ 和 $H_{\mathrm{V},\omega_0,j}(\theta,\phi)$ 分别为矢量天线的第 j 个内部传感单元的水平和垂直极化频率响应。

再以脉冲重复频率对回波解调信号进行采样（或进行匹配滤波），可得

$$\boldsymbol{h}_{\mathrm{iso}}\mathrm{e}^{\mathrm{j}2\pi\left(\frac{m2v\mathrm{PRF}^{-1}\sin\theta\cos\phi}{\lambda}\right)}\mathrm{e}^{\mathrm{j}2\pi\left(\frac{ld\sin\theta\cos\phi}{\lambda}\right)},\ m=0,1,\cdots,M-1 \tag{4.6}$$

其中，$\boldsymbol{h}_{\mathrm{iso}}$为一与目标/杂波方向和极化有关的 $J\times1$ 维复矢量。

最后将所有矢量天线在不同发射（照射）极化条件下所得的，如式（4.6）所示的 M 个矢量，堆栈成一个 $IJML\times1$ 维矢量 $\boldsymbol{x}$，作为多极化空时联合自适应处理的数据矢量，其在无目标（H_0）和有目标（H_1）两种假设下的形式如下：

$$\begin{cases}\mathrm{H}_0:\boldsymbol{x}=\boldsymbol{u}\\ \mathrm{H}_1:\boldsymbol{x}=\boldsymbol{t}+\boldsymbol{u}\end{cases} \tag{4.7}$$

式中：

（1）$\boldsymbol{u}$ 为杂波加噪声矢量，亦即 $\boldsymbol{u}=\boldsymbol{c}+\boldsymbol{n}$，其中 $\boldsymbol{c}$ 和 $\boldsymbol{n}$ 分别为杂波和空间白噪声分量，$E(\boldsymbol{u})=E(\boldsymbol{c})=E(\boldsymbol{n})=\boldsymbol{o}$。

假设 $\boldsymbol{u}$ 服从**复高斯分布**，协方差矩阵为 $\boldsymbol{R}$（未知）；$\boldsymbol{c}$ 服从**多极化 Ward 杂波**模型，也即

$$\boldsymbol{c}=\sum_{n}\boldsymbol{A}_n\boldsymbol{h}_n=\sum_{n}\boldsymbol{h}_n\otimes\boldsymbol{d}_{f_{\mathrm{d},n}}\otimes\boldsymbol{s}_{f_{\mathrm{s},n}} \tag{4.8}$$

其中，"⊗"仍表示 Kronecker 积；

① $\boldsymbol{A}_n$ 和 $\boldsymbol{h}_n$ 分别为第 n 个杂波块的 $IJML\times IJ$ 维空时流形矩阵和 $IJ\times1$ 维矢量天线观测堆栈：

$$\boldsymbol{A}_n=\boldsymbol{I}_{IJ}\otimes\boldsymbol{d}_{f_{\mathrm{d},n}}\otimes\boldsymbol{s}_{f_{\mathrm{s},n}} \tag{4.9}$$

$$\boldsymbol{h}_n=[\boldsymbol{j}_{1,n}^{\mathrm{T}},\boldsymbol{j}_{2,n}^{\mathrm{T}},\cdots,\boldsymbol{j}_{I,n}^{\mathrm{T}}]^{\mathrm{T}} \tag{4.10}$$

其中，$\boldsymbol{I}_n$ 仍表示 $n\times n$ 维单位矩阵，上标"T"仍表示矩阵/矢量转置。

② $\boldsymbol{j}_{i,n}$ 是 $J\times1$ 维复矢量，为采用第 i 种极化进行照射时，第 n 个杂波块的矢量天线观测采样。

若 $J=2$，$\boldsymbol{j}_{i,n}$ 的协方差矩阵可以写成

$$\boldsymbol{R}_{\boldsymbol{j}_{i,n}\boldsymbol{j}_{i,n}}=E(\boldsymbol{j}_{i,n}\boldsymbol{j}_{i,n}^{\mathrm{H}})=E(|\boldsymbol{j}_{i,n}(1)|^2)\begin{bmatrix}1 & \sqrt{u_{i,n}}\rho_{i,n}\\ \sqrt{u_{i,n}}\rho_{i,n}^* & u_{i,n}\end{bmatrix} \tag{4.11}$$

其中，"E"、上标"H"、"$|\cdot|$"仍分别表示数学期望、矩阵/矢量共轭转置、绝对/模值；

$$\rho_{i,n}=\frac{E(\boldsymbol{j}_{i,n}(1)\boldsymbol{j}_{i,n}^*(2))}{\sqrt{E(|\boldsymbol{j}_{i,n}(1)|^2)E(|\boldsymbol{j}_{i,n}(2)|^2)}},\ i=1,2,\cdots,I \tag{4.12}$$

$$u_{i,n}=\frac{E(|\boldsymbol{j}_{i,n}(2)|^2)}{E(|\boldsymbol{j}_{i,n}(1)|^2)},\ i=1,2,\cdots,I \tag{4.13}$$

③ $\boldsymbol{d}_{f_{\mathrm{d},n}}$ 和 $\boldsymbol{s}_{f_{\mathrm{s},n}}$ 分别为第 n 个杂波块的归一化时延和几何流形矢量：

$$\boldsymbol{d}_{f_{\mathrm{d},n}}=\frac{1}{\sqrt{M}}[1,\mathrm{e}^{\mathrm{j}2\pi f_{\mathrm{d},n}},\cdots,\mathrm{e}^{\mathrm{j}2\pi(M-1)f_{\mathrm{d},n}}]^{\mathrm{T}} \tag{4.14}$$

$$\boldsymbol{s}_{f_{\mathrm{s},n}}=\frac{1}{\sqrt{L}}[1,\mathrm{e}^{\mathrm{j}2\pi f_{\mathrm{s},n}},\cdots,\mathrm{e}^{\mathrm{j}2\pi(L-1)f_{\mathrm{s},n}}]^{\mathrm{T}} \tag{4.15}$$

其中，$f_{\mathrm{d},n}=\frac{2v}{\lambda}\mathrm{PRF}^{-1}\sin\theta_n\cos\phi_n$ 和 $f_{\mathrm{s},n}=\frac{d}{\lambda}\sin\theta_n\cos\phi_n$ 分别为第 n 个杂波块的归一化多普勒频率和空间频率，(θ_n,ϕ_n) 为第 n 个杂波块的方向。

④ 实际中，杂波加噪声协方差矩阵 $\boldsymbol{R}$ 可用下述辅助数据进行估计：

$$\boldsymbol{x}_t=\boldsymbol{u}_t,\ t=0,1,\cdots,K-1 \tag{4.16}$$

其中，$\boldsymbol{u}_t$与$\boldsymbol{u}$同分布。

（2）杂波加噪声协方差矩阵$\boldsymbol{R}$的主特征矢量所张成的线性空间称为杂波子空间。若噪声方差为σ^2，则$\boldsymbol{R}$具有下述形式：

$$\boldsymbol{R}=\boldsymbol{R}_{cc}+\sigma^2\boldsymbol{I}_{IJML}=\sum_{n=1}^{N}\boldsymbol{A}_n\boldsymbol{R}_{\boldsymbol{h}_n\boldsymbol{h}_n}\boldsymbol{A}_n^{\mathrm{H}}+\sigma^2\boldsymbol{I}_{IJML} \tag{4.17}$$

其中，$\boldsymbol{R}_{cc}=E(\boldsymbol{c}\boldsymbol{c}^{\mathrm{H}})$为杂波协方差矩阵，$\boldsymbol{R}_{\boldsymbol{h}_n\boldsymbol{h}_n}=E(\boldsymbol{h}_n\boldsymbol{h}_n^{\mathrm{H}})$为第$n$个杂波块矢量天线观测的协方差矩阵。

（3）$\boldsymbol{t}$为与$\boldsymbol{u}$互不相关的目标矢量，具有下述形式：

$$\boldsymbol{t}=\boldsymbol{A}\boldsymbol{h}=\boldsymbol{h}\otimes\boldsymbol{d}_{f_{\mathrm{d}}}\otimes\boldsymbol{s}_{f_{\mathrm{s}}} \tag{4.18}$$

且$E(\boldsymbol{t})=\boldsymbol{o}$，$E(\boldsymbol{t}\boldsymbol{t}^{\mathrm{H}})=\boldsymbol{R}_{tt}$；

① $\boldsymbol{A}$和$\boldsymbol{h}$分别为$IJML\times IJ$维目标空时流形矩阵和$IJ\times 1$维目标回波矢量天线观测采样的堆栈：

$$\boldsymbol{A}=\boldsymbol{I}_{IJ}\otimes\boldsymbol{d}_{f_{\mathrm{d}}}\otimes\boldsymbol{s}_{f_{\mathrm{s}}}=[\boldsymbol{a}_{\mathrm{ds},1},\boldsymbol{a}_{\mathrm{ds},2},\cdots,\boldsymbol{a}_{\mathrm{ds},IJ}] \tag{4.19}$$

$$\boldsymbol{h}=[\boldsymbol{j}_1^{\mathrm{T}},\boldsymbol{j}_2^{\mathrm{T}},\cdots,\boldsymbol{j}_I^{\mathrm{T}}]^{\mathrm{T}} \tag{4.20}$$

② $\boldsymbol{j}_i$是$J\times 1$维复矢量，为采用第i种极化进行照射时，目标回波的矢量天线观测采样。

若$J=2$，$\boldsymbol{j}_i$的协方差矩阵可以写成

$$\boldsymbol{R}_{\boldsymbol{j}_i\boldsymbol{j}_i}=E(\boldsymbol{j}_i\boldsymbol{j}_i^{\mathrm{H}})=E(|\boldsymbol{j}_i(1)|^2)\begin{bmatrix}1 & \sqrt{u_i}\rho_i\\ \sqrt{u_i}\rho_i^* & u_i\end{bmatrix} \tag{4.21}$$

其中

$$\rho_i=\frac{E(\boldsymbol{j}_i(1)\boldsymbol{j}_i^*(2))}{\sqrt{E(|\boldsymbol{j}_i(1)|^2)E(|\boldsymbol{j}_i(2)|^2)}},\ i=1,2,\cdots,I \tag{4.22}$$

$$u_i=\frac{E(|\boldsymbol{j}_i(2)|^2)}{E(|\boldsymbol{j}_i(1)|^2)},\ i=1,2,\cdots,I \tag{4.23}$$

当目标回波为完全极化时，$\boldsymbol{j}_i$为确定矢量，$\boldsymbol{R}_{\boldsymbol{j}_i\boldsymbol{j}_i}=\boldsymbol{j}_i\boldsymbol{j}_i^{\mathrm{H}}$的秩为1，也即为奇异矩阵。

③ $\boldsymbol{d}_{f_{\mathrm{d}}}$和$\boldsymbol{s}_{f_{\mathrm{s}}}$分别为目标的归一化时延和几何流形矢量：

$$\boldsymbol{d}_{f_{\mathrm{d}}}=\frac{1}{\sqrt{M}}[1,\mathrm{e}^{\mathrm{j}2\pi f_{\mathrm{d}}},\cdots,\mathrm{e}^{\mathrm{j}2\pi(M-1)f_{\mathrm{d}}}]^{\mathrm{T}} \tag{4.24}$$

$$\boldsymbol{s}_{f_{\mathrm{s}}}=\frac{1}{\sqrt{L}}[1,\mathrm{e}^{\mathrm{j}2\pi f_{\mathrm{s}}},\cdots,\mathrm{e}^{\mathrm{j}2\pi(L-1)f_{\mathrm{s}}}]^{\mathrm{T}} \tag{4.25}$$

其中，$f_{\mathrm{d}}=\dfrac{2v}{\lambda}\mathrm{PRF}^{-1}\sin\theta\cos\phi$和$f_{\mathrm{s}}=\dfrac{d}{\lambda}\sin\theta\cos\phi$分别为目标回波的归一化多普勒

频率和空间频率。

（4）当$I=2$，$J=2$，$L=1$时，式（4.7）所示模型与全极化相参雷达数据模型类似；当$I=1$，$J=2$时，式（4.7）所示模型退化为$2L$元双极化阵列雷达数据模型。

4.1.2 处理结构及方法

多极化空时联合自适应处理与此前所讨论的波束形成器具有类似的结构，其输出可以写成

$$\boldsymbol{y}=\boldsymbol{W}^{\mathrm{H}}\boldsymbol{x} \tag{4.26}$$

式中：$\boldsymbol{y}$为$P\times 1$维输出矢量，其中$P\leqslant IJ$；$\boldsymbol{W}$为$IJML\times P$维多极化空时联合自适应处理权矩阵，

$$\boldsymbol{W}=[\boldsymbol{w}_1,\boldsymbol{w}_2,\cdots,\boldsymbol{w}_P] \tag{4.27}$$

其中，$\boldsymbol{w}_p$为$IJML\times 1$维空时自适应处理权矢量。

权矩阵$\boldsymbol{W}$的设计准则为

$$\min_{\boldsymbol{W}} \mathrm{tr}(\boldsymbol{W}^{\mathrm{H}}\boldsymbol{R}\boldsymbol{W}) \quad \mathrm{s.t.} \quad \boldsymbol{W}^{\mathrm{H}}\boldsymbol{A}=\boldsymbol{C}^{\mathrm{H}} \tag{4.28}$$

式中："tr"仍表示矩阵迹；

$$\boldsymbol{C}=[\boldsymbol{c}_1,\boldsymbol{c}_2,\cdots,\boldsymbol{c}_P] \tag{4.29}$$

其中，$\boldsymbol{c}_p$为$IJ\times 1$维空时自适应处理约束矢量。

为求解优化问题（4.28），首先定义下述拉格朗日函数：

$$\mathcal{L}(\boldsymbol{W},\boldsymbol{L})=\mathrm{tr}(\boldsymbol{W}^{\mathrm{H}}\boldsymbol{R}\boldsymbol{W})-2\mathrm{Re}(\mathrm{tr}((\boldsymbol{W}^{\mathrm{H}}\boldsymbol{A}-\boldsymbol{C}^{\mathrm{H}})\boldsymbol{L})) \tag{4.30}$$

式中：$\boldsymbol{L}$为$IJ\times P$维拉格朗日乘子矩阵，定义为

$$\boldsymbol{L}=[\boldsymbol{l}_1,\boldsymbol{l}_2,\cdots,\boldsymbol{l}_P] \tag{4.31}$$

其中，$\boldsymbol{l}_p$为$IJ\times 1$维拉格朗日乘子矢量。

注意到

$$\mathrm{tr}(\boldsymbol{W}^{\mathrm{H}}\boldsymbol{R}\boldsymbol{W})=\sum_{p=1}^{P}\boldsymbol{w}_p^{\mathrm{H}}\boldsymbol{R}\boldsymbol{w}_p \tag{4.32}$$

$$\mathrm{tr}((\boldsymbol{W}^{\mathrm{H}}\boldsymbol{A}-\boldsymbol{C}^{\mathrm{H}})\boldsymbol{L})=\sum_{p=1}^{P}(\boldsymbol{w}_p^{\mathrm{H}}\boldsymbol{A}-\boldsymbol{c}_p^{\mathrm{H}})\boldsymbol{l}_p \tag{4.33}$$

所以

$$\begin{aligned}\frac{\partial\,\mathrm{tr}(\boldsymbol{W}^{\mathrm{H}}\boldsymbol{R}\boldsymbol{W})}{\partial\boldsymbol{W}}&=\left[\frac{\partial\,\mathrm{tr}(\boldsymbol{W}^{\mathrm{H}}\boldsymbol{R}\boldsymbol{W})}{\partial\boldsymbol{w}_1},\cdots,\frac{\partial\,\mathrm{tr}(\boldsymbol{W}^{\mathrm{H}}\boldsymbol{R}\boldsymbol{W})}{\partial\boldsymbol{w}_P}\right]\\&=[\boldsymbol{R}\boldsymbol{w}_1,\cdots,\boldsymbol{R}\boldsymbol{w}_P]=\boldsymbol{R}\boldsymbol{W}\end{aligned} \tag{4.34}$$

$$\frac{\partial\,2\mathrm{Re}(\mathrm{tr}((\boldsymbol{W}^{\mathrm{H}}\boldsymbol{A}-\boldsymbol{C}^{\mathrm{H}})\boldsymbol{L}))}{\partial\boldsymbol{W}}$$

$$=\left[\frac{\partial 2\mathrm{Re}(\mathrm{tr}((\boldsymbol{W}^{\mathrm{H}}\boldsymbol{A}-\boldsymbol{C}^{\mathrm{H}})\boldsymbol{L}))}{\partial \boldsymbol{w}_1},\cdots,\frac{\partial 2\mathrm{Re}(\mathrm{tr}((\boldsymbol{W}^{\mathrm{H}}\boldsymbol{A}-\boldsymbol{C}^{\mathrm{H}})\boldsymbol{L}))}{\partial \boldsymbol{w}_P}\right]$$
$$=[\boldsymbol{A}\boldsymbol{l}_1,\cdots,\boldsymbol{A}\boldsymbol{l}_P]=\boldsymbol{A}\boldsymbol{L} \tag{4.35}$$

进一步有

$$\partial \mathcal{L}(\boldsymbol{W},\boldsymbol{L})/\partial \boldsymbol{W}=\boldsymbol{R}\boldsymbol{W}-\boldsymbol{A}\boldsymbol{L}=\boldsymbol{O}_{IJML\times P}\Rightarrow \boldsymbol{W}=\boldsymbol{R}^{-1}\boldsymbol{A}\boldsymbol{L} \tag{4.36}$$

又 $\boldsymbol{W}^{\mathrm{H}}\boldsymbol{A}=\boldsymbol{C}^{\mathrm{H}}$，因此

$$\boldsymbol{L}=(\boldsymbol{A}^{\mathrm{H}}\boldsymbol{R}^{-1}\boldsymbol{A})^{-1}\boldsymbol{C} \tag{4.37}$$

由此可得问题（4.28）的解为

$$\boldsymbol{W}_{\mathrm{PD-STAP}}=\boldsymbol{R}^{-1}\boldsymbol{A}(\boldsymbol{A}^{\mathrm{H}}\boldsymbol{R}^{-1}\boldsymbol{A})^{-1}\boldsymbol{C} \tag{4.38}$$

我们称上述方法为极化分集空时自适应处理（PD-STAP）方法。

（1）若 $P=IJ$，且 $\boldsymbol{C}=\boldsymbol{I}_{IJ}$，则 $\boldsymbol{W}_{\mathrm{PD-STAP}}$退变为

$$\boldsymbol{W}_{\mathrm{PD-STAP}}=\boldsymbol{R}^{-1}\boldsymbol{A}(\boldsymbol{A}^{\mathrm{H}}\boldsymbol{R}^{-1}\boldsymbol{A})^{-1} \tag{4.39}$$

（2）若 $I=1$，$J=2$，$P=IJ=2$，

$$\boldsymbol{C}=\begin{bmatrix} 1 & \dfrac{\boldsymbol{a}_{\mathrm{ds},1}^{\mathrm{H}}\boldsymbol{R}^{-1}\boldsymbol{a}_{\mathrm{ds},2}}{\boldsymbol{a}_{\mathrm{ds},2}^{\mathrm{H}}\boldsymbol{R}^{-1}\boldsymbol{a}_{\mathrm{ds},2}} \\ \dfrac{\boldsymbol{a}_{\mathrm{ds},2}^{\mathrm{H}}\boldsymbol{R}^{-1}\boldsymbol{a}_{\mathrm{ds},1}}{\boldsymbol{a}_{\mathrm{ds},1}^{\mathrm{H}}\boldsymbol{R}^{-1}\boldsymbol{a}_{\mathrm{ds},1}} & 1 \end{bmatrix} \tag{4.40}$$

则 $\boldsymbol{W}_{\mathrm{PD-STAP}}$退变为

$$\boldsymbol{W}_{\mathrm{PD-STAP}}=\left[\frac{\boldsymbol{R}^{-1}\boldsymbol{a}_{\mathrm{ds},1}}{\boldsymbol{a}_{\mathrm{ds},1}^{\mathrm{H}}\boldsymbol{R}^{-1}\boldsymbol{a}_{\mathrm{ds},1}},\frac{\boldsymbol{R}^{-1}\boldsymbol{a}_{\mathrm{ds},2}}{\boldsymbol{a}_{\mathrm{ds},2}^{\mathrm{H}}\boldsymbol{R}^{-1}\boldsymbol{a}_{\mathrm{ds},2}}\right] \tag{4.41}$$

（3）当目标回波为完全极化时，在约束矩阵 $\boldsymbol{C}$ 的设计中还可以进一步考虑极化信息的利用，比如可令

$$(\boldsymbol{A}^{\mathrm{H}}\boldsymbol{R}^{-1}\boldsymbol{A})^{-1}\boldsymbol{C}=[\boldsymbol{h},\boldsymbol{H}]\Rightarrow \boldsymbol{C}=(\boldsymbol{A}^{\mathrm{H}}\boldsymbol{R}^{-1}\boldsymbol{A})[\boldsymbol{h},\boldsymbol{H}] \tag{4.42}$$

其中，$\boldsymbol{H}$ 最简单的形式为零矩阵，此时

$$\boldsymbol{w}_1=\boldsymbol{R}^{-1}\boldsymbol{A}\boldsymbol{h} \tag{4.43}$$

而 $\boldsymbol{w}_2,\boldsymbol{w}_3,\cdots,\boldsymbol{w}_P$均为零矢量，也即等效于 $P=1$。

① 在 H_1条件下，

$$\boldsymbol{x}=\boldsymbol{A}\boldsymbol{h}+\boldsymbol{u} \tag{4.44}$$

所以 $\boldsymbol{h}$ 的加权最小二乘（WLS）解为

$$\boldsymbol{h}_{\mathrm{wls}}=(\boldsymbol{A}^{\mathrm{H}}\boldsymbol{R}^{-1}\boldsymbol{A})^{-1}\boldsymbol{A}^{\mathrm{H}}\boldsymbol{R}^{-1}\boldsymbol{x} \tag{4.45}$$

此时

$$\boldsymbol{C}=[\boldsymbol{A}^{\mathrm{H}}\boldsymbol{R}^{-1}\boldsymbol{x},\boldsymbol{O}] \tag{4.46}$$

② 令 $\boldsymbol{U}_{\mathrm{c+n}}$和 $\boldsymbol{V}_{\mathrm{c+n}}$分别为杂波加噪声协方差矩阵 $\boldsymbol{R}$ 的主特征矢量矩阵和次特征矢量矩阵，定义下述斜投影矩阵：

$$\boldsymbol{P}_{\mathrm{op},1}=\boldsymbol{A}(\boldsymbol{A}^{\mathrm{H}}\boldsymbol{V}_{\mathrm{c+n}}\boldsymbol{V}_{\mathrm{c+n}}^{\mathrm{H}}\boldsymbol{A})^{-1}\boldsymbol{A}^{\mathrm{H}}\boldsymbol{V}_{\mathrm{c+n}}\boldsymbol{V}_{\mathrm{c+n}}^{\mathrm{H}} \tag{4.47}$$

该斜投影矩阵具有下述性质（其中“$\boldsymbol{o}$”表示零矢量）：

$$\boldsymbol{P}_{\mathrm{op},1}\boldsymbol{A}=\boldsymbol{A} \tag{4.48}$$

$$\boldsymbol{P}_{\mathrm{op},1}\boldsymbol{u}\approx\boldsymbol{o} \tag{4.49}$$

所以

$$\boldsymbol{P}_{\mathrm{op},1}\boldsymbol{x}=\boldsymbol{P}_{\mathrm{op},1}(\boldsymbol{A}\boldsymbol{h}+\boldsymbol{u})\approx\boldsymbol{A}\boldsymbol{h} \tag{4.50}$$

由此，$\boldsymbol{h}$ 也可以估计为

$$\boldsymbol{h}_{\mathrm{op},1}=\underbrace{(\boldsymbol{A}^{\mathrm{H}}\boldsymbol{A})^{-1}\boldsymbol{A}^{\mathrm{H}}}_{=\boldsymbol{A}^{+}}\boldsymbol{P}_{\mathrm{op},1}\boldsymbol{x}=(\boldsymbol{A}^{\mathrm{H}}\boldsymbol{V}_{\mathrm{c+n}}\boldsymbol{V}_{\mathrm{c+n}}^{\mathrm{H}}\boldsymbol{A})^{-1}\boldsymbol{A}^{\mathrm{H}}\boldsymbol{V}_{\mathrm{c+n}}\boldsymbol{V}_{\mathrm{c+n}}^{\mathrm{H}}\boldsymbol{x} \tag{4.51}$$

③ 还可以构造下述斜投影矩阵：

$$\boldsymbol{P}_{\mathrm{op},2}=\boldsymbol{U}_{\mathrm{c+n}}(\boldsymbol{U}_{\mathrm{c+n}}^{\mathrm{H}}(\boldsymbol{I}-\boldsymbol{A}\boldsymbol{A}^{+})\boldsymbol{U}_{\mathrm{c+n}})^{-1}\boldsymbol{U}_{\mathrm{c+n}}^{\mathrm{H}}(\boldsymbol{I}-\boldsymbol{A}\boldsymbol{A}^{+}) \tag{4.52}$$

该斜投影矩阵具有下述性质（其中“$\boldsymbol{O}$”表示零矩阵）：

$$\boldsymbol{P}_{\mathrm{op},2}\boldsymbol{A}=\boldsymbol{O} \tag{4.53}$$

$$\boldsymbol{P}_{\mathrm{op},2}\boldsymbol{u}\approx\boldsymbol{u} \tag{4.54}$$

所以

$$\boldsymbol{P}_{\mathrm{op},2}\boldsymbol{x}=\boldsymbol{P}_{\mathrm{op},2}(\boldsymbol{A}\boldsymbol{h}+\boldsymbol{u})\approx\boldsymbol{u} \tag{4.55}$$

也即

$$(\boldsymbol{I}-\boldsymbol{P}_{\mathrm{op},2})\boldsymbol{x}=\boldsymbol{A}\boldsymbol{h} \tag{4.56}$$

由此，$\boldsymbol{h}$ 也可以估计为

$$\boldsymbol{h}_{\mathrm{op},2}=\boldsymbol{A}^{+}(\boldsymbol{I}-\boldsymbol{P}_{\mathrm{op},2})\boldsymbol{x}=(\boldsymbol{A}^{\mathrm{H}}\boldsymbol{A})^{-1}\boldsymbol{A}^{\mathrm{H}}(\boldsymbol{I}-\boldsymbol{P}_{\mathrm{op},2})\boldsymbol{x} \tag{4.57}$$

④ 在 H_0 条件下，$\boldsymbol{h}$ 是没有定义的，此时式（4.45）、式（4.51）和式（4.57）的结果分别为

$$\hat{\boldsymbol{h}}_{\mathrm{wls}}=(\boldsymbol{A}^{\mathrm{H}}\boldsymbol{R}^{-1}\boldsymbol{A})^{-1}\boldsymbol{A}^{\mathrm{H}}\boldsymbol{R}^{-1}\boldsymbol{u} \tag{4.58}$$

$$\hat{\boldsymbol{h}}_{\mathrm{op},1}=(\boldsymbol{A}^{\mathrm{H}}\boldsymbol{V}_{\mathrm{c+n}}\boldsymbol{V}_{\mathrm{c+n}}^{\mathrm{H}}\boldsymbol{A})^{-1}\boldsymbol{A}^{\mathrm{H}}\boldsymbol{V}_{\mathrm{c+n}}\boldsymbol{V}_{\mathrm{c+n}}^{\mathrm{H}}\boldsymbol{u} \tag{4.59}$$

$$\hat{\boldsymbol{h}}_{\mathrm{op},2}=(\boldsymbol{A}^{\mathrm{H}}\boldsymbol{A})^{-1}\boldsymbol{A}^{\mathrm{H}}(\boldsymbol{I}-\boldsymbol{P}_{\mathrm{op},2})\boldsymbol{u} \tag{4.60}$$

⑤ 若 $\boldsymbol{h}$ 可以写成 $\alpha\boldsymbol{\beta}$ 的形式，其中 α 为未知的复常数，$\boldsymbol{\beta}$ 为已知的确定复矢量，则可令 $\boldsymbol{C}=(\boldsymbol{A}^{\mathrm{H}}\boldsymbol{R}^{-1}\boldsymbol{A})[\boldsymbol{\beta},\boldsymbol{O}]$，此时 $\boldsymbol{w}_1=\boldsymbol{R}^{-1}\boldsymbol{A}\boldsymbol{\beta}$。

（4）由于 $\boldsymbol{W}_{\mathrm{PD-STAP}}^{\mathrm{H}}\boldsymbol{A}=\boldsymbol{C}^{\mathrm{H}}$，所以 $\boldsymbol{W}_{\mathrm{PD-STAP}}$ 具有下述形式：

$$\boldsymbol{W}_{\mathrm{PD-STAP}}=\boldsymbol{A}(\boldsymbol{A}^{\mathrm{H}}\boldsymbol{A})^{-1}\boldsymbol{C}-\boldsymbol{B}\boldsymbol{D}=\boldsymbol{R}^{-1}\boldsymbol{A}(\boldsymbol{A}^{\mathrm{H}}\boldsymbol{R}^{-1}\boldsymbol{A})^{-1}\boldsymbol{C} \tag{4.61}$$

其中，$\boldsymbol{B}$ 满足 $\boldsymbol{B}^{\mathrm{H}}\boldsymbol{A}=\boldsymbol{O}$，所以

$$\boldsymbol{B}^{\mathrm{H}}\boldsymbol{R}(\boldsymbol{A}(\boldsymbol{A}^{\mathrm{H}}\boldsymbol{A})^{-1}\boldsymbol{C}-\boldsymbol{B}\boldsymbol{D})=\boldsymbol{B}^{\mathrm{H}}\boldsymbol{R}\boldsymbol{R}^{-1}\boldsymbol{A}(\boldsymbol{A}^{\mathrm{H}}\boldsymbol{R}^{-1}\boldsymbol{A})^{-1}\boldsymbol{C}=\boldsymbol{O} \tag{4.62}$$

这意味着

$$\boldsymbol{B}^{\mathrm{H}}\boldsymbol{R}\boldsymbol{A}(\boldsymbol{A}^{\mathrm{H}}\boldsymbol{A})^{-1}\boldsymbol{C}=\boldsymbol{B}^{\mathrm{H}}\boldsymbol{R}\boldsymbol{B}\boldsymbol{D} \tag{4.63}$$

也即

$$\boldsymbol{D}=(\boldsymbol{B}^{\mathrm{H}}\boldsymbol{R}\boldsymbol{B})^{-1}\boldsymbol{B}^{\mathrm{H}}\boldsymbol{R}\boldsymbol{A}(\boldsymbol{A}^{\mathrm{H}}\boldsymbol{A})^{-1}\boldsymbol{C} \tag{4.64}$$

由此可得

$$\boldsymbol{W}_{\mathrm{PD-STAP}}=\underbrace{(\boldsymbol{A}(\boldsymbol{A}^{\mathrm{H}}\boldsymbol{A})^{-1}}_{=\boldsymbol{F}}-\boldsymbol{B}\underbrace{(\boldsymbol{B}^{\mathrm{H}}\boldsymbol{R}\boldsymbol{B})^{-1}\boldsymbol{B}^{\mathrm{H}}\boldsymbol{R}\boldsymbol{A}(\boldsymbol{A}^{\mathrm{H}}\boldsymbol{A})^{-1})}_{=\boldsymbol{G}}\boldsymbol{C} \tag{4.65}$$

考虑到 $\boldsymbol{C}$ 的任意性，我们有

$$\boldsymbol{R}^{-1}\boldsymbol{A}(\boldsymbol{A}^{\mathrm{H}}\boldsymbol{R}^{-1}\boldsymbol{A})^{-1}=\boldsymbol{F}-\boldsymbol{B}\boldsymbol{G} \tag{4.66}$$

再注意到 $\boldsymbol{R}^{-1}\boldsymbol{A}(\boldsymbol{A}^{\mathrm{H}}\boldsymbol{R}^{-1}\boldsymbol{A})^{-1}$ 是下述问题的解：

$$\min_{\boldsymbol{W}}\ \mathrm{tr}(\boldsymbol{W}^{\mathrm{H}}\boldsymbol{R}\boldsymbol{W})\quad \mathrm{s.\,t.}\quad \boldsymbol{W}^{\mathrm{H}}\boldsymbol{A}=\boldsymbol{I} \tag{4.67}$$

同时

$$\boldsymbol{R}_{xx}=E(\boldsymbol{x}\boldsymbol{x}^{\mathrm{H}})=\boldsymbol{A}\boldsymbol{R}_{hh}\boldsymbol{A}^{\mathrm{H}}+\boldsymbol{R} \tag{4.68}$$

其中，$\boldsymbol{R}_{hh}=E(\boldsymbol{h}\boldsymbol{h}^{H})$。

所以，优化问题（4.28）又等价于

$$\min_{\boldsymbol{W}}\ \mathrm{tr}(\boldsymbol{R}_{hh})+\mathrm{tr}(\boldsymbol{W}^{\mathrm{H}}\boldsymbol{R}\boldsymbol{W})=\mathrm{tr}(\boldsymbol{W}^{\mathrm{H}}\boldsymbol{R}_{xx}\boldsymbol{W})\quad \mathrm{s.\,t.}\quad \boldsymbol{W}^{\mathrm{H}}\boldsymbol{A}=\boldsymbol{I} \tag{4.69}$$

其解为

$$\boldsymbol{R}_{xx}^{-1}\boldsymbol{A}(\boldsymbol{A}^{\mathrm{H}}\boldsymbol{R}_{xx}^{-1}\boldsymbol{A})^{-1}=\boldsymbol{R}^{-1}\boldsymbol{A}(\boldsymbol{A}^{\mathrm{H}}\boldsymbol{R}^{-1}\boldsymbol{A})^{-1}=\boldsymbol{F}-\boldsymbol{B}\boldsymbol{G} \tag{4.70}$$

根据以上分析，

$$\boldsymbol{y}=\boldsymbol{C}^{\mathrm{H}}\underbrace{(\boldsymbol{F}^{\mathrm{H}}\boldsymbol{x}-\boldsymbol{G}^{\mathrm{H}}\boldsymbol{B}^{\mathrm{H}}\boldsymbol{x})}_{=\boldsymbol{e}}=\boldsymbol{C}^{\mathrm{H}}\boldsymbol{e} \tag{4.71}$$

在 H_1 条件下，式中的 $\boldsymbol{F}^{\mathrm{H}}\boldsymbol{x}$ 项包含目标回波和杂波（以及噪声），而 $\boldsymbol{B}^{\mathrm{H}}\boldsymbol{x}$ 项则仅包含杂波（以及噪声），此即极化分集空时自适应处理的广义旁瓣相消[34,67]解释，其中误差矢量 $\boldsymbol{e}$ 的协方差矩阵为

$$\boldsymbol{R}_{ee}=E(\boldsymbol{e}\boldsymbol{e}^{\mathrm{H}})=(\boldsymbol{A}^{\mathrm{H}}\boldsymbol{R}_{xx}^{-1}\boldsymbol{A})^{-1} \tag{4.72}$$

此时极化分集空时自适应处理的输出功率为

$$\mathrm{tr}(E(\boldsymbol{y}\boldsymbol{y}^{\mathrm{H}}))=\mathrm{tr}(\boldsymbol{C}^{\mathrm{H}}\boldsymbol{R}_{ee}\boldsymbol{C}) \tag{4.73}$$

在 H_0 条件下，$\boldsymbol{F}^{\mathrm{H}}\boldsymbol{x}$ 项和 $\boldsymbol{B}^{\mathrm{H}}\boldsymbol{x}$ 项中均不包含目标回波，并且

$$\boldsymbol{R}_{ee}=(\boldsymbol{A}^{\mathrm{H}}\boldsymbol{R}^{-1}\boldsymbol{A})^{-1} \tag{4.74}$$

所以式（4.42）中 $\boldsymbol{H}$ 的列矢量也可以设计为 $(\boldsymbol{A}^{\mathrm{H}}\boldsymbol{R}^{-1}\boldsymbol{A})^{-1}$ 与 $(\boldsymbol{A}^{\mathrm{H}}\boldsymbol{R}^{-1}\boldsymbol{A})^{-1}$ 最小特征值所对应的特征矢量的乘积。

（5）实际中，$\boldsymbol{R}$ 需要利用辅助数据进行估计[68-69]，为了提高其估计精度，可以考虑利用时延和几何流形矢量的中心对称结构。

注意到

$$\begin{aligned}\boldsymbol{A}_n\boldsymbol{R}_{\boldsymbol{h}_n\boldsymbol{h}_n}\boldsymbol{A}_n^{\mathrm{H}}&=(\boldsymbol{R}_{\boldsymbol{h}_n\boldsymbol{h}_n}\otimes\boldsymbol{d}_{f_{\mathrm{d},n}}\otimes\boldsymbol{s}_{f_{\mathrm{s},n}})(\boldsymbol{I}_{IJ}\otimes\boldsymbol{d}_{f_{\mathrm{d},n}}\otimes\boldsymbol{s}_{f_{\mathrm{s},n}})^{\mathrm{H}}\\&=\boldsymbol{R}_{\boldsymbol{h}_n\boldsymbol{h}_n}\otimes(\boldsymbol{d}_{f_{\mathrm{d},n}}\boldsymbol{d}_{f_{\mathrm{d},n}}^{\mathrm{H}})\otimes(\boldsymbol{s}_{f_{\mathrm{s},n}}\boldsymbol{s}_{f_{\mathrm{s},n}}^{\mathrm{H}})\end{aligned} \tag{4.75}$$

分别记

$$\boldsymbol{R}_{\boldsymbol{h}_n\boldsymbol{h}_n}=\begin{bmatrix} r_{1,1,n} & r_{1,2,n} & \cdots & r_{1,IJ,n} \\ r_{2,1,n} & r_{2,2,n} & \cdots & r_{2,IJ,n} \\ \vdots & \vdots & \ddots & \vdots \\ r_{IJ,1,n} & r_{IJ,2,n} & \cdots & r_{IJ,IJ,n} \end{bmatrix} \tag{4.76}$$

$$\boldsymbol{D}_n=(\boldsymbol{d}_{f_{\mathrm{d},n}}\boldsymbol{d}_{f_{\mathrm{d},n}}^{\mathrm{H}})\otimes(\boldsymbol{s}_{f_{\mathrm{s},n}}\boldsymbol{s}_{f_{\mathrm{s},n}}^{\mathrm{H}})=(\boldsymbol{d}_{f_{\mathrm{d},n}}\otimes\boldsymbol{s}_{f_{\mathrm{s},n}})(\boldsymbol{d}_{f_{\mathrm{d},n}}^{\mathrm{H}}\otimes\boldsymbol{s}_{f_{\mathrm{s},n}}^{\mathrm{H}}) \tag{4.77}$$

则

$$\boldsymbol{A}_n\boldsymbol{R}_{\boldsymbol{h}_n\boldsymbol{h}_n}\boldsymbol{A}_n^{\mathrm{H}}=\begin{bmatrix} r_{1,1,n}\boldsymbol{D}_n & r_{1,2,n}\boldsymbol{D}_n & \cdots & r_{1,IJ,n}\boldsymbol{D}_n \\ r_{2,1,n}\boldsymbol{D}_n & r_{2,2,n}\boldsymbol{D}_n & \cdots & r_{2,IJ,n}\boldsymbol{D}_n \\ \vdots & \vdots & \ddots & \vdots \\ r_{IJ,1,n}\boldsymbol{D}_n & r_{IJ,2,n}\boldsymbol{D}_n & \cdots & r_{IJ,IJ,n}\boldsymbol{D}_n \end{bmatrix}=\boldsymbol{R}_{\boldsymbol{h}_n\boldsymbol{h}_n}\otimes\boldsymbol{D}_n \tag{4.78}$$

定义

$$(\boldsymbol{A}_n\boldsymbol{R}_{\boldsymbol{h}_n\boldsymbol{h}_n}\boldsymbol{A}_n^{\mathrm{H}})^{\circledast}=\begin{bmatrix} r_{1,1,n}^{*}\boldsymbol{D}_n^{*} & r_{2,1,n}^{*}\boldsymbol{D}_n^{*} & \cdots & r_{IJ,1,n}^{*}\boldsymbol{D}_n^{*} \\ r_{1,2,n}^{*}\boldsymbol{D}_n^{*} & r_{2,2,n}^{*}\boldsymbol{D}_n^{*} & \cdots & r_{IJ,2,n}^{*}\boldsymbol{D}_n^{*} \\ \vdots & \vdots & \ddots & \vdots \\ r_{1,IJ,n}^{*}\boldsymbol{D}_n^{*} & r_{2,IJ,n}^{*}\boldsymbol{D}_n^{*} & \cdots & r_{IJ,IJ,n}^{*}\boldsymbol{D}_n^{*} \end{bmatrix}=\boldsymbol{R}_{\boldsymbol{h}_n\boldsymbol{h}_n}^{\mathrm{H}}\otimes\boldsymbol{D}_n^{*} \tag{4.79}$$

其中，上标“ * ”仍表示复共轭。

由于 $\boldsymbol{R}_{\boldsymbol{h}_n\boldsymbol{h}_n}=\boldsymbol{R}_{\boldsymbol{h}_n\boldsymbol{h}_n}^{\mathrm{H}}$，所以

$$(\boldsymbol{A}_n\boldsymbol{R}_{\boldsymbol{h}_n\boldsymbol{h}_n}\boldsymbol{A}_n^{\mathrm{H}})^{\circledast}=\boldsymbol{R}_{\boldsymbol{h}_n\boldsymbol{h}_n}\otimes\boldsymbol{D}_n^{*} \tag{4.80}$$

再定义

$$\boldsymbol{I}_{\mathrm{as},n}=\begin{bmatrix} & & 1 \\ & \iddots & \\ 1 & & \end{bmatrix}_{n\times n} \tag{4.81}$$

可以证明：

$$\boldsymbol{I}_{\mathrm{as},M}\boldsymbol{d}_{f_{\mathrm{d},n}}^{*}=\frac{1}{\sqrt{M}}\begin{bmatrix} \mathrm{e}^{-\mathrm{j}2\pi(M-1)f_{\mathrm{d},n}} \\ \vdots \\ \mathrm{e}^{-\mathrm{j}2\pi f_{\mathrm{d},n}} \\ 1 \end{bmatrix}=\mathrm{e}^{-\mathrm{j}2\pi(M-1)f_{\mathrm{d},n}}\boldsymbol{d}_{f_{\mathrm{d},n}} \tag{4.82}$$

$$\boldsymbol{I}_{\mathrm{as},L}\boldsymbol{s}_{f_{\mathrm{s},n}}^{*}=\frac{1}{\sqrt{L}}\begin{bmatrix} \mathrm{e}^{-\mathrm{j}2\pi(L-1)f_{\mathrm{s},n}} \\ \vdots \\ \mathrm{e}^{-\mathrm{j}2\pi f_{\mathrm{s},n}} \\ 1 \end{bmatrix}=\mathrm{e}^{-\mathrm{j}2\pi(L-1)f_{\mathrm{s},n}}\boldsymbol{s}_{f_{\mathrm{s},n}} \tag{4.83}$$

$$(\boldsymbol{I}_{\text{as},M}\otimes\boldsymbol{I}_{\text{as},L})(\boldsymbol{d}_{f_{\text{d},n}}^{*}\otimes\boldsymbol{s}_{f_{\text{s},n}}^{*})=(\boldsymbol{I}_{\text{as},M}\boldsymbol{d}_{f_{\text{d},n}}^{*})\otimes(\boldsymbol{I}_{\text{as},L}\boldsymbol{s}_{f_{\text{s},n}}^{*})$$
$$=\mathrm{e}^{-\mathrm{j}2\pi(M-1)f_{\text{d},n}-\mathrm{j}2\pi(L-1)f_{\text{s},n}}(\boldsymbol{d}_{f_{\text{d},n}}\otimes\boldsymbol{s}_{f_{\text{s},n}}) \tag{4.84}$$

$$\begin{aligned}(\boldsymbol{d}_{f_{\text{d},n}}^{\mathrm{T}}\otimes\boldsymbol{s}_{f_{\text{s},n}}^{\mathrm{T}})(\boldsymbol{I}_{\text{as},M}\otimes\boldsymbol{I}_{\text{as},L})&=(\boldsymbol{d}_{f_{\text{d},n}}^{\mathrm{T}}\boldsymbol{I}_{\text{as},M})\otimes(\boldsymbol{s}_{f_{\text{s},n}}^{\mathrm{T}}\boldsymbol{I}_{\text{as},L})\\&=(\boldsymbol{I}_{\text{as},M}\boldsymbol{d}_{f_{\text{d},n}}^{*})^{\mathrm{H}}\otimes(\boldsymbol{I}_{\text{as},L}\boldsymbol{s}_{f_{\text{s},n}}^{*})^{\mathrm{H}}\\&=\mathrm{e}^{\mathrm{j}2\pi(M-1)f_{\text{d},n}+\mathrm{j}2\pi(L-1)f_{\text{s},n}}(\boldsymbol{d}_{f_{\text{d},n}}\otimes\boldsymbol{s}_{f_{\text{s},n}})^{\mathrm{H}}\end{aligned} \tag{4.85}$$

$$(\boldsymbol{I}_{\text{as},M}\otimes\boldsymbol{I}_{\text{as},L})\boldsymbol{D}_{n}^{*}(\boldsymbol{I}_{\text{as},M}\otimes\boldsymbol{I}_{\text{as},L})=(\boldsymbol{d}_{f_{\text{d},n}}\otimes\boldsymbol{s}_{f_{\text{s},n}})(\boldsymbol{d}_{f_{\text{d},n}}\otimes\boldsymbol{s}_{f_{\text{s},n}})^{\mathrm{H}}=\boldsymbol{D}_{n} \tag{4.86}$$

注意到

$$\boldsymbol{I}_{\text{as},M}\otimes\boldsymbol{I}_{\text{as},L}=\boldsymbol{I}_{\text{as},ML} \tag{4.87}$$

根据式（4.80）、式（4.86）和式（4.87），有

$$\begin{aligned}&(\boldsymbol{I}_{IJ}\otimes\boldsymbol{I}_{\text{as},ML})(\boldsymbol{A}_{n}\boldsymbol{R}_{\boldsymbol{h}_n\boldsymbol{h}_n}\boldsymbol{A}_{n}^{\mathrm{H}})^{\circledast}(\boldsymbol{I}_{IJ}\otimes\boldsymbol{I}_{\text{as},ML})\\&=(\boldsymbol{I}_{IJ}\otimes\boldsymbol{I}_{\text{as},ML})(\boldsymbol{R}_{\boldsymbol{h}_n\boldsymbol{h}_n}\otimes\boldsymbol{D}_{n}^{*})(\boldsymbol{I}_{IJ}\otimes\boldsymbol{I}_{\text{as},ML})\\&=(\boldsymbol{R}_{\boldsymbol{h}_n\boldsymbol{h}_n}\otimes(\boldsymbol{I}_{\text{as},ML}\boldsymbol{D}_{n}^{*}))(\boldsymbol{I}_{IJ}\otimes\boldsymbol{I}_{\text{as},ML})\\&=\boldsymbol{R}_{\boldsymbol{h}_n\boldsymbol{h}_n}\otimes(\boldsymbol{I}_{\text{as},ML}\boldsymbol{D}_{n}^{*}\boldsymbol{I}_{\text{as},ML})=\boldsymbol{R}_{\boldsymbol{h}_n\boldsymbol{h}_n}\otimes\boldsymbol{D}_{n}\end{aligned} \tag{4.88}$$

将 $\boldsymbol{R}$ 写成

$$\boldsymbol{R}=\begin{bmatrix}\boldsymbol{R}_{1,1}&\boldsymbol{R}_{1,2}&\cdots&\boldsymbol{R}_{1,IJ}\\\boldsymbol{R}_{2,1}&\boldsymbol{R}_{2,2}&\cdots&\boldsymbol{R}_{2,IJ}\\\vdots&\vdots&\ddots&\vdots\\\boldsymbol{R}_{IJ,1}&\boldsymbol{R}_{IJ,2}&\cdots&\boldsymbol{R}_{IJ,IJ}\end{bmatrix} \tag{4.89}$$

其中，$\boldsymbol{R}_{p,q}$ 为 $ML\times ML$ 维子矩阵。

根据以上分析，并结合式（4.17），我们有

$$\boldsymbol{R}=\boldsymbol{J}\boldsymbol{R}^{\circledast}\boldsymbol{J} \tag{4.90}$$

式中：$\boldsymbol{J}=\boldsymbol{I}_{IJ}\otimes\boldsymbol{I}_{\text{as},ML}$；

$$\boldsymbol{R}^{\circledast}=\begin{bmatrix}\boldsymbol{R}_{1,1}^{*}&\boldsymbol{R}_{2,1}^{*}&\cdots&\boldsymbol{R}_{IJ,1}^{*}\\\boldsymbol{R}_{1,2}^{*}&\boldsymbol{R}_{2,2}^{*}&\cdots&\boldsymbol{R}_{IJ,2}^{*}\\\vdots&\vdots&\ddots&\vdots\\\boldsymbol{R}_{1,IJ}^{*}&\boldsymbol{R}_{2,IJ}^{*}&\cdots&\boldsymbol{R}_{IJ,IJ}^{*}\end{bmatrix} \tag{4.91}$$

由此，$\boldsymbol{R}$ 可以估计为

$$\hat{\boldsymbol{R}}=\sum_{t=0}^{K-1}\frac{1}{2K}(\boldsymbol{x}_t\boldsymbol{x}_t^{\mathrm{H}}+\boldsymbol{J}(\boldsymbol{x}_t\boldsymbol{x}_t^{\mathrm{H}})^{\circledast}\boldsymbol{J}) \tag{4.92}$$

相应的多极化空时联合自适应处理权矩阵为

$$\hat{\boldsymbol{W}}_{\text{PST-SMI}}=\hat{\boldsymbol{R}}^{-1}\boldsymbol{A}(\boldsymbol{A}^{\mathrm{H}}\hat{\boldsymbol{R}}^{-1}\boldsymbol{A})^{-1}\boldsymbol{C} \tag{4.93}$$

我们称该法为极化空时样本矩阵求逆（PST-SMI）自适应处理方法。

（6）当辅助数据较少时，也可在极化空时样本矩阵求逆自适应处理方法

中考虑对角加载技术：

$$\min_{\boldsymbol{W}} \operatorname{tr}\left(\underbrace{\boldsymbol{W}^{\mathrm{H}}\hat{\boldsymbol{R}}\boldsymbol{W}+\kappa_{\mathrm{dl}}\boldsymbol{W}^{\mathrm{H}}\boldsymbol{W}}_{=\boldsymbol{W}^{\mathrm{H}}(\hat{\boldsymbol{R}}+\kappa_{\mathrm{dl}}\boldsymbol{I})\boldsymbol{W}}\right) \text{ s. t. } \boldsymbol{W}^{\mathrm{H}}\boldsymbol{A}=\boldsymbol{C}^{\mathrm{H}} \tag{4.94}$$

式中：κ_{dl}为对角加载因子。

利用拉格朗日乘子法，可得式（4.94）所示优化问题的解为

$$\hat{\boldsymbol{W}}_{\mathrm{PST-DSMI}}=(\hat{\boldsymbol{R}}+\kappa_{\mathrm{dl}}\boldsymbol{I})^{-1}\boldsymbol{A}(\boldsymbol{A}^{\mathrm{H}}(\hat{\boldsymbol{R}}+\kappa_{\mathrm{dl}}\boldsymbol{I})^{-1}\boldsymbol{A})^{-1}\boldsymbol{C} \tag{4.95}$$

下面看几个仿真例子，例中主要考虑极化空时样本矩阵求逆自适应处理方法的下述两个指标：

（1）改善因子（IF）：输出信杂噪比与输入信杂噪比的比值，也即

$$\mathrm{IF}=\left(\frac{\operatorname{tr}(\hat{\boldsymbol{W}}^{\mathrm{H}}\boldsymbol{R}_{tt}\hat{\boldsymbol{W}})}{\operatorname{tr}(\hat{\boldsymbol{W}}^{\mathrm{H}}\boldsymbol{R}\hat{\boldsymbol{W}})}\right)\left(\frac{\operatorname{tr}(\boldsymbol{R}_{tt})}{\operatorname{tr}(\boldsymbol{R})}\right)^{-1} \tag{4.96}$$

（2）归一化改善因子，也即信杂噪比损失（SCNR loss），其定义为

$$\mathrm{SCNR\ loss}=\left(\frac{\operatorname{tr}(\hat{\boldsymbol{W}}^{\mathrm{H}}\boldsymbol{R}_{tt}\hat{\boldsymbol{W}})}{\operatorname{tr}(\hat{\boldsymbol{W}}^{\mathrm{H}}\boldsymbol{R}\hat{\boldsymbol{W}})}\right)\operatorname{tr}^{-1}(\boldsymbol{R}_{tt}) \tag{4.97}$$

其中，$\hat{\boldsymbol{W}}$为极化空时联合自适应处理实际采用的权矩阵。

例中$L=8$，$J=2$，$M=8$，$N=180$，$P=4$，PRF＝1200Hz，$v=200\mathrm{m/s}$，阵列平台高度为9km，$(\theta,\phi)=(176.1°,0°)$；$u_1=0.3333$，$\rho_1=0.5000-\mathrm{j}0.8860$；$u_{1,n}=1$，$\rho_{1,n}=\mathrm{j}0.9900$，杂噪比（CNR）为40dB。

首先考虑未极化分集，也即“$I=1$”的情形，图4.2所示为极化空时样本矩阵求逆自适应处理方法的信杂噪比损失随归一化多普勒频率变化的曲线，其中辅助样本数为50。

图4.2中的“PST-SMI1”和“PST-SMI2”分别指Ⅰ型和Ⅱ型极化空时样本矩阵求逆自适应处理方法，所采用的权矩阵分别为

$$\hat{\boldsymbol{W}}_{\mathrm{PST-SMI1}}=\hat{\boldsymbol{R}}^{-1}\boldsymbol{A}(\boldsymbol{A}^{\mathrm{H}}\hat{\boldsymbol{R}}^{-1}\boldsymbol{A})^{-1} \tag{4.98}$$

$$\hat{\boldsymbol{W}}_{\mathrm{PST-SMI2}}=\hat{\boldsymbol{R}}^{-1}\boldsymbol{A}(\boldsymbol{A}^{\mathrm{H}}\hat{\boldsymbol{R}}^{-1}\boldsymbol{A})^{-1}[\hat{\boldsymbol{h}},\boldsymbol{O}] \tag{4.99}$$

其中，$\hat{\boldsymbol{h}}$为$\boldsymbol{h}$的估计。

图中的理论最优值为将$\boldsymbol{C}=(\boldsymbol{A}^{\mathrm{H}}\boldsymbol{R}^{-1}\boldsymbol{A})[\boldsymbol{\beta},\boldsymbol{O}]$对应的最优权矩阵代入信杂噪比损失表达式所得的值：

$$(\boldsymbol{\beta}^{\mathrm{H}}\boldsymbol{A}^{\mathrm{H}}\boldsymbol{R}^{-1}\boldsymbol{A}\boldsymbol{\beta})^{-1}(\boldsymbol{\beta}^{\mathrm{H}}\boldsymbol{A}^{\mathrm{H}}\boldsymbol{R}^{-1}\boldsymbol{R}_{tt}\boldsymbol{R}^{-1}\boldsymbol{A}\boldsymbol{\beta})\operatorname{tr}^{-1}(\boldsymbol{R}_{tt}) \tag{4.100}$$

其中，$\boldsymbol{A}$、$\boldsymbol{R}$和$\boldsymbol{\beta}$均为真实值。

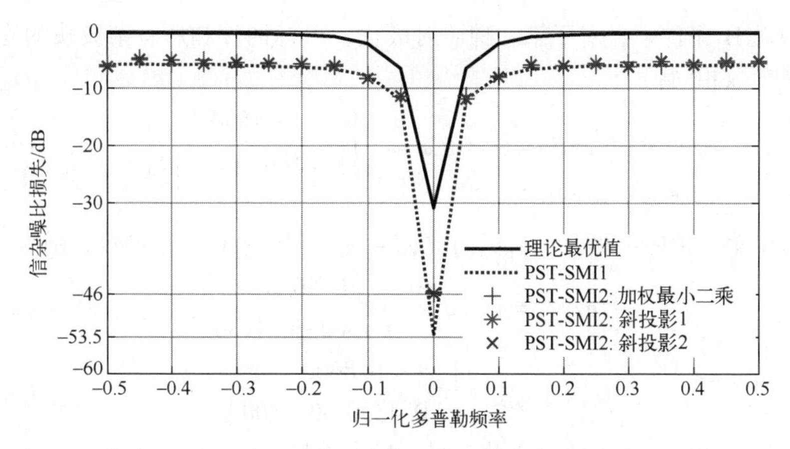

图 4.2　$I=1$ 条件下，极化空时样本矩阵求逆自适应处理方法信杂噪比损失随归一化多普勒频率变化的曲线：辅助样本数为 50

图 4.3 所示为极化空时样本矩阵求逆自适应处理方法的改善因子随辅助样本数变化的曲线，其中归一化多普勒频率为 0.2。

由图 4.2 和图 4.3 中所示结果可以看出，三种Ⅱ型极化空时样本矩阵求逆自适应处理方法的杂波抑制性能相近，较之Ⅰ型方法均有所提升，最大可改善约 7.5dB。

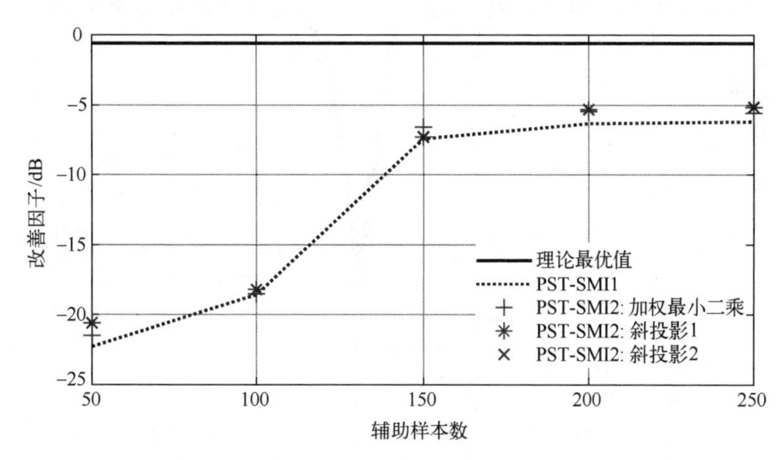

图 4.3　$I=1$ 条件下，极化空时样本矩阵求逆自适应处理方法改善因子随辅助样本数变化的曲线：归一化多普勒频率为 0.2

图 4.2 和图 4.3 所示均为单一极化照射下的结果，下面以加权最小二乘方法为例，进一步研究 $I=2$ 条件下，Ⅱ型极化空时样本矩阵求逆自适应处理方法的杂波抑制性能。

假设 H_1 条件下，对于第一种照射极化，目标回波和所有杂波块的完全极化分量参数相同：

$$\boldsymbol{p}_{\text{target},1}=\boldsymbol{p}_{\text{clutter},1,n}=\boldsymbol{p}_{30°,60°}=\begin{bmatrix}0.8660\\0.2500+\text{j}0.4330\end{bmatrix}\tag{4.101}$$

两者极化度分别为 1 和 0.9。

对于第二种照射极化，目标回波和杂波的完全极化分量参数分别为

$$\boldsymbol{p}_{\text{target},2}=\boldsymbol{p}_{60°,30°}=\begin{bmatrix}0.5000\\0.7500+\text{j}0.4330\end{bmatrix}\tag{4.102}$$

$$\boldsymbol{p}_{\text{clutter},2,n}=\begin{bmatrix}0.8600\\-0.4330-\text{j}0.2500\end{bmatrix}\tag{4.103}$$

此时目标回波与杂波的完全极化分量有较大差异：

$$\boldsymbol{p}^{\text{H}}_{\text{clutter},2,n}\boldsymbol{p}_{\text{target},2}\rightarrow 0\tag{4.104}$$

图 4.4 所示为未考虑极化分集和考虑极化分集两种情形下，加权最小二乘Ⅱ型极化空时样本矩阵求逆自适应处理方法信杂噪比损失随归一化多普勒频率变化的曲线，其中目标回波极化度为 1，杂波极化度分别为 0.9、0.5 和 0.2。

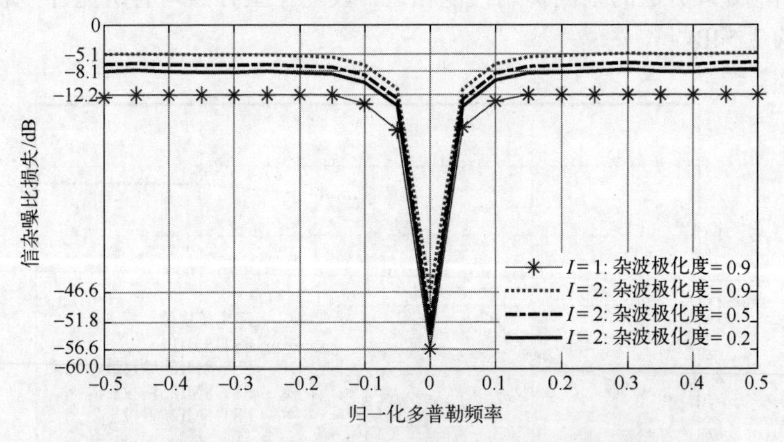

图 4.4 $I=1$ 与 $I=2$ 两种条件下，加权最小二乘Ⅱ型极化空时样本矩阵求逆自适应处理方法杂波抑制性能的比较：辅助样本数为 50

由图中所示结果可以看出，当目标与杂波空时差异较小时，较之单一极化照射样本矩阵求逆自适应处理方法，极化分集照射样本矩阵求逆自适应处理方法在弥补空时自适应处理的不足方面具有更大的潜力，在本例条件下，最大性能改善可达约 10dB。

4.2　多极化目标检测

4.2.1　经典多极化检测器

令 $Q=IJML$，其中 I、J、M、L 的定义与 4.1 节相同，考虑下述存在辅助数据的二元检测问题：

$$\mathrm{H}_0:\begin{cases}\boldsymbol{x}=\boldsymbol{u}\\ \boldsymbol{x}_k=\boldsymbol{u}_k,\ k=0,1,\cdots,K-1\end{cases}\tag{4.105}$$

$$\mathrm{H}_1:\begin{cases}\boldsymbol{x}=\boldsymbol{A}\boldsymbol{h}+\boldsymbol{u}\\ \boldsymbol{x}_k=\boldsymbol{u}_k,\ k=0,1,\cdots,K-1\end{cases}\tag{4.106}$$

其中，$\boldsymbol{x}$ 和 $\boldsymbol{x}_k$ 分别为 $Q\times1$ 维主数据矢量和辅助数据矢量，$\boldsymbol{u}$ 和 $\boldsymbol{u}_k$ 为 $Q\times1$ 维零均值复高斯矢量，其协方差矩阵为 $\boldsymbol{R}$，可通过辅助数据进行估计；$\boldsymbol{A}$ 和 $\boldsymbol{h}$ 的定义参见 4.1 节，但本节讨论不考虑目标回波和杂波的多普勒效应，主要强调极化信息在区分目标和杂波中的作用。

（1）多极化空时广义似然比检验（PST-GLRT）检测器[70]：考虑主数据和辅助数据的联合统计特性，并假设 $\boldsymbol{R}$ 和 $\boldsymbol{h}$ 均未知。

对于式（4.105）和式（4.106）所示的二元检测问题：

① 在 H_0 假设下，主数据和辅助数据的概率密度函数相同，两者的联合概率密度函数为

$$f_0(\boldsymbol{x},\boldsymbol{x}_0,\boldsymbol{x}_1,\cdots,\boldsymbol{x}_{K-1})=\left(\frac{\exp(-\mathrm{tr}(\boldsymbol{R}^{-1}\boldsymbol{R}_0))}{\pi^Q\det(\boldsymbol{R})}\right)^{K+1}\tag{4.107}$$

其中，$\boldsymbol{R}$ 未知，$\boldsymbol{R}_0$ 是 H_0 假设下 $\boldsymbol{R}$ 的最大似然估计，

$$\boldsymbol{R}_0=\frac{1}{K+1}\left(\boldsymbol{x}\boldsymbol{x}^{\mathrm{H}}+\sum_{k=0}^{K-1}\boldsymbol{x}_k\boldsymbol{x}_k^{\mathrm{H}}\right)\tag{4.108}$$

② 在 H_1 假设下，主数据和辅助数据的联合概率密度函数为

$$f_1(\boldsymbol{x},\boldsymbol{x}_0,\boldsymbol{x}_1,\cdots,\boldsymbol{x}_{K-1})=\left(\frac{\exp(-\mathrm{tr}(\boldsymbol{R}^{-1}\boldsymbol{R}_1))}{\pi^Q\det(\boldsymbol{R})}\right)^{K+1}\tag{4.109}$$

其中，$\boldsymbol{R}$ 和 $\boldsymbol{h}$ 未知，$\boldsymbol{R}_1$ 是 H_1 假设下 $\boldsymbol{R}$ 的最大似然估计，

$$\boldsymbol{R}_1=\frac{1}{K+1}\left((\boldsymbol{x}-\boldsymbol{A}\boldsymbol{h})(\boldsymbol{x}-\boldsymbol{A}\boldsymbol{h})^{\mathrm{H}}+\sum_{k=0}^{K-1}\boldsymbol{x}_k\boldsymbol{x}_k^{\mathrm{H}}\right)\tag{4.110}$$

注意到

$$\frac{\max\limits_{\boldsymbol{R}}f_1(\boldsymbol{x},\boldsymbol{x}_0,\boldsymbol{x}_1,\cdots,\boldsymbol{x}_{K-1})}{\max\limits_{\boldsymbol{R}}f_0(\boldsymbol{x},\boldsymbol{x}_0,\boldsymbol{x}_1,\cdots,\boldsymbol{x}_{K-1})}=\left(\frac{\det(\boldsymbol{R}_0)}{\det(\boldsymbol{R}_1)}\right)^{K+1}\tag{4.111}$$

所以似然比检验统计量可以定义为

$$\hbar=\frac{\max\limits_{\boldsymbol{R},\boldsymbol{h}} f_1(\boldsymbol{x},\boldsymbol{x}_0,\boldsymbol{x}_1,\cdots,\boldsymbol{x}_{K-1})}{\max\limits_{\boldsymbol{R}} f_0(\boldsymbol{x},\boldsymbol{x}_0,\boldsymbol{x}_1,\cdots,\boldsymbol{x}_{K-1})}=\max_{\boldsymbol{h}}\left(\frac{\det(\boldsymbol{R}_0)}{\det(\boldsymbol{R}_1)}\right)^{K+1}=\frac{\det(\boldsymbol{R}_0)}{\min\limits_{\boldsymbol{h}}(\det(\boldsymbol{R}_1))} \tag{4.112}$$

检测准则为

$$\hbar \underset{\mathrm{H}_0}{\overset{\mathrm{H}_1}{\gtrless}} V_{\mathrm{T}} \tag{4.113}$$

其中，V_{T}为判决门限。

再注意到

$$(K+1)^Q\det(\boldsymbol{R}_0)=\det(\hat{\boldsymbol{C}})(1+\boldsymbol{x}^{\mathrm{H}}\hat{\boldsymbol{C}}^{-1}\boldsymbol{x}) \tag{4.114}$$

$$(K+1)^Q\det(\boldsymbol{R}_1)=\det(\hat{\boldsymbol{C}})(1+(\boldsymbol{x}-\boldsymbol{A}\boldsymbol{h})^{\mathrm{H}}\hat{\boldsymbol{C}}^{-1}(\boldsymbol{x}-\boldsymbol{A}\boldsymbol{h})) \tag{4.115}$$

式中：$\hat{\boldsymbol{C}}=\sum\limits_{k=0}^{K-1}\boldsymbol{x}_k\boldsymbol{x}_k^{\mathrm{H}}$。

由此可将 $\hbar$ 写成

$$\hbar=\frac{1+\boldsymbol{x}^{\mathrm{H}}\hat{\boldsymbol{C}}^{-1}\boldsymbol{x}}{\min\limits_{\boldsymbol{h}}(1+(\boldsymbol{x}-\boldsymbol{A}\boldsymbol{h})^{\mathrm{H}}\hat{\boldsymbol{C}}^{-1}(\boldsymbol{x}-\boldsymbol{A}\boldsymbol{h}))} \tag{4.116}$$

定义

$$\begin{aligned}\hat{\boldsymbol{h}}&=\arg\min_{\boldsymbol{h}}((\boldsymbol{x}-\boldsymbol{A}\boldsymbol{h})^{\mathrm{H}}\hat{\boldsymbol{C}}^{-1}(\boldsymbol{x}-\boldsymbol{A}\boldsymbol{h}))\\&=\arg\min_{\boldsymbol{h}}(\boldsymbol{x}^{\mathrm{H}}\hat{\boldsymbol{C}}^{-1}\boldsymbol{x}-\boldsymbol{x}^{\mathrm{H}}\hat{\boldsymbol{C}}^{-1}\boldsymbol{A}\boldsymbol{h}-\boldsymbol{h}^{\mathrm{H}}\boldsymbol{A}^{\mathrm{H}}\hat{\boldsymbol{C}}^{-1}\boldsymbol{x}+\boldsymbol{h}^{\mathrm{H}}\boldsymbol{A}^{\mathrm{H}}\hat{\boldsymbol{C}}^{-1}\boldsymbol{A}\boldsymbol{h})\\&=(\boldsymbol{A}^{\mathrm{H}}\hat{\boldsymbol{C}}^{-1}\boldsymbol{A})^{-1}\boldsymbol{A}^{\mathrm{H}}\hat{\boldsymbol{C}}^{-1}\boldsymbol{x}=(\boldsymbol{A}^{\mathrm{H}}\hat{\boldsymbol{R}}^{-1}\boldsymbol{A})^{-1}\boldsymbol{A}^{\mathrm{H}}\hat{\boldsymbol{R}}^{-1}\boldsymbol{x}\end{aligned} \tag{4.117}$$

其中，$\hat{\boldsymbol{R}}=\frac{1}{K}\sum\limits_{k=0}^{K-1}\boldsymbol{x}_k\boldsymbol{x}_k^{\mathrm{H}}=\frac{1}{K}\hat{\boldsymbol{C}}$。

与式（4.45）中给出的 $\boldsymbol{h}_{\mathrm{wls}}$ 进行对比可以发现，式（4.117）所定义的$\hat{\boldsymbol{h}}$可以视为 $\boldsymbol{h}$ 的近似加权最小二乘解：将加权最小二乘解 $\boldsymbol{h}_{\mathrm{wls}}$ 中的杂波加噪声协方差矩阵 $\boldsymbol{R}$ 用其估计$\hat{\boldsymbol{R}}$代替。

再注意到

$$\begin{aligned}\mathcal{J}(\boldsymbol{h})&=1+(\boldsymbol{x}-\boldsymbol{A}\boldsymbol{h})^{\mathrm{H}}\hat{\boldsymbol{C}}^{-1}(\boldsymbol{x}-\boldsymbol{A}\boldsymbol{h})\\&=1+\boldsymbol{x}^{\mathrm{H}}\hat{\boldsymbol{C}}^{-1}\boldsymbol{x}-\boldsymbol{x}^{\mathrm{H}}\hat{\boldsymbol{C}}^{-1}\boldsymbol{A}\boldsymbol{h}-\boldsymbol{h}^{\mathrm{H}}\boldsymbol{A}^{\mathrm{H}}\hat{\boldsymbol{C}}^{-1}\boldsymbol{x}+\boldsymbol{h}^{\mathrm{H}}\boldsymbol{A}^{\mathrm{H}}\hat{\boldsymbol{C}}^{-1}\boldsymbol{A}\boldsymbol{h}\end{aligned} \tag{4.118}$$

将 $\mathcal{J}(\boldsymbol{h})$ 对 $\boldsymbol{h}$ 求导，并令结果为零，可得

$$\boldsymbol{A}^{\mathrm{H}}\hat{\boldsymbol{C}}^{-1}\boldsymbol{A}\boldsymbol{h}-\boldsymbol{A}^{\mathrm{H}}\hat{\boldsymbol{C}}^{-1}\boldsymbol{x}=\boldsymbol{o}\Rightarrow\boldsymbol{h}=(\boldsymbol{A}^{\mathrm{H}}\hat{\boldsymbol{C}}^{-1}\boldsymbol{A})^{-1}\boldsymbol{A}^{\mathrm{H}}\hat{\boldsymbol{C}}^{-1}\boldsymbol{x} \tag{4.119}$$

由此可见，式（4.117）所定义的$\hat{\boldsymbol{h}}$，也正是问题$\min\limits_{\boldsymbol{h}}\mathcal{J}(\boldsymbol{h})$的解，也即

$$\min_{\boldsymbol{h}}(1+(\boldsymbol{x}-\boldsymbol{A}\boldsymbol{h})^{\mathrm{H}}\hat{\boldsymbol{C}}^{-1}(\boldsymbol{x}-\boldsymbol{A}\boldsymbol{h}))=1+(\boldsymbol{x}-\boldsymbol{A}\hat{\boldsymbol{h}})^{\mathrm{H}}\hat{\boldsymbol{C}}^{-1}(\boldsymbol{x}-\boldsymbol{A}\hat{\boldsymbol{h}}) \tag{4.120}$$

再将上述结果代入式（4.116），可得

$$\hbar=\frac{1+\boldsymbol{x}^{\mathrm{H}}\hat{\boldsymbol{C}}^{-1}\boldsymbol{x}}{1+(\boldsymbol{x}-\boldsymbol{A}\hat{\boldsymbol{h}})^{\mathrm{H}}\hat{\boldsymbol{C}}^{-1}(\boldsymbol{x}-\boldsymbol{A}\hat{\boldsymbol{h}})}=\frac{1+\boldsymbol{x}^{\mathrm{H}}\hat{\boldsymbol{C}}^{-1}\boldsymbol{x}}{1+\boldsymbol{x}^{\mathrm{H}}\hat{\boldsymbol{C}}^{-1}\boldsymbol{x}-\boldsymbol{x}^{\mathrm{H}}\hat{\boldsymbol{C}}^{-1}\boldsymbol{A}(\boldsymbol{A}^{\mathrm{H}}\hat{\boldsymbol{C}}^{-1}\boldsymbol{A})^{-1}\boldsymbol{A}^{\mathrm{H}}\hat{\boldsymbol{C}}^{-1}\boldsymbol{x}} \tag{4.121}$$

如果 $\hbar>V_{\mathrm{T}}$，则

$$1-\frac{\boldsymbol{x}^{\mathrm{H}}\hat{\boldsymbol{C}}^{-1}\boldsymbol{A}(\boldsymbol{A}^{\mathrm{H}}\hat{\boldsymbol{C}}^{-1}\boldsymbol{A})^{-1}\boldsymbol{A}^{\mathrm{H}}\hat{\boldsymbol{C}}^{-1}\boldsymbol{x}}{1+\boldsymbol{x}^{\mathrm{H}}\hat{\boldsymbol{C}}^{-1}\boldsymbol{x}}<\frac{1}{V_{\mathrm{T}}} \tag{4.122}$$

也即

$$\frac{\boldsymbol{x}^{\mathrm{H}}\hat{\boldsymbol{C}}^{-1}\boldsymbol{A}(\boldsymbol{A}^{\mathrm{H}}\hat{\boldsymbol{C}}^{-1}\boldsymbol{A})^{-1}\boldsymbol{A}^{\mathrm{H}}\hat{\boldsymbol{C}}^{-1}\boldsymbol{x}}{1+\boldsymbol{x}^{\mathrm{H}}\hat{\boldsymbol{C}}^{-1}\boldsymbol{x}}=\hbar_{\text{PST-GLRT}}>\frac{V_{\mathrm{T}}-1}{V_{\mathrm{T}}}=V_{\text{PST-GLRT}} \tag{4.123}$$

由此可得下述多极化空时广义似然比检验准则：

$$\hbar_{\text{PST-GLRT}}=\frac{\boldsymbol{x}^{\mathrm{H}}\hat{\boldsymbol{R}}^{-1}\boldsymbol{A}(\boldsymbol{A}^{\mathrm{H}}\hat{\boldsymbol{R}}^{-1}\boldsymbol{A})^{-1}\boldsymbol{A}^{\mathrm{H}}\hat{\boldsymbol{R}}^{-1}\boldsymbol{x}}{K+\boldsymbol{x}^{\mathrm{H}}\hat{\boldsymbol{R}}^{-1}\boldsymbol{x}}\mathop{\gtrless}_{\mathrm{H}_0}^{\mathrm{H}_1}V_{\text{PST-GLRT}}=\frac{V_{\mathrm{T}}-1}{V_{\mathrm{T}}} \tag{4.124}$$

多极化空时广义似然比检测方法需要不少于处理维数的辅助数据，以使得杂波加噪声协方差矩阵估计为非奇异矩阵，所以一般只适用于均匀/平稳、高斯杂波环境[71]。对于非均匀/非平稳杂波环境，可通过局域化（空时域二维傅里叶变换）技术加以修正[72]；对于非高斯（复合高斯）杂波环境，可以通过纹理分离技术加以修正[73]。

此外，若 $\boldsymbol{h}$ 可以写成 $\alpha\boldsymbol{\beta}$ 的形式，其中 α 为未知的复常数，$\boldsymbol{\beta}$ 为已知的确定复矢量，则式（4.112）可以修正为

$$\hbar=\frac{\det(\boldsymbol{R}_0)}{\min\limits_{\alpha}(\det(\boldsymbol{R}_1))} \tag{4.125}$$

由于

$$\arg\min_{\alpha}(\det(\boldsymbol{R}_1))=(\boldsymbol{\beta}^{\mathrm{H}}\boldsymbol{A}^{\mathrm{H}}\hat{\boldsymbol{C}}^{-1}\boldsymbol{A}\boldsymbol{\beta})^{-1}(\boldsymbol{\beta}^{\mathrm{H}}\boldsymbol{A}^{\mathrm{H}}\hat{\boldsymbol{C}}^{-1}\boldsymbol{x}) \tag{4.126}$$

所以

$$\hbar=\frac{1+\boldsymbol{x}^{\mathrm{H}}\hat{\boldsymbol{C}}^{-1}\boldsymbol{x}}{1+\boldsymbol{x}^{\mathrm{H}}\hat{\boldsymbol{C}}^{-1}\boldsymbol{x}-\dfrac{|\boldsymbol{\beta}^{\mathrm{H}}\boldsymbol{A}^{\mathrm{H}}\hat{\boldsymbol{C}}^{-1}\boldsymbol{x}|^2}{\boldsymbol{\beta}^{\mathrm{H}}\boldsymbol{A}^{\mathrm{H}}\hat{\boldsymbol{C}}^{-1}\boldsymbol{A}\boldsymbol{\beta}}}=\frac{1}{1-\dfrac{|\boldsymbol{\beta}^{\mathrm{H}}\boldsymbol{A}^{\mathrm{H}}\hat{\boldsymbol{C}}^{-1}\boldsymbol{x}|^2}{(\boldsymbol{\beta}^{\mathrm{H}}\boldsymbol{A}^{\mathrm{H}}\hat{\boldsymbol{C}}^{-1}\boldsymbol{A}\boldsymbol{\beta})(1+\boldsymbol{x}^{\mathrm{H}}\hat{\boldsymbol{C}}^{-1}\boldsymbol{x})}} \tag{4.127}$$

据此可以重新定义多极化空时广义似然比检验统计量如下：

$$\hbar_{\text{SPST-GLRT}}=\frac{|\boldsymbol{\beta}^{\mathrm{H}}\boldsymbol{A}^{\mathrm{H}}\hat{\boldsymbol{C}}^{-1}\boldsymbol{x}|^2}{(\boldsymbol{\beta}^{\mathrm{H}}\boldsymbol{A}^{\mathrm{H}}\hat{\boldsymbol{C}}^{-1}\boldsymbol{A}\boldsymbol{\beta})(1+\boldsymbol{x}^{\mathrm{H}}\hat{\boldsymbol{C}}^{-1}\boldsymbol{x})} \tag{4.128}$$

相应方法称为指定极化空时广义似然比检验（SPST-GLRT）方法。

（2）多极化自适应匹配滤波（PAMF）检测器[74]：考虑主数据的统计特性，假设 $\boldsymbol{R}$ 已知，但 $\boldsymbol{h}$ 未知。

仍然考虑式（4.105）和式（4.106）所示的二元检测问题，在 H_0 假设下，主数据的概率密度函数为

$$f_0(\boldsymbol{x})=\frac{\exp(-\boldsymbol{x}^{\mathrm{H}}\boldsymbol{R}^{-1}\boldsymbol{x})}{\pi^{Q}\det(\boldsymbol{R})} \tag{4.129}$$

其中，$\boldsymbol{R}$ 假定已知。

在 H_1 假设下，主数据的概率密度函数为

$$f_1(\boldsymbol{x})=\frac{\exp(-(\boldsymbol{x}-\boldsymbol{A}\boldsymbol{h})^{\mathrm{H}}\boldsymbol{R}^{-1}(\boldsymbol{x}-\boldsymbol{A}\boldsymbol{h}))}{\pi^{Q}\det(\boldsymbol{R})} \tag{4.130}$$

其中，$\boldsymbol{R}$ 假定已知，而 $\boldsymbol{h}$ 未知。

由此，广义似然比检验统计量可以定义为

$$\begin{aligned}\hbar&=\ln\left(\frac{\max\limits_{\boldsymbol{h}} f_1(\boldsymbol{x})}{f_0(\boldsymbol{x})}\right)=\ln\left(\frac{\exp(-(\boldsymbol{x}-\boldsymbol{A}\hat{\boldsymbol{h}})^{\mathrm{H}}\boldsymbol{R}^{-1}(\boldsymbol{x}-\boldsymbol{A}\hat{\boldsymbol{h}}))}{\exp(-\boldsymbol{x}^{\mathrm{H}}\boldsymbol{R}^{-1}\boldsymbol{x})}\right)\\&=-(\boldsymbol{x}-\boldsymbol{A}\hat{\boldsymbol{h}})^{\mathrm{H}}\boldsymbol{R}^{-1}(\boldsymbol{x}-\boldsymbol{A}\hat{\boldsymbol{h}})+\boldsymbol{x}^{\mathrm{H}}\boldsymbol{R}^{-1}\boldsymbol{x}\\&=\boldsymbol{x}^{\mathrm{H}}\boldsymbol{R}^{-1}\boldsymbol{A}(\boldsymbol{A}^{\mathrm{H}}\boldsymbol{R}^{-1}\boldsymbol{A})^{-1}\boldsymbol{A}^{\mathrm{H}}\boldsymbol{R}^{-1}\boldsymbol{x}=\|\boldsymbol{W}_{\mathrm{PAMF}}^{\mathrm{H}}\boldsymbol{x}\|_2^2\end{aligned} \tag{4.131}$$

式中：

$$\hat{\boldsymbol{h}}=\arg\min_{\boldsymbol{h}}(\boldsymbol{x}-\boldsymbol{A}\boldsymbol{h})^{\mathrm{H}}\boldsymbol{R}^{-1}(\boldsymbol{x}-\boldsymbol{A}\boldsymbol{h})=(\boldsymbol{A}^{\mathrm{H}}\boldsymbol{R}^{-1}\boldsymbol{A})^{-1}\boldsymbol{A}^{\mathrm{H}}\boldsymbol{R}^{-1}\boldsymbol{x} \tag{4.132}$$

$$\boldsymbol{W}_{\mathrm{PAMF}}=\boldsymbol{R}^{-1}\boldsymbol{A}(\boldsymbol{A}^{\mathrm{H}}\boldsymbol{R}^{-1}\boldsymbol{A})^{-1/2} \tag{4.133}$$

比较式（4.132）中所定义的 $\hat{\boldsymbol{h}}$ 与式（4.45）所给出的 $\boldsymbol{h}_{\mathrm{wls}}$ 可以发现，当 $\boldsymbol{R}$ 已知时，$\boldsymbol{h}$ 的加权最小二乘解在本节假设下也是其最大似然解。

将式（4.131）中的 $\boldsymbol{R}$ 用 $\hat{\boldsymbol{C}}$ 代替（也可以用 $\hat{\boldsymbol{R}}$ 代替），最终可得到下述检测准则：

$$\hbar_{\mathrm{PAMF}}=\boldsymbol{x}^{\mathrm{H}}\hat{\boldsymbol{C}}^{-1}\boldsymbol{A}(\boldsymbol{A}^{\mathrm{H}}\hat{\boldsymbol{C}}^{-1}\boldsymbol{A})^{-1}\boldsymbol{A}^{\mathrm{H}}\hat{\boldsymbol{C}}^{-1}\boldsymbol{x}\underset{\mathrm{H}_0}{\overset{\mathrm{H}_1}{\lessgtr}}V_{\mathrm{PAMF}} \tag{4.134}$$

注意到 $\boldsymbol{W}_{\mathrm{PAMF}}^{\mathrm{H}}\boldsymbol{x}$ 又可视为极化空时联合自适应处理的结果：

$$\min_{\boldsymbol{W}}\operatorname{tr}(\boldsymbol{W}^{\mathrm{H}}\boldsymbol{R}\boldsymbol{W})\ \text{ s.t. }\ \boldsymbol{W}^{\mathrm{H}}\boldsymbol{A}=(\boldsymbol{A}^{\mathrm{H}}\boldsymbol{R}^{-1}\boldsymbol{A})^{1/2} \tag{4.135}$$

故此得名多极化自适应匹配滤波方法。

若 $\boldsymbol{h}$ 可以写成 $\alpha\boldsymbol{\beta}$ 的形式，其中 α 为未知的复常数，$\boldsymbol{\beta}$ 为已知的确定复矢

量，则式（4.131）可以修正为

$$\hbar=\ln\left(\frac{\max\limits_{\alpha} f_1(\boldsymbol{x})}{f_0(\boldsymbol{x})}\right) \tag{4.136}$$

其中，$f_1(\boldsymbol{x})=\dfrac{\exp(-(\boldsymbol{x}-\alpha\boldsymbol{A\beta})^{\mathrm{H}}\boldsymbol{R}^{-1}(\boldsymbol{x}-\alpha\boldsymbol{A\beta}))}{\pi^{Q}\det(\boldsymbol{R})}$。

由于

$$\arg\max_{\alpha} f_1(\boldsymbol{x})=(\boldsymbol{\beta}^{\mathrm{H}}\boldsymbol{A}^{\mathrm{H}}\boldsymbol{R}^{-1}\boldsymbol{A\beta})^{-1}(\boldsymbol{\beta}^{\mathrm{H}}\boldsymbol{A}^{\mathrm{H}}\boldsymbol{R}^{-1}\boldsymbol{x}) \tag{4.137}$$

所以

$$\hbar=\frac{|\boldsymbol{\beta}^{\mathrm{H}}\boldsymbol{A}^{\mathrm{H}}\boldsymbol{R}^{-1}\boldsymbol{x}|^2}{\boldsymbol{\beta}^{\mathrm{H}}\boldsymbol{A}^{\mathrm{H}}\boldsymbol{R}^{-1}\boldsymbol{A\beta}}=\left|\left(\frac{\boldsymbol{R}^{-1}\boldsymbol{A\beta}}{\sqrt{\boldsymbol{\beta}^{\mathrm{H}}\boldsymbol{A}^{\mathrm{H}}\boldsymbol{R}^{-1}\boldsymbol{A\beta}}}\right)^{\mathrm{H}}\boldsymbol{x}\right|^2 \tag{4.138}$$

据此可以重新定义多极化自适应匹配滤波检验统计量为

$$\hbar_{\mathrm{SPAMF}}=(\boldsymbol{\beta}^{\mathrm{H}}\boldsymbol{A}^{\mathrm{H}}\hat{\boldsymbol{C}}^{-1}\boldsymbol{A\beta})^{-1}|\boldsymbol{\beta}^{\mathrm{H}}\boldsymbol{A}^{\mathrm{H}}\hat{\boldsymbol{C}}^{-1}\boldsymbol{x}|^2 \tag{4.139}$$

相应方法称为指定极化自适应匹配滤波（SPAMF）方法。

多极化自适应匹配滤波方法的推导过程虽然未涉及辅助数据特性，但最终的检验统计量构造仍然需要通过辅助数据对杂波加噪声协方差矩阵进行估计，所以一般也仅适用于均匀、平稳、高斯杂波环境。

4.2.2 Ⅰ型多极化正则检测器

本节讨论存在辅助数据条件下，一种包含多个正则化参数的多极化检验统计量范式，相应的检测器称为Ⅰ型多极化正则检测器（PRD1），4.2.1 节所介绍的两种经典多极化检测方法，都可以视为该型多极化正则检测方法的特殊情形。

所谓Ⅰ型多极化正则检测器，其检验统计量为[75]

$$\hbar_{\mathrm{PRD1}}=((\kappa_1+\kappa_2\boldsymbol{x}^{\mathrm{H}}\hat{\boldsymbol{C}}^{-1}\boldsymbol{x})(1+\kappa_3(\boldsymbol{x}^{\mathrm{H}}\hat{\boldsymbol{C}}^{-1}\boldsymbol{x}-\hbar_0)))^{-1}\hbar_0 \tag{4.140}$$

其中，$\kappa_1\geqslant0$、$\kappa_2\geqslant0$ 和 $\kappa_3\geqslant0$ 为三个可调正则化参数，$\hbar_0=\hbar_{\mathrm{PAMF}}$。

式（4.140）所示的Ⅰ型多极化正则检测框架涵盖多种已有的检测器，更重要的是，通过对三个正则化参数 κ_1、κ_2 和 κ_3 的适当调整，还可以提高多极化检测对阵列误差的鲁棒性。

下面考虑几种特殊情形：

（1）当 $\kappa_1=1$，$\kappa_2=0$，$\kappa_3=0$ 时，PRD1 检测方法退化为多极化自适应匹配滤波方法：

$$\hbar_{\mathrm{PRD1}}=\hbar_0=\hbar_{\mathrm{PAMF}}=\boldsymbol{x}^{\mathrm{H}}(\hat{\boldsymbol{C}}^{-1}\boldsymbol{A}(\boldsymbol{A}^{\mathrm{H}}\hat{\boldsymbol{C}}^{-1}\boldsymbol{A})^{-1}\boldsymbol{A}^{\mathrm{H}}\hat{\boldsymbol{C}}^{-1})\boldsymbol{x} \tag{4.141}$$

（2）当 $\kappa_1=1$，$\kappa_2=1$，$\kappa_3=0$ 时，PRD1 检测方法退化为多极化空时广义

似然比检验方法：

$$\hbar_{\text{PRD1}}=(1+\boldsymbol{x}^{\text{H}}\hat{\boldsymbol{C}}^{-1}\boldsymbol{x})^{-1}\hbar_0=\hbar_{\text{PST-GLRT}} \tag{4.142}$$

（3）当 $\kappa_1=1$、$\kappa_2=1$、$\kappa_3=1$ 时，PRD1 检测方法可以视为 Rao 检验方法[76]的多极化推广，称为多极化 Rao 检验（PRT）方法：

$$\hbar_{\text{PRD1}}=((1+\boldsymbol{x}^{\text{H}}\hat{\boldsymbol{C}}^{-1}\boldsymbol{x})(1+\boldsymbol{x}^{\text{H}}\hat{\boldsymbol{C}}^{-1}\boldsymbol{x}-\hbar_0))^{-1}\hbar_0=\hbar_{\text{PRT}} \tag{4.143}$$

（4）当 $\kappa_1=1$，$\kappa_2=1$，κ_3可调时，PRD1 检测方法退化为下述多极化改进 Rao 检验（MRT）方法[76]：

$$\hbar_{\text{PRD1}}=((1+\boldsymbol{x}^{\text{H}}\hat{\boldsymbol{C}}^{-1}\boldsymbol{x})(1+\kappa_3(\boldsymbol{x}^{\text{H}}\hat{\boldsymbol{C}}^{-1}\boldsymbol{x}-\hbar_0)))^{-1}\hbar_0=\hbar_{\text{MRT}} \tag{4.144}$$

（5）当 $\kappa_1=1$，κ_2和 κ_3均可调时，PRD1 检测方法退化为

$$\hbar_{\text{PRD1}}=((1+\kappa_2\boldsymbol{x}^{\text{H}}\hat{\boldsymbol{C}}^{-1}\boldsymbol{x})(1+\kappa_3(\boldsymbol{x}^{\text{H}}\hat{\boldsymbol{C}}^{-1}\boldsymbol{x}-\hbar_0)))^{-1}\hbar_0=\hbar_{\text{TRT}} \tag{4.145}$$

简称多极化可调 Rao 检验（TRT）方法。

（6）当 $\kappa_1=0$，$\kappa_2=1$，$\kappa_3=0$ 时，PRD1 检测方法可以视为自适应子空间检测方法[77]的多极化推广，称为多极化自适应子空间检测方法（PASD）：

$$\hbar_{\text{PRD1}}=(\boldsymbol{x}^{\text{H}}\hat{\boldsymbol{C}}^{-1}\boldsymbol{x})^{-1}\hbar_0=\hbar_{\text{PASD}} \tag{4.146}$$

上述Ⅰ型多极化正则检测器还可作式（4.147）所示推广，称为推广的Ⅰ型多极化正则检测器（GPRD1）：

$$\hbar_{\text{GPRD1}}=((\kappa_1+\kappa_2\boldsymbol{x}^{\text{H}}\hat{\boldsymbol{C}}^{-1}\boldsymbol{x})(1+\kappa_3(\boldsymbol{x}^{\text{H}}\hat{\boldsymbol{C}}^{-1}\boldsymbol{x}-\hbar_1)))^{-1}\hbar_1 \tag{4.147}$$

其中，$\hbar_1=\hbar_{\text{SPAMF}}$。

下面看几个仿真例子，例中阵列为双极化通道等距线阵，$L=5$，$J=2$，$I=M=1$，$Q=10$；$\boldsymbol{A}=\boldsymbol{I}_2\otimes\boldsymbol{s}_{f_{\text{s}}}$，其中 $\boldsymbol{s}_{f_{\text{s}}}$ 的定义参见式（4.25）；采用 $100/P_{\text{fa}}$ 次独立试验确定检测门限，其中 P_{fa} 为虚警概率；$\boldsymbol{u}$ 的协方差矩阵为

$$\boldsymbol{R}=\sigma^2\boldsymbol{M}_{\text{n}}\otimes\boldsymbol{\Sigma}_{\text{n}} \tag{4.148}$$

其中，σ^2为$\mathbb{H}$ 通道中的噪声功率，$\boldsymbol{\Sigma}_{\text{n}}$为 $L\times L$ 维矩阵：$\boldsymbol{\Sigma}_{\text{n}}(m,n)=0.9^{|m-n|^2}$，$\boldsymbol{M}_{\text{n}}$为 2×2 维矩阵，

$$\boldsymbol{M}_{\text{n}}=\begin{bmatrix}1 & \sqrt{u_{\text{n}}}\rho_{\text{n}}\\ \sqrt{u_{\text{n}}}\rho_{\text{n}}^* & u_{\text{n}}\end{bmatrix} \tag{4.149}$$

其中，$\boldsymbol{u}_{\text{n}}$和 ρ_{n}分别为两个极化通道的噪声功率比和相关系数。

考虑起伏目标，并假设 $\boldsymbol{h}$ 为零均值随机矢量，其协方差矩阵为

$$\boldsymbol{M}_{\text{t}}=\sigma_{\text{t}}^2\begin{bmatrix}1 & \sqrt{u_{\text{t}}}\rho_{\text{t}}\\ \sqrt{u_{\text{t}}}\rho_{\text{t}}^* & u_{\text{t}}\end{bmatrix} \tag{4.150}$$

其中，u_{t}和 ρ_{t}分别为两个极化通道的目标功率比和相关系数，σ_{t}^2为$\mathbb{H}$ 极化通道

的目标功率。

天线间距为半个信号波长，也即 $f_s=0.5\sin\theta\cos\phi$，对应的标称几何流形矢量为

$$\hat{\boldsymbol{s}}_{f_s}=\frac{1}{\sqrt{L}}[1,\mathrm{e}^{\mathrm{j}\pi\sin\theta\cos\phi},\cdots,\mathrm{e}^{\mathrm{j}\pi(L-1)\sin\theta\cos\phi}]^{\mathrm{T}} \tag{4.151}$$

首先研究真实目标流形矢量与标称目标流形矢量一致，也即匹配情形下，Ⅰ型多极化正则检测器的检测性能，并与多极化 Rao 检验、自适应子空间检测、空时广义似然比检验、自适应匹配滤波等检测器的性能进行比较。

图 4.5~图 4.7 所示为几种方法的检测概率 P_d（10^5 次独立试验结果的平均）随信噪比和辅助数据样本数变化的曲线，其中 $\mu_t=0$，$\rho_t=1$，$\mu_n=0.95$，$\rho_n=1$，虚警概率 $P_{fa}=10^{-2}$，$\theta=10°$，$\phi=0°$。

由图 4.5 和图 4.6 所示结果可以看出，短辅助数据样本情形下（图 4.5 中，辅助样本数为 12；图 4.6 中，辅助样本数为 15），Ⅰ型多极化正则检测器在 $\kappa_1=2$，$\kappa_2=1$，$\kappa_3=1$ 时（图中“(2,1,1)”所对应的曲线）的检验概率相对较低，但优于多极化 Rao 检验，也即 $\kappa_1=1$，$\kappa_2=1$，$\kappa_3=1$ 时的多极化正则检测器，这也说明短辅助数据样本下，Ⅰ型多极化正则检测器的检测性能与正则化参数的选择有关，本例中增大参数 κ_1 的值，对提高检测概率是有益的。

综合图 4.5~图 4.7 所示的结果还可以看出，随着辅助数据样本的增多，几种比较方法的检测性能趋于相同。

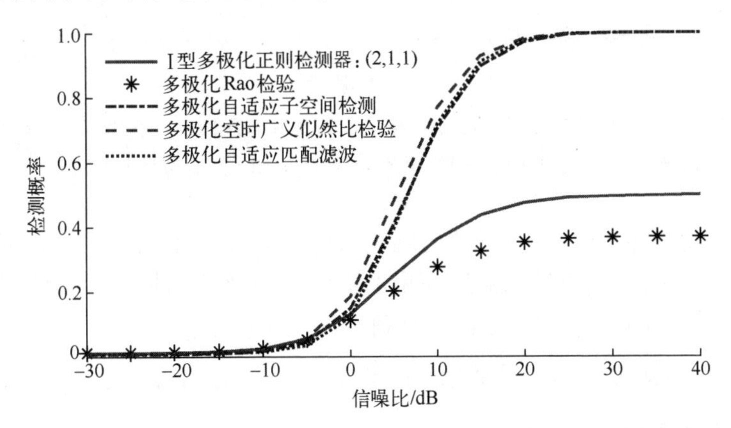

图 4.5　真实目标流形矢量与标称目标流形矢量匹配条件下，各比较方法的检测概率随信噪比变化的曲线：虚警概率 $P_{fa}=10^{-2}$；辅助样本数为 12

下面比较真实目标流形矢量与标称目标流形矢量不一致，也即失配情形

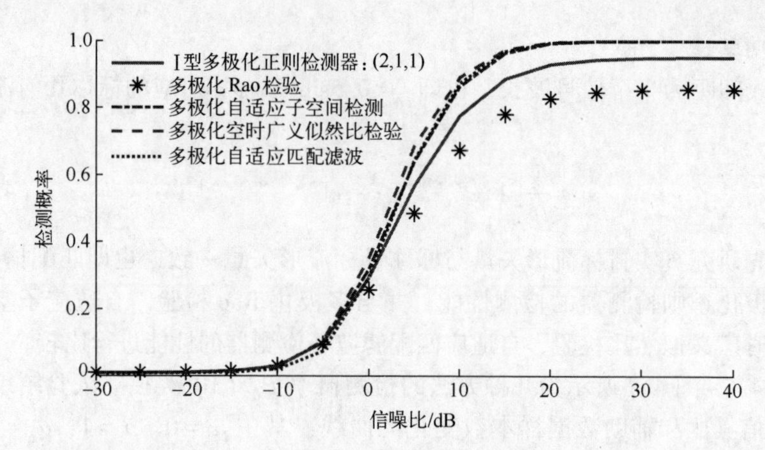

图 4.6 真实目标流形矢量与标称目标流形矢量匹配条件下，各比较方法的检测概率随信噪比变化的曲线：虚警概率 $P_{\mathrm{fa}}=10^{-2}$；辅助样本数为 15

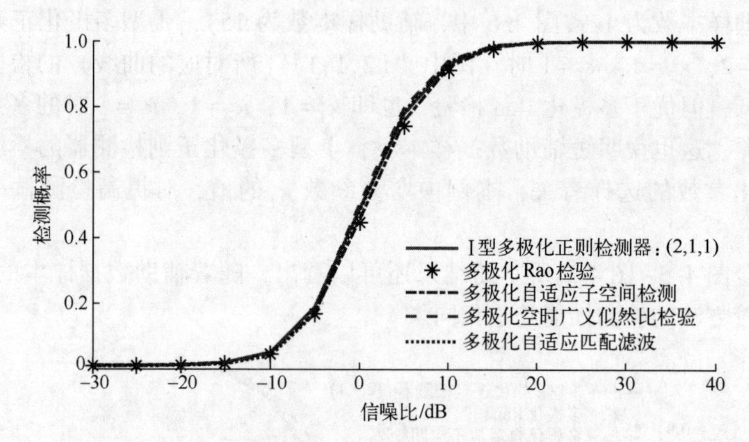

图 4.7 真实目标流形矢量与标称目标流形矢量匹配条件下，各比较方法的检测概率随信噪比变化的曲线：虚警概率 $P_{\mathrm{fa}}=10^{-2}$；辅助样本数为 20

下，几种方法的检测性能，以及正则化参数的选择对 I 型多极化正则检测器检测性能的影响，例中目标流形矢量的失配由白化后的标称目标流形矢量空间和真实目标流形矢量空间之间的夹角 $\Delta\psi$ 来描述[76]：

$$\cos^2\Delta\psi=(\mathrm{tr}(\boldsymbol{A}^{\mathrm{H}}\boldsymbol{R}^{-1}\boldsymbol{A})\mathrm{tr}(\hat{\boldsymbol{A}}^{\mathrm{H}}\boldsymbol{R}^{-1}\hat{\boldsymbol{A}}))^{-1}|\mathrm{tr}(\boldsymbol{A}^{\mathrm{H}}\boldsymbol{R}^{-1}\hat{\boldsymbol{A}})|^2 \tag{4.152}$$

其中，$\hat{\boldsymbol{A}}$为 $\boldsymbol{A}$ 的标称值。

图 4.8 和图 4.9 所示为不同信噪比条件下，各比较方法的检测概率随 $\cos^2\Delta\psi$ 变化的曲线，其中 $\mu_{\mathrm{t}}=0$，$\rho_{\mathrm{t}}=1$，$\mu_{\mathrm{n}}=0.95$，$\rho_{\mathrm{n}}=1$，虚警概率 $P_{\mathrm{fa}}=10^{-2}$；$\theta=10°$，$\phi=0°$。

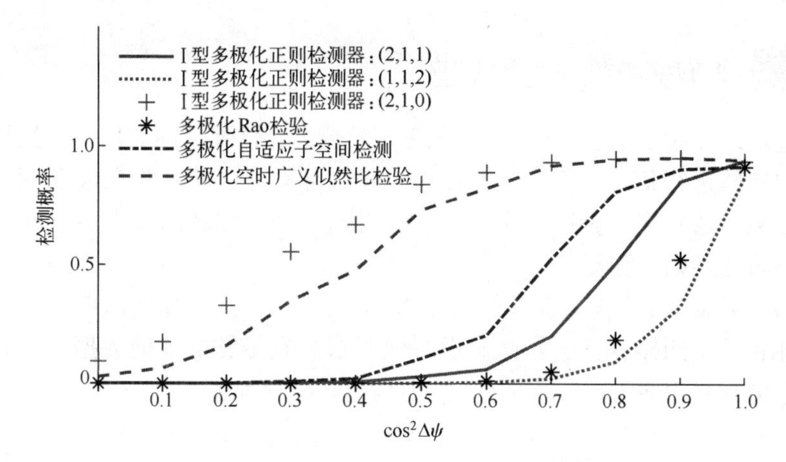

图4.8 真实目标流形矢量与标称目标流形矢量失配条件下，各比较方法的检测概率随 $\cos^2\Delta\psi$ 变化的曲线：虚警概率 $P_{fa}=10^{-2}$，样本数为20；信噪比为10dB

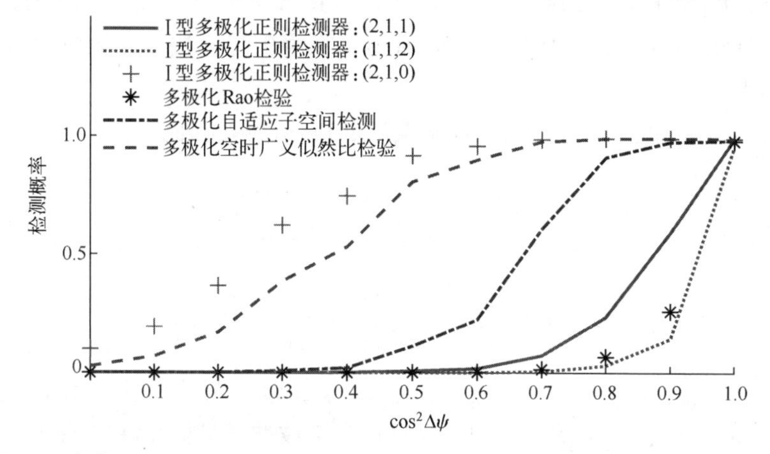

图4.9 真实目标流形矢量与标称目标流形矢量失配条件下，各比较方法的检测概率随 $\cos^2\Delta\psi$ 变化的曲线：虚警概率 $P_{fa}=10^{-2}$，样本数为20；信噪比为15dB

可以看出，通过调节参数 κ_1、κ_2 和 κ_3，Ⅰ型多极化正则检测器表现出不同的选择性：①若 $\kappa_1=1$，$\kappa_2=1$，$\kappa_3=2$（图中“(1,1,2)”所对应的曲线），在目标流形矢量失配较为严重时，抑制性能最强；②若 $\kappa_1=2$，$\kappa_2=1$，$\kappa_3=0$（图中“(2,1,0)”所对应的曲线），在目标流形矢量失配较小时，鲁棒性最强；③若 $\kappa_1=2$，$\kappa_2=1$，$\kappa_3=1$（图中“(2,1,1)”所对应的曲线），在目标流形矢量失配较为严重时，抑制性能较好，在目标流形矢量失配较小时，鲁棒性较好。

4.2.3 Ⅱ型多极化正则检测器

4.2.2节中所讨论的Ⅰ型多极化正则检测器，需要辅助数据对杂波加噪声协方差矩阵进行估计，但在某些场合，比如非均匀、非平稳杂波环境，有效的辅助数据通常难以获得。为此，本节讨论一种无须辅助数据的窄波束接收Ⅱ型多极化正则检测器。

假设系统第 i 个发射脉冲的极化为 $(\gamma_{\mathbf{T},i},\eta_{\mathbf{T},i})$，接收阵列波束较窄（Ⅰ型多极化正则检测器尽管未作此假设，但要求具有足够的辅助数据，以获得较好的杂波加噪声协方差矩阵估计），则其观测可以写成[78]

$$\boldsymbol{x}_i(t)=\underbrace{[\boldsymbol{a}_{\mathrm{H}},\boldsymbol{a}_{\mathrm{V}}]}_{\stackrel{\mathrm{def}}{=}\boldsymbol{\Xi}_{\mathrm{array}}}(\boldsymbol{S}_{\mathrm{target}}+\boldsymbol{S}_{\mathrm{clutter}})\boldsymbol{p}_{\gamma_{\mathbf{T},i},\eta_{\mathbf{T},i}}s(t-\tau)+\boldsymbol{n}_i(t) \tag{4.153}$$

式中：

（1）$\boldsymbol{a}_{\mathrm{H}}$ 和 $\boldsymbol{a}_{\mathrm{V}}$ 分别为阵列水平和垂直极化流形矢量，$s(t)$ 为发射信号，τ 为传播时延，$\boldsymbol{n}_i(t)$ 为零均值、复高斯随机噪声矢量，协方差矩阵为 $\boldsymbol{\sigma}^2\boldsymbol{I}$，其中 σ^2 为噪声方差。

（2）$\boldsymbol{S}_{\mathrm{target}}$ 和 $\boldsymbol{S}_{\mathrm{clutter}}$ 分别为目标和杂波的极化散射矩阵：

$$\boldsymbol{S}_{\mathrm{target}}=\begin{bmatrix} s_{\mathrm{target,HH}} & s_{\mathrm{target,HV}} \\ s_{\mathrm{target,VH}} & s_{\mathrm{target,VV}} \end{bmatrix} \tag{4.154}$$

$$\boldsymbol{S}_{\mathrm{clutter}}=\begin{bmatrix} s_{\mathrm{clutter,HH}} & s_{\mathrm{clutter,HV}} \\ s_{\mathrm{clutter,VH}} & s_{\mathrm{clutter,VV}} \end{bmatrix} \tag{4.155}$$

其中，$s_{\mathrm{target,HH}}$、$s_{\mathrm{target,VV}}$、$s_{\mathrm{clutter,HH}}$、$s_{\mathrm{clutter,VV}}$ 为目标和杂波的主极化散射系数，$s_{\mathrm{target,HV}}$、$s_{\mathrm{target,VH}}$、$s_{\mathrm{clutter,HV}}$、$s_{\mathrm{clutter,VH}}$ 为目标和杂波的交叉极化散射系数。对于收发同置系统，$s_{\mathrm{target,HV}}=s_{\mathrm{target,VH}}$，$s_{\mathrm{clutter,HV}}=s_{\mathrm{clutter,VH}}$。

（3）$\boldsymbol{p}_{\gamma_{\mathbf{T},i},\eta_{\mathbf{T},i}}$ 为系统第 i 个发射脉冲波形的极化矢量：

$$\boldsymbol{p}_{\gamma_{\mathbf{T},i},\eta_{\mathbf{T},i}}=\begin{bmatrix} \cos\gamma_{\mathbf{T},i} \\ \sin\gamma_{\mathbf{T},i}\mathrm{e}^{\mathrm{j}\eta_{\mathbf{T},i}} \end{bmatrix}=\begin{bmatrix} \varsigma_{\mathbf{TH},i} \\ \varsigma_{\mathbf{TV},i} \end{bmatrix} \tag{4.156}$$

根据式（4.153）~式（4.156），当 $s_{\mathrm{target,HV}}=s_{\mathrm{target,VH}}$、$s_{\mathrm{clutter,HV}}=s_{\mathrm{clutter,VH}}$ 时，观测 $\boldsymbol{x}_i(t)$ 也可写成下述关于目标和杂波散射系数的线性方程形式[78]：

$$\boldsymbol{x}_i(t)=\boldsymbol{\Xi}_{\mathrm{array}}\boldsymbol{P}_i(\boldsymbol{s}_{\mathrm{target}}+\boldsymbol{s}_{\mathrm{clutter}})s(t-\tau)+\boldsymbol{n}_i(t) \tag{4.157}$$

式中：

$$\boldsymbol{s}_{\mathrm{target}}=[s_{\mathrm{target,HH}},s_{\mathrm{target,VV}},s_{\mathrm{target,HV}}]^{\mathrm{T}} \tag{4.158}$$

$$\boldsymbol{s}_{\mathrm{clutter}}=[s_{\mathrm{clutter,HH}},s_{\mathrm{clutter,VV}},s_{\mathrm{clutter,HV}}]^{\mathrm{T}} \tag{4.159}$$

$$\boldsymbol{P}_{\mathrm{i}}=\begin{bmatrix}\varsigma_{\mathrm{TH},i} & 0 & \varsigma_{\mathrm{TV},i}\\ 0 & \varsigma_{\mathrm{TV},i} & \varsigma_{\mathrm{TH},i}\end{bmatrix} \tag{4.160}$$

此处，我们假定 $\boldsymbol{s}_{\text{target}}$ 为一确定复矢量，$\boldsymbol{s}_{\text{clutter}}$ 为一零均值随机矢量，与 $\boldsymbol{n}_i(t)$ 统计独立。

将每个回波脉冲的 N 个时间样本排成一个长矢量：

$$\boldsymbol{y}_i=[\boldsymbol{x}_i^{\mathrm{T}}(t_0),\boldsymbol{x}_i^{\mathrm{T}}(t_1),\cdots,\boldsymbol{x}_i^{\mathrm{T}}(t_{N-1})]^{\mathrm{T}} \tag{4.161}$$

可以证明：

$$\boldsymbol{y}_i=(\boldsymbol{s}\otimes(\boldsymbol{\Xi}_{\text{array}}\boldsymbol{P}_i))(\boldsymbol{s}_{\text{target}}+\boldsymbol{s}_{\text{clutter}})+\boldsymbol{e}_i \tag{4.162}$$

式中：

$$\boldsymbol{s}=[s(t_0-\tau),s(t_1-\tau),\cdots,s(t_{N-1}-\tau)]^{\mathrm{T}} \tag{4.163}$$

$$\boldsymbol{e}_i=[\boldsymbol{n}_i^{\mathrm{T}}(t_0),\boldsymbol{n}_i^{\mathrm{T}}(t_1),\cdots,\boldsymbol{n}_i^{\mathrm{T}}(t_{N-1})]^{\mathrm{T}} \tag{4.164}$$

再将对应于 I 个发射脉冲的观测矢量进行堆栈，进一步可得[78]

$$\boldsymbol{y}=[\boldsymbol{y}_1^{\mathrm{T}},\boldsymbol{y}_2^{\mathrm{T}},\cdots,\boldsymbol{y}_I^{\mathrm{T}}]^{\mathrm{T}}=\boldsymbol{B}\boldsymbol{s}_{\text{target}}+\boldsymbol{B}\boldsymbol{s}_{\text{clutter}}+\boldsymbol{n} \tag{4.165}$$

式中：

$$\boldsymbol{B}=\begin{bmatrix}\boldsymbol{s}\otimes(\boldsymbol{\Xi}_{\text{array}}\boldsymbol{P}_1)\\ \boldsymbol{s}\otimes(\boldsymbol{\Xi}_{\text{array}}\boldsymbol{P}_2)\\ \vdots\\ \boldsymbol{s}\otimes(\boldsymbol{\Xi}_{\text{array}}\boldsymbol{P}_I)\end{bmatrix} \tag{4.166}$$

而 $\boldsymbol{n}$ 则为相应的噪声矢量。

对于高斯杂波背景，也即 $\boldsymbol{s}_{\text{clutter}}$ 为复高斯随机矢量，我们有

$$\boldsymbol{y}\sim\mathcal{CN}(\boldsymbol{B}\boldsymbol{s}_{\text{target}},\boldsymbol{B}\boldsymbol{\Sigma}\boldsymbol{B}^{\mathrm{H}}+\sigma^2\boldsymbol{I}_G) \tag{4.167}$$

式中：$\mathcal{CN}$ 表示复正态/复高斯分布；$G=NIJL$，$\boldsymbol{\Sigma}$ 为 $\boldsymbol{s}_{\text{clutter}}$ 的协方差矩阵，也即 $\boldsymbol{\Sigma}=\boldsymbol{R}_{\boldsymbol{s}_{\text{clutter}}\boldsymbol{s}_{\text{clutter}}}=E(\boldsymbol{s}_{\text{clutter}}\boldsymbol{s}_{\text{clutter}}^{\mathrm{H}})$。

假设雷达驻留时间内计有 K 个类似于式（4.165）的“快拍”矢量（每个快拍矢量包含 I 个极化互异的脉冲数据信息，不同快拍对应的发送脉冲极化配置是相同的；对应于不同快拍的杂波极化散射特性假设是独立同分布的），记作 $\boldsymbol{y}(0),\boldsymbol{y}(1),\boldsymbol{y}(2),\cdots,\boldsymbol{y}(K-1)$，假设这些快拍矢量的相关矩阵均为 $\boldsymbol{R}_\alpha$，协方差矩阵均为 $\boldsymbol{R}_\beta$：

（1）在高斯杂波背景下，$\boldsymbol{R}_\alpha$ 和 $\boldsymbol{R}_\beta$ 分别可以估计为[78]

$$\hat{\boldsymbol{R}}_{\alpha,0}=\frac{1}{K}\sum_{k=0}^{K-1}\boldsymbol{y}(k)\boldsymbol{y}^{\mathrm{H}}(k) \tag{4.168}$$

$$\hat{\boldsymbol{R}}_{\beta,0}=\frac{1}{K}\sum_{k=0}^{K-1}(\boldsymbol{y}(k)-\hat{\boldsymbol{y}}_{\text{mean}})(\boldsymbol{y}(k)-\hat{\boldsymbol{y}}_{\text{mean}})^{\mathrm{H}} \tag{4.169}$$

其中

$$\hat{\boldsymbol{y}}_{\text{mean}} = \frac{1}{K}\sum_{k=0}^{K-1}\boldsymbol{y}(k) \approx \boldsymbol{B}\boldsymbol{s}_{\text{target}} \tag{4.170}$$

（2）在复合高斯杂波背景下，$\boldsymbol{s}_{\text{clutter}}$并非复高斯随机矢量，$\boldsymbol{R}_{\alpha}$和$\boldsymbol{R}_{\beta}$可按下述递归公式进行估计[75,79]：

$$\begin{cases}\check{\boldsymbol{R}}_{\alpha,l} = \dfrac{G}{K}\sum\limits_{k=0}^{K-1}\dfrac{\boldsymbol{y}(k)\boldsymbol{y}^{\text{H}}(k)}{\boldsymbol{y}^{\text{H}}(k)\hat{\boldsymbol{R}}_{\alpha,l-1}^{-1}\boldsymbol{y}(k)} \\ \hat{\boldsymbol{R}}_{\alpha,l} = G\dfrac{\check{\boldsymbol{R}}_{\alpha,l}}{\text{tr}(\check{\boldsymbol{R}}_{\alpha,l})}\end{cases} \tag{4.171}$$

$$\begin{cases}\check{\boldsymbol{R}}_{\beta,l} = \dfrac{G}{K}\sum\limits_{k=0}^{K-1}\dfrac{(\boldsymbol{y}(k)-\hat{\boldsymbol{y}}_{\text{mean}})(\boldsymbol{y}(k)-\hat{\boldsymbol{y}}_{\text{mean}})^{\text{H}}}{(\boldsymbol{y}(k)-\hat{\boldsymbol{y}}_{\text{mean}})^{\text{H}}\hat{\boldsymbol{R}}_{\beta,l-1}^{-1}(\boldsymbol{y}(k)-\hat{\boldsymbol{y}}_{\text{mean}})} \\ \hat{\boldsymbol{R}}_{\beta,l} = G\dfrac{\check{\boldsymbol{R}}_{\beta,l}}{\text{tr}(\check{\boldsymbol{R}}_{\beta,l})}\end{cases} \tag{4.172}$$

根据式（4.165）和式（4.167），目标检测问题可描述为

$$\begin{cases}\text{H}_0: \boldsymbol{s}_{\text{target}} = \boldsymbol{o} \\ \text{H}_1: \boldsymbol{s}_{\text{target}} \neq \boldsymbol{o}\end{cases} \tag{4.173}$$

在该检测模型下，Ⅱ型多极化正则检测器（PRD2）的检验统计量为[75]

$$\hbar_{\text{PRD2}} = \hat{\boldsymbol{w}}^{\text{H}}\hat{\boldsymbol{R}}_{\alpha,l}\hat{\boldsymbol{w}} = \hat{\boldsymbol{y}}_{\text{mean}}^{\text{H}}\boldsymbol{B}(\boldsymbol{B}^{+}\hat{\boldsymbol{R}}_{\beta,l}^{-1}\hat{\boldsymbol{R}}_{\alpha,l}\hat{\boldsymbol{R}}_{\beta,l}^{-1}(\boldsymbol{B}^{+})^{\text{H}})\boldsymbol{B}^{\text{H}}\hat{\boldsymbol{y}}_{\text{mean}} \tag{4.174}$$

式中：$\hat{\boldsymbol{w}}$为最小方差无失真响应滤波器的近似解：

$$\hat{\boldsymbol{w}} = \hat{\boldsymbol{R}}_{\beta,l}^{-1}\boldsymbol{B}\boldsymbol{B}^{+}\hat{\boldsymbol{y}}_{\text{mean}} \approx \hat{\boldsymbol{R}}_{\beta,l}^{-1}\boldsymbol{B}\boldsymbol{s}_{\text{target}} \tag{4.175}$$

其中，$\boldsymbol{B}^{+} = (\boldsymbol{B}^{\text{H}}\boldsymbol{B})^{-1}\boldsymbol{B}^{\text{H}}$。

上述多极化检测器的实现涉及$\hat{\boldsymbol{R}}_{\alpha,l}$和$\hat{\boldsymbol{R}}_{\beta,l}$的求逆，当样本数少于处理维数时，其为奇异矩阵从而不可逆。

处理该病态问题的措施之一是采用对角加载技术：

$$\begin{cases}\hat{\boldsymbol{R}}_{\alpha,l} \rightarrow \hat{\boldsymbol{R}}_{\alpha,l,\kappa} = (1-\kappa)\hat{\boldsymbol{R}}_{\alpha,l} + \kappa\boldsymbol{I}_G \\ \hat{\boldsymbol{R}}_{\beta,l} \rightarrow \hat{\boldsymbol{R}}_{\beta,l,\kappa} = (1-\kappa)\hat{\boldsymbol{R}}_{\beta,l} + \kappa\boldsymbol{I}_G\end{cases} \tag{4.176}$$

其中，$\kappa \in (0,1)$为实值正则化参数/加载因子。

相应地，

$$\hat{\boldsymbol{w}} \rightarrow \hat{\boldsymbol{w}}_{\kappa} = \hat{\boldsymbol{R}}_{\beta,l,\kappa}^{-1}\boldsymbol{B}(\boldsymbol{B}^{\text{H}}\boldsymbol{B})^{-1}\boldsymbol{B}^{\text{H}}\hat{\boldsymbol{y}}_{\text{mean}} \tag{4.177}$$

考虑到采用加载因子 κ 得到的输出和采用加载因子 $\kappa+\Delta\kappa$ 得到的输出，在 $\Delta\kappa$ 很小时，应该是近似相干的，可以基于下述邻点相关最大化（APCM）准则确定加载因子：

$$\kappa_{\text{apcm}} = \arg\max_{0<\kappa<1} \frac{\left|\hat{\boldsymbol{w}}_{\kappa}^{\mathrm{H}} \hat{\boldsymbol{R}}_{\alpha,0} \hat{\boldsymbol{w}}_{\kappa+\Delta\kappa}\right|}{\sqrt{\hat{\boldsymbol{w}}_{\kappa}^{\mathrm{H}} \hat{\boldsymbol{R}}_{\alpha,0} \hat{\boldsymbol{w}}_{\kappa}} \sqrt{\hat{\boldsymbol{w}}_{\kappa+\Delta\kappa}^{\mathrm{H}} \hat{\boldsymbol{R}}_{\alpha,0} \hat{\boldsymbol{w}}_{\kappa+\Delta\kappa}}} \tag{4.178}$$

图 4.10 所示为高斯杂波情形下，邻点相关和信杂噪比两种性能指标归一化值随正则化参数/加载因子变化的曲线，例中阵列为由沿 y 轴排列的 8 个三极子所组成的等距线阵，三极子间距为 0.7 个信号波长；待检测距离单元的方位角和俯仰角都为 45°，发射信号波极化状态分别为(90°,0°)和(30°,45°)；噪声为极化-空-时白高斯随机过程；杂噪比为 10dB，快拍数为 101，每个脉冲样本数为 1。

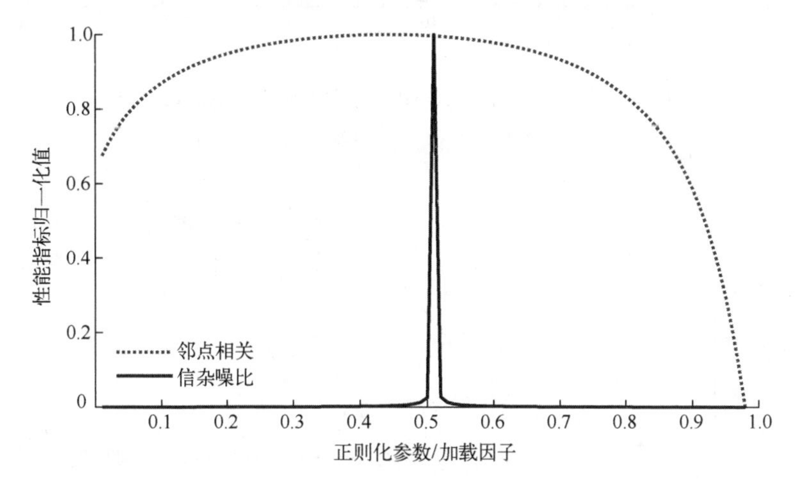

图 4.10　邻点相关和信杂噪比两种性能指标随正则化参数/加载因子变化的曲线：高斯杂波情形

由图中所示结果可以看出，使邻点相关最大化的加载因子近似为使输出信杂噪比最大化的加载因子，由此可见邻点相关最大化技术是一种有效的加载因子确定方法。

图 4.11 和图 4.12 所示分别为高斯和复合高斯杂波情形下，Ⅱ型多极化正则检测器和文献[78]中无须辅助数据的多极化广义似然比检验两种方法检测概率随信杂比变化的曲线，其中多极化广义似然比检验方法的检验统计量为

$$\hat{\boldsymbol{y}}_{\text{mean}}^{\mathrm{H}} \boldsymbol{B} (\boldsymbol{B}^{\mathrm{H}} \hat{\boldsymbol{R}}_{\beta,0} \boldsymbol{B})^{-1} \boldsymbol{B}^{\mathrm{H}} \hat{\boldsymbol{y}}_{\text{mean}} \approx \boldsymbol{s}_{\text{target}}^{\mathrm{H}} \boldsymbol{B}^{\mathrm{H}} \boldsymbol{B} (\boldsymbol{B}^{\mathrm{H}} \hat{\boldsymbol{R}}_{\beta,0} \boldsymbol{B})^{-1} \boldsymbol{B}^{\mathrm{H}} \boldsymbol{B} \boldsymbol{s}_{\text{target}} \tag{4.179}$$

快拍数均为 10。

在复合高斯杂波情形下，$\boldsymbol{s}_{\text{clutter}}$ 的协方差矩阵为 $z\boldsymbol{\Sigma}$，其中 z 为杂波纹理(随机变量)，具有下述广义伽马概率密度函数[78]：

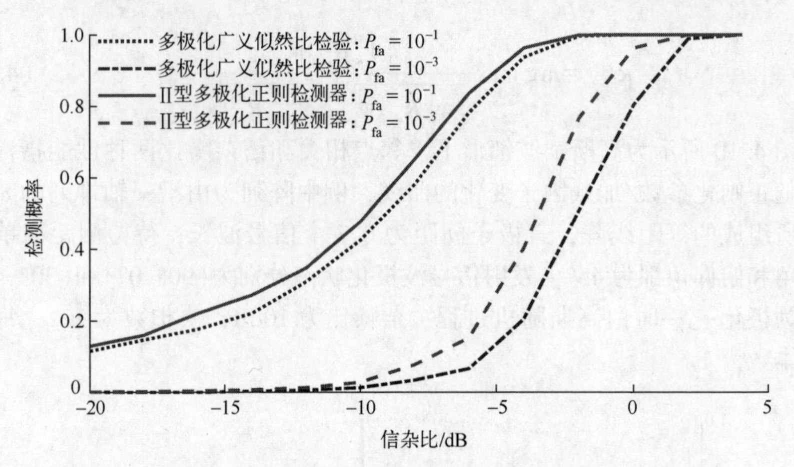

图 4.11 Ⅱ型多极化正则检测器和多极化广义似然比检验的检测概率随信杂比变化的曲线：高斯杂波情形

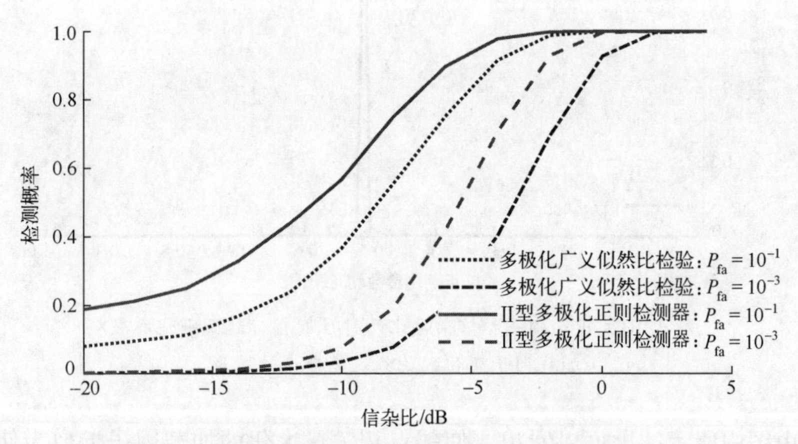

图 4.12 Ⅱ型多极化正则检测器和多极化广义似然比检验的检测概率随信杂比变化的曲线：复合高斯杂波情形

$$p(z)=\frac{1}{\Gamma(\nu)}\left(\frac{\nu}{\mu}\right)^{\nu}z^{\nu-1}\exp\left(-\frac{\nu}{\mu}z\right) \tag{4.180}$$

式中：$\Gamma(\nu)=\int_0^{\infty}x^{\nu-1}\mathrm{e}^{-x}\mathrm{d}x$；$\nu$ 为形状参数，其值越大，越趋近于高斯分布，此处设置 $\nu=1$；μ 为纹理平均功率（尺度参数）：$\mu=50$；$\boldsymbol{\Sigma}$ 为 $\boldsymbol{s}_{\mathrm{clutter}}$ 协方差矩阵的散斑分量，此处设置为 $\boldsymbol{\Sigma}=\boldsymbol{I}_3$。

对于高斯杂波情形，在检测概率为 0.9 处，Ⅱ型多极化正则检测器相比于多极化广义似然比检验，①当虚警概率 $P_{fa}=10^{-1}$ 时，信杂比改善约 1dB；

②当虚警概率 $P_{fa}=10^{-3}$时，信杂比改善约 3dB。

对于复合高斯杂波情形，在检测概率为 0.9 处，Ⅱ型多极化正则检测器较之多极化广义似然比检验，亦有约 1dB 的信杂比改善。

图 4.13 和图 4.14 所示分别为高斯和复合高斯杂波情形下，Ⅱ型多极化正则检测器和多极化广义似然比检验的检测概率随信杂比变化的曲线，其中快拍数均为 5。

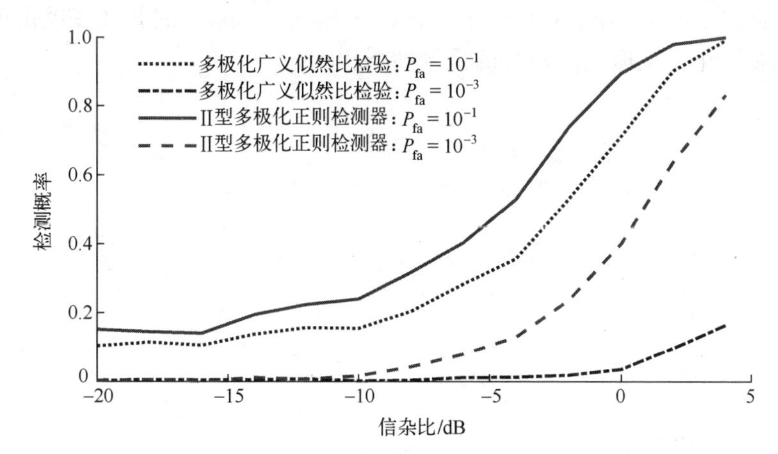

图 4.13　Ⅱ型多极化正则检测器和多极化广义似然比检验的检测概率随信杂比变化的曲线：高斯杂波情形

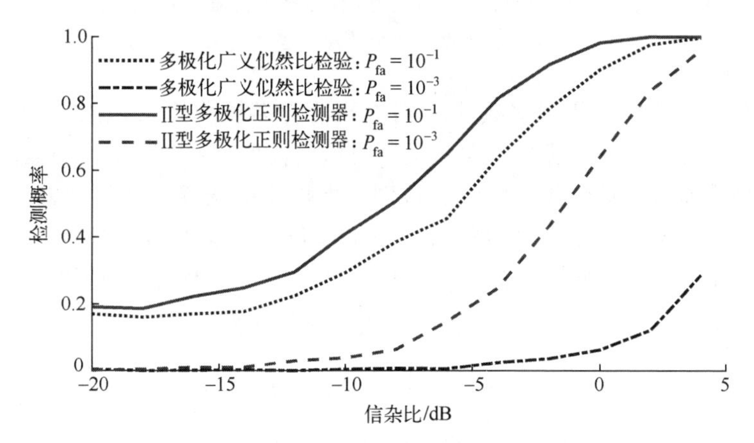

图 4.14　Ⅱ型多极化正则检测器和多极化广义似然比检验的检测概率随信杂比变化的曲线：复合高斯杂波情形

对于高斯杂波情形，在检测概率为 0.9 处，Ⅱ型多极化正则检测器相比于多极化广义似然比检验，①当虚警概率 $P_{fa}=10^{-1}$时，信杂比改善了约 2dB；

②当虚警概率 $P_{\mathrm{fa}}=10^{-3}$时，多极化广义似然比检验失效，Ⅱ型多极化正则检测则依然有效。

对于复合高斯杂波情形，在检测概率为 0.9 处，当虚警概率 $P_{\mathrm{fa}}=10^{-1}$时，Ⅱ型多极化正则检测器相比于多极化广义似然比检验，亦有约 2dB 的信杂比改善。

图 4.15 所示为基于 1993 年 11 月 11 日在加拿大新斯科舍省收集的 IPIX 雷达数据集 starea0（http://soma.mcmaster.ca/ipix.php）的Ⅱ型多极化正则检测器和多极化广义似然比检验的检测性能比较。

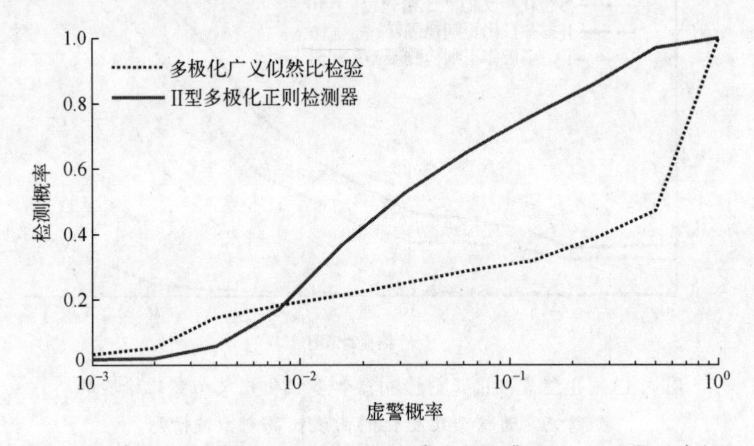

图 4.15 基于 1993 年 11 月 11 日 IPIX 雷达数据集 starea0 的Ⅱ型多极化正则检测器和多极化广义似然比检验的检测性能比较

综合以上结果，Ⅱ型多极化正则检测器与多极化广义似然比检验相比，其检测性能具有一定的优势，尤其是当快拍数较小时，优势更为明显。

此处为简单起见，我们并没有特别考虑极化的选择。文献［78］的研究工作表明，合理的极化选择可望进一步提高目标检测性能，但需要已知或能较好估计杂波散射系数矢量的协方差矩阵 $\boldsymbol{R}_{s_{\text{clutter}}s_{\text{clutter}}}$ 以及目标散射矩阵。

关于 $\boldsymbol{R}_{s_{\text{clutter}}s_{\text{clutter}}}$，$\mathrm{H}_0$ 和 H_1 假设下可以分别估计为[78]

$$(\boldsymbol{B}^{\mathrm{H}}\boldsymbol{B})^{-1}\boldsymbol{B}^{\mathrm{H}}\hat{\boldsymbol{R}}_{\alpha,0}\boldsymbol{B}(\boldsymbol{B}^{\mathrm{H}}\boldsymbol{B})^{-1}-\sigma^2(\boldsymbol{B}^{\mathrm{H}}\boldsymbol{B})^{-1} \tag{4.181}$$

$$(\boldsymbol{B}^{\mathrm{H}}\boldsymbol{B})^{-1}\boldsymbol{B}^{\mathrm{H}}\hat{\boldsymbol{R}}_{\beta,0}\boldsymbol{B}(\boldsymbol{B}^{\mathrm{H}}\boldsymbol{B})^{-1}-\sigma^2(\boldsymbol{B}^{\mathrm{H}}\boldsymbol{B})^{-1} \tag{4.182}$$

其中，$\boldsymbol{B}$、$\hat{\boldsymbol{R}}_{\alpha,0}$、$\hat{\boldsymbol{R}}_{\beta,0}$的定义参见式（4.166）、式（4.168）、式（4.169），σ^2 为噪声方差。

关于杂波环境中目标散射矩阵的估计，我们将在 4.3 节中进行讨论。

4.3 目标散射矩阵估计

本节主要讨论杂波背景下远场理想点目标的散射矩阵估计问题，以及如何通过收发极化的优化设计提高估计性能。

对于动态目标，可以建立下述系统状态方程和测量/观测方程（后者通常是非线性的）：

$$\boldsymbol{z}_k=\boldsymbol{f}_{\mathrm{s}}(\boldsymbol{z}_{k-1},\boldsymbol{v}_{k-1}) \tag{4.183}$$

$$\boldsymbol{y}_k=\boldsymbol{f}_{\mathrm{m}}(\boldsymbol{z}_k,\boldsymbol{u}_k) \tag{4.184}$$

其中，$\boldsymbol{z}_k$为系统状态矢量，包括目标位置、速度、散射矩阵参数等；$\boldsymbol{v}_k$为系统噪声矢量，用于表征目标速度和散射矩阵参数等的随机变化；$\boldsymbol{y}_k$为观测/测量矢量；$\boldsymbol{u}_k$为加性噪声与杂波。

基于式（4.183）和式（4.184）所示的系统状态方程和测量方程，可以通过粒子滤波或其他序贯蒙特卡洛方法，对目标位置、速度、散射矩阵参数等进行联合跟踪估计[80]。

本节主要考虑静止目标的散射矩阵估计问题，并作如下假设：①目标距离和方向均是已知的；②系统共发射 I 个等功率（已知）脉冲，用于估计目标散射矩阵，其中 $I>1$；③I 个脉冲观测期间目标和杂波的散射特性均保持不变。

4.3.1 高斯杂波背景

本小节方法涉及发射极化和接收极化的同时优化设计，收、发极化调控可以采用第 2 章所讨论的方法。

记第 i 个发射脉冲的极化为$(\gamma_{\mathrm{T},i},\eta_{\mathrm{T},i})$，对应的观测可以写成[81]

$$r_i(t)=g\boldsymbol{p}^{\mathrm{H}}_{\gamma_{\mathrm{R},i},\eta_{\mathrm{R},i}}(\boldsymbol{S}_{\mathrm{target}}+\boldsymbol{S}_{\mathrm{clutter}})\boldsymbol{p}_{\gamma_{\mathrm{T},i},\eta_{\mathrm{T},i}}s(t-\tau)+n_i(t) \tag{4.185}$$

式中：$i=1,2,\cdots,I$；g 为一复常数；$s(t)$ 和 $n_i(t)$ 分别为发射信号波形和观测噪声；τ 为信号波传播延时；$\boldsymbol{p}_{\gamma_{\mathrm{T},i},\eta_{\mathrm{T},i}}$和$\boldsymbol{p}_{\gamma_{\mathrm{R},i},\eta_{\mathrm{R},i}}$分别为发射极化矢量和接收极化矢量：

$$\boldsymbol{p}_{\gamma_{\mathrm{T},i},\eta_{\mathrm{T},i}}=\begin{bmatrix}\varsigma_{\mathrm{TH},i}\\ \varsigma_{\mathrm{TV},i}\end{bmatrix}=\begin{bmatrix}\cos\gamma_{\mathrm{T},i}\\ \sin\gamma_{\mathrm{T},i}\mathrm{e}^{\mathrm{j}\eta_{\mathrm{T},i}}\end{bmatrix} \tag{4.186}$$

$$\boldsymbol{p}_{\gamma_{\mathrm{R},i},\eta_{\mathrm{R},i}}=\begin{bmatrix}\varsigma_{\mathrm{RH},i}\\ \varsigma_{\mathrm{RV},i}\end{bmatrix}=\begin{bmatrix}\cos\gamma_{\mathrm{R},i}\\ \sin\gamma_{\mathrm{R},i}\mathrm{e}^{\mathrm{j}\eta_{\mathrm{R},i}}\end{bmatrix} \tag{4.187}$$

匹配滤波后的归一化输出为

$$r_i=\boldsymbol{p}^{\mathrm{H}}_{\gamma_{\mathrm{R},i},\eta_{\mathrm{R},i}}(\boldsymbol{S}_{\mathrm{target}}+\boldsymbol{S}_{\mathrm{clutter}})\boldsymbol{p}_{\gamma_{\mathrm{T},i},\eta_{\mathrm{T},i}}+n_i,\ i=1,2,\cdots,I \tag{4.188}$$

其中，n_i是均值为零、方差为σ^2的高斯白噪声。

由文献［82］，若是$\boldsymbol{S}_{\text{target}}(1,2)=\boldsymbol{S}_{\text{target}}(2,1)$，也即$\boldsymbol{S}_{\text{target}}$为对称复矩阵，则$\boldsymbol{S}_{\text{target}}$可以写成

$$\boldsymbol{S}_{\text{target}}=\mu_{\text{t},1}\boldsymbol{p}_{\text{t},1}^{*}\boldsymbol{p}_{\text{t},1}^{\text{H}}+\mu_{\text{t},2}\boldsymbol{p}_{\text{t},2}^{*}\boldsymbol{p}_{\text{t},2}^{\text{H}} \tag{4.189}$$

其中，$\mu_{\text{t},1}$和$\mu_{\text{t},2}$为复数，$\boldsymbol{p}_{\text{t},1}$和$\boldsymbol{p}_{\text{t},2}$均为2×1 维矢量，并且

$$\boldsymbol{p}_{\text{t},1}^{\text{H}}\boldsymbol{p}_{\text{t},1}=\boldsymbol{p}_{\text{t},2}^{\text{H}}\boldsymbol{p}_{\text{t},2} \tag{4.190}$$

$$\boldsymbol{p}_{\text{t},1}^{\text{H}}\boldsymbol{p}_{\text{t},2}=0 \tag{4.191}$$

也即$\boldsymbol{p}_{\text{t},1}$和$\boldsymbol{p}_{\text{t},2}$可以视为对应着一对正交极化的极化矢量。$\boldsymbol{S}_{\text{clutter}}$也可作类似的分解。由此可以看出，不同的收发极化一般对应着不同的接收信杂比，相应的目标散射矩阵估计精度也不同。

注意到$r_i=\text{vec}(r_i)$，并且

$$\text{vec}(r_i)=(\boldsymbol{p}_{\gamma_{\text{T},i},\eta_{\text{T},i}}^{\text{T}}\otimes\boldsymbol{p}_{\gamma_{\text{R},i},\eta_{\text{R},i}}^{\text{H}})\text{vec}(\boldsymbol{S}_{\text{target}}+\boldsymbol{S}_{\text{clutter}})+n_i \tag{4.192}$$

由此，可以定义下述收发极化联合矢量：

$$\boldsymbol{a}_i=\boldsymbol{p}_{\gamma_{\text{T},i},\eta_{\text{T},i}}\otimes\boldsymbol{p}_{\gamma_{\text{R},i},\eta_{\text{R},i}}^{*}=\begin{bmatrix}\varsigma_{\mathbf{TH},i}\varsigma_{\mathbf{RH},i}^{*}\\ \varsigma_{\mathbf{TH},i}\varsigma_{\mathbf{RV},i}^{*}\\ \varsigma_{\mathbf{TV},i}\varsigma_{\mathbf{RH},i}^{*}\\ \varsigma_{\mathbf{TV},i}\varsigma_{\mathbf{RV},i}^{*}\end{bmatrix} \tag{4.193}$$

以及目标和杂波散射系数矢量：

$$\boldsymbol{x}_{\text{target}}=[s_{\text{target},\mathbf{HH}},s_{\text{target},\mathbf{VH}},s_{\text{target},\mathbf{HV}},s_{\text{target},\mathbf{VV}}]^{\text{T}} \tag{4.194}$$

$$\boldsymbol{x}_{\text{clutter}}=[s_{\text{clutter},\mathbf{HH}},s_{\text{clutter},\mathbf{VH}},s_{\text{clutter},\mathbf{HV}},s_{\text{clutter},\mathbf{VV}}]^{\text{T}} \tag{4.195}$$

这样，r_i可以重写成

$$r_i=\boldsymbol{a}_i^{\text{T}}\boldsymbol{x}_{\text{target}}+\boldsymbol{a}_i^{\text{T}}\boldsymbol{x}_{\text{clutter}}+n_i,\ i=1,2,\cdots,I \tag{4.196}$$

写成矢量形式为

$$\boldsymbol{r}=\boldsymbol{A}\boldsymbol{x}_{\text{target}}+\underbrace{\boldsymbol{A}\boldsymbol{x}_{\text{clutter}}+\boldsymbol{n}}_{=\boldsymbol{u}}=\boldsymbol{A}\boldsymbol{x}_{\text{target}}+\boldsymbol{u} \tag{4.197}$$

其中

$$\boldsymbol{r}=[r_1,r_2,\cdots,r_I]^{\text{T}} \tag{4.198}$$

$$\boldsymbol{A}=[\boldsymbol{a}_1,\boldsymbol{a}_2,\cdots,\boldsymbol{a}_I]^{\text{T}} \tag{4.199}$$

$$\boldsymbol{n}=[n_1,n_2,\cdots,n_I]^{\text{T}} \tag{4.200}$$

此处$\boldsymbol{A}$又称为系统感知矩阵，它与系统I组收、发极化有关。

由式（4.196）可以看出，$\boldsymbol{a}_i^*$与$\boldsymbol{x}_{\text{target}}\boldsymbol{x}_{\text{target}}^{\text{H}}$的主特征矢量越接近成比例关系，相应收发极化所对应的目标信号强度越大，而$\boldsymbol{a}_i^*$与$\boldsymbol{x}_{\text{clutter}}$越接近正交关系，杂波的影响越小。

（1）线性最小均方误差估计。

假设目标散射系数矢量 $\boldsymbol{x}_{\text{target}}$ 服从均值为 $\boldsymbol{m}_{\text{target}}$、协方差矩阵为 $\boldsymbol{C}_{\text{target}}$ 的复高斯分布，杂波散射系数矢量 $\boldsymbol{x}_{\text{clutter}}$ 服从零均值、协方差矩阵为 $\boldsymbol{C}_{\text{clutter}}$ 的复高斯分布，噪声矢量 $\boldsymbol{n}$ 服从零均值、协方差矩阵为 $\sigma^2\boldsymbol{I}_I$ 的复高斯分布；目标、杂波和噪声统计独立。

在上述假设下，杂波和噪声之和仍然服从高斯分布，且均值为零，协方差矩阵为

$$\underbrace{E((\boldsymbol{A}\boldsymbol{x}_{\text{clutter}}+\boldsymbol{n})(\boldsymbol{A}\boldsymbol{x}_{\text{clutter}}+\boldsymbol{n})^{\text{H}})}_{=\boldsymbol{R}_{uu}}=\boldsymbol{A}\boldsymbol{C}_{\text{clutter}}\boldsymbol{A}^{\text{H}}+\sigma^2\boldsymbol{I}_I \tag{4.201}$$

根据贝叶斯高斯-马尔可夫定理[83]，目标散射系数矢量 $\boldsymbol{x}_{\text{target}}$ 的线性最小均方误差（LMMSE）估计为

$$\hat{\boldsymbol{x}}_{\text{target}}=\boldsymbol{m}_{\text{target}}+\boldsymbol{C}_{\text{target}}\boldsymbol{A}^{\text{H}}(\boldsymbol{A}\boldsymbol{C}_{\text{target}}\boldsymbol{A}^{\text{H}}+\boldsymbol{R}_{uu})^{-1}(\boldsymbol{r}-\boldsymbol{A}\boldsymbol{m}_{\text{target}}) \tag{4.202}$$

相应的目标散射矩阵的线性最小均方误差估计为

$$\hat{\boldsymbol{S}}_{\text{target,LMMSE}}=\begin{bmatrix}\hat{\boldsymbol{x}}_{\text{target}}(1) & \hat{\boldsymbol{x}}_{\text{target}}(3)\\ \hat{\boldsymbol{x}}_{\text{target}}(2) & \hat{\boldsymbol{x}}_{\text{target}}(4)\end{bmatrix} \tag{4.203}$$

由式（4.202）和式（4.203）可以看出，目标散射矩阵的线性最小均方误差估计需要目标散射系数矢量的均值、协方差矩阵以及杂波加噪声协方差矩阵等先验信息。

若这些信息无法全部获得，也可考虑下述加权最小二乘（WLS）目标散射矩阵估计（$I\geqslant 4$）：

$$\hat{\boldsymbol{S}}_{\text{target,WLS}}=\begin{bmatrix}\hat{\boldsymbol{x}}_{\text{target,WLS}}(1) & \hat{\boldsymbol{x}}_{\text{target,WLS}}(3)\\ \hat{\boldsymbol{x}}_{\text{target,WLS}}(2) & \hat{\boldsymbol{x}}_{\text{target,WLS}}(4)\end{bmatrix} \tag{4.204}$$

式中：

$$\hat{\boldsymbol{x}}_{\text{target,WLS}}=(\boldsymbol{A}^{\text{H}}\hat{\boldsymbol{R}}_{uu}^{-1}\boldsymbol{A})^{-1}\boldsymbol{A}^{\text{H}}\hat{\boldsymbol{R}}_{uu}^{-1}\boldsymbol{r} \tag{4.205}$$

其中，$\hat{\boldsymbol{R}}_{uu}$ 为 $\boldsymbol{R}_{uu}$ 的估计。

式（4.205）所示的 $\boldsymbol{x}_{\text{target}}$ 的加权最小二乘解等效于对 $\boldsymbol{r}$ 进行了与式（2.314）所示类似的滤波操作：$\hat{\boldsymbol{x}}_{\text{target,WLS}}=\hat{\boldsymbol{W}}_{\text{WLS}}^{\text{H}}\boldsymbol{r}$，其中 $\hat{\boldsymbol{W}}_{\text{WLS}}=\hat{\boldsymbol{R}}_{uu}^{-1}\boldsymbol{A}(\boldsymbol{A}^{\text{H}}\hat{\boldsymbol{R}}_{uu}^{-1}\boldsymbol{A})^{-1}$ 是下述问题的解：

$$\min_{\boldsymbol{W}}\operatorname{tr}(\boldsymbol{W}^{\text{H}}\hat{\boldsymbol{R}}_{uu}\boldsymbol{W})\ \text{s.t.}\ \boldsymbol{W}^{\text{H}}\boldsymbol{A}=\boldsymbol{I}_4 \tag{4.206}$$

若 $\hat{\boldsymbol{R}}_{uu}$ 无法获得，也可考虑对目标散射系数矢量进行最小二乘（LS）估计：

$$\hat{\boldsymbol{x}}_{\text{target,LS}}=\hat{\boldsymbol{W}}_{\text{LS}}^{\text{H}}\boldsymbol{r}=(\boldsymbol{A}^{\text{H}}\boldsymbol{A})^{-1}\boldsymbol{A}^{\text{H}}\boldsymbol{r} \tag{4.207}$$

其中，$\hat{\boldsymbol{W}}_{\mathrm{LS}}=\boldsymbol{A}(\boldsymbol{A}^{\mathrm{H}}\boldsymbol{A})^{-1}$是下述问题的解：

$$\min_{\boldsymbol{W}} \mathrm{tr}(\boldsymbol{W}^{\mathrm{H}}\boldsymbol{W}) \text{ s. t. } \boldsymbol{W}^{\mathrm{H}}\boldsymbol{A}=\boldsymbol{I}_4 \tag{4.208}$$

式（4.202）所示的目标散射系数估计$\hat{\boldsymbol{x}}_{\mathrm{target}}$，其误差矢量定义为$\boldsymbol{\varepsilon}=\boldsymbol{x}_{\mathrm{target}}-\hat{\boldsymbol{x}}_{\mathrm{target}}$，误差矢量的均值为$\boldsymbol{o}$，协方差矩阵为[83]

$$\boldsymbol{D}=(\boldsymbol{C}_{\mathrm{target}}^{-1}+\boldsymbol{A}^{\mathrm{H}}(\boldsymbol{A}\boldsymbol{C}_{\mathrm{clutter}}\boldsymbol{A}^{\mathrm{H}}+\sigma^2\boldsymbol{I}_I)^{-1}\boldsymbol{A})^{-1} \tag{4.209}$$

矩阵$\boldsymbol{D}$也是$\hat{\boldsymbol{x}}_{\mathrm{target}}$的贝叶斯均方误差（BMSE）矩阵，此处简称其为均方误差矩阵，$\boldsymbol{D}$的四个对角线元素分别为$\hat{\boldsymbol{x}}_{\mathrm{target}}$四个元素的贝叶斯均方误差，也即

$$\boldsymbol{D}(n,n)=[\boldsymbol{D}]_{nn}=\mathrm{BMSE}(\hat{\boldsymbol{x}}_{\mathrm{target}}(n)),\ n=1,2,3,4 \tag{4.210}$$

所以矩阵$\boldsymbol{D}$的迹即为$\hat{\boldsymbol{x}}_{\mathrm{target}}$四个元素的贝叶斯均方误差（MSE）总和：

$$\mathrm{MSE}=\mathrm{tr}(\boldsymbol{D}) \tag{4.211}$$

目标散射矩阵的线性最小均方误差估计涉及$I\times I$维矩阵的求逆，随着I的增大，求逆运算的复杂度也逐渐加大。为了减小计算复杂度，可以采用下述序贯最小均方误差估计方法。

假设$\hat{\boldsymbol{x}}_{\mathrm{target},i}$和$\boldsymbol{D}_i$分别是基于观测$r_1,r_2,\cdots,r_i$的目标散射系数矢量估计结果（将式（4.201）和式（4.202）中的$\boldsymbol{A}$，$\boldsymbol{r}$和$\boldsymbol{n}$分别用$[\boldsymbol{a}_1,\boldsymbol{a}_2,\cdots,\boldsymbol{a}_i]^{\mathrm{T}}$、$[r_1,r_2,\cdots,r_i]^{\mathrm{T}}$和$[n_1,n_2,\cdots,n_i]^{\mathrm{T}}$进行替换）和对应的均方误差矩阵，$\boldsymbol{a}_{i+1}$为第$i+1$次的收发极化联合矢量，获得新的观测数据$r_{i+1}$后，目标散射系数矢量的估计更新为

$$\hat{\boldsymbol{x}}_{\mathrm{target},i+1}=\hat{\boldsymbol{x}}_{\mathrm{target},i}+\boldsymbol{K}_{i+1}(r_{i+1}-\boldsymbol{a}_{i+1}^{\mathrm{H}}\hat{\boldsymbol{x}}_{\mathrm{target},i}) \tag{4.212}$$

其中，$\boldsymbol{K}_{i+1}$为增益矩阵，

$$\boldsymbol{K}_{i+1}=(\boldsymbol{a}_{i+1}^{\mathrm{H}}\boldsymbol{C}_{\mathrm{clutter}}\boldsymbol{a}_{i+1}+\sigma^2+\boldsymbol{a}_{i+1}^{\mathrm{H}}\boldsymbol{D}_i\boldsymbol{a}_{i+1})^{-1}(\boldsymbol{D}_i\boldsymbol{a}_{i+1}) \tag{4.213}$$

相应的均方误差矩阵更新为

$$\boldsymbol{D}_{i+1}=(\boldsymbol{I}_4-\boldsymbol{K}_{i+1}\boldsymbol{a}_{i+1}^{\mathrm{H}})\boldsymbol{D}_i \tag{4.214}$$

将目标散射系数矢量的均值和协方差矩阵作为其估计和均方误差矩阵的递推初始值，也即$\hat{\boldsymbol{x}}_{\mathrm{target},0}=\boldsymbol{m}_{\mathrm{target}}$，$\boldsymbol{D}_0=\boldsymbol{C}_{\mathrm{target}}$。

（2）收发极化优化设计。

均方误差矩阵$\boldsymbol{D}$的元素反映了目标散射矩阵各个元素的估计均方误差，误差的大小可由$\boldsymbol{D}$的行列式、特征值、迹、范数等表示。下面以$\boldsymbol{D}$的行列式$\det(\boldsymbol{D})$最小为优化准则，进行收发极化联合优化设计。

假设已经获得了i次观测$r_1,r_2,\cdots,r_i$，以及基于i次观测的目标散射系数矢量估计$\hat{\boldsymbol{x}}_{\mathrm{target},i}$和对应的均方误差矩阵$\boldsymbol{D}_i$。为了寻求第$i+1$次的最佳发射和接收极化参数，并获得相应的目标散射系数矢量估计，可以采用下述网格搜索法。

① 通过网格搜索，得到第 $i+1$ 次的最优发射极化参数（$\hat{\gamma}_{\mathrm{T},i+1},\hat{\eta}_{\mathrm{T},i+1}$）和接收极化参数（$\hat{\gamma}_{\mathrm{R},i+1},\hat{\eta}_{\mathrm{R},i+1}$）：

$$\hat{\gamma}_{\mathrm{T},i+1},\hat{\eta}_{\mathrm{T},i+1},\hat{\gamma}_{\mathrm{R},i+1},\hat{\eta}_{\mathrm{R},i+1}=\arg\min_{\boldsymbol{\rho}}\det(\boldsymbol{D}_{\boldsymbol{\rho}}) \tag{4.215}$$

其中，$\boldsymbol{\rho}=[\gamma_{\mathrm{T}},\eta_{\mathrm{T}},\gamma_{\mathrm{R}},\eta_{\mathrm{R}}]^{\mathrm{T}}$，$0°\leqslant\gamma_{\mathrm{T}}\leqslant 90°$，$-180°\leqslant\eta_{\mathrm{T}}\leqslant 180°$，$0°\leqslant\gamma_{\mathrm{R}}\leqslant 90°$，$-180°\leqslant\eta_{\mathrm{R}}\leqslant 180°$；

$$\boldsymbol{D}_{\boldsymbol{\rho}}=(\boldsymbol{I}_4-\boldsymbol{K}_{\boldsymbol{\rho}}\boldsymbol{a}_{\boldsymbol{\rho}}^{\mathrm{H}})\boldsymbol{D}_i \tag{4.216}$$

$$\boldsymbol{K}_{\boldsymbol{\rho}}=(\boldsymbol{a}_{\boldsymbol{\rho}}^{\mathrm{H}}\boldsymbol{C}_{\mathrm{clutter}}\boldsymbol{a}_{\boldsymbol{\rho}}+\sigma^2+\boldsymbol{a}_{\boldsymbol{\rho}}^{\mathrm{H}}\boldsymbol{D}_i\boldsymbol{a}_{\boldsymbol{\rho}})^{-1}(\boldsymbol{D}_i\boldsymbol{a}_{\boldsymbol{\rho}}) \tag{4.217}$$

$$\boldsymbol{a}_{\boldsymbol{\rho}}=\boldsymbol{p}_{\gamma_{\mathrm{T}},\eta_{\mathrm{T}}}\otimes\boldsymbol{p}_{\gamma_{\mathrm{R}},\eta_{\mathrm{R}}}^{*} \tag{4.218}$$

② 根据①中得到的最优收发极化参数：$\hat{\gamma}_{\mathrm{T},i+1}$、$\hat{\eta}_{\mathrm{T},i+1}$、$\hat{\gamma}_{\mathrm{R},i+1}$、$\hat{\eta}_{\mathrm{R},i+1}$，将发射极化矢量和接收极化矢量分别更新为

$$\boldsymbol{p}_{\hat{\gamma}_{\mathrm{T},i+1},\hat{\eta}_{\mathrm{T},i+1}}=[\cos\hat{\gamma}_{\mathrm{T},i+1},\sin\hat{\gamma}_{\mathrm{T},i+1}\mathrm{e}^{\mathrm{j}\hat{\eta}_{\mathrm{T},i+1}}]^{\mathrm{T}} \tag{4.219}$$

$$\boldsymbol{p}_{\hat{\gamma}_{\mathrm{R},i+1},\hat{\eta}_{\mathrm{R},i+1}}=[\cos\hat{\gamma}_{\mathrm{R},i+1},\sin\hat{\gamma}_{\mathrm{R},i+1}\mathrm{e}^{\mathrm{j}\hat{\eta}_{\mathrm{R},i+1}}]^{\mathrm{T}} \tag{4.220}$$

然后进行第 $i+1$ 次观测。

③ 根据第 $i+1$ 次观测 r_{i+1}，更新目标散射系数矢量估计和对应的均方误差矩阵如下：

$$\hat{\boldsymbol{x}}_{\mathrm{target},i+1}=\hat{\boldsymbol{x}}_{\mathrm{target},i}+\hat{\boldsymbol{K}}_{i+1}(r_{i+1}-\hat{\boldsymbol{a}}_{i+1}^{\mathrm{H}}\hat{\boldsymbol{x}}_{\mathrm{target},i}) \tag{4.221}$$

$$\boldsymbol{D}_{i+1}=(\boldsymbol{I}_4-\hat{\boldsymbol{K}}_{i+1}\hat{\boldsymbol{a}}_{i+1}^{\mathrm{H}})\boldsymbol{D}_i \tag{4.222}$$

其中

$$\hat{\boldsymbol{K}}_{i+1}=(\hat{\boldsymbol{a}}_{i+1}^{\mathrm{H}}\boldsymbol{C}_{\mathrm{clutter}}\hat{\boldsymbol{a}}_{i+1}+\sigma^2+\hat{\boldsymbol{a}}_{i+1}^{\mathrm{H}}\boldsymbol{D}_i\hat{\boldsymbol{a}}_{i+1})^{-1}(\boldsymbol{D}_i\hat{\boldsymbol{a}}_{i+1}) \tag{4.223}$$

$$\hat{\boldsymbol{a}}_{i+1}=\boldsymbol{p}_{\hat{\gamma}_{\mathrm{T},i+1},\hat{\eta}_{\mathrm{T},i+1}}\otimes\boldsymbol{p}_{\hat{\gamma}_{\mathrm{R},i+1},\hat{\eta}_{\mathrm{R},i+1}}^{*} \tag{4.224}$$

④ 重复步骤①~③，进行第 $i+2$ 次的发射和接收极化参数的优化选择；依此类推，循环迭代。

网格搜索寻优方法的主要缺点是计算复杂度太高，其计算量与发射脉冲数和网格数成正比。若 γ_{T}、η_{T}、γ_{R}、η_{R} 对应的搜索网格数分别为 $l_{\gamma_{\mathrm{T}}}$、$l_{\eta_{\mathrm{T}}}$、$l_{\gamma_{\mathrm{R}}}$、$l_{\eta_{\mathrm{R}}}$，则网格搜索寻优方法的计算复杂度为 $\mathcal{O}(Il_{\gamma_{\mathrm{T}}}l_{\eta_{\mathrm{T}}}l_{\gamma_{\mathrm{R}}}l_{\eta_{\mathrm{R}}})$。

下面讨论一种计算复杂度相对较低的递推优化算法[84]。首先注意到

$$\boldsymbol{D}_{\boldsymbol{\rho}}=\boldsymbol{D}_i-\frac{\boldsymbol{D}_i\boldsymbol{a}_{\boldsymbol{\rho}}\boldsymbol{a}_{\boldsymbol{\rho}}^{\mathrm{H}}\boldsymbol{D}_i}{\boldsymbol{a}_{\boldsymbol{\rho}}^{\mathrm{H}}\boldsymbol{C}_{\mathrm{clutter}}\boldsymbol{a}_{\boldsymbol{\rho}}+\sigma^2+\boldsymbol{a}_{\boldsymbol{\rho}}^{\mathrm{H}}\boldsymbol{D}_i\boldsymbol{a}_{\boldsymbol{\rho}}} \tag{4.225}$$

利用下述矩阵求逆公式[35]：

$$(\boldsymbol{A}+\boldsymbol{X}\boldsymbol{B}\boldsymbol{X}^{\mathrm{H}})^{-1}=\boldsymbol{A}^{-1}-\boldsymbol{A}^{-1}\boldsymbol{X}(\boldsymbol{B}^{-1}+\boldsymbol{X}^{\mathrm{H}}\boldsymbol{A}^{-1}\boldsymbol{X})^{-1}\boldsymbol{X}^{\mathrm{H}}\boldsymbol{A}^{-1}$$

可以得到

$$\boldsymbol{D}_{\boldsymbol{\rho}}=(\boldsymbol{D}_i^{-1}+(\boldsymbol{a}_{\boldsymbol{\rho}}^{\mathrm{H}}\boldsymbol{C}_{\mathrm{clutter}}\boldsymbol{a}_{\boldsymbol{\rho}}+\sigma^2)^{-1}\boldsymbol{a}_{\boldsymbol{\rho}}\boldsymbol{a}_{\boldsymbol{\rho}}^{\mathrm{H}})^{-1} \tag{4.226}$$

再令

$$\boldsymbol{\Gamma}_{\rho}=\boldsymbol{D}_i^{-1}+(\boldsymbol{a}_{\rho}^{\mathrm{H}}\boldsymbol{C}_{\mathrm{clutter}}\boldsymbol{a}_{\rho}+\sigma^2)^{-1}\boldsymbol{a}_{\rho}\boldsymbol{a}_{\rho}^{\mathrm{H}}=\boldsymbol{D}_{\rho}^{-1} \tag{4.227}$$

根据矩阵行列式的性质，我们有

$$\det(\boldsymbol{D}_{\rho})=\det(\boldsymbol{\Gamma}_{\rho}^{-1})=\det{}^{-1}(\boldsymbol{\Gamma}_{\rho}) \tag{4.228}$$

所以，$\det(\boldsymbol{D}_{\rho})$的最小化等效于$\det(\boldsymbol{\Gamma}_{\rho})$的最大化。

又由于

$$\det(\boldsymbol{A}+\boldsymbol{X}\boldsymbol{B}\boldsymbol{X}^{\mathrm{H}})=\det(\boldsymbol{A})\det(\boldsymbol{B})\det(\boldsymbol{B}^{-1}+\boldsymbol{X}^{\mathrm{H}}\boldsymbol{A}^{-1}\boldsymbol{X}) \tag{4.229}$$

其中，$\det(\boldsymbol{A})\det(\boldsymbol{B})\neq 0$。令$\boldsymbol{A}=\boldsymbol{D}_i^{-1}$，$\boldsymbol{X}=(\boldsymbol{a}_{\rho}^{\mathrm{H}}\boldsymbol{C}_{\mathrm{clutter}}\boldsymbol{a}_{\rho}+\sigma^2)^{-1/2}\boldsymbol{a}_{\rho}$，$\boldsymbol{B}=1$，可得

$$\det(\boldsymbol{\Gamma}_{\rho})=\det(\boldsymbol{D}_i^{-1})\det(1+(\boldsymbol{a}_{\rho}^{\mathrm{H}}\boldsymbol{C}_{\mathrm{clutter}}\boldsymbol{a}_{\rho}+\sigma^2)^{-1}(\boldsymbol{a}_{\rho}^{\mathrm{H}}\boldsymbol{D}_i\boldsymbol{a}_{\rho})) \tag{4.230}$$

再注意到

$$\boldsymbol{a}_{\rho}^{\mathrm{H}}\boldsymbol{a}_{\rho}=(\boldsymbol{p}_{\gamma_{\mathrm{T}},\eta_{\mathrm{T}}}^{\mathrm{H}}\boldsymbol{p}_{\gamma_{\mathrm{T}},\eta_{\mathrm{T}}})\otimes(\boldsymbol{p}_{\gamma_{\mathrm{R}},\eta_{\mathrm{R}}}^{\mathrm{T}}\boldsymbol{p}_{\gamma_{\mathrm{R}},\eta_{\mathrm{R}}}^{*})=1 \tag{4.231}$$

$$\boldsymbol{a}_{\rho}^{\mathrm{H}}(\boldsymbol{C}_{\mathrm{clutter}}+\sigma^2\boldsymbol{I}_4)\boldsymbol{a}_{\rho}>0,\ \boldsymbol{a}_{\rho}\neq\boldsymbol{o} \tag{4.232}$$

$$\boldsymbol{a}_{\rho}^{\mathrm{H}}\boldsymbol{D}_i\boldsymbol{a}_{\rho}\geqslant 0,\ \boldsymbol{a}_{\rho}\neq\boldsymbol{o} \tag{4.233}$$

因此

$$\det(\boldsymbol{\Gamma}_{\rho})=(1+\iota_{\rho})\det(\boldsymbol{D}_i^{-1}) \tag{4.234}$$

其中

$$\iota_{\rho}=(\boldsymbol{a}_{\rho}^{\mathrm{H}}(\boldsymbol{C}_{\mathrm{clutter}}+\sigma^2\boldsymbol{I}_4)\boldsymbol{a}_{\rho})^{-1}(\boldsymbol{a}_{\rho}^{\mathrm{H}}\boldsymbol{D}_i\boldsymbol{a}_{\rho}) \tag{4.235}$$

由此，可将$\det(\boldsymbol{D}_{\rho})$的最小化问题简化为下述最大化问题：

$$\max_{\boldsymbol{a}_{\rho}}(\boldsymbol{a}_{\rho}^{\mathrm{H}}(\boldsymbol{C}_{\mathrm{clutter}}+\sigma^2\boldsymbol{I}_4)\boldsymbol{a}_{\rho})^{-1}(\boldsymbol{a}_{\rho}^{\mathrm{H}}\boldsymbol{D}_i\boldsymbol{a}_{\rho}) \tag{4.236}$$

根据式（4.236），$\boldsymbol{a}_{\rho}$理论上应取矩阵束$(\boldsymbol{D}_i,\boldsymbol{C}_{\mathrm{clutter}}+\sigma^2\boldsymbol{I}_4)$最大广义特征值所对应的广义特征矢量，也即$\boldsymbol{D}_i(\boldsymbol{C}_{\mathrm{clutter}}+\sigma^2\boldsymbol{I}_4)^{-1}$最大特征值所对应的特征矢量。若不存在杂波，则$\boldsymbol{a}_{\rho}$理论上应取$\boldsymbol{D}_i$最大特征值所对应的特征矢量。

若考虑发射脉冲的功率自由度，$\boldsymbol{a}_i$和$\boldsymbol{a}_{\rho}$应分别修正为

$$\boldsymbol{a}_i=\sqrt{P_i}\,\boldsymbol{p}_{\gamma_{\mathrm{T},i},\eta_{\mathrm{T},i}}\otimes\boldsymbol{p}_{\gamma_{\mathrm{R},i},\eta_{\mathrm{R},i}}^{*},\ \sqrt{P_1}=1 \tag{4.237}$$

$$\boldsymbol{a}_{\rho}=\frac{1}{\sqrt{\kappa}}\boldsymbol{p}_{\gamma_{\mathrm{T}},\eta_{\mathrm{T}}}\otimes\boldsymbol{p}_{\gamma_{\mathrm{R}},\eta_{\mathrm{R}}}^{*} \tag{4.238}$$

此时可以考虑$\boldsymbol{D}_i(\boldsymbol{C}_{\mathrm{clutter}}+\kappa_{\max}\sigma^2\boldsymbol{I}_4)^{-1}$的特征分解，其中

$$\kappa_{\max}=\arg\max_{\kappa}\mu_{\max}(\boldsymbol{D}_i(\boldsymbol{C}_{\mathrm{clutter}}+\kappa\sigma^2\boldsymbol{I}_4)^{-1}) \tag{4.239}$$

式中：“$\mu_{\max}(\cdot)$”表示矩阵的最大特征值。

由于$\boldsymbol{a}_{\rho}$的四个元素是相互关联的，也即

$$\boldsymbol{a}_{\rho}=\boldsymbol{p}_{\gamma_{\mathrm{T}},\eta_{\mathrm{T}}}\otimes\boldsymbol{p}_{\gamma_{\mathrm{R}},\eta_{\mathrm{R}}}^{*}=\begin{bmatrix}\cos\gamma_{\mathrm{T}}\cos\gamma_{\mathrm{R}}\\ \cos\gamma_{\mathrm{T}}\sin\gamma_{\mathrm{R}}\mathrm{e}^{-\mathrm{j}\eta_{\mathrm{R}}}\\ \sin\gamma_{\mathrm{T}}\mathrm{e}^{\mathrm{j}\eta_{\mathrm{T}}}\cos\gamma_{\mathrm{R}}\\ \sin\gamma_{\mathrm{T}}\mathrm{e}^{\mathrm{j}\eta_{\mathrm{T}}}\sin\gamma_{\mathrm{R}}\mathrm{e}^{-\mathrm{j}\eta_{\mathrm{R}}}\end{bmatrix} \tag{4.240}$$

因此，$\boldsymbol{a}_\rho$可能无法取作$\boldsymbol{D}_i(\boldsymbol{C}_{\text{clutter}}+\sigma^2\boldsymbol{I}_4)^{-1}$最大特征值所对应的特征矢量。

注意到

$$\underbrace{\begin{bmatrix}\boldsymbol{a}_\rho(1) & \boldsymbol{a}_\rho(2)\\ \boldsymbol{a}_\rho(3) & \boldsymbol{a}_\rho(4)\end{bmatrix}}_{=\boldsymbol{\Pi}_\rho}=\underbrace{\begin{bmatrix}\cos\gamma_{\mathrm{T}}\\ \sin\gamma_{\mathrm{T}}\mathrm{e}^{\mathrm{j}\eta_{\mathrm{T}}}\end{bmatrix}}_{=\boldsymbol{p}_{\gamma_{\mathrm{T}},\eta_{\mathrm{T}}}}\underbrace{\begin{bmatrix}\cos\gamma_{\mathrm{R}}\\ \sin\gamma_{\mathrm{R}}\mathrm{e}^{\mathrm{j}\eta_{\mathrm{R}}}\end{bmatrix}^{\mathrm{H}}}_{=\boldsymbol{p}^{\mathrm{H}}_{\gamma_{\mathrm{R}},\eta_{\mathrm{R}}}}=\boldsymbol{p}_{\gamma_{\mathrm{T}},\eta_{\mathrm{T}}}\boldsymbol{p}^{\mathrm{H}}_{\gamma_{\mathrm{R}},\eta_{\mathrm{R}}} \tag{4.241}$$

根据特征子空间理论，矩阵$\boldsymbol{\Pi}_\rho$的最大奇异值（也即非零奇异值）所对应的左奇异矢量和右奇异矢量分别与$\boldsymbol{p}_{\gamma_{\mathrm{T}},\eta_{\mathrm{T}}}$和$\boldsymbol{p}_{\gamma_{\mathrm{R}},\eta_{\mathrm{R}}}$成比例关系，据此可得下述收发极化优化设计方法。

设矩阵$\boldsymbol{D}_i(\boldsymbol{C}_{\text{clutter}}+\sigma^2\boldsymbol{I}_4)^{-1}$最大特征值所对应的特征矢量为$\boldsymbol{l}_{i+1}$，利用其元素构造下述矩阵：

$$\boldsymbol{L}_{i+1}=\begin{bmatrix}\boldsymbol{l}_{i+1}(1) & \boldsymbol{l}_{i+1}(2)\\ \boldsymbol{l}_{i+1}(3) & \boldsymbol{l}_{i+1}(4)\end{bmatrix} \tag{4.242}$$

然后按照下述准则对$\boldsymbol{\rho}=[\gamma_{\mathrm{T}},\eta_{\mathrm{T}},\gamma_{\mathrm{R}},\eta_{\mathrm{R}}]^{\mathrm{T}}$进行设计：

$$\hat{\boldsymbol{\rho}}=\arg\min_{\boldsymbol{\rho}}\|\boldsymbol{\Delta}\|_2\ \text{s. t.}\ \boldsymbol{L}_{i+1}+\boldsymbol{\Delta}=\boldsymbol{p}_{\gamma_{\mathrm{T}},\eta_{\mathrm{T}}}\boldsymbol{p}^{\mathrm{H}}_{\gamma_{\mathrm{R}},\eta_{\mathrm{R}}} \tag{4.243}$$

根据奇异值分解的性质可知，$\hat{\boldsymbol{\rho}}$所对应的$\boldsymbol{p}_{\gamma_{\mathrm{T}},\eta_{\mathrm{T}}}$和$\boldsymbol{p}_{\gamma_{\mathrm{R}},\eta_{\mathrm{R}}}$应分别与$\boldsymbol{L}_{i+1}$最大奇异值所对应的左奇异矢量和右奇异矢量成比例关系。

假设$\boldsymbol{L}_{i+1}$的奇异值分解为$\boldsymbol{L}_{i+1}=\boldsymbol{U}_{i+1}\boldsymbol{\Lambda}_{i+1}\boldsymbol{V}^{\mathrm{H}}_{i+1}$，其中$\boldsymbol{U}_{i+1}$为矩阵$\boldsymbol{L}_{i+1}$的左奇异矢量矩阵，其列矢量为$\boldsymbol{L}_{i+1}$的左奇异矢量，$\boldsymbol{V}_{i+1}$为$\boldsymbol{L}_{i+1}$的右奇异矢量矩阵，其列矢量为$\boldsymbol{L}_{i+1}$的右奇异矢量，$\boldsymbol{\Lambda}_{i+1}$为$\boldsymbol{L}_{i+1}$的奇异值矩阵。

令$\boldsymbol{u}_{i+1,1}$和$\boldsymbol{v}_{i+1,1}$分别表示$\boldsymbol{U}_{i+1}$和$\boldsymbol{V}_{i+1}$的第一列，则第$i+1$次的发射极化参数和接收极化参数可以分别确定为

$$\hat{\gamma}_{\mathrm{T},i+1}=\arctan(\boldsymbol{u}_{i+1,1}(2)/\boldsymbol{u}_{i+1,1}(1)) \tag{4.244}$$

$$\hat{\eta}_{\mathrm{T},i+1}=\angle(\boldsymbol{u}_{i+1,1}(2)/\boldsymbol{u}_{i+1,1}(1)) \tag{4.245}$$

$$\hat{\gamma}_{\mathrm{R},i+1}=\arctan(\boldsymbol{v}_{i+1,1}(2)/\boldsymbol{v}_{i+1,1}(1)) \tag{4.246}$$

$$\hat{\eta}_{\mathrm{R},i+1}=\angle(\boldsymbol{v}_{i+1,1}(2)/\boldsymbol{v}_{i+1,1}(1)) \tag{4.247}$$

对应的最优发射和接收极化矢量以及收发极化联合矢量分别为

$$\boldsymbol{p}_{\hat{\gamma}_{\mathrm{T},i+1},\hat{\eta}_{\mathrm{T},i+1}}=[\cos\hat{\gamma}_{\mathrm{T},i+1},\sin\hat{\gamma}_{\mathrm{T},i+1}\mathrm{e}^{\mathrm{j}\hat{\eta}_{\mathrm{T},i+1}}]^{\mathrm{T}} \tag{4.248}$$

$$\boldsymbol{p}_{\hat{\gamma}_{\mathrm{R},i+1},\hat{\eta}_{\mathrm{R},i+1}}=[\cos\hat{\gamma}_{\mathrm{R},i+1},\sin\hat{\gamma}_{\mathrm{R},i+1}\mathrm{e}^{\mathrm{j}\hat{\eta}_{\mathrm{R},i+1}}]^{\mathrm{T}} \tag{4.249}$$

$$\boldsymbol{a}_{i+1}=\boldsymbol{p}_{\hat{\gamma}_{\mathrm{T},i+1},\hat{\eta}_{\mathrm{T},i+1}}\otimes\boldsymbol{p}^{*}_{\hat{\gamma}_{\mathrm{R},i+1},\hat{\eta}_{\mathrm{R},i+1}} \tag{4.250}$$

我们称上述方法为特征分解方法，其完整的递推步骤总结如下（初始均方误差矩阵和初始目标散射系数矢量分别为$\boldsymbol{D}_0=\boldsymbol{C}_{\text{target}}$，$\hat{\boldsymbol{x}}_{\text{target},0}=\boldsymbol{m}_{\text{target}}$）：

① 通过对$\boldsymbol{D}_i(\boldsymbol{C}_{\text{clutter}}+\sigma^2\boldsymbol{I}_4)^{-1}$进行特征分解，得到理论上的最优收发极化

联合矢量 $\boldsymbol{l}_{i+1}$。

② 利用 $\boldsymbol{l}_{i+1}$ 设计收发极化参数 $\hat{\gamma}_{\mathrm{T},i+1}$、$\hat{\eta}_{\mathrm{T},i+1}$、$\hat{\gamma}_{\mathrm{R},i+1}$、$\hat{\eta}_{\mathrm{R},i+1}$。

③ 利用 $\hat{\gamma}_{\mathrm{T},i+1}$、$\hat{\eta}_{\mathrm{T},i+1}$、$\hat{\gamma}_{\mathrm{R},i+1}$、$\hat{\eta}_{\mathrm{R},i+1}$ 更新发射极化矢量 $\boldsymbol{p}_{\hat{\gamma}_{\mathrm{T},i+1},\hat{\eta}_{\mathrm{T},i+1}}$ 和接收极化矢量 $\boldsymbol{p}_{\hat{\gamma}_{\mathrm{R},i+1},\hat{\eta}_{\mathrm{R},i+1}}$，以及收发极化联合矢量 $\boldsymbol{a}_{i+1}$。

④ 更新目标散射系数矢量的估计和对应的均方误差矩阵：

$$\hat{\boldsymbol{x}}_{\mathrm{target},i+1}=\hat{\boldsymbol{x}}_{\mathrm{target},i}+\boldsymbol{K}_{i+1}(r_{i+1}-\boldsymbol{a}_{i+1}^{\mathrm{H}}\hat{\boldsymbol{x}}_{\mathrm{target},i}) \tag{4.251}$$

$$\boldsymbol{D}_{i+1}=(\boldsymbol{I}_4-\boldsymbol{K}_{i+1}\boldsymbol{a}_{i+1}^{\mathrm{H}})\boldsymbol{D}_i \tag{4.252}$$

其中，$\boldsymbol{K}_{i+1}=(\boldsymbol{a}_{i+1}^{\mathrm{H}}\boldsymbol{C}_{\mathrm{clutter}}\boldsymbol{a}_{i+1}+\sigma^2+\boldsymbol{a}_{i+1}^{\mathrm{H}}\boldsymbol{D}_i\boldsymbol{a}_{i+1})^{-1}(\boldsymbol{D}_i\boldsymbol{a}_{i+1})$。

⑤ 重复步骤①~④，进行第 $i+2$ 次的发射和接收极化参数的优化选择，依此类推，循环迭代。

特征分解方法的计算量为 $\mathcal{O}(I)$，相较于网格搜索寻优方法，收发极化优化设计的计算复杂度显著降低。

下面看几个仿真例子，例中目标散射系数矢量的协方差矩阵为

$$\boldsymbol{C}_{\mathrm{target}}=\mu\boldsymbol{U}_{\mathrm{target}}\boldsymbol{\Lambda}_{\mathrm{target}}\boldsymbol{U}_{\mathrm{target}}^{\mathrm{H}} \tag{4.253}$$

式中：$\boldsymbol{U}_{\mathrm{target}}$ 是一元素为独立复高斯随机变量的 4×4 维矩阵的左奇异矢量矩阵；

$$\boldsymbol{\Lambda}_{\mathrm{target}}=\mathrm{diag}(0.1,0.1,0.3,1) \tag{4.254}$$

参数 μ 用于控制信杂噪比（SCNR）。例中，信杂噪比为

$$\mathrm{SCNR}=(\mathrm{tr}(\boldsymbol{C}_{\mathrm{clutter}})+\sigma^2)^{-1}\mathrm{tr}(\boldsymbol{C}_{\mathrm{target}}) \tag{4.255}$$

其中，噪声方差 σ^2 为 1。

杂波散射系数矢量的协方差矩阵为

$$\boldsymbol{C}_{\mathrm{clutter}}=\boldsymbol{U}_{\mathrm{clutter}}\boldsymbol{\Lambda}_{\mathrm{clutter}}\boldsymbol{U}_{\mathrm{clutter}}^{\mathrm{H}} \tag{4.256}$$

其中，$\boldsymbol{U}_{\mathrm{clutter}}$ 的产生方式和 $\boldsymbol{U}_{\mathrm{target}}$ 的产生方式相同；

$$\boldsymbol{\Lambda}_{\mathrm{clutter}}=\mathrm{diag}(0.25,0.25,0.25,0.25) \tag{4.257}$$

主要比较下述三种收发极化方案下目标散射矩阵的估计精度：

（1）固定收发极化方法：$\gamma_{\mathrm{T},1}=\gamma_{\mathrm{T},2}=\gamma_{\mathrm{T},3}=\cdots=\gamma_{\mathrm{T},I}=60°$，$\eta_{\mathrm{T},1}=\eta_{\mathrm{T},2}=\eta_{\mathrm{T},3}=\cdots=\eta_{\mathrm{T},I}=30°$，$\gamma_{\mathrm{R},1}=\gamma_{\mathrm{R},2}=\gamma_{\mathrm{R},3}=\cdots=\gamma_{\mathrm{R},I}=60°$，$\eta_{\mathrm{R},1}=\eta_{\mathrm{R},2}=\eta_{\mathrm{R},3}=\cdots=\eta_{\mathrm{R},I}=-30°$。

（2）网格搜索寻优方法：$l_{\gamma_{\mathrm{T}}}=l_{\eta_{\mathrm{T}}}=l_{\gamma_{\mathrm{R}}}=l_{\eta_{\mathrm{R}}}=100$。

（3）特征分解方法。

图 4.16 所示为目标散射矩阵估计的均方误差随观测次数（也即发射脉冲数 I）变化的曲线，其中信杂噪比为 0dB；图 4.17 所示为目标散射矩阵估计的均方误差随信杂噪比变化的曲线，其中观测次数为 $I=30$。

由所示结果可以看出，考虑收发极化优化设计的目标散射矩阵估计性能，明显优于固定收发极化条件下的目标散射矩阵估计性能。此外，特征分解收

发极化优化方法和网格搜索方法的性能相近，但前者的计算复杂度明显小于后者（下文将对两者的计算复杂度进行比较）。

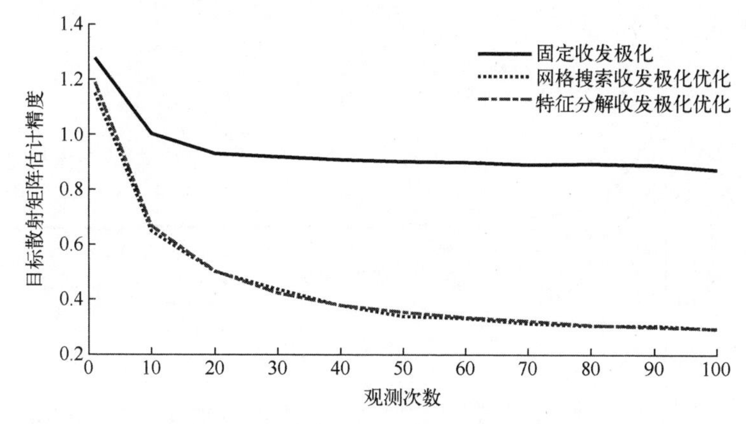

图 4.16　目标散射矩阵估计的均方误差随观测次数变化的曲线：信杂噪比为 0dB

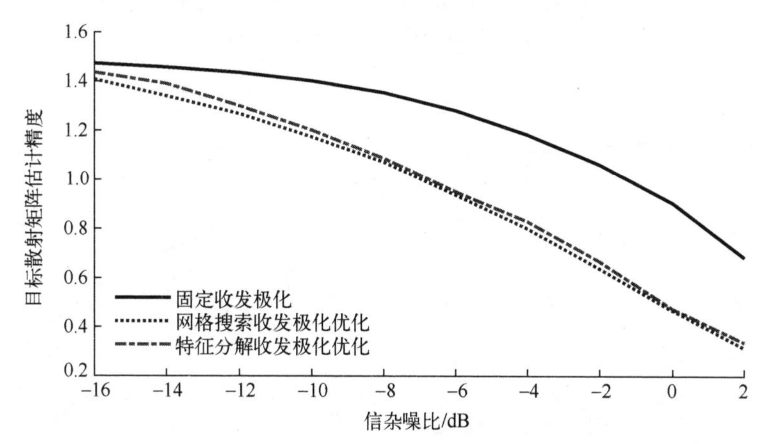

图 4.17　目标散射矩阵估计的均方误差随信杂噪比变化的曲线：观测次数为 30

下面研究仅考虑发射极化优化设计对目标散射矩阵估计精度的影响，采用三种收发极化方案：

（1）发射采用最优极化，接收采用固定极化，其中 $\gamma_{\mathbf{R},1}=\gamma_{\mathbf{R},2}=\gamma_{\mathbf{R},3}=\cdots=\gamma_{\mathbf{R},I}=60^\circ$，$\eta_{\mathbf{R},1}=\eta_{\mathbf{R},2}=\eta_{\mathbf{R},3}=\cdots=\eta_{\mathbf{R},I}=-30^\circ$。

（2）收发极化同时优化。

（3）收发极化同时固定：$\gamma_{\mathbf{T},1}=\gamma_{\mathbf{T},2}=\gamma_{\mathbf{T},3}=\cdots=\gamma_{\mathbf{T},I}=60^\circ$，$\eta_{\mathbf{T},1}=\eta_{\mathbf{T},2}=\eta_{\mathbf{T},3}=\cdots=\eta_{\mathbf{T},I}=30^\circ$，$\gamma_{\mathbf{R},1}=\gamma_{\mathbf{R},2}=\gamma_{\mathbf{R},3}=\cdots=\gamma_{\mathbf{R},I}=60^\circ$，$\eta_{\mathbf{R},1}=\eta_{\mathbf{R},2}=\eta_{\mathbf{R},3}=\cdots=\eta_{\mathbf{R},I}=-30^\circ$。

图 4.18 所示为目标散射矩阵估计的均方误差随观测次数变化的曲线，其中信杂噪比为 0dB；图 4.19 所示为目标散射矩阵估计的均方误差随信杂噪比变化的曲线，其中观测次数为 30。

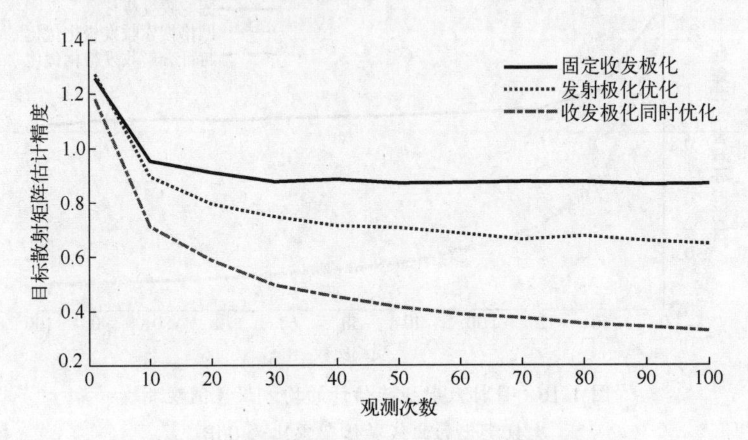

图 4.18 目标散射矩阵估计的均方误差随观测次数变化的曲线：信杂噪比为 0dB

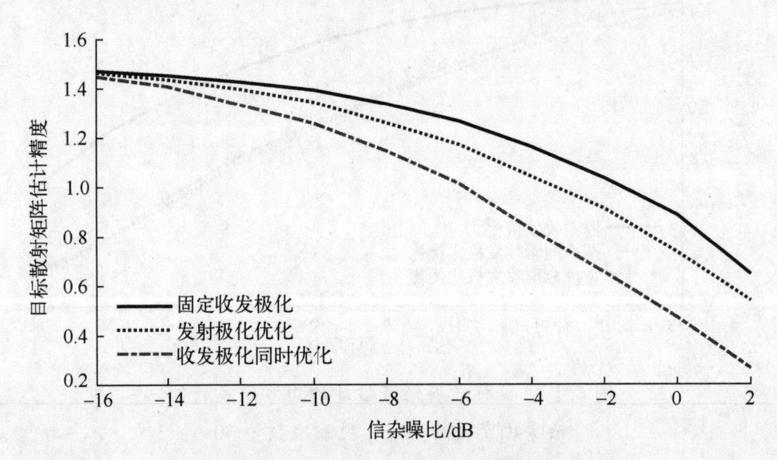

图 4.19 目标散射矩阵估计的均方误差随信杂噪比变化的曲线：观测次数为 30

由图中所示结果可以看出，考虑收发极化同时优化的目标散射矩阵估计性能优于仅考虑发射极化优化的目标散射矩阵估计性能；考虑发射极化优化或收发极化同时优化的目标散射矩阵估计性能优于固定收发极化的目标散射矩阵估计性能，收、发极化优化设计对提高目标散射矩阵的估计质量具有重要的价值。

最后比较网格搜索收发极化寻优方法和特征分解收发极化优化设计方法的计算复杂度，仿真配置为：①CPU Inter（R）Core（TM）i7-6700 3.4GHz；②内存8.00GHz；③系统Windows 64位操作系统。

网格搜索收发极化寻优方法中各个参数的网格数目设置为

$$l_{\gamma_{\mathrm{T}}}=l_{\eta_{\mathrm{T}}}=l_{\gamma_{\mathrm{R}}}=l_{\eta_{\mathrm{R}}}=50$$

信杂噪比为0dB，观测次数为30。

表4.1所示为两种方法200次独立实验的平均计算时间，由表中所示结果可以看出，特征分解方法的计算复杂度明显低于网格搜索寻优方法的计算复杂度。

表4.1　网格搜索寻优方法和特征分解方法的计算复杂度比较

方　法	200次独立实验的平均计算时间/s
网格搜索寻优方法	4959.567
特征分解方法	0.902

4.3.2 复合高斯杂波背景

与4.3.1小节方法不同，本小节方法仅考虑发射极化的优化设计，并采用交叉偶极子矢量天线同时接收回波的水平和垂直极化分量（这相当于采用两种固定极化同时进行接收），此时对应第i种发射极化(α_i,β_i)的观测可以写成[85]

$$\boldsymbol{r}_i(t)=g\boldsymbol{S}\boldsymbol{q}_{\alpha_i,\beta_i}s(t-\tau)+\boldsymbol{c}_i(t) \tag{4.258}$$

式中：g为复常数；$\boldsymbol{c}_i(t)$为加性杂波分量（为简单起见，这里忽略了加性观测噪声）；$\boldsymbol{S}$和$\boldsymbol{q}_{\alpha_i,\beta_i}$分别为目标散射矩阵和发射极化矢量（由于不考虑接收极化优化，为书写方便，这里略去了用于区别收发的下标信息；另外，为便于下文讨论，这里改用极化倾角α_i和极化椭圆角β_i两个参数来研究脉冲i的发射极化优化问题）：

$$\boldsymbol{S}=\begin{bmatrix} s_{\mathrm{HH}} & s_{\mathrm{HV}} \\ s_{\mathrm{VH}} & s_{\mathrm{VV}} \end{bmatrix} \tag{4.259}$$

$$\boldsymbol{q}_{\alpha_i,\beta_i}=\begin{bmatrix} \cos\alpha_i & -\sin\alpha_i \\ \sin\alpha_i & \cos\alpha_i \end{bmatrix}\begin{bmatrix} \cos\beta_i \\ \mathrm{j}\sin\beta_i \end{bmatrix}=\begin{bmatrix} \varsigma_{\mathrm{TH},i} \\ \varsigma_{\mathrm{TV},i} \end{bmatrix} \tag{4.260}$$

匹配滤波后的归一化输出可以写成

$$\boldsymbol{r}_i=\boldsymbol{S}\boldsymbol{q}_{\alpha_i,\beta_i}+\boldsymbol{c}_i,\ i=1,2,\cdots,I \tag{4.261}$$

式中：$\boldsymbol{c}_i=\sqrt{z_i}\boldsymbol{\chi}_i$为复合高斯杂波，$z_i$和$\boldsymbol{\chi}_i$分别为慢变的纹理分量和快变的散斑分量，$\boldsymbol{\chi}_i$为高斯分布，均值为$\boldsymbol{o}$，协方差矩阵为$\boldsymbol{\Sigma}$，$z_i$服从均值为1、形状参数为$v$的逆伽马分布：

$$p(z_i;v)=\frac{1}{\Gamma(v)}v^v z_i^{-v-1}\mathrm{e}^{-v/z_i} \tag{4.262}$$

其中，$\Gamma(\nu)=\int_0^\infty x^{\nu-1}\mathrm{e}^{-x}\mathrm{d}x$。

(1) 最大似然估计。

根据本小节的假设，$\boldsymbol{r}_i|z_i$服从均值为$\boldsymbol{S}\boldsymbol{q}_{\alpha_i,\beta_i}$、协方差矩阵为$z_i\boldsymbol{\Sigma}$的高斯分布，对应的条件概率密度函数为

$$p(\boldsymbol{r}_i|z_i)=\det{}^{-1}(\pi z_i\boldsymbol{\Sigma})\mathrm{e}^{-(\boldsymbol{r}_i-\boldsymbol{S}\boldsymbol{q}_{\alpha_i,\beta_i})^{\mathrm{H}}(z_i\boldsymbol{\Sigma})^{-1}(\boldsymbol{r}_i-\boldsymbol{S}\boldsymbol{q}_{\alpha_i,\beta_i})} \tag{4.263}$$

由于

$$p(\boldsymbol{r}_i,z_i)=p(\boldsymbol{r}_i|z_i)p(z_i;v) \tag{4.264}$$

所以[85]

$$p(\boldsymbol{r}_i;\boldsymbol{S},\boldsymbol{\Sigma},v)=\frac{\Gamma(v+2)}{\det(\pi\boldsymbol{\Sigma})\Gamma(v)v^2}\left(1+\frac{(\boldsymbol{r}_i-\boldsymbol{S}\boldsymbol{q}_{\alpha_i,\beta_i})^{\mathrm{H}}\boldsymbol{\Sigma}^{-1}(\boldsymbol{r}_i-\boldsymbol{S}\boldsymbol{q}_{\alpha_i,\beta_i})}{v}\right)^{-v-2} \tag{4.265}$$

下面讨论如何采用参数扩展期望最大化（PX-EM）算法[86]对目标散射矩阵和杂波参数进行最大似然估计。

参数扩展期望最大化算法是期望最大化（EM）算法的改进，相较于后者，其收敛速度大大提高。

参数扩展期望最大化算法的基本原理是，首先利用完全数据的额外信息进行参数扩展得到更大的扩展参数集合，然后通过期望最大化迭代实现扩展参数估计，进而由扩展参数的估计值得到原始参数的估计值。

和期望最大化算法相同，参数扩展期望最大化算法包括两个步骤：求期望步和最大化期望似然函数步。

在目标散射矩阵$\boldsymbol{S}$、杂波散斑分量协方差矩阵$\boldsymbol{\Sigma}$以及纹理分量形状参数v为未知参数的情况下，原始参数集合可以表示为$\{\boldsymbol{S},\boldsymbol{\Sigma},v\}$。

将纹理分布的均值作为扩展参数，由于假设纹理分布的均值为1，所以扩展参数的估计值即为原始参数的估计值。

参数扩展期望最大化算法通过内外两个循环估计目标散射矩阵和杂波参数：在内循环中，固定纹理形状参数v不变，利用参数扩展期望最大迭代得到$\boldsymbol{S}$和$\boldsymbol{\Sigma}$的最大似然估计$\hat{\boldsymbol{S}}$和$\hat{\boldsymbol{\Sigma}}$；在外循环中，利用内循环所得的$\hat{\boldsymbol{S}}$和$\hat{\boldsymbol{\Sigma}}$，得到$v$的最大似然估计$\hat{v}$。

分别定义 n 和 q 为内循环和外循环的迭代索引，目标散射矩阵和杂波参数的详细迭代估计过程总结如下（采用 I 个脉冲数据）[84-86]：

① 内循环：假设第 q 次外循环迭代得到的形状参数 v 的估计值为$\hat{v}^{(q)}$。

PX-E 步：计算

$$\hat{w}^{(n)}(i;\hat{v}^{(q)})=\frac{\hat{v}^{(q)}+2}{\hat{v}^{(q)}+(\boldsymbol{r}_i-\hat{\boldsymbol{S}}^{(n)}\boldsymbol{q}_{\alpha_i,\beta_i})^{\mathrm{H}}(\hat{\boldsymbol{\Sigma}}^{(n)})^{-1}(\boldsymbol{r}_i-\hat{\boldsymbol{S}}^{(n)}\boldsymbol{q}_{\alpha_i,\beta_i})} \tag{4.266}$$

相应的条件期望为

$$\boldsymbol{T}_1^{(n)}=\frac{1}{I}\sum_{i=1}^{I}\boldsymbol{r}_i\boldsymbol{q}_{\alpha_i,\beta_i}^{\mathrm{H}}\ \hat{w}^{(n)}(i;\hat{v}^{(q)}) \tag{4.267}$$

$$\boldsymbol{T}_2^{(n)}=\frac{1}{I}\sum_{i=1}^{I}\boldsymbol{r}_i\boldsymbol{r}_i^{\mathrm{H}}\ \hat{w}^{(n)}(i;\hat{v}^{(q)}) \tag{4.268}$$

$$\boldsymbol{T}_3^{(n)}=\frac{1}{I}\sum_{i=1}^{I}\boldsymbol{q}_{\alpha_i,\beta_i}\boldsymbol{q}_{\alpha_i,\beta_i}^{\mathrm{H}}\ \hat{w}^{(n)}(i;\hat{v}^{(q)}) \tag{4.269}$$

$$\boldsymbol{t}_4^{(n)}=\frac{1}{I}\sum_{i=1}^{I}\ \hat{w}^{(n)}(i;\hat{v}^{(q)}) \tag{4.270}$$

PX-M 步：利用 PX-E 步中所得到的条件期望，计算目标散射矩阵 $\boldsymbol{S}$ 和杂波协方差矩阵 $\boldsymbol{\Sigma}$ 的最大似然估计：

$$\hat{\boldsymbol{S}}^{(n+1)}=\boldsymbol{T}_1^{(n)}(\boldsymbol{T}_3^{(n)})^{-1} \tag{4.271}$$

$$\hat{\boldsymbol{\Sigma}}^{(n+1)}=(\boldsymbol{T}_2^{(n)}-\boldsymbol{T}_1^{(n)}(\boldsymbol{T}_3^{(n)})^{-1}(\boldsymbol{T}_1^{(n)})^{\mathrm{H}})(\boldsymbol{t}_4^{(n)})^{-1} \tag{4.272}$$

回到 PX-E 步，循环迭代（迭代索引为 n），直到满足收敛条件，所得到的 $\boldsymbol{S}$ 和 $\boldsymbol{\Sigma}$ 的估计结果分别记作$\hat{\boldsymbol{S}}(\hat{v}^{(q)})$和$\hat{\boldsymbol{\Sigma}}(\hat{v}^{(q)})$。

② 外循环：利用内循环所得到的 $\boldsymbol{S}$ 和 $\boldsymbol{\Sigma}$ 的估计$\hat{\boldsymbol{S}}(\hat{v}^{(q)})$和$\hat{\boldsymbol{\Sigma}}(\hat{v}^{(q)})$，通过最大化观测数据的对数似然函数，得到 v 的最大似然估计：

$$\hat{v}^{(q+1)}=\arg\max_{v}\sum_{i=1}^{I}\ln p(\boldsymbol{r}_i;\hat{\boldsymbol{S}}(\hat{v}^{(q)}),\hat{\boldsymbol{\Sigma}}(\hat{v}^{(q)}),v) \tag{4.273}$$

判断$\hat{v}^{(q+1)}$是否满足收敛条件：若满足，结束循环；否则将其代入内循环，重新估计 $\boldsymbol{S}$ 和 $\boldsymbol{\Sigma}$，依此类推，直到满足收敛条件。

（2）发射极化优化设计。

克拉美-罗下界（CRB）为无偏估计方法能够获得的最佳参数估计精度，常用来评估无偏参数估计方法的性能。

最大似然方法是渐近最优的，也即在渐近条件下，其参数估计精度趋近于克拉美-罗下界。对于式（4.261）所示观测模型下的目标散射矩阵估计问题，目标散射矩阵和杂波参数估计的克拉美-罗下界与发射极化有关，若对发射极化进行优化设计，使得克拉美-罗下界最小，则目标散射矩阵和杂波参数的最大似然估计结果的渐近性能也最优（在目标跟踪问题中也可考虑类似的优化处理，因为测量方程通常与发射极化/波形有关，可基于所谓后验克拉美-罗下界（PCRB）的最小化，对发射极化/波形进行优化设计[80]，以提高目标散射矩阵的跟踪估计精度）。

为了便于推导目标散射矩阵估计的克拉美-罗下界，将 $\boldsymbol{r}_i$ 改写为下述形式：

$$\boldsymbol{r}_i=\boldsymbol{A}_i\boldsymbol{x}+\boldsymbol{c}_i,\ i=1,2,\cdots,I \tag{4.274}$$

其中 $\boldsymbol{x}$ 定义为

$$\boldsymbol{x}=\begin{bmatrix}\mathrm{Re}(\mathrm{vec}(\boldsymbol{S}))\\ \mathrm{Im}(\mathrm{vec}(\boldsymbol{S}))\end{bmatrix} \tag{4.275}$$

可以看出，此处所定义的 $\boldsymbol{x}$ 即为目标散射矩阵参数矢量；$\boldsymbol{A}_i$ 与第 i 个发射脉冲的极化有关：

$$\boldsymbol{A}_i=\begin{bmatrix}\varsigma_{\mathbf{TH},i} & 0 & \varsigma_{\mathbf{TV},i} & 0 & \mathrm{j}\varsigma_{\mathbf{TH},i} & 0 & \mathrm{j}\varsigma_{\mathbf{TV},i} & 0\\ 0 & \varsigma_{\mathbf{TH},i} & 0 & \varsigma_{\mathbf{TV},i} & 0 & \mathrm{j}\varsigma_{\mathbf{TH},i} & 0 & \mathrm{j}\varsigma_{\mathbf{TV},i}\end{bmatrix} \tag{4.276}$$

再定义

$$\boldsymbol{r}=[\boldsymbol{r}_1^{\mathrm{T}},\boldsymbol{r}_2^{\mathrm{T}},\cdots,\boldsymbol{r}_I^{\mathrm{T}}]^{\mathrm{T}} \tag{4.277}$$

$$\boldsymbol{c}=[\boldsymbol{c}_1^{\mathrm{T}},\boldsymbol{c}_2^{\mathrm{T}},\cdots,\boldsymbol{c}_I^{\mathrm{T}}]^{\mathrm{T}} \tag{4.278}$$

则 I 次发射脉冲的多极化观测模型可以写成

$$\boldsymbol{r}=\boldsymbol{A}\boldsymbol{x}+\boldsymbol{c} \tag{4.279}$$

其中，$\boldsymbol{A}$ 为与发射极化有关的系统感知矩阵：

$$\boldsymbol{A}=\begin{bmatrix}\varsigma_{\mathbf{TH},1} & 0 & \varsigma_{\mathbf{TV},1} & 0 & \mathrm{j}\varsigma_{\mathbf{TH},1} & 0 & \mathrm{j}\varsigma_{\mathbf{TV},1} & 0\\ 0 & \varsigma_{\mathbf{TH},1} & 0 & \varsigma_{\mathbf{TV},1} & 0 & \mathrm{j}\varsigma_{\mathbf{TH},1} & 0 & \mathrm{j}\varsigma_{\mathbf{TV},1}\\ \vdots & \vdots & \vdots & \vdots & \vdots & \vdots & \vdots & \vdots\\ \varsigma_{\mathbf{TH},I} & 0 & \varsigma_{\mathbf{TV},I} & 0 & \mathrm{j}\varsigma_{\mathbf{TH},I} & 0 & \mathrm{j}\varsigma_{\mathbf{TV},I} & 0\\ 0 & \varsigma_{\mathbf{TH},I} & 0 & \varsigma_{\mathbf{TV},I} & 0 & \mathrm{j}\varsigma_{\mathbf{TH},I} & 0 & \mathrm{j}\varsigma_{\mathbf{TV},I}\end{bmatrix} \tag{4.280}$$

式（4.274）所定义的 $\boldsymbol{r}_i$ 为一球不变随机矢量（SIRV[86]），具有下述形式的边缘概率密度函数：

$$p(\boldsymbol{r}_i;\boldsymbol{x})=\frac{1}{\det(\pi\boldsymbol{\Sigma})}g(\|z(i;\boldsymbol{x})\|_2^2,v) \tag{4.281}$$

式中：

$$z(i;\boldsymbol{x})=\boldsymbol{\Sigma}^{-1/2}(\boldsymbol{r}_i-\boldsymbol{A}_i\boldsymbol{x}) \tag{4.282}$$

$$g(\|\boldsymbol{z}(i;\boldsymbol{x})\|_2^2,v)=\int_0^{\infty}\mathrm{e}^{-\|\boldsymbol{z}(i;\boldsymbol{x})\|_2^2/u}u^{-2}p(u;v)\mathrm{d}u \tag{4.283}$$

$$p(u;v)=\frac{1}{\Gamma(v)}v^v u^{-v-1}\mathrm{e}^{-v/u} \tag{4.284}$$

若$\|\boldsymbol{z}(i;\boldsymbol{x})\|_2^2=r$，则由$\boldsymbol{z}(i;\boldsymbol{x})$的实部和虚部所组成的矢量将均匀分布在球心位于原点、半径为 r 的二维球上，故此称$\boldsymbol{r}_i$为“球不变”随机矢量。

为书写方便，记$g_1(\|\boldsymbol{z}(i;\boldsymbol{x})\|_2^2,v)$为$g(\|\boldsymbol{z}(i;\boldsymbol{x})\|_2^2,v)$对$\|\boldsymbol{z}(i;\boldsymbol{x})\|_2^2$的一阶偏导，根据式（4.283），可得

$$g_1(\|\boldsymbol{z}(i;\boldsymbol{x})\|_2^2,v)=-\int_0^{\infty}\mathrm{e}^{-\|\boldsymbol{z}(i;\boldsymbol{x})\|_2^2/u}u^{-3}p(u;v)\mathrm{d}u \tag{4.285}$$

将式（4.284）代入式（4.283）和式（4.285），进一步可得

$$g(\|\boldsymbol{z}(i;\boldsymbol{x})\|_2^2,v)=\left(\frac{\Gamma(v+2)}{\Gamma(v)v^2}\right)(1+\|\boldsymbol{z}(i;\boldsymbol{x})\|_2^2/v)^{-v-2} \tag{4.286}$$

$$g_1(\|\boldsymbol{z}(i;\boldsymbol{x})\|_2^2,v)=-\left(\frac{\Gamma(v+3)}{\Gamma(v)v^3}\right)(1+\|\boldsymbol{z}(i;\boldsymbol{x})\|_2^2/v)^{-v-3} \tag{4.287}$$

由于目标散射矩阵和杂波参数之间的互信息为零[86]，只需考虑目标散射矩阵估计的克拉美-罗下界，或下述 Fisher 信息矩阵（FIM）：

$$\mathrm{FIM}_{\boldsymbol{x}}(p,q)=E\left(\frac{\partial\ln p(\boldsymbol{r};\boldsymbol{x})}{\partial\boldsymbol{x}(p)}\cdot\frac{\partial\ln p(\boldsymbol{r};\boldsymbol{x})}{\partial\boldsymbol{x}(q)}\right)=-E\left(\frac{\partial^2\ln p(\boldsymbol{r};\boldsymbol{x})}{\partial\boldsymbol{x}(p)\partial\boldsymbol{x}(q)}\right) \tag{4.288}$$

其中，$p,q=1,2,3,4,5,6,7,8$；

$$\ln p(\boldsymbol{r};\boldsymbol{x})=-I\ln(\det(\pi\boldsymbol{\Sigma}))+\sum_{i=1}^{I}\ln g(\|\boldsymbol{z}(i;\boldsymbol{x})\|_2^2,v) \tag{4.289}$$

根据式（4.289），可得

$$\frac{\partial\ln p(\boldsymbol{r};\boldsymbol{x})}{\partial\boldsymbol{x}(p)}=\sum_{i=1}^{I}\left(\frac{g_1(\|\boldsymbol{z}(i;\boldsymbol{x})\|_2^2,v)}{g(\|\boldsymbol{z}(i;\boldsymbol{x})\|_2^2,v)}\right)\left(\frac{\partial\|\boldsymbol{z}(i;\boldsymbol{x})\|_2^2}{\partial\boldsymbol{x}(p)}\right) \tag{4.290}$$

其中

$$\frac{\partial\|\boldsymbol{z}(i;\boldsymbol{x})\|_2^2}{\partial\boldsymbol{x}(p)}=-\left(\boldsymbol{z}^{\mathrm{H}}(i;\boldsymbol{x})\boldsymbol{\Sigma}^{-\frac{1}{2}}\boldsymbol{A}_i\frac{\partial\boldsymbol{x}}{\partial\boldsymbol{x}(p)}+\frac{\partial\boldsymbol{x}^{\mathrm{H}}}{\partial\boldsymbol{x}(p)}\boldsymbol{A}_i^{\mathrm{H}}\boldsymbol{\Sigma}^{-1/2}\boldsymbol{z}(i;\boldsymbol{x})\right) \tag{4.291}$$

由于$\dfrac{\partial\boldsymbol{x}}{\partial\boldsymbol{x}(p)}=\boldsymbol{\iota}_{8,p}$，进而可得

$$\mathrm{FIM}_{\boldsymbol{x}}=\left(\frac{2(v+2)}{v+3}\right)\mathrm{Re}\left(\sum_{i=1}^{I}\boldsymbol{A}_i^{\mathrm{H}}\boldsymbol{\Sigma}^{-1}\boldsymbol{A}_i\right) \tag{4.292}$$

注意到

$$\mathrm{FIM}_{\boldsymbol{x}}^{-1}=\mathrm{CRB}(\boldsymbol{x}) \tag{4.293}$$

因此，克拉美-罗下界的最小化等效于信息矩阵元素的最大化。

利用式（4.292）所示的信息矩阵，可以基于“$\max(\det(\mathrm{FIM}_{\boldsymbol{x}}))$”准则进行发射极化的优化设计，该优化问题是非凸、非线性的，可以利用网格搜索进行寻优。

假设已经获得了 i 次观测 $\boldsymbol{r}_1,\boldsymbol{r}_2,\cdots,\boldsymbol{r}_i$，其中 $1\leqslant i\leqslant I$，则利用网格搜索实现第 $i+1$ 次发射极化优化设计的步骤如下：

① 计算 $\mathrm{FIM}_{\boldsymbol{\rho}}$：

$$\mathrm{FIM}_{\boldsymbol{\rho}}=\left(\frac{2(v+2)}{v+3}\right)\mathrm{Re}\left(\boldsymbol{A}_{\boldsymbol{\rho}}^{\mathrm{H}}\boldsymbol{\Sigma}^{-1}\boldsymbol{A}_{\boldsymbol{\rho}}+\sum_{l=1}^{i}\boldsymbol{A}_l^{\mathrm{H}}\boldsymbol{\Sigma}^{-1}\boldsymbol{A}_l\right) \tag{4.294}$$

式中：

$$\boldsymbol{\rho}=[\alpha,\beta]^{\mathrm{T}} \tag{4.295}$$

$$\boldsymbol{A}_{\boldsymbol{\rho}}=\begin{bmatrix}\varsigma_{\mathrm{TH}} & 0 & \varsigma_{\mathrm{TV}} & 0 & \mathrm{j}\varsigma_{\mathrm{TH}} & 0 & \mathrm{j}\varsigma_{\mathrm{TV}} & 0\\ 0 & \varsigma_{\mathrm{TH}} & 0 & \varsigma_{\mathrm{TV}} & 0 & \mathrm{j}\varsigma_{\mathrm{TH}} & 0 & \mathrm{j}\varsigma_{\mathrm{TV}}\end{bmatrix} \tag{4.296}$$

$$\begin{bmatrix}\varsigma_{\mathrm{TH}}\\ \varsigma_{\mathrm{TV}}\end{bmatrix}=\boldsymbol{q}_{\boldsymbol{\rho}}=\begin{bmatrix}\cos\alpha & -\sin\alpha\\ \sin\alpha & \cos\alpha\end{bmatrix}\begin{bmatrix}\cos\beta\\ \mathrm{j}\sin\beta\end{bmatrix} \tag{4.297}$$

其中，$-90°<\alpha\leqslant 90°$，$-45°\leqslant\beta\leqslant 45°$。

再求解：

$$\alpha_{i+1},\beta_{i+1}=\arg\max_{\boldsymbol{\rho}}\det(\mathrm{FIM}_{\boldsymbol{\rho}}) \tag{4.298}$$

得到第 $i+1$ 次的发射极化参数$(\alpha_{i+1},\beta_{i+1})$。

② 根据①中所得的$(\alpha_{i+1},\beta_{i+1})$，更新发射极化矢量和 $\boldsymbol{A}_{i+1}$，进行第 $i+1$ 次的观测；重复步骤①，进行第 $i+2$ 次的发射极化参数的优化选择，依此类推。

考虑到网格搜索寻优方法计算复杂度较高，下面讨论一种更为简单的发射极化优化方法[84]。

首先令

$$\boldsymbol{H}=\sum_{i=1}^{I}\boldsymbol{A}_i^{\mathrm{H}}\boldsymbol{\Sigma}^{-1}\boldsymbol{A}_i=\boldsymbol{A}^{\mathrm{H}}(\boldsymbol{I}_I\otimes\boldsymbol{\Sigma}^{-1})\boldsymbol{A} \tag{4.299}$$

根据式（4.292）和式（4.299），可得

$$\mathrm{FIM}_{\boldsymbol{x}}=\left(\frac{2(v+2)}{v+3}\right)\mathrm{Re}(\boldsymbol{H}) \tag{4.300}$$

再定义下述矩阵：

$$\boldsymbol{Q}_I=\begin{bmatrix}\varsigma_{\mathrm{TH},1} & \varsigma_{\mathrm{TH},2} & \cdots & \varsigma_{\mathrm{TH},I}\\ \varsigma_{\mathrm{TV},1} & \varsigma_{\mathrm{TV},2} & \cdots & \varsigma_{\mathrm{TV},I}\end{bmatrix}^{\mathrm{T}} \tag{4.301}$$

根据式（4.280）和式（4.301），可得

$$\boldsymbol{A}=([1,\mathrm{j}]\otimes\boldsymbol{Q}_I)\otimes\boldsymbol{I}_2 \tag{4.302}$$

所以 $\boldsymbol{H}$ 又可以写成

$$\boldsymbol{H}=\begin{bmatrix}1 & \mathrm{j}\\ -\mathrm{j} & 1\end{bmatrix}\otimes(\boldsymbol{Q}_I^{\mathrm{H}}\boldsymbol{Q}_I)\otimes\boldsymbol{\Sigma}^{-1} \tag{4.303}$$

由此有

$$\mathrm{FIM}_{\boldsymbol{x}}=\left(\frac{2(v+2)}{v+3}\right)\mathrm{Re}\left(\begin{bmatrix}1 & \mathrm{j}\\ -\mathrm{j} & 1\end{bmatrix}\otimes(\boldsymbol{Q}_I^{\mathrm{H}}\boldsymbol{Q}_I)\otimes\boldsymbol{\Sigma}^{-1}\right) \tag{4.304}$$

于是

$$\det(\mathrm{FIM}_{\boldsymbol{x}})=\left(\frac{2(v+2)}{v+3}\right)^8(\det(\boldsymbol{Q}_I^{\mathrm{H}}\boldsymbol{Q}_I))^4(\det(\boldsymbol{\Sigma}^{-1}))^4 \tag{4.305}$$

由式（4.305）可以看出，至少要发射两个具有不同极化的脉冲，才能完成目标散射矩阵的估计，以保证 $\boldsymbol{Q}_I^{\mathrm{H}}\boldsymbol{Q}_I$ 为正定厄尔米特矩阵，也即

$$\det(\boldsymbol{Q}_I^{\mathrm{H}}\boldsymbol{Q}_I)=f_I>0 \tag{4.306}$$

而且，$\max(\det(\mathrm{FIM}_{\boldsymbol{x}}))$ 等效于 $\max(\det(\boldsymbol{Q}_I^{\mathrm{H}}\boldsymbol{Q}_I))$。

根据 $\boldsymbol{Q}_I$ 的定义，可得

$$f_I=\det\begin{bmatrix}\sum_{i=1}^{I}\varsigma_{\mathbf{TH},i}^{*}\varsigma_{\mathbf{TH},i} & \sum_{i=1}^{I}\varsigma_{\mathbf{TH},i}^{*}\varsigma_{\mathbf{TV},i}\\ \sum_{i=1}^{I}\varsigma_{\mathbf{TV},i}^{*}\varsigma_{\mathbf{TH},i} & \sum_{i=1}^{I}\varsigma_{\mathbf{TV},i}^{*}\varsigma_{\mathbf{HV},i}\end{bmatrix}=f_{I,1}-f_{I,2} \tag{4.307}$$

式中：

$$f_{I,1}=(\boldsymbol{\varsigma}_{\mathbf{H},I-1}^{\mathrm{H}}\boldsymbol{\varsigma}_{\mathbf{H},I-1}+\varsigma_{\mathbf{TH},I}^{*}\varsigma_{\mathbf{TH},I})(\boldsymbol{\varsigma}_{\mathbf{V},I-1}^{\mathrm{H}}\boldsymbol{\varsigma}_{\mathbf{V},I-1}+\varsigma_{\mathbf{TV},I}^{*}\varsigma_{\mathbf{TV},I}) \tag{4.308}$$

$$f_{I,2}=(\boldsymbol{\varsigma}_{\mathbf{V},I-1}^{\mathrm{H}}\boldsymbol{\varsigma}_{\mathbf{H},I-1}+\varsigma_{\mathbf{TV},I}^{*}\varsigma_{\mathbf{TH},I})(\boldsymbol{\varsigma}_{\mathbf{H},I-1}^{\mathrm{H}}\boldsymbol{\varsigma}_{\mathbf{V},I-1}+\varsigma_{\mathbf{TH},I}^{*}\varsigma_{\mathbf{TV},I}) \tag{4.309}$$

其中

$$\boldsymbol{\varsigma}_{\mathbf{H},i}=[\varsigma_{\mathbf{TH},1},\varsigma_{\mathbf{TH},2},\cdots,\varsigma_{\mathbf{TH},i}]^{\mathrm{T}} \tag{4.310}$$

$$\boldsymbol{\varsigma}_{\mathbf{V},i}=[\varsigma_{\mathbf{TV},1},\varsigma_{\mathbf{TV},2},\cdots,\varsigma_{\mathbf{TV},i}]^{\mathrm{T}} \tag{4.311}$$

注意到

$$\boldsymbol{\varsigma}_{\mathbf{H},I-1}^{\mathrm{H}}\boldsymbol{\varsigma}_{\mathbf{H},I-1}+\boldsymbol{\varsigma}_{\mathbf{V},I-1}^{\mathrm{H}}\boldsymbol{\varsigma}_{\mathbf{V},I-1}=I-1 \tag{4.312}$$

$$\varsigma_{\mathbf{TH},I}^{*}\varsigma_{\mathbf{TH},I}+\varsigma_{\mathbf{TV},I}^{*}\varsigma_{\mathbf{TV},I}=\boldsymbol{q}_I^{\mathrm{T}}\boldsymbol{q}_I^{*}=1 \tag{4.313}$$

其中，$\boldsymbol{q}_I=\boldsymbol{q}_{\alpha_I,\beta_I}$。

所以，f_I 可以重新写成下述形式：

$$f_I=f_{I,3}-f_{I,4}+(I-1)-f_{I,5} \tag{4.314}$$

其中

$$f_{I,3}=(\boldsymbol{\varsigma}_{\mathbf{H},I-1}^{\mathrm{H}}\boldsymbol{\varsigma}_{\mathbf{H},I-1})(\boldsymbol{\varsigma}_{\mathbf{V},I-1}^{\mathrm{H}}\boldsymbol{\varsigma}_{\mathbf{V},I-1}) \tag{4.315}$$

$$f_{I,4}=(\boldsymbol{\varsigma}_{\mathbf{H},I-1}^{\mathrm{H}}\boldsymbol{\varsigma}_{\mathbf{V},I-1})(\boldsymbol{\varsigma}_{\mathbf{V},I-1}^{\mathrm{H}}\boldsymbol{\varsigma}_{\mathbf{H},I-1}) \tag{4.316}$$

$$f_{I,5}=\boldsymbol{q}_I^{\mathrm{T}}\boldsymbol{Q}_{I-1}^{\mathrm{H}}\boldsymbol{Q}_{I-1}\boldsymbol{q}_I^* \tag{4.317}$$

注意到 f_I 的前三项，也即 $f_{I,3}$、$f_{I,4}$、$I-1$ 都是与第 I 次发射极化无关的定值，只有 $f_{I,5}$ 与 $\boldsymbol{q}_I$ 有关。

所以，给定 $i-1$ 次脉冲的发射极化，可以通过 $\boldsymbol{q}_i^{\mathrm{T}}\boldsymbol{Q}_{i-1}^{\mathrm{H}}\boldsymbol{Q}_{i-1}\boldsymbol{q}_i^*$ 的最小化，选择第 i 次的最优发射极化参数，其中一种简单的实现方法是交替发射一对正交极化脉冲，我们称为“交替正交发射极化”方式。若发射 I 次脉冲，则其计算复杂度为 $\mathcal{O}(I)$，明显低于网格搜索寻优方法的计算复杂度。

① 第一次发射脉冲的极化为 (α_1,β_1)，可取任意值，对应的发射极化矢量为 $\boldsymbol{q}_1=\boldsymbol{Q}_1^{\mathrm{T}}$。

i）通过 $\boldsymbol{q}_2^{\mathrm{T}}(\boldsymbol{q}_1^*\boldsymbol{q}_1^{\mathrm{T}})\boldsymbol{q}_2^*$ 的最小化，确定 $\boldsymbol{q}_2$ 以及 (α_2,β_2)。很显然，当 $\boldsymbol{q}_2^{\mathrm{T}}\boldsymbol{q}_1^*=0$，也即 $\boldsymbol{q}_1$ 和 $\boldsymbol{q}_2$ 正交时，$\boldsymbol{q}_2^{\mathrm{T}}(\boldsymbol{q}_1^*\boldsymbol{q}_1^{\mathrm{T}})\boldsymbol{q}_2^*$ 取得最小值 0。

因此，(α_2,β_2) 可以取为

$$\alpha_2=\alpha_1\pm 90^\circ,\ \beta_2=-\beta_1 \tag{4.318}$$

此时

$$\max(f_2)=|\varsigma_{\mathbf{TH},1}\varsigma_{\mathbf{TV},1}|^2-|\varsigma_{\mathbf{TH},1}\varsigma_{\mathbf{TV},1}|^2+1=1 \tag{4.319}$$

ii）由于 $\boldsymbol{Q}_2^{\mathrm{H}}\boldsymbol{Q}_2=\boldsymbol{I}_2$，所以对于任意 (α_3,β_3)，都有 $\boldsymbol{q}_3^{\mathrm{T}}\boldsymbol{Q}_2^{\mathrm{H}}\boldsymbol{Q}_2\boldsymbol{q}_3^*=1$，同时 f_3 取得最大值 2。

iii）通过 $\boldsymbol{q}_4^{\mathrm{T}}\boldsymbol{Q}_3^{\mathrm{H}}\boldsymbol{Q}_3\boldsymbol{q}_4^*$ 的最小化，确定 $\boldsymbol{q}_4$ 和 (α_4,β_4)。因为 $\boldsymbol{q}_4^{\mathrm{T}}\boldsymbol{q}_4^*=1$，$\boldsymbol{Q}_3^{\mathrm{H}}\boldsymbol{Q}_3=\boldsymbol{I}_2+\boldsymbol{q}_3^*\boldsymbol{q}_3^{\mathrm{T}}$，所以

$$\boldsymbol{q}_4^{\mathrm{T}}\boldsymbol{Q}_3^{\mathrm{H}}\boldsymbol{Q}_3\boldsymbol{q}_4^*=1+|\boldsymbol{q}_4^{\mathrm{T}}\boldsymbol{q}_3^*|^2 \tag{4.320}$$

当 $\boldsymbol{q}_4^{\mathrm{T}}\boldsymbol{q}_3^*=0$，也即 $\boldsymbol{q}_4$ 和 $\boldsymbol{q}_3$ 正交时，$\boldsymbol{q}_4^{\mathrm{T}}\boldsymbol{Q}_3^{\mathrm{H}}\boldsymbol{Q}_3\boldsymbol{q}_4^*$ 取得最小值 1。

因此，(α_4,β_4) 可以取为

$$\alpha_4=\alpha_3\pm 90^\circ,\ \beta_4=-\beta_3 \tag{4.321}$$

此时

$$\max(f_4)=(\boldsymbol{\varsigma}_{\mathbf{H},3}^{\mathrm{H}}\boldsymbol{\varsigma}_{\mathbf{H},3})(\boldsymbol{\varsigma}_{\mathbf{V},3}^{\mathrm{H}}\boldsymbol{\varsigma}_{\mathbf{V},3})-(\boldsymbol{\varsigma}_{\mathbf{H},3}^{\mathrm{H}}\boldsymbol{\varsigma}_{\mathbf{V},3})(\boldsymbol{\varsigma}_{\mathbf{V},3}^{\mathrm{H}}\boldsymbol{\varsigma}_{\mathbf{H},3})+2=4 \tag{4.322}$$

可以看出，当 $I\leqslant 4$ 时，采用交替正交发射极化方法对应的 $\max(f_I)$ 与初始发射极化值并无关系。

② 更一般地，假设前 i 次发射脉冲交替采用了 $(i-1)/2$ 对正交的发射极化矢量，其中 i 为奇数，$1<i<I$。给定任意 $\boldsymbol{q}_i$，可以通过 $\boldsymbol{q}_{i+1}^{\mathrm{T}}\boldsymbol{Q}_i^{\mathrm{H}}\boldsymbol{Q}_i\boldsymbol{q}_{i+1}^*$ 的最小化，确定 $\boldsymbol{q}_{i+1}$ 和 $(\alpha_{i+1},\beta_{i+1})$。

因为 $\boldsymbol{Q}_i$ 具有如下形式：

$$\boldsymbol{Q}_i=[\boldsymbol{\varsigma}_{\mathbf{H},i},\boldsymbol{\varsigma}_{\mathbf{V},i}]=\begin{bmatrix}\boldsymbol{\varsigma}_{\mathbf{H},i-1} & \boldsymbol{\varsigma}_{\mathbf{V},i-1}\\ \varsigma_{\mathbf{TH},i} & \varsigma_{\mathbf{TV},i}\end{bmatrix}=\begin{bmatrix}\boldsymbol{Q}_{i-1}\\ \boldsymbol{q}_i^{\mathrm{T}}\end{bmatrix} \tag{4.323}$$

且满足

$$\boldsymbol{\varsigma}_{\mathrm{H},i-1}^{\mathrm{H}}\boldsymbol{\varsigma}_{\mathrm{H},i-1}=\boldsymbol{\varsigma}_{\mathrm{V},i-1}^{\mathrm{H}}\boldsymbol{\varsigma}_{\mathrm{V},i-1}=(i-1)/2 \tag{4.324}$$

$$\boldsymbol{\varsigma}_{\mathrm{H},i-1}^{\mathrm{H}}\boldsymbol{\varsigma}_{\mathrm{V},i-1}=\boldsymbol{\varsigma}_{\mathrm{V},i-1}^{\mathrm{H}}\boldsymbol{\varsigma}_{\mathrm{H},i-1}=0 \tag{4.325}$$

因此

$$\boldsymbol{Q}_{i-1}^{\mathrm{H}}\boldsymbol{Q}_{i-1}=\frac{i-1}{2}\boldsymbol{I}_2 \tag{4.326}$$

$$\boldsymbol{Q}_i^{\mathrm{H}}\boldsymbol{Q}_i=\boldsymbol{Q}_{i-1}^{\mathrm{H}}\boldsymbol{Q}_{i-1}+\boldsymbol{q}_i^*\boldsymbol{q}_i^{\mathrm{T}}=\frac{i-1}{2}\boldsymbol{I}_2+\boldsymbol{Q}_{i-1}^{\mathrm{H}}\boldsymbol{Q}_{i-1} \tag{4.327}$$

再注意到 $\boldsymbol{q}_{i+1}^{\mathrm{T}}\boldsymbol{q}_{i+1}^*=1$，所以

$$\boldsymbol{q}_{i+1}^{\mathrm{T}}\boldsymbol{Q}_i^{\mathrm{H}}\boldsymbol{Q}_i\boldsymbol{q}_{i+1}^*=\frac{i-1}{2}+|\boldsymbol{q}_{i+1}^{\mathrm{T}}\boldsymbol{q}_i^*|^2 \tag{4.328}$$

当 $\boldsymbol{q}_{i+1}^{\mathrm{T}}\boldsymbol{q}_i^*=0$，也即 $\boldsymbol{q}_{i+1}$ 和 $\boldsymbol{q}_i$ 正交时，$\boldsymbol{q}_{i+1}^{\mathrm{T}}\boldsymbol{Q}_i^{\mathrm{H}}\boldsymbol{Q}_i\boldsymbol{q}_{i+1}^*$ 取得最小值 $(i-1)/2$，因此 $(\alpha_{i+1},\beta_{i+1})$ 可以取为

$$\alpha_{i+1}=\alpha_i\pm 90°,\ \beta_{i+1}=-\beta_i \tag{4.329}$$

又因为

$$\boldsymbol{\varsigma}_{\mathrm{H},i-1}^{\mathrm{H}}\boldsymbol{\varsigma}_{\mathrm{H},i-1}=\boldsymbol{\varsigma}_{\mathrm{V},i-1}^{\mathrm{H}}\boldsymbol{\varsigma}_{\mathrm{V},i-1}=\frac{i-1}{2} \tag{4.330}$$

$$\boldsymbol{\varsigma}_{\mathrm{H},i-1}^{\mathrm{H}}\boldsymbol{\varsigma}_{\mathrm{V},i-1}=\boldsymbol{\varsigma}_{\mathrm{V},i-1}^{\mathrm{H}}\boldsymbol{\varsigma}_{\mathrm{H},i-1}=0 \tag{4.331}$$

所以 f_{i+1} 取得下述最大值:

$$\max(f_{i+1})=\frac{(i-1)^2}{4}+\frac{i-1}{2}+\frac{i+1}{2}=\frac{(i+1)^2}{4} \tag{4.332}$$

注意到该最大值仅与发射脉冲数有关，而与初始发射极化值无关。

③ 假设前 i 次发射脉冲交替采用了 $i/2$ 对正交的发射极化矢量，其中 i 为偶数。依旧通过 $\boldsymbol{q}_{i+1}^{\mathrm{T}}\boldsymbol{Q}_i^{\mathrm{H}}\boldsymbol{Q}_i\boldsymbol{q}_{i+1}^*$ 的最小化，确定 $\boldsymbol{q}_{i+1}$ 和 $(\alpha_{i+1},\beta_{i+1})$。

因为

$$\boldsymbol{\varsigma}_{\mathrm{H},i}^{\mathrm{H}}\boldsymbol{\varsigma}_{\mathrm{H},i}=\boldsymbol{\varsigma}_{\mathrm{V},i}^{\mathrm{H}}\boldsymbol{\varsigma}_{\mathrm{V},i}=\frac{i}{2} \tag{4.333}$$

$$\boldsymbol{\varsigma}_{\mathrm{H},i}^{\mathrm{H}}\boldsymbol{\varsigma}_{\mathrm{V},i}=\boldsymbol{\varsigma}_{\mathrm{V},i}^{\mathrm{H}}\boldsymbol{\varsigma}_{\mathrm{H},i}=0 \tag{4.334}$$

所以 $\boldsymbol{Q}_i^{\mathrm{H}}\boldsymbol{Q}_i=\frac{i}{2}\boldsymbol{I}_2$，无论 $\boldsymbol{q}_{i+1}$ 取何值，都有

$$\boldsymbol{q}_{i+1}^{\mathrm{T}}\boldsymbol{Q}_i^{\mathrm{H}}\boldsymbol{Q}_i\boldsymbol{q}_{i+1}^*=\frac{i}{2}\boldsymbol{q}_{i+1}^{\mathrm{T}}\boldsymbol{q}_{i+1}^*=\frac{i}{2} \tag{4.335}$$

也即 $\boldsymbol{q}_{i+1}^{\mathrm{T}}\boldsymbol{Q}_i^{\mathrm{H}}\boldsymbol{Q}_i\boldsymbol{q}_{i+1}^*$ 是与 $\boldsymbol{q}_1,\boldsymbol{q}_2,\cdots,\boldsymbol{q}_i,\boldsymbol{q}_{i+1}$ 都无关的定值，此时 $(\alpha_{i+1},\beta_{i+1})$ 可以任意选择，并且

$$\max(f_{i+1})=\frac{i^2}{4}+\frac{i}{2}=\frac{(i+1)^2-1}{4} \tag{4.336}$$

我们再次看到，采用交替正交发射极化方法，$\max(f_{i+1})$的值仅与发射脉冲数有关，而与初始发射极化值无关。

当复合高斯杂波纹理分量为固定常数时，复合高斯杂波退化为高斯杂波，交替正交发射极化方法仍然适用。

此外，根据式（4.279），还可采用最小二乘方法（LS）/加权最小二乘方法（WLS）对 $\boldsymbol{x}$ 进行估计：

$$\hat{\boldsymbol{x}}_{\mathrm{LS}}=(\boldsymbol{A}^{\mathrm{H}}\boldsymbol{A})^{-1}\boldsymbol{A}^{\mathrm{H}}\boldsymbol{r} \tag{4.337}$$

$$\hat{\boldsymbol{x}}_{\mathrm{WLS}}=(\boldsymbol{A}^{\mathrm{H}}\hat{\boldsymbol{R}}_{cc}^{-1}\boldsymbol{A})^{-1}\boldsymbol{A}^{\mathrm{H}}\hat{\boldsymbol{R}}_{cc}^{-1}\boldsymbol{r} \tag{4.338}$$

其中，$\hat{\boldsymbol{R}}_{cc}$为$\boldsymbol{R}_{cc}=E(\boldsymbol{cc}^{\mathrm{H}})$的估计。

下面看几个仿真例子，例中目标散射矩阵为

$$\boldsymbol{S}=\begin{bmatrix}2\mathrm{j} & 0.5\\ 0.5 & -\mathrm{j}\end{bmatrix} \tag{4.339}$$

复合高斯杂波散斑分量的协方差矩阵为

$$\boldsymbol{\Sigma}(m,n)=\sigma^2 0.9^{|m-n|}\mathrm{e}^{\mathrm{j}\pi(m-n)/2},\quad m,n=1,2 \tag{4.340}$$

目标散射矩阵的均方误差为

$$\mathrm{MSE}=\frac{1}{500}\sum_{l=1}^{500}\mathrm{tr}(\mathrm{vec}(\boldsymbol{S}-\hat{\boldsymbol{S}}_l)(\mathrm{vec}(\boldsymbol{S}-\hat{\boldsymbol{S}}_l))^{\mathrm{H}}) \tag{4.341}$$

其中，$\hat{\boldsymbol{S}}_l$为第 l 次独立实验所得的 $\boldsymbol{S}$ 的估计结果。

为了保证目标散射矩阵的有效估计，首先发射 10 个极化固定的引导脉冲，即 $\alpha_1=0°$，$\beta_1=0°$，$\alpha_2=90°$，$\beta_2=0°$，$\alpha_3=0°$，$\beta_3=0°$，$\alpha_4=90°$，$\beta_4=0°,\cdots,\alpha_9=0°$，$\beta_9=0°$，$\alpha_{10}=90°$，$\beta_{10}=0°$。

首先考虑复合高斯杂波背景下的目标散射矩阵估计，其中 $v=2$，比较下述三种方案：

（1）固定发射极化方法：$\alpha_1=\alpha_2=\alpha_3=\cdots=\alpha_I=60°$，$\beta_1=\beta_2=\beta_3=\cdots=\beta_I=30°$。

（2）网格搜索寻优方法：$l_\alpha=l_\beta=100$，l_α和 l_β分别为 α 和 β 的搜索网格数。

（3）交替正交发射极化方法：$\alpha_1=0°$，$\beta_1=0°$，$\alpha_2=90°$，$\beta_2=0°$，$\alpha_3=0°$，$\beta_3=0°$，$\alpha_4=90°$，$\beta_4=0°,\cdots$，$\alpha_{I-1}=0°$，$\beta_{I-1}=0°$，$\alpha_I=90°$，$\beta_I=0°$。

图 4.20 所示为目标散射矩阵估计的均方误差随观测次数变化的曲线，其中信杂比（SCR）为 0dB；图 4.21 所示为目标散射矩阵估计的均方误差随信杂比变化的曲线，其中观测次数为 30。

由图中所示结果可以看出，对发射极化进行优化设计，可以明显提高目标散射矩阵的估计精度；网格搜索寻优和交替正交两种发射极化优化方法的性能相似，但是交替正交发射极化方法较之网格搜索寻优方法，计算复杂度更低（下文会比较两者的计算复杂度），也更容易实现。

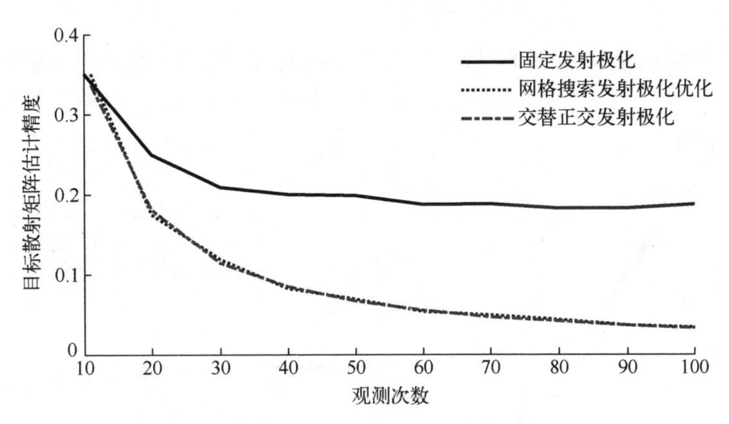

图 4.20　目标散射矩阵估计的均方误差随观测次数变化的曲线：信杂比为 0dB

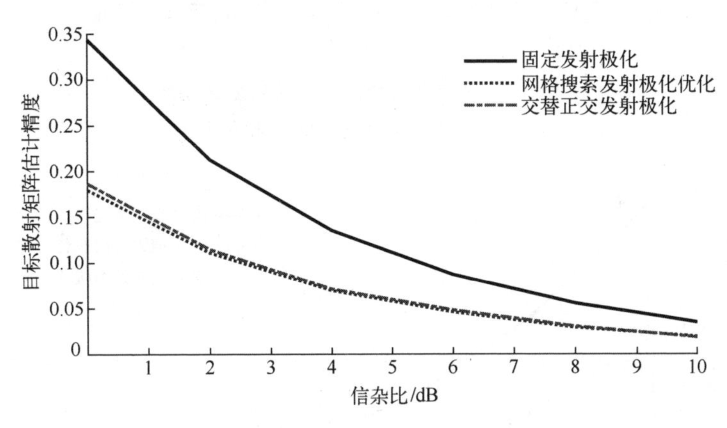

图 4.21　目标散射矩阵估计的均方误差随信杂比变化的曲线：观测次数为 30

下面研究交替正交发射极化方法高斯杂波背景下进行目标散射矩阵估计的适用性，考虑下述三种发射极化方案：

（1）固定收发极化方法：$\alpha_1=\alpha_2=\alpha_3=\cdots=\alpha_I=60°$，$\beta_1=\beta_2=\beta_3=\cdots=\beta_I=30°$。

（2）网格搜索寻优方法：$l_\alpha=l_\beta=100$。

（3）交替正交发射极化方法：$\alpha_1=0°$，$\beta_1=0°$，$\alpha_2=90°$，$\beta_2=0°$，$\alpha_3=0°$，$\beta_3=0°$，$\alpha_4=90°$，$\beta_4=0°$，…，$\alpha_{I-1}=0°$，$\beta_{I-1}=0°$，$\alpha_I=90°$，$\beta_I=0°$。

图 4.22 所示为三种方法目标散射矩阵估计的均方误差随观测次数变化的曲线，其中信杂比为 0dB；图 4.23 所示为目标散射矩阵估计的均方误差随信杂比变化的曲线，其中观测次数为 30。

由图中所示结果可以看出，在高斯杂波背景下，交替正交发射极化方法仍然有效，对于目标散射矩阵估计问题，高斯杂波可以看作复合高斯杂波的一种特殊情形。

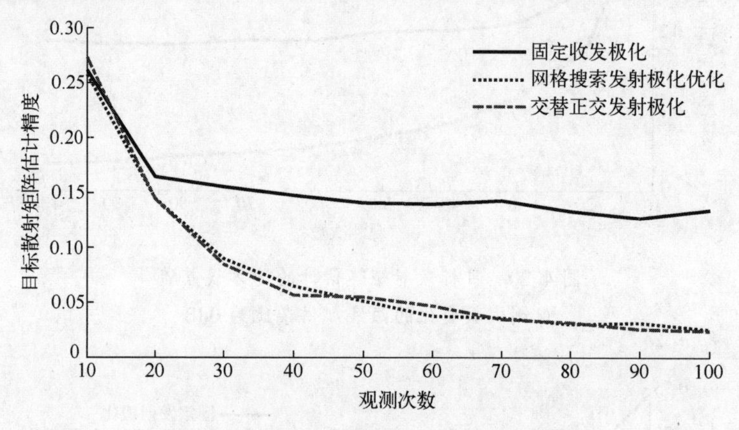

图 4.22　目标散射矩阵估计的均方误差随观测次数变化的曲线：信杂比为 0dB

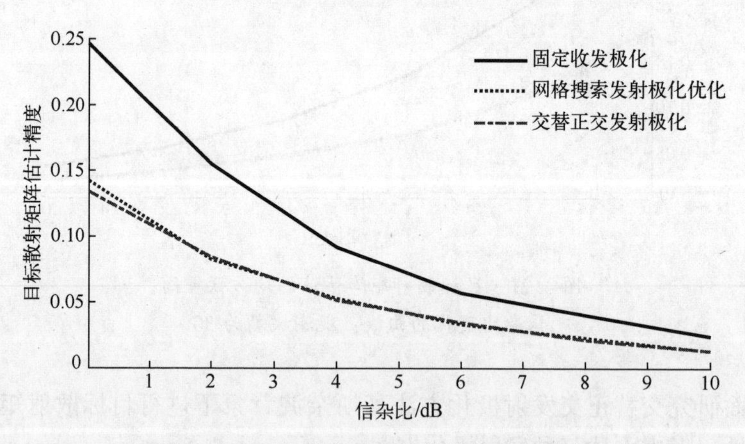

图 4.23　目标散射矩阵估计的均方误差随信杂比变化的曲线：观测次数为 30

下面研究复合高斯杂波的纹理分量形状参数对目标散射矩阵估计精度的影响，考虑两种方法：①固定收发极化，其中 $\alpha_1=\alpha_2=\alpha_3=\cdots=\alpha_I=60°$，$\beta_1=\beta_2=\beta_3=\cdots=\beta_I=30°$；②交替正交发射极化。

图4.24和图4.25所示分别为固定收发极化条件下，目标散射矩阵估计的均方误差随观测次数和信杂比变化的曲线；图4.26和图4.27所示分别为交替正交发射极化条件下，目标散射矩阵估计的均方误差随观测次数和信杂比变化的曲线。

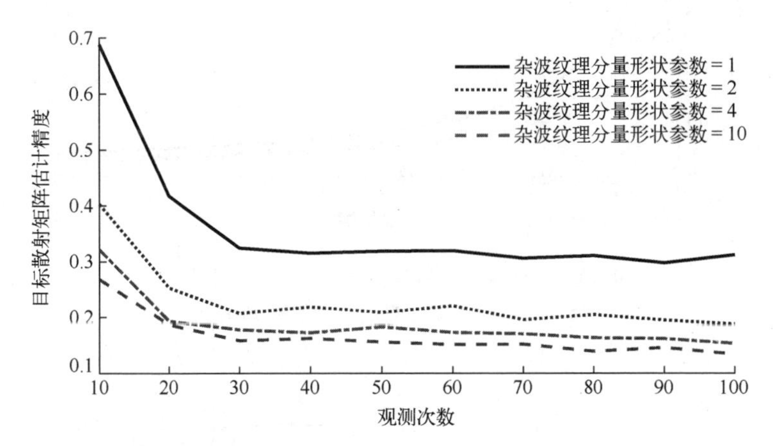

图4.24　固定收发极化条件下，目标散射矩阵估计的均方误差随观测次数变化的曲线

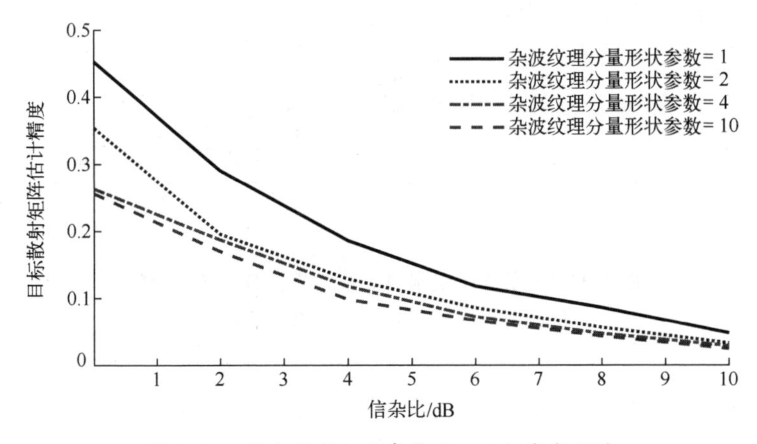

图4.25　固定收发极化条件下，目标散射矩阵估计的均方误差随信杂比变化的曲线

由图中所示结果可以看出，杂波纹理分量的形状参数对目标散射矩阵的估计精度有很大影响，其值越大，估计精度一般越高。这是因为杂波纹理分量的形状参数越大，复合高斯杂波越趋近于高斯杂波。

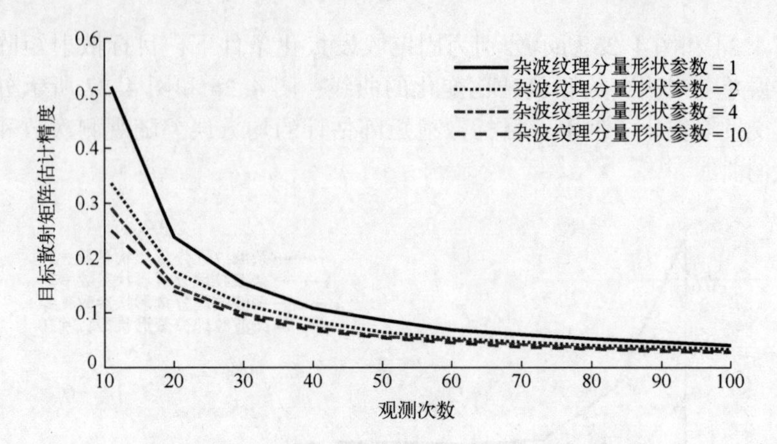

图 4.26 交替正交发射极化条件下，目标散射矩阵估计的均方误差随观测次数变化的曲线

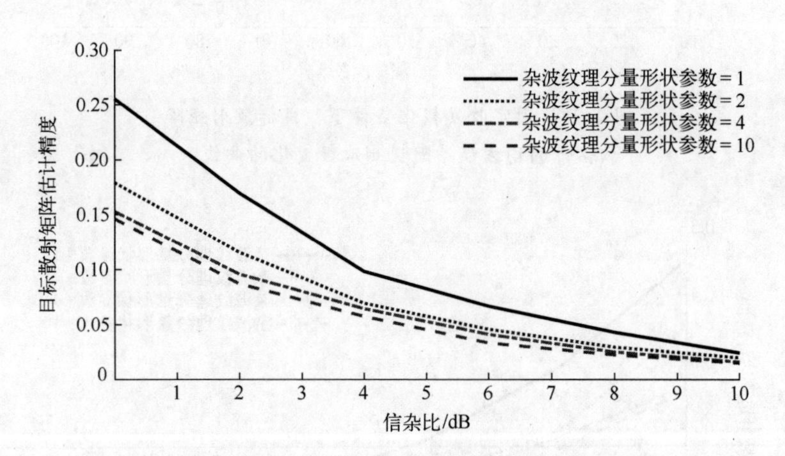

图 4.27 交替正交发射极化条件下，目标散射矩阵估计的均方误差随信杂比变化的曲线

最后比较网格搜索寻优方法和交替正交发射极化方法的计算复杂度，例中 $l_{\alpha}=l_{\beta}=100$；信杂比为 0dB，观测次数为 30；仿真配置为：①CPU Inter（R）Core（TM）i7-6700 3.4GHz；②内存 8.00GHz；③系统 Windows 64 位操作系统。

表 4.2 所示为两种方法 1000 次独立实验的平均计算时间，由表中所示结果可以看出，交替正交发射极化方法的计算复杂度要远远低于网格搜索寻优方法的计算复杂度。

表 4.2　网格搜索寻优方法与交替正交发射极化方法的计算复杂度比较

方　法	1000 次独立实验的平均计算时间/s
网格搜索寻优方法	3531.896
交替正交发射极化方法	0.092

4.4 本章小结

本章讨论了多极化主动探测与感知中的极化空时联合自适应处理、目标检测以及目标散射矩阵估计三个问题，提出了极化分集空时自适应处理理论和对应的极化空时样本矩阵求逆自适应处理方法，基于多参数正则处理和邻点相关最大正则处理的两型多极化目标检测方法，以及两种计算复杂度相对较低的目标散射矩阵估计方法。

通过收、发极化分集与优化选择，本章所讨论的这些方法，其处理性能较之对应的单极化和固定极化方法都有不同程度的提升。需要注意的是，本章所讨论的方法都是针对点目标的，并不直接适用于分布式目标情形[87]。

在主动探测与感知中也可考虑多输入-多输出（MIMO）技术，同时利用极化分集和视角分集提高主动探测与感知的性能[88]。

在主动探测与感知中还可考虑波形分集技术[89-92]，第 2 章中曾经讨论过的频率分集，即是一种特殊的波形分集。一个值得进一步研究的问题是如何将极化分集与更广义的波形分集相结合，通过多极化或矢量波形设计与分集，进一步提升主动探测与感知的性能。

第 5 章

共点矢量天线稀疏阵列

本章讨论共点矢量天线稀疏阵列设计问题，在保证信号波达方向和波极化参数无模糊估计的前提下，尽可能增加矢量天线间距，在同矢量天线数条件下扩展处理孔径的同时，降低矢量天线间的互耦。

另外，同孔径条件下，矢量天线稀疏阵列较之均匀阵列（矢量天线等间隔排列)，空间冗余度更低，接收通道数量更少，系统成本亦有所降低。

5.1 二阶矢量天线间距直接约束稀疏线阵

考虑 M 个互不相关的远场窄带**完全极化**信号波入射至图 5.1 所示的由 L 个相同矢量天线所组成的线阵。

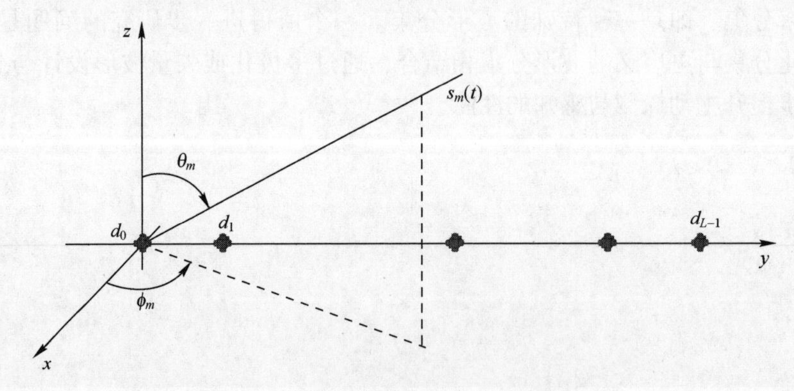

图 5.1　矢量天线稀疏线阵的结构示意图

假设：

(1) 所有待处理信号的波长已知，均为 λ。

(2) 每个矢量天线均包含 J 个传感单元。

(3) 所有矢量天线均位于 y 轴，位置矢量分别为

$$\left[0,\left(\frac{d_0\lambda}{2}\right),0\right]^{\mathrm{T}},\left[0,\left(\frac{d_1\lambda}{2}\right),0\right]^{\mathrm{T}},\cdots,\left[0,\left(\frac{d_{L-1}\lambda}{2}\right),0\right]^{\mathrm{T}}$$

简记成

$$\mathbb{p}=\{d_0,d_1,d_2,\cdots,d_{L-1}\} \tag{5.1}$$

并称为矢量天线位置集，其中 $d_0=0$，$d_1,d_2,\cdots,d_{L-1}$均为正整数。

根据第 1 章的讨论，阵列输出矢量可以写成

$$\boldsymbol{x}(t)=\sum_{m=0}^{M-1}\boldsymbol{b}_{\theta_m,\phi_m,\gamma_m,\eta_m}s_m(t)+\boldsymbol{n}(t) \tag{5.2}$$

式中：

$$\boldsymbol{b}_{\theta_m,\phi_m,\gamma_m,\eta_m}=[\boldsymbol{a}_{\mathrm{H},\theta_m,\phi_m},\boldsymbol{a}_{\mathrm{V},\theta_m,\phi_m}]\boldsymbol{p}_{\gamma_m,\eta_m} \tag{5.3}$$

$$\boldsymbol{p}_{\gamma_m,\eta_m}=[\cos\gamma_m,\sin\gamma_m\mathrm{e}^{\mathrm{j}\eta_m}]^{\mathrm{T}} \tag{5.4}$$

其中，θ_m和ϕ_m分别为第 m 个信号源的俯仰角和方位角，γ_m和η_m分别为第 m 个信号波的极化辅角和极化相位差，$\boldsymbol{a}_{\mathrm{H},\theta_m,\phi_m}$和$\boldsymbol{a}_{\mathrm{V},\theta_m,\phi_m}$分别为$(\theta_m,\phi_m)$方向的水平和垂直极化流形矢量；$\boldsymbol{n}(t)$为与信号 $s_0(t),s_1(t),\cdots,s_{M-1}(t)$统计独立的极化-空间白噪声矢量。

若矢量天线倾角均相同，阵列可以视为由 J 个空间几何完全相同的单极化子阵组成。根据 1.5.3 节的讨论，若矢量天线间的互耦可以忽略，则 $\boldsymbol{x}(t)$ 可以进一步写成

$$\boldsymbol{x}(t)=\sum_{m=0}^{M-1}(\boldsymbol{b}_{\mathrm{iso}}(\theta_m,\phi_m,\gamma_m,\eta_m)\otimes\boldsymbol{a}(\theta_m,\phi_m))s_m(t)+\boldsymbol{n}(t) \tag{5.5}$$

式中：$\boldsymbol{a}(\theta_m,\phi_m)$和$\boldsymbol{b}_{\mathrm{iso}}(\theta_m,\phi_m,\gamma_m,\eta_m)$分别为第 m 个信号的几何流形矢量和矢量天线流形矢量，也即

$$\boldsymbol{a}(\theta_m,\phi_m)=\begin{bmatrix}\mathrm{e}^{\mathrm{j}\pi d_0\sin\theta_m\sin\phi_m}\\ \mathrm{e}^{\mathrm{j}\pi d_1\sin\theta_m\sin\phi_m}\\ \vdots\\ \mathrm{e}^{\mathrm{j}\pi d_{L-1}\sin\theta_m\sin\phi_m}\end{bmatrix} \tag{5.6}$$

$$\boldsymbol{b}_{\mathrm{iso}}(\theta_m,\phi_m,\gamma_m,\eta_m)=[\boldsymbol{b}_{\mathrm{iso\text{-}H}}(\theta_m,\phi_m),\boldsymbol{b}_{\mathrm{iso\text{-}V}}(\theta_m,\phi_m)]\boldsymbol{p}_{\gamma_m,\eta_m} \tag{5.7}$$

其中，$\boldsymbol{b}_{\mathrm{iso\text{-}H}}(\theta_m,\phi_m)$和$\boldsymbol{b}_{\mathrm{iso\text{-}V}}(\theta_m,\phi_m)$分别为第 m 个信号对应于单个矢量天线的水平和垂直极化流形矢量，两者定义参见 1.5.2 节的讨论。

实际中，$\boldsymbol{b}_{\mathrm{iso\text{-}H}}(\theta_m,\phi_m)$和$\boldsymbol{b}_{\mathrm{iso\text{-}V}}(\theta_m,\phi_m)$可通过全波电磁仿真、暗室测量等手段离线获得。

本节讨论二阶矢量天线稀疏线阵的设计问题，谓之二阶，是指相应的信号波达方向和波极化参数估计方法主要基于阵列输出的二阶统计信息（协方差）。后面还将讨论所谓四阶矢量天线稀疏线阵的设计，相应的信号波达方向

和波极化参数估计主要基于阵列输出的四阶统计信息（累积量）。

根据式（5.5），第 l 个矢量天线的输出可以写成

$$\boldsymbol{x}_l(t)=\sum_{m=0}^{M-1}\boldsymbol{b}_{\mathrm{iso},m}(\boldsymbol{a}_m(l+1)s_m(t))+\boldsymbol{n}_l(t) \tag{5.8}$$

其中，$l=0,1,\cdots,L-1$，

$$\boldsymbol{b}_{\mathrm{iso},m}=\boldsymbol{b}_{\mathrm{iso}}(\theta_m,\phi_m,\gamma_m,\eta_m) \tag{5.9}$$

$$\boldsymbol{a}_m=\boldsymbol{a}(\theta_m,\phi_m) \tag{5.10}$$

若第 m 个信号的功率为 σ_m^2，噪声功率为 σ^2，则第 l 个矢量天线和第 n 个矢量天线的互相关信息为

$$\langle\boldsymbol{x}_l(t)\boldsymbol{x}_n^{\mathrm{H}}(t)\rangle=\sum_{m=0}^{M-1}\boldsymbol{\nu}_m(l,n)(\sigma_m^2\boldsymbol{b}_{\mathrm{iso},m}\boldsymbol{b}_{\mathrm{iso},m}^{\mathrm{H}})+\sigma^2\boldsymbol{I}_J\delta(l-n) \tag{5.11}$$

其中，上标“H”仍表示矩阵/矢量共轭转置，$\delta(x)$表示单位冲激函数，$\boldsymbol{I}_n$仍表示 $n\times n$ 维单位矩阵，

$$\boldsymbol{\nu}_m(l,n)=\mathrm{e}^{\mathrm{j}\pi(d_l-d_n)\sin\theta_m\sin\phi_m} \tag{5.12}$$

由式（5.12）可以看出，$\langle\boldsymbol{x}_l(t)\boldsymbol{x}_n^{\mathrm{H}}(t)\rangle$仅与第 l 个矢量天线和第 n 个矢量天线的空间位置差 d_l-d_n 有关，也即具有所谓二阶空间宽平稳性。

考虑一个简单的例子：两个阵列的矢量天线位置集分别为

$$\mathbb{P}_1=\{0,1,2,3,7\}$$

$$\mathbb{P}_2=\{0,1,2,3,4,5,6,7\}$$

也即分别由 5 个矢量天线和 8 个矢量天线组成。

对于阵列 1 和阵列 2，我们都有

$$d_l-d_n=\{-7,-6,-5,-4,-3,-2,-1,0,1,2,3,4,5,6,7\} \tag{5.13}$$

所以，根据阵列 1 的输出可以得到阵列 2 所有矢量天线的互相关信息，从这个角度讲，阵列 2 中的 4、5、6 号矢量天线是冗余的。

换言之，利用阵列 1 的输出可以合成一 $8J$ 元虚拟阵列，该虚拟阵列的输出二阶统计特性与阵列 2 相同，包含 8 个间隔均为半个信号波长的虚拟矢量天线，也即具有“无洞虚拟孔径”，相应的虚拟矢量天线位置集为连续的整数，所以有时也称具有“虚拟连续孔径”。

另外，矢量天线位置集如式（5.13）所示的阵列也称为阵列 1 的二阶差阵，详见 5.1.1 节的讨论。

5.1.1 阵型设计

现有很多稀疏阵型，比如最小冗余阵列（MRA[93]）、嵌套阵列（NA[94]）、互质阵列（CPA[95]）等，至少存在两个（矢量）天线单元，其间距为半个信

号波长，这对减小天线互耦效应是不利的。另外，在天线尺寸接近甚至大于半个信号波长的场合，要实现信号波达方向的无模糊估计，这些阵型同样不甚理想或不适用。

也有一些稀疏阵型，其最小（矢量）天线间距不小于一个信号波长，比如最小冗余 Ishiguro 阵列[96]、子阵位移互质阵列（CADiS[97]）等。

本节讨论一种最小矢量天线间距不小于一个信号波长的稀疏线阵设计新方法：二阶矢量天线间距直接约束法，以及基于收缩递归的阵型搜寻算法。

考虑矢量天线位置集为$\mathbb{p}$的多极化阵列，定义其二阶差阵为

$$\mathbb{d}^{(2)}(\mathbb{p})=\{d_{p,q}=d_p-d_q \mid p,q=0,1,\cdots,L-1\} \tag{5.14}$$

式中：$d_{L-1}=N$ 为阵列孔径，也即阵列尺寸为 Nd，其中 $d=\lambda/2$。

根据式（5.14），二阶差阵$\mathbb{d}^{(2)}(\mathbb{p})$关于坐标原点（观测参考点）中心对称，下文为了书写方便，有时会略去 $d_{p,q}<0$ 对应的部分：

$$\mathbb{d}^{(2)}(\mathbb{p})=\{d_{p,q}=d_p-d_q \mid p,q=0,1,\cdots,L-1;p\geqslant q\} \tag{5.15}$$

基于二阶差阵合成的虚拟阵列，存在下述式（5.16）所示的一段无洞孔径（为书写方便，式（5.16）中略去了负半轴的对称孔径部分，下同）：

$$\mathbb{v}^{(2)}(\mathbb{p})=\{k_0,k_0+1,k_0+2,\cdots\}\subseteq\mathbb{d}^{(2)}(\mathbb{p}) \tag{5.16}$$

其中，k_0为一非负整数。

比如 4 元最小冗余阵列，有 $L=4$，$N=6$，$k_0=0$，且

$$\mathbb{p}=\{0,1,4,6\}$$

$$\mathbb{d}^{(2)}(\mathbb{p})=\{0,1,2,3,4,5,6\}$$

$$\mathbb{v}^{(2)}(\mathbb{p})=\{0,1,2,3,4,5,6\}=\mathbb{d}^{(2)}(\mathbb{p})$$

当约束最小矢量天线间距不小于 2 个单位间距也即一个信号波长时，在二阶差阵$\mathbb{d}^{(2)}(\mathbb{p})$中，位置 1 和位置 $N-1$ 处虚拟矢量天线空缺，也即存在所谓“洞”：

$$d_{p,q}\neq 1,\ N-1 \tag{5.17}$$

不过，此类稀疏线阵的二阶差阵$\mathbb{d}^{(2)}(\mathbb{p})$中仍可能存在一段无洞虚拟孔径：

$$\mathbb{v}^{(2)}(\mathbb{p})=\{2,3,4,\cdots\} \tag{5.18}$$

比如下述阵列：

$$\mathbb{p}_1=\left\{d_p \mid d_0=0,d_p=p+\sum_{l=1}^{p}l,p\geqslant 1\right\} \tag{5.19}$$

其中，$d_p-d_{p-1}=p+1$，$p\geqslant 1$。不难看出，$\mathbb{p}_1$的二阶差阵$\mathbb{d}^{(2)}(\mathbb{p}_1)$中存在洞，但也存在一段无洞虚拟孔径：$\mathbb{v}^{(2)}(\mathbb{p}_1)=\{2,3,4,\cdots\}$。

再如阵列：

$$\mathbb{p}_2=\{\underbrace{0,2,4,\cdots,2l,\cdots,2L-4}_{=d_0,d_1,\cdots,d_l,\cdots,d_{L-2}},\underbrace{2L-1}_{=d_{L-1}}\}\tag{5.20}$$

可以证明，$\mathbb{p}_2$的二阶差阵$\mathbb{d}^{(2)}(\mathbb{p}_2)$中，2 到 $2L-4$ 区间上的偶数都是连续的，而 3 到 $2L-3$ 区间上的奇数，可通过将 d_{L-1}和之前的矢量天线位置依次求差获得

$$\begin{gathered}d_{L-1}-d_{L-2}=3\\ d_{L-1}-d_{L-3}=5\\ \vdots\\ d_{L-1}-d_{L-l-1}=2l+1\\ \vdots\\ d_{L-1}-d_1=2L-3\end{gathered}$$

也即二阶差阵在 2 至 $2L-3$ 区间上具有无洞孔径：

$$\mathbb{v}^{(2)}(\mathbb{p}_2)=\{2,3,4,\cdots,2L-3\}$$

与$\mathbb{d}^{(2)}(\mathbb{p}_1)$不同的是，$\mathbb{d}^{(2)}(\mathbb{p}_2)$仅在 1 和 $2L-2=N-1$ 两个位置上存在洞；当 L 值较大时，两者无洞虚拟孔径的长度一般也是不同的。

根据以上分析，提出下述二阶矢量天线间距直接约束（sISC）稀疏线阵设计准则：在给定矢量天线数 L 和阵列孔径 N 后，通过合理配置矢量天线位置集中的矢量天线位置，使得其二阶差阵中的无洞虚拟孔径尽可能大，也即

给定矢量天线数 L 和阵列孔径 N：

$$\max_{d_l\in\mathbb{p}} L_0$$

s. t.

$$\begin{cases}0\leqslant l\leqslant L-1\\ \exists\,\mathbb{v}^{(2)}(\mathbb{p})=\{2,3,\cdots,L_0\}\subseteq\mathbb{d}^{(2)}(\mathbb{p}),d_{p,q}\geqslant 2,0\leqslant q\leqslant p\leqslant L-1\\ d_0=0,d_{L-1}=N\end{cases}\tag{5.21}$$

由此所得的解记作$\mathbb{p}_{\text{sisc}}$。

给定矢量天线数 L，改变阵列孔径参数 N，由准则（5.21）可以得到不同类型的 sISC 稀疏线阵。

表 5.1 所示是当 $22\leqslant N\leqslant 33$ 时的 $8J$ 元 sISC 稀疏线阵矢量天线位置，图 5.2 所示则是当 N 分别为 24、25、27 和 31 时的实际阵列和虚拟阵列结构示意图。

表 5.1　具有不同孔径的 $8J$ 元 sISC 稀疏线阵结构[14]

N	L_0	矢量天线位置							
		0	2	4	6	11	14	19	22
22	20	0	2	4	6	11	16	19	22
		0	2	4	9	11	16	19	22
		0	2	4	6	8	13	20	23
23	21	0	2	4	9	12	17	20	23
		0	2	4	9	14	17	20	23
		0	2	4	6	11	16	21	24
24	22	0	2	4	6	13	16	21	24
		0	3	8	13	18	20	22	24
$25_{\#}$	23	0	2	4	9	14	19	22	25
26	21	0	3	6	9	17	19	21	26
		0	3	6	8	16	18	20	27
27	21	0	3	7	9	13	19	24	27
		0	3	7	9	14	19	24	27
		0	2	8	10	16	19	23	28
28	21	0	2	8	10	16	21	25	28
		0	4	8	12	18	21	23	28
		0	5	7	9	17	20	23	28
29	22	0	3	8	16	18	20	22	29
		0	5	7	9	11	21	24	29
30	23	0	5	7	9	19	22	25	30
$31_{\#\#}$	24	0	3	8	18	20	22	24	31
32	22	0	2	4	11	16	19	22	32
		0	3	11	16	18	20	22	32
33	22	0	2	5	12	14	18	22	33
		0	2	6	13	16	21	24	33

为了对 sISC 阵列进行分类，令 R_{sisc} 和 H_{sisc} 分别为二阶差阵 $\mathbb{d}^{(2)}(\mathbb{p}_{\mathrm{sisc}})$ 在 $2,3,\cdots,N-2$ 区间上的冗余度和洞的个数：

（1）给定 $L\geqslant 3$，存在 $N\geqslant 2(L-1)+1$，使得 $L_0=N-2$，比如式（5.20）所示阵列结构；此外，N 可能不唯一，比如图 5.2（a）和（b）所示阵列结构。此种情形下，$H_{\mathrm{sisc}}=0$，sISC 阵列属于完全增广型，但不同阵型的差阵 $\mathbb{d}^{(2)}(\mathbb{p}_{\mathrm{sisc}})$ 的冗余度 R_{sisc} 一般并不相同。

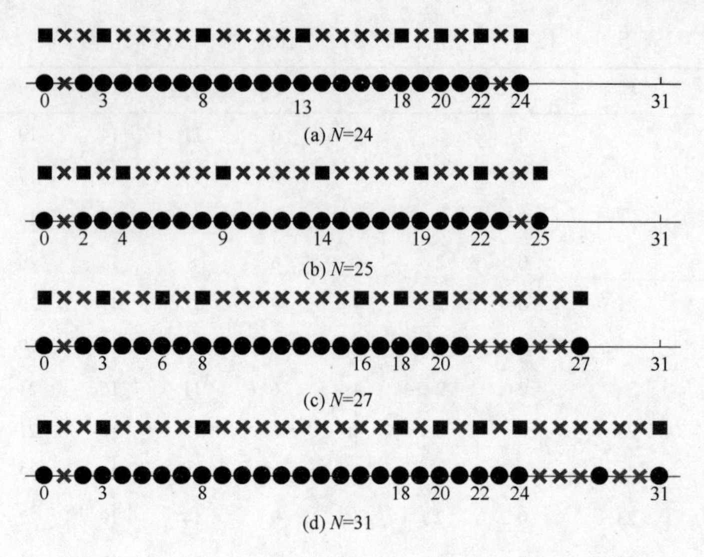

图 5.2 四种 $8J$ 元 sISC 实际阵列与虚拟阵列结构示意图：
“■”代表实际矢量天线，“●”代表虚拟矢量天线，“×”代表洞

考虑到冗余度越小时，阵列孔径通常越大，可以在完全增广 sISC 阵列中进一步定义所谓最小冗余 sISC 阵列，其冗余度是 L 值相同条件下，所有完全增广 sISC 阵列中最小的，表 5.1 中带“#”的即为此类阵列。

比如，对于 $8J$ 元 sISC 阵列，$15\leqslant N\leqslant 25$ 时所对应的 sISC 阵列均为完全增广型，其中，$N=25$ 时的阵列为最小冗余 sISC 阵列，如图 5.2（b）所示，此时

$$\mathbb{v}^{(2)}(\mathbb{p}_{\text{sisc}})=\{2,3,\cdots,23\}$$

是所有完全增广 sISC 阵列中尺寸最大的。

与最小冗余 Ishiguro 阵列作比较可知，最小冗余 sISC 阵列又可以解释为在最小冗余阵列的设计中增加单位矢量天线间距约束，此类阵列在位置 1、$N-2$、$N-1$处不存在矢量天线。

（2）在最小冗余 sISC 阵列的基础上，继续增大 N，$\mathbb{v}^{(2)}(\mathbb{p}_{\text{sisc}})$的尺寸有可能会进一步增大，但 H_{sisc} 不再为 0，比如图 5.2（c）和（d）所示的阵列，此类 sISC 阵列称为部分增广型。

二阶差阵无洞虚拟孔径尺寸最大的部分增广 sISC 阵列称为最大连续滞后 sISC 阵列，表 5.1 中带“##”的即为此类阵列。

对于 $8J$ 元 sISC 阵列，当 $N\geqslant 26$ 时的 sISC 阵列是部分增广的，其中 $N=31$ 时的 sISC 阵列为最大连续滞后 sISC 阵列，如图 5.2（d）所示。

（3）当 $L=3$ 时，$\mathbb{v}^{(2)}(\mathbb{p}_{\text{sisc}})=\{2,3\}$，虚拟矢量天线数为 $L_{\text{sisc}}=2<L$；当 $L=4$时，$L_{\text{sisc}}=4$。因此，若要 $L_{\text{sisc}}>L$，L 应不小于 4。

（4）当 L 值较小时，sISC 阵列的矢量天线位置可通过对 0 到 N 区间所有可能的组合枚举搜索得到，其搜索规模为 C_{N-L}^{L-2}，当 $L>10$ 时，直接搜索的计算量相当大，实际中可通过表 5.2 所给的收缩递归算法搜索确定 sISC 的矢量天线位置。

表 5.2　sISC 阵列收缩递归搜索算法伪代码[14,98]

1.	①初始化阵列两端矢量天线：$d_0=0$，$d_{L-1}=N$，$\mathbf{p}_{\text{sisc}}=\{0,N\}$，剩余矢量天线数为 $L_-=L-2$；②定义标志位 N_1 和 N_2，分别表示从阵列左侧和右侧向中间收缩过程中尝试配置矢量天线的位置，其中 $2\leqslant N_1<N_2\leqslant N-2$.
2.	初始化 $L_0=N-2$，并执行 3～23；若未找到满足要求的矢量天线位置集 $\mathbf{p}_{\text{sisc}}$，则减小 L_0，并重复相同步骤，直到找到一个有效的矢量天线位置集 $\mathbf{p}_{\text{sisc}}$，然后返回 $\mathbf{p}_{\text{sisc}}$ 和二阶差阵无洞虚拟孔径：$\mathbf{v}^{(2)}=\{2,3,\cdots,L_0\}$.
3.	在收缩过程中，①定义连续区间 $\{2,3,\cdots,L_0\}$ 内虚拟矢量天线未覆盖的区域为 $$\mathbf{v}_0=\{p_1,p_1+1,\cdots,p_2\}$$ 并初始化 p_1 和 p_2 为 $p_1=2$，$p_2=L_0$；②初始化未覆盖区域内的矢量天线位置数为 $N_0=L_0-1$.
4.	递归调用 5～23 所示的函数 Scrunch$(L_-,N_1,N_2,\mathbf{v}_0,\mathbf{p}_{\text{sisc}})$.
5.	计算未覆盖区域内的矢量天线位置数 N_0，也即 $\mathbf{v}_0$ 的元素个数 card$(\mathbf{v}_0)$，以及剩余的 L_- 个矢量天线最大可以差出的虚拟矢量天线数：$$N_{\max}=L_-(L_--1)/2+L_-(L-L_-)$$
6.	如果 $N_0>0$，则执行 7～20：
7.	如果 $N_0>N_{\max}$，则
8.	返回空；
9.	否则，执行 10～20：
10.	当 $L_-<N_2-N_1$ 时，循环执行 11～18：
11.	计算收缩量 Δd：若 $N_1\in\mathbf{p}_{\text{sisc}}$ 或 $N_2\in\mathbf{p}_{\text{sisc}}$，$\Delta d=2$；否则 $\Delta d=1$.
12.	如果 $N_1+N_2<N$，则
13.	尝试在 $d_{\text{try}}=N_1+\Delta d$ 处放置一个矢量天线； 　　　　　　　　更新 N_1：$N_1\leftarrow N_1+\Delta d$.
14.	否则
15.	尝试在 $d_{\text{try}}=N_2-\Delta d$ 处放置一个矢量天线； 　　　　　　　　更新 N_2：$N_2\leftarrow N_2-\Delta d$.
16.	结束判断.
17.	更新矢量天线位置集为 $\mathbf{p}_{\text{try}}=\mathbf{p}_{\text{sisc}}\cup\{d_{\text{try}}\}$，并更新差阵 $\mathbf{d}^{(2)}$.
18.	返回 4，递归调用函数 Scrunch$(L_--1,N_1,N_2,\mathbf{v}_0\backslash\mathbf{d}^{(2)},\mathbf{p}_{\text{try}})$，其中 $\mathbf{v}_0\backslash\mathbf{d}^{(2)}$ 表示 $\mathbf{v}_0$ 和 $\mathbf{d}^{(2)}$ 的差集.

续表

19. 结束循环.
20. 结束判断.
21. 否则
22. 返回求解得到的矢量天线位置集$\mathbf{p}_{sisc}$.
23. 结束判断.

表 5.3 列出了 $L\leqslant20$ 时，经由上述收缩递归算法搜索确定的最小冗余 sISC 阵列。当 $L>20$ 时，该搜索算法的复杂度仍然非常高。为此，将在 5.1.2 节中进一步讨论一种将二阶矢量天线间距直接约束稀疏线阵和最小冗余阵列相嵌套的所谓二阶矢量天线间距直接约束嵌套最小冗余阵列（sISC-MRA）。

表 5.3 $L\leqslant20$ 时的最小冗余 sISC 阵列[14]

L	L_0	矢量天线位置												
3	3	0	2	5										
4	5	0	2	4	7									
5	8	0	2	4	7	10								
6	13	0	2	4	9	12	15							
7	18	0	2	4	9	14	17	20						
8	23	0	2	4	9	14	19	22	25					
9	28	0	2	4	9	14	19	24	27	30				
10	33	0	2	4	6	8	13	20	25	32	35			
		0	2	4	9	14	19	24	29	32	35			
		0	2	4	6	8	15	22	27	32	35			
		0	2	4	6	13	20	27	30	32	35			
11	40	0	2	4	6	13	20	27	34	37	39	42		
		0	2	4	6	8	15	22	29	34	39	42		
		0	2	4	6	8	13	22	27	32	39	42		
		0	2	4	12	17	19	30	33	36	39	42		
		0	2	4	6	8	15	20	29	32	39	42		
12	48	0	2	4	6	8	10	19	24	35	40	47	50	
13	55	0	2	4	6	8	10	19	24	31	42	47	54	57
		0	2	4	6	8	10	15	26	33	40	45	54	57
		0	2	4	10	12	14	19	30	35	48	51	54	57

续表

L	L_0	矢量天线位置																			
14	64	0	2	4	6	8	10	19	24	35	40	51	56	63	66						
		0	2	4	6	8	17	22	35	40	47	56	59	63	66						
15	72	0	2	4	6	8	36	39	43	48	53	58	63	68	71	74					
		0	2	4	6	11	13	27	32	37	51	56	59	68	71	74					
		0	2	4	6	8	20	30	41	44	49	52	61	64	71	74					
		0	2	4	11	15	19	24	29	34	50	62	65	68	71	74					
16	83	0	2	4	6	8	10	17	24	44	49	54	59	70	73	82	85				
17	93	0	2	4	8	15	22	26	33	38	43	70	80	83	86	89	92	95			
		0	2	4	12	17	19	30	35	37	51	59	80	83	86	89	92	95			
18	103	0	2	4	6	8	10	43	52	54	63	68	75	80	87	92	99	102	105		
		0	2	4	12	14	25	30	32	49	54	59	87	90	93	96	99	102	105		
		0	2	4	18	20	22	33	41	43	48	60	67	90	93	96	99	102	105		
		0	2	4	21	26	28	39	47	55	57	82	87	90	93	96	99	102	105		
19	116	0	2	4	6	8	10	53	60	63	69	74	81	86	93	98	105	108	115	118	
		0	2	4	6	8	10	46	51	58	65	76	81	84	93	96	105	108	115	118	
20	129	0	2	4	6	8	10	61	68	75	79	82	91	94	103	106	115	118	123	128	131

5.1.2 二阶矢量天线间距直接约束阵列与最小冗余阵列的嵌套

考虑由 P 个相同矢量天线组成、孔径为 N_{sisc} 的完全增广二阶矢量天线间距直接约束阵列，以及由 Q 个相同矢量天线组成、孔径为 N_{mra} 的最小冗余阵列：

$$\mathbb{P}_{\text{sisc}} = \{m_0, m_1, \cdots, m_{P-1}\} = \{0, 2, \cdots, N_{\text{sisc}}-3, N_{\text{sisc}}\} \tag{5.22}$$

$$\mathbb{P}_{\text{mra}} = \{n_0, n_1, \cdots, n_{Q-1}\} = \{0, 1, \cdots, N_{\text{mra}}\} \tag{5.23}$$

按照如下方式对两个阵列进行嵌套，得到所谓 sISC-MRA 阵列：

$$\mathbb{P}_{\text{sisc-mra}} = \{n_q D + m_p \mid 0 \leqslant p \leqslant P-1, 0 \leqslant q \leqslant Q-1\} \tag{5.24}$$

其中，$D = 2N_{\text{sisc}} - 1$。

根据 sISC-MRA 阵列的定义可知，sISC-MRA 阵列可以看作 P 个 sISC 阵列按照单位间距为 D 的 MRA 结构排列所得的稀疏阵列（当 $P=1$ 时，sISC-MRA 阵列退变为 QJ 元 MRA 阵列；当 $Q=1$ 时，sISC-MRA 阵列退变为 PJ 元 sISC 阵列），其孔径为

$$N_{\text{sisc-mra}} = n_{Q-1} D + m_{P-1} = (2N_{\text{sisc}} - 1) N_{\text{mra}} + N_{\text{sisc}} \tag{5.25}$$

图 5.3 所示为 $16J$ 元 sISC-MRA 阵列的一种可能结构示意图，其中

$$\mathbb{p}_{\text{sisc}}=\{0,2,4,7\}$$
$$\mathbb{p}_{\text{mra}}=\{0,1,4,6\}$$

也即 $P=Q=4$，$N_{\text{sisc}}=7$，$N_{\text{mra}}=6$，$D=13$。

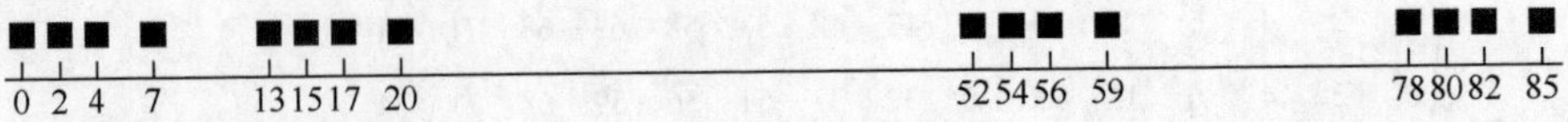

0 2 4 7 13 15 17 20 52 54 56 59 78 80 82 85

图 5.3 $4J$ 元 sISC 阵列与 $4J$ 元 MRA 阵列的嵌套：$16J$ 元 sISC-MRA 阵列

下面分析 sISC-MRA 阵列的二阶差阵 $\mathbb{d}^{(2)}(\mathbb{p}_{\text{sisc-mra}})$：

$$\begin{aligned}
&\mathbb{d}^{(2)}(\mathbb{p}_{\text{sisc-mra}})\\
&=\{(n_{q_2}D+m_{p_2})-(n_{q_1}D+m_{p_1})\mid 0\leqslant q_1\leqslant q_2\leqslant Q-1,0\leqslant p_1\leqslant p_2\leqslant P-1\}\\
&\cup\{(n_{q_2}D+m_{p_1})-(n_{q_1}D+m_{p_2})\mid 0\leqslant q_1<q_2\leqslant Q-1,0\leqslant p_1<p_2\leqslant P-1\}\\
&=\underbrace{\{(n_{q_2}-n_{q_1})D+(m_{p_2}-m_{p_1})\mid 0\leqslant q_1\leqslant q_2\leqslant Q-1,0\leqslant p_1\leqslant p_2\leqslant P-1\}}_{\overset{\text{def}}{=}\mathbb{d}_{\leqslant}}\\
&\cup\underbrace{\{(n_{q_2}-n_{q_1})D+(m_{p_1}-m_{p_2})\mid 0\leqslant q_1<q_2\leqslant Q-1,0\leqslant p_1<p_2\leqslant P-1\}}_{\overset{\text{def}}{=}\mathbb{d}_{<}}\\
&=\mathbb{d}_{\leqslant}\cup\mathbb{d}_{<}
\end{aligned}\tag{5.26}$$

对于式（5.23）所示的最小冗余阵列，其二阶差阵为

$$\begin{aligned}
\mathbb{d}^{(2)}(\mathbb{p}_{\text{mra}})&=\{n_{q_2}-n_{q_1}\mid 0\leqslant q_1\leqslant q_2\leqslant Q-1\}\\
&=\{0,1,2,\cdots,N_{\text{mra}}-1,N_{\text{mra}}\}
\end{aligned}\tag{5.27}$$

其中包含 0 至 $N_{\text{mra}}=n_{Q-1}$ 区间上的所有整数，也即具有无洞虚拟孔径。

对于式（5.22）所示的 sISC 阵列：

（1）定义

$$\begin{aligned}
\mathbb{d}^{(2)}(\mathbb{p}_{\text{sisc},1})&=\{m_{p_2}-m_{p_1}\mid 0\leqslant p_1\leqslant p_2\leqslant P-1\}\\
&=\{0,2,3,\cdots,N_{\text{sisc}}-3,N_{\text{sisc}}-2,N_{\text{sisc}}\}
\end{aligned}\tag{5.28}$$

其中包含 0 至 N_{sisc} 区间上除 1 和 $N_{\text{sisc}}-1$ 之外的所有整数。

所以有

$$\mathbb{d}_{\leqslant}=\{nD+m\mid n\in\mathbb{d}^{(2)}(\mathbb{p}_{\text{mra}}),m\in\mathbb{d}^{(2)}(\mathbb{p}_{\text{sisc},1})\}\tag{5.29}$$

（2）定义

$$\begin{aligned}
\mathbb{d}^{(2)}(\mathbb{p}_{\text{sisc},2})&=\{m_{p_1}-m_{p_2}\mid 0\leqslant p_1<p_2\leqslant P-1\}\\
&=\{-N_{\text{sisc}},-(N_{\text{sisc}}-2),-(N_{\text{sisc}}-3),\cdots,-3,-2\}
\end{aligned}\tag{5.30}$$

其中包含 $-(N_{\text{sisc}}-2)$ 至 -2 区间上的所有整数。

所以有

$$\mathbb{d}_{<}=\{(n+1)D+m \mid n\in\mathbb{d}^{(2)}(\mathbb{p}_{\mathrm{mra}})\setminus\{N_{\mathrm{mra}}\},m\in\mathbb{d}^{(2)}(\mathbb{p}_{\mathrm{sisc},2})\} \tag{5.31}$$

由于 $D=2N_{\mathrm{sisc}}-1$，结合式（5.29）和式（5.31）中的$\mathbb{d}_{\leqslant}$和$\mathbb{d}_{<}$，在 0 至 D 区间上，$\mathbb{d}_{\leqslant}\cup\mathbb{d}_{<}$可以覆盖除 1 和 $D-1=2N_{\mathrm{sisc}}-2$ 之外的所有整数；在 nD 至 $(n+1)D$区间上，则包含除 $nD+1$ 和$(n+1)D-1$ 之外的所有整数，其中 $n\in\mathbb{d}^{(2)}(\mathbb{p}_{\mathrm{mra}})\setminus\{N_{\mathrm{mra}}\}$。

当$n=N_{\mathrm{mra}}$时，在$\mathbb{d}_{\leqslant}$末端 $N_{\mathrm{mra}}D+1$ 和 $N_{\mathrm{mra}}D+N_{\mathrm{sisc}}-1=N_{\mathrm{sisc-mra}}-1$ 处仍存在两个洞。

所以，在 0 至 $N_{\mathrm{sisc-mra}}$区间上所有出现洞的位置为

$$\begin{aligned}
&\mathbb{h}_{\mathrm{sisc-mra}}\\
&=\{(n+1)D-1,(n+1)D+1 \mid n\in\mathbb{d}^{(2)}(\mathbb{p}_{\mathrm{mra}})\setminus\{N_{\mathrm{mra}}\}\}\cup\{1,N_{\mathrm{sisc-mra}}-1\}\\
&=\underbrace{\{nD-1,nD+1 \mid n\in\{1,2,\cdots,N_{\mathrm{mra}}-1,N_{\mathrm{mra}}\}\}}_{\stackrel{\mathrm{def}}{=}\mathbb{h}_{\mathrm{sisc-mra},0}}\cup\{1,N_{\mathrm{sisc-mra}}-1\}\\
&=\mathbb{h}_{\mathrm{sisc-mra},0}\cup\{1,N_{\mathrm{sisc-mra}}-1\}
\end{aligned} \tag{5.32}$$

图 5.4 所示为前述 16J 元 sISC-MRA 阵列的二阶差阵结构。

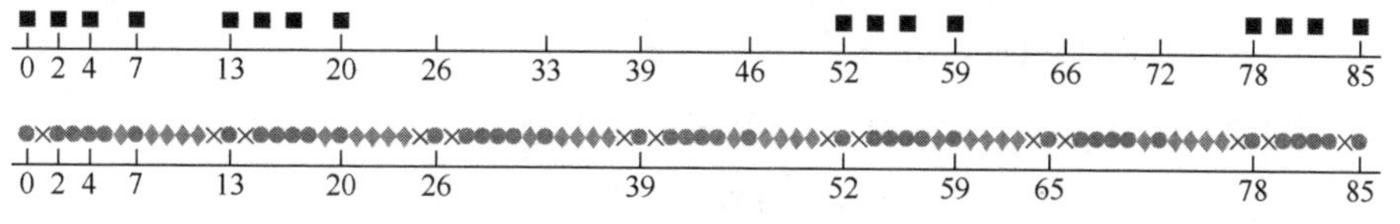

图 5.4　16J 元 sISC-MRA 阵列的二阶差阵结构："■"为实际矢量天线，"●"为$\mathbb{d}_{\leqslant}$中的虚拟矢量天线，"◆"为$\mathbb{d}_{<}$中的虚拟矢量天线，"×"为洞

为在 0 至 $N_{\mathrm{sisc-mra}}$区间上获得尽可能大的无洞虚拟孔径，消除$\mathbb{h}_{\mathrm{sisc-mra}}$中除位置 1 和 $N_{\mathrm{sisc-mra}}-1=N_{\mathrm{mra}}D+N_{\mathrm{sisc}}-1$ 以外的所有洞$\mathbb{h}_{\mathrm{sisc-mra},0}$，可在稀疏阵列中再增加若干矢量天线，以使得二阶差阵从 2 至 $N_{\mathrm{sisc-mra}}-2$ 均无洞。

同样以图 5.4 所示阵列为例，二阶差阵在 2 至 83 区间上还存在 12 个洞，若在 27、66、92 三个位置上再增加三个矢量天线，则二阶差阵将在 2 至 83 区间上无洞，如图 5.5 所示。

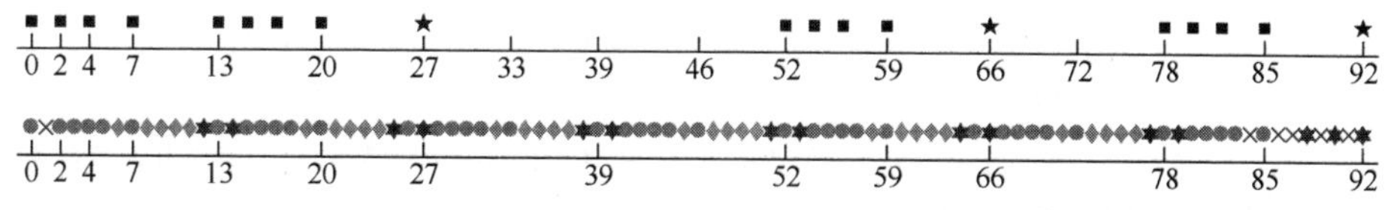

图 5.5　填补洞后的 16J 元 sISC-MRA 阵列及其二阶差阵结构示意图："■"为 sISC-MRA 阵列的实际矢量天线，"★"为填补洞所用的矢量天线，"●"为$\mathbb{d}_{\leqslant}$中的虚拟矢量天线，"◆"为$\mathbb{d}_{<}$中的虚拟矢量天线，"✶"为填补洞后新合成的虚拟矢量天线，"×"为洞

对于更一般的情形，为填补$\mathbb{h}_{\text{sisc-mra},0}$中的洞，可按如下（1）~（2）所述的方法增补矢量天线：

（1）对于$\{N_{\text{mra}}D-1, N_{\text{mra}}D+1\}$两个洞，可通过在$(N_{\text{mra}}+1)D+1$处增补矢量天线，并分别与$\mathbb{p}_{\text{sisc-mra}}$中的$\{D+2, D\}$作差来填充。同时，此新增矢量天线还可以填充$\{nD-1, nD+1 \mid n \in \mathbb{q}_{\text{mra}}\}$中的洞，其中

$$\mathbb{q}_{\text{mra}} = \{N_{\text{mra}}-k+1 \mid k \in \mathbb{p}_{\text{mra}} \setminus \{0\}\} \tag{5.33}$$

（2）对于剩余的位于

$$\{nD-1, nD+1 \mid n = \{1,2,\cdots,N_{\text{mra}}\} \setminus \mathbb{q}_{\text{mra}}\}$$

中的洞，可在$\{pD+1 \mid p \in \mathbb{p}_{\text{mra}}^{(\text{c})}\}$处增补矢量天线，其中$\mathbb{p}_{\text{mra}}^{(\text{c})}$按下述准则生成：选择$\mathbb{d}^{(2)}(\mathbb{p}_{\text{mra}}) \setminus \mathbb{p}_{\text{mra}}$中尽可能少的元素，使其与$\mathbb{p}_{\text{mra}}$中元素之间的差所生成的集合能完全包含集合$\{1,2,\cdots,N_{\text{mra}}\} \setminus \mathbb{q}_{\text{mra}}$中所有的元素，即

$$\begin{aligned} &\min_{p \in \mathbb{p}_{\text{mra}}^{(\text{c})}} \operatorname{card}(\mathbb{p}_{\text{mra}}^{(\text{c})}) \\ &\text{s. t.} \\ &\begin{cases} \mathbb{d}_{\text{mra}}^{(\text{c})} \supseteq \{1,2,3,\cdots,N_{\text{mra}}\} \setminus \mathbb{q}_{\text{mra}} \\ \mathbb{d}_{\text{mra}}^{(\text{c})} = \{m = |p-q| \mid p \in \mathbb{d}^{(2)}(\mathbb{p}_{\text{mra}}) \setminus \mathbb{p}_{\text{mra}}, q \in \mathbb{p}_{\text{mra}}\} \end{cases} \end{aligned} \tag{5.34}$$

综上所述，$\mathbb{h}_{\text{sisc-mra},0}$中的所有洞可通过在集合

$$\mathbb{p}_{\text{sisc-mra},0}^{(\text{c})} = \{qD+1 \mid q \in \mathbb{p}_{\text{mra}}^{(\text{c})} \cup \{N_{\text{mra}}+1\}\} \tag{5.35}$$

所示位置处增加矢量天线来进行填补。

表5.4所示为$\mathbb{p}_{\text{mra}}^{(\text{c})}$的递归求解算法，表5.5则列出了当$4 \leqslant Q \leqslant 10$时，$\mathbb{p}_{\text{mra}}^{(\text{c})}$的一种求解结果（给定一种最小冗余阵列结构，$\mathbb{p}_{\text{mra}}^{(\text{c})}$可能存在多个解）。

表 5.4 $\mathbb{p}_{\text{mra}}^{(\text{c})}$的递归求解算法伪代码[14]

1.	初始化$\mathbb{p}_{\text{mra}}^{(\text{c})} = \varnothing$（空集），并将备选集$\mathbb{d}^{(2)}(\mathbb{p}_{\text{mra}}) \setminus \mathbb{p}_{\text{mra}}$中的$L_+ = N_{\text{mra}}-Q+1$个元素按从大到小的顺序排列，构造矢量$\boldsymbol{p}$.
2.	计算$\mathbb{q}_{\text{mra}} = \{N_{\text{mra}}-k+1 \mid k \in \mathbb{p}_{\text{mra}} \setminus \{0\}\}$，并初始化1至$N_{\text{mra}}$区间上尚未被涵盖的元素集合为$\mathbb{z} = \{1,2,3,\cdots,N_{\text{mra}}\} \setminus \mathbb{q}_{\text{mra}}$.
3.	初始化涵盖集合$\{1,2,3,\cdots,N_{\text{mra}}\} \setminus \mathbb{q}_{\text{mra}}$所需矢量天线数$L_+ = \lceil (N_{\text{mra}}-L)/L \rceil$，其中“$\lceil \cdot \rceil$”表示向上取整，执行4~18。如果未找到满足要求的位置集$\mathbb{p}_{\text{mra}}^{(\text{c})}$，则增加$L_+$，并重复相同步骤，直到找到一个有效集$\mathbb{p}_{\text{mra}}^{(\text{c})}$并返回.
4.	逐个设置L_+个矢量天线的位置，定义当前矢量天线所尝试放置的位置指示r，并将其初始化为$r=1$，初始化剩余矢量天线数为$L_- = L_+$.
5.	递归调用6~19所示的函数Recurse$(L_-, \mathbb{z}, \mathbb{p}_{\text{mra}}^{(\text{c})}, r)$：
6.	计算未涵盖区域内的矢量天线位置数$N_0 = \operatorname{card}(\mathbb{z})$，以及剩余的$L_-$个矢量天线最大可以差出的虚拟矢量天线数$N_{\max} = L_- N_r$，其中$N_r$为$\mathbb{p}_{\text{mra}}$中小于$\boldsymbol{p}(r)$的元素个数.

续表

7.	如果 $N_0>0$，则执行 8~16：
8.	如果 $N_0>N_{\max}$ 或者 $L_->L_+-r+1$，则
9.	返回空．
10.	否则，执行 11~15：
11.	当 $r<L_+$ 时，循环执行 12~14：
12.	尝试在位置 $\boldsymbol{p}(r)$ 处放置矢量天线后，计算 $\mathbb{d}_{\mathrm{mra}}^{(\mathrm{c})}$，其中 $\mathbb{d}_{\mathrm{mra}}^{(\mathrm{c})}$ 的定义为 $\mathbb{d}_{\mathrm{mra}}^{(\mathrm{c})}=\{m=\lvert\boldsymbol{p}(r)-p\rvert \mid p\in\mathbb{p}_{\mathrm{mra}}\}$
13.	返回 5，递归调用函数 $\mathrm{Recurse}(L_--1,\mathbb{z}\setminus\mathbb{d}_{\mathrm{mra}}^{(\mathrm{c})},\mathbb{p}_{\mathrm{mra}}^{(\mathrm{c})}\cup\{\boldsymbol{p}(r)\},r+1)$：
14.	令 $r\leftarrow r+1$.
15.	结束循环．
16.	结束判断．
17.	否则
18.	返回求解得到的阵元位置集 $\mathbb{p}_{\mathrm{mra}}^{(\mathrm{c})}$.
19.	结束判断．

表 5.5　$4\leqslant Q\leqslant 10$ 条件下，$\mathbb{p}_{\mathrm{mra}}^{(\mathrm{c})}$ 的一种解[14]

Q	$\mathbb{p}_{\mathrm{mra}}$										$\mathbb{p}_{\mathrm{mra}}^{(\mathrm{c})}$				
4	0	1	4	6							2	5			
5	0	1	2	6	9						5	8			
6	0	1	2	6	10	13					7	11			
7	0	1	2	6	10	14	17				9	12	15		
8	0	1	4	10	16	18	21	23			11	17	19	22	
9	0	2	5	7	13	19	25	28	29		14	23	26	27	
10	0	1	4	10	16	22	28	30	33	35	10	23	29	32	33

经过以上洞填补处理之后，sISC-MRA 阵列的最终矢量天线位置集为

$$\mathbb{p}_{\text{sisc-mra},0}=\mathbb{p}_{\text{sisc-mra}}\cup\mathbb{p}_{\text{sisc-mra},0}^{(\mathrm{c})} \tag{5.36}$$

阵列孔径为

$$N_{\text{sisc-mra},0}=(N_{\mathrm{mra}}+1)(2N_{\mathrm{sisc}}-1)+1 \tag{5.37}$$

二阶差阵中的无洞孔径为

$$\mathbb{v}^{(2)}(\mathbb{p}_{\text{sisc-mra},0})=\{2,3,4,\cdots,(2N_{\mathrm{sisc}}-1)N_{\mathrm{mra}}+N_{\mathrm{sisc}}-2\} \tag{5.38}$$

除了最小冗余阵列以外，还可以根据需要选择其他稀疏阵列与 sISC 阵列进行嵌套，比如选择互质阵列或嵌套阵列等。由于最小冗余阵列的孔径扩展

较大，与其嵌套后的无洞虚拟孔径也较大。

表5.6所示为sISC/sISC-MRA阵列与现有的CADiS和最小冗余Ishiguro等阵列的一些比较结果。由表中所示结果可以看出，sISC-MRA阵列在无洞虚拟孔径合成方面具有一定的优势。

表5.6 sISC/sISC-MRA阵列、CADiS阵列和最小冗余Ishiguro阵列的比较[14]

名称	参数	矢量天线数								
		8	12	16	20	27	39	51	67	83
CADiS	子阵1矢量天线数	5	7	9	11	13	19	25	35	29
	子阵2矢量天线数	4	6	8	10	15	21	27	33	55
	子阵2压缩系数	2	3	4	5	5	7	9	11	11
	无洞虚拟孔径长度	18	38	66	102	174	366	630	1090	1488
sISC-MRA	sISC矢量天线数	8	12	16	20	6	9	8	16	16
	sISC孔径	25	50	85	131	15	30	25	85	85
	MRA矢量天线数	—	—	—	—	4	4	6	4	5
	MRA孔径	—	—	—	—	6	6	13	6	9
	无洞虚拟孔径长度	22	47	82	128	186	381	659	1096	1603
最小冗余Ishiguro	无洞虚拟孔径长度	22	46	77	119	—	—	—	—	—

5.1.3 信号波达方向与波极化参数估计

本节讨论基于二阶矢量天线间距直接约束稀疏线阵的信号波达方向与波极化参数估计方法。

首先，根据式（5.5），阵列输出协方差矩阵 $\boldsymbol{R}_{xx}$ 具有下述形式：

$$\boldsymbol{R}_{xx}=\sum_{m=0}^{M-1}\sigma_m^2(\boldsymbol{b}_{\mathrm{iso},m}\otimes\boldsymbol{a}_m)(\boldsymbol{b}_{\mathrm{iso},m}\otimes\boldsymbol{a}_m)^{\mathrm{H}}+\sigma^2\boldsymbol{I}_{JL} \tag{5.39}$$

根据Kronecker乘积的性质（其中 $\boldsymbol{a}$、$\boldsymbol{b}$、$\boldsymbol{c}$ 和 $\boldsymbol{d}$ 均为矢量）：

$$(\boldsymbol{a}\otimes\boldsymbol{b})^{\mathrm{H}}=\boldsymbol{a}^{\mathrm{H}}\otimes\boldsymbol{b}^{\mathrm{H}}$$

$$(\boldsymbol{a}\otimes\boldsymbol{b})(\boldsymbol{c}^{\mathrm{H}}\otimes\boldsymbol{d}^{\mathrm{H}})=(\boldsymbol{a}\boldsymbol{c}^{\mathrm{H}})\otimes(\boldsymbol{b}\boldsymbol{d}^{\mathrm{H}})$$

进一步有

$$\boldsymbol{R}_{-}=\boldsymbol{R}_{xx}-\sigma^2\boldsymbol{I}_{JL}=\sum_{m=0}^{M-1}\sigma_m^2(\boldsymbol{b}_{\mathrm{iso},m}\boldsymbol{b}_{\mathrm{iso},m}^{\mathrm{H}})\otimes(\boldsymbol{a}_m\boldsymbol{a}_m^{\mathrm{H}}) \tag{5.40}$$

将 $JL\times JL$ 维矩阵 $\boldsymbol{R}_{-}$ 重写成下述由 $J\times J$ 维分块矩阵所组成的矩阵：

$$\boldsymbol{R}_{-}=\begin{bmatrix} \boldsymbol{R}^{(1,1)} & \boldsymbol{R}^{(1,2)} & \cdots & \boldsymbol{R}^{(1,J)} \\ \boldsymbol{R}^{(2,1)} & \boldsymbol{R}^{(2,2)} & \cdots & \boldsymbol{R}^{(2,J)} \\ \vdots & \vdots & \ddots & \vdots \\ \boldsymbol{R}^{(J,1)} & \boldsymbol{R}^{(J,2)} & \cdots & \boldsymbol{R}^{(J,J)} \end{bmatrix} \tag{5.41}$$

其中，$\boldsymbol{R}^{(p,q)}$ 均是 $L\times L$ 维子矩阵，定义为

$$\boldsymbol{R}^{(p,q)}=\sum_{m=0}^{M-1}\sigma_m^2 r_m^{(p,q)}\boldsymbol{a}_m\boldsymbol{a}_m^{\mathrm{H}} \tag{5.42}$$

其中，$p=1,2,\cdots,J$，$q=1,2,\cdots,J$；

$$r_m^{(p,q)}=\boldsymbol{b}_{\mathrm{iso},m}(p)\boldsymbol{b}_{\mathrm{iso},m}^*(q) \tag{5.43}$$

进一步将 $\boldsymbol{R}^{(p,q)}$ 矢量化，得到

$$\boldsymbol{r}^{(p,q)}=\mathrm{vec}(\boldsymbol{R}^{(p,q)})=\sum_{m=0}^{M-1}\sigma_m^2 r_m^{(p,q)}(\boldsymbol{a}_m^*\otimes\boldsymbol{a}_m) \tag{5.44}$$

再通过表 5.7 所述的方法获得无洞虚拟孔径数据 $\boldsymbol{r}_{\mathbb{v}^{(2)}}^{(p,q)}$。

表 5.7　二阶矢量天线间距直接约束稀疏线阵信号波达方向与波极化参数估计中的无洞虚拟孔径数据提取步骤[94]

1.	定义矢量 $\boldsymbol{b}=\boldsymbol{\iota}_L\otimes\boldsymbol{p}-\boldsymbol{p}\otimes\boldsymbol{\iota}_L$，其中 $\boldsymbol{p}$ 为由矢量天线位置集 $\mathbb{p}$ 的元素所组成的列矢量，L 为矢量天线数.
2.	记 $\boldsymbol{v}$ 为由无洞虚拟孔径 $\mathbb{v}^{(2)}$ 的元素所组成的列矢量.
3.	令 $L_{\mathbb{v}^{(2)}}$ 为无洞虚拟孔径 $\mathbb{v}^{(2)}$ 的虚拟矢量天线数；定义循环变量 $i=1$，当 $i\leqslant L_{\mathbb{v}^{(2)}}$ 时，循环执行 4~6：
4.	构造选择矢量 $\boldsymbol{g}_i$：$\boldsymbol{g}_i(l)=(\boldsymbol{b}(l)==\boldsymbol{v}(i))$，其中 $l=1,2,\cdots,L^2$.
5.	数据选择与平均：$z_i=(\boldsymbol{g}_i^{\mathrm{T}}\boldsymbol{g}_i)^{-1}(\boldsymbol{g}_i^{\mathrm{T}}\boldsymbol{r}^{(p,q)})$.
6.	令 $\boldsymbol{r}_{\mathbb{v}^{(2)}}^{(p,q)}(i)=z_i$；更新循环变量：$i\leftarrow i+1$.
7.	结束循环.
8.	返回 $\boldsymbol{r}_{\mathbb{v}^{(2)}}^{(p,q)}$.

将按表 5.7 所述方法获得的无洞虚拟孔径划分为 $L_{\mathrm{sa}}=\lceil L_{\mathbb{v}^{(2)}}/2\rceil$ 个相互重叠、空间几何相同的子孔径，每个子孔径均对应 L_{sa} 个虚拟矢量天线：

$$\boldsymbol{r}_{\mathbb{v}^{(2)},n}^{(p,q)}=\sum_{m=0}^{M-1}u_{m,n}r_m^{(p,q)}\boldsymbol{a}_{\mathrm{sisc}}(\theta_m,\phi_m),\ n=1,2,\cdots,L_{\mathrm{sa}} \tag{5.45}$$

式中：

$$u_{m,n}=\sigma_m^2\mathrm{e}^{\mathrm{j}\pi(L_{\mathrm{sa}}+2-n)\sin\theta_m\sin\phi_m} \tag{5.46}$$

$$\boldsymbol{a}_{\mathrm{sisc}}(\theta_m,\phi_m)=[1,\mathrm{e}^{\mathrm{j}\pi\sin\theta_m\sin\phi_m},\cdots,\mathrm{e}^{\mathrm{j}\pi(L_{\mathrm{sa}}-1)\sin\theta_m\sin\phi_m}]^{\mathrm{T}} \tag{5.47}$$

将子孔径数据 $\boldsymbol{r}_{\mathbf{v}(2),n}^{(p,q)}$ 按下述式（5.48）所示的方式进行排列，构造一个 $L_{sa}\times L_{sa}$ 维矩阵：

$$\boldsymbol{R}_{\mathbf{v}(2)}^{(p,q)}=[\boldsymbol{r}_{\mathbf{v}(2),1}^{(p,q)},\boldsymbol{r}_{\mathbf{v}(2),2}^{(p,q)},\cdots,\boldsymbol{r}_{\mathbf{v}(2),L_{sa}}^{(p,q)}] \tag{5.48}$$

可以证明：

$$\boldsymbol{R}_{\mathbf{v}(2)}^{(p,q)}=\sum_{m=0}^{M-1}u_m r_m^{(p,q)}\boldsymbol{a}_{sisc}(\theta_m,\phi_m)\boldsymbol{a}_{sisc}^{H}(\theta_m,\phi_m) \tag{5.49}$$

其中

$$u_m=\sigma_m^2\mathrm{e}^{\mathrm{j}\pi(L_{sa}+1)\sin\theta_m\sin\phi_m} \tag{5.50}$$

注意到 $\boldsymbol{R}^{(p,q)}=\sum_{m=0}^{M-1}\sigma_m^2 r_m^{(p,q)}\boldsymbol{a}_m\boldsymbol{a}_m^{H}$，将 $\boldsymbol{R}_{\mathbf{v}(2)}^{(p,q)}$ 作为子矩阵，按照与式（5.41）相同的形式构造矩阵 $\boldsymbol{R}_{sisc}$，可得

$$\boldsymbol{R}_{sisc}=\begin{bmatrix}\boldsymbol{R}_{\mathbf{v}(2)}^{(1,1)} & \boldsymbol{R}_{\mathbf{v}(2)}^{(1,2)} & \cdots & \boldsymbol{R}_{\mathbf{v}(2)}^{(1,J)}\\ \boldsymbol{R}_{\mathbf{v}(2)}^{(2,1)} & \boldsymbol{R}_{\mathbf{v}(2)}^{(2,2)} & \cdots & \boldsymbol{R}_{\mathbf{v}(2)}^{(2,J)}\\ \vdots & \vdots & \ddots & \vdots\\ \boldsymbol{R}_{\mathbf{v}(2)}^{(J,1)} & \boldsymbol{R}_{\mathbf{v}(2)}^{(J,2)} & \cdots & \boldsymbol{R}_{\mathbf{v}(2)}^{(J,J)}\end{bmatrix}=\sum_{m=0}^{M-1}u_m\boldsymbol{b}_{sisc,m}\boldsymbol{b}_{sisc,m}^{H} \tag{5.51}$$

式中：

$$\boldsymbol{b}_{sisc,m}=\boldsymbol{b}_{iso,m}\otimes\boldsymbol{a}_{sisc}(\theta_m,\phi_m)=\boldsymbol{H}_{sisc}(\theta_m,\phi_m)\boldsymbol{p}_{\gamma_m,\eta_m} \tag{5.52}$$

其中

$$\boldsymbol{H}_{sisc}(\theta_m,\phi_m)=[\boldsymbol{H}_{sisc\text{-}\mathbb{H}}(\theta_m,\phi_m),\boldsymbol{H}_{sisc\text{-}\mathbb{V}}(\theta_m,\phi_m)] \tag{5.53}$$

$$\boldsymbol{H}_{sisc\text{-}\mathbb{H}}(\theta_m,\phi_m)=\boldsymbol{b}_{iso\text{-}\mathbb{H}}(\theta_m,\phi_m)\otimes\boldsymbol{a}_{sisc}(\theta_m,\phi_m) \tag{5.54}$$

$$\boldsymbol{H}_{sisc\text{-}\mathbb{V}}(\theta_m,\phi_m)=\boldsymbol{b}_{iso\text{-}\mathbb{V}}(\theta_m,\phi_m)\otimes\boldsymbol{a}_{sisc}(\theta_m,\phi_m) \tag{5.55}$$

对 $\boldsymbol{R}_{sisc}\boldsymbol{R}_{sisc}^{H}$ 进行特征分解：

$$\boldsymbol{R}_{sisc}\boldsymbol{R}_{sisc}^{H}=\boldsymbol{U}_{sisc\text{-}s}\boldsymbol{\Sigma}_{sisc\text{-}s}\boldsymbol{U}_{sisc\text{-}s}^{H}+\boldsymbol{U}_{sisc\text{-}n}\boldsymbol{\Sigma}_{sisc\text{-}n}\boldsymbol{U}_{sisc\text{-}n}^{H} \tag{5.56}$$

式中：对角矩阵 $\boldsymbol{\Sigma}_{sisc\text{-}s}$ 和 $\boldsymbol{\Sigma}_{sisc\text{-}n}$ 的对角线元素分别为 $\boldsymbol{R}_{sisc}\boldsymbol{R}_{sisc}^{H}$ 的 M 个大特征值和 $JL_{sa}-M$ 个小特征值，$\boldsymbol{U}_{sisc\text{-}s}$ 和 $\boldsymbol{U}_{sisc\text{-}n}$ 的列矢量分别为对应的主特征矢量和次特征矢量。

（1）利用矢量天线流形信息：令 $\hat{\boldsymbol{b}}_{iso\text{-}\mathbb{H}}(\theta,\phi)$ 和 $\hat{\boldsymbol{b}}_{iso\text{-}\mathbb{V}}(\theta,\phi)$ 分别为矢量天线水平和垂直极化流形矢量的标称值，通过暗室测量或全波电磁仿真获得。

根据特征子空间理论，有

$$\boldsymbol{p}_{\gamma_m,\eta_m}^{H}\boldsymbol{D}_{sisc,1}(\theta_m,\phi_m)\boldsymbol{p}_{\gamma_m,\eta_m}=0,\ m=0,1,\cdots,M-1 \tag{5.57}$$

其中

$$\boldsymbol{D}_{sisc,1}(\theta_m,\phi_m)=\boldsymbol{H}_{sisc,1}^{H}(\theta_m,\phi_m)\boldsymbol{U}_{sisc\text{-}n}\boldsymbol{U}_{sisc\text{-}n}^{H}\boldsymbol{H}_{sisc,1}(\theta_m,\phi_m) \tag{5.58}$$

$$\boldsymbol{H}_{sisc,1}(\theta_m,\phi_m)=[\boldsymbol{H}_{sisc\text{-}\mathbb{H},1}(\theta_m,\phi_m),\boldsymbol{H}_{sisc\text{-}\mathbb{V},1}(\theta_m,\phi_m)] \tag{5.59}$$

$$\boldsymbol{H}_{\mathrm{sisc-H},1}(\theta_m,\phi_m)=\hat{\boldsymbol{b}}_{\mathrm{iso-H}}(\theta_m,\phi_m)\otimes\boldsymbol{a}_{\mathrm{sisc}}(\theta_m,\phi_m) \tag{5.60}$$

$$\boldsymbol{H}_{\mathrm{sisc-V},1}(\theta_m,\phi_m)=\hat{\boldsymbol{b}}_{\mathrm{iso-V}}(\theta_m,\phi_m)\otimes\boldsymbol{a}_{\mathrm{sisc}}(\theta_m,\phi_m) \tag{5.61}$$

所以，信号波达方向与波极化参数可通过下述极化-空间谱的多维谱峰搜索进行联合估计：

$$\mathcal{J}_{\mathrm{sISC1}}(\theta,\phi,\gamma,\eta)=\frac{\boldsymbol{p}_{\gamma,\eta}^{\mathrm{H}}(\boldsymbol{H}_{\mathrm{sisc},1}^{\mathrm{H}}(\theta,\phi)\boldsymbol{H}_{\mathrm{sisc},1}(\theta,\phi))\boldsymbol{p}_{\gamma,\eta}}{\boldsymbol{p}_{\gamma,\eta}^{\mathrm{H}}\boldsymbol{D}_{\mathrm{sisc},1}(\theta,\phi)\boldsymbol{p}_{\gamma,\eta}} \tag{5.62}$$

式中：

$$\boldsymbol{D}_{\mathrm{sisc},1}(\theta,\phi)=\boldsymbol{H}_{\mathrm{sisc},1}^{\mathrm{H}}(\theta,\phi)\boldsymbol{U}_{\mathrm{sisc-n}}\boldsymbol{U}_{\mathrm{sisc-n}}^{\mathrm{H}}\boldsymbol{H}_{\mathrm{sisc},1}(\theta,\phi) \tag{5.63}$$

$$\boldsymbol{H}_{\mathrm{sisc},1}(\theta,\phi)=[\hat{\boldsymbol{b}}_{\mathrm{iso-H}}(\theta,\phi)\otimes\boldsymbol{a}_{\mathrm{sisc}}(\theta,\phi),\hat{\boldsymbol{b}}_{\mathrm{iso-V}}(\theta,\phi)\otimes\boldsymbol{a}_{\mathrm{sisc}}(\theta,\phi)] \tag{5.64}$$

注意到给定(θ,ϕ)时，$1/\mathcal{J}_{\mathrm{sISC1}}(\theta,\phi,\gamma,\eta)$的最小值为下述矩阵束

$$\{\boldsymbol{D}_{\mathrm{sisc},1}(\theta,\phi),\boldsymbol{H}_{\mathrm{sisc},1}^{\mathrm{H}}(\theta,\phi)\boldsymbol{H}_{\mathrm{sisc},1}(\theta,\phi)\} \tag{5.65}$$

的最小广义特征值，对于信号波达方向估计，也可直接构造下述空间谱：

$$\mathcal{J}_{\mathrm{sISC1}}(\theta,\phi)=\mu_{\min}^{-1}(\boldsymbol{D}_{\mathrm{sisc},1}(\theta,\phi),\boldsymbol{H}_{\mathrm{sisc},1}^{\mathrm{H}}(\theta,\phi)\boldsymbol{H}_{\mathrm{sisc},1}(\theta,\phi)) \tag{5.66}$$

式中："$\mu_{\min}(\cdot,\cdot)$"表示括号中矩阵束的最小广义特征值。

通过谱峰搜索可得第 m 个信号的波达方向估计，记为$(\hat{\theta}_m,\hat{\phi}_m)$，若$\hat{\boldsymbol{l}}_{\mathrm{sisc},m}$为矩阵束

$$\{\boldsymbol{D}_{\mathrm{sisc},1}(\hat{\theta}_m,\hat{\phi}_m),\boldsymbol{H}_{\mathrm{sisc},1}^{\mathrm{H}}(\hat{\theta}_m,\hat{\phi}_m)\boldsymbol{H}_{\mathrm{sisc},1}(\hat{\theta}_m,\hat{\phi}_m)\} \tag{5.67}$$

最小广义特征值所对应的特征矢量，则第 m 个信号波的极化参数可估计为

$$\hat{\gamma}_m=\arctan\left(\left|\frac{\hat{\boldsymbol{l}}_{\mathrm{sisc},m}(2)}{\hat{\boldsymbol{l}}_{\mathrm{sisc},m}(1)}\right|\right) \tag{5.68}$$

$$\hat{\eta}_m=\angle\left(\frac{\hat{\boldsymbol{l}}_{\mathrm{sisc},m}(2)}{\hat{\boldsymbol{l}}_{\mathrm{sisc},m}(1)}\right) \tag{5.69}$$

上述方法称为 I 型二阶矢量天线间距直接约束稀疏阵列子空间方法（sISC1）。

（2）不利用矢量天线流形信息，进行极化盲处理：定义

$$\boldsymbol{b}_{\mathrm{sisc}}(\theta,\phi,\gamma,\eta)=\boldsymbol{H}_{\mathrm{sisc}}(\theta,\phi)\boldsymbol{p}_{\gamma,\eta} \tag{5.70}$$

式中：

$$\boldsymbol{H}_{\mathrm{sisc}}(\theta,\phi)=[\boldsymbol{H}_{\mathrm{sisc-H}}(\theta,\phi),\boldsymbol{H}_{\mathrm{sisc-V}}(\theta,\phi)] \tag{5.71}$$

其中

$$\boldsymbol{H}_{\mathrm{sisc-H}}(\theta,\phi)=\boldsymbol{b}_{\mathrm{iso-H}}(\theta,\phi)\otimes\boldsymbol{a}_{\mathrm{sisc}}(\theta,\phi) \tag{5.72}$$

$$\boldsymbol{H}_{\mathrm{sisc-V}}(\theta,\phi)=\boldsymbol{b}_{\mathrm{iso-V}}(\theta,\phi)\otimes\boldsymbol{a}_{\mathrm{sisc}}(\theta,\phi) \tag{5.73}$$

可以证明：

$$\boldsymbol{b}_{\mathrm{sisc}}(\theta,\phi,\gamma,\eta)=(\boldsymbol{I}_J\otimes\boldsymbol{a}_{\mathrm{sisc}}(\theta,\phi))\boldsymbol{b}_{\mathrm{iso}}(\theta,\phi,\gamma,\eta) \tag{5.74}$$

式中：

$$\boldsymbol{b}_{\mathrm{iso}}(\theta,\phi,\gamma,\eta)=[\boldsymbol{b}_{\mathrm{iso-H}}(\theta,\phi),\boldsymbol{b}_{\mathrm{iso-V}}(\theta,\phi)]\boldsymbol{p}_{\gamma,\eta} \tag{5.75}$$

由此，与式（5.66）类似，可以定义下述空间谱：

$$\mathcal{J}_{\mathrm{sISC2}}(\theta,\phi)=\mu_{\min}^{-1}(\boldsymbol{D}_{\mathrm{sisc},2}(\theta,\phi),\boldsymbol{H}_{\mathrm{sisc},2}^{\mathrm{H}}(\theta,\phi)\boldsymbol{H}_{\mathrm{sisc},2}(\theta,\phi)) \tag{5.76}$$

式中：

$$\boldsymbol{H}_{\mathrm{sisc},2}(\theta,\phi)=\boldsymbol{I}_J\otimes\boldsymbol{a}_{\mathrm{sisc}}(\theta,\phi) \tag{5.77}$$

$$\boldsymbol{D}_{\mathrm{sisc},2}(\theta,\phi)=\boldsymbol{H}_{\mathrm{sisc},2}^{\mathrm{H}}(\theta,\phi)\boldsymbol{U}_{\mathrm{sisc-n}}\boldsymbol{U}_{\mathrm{sisc-n}}^{\mathrm{H}}\boldsymbol{H}_{\mathrm{sisc},2}(\theta,\phi) \tag{5.78}$$

根据式（5.76）所示空间谱的谱峰位置，同样可以获得信号波达方向的估计，相应方法称为Ⅱ型二阶矢量天线间距直接约束稀疏阵列子空间方法（sISC2）。

下面看几个仿真例子，例中阵列为 24 元（$J=3$，$L=8$）完全增广 sISC 矢量天线稀疏阵列，其矢量天线位置集为

$$\mathbb{P}=\{0,2,4,6,11,16,21,24\}$$

每个矢量天线均由三个正交的半波长带状偶极子构成，工作频率为 2.4GHz，带状偶极子宽度和长度分别为 0.76mm 和 58.71mm，偶极子之间相互错开 2.50mm，如图 5.6 所示；矢量天线水平和垂直极化流形矢量 $\boldsymbol{b}_{\mathrm{iso-H}}(\theta,\phi)$ 和 $\boldsymbol{b}_{\mathrm{iso-V}}(\theta,\phi)$ 通过全波电磁仿真得到。

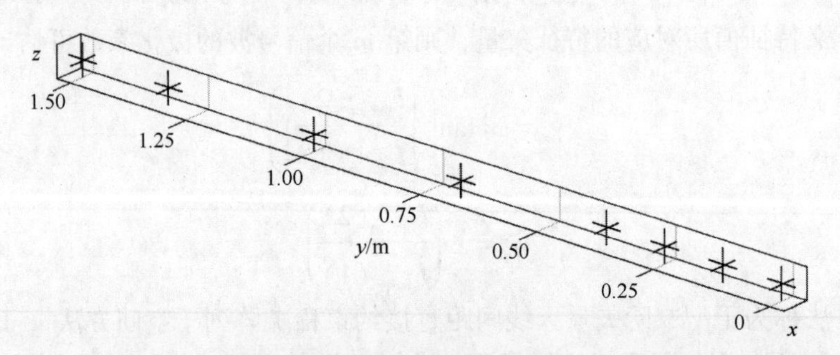

图 5.6　由 8 个三正交带状偶极子天线所组成的 24 元 sISC 阵列结构图

利用上述阵列，估计两个圆极化信号的波达方向与波极化参数，其中

$$(\theta_0,\phi_0)=(30°,60°),(\theta_1,\phi_1)=(30°,0°),(\gamma_1,\eta_1)=(\gamma_2,\eta_2)=(45°,90°)$$

信噪比为 5dB，快拍数为 100。

图 5.7 所示为相应的 sISC1 和 sISC2 空间谱，其中

$$\mathrm{sc}=\sin\theta\cos\phi \tag{5.79}$$

$$\mathrm{ss}=\sin\theta\sin\phi \tag{5.80}$$

根据图中所示结果，可以看出：

（1）由于阵列轴线沿 y 轴 ss 方向，因此 sISC1 方法和 sISC2 方法在 ss 方向都具有较好的分辨力。

（2）由于矢量天线水平和垂直极化流形矢量与信号二维波达方向有关，且不存在 ss 方向的锥角模糊，所以 sISC1 可以无模糊地估计 ss 方向和 sc 方向的锥角，但 sc 方向的分辨力不如 ss 方向；sISC2 属于极化盲处理方法，y 轴方向的线阵存在 ss 方向锥角模糊，所以无法估计 sc 方向的锥角。

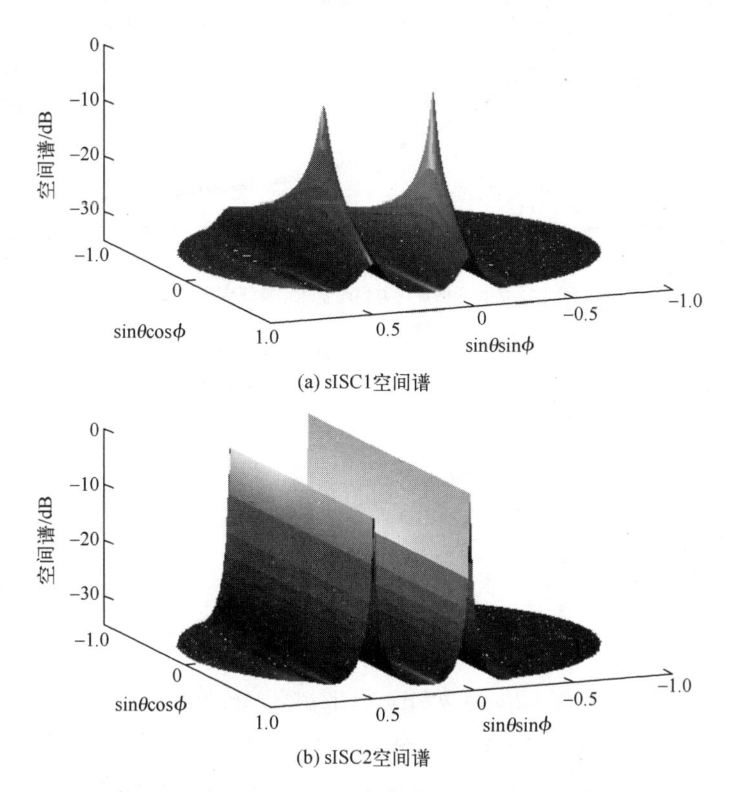

(a) sISC1空间谱

(b) sISC2空间谱

图 5.7　基于 24 元 sISC 阵列的 sISC1 和 sISC2 空间谱

下面研究矢量天线内部传感单元间的互耦对信号参数估计性能的影响，为简单起见，假设信号源均位于 xoy 平面。考虑 4 个互不相关的信号，其波达方向也即方位角分别为−45°、−10°、10°和 30°，波极化参数均为(45°,90°)。作为对比，对轴线方向分别平行于 x 轴、y 轴和 z 轴的三个偶极子天线响应单独进行计算，也即在阵列流形矢量的计算中不考虑矢量天线内部传感单元间的互耦。

图 5.8 所示为考虑和不考虑矢量天线内部传感单元互耦条件下，信号波达方向与波极化参数估计均方根误差（1000 次独立实验结果的平均）随信噪

比变化的曲线，其中快拍数为500。由图中所示结果可以看出，在本例条件下，矢量天线内部传感单元间的互耦对信号波达方向估计精度的影响不大，但会显著降低信号波极化参数的估计质量；当考虑矢量天线内部传感单元的互耦时，sISC1 方法具有更好的信号参数估计性能。

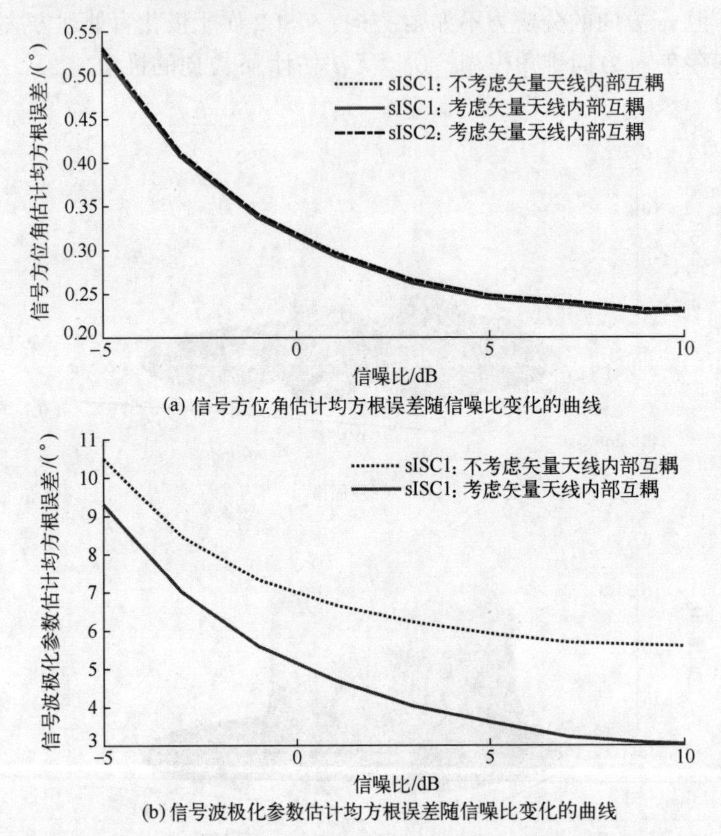

(a) 信号方位角估计均方根误差随信噪比变化的曲线

(b) 信号波极化参数估计均方根误差随信噪比变化的曲线

图 5.8 考虑和不考虑矢量天线内部传感单元互耦条件下的信号波达方向与波极化参数估计性能比较：快拍数为500

下面通过对应阵列的 sISC2 空间谱，比较 sISC 阵列与下述稀疏阵列的矢量天线互耦程度：

（1）最小冗余阵列[93]：$\mathbb{p}=\{0,1,2,11,15,18,21,23\}$；

（2）嵌套阵列[94]：$\mathbb{p}=\{1,2,3,4,5,10,15,20\}$；

（3）超级嵌套阵列（Super-NA）[99]：$\mathbb{p}=\{1,3,4,7,10,15,19,20\}$；

（4）互质阵列[95]：$\mathbb{p}=\{0,2,4,5,6,8,10,15\}$；

（5）子阵位移互质阵列[97]：$\mathbb{p}=\{0,2,4,6,8,15,20,25\}$；

（6）最大间距约束阵列[100]：$\mathbb{p}=\{0,1,4,10,16,18,21,23\}$；

（7）增强嵌套阵列[101]：$\mathbb{p}=\{1,5,10,15,20,21,22,23\}$。

其中考虑矢量天线间互耦的阵列流形矢量通过对整个矢量天线阵列做全波电磁仿真得到，不考虑矢量天线间互耦的阵列流形矢量则由单个矢量天线的流形矢量乘以空间相位因子得到。

考虑 9 个互不相关的信号，其波达方向（方位角）分别为−55°、−41°、−28°、−14°、0°、14°、28°、41°和 55°，波极化参数均为(45°,90°)；信噪比为 10dB，快拍数为 500。

图 5.9 所示为基于 8 种稀疏阵列的 sISC2 空间谱图，可以看出，若不考虑矢量天线间的互耦，则基于所有阵列都能获得较好的信号波达方向估计结果。相比而言，CADiS 阵列的角度分辨效果略差，这主要是因为 CADiS 二阶差阵的虚拟连续孔径在 8 个参与比较的阵列中相对较小。

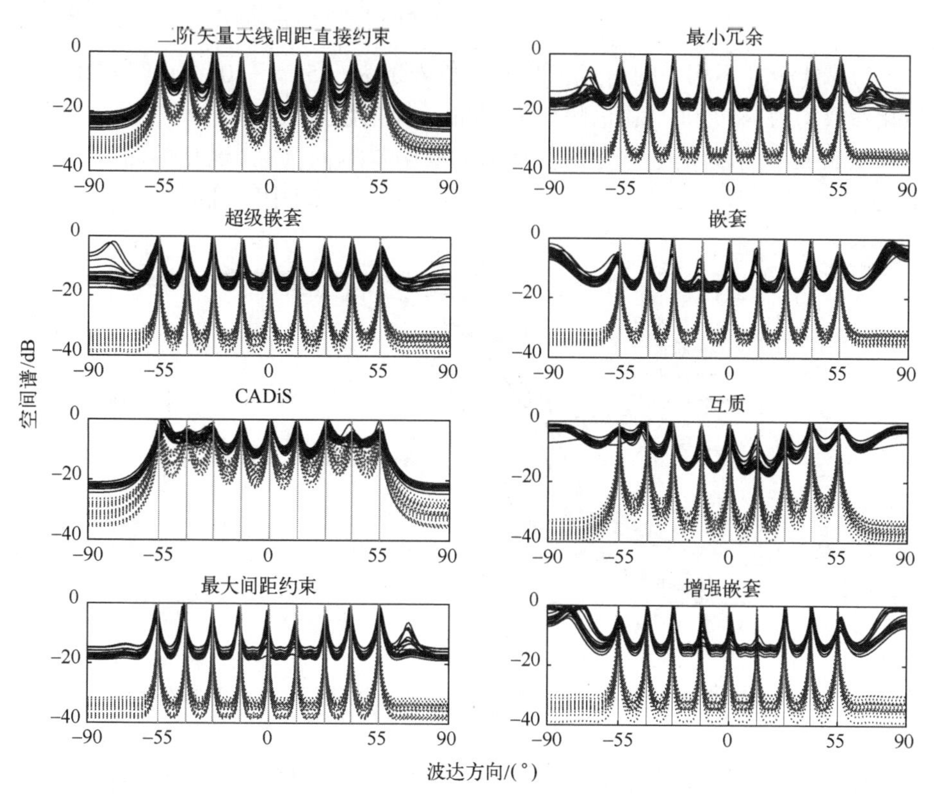

图 5.9　基于 8 种矢量天线稀疏阵列的 sISC2 空间谱图：实线结果考虑了矢量天线间的互耦，虚线结果未考虑矢量天线间的互耦

若考虑矢量天线间的互耦，则最小冗余阵列、嵌套阵列、超级嵌套阵列、增强嵌套阵列、最大间距约束阵列和互质阵列的角度分辨力和信号波达方向

估计效果有所下降，有的甚至出现伪峰。基于 CADiS 阵列的 sISC2 空间谱虽然没有出现伪峰，但角度分辨力出现了明显的下降。相比而言，基于 sISC 阵列的 sISC2 空间谱质降相对较小，且其角度分辨力要强于 CADiS 阵列，这说明 sISC 阵列相比于其他参与比较的阵列，具有更小的矢量天线互耦。

下面假设矢量天线间的互耦大小与矢量天线的间距成反比，可由一带状托普利兹矩阵近似描述[99,102]：

$$\boldsymbol{C}_{\mathrm{mc}}(m,n)=\begin{cases}c_{\mathrm{mc}}(|d_m-d_n|), & |d_m-d_n|<B\\0, & \text{其他}\end{cases} \tag{5.81}$$

其中，B 为零互耦距离，

$$1=c_{\mathrm{mc}}(0)>|c_{\mathrm{mc}}(1)|>|c_{\mathrm{mc}}(2)|>\cdots>|c_{\mathrm{mc}}(B)| \tag{5.82}$$

$$\left|\frac{c_{\mathrm{mc}}(p)}{c_{\mathrm{mc}}(q)}\right|=\frac{p}{q},\ 1\leqslant p,q\leqslant B \tag{5.83}$$

考虑 4 个互不相关的信号，其方位角分别为-45°、-10°、10°和 30°，波极化参数均为(45°,90°)；信噪比为 10dB，快拍数为 500。

图 5.10 所示为信号方位角估计均方根误差随$|c_{\mathrm{mc}}(1)|$变化的曲线，其中 $B=20$；$c_{\mathrm{mc}}(1)$，$c_{\mathrm{mc}}(2)$，…，$c_{\mathrm{mc}}(B)$的相位从$[-\pi,\pi)$中随机选择。

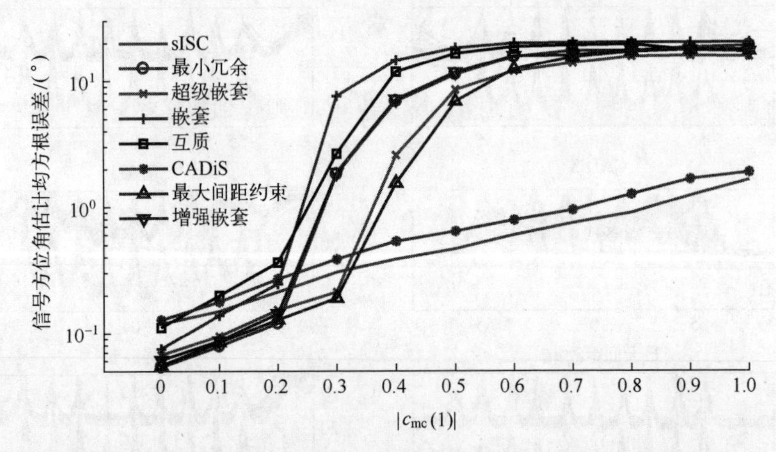

图 5.10 几种阵列信号方位角估计均方根误差随$|c_{\mathrm{mc}}(1)|$变化的曲线

由图中所示结果可以看出，当矢量天线间的互耦误差较小或不存在互耦时，sISC 阵列的信号方位角估计性能不如超级嵌套阵列、增强嵌套阵列、最大间距约束阵列和最小冗余阵列等，这是由于 sISC 二阶差阵的连续虚拟孔径小于超级嵌套二阶差阵、增强嵌套二阶差阵、最大间距约束二阶差阵和最小冗余二阶差阵等的虚拟连续孔径，子阵划分后的处理维数相对更小。

随着矢量天线间互耦的增大，最小冗余阵列、互质阵列、最大间距约束阵列、嵌套阵列、超级嵌套阵列和增强嵌套阵列等的信号波达方向估计精度明显下降。注意到 sISC 阵列和 CADiS 阵列的最小矢量天线间距均不小于一个信号波长，所以两者的信号波达方向估计性能下降程度远小于其他阵列。

由于 sISC 阵列的孔径扩展能力强于 CADiS 阵列，所以前者的信号波达方向估计精度优于后者，这与此前由图 5.9 所示结果已得到的结论是一致的。

最后利用实测数据研究基于 sISC 阵列的信号波达方向与波极化参数估计性能，其中实验阵列如图 2.52 所示，实验场地为一空旷操场，如图 5.11 所示，两个信号源置于阵列远场，分别为喇叭天线和无人机操作手柄，前者近似位于阵列法线方向，信号波极化参数约为(45°,10°)，后者偏离阵列法线方向约 15°，极化状态未知。

图 5.11　实验场景图

图 5.12 所示为相应的基于实测数据和仿真数据的 sISC1 和 sISC2 空间谱

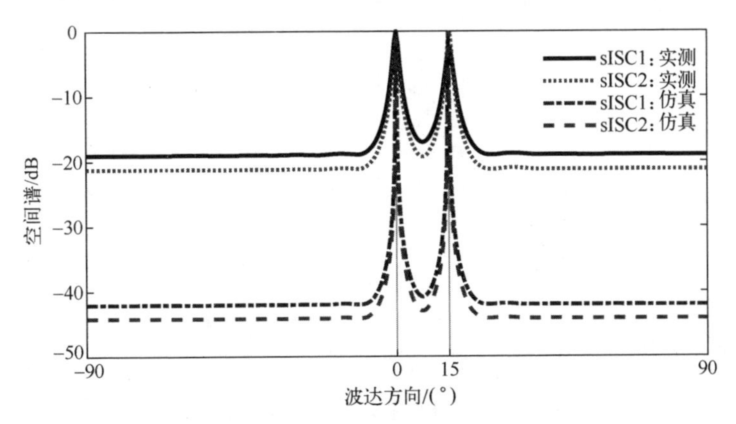

图 5.12　基于 sISC 阵列仿真和实测数据的 sISC1 和 sISC2 空间谱图

图，其中实测及仿真数据的快拍数均为500，仿真数据的信噪比为0dB，0°信号波为45°线极化，15°信号波为圆极化。

由图中所示结果可以看出，sISC1 方法和 sISC2 方法均可有效分辨两个信号，不存在伪峰；基于实测数据的 sISC 阵列信号波达方向估计精度尚可，但角度分辨力有所下降。

实验中，利用 sISC1 方法估计得到的无人机操作手柄信号波和喇叭天线信号波的极化参数分别为(68.3°,110.0°)和(44.1°,21.8°)，误差较大。

5.2 二阶矢量天线间距直接约束稀疏面阵

本节将二阶矢量天线间距直接约束设计方法推广到面阵以及部分极化情形，并讨论基于相应阵列的信号二维波达方向与波极化参数估计方法。

5.2.1 阵型设计

假设所有矢量天线均位于 xoy 平面，如图 5.13 所示，其中 (l_x,l_y) 号矢量天线的位置矢量为

$$\begin{bmatrix} \left(\dfrac{\lambda}{2}\right)\boldsymbol{d}_{l_x,l_y} \\ 0 \end{bmatrix} = \begin{bmatrix} d\boldsymbol{d}_{l_x,l_y} \\ 0 \end{bmatrix} \tag{5.84}$$

其中，$d=\lambda/2$，

$$\boldsymbol{d}_{l_x,l_y} = [p_{l_x}, q_{l_y}]^{\mathrm{T}} \tag{5.85}$$

其中，p_{l_x} 和 q_{l_y} 为非负整数，并且 $l_x=0,1,\cdots,L_x-1$，$l_y=0,1,\cdots,L_y-1$。

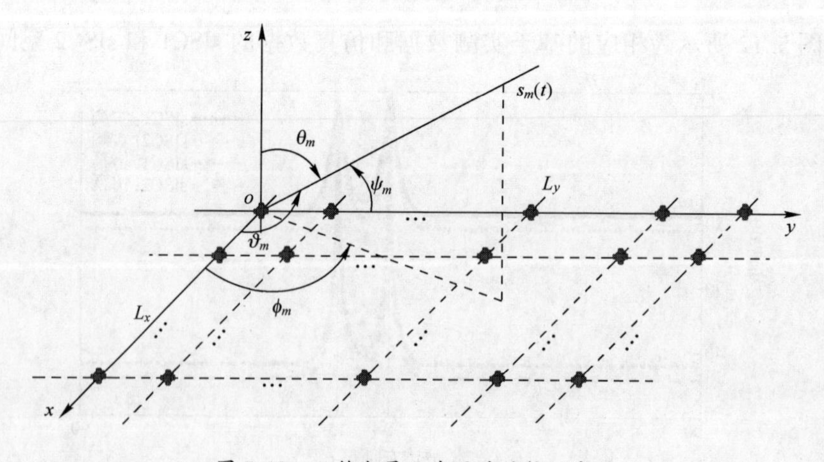

图 5.13 二维矢量天线面阵结构示意图

上述假设条件下，若 M 个远场窄带阵列入射信号互不相关，噪声为极化-空间白噪声，且与信号统计独立，则阵列输出协方差矩阵可以写成

$$\boldsymbol{R}_{xx} = \sum_{m=0}^{M-1} (\boldsymbol{a}_m \otimes \boldsymbol{\Xi}_{\mathrm{iso},m}) \boldsymbol{C}_m (\boldsymbol{a}_m \otimes \boldsymbol{\Xi}_{\mathrm{iso},m})^{\mathrm{H}} + \sigma^2 \boldsymbol{I}_{JL_xL_y} \tag{5.86}$$

式中：$\boldsymbol{C}_m$为第 m 个信号的波相干矩阵，包含了该信号波的极化参数信息；σ^2为噪声功率；

$$\boldsymbol{a}_m = \boldsymbol{a}(\vartheta_m, \psi_m) = \boldsymbol{a}_x(\vartheta_m) \otimes \boldsymbol{a}_y(\psi_m) \tag{5.87}$$

$$\boldsymbol{a}_x(\vartheta_m) = [\mathrm{e}^{\mathrm{j}\pi p_0 \cos\vartheta_m}, \mathrm{e}^{\mathrm{j}\pi p_1 \cos\vartheta_m}, \cdots, \mathrm{e}^{\mathrm{j}\pi p_{L_x-1} \cos\vartheta_m}]^{\mathrm{T}} \tag{5.88}$$

$$\boldsymbol{a}_y(\psi_m) = [\mathrm{e}^{\mathrm{j}\pi q_0 \cos\psi_m}, \mathrm{e}^{\mathrm{j}\pi q_1 \cos\psi_m}, \cdots, \mathrm{e}^{\mathrm{j}\pi q_{L_y-1} \cos\psi_m}]^{\mathrm{T}} \tag{5.89}$$

$$\boldsymbol{\Xi}_{\mathrm{iso},m} = \boldsymbol{\Xi}_{\mathrm{iso}}(\theta_m, \phi_m) = [\boldsymbol{b}_{\mathrm{iso-H}}(\theta_m, \phi_m), \boldsymbol{b}_{\mathrm{iso-V}}(\theta_m, \phi_m)] \tag{5.90}$$

其中，ϑ_m和ψ_m分别为第 m 个信号源的 x 轴和 y 轴锥角，θ_m和ϕ_m分别为第 m 个信号源的俯仰角和方位角，$\boldsymbol{b}_{\mathrm{iso-H}}(\theta_m, \phi_m)$和$\boldsymbol{b}_{\mathrm{iso-V}}(\theta_m, \phi_m)$分别为第 m 个信号的水平和垂直极化矢量天线流形矢量。

根据 Kronecker 乘积的下述性质：

$$\boldsymbol{C} = 1 \otimes \boldsymbol{C}$$

$$(\boldsymbol{b} \otimes \boldsymbol{A})(\boldsymbol{b}^{\mathrm{H}} \otimes \boldsymbol{A}^{\mathrm{H}}) = (\boldsymbol{b}\boldsymbol{b}^{\mathrm{H}}) \otimes (\boldsymbol{A}\boldsymbol{A}^{\mathrm{H}})$$

去噪后的阵列输出协方差矩阵具有下述形式：

$$\boldsymbol{R}_{xx-} = \boldsymbol{R}_{xx} - \sigma^2 \boldsymbol{I}_{JL_xL_y} = \sum_{m=0}^{M-1} \boldsymbol{Z}_m \otimes \boldsymbol{\Sigma}_m \tag{5.91}$$

式中：$\boldsymbol{\Sigma}_m$为 $J \times J$ 维矩阵，包含第 m 个信号的波达方向和波极化参数信息，

$$\boldsymbol{\Sigma}_m = \boldsymbol{\Xi}_{\mathrm{iso},m} \boldsymbol{C}_m \boldsymbol{\Xi}_{\mathrm{iso},m}^{\mathrm{H}} \tag{5.92}$$

而 $\boldsymbol{Z}_m$是 $L_xL_y \times L_xL_y$维矩阵，仅包含第 m 个信号的二维波达方向信息，

$$\begin{aligned} \boldsymbol{Z}_m &= \boldsymbol{a}_m \boldsymbol{a}_m^{\mathrm{H}} = (\boldsymbol{a}_x(\vartheta_m) \otimes \boldsymbol{a}_y(\psi_m))(\boldsymbol{a}_x(\vartheta_m) \otimes \boldsymbol{a}_y(\psi_m))^{\mathrm{H}} \\ &= (\boldsymbol{a}_x(\vartheta_m) \boldsymbol{a}_x^{\mathrm{H}}(\vartheta_m)) \otimes (\boldsymbol{a}_y(\psi_m) \boldsymbol{a}_y^{\mathrm{H}}(\psi_m)) \end{aligned} \tag{5.93}$$

根据式（5.93）和式（5.92）所示定义，此处的矩阵 $\boldsymbol{Z}_m$只与第 m 个信号的二维波达方向和阵列的空间几何结构有关，而矩阵 $\boldsymbol{\Sigma}_m$则与第 m 个信号的二维波达方向和波极化参数都有关，但与阵列的空间几何结构无关。

仍用$\mathbb{p}$ 和$\mathbb{d}^{(2)}(\mathbb{p})$表示平面阵列的二维矢量天线位置集以及二维二阶差阵（仍略去其对称部分）。根据式（5.85）和式（5.93），$\mathbb{p}$ 和$\mathbb{d}^{(2)}(\mathbb{p})$可分别定义为

$$\mathbb{p} = \mathbb{p}_x \sqcup \mathbb{p}_y = \{[a, b]^{\mathrm{T}} \mid a \in \mathbb{p}_x, b \in \mathbb{p}_y\} \tag{5.94}$$

$$\mathbb{d}^{(2)}(\mathbb{p}) = \{\boldsymbol{d}_{m,n} - \boldsymbol{d}_{p,q} \mid \boldsymbol{d}_{m,n} \in \mathbb{p}, \boldsymbol{d}_{p,q} \in \mathbb{p}, m > p, n > q\} \tag{5.95}$$

式中：“$\sqcup$”表示笛卡儿积；

$$\mathbb{p}_x = \{p_0, p_1, \cdots, p_{L_x-1}\} \tag{5.96}$$

$$\mathbb{p}_y=\{q_0,q_1,\cdots,q_{L_y-1}\} \tag{5.97}$$

当 $m>n$ 时，$p_m>p_n$，$q_m>q_n$。

从式（5.93）所示 $\boldsymbol{Z}_m$ 的定义可以看出，$\boldsymbol{Z}_m$ 中包含了所有与二维二阶差阵有关的空间相位差信息，此外：

（1）$\boldsymbol{a}_x(\vartheta_m)\boldsymbol{a}_x^{\mathrm{H}}(\vartheta_m)$ 只与第 m 个信号的 x 轴锥角 ϑ_m 有关，其中包含的空间相位差信息与一维二阶差阵

$$\mathbb{d}^{(2)}(\mathbb{p}_x)=\{p_m-p_n \mid p_m\in\mathbb{p}_x,p_n\in\mathbb{p}_x,m\geqslant n\} \tag{5.98}$$

所含空间相位差信息相同：$\mathrm{vec}(\boldsymbol{a}_x(\vartheta_m)\boldsymbol{a}_x^{\mathrm{H}}(\vartheta_m))=\boldsymbol{a}_x^*(\vartheta_m)\otimes\boldsymbol{a}_x(\vartheta_m)$。

（2）$\boldsymbol{a}_y(\psi_m)\boldsymbol{a}_y^{\mathrm{H}}(\psi_m)$ 只与第 m 个信号的 y 轴锥角 ψ_m 有关，其中包含的空间相位差信息与一维二阶差阵

$$\mathbb{d}^{(2)}(\mathbb{p}_y)=\{q_m-q_n \mid q_m\in\mathbb{p}_y,q_n\in\mathbb{p}_y,m\geqslant n\} \tag{5.99}$$

所含空间相位差信息相同：$\mathrm{vec}(\boldsymbol{a}_y(\psi_m)\boldsymbol{a}_y^{\mathrm{H}}(\psi_m))=\boldsymbol{a}_y^*(\psi_m)\otimes\boldsymbol{a}_y(\psi_m)$。

（3）$(\boldsymbol{a}_x(\vartheta_m)\boldsymbol{a}_x^{\mathrm{H}}(\vartheta_m))\otimes(\boldsymbol{a}_y(\psi_m)\boldsymbol{a}_y^{\mathrm{H}}(\psi_m))$ 和 $\mathbb{d}^{(2)}(\mathbb{p})$ 所包含的空间相位信息相同。

因此，通过合理设计一维矢量天线位置集 $\mathbb{p}_x$ 和 $\mathbb{p}_y$，可以利用 $\mathbb{p}$ 的二维二阶差阵 $\mathbb{d}^{(2)}(\mathbb{p})$ 合成一虚拟矩形面阵，若该面阵包含尽可能大的无洞孔径，则从 $\boldsymbol{Z}_m$ 中选取相应的数据可以实现信号二维波达方向的无模糊估计。

（1）若要使稀疏面阵的最小矢量天线间距不小于一个信号波长，$\mathbb{p}_x$ 和 $\mathbb{p}_y$ 可根据一维 sISC 线阵的设计准则进行配置：给定 x 轴和 y 轴方向的矢量天线数 L_x 和 L_y，以及相应的阵列孔径 N_x 和 N_y，通过收缩递归算法得到 $\mathbb{p}_x$ 和 $\mathbb{p}_y$ 以及相应的虚拟无洞孔径 $\mathbb{v}^{(2)}(\mathbb{p}_x)$ 和 $\mathbb{v}^{(2)}(\mathbb{p}_y)$。

（2）二维 sISC 阵列 $\mathbb{p}$ 通过 $\mathbb{p}=\mathbb{p}_x\sqcup\mathbb{p}_y$ 进行配置，对应的无洞虚拟矩形孔径为 $\mathbb{v}^{(2)}(\mathbb{p})=\mathbb{v}^{(2)}(\mathbb{p}_x)\sqcup\mathbb{v}^{(2)}(\mathbb{p}_y)$。

（3）对于较大规模的二维 sISC 阵列设计，$\mathbb{p}_x$ 和 $\mathbb{p}_y$ 也可以根据一维情形下所讨论的嵌套方法进行构造。

图 5.14 所示为一种 $48J$ 元二维 sISC 稀疏面阵及其虚拟阵列结构，其中 $L_x=8$，$N_x=25$，$\mathbb{p}_x=\{0,2,4,9,14,19,22,25\}$；$L_y=6$，$N_y=15$，$\mathbb{p}_y=\{0,2,4,9,12,15\}$。

可以看到，面阵中心是 22×12 维的虚拟无洞孔径 $\mathbb{v}^{(2)}$，包括 240+24=264 个虚、实矢量天线，其外围有一圈洞，而洞外围又有 48+24=72 个虚、实矢量天线，也即一共包括 288+48=336 个虚、实矢量天线，此处用 $\mathbb{z}^{(2)}\supset\mathbb{v}^{(2)}$ 表示所有虚、实矢量天线所对应的处理孔径。

虚拟孔径 $\mathbb{z}^{(2)}$ 中，对应每个虚拟矢量天线的数据，除包含空间相位信息外，还包含 $\boldsymbol{\Sigma}_m$ 中的信号波极化参数信息。

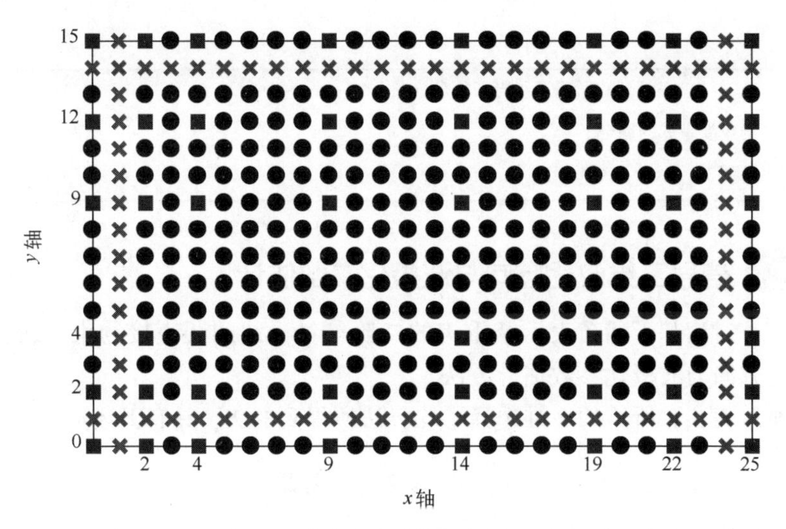

图 5.14　一种 sISC 稀疏面阵结构示意图："■"表示实际矢量天线，"●"表示虚拟矢量天线，"×"表示洞

表 5.8 所给的二维选择平均算法，可以从去噪后的协方差矩阵 $\boldsymbol{R}_{xx-}$ 中提取具有分块结构的矩阵 $\boldsymbol{X}_{\text{sisc}}$，其中包含了入射信号波的空间相位和极化信息。

表 5.8　二维选择平均算法伪代码

1.	构造矩阵 $\boldsymbol{R}_{J,1}$ 和 $\boldsymbol{R}_{J,2}$： $$\boldsymbol{R}_{J,1}=\boldsymbol{p}_x\otimes\boldsymbol{\iota}_{L_y}\otimes\boldsymbol{\iota}_{L_xL_y}^{\mathrm{T}}-\boldsymbol{p}_x^{\mathrm{T}}\otimes\boldsymbol{\iota}_{L_y}^{\mathrm{T}}\otimes\boldsymbol{\iota}_{L_xL_y}$$ $$\boldsymbol{R}_{J,2}=\boldsymbol{\iota}_{L_x}\otimes\boldsymbol{p}_y\otimes\boldsymbol{\iota}_{L_xL_y}^{\mathrm{T}}-\boldsymbol{\iota}_{L_x}^{\mathrm{T}}\otimes\boldsymbol{p}_y^{\mathrm{T}}\otimes\boldsymbol{\iota}_{L_xL_y}$$ 其中 $\boldsymbol{p}_x$ 和 $\boldsymbol{p}_y$ 分别为由 $\mathbb{p}_x$ 和 $\mathbb{p}_y$ 的元素所组成的矢量.
2.	构造列矢量 $\boldsymbol{v}_x$ 和 $\boldsymbol{v}_y$： $$\boldsymbol{v}_x=[0,2,3,\cdots,N_x-2,N_x]^{\mathrm{T}}$$ $$\boldsymbol{v}_y=[0,2,3,\cdots,N_y-2,N_y]^{\mathrm{T}}$$
3.	初始化循环变量 $p=1$，当 $p\leqslant N_x-1$ 时，循环执行 4~9：
4.	初始化循环变量 $q=1$，当 $q\leqslant N_y-1$ 时，循环执行 5~8：
5.	构造选择矩阵： $\boldsymbol{J}_{p,q}(m,n)=(\boldsymbol{R}_{J,1}(m,n)==\boldsymbol{v}_x(p))\&(\boldsymbol{R}_{J,2}(m,n)==\boldsymbol{v}_y(q))$ 并从 $\boldsymbol{R}_{xx-}$ 中选择包含相同空间相位信息的 $J\times J$ 维块矩阵： $$\boldsymbol{R}_{p,q}=\boldsymbol{R}_{xx-}\odot(\boldsymbol{J}_{p,q}\otimes\boldsymbol{\mathcal{J}}_J)$$ 其中 $\boldsymbol{\mathcal{J}}_n$ 表示 $n\times n$ 维全 1 矩阵，"$\odot$"为 Hadamard 积.
6.	将 $\boldsymbol{R}_{p,q}$ 中所有非零块求和平均，得到 $J\times J$ 维矩阵 $\overline{\boldsymbol{R}}_{p,q}$.
7.	设置 $\boldsymbol{X}_{\text{sisc}}$ 的第 (p,q) 个块子矩阵为 $\boldsymbol{X}_{\text{sisc}}[\![p,q]\!]=\overline{\boldsymbol{R}}_{p,q}$.
8.	更新循环变量 $q\leftarrow q+1$.

续表

9.	结束变量 q 的循环，并更新循环变量 $p \leftarrow p+1$.
10.	结束变量 p 的循环.
11.	返回 $\boldsymbol{X}_{\text{sisc}}$.

5.2.2 信号二维波达方向与波极化参数估计

本节讨论基于稀疏表示及重构的二阶矢量天线间距直接约束稀疏面阵信号波达方向与波极化参数估计方法。

通过表 5.8 所给的二维选择平均算法所得到的 $\boldsymbol{X}_{\text{sisc}}$ 具有下述形式：

$$\boldsymbol{X}_{\text{sisc}} = \sum_{m=0}^{M-1} \boldsymbol{Z}_{\text{sisc},m} \otimes \boldsymbol{\Sigma}_m \tag{5.100}$$

式中：$\boldsymbol{Z}_{\text{sisc},m}$ 为 $(N_x-1)\times(N_y-1)$ 维矩阵，其定义为

$$\boldsymbol{Z}_{\text{sisc},m} = \boldsymbol{a}_{\text{sisc},x}(\vartheta_m)\boldsymbol{a}_{\text{sisc},y}^{\text{T}}(\psi_m) \tag{5.101}$$

其中

$$\boldsymbol{a}_{\text{sisc},x}(\vartheta_m) = \begin{bmatrix} 1 \\ \text{e}^{\text{j}2\pi\cos\vartheta_m} \\ \vdots \\ \text{e}^{\text{j}\pi(N_x-2)\cos\vartheta_m} \\ \text{e}^{\text{j}\pi N_x\cos\vartheta_m} \end{bmatrix} \tag{5.102}$$

$$\boldsymbol{a}_{\text{sisc},y}(\psi_m) = \begin{bmatrix} 1 \\ \text{e}^{\text{j}2\pi\cos\psi_m} \\ \vdots \\ \text{e}^{\text{j}\pi(N_y-2)\cos\psi_m} \\ \text{e}^{\text{j}\pi N_y\cos\psi_m} \end{bmatrix} \tag{5.103}$$

根据 Kronecker 乘积的下述性质：

$$(\boldsymbol{a}\boldsymbol{b}^{\text{T}})\otimes\boldsymbol{C} = (\boldsymbol{a}\boldsymbol{b}^{\text{T}})\otimes(\boldsymbol{C}\boldsymbol{I}) = (\boldsymbol{a}\otimes\boldsymbol{C})(\boldsymbol{b}^{\text{T}}\otimes\boldsymbol{I}) = (\boldsymbol{a}\otimes\boldsymbol{C})(\boldsymbol{b}\otimes\boldsymbol{I})^{\text{T}}$$

$$\boldsymbol{a}\otimes\boldsymbol{C} = (\boldsymbol{a}\cdot 1)\otimes(\boldsymbol{I}\boldsymbol{C}) = (\boldsymbol{a}\otimes\boldsymbol{I})(1\otimes\boldsymbol{C}) = (\boldsymbol{a}\otimes\boldsymbol{I})\boldsymbol{C}$$

进一步有

$$\boldsymbol{X}_{\text{sisc}} = \sum_{m=0}^{M-1} (\boldsymbol{a}_{\text{sisc},x}(\vartheta_m)\otimes\boldsymbol{I}_J)\boldsymbol{\Sigma}_m(\boldsymbol{a}_{\text{sisc},y}(\psi_m)\otimes\boldsymbol{I}_J)^{\text{T}} \tag{5.104}$$

再定义

$$\boldsymbol{A}_{\text{sisc},x}(\boldsymbol{\vartheta}) = [\boldsymbol{a}_{\text{sisc},x}(\vartheta_0), \boldsymbol{a}_{\text{sisc},x}(\vartheta_1), \cdots, \boldsymbol{a}_{\text{sisc},x}(\vartheta_{M-1})]\otimes\boldsymbol{I}_J \tag{5.105}$$

$$\boldsymbol{A}_{\text{sisc},y}(\boldsymbol{\psi}) = [\boldsymbol{a}_{\text{sisc},y}(\psi_0), \boldsymbol{a}_{\text{sisc},y}(\psi_1), \cdots, \boldsymbol{a}_{\text{sisc},y}(\psi_{M-1})]\otimes\boldsymbol{I}_J \tag{5.106}$$

$$\boldsymbol{\Sigma}_{\text{sisc}}=\text{blkdiag}(\boldsymbol{\Sigma}_0,\boldsymbol{\Sigma}_1,\cdots,\boldsymbol{\Sigma}_{M-1}) \tag{5.107}$$

$$\boldsymbol{\vartheta}=[\vartheta_0,\vartheta_1,\cdots,\vartheta_{M-1}]^{\mathrm{T}} \tag{5.108}$$

$$\boldsymbol{\psi}=[\psi_0,\psi_1,\cdots,\psi_{M-1}]^{\mathrm{T}} \tag{5.109}$$

则 $\boldsymbol{X}_{\text{sisc}}$ 可以重新写成

$$\boldsymbol{X}_{\text{sisc}}=\boldsymbol{A}_{\text{sisc},x}(\boldsymbol{\vartheta})\boldsymbol{\Sigma}_{\text{sisc}}\boldsymbol{A}_{\text{sisc},y}^{\mathrm{T}}(\boldsymbol{\psi}) \tag{5.110}$$

将感兴趣的 x 轴和 y 轴锥角区域同时分成若干等份，间隔分别为 $\Delta\vartheta$ 和 $\Delta\psi$，比如，若 $0°\leqslant\vartheta\leqslant180°$，$0°\leqslant\psi\leqslant180°$，则用于稀疏表示与重构的离散角度集分别为 $\{0°,\Delta\vartheta,2\Delta\vartheta,\cdots\}$ 和 $\{0°,\Delta\psi,2\Delta\psi,\cdots\}$，分别包含 $M_\vartheta\gg M$ 和 $M_\psi\gg M$ 个备选角度。

根据式（5.110），构造两个字典矩阵 $\boldsymbol{\mathcal{D}}_{\text{sisc},\vartheta}$ 和 $\boldsymbol{\mathcal{D}}_{\text{sisc},\psi}$，分别由以下 M_ϑ 和 M_ψ 个原子矩阵按列块排列而成：

$$\boldsymbol{\mathcal{D}}_{\text{sisc},\vartheta}[\![p]\!]=\boldsymbol{a}_{\text{sisc},x}(p\Delta\vartheta)\otimes\boldsymbol{I}_J,\ p=0,1,\cdots,M_\vartheta-1 \tag{5.111}$$

$$\boldsymbol{\mathcal{D}}_{\text{sisc},\psi}[\![q]\!]=\boldsymbol{a}_{\text{sisc},y}(q\Delta\psi)\otimes\boldsymbol{I}_J,\ q=0,1,\cdots,M_\psi-1 \tag{5.112}$$

也即

$$\boldsymbol{\mathcal{D}}_{\text{sisc},\vartheta}=[\boldsymbol{a}_{\text{sisc},x}(0°)\otimes\boldsymbol{I}_J,\boldsymbol{a}_{\text{sisc},x}(\Delta\vartheta)\otimes\boldsymbol{I}_J,\cdots] \tag{5.113}$$

$$\boldsymbol{\mathcal{D}}_{\text{sisc},\psi}=[\boldsymbol{a}_{\text{sisc},y}(0°)\otimes\boldsymbol{I}_J,\boldsymbol{a}_{\text{sisc},y}(\Delta\psi)\otimes\boldsymbol{I}_J,\cdots] \tag{5.114}$$

则 $\boldsymbol{X}_{\text{sisc}}$ 具有下述二维分块稀疏表示形式：

$$\boldsymbol{X}_{\text{sisc}}=\boldsymbol{\mathcal{D}}_{\text{sisc},\vartheta}\boldsymbol{\mathcal{S}}_{\text{sisc}}\boldsymbol{\mathcal{D}}_{\text{sisc},\psi}^{\mathrm{T}} \tag{5.115}$$

式中：$\boldsymbol{\mathcal{S}}_{\text{sisc}}$ 是 $JM_\vartheta\times JM_\psi$ 维的块稀疏矩阵，其非零块的大小为 $J\times J$，个数为 M。非零块在块稀疏阵中的索引对应入射信号的二维波达方向，非零块中各元素的值则包含了入射信号波的极化信息，同时也与信号的二维波达方向有关。所以，根据重构的块稀疏矩阵的非零块的位置和内容，可以得到自动配对的信号二维波达方向与信号波极化参数同时估计。

图 5.15 是二维分块稀疏表示模型的示意图，其中 $M=4$，$J=2$，$N_x=5$，$N_y=5$，$M_\vartheta=M_\psi=10$；对应信号的 p 和 q 分别为 3、5、8、5 和 2、4、5、7。

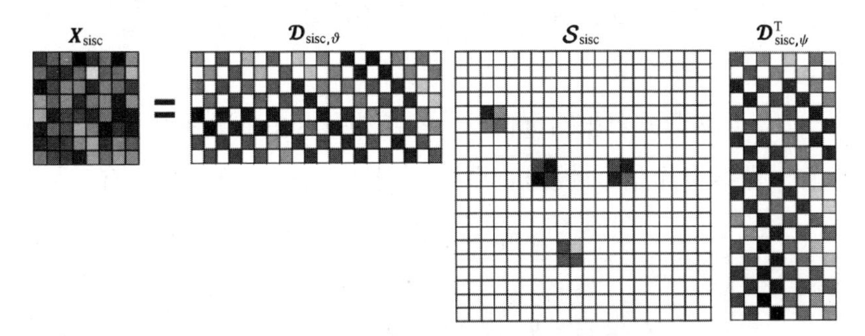

图 5.15　二维分块稀疏表示模型示意图

表 5.9 所示为从 $\boldsymbol{X}_{\text{sisc}}$ 中重构块稀疏矩阵 $\boldsymbol{\mathcal{S}}_{\text{sisc}}$ 的多极化二维分块正交匹配追踪算法（可以视为文献［103-104］方法的多极化推广和发展），包含 M 次迭代，每次迭代是由投影、更新支撑集、计算支撑集中各原子矩阵的权重以及更新残差等几个步骤构成。

表 5.9 多极化二维分块正交匹配追踪算法伪代码

1.	初始化残差矩阵 $\boldsymbol{\Gamma}_1=\boldsymbol{X}_{\text{sisc}}$，块稀疏矩阵 $\hat{\boldsymbol{\mathcal{S}}}=\boldsymbol{O}_{JM_\vartheta\times JM_\psi}$，以及非零块的索引集 $\mathcal{P}^{(0)}=\varnothing$ 和 $\mathcal{Q}^{(0)}=\varnothing$.
2.	定义循环变量 $k=1$，当 $k\leqslant M$ 时，循环执行 3~7：
3.	将残差矩阵向 $\boldsymbol{\mathcal{D}}_{\text{sisc},\vartheta}$ 和 $\boldsymbol{\mathcal{D}}_{\text{sisc},\psi}$ 的各原子矩阵投影，并寻找最匹配原子矩阵的索引，即 $$(p_k,q_k)=\arg\max_{\substack{p=1,\cdots,M_\vartheta\\ q=1,\cdots,M_\psi}}\left\|\boldsymbol{\mathcal{D}}_{\text{sisc},\vartheta}^{\text{H}}[\![p]\!]\boldsymbol{\Gamma}_k\boldsymbol{\mathcal{D}}_{\text{sisc},\psi}^{*}[\![q]\!]\right\|_{\text{F}}^2.$$
4.	更新两个索引集：$\mathcal{P}^{(k)}=\mathcal{P}^{(k-1)}\cup\{p_k\}$，$\mathcal{Q}^{(k)}=\mathcal{Q}^{(k-1)}\cup\{q_k\}$.
5.	计算支撑集中各原子矩阵的权重，求解 k 个非零块矩阵的最小二乘估计值： $$\{\hat{\boldsymbol{\Sigma}}_l\}_{l=1}^{k}=\arg\min_{\{\boldsymbol{\Omega}_l\}_{l=1}^{k}}\left\|\boldsymbol{X}_{\text{sisc}}-\sum_{l=1}^{k}\boldsymbol{\mathcal{D}}_{\text{sisc},\vartheta}[\![p_l]\!]\boldsymbol{\Omega}_l\boldsymbol{\mathcal{D}}_{\text{sisc},\psi}^{\text{T}}[\![q_l]\!]\right\|_{\text{F}}.$$
6.	更新残差矩阵：$\boldsymbol{\Gamma}_{k+1}=\boldsymbol{X}_{\text{sisc}}-\sum_{l=1}^{k}\boldsymbol{\mathcal{D}}_{\text{sisc},\vartheta}[\![p_l]\!]\hat{\boldsymbol{\Sigma}}_l\boldsymbol{\mathcal{D}}_{\text{sisc},\psi}^{\text{T}}[\![q_l]\!]$.
7.	更新循环变量 $k\leftarrow k+1$.
8.	结束循环.
9.	返回 $\hat{\boldsymbol{\mathcal{S}}}$ 和 $\mathcal{P}^{(M)}\cup\mathcal{Q}^{(M)}$，其中 $\hat{\boldsymbol{\mathcal{S}}}[\![p_k,q_k]\!]=\hat{\boldsymbol{\Sigma}}_k$，$p_k\in\mathcal{P}^{(M)}$，$q_k\in\mathcal{Q}^{(M)}$.

也可采用深度学习方法对块稀疏矩阵 $\boldsymbol{\mathcal{S}}_{\text{sisc}}$ 进行重构，该方法无须构造字典矩阵 $\boldsymbol{\mathcal{D}}_{\text{sisc},\vartheta}$ 和 $\boldsymbol{\mathcal{D}}_{\text{sisc},\psi}$，详见 8.4.2 小节的讨论。

如前所述，信号二维锥角 (ϑ_m,ψ_m) 的估计 $(\hat{\vartheta}_m,\hat{\psi}_m)$ 可从索引集 $\mathcal{P}^{(M)}\cup\mathcal{Q}^{(M)}$ 和两个字典矩阵得到，进一步可得信号俯仰角、方位角 (θ_m,ϕ_m) 的估计 $(\hat{\theta}_m,\hat{\phi}_m)$。

信号波极化参数则可根据重构的块稀疏矩阵 $\hat{\boldsymbol{\mathcal{S}}}$ 中的非零块矩阵 $\hat{\boldsymbol{\Sigma}}_m$ 进行估计：若记 $\hat{\boldsymbol{C}}_m$ 为第 m 个信号的波相干矩阵估计，根据式（5.92），有

$$\hat{\boldsymbol{\Sigma}}_m=\boldsymbol{\Xi}_{\text{iso}}(\hat{\theta}_m,\hat{\phi}_m)\hat{\boldsymbol{C}}_m\boldsymbol{\Xi}_{\text{iso}}^{\text{H}}(\hat{\theta}_m,\hat{\phi}_m)\tag{5.116}$$

于是

$$\hat{\boldsymbol{C}}_m=\boldsymbol{\Xi}_{\text{iso}}^{+}(\hat{\theta}_m,\hat{\phi}_m)\hat{\boldsymbol{\Sigma}}_m(\boldsymbol{\Xi}_{\text{iso}}^{+}(\hat{\theta}_m,\hat{\phi}_m))^{\text{H}}\tag{5.117}$$

式中：$\boldsymbol{\Xi}_{\text{iso}}^{+}=(\boldsymbol{\Xi}_{\text{iso}}^{\text{H}}\boldsymbol{\Xi}_{\text{iso}})^{-1}\boldsymbol{\Xi}_{\text{iso}}^{\text{H}}$。

顺便指出，上述方法亦适用于宽带条件下的子带数据，并且可以通过多个子带信息的融合进一步提高信号二维波达方向和波极化参数的估计精度，具体参见文献［14］。

下面看个仿真例子。考虑 48J 元二维 sISC 稀疏面阵，以及互不相关的 12 个完全极化信号和 4 个部分极化信号，其中 $L_x=8$，$L_y=6$，$J=3$；完全极化信号的波达方向分别为(56.9°,98.4°)、(71.6°,106.2°)、(85.1°,114.4°)、(98.5°，123.1°)、(65.6°，85.2°)、(79.5°，92.8°)、(92.8°，100.5°)、(106.2°，108.4°)、(73.8°，71.6°)、(87.2°，79.5°)、(100.5°，87.2°)、(114.5°,94.8°)，波极化参数分别为(20°,135°)、(20°,45°)、(20°,−45°)、(20°,−135°)、(45°,135°)、(45°,45°)、(45°,−45°)、(45°,−135°)、(70°,135°)、(70°,45°)、(70°,−45°)、(70°,−135°)；部分极化信号的波达方向分别为(81.6°,56.9°)、(94.9°,65.6°)、(108.4°,73.7°)、(123.1°,81.6°)；极化度分别为 0.3、0.5、0.7、0.9；信噪比为 10dB，快拍数为 200。

图 5.16 所示为 50 次独立实验的信号二维波达方向估计结果，图 5.17 所示为 12 个完全极化信号波的极化辅角和极化相位差的估计结果，图 5.18 所示则是 4 个部分极化信号波的极化度的估计结果。

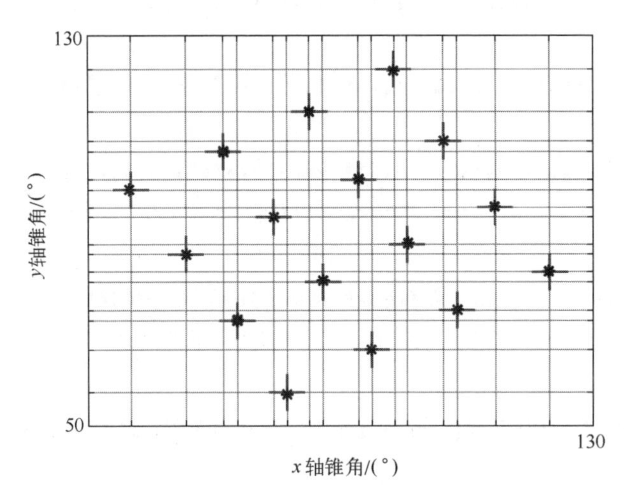

图 5.16　基于矢量天线稀疏面阵二维分块稀疏表示及重构的信号二维波达方向估计结果

从图中所示结果可以看出，本节所讨论的矢量天线稀疏面阵二维分块稀疏表示及重构方法可以对完全/部分极化信号的二维波达方向与波极化参数进行无模糊的估计。

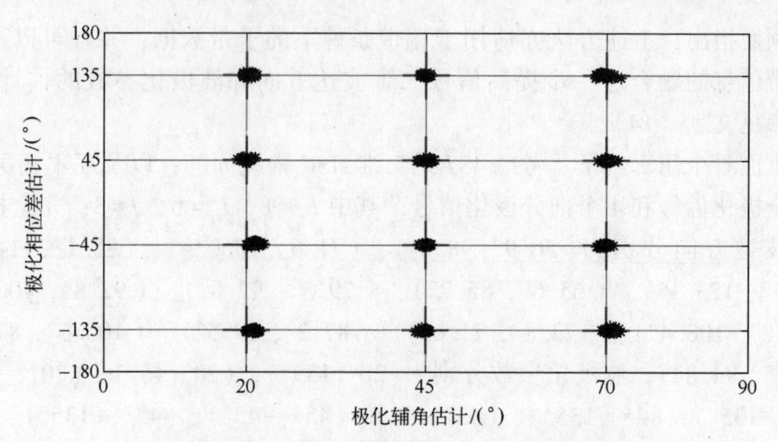

图 5.17 基于矢量天线稀疏面阵二维分块稀疏表示及重构的完全极化信号波的极化参数估计结果

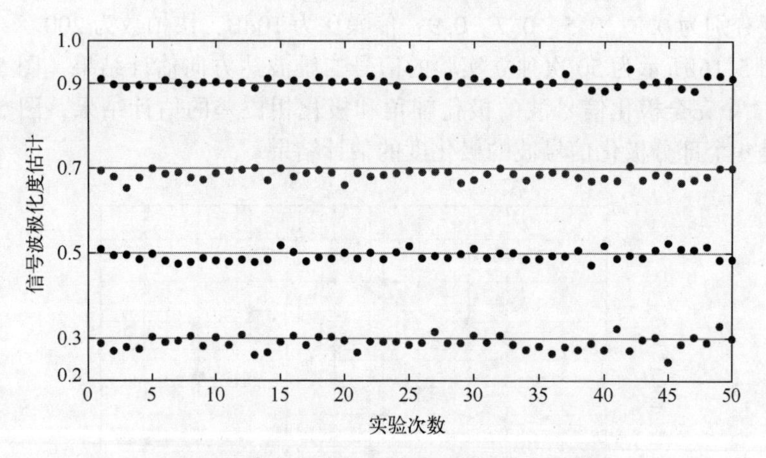

图 5.18 基于矢量天线稀疏面阵二维分块稀疏表示及重构的部分极化信号波的极化度估计结果

5.3 四阶矢量天线间距直接约束稀疏阵列

本节将 5.1 节所讨论的二阶矢量天线间距直接约束稀疏阵列设计方法推广至四阶和非高斯信号情形，并基于阵列输出的四阶累积量信息，估计信号的波达方向与波极化参数。

将矢量天线阵列划分为 J 个空间几何结构相同的单极化子阵：

$$\boldsymbol{x}(t)=[\boldsymbol{y}_1^{\mathrm{T}}(t),\boldsymbol{y}_2^{\mathrm{T}}(t),\cdots,\boldsymbol{y}_J^{\mathrm{T}}(t)]^{\mathrm{T}} \tag{5.118}$$

式中：$\boldsymbol{y}_p(t)$ 为第 p 个单极化子阵的输出，

$$\boldsymbol{y}_p(t)=\sum_{m=0}^{M-1}\boldsymbol{b}_{\mathrm{iso},m}(p)\boldsymbol{a}_m s_m(t)+\boldsymbol{n}_p(t) \tag{5.119}$$

其中，$\boldsymbol{n}_p(t)$为第 p 个子阵的噪声矢量。

进一步考虑下述四阶累积量矩阵：

$$\boldsymbol{C}=\begin{bmatrix}\boldsymbol{C}^{(1,1)} & \boldsymbol{C}^{(1,2)} & \cdots & \boldsymbol{C}^{(1,J)}\\ \boldsymbol{C}^{(2,1)} & \boldsymbol{C}^{(2,2)} & \cdots & \boldsymbol{C}^{(2,J)}\\ \vdots & \vdots & \ddots & \vdots\\ \boldsymbol{C}^{(J,1)} & \boldsymbol{C}^{(J,2)} & \cdots & \boldsymbol{C}^{(J,J)}\end{bmatrix} \tag{5.120}$$

式中：

$$\boldsymbol{C}^{(p,q)}=\mathrm{cum}((\boldsymbol{y}_p(t)\otimes\boldsymbol{y}_p^*(t))(\boldsymbol{y}_q(t)\otimes\boldsymbol{y}_q^*(t))^{\mathrm{H}}) \tag{5.121}$$

其中，“cum” 表示四阶累积量。

5.3.1 阵型设计

可以证明：

$$\boldsymbol{C}^{(p,q)}=\sum_{m=0}^{M-1}\sigma_m^{(p,q)}\widetilde{\boldsymbol{a}}_m\widetilde{\boldsymbol{a}}_m^{\mathrm{H}}=\widetilde{\boldsymbol{A}}\boldsymbol{\Lambda}^{(p,q)}\widetilde{\boldsymbol{A}}^{\mathrm{H}} \tag{5.122}$$

式中：

$$\widetilde{\boldsymbol{a}}_m=\boldsymbol{a}_m\otimes\boldsymbol{a}_m^* \tag{5.123}$$

$$\widetilde{\boldsymbol{A}}=[\widetilde{\boldsymbol{a}}_0,\widetilde{\boldsymbol{a}}_1,\cdots,\widetilde{\boldsymbol{a}}_{M-1}] \tag{5.124}$$

$$\boldsymbol{\Lambda}^{(p,q)}=\mathrm{diag}(\sigma_0^{(p,q)},\sigma_1^{(p,q)},\cdots,\sigma_{M-1}^{(p,q)}) \tag{5.125}$$

$$\sigma_m^{(p,q)}=\sigma_{\mathrm{fos},m}|\boldsymbol{b}_{\mathrm{iso},m}(p)\boldsymbol{b}_{\mathrm{iso},m}(q)|^2 \tag{5.126}$$

$$\sigma_{\mathrm{fos},m}=\mathrm{cum}(s_m(t),s_m^*(t),s_m(t),s_m^*(t))\neq 0 \tag{5.127}$$

对 $\boldsymbol{C}^{(p,q)}$进行矢量化，可得

$$\boldsymbol{c}^{(p,q)}=\mathrm{vec}(\boldsymbol{C}^{(p,q)})=(\widetilde{\boldsymbol{A}}^*\boxtimes\widetilde{\boldsymbol{A}})\boldsymbol{\sigma}^{(p,q)} \tag{5.128}$$

式中：

$$\boldsymbol{\sigma}^{(p,q)}=[\sigma_0^{(p,q)},\sigma_1^{(p,q)},\cdots,\sigma_{M-1}^{(p,q)}]^{\mathrm{T}} \tag{5.129}$$

符号“⊠”表示 Khari-Rao 积，也即

$$\widetilde{\boldsymbol{A}}^*\boxtimes\widetilde{\boldsymbol{A}}=[\widetilde{\boldsymbol{a}}_0^*\otimes\widetilde{\boldsymbol{a}}_0,\widetilde{\boldsymbol{a}}_1^*\otimes\widetilde{\boldsymbol{a}}_1,\cdots,\widetilde{\boldsymbol{a}}_{M-1}^*\otimes\widetilde{\boldsymbol{a}}_{M-1}] \tag{5.130}$$

根据式（5.128）~式（5.130），对于矢量天线位置集为$\mathbb{p}=\{d_0,d_1,\cdots,d_{L-1}\}$的 LJ 元阵列，其四阶差阵可以定义为

$$\begin{aligned}\mathbb{d}^{(4)}(\mathbb{p})&=\mathbb{d}^{(2)}(\mathbb{p})-\mathbb{d}^{(2)}(\mathbb{p})\\&=\{d_{p,q,u,v}\mid d_{p,q,u,v}=(d_p-d_q)-(d_u-d_v),p,q,u,v=0,1,\cdots,L-1\}\end{aligned} \tag{5.131}$$

其中，$\mathbb{d}^{(2)}(\mathbb{p})$为式（5.14）所定义的二阶差阵。

在最小矢量天线间隔不小于一个信号波长的约束下，二阶差阵$\mathbb{d}^{(2)}(\mathbb{p})$至少在位置 1 和 $d_{L-1}-1$ 处存在两个洞。不过，通过对$\mathbb{p}$的合理设计，可使得$\mathbb{d}^{(2)}(\mathbb{p})$中包含一段无洞虚拟孔径，比如此前所讨论的 sISC 阵列。

下面讨论如何通过对$\mathbb{p}$的合理设计，使得对应的四阶差阵$\mathbb{d}^{(4)}(\mathbb{p})$中也包含一段无洞虚拟孔径。

先看一个简单的例子：

$$\left.\begin{aligned} d_l-d_{l-1}=2 \text{ 或 } 3, 2\leqslant l\leqslant L-2 \\ d_0=0 \\ d_1=2 \\ d_{L-1}-d_{L-2}=3 \\ N=d_{L-1} \end{aligned}\right\} \tag{5.132}$$

其中，N 为阵列孔径。

根据 d_l 的特点，有下述结论：

（1）$\mathbb{d}^{(2)}$中不包含±1，但包含±2 和±3，所以$\mathbb{d}^{(4)}$中包含±1；$\mathbb{d}^{(2)}$中的其他洞，均为其元素与 2 或 3 的差或和，所以$\mathbb{d}^{(4)}$中不再存在$\mathbb{d}^{(2)}$中的这些洞，也即$\mathbb{d}^{(2)}$中的所有洞都不会在$\mathbb{d}^{(4)}$中出现。

（2）由于 $d_{L-1}-d_{L-2}=3$，$\mathbb{d}^{(2)}$中包含$\pm d_{L-2}=\pm(d_{L-1}-3)$；又因为

$$d_{L-1}-2=d_{L-1}-d_1=1+d_{L-2} \tag{5.133}$$

$$2-d_{L-1}=d_1-d_{L-1}=-1-d_{L-2} \tag{5.134}$$

所以$\mathbb{d}^{(2)}$中还包含$\pm(1+d_{L-2})=\pm(d_{L-1}-2)$。

（3）$\mathbb{d}^{(2)}$的元素与$\pm(d_{L-1}-3)$或者$\pm(d_{L-1}-2)$进行求和或求差，可得

$$\begin{gathered} (d_{L-1}-2)+3=d_{L-1}+1 \\ (d_{L-1}-2)+4=d_{L-1}+2 \\ (d_{L-1}-3)+4=d_{L-1}+1 \\ (d_{L-1}-3)+5=d_{L-1}+2 \\ (d_{L-1}-2)+5=d_{L-1}+3 \\ (d_{L-1}-3)+6=d_{L-1}+3 \\ (d_{L-1}-2)+6=d_{L-1}+4 \\ (d_{L-1}-3)+7=d_{L-1}+4 \\ \vdots \\ (d_{L-1}-3)+d_{L-2}-3=2d_{L-1}-9 \\ (d_{L-1}-2)+d_{L-2}-3=2d_{L-1}-8 \\ (d_{L-1}-3)+d_{L-2}-2=2d_{L-1}-8 \end{gathered}$$

$$(d_{L-1}-2)+d_{L-2}-2=2d_{L-1}-7$$
$$(d_{L-1}-3)+d_{L-2}=2d_{L-1}-6$$
$$(d_{L-1}-2)+d_{L-2}=2d_{L-1}-5$$
$$(d_{L-1}-3)+d_{L-1}-2=2d_{L-1}-5$$
$$(d_{L-1}-2)+d_{L-1}-2=2d_{L-1}-4$$
$$(d_{L-1}-3)+d_{L-1}=2d_{L-1}-3$$
$$(d_{L-1}-2)+d_{L-1}=2d_{L-1}-2$$
$$-(d_{L-1}-2)-d_{L-1}=-2d_{L-1}+2$$
$$-(d_{L-1}-3)-d_{L-1}=-2d_{L-1}+3$$
$$-(d_{L-1}-2)-(d_{L-1}-2)=-2d_{L-1}+4$$
$$-(d_{L-1}-3)-(d_{L-1}-2)=-2d_{L-1}+5$$
$$-(d_{L-1}-2)-d_{L-2}=-2d_{L-1}+5$$
$$-(d_{L-1}-3)-d_{L-2}=-2d_{L-1}+6$$
$$-(d_{L-1}-2)-(d_{L-2}-2)=-2d_{L-1}+7$$
$$-(d_{L-1}-3)-(d_{L-2}-2)=-2d_{L-1}+8$$
$$-(d_{L-1}-2)-(d_{L-2}-3)=-2d_{L-1}+8$$
$$-(d_{L-1}-3)-(d_{L-2}-3)=-2d_{L-1}+9$$
$$\vdots$$
$$-(d_{L-1}-2)-5=-d_{L-1}-3$$
$$-(d_{L-1}-3)-5=-d_{L-1}-2$$
$$-(d_{L-1}-2)-4=-d_{L-1}-2$$
$$-(d_{L-1}-3)-4=-d_{L-1}-1$$

根据上述（1）~（3）中的结论，满足式（5.132）所示条件的阵列，其四阶差阵$\mathbb{d}^{(4)}(\mathbb{p})$中包含如下无洞虚拟孔径：

$$\mathbb{v}^{(4)}(\mathbb{p})=\{-2d_{L-1}+2,\cdots,-1,0,1,\cdots,2d_{L-1}-2\} \tag{5.135}$$

这意味着，在最小矢量天线间距不小于一个信号波长，也即$\pm 1\notin \mathbb{d}^{(2)}(\mathbb{p})$的约束下，通过对$\mathbb{p}$的合理设计，也可使得对应的四阶差阵$\mathbb{d}^{(4)}(\mathbb{p})$中包含一段无洞虚拟孔径。

从无洞虚拟孔径合成角度看，式（5.132）所示的稀疏阵列还存在一些冗余矢量天线。比如

$$\mathbb{p}_1=\{0,2,9,12\}$$
$$\mathbb{p}_2=\{0,2,4,6,9,12\}$$
$$\mathbb{p}_3=\{0,2,5,7,9,12\}$$

等三个阵列的四阶差阵及其无洞虚拟孔径均分别为

$$\mathbb{d}^{(4)}=\{-24,-22,-21,\cdots,-1,0,1,\cdots,21,22,24\}$$
$$\mathbb{v}^{(4)}=\{-22,-21,\cdots,-1,0,1,\cdots,21,22\}$$

受上例启发，从进一步减小冗余矢量天线的角度，提出下述四阶矢量天线间距直接约束（fISC）稀疏阵列设计准则[105]：

给定矢量天线数 L，

$$\max_{d_l\in\mathbb{p}} L_0=2d_{L-1}-1$$
$$\text{s. t.}$$
$$\begin{cases}\pm 1\notin\mathbb{d}^{(2)}(\mathbb{p})\\ \pm(d_{L-1}-1)\notin\mathbb{d}^{(2)}(\mathbb{p})\\ \exists\,\mathbb{v}^{(4)}(\mathbb{p})=\{-L_0+1,-L_0+2,\cdots,L_0-2,L_0-1\}\subseteq\mathbb{d}^{(4)}(\mathbb{p})\end{cases}\tag{5.136}$$

式（5.136）所示优化问题的解可以通过搜索得到，表 5.10 是 $3\leqslant L\leqslant 8$ 时所得的一些 fISC 阵列结构；图 5.19 所示为一 $3J$ 元 fISC 的实际阵列、四阶差阵、四阶差阵中无洞虚拟孔径等的结构示意图。

表 5.10　一些 fISC 阵列结构[105]

L	矢量天线位置							
3	0	2	5					
4	0	2	9	12				
5	0	2	9	19	22			
6	0	2	4	23	33	36		
7	0	2	15	17	54	57	60	
8	0	2	9	11	64	67	91	94

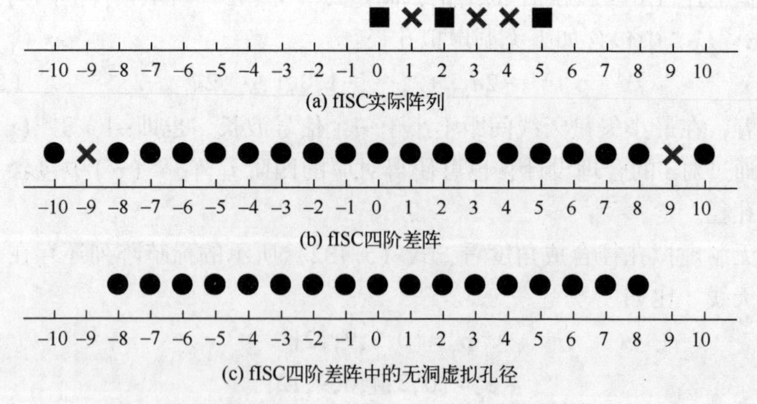

图 5.19　$3J$ 元 fISC 实际阵列、四阶差阵、四阶差阵中无洞虚拟孔径等的结构示意图："■"代表实际矢量天线，"●"代表虚拟矢量天线，"×"代表洞

可以看出，fISC 的四阶差阵只在两端，也即$-2d_{L-1}+1$和$2d_{L-1}-1$处，各存在一个洞，两个洞之间的虚拟孔径是“连续”的。fISC 阵列在“±1”处不存在洞，这一点与 sISC 阵列是不同的。

本节所讨论的 fISC 阵列，可以视为 5.1 节中所讨论的 sISC 阵列的四阶推广。由于四阶累积量运算额外的空间相位合成能力，fISC 阵列在处理容量方面通常要优于同矢量天线数的 sISC 阵列，如表 5.11 所示。

表 5.11　sISC 阵列和 fISC 阵列处理容量的比较

L	sISC	fISC
4	1	22
5	3	42
6	5	70
7	8	118
8	10	186

5.3.2 信号波达方向与波极化参数估计

令$L_{\text{fisc}}=2d_{L-1}-1$，定义如下$(2L_{\text{fisc}}-1)\times L^4$维无洞虚拟孔径选择矩阵：

$$\boldsymbol{F}(l,n_{p,q,u,v})=\begin{cases}\dfrac{1}{\text{card}(\mathbb{f}_l)},d_{p,q,u,v}=l-L_{\text{fisc}}\\0,\text{其他}\end{cases}\tag{5.137}$$

其中，$l=1,2,\cdots,2L_{\text{fisc}}-1$，$p,q,u,v\in\{0,1,\cdots,L-1\}$；

$$\mathbb{f}_l=\{(p,q,u,v)\mid d_{p,q,u,v}=l-L_{\text{fisc}},p,q,u,v\in\{0,1,\cdots,L-1\}\}\tag{5.138}$$

$$n_{p,q,u,v}=pL+q+1+(uL+v)L^2\tag{5.139}$$

利用$\boldsymbol{F}$，无洞虚拟孔径数据可以写成

$$\boldsymbol{r}^{(p,q)}=\boldsymbol{F}\boldsymbol{c}^{(p,q)}=\boldsymbol{V}_{\mathbf{v}^{(4)}}\boldsymbol{\sigma}^{(p,q)}\tag{5.140}$$

式中：

$$\boldsymbol{V}_{\mathbf{v}^{(4)}}=[\boldsymbol{v}_{\mathbf{v}^{(4)},0},\boldsymbol{v}_{\mathbf{v}^{(4)},1},\cdots,\boldsymbol{v}_{\mathbf{v}^{(4)},M-1}]\tag{5.141}$$

其中

$$\boldsymbol{v}_{\mathbf{v}^{(4)},m}=\begin{bmatrix}\mathrm{e}^{-\mathrm{j}\pi(L_{\text{fisc}}-1)\sin\theta_m\sin\phi_m}\\\vdots\\\mathrm{e}^{-\mathrm{j}\pi\sin\theta_m\sin\phi_m}\\1\\\mathrm{e}^{\mathrm{j}\pi\sin\theta_m\sin\phi_m}\\\vdots\\\mathrm{e}^{\mathrm{j}\pi(L_{\text{fisc}}-1)\sin\theta_m\sin\phi_m}\end{bmatrix}\tag{5.142}$$

将上述虚拟孔径 $\boldsymbol{r}^{(p,q)}$ 划分为 L_{fisc} 个相互重叠、空间几何相同的子孔径，每个子孔径均对应 L_{fisc} 个虚拟矢量天线：

$$\boldsymbol{r}_l^{(p,q)}=\boldsymbol{\Gamma}_l\boldsymbol{V}_{\mathrm{v}(4)}\boldsymbol{\sigma}^{(p,q)},\ l=1,2,\cdots,L_{\text{fisc}} \tag{5.143}$$

式中：

$$\boldsymbol{\Gamma}_l=[\boldsymbol{O}_{L_{\text{fisc}}\times(l-1)},\boldsymbol{I}_{L_{\text{fisc}}},\boldsymbol{O}_{L_{\text{fisc}}\times(L_{\text{fisc}}-l)}] \tag{5.144}$$

其中，$\boldsymbol{O}_{m\times n}$ 仍表示 $m\times n$ 维零矩阵。

进一步构造

$$\boldsymbol{D}^{(p,q)}=[\boldsymbol{r}_{L_{\text{fisc}}}^{(p,q)},\boldsymbol{r}_{L_{\text{fisc}}-1}^{(p,q)},\cdots,\boldsymbol{r}_1^{(p,q)}] \tag{5.145}$$

可以证明：

$$\boldsymbol{D}^{(p,q)}=\sum_{m=0}^{M-1}\boldsymbol{\sigma}_m^{(p,q)}\boldsymbol{a}_{\text{fisc},m}\boldsymbol{a}_{\text{fisc},m}^{\mathrm{H}}=\boldsymbol{A}_{\text{fisc}}\boldsymbol{\Lambda}^{(p,q)}\boldsymbol{A}_{\text{fisc}}^{\mathrm{H}} \tag{5.146}$$

式中：

$$\boldsymbol{A}_{\text{fisc}}=[\boldsymbol{a}_{\text{fisc},0},\boldsymbol{a}_{\text{fisc},1},\cdots,\boldsymbol{a}_{\text{fisc},M-1}]^{\mathrm{T}} \tag{5.147}$$

$$\boldsymbol{a}_{\text{fisc},m}=[1,\mathrm{e}^{\mathrm{j}\pi\sin\theta_m\sin\phi_m},\cdots,\mathrm{e}^{\mathrm{j}\pi(L_{\text{fisc}}-1)\sin\theta_m\sin\phi_m}]^{\mathrm{T}} \tag{5.148}$$

再构造

$$\boldsymbol{D}_1=\begin{bmatrix}\boldsymbol{D}^{(1,1)} & \boldsymbol{D}^{(1,2)} & \cdots & \boldsymbol{D}^{(1,J)}\\ \boldsymbol{D}^{(2,1)} & \boldsymbol{D}^{(2,2)} & \cdots & \boldsymbol{D}^{(2,J)}\\ \vdots & \vdots & \ddots & \vdots\\ \boldsymbol{D}^{(J,1)} & \boldsymbol{D}^{(J,2)} & \cdots & \boldsymbol{D}^{(J,J)}\end{bmatrix}=\sum_{m=0}^{M-1}\boldsymbol{\sigma}_{\text{fos},m}\boldsymbol{h}_m\boldsymbol{h}_m^{\mathrm{H}} \tag{5.149}$$

式中：

$$\boldsymbol{h}_m=(\boldsymbol{b}_{\text{iso},m}\odot\boldsymbol{b}_{\text{iso},m}^*)\otimes\boldsymbol{a}_{\text{fisc},m}=\widetilde{\boldsymbol{\Phi}}_{\theta_m,\phi_m}\widetilde{\boldsymbol{g}}_m \tag{5.150}$$

其中

$$\widetilde{\boldsymbol{\Phi}}_{\theta_m,\phi_m}=(\boldsymbol{\Xi}_{\text{iso},m}\odot\boldsymbol{\Xi}_{\text{iso},m}^*)\otimes\boldsymbol{a}_{\text{fisc},m} \tag{5.151}$$

$$\boldsymbol{\Xi}_{\text{iso},m}=[\boldsymbol{b}_{\text{iso-H}}(\theta_m,\phi_m),\boldsymbol{b}_{\text{iso-V}}(\theta_m,\phi_m)] \tag{5.152}$$

$$\widetilde{\boldsymbol{g}}_m=\boldsymbol{p}_{\gamma_m,\eta_m}\odot\boldsymbol{p}_{\gamma_m,\eta_m}^* \tag{5.153}$$

此处符号“⊙”仍表示 Hadamard 积。

令 $\boldsymbol{U}_{\text{fisc-n1}}$ 为 $\boldsymbol{D}_1$ 的次特征矢量矩阵，也即其列矢量为 $\boldsymbol{D}_1$ 的 $JL_{\text{fisc}}-M$ 个小特征值所对应的特征矢量，根据特征子空间理论，有

$$\widetilde{\boldsymbol{g}}_m^{\mathrm{H}}\widetilde{\boldsymbol{\Phi}}_{\theta_m,\phi_m}^{\mathrm{H}}\boldsymbol{U}_{\text{fisc-n1}}\boldsymbol{U}_{\text{fisc-n1}}^{\mathrm{H}}\widetilde{\boldsymbol{\Phi}}_{\theta_m,\phi_m}\widetilde{\boldsymbol{g}}_m=0,\ m=0,1,\cdots,M-1 \tag{5.154}$$

由此可定义下述空间谱：

$$\mathcal{J}_{\text{fISC}}(\theta,\phi)=\mu_{\min}^{-1}(\widetilde{\boldsymbol{\Phi}}_{\theta,\phi}^{\mathrm{H}}\boldsymbol{U}_{\text{fisc-n1}}\boldsymbol{U}_{\text{fisc-n1}}^{\mathrm{H}}\widetilde{\boldsymbol{\Phi}}_{\theta,\phi},\widetilde{\boldsymbol{\Phi}}_{\theta,\phi}^{\mathrm{H}}\widetilde{\boldsymbol{\Phi}}_{\theta,\phi}) \tag{5.155}$$

式中：

$$\widetilde{\boldsymbol{\Phi}}_{\theta,\phi}=(\boldsymbol{\Xi}_{\text{iso}}(\theta,\phi)\odot\boldsymbol{\Xi}_{\text{iso}}^*(\theta,\phi))\otimes\boldsymbol{a}_{\text{fisc}}(\theta,\phi) \tag{5.156}$$

其中

$$\boldsymbol{a}_{\mathrm{fisc}}(\theta,\phi)=[1,\mathrm{e}^{\mathrm{j}\pi\sin\theta\sin\phi},\cdots,\mathrm{e}^{\mathrm{j}\pi(L_{\mathrm{fisc}}-1)\sin\theta\sin\phi}]^{\mathrm{T}} \tag{5.157}$$

下面考虑信号波极化参数的估计。首先定义

$$\hat{\boldsymbol{l}}_{1,m}=\boldsymbol{\mu}_{\min}(\widetilde{\boldsymbol{\Phi}}_{\hat{\theta}_m,\hat{\phi}_m}^{\mathrm{H}}\boldsymbol{U}_{\mathrm{fisc-n1}}\boldsymbol{U}_{\mathrm{fisc-n1}}^{\mathrm{H}}\widetilde{\boldsymbol{\Phi}}_{\hat{\theta}_m,\hat{\phi}_m},\widetilde{\boldsymbol{\Phi}}_{\hat{\theta}_m,\hat{\phi}_m}^{\mathrm{H}}\widetilde{\boldsymbol{\Phi}}_{\hat{\theta}_m,\hat{\phi}_m}) \tag{5.158}$$

其中，“$\boldsymbol{\mu}_{\min}(\cdot,\cdot)$”表示括号中矩阵束最小广义特征值所对应的广义特征矢量，$\hat{\theta}_m$和$\hat{\phi}_m$分别为θ_m和ϕ_m的估计值。

可以证明：

$$\sqrt{\hat{\boldsymbol{l}}_{1,m}(2)/\hat{\boldsymbol{l}}_{1,m}(1)}\approx\tan\gamma_m \tag{5.159}$$

由此可获得γ_m的估计，记为$\hat{\gamma}_m$。

为了估计信号波极化相位差，进一步考虑下述四阶累积量矩阵：

$$\boldsymbol{D}_2=\mathrm{cum}((\boldsymbol{x}(t)\otimes\boldsymbol{x}^*(t))(\boldsymbol{x}(t)\otimes\boldsymbol{x}^*(t))^{\mathrm{H}}) \tag{5.160}$$

根据定义，可以推得

$$\boldsymbol{D}_2=\sum_{m=0}^{M-1}\boldsymbol{\sigma}_{\mathrm{fos},m}(\widetilde{\boldsymbol{\Theta}}_{\theta_m,\phi_m}\widetilde{\boldsymbol{p}}_{\gamma_m,\eta_m})(\widetilde{\boldsymbol{\Theta}}_{\theta_m,\phi_m}\widetilde{\boldsymbol{p}}_{\gamma_m,\eta_m})^{\mathrm{H}} \tag{5.161}$$

式中：

$$\widetilde{\boldsymbol{\Theta}}_{\theta_m,\phi_m}=(\boldsymbol{\Xi}_{\theta_m,\phi_m}\otimes\boldsymbol{a}_{\theta_m,\phi_m})\otimes(\boldsymbol{\Xi}_{\theta_m,\phi_m}\otimes\boldsymbol{a}_{\theta_m,\phi_m})^* \tag{5.162}$$

$$\widetilde{\boldsymbol{p}}_{\gamma_m,\eta_m}=\boldsymbol{p}_{\gamma_m,\eta_m}\otimes\boldsymbol{p}_{\gamma_m,\eta_m}^* \tag{5.163}$$

再令

$$\hat{\boldsymbol{l}}_{2,m}=\boldsymbol{\mu}_{\min}(\widetilde{\boldsymbol{\Theta}}_{\hat{\theta}_m,\hat{\phi}_m}^{\mathrm{H}}\boldsymbol{U}_{\mathrm{fisc-n2}}\boldsymbol{U}_{\mathrm{fisc-n2}}^{\mathrm{H}}\widetilde{\boldsymbol{\Theta}}_{\hat{\theta}_m,\hat{\phi}_m},\widetilde{\boldsymbol{\Theta}}_{\hat{\theta}_m,\hat{\phi}_m}^{\mathrm{H}}\widetilde{\boldsymbol{\Theta}}_{\hat{\theta}_m,\hat{\phi}_m}) \tag{5.164}$$

其中，$\boldsymbol{U}_{\mathrm{fisc-n2}}$为$\boldsymbol{D}_2$的次特征矢量矩阵，也即其列矢量为$\boldsymbol{D}_2$的$L^2J^2-M$个小特征值所对应的次特征矢量。

可以证明$\hat{\boldsymbol{l}}_{2,m}$与$\widetilde{\boldsymbol{p}}_{\gamma_m,\eta_m}$成比例关系，所以$\gamma_m$和$\eta_m$可以分别估计为

$$\hat{\gamma}_m=\arctan\sqrt{\hat{\boldsymbol{l}}_{2,m}(4)/\hat{\boldsymbol{l}}_{2,m}(1)} \tag{5.165}$$

$$\hat{\eta}_m=\angle(\hat{\boldsymbol{l}}_{2,m}(3)) \tag{5.166}$$

下面看几个仿真例子，比较欠定条件下，基于 sISC 阵列、fISC 阵列、四阶差阵增强嵌套阵列（SAFOE-NA[106]）和超级嵌套阵列（Super-NA[102]）等的非高斯信号波达方向估计性能，其中$L=M=7$。各阵列的矢量天线位置为

（1）sISC 阵列：$\mathbb{p}=\{0,2,4,9,14,17,20\}$；

（2）fISC 阵列：$\mathbb{p}=\{0,2,15,17,54,57,60\}$；

（3）SAFOE-NA 阵列：$\mathbb{p}=\{0,1,2,5,21,37,53\}$；

（4）Super-NA 阵列：$\mathbb{p}=\{0,2,3,6,9,13,14\}$。

信号波达方向（方位角）分别为$-60°$、$-40°$、$-20°$、$0°$、$20°$、$40°$、$60°$；信噪比为 10dB，快拍数为 3000；互耦系数$c_{\mathrm{mc}}(l)=c_{\mathrm{mc}}(1)\mathrm{e}^{\mathrm{j}(l-1)22.5°}/l$，其中

$c_{mc}(0)=1$，$c_{mc}(1)=0.5e^{j45°}$。

图 5.20 和图 5.21 所示分别为不考虑和考虑矢量天线间互耦时，基于四种阵列的空间谱图。由所示结果可以看出，两种情况下，基于 sISC 阵列和 fISC 阵列的方法均可以较好分辨所有信号，不存在伪峰，并且后者的角度分辨力强于前者。

相比之下，基于 SAFOE-NA 阵列和 Super-NA 阵列的方法，虽然在不考虑矢量天线间互耦时，亦可成功分辨所有信号，但当考虑矢量天线间互耦时，空间谱会出现错峰或伪峰。

这些结果表明，sISC 阵列和 fISC 阵列的矢量天线间互耦均小于 SAFOE-NA 阵列和 Super-NA 阵列的矢量天线间互耦，而且 fISC 阵列较之 sISC 阵列，具有更大的无洞虚拟孔径，因而处理容量也更大。

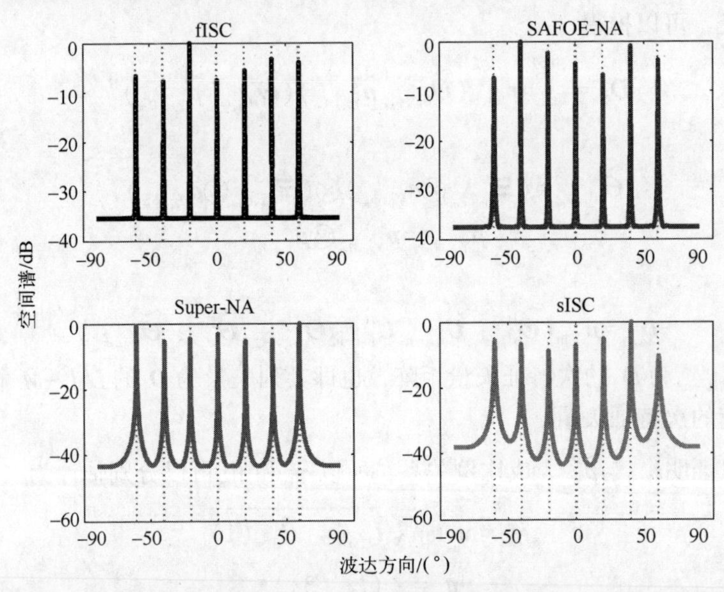

图 5.20　不考虑矢量天线间互耦时，四种矢量天线稀疏阵列的空间谱比较

下面进一步比较考虑矢量天线间互耦时，sISC 阵列方法和 fISC 阵列方法的非高斯信号波达方向估计精度，其中 $L=7$，$M=3$；信号波达方向（方位角）分别为−40°、−5°和 30°。

图 5.22 所示为两种阵列信号波达方向估计均方根误差随信噪比变化的曲线，其中快拍数为 300；图 5.23 所示则为两种阵列信号波达方向估计均方根误差随快拍数变化的曲线，其中信噪比为 0dB。由图中所示结果可以看出，当考虑矢量天线间互耦时，fISC 阵列的信号波达方向估计精度明显优于 sISC 阵列方法，这与上例所得结论是一致的。

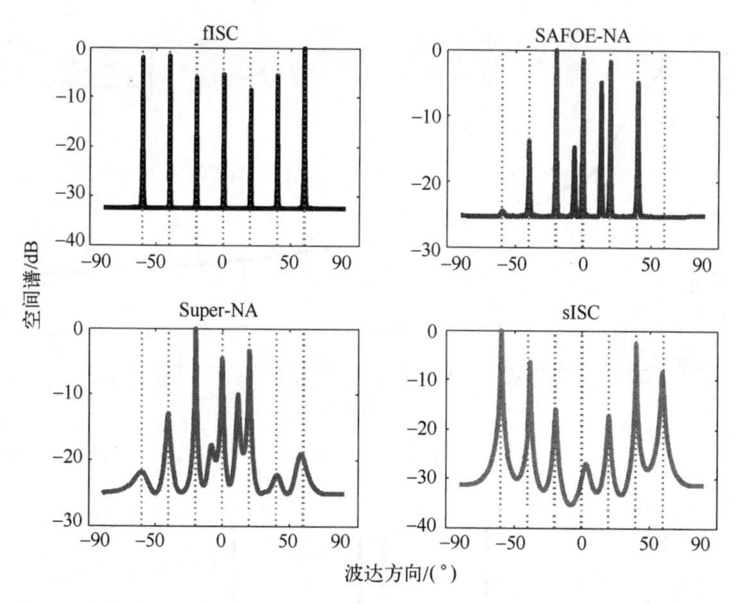

图 5.21　考虑矢量天线间互耦时，四种矢量天线稀疏阵列的空间谱比较

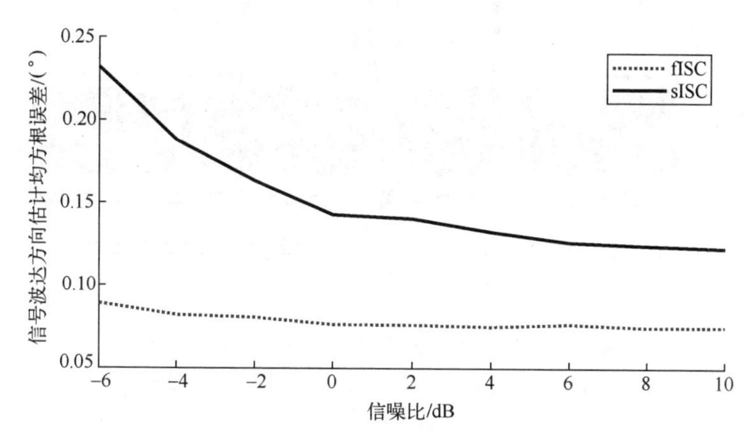

图 5.22　信号波达方向估计均方根误差随信噪比变化的曲线：快拍数为 300

顺便指出，在本例条件下，SAFOE-NA 阵列方法可能会出现信号波达方向的错估计，参见图 5.24 所示的 100 次独立实验所得的空间谱。

最后研究基于 fISC 阵列实测数据的信号波达方向估计，其中实验阵列的矢量天线位置为 0、2、9、19、22，也即 $L=5$，如图 5.25 所示；两个信号的波达方向（方位角）分别约为-15°和 25°；快拍数为 5000。

图 5.26 所示为对应的空间谱图，可以看出，两个信号均能被成功分辨，不存在伪峰，信号波达方向估计精度也较好。作为对比，图 5.27 给出了相同条件下，基于 fISC 阵列仿真数据的空间谱图。

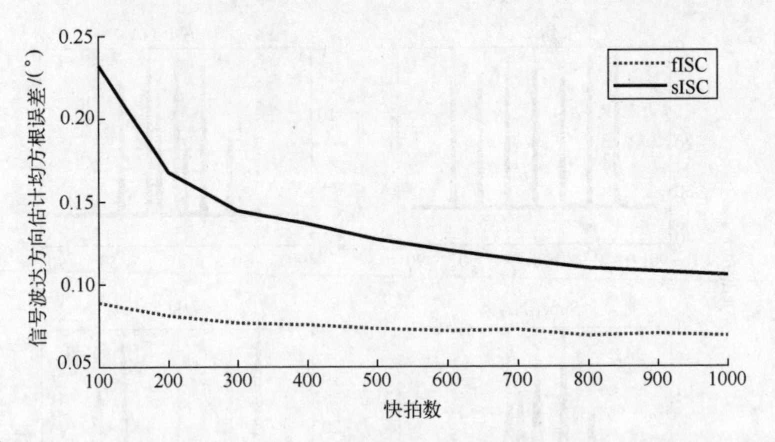

图 5.23 信号波达方向估计均方根误差随快拍数变化的曲线：信噪比为 0dB

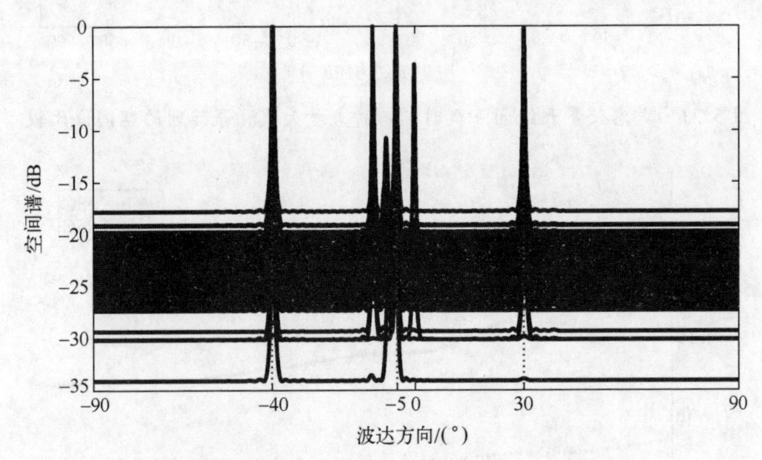

图 5.24 SAFOE-NA 阵列方法 100 次独立实验所得的空间谱图：信噪比为 0dB，快拍数为 300

(a) 实验场景 (b) 实验阵列

图 5.25 实验场景及实验阵列

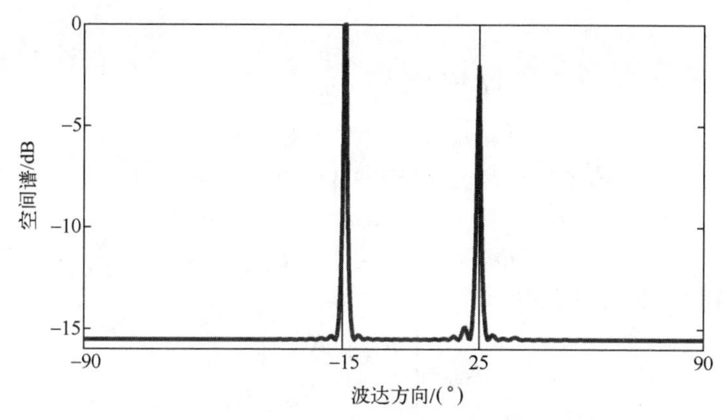

图 5.26　基于 fISC 阵列实测数据的空间谱图

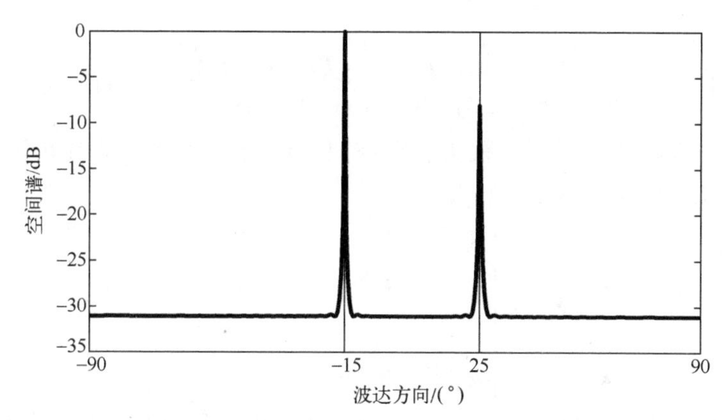

图 5.27　基于 fISC 阵列仿真数据的空间谱

5.4　差和无洞稀疏线阵

当信号具有二阶严格非圆性时，$s_m^*(t)=\kappa_m s_m(t)$，其中 κ_m 为非零常数。所以阵列输出协方差矩阵与共轭协方差矩阵均为非零矩阵，可以同时利用差阵、和阵以及差和阵的概念合成虚拟孔径，本节讨论一种相对比较基本的方法。

5.4.1 二阶差和无洞稀疏线阵

首先对阵列输出矢量进行共轭堆栈/增广：

$$\widetilde{\boldsymbol{x}}(t)=[\boldsymbol{x}^{\mathrm{T}}(t),\boldsymbol{x}^{\mathrm{H}}(t)]^{\mathrm{T}} \tag{5.167}$$

进一步考虑$\widetilde{\boldsymbol{x}}(t)$的协方差矩阵：

$$\boldsymbol{R}_{\widetilde{x}\widetilde{x}}=\langle\widetilde{\boldsymbol{x}}(t)\widetilde{\boldsymbol{x}}^{\mathrm{H}}(t)\rangle=\begin{bmatrix}\boldsymbol{B}\\ \boldsymbol{B}^*\boldsymbol{\Phi}\end{bmatrix}\boldsymbol{R}_{ss}\begin{bmatrix}\boldsymbol{B}\\ \boldsymbol{B}^*\boldsymbol{\Phi}\end{bmatrix}^{\mathrm{H}}+\sigma^2\boldsymbol{I}_{2JL} \tag{5.168}$$

式中：

$$\boldsymbol{B}=[\boldsymbol{b}_0,\boldsymbol{b}_1,\cdots,\boldsymbol{b}_{M-1}] \tag{5.169}$$

$$\boldsymbol{b}_m=\boldsymbol{b}_{\theta_m,\phi_m,\gamma_m,\eta_m},\ m=0,1,\cdots,M-1 \tag{5.170}$$

$$\boldsymbol{R}_{ss}=\langle \boldsymbol{s}(t)\boldsymbol{s}^{\mathrm{H}}(t)\rangle=\mathrm{diag}(\sigma_0^2,\sigma_1^2,\cdots,\sigma_{M-1}^2) \tag{5.171}$$

$$\sigma_m^2=\langle |s_m(t)|^2\rangle,\ m=0,1,\cdots,M-1 \tag{5.172}$$

$$\boldsymbol{\Phi}=\mathrm{diag}(\kappa_0,\kappa_1,\cdots,\kappa_{M-1}) \tag{5.173}$$

注意到$\boldsymbol{R}_{\tilde{x}\tilde{x}}$又可以写成

$$\boldsymbol{R}_{\tilde{x}\tilde{x}}=\begin{bmatrix}\boldsymbol{R}_{xx} & \boldsymbol{R}_{xx^*}\\ \boldsymbol{R}_{xx^*}^* & \boldsymbol{R}_{xx}^*\end{bmatrix} \tag{5.174}$$

其中，$\boldsymbol{R}_{xx}$和$\boldsymbol{R}_{xx^*}$分别为阵列输出$JL\times JL$维协方差矩阵和$JL\times JL$维共轭协方差矩阵：

$$\boldsymbol{R}_{xx}=\langle \boldsymbol{x}(t)\boldsymbol{x}^{\mathrm{H}}(t)\rangle=\boldsymbol{B}\boldsymbol{R}_{ss}\boldsymbol{B}^{\mathrm{H}}+\sigma^2\boldsymbol{I}_{JL} \tag{5.175}$$

$$\boldsymbol{R}_{xx^*}=\langle \boldsymbol{x}(t)\boldsymbol{x}^{\mathrm{T}}(t)\rangle=\boldsymbol{B}\boldsymbol{R}_{ss}\boldsymbol{\Phi}^{\mathrm{H}}\boldsymbol{B}^{\mathrm{T}} \tag{5.176}$$

由于矢量天线阵列可以视为J个空间几何结构完全相同的单极化子阵，所以可将$\boldsymbol{R}_{xx^*}$写成下述分块形式：

$$\boldsymbol{R}_{xx^*}=\begin{bmatrix}\boldsymbol{R}_*^{(1,1)} & \boldsymbol{R}_*^{(1,2)} & \cdots & \boldsymbol{R}_*^{(1,J)}\\ \boldsymbol{R}_*^{(2,1)} & \boldsymbol{R}_*^{(2,2)} & \cdots & \boldsymbol{R}_*^{(2,J)}\\ \vdots & \vdots & \ddots & \vdots\\ \boldsymbol{R}_*^{(J,1)} & \boldsymbol{R}_*^{(J,2)} & \cdots & \boldsymbol{R}_*^{(J,J)}\end{bmatrix} \tag{5.177}$$

其中，$L\times L$维子矩阵$\boldsymbol{R}_*^{(p,q)}$为第p个子阵输出与第q个子阵输出的共轭互相关矩阵：

$$\boldsymbol{R}_*^{(p,q)}=\sum_{m=0}^{M-1}\kappa_m^*\sigma_m^2 r_{m*}^{(p,q)}\boldsymbol{a}_m\boldsymbol{a}_m^{\mathrm{T}} \tag{5.178}$$

其中，$p=1,2,\cdots,J$；$q=1,2,\cdots,J$；

$$r_{m*}^{(p,q)}=\boldsymbol{b}_{\mathrm{iso},m}(p)\boldsymbol{b}_{\mathrm{iso},m}(q) \tag{5.179}$$

相应地，$\boldsymbol{R}_{\tilde{x}\tilde{x}}$可以写成

$$\boldsymbol{R}_{\tilde{x}\tilde{x}}=\begin{bmatrix}\boldsymbol{R}^{(1,1)} & \cdots & \boldsymbol{R}^{(1,J)} & \boldsymbol{R}_*^{(1,1)} & \cdots & \boldsymbol{R}_*^{(1,J)}\\ \vdots & \ddots & \vdots & \vdots & \ddots & \vdots\\ \boldsymbol{R}^{(J,1)} & \cdots & \boldsymbol{R}^{(J,J)} & \boldsymbol{R}_*^{(J,1)} & \cdots & \boldsymbol{R}_*^{(J,J)}\\ (\boldsymbol{R}_*^{(1,1)})^* & \cdots & (\boldsymbol{R}_*^{(1,J)})^* & (\boldsymbol{R}^{(1,1)})^* & \cdots & (\boldsymbol{R}^{(1,J)})^*\\ \vdots & \ddots & \vdots & \vdots & \ddots & \vdots\\ (\boldsymbol{R}_*^{(J,1)})^* & \cdots & (\boldsymbol{R}_*^{(J,J)})^* & (\boldsymbol{R}^{(J,1)})^* & \cdots & (\boldsymbol{R}^{(J,J)})^*\end{bmatrix} \tag{5.180}$$

再注意到$\boldsymbol{R}_*^{(p,q)}$的矢量化形式为

$$\mathrm{vec}(\boldsymbol{R}_{*}^{(p,q)})=\sum_{m=0}^{M-1}(\kappa_m^{*}\sigma_m^2 r_{m*}^{(p,q)})(\boldsymbol{a}_m\otimes\boldsymbol{a}_m)(\boldsymbol{a}_m\otimes\boldsymbol{a}_m)^{\mathrm{H}} \tag{5.181}$$

所以可定义$\mathbb{p}=\{d_0,d_1,\cdots,d_{L-1}\}$的二阶和阵为

$$\mathbb{s}^{(2)}(\mathbb{p})=\mathbb{p}+\mathbb{p}=\{s_{p,q}=d_p+d_q\,|\,p,q=0,1,\cdots,L-1\} \tag{5.182}$$

为了使无洞虚拟孔径能适应现有的非圆信号处理方法，二阶差阵与二阶和阵中应包含相同尺寸的无洞虚拟孔径。

考虑一个简单的例子：

$$\mathbb{p}=\{0,1,\cdots,L-2,L-1\}$$
$$\mathbb{d}^{(2)}(\mathbb{p})=\{-L+1,-L+2,\cdots,L-2,L-1\}$$
$$\mathbb{s}^{(2)}(\mathbb{p})=\{0,1,\cdots,2L-3,2L-2\}$$

可以看到，$\mathbb{d}^{(2)}(\mathbb{p})$和$\mathbb{s}^{(2)}(\mathbb{p})$中无洞虚拟孔径的尺寸均为$2L-1$，且$\mathbb{p}$中存在一定数量的冗余矢量天线（非最小冗余阵列）。

从去除上述冗余矢量天线的角度，提出一种二阶差和无洞（sDSH）阵列设计方法：

$$\begin{gathered}\text{给定矢量天线数 } L,\\ \max_{d_l\in\mathbb{p}} L_0=d_{L-1}+1\\ \text{s. t.}\\ \begin{cases} l=0,1,\cdots,L-1\\ \mathbb{d}^{(2)}(\mathbb{p})=\{-L_0+1,-L_0+2,\cdots,-1,0,1,\cdots,L_0-2,L_0-1\}\\ \mathbb{s}^{(2)}(\mathbb{p})=\{0,1,\cdots,2L_0-3,2L_0-2\}\end{cases}\end{gathered} \tag{5.183}$$

上述 sDSH 稀疏线阵的二阶差阵与二阶和阵均不存在洞，可资利用的虚拟孔径为

$$\mathbb{v}^{(2)}(\mathbb{p})=\{0,1,2,\cdots,d_{L-1}-2,d_{L-1}-1,d_{L-1}\} \tag{5.184}$$

换言之，利用 LJ 元 sDSH 稀疏线阵的输出，可以重构$(d_{L-1}+1)J$元非稀疏线阵输出的协方差矩阵和共轭协方差矩阵。

需要注意的是，给定矢量天线数 L，sDSH 阵列的结构可能不是唯一的，表 5.12 列出了 $4\leqslant L\leqslant 8$ 时的一些 sDSH 阵列结构。

表 5.12　$4\leqslant L\leqslant 8$ 时的一些 sDSH 阵列结构[105]

L	矢量天线位置							
4	0	1	3	4				
5	0	1	3	5	6			
6	0	1	3	5	7	8		
7	0	1	2	5	8	9	10	
8	0	1	2	5	8	11	12	13

可以看到，sDSH 阵列存在间距为半个信号波长的矢量天线对，这一点与此前所讨论的矢量天线间距直接约束阵列不同。

图 5.28 所示为一个 $4J$ 元 sDSH 阵列的例子，其二阶差阵与二阶和阵均为 $9J$ 元矢量天线等距线阵。

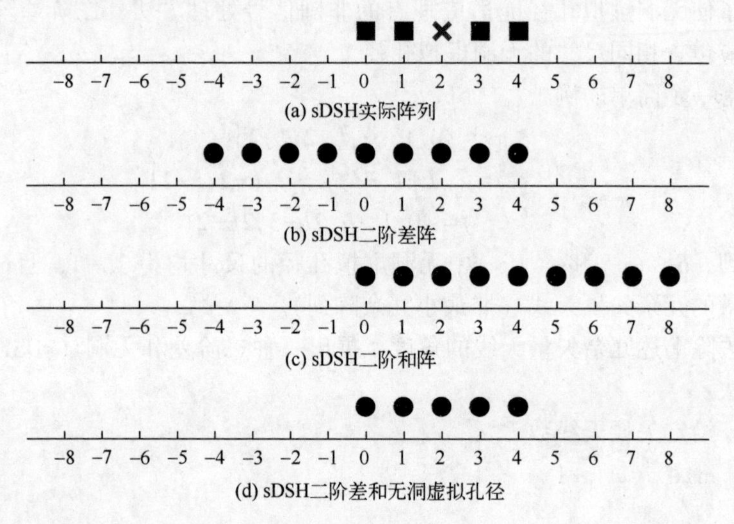

图 5.28 $4J$ 元 sDSH 实际阵列及其二阶差阵、二阶和阵、差和无洞虚拟孔径的结构示意图："■"代表实际矢量天线，"●"代表虚拟矢量天线，"×"代表洞

下面看几个仿真例子。首先比较 sDSH 阵列、嵌套阵列和互质阵列的处理容量，其中 $L=4$，$M=8$；信号波达方向（方位角）分别为 $-60°$、$-42°$、$-25°$、$-8°$、$9°$、$26°$、$43°$和 $60°$；三种阵列的矢量天线位置分别为

（1）sDSH 阵列：$\mathbb{p}=\{0,1,3,4\}$；

（2）NA 阵列：$\mathbb{p}=\{0,1,2,5\}$；

（3）CPA 阵列：$\mathbb{p}=\{0,2,3,4\}$。

信噪比为 10dB，快拍数为 1000。

图 5.29~图 5.31 所示分别是基于 sDSH 阵列、NA 阵列和 CPA 阵列的空间谱，可以看出，sDSH 阵列方法可以成功分辨所有 8 个信号，而 NA 阵列和 CPA 阵列方法则几乎失效。这是因为 $4J$ 元 sDSH 阵列与 $5J$ 元矢量天线等距线阵的二阶差阵和二阶和阵相同，根据其输出共轭增广协方差矩阵可以重构出后者的输出共轭增广协方差矩阵，所以可以分辨 8 个二阶严格非圆信号；NA 阵列的二阶差阵的连续虚拟孔径为 11，只可以分辨 5 个信号；CPA 阵列的二阶差阵的连续虚拟孔径为 9，只可以分辨 4 个信号。

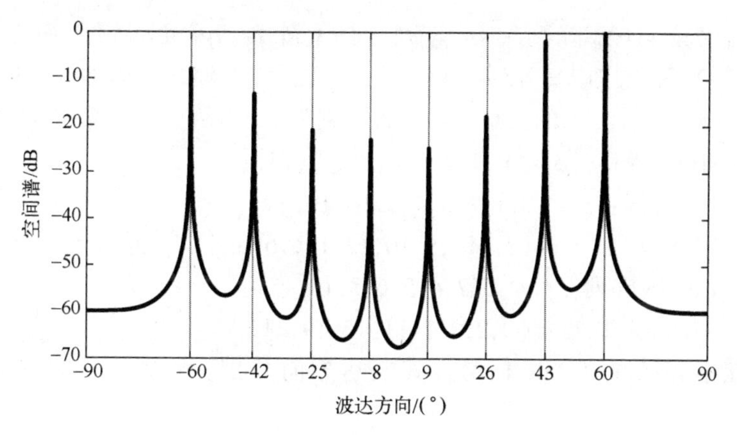

图 5.29　sDSH 阵列方法的空间谱

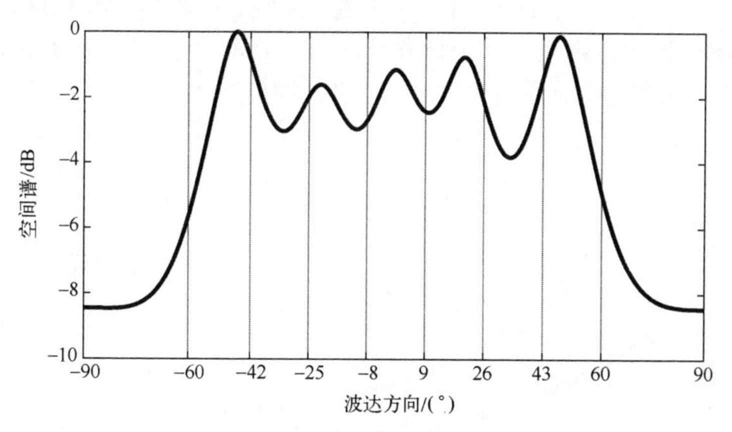

图 5.30　NA 阵列方法的空间谱

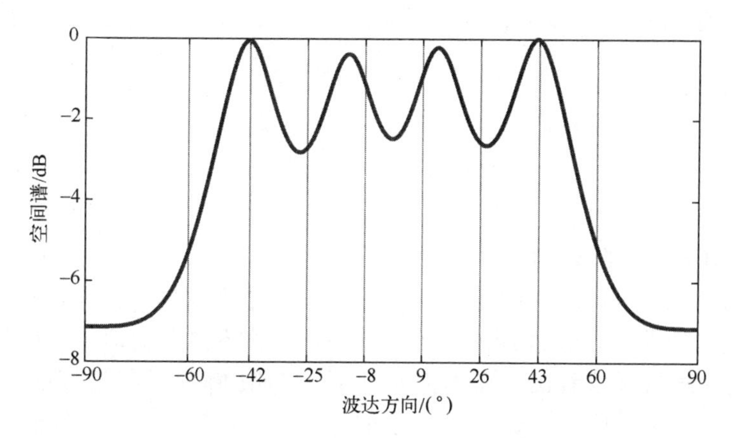

图 5.31　CPA 阵列方法的空间谱

下面比较 sDSH 阵列、NA 阵列、CPA 阵列、阵元间距压缩互质阵列（CACIS[97]）和增广嵌套阵列（ANA[101]）等的信号波达方向估计精度，其中 $L=8$，$M=5$，五种阵列的矢量天线位置分别为

（1）sDSH 阵列：$\mathbb{p}=\{0,1,2,5,8,11,12,13\}$；

（2）NA 阵列：$\mathbb{p}=\{0,1,2,3,4,9,14,19\}$；

（3）CPA 阵列：$\mathbb{p}=\{0,4,5,8,10,12,15,16\}$；

（4）CACIS 阵列：$\mathbb{p}=\{0,2,4,5,6,8,10,15\}$；

（5）ANA 阵列：$\mathbb{p}=\{0,2,3,7,11,15,19,21\}$。

信号为互不相关的 BPSK 信号，其波达方向分别为 $-60°$、$-30°$、$0°$、$30°$ 和 $60°$。

图 5.32 所示为五种阵列信号波达方向估计均方根误差随信噪比变化的曲线，其中快拍数为 500；图 5.33 所示为五种阵列信号波达方向估计均方根误差随快拍数变化的曲线，其中信噪比为 0dB。可以看到，在本例条件下，sDSH 阵列信号波达方向估计精度要高于其他四种阵列。

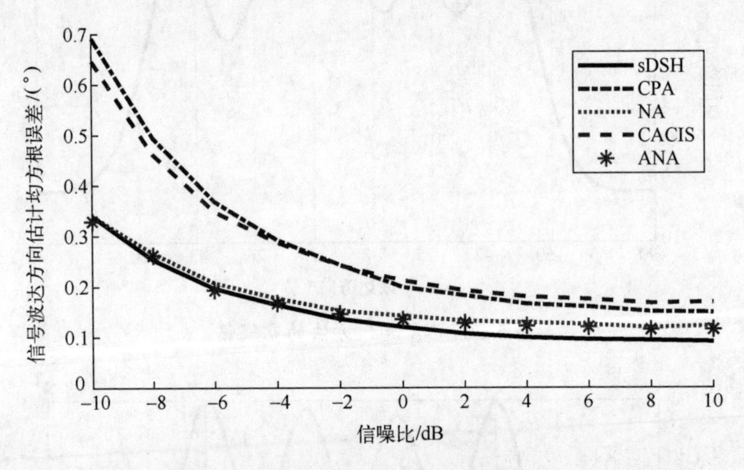

图 5.32　五种阵列信号波达方向估计均方根误差随信噪比变化的曲线

下面比较五种阵列的信号分辨概率，其中 $\theta_0=5°$，θ_1 在 $5°\sim10°$ 间变化；快拍数为 500，信噪比为 0dB。当两个信号的波达方向估计偏差不超过 1°时，认为被成功分辨。图 5.34 所示为五种阵列信号分辨概率随信号角度间隔 $\theta_1-\theta_0$ 变化的曲线，可以看出，在本例条件下，sDSH 阵列具有最好的信号分辨性能。

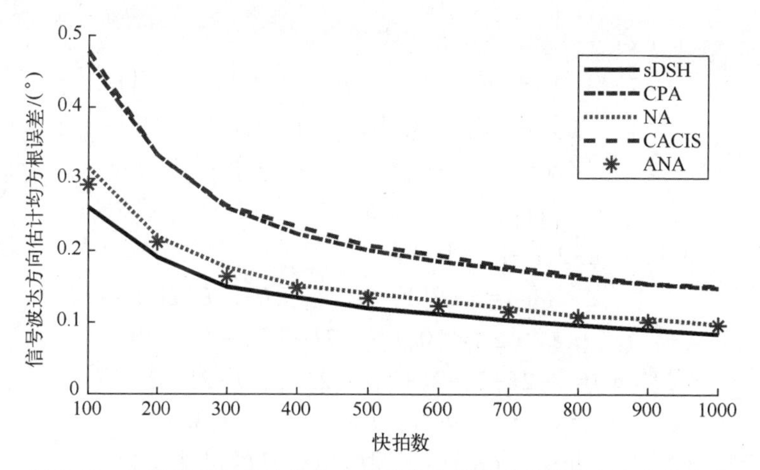

图 5.33　五种阵列信号波达方向估计均方根误差随快拍数变化的曲线

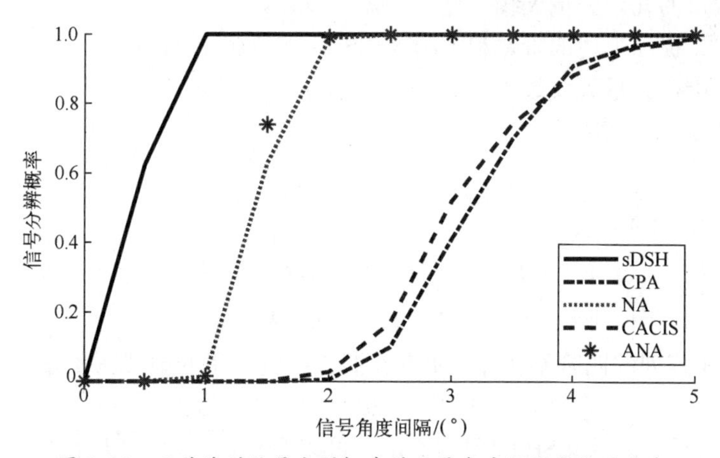

图 5.34　五种阵列信号分辨概率随信号角度间隔变化的曲线

5.4.2 四阶差和无洞稀疏线阵

四阶条件下，信号波达方向与波极化参数估计主要基于下述四阶累积量矩阵：

$$\boldsymbol{C}_1^{(p,q)}=\mathrm{cum}((\boldsymbol{y}_p(t)\otimes\boldsymbol{y}_p^*(t))(\boldsymbol{y}_q(t)\otimes\boldsymbol{y}_q^*(t))^{\mathrm{H}})=\boldsymbol{C}^{(p,q)} \tag{5.185}$$

$$\boldsymbol{C}_2^{(p,q)}=\mathrm{cum}((\boldsymbol{y}_p(t)\otimes\boldsymbol{y}_p^*(t))(\boldsymbol{y}_q(t)\otimes\boldsymbol{y}_q(t))^{\mathrm{T}}) \tag{5.186}$$

$$\boldsymbol{C}_3^{(p,q)}=\mathrm{cum}((\boldsymbol{y}_p(t)\otimes\boldsymbol{y}_p(t))(\boldsymbol{y}_q(t)\otimes\boldsymbol{y}_q(t))^{\mathrm{H}}) \tag{5.187}$$

由此，可以定义下述四阶差和阵：

$$\mathbb{d}^{(4,1)}(\mathbb{p})=\mathbb{d}^{(2)}(\mathbb{p})-\mathbb{d}^{(2)}(\mathbb{p})=\mathbb{d}^{(4)}(\mathbb{p}) \tag{5.188}$$

$$\mathbb{d}^{(4,2)}(\mathbb{p})=\mathbb{d}^{(2)}(\mathbb{p})+\mathbb{s}^{(2)}(\mathbb{p}) \tag{5.189}$$

$$\mathbb{d}^{(4,3)}(\mathbb{p})=\mathbb{s}^{(2)}(\mathbb{p})-\mathbb{s}^{(2)}(\mathbb{p}) \tag{5.190}$$

也即

$$\mathbb{d}^{(4,1)}(\mathbb{p})=\{d_{p,q}-d_{u,v}\,|\,p,q,u,v=0,1,\cdots,L-1\} \tag{5.191}$$

$$\mathbb{d}^{(4,2)}(\mathbb{p})=\{d_{p,q}+s_{u,v}\,|\,p,q,u,v=0,1,\cdots,L-1\} \tag{5.192}$$

$$\mathbb{d}^{(4,3)}(\mathbb{p})=\{s_{p,q}-s_{u,v}\,|\,p,q,u,v=0,1,\cdots,L-1\} \tag{5.193}$$

其中，$\mathbb{d}^{(4,3)}(\mathbb{p})=\mathbb{d}^{(4,1)}(\mathbb{p})$。

若$\mathbb{p}=\{0,1,\cdots,L-2,L-1\}$，则

$$\mathbb{d}^{(2)}(\mathbb{p})=\{-L+1,-L+2,\cdots,L-2,L-1\}$$

$$\mathbb{s}^{(2)}(\mathbb{p})=\{0,1,\cdots,2L-3,2L-2\}$$

$$\mathbb{d}^{(4,1)}(\mathbb{p})=\{-2L+2,-2L+3,\cdots,2L-3,2L-2\}=\mathbb{d}^{(4,3)}(\mathbb{p})$$

$$\mathbb{d}^{(4,2)}(\mathbb{p})=\{-L+1,-L+2,\cdots,3L-4,3L-3\}$$

可以看到，$\mathbb{d}^{(4,1)}(\mathbb{p})$和$\mathbb{d}^{(4,2)}(\mathbb{p})$中无洞虚拟孔径的尺寸均为$4L-3$，且$\mathbb{p}$中存在一定数量的冗余矢量天线。

由此，提出下述四阶差和无洞（fDSH）阵列设计准则：

给定矢量天线数 L，

$$\max_{d_l\in\mathbb{p}} L_0=2d_{L-1}-1$$

s. t.

$$\begin{cases} l=0,1,\cdots,L-1 \\ \mathbb{d}^{(4,1)}(\mathbb{p})=\{-2L_0+2,-2L_0+3,\cdots,2L_0-3,2L_0-2\} \\ \mathbb{d}^{(4,2)}(\mathbb{p})=\{-L_0+1,-L_0+2,\cdots,3L_0-4,3L_0-3\} \end{cases} \tag{5.194}$$

所得 fDSH 阵列的四阶差和阵中不存在洞，可资利用的虚拟孔径为

$$\mathbb{v}^{(4)}(\mathbb{p})=\{0,1,2,\cdots,2d_{L-1}-4,2d_{L-1}-3,2d_{L-1}-2\} \tag{5.195}$$

换言之，利用 LJ 元 fDSH 阵列的输出，可以重构$(2d_{L-1}-1)J$ 元非稀疏线阵输出如式（5.185）~式（5.187）所示的三个四阶累积量矩阵。

给定矢量天线数 L，fDSH 阵列的结构同样可能不是唯一的，表 5.13 列出了当$3\leqslant L\leqslant 8$ 时的一些 fDSH 阵列结构；图 5.35 所示为一 $3J$ 元 fDSH 稀疏线阵的例子，其虚拟孔径对应一 $4J$ 元等距线阵。

表 5.13 $3\leqslant L\leqslant 8$ 时的一些 fDSH 阵列结构[105]

L	矢量天线位置							
3	0	1	3					
4	0	1	6	8				
5	0	1	10	14	16			
6	0	1	2	16	23	26		
7	0	1	4	17	37	42	44	
8	0	1	4	17	37	57	62	64

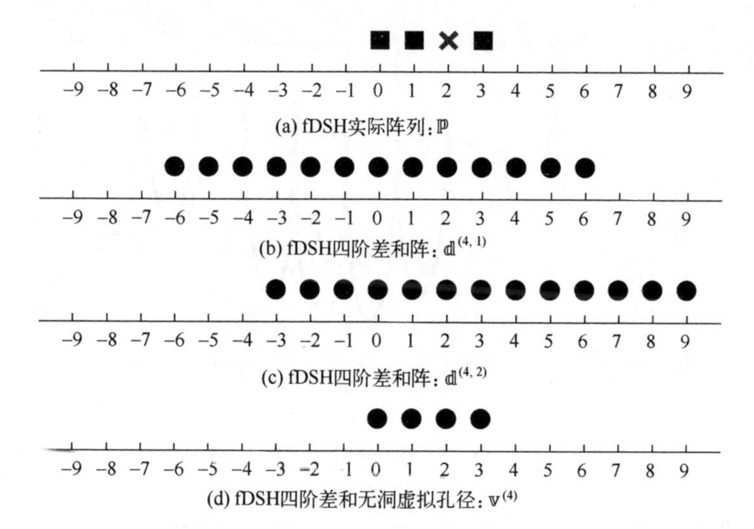

图5.35　3J元fDSH实际阵列、差和阵、差和无洞虚拟孔径等的结构示意图：“■”代表实际矢量天线，“●”代表虚拟矢量天线，“×”代表洞

下面看几个仿真例子，比较基于fDSH阵列、SAFOE-NA阵列和两级嵌套阵列（TL-NA[107]）等的信号波达方向估计性能，其中$L=3$，$M=9$；三种阵列的矢量天线位置分别为

（1）fDSH阵列：$\mathbb{p}=\{0,1,3\}$；

（2）SAFOE-NA阵列：$\mathbb{p}=\{0,1,5\}$；

（3）TL-NA阵列：$\mathbb{p}=\{0,3,4\}$。

信号为互不相关的BPSK信号，其波达方向分别为−60°、−45°、−30°、−15°、0°、15°、30°、45°、60°；信噪比为20dB，快拍数为20000。

图5.36~图5.38所示为三种阵列方法的空间谱，可以看出，在本例条件下，fDSH阵列方法可以成功分辨所有9个信号，SAFOE-NA阵列方法和TL-NA阵列方法则几乎失败。事实上，在本例条件下，SAFOE-NA阵列方法理论上可以处理6个信号，而TL-NA阵列方法理论上可以处理8个信号。fDSH阵列方法的优势在于其同时考虑了信号的二阶严格非圆性利用和四阶累积量空间相位合成，虚拟处理孔径比其他两种阵列更大。

下面比较基于sDSH阵列、fDSH阵列、SAFOE-NA阵列和TL-NA阵列的信号波达方向估计精度，其中$L=5$，$M=7$；四种阵列的矢量天线位置分别为

（1）sDSH阵列：$\mathbb{p}=\{0,1,3,5,6\}$；

（2）fDSH阵列：$\mathbb{p}=\{0,1,10,14,16\}$；

（3）SAFOE-NA阵列：$\mathbb{p}=\{0,1,3,13,23\}$；

（4）TL-NA阵列：$\mathbb{p}=\{0,1,2,15,20\}$。

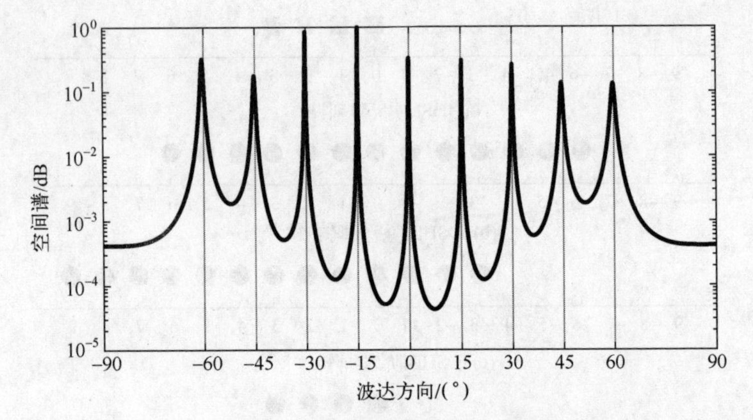

图 5.36 fDSH 阵列方法的空间谱

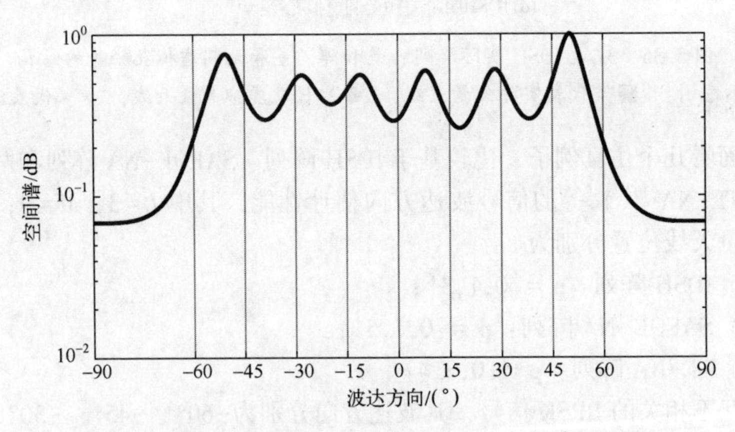

图 5.37 SAFOE-NA 阵列方法的空间谱

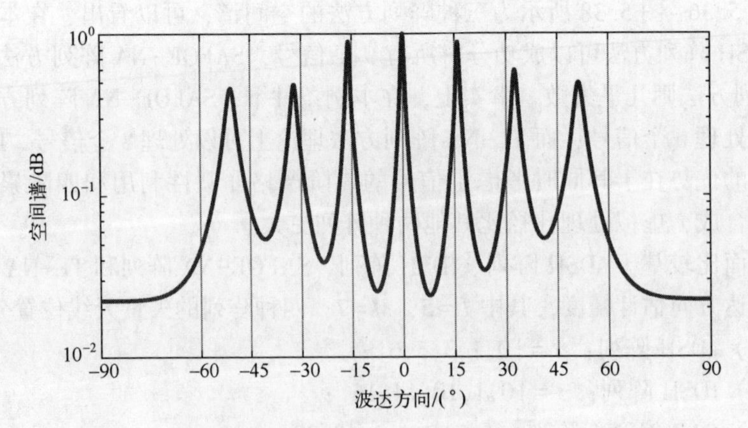

图 5.38 TL-NA 阵列方法的空间谱

信号为互不相关的 BPSK 信号，其波达方向分别为-60°、-40°、-20°、0°、20°、40°和 60°。

图 5.39 所示为四种阵列信号波达方向估计均方根误差随信噪比变化的曲线，其中快拍数为 5000；图 5.40 所示为四种阵列信号波达方向估计均方根误差随快拍数变化的曲线，其中信噪比为 0dB。可以看到，在本例条件下，fDSH 阵列信号波达方向估计精度要高于其他三种阵列。

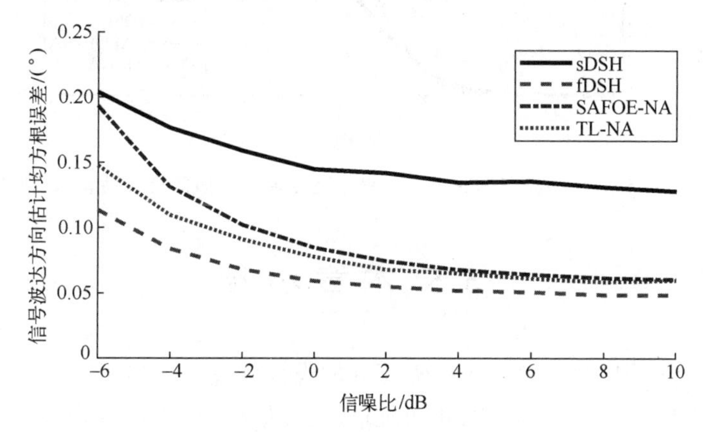

图 5.39　四种阵列信号波达方向估计均方根误差随信噪比变化的曲线

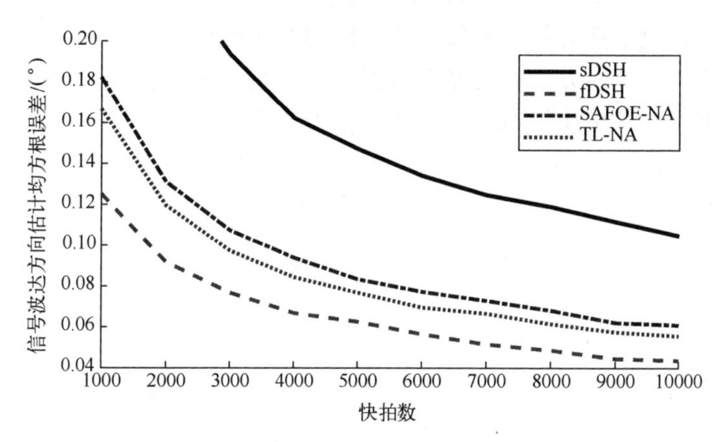

图 5.40　四种阵列信号波达方向估计均方根误差随快拍数变化的曲线

图 5.41 所示为四种阵列信号分辨概率随信号角度间隔变化的曲线，其中快拍数为 300，信噪比为 0dB。可以看到，在本例条件下，fDSH 阵列信号分辨能力也要强于其他三种阵列。

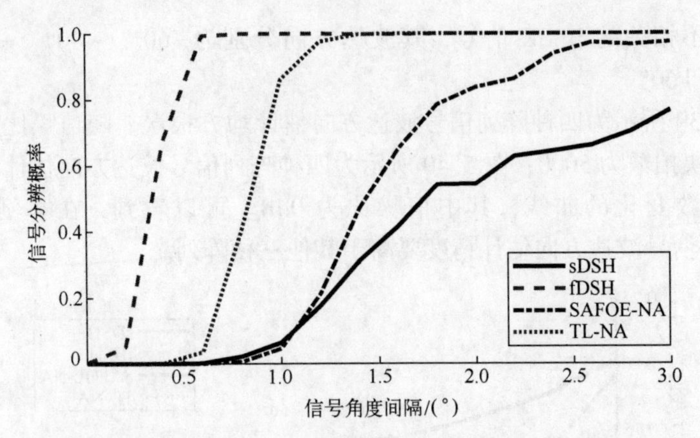

图 5.41 四种阵列信号分辨概率随信号角度间隔变化的曲线

5.5 本章小结

本章讨论了共点矢量天线稀疏阵列的设计问题，提出了二阶矢量天线间距直接约束稀疏线阵及其二维和四阶推广，以及可利用信号非圆性的差和无洞稀疏线阵，某些阵列结构的最小矢量天线间距不小于一个信号波长，因而矢量天线间的互耦要小于现有的大部分稀疏阵列结构。

本章还讨论了针对每一种稀疏阵列结构的无模糊信号波达方向与波极化参数估计方法，这些方法主要基于数据平滑及特征分解，也可以实现类似于矢量天线非稀疏等距线阵/面阵的信号波极化信息利用。

第 6 章

非共点矢量天线阵列

在第 5 章中，我们讨论了针对信号波达方向与波极化参数估计的矢量天线稀疏阵列设计问题，通过矢量天线位置的稀疏配置，降低了矢量天线间的互耦。

不过，如果矢量天线内部传感单元是空间共点集成的，那么这些内部传感单元之间同样可能存在相互影响。为此，可考虑对矢量天线的内部传感单元进行适当的空间拉伸，也即采用非共点矢量天线[108]。

本章还将讨论基于非共点矢量天线阵列的波束方向图综合，重点考虑其中的阵型优化设计问题。

6.1 非共点矢量天线及其阵列

非共点矢量天线本身仍是一多极化阵列，若(θ,ϕ)方向的共点矢量天线水平和垂直极化流形矢量分别为$\boldsymbol{b}_{\text{iso-H}}(\theta,\phi)$和$\boldsymbol{b}_{\text{iso-V}}(\theta,\phi)$，则对应的非共点矢量天线水平和垂直极化流形矢量分别可以写成

$$\boldsymbol{a}_{\text{sva-H}}(\theta,\phi)=\boldsymbol{a}_{\text{sva}}(\theta,\phi)\odot\boldsymbol{b}_{\text{iso-H}}(\theta,\phi) \tag{6.1}$$

$$\boldsymbol{a}_{\text{sva-V}}(\theta,\phi)=\boldsymbol{a}_{\text{sva}}(\theta,\phi)\odot\boldsymbol{b}_{\text{iso-V}}(\theta,\phi) \tag{6.2}$$

式中：“$\odot$”仍表示 Hadamard 积；

$$\boldsymbol{a}_{\text{sva}}(\theta,\phi)=[\mathrm{e}^{\mathrm{j}\omega_0\tau_0(\theta,\phi)},\mathrm{e}^{\mathrm{j}\omega_0\tau_1(\theta,\phi)},\cdots,\mathrm{e}^{\mathrm{j}\omega_0\tau_{J-1}(\theta,\phi)}]^{\mathrm{T}} \tag{6.3}$$

其中，ω_0为信号中心频率，上标“T”仍表示矩阵/矢量转置，J为矢量天线内部传感单元数；

$$\tau_l(\theta,\phi)=[\sin\theta\cos\phi,\sin\theta\sin\phi,\cos\theta]\boldsymbol{d}_l/c$$

其中，$\boldsymbol{d}_l$为矢量天线第 l 个内部传感单元的位置矢量，c 为信号波传播速度。

若$\boldsymbol{a}_{\text{sva}}(\theta,\phi)$的元素全不相同，矢量天线为完全拉伸；若$\boldsymbol{a}_{\text{sva}}(\theta,\phi)$的部分元素相同，矢量天线为部分拉伸；若$\boldsymbol{a}_{\text{sva}}(\theta,\phi)$的元素全部相同，矢量天线未拉伸，也即为此前所讨论的共点矢量天线。

根据第 2 章的讨论可知，多极化阵列可由多个结构、倾角均不相同的矢

量天线组成，天线的空间共点配置并不是必需条件。如果多极化阵列的所有天线均不是空间共点的，那么该阵列又可视为由单个或多个，结构、倾角相同或不同的非共点矢量天线所组成，本章统称这类阵列为非共点矢量天线阵列。

基于非共点矢量天线阵列，同样可以实现无模糊信号波达方向与极化参数同时估计，也可实现容差性更好、系统成本更低的波束方向图综合。

6.2 信号参数估计

本节主要讨论三种基于特征子空间分解的信号波达方向与波极化参数联合估计方法，其中第一种方法仅利用阵列输出信号的二阶统计信息，称为二阶方法；第二种方法同时利用阵列输出信号的二阶和四阶统计信息，称为混合阶方法；第三种方法则是第二种方法在色噪声条件下的修正形式。

6.2.1 二阶多极化旋转不变方法

二阶多极化旋转不变方法所采用的非共点矢量天线阵列由三个平行于 y 轴、结构和特性均相同的多极化子阵组成，子阵的基本单元为空间均匀、直线拉伸矢量天线，如图 6.1 所示，其中 d_0 为矢量天线的空间拉伸尺度。为与下文所考虑的阵列相区别，我们称图 6.1 所示阵列为二阶非共点矢量天线阵列。

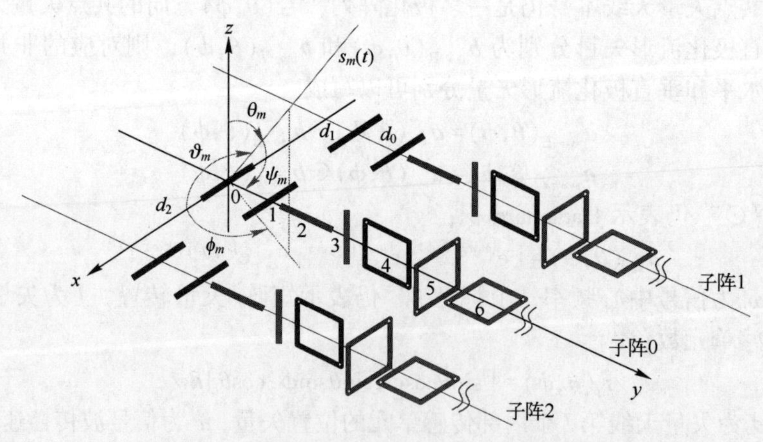

图 6.1 二阶非共点矢量天线阵列结构示意图

所有矢量天线均由轴线方向分别平行于 x 轴、y 轴和 z 轴的三个短偶极子和法线方向分别平行于 x 轴、y 轴和 z 轴的三个小磁环所组成：①每个子阵除了非共点矢量天线之外，还包括一个轴线方向平行于 x 轴的短偶极子，作为辅助天线；②子阵 0 的辅助天线位于坐标原点；③子阵 1 和子阵 2 的辅助天线与 x 轴的距离均为 d_1；④子阵 1 和子阵 2 与 y 轴的距离均为 d_2；⑤三个子阵所包含的非共点矢量天线的结构均与 1~6 号天线所组成的非共点矢量天线相同。

根据图 6.1，子阵 0、子阵 1 和子阵 2 的输出分别可以写成

$$\boldsymbol{x}_0(t)=\underbrace{\sum_{m=0}^{M-1}(\boldsymbol{a}_{\mathrm{sos},m}\odot\boldsymbol{b}_{\mathrm{sos},m})s_m(t)}_{\overset{\mathrm{def}}{=}\boldsymbol{s}_0(t)}+\boldsymbol{n}_0(t) \tag{6.4}$$

$$\boldsymbol{x}_1(t)=\underbrace{\sum_{m=0}^{M-1}g_{1,\mathrm{sos},m}(\boldsymbol{a}_{\mathrm{sos},m}\odot\boldsymbol{b}_{\mathrm{sos},m})s_m(t)}_{\overset{\mathrm{def}}{=}\boldsymbol{s}_1(t)}+\boldsymbol{n}_1(t) \tag{6.5}$$

$$\boldsymbol{x}_2(t)=\underbrace{\sum_{m=0}^{M-1}g_{2,\mathrm{sos},m}(\boldsymbol{a}_{\mathrm{sos},m}\odot\boldsymbol{b}_{\mathrm{sos},m})s_m(t)}_{\overset{\mathrm{def}}{=}\boldsymbol{s}_2(t)}+\boldsymbol{n}_2(t) \tag{6.6}$$

式中：M 为入射信号波的个数；$s_m(t)$为第 m 个待处理信号，这里假设 $s_0(t)$，$s_1(t),\cdots,s_{M-1}(t)$为统计独立的零均值、宽遍历随机过程，中心频率/波长均相同，并且满足窄带假设；

$$g_{1,\mathrm{sos},m}=\mathrm{e}^{\mathrm{j}\omega_0(d_1\cos\psi_m-d_2\cos\vartheta_m)/c}=\mathrm{e}^{\mathrm{j}2\pi(d_1\cos\psi_m-d_2\cos\vartheta_m)/\lambda} \tag{6.7}$$

$$g_{2,\mathrm{sos},m}=\mathrm{e}^{\mathrm{j}\omega_0(d_1\cos\psi_m+d_2\cos\vartheta_m)/c}=\mathrm{e}^{\mathrm{j}2\pi(d_1\cos\psi_m+d_2\cos\vartheta_m)/\lambda} \tag{6.8}$$

$$\boldsymbol{a}_{\mathrm{sos},m}=\left[1,\mathrm{e}^{\frac{\mathrm{j}\omega_0 d_0\cos\psi_m}{c}},\mathrm{e}^{\frac{\mathrm{j}2\omega_0 d_0\cos\psi_m}{c}},\mathrm{e}^{\frac{\mathrm{j}3\omega_0 d_0\cos\psi_m}{c}},\cdots\right]^{\mathrm{T}} \tag{6.9}$$

$$\boldsymbol{b}_{\mathrm{sos},m}=[\boldsymbol{b}_{\mathrm{iso},m}(1),\boldsymbol{\iota}_L^{\mathrm{T}}\otimes\boldsymbol{b}_{\mathrm{iso},m}^{\mathrm{T}}]^{\mathrm{T}} \tag{6.10}$$

$$\boldsymbol{b}_{\mathrm{iso},m}=\underbrace{\begin{bmatrix}\boldsymbol{b}_{\mathrm{H}}(\phi_m) & \boldsymbol{b}_{\mathrm{V}}(\theta_m,\phi_m)\\ \boldsymbol{b}_{\mathrm{V}}(\theta_m,\phi_m) & -\boldsymbol{b}_{\mathrm{H}}(\phi_m)\end{bmatrix}}_{\overset{\mathrm{def}}{=}\boldsymbol{B}_{\mathrm{em}}(\theta_m,\phi_m)}\underbrace{\begin{bmatrix}\cos\gamma_m\\ \sin\gamma_m\mathrm{e}^{\mathrm{j}\eta_m}\end{bmatrix}}_{\overset{\mathrm{def}}{=}\boldsymbol{p}_{\gamma_m,\eta_m}} \tag{6.11}$$

其中，λ 为信号波长，L 为非共点矢量天线的数目，$\boldsymbol{\iota}_n$表示 $n\times1$ 维全 1 矢量，“$\otimes$” 表示 Kronecker 积，θ_m和 ϕ_m分别为第 m 个信号的俯仰角和方位角，ϑ_m和 ψ_m分别为第 m 个信号的 x 轴锥角和 y 轴锥角，γ_m和 η_m分别为第 m 个信号波的极化辅角和极化相位差，极化基矢量 $\boldsymbol{b}_{\mathrm{H}}(\phi_m)$和 $\boldsymbol{b}_{\mathrm{V}}(\theta_m,\phi_m)$的定义参见式（1.30）和式（1.31），$\boldsymbol{n}_0(t)$、$\boldsymbol{n}_1(t)$和 $\boldsymbol{n}_2(t)$分别为三个子阵的噪声矢量，以下讨论假设三者互不相关，协方差矩阵均为 $\sigma^2\boldsymbol{I}_{6L+1}$，其中 σ^2 为噪声方差，$\boldsymbol{I}_n$仍表示$n\times n$维单位矩阵。

进一步定义

$$\boldsymbol{x}_5(t)=[\boldsymbol{x}_0^{\mathrm{T}}(t),\boldsymbol{x}_3^{\mathrm{T}}(t),\boldsymbol{x}_4^{\mathrm{T}}(t)]^{\mathrm{T}} \tag{6.12}$$

式中：

$$\boldsymbol{x}_3(t)=\frac{\sqrt{2}}{2}[\boldsymbol{x}_2(t)+\boldsymbol{x}_1(t)] \tag{6.13}$$

$$\boldsymbol{x}_4(t)=\frac{\sqrt{2}}{2\mathrm{j}}[\boldsymbol{x}_2(t)-\boldsymbol{x}_1(t)] \tag{6.14}$$

根据式（6.4）~式（6.11），可得

$$\boldsymbol{x}_3(t)=\underbrace{\sum_{m=0}^{M-1}g_{3,\mathrm{sos},m}(\boldsymbol{a}_{\mathrm{sos},m}\odot\boldsymbol{b}_{\mathrm{sos},m})s_m(t)}_{\overset{\mathrm{def}}{=}s_3(t)}+\boldsymbol{n}_3(t) \tag{6.15}$$

$$\boldsymbol{x}_4(t)=\underbrace{\sum_{m=0}^{M-1}g_{4,\mathrm{sos},m}(\boldsymbol{a}_{\mathrm{sos},m}\odot\boldsymbol{b}_{\mathrm{sos},m})s_m(t)}_{\overset{\mathrm{def}}{=}s_4(t)}+\boldsymbol{n}_4(t) \tag{6.16}$$

其中

$$g_{3,\mathrm{sos},m}=\sqrt{2}\cos\left(\frac{2\pi d_2\cos\boldsymbol{\vartheta}_m}{\boldsymbol{\lambda}}\right)\mathrm{e}^{\frac{\mathrm{j}2\pi d_1\cos\psi_m}{\lambda}} \tag{6.17}$$

$$g_{4,\mathrm{sos},m}=\sqrt{2}\sin\left(\frac{2\pi d_2\cos\boldsymbol{\vartheta}_m}{\boldsymbol{\lambda}}\right)\mathrm{e}^{\frac{\mathrm{j}2\pi d_1\cos\psi_m}{\lambda}} \tag{6.18}$$

$$\boldsymbol{n}_3(t)=\frac{\sqrt{2}}{2}[\boldsymbol{n}_2(t)+\boldsymbol{n}_1(t)] \tag{6.19}$$

$$\boldsymbol{n}_4(t)=\frac{\sqrt{2}}{2\mathrm{j}}[\boldsymbol{n}_2(t)-\boldsymbol{n}_1(t)] \tag{6.20}$$

根据式（6.15）~式（6.20），$\boldsymbol{x}_5(t)$具有下述形式：

$$\boldsymbol{x}_5(t)=\underbrace{\sum_{m=0}^{M-1}\boldsymbol{g}_{\mathrm{sos},m}\otimes(\boldsymbol{a}_{\mathrm{sos},m}\odot\boldsymbol{b}_{\mathrm{sos},m})s_m(t)}_{\overset{\mathrm{def}}{=}s_5(t)}+\boldsymbol{n}_5(t) \tag{6.21}$$

式中：

$$\boldsymbol{g}_{\mathrm{sos},m}=[1,g_{3,\mathrm{sos},m},g_{4,\mathrm{sos},m}]^{\mathrm{T}} \tag{6.22}$$

$$\boldsymbol{n}_5(t)=[\boldsymbol{n}_0^{\mathrm{T}}(t),\boldsymbol{n}_3^{\mathrm{T}}(t),\boldsymbol{n}_4^{\mathrm{T}}(t)]^{\mathrm{T}} \tag{6.23}$$

根据式（6.21），$\boldsymbol{x}_5(t)$的协方差矩阵为

$$\boldsymbol{R}_{x_5x_5}=\langle\boldsymbol{x}_5(t)\boldsymbol{x}_5^{\mathrm{H}}(t)\rangle=\langle\boldsymbol{s}_5(t)\boldsymbol{s}_5^{\mathrm{H}}(t)\rangle+\boldsymbol{\sigma}^2\boldsymbol{I}_{18L+3} \tag{6.24}$$

其中，“$\langle\cdot\rangle$”仍表示无限时间平均，上标“H”仍表示矩阵/矢量共轭转置。

再令$\boldsymbol{u}_{5,1},\boldsymbol{u}_{5,2},\cdots,\boldsymbol{u}_{5,M}$为$\boldsymbol{R}_{x_5x_5}$的主特征矢量，根据本章假设以及特征子空间理论，有下述结论成立：

$$\boldsymbol{U}_{5,\mathrm{s}}=[\boldsymbol{u}_{5,1},\boldsymbol{u}_{5,2},\cdots,\boldsymbol{u}_{5,M}]=\begin{bmatrix}\boldsymbol{A}_0\\\boldsymbol{A}_3\\\boldsymbol{A}_4\end{bmatrix}\boldsymbol{T}_1=\begin{bmatrix}\boldsymbol{A}_0\boldsymbol{T}_1\\\boldsymbol{A}_3\boldsymbol{T}_1\\\boldsymbol{A}_4\boldsymbol{T}_1\end{bmatrix} \tag{6.25}$$

$$\boldsymbol{A}_0=[\boldsymbol{a}_{\mathrm{sos},0}\odot\boldsymbol{b}_{\mathrm{sos},0},\boldsymbol{a}_{\mathrm{sos},1}\odot\boldsymbol{b}_{\mathrm{sos},1},\cdots,\boldsymbol{a}_{\mathrm{sos},M-1}\odot\boldsymbol{b}_{\mathrm{sos},M-1}] \tag{6.26}$$

$$\boldsymbol{A}_3=\boldsymbol{A}_0\boldsymbol{\Delta}_1 \tag{6.27}$$

$$\boldsymbol{A}_4=\boldsymbol{A}_0\boldsymbol{\Delta}_2 \tag{6.28}$$

$$\boldsymbol{\Delta}_1=\mathrm{diag}(g_{3,\mathrm{sos},0},g_{3,\mathrm{sos},1},\cdots,g_{3,\mathrm{sos},M-1}) \tag{6.29}$$

$$\boldsymbol{\Delta}_2=\mathrm{diag}(g_{4,\mathrm{sos},0},g_{4,\mathrm{sos},1},\cdots,g_{4,\mathrm{sos},M-1}) \tag{6.30}$$

其中，$\boldsymbol{T}_1$为 $M\times M$ 维满秩矩阵。

根据式（6.17）、式（6.18）、式（6.25），可得

$$\underbrace{[\boldsymbol{I}_{6L+1},\boldsymbol{O}_{6L+1},\boldsymbol{O}_{6L+1}]}_{\overset{\mathrm{def}}{=}\boldsymbol{J}_0}\boldsymbol{U}_{5,\mathrm{s}}=\boldsymbol{J}_0\boldsymbol{U}_{5,\mathrm{s}}=\boldsymbol{A}_0\boldsymbol{T}_1 \tag{6.31}$$

$$\underbrace{[\boldsymbol{O}_{6L+1},\boldsymbol{I}_{6L+1},\boldsymbol{O}_{6L+1}]}_{\overset{\mathrm{def}}{=}\boldsymbol{J}_3}\boldsymbol{U}_{5,\mathrm{s}}=\boldsymbol{J}_3\boldsymbol{U}_{5,\mathrm{s}}=\boldsymbol{A}_3\boldsymbol{T}_1 \tag{6.32}$$

$$\underbrace{[\boldsymbol{O}_{6L+1},\boldsymbol{O}_{6L+1},\boldsymbol{I}_{6L+1}]}_{\overset{\mathrm{def}}{=}\boldsymbol{J}_4}\boldsymbol{U}_{5,\mathrm{s}}=\boldsymbol{J}_4\boldsymbol{U}_{5,\mathrm{s}}=\boldsymbol{A}_4\boldsymbol{T}_1 \tag{6.33}$$

其中，$\boldsymbol{O}_n$仍表示 $n\times n$ 维零矩阵。

进一步考虑 $\boldsymbol{x}_5(t)$的共轭协方差矩阵：

$$\boldsymbol{R}_{\boldsymbol{x}_5\boldsymbol{x}_5^*}=\langle\boldsymbol{x}_5(t)\boldsymbol{x}_5^{\mathrm{T}}(t)\rangle=\langle\boldsymbol{s}_5(t)\boldsymbol{s}_5^{\mathrm{T}}(t)\rangle \tag{6.34}$$

不失一般性，假设前 M_1个信号具有非零共轭功率，其中 $M_1\leqslant M$，则 $\boldsymbol{R}_{\boldsymbol{x}_5\boldsymbol{x}_5^*}\boldsymbol{R}_{\boldsymbol{x}_5\boldsymbol{x}_5^*}^{\mathrm{H}}$存在 M_1个主特征值，令 $\boldsymbol{v}_{5,1},\boldsymbol{v}_{5,2},\cdots,\boldsymbol{v}_{5,M_1}$为对应的主特征矢量，并记

$$\boldsymbol{V}_{5,\mathrm{s}}=[\boldsymbol{v}_{5,1},\boldsymbol{v}_{5,2},\cdots,\boldsymbol{v}_{5,M_1}] \tag{6.35}$$

根据特征子空间理论，有下述结论成立：

$$\boldsymbol{J}_0\boldsymbol{V}_{5,\mathrm{s}}=\boldsymbol{A}_0\underbrace{\begin{bmatrix}\boldsymbol{I}_{M_1}\\\boldsymbol{O}_{(M-M_1)\times M_1}\end{bmatrix}\boldsymbol{T}_2}_{\overset{\mathrm{def}}{=}\boldsymbol{T}_3}=\boldsymbol{A}_0\boldsymbol{T}_3 \tag{6.36}$$

$$\boldsymbol{J}_3\boldsymbol{V}_{5,\mathrm{s}}=\boldsymbol{A}_3\underbrace{\begin{bmatrix}\boldsymbol{I}_{M_1}\\\boldsymbol{O}_{(M-M_1)\times M_1}\end{bmatrix}\boldsymbol{T}_2}_{\overset{\mathrm{def}}{=}\boldsymbol{T}_3}=\boldsymbol{A}_3\boldsymbol{T}_3 \tag{6.37}$$

$$\boldsymbol{J}_4\boldsymbol{V}_{5,\mathrm{s}}=\boldsymbol{A}_4\underbrace{\begin{bmatrix}\boldsymbol{I}_{M_1}\\\boldsymbol{O}_{(M-M_1)\times M_1}\end{bmatrix}\boldsymbol{T}_2}_{\overset{\mathrm{def}}{=}\boldsymbol{T}_3}=\boldsymbol{A}_4\boldsymbol{T}_3 \tag{6.38}$$

式中：$\boldsymbol{T}_2$为 $M_1\times M_1$维满秩矩阵，$\boldsymbol{T}_3$为 $M\times M_1$维列满秩矩阵；$\boldsymbol{O}_{m\times n}$仍表示 $m\times n$

维零矩阵。

定义下述(6L+1)×(6L+1)维矩阵：

$$\boldsymbol{\Theta}_1=\boldsymbol{A}_0\boldsymbol{\Delta}_1(\boldsymbol{A}_0^{\mathrm{H}}\boldsymbol{A}_0)^{-1}\boldsymbol{A}_0^{\mathrm{H}}=\boldsymbol{A}_0\boldsymbol{\Delta}_1\boldsymbol{A}_0^{+} \tag{6.39}$$

$$\boldsymbol{\Theta}_2=\boldsymbol{A}_0\boldsymbol{\Delta}_2(\boldsymbol{A}_0^{\mathrm{H}}\boldsymbol{A}_0)^{-1}\boldsymbol{A}_0^{\mathrm{H}}=\boldsymbol{A}_0\boldsymbol{\Delta}_2\boldsymbol{A}_0^{+} \tag{6.40}$$

其中，$\boldsymbol{A}^+$表示列满秩矩阵 $\boldsymbol{A}$ 的左逆：$\boldsymbol{A}^+=(\boldsymbol{A}^{\mathrm{H}}\boldsymbol{A})^{-1}\boldsymbol{A}^{\mathrm{H}}$。

可以证明$\boldsymbol{\Theta}_1$和$\boldsymbol{\Theta}_2$的秩均为 M，并且

$$\boldsymbol{\Theta}_1\boldsymbol{A}_0=\boldsymbol{A}_0\boldsymbol{\Delta}_1(\boldsymbol{A}_0^{\mathrm{H}}\boldsymbol{A}_0)^{-1}\boldsymbol{A}_0^{\mathrm{H}}\boldsymbol{A}_0=\boldsymbol{A}_0\boldsymbol{\Delta}_1 \tag{6.41}$$

$$\boldsymbol{\Theta}_2\boldsymbol{A}_0=\boldsymbol{A}_0\boldsymbol{\Delta}_2(\boldsymbol{A}_0^{\mathrm{H}}\boldsymbol{A}_0)^{-1}\boldsymbol{A}_0^{\mathrm{H}}\boldsymbol{A}_0=\boldsymbol{A}_0\boldsymbol{\Delta}_2 \tag{6.42}$$

由此可知，$\boldsymbol{\Theta}_1$和$\boldsymbol{\Theta}_2$均具有 M 个非零特征值，正好分别等于$\boldsymbol{\Delta}_1$和$\boldsymbol{\Delta}_2$的 M 个对角线元素，也即$g_{3,\mathrm{sos},m}$和$g_{4,\mathrm{sos},m}$，其中 $m=0,1,\cdots,M-1$；同时，$\boldsymbol{\Theta}_1$和$\boldsymbol{\Theta}_2$对应于特征值$g_{3,\mathrm{sos},m}$和$g_{4,\mathrm{sos},m}$的特征矢量均又与$\boldsymbol{a}_{\mathrm{sos},m}\odot\boldsymbol{b}_{\mathrm{sos},m}$成比例关系。

根据式（6.27）、式（6.28）、式（6.36）~式（6.38）、式（6.41）、式（6.42），进一步有

$$\boldsymbol{\Theta}_1\boldsymbol{J}_0\boldsymbol{U}_{5,\mathrm{s}}=\boldsymbol{\Theta}_1\boldsymbol{A}_0\boldsymbol{T}_1=\boldsymbol{A}_0\boldsymbol{\Delta}_1\boldsymbol{T}_1=\boldsymbol{A}_3\boldsymbol{T}_1=\boldsymbol{J}_3\boldsymbol{U}_{5,\mathrm{s}} \tag{6.43}$$

$$\boldsymbol{\Theta}_1\boldsymbol{J}_0\boldsymbol{V}_{5,\mathrm{s}}=\boldsymbol{\Theta}_1\boldsymbol{A}_0\boldsymbol{T}_3=\boldsymbol{A}_0\boldsymbol{\Delta}_1\boldsymbol{T}_3=\boldsymbol{A}_3\boldsymbol{T}_3=\boldsymbol{J}_3\boldsymbol{V}_{5,\mathrm{s}} \tag{6.44}$$

$$\boldsymbol{\Theta}_2\boldsymbol{J}_0\boldsymbol{U}_{5,\mathrm{s}}=\boldsymbol{\Theta}_2\boldsymbol{A}_0\boldsymbol{T}_1=\boldsymbol{A}_0\boldsymbol{\Delta}_2\boldsymbol{T}_1=\boldsymbol{A}_4\boldsymbol{T}_1=\boldsymbol{J}_4\boldsymbol{U}_{5,\mathrm{s}} \tag{6.45}$$

$$\boldsymbol{\Theta}_2\boldsymbol{J}_0\boldsymbol{V}_{5,\mathrm{s}}=\boldsymbol{\Theta}_2\boldsymbol{A}_0\boldsymbol{T}_3=\boldsymbol{A}_0\boldsymbol{\Delta}_2\boldsymbol{T}_3=\boldsymbol{A}_4\boldsymbol{T}_3=\boldsymbol{J}_4\boldsymbol{V}_{5,\mathrm{s}} \tag{6.46}$$

式（6.43）~式（6.46）中，$\boldsymbol{J}_0\boldsymbol{U}_{5,\mathrm{s}}$和$\boldsymbol{J}_0\boldsymbol{V}_{5,\mathrm{s}}$均为列满秩矩阵，关于$\boldsymbol{\Theta}_1$和$\boldsymbol{\Theta}_2$的两个等式均是欠定方程，这里考虑采用正则化方法，通过对$\boldsymbol{\Theta}_1$和$\boldsymbol{\Theta}_2$进行子空间约束，得到两者的最小 2 范数解。

这又等价于求解下述优化问题：

$$\min_{\boldsymbol{\Theta}}\|\boldsymbol{\Theta}\boldsymbol{P}_1^{\perp}\|_2^2+\|\boldsymbol{\Theta}(\boldsymbol{J}_0\boldsymbol{U}_{5,\mathrm{s}})-\boldsymbol{J}_3\boldsymbol{U}_{5,\mathrm{s}}\|_2^2+\|\boldsymbol{\Theta}(\boldsymbol{J}_0\boldsymbol{V}_{5,\mathrm{s}})-\boldsymbol{J}_3\boldsymbol{V}_{5,\mathrm{s}}\|_2^2 \tag{6.47}$$

$$\min_{\boldsymbol{\Theta}}\|\boldsymbol{\Theta}\boldsymbol{P}_2^{\perp}\|_2^2+\|\boldsymbol{\Theta}(\boldsymbol{J}_0\boldsymbol{U}_{5,\mathrm{s}})-\boldsymbol{J}_4\boldsymbol{U}_{5,\mathrm{s}}\|_2^2+\|\boldsymbol{\Theta}(\boldsymbol{J}_0\boldsymbol{V}_{5,\mathrm{s}})-\boldsymbol{J}_4\boldsymbol{V}_{5,\mathrm{s}}\|_2^2 \tag{6.48}$$

式中：“$\|\cdot\|_2$”表示 2 范数；

$$\boldsymbol{P}_1^{\perp}=\boldsymbol{P}_2^{\perp}=\boldsymbol{I}_{6L+1}-(\boldsymbol{J}_0\boldsymbol{U}_{5,\mathrm{s}})(\boldsymbol{J}_0\boldsymbol{U}_{5,\mathrm{s}})^{+}=\boldsymbol{I}_{6L+1}-\boldsymbol{A}_0\boldsymbol{A}_0^{+} \tag{6.49}$$

式（6.47）和式（6.48）又分别等效于下述最小二乘拟合问题：

$$\min_{\boldsymbol{\Theta}}\left\|\begin{bmatrix}\boldsymbol{P}_1^{\perp}\\(\boldsymbol{J}_0\boldsymbol{U}_{5,\mathrm{s}})^{\mathrm{H}}\\(\boldsymbol{J}_0\boldsymbol{V}_{5,\mathrm{s}})^{\mathrm{H}}\end{bmatrix}\boldsymbol{\Theta}^{\mathrm{H}}-\begin{bmatrix}\boldsymbol{O}\\(\boldsymbol{J}_3\boldsymbol{U}_{5,\mathrm{s}})^{\mathrm{H}}\\(\boldsymbol{J}_3\boldsymbol{V}_{5,\mathrm{s}})^{\mathrm{H}}\end{bmatrix}\right\|_2^2 \tag{6.50}$$

$$\min_{\boldsymbol{\Theta}}\left\|\begin{bmatrix}\boldsymbol{P}_2^{\perp}\\(\boldsymbol{J}_0\boldsymbol{U}_{5,\mathrm{s}})^{\mathrm{H}}\\(\boldsymbol{J}_0\boldsymbol{V}_{5,\mathrm{s}})^{\mathrm{H}}\end{bmatrix}\boldsymbol{\Theta}^{\mathrm{H}}-\begin{bmatrix}\boldsymbol{O}\\(\boldsymbol{J}_4\boldsymbol{U}_{5,\mathrm{s}})^{\mathrm{H}}\\(\boldsymbol{J}_4\boldsymbol{V}_{5,\mathrm{s}})^{\mathrm{H}}\end{bmatrix}\right\|_2^2 \tag{6.51}$$

由此可得$\boldsymbol{\Theta}_1$和$\boldsymbol{\Theta}_2$的解为

$$\boldsymbol{\Theta}_{1,\mathrm{ls}}=\boldsymbol{\Theta}_{1,1}\boldsymbol{\Theta}_{1,2}^{-1} \tag{6.52}$$

$$\boldsymbol{\Theta}_{2,\mathrm{ls}}=\boldsymbol{\Theta}_{2,1}\boldsymbol{\Theta}_{1,2}^{-1} \tag{6.53}$$

其中

$$\boldsymbol{\Theta}_{1,1}=(\boldsymbol{J}_3\boldsymbol{U}_{5,\mathrm{s}})(\boldsymbol{J}_0\boldsymbol{U}_{5,\mathrm{s}})^{\mathrm{H}}+(\boldsymbol{J}_3\boldsymbol{V}_{5,\mathrm{s}})(\boldsymbol{J}_0\boldsymbol{V}_{5,\mathrm{s}})^{\mathrm{H}} \tag{6.54}$$

$$\boldsymbol{\Theta}_{2,1}=(\boldsymbol{J}_4\boldsymbol{U}_{5,\mathrm{s}})(\boldsymbol{J}_0\boldsymbol{U}_{5,\mathrm{s}})^{\mathrm{H}}+(\boldsymbol{J}_4\boldsymbol{V}_{5,\mathrm{s}})(\boldsymbol{J}_0\boldsymbol{V}_{5,\mathrm{s}})^{\mathrm{H}} \tag{6.55}$$

$$\boldsymbol{\Theta}_{1,2}=\boldsymbol{P}_1^{\perp}+(\boldsymbol{J}_0\boldsymbol{U}_{5,\mathrm{s}})(\boldsymbol{J}_0\boldsymbol{U}_{5,\mathrm{s}})^{\mathrm{H}}+(\boldsymbol{J}_0\boldsymbol{V}_{5,\mathrm{s}})(\boldsymbol{J}_0\boldsymbol{V}_{5,\mathrm{s}})^{\mathrm{H}} \tag{6.56}$$

(1) 信号波达方向初估计。

根据之前的讨论，下述结论成立：

$$\boldsymbol{\Theta}_{p,\mathrm{ls}}(\boldsymbol{a}_{\mathrm{sos},m}\odot\boldsymbol{b}_{\mathrm{sos},m})=g_{p+2,\mathrm{sos},m}(\boldsymbol{a}_{\mathrm{sos},m}\odot\boldsymbol{b}_{\mathrm{sos},m}),\ p=1,2 \tag{6.57}$$

$$|g_{3,\mathrm{sos},m}|^2+|g_{4,\mathrm{sos},m}|^2=2 \tag{6.58}$$

式中："$|\cdot|$"表示模/绝对值。

式（6.57）表明，$\boldsymbol{\Theta}_{1,\mathrm{ls}}$对应于特征值$g_{3,\mathrm{sos},m}$的特征矢量和$\boldsymbol{\Theta}_{2,\mathrm{ls}}$对应于特征值$g_{4,\mathrm{sos},m}$的特征矢量是比例关系。

据此，可根据特征值和特征矢量之间的关系，对$\boldsymbol{\Theta}_{1,\mathrm{ls}}$和$\boldsymbol{\Theta}_{2,\mathrm{ls}}$的非零特征值进行配对，每组对应于同一信号。

记$l_{1,n}$和$l_{2,n}$为经过配对的矩阵$\boldsymbol{\Theta}_{1,\mathrm{ls}}$和$\boldsymbol{\Theta}_{2,\mathrm{ls}}$的第$n$组非零特征值，$\boldsymbol{l}_{1,n}$和$\boldsymbol{l}_{2,n}$为对应的特征矢量，根据上文的讨论，有下述结论成立：

$$\boldsymbol{l}_{p,n}(l)(\boldsymbol{l}_{p,n}(1)/\boldsymbol{l}_{p,n}(2))^{l-1}=\boldsymbol{c}_{p,n}(l)=k_{p,m}\boldsymbol{b}_{\mathrm{sos},m}(l),\ p=1,2 \tag{6.59}$$

其中，$k_{p,m}$为未知常数，$1\leqslant l\leqslant 6L+1$，$0\leqslant n\leqslant M-1$，$0\leqslant m\leqslant M-1$；注意此处$n$与$m$可能并不相同。

再令$\boldsymbol{c}_{1+2,n}=\boldsymbol{c}_{1,n}+\boldsymbol{c}_{2,n}$，$k_{1+2,m}=k_{1,m}+k_{2,m}$，并记

$$\begin{bmatrix}\boldsymbol{e}_{1+2,n,1}\\ \boldsymbol{e}_{1+2,n,2}\end{bmatrix}=\frac{1}{L}((\boldsymbol{\iota}_L^{\mathrm{T}}\otimes\boldsymbol{I}_6)[\boldsymbol{o}_{6L},\boldsymbol{I}_{6L}])\boldsymbol{c}_{1+2,n}=k_{1+2,m}\boldsymbol{b}_{\mathrm{iso},m} \tag{6.60}$$

其中，$\boldsymbol{e}_{1+2,n,1}$和$\boldsymbol{e}_{1+2,n,2}$均为3×1维列矢量，$\boldsymbol{o}_n$仍表示$n\times 1$维零矢量。

进而可通过下述矢量叉积方法得到第m个信号波的传播矢量估计：

$$\frac{\boldsymbol{e}_{1+2,n,1}\times\boldsymbol{e}_{1+2,n,2}^*}{\|\boldsymbol{e}_{1+2,n,1}\|_2\cdot\|\boldsymbol{e}_{1+2,n,2}^*\|_2}=-[\sin\theta_m\cos\phi_m,\sin\theta_m\sin\phi_m,\cos\theta_m]^{\mathrm{T}} \tag{6.61}$$

其中，符号"×"和上标"*"仍表示矢量叉积运算和复共轭。

根据式（6.61），可以进一步获得信号波达方向θ_m、ϕ_m以及ϑ_m、ψ_m的初估计。记$\hat{\vartheta}_m^{(\mathrm{c})}$和$\hat{\psi}_m^{(\mathrm{c})}$分别为$\vartheta_m$和$\psi_m$的估计值，两者均与阵列空间几何结构无关，所以不存在由于空间稀疏采样所导致的整周期模糊问题，但由于是根据矩阵$\boldsymbol{\Theta}_{1,\mathrm{ls}}$和$\boldsymbol{\Theta}_{2,\mathrm{ls}}$的主特征矢量信息获得的，所以对误差相对比较敏感，精度通常不是很高。

根据上文讨论，矩阵$\boldsymbol{\Theta}_{1,\mathrm{ls}}$和$\boldsymbol{\Theta}_{2,\mathrm{ls}}$的主特征值也包含信号的波达方向信息：

$$l_{1,n}=\sqrt{2}\cos\left(\frac{2\pi d_2\cos\vartheta_m}{\lambda}\right)\mathrm{e}^{\frac{\mathrm{j}2\pi d_1\cos\psi_m}{\lambda}} \tag{6.62}$$

$$l_{2,n}=\sqrt{2}\sin\left(\frac{2\pi d_2\cos\vartheta_m}{\lambda}\right)\mathrm{e}^{\frac{\mathrm{j}2\pi d_1\cos\psi_m}{\lambda}} \tag{6.63}$$

令

$$l_{1,1,n}=l_{1,n}\cos\left(\frac{2\pi d_2\cos\hat{\vartheta}_m^{(\mathrm{c})}}{\lambda}\right) \tag{6.64}$$

$$l_{1,2,n}=\frac{\sqrt{2}}{2}(l_{1,n}\mathrm{e}^{-\mathrm{j}\angle l_{1,1,n}}+\mathrm{j}l_{2,n}\mathrm{e}^{-\mathrm{j}\angle l_{1,1,n}}) \tag{6.65}$$

其中，“∠”表示辐角主值。

根据式（6.62）和式（6.63），我们有

$$\angle l_{1,1,n}=\frac{2\pi d_1\cos\psi_m}{\lambda} \tag{6.66}$$

$$l_{1,n}\mathrm{e}^{-\mathrm{j}\angle l_{1,1,n}}=\sqrt{2}\cos\left(\frac{2\pi d_2\cos\vartheta_m}{\lambda}\right) \tag{6.67}$$

$$l_{2,n}\mathrm{e}^{-\mathrm{j}\angle l_{1,1,n}}=\sqrt{2}\sin\left(\frac{2\pi d_2\cos\vartheta_m}{\lambda}\right) \tag{6.68}$$

$$\angle l_{1,2,n}=\frac{2\pi d_2\cos\vartheta_m}{\lambda} \tag{6.69}$$

如果 $d_1<\lambda/2$，$d_2<\lambda/2$，则

$$\psi_m=\arccos\left(\left(\frac{\lambda}{2\pi d_1}\right)\angle l_{1,1,n}\right) \tag{6.70}$$

$$\vartheta_m=\arccos\left(\left(\frac{\lambda}{2\pi d_2}\right)\angle l_{1,2,n}\right) \tag{6.71}$$

所以，根据 $l_{1,n}$ 和 $l_{2,n}$ 的估计值以及$\hat{\vartheta}_m^{(\mathrm{c})}$，可以基于式（6.70）和式（6.71），获得 ϑ_m 和 ψ_m 的估计，分别记作$\hat{\vartheta}_m^{(\mathrm{o})}$和$\hat{\psi}_m^{(\mathrm{o})}$。

随着 d_1 和 d_2 的增加，$\hat{\vartheta}_m^{(\mathrm{o})}$ 和$\hat{\psi}_m^{(\mathrm{o})}$ 的精度会逐渐提高，但可能会出现整周期模糊，下面讨论如何利用$\hat{\vartheta}_m^{(\mathrm{c})}$ 和$\hat{\psi}_m^{(\mathrm{c})}$ 解此模糊[109]。

（2）信号波达方向重估计。

① 如果 $d_1\geqslant\lambda/2$，则基于式（6.70）所得的 ψ_m 的估计$\hat{\psi}_m^{(\mathrm{o})}$可能存在整周期模糊。

（i）若 $\cos\left(\frac{2\pi d_2\cos\hat{\vartheta}_m^{(\mathrm{c})}}{\lambda}\right)\geqslant 0$，则 ψ_m 满足下式：

$$[\cos\psi_m]^{(k_{1,1})}=\left(\frac{\lambda}{2\pi d_1}\right)\angle l_{1,n}+\left(\frac{\lambda}{d_1}\right)k_{1,1} \tag{6.72}$$

其中，$k_{1,1}$为整数。

注意到$-1\leqslant[\cos\psi_m]^{(k_{1,1})}\leqslant 1$，所以

$$-\left(\frac{d_1}{\lambda}\right)-\frac{\angle l_{1,n}}{2\pi}\leqslant k_{1,1}\leqslant\left(\frac{d_1}{\lambda}\right)-\frac{\angle l_{1,n}}{2\pi} \tag{6.73}$$

又 $\psi_m=\arccos\left(\left(\frac{\lambda}{2\pi d_1}\right)\angle l_{1,n}\right)$，也即

$$\frac{\angle l_{1,n}}{2\pi}=\left(\frac{d_1}{\lambda}\right)\cos\psi_m \tag{6.74}$$

因此

$$\left\lceil\frac{(-1-\cos\psi_m)d_1}{\lambda}\right\rceil\leqslant k_{1,1}\leqslant\left\lfloor\frac{(1-\cos\psi_m)d_1}{\lambda}\right\rfloor \tag{6.75}$$

其中，“$\lceil x\rceil$”表示不小于 x 的最小整数，“$\lfloor x\rfloor$”表示不大于 x 的最大整数。

考虑到

$$\left(\frac{\lambda}{2\pi d_1}\right)\angle l_{1,n}+\left(\frac{\lambda}{d_1}\right)k_{1,1}\approx\cos\hat{\psi}_m^{(c)} \tag{6.76}$$

所以 $k_{1,1}$可取为

$$k_{1,1,m}=\text{round}\left(\frac{d_1\cos\hat{\psi}_m^{(c)}}{\lambda}-\frac{\angle l_{1,n}}{2\pi}\right) \tag{6.77}$$

其中，“round”表示四舍五入取整。

利用 $k_{1,1,m}$，ψ_m可以重估计为

$$\hat{\psi}_m=\arccos\left(\left(\frac{\lambda}{2\pi d_1}\right)\angle l_{1,n}+\left(\frac{\lambda}{d_1}\right)k_{1,1,m}\right) \tag{6.78}$$

（ii）若 $\cos\left(\frac{2\pi d_2\cos\hat{\vartheta}_m^{(c)}}{\lambda}\right)<0$，则 ψ_m满足下式：

$$[\cos\psi_m]^{(k_{1,2})}=\left(\frac{\lambda}{2\pi d_1}\right)\angle l_{1,n}+\left(\frac{\lambda}{d_1}\right)\left(k_{1,2}+\frac{1}{2}\right) \tag{6.79}$$

其中

$$\left\lceil\frac{(-1-\cos\psi_m)d_1}{\lambda}-\frac{1}{2}\right\rceil\leqslant k_{1,2}\leqslant\left\lfloor\frac{(1-\cos\psi_m)d_1}{\lambda}-\frac{1}{2}\right\rfloor \tag{6.80}$$

与（i）中的讨论类似，$k_{1,2}$可取为

$$k_{1,2,m}=\text{round}\left(\frac{d_1\cos\hat{\psi}_m^{(c)}}{\lambda}-\frac{\angle l_{1,n}}{2\pi}-\frac{1}{2}\right) \tag{6.81}$$

利用 $k_{1,2,m}$，ψ_m 可以重估计为

$$\hat{\psi}_m=\arccos\left(\left(\frac{\lambda}{2\pi d_1}\right)\angle l_{1,n}+\left(\frac{\lambda}{d_1}\right)\left(k_{1,2,m}+\frac{1}{2}\right)\right) \tag{6.82}$$

② 如果 $d_2\geqslant\lambda/2$，则基于式（6.71）所得的 ϑ_m 的估计 $\hat{\vartheta}_m^{(\mathrm{o})}$，可能存在整周期模糊：

$$[\cos\vartheta_m]^{(k_{1,3})}=\left(\frac{\lambda}{2\pi d_2}\right)\angle l_{1,2,n}+\left(\frac{\lambda}{d_2}\right)k_{1,3} \tag{6.83}$$

其中

$$-\frac{d_2}{\lambda}-\frac{\angle l_{1,2,n}}{2\pi}\leqslant k_{1,3}\leqslant\frac{d_2}{\lambda}-\frac{\angle l_{1,2,n}}{2\pi} \tag{6.84}$$

再注意到

$$\frac{\angle l_{1,2,n}}{2\pi}=\left(\frac{d_2}{\lambda}\right)\cos\vartheta_m \tag{6.85}$$

所以

$$\left\lceil\frac{(-1-\cos\vartheta_m)d_2}{\lambda}\right\rceil\leqslant k_{1,3}\leqslant\left\lfloor\frac{(1-\cos\vartheta_m)d_2}{\lambda}\right\rfloor \tag{6.86}$$

由于

$$\left(\frac{\lambda}{2\pi d_2}\right)\angle l_{1,2,n}+\left(\frac{\lambda}{d_2}\right)k_{1,3}\approx\cos\hat{\vartheta}_m^{(\mathrm{c})} \tag{6.87}$$

实际中 $k_{1,3}$ 可取为

$$k_{1,3,m}=\mathrm{round}\left(\frac{d_2\cos\hat{\vartheta}_m^{(\mathrm{c})}}{\lambda}-\frac{\angle l_{1,2,n}}{2\pi}\right) \tag{6.88}$$

利用 $k_{1,3,m}$，ϑ_m 可以重估计为

$$\hat{\vartheta}_m=\arccos\left(\left(\frac{\lambda}{2\pi d_2}\right)\angle l_{1,2,n}+\left(\frac{\lambda}{d_2}\right)k_{1,3,m}\right) \tag{6.89}$$

（3）信号波极化参数估计。

利用第 m 个信号波达方向的估计值 $\hat{\theta}_m$ 和 $\hat{\phi}_m$，构造

$$\boldsymbol{B}_{\mathrm{em}}(\hat{\theta}_m,\hat{\phi}_m)=\begin{bmatrix}\boldsymbol{b}_{\mathbb{H}}(\hat{\phi}_m) & \boldsymbol{b}_{\mathbb{V}}(\hat{\theta}_m,\hat{\phi}_m)\\ \boldsymbol{b}_{\mathbb{V}}(\hat{\theta}_m,\hat{\phi}_m) & -\boldsymbol{b}_{\mathbb{H}}(\hat{\phi}_m)\end{bmatrix} \tag{6.90}$$

再构造

$$\hat{\boldsymbol{p}}_{\mathrm{sos},m}=(\boldsymbol{B}_{\mathrm{em}}^{\mathrm{H}}(\hat{\theta}_m,\hat{\phi}_m)\boldsymbol{B}_{\mathrm{em}}(\hat{\theta}_m,\hat{\phi}_m))^{-1}\boldsymbol{B}_{\mathrm{em}}^{\mathrm{H}}(\hat{\theta}_m,\hat{\phi}_m)\begin{bmatrix}\boldsymbol{e}_{1+2,n,1}\\ \boldsymbol{e}_{1+2,n,2}\end{bmatrix} \tag{6.91}$$

根据上文的讨论，$\hat{\boldsymbol{p}}_{\text{sos},m}$与第 m 个入射信号波的极化矢量 $\boldsymbol{p}_{\gamma_m,\eta_m}$ 成比例关系，也即

$$\frac{\hat{\boldsymbol{p}}_{\text{sos},m}(2)}{\hat{\boldsymbol{p}}_{\text{sos},m}(1)}=\tan\gamma_m\mathrm{e}^{\mathrm{j}\eta_m}\tag{6.92}$$

由此可得下述信号波极化参数估计公式：

$$\hat{\gamma}_m=\arctan\left(\left|\frac{\hat{\boldsymbol{p}}_{\text{sos},m}(2)}{\hat{\boldsymbol{p}}_{\text{sos},m}(1)}\right|\right)\tag{6.93}$$

$$\hat{\eta}_m=\angle\left(\frac{\hat{\boldsymbol{p}}_{\text{sos},m}(2)}{\hat{\boldsymbol{p}}_{\text{sos},m}(1)}\right)\tag{6.94}$$

上述方法称为二阶多极化旋转不变方法（sPRI），所采用的非共点矢量天线可以是稀疏的，也即其内部传感单元的间距可以超过半个信号波长，这对减小矢量天线内部传感单元间的互耦效应是有利的。

下面看几个仿真例子，例中阵列如图6.1所示，包括3个6元非共点矢量天线和3个辅助天线，也即一共包括21个传感单元，d_0和d_2均为一个信号波长；正则化参数设为1。

（1）考虑两个统计独立的等功率、完全非圆信号，波达方向分别为(35°,8°)和(73°,25°)，波极化参数分别为(10°,30°)和(30°,50°)，非圆相位分别为160°和0°。

图6.2所示为sPRI方法的信号波达方向估计均方角度误差随d_1变化的曲线（此处的信号波达方向与波极化参数估计性能曲线均由2000次独立实验结果的平均得到）。

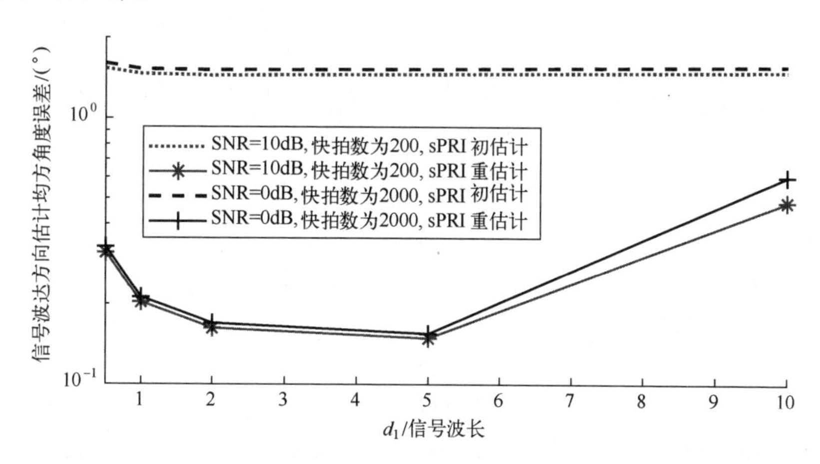

图6.2　sPRI方法信号波达方向估计均方角度误差随d_1变化的曲线

由所示结果可以看出，当 d_1 小于 5 倍信号波长时，sPRI 方法的信号波达方向重估计均方角度误差随 d_1 的增加而减小；当 d_1 大于 5 倍信号波长时，sPRI 方法的信号波达方向重估计均方角度误差随 d_1 的增加而增大，这主要是由解模糊正确率的降低所造成的。

由所示结果还可以看出，信号波达方向预估计均方角度误差几乎不随 d_1 的变化而变化，这主要是因为预估计所用的数据与阵列的空间几何结构无关。

（2）图 6.3 和图 6.4 所示分别为 sPRI 方法信号波达方向与波极化参数估计均方根误差随信噪比和快拍数变化的曲线，其中 d_0 和 d_1 均为 12 个信号波长。

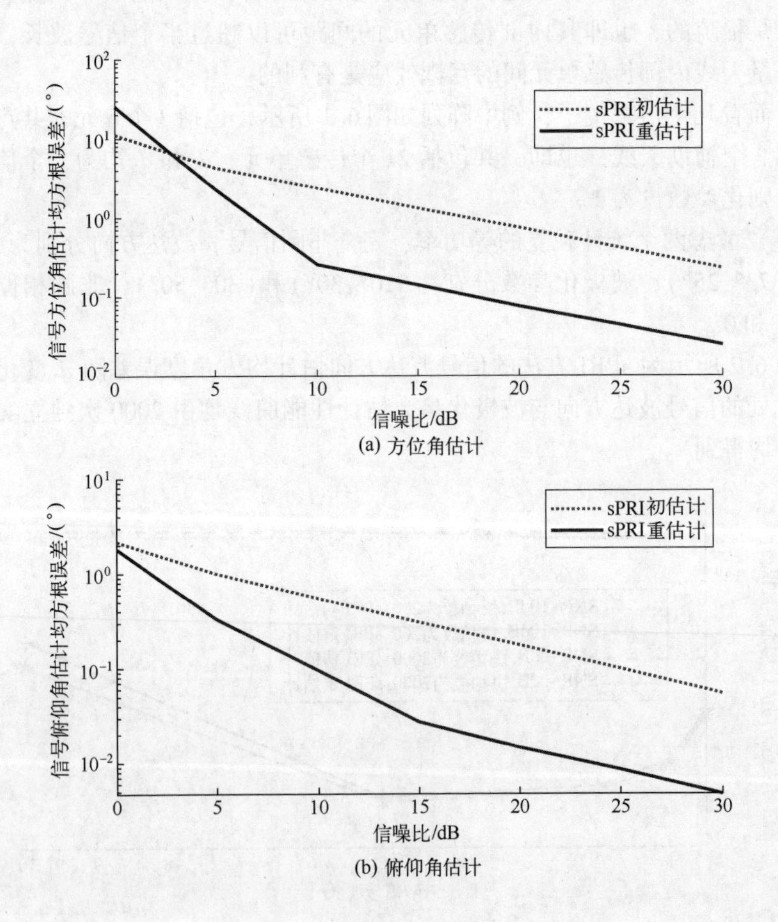

(a) 方位角估计

(b) 俯仰角估计

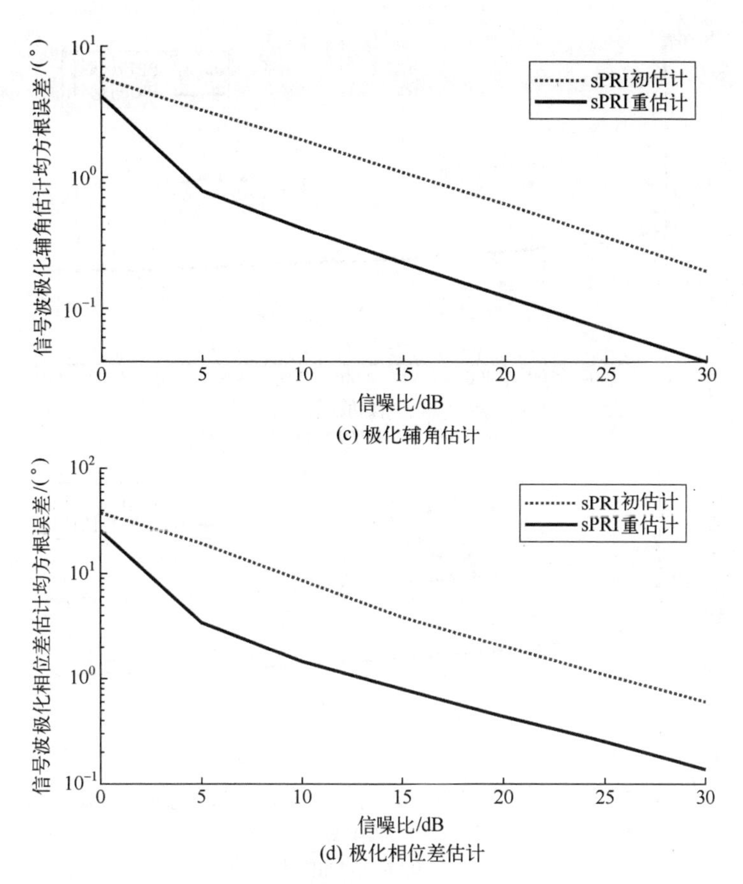

(c) 极化辅角估计

(d) 极化相位差估计

图 6.3　sPRI 方法信号波达方向与波极化参数估计均方根误差随信噪比变化的曲线

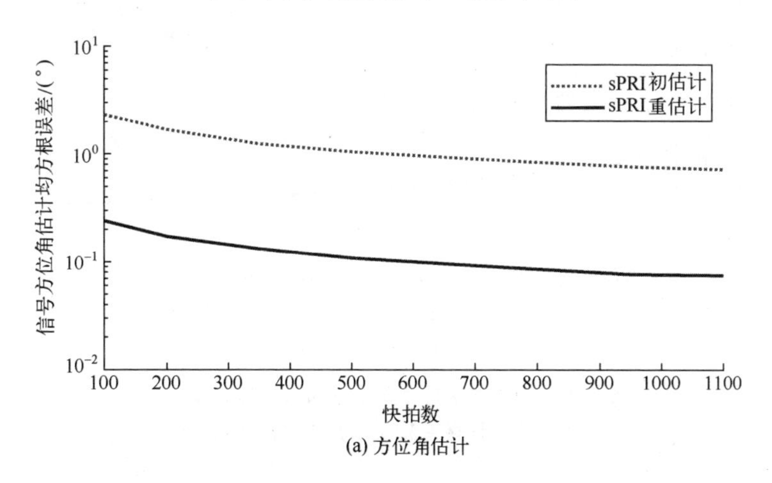

(a) 方位角估计

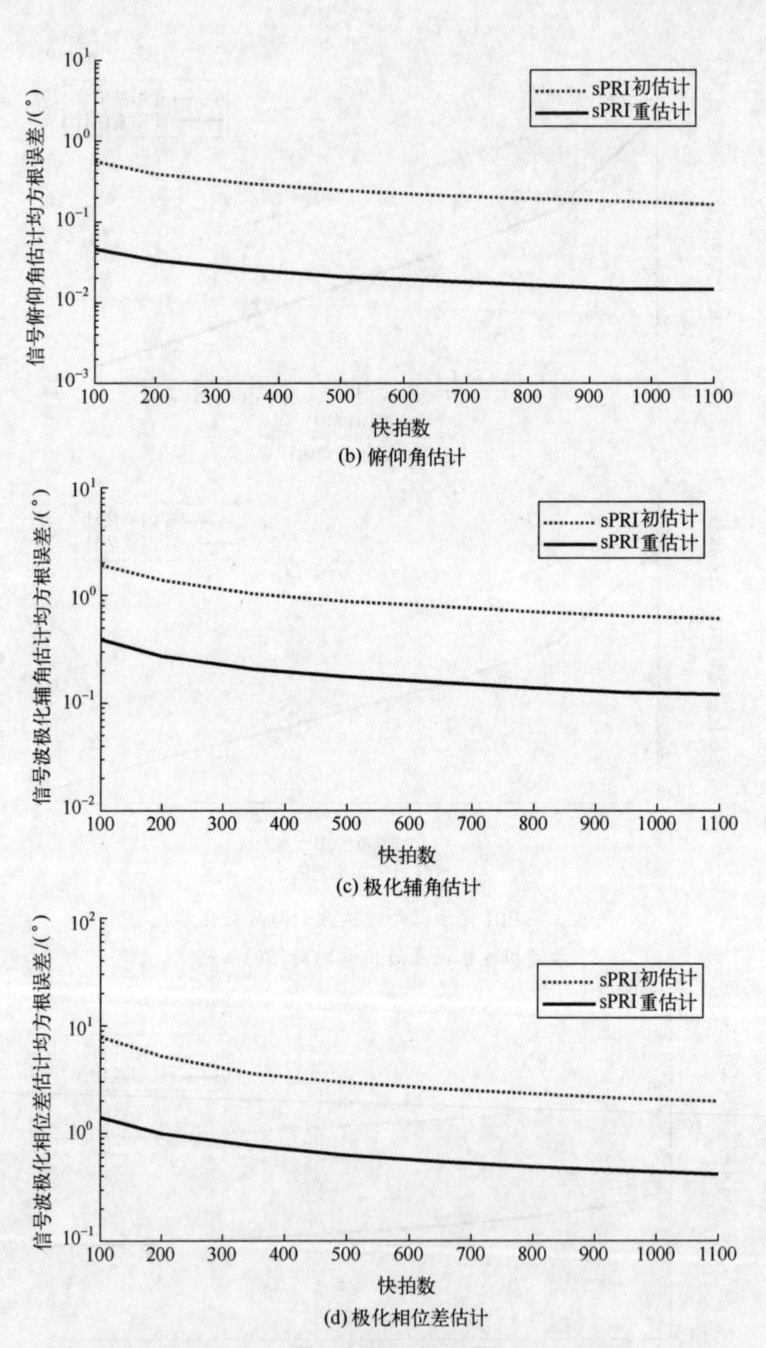

(b) 俯仰角估计

(c) 极化辅角估计

(d) 极化相位差估计

图 6.4 sPRI 方法信号波达方向与波极化参数估计均方根误差随快拍数变化的曲线

6.2.2 混合阶多极化旋转不变方法

混合阶方法所采用的非共点矢量天线阵列结构如图 6.5 所示，其结构相比于图 6.1 所示的二阶非共点矢量天线阵列有所简化，这里称为混合阶非共点矢量天线阵列。

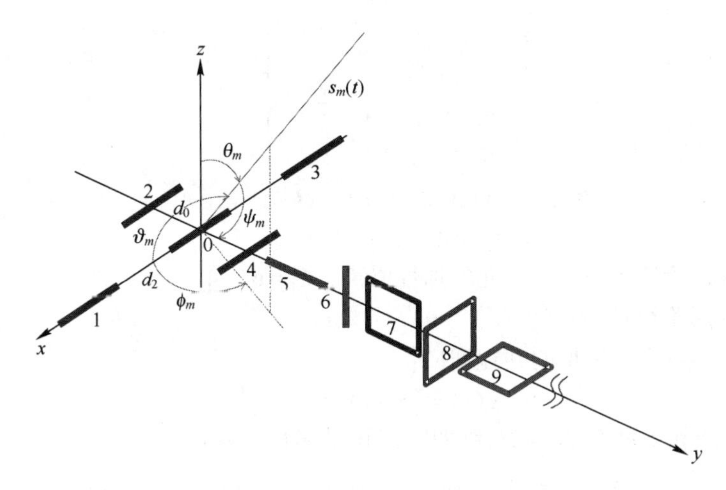

图 6.5　混合阶非共点矢量天线阵列结构示意图

混合阶非共点矢量天线阵列仍由短偶极子和小磁环天线组成，其中 0 号天线位于坐标原点$[0,0,0]^{\mathrm{T}}$，作为参考天线，1 号、2 号、3 号天线的位置矢量分别为

$$[d_2,0,0]^{\mathrm{T}}、\ [0,-d_0,0]^{\mathrm{T}}、\ [-d_2,0,0]^{\mathrm{T}}$$

4~9 号天线的位置矢量分别为

$$[0,(l-3)d_0,0]^{\mathrm{T}},\ l=4,5,6,7,8,9$$

其余天线的数目、特性和位置可根据处理容量要求而定，对于信号波达方向与波极化参数估计而言可以未知，也即混合阶矢量天线阵列仅需部分校正。

根据图 6.5，混合阶非共点矢量天线阵列的输出可表示为

$$\boldsymbol{x}(t)=\sum_{m=0}^{M-1}[\underbrace{\boldsymbol{a}_{\mathrm{mos},m}\odot\boldsymbol{b}_{\mathrm{mos},m}}_{\overset{\mathrm{def}}{=}\boldsymbol{b}_m}]s_m(t)+\boldsymbol{n}(t) \tag{6.95}$$

式中：

$$\boldsymbol{a}_{\mathrm{mos},m}=\begin{bmatrix}1\\ \mathrm{e}^{\frac{\mathrm{j}2\pi d_2\cos\vartheta_m}{\lambda}}\\ \mathrm{e}^{-\frac{\mathrm{j}2\pi d_0\cos\psi_m}{\lambda}}\\ \mathrm{e}^{-\frac{\mathrm{j}2\pi d_2\cos\vartheta_m}{\lambda}}\\ \mathrm{e}^{\frac{\mathrm{j}2\pi d_0\cos\psi_m}{\lambda}}\\ \mathrm{e}^{\frac{\mathrm{j}4\pi d_0\cos\psi_m}{\lambda}}\\ \vdots\end{bmatrix} \tag{6.96}$$

$$\boldsymbol{b}_{\mathrm{mos},m}=[(\boldsymbol{\iota}_4\boldsymbol{b}_{\mathrm{iso},m}(1))^{\mathrm{T}},(\boldsymbol{\iota}_L\otimes\boldsymbol{b}_{\mathrm{iso},m})^{\mathrm{T}}]^{\mathrm{T}} \tag{6.97}$$

$$\boldsymbol{n}(t)=[n_0(t),n_1(t),\cdots,n_{L_1}(t)]^{\mathrm{T}} \tag{6.98}$$

其中，$n_l(t)$为第 l 个天线单元的加性噪声，$L_1=6L+4$。

(1) 四阶统计量。

考虑阵列输出矢量的共轭增广：

$$\widetilde{\boldsymbol{x}}(t)=[\boldsymbol{x}^{\mathrm{T}}(t),\boldsymbol{x}^{\mathrm{H}}(t)]^{\mathrm{T}} \tag{6.99}$$

进一步构造如下两个 $2L_1\times 2L_1$维四阶累积量切片矩阵：

$$\boldsymbol{C}^{(l_1,l_2)}=\mathrm{cum}(\widetilde{x}_{l_1-1}(t),\widetilde{x}^*_{l_2-1}(t),\widetilde{\boldsymbol{x}}(t),\widetilde{\boldsymbol{x}}^{\mathrm{H}}(t)) \tag{6.100}$$

$$\boldsymbol{F}^{(l_1,l_2)}=\mathrm{cum}(\widetilde{x}_{l_1-1}(t),\widetilde{x}^*_{l_2-1}(t),\widetilde{\boldsymbol{x}}(t),\widetilde{\boldsymbol{x}}^{\mathrm{T}}(t)) \tag{6.101}$$

其中，cum 表示四阶累积量，l_1和 l_2为正整数，且 $1\leqslant l_1\leqslant 5$，$1\leqslant l_2\leqslant 5$。

再定义

$$\sigma_{1,\mathrm{mos},m}=\mathrm{cum}(s_m(t),s^*_m(t),s_m(t),s^*_m(t))=\sigma_{\mathrm{fos},m}\neq 0 \tag{6.102}$$

$$\sigma_{2,\mathrm{mos},m}=\mathrm{cum}(s_m(t),s^*_m(t),s_m(t),s_m(t))\neq 0 \tag{6.103}$$

其中，$s^*_m(t)=\kappa_m s_m(t)$，$|\kappa_m|=1$。

由此，根据图 6.5，若 $1\leqslant l_1\leqslant 5$，$1\leqslant l_2\leqslant 5$，则 $\boldsymbol{C}^{(l_1,l_2)}$ 和 $\boldsymbol{F}^{(l_1,l_2)}$ 可以重新写成

$$\boldsymbol{C}^{(l_1,l_2)}=\sum_{m=0}^{M-1}\sigma_{1,\mathrm{mos},m}\widetilde{\boldsymbol{b}}_m(l_1)\widetilde{\boldsymbol{b}}^*_m(l_2)\widetilde{\boldsymbol{b}}_m\widetilde{\boldsymbol{b}}^{\mathrm{H}}_m=\widetilde{\boldsymbol{B}}\boldsymbol{Q}^{(l_1,l_2)}\boldsymbol{K}\widetilde{\boldsymbol{B}}^{\mathrm{H}} \tag{6.104}$$

$$\boldsymbol{F}^{(l_1,l_2)}=\sum_{m=0}^{M-1}\sigma_{2,\mathrm{mos},m}\widetilde{\boldsymbol{b}}_m(l_1)\widetilde{\boldsymbol{b}}^*_m(l_2)\widetilde{\boldsymbol{b}}_m\widetilde{\boldsymbol{b}}^{\mathrm{T}}_m=\widetilde{\boldsymbol{B}}\boldsymbol{Q}^{(l_1,l_2)}\boldsymbol{K}\boldsymbol{G}\widetilde{\boldsymbol{B}}^{\mathrm{T}} \tag{6.105}$$

式中：

$$\widetilde{\boldsymbol{B}}=[\widetilde{\boldsymbol{b}}_0,\widetilde{\boldsymbol{b}}_1,\cdots,\widetilde{\boldsymbol{b}}_{M-1}] \tag{6.106}$$

$$\widetilde{\boldsymbol{b}}_m=[\boldsymbol{b}^{\mathrm{T}}_m,\kappa_m\boldsymbol{b}^{\mathrm{H}}_m]^{\mathrm{T}} \tag{6.107}$$

$$\boldsymbol{Q}^{(l_1,l_2)}=\mathrm{diag}\left(\frac{\widetilde{\boldsymbol{b}}_0(l_1)\widetilde{\boldsymbol{b}}^*_0(l_2)}{\varsigma_{0,1,0}},\frac{\widetilde{\boldsymbol{b}}_1(l_1)\widetilde{\boldsymbol{b}}^*_1(l_2)}{\varsigma_{0,1,1}},\cdots,\frac{\widetilde{\boldsymbol{b}}_{M-1}(l_1)\widetilde{\boldsymbol{b}}^*_{M-1}(l_2)}{\varsigma_{0,1,M-1}}\right) \tag{6.108}$$

$$\boldsymbol{K}=\mathrm{diag}(\varsigma_{0,1,0}\sigma_{1,\mathrm{mos},0},\varsigma_{0,1,1}\sigma_{1,\mathrm{mos},1},\cdots,\varsigma_{0,1,M-1}\sigma_{1,\mathrm{mos},M-1}) \tag{6.109}$$

$$\boldsymbol{G}=\mathrm{diag}\left(\frac{\sigma_{2,\mathrm{mos},0}}{\sigma_{1,\mathrm{mos},0}},\frac{\sigma_{2,\mathrm{mos},1}}{\sigma_{1,\mathrm{mos},1}},\cdots,\frac{\sigma_{2,\mathrm{mos},M-1}}{\sigma_{1,\mathrm{mos},M-1}}\right) \tag{6.110}$$

其中，$\varsigma_{0,1,m}=|\boldsymbol{b}_{\mathrm{iso},m}(1)|^2$。

考虑下述四阶累积量切片矩阵：

$$\boldsymbol{C}^{(2,1)}=\widetilde{\boldsymbol{B}}\boldsymbol{Q}^{(2,1)}\boldsymbol{K}\widetilde{\boldsymbol{B}}^{\mathrm{H}}=\boldsymbol{C}^{(1,4)}=\widetilde{\boldsymbol{B}}\boldsymbol{Q}^{(1,4)}\boldsymbol{K}\widetilde{\boldsymbol{B}}^{\mathrm{H}} \tag{6.111}$$

$$\boldsymbol{C}^{(5,1)}=\widetilde{\boldsymbol{B}}\boldsymbol{Q}^{(5,1)}\boldsymbol{K}\widetilde{\boldsymbol{B}}^{\mathrm{H}}=\boldsymbol{C}^{(1,3)}=\widetilde{\boldsymbol{B}}\boldsymbol{Q}^{(1,3)}\boldsymbol{K}\widetilde{\boldsymbol{B}}^{\mathrm{H}} \tag{6.112}$$

$$\boldsymbol{C}^{(1,2)}=\widetilde{\boldsymbol{B}}\boldsymbol{Q}^{(1,2)}\boldsymbol{K}\widetilde{\boldsymbol{B}}^{\mathrm{H}}=\boldsymbol{C}^{(4,1)}=\widetilde{\boldsymbol{B}}\boldsymbol{Q}^{(4,1)}\boldsymbol{K}\widetilde{\boldsymbol{B}}^{\mathrm{H}} \tag{6.113}$$

$$\boldsymbol{F}^{(2,1)}=\widetilde{\boldsymbol{B}}\boldsymbol{Q}^{(2,1)}\boldsymbol{K}\boldsymbol{G}\widetilde{\boldsymbol{B}}^{\mathrm{T}}=\boldsymbol{F}^{(1,4)}=\widetilde{\boldsymbol{B}}\boldsymbol{Q}^{(1,4)}\boldsymbol{K}\boldsymbol{G}\widetilde{\boldsymbol{B}}^{\mathrm{T}} \tag{6.114}$$

$$\boldsymbol{F}^{(5,1)}=\widetilde{\boldsymbol{B}}\boldsymbol{Q}^{(5,1)}\boldsymbol{K}\boldsymbol{G}\widetilde{\boldsymbol{B}}^{\mathrm{T}}=\boldsymbol{F}^{(1,3)}=\widetilde{\boldsymbol{B}}\boldsymbol{Q}^{(1,3)}\boldsymbol{K}\boldsymbol{G}\widetilde{\boldsymbol{B}}^{\mathrm{T}} \tag{6.115}$$

$$\boldsymbol{F}^{(1,2)}=\widetilde{\boldsymbol{B}}\boldsymbol{Q}^{(1,2)}\boldsymbol{K}\boldsymbol{G}\widetilde{\boldsymbol{B}}^{\mathrm{T}}=\boldsymbol{F}^{(4,1)}=\widetilde{\boldsymbol{B}}\boldsymbol{Q}^{(4,1)}\boldsymbol{K}\boldsymbol{G}\widetilde{\boldsymbol{B}}^{\mathrm{T}} \tag{6.116}$$

其中

$$\boldsymbol{Q}^{(2,1)}=\mathrm{diag}\left(\mathrm{e}^{\frac{\mathrm{j}2\pi d_2\cos\vartheta_0}{\lambda}},\mathrm{e}^{\frac{\mathrm{j}2\pi d_2\cos\vartheta_1}{\lambda}},\cdots,\mathrm{e}^{\frac{\mathrm{j}2\pi d_2\cos\vartheta_{M-1}}{\lambda}}\right) \tag{6.117}$$

$$\boldsymbol{Q}^{(5,1)}=\mathrm{diag}\left(\mathrm{e}^{\frac{\mathrm{j}2\pi d_0\cos\psi_0}{\lambda}},\mathrm{e}^{\frac{\mathrm{j}2\pi d_0\cos\psi_1}{\lambda}},\cdots,\mathrm{e}^{\frac{\mathrm{j}2\pi d_0\cos\psi_{M-1}}{\lambda}}\right) \tag{6.118}$$

$$\boldsymbol{Q}^{(1,2)}=\mathrm{diag}\left(\mathrm{e}^{-\frac{\mathrm{j}2\pi d_2\cos\vartheta_0}{\lambda}},\mathrm{e}^{-\frac{\mathrm{j}2\pi d_2\cos\vartheta_1}{\lambda}},\cdots,\mathrm{e}^{-\frac{\mathrm{j}2\pi d_2\cos\vartheta_{M-1}}{\lambda}}\right) \tag{6.119}$$

$$\boldsymbol{Q}^{(2,1)}=\boldsymbol{Q}^{(1,4)} \tag{6.120}$$

$$\boldsymbol{Q}^{(5,1)}=\boldsymbol{Q}^{(1,3)} \tag{6.121}$$

$$\boldsymbol{Q}^{(1,2)}=\boldsymbol{Q}^{(4,1)}=(\boldsymbol{Q}^{(2,1)})^*=(\boldsymbol{Q}^{(1,4)})^* \tag{6.122}$$

注意到

$$\boldsymbol{C}_{6,1}=\frac{1}{2}(\boldsymbol{C}^{(5,1)}+\boldsymbol{C}^{(1,3)})=\widetilde{\boldsymbol{B}}\boldsymbol{Q}^{(1)}\boldsymbol{K}\widetilde{\boldsymbol{B}}^{\mathrm{H}} \tag{6.123}$$

$$\boldsymbol{C}_{6,2}=\frac{1}{4}(\boldsymbol{C}^{(2,1)}+\boldsymbol{C}^{(1,4)}+\boldsymbol{C}^{(1,2)}+\boldsymbol{C}^{(4,1)})=\widetilde{\boldsymbol{B}}\boldsymbol{Q}^{(2)}\boldsymbol{K}\widetilde{\boldsymbol{B}}^{\mathrm{H}} \tag{6.124}$$

$$\boldsymbol{C}_{6,3}=\frac{1}{4\mathrm{j}}(\boldsymbol{C}^{(2,1)}+\boldsymbol{C}^{(1,4)}-\boldsymbol{C}^{(1,2)}-\boldsymbol{C}^{(4,1)})=\widetilde{\boldsymbol{B}}\boldsymbol{Q}^{(3)}\boldsymbol{K}\widetilde{\boldsymbol{B}}^{\mathrm{H}} \tag{6.125}$$

其中

$$\boldsymbol{Q}^{(1)}=\boldsymbol{Q}^{(5,1)}=\boldsymbol{Q}^{(1,3)} \tag{6.126}$$

$$\boldsymbol{Q}^{(2)}=\mathrm{diag}\left(\cos\left(\frac{2\pi d_2\cos\vartheta_0}{\lambda}\right),\cos\left(\frac{2\pi d_2\cos\vartheta_1}{\lambda}\right),\cdots,\cos\left(\frac{2\pi d_2\cos\vartheta_{M-1}}{\lambda}\right)\right) \tag{6.127}$$

$$\boldsymbol{Q}^{(3)}=\mathrm{diag}\left(\sin\left(\frac{2\pi d_2\cos\vartheta_0}{\lambda}\right),\sin\left(\frac{2\pi d_2\cos\vartheta_1}{\lambda}\right),\cdots,\sin\left(\frac{2\pi d_2\cos\vartheta_{M-1}}{\lambda}\right)\right) \tag{6.128}$$

于是

$$\boldsymbol{C}_6=\begin{bmatrix}\boldsymbol{C}_{6,1}\\\boldsymbol{C}_{6,2}\\\boldsymbol{C}_{6,3}\end{bmatrix}=\begin{bmatrix}\widetilde{\boldsymbol{B}}\boldsymbol{Q}^{(1)}\\\widetilde{\boldsymbol{B}}\boldsymbol{Q}^{(2)}\\\widetilde{\boldsymbol{B}}\boldsymbol{Q}^{(3)}\end{bmatrix}\boldsymbol{K}\widetilde{\boldsymbol{B}}^{\mathrm{H}} \tag{6.129}$$

记 $\boldsymbol{C}_6$ 的主特征矢量矩阵为 $\boldsymbol{U}_{6,\mathrm{s}}$，根据特征子空间理论，有

$$\boldsymbol{U}_{6,\mathrm{s}}=\begin{bmatrix}\boldsymbol{J}_5\boldsymbol{U}_{6,\mathrm{s}}\\\boldsymbol{J}_6\boldsymbol{U}_{6,\mathrm{s}}\\\boldsymbol{J}_7\boldsymbol{U}_{6,\mathrm{s}}\end{bmatrix}=\begin{bmatrix}\boldsymbol{U}_{6,\mathrm{s},1}\\\boldsymbol{U}_{6,\mathrm{s},2}\\\boldsymbol{U}_{6,\mathrm{s},3}\end{bmatrix}=\begin{bmatrix}\widetilde{\boldsymbol{B}}\boldsymbol{Q}^{(1)}\\\widetilde{\boldsymbol{B}}\boldsymbol{Q}^{(2)}\\\widetilde{\boldsymbol{B}}\boldsymbol{Q}^{(3)}\end{bmatrix}\boldsymbol{T}_4=\begin{bmatrix}\widetilde{\boldsymbol{B}}\boldsymbol{Q}^{(1)}\boldsymbol{T}_4\\\widetilde{\boldsymbol{B}}\boldsymbol{Q}^{(2)}\boldsymbol{T}_4\\\widetilde{\boldsymbol{B}}\boldsymbol{Q}^{(3)}\boldsymbol{T}_4\end{bmatrix} \tag{6.130}$$

其中，$\boldsymbol{T}_4$ 为 $M\times M$ 维满秩矩阵；

$$\boldsymbol{J}_5=[\boldsymbol{I}_{2L_1},\boldsymbol{O}_{2L_1},\boldsymbol{O}_{2L_1}] \tag{6.131}$$

$$\boldsymbol{J}_6=[\boldsymbol{O}_{2L_1},\boldsymbol{I}_{2L_1},\boldsymbol{O}_{2L_1}] \tag{6.132}$$

$$\boldsymbol{J}_7=[\boldsymbol{O}_{2L_1},\boldsymbol{O}_{2L_1},\boldsymbol{I}_{2L_1}] \tag{6.133}$$

再定义下述两个 $2L_1\times 2L_1$ 维矩阵：

$$\boldsymbol{\Theta}_3=\widetilde{\boldsymbol{B}}\boldsymbol{Q}^{(2)}(\boldsymbol{Q}^{(1)})^{-1}\widetilde{\boldsymbol{B}}^{+} \tag{6.134}$$

$$\boldsymbol{\Theta}_4=\widetilde{\boldsymbol{B}}\boldsymbol{Q}^{(3)}(\boldsymbol{Q}^{(1)})^{-1}\widetilde{\boldsymbol{B}}^{+} \tag{6.135}$$

可以证明，$\boldsymbol{\Theta}_3$ 和 $\boldsymbol{\Theta}_4$ 的秩均为待处理信号数 M，并且

$$\boldsymbol{\Theta}_3\widetilde{\boldsymbol{B}}=\widetilde{\boldsymbol{B}}\boldsymbol{Q}^{(2)}(\boldsymbol{Q}^{(1)})^{-1} \tag{6.136}$$

$$\boldsymbol{\Theta}_4\widetilde{\boldsymbol{B}}=\widetilde{\boldsymbol{B}}\boldsymbol{Q}^{(3)}(\boldsymbol{Q}^{(1)})^{-1} \tag{6.137}$$

所以，$\boldsymbol{\Theta}_3$ 和 $\boldsymbol{\Theta}_4$ 的 M 个非零特征值正好分别等于 $\boldsymbol{Q}^{(2)}(\boldsymbol{Q}^{(1)})^{-1}$ 和 $\boldsymbol{Q}^{(3)}(\boldsymbol{Q}^{(1)})^{-1}$ 的对角线元素，而对应的特征矢量则均与 $\widetilde{\boldsymbol{B}}$ 的列矢量也即 $\widetilde{\boldsymbol{b}}_m$ 成比例关系。

根据式（6.129）和式（6.130），进一步有

$$\boldsymbol{\Theta}_3\boldsymbol{U}_{6,\mathrm{s},1}=\boldsymbol{\Theta}_3\widetilde{\boldsymbol{B}}\boldsymbol{Q}^{(1)}\boldsymbol{T}_4=\widetilde{\boldsymbol{B}}\boldsymbol{Q}^{(2)}\boldsymbol{T}_4=\boldsymbol{U}_{6,\mathrm{s},2} \tag{6.138}$$

$$\boldsymbol{\Theta}_4\boldsymbol{U}_{6,\mathrm{s},1}=\boldsymbol{\Theta}_4\widetilde{\boldsymbol{B}}\boldsymbol{Q}^{(1)}\boldsymbol{T}_4=\widetilde{\boldsymbol{B}}\boldsymbol{Q}^{(3)}\boldsymbol{T}_4=\boldsymbol{U}_{6,\mathrm{s},3} \tag{6.139}$$

类似地，还可以考虑下述四阶累积量切片矩阵：

$$\boldsymbol{F}_{6,1}=\frac{1}{2}(\boldsymbol{F}^{(5,1)}+\boldsymbol{F}^{(1,3)})=\widetilde{\boldsymbol{B}}\boldsymbol{Q}^{(1)}\boldsymbol{K}\boldsymbol{G}\widetilde{\boldsymbol{B}}^{\mathrm{T}} \tag{6.140}$$

$$\boldsymbol{F}_{6,2}=\frac{1}{4}(\boldsymbol{F}^{(2,1)}+\boldsymbol{F}^{(1,4)}+\boldsymbol{F}^{(1,2)}+\boldsymbol{F}^{(4,1)})=\widetilde{\boldsymbol{B}}\boldsymbol{Q}^{(2)}\boldsymbol{K}\boldsymbol{G}\widetilde{\boldsymbol{B}}^{\mathrm{T}} \tag{6.141}$$

$$\boldsymbol{F}_{6,3}=\frac{1}{4\mathrm{j}}(\boldsymbol{F}^{(2,1)}+\boldsymbol{F}^{(1,4)}-\boldsymbol{F}^{(1,2)}-\boldsymbol{F}^{(4,1)})=\widetilde{\boldsymbol{B}}\boldsymbol{Q}^{(3)}\boldsymbol{K}\boldsymbol{G}\widetilde{\boldsymbol{B}}^{\mathrm{T}} \tag{6.142}$$

构造

$$\boldsymbol{F}_6=\begin{bmatrix}\boldsymbol{F}_{6,1}\\\boldsymbol{F}_{6,2}\\\boldsymbol{F}_{6,3}\end{bmatrix}=\begin{bmatrix}\widetilde{\boldsymbol{B}}\boldsymbol{Q}^{(1)}\\\widetilde{\boldsymbol{B}}\boldsymbol{Q}^{(2)}\\\widetilde{\boldsymbol{B}}\boldsymbol{Q}^{(3)}\end{bmatrix}\boldsymbol{K}\boldsymbol{G}\widetilde{\boldsymbol{B}}^{\mathrm{T}} \tag{6.143}$$

记 $\boldsymbol{F}_6\boldsymbol{F}_6^{\mathrm{H}}$ 的主特征矢量矩阵为 $\boldsymbol{V}_{6,\mathrm{s}}$，根据特征子空间理论，可得

$$\boldsymbol{V}_{6,\mathrm{s}}=\begin{bmatrix}\boldsymbol{J}_5\boldsymbol{V}_{6,\mathrm{s}}\\ \boldsymbol{J}_6\boldsymbol{V}_{6,\mathrm{s}}\\ \boldsymbol{J}_7\boldsymbol{V}_{6,\mathrm{s}}\end{bmatrix}=\begin{bmatrix}\boldsymbol{V}_{6,\mathrm{s},1}\\ \boldsymbol{V}_{6,\mathrm{s},2}\\ \boldsymbol{V}_{6,\mathrm{s},3}\end{bmatrix}=\begin{bmatrix}\widetilde{\boldsymbol{B}}\boldsymbol{Q}^{(1)}\\ \widetilde{\boldsymbol{B}}\boldsymbol{Q}^{(2)}\\ \widetilde{\boldsymbol{B}}\boldsymbol{Q}^{(3)}\end{bmatrix}\boldsymbol{T}_5=\begin{bmatrix}\widetilde{\boldsymbol{B}}\boldsymbol{Q}^{(1)}\boldsymbol{T}_5\\ \widetilde{\boldsymbol{B}}\boldsymbol{Q}^{(2)}\boldsymbol{T}_5\\ \widetilde{\boldsymbol{B}}\boldsymbol{Q}^{(3)}\boldsymbol{T}_5\end{bmatrix}\tag{6.144}$$

其中，$\boldsymbol{T}_5$ 为 $M\times M$ 维满秩矩阵。

进一步有

$$\boldsymbol{\Theta}_3\boldsymbol{V}_{6,\mathrm{s},1}=\boldsymbol{\Theta}_3\widetilde{\boldsymbol{B}}\boldsymbol{Q}^{(1)}\boldsymbol{T}_5=\widetilde{\boldsymbol{B}}\boldsymbol{Q}^{(2)}\boldsymbol{T}_5=\boldsymbol{V}_{6,\mathrm{s},2}\tag{6.145}$$

$$\boldsymbol{\Theta}_4\boldsymbol{V}_{6,\mathrm{s},1}=\boldsymbol{\Theta}_4\widetilde{\boldsymbol{B}}\boldsymbol{Q}^{(1)}\boldsymbol{T}_5=\widetilde{\boldsymbol{B}}\boldsymbol{Q}^{(3)}\boldsymbol{T}_5=\boldsymbol{V}_{6,\mathrm{s},3}\tag{6.146}$$

（2）二阶统计量。

考虑下述二阶相关矢量：

$$\widetilde{\boldsymbol{y}}_{1,1}=\langle x_3^*(t)\,\widetilde{\boldsymbol{x}}(t)\rangle=\sum_{m=0}^{M-1}\boldsymbol{b}_{\mathrm{iso},m}^*(1)\sigma_m^2\mathrm{e}^{\frac{\mathrm{j}2\pi d_2\cos\vartheta_m}{\lambda}}\widetilde{\boldsymbol{b}}_m+\sigma^2\boldsymbol{\iota}_{2L_1,4}\tag{6.147}$$

$$\widetilde{\boldsymbol{y}}_{1,2}=\langle x_1^*(t)\,\widetilde{\boldsymbol{x}}(t)\rangle=\sum_{m=0}^{M-1}\boldsymbol{b}_{\mathrm{iso},m}^*(1)\sigma_m^2\mathrm{e}^{-\frac{\mathrm{j}2\pi d_2\cos\vartheta_m}{\lambda}}\widetilde{\boldsymbol{b}}_m+\sigma^2\boldsymbol{\iota}_{2L_1,2}\tag{6.148}$$

$$\widetilde{\boldsymbol{y}}_{1,3}=\langle x_2^*(t)\,\widetilde{\boldsymbol{x}}(t)\rangle=\sum_{m=0}^{M-1}\boldsymbol{b}_{\mathrm{iso},m}^*(1)\sigma_m^2\mathrm{e}^{\frac{\mathrm{j}2\pi d_0\cos\psi_m}{\lambda}}\widetilde{\boldsymbol{b}}_m+\sigma^2\boldsymbol{\iota}_{2L_1,3}\tag{6.149}$$

$$\widetilde{\boldsymbol{z}}_{1,1}=\langle x_3(t)\,\widetilde{\boldsymbol{x}}(t)\rangle=\sum_{m=0}^{M-1}\boldsymbol{b}_{\mathrm{iso},m}(1)\boldsymbol{\kappa}_m^*\sigma_m^2\mathrm{e}^{-\frac{\mathrm{j}2\pi d_2\cos\vartheta_m}{\lambda}}\widetilde{\boldsymbol{b}}_m+\sigma^2\boldsymbol{\iota}_{2L_1,L_1+4}\tag{6.150}$$

$$\widetilde{\boldsymbol{z}}_{1,2}=\langle x_1(t)\,\widetilde{\boldsymbol{x}}(t)\rangle=\sum_{m=0}^{M-1}\boldsymbol{b}_{\mathrm{iso},m}(1)\boldsymbol{\kappa}_m^*\sigma_m^2\mathrm{e}^{\frac{\mathrm{j}2\pi d_2\cos\vartheta_m}{\lambda}}\widetilde{\boldsymbol{b}}_m+\sigma^2\boldsymbol{\iota}_{2L_1,L_1+2}\tag{6.151}$$

$$\widetilde{\boldsymbol{z}}_{1,3}=\langle x_4(t)\,\widetilde{\boldsymbol{x}}(t)\rangle=\sum_{m=0}^{M-1}\boldsymbol{b}_{\mathrm{iso},m}(1)\boldsymbol{\kappa}_m^*\sigma_m^2\mathrm{e}^{\frac{\mathrm{j}2\pi d_0\cos\psi_m}{\lambda}}\widetilde{\boldsymbol{b}}_m+\sigma^2\boldsymbol{\iota}_{2L_1,L_1+5}\tag{6.152}$$

其中，$\sigma_m^2=\langle|s_m(t)|^2\rangle$，“$\boldsymbol{\iota}_{m,n}$”表示 $m\times m$ 维单位矩阵的第 n 列。

定义：

$$\boldsymbol{u}_{6,\mathrm{s},1}=\widetilde{\boldsymbol{y}}_{1,3}-\sigma^2\boldsymbol{\iota}_{2L_1,3}\tag{6.153}$$

$$\boldsymbol{v}_{6,\mathrm{s},1}=\widetilde{\boldsymbol{z}}_{1,3}-\sigma^2\boldsymbol{\iota}_{2L_1,L_1+5}\tag{6.154}$$

$$\boldsymbol{u}_{6,\mathrm{s},2}=\frac{1}{2}(\widetilde{\boldsymbol{y}}_{1,1}+\widetilde{\boldsymbol{y}}_{1,2})-\frac{\sigma^2}{2}(\boldsymbol{\iota}_{2L_1,4}+\boldsymbol{\iota}_{2L_1,2})\tag{6.155}$$

$$\boldsymbol{v}_{6,\mathrm{s},2}=\frac{1}{2}(\widetilde{\boldsymbol{z}}_{1,2}+\widetilde{\boldsymbol{z}}_{1,1})-\frac{\sigma^2}{2}(\boldsymbol{\iota}_{2L_1,L_1+2}+\boldsymbol{\iota}_{2L_1,L_1+4})\tag{6.156}$$

$$\boldsymbol{u}_{6,\mathrm{s},3}=\frac{1}{2\mathrm{j}}(\widetilde{\boldsymbol{y}}_{1,1}-\widetilde{\boldsymbol{y}}_{1,2})-\frac{\sigma^2}{2\mathrm{j}}(\boldsymbol{\iota}_{2L_1,4}-\boldsymbol{\iota}_{2L_1,2})\tag{6.157}$$

$$\boldsymbol{v}_{6,s,3}=\frac{1}{2\mathrm{j}}(\tilde{z}_{1,2}-\tilde{z}_{1,1})-\frac{\boldsymbol{\sigma}^2}{2\mathrm{j}}(\boldsymbol{\iota}_{2L_1,L_1+2}-\boldsymbol{\iota}_{2L_1,L_1+4}) \tag{6.158}$$

可以证明：

$$\boldsymbol{u}_{6,s,1}=\sum_{m=0}^{M-1}\boldsymbol{b}_{\mathrm{iso},m}^*(1)\boldsymbol{\sigma}_m^2\mathrm{e}^{\frac{\mathrm{j}2\pi d_0\cos\psi_m}{\lambda}}\tilde{\boldsymbol{b}}_m \tag{6.159}$$

$$\boldsymbol{v}_{6,s,1}=\sum_{m=0}^{M-1}\boldsymbol{b}_{\mathrm{iso},m}(1)\boldsymbol{\kappa}_m^*\boldsymbol{\sigma}_m^2\mathrm{e}^{\frac{\mathrm{j}2\pi d_0\cos\psi_m}{\lambda}}\tilde{\boldsymbol{b}}_m \tag{6.160}$$

$$\boldsymbol{u}_{6,s,2}=\sum_{m=0}^{M-1}\boldsymbol{b}_{\mathrm{iso},m}^*(1)\boldsymbol{\sigma}_m^2\cos\left(\frac{2\pi d_2\cos\boldsymbol{\vartheta}_m}{\boldsymbol{\lambda}}\right)\tilde{\boldsymbol{b}}_m \tag{6.161}$$

$$\boldsymbol{v}_{6,s,2}=\sum_{m=0}^{M-1}\boldsymbol{b}_{\mathrm{iso},m}(1)\boldsymbol{\kappa}_m^*\boldsymbol{\sigma}_m^2\cos\left(\frac{2\pi d_2\cos\boldsymbol{\vartheta}_m}{\boldsymbol{\lambda}}\right)\tilde{\boldsymbol{b}}_m \tag{6.162}$$

$$\boldsymbol{u}_{6,s,3}=\sum_{m=0}^{M-1}\boldsymbol{b}_{\mathrm{iso},m}^*(1)\boldsymbol{\sigma}_m^2\sin\left(\frac{2\pi d_2\cos\boldsymbol{\vartheta}_m}{\boldsymbol{\lambda}}\right)\tilde{\boldsymbol{b}}_m \tag{6.163}$$

$$\boldsymbol{v}_{6,s,3}=\sum_{m=0}^{M-1}\boldsymbol{b}_{\mathrm{iso},m}(1)\boldsymbol{\kappa}_m^*\boldsymbol{\sigma}_m^2\sin\left(\frac{2\pi d_2\cos\boldsymbol{\vartheta}_m}{\boldsymbol{\lambda}}\right)\tilde{\boldsymbol{b}}_m \tag{6.164}$$

综上可知

$$\begin{bmatrix}\boldsymbol{u}_{6,s,1}\\ \boldsymbol{u}_{6,s,2}\\ \boldsymbol{u}_{6,s,3}\end{bmatrix}=\begin{bmatrix}\tilde{\boldsymbol{B}}\boldsymbol{Q}^{(1)}\boldsymbol{t}_1\\ \tilde{\boldsymbol{B}}\boldsymbol{Q}^{(2)}\boldsymbol{t}_1\\ \tilde{\boldsymbol{B}}\boldsymbol{Q}^{(3)}\boldsymbol{t}_1\end{bmatrix} \tag{6.165}$$

$$\begin{bmatrix}\boldsymbol{v}_{6,s,1}\\ \boldsymbol{v}_{6,s,2}\\ \boldsymbol{v}_{6,s,3}\end{bmatrix}=\begin{bmatrix}\tilde{\boldsymbol{B}}\boldsymbol{Q}^{(1)}\boldsymbol{t}_2\\ \tilde{\boldsymbol{B}}\boldsymbol{Q}^{(2)}\boldsymbol{t}_2\\ \tilde{\boldsymbol{B}}\boldsymbol{Q}^{(3)}\boldsymbol{t}_2\end{bmatrix} \tag{6.166}$$

式中：

$$\boldsymbol{t}_1=[\boldsymbol{b}_{\mathrm{iso},0}^*(1)\boldsymbol{\sigma}_0^2,\boldsymbol{b}_{\mathrm{iso},1}^*(1)\boldsymbol{\sigma}_1^2,\cdots,\boldsymbol{b}_{\mathrm{iso},M-1}^*(1)\boldsymbol{\sigma}_{M-1}^2]^{\mathrm{T}} \tag{6.167}$$

$$\boldsymbol{t}_2=[\boldsymbol{b}_{\mathrm{iso},0}(1)\boldsymbol{\kappa}_0^*\boldsymbol{\sigma}_0^2,\boldsymbol{b}_{\mathrm{iso},1}(1)\boldsymbol{\kappa}_1^*\boldsymbol{\sigma}_1^2,\cdots,\boldsymbol{b}_{\mathrm{iso},M-1}(1)\boldsymbol{\kappa}_{M-1}^*\boldsymbol{\sigma}_{M-1}^2]^{\mathrm{T}} \tag{6.168}$$

由此有

$$\boldsymbol{\Theta}_3\boldsymbol{u}_{6,s,1}=\boldsymbol{\Theta}_3\tilde{\boldsymbol{B}}\boldsymbol{Q}^{(1)}\boldsymbol{t}_1=\tilde{\boldsymbol{B}}\boldsymbol{Q}^{(2)}\boldsymbol{t}_1=\boldsymbol{u}_{6,s,2} \tag{6.169}$$

$$\boldsymbol{\Theta}_4\boldsymbol{u}_{6,s,1}=\boldsymbol{\Theta}_4\tilde{\boldsymbol{B}}\boldsymbol{Q}^{(1)}\boldsymbol{t}_1=\tilde{\boldsymbol{B}}\boldsymbol{Q}^{(3)}\boldsymbol{t}_1=\boldsymbol{u}_{6,s,3} \tag{6.170}$$

$$\boldsymbol{\Theta}_3\boldsymbol{v}_{6,s,1}=\boldsymbol{\Theta}_3\tilde{\boldsymbol{B}}\boldsymbol{Q}^{(1)}\boldsymbol{t}_2=\tilde{\boldsymbol{B}}\boldsymbol{Q}^{(2)}\boldsymbol{t}_2=\boldsymbol{v}_{6,s,2} \tag{6.171}$$

$$\boldsymbol{\Theta}_4\boldsymbol{v}_{6,s,1}=\boldsymbol{\Theta}_4\tilde{\boldsymbol{B}}\boldsymbol{Q}^{(1)}\boldsymbol{t}_2=\tilde{\boldsymbol{B}}\boldsymbol{Q}^{(3)}\boldsymbol{t}_2=\boldsymbol{v}_{6,s,3} \tag{6.172}$$

（3）信号波达方向初估计。

与 6.2.1 节中所讨论的信号波达方向初估计方法类似，考虑下述可联合利用阵列输出二阶和四阶统计信息的正则化问题：

$$\min_{\boldsymbol{\Theta}} \ell_3 \| \boldsymbol{\Theta} \boldsymbol{P}_3^{\perp} \|_2^2 + \ell_3 f_{3,1}(\boldsymbol{\Theta}) + (1-\ell_3) f_{3,2}(\boldsymbol{\Theta}) \tag{6.173}$$

$$\min_{\boldsymbol{\Theta}} \ell_4 \| \boldsymbol{\Theta} \boldsymbol{P}_4^{\perp} \|_2^2 + \ell_4 f_{4,1}(\boldsymbol{\Theta}) + (1-\ell_4) f_{4,2}(\boldsymbol{\Theta}) \tag{6.174}$$

式中：ℓ_3 和 ℓ_4 为正则化参数，$0<\ell_3 \leqslant 1$，$0<\ell_4 \leqslant 1$；

$$f_{3,1}(\boldsymbol{\Theta}) = \| \boldsymbol{\Theta} \boldsymbol{U}_{6,s,1} - \boldsymbol{U}_{6,s,2} \|_2^2 + \| \boldsymbol{\Theta} \boldsymbol{V}_{6,s,1} - \boldsymbol{V}_{6,s,2} \|_2^2 \tag{6.175}$$

$$f_{3,2}(\boldsymbol{\Theta}) = \| \boldsymbol{\Theta} \boldsymbol{u}_{6,s,1} - \boldsymbol{u}_{6,s,2} \|_2^2 + \| \boldsymbol{\Theta} \boldsymbol{v}_{6,s,1} - \boldsymbol{v}_{6,s,2} \|_2^2 \tag{6.176}$$

$$f_{4,1}(\boldsymbol{\Theta}) = \| \boldsymbol{\Theta} \boldsymbol{U}_{6,s,1} - \boldsymbol{U}_{6,s,3} \|_2^2 + \| \boldsymbol{\Theta} \boldsymbol{V}_{6,s,1} - \boldsymbol{V}_{6,s,3} \|_2^2 \tag{6.177}$$

$$f_{4,2}(\boldsymbol{\Theta}) = \| \boldsymbol{\Theta} \boldsymbol{u}_{6,s,1} - \boldsymbol{u}_{6,s,3} \|_2^2 + \| \boldsymbol{\Theta} \boldsymbol{v}_{6,s,1} - \boldsymbol{v}_{6,s,3} \|_2^2 \tag{6.178}$$

$$\boldsymbol{P}_3^{\perp} = \boldsymbol{P}_4^{\perp} = \boldsymbol{I}_{2L} - \boldsymbol{U}_{6,s,1} \boldsymbol{U}_{6,s,1}^{+} \tag{6.179}$$

式（6.173）和式（6.174）又分别等价于下述最小二乘拟合问题：

$$\min_{\boldsymbol{\Theta}} \left\| \begin{bmatrix} \boldsymbol{P}_3^{\perp} \\ \sqrt{\ell_3}\, \boldsymbol{U}_{6,o,1}^{\mathrm{H}} \\ \sqrt{\ell_3}\, \boldsymbol{V}_{6,s,1}^{\mathrm{H}} \\ \sqrt{1-\ell_3}\, \boldsymbol{u}_{6,s,1}^{\mathrm{H}} \\ \sqrt{1-\ell_3}\, \boldsymbol{v}_{6,s,1}^{\mathrm{H}} \end{bmatrix} \boldsymbol{\Theta}^{\mathrm{H}} - \begin{bmatrix} \boldsymbol{O}_{2L} \\ \sqrt{\ell_3}\, \boldsymbol{U}_{6,s,2}^{\mathrm{H}} \\ \sqrt{\ell_3}\, \boldsymbol{V}_{6,s,2}^{\mathrm{H}} \\ \sqrt{1-\ell_3}\, \boldsymbol{u}_{6,s,2}^{\mathrm{H}} \\ \sqrt{1-\ell_3}\, \boldsymbol{v}_{6,s,2}^{\mathrm{H}} \end{bmatrix} \right\|_2^2 \tag{6.180}$$

$$\min_{\boldsymbol{\Theta}} \left\| \begin{bmatrix} \boldsymbol{P}_4^{\perp} \\ \sqrt{\ell_4}\, \boldsymbol{U}_{6,s,1}^{\mathrm{H}} \\ \sqrt{\ell_4}\, \boldsymbol{V}_{6,s,1}^{\mathrm{H}} \\ \sqrt{1-\ell_4}\, \boldsymbol{u}_{6,s,1}^{\mathrm{H}} \\ \sqrt{1-\ell_4}\, \boldsymbol{v}_{6,s,1}^{\mathrm{H}} \end{bmatrix} \boldsymbol{\Theta}^{\mathrm{H}} - \begin{bmatrix} \boldsymbol{O}_{2L} \\ \sqrt{\ell_4}\, \boldsymbol{U}_{6,s,3}^{\mathrm{H}} \\ \sqrt{\ell_4}\, \boldsymbol{V}_{6,s,3}^{\mathrm{H}} \\ \sqrt{1-\ell_4}\, \boldsymbol{u}_{6,s,3}^{\mathrm{H}} \\ \sqrt{1-\ell_4}\, \boldsymbol{v}_{6,s,3}^{\mathrm{H}} \end{bmatrix} \right\|_2^2 \tag{6.181}$$

相应的最小二乘解分别为

$$\boldsymbol{\Theta}_{3,\mathrm{ls}} = \boldsymbol{\Theta}_{3,1} \boldsymbol{\Theta}_{3,2}^{-1} \tag{6.182}$$

$$\boldsymbol{\Theta}_{4,\mathrm{ls}} = \boldsymbol{\Theta}_{4,1} \boldsymbol{\Theta}_{4,2}^{-1} \tag{6.183}$$

式中：

$$\boldsymbol{\Theta}_{3,1} = \ell_3 \boldsymbol{\Theta}_{3,1,1} + (1-\ell_3) \boldsymbol{\Theta}_{3,1,2} \tag{6.184}$$

$$\boldsymbol{\Theta}_{3,2} = \ell_3 \boldsymbol{\Theta}_{3,2,1} + (1-\ell_3) \boldsymbol{\Theta}_{3,2,2} \tag{6.185}$$

$$\boldsymbol{\Theta}_{4,1} = \ell_4 \boldsymbol{\Theta}_{4,1,1} + (1-\ell_4) \boldsymbol{\Theta}_{4,1,2} \tag{6.186}$$

$$\boldsymbol{\Theta}_{4,2} = \ell_4 \boldsymbol{\Theta}_{3,2,1} + (1-\ell_4) \boldsymbol{\Theta}_{3,2,2} \tag{6.187}$$

其中

$$\boldsymbol{\Theta}_{3,1,1} = \boldsymbol{U}_{6,s,2} \boldsymbol{U}_{6,s,1}^{\mathrm{H}} + \boldsymbol{V}_{6,s,2} \boldsymbol{V}_{6,s,1}^{\mathrm{H}} \tag{6.188}$$

$$\boldsymbol{\Theta}_{3,1,2} = \boldsymbol{u}_{6,s,2} \boldsymbol{u}_{6,s,1}^{\mathrm{H}} + \boldsymbol{v}_{6,s,2} \boldsymbol{v}_{6,s,1}^{\mathrm{H}} \tag{6.189}$$

$$\boldsymbol{\Theta}_{4,1,1} = \boldsymbol{U}_{6,s,3} \boldsymbol{U}_{6,s,1}^{\mathrm{H}} + \boldsymbol{V}_{6,s,3} \boldsymbol{V}_{6,s,1}^{\mathrm{H}} \tag{6.190}$$

$$\boldsymbol{\Theta}_{4,1,2}=\boldsymbol{u}_{6,s,3}\boldsymbol{u}_{6,s,1}^{\mathrm{H}}+\boldsymbol{v}_{6,s,3}\boldsymbol{v}_{6,s,1}^{\mathrm{H}} \tag{6.191}$$

$$\boldsymbol{\Theta}_{3,2,1}=\boldsymbol{P}_{3}^{\perp}+\boldsymbol{U}_{6,s,1}\boldsymbol{U}_{6,s,1}^{\mathrm{H}}+\boldsymbol{V}_{6,s,1}\boldsymbol{V}_{6,s,1}^{\mathrm{H}} \tag{6.192}$$

$$\boldsymbol{\Theta}_{3,2,2}=\boldsymbol{u}_{6,s,1}\boldsymbol{u}_{6,s,1}^{\mathrm{H}}+\boldsymbol{v}_{6,s,1}\boldsymbol{v}_{6,s,1}^{\mathrm{H}} \tag{6.193}$$

根据上文的讨论，$\boldsymbol{\Theta}_{3,\mathrm{ls}}$ 和 $\boldsymbol{\Theta}_{4,\mathrm{ls}}$ 的特征值分别为 $\boldsymbol{Q}^{(2)}(\boldsymbol{Q}^{(1)})^{-1}$ 和 $\boldsymbol{Q}^{(3)}(\boldsymbol{Q}^{(1)})^{-1}$的对角线元素，而

$$\boldsymbol{Q}^{(2)}(\boldsymbol{Q}^{(1)})^{-1}=\mathrm{diag}(g_{3,\mathrm{mos},0},g_{3,\mathrm{mos},1},\cdots,g_{3,\mathrm{mos},M-1}) \tag{6.194}$$

$$\boldsymbol{Q}^{(3)}(\boldsymbol{Q}^{(1)})^{-1}=\mathrm{diag}(g_{4,\mathrm{mos},0},g_{4,\mathrm{mos},1},\cdots,g_{4,\mathrm{mos},M-1}) \tag{6.195}$$

式中：

$$g_{3,\mathrm{mos},m}=\cos\left(\frac{2\pi d_2\cos\vartheta_m}{\lambda}\right)\mathrm{e}^{-\frac{\mathrm{j}2\pi d_0\cos\psi_m}{\lambda}} \tag{6.196}$$

$$g_{4,\mathrm{mos},m}=\sin\left(\frac{2\pi d_2\cos\vartheta_m}{\lambda}\right)\mathrm{e}^{-\frac{\mathrm{j}2\pi d_0\cos\psi_m}{\lambda}} \tag{6.197}$$

注意到

$$|g_{3,\mathrm{mos},m}|^2+|g_{4,\mathrm{mos},m}|^2=1 \tag{6.198}$$

$$\boldsymbol{\Theta}_{p,\mathrm{ls}}\widetilde{\boldsymbol{b}}_m=g_{p,\mathrm{mos},m}\widetilde{\boldsymbol{b}}_m,\ p=3,4 \tag{6.199}$$

据此可对 $\boldsymbol{\Theta}_{3,\mathrm{ls}}$ 和 $\boldsymbol{\Theta}_{4,\mathrm{ls}}$ 的非零特征值进行配对，每组对应于同一信号。

分别记 $l_{3,n}$ 和 $l_{4,n}$ 为矩阵 $\boldsymbol{\Theta}_{3,\mathrm{ls}}$ 和 $\boldsymbol{\Theta}_{4,\mathrm{ls}}$ 配对处理后的第 n 组非零特征值，$\boldsymbol{l}_{3,n}$ 和 $\boldsymbol{l}_{4,n}$ 为对应的特征矢量，根据上文的讨论，有下述结论成立：

$$\boldsymbol{e}_{p,n}=\begin{bmatrix}\boldsymbol{e}_{p,n,1}\\ \boldsymbol{e}_{p,n,2}\end{bmatrix}=\boldsymbol{J}_{8,n}[\boldsymbol{O}_{6\times 4},\boldsymbol{I}_6,\boldsymbol{O}_{6\times(12L-2)}]\boldsymbol{l}_{p,n}=k_{p,m}\boldsymbol{b}_{\mathrm{iso},m} \tag{6.200}$$

其中，$\boldsymbol{e}_{p,n,1}$ 和 $\boldsymbol{e}_{p,n,2}$ 均为 3×1 维矢量，$k_{p,m}$ 为未知常数，$p=3,4$，$0\leqslant m\leqslant M-1$；

$$\boldsymbol{J}_{8,n}=\mathrm{diag}(\iota_n,\iota_n^2,\cdots,\iota_n^6) \tag{6.201}$$

$$\iota_n=\frac{\boldsymbol{l}_{3,n}(3)+\boldsymbol{l}_{4,n}(3)}{\boldsymbol{l}_{3,n}(1)+\boldsymbol{l}_{4,n}(1)}=\frac{\boldsymbol{l}_{3,n}(1)+\boldsymbol{l}_{4,n}(1)}{\boldsymbol{l}_{3,n}(5)+\boldsymbol{l}_{4,n}(5)}=\mathrm{e}^{-\frac{\mathrm{j}2\pi d_0\cos\psi_m}{\lambda}} \tag{6.202}$$

进一步可得

$$\boldsymbol{e}_{3+4,n}=\boldsymbol{e}_{3,n}+\boldsymbol{e}_{4,n}=\begin{bmatrix}\boldsymbol{e}_{3+4,n,1}\\ \boldsymbol{e}_{3+4,n,2}\end{bmatrix}=(k_{3,m}+k_{4,m})\boldsymbol{b}_{\mathrm{iso},m} \tag{6.203}$$

其中

$$\boldsymbol{e}_{3+4,n,1}=\boldsymbol{e}_{3,n,1}+\boldsymbol{e}_{4,n,1} \tag{6.204}$$

$$\boldsymbol{e}_{3+4,n,2}=\boldsymbol{e}_{3,n,2}+\boldsymbol{e}_{4,n,2} \tag{6.205}$$

进而可通过矢量叉积方法得到

$$\frac{\boldsymbol{e}_{3+4,n,1}\times\boldsymbol{e}_{3+4,n,2}^{*}}{\|\boldsymbol{e}_{3+4,n,1}\|_2\cdot\|\boldsymbol{e}_{3+4,n,2}^{*}\|_2}=-[\sin\theta_m\cos\phi_m,\sin\theta_m\sin\phi_m,\cos\theta_m]^{\mathrm{T}} \tag{6.206}$$

由此可以获得信号波达方向 θ_m、ϕ_m 以及 ϑ_m、ψ_m 的初估计，仍分别记作 $\hat{\theta}_m^{(c)}$、$\hat{\phi}_m^{(c)}$ 以及 $\hat{\vartheta}_m^{(c)}$、$\hat{\psi}_m^{(c)}$。

再注意到

$$l_{3,n}=\cos\left(\frac{2\pi d_2\cos\vartheta_m}{\lambda}\right)\mathrm{e}^{-\frac{\mathrm{j}2\pi d_0\cos\psi_m}{\lambda}} \tag{6.207}$$

$$l_{4,n}=\sin\left(\frac{2\pi d_2\cos\vartheta_m}{\lambda}\right)\mathrm{e}^{-\frac{\mathrm{j}2\pi d_0\cos\psi_m}{\lambda}} \tag{6.208}$$

不妨令

$$l_{3,1,n}=l_{3,n}^*\cos\left(\frac{2\pi d_2\cos\hat{\vartheta}_m^{(c)}}{\lambda}\right) \tag{6.209}$$

$$l_{3,2,n}=l_{3,n}\mathrm{e}^{\mathrm{j}\angle l_{3,1,n}}+\mathrm{j}l_{4,n}\mathrm{e}^{\mathrm{j}\angle l_{3,1,n}} \tag{6.210}$$

根据式（6.207）和式（6.208），有

$$\angle l_{3,1,n}=\frac{2\pi d_0\cos\psi_m}{\lambda} \tag{6.211}$$

$$l_{3,n}\mathrm{e}^{\mathrm{j}\angle l_{3,1,n}}=\cos\left(\frac{2\pi d_2\cos\vartheta_m}{\lambda}\right) \tag{6.212}$$

$$l_{4,n}\mathrm{e}^{\mathrm{j}\angle l_{3,1,n}}=\sin\left(\frac{2\pi d_2\cos\vartheta_m}{\lambda}\right) \tag{6.213}$$

$$\angle l_{3,2,n}=\frac{2\pi d_2\cos\vartheta_m}{\lambda} \tag{6.214}$$

由此，可利用与6.2.1节类似的方法进行信号波达方向重估计，为清楚起见，简单介绍如下。

（4）信号波达方向重估计。

① 如果 $d_0<\lambda/2$，$d_2<\lambda/2$，则

$$\psi_m=\arccos\left(\left(\frac{\lambda}{2\pi d_0}\right)\angle l_{3,1,n}\right) \tag{6.215}$$

$$\vartheta_m=\arccos\left(\left(\frac{\lambda}{2\pi d_2}\right)\angle l_{3,2,n}\right) \tag{6.216}$$

所以，根据 $l_{3,n}$ 和 $l_{4,n}$ 的估计值以及 $\hat{\vartheta}_m^{(c)}$，可以基于式（6.215）和式（6.216），获得 ϑ_m 和 ψ_m 的估计，仍分别记作 $\hat{\vartheta}_m^{(o)}$ 和 $\hat{\psi}_m^{(o)}$。

② 如果 $d_0\geqslant\lambda/2$，则基于式（6.215）所得的 ψ_m 的估计 $\hat{\psi}_m^{(o)}$ 可能存在整周期模糊。

（i）若 $\cos\left(\frac{2\pi d_2\cos\hat{\vartheta}_m^{(c)}}{\lambda}\right)\geqslant 0$，则 ψ_m 满足下式：

$$[\cos\psi_m]^{(k_{2,1})}=\left(\frac{\lambda}{2\pi d_0}\right)\angle l_{3,n}^*+\left(\frac{\lambda}{d_0}\right)k_{2,1} \tag{6.217}$$

其中，$k_{2,1}$ 为整数，且

$$-\left(\frac{d_0}{\lambda}\right)-\frac{\angle l_{3,n}^*}{2\pi}\leqslant k_{2,1}\leqslant\left(\frac{d_0}{\lambda}\right)-\frac{\angle l_{3,n}^*}{2\pi} \tag{6.218}$$

又 $\psi_m=\arccos\left(\left(\frac{\lambda}{2\pi d_0}\right)\angle l_{3,n}^*\right)$，也即

$$\frac{\angle l_{3,n}^*}{2\pi}=\left(\frac{d_0}{\lambda}\right)\cos\psi_m \tag{6.219}$$

因此

$$\left\lceil\frac{(-1-\cos\psi_m)d_0}{\lambda}\right\rceil\leqslant k_{2,1}\leqslant\left\lfloor\frac{(1-\cos\psi_m)d_0}{\lambda}\right\rfloor \tag{6.220}$$

考虑到

$$\left(\frac{\lambda}{2\pi d_0}\right)\angle l_{3,n}^*+\left(\frac{\lambda}{d_0}\right)k_{2,1}\approx\cos\hat{\psi}_m^{(c)} \tag{6.221}$$

所以 $k_{2,1}$ 可取为

$$k_{2,1,m}=\mathrm{round}\left(\frac{d_0\cos\hat{\psi}_m^{(c)}}{\lambda}-\frac{\angle l_{3,n}^*}{2\pi}\right) \tag{6.222}$$

利用 $k_{2,1,m}$，ψ_m 可以重估计为

$$\hat{\psi}_m=\arccos\left(\left(\frac{\lambda}{2\pi d_0}\right)\angle l_{3,n}^*+\left(\frac{\lambda}{d_0}\right)k_{2,1,m}\right) \tag{6.223}$$

（ii）若 $\cos\left(\frac{2\pi d_2\cos\hat{\vartheta}_m^{(c)}}{\lambda}\right)<0$，则 ψ_m 满足下式：

$$[\cos\psi_m]^{(k_{2,2})}=\left(\frac{\lambda}{2\pi d_0}\right)\angle l_{3,n}^*+\left(\frac{\lambda}{d_0}\right)\left(k_{2,2}+\frac{1}{2}\right) \tag{6.224}$$

其中

$$\left\lceil\frac{(-1-\cos\psi_m)d_0}{\lambda}-\frac{1}{2}\right\rceil\leqslant k_{2,2}\leqslant\left\lfloor\frac{(1-\cos\psi_m)d_0}{\lambda}-\frac{1}{2}\right\rfloor \tag{6.225}$$

与（i）中的讨论类似，$k_{2,2}$ 可取为

$$k_{2,2,m}=\mathrm{round}\left(\frac{d_0\cos\hat{\psi}_m^{(c)}}{\lambda}-\frac{\angle l_{3,n}^*}{2\pi}-\frac{1}{2}\right) \tag{6.226}$$

利用 $k_{2,2,m}$，ψ_m 可以重估计为

$$\hat{\psi}_m=\arccos\left(\left(\frac{\lambda}{2\pi d_0}\right)\angle l_{3,n}^*+\left(\frac{\lambda}{d_0}\right)\left(k_{2,2,m}+\frac{1}{2}\right)\right)\tag{6.227}$$

③ 如果 $d_2\geqslant\lambda/2$，则基于式（6.216）所得的 ϑ_m 的估计 $\hat{\vartheta}_m^{(\text{o})}$，可能存在整周期模糊：

$$[\cos\vartheta_m]^{(k_{2,3})}=\left(\frac{\lambda}{2\pi d_2}\right)\angle l_{3,2,n}+\left(\frac{\lambda}{d_2}\right)k_{2,3}\tag{6.228}$$

其中

$$-\frac{d_2}{\lambda}-\frac{\angle l_{3,2,n}}{2\pi}\leqslant k_{2,3}\leqslant\frac{d_2}{\lambda}-\frac{\angle l_{3,2,n}}{2\pi}\tag{6.229}$$

再注意到

$$\frac{\angle l_{3,2,n}}{2\pi}=\left(\frac{d_2}{\lambda}\right)\cos\vartheta_m\tag{6.230}$$

所以

$$\left\lceil\frac{(-1-\cos\vartheta_m)d_2}{\lambda}\right\rceil\leqslant k_{2,3}\leqslant\left\lfloor\frac{(1-\cos\vartheta_m)d_2}{\lambda}\right\rfloor\tag{6.231}$$

由于

$$\left(\frac{\lambda}{2\pi d_2}\right)\angle l_{3,2,n}+\left(\frac{\lambda}{d_2}\right)k_{2,3}\approx\cos\hat{\vartheta}_m^{(\text{c})}\tag{6.232}$$

实际中 $k_{2,3}$ 可取为

$$k_{2,3,m}=\text{round}\left(\frac{d_2\cos\hat{\vartheta}_m^{(\text{c})}}{\lambda}-\frac{\angle l_{3,2,n}}{2\pi}\right)\tag{6.233}$$

利用 $k_{2,3,m}$，ϑ_m 可以重估计为

$$\hat{\vartheta}_m=\arccos\left(\left(\frac{\lambda}{2\pi d_2}\right)\angle l_{3,2,n}+\left(\frac{\lambda}{d_2}\right)k_{2,3,m}\right)\tag{6.234}$$

（5）信号波极化参数估计。

信号波极化参数的估计与 6.2.1 节中所讨论的方法类似，首先利用第 m 个信号波达方向的估计值 $\hat{\theta}_m$ 和 $\hat{\phi}_m$ 构造式（6.90）所示的 $\boldsymbol{B}_{\text{em}}(\hat{\theta}_m,\hat{\phi}_m)$，再构造

$$\hat{\boldsymbol{p}}_{\text{mos},m}=(\boldsymbol{B}_{\text{em}}^{\text{H}}(\hat{\theta}_m,\hat{\phi}_m)\boldsymbol{B}_{\text{em}}(\hat{\theta}_m,\hat{\phi}_m))^{-1}\boldsymbol{B}_{\text{em}}^{\text{H}}(\hat{\theta}_m,\hat{\phi}_m)\begin{bmatrix}\boldsymbol{e}_{3+4,n,1}\\\boldsymbol{e}_{3+4,n,2}\end{bmatrix}\tag{6.235}$$

根据上文的讨论，$\hat{\boldsymbol{p}}_{\text{mos},m}$ 与 $\hat{\boldsymbol{p}}_{\text{sos},m}$ 一样，也与第 m 个入射信号波的极化矢量 $\boldsymbol{p}_{\gamma_m,\eta_m}$ 成比例关系，所以仍可采用类似于式（6.93）和式（6.94）的方法估计信号波极化参数 γ_m 和 η_m：

$$\hat{\gamma}_m = \arctan\left(\left|\frac{\hat{\boldsymbol{p}}_{\text{mos},m}(2)}{\hat{\boldsymbol{p}}_{\text{mos},m}(1)}\right|\right) \tag{6.236}$$

$$\hat{\eta}_m = \angle\left(\frac{\hat{\boldsymbol{p}}_{\text{mos},m}(2)}{\hat{\boldsymbol{p}}_{\text{mos},m}(1)}\right) \tag{6.237}$$

上述方法称为混合阶多极化旋转不变方法（mPRI），可视为二阶多极化旋转不变方法的高阶拓展。

6.2.1 节和 6.2.2 节所讨论的二阶和混合阶方法仅适用于极化-空间白噪声情形，也即所有天线噪声功率均相同，并且互不相关，是文献［60］中正则化旋转不变方法的推广和发展。对于极化-空间色噪声情形，还需根据具体的信号波达方向与极化参数估计方法进行调整。

6.2.3 色噪声条件下混合阶多极化旋转不变方法的修正

本节将 6.2.2 节中所讨论的信号波达方向与波极化参数估计方法推广至高斯色噪声情形[109]。

所用非共点矢量天线阵列变体结构如图 6.6 所示，其中 0~5 号辅助天线的位置矢量分别为$[0,0,0]^{\mathrm{T}}$、$[d_2,0,0]^{\mathrm{T}}$、$[0,-d_0,0]^{\mathrm{T}}$、$[-d_2,0,0]^{\mathrm{T}}$、$[0,d_0,0]^{\mathrm{T}}$、$[0,2d_0,0]^{\mathrm{T}}$；6~11 号天线组成非共点矢量天线，对应的位置矢量分别为$[0,3d_0,0]^{\mathrm{T}}$、$[0,4d_0,0]^{\mathrm{T}}$、$[0,5d_0,0]^{\mathrm{T}}$、$[0,6d_0,0]^{\mathrm{T}}$、$[0,7d_0,0]^{\mathrm{T}}$、$[0,8d_0,0]^{\mathrm{T}}$；其余天线为若干与 6~11 号天线结构相同的非共点矢量天线，或者无须校正的其他若干子阵。

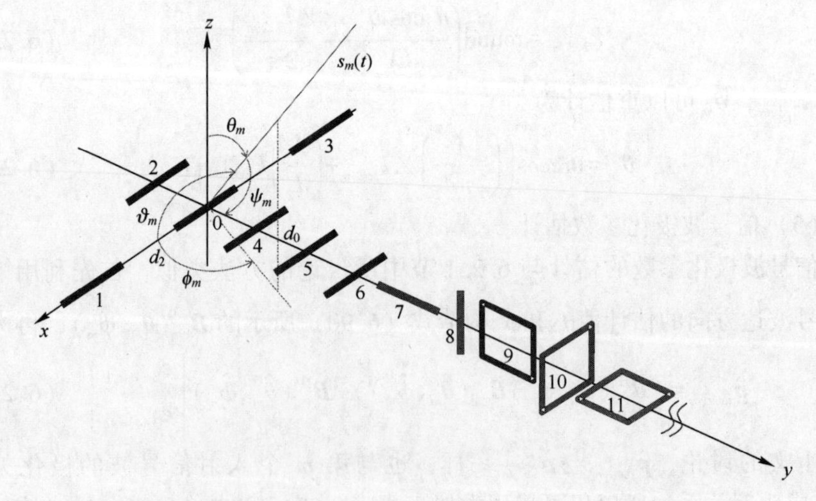

图 6.6 色噪声条件下混合阶非共点矢量天线阵列的变体结构示意图

首先定义

$$\boldsymbol{x}_7(t)=[x_5(t),x_6(t),x_7(t),\cdots]^{\mathrm{T}} \tag{6.238}$$

其中，$x_l(t)$为第 l 个天线单元的输出：

$$x_0(t)=\sum_{m=0}^{M-1}\boldsymbol{b}_{\mathrm{iso},m}(1)s_m(t)+n_0(t) \tag{6.239}$$

$$x_1(t)=\sum_{m=0}^{M-1}\mathrm{e}^{\frac{\mathrm{j}2\pi d_2\cos\vartheta_m}{\lambda}}\boldsymbol{b}_{\mathrm{iso},m}(1)s_m(t)+n_1(t) \tag{6.240}$$

$$x_2(t)=\sum_{m=0}^{M-1}\mathrm{e}^{-\frac{\mathrm{j}2\pi d_0\cos\psi_m}{\lambda}}\boldsymbol{b}_{\mathrm{iso},m}(1)s_m(t)+n_2(t) \tag{6.241}$$

$$x_3(t)=\sum_{m=0}^{M-1}\mathrm{e}^{-\frac{\mathrm{j}2\pi d_2\cos\vartheta_m}{\lambda}}\boldsymbol{b}_{\mathrm{iso},m}(1)s_m(t)+n_3(t) \tag{6.242}$$

$$x_4(t)=\sum_{m=0}^{M-1}\mathrm{e}^{\frac{\mathrm{j}2\pi d_0\cos\psi_m}{\lambda}}\boldsymbol{b}_{\mathrm{iso},m}(1)s_m(t)+n_4(t) \tag{6.243}$$

再定义

$$\widetilde{\boldsymbol{x}}_7(t)=[\boldsymbol{x}_7^{\mathrm{T}}(t),\boldsymbol{x}_7^{\mathrm{H}}(t)]^{\mathrm{T}} \tag{6.244}$$

以及

$$\boldsymbol{D}^{(l_1,l_2)}=\mathrm{cum}(x_{l_1-1}(t),x_{l_2-1}^*(t),\widetilde{\boldsymbol{x}}_7(t),\widetilde{\boldsymbol{x}}_7^{\mathrm{H}}(t)) \tag{6.245}$$

$$\boldsymbol{H}^{(l_1,l_2)}=\mathrm{cum}(x_{l_1-1}(t),x_{l_2-1}^*(t),\widetilde{\boldsymbol{x}}_7(t),\widetilde{\boldsymbol{x}}_7^{\mathrm{T}}(t)) \tag{6.246}$$

其中，l_1和 l_2为正整数，且 $1\leqslant l_1\leqslant 5$，$1\leqslant l_2\leqslant 5$。

考虑下述四阶累积量切片矩阵以及二阶互相关矢量：

$$\boldsymbol{D}^{(2,1)}=\widetilde{\boldsymbol{B}}_-\boldsymbol{Q}^{(2,1)}\boldsymbol{K}\widetilde{\boldsymbol{B}}_-^{\mathrm{H}}=\boldsymbol{D}^{(1,4)}=\widetilde{\boldsymbol{B}}_-\boldsymbol{Q}^{(1,4)}\boldsymbol{K}\widetilde{\boldsymbol{B}}_-^{\mathrm{H}} \tag{6.247}$$

$$\boldsymbol{D}^{(5,1)}=\widetilde{\boldsymbol{B}}_-\boldsymbol{Q}^{(5,1)}\boldsymbol{K}\widetilde{\boldsymbol{B}}_-^{\mathrm{H}}=\boldsymbol{D}^{(1,3)}=\widetilde{\boldsymbol{B}}_-\boldsymbol{Q}^{(1,3)}\boldsymbol{K}\widetilde{\boldsymbol{B}}_-^{\mathrm{H}} \tag{6.248}$$

$$\boldsymbol{D}^{(1,2)}=\widetilde{\boldsymbol{B}}_-\boldsymbol{Q}^{(1,2)}\boldsymbol{K}\widetilde{\boldsymbol{B}}_-^{\mathrm{H}}=\boldsymbol{D}^{(4,1)}=\widetilde{\boldsymbol{B}}_-\boldsymbol{Q}^{(4,1)}\boldsymbol{K}\widetilde{\boldsymbol{B}}_-^{\mathrm{H}} \tag{6.249}$$

$$\boldsymbol{H}^{(2,1)}=\widetilde{\boldsymbol{B}}_-\boldsymbol{Q}^{(2,1)}\boldsymbol{K}\boldsymbol{G}\widetilde{\boldsymbol{B}}_-^{\mathrm{T}}=\boldsymbol{H}^{(1,4)}=\widetilde{\boldsymbol{B}}_-\boldsymbol{Q}^{(1,4)}\boldsymbol{K}\boldsymbol{G}\widetilde{\boldsymbol{B}}_-^{\mathrm{T}} \tag{6.250}$$

$$\boldsymbol{H}^{(5,1)}=\widetilde{\boldsymbol{B}}_-\boldsymbol{Q}^{(5,1)}\boldsymbol{K}\boldsymbol{G}\widetilde{\boldsymbol{B}}_-^{\mathrm{T}}=\boldsymbol{H}^{(1,3)}=\widetilde{\boldsymbol{B}}_-\boldsymbol{Q}^{(1,3)}\boldsymbol{K}\boldsymbol{G}\widetilde{\boldsymbol{B}}_-^{\mathrm{T}} \tag{6.251}$$

$$\boldsymbol{H}^{(1,2)}=\widetilde{\boldsymbol{B}}_-\boldsymbol{Q}^{(1,2)}\boldsymbol{K}\boldsymbol{G}\widetilde{\boldsymbol{B}}_-^{\mathrm{T}}=\boldsymbol{H}^{(4,1)}=\widetilde{\boldsymbol{B}}_-\boldsymbol{Q}^{(4,1)}\boldsymbol{K}\boldsymbol{G}\widetilde{\boldsymbol{B}}_-^{\mathrm{T}} \tag{6.252}$$

$$\widetilde{\boldsymbol{y}}_{2,1}=\langle x_3^*(t)\,\widetilde{\boldsymbol{x}}_7(t)\rangle=\sum_{m=0}^{M-1}\boldsymbol{b}_{\mathrm{iso},m}^*(1)\sigma_m^2\mathrm{e}^{\frac{\mathrm{j}2\pi d_2\cos\vartheta_m}{\lambda}}\widetilde{\boldsymbol{b}}_{m-} \tag{6.253}$$

$$\widetilde{\boldsymbol{y}}_{2,2}=\langle x_1^*(t)\,\widetilde{\boldsymbol{x}}_7(t)\rangle=\sum_{m=0}^{M-1}\boldsymbol{b}_{\mathrm{iso},m}^*(1)\sigma_m^2\mathrm{e}^{-\frac{\mathrm{j}2\pi d_2\cos\vartheta_m}{\lambda}}\widetilde{\boldsymbol{b}}_{m-} \tag{6.254}$$

$$\widetilde{\boldsymbol{y}}_{2,3}=\langle x_2^*(t)\,\widetilde{\boldsymbol{x}}_7(t)\rangle=\sum_{m=0}^{M-1}\boldsymbol{b}_{\mathrm{iso},m}^*(1)\sigma_m^2\mathrm{e}^{\frac{\mathrm{j}2\pi d_0\cos\psi_m}{\lambda}}\widetilde{\boldsymbol{b}}_{m-} \tag{6.255}$$

$$\widetilde{\boldsymbol{z}}_{2,1}=\langle x_3(t)\,\widetilde{\boldsymbol{x}}_7(t)\rangle=\sum_{m=0}^{M-1}\boldsymbol{b}_{\mathrm{iso},m}(1)\kappa_m^*\sigma_m^2\mathrm{e}^{-\frac{\mathrm{j}2\pi d_2\cos\vartheta_m}{\lambda}}\widetilde{\boldsymbol{b}}_{m-} \tag{6.256}$$

$$\widetilde{\boldsymbol{z}}_{2,2}=\langle x_1(t)\,\widetilde{\boldsymbol{x}}_7(t)\rangle=\sum_{m=0}^{M-1}\boldsymbol{b}_{\mathrm{iso},m}(1)\kappa_m^*\sigma_m^2\mathrm{e}^{\frac{\mathrm{j}2\pi d_2\cos\vartheta_m}{\lambda}}\widetilde{\boldsymbol{b}}_{m-} \tag{6.257}$$

$$\widetilde{z}_{2,3}=\langle x_4(t)\,\widetilde{x}_7(t)\rangle=\sum_{m=0}^{M-1}\boldsymbol{b}_{\mathrm{iso},m}(1)\boldsymbol{\kappa}_m^*\boldsymbol{\sigma}_m^2\mathrm{e}^{\frac{\mathrm{j}2\pi d_0\cos\psi_m}{\lambda}}\widetilde{\boldsymbol{b}}_{m-} \tag{6.258}$$

式中：

$$\widetilde{\boldsymbol{B}}_-=[\widetilde{\boldsymbol{b}}_{0-},\widetilde{\boldsymbol{b}}_{1-},\cdots,\widetilde{\boldsymbol{b}}_{(M-1)-}] \tag{6.259}$$

$$\widetilde{\boldsymbol{b}}_{m-}=\begin{bmatrix}\boldsymbol{a}_{\mathrm{mos},m-}\odot\boldsymbol{b}_{\mathrm{sos},m}\\ \boldsymbol{\kappa}_m(\boldsymbol{a}_{\mathrm{mos},m-}\odot\boldsymbol{b}_{\mathrm{sos},m})^*\end{bmatrix} \tag{6.260}$$

其中，$\boldsymbol{b}_{\mathrm{sos},m}$的定义同式（6.10），也即$\boldsymbol{b}_{\mathrm{sos},m}=[\boldsymbol{b}_{\mathrm{iso},m}(1),\boldsymbol{\iota}_L^{\mathrm{T}}\otimes\boldsymbol{b}_{\mathrm{iso},m}^{\mathrm{T}}]^{\mathrm{T}}$；

$$\boldsymbol{a}_{\mathrm{mos},m-}=\begin{bmatrix}\mathrm{e}^{\frac{\mathrm{j}4\pi d_0\cos\psi_m}{\lambda}}\\ \mathrm{e}^{\frac{\mathrm{j}6\pi d_0\cos\psi_m}{\lambda}}\\ \mathrm{e}^{\frac{\mathrm{j}8\pi d_0\cos\psi_m}{\lambda}}\\ \vdots\end{bmatrix} \tag{6.261}$$

由此，仍可采用6.2.2节所介绍的mPRI方法估计信号的波达方向与波极化参数。

下面看几个仿真例子，例中阵列为图6.5和图6.6所示阵列，包括3个6元非共点矢量天线；d_2为一个信号波长，d_0为9个信号波长，正则化参数选择为0.1。

（1）考虑4个统计独立的等功率信号，俯仰角分别为5°、15°、25°、35°；方位角分别为10°、50°、72°、82°；极化辅角分别为40°、60°、30°、45°；极化相位差分别为20°、55°、50°、70°；非圆相位分别为160°、0°、300°、50°。图6.7所示为白噪声和色噪声条件下mPRI方法信号波达方向重估计结果的散布图。

在上例基础上再增加一个独立信号，其方位角为35°，俯仰角为8°，极化辅角为10°，极化相位差为30°，非圆相位为80°，图6.8所示为相应的mPRI方法信号波达方向重估计结果的散布图。

（2）图6.9所示为mPRI方法信号波达方向初/重估计均方角度误差随d_0变化的曲线，其中白噪声情形考虑两个统计独立的等功率信号，方位角分别为50°和75°，俯仰角分别为9°和45°，极化辅角分别为10°和30°，极化相位差分别为70°和50°，信噪比为15dB，快拍数为1000；色噪声情形考虑三个统计独立的等功率信号，方位角分别为50°、62°和75°，俯仰角分别为9°、12°和45°，极化辅角分别为10°、45°和30°，极化相位差分别为70°、60°和50°，信噪比为10dB，快拍数为4000。

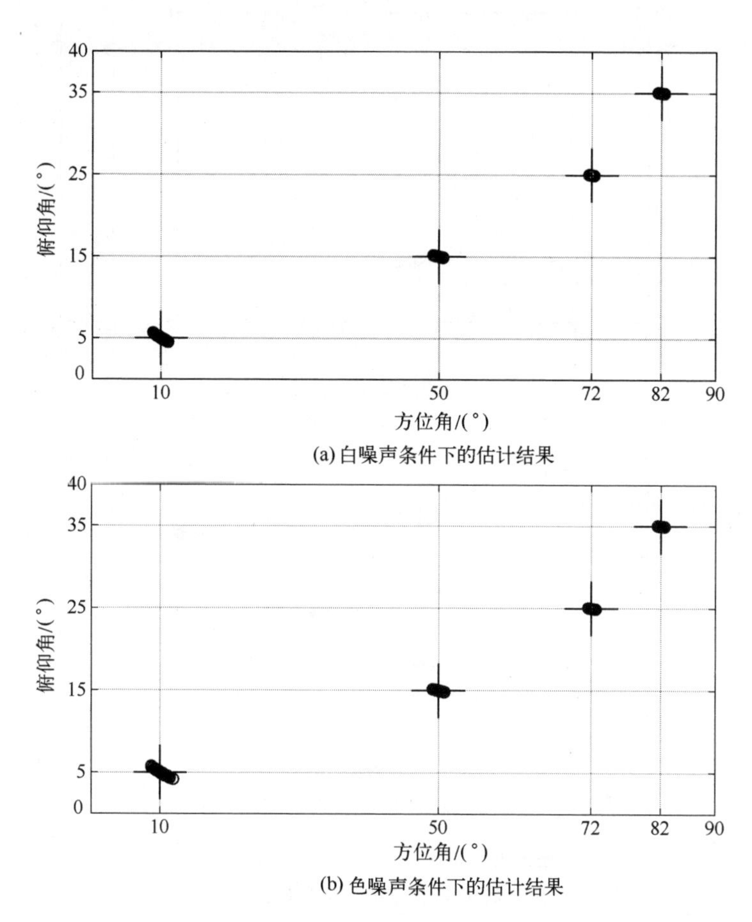

图 6.7　mPRI 方法信号波达方向重估计结果的散布图：4 个独立信号

由所示结果可以看出，mPRI 方法的信号波达方向重估计均方角度误差先随 d_0的增大而减小，然后由于解模糊能力的限制又开始随 d_0的增大而逐渐增大，并且最终趋近于初估计精度。

（3）考虑两个统计独立的等功率信号，方位角分别为 50°和 75°，俯仰角分别为 9°和 45°，极化辅角分别为 10°和 30°，极化相位差分别为 70°和 50°。

图 6.10～图 6.13 所示分别为白噪声和色噪声条件下，mPRI 方法的信号波达方向与波极化参数估计均方根误差随信噪比和快拍数变化的曲线。

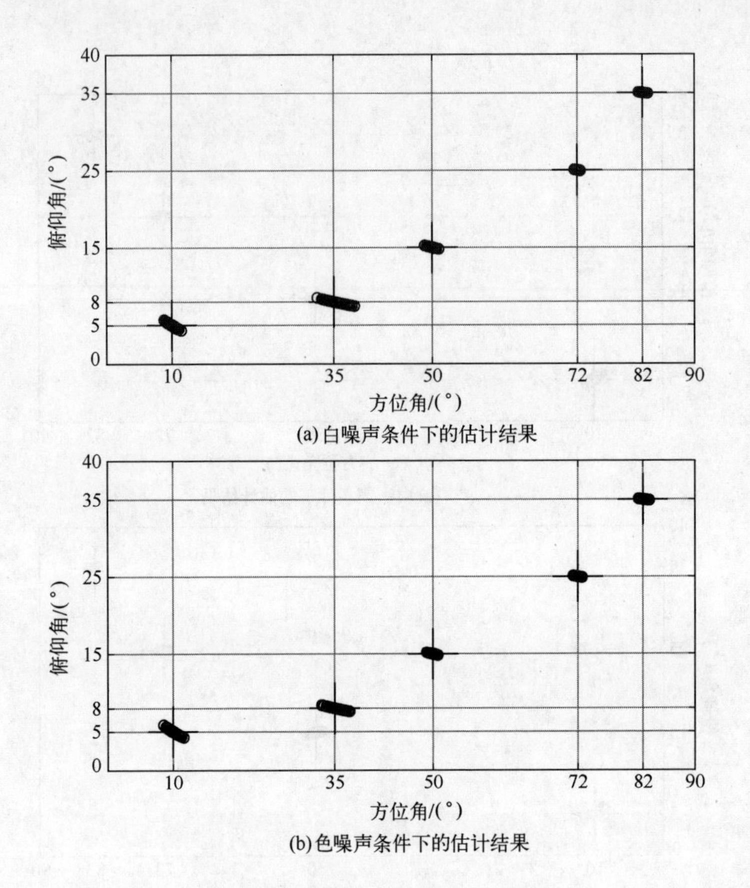

(a) 白噪声条件下的估计结果

(b) 色噪声条件下的估计结果

图 6.8 mPRI 方法信号波达方向重估计结果的散布图：5 个独立信号

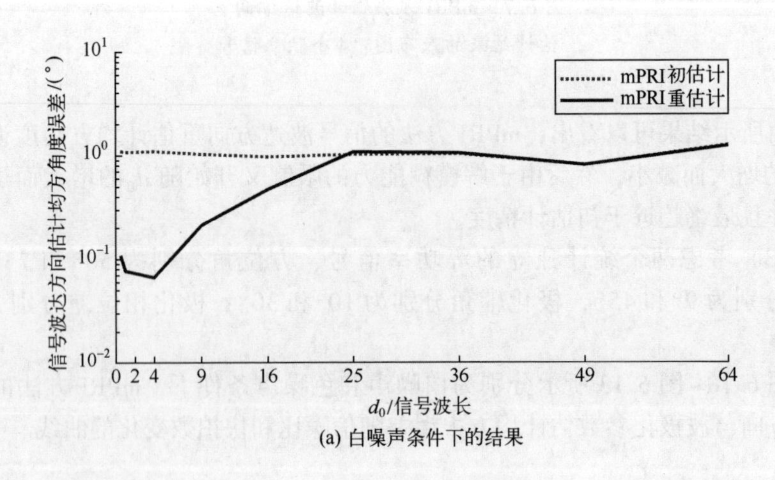

(a) 白噪声条件下的结果

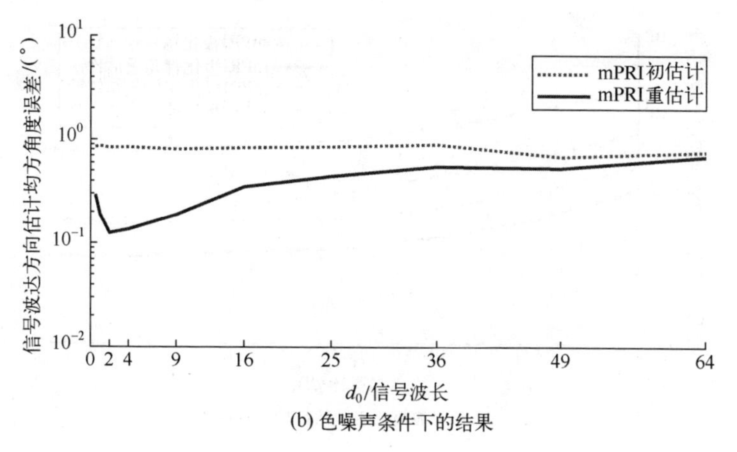

(b) 色噪声条件下的结果

图 6.9　mPRI 方法信号波达方向初/重估计均方角度误差随 d_0 变化的曲线

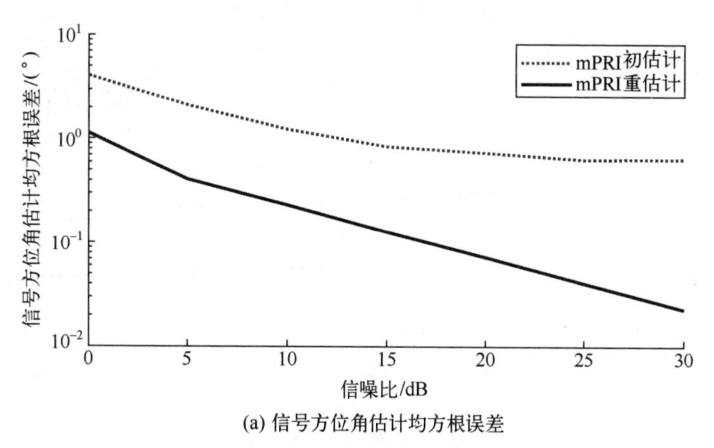

(a) 信号方位角估计均方根误差

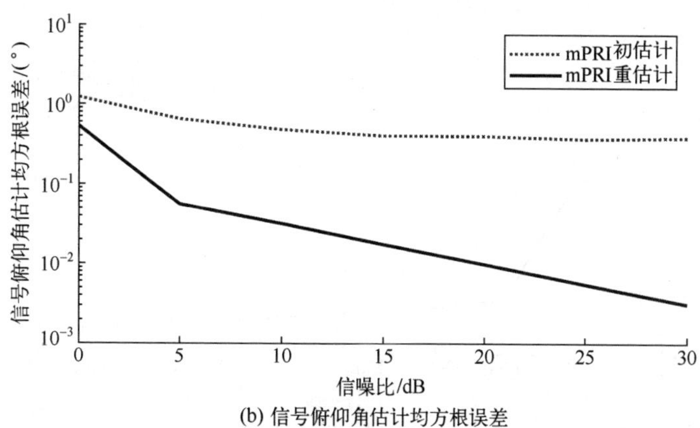

(b) 信号俯仰角估计均方根误差

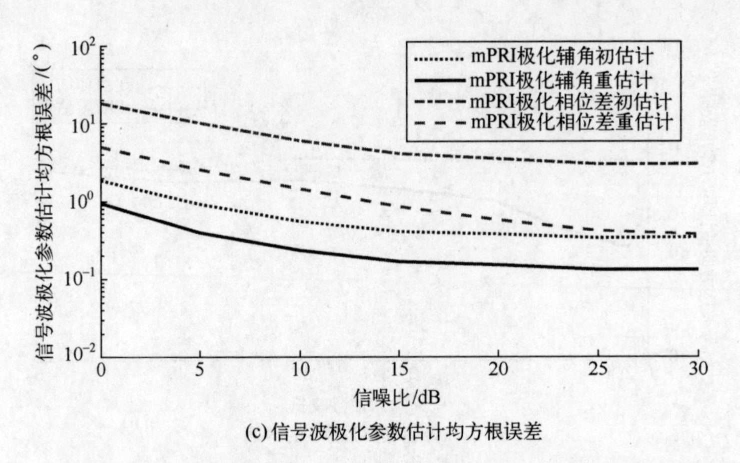

(c) 信号波极化参数估计均方根误差

图 6.10 白噪声条件下 mPRI 方法信号波达方向与波极化参数估计均方根误差随信噪比变化的曲线：快拍数为 5000

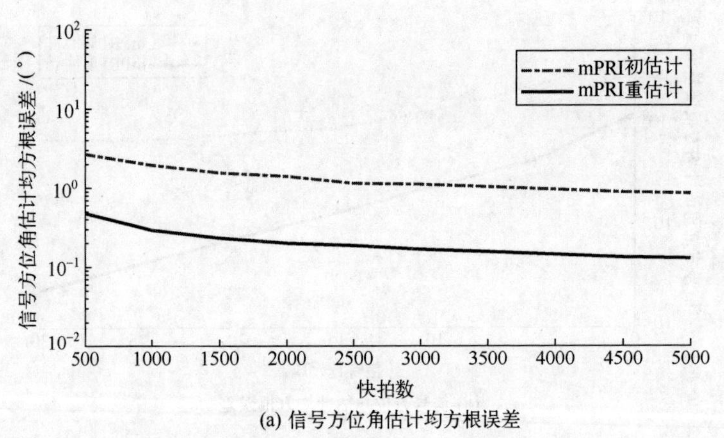

(a) 信号方位角估计均方根误差

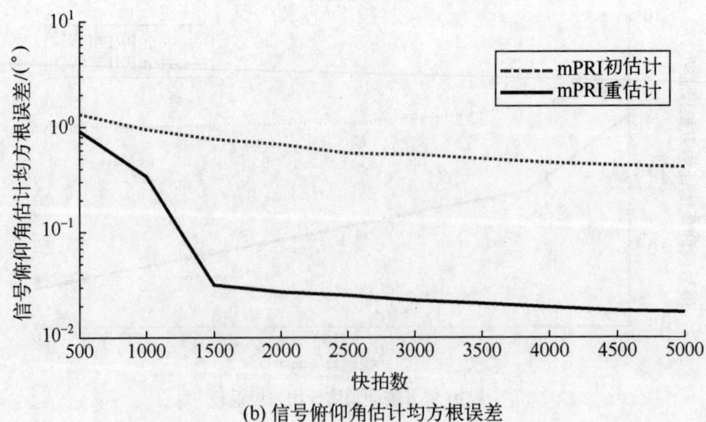

(b) 信号俯仰角估计均方根误差

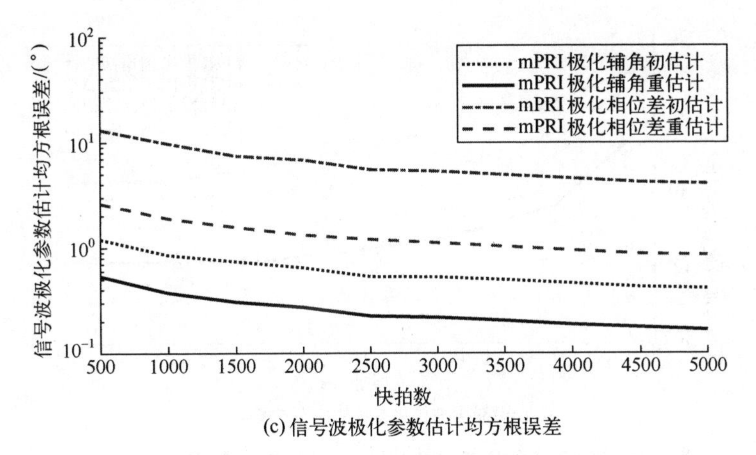

(c) 信号波极化参数估计均方根误差

图 6.11　白噪声条件下 mPRI 方法信号波达方向与波极化参数估计均方根误差随快拍数变化的曲线：信噪比为 15dB

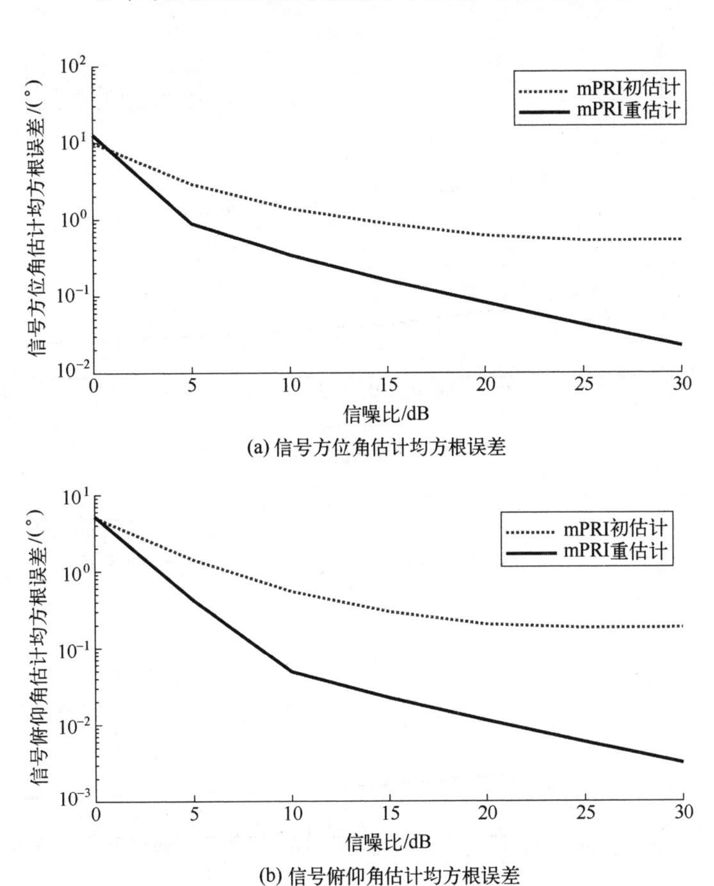

(a) 信号方位角估计均方根误差

(b) 信号俯仰角估计均方根误差

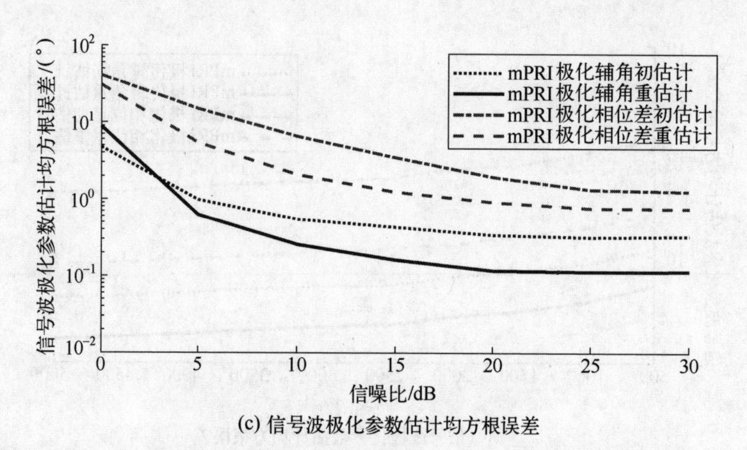

(c) 信号波极化参数估计均方根误差

图 6.12 色噪声条件下 mPRI 方法信号波达方向与波极化参数估计均方根误差随信噪比变化的曲线：快拍数为5000

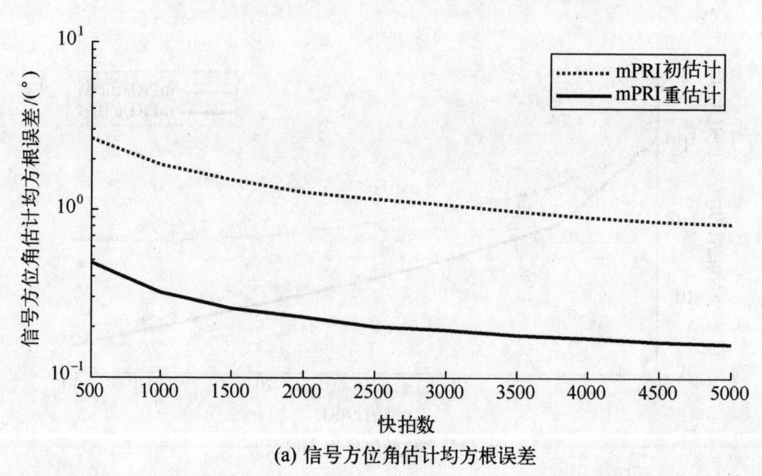

(a) 信号方位角估计均方根误差

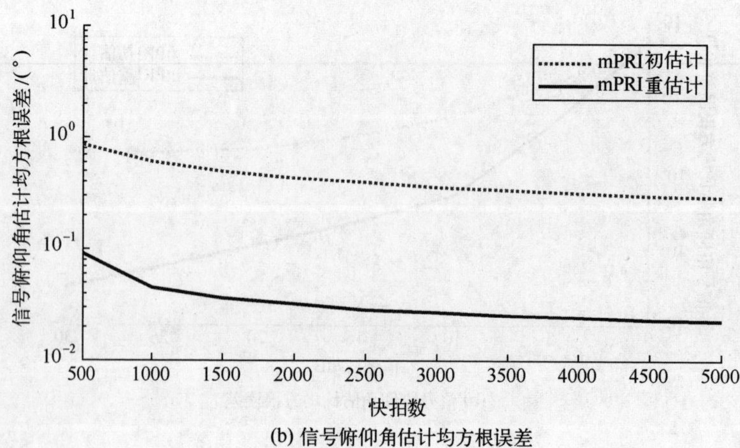

(b) 信号俯仰角估计均方根误差

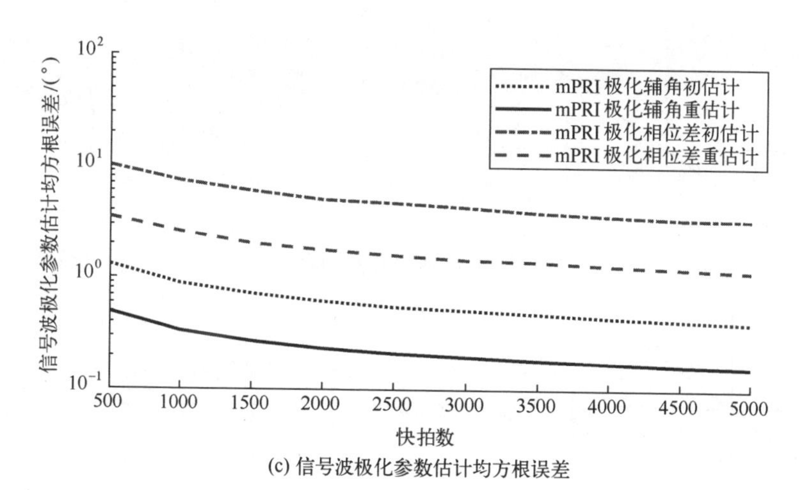

(c) 信号波极化参数估计均方根误差

图 6.13 色噪声条件下 mPRI 方法信号波达方向与波极化参数估计均方根误差随快拍数变化的曲线：信噪比为 15dB

6.3 波束方向图综合

利用矢量天线阵列进行波束方向图综合时，若矢量天线内部 J 个传感单元空间共点配置，并且 $J>2$，则处理维数 LJ 将大于波矢－孔径－极化积（WAPP），方向图综合权矢量会出现超大元素值，这对波束方向图综合的容差性是不利的。

本节讨论基于非共点矢量天线阵列优化设计的波束方向图综合问题，从矢量天线内部传感单元选择和位置优化配置两个角度，调整 WAPP 与处理维数之间的关系，以提高波束方向图综合的容差性，同时减少通道数。

6.3.1 矢量天线内部传感单元的选择

非共点矢量天线阵列也属于多极化阵列，可以直接利用第 2 章和第 3 章中所讨论的方法进行波束方向图综合，但如果不考虑阵型结构的优化设计，波束方向图综合的效果可能并不理想。

不妨看个简单的例子。基于第 2 章所讨论的方法，利用图 6.14 所示的 y 轴方向非共点 COLD 和非共点三极子等距线阵进行波束方向图综合，其中非共点 COLD 天线数为 6，非共点三极子数为 4；波束主瓣方向为阵列法线方向，主瓣宽度为 16°，主瓣极化为圆极化。图 6.15 所示为相应的一维波束方向图综合结果。

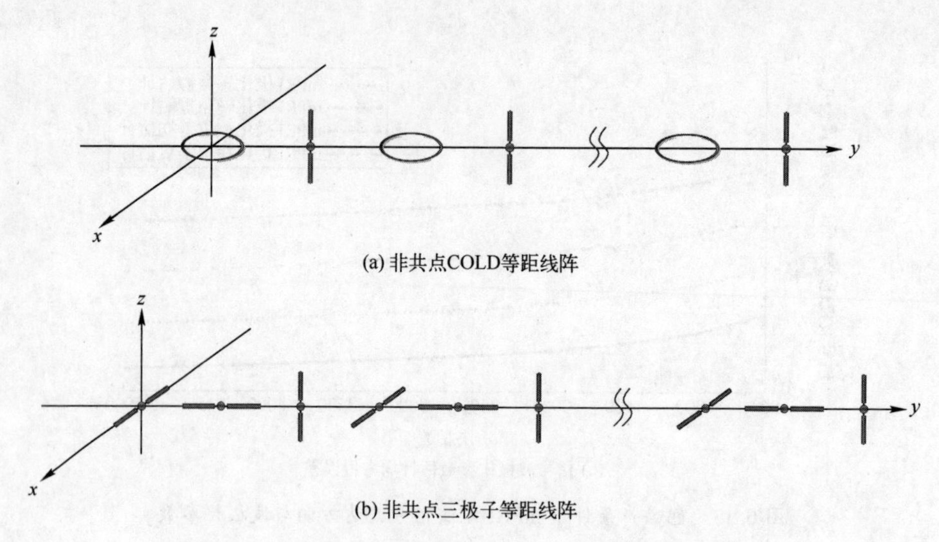

(a) 非共点COLD等距线阵

z
y
x

(b) 非共点三极子等距线阵

图 6.14　非共点 COLD 和非共点三极子等距线阵结构示意图

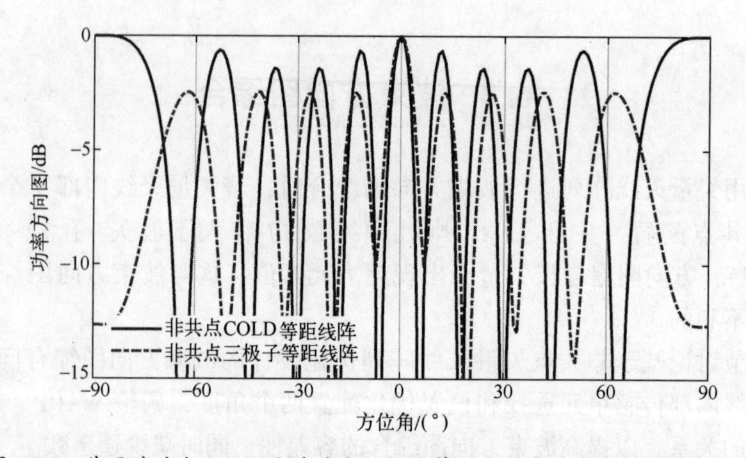

图 6.15　基于非共点 COLD 和非共点三极子等距线阵的波束方向图综合结果

可以看到，非共点 COLD 等距线阵波束方向图的最高旁瓣功率仅为 -0.8dB，并且在±90°处出现了栅瓣；非共点三极子等距线阵波束方向图的最高旁瓣功率也仅为-2.5dB。显然，基于这两种阵列的波束方向图综合效果均不理想。

注意到上述两种非共点矢量天线阵列也可视为将图 6.16 所示阵列中共点矢量天线的部分内部传感单元舍弃之后所得到的阵列，也即非共点矢量天线阵列的设计也可以等效为共点矢量天线阵列中各矢量天线内部传感单元的选择问题。本例结果说明，矢量天线内部传感单元的选择，也即非共点矢量天线阵型，对波束方向图综合结果有很大的影响。

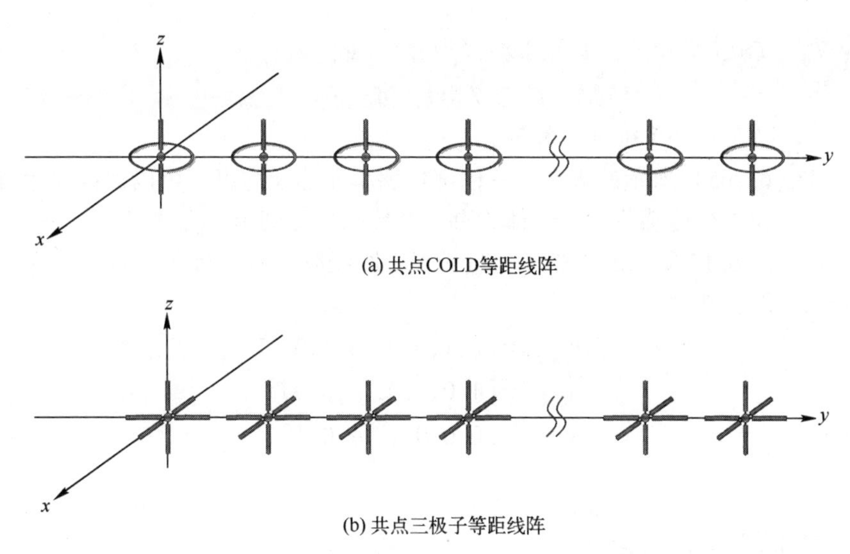

图 6.16　与非共点 COLD 和非共点三极子等距线阵所对应的共点 COLD 和共点三极子等距线阵结构示意图

下面以线阵为例，讨论如何将矢量天线内部传感单元的选择问题与波束方向图综合准则进行有机的结合，通过两者的联合优化，提升最终的非共点矢量天线阵列波束方向图综合性能。

考虑 y 轴方向的 LJ 元共点矢量天线等距线阵，矢量天线间距为半个信号波长，对应的水平和垂直极化阵列流形矢量为

$$[\boldsymbol{a}_{\mathbf{H}}(\theta,\phi),\boldsymbol{a}_{\mathbf{V}}(\theta,\phi)]=[\boldsymbol{b}_{\text{iso-}\mathbf{H}}(\theta,\phi),\boldsymbol{b}_{\text{iso-}\mathbf{V}}(\theta,\phi)]\otimes\boldsymbol{a}(\theta,\phi) \tag{6.262}$$

其中

$$\boldsymbol{a}(\theta,\phi)=[1,\mathrm{e}^{\mathrm{j}\pi\sin\theta\sin\phi},\cdots,\mathrm{e}^{\mathrm{j}(L-1)\pi\sin\theta\sin\phi}]^{\mathrm{T}} \tag{6.263}$$

首先将 $LJ\times1$ 维波束方向图综合阵列激励权矢量写成下述形式：

$$\boldsymbol{w}=[\boldsymbol{w}_0^{\mathrm{T}},\boldsymbol{w}_1^{\mathrm{T}},\cdots,\boldsymbol{w}_{J-1}^{\mathrm{T}}]^{\mathrm{T}} \tag{6.264}$$

其中，$\boldsymbol{w}_j$ 为矢量天线第 j 个内部传感单元所对应子阵的 $L\times1$ 维激励权矢量。

进一步考虑下述矢量天线内部传感单元选择约束：

$$\boldsymbol{T}_0\underbrace{\begin{bmatrix}\boldsymbol{w}_{\mathrm{b-0},0}\\\boldsymbol{w}_{\mathrm{b-0},1}\\\vdots\\\boldsymbol{w}_{\mathrm{b-0},J-1}\end{bmatrix}}_{\overset{\text{def}}{=}\boldsymbol{w}_{\mathrm{b-0}}}=\boldsymbol{T}_0\boldsymbol{w}_{\mathrm{b-0}}=\boldsymbol{\iota}_L \tag{6.265}$$

式中：$\boldsymbol{w}_{\mathrm{b-0}}$ 为 $LJ\times1$ 维二元选择矢量，其元素仅为“1”或“0”，其中“1”表示保留矢量天线中的对应传感单元，“0”表示舍弃矢量天线中的对应传感单

元；$\boldsymbol{T}_0$为 $L\times LJ$ 维矩阵，其元素亦仅为“1”或“0”，

$$\boldsymbol{T}_0=\boldsymbol{\iota}_J^{\mathrm{T}}\otimes\boldsymbol{I}_L \tag{6.266}$$

其中，$\boldsymbol{\iota}_n$仍表示 $n\times1$ 维全 1 矢量。

式（6.265）所示的矢量天线内部传感单元选择约束，可以保证每个阵元位置只存在一个传感单元，具体为哪一个传感单元则由 $\boldsymbol{w}_{\mathrm{b-0},j}$控制。

比如图 6.17 所示的三极子矢量天线等距线阵中各三极子内部传感单元的选择示意图，其中

$$\boldsymbol{w}_{\mathrm{b-0},0}=[0,1,0,0,\cdots,1,0]^{\mathrm{T}}$$
$$\boldsymbol{w}_{\mathrm{b-0},1}=[1,0,1,0,\cdots,0,0]^{\mathrm{T}}$$
$$\boldsymbol{w}_{\mathrm{b-0},2}=[0,0,0,1,\cdots,0,1]^{\mathrm{T}}$$

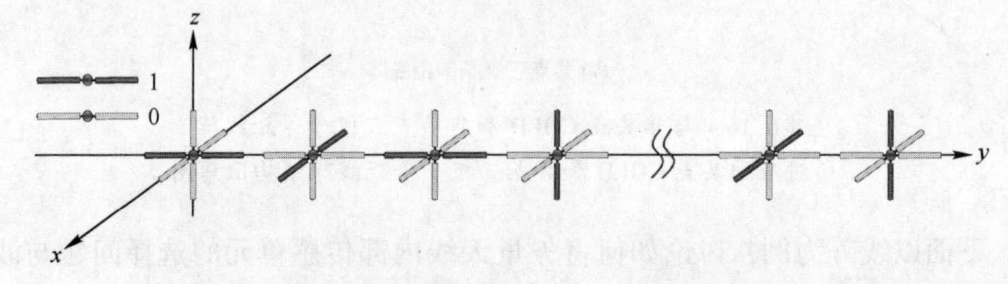

图 6.17　三极子矢量天线等距线阵中各三极子内部传感单元的选择示意图

由此，同时考虑主瓣强度和极化约束、旁瓣强度约束，以及矢量天线内部传感单元选择的波束方向图综合优化问题可以描述为

$$\begin{aligned}
&\min_{\boldsymbol{w},\boldsymbol{w}_{\mathrm{b-0}}}\rho\\
&\text{s. t.}\\
&\max_{(\theta,\phi)\in\mathrm{SLR}}\left\|\begin{bmatrix}\boldsymbol{w}^{\mathrm{H}}\boldsymbol{a}_{\mathrm{H}}(\theta,\phi)\\ \boldsymbol{w}^{\mathrm{H}}\boldsymbol{a}_{\mathrm{V}}(\theta,\phi)\end{bmatrix}\right\|_2\leqslant\rho,\ \begin{bmatrix}\boldsymbol{w}^{\mathrm{H}}\boldsymbol{a}_{\mathrm{H}}(\theta_0,\phi_0)\\ \boldsymbol{w}^{\mathrm{H}}\boldsymbol{a}_{\mathrm{V}}(\theta_0,\phi_0)\end{bmatrix}=B_0\begin{bmatrix}\cos\gamma_0\\ \sin\gamma_0\mathrm{e}^{\mathrm{j}\eta_0}\end{bmatrix}\\
&\boldsymbol{T}_0\boldsymbol{w}_{\mathrm{b-0}}=\boldsymbol{\iota}_L\\
&|\boldsymbol{w}(l)|\leqslant\sqrt{p_{\mathrm{ipc}}}\,\boldsymbol{w}_{\mathrm{b-0}}(l),\ l=1,2,\cdots,LJ
\end{aligned} \tag{6.267}$$

式中：第一和第二个约束为波束方向图的主旁瓣和极化约束，第三和第四个约束为矢量天线内部传感单元选择约束，其中单独功率约束 p_{ipc}参数的引入可使权矢量满足实际馈电网络的需求。

式（6.267）所示为非凸优化问题，但属于混合整数规划（MIP）问题，可采用分支定界算法（B&B[110]）进行求解，具体步骤简述如下：

首先，通过舍弃变量的整数约束将原问题进行松弛，松弛最优解为原问题最优解的下界，若其满足整数约束，即为原问题的最优解。否则，在不满足整数约束的变量中，任选一个变量 $\boldsymbol{w}_{\mathrm{b-0}}^{(i)}$，构建新的约束条件 $\boldsymbol{w}_{\mathrm{b-0}}^{(i)}=$

0 和 $\boldsymbol{w}_{\mathrm{b}-0}^{(i)}=1$，分别加入到原松弛优化问题中，把其分解为两个子问题进行求解。

若子问题的最优解满足整数约束，则不再分解，相应目标函数值是原优化问题的一个上界；对于不满足整数约束的子问题，如有必要，可继续进行问题分解和求解并更新上界，直到求得原问题的最优解为止。

上述求解过程可通过集成了相应求解程序的工具包 MOSEK 和 Gurobi 等加以实现。

6.3.2 共点矢量天线位置的稀疏化

(1) 直接稀疏约束方法。

① 将阵列孔径 N 划分为 N_0 个间隔 Δ_N 远远小于信号波长的稠密栅格，每个栅格均配置一个共点矢量天线，作为基础阵，如图 6.18 所示。

② 对基础阵激励权矢量进行优化，使其在满足波束方向图设计准则的同时，非零元素数尽可能少。

③ 利用激励权矢量非零（或大于某一预设阈值）元素位置所对应的共点矢量天线进行波束方向图综合。

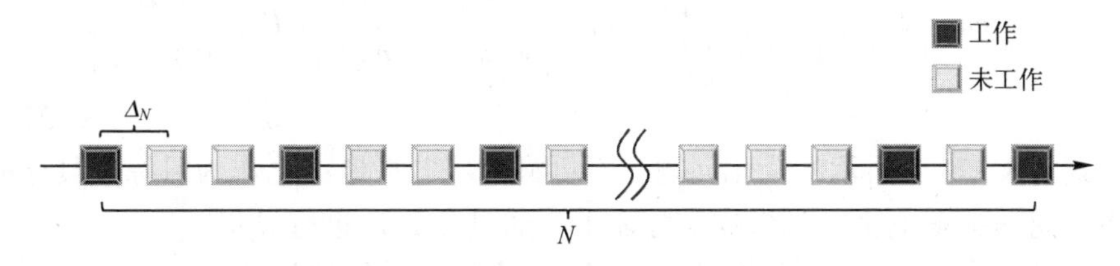

图 6.18　直接稀疏约束阵型设计示意图

直接稀疏约束阵型可能会存在间距非常近的共点矢量天线，实际应用时受天线互耦影响较大。

(2) 除了直接稀疏约束方法之外，共点矢量天线位置的稀疏化也可采用交替迭代重加权最小化方法（AIRMS[111]），这种方法通过加权 1 范数最小化准则与加权值的多次迭代，不断优化基础阵激励权矢量非零（或较大）元素的个数，从而避免最终阵型存在过近共点矢量天线的问题。

与式 (6.264) 类似，将基础阵激励权矢量写成下述形式：

$$\boldsymbol{w}=[\boldsymbol{w}_0^{\mathrm{T}},\boldsymbol{w}_1^{\mathrm{T}},\cdots,\boldsymbol{w}_{J-1}^{\mathrm{T}}]^{\mathrm{T}} \tag{6.268}$$

其中，$\boldsymbol{w}_j$ 为基础阵共点矢量天线第 j 个内部传感单元所对应子阵的 $N_0\times 1$ 维激励权矢量。

定义矩阵

$$\boldsymbol{W}=[\boldsymbol{w}_0,\boldsymbol{w}_1,\cdots,\boldsymbol{w}_{J-1}]=\begin{bmatrix}\boldsymbol{W}_{1,:}\\\boldsymbol{W}_{2,:}\\\vdots\\\boldsymbol{W}_{N_0,:}\end{bmatrix}\tag{6.269}$$

其中，$\boldsymbol{W}_{n,:}$ 表示 $\boldsymbol{W}$ 的第 n 行。

对 $\boldsymbol{W}$ 的每一行取 2 范数，得到

$$\boldsymbol{w}_{\boldsymbol{W}}=[w_{\boldsymbol{W},1},w_{\boldsymbol{W},2},\cdots,w_{\boldsymbol{W},N_0}]^{\mathrm{T}}\tag{6.270}$$

其中

$$w_{\boldsymbol{W},n}=\|\boldsymbol{W}_{n,:}\|_2\tag{6.271}$$

根据式（6.268）~式（6.271），当 $\boldsymbol{w}_{\boldsymbol{W}}$ 的 1 范数 $\|\boldsymbol{w}_{\boldsymbol{W}}\|_1$ 最小时，$\boldsymbol{w}_{\boldsymbol{W}}$ 中的非零元素数最少，相应的共点矢量天线阵列最为稀疏。

基于此结论，考虑了共点矢量天线位置稀疏化的波束方向图综合准则可以表述如下：

$$\begin{aligned}&\min_{\boldsymbol{w}}\|\boldsymbol{w}_{\boldsymbol{W}}\|_1\\&\text{s. t.}\\&\max_{(\theta,\phi)\in\mathrm{SLR}}\left\|\begin{bmatrix}\boldsymbol{w}^{\mathrm{H}}\boldsymbol{a}_{\mathrm{H}}(\theta,\phi)\\\boldsymbol{w}^{\mathrm{H}}\boldsymbol{a}_{\mathrm{V}}(\theta,\phi)\end{bmatrix}\right\|_2\leqslant\rho_0,\quad\begin{bmatrix}\boldsymbol{w}^{\mathrm{H}}\boldsymbol{a}_{\mathrm{H}}(\theta_0,\phi_0)\\\boldsymbol{w}^{\mathrm{H}}\boldsymbol{a}_{\mathrm{V}}(\theta_0,\phi_0)\end{bmatrix}=B_0\begin{bmatrix}\cos\gamma_0\\\sin\gamma_0\mathrm{e}^{\mathrm{j}\eta_0}\end{bmatrix}\end{aligned}\tag{6.272}$$

式（6.272）所示的优化问题，不再将旁瓣电平最小化作为目标，具体的波束方向图旁瓣电平，可根据实际需求，通过参数 ρ_0 进行设定。

为进一步增加 $\boldsymbol{w}_{\boldsymbol{W}}$ 的稀疏性，可对 $\boldsymbol{w}_{\boldsymbol{W}}$ 的元素进行加权迭代，并在迭代中调整加权值，以抑制 $\boldsymbol{w}_{\boldsymbol{W}}$ 中位置过近的非零元素：若 $\boldsymbol{w}_{\boldsymbol{W}}$ 第 $k-1$ 次的迭代解 $\boldsymbol{w}_{\boldsymbol{W}}^{(k-1)}$ 中第 n 个元素 $w_{\boldsymbol{W},n}^{(k-1)}$ 的模值较小，则下一次迭代中对该元素赋以较大的权重可使其值更小；反之，可以赋其以较小的权重。

由此，可将优化问题（6.272）中的目标函数修正如下[14]：

$$\min_{\boldsymbol{w}}\|\boldsymbol{\alpha}^{(k)}\odot\boldsymbol{w}_{\boldsymbol{W}}^{(k)}\|_1\tag{6.273}$$

式中：

$$\boldsymbol{\alpha}^{(k)}=[\alpha_1^{(k)},\alpha_2^{(k)},\cdots,\alpha_{N_0}^{(k)}]^{\mathrm{T}}\tag{6.274}$$

$$\alpha_n^{(k)}=(w_{\boldsymbol{W},n}^{(k-1)}+\epsilon)^{-1}\tag{6.275}$$

其中，$\epsilon>0$ 为用户参数，一般需要小于 $\boldsymbol{w}_{\boldsymbol{W}}^{(k-1)}$ 中所有非零元素的最小值；在迭代开始时，$\boldsymbol{\alpha}^{(1)}=\boldsymbol{\iota}_{N_0}$；当 $\boldsymbol{w}_{\boldsymbol{W}}$ 中非零元素的数目不再变化时，终止迭代。

上述优化过程中，$\boldsymbol{w}_{\boldsymbol{W}}^{(k-1)}$ 中可能会存在某一非零元素 $w_{\boldsymbol{W},n}^{(k-1)}$，与其相邻非零元素 $w_{\boldsymbol{W},m<n}^{(k-1)}$ 的位置过近，小于预设值 $d_{\min}$。此时可通过加大 $\alpha_n^{(k)}$ 的值，增加

对 $w_{\boldsymbol{W},n}^{(k)}$ 的惩罚，使之在下次迭代中变小：

$$\alpha_n^{(k)}=\begin{cases}\epsilon^{-1}, n-m<d_{\min}/\Delta_N\\ (w_{\boldsymbol{W},n}^{(k-1)}+\epsilon)^{-1},\text{其他}\end{cases}\tag{6.276}$$

通过不断迭代优化，直至获得满足要求的稀疏解 $\boldsymbol{w}_{\boldsymbol{W}}$ 以及 $\boldsymbol{w}$。

（3）共点矢量天线位置的稀疏化还可以采用混合整数规划方法，其实现步骤比交替迭代重加权最小化方法更为简单。

首先定义 $N_0\times 1$ 维二元选择矢量 $\boldsymbol{w}_{\text{b-1}}$，其元素仅为“1”或“0”，其中“1”和“0”分别表示保留和舍弃对应栅格位置上的共点矢量天线。

所谓混合整数规划方法，主要通过 $\boldsymbol{w}_{\text{b-1}}$ 的稀疏性约束（也即 1 范数最小），辅以式（6.277）所示的约束，实现共点矢量天线位置的稀疏化[14]：

$$\boldsymbol{w}_{\boldsymbol{W}}(n)\leqslant\sqrt{p_{\text{ipc}}}\,\boldsymbol{w}_{\text{b-1}}(n),\ n=1,2,\cdots,N_0\tag{6.277}$$

同时通过下述约束使得最小共点矢量天线间距大于预设值 $d_{\min}$：

$$\boldsymbol{T}_1\boldsymbol{w}_{\text{b-1}}\leqslant\boldsymbol{\iota}_{N_0}\tag{6.278}$$

式中：$\boldsymbol{T}_1$ 为 $N_0\times N_0$ 维矩阵，其元素仅为“1”或“0”，

$$\boldsymbol{T}_1(m,n)=\begin{cases}1, |l_m-l_n|\leqslant d_{\min}/2\\ 0,\text{其他}\end{cases}\tag{6.279}$$

其中，$l_m=(m-1)\Delta_N$ 为基础阵中第 m 个栅格的位置。

综上所述，考虑混合整数规划矢量天线位置稀疏化后的波束方向图综合问题可以表述为[14]

$$\begin{aligned}&\min_{\boldsymbol{w},\boldsymbol{w}_{\text{b-1}}}\|\boldsymbol{w}_{\text{b-1}}\|_1\\ &\text{s. t.}\\ &\max_{(\theta,\phi)\in\text{SLR}}\left\|\begin{bmatrix}\boldsymbol{w}^{\text{H}}\boldsymbol{a}_{\text{H}}(\theta,\phi)\\ \boldsymbol{w}^{\text{H}}\boldsymbol{a}_{\text{V}}(\theta,\phi)\end{bmatrix}\right\|_2\leqslant\rho_0,\ \begin{bmatrix}\boldsymbol{w}^{\text{H}}\boldsymbol{a}_{\text{H}}(\theta_0,\phi_0)\\ \boldsymbol{w}^{\text{H}}\boldsymbol{a}_{\text{V}}(\theta_0,\phi_0)\end{bmatrix}=B_0\begin{bmatrix}\cos\gamma_0\\ \sin\gamma_0\text{e}^{\text{j}\eta_0}\end{bmatrix}\\ &\boldsymbol{w}_{\boldsymbol{W}}(n)\leqslant\sqrt{p_{\text{ipc}}}\,\boldsymbol{w}_{\text{b-1}}(n),\ n=1,2,\cdots,N_0\\ &\boldsymbol{T}_1\boldsymbol{w}_{\text{b-1}}\leqslant\boldsymbol{\iota}_{N_0}\end{aligned}\tag{6.280}$$

式（6.280）所示的优化问题属于混合整数规划问题，可通过相应的优化工具包进行求解。

6.3.3 非共点矢量天线稀疏阵列波束方向图综合

（1）非共点矢量天线稀疏阵列波束方向图综合的第一种方法是，在采用交替迭代重加权最小化方法实现共点矢量天线位置稀疏化的基础上，进一步考虑矢量天线内部传感单元的优化选择。

首先记$\boldsymbol{w}_j^{(k)}$为$\boldsymbol{w}_j$的第k次迭代解，其中$j=0,1,\cdots,J-1$；再构造J组加权矢量$\boldsymbol{\alpha}_0^{(k)},\boldsymbol{\alpha}_1^{(k)},\cdots,\boldsymbol{\alpha}_{J-1}^{(k)}$，分别对$\boldsymbol{w}_0^{(k)},\boldsymbol{w}_1^{(k)},\cdots,\boldsymbol{w}_{J-1}^{(k)}$进行调控，使之在同一栅格位置处只存在一个非零元素：

$$\min_{\boldsymbol{w}}\left(\sum_{j=0}^{J-1}\|\boldsymbol{\alpha}_j^{(k)}\odot\boldsymbol{w}_j^{(k)}\|_1\right)\tag{6.281}$$

其中

$$\boldsymbol{\alpha}_j^{(k)}=[\alpha_{j,1}^{(k)},\alpha_{j,2}^{(k)},\cdots,\alpha_{j,N_0}^{(k)}]^{\mathrm{T}},j=0,1,\cdots,J-1\tag{6.282}$$

在第k次迭代中，$\boldsymbol{\alpha}_j^{(k)}$根据下述准则进行设置，其中$\epsilon_j$为用户参数：

① 若$k=1$，则令$\boldsymbol{\alpha}_j^{(k)}=\boldsymbol{\alpha}_j^{(1)}=\boldsymbol{\iota}_{N_0}$。

② 若$\boldsymbol{w}_j$和$\boldsymbol{w}_i$第$k-1$次迭代解$\boldsymbol{w}_j^{(k-1)}$和$\boldsymbol{w}_i^{(k-1)}$中的两个非零元素$w_{j,n}^{(k-1)}$和$w_{i,n}^{(k-1)}$满足

$$|w_{i,n}^{(k-1)}|>|w_{j,n}^{(k-1)}|>0\tag{6.283}$$

则令$\alpha_{j,n}^{(k)}=\epsilon_j^{-1}$，以在优化中增大对$w_{j,n}^{(k)}$的惩罚。

③ 若存在非零元素$w_{j,n}^{(k-1)}$，与其相邻非零元素$w_{j,m<n}^{(k-1)}$或$w_{i,m<n}^{(k-1)}$之间的距离小于预设值$d_{\min}$，则保留位置m上的非零元素，而增加对位置n上非零元素的惩罚：若$n-m<d_{\min}/\Delta_N$，则令$\alpha_{j,n}^{(k)}=\epsilon_j^{-1}$。

综上所述，第k次迭代中，$\alpha_{j,n}^{(k)}$的设置方法可以总结为

$$\alpha_{j,n}^{(k)}=\begin{cases}\epsilon_j^{-1},w_{j,n}^{(k-1)}\text{和}\ w_{i,n}^{(k-1)}\text{满足情形②和③}\\(w_{j,n}^{(k-1)}+\epsilon_j)^{-1},\text{其他}\end{cases}\tag{6.284}$$

其余加权矢量的设置方式与$\boldsymbol{\alpha}_j^{(k)}$类似。当$\boldsymbol{w}_0^{(k)},\boldsymbol{w}_1^{(k)},\cdots,\boldsymbol{w}_{J-1}^{(k)}$中非零元素的数目不再变化时，终止迭代。

需要指出的是，上述方法涉及阵列孔径N、栅格数N_0、$d_{\min}$以及加权调整用户参数的选择，往往需要不断的尝试，而且得到的解也不一定是最优解。

(2) 非共点矢量天线阵列波束方向图综合的第二种方法是通过混合整数规划方法同时实现矢量天线位置的稀疏配置与内部传感单元的优化选择。

该方法步骤相对简单，最优解易于求得，其主要思想是对$\boldsymbol{w}_0,\boldsymbol{w}_1,\cdots,\boldsymbol{w}_{J-1}$进行下述约束[14]：

$$\min_{\boldsymbol{w}_{\mathrm{b-2}}}\|\boldsymbol{w}_{\mathrm{b-2}}\|_1\tag{6.285}$$

$$|\boldsymbol{w}(n)|\leqslant\sqrt{p_{\mathrm{ipc}}}\,\boldsymbol{w}_{\mathrm{b-2}}(n),\ n=1,2,\cdots,N_0J\tag{6.286}$$

$$\boldsymbol{T}_2\boldsymbol{w}_{\mathrm{b-2}}\leqslant\boldsymbol{\iota}_{N_0}\tag{6.287}$$

式中：$\boldsymbol{w}_{\mathrm{b-2}}$为$N_0J\times1$维二元选择矢量，其元素仅为“1”或“0”，

$$\boldsymbol{w}_{\mathrm{b}-2}=\begin{bmatrix}\boldsymbol{w}_{\mathrm{b}-2,0}\\\boldsymbol{w}_{\mathrm{b}-2,1}\\\vdots\\\boldsymbol{w}_{\mathrm{b}-2,J-1}\end{bmatrix} \tag{6.288}$$

其中，$\boldsymbol{w}_{\mathrm{b}-2,j}$为 $N_0\times1$ 维矢量；$\boldsymbol{T}_2$为 $N_0\times N_0J$ 维矩阵，

$$\boldsymbol{T}_2=\boldsymbol{\iota}_J^{\mathrm{T}}\otimes\boldsymbol{T}_1 \tag{6.289}$$

根据式（6.279）和式（6.287）~式（6.289），有

$$\boldsymbol{T}_1\left(\sum_{j=0}^{J-1}\boldsymbol{w}_{\mathrm{b}-2,j}\right)\leqslant\boldsymbol{\iota}_{N_0} \tag{6.290}$$

由此，式（6.287）所示的约束既能保证最近阵元间距大于预设值 $d_{\min}$，也能保证每个阵元位置只存在一个传感单元，再结合式（6.285）和式（6.286）所示的激励权矢量稀疏性约束，即可实现下述 MIP 也即混合整数规划非共点矢量天线稀疏阵列波束方向图综合[14]：

$$\begin{aligned}&\min_{\boldsymbol{w},\boldsymbol{w}_{\mathrm{b}-2}}\|\boldsymbol{w}_{\mathrm{b}-2}\|_1\\&\text{s. t.}\\&\max_{(\theta,\phi)\in\mathrm{SLR}}\left\|\begin{bmatrix}\boldsymbol{w}^{\mathrm{H}}\boldsymbol{a}_{\mathrm{H}}(\theta,\phi)\\\boldsymbol{w}^{\mathrm{H}}\boldsymbol{a}_{\mathrm{V}}(\theta,\phi)\end{bmatrix}\right\|_2\leqslant\rho_0,\ \begin{bmatrix}\boldsymbol{w}^{\mathrm{H}}\boldsymbol{a}_{\mathrm{H}}(\theta_0,\phi_0)\\\boldsymbol{w}^{\mathrm{H}}\boldsymbol{a}_{\mathrm{V}}(\theta_0,\phi_0)\end{bmatrix}=B_0\begin{bmatrix}\cos\gamma_0\\\sin\gamma_0\mathrm{e}^{\mathrm{j}\eta_0}\end{bmatrix}\\&|\boldsymbol{w}(n)|\leqslant\sqrt{p_{\mathrm{ipc}}}\boldsymbol{w}_{\mathrm{b}-2}(n),\ n=1,2,\cdots,N_0J\\&\boldsymbol{T}_2\boldsymbol{w}_{\mathrm{b}-2}\leqslant\boldsymbol{\iota}_{N_0}\end{aligned} \tag{6.291}$$

式（6.291）所示的优化问题仍属于混合整数规划问题，可通过相应的优化工具包进行求解。

下面看一些仿真例子，例中 e_x、e_y、e_z分别代表轴线方向平行于 x、y、z 轴的偶极子，h_x、h_y、h_z则分别代表法线方向平行于 x、y、z 轴的磁环。

首先研究矢量天线内部传感单元选择方法的性能。考虑由 y 轴上 16 个 COLD 天线/三极子天线（编号 0~15）所组成的等距线阵，COLD 天线/三极子天线的间距为半个信号波长；

$$(\theta_0,\phi_0)=(90°,0°),\ (\gamma_0,\eta_0)=(45°,90°)$$

主瓣波束宽度为 20°。

作为对比，这里还考虑了文献［25］中所讨论的遗传算法（GA），其中每一个体包含 16 组基因，对于 COLD 天线，将 e_z、h_z分别编号为“1”“2”；对于三极子天线，将 e_x、e_y、e_z分别编号为“1”“2”“3”。

将每一个体 16 位基因编码所对应的阵型结构，代入下述优化问题中，求得波束方向图的最高旁瓣电平 ρ_0：

$$\begin{aligned}&\min_{\boldsymbol{w}} \rho\\&\text{s. t.}\\&\max_{(\theta,\phi)\in \mathrm{SLR}}\left\|\begin{bmatrix}\boldsymbol{w}^{\mathrm{H}}\boldsymbol{a}_{\mathrm{H}}(\theta,\phi)\\ \boldsymbol{w}^{\mathrm{H}}\boldsymbol{a}_{\mathrm{V}}(\theta,\phi)\end{bmatrix}\right\|_2\leqslant\rho,\ \begin{bmatrix}\boldsymbol{w}^{\mathrm{H}}\boldsymbol{a}_{\mathrm{H}}(\theta_0,\phi_0)\\ \boldsymbol{w}^{\mathrm{H}}\boldsymbol{a}_{\mathrm{V}}(\theta_0,\phi_0)\end{bmatrix}=B_0\begin{bmatrix}\cos\gamma_0\\ \sin\gamma_0\mathrm{e}^{\mathrm{j}\eta_0}\end{bmatrix}\end{aligned}$$

并将适应度函数设为

$$f=20\lg\left(\frac{1}{\rho_0}\right) \tag{6.292}$$

种群规模设为 50；采用自适应遗传算法思想，也即交叉概率 P_c 和变异概率 P_m 在每次迭代中随适应度自动调整[112]：

$$P_c=\begin{cases}\dfrac{k_1(f_{\max}-f)}{f_{\max}-f_{\mathrm{avg}}}, f\geqslant f_{\mathrm{avg}}\\ k_2, f<f_{\mathrm{avg}}\end{cases} \tag{6.293}$$

$$P_m=\begin{cases}\max\left(\dfrac{k_3(f_{\max}-f')}{f_{\max}-f_{\mathrm{avg}}}, p_0\right), f'\geqslant f_{\mathrm{avg}}\\ k_4, f'<f_{\mathrm{avg}}\end{cases} \tag{6.294}$$

其中，$f_{\max}$ 为种群中最大适应度的值，f_{avg} 为种群所有个体适应度的平均值，f 为要交叉的两个体中较大适应度的值，f' 为要变异个体的适应度的值，$k_1=k_2=1$，$k_3=k_4=0.05$，$p_0=0.005$；种群进化的代数为 100。

非共点 COLD 阵型的优化结果如表 6.1 所示，对应的波束方向图综合结果如图 6.19 所示；非共点三极子阵型的优化结果如表 6.2 所示，对应的波束方向图综合结果如图 6.20 所示。

若优化后的非共点三极子阵型，其流形矢量存在 5%的随机误差，对应的波束方向图综合结果以及不存在误差条件下对应的结果如图 6.21 所示。

表 6.1 非共点 COLD 阵型的优化结果

天线序号	GA	MIP
0	h_z	h_z
1	h_z	h_z
2	h_z	h_z
3	h_z	h_z
4	h_z	h_z
5	h_z	h_z
6	h_z	h_z

续表

天线序号	GA	MIP
7	e_z	e_z
8	e_z	e_z
9	e_z	h_z
10	h_z	e_z
11	e_z	e_z
12	e_z	e_z
13	e_z	e_z
14	e_z	e_z
15	e_z	e_z

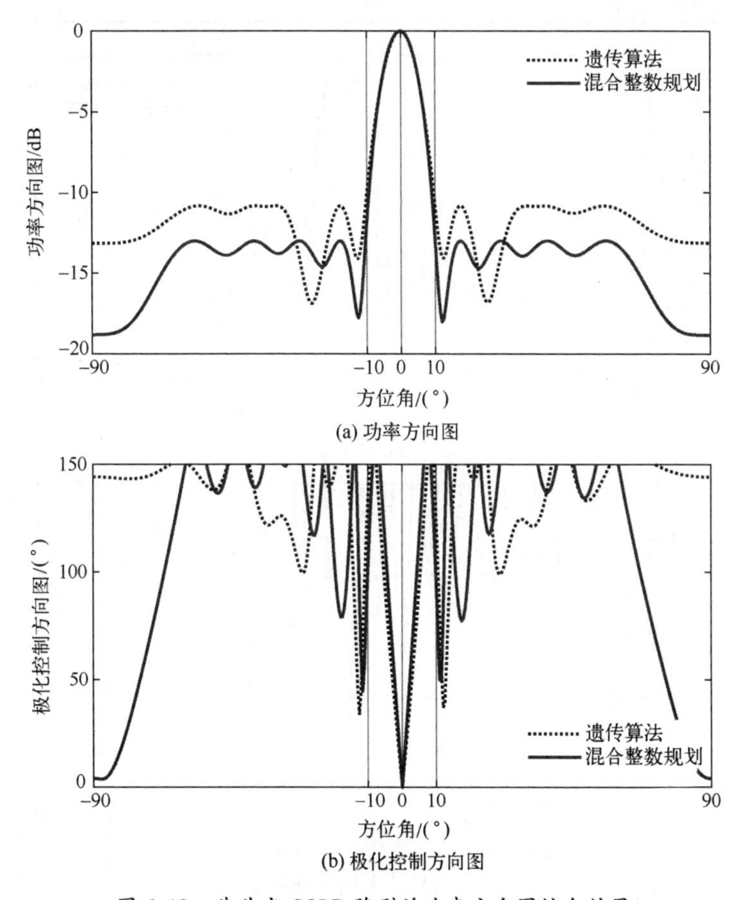

图 6.19　非共点 COLD 阵型的波束方向图综合结果

表 6.2 非共点三极子阵型的优化结果

天线序号	GA	MIP
0	e_z	e_z
1	e_z	e_z
2	e_z	e_z
3	e_z	e_z
4	e_z	e_z
5	e_z	e_z
6	e_z	e_z
7	e_z	e_y
8	e_y	e_z
9	e_z	e_y
10	e_y	e_z
11	e_z	e_x
12	e_y	e_y
13	e_x	e_y
14	e_y	e_y
15	e_y	e_x

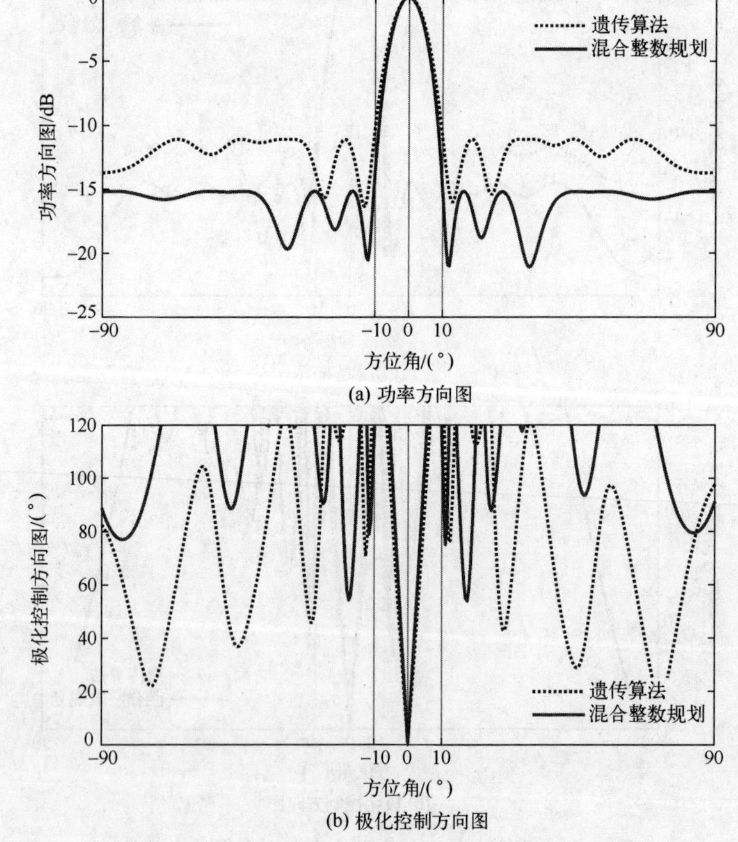

(a) 功率方向图

(b) 极化控制方向图

图 6.20 非共点三极子阵型的波束方向图综合结果

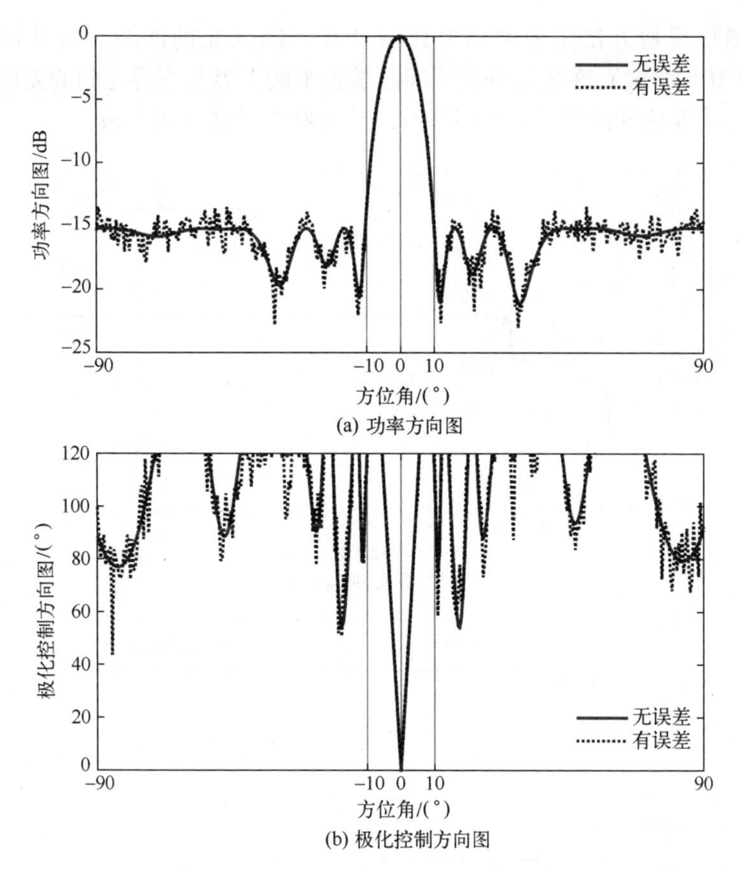

(a) 功率方向图

(b) 极化控制方向图

图 6.21　存在流形误差和不存在流形误差条件下，非共点三极子阵波束方向图综合结果的比较

由图 6.19 和图 6.20 所示结果可以看出，两种方法都能满足目标方向的极化约束，但混合整数规划方法的旁瓣电平更低。主要原因是，遗传算法虽然考虑全局优化，但涉及多个参数的同时调整，实际解可能仅是局部最优解；混合整数规划方法则可得到全局最优解。

由图 6.21 所示结果还可以看出，混合整数规划方法对阵列流形误差具有较好的鲁棒性。

下面比较遗传算法和混合整数规划方法的计算效率，采用 Gurobi 求解器，计算配置为 2.27GHz 双核 CPU 和 4GB RAM。

图 6.22 所示为两种方法在非共点 COLD/非共点三极子阵型优化时的收敛曲线。

对于遗传算法，其适应度函数 $f=20\lg(\rho_0^{-1})$ 也是以分贝为单位的主旁瓣功率比，图 6.22（a）所示为该值随进化代数变化的曲线；图 6.22（b）所示则为混合整数规划方法主旁瓣功率比随计算时间变化的曲线，以及目标函数（最高旁瓣电平 ρ_0） 在各层分支子问题求解中的上界与下界之间的差距百分比随计算时间变化的曲线，当差距为0时，意味着算法求解完成。

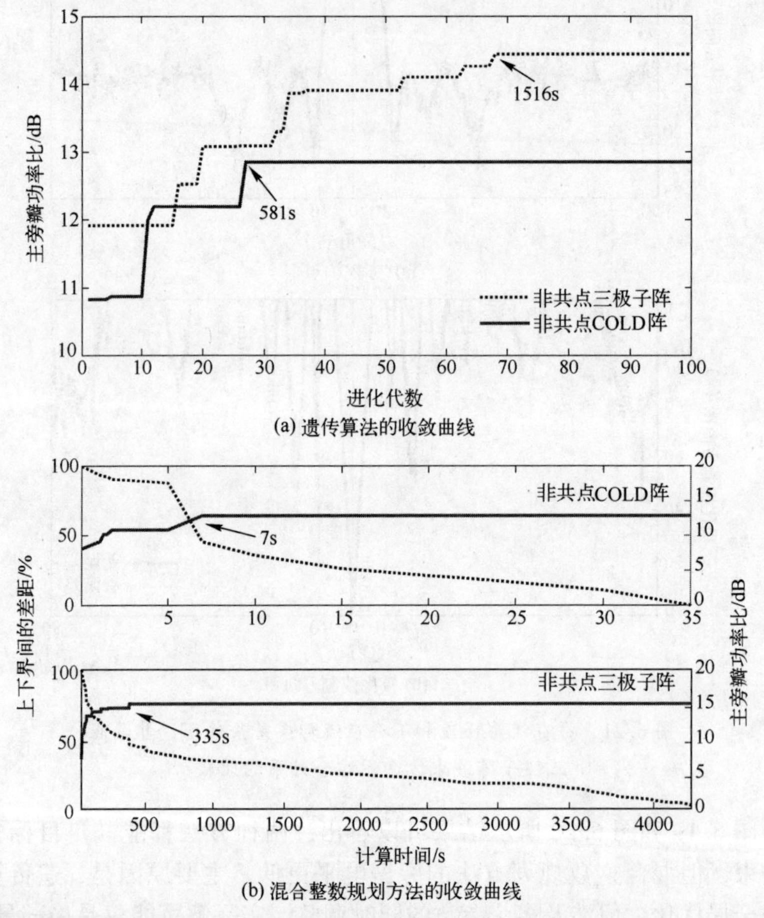

(a) 遗传算法的收敛曲线

(b) 混合整数规划方法的收敛曲线

图 6.22 遗传算法和混合整数规划方法的收敛曲线比较

由图 6.22 所示结果可以看出，对于非共点 COLD 阵型设计，待求解整数变量数为 32，混合整数规划方法仅需 35s 即可完成求解，而遗传算法则需迭代 27 次耗时 581s 才可收敛；对于非共点三极子阵型设计，待求解整数变量数为 48，混合整数规划方法需要 335s 进入收敛（需要 4164s 完成求解），而遗传算法则需迭代 68 次耗时 1516s 才可收敛，完成 100 次迭代则需 2230s。

由此可知，当待求解整数变量较少时，虽然遗传算法所需迭代次数较少，但混合整数规划方法的计算耗时更少；当待求解整数变量增多时，遗传算法进入收敛所需迭代次数也相应增加，混合整数规划方法完成求解所需时间亦显著增加。虽然混合整数规划方法需要完成求解才能保证解的最优性，但若求解过程中的主旁瓣功率比满足实际需求，则可随时终止计算，以实现求解计算量与解的最优性之间的平衡。

下面比较交替迭代重加权最小化和混合整数规划稀疏阵列波束方向图综合的性能。考虑共点和非共点交叉偶极子稀疏阵型；

$$(\theta_0,\phi_0)=(90°,0°),\ (\gamma_0,\eta_0)=(45°,90°)$$

主瓣波束宽度为 26°，最高旁瓣电平不高于−30dB。

共点交叉偶极子情形的阵列孔径为 7.5λ，非共点交叉偶极子情形的阵列孔径为 15λ，最小阵元间距不小于 0.5λ。

此外，交替迭代重加权最小化方法例中设定的栅格间距为 0.01λ，混合整数规划方法例中设定的栅格间距为 0.1λ。

图 6.23 和图 6.24 所示分别为共点和非共点交叉偶极子情形下，两种方法的波束方向图综合结果；表 6.3 所示为共点和非共点交叉偶极子情形下，两种方法对应稀疏阵型的阵元位置和类型，其中阵元位置以一个信号波长为单位。

表 6.3　交替迭代重加权最小化和混合整数规划两种方法的阵型比较

阵元序号	共点交叉偶极子稀疏阵列阵元位置		非共点交叉偶极子稀疏阵列阵元位置与类型			
	AIRMS	MIP	AIRMS		MIP	
0	0.24	1.80	1.33	e_z	2.40	e_z
1	0.75	2.60	2.17	e_z	3.20	e_z
2	1.38	3.40	3.00	e_z	4.00	e_z
3	2.15	4.20	3.82	e_z	4.80	e_z
4	2.96	5.00	4.64	e_z	5.60	e_z
5	3.76	5.80	5.47	e_z	6.40	e_z
6	4.56	6.60	6.29	e_z	7.20	e_z
7	5.39	7.40	7.09	e_z	8.00	e_z
8	6.14	—	7.67	e_z	9.00	e_y
9	—	—	8.37	e_y	9.80	e_y
10	—	—	9.16	e_y	10.00	e_y
11	—	—	10.03	e_y	11.40	e_y
12	—	—	10.90	e_y	12.20	e_y
13	—	—	11.75	e_y	13.00	e_y
14	—	—	12.61	e_y	13.80	e_y
15	—	—	13.50	e_y	14.60	e_y
16	—	—	14.98	e_z	—	—

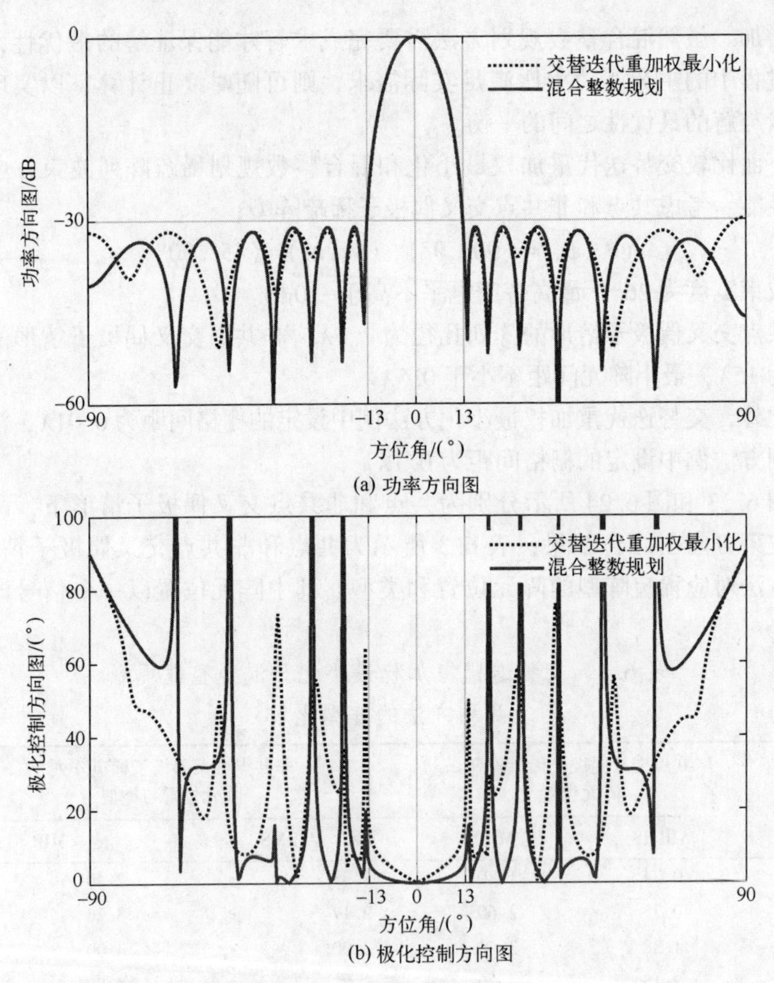

(a) 功率方向图

(b) 极化控制方向图

图 6.23 共点交叉偶极子稀疏阵列波束方向图综合结果

由上述结果可以看出，两种方法对应阵型都可实现期望波束方向图设计指标，但混合整数规划方法所需阵元数少于交替迭代重加权最小化方法。

此外，对于共点交叉偶极子稀疏阵列情形，混合整数规划方法所对应阵列的平均阵元间距为 0.80 个信号波长，要大于交替迭代重加权最小化方法所对应阵列的平均阵元间距 0.51 个信号波长；对于非共点交叉偶极子稀疏阵列情形，混合整数规划方法所对应阵列的平均阵元间距亦为 0.80 个信号波长，同样大于交替迭代重加权最小化方法所对应阵列的平均阵元间距 0.58 个信号波长。

这意味着混合整数规划方法在减少阵元数、增大阵元间距等方面，与交替迭代重加权最小化方法相比具有一定优势。

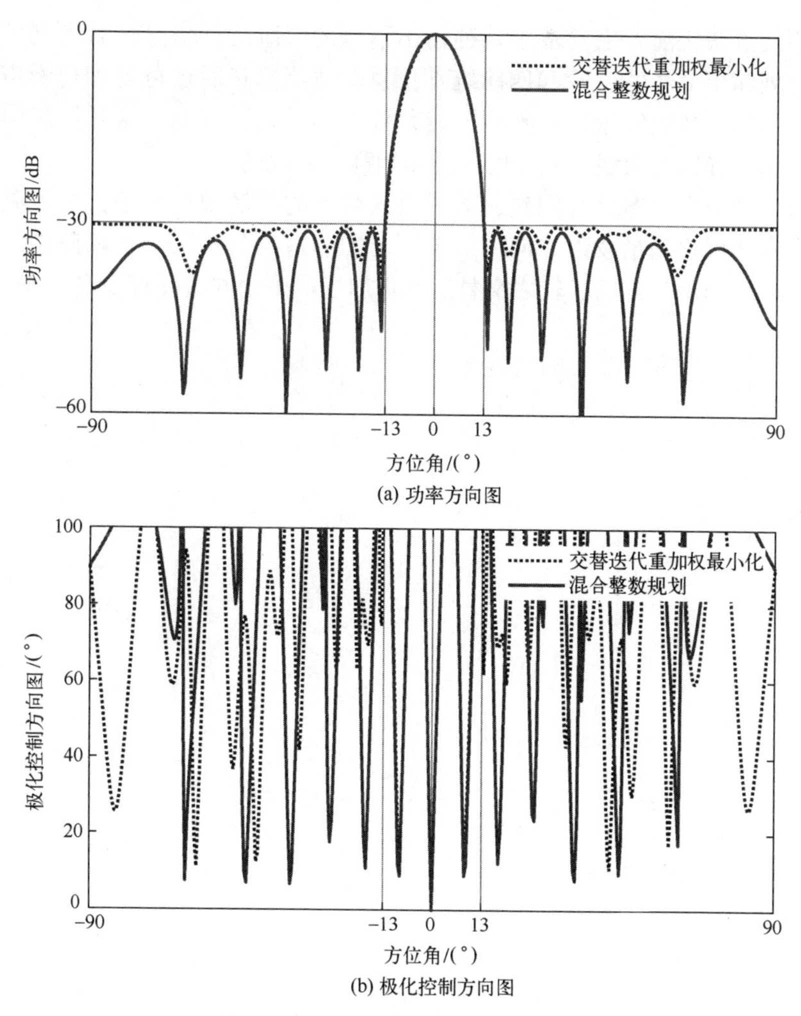

(a) 功率方向图

(b) 极化控制方向图

图6.24　非共点交叉偶极子稀疏阵列波束方向图综合结果

需要指出的是，混合整数规划方法可以视为一种硬约束非凸优化方法，其计算复杂度要高于基于软约束的交替迭代重加权最小化方法，这是值得进一步研究的一个重要问题。

6.4　本章小结

本章主要讨论了基于非共点矢量天线阵列的信号波达方向与波极化参数无模糊估计以及波束方向图综合问题。

信号波达方向与波极化参数估计方法主要包括二阶和混合阶两种多极化

旋转不变方法，前者主要基于阵列输出信号的二阶统计信息，后者则可联合利用阵列输出信号的二阶和四阶统计信息，适当修正后还可处理色噪声。两者所适用的非共点矢量天线阵列一定条件下均可是稀疏的，这对提高信号参数估计精度和减小天线单元间的互耦影响都是有利的。

对于波束方向图综合问题，通过引入合适的离散线性算子，采用混合整数规划方法优化满足波束方向图综合要求的非共点矢量天线稀疏阵型，在阵元数、阵元间距等方面，较之交替迭代重加权最小化方法具有一定优势。

第7章

宽带降秩与满秩处理

如果信号的带宽较大，空间位置不同的矢量天线所观测到的各个信号分量的复包络的差异较大，不再严格相干，这会导致每个信号分量对阵列输出协方差矩阵的秩贡献都会大于1，趋向满秩，此前所讨论的窄带处理方法一般不再适用，需要进行降秩处理，或者直接进行满秩处理[113-114]。

本章首先讨论几种宽带降秩处理方法，以及在此基础上的信号波达方向和波极化参数估计方法。然后讨论宽带满秩处理理论，以及在此基础上的波束形成和信号/干扰参数估计方法。

7.1 降秩处理宽带信号波达方向估计方法

7.1.1 数据预处理

本章采用信号源方向矢量与三个坐标轴的夹角也即 x 轴、y 轴和 z 轴锥角定义信号的波达方向，并假定三个坐标轴上各有 L 个间隔均为 d、内部结构和倾角也都相同的矢量天线。

由于三个锥角的估计思路类似，本节讨论首先将主要针对 z 轴锥角也即俯仰角的估计问题展开，然后再讨论三个锥角估计结果的配对。

假设第 m 个信号的波达方向为$(\vartheta_m,\psi_m,\theta_m)$，其中 ϑ_m、ψ_m 和 θ_m 分别为其 x 轴、y 轴和 z 轴锥角，$0°\leqslant\vartheta_m\leqslant180°$，$0°\leqslant\psi_m\leqslant180°$，$0°\leqslant\theta_m\leqslant180°$，具体的锥角定义参见图1.4。

暂不考虑噪声，根据1.4.1节的讨论，位于坐标原点的参考矢量阵元对信号波的感应输出可以写成

$$\varsigma_0(t)=\sum_{m=0}^{M-1}\varsigma_{0,m}(t) \tag{7.1}$$

式中：

$$\varsigma_{0,m}(t)=\begin{bmatrix}\xi_{\mathbf{H},m}(t)*h_{\mathbf{H},m,0}(t)\\ \xi_{\mathbf{H},m}(t)*h_{\mathbf{H},m,1}(t)\\ \vdots\end{bmatrix}+\begin{bmatrix}\xi_{\mathbf{V},m}(t)*h_{\mathbf{V},m,0}(t)\\ \xi_{\mathbf{V},m}(t)*h_{\mathbf{V},m,1}(t)\\ \vdots\end{bmatrix} \tag{7.2}$$

其中，$\xi_{\mathbf{H},m}(t)$和$\xi_{\mathbf{V},m}(t)$分别为第 m 个入射信号波电场矢量的水平和垂直极化分量，具体定义参见 1.2 节的讨论，$h_{\mathbf{H},m,l}(t)$和$h_{\mathbf{V},m,l}(t)$分别为矢量天线第 l 个传感单元在$(\vartheta_m,\psi_m,\theta_m)$方向上的水平和垂直极化单位冲激响应，具体定义参见 1.4 节的讨论；“ * ”仍表示卷积积分。

将$\varsigma_0(t)$复解析化（该步骤不是必需的），得到

$$\boldsymbol{x}_0(t)=\sum_{m=0}^{M-1}\boldsymbol{x}_{0,m}(t) \tag{7.3}$$

式中：

$$\boldsymbol{x}_{0,m}(t)=\begin{bmatrix}\xi_{\mathbf{H},\text{analytic},m}(t)*h_{\mathbf{H},m,0}(t)\\ \xi_{\mathbf{H},\text{analytic},m}(t)*h_{\mathbf{H},m,1}(t)\\ \vdots\end{bmatrix}+\begin{bmatrix}\xi_{\mathbf{V},\text{analytic},m}(t)*h_{\mathbf{V},m,0}(t)\\ \xi_{\mathbf{V},\text{analytic},m}(t)*h_{\mathbf{V},m,1}(t)\\ \vdots\end{bmatrix} \tag{7.4}$$

其中，$\xi_{\mathbf{H},\text{analytic},m}(t)$和$\xi_{\mathbf{V},\text{analytic},m}(t)$分别为$\xi_{\mathbf{H},m}(t)$和$\xi_{\mathbf{V},m}(t)$的复解析形式。

再对$\boldsymbol{x}_0(t)$进行均匀极化平滑，可得

$$x_0(t)=\underbrace{[1,1,\cdots,1]}_{=\boldsymbol{\iota}_J^{\mathrm{T}}}\boldsymbol{x}_0(t)=\sum_{m=0}^{M-1}x_{0,m}(t)=\sum_{m=0}^{M-1}s_m(t) \tag{7.5}$$

式中：$\boldsymbol{\iota}_J$为 J×1 维全 1 矢量，J 为矢量天线内部传感单元数；上标“T”仍表示矩阵/矢量转置；

$$x_{0,m}(t)=\boldsymbol{\iota}_J^{\mathrm{T}}\boldsymbol{x}_{0,m}(t)=s_m(t) \tag{7.6}$$

有时也可考虑加权极化平滑，也即将$\boldsymbol{\iota}_J$换作$[\kappa_0,\kappa_1,\cdots,\kappa_{J-1}]^{\mathrm{T}}$，其中 κ_i 为矢量天线第 i 个内部传感单元的加权系数，零或非零。

类似地，z 轴上第 l 个矢量阵元的输出经上述一系列变换后可以写成

$$x_l(t)=\sum_{m=0}^{M-1}x_{l,m}(t)=\sum_{m=0}^{M-1}s_m(t+\tau_l(\vartheta_m,\psi_m,\theta_m)) \tag{7.7}$$

式中：

$$\tau_l(\vartheta_m,\psi_m,\theta_m)=[0,0,ld]\boldsymbol{b}_{\mathrm{s}}(\vartheta_m,\psi_m,\theta_m)/c=ld\cos\theta_m/c=\tau_{l,\theta_m} \tag{7.8}$$

其中，θ_m为待估计的第 m 个信号源的俯仰角，$\boldsymbol{b}_{\mathrm{s}}(\vartheta_m,\psi_m,\theta_m)$为其方向矢量，定义与式（1.28）相同；$c$ 仍表示信号波的传播速度。如果矢量阵元不在 z 轴上，式（7.7）仍然成立，只须调整阵元位置矢量即可。

将上述$x_0(t),x_1(t),\cdots,x_{L-1}(t)$按次序排成一列矢量$\boldsymbol{x}(t)$，考虑噪声后，其可写成

$$\boldsymbol{x}(t)=[x_0(t),x_1(t),\cdots,x_{L-1}(t)]^{\mathrm{T}}=\sum_{m=0}^{M-1}\boldsymbol{s}_m(t)+\boldsymbol{n}(t) \tag{7.9}$$

其中，$\boldsymbol{s}_m(t)$为第 m 个信号矢量，

$$\boldsymbol{s}_m(t)=\begin{bmatrix} s_m(t) \\ s_m(t+\tau_{1,\theta_m}) \\ \vdots \\ s_m(t+\tau_{L-1,\theta_m}) \end{bmatrix}=\begin{bmatrix} s_m(t) \\ s_m(t+d\cos\theta_m/c) \\ \vdots \\ s_m(t+(L-1)d\cos\theta_m/c) \end{bmatrix} \tag{7.10}$$

而 $\boldsymbol{n}(t)=[n_0(t),n_1(t),\cdots,n_{L-1}(t)]^{\mathrm{T}}$为噪声矢量，其中 $n_l(t)$为 $x_l(t)$中的加性噪声。根据定义，我们称 $\boldsymbol{x}(t)$为宽带极化平滑矢量。

与窄带处理模型不同的是，①式（7.9）所示宽带处理模型并未考虑信号的解调；②若无须估计信号波的极化参数，也无须要求矢量天线的频率响应在信号带宽内近似恒定；③时域处理方法一般只适用于小型阵列，对于大型阵列，更宜采用子带分解频域处理方法，详见 7.1.5 节的讨论。

以下讨论我们假设：①$s_0(t),s_1(t),\cdots,s_{M-1}(t)$为零均值、宽遍历或循环宽遍历随机过程，谱支撑相同，中心频率均为 ω_0，彼此独立；②噪声为零均值、空间白且与所有信号都独立的宽平稳随机过程；如果涉及时滞操作，还假设噪声与其时滞互不相关，也即时滞大于其相关时间；③$(L-1)d/c$ 小于信号相关或循环相关时间。

7.1.2 正交表示方法

正交表示宽带降秩方法的主要思想是，将时延（可正可负）信号以适当信号为基准进行正交分解，同时视与基准信号正交的分量为虚拟干扰项，这样可将宽带模型转化成包含虚拟干扰的类窄带秩-1 模型。

在前面一些章节的讨论中，我们已经讨论过信号的正交表示问题，为清楚起见，首先简单回顾一下信号正交表示的概念。为此，考虑一均值为零的复解析信号 $s(t)$，其时延 $s(t+\tau)$可以写成

$$s(t+\tau)=\rho s(t)+\underbrace{(s(t+\tau)-\rho s(t))}_{\stackrel{\text{def}}{=}i^{(\tau)}(t)} \tag{7.11}$$

其中，τ 为时延参数，ρ 为一复常数。

注意到

$$\langle s^*(t)i^{(\tau)}(t)\rangle=\langle s^*(t)s(t+\tau)\rangle-\rho\langle s^*(t)s(t)\rangle \tag{7.12}$$

其中，上标“*”仍表示复共轭，“$\langle\cdot\rangle$”仍表示无限时间平均，其定义参见式（1.84）。

所以，若 ρ 为 $s(t)$的相关系数，也即

$$\rho=\frac{\langle s^*(t)s(t+\tau)\rangle}{\langle s^*(t)s(t)\rangle}=\rho(\tau)=\rho_\tau \tag{7.13}$$

则$\langle s^*(t)i^{(\tau)}(t)\rangle=0$，也即$i^{(\tau)}(t)$与$s(t)$正交，所以我们称式（7.11）为$s(t+\tau)$以$s(t)$为基准的正交表示，而将与基准信号$s(t)$正交的分量$i^{(\tau)}(t)$称为虚拟干扰，其功率为

$$\langle |i^{(\tau)}(t)|^2\rangle=(1-|\rho_\tau|^2)\langle |s(t)|^2\rangle \tag{7.14}$$

其中，“$|\cdot|$”仍表示模/绝对值。可以看出，ρ_τ越大，虚拟干扰的功率越小。

正交表示的基准信号并不是唯一的，但一般需要其与$s(t)$具有相关性，比如$s(t)$的另一延迟$s(t+\tau_0)$：

$$s(t+\tau)=\rho s(t+\tau_0)+\underbrace{(s(t+\tau)-\rho s(t+\tau_0))}_{\stackrel{\text{def}}{=}i^{(\tau,\tau_0)}(t)} \tag{7.15}$$

为使虚拟干扰$i^{(\tau,\tau_0)}(t)$与基准信号$s(t+\tau_0)$正交，需要

$$\rho=\frac{\langle s^*(t+\tau_0)s(t+\tau)\rangle}{\langle s^*(t+\tau_0)s(t+\tau_0)\rangle}=\rho_{\tau-\tau_0} \tag{7.16}$$

虚拟干扰的功率为

$$\langle |i^{(\tau,\tau_0)}(t)|^2\rangle=(1-|\rho_{\tau-\tau_0}|^2)\langle |s(t)|^2\rangle \tag{7.17}$$

为减小虚拟干扰的影响，应考虑采用与$s(t+\tau)$相关性较强的基准信号，若ρ_τ为关于时延τ的单调递减函数，则应考虑采用τ_0趋近τ的基准信号。

7.1.2.1 时滞正交表示降秩模型

根据以上关于信号正交表示的讨论，考虑以$s_m(t+\tau_m)$为基准信号，对信号$s_m(t)$的时延$s_m(t+\tau)$作如下正交表示：

$$s_m(t+\tau)=\rho_m(\tau-\tau_m)s_m(t+\tau_m)+i_m^{(\tau,\tau_m)}(t) \tag{7.18}$$

式中：

（1）τ_m为基准信号的时延参数；

（2）$\rho_m(\tau)$为$s_m(t)$的相关系数，定义为

$$\rho_m(\tau)=\frac{\langle s_m(t+\tau)s_m^*(t)\rangle}{\langle s_m(t)s_m^*(t)\rangle}=\frac{\langle s_m(t+\tau)s_m^*(t)\rangle}{\langle |s_m(t)|^2\rangle}=\frac{\langle s_m(t+\tau)s_m^*(t)\rangle}{\sigma_m^2} \tag{7.19}$$

以下讨论假设所有待处理信号都具有相同的相关系数，也即

$$\rho_0(\tau)=\rho_1(\tau)=\cdots=\rho_{M-1}(\tau)=\rho(\tau) \tag{7.20}$$

（3）$i_m^{(\tau,\tau_m)}(t)$为虚拟干扰分量：

$$i_m^{(\tau,\tau_m)}(t)=s_m(t+\tau)-\rho(\tau-\tau_m)s_m(t+\tau_m) \tag{7.21}$$

满足：

$$\langle i_m^{(\tau,\tau_m)}(t)\rangle=\langle s_m(t+\tau)\rangle-\rho(\tau-\tau_m)\langle s_m(t+\tau_m)\rangle=0 \tag{7.22}$$

$$\langle i_m^{(\tau,\tau_m)}(t)s_m^*(t+\tau_m)\rangle=0 \tag{7.23}$$

$$\langle |i_m^{(\tau,\tau_m)}(t)|^2\rangle=(1-|\rho(\tau-\tau_m)|^2)\sigma_m^2 \tag{7.24}$$

根据式（7.18），宽带极化平滑矢量$\boldsymbol{x}(t)$可以重新写成

$$\boldsymbol{x}(t)=\underbrace{\sum_{m=0}^{M-1}\boldsymbol{a}(\tau_m,\theta_m)s_m(t+\tau_m)}_{=\boldsymbol{f}(\boldsymbol{\tau},t)}+\underbrace{\sum_{m=0}^{M-1}\boldsymbol{i}_m^{(\tau_m)}(t)}_{=\boldsymbol{i}(\boldsymbol{\tau},t)}+\boldsymbol{n}(t) \tag{7.25}$$

式中：

（1）等号右边第二项 $\boldsymbol{i}(\boldsymbol{\tau},t)$ 为正交表示虚拟干扰矢量，其中

$$\boldsymbol{i}_m^{(\tau_m)}(t)=[i_m^{(0,\tau_m)}(t),i_m^{(\tau_{1,\theta_m},\tau_m)}(t),\cdots,i_m^{(\tau_{L-1,\theta_m},\tau_m)}(t)]^{\mathrm{T}} \tag{7.26}$$

满足（其中 $\boldsymbol{o}_L$ 仍表示 $L\times1$ 维零矢量）：

$$\langle\boldsymbol{i}_m^{(\tau_m)}(t)s_m^*(t+\tau_m)\rangle=\boldsymbol{o}_L \tag{7.27}$$

（2）等号右边第一项 $\boldsymbol{f}(\boldsymbol{\tau},t)$ 为正交表示信号矢量，其形式与窄带条件下的秩-1 模型类似，其中 $\boldsymbol{a}(\tau_m,\theta_m)$ 称为信号 $s_m(t)$ 的正交表示时滞信号流形矢量，定义为

$$\boldsymbol{a}(\tau_m,\theta_m)=[\rho(-\tau_m),\rho(\tau_{1,\theta_m}-\tau_m),\cdots,\rho(\tau_{L-1,\theta_m}-\tau_m)]^{\mathrm{T}} \tag{7.28}$$

由于信号互不相关，所以 $\boldsymbol{R}_{ff}(\boldsymbol{\tau})=\langle\boldsymbol{f}(\boldsymbol{\tau},t)\boldsymbol{f}^{\mathrm{H}}(\boldsymbol{\tau},t)\rangle$ 的秩为待处理信号数 M，也即每个信号的秩贡献都为 1。此处上标“H”仍表示矩阵/矢量共轭转置。

需要注意的是，这里所定义的正交表示时滞信号流形矢量 $\boldsymbol{a}(\tau_m,\theta_m)$ 与窄带信号单极化流形矢量 $\boldsymbol{a}_{\omega_0}(\theta_m)=\boldsymbol{a}(\theta_m)$ 的定义不同，不要将两者混淆。

若所有待处理信号均满足窄带假设，也即

$$s_m(t+\tau_{l,\theta_m})\approx s_m(t)\mathrm{e}^{\mathrm{j}\omega_0\tau_{l,\theta_m}}\Rightarrow\rho(\tau_{l,\theta_m})=\mathrm{e}^{\mathrm{j}\omega_0\tau_{l,\theta_m}} \tag{7.29}$$

同时

$$\tau_0=\tau_1=\cdots=\tau_{M-1}=0 \tag{7.30}$$

则 $\boldsymbol{a}(\tau_m=0,\theta_m)$ 退化成 $\boldsymbol{a}_{\omega_0}(\theta_m)=\boldsymbol{a}(\theta_m)$：

$$\boldsymbol{a}(0,\theta_m)=[1,\mathrm{e}^{\mathrm{j}\omega_0\tau_{1,\theta_m}},\cdots,\mathrm{e}^{\mathrm{j}\omega_0\tau_{L-1,\theta_m}}]^{\mathrm{T}}=\boldsymbol{a}_{\omega_0}(\theta_m)=\boldsymbol{a}(\theta_m) \tag{7.31}$$

所以单极化窄带模型可以视为式（7.25）所示时滞正交表示模型的特殊情形。

采用矩阵/矢量记法，宽带极化平滑矢量 $\boldsymbol{x}(t)$ 又可以简写成

$$\boldsymbol{x}(t)=\boldsymbol{A}(\boldsymbol{\tau})\boldsymbol{s}(\boldsymbol{\tau},t)+\boldsymbol{i}(\boldsymbol{\tau},t)+\boldsymbol{n}(t) \tag{7.32}$$

式中：

$$\boldsymbol{A}(\boldsymbol{\tau})=[\boldsymbol{a}(\tau_0,\theta_0),\boldsymbol{a}(\tau_1,\theta_1),\cdots,\boldsymbol{a}(\tau_{M-1},\theta_{M-1})] \tag{7.33}$$

$$\boldsymbol{s}(\boldsymbol{\tau},t)=[s_0(t+\tau_0),s_1(t+\tau_1),\cdots,s_{M-1}(t+\tau_{M-1})]^{\mathrm{T}} \tag{7.34}$$

$$\boldsymbol{i}(\boldsymbol{\tau},t)=\sum_{m=0}^{M-1}\boldsymbol{i}_m^{(\tau_m)}(t) \tag{7.35}$$

$$\boldsymbol{\tau}=[\tau_0,\tau_1,\cdots,\tau_{M-1}]^{\mathrm{T}} \tag{7.36}$$

若所有信号均采用同一正交表示基准，比如 $\boldsymbol{\tau}=\tau_0\boldsymbol{\iota}_M$，也即

$$\tau_1=\tau_2=\cdots=\tau_{L-1}=\tau_0 \tag{7.37}$$

则有

$$\boldsymbol{x}(t)=\sum_{m=0}^{M-1}\boldsymbol{a}(\tau_0,\theta_m)s_m(t+\tau_0)+\boldsymbol{i}(\tau_0,t)+\boldsymbol{n}(t) \tag{7.38}$$

其中，$\boldsymbol{i}(\tau_0,t)=\boldsymbol{i}(\tau_0\boldsymbol{\iota}_M,t)$。

下面的讨论将首先基于式（7.38）所示的单一时滞模型，然后再将结果推广至多时滞情形。

7.1.2.2 正交表示波束扫描方法

基于 7.1.2.1 节所讨论的时滞正交表示模型，也即式（7.38）所示信号模型，假设 θ_m 为期望方向，也即将 $s_m(t)$ 视为感兴趣的信号，而将其他方向上的信号和所有虚拟干扰分量作为需要抑制的部分，则秩-1 正交表示最小功率无失真响应（OR-MPDR1）波束形成器的权矢量可采用如下设计准则：

$$\min_{\boldsymbol{w}} \boldsymbol{w}^{\mathrm{H}}\boldsymbol{R}_{\boldsymbol{xx}}\boldsymbol{w} \ \text{ s.t. } \ \boldsymbol{w}^{\mathrm{H}}\boldsymbol{a}(\tau_0,\theta_m)=1 \tag{7.39}$$

其中，$\boldsymbol{R}_{\boldsymbol{xx}}=\langle \boldsymbol{x}(t)\boldsymbol{x}^{\mathrm{H}}(t)\rangle$ 为宽带极化平滑矢量 $\boldsymbol{x}(t)$ 的协方差矩阵。

利用拉格朗日乘子法，可得问题（7.39）的解为

$$\boldsymbol{w}_{\text{OR-MPDR1}}=(\boldsymbol{a}^{\mathrm{H}}(\tau_0,\theta_m)\boldsymbol{R}_{\boldsymbol{xx}}^{-1}\boldsymbol{a}(\tau_0,\theta_m))^{-1}\boldsymbol{R}_{\boldsymbol{xx}}^{-1}\boldsymbol{a}(\tau_0,\theta_m) \tag{7.40}$$

利用式（7.40）所示波束形成权矢量 $\boldsymbol{w}_{\text{OR-MPDR1}}$，秩-1 正交表示最小功率无失真响应波束形成器的输出功率为

$$\boldsymbol{w}_{\text{OR-MPDR1}}^{\mathrm{H}}\boldsymbol{R}_{\boldsymbol{xx}}\boldsymbol{w}_{\text{OR-MPDR1}}=(\boldsymbol{a}^{\mathrm{H}}(\tau_0,\theta_m)\boldsymbol{R}_{\boldsymbol{xx}}^{-1}\boldsymbol{a}(\tau_0,\theta_m))^{-1} \tag{7.41}$$

基于上述波束形成原理，可以构造下述秩-1 正交表示最小功率（OR-MP1）波束扫描空间谱：

$$\mathcal{J}_{\text{OR-MP1}}(\theta)=(\boldsymbol{a}^{\mathrm{H}}(\tau_0,\theta)\boldsymbol{R}_{\boldsymbol{xx}}^{-1}\boldsymbol{a}(\tau_0,\theta))^{-1} \tag{7.42}$$

式中：

$$\boldsymbol{a}(\tau_0,\theta)=[\rho(-\tau_0),\rho(\tau_{1,\theta}-\tau_0),\cdots,\rho(\tau_{L-1,\theta}-\tau_0)]^{\mathrm{T}} \tag{7.43}$$

其中，$\tau_{l,\theta}=ld\cos\theta/c$，$\theta$ 为扫描角度；以式（7.42）谱峰位置所对应的扫描角度作为信号波达方向的估计。

（1）不难看出，式（7.42）所示的秩-1 正交表示最小功率波束扫描空间谱与窄带条件下的最小功率（MP）波束扫描空间谱[115-116]具有类似的形式，区别仅在于扫描流形矢量的形式不同。

特别地，若所有待处理信号均满足窄带假设，也即 $\rho(\tau)\approx \mathrm{e}^{\mathrm{j}\omega_0\tau}$，则

$$\boldsymbol{a}(\tau_0,\theta)=\mathrm{e}^{-\mathrm{j}\omega_0\tau_0}\underbrace{[1,\mathrm{e}^{\mathrm{j}\omega_0\tau_{1,\theta}},\cdots,\mathrm{e}^{\mathrm{j}\omega_0\tau_{L-1,\theta}}]^{\mathrm{T}}}_{=\boldsymbol{a}_{\omega_0}(\theta)=\boldsymbol{a}(\theta)}=\mathrm{e}^{-\mathrm{j}\omega_0\tau_0}\boldsymbol{a}(\theta) \tag{7.44}$$

由此有

$$\mathcal{J}_{\text{OR-MP1}}(\theta)=(\boldsymbol{a}^{\mathrm{H}}(\theta)\boldsymbol{R}_{\boldsymbol{xx}}^{-1}\boldsymbol{a}(\theta))^{-1}=\mathcal{J}_{\text{MP}}(\theta) \tag{7.45}$$

因此，秩-1 正交表示最小功率波束扫描方法是单极化窄带最小功率波束扫描方法的宽带推广和发展，后者可视为前者的特殊形式。

（2）宽带条件下，$\boldsymbol{a}(\tau_0,\theta)$ 一般不具备恒模特性，为了避免其模值对波束

扫描方法的影响，进一步作如下修正：

$$\mathcal{J}_{\mathrm{OR\text{-}MP1}}(\theta)=(\boldsymbol{a}^{\mathrm{H}}(\tau_0,\theta)\boldsymbol{R}_{xx}^{-1}\boldsymbol{a}(\tau_0,\theta))^{-1}(\boldsymbol{a}^{\mathrm{H}}(\tau_0,\theta)\boldsymbol{a}(\tau_0,\theta)) \tag{7.46}$$

（3）前面已经提及，不同的正交表示基准信号时滞 τ_0 对应不同的虚拟干扰功率。根据虚拟干扰的定义，其与信号的功率比也即虚拟干信比（VISR）为

$$\mathrm{VISR}=\frac{(1-|\rho(\tau-\tau_0)|^2)\sigma_m^2}{|\rho(\tau-\tau_0)|^2\sigma_m^2}=|\rho(\tau-\tau_0)|^{-2}-1 \tag{7.47}$$

随着信号带宽的增大，$|\rho(\tau-\tau_0)|$ 总体逐渐减小，虚拟干扰的影响随之增加。由于不同阵元输出的信号时延不一样，单一时滞难以兼顾。

若考虑多时滞正交表示，比如令 $\tau_m=\tau_{0,\theta_m}$，对于参考阵元而言是较好的选择，但对其他阵元而言未必有利，因为 $|\tau_{l,\theta_m}-\tau_{0,\theta_m}|$ 会随着 l 的增大而增大，对应的虚拟干扰项功率占比会越来越大，参见图 7.1。

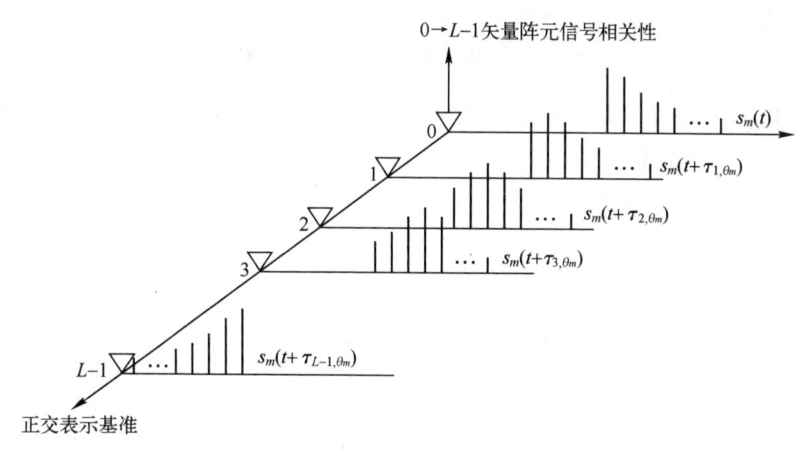

图 7.1　正交表示时滞分集示意图

一种可能的折中处理方案是考虑正交表示时滞分集，也即令正交表示时滞参数 τ_m 遍历“$\tau_{0,\theta_m},\tau_{1,\theta_m},\cdots,\tau_{L-1,\theta_m}$”，基于此方案，秩-1 正交表示最小功率波束扫描空间谱可以修正为

$$\mathcal{J}_{\mathrm{OR\text{-}MP1}}(\theta)=\sum_{l=0}^{L-1}w_{\mathrm{OR\text{-}MP1}}^{(l)}\left(\frac{\boldsymbol{a}^{\mathrm{H}}(\tau_{l,\theta},\theta)\boldsymbol{a}(\tau_{l,\theta},\theta)}{\boldsymbol{a}^{\mathrm{H}}(\tau_{l,\theta},\theta)\boldsymbol{R}_{xx}^{-1}\boldsymbol{a}(\tau_{l,\theta},\theta)}\right) \tag{7.48}$$

其中，$w_{\mathrm{OR\text{-}MP1}}^{(l)}$ 为多时滞加权系数。

另一种可能的方案是考虑波束空间变换，也即采用多个波束形成器对虚拟干扰进行滤波处理。

（4）为保证信号波达方向的无模糊估计，这里假设 M 个信号的正交表示时滞流形矢量是线性无关的，也即矩阵 $\boldsymbol{A}(\boldsymbol{\tau})$ 是列满秩的。

7.1.2.3 正交表示正交投影方法

根据式（7.32）的定义，宽带极化平滑矢量$\boldsymbol{x}(t)$的协方差矩阵$\boldsymbol{R}_{xx}$为厄尔米特矩阵，且具有下述代数形式：

$$\boldsymbol{R}_{xx}=\underbrace{\boldsymbol{A}(\boldsymbol{\tau})\boldsymbol{R}_{ss}(\boldsymbol{\tau})\boldsymbol{A}^{\mathrm{H}}(\boldsymbol{\tau})+\boldsymbol{R}_{ii}(\boldsymbol{\tau})}_{\stackrel{\text{def}}{=}\boldsymbol{R}_{xx-}}+\sigma^2\boldsymbol{I}_L=\boldsymbol{R}_{xx}^{\mathrm{H}} \tag{7.49}$$

式中：

$$\boldsymbol{R}_{ss}(\boldsymbol{\tau})=\langle \boldsymbol{s}(\boldsymbol{\tau},t)\boldsymbol{s}^{\mathrm{H}}(\boldsymbol{\tau},t)\rangle=\boldsymbol{R}_{ss}^{\mathrm{H}}(\boldsymbol{\tau}) \tag{7.50}$$

$$\boldsymbol{R}_{ii}(\boldsymbol{\tau})=\langle \boldsymbol{i}(\boldsymbol{\tau},t)\boldsymbol{i}^{\mathrm{H}}(\boldsymbol{\tau},t)\rangle=\boldsymbol{R}_{ii}^{\mathrm{H}}(\boldsymbol{\tau}) \tag{7.51}$$

此外，σ^2为噪声方差，$\boldsymbol{I}_L$仍表示$L\times L$维单位矩阵。

可以证明，$\boldsymbol{R}_{xx}$还为正定矩阵：

$$z^{\mathrm{H}}\boldsymbol{R}_{xx}z=\langle |z^{\mathrm{H}}\boldsymbol{f}(\boldsymbol{\tau},t)|^2\rangle+\langle |z^{\mathrm{H}}\boldsymbol{i}(\boldsymbol{\tau},t)|^2\rangle+\sigma^2 z^{\mathrm{H}}z>0,\ \forall z\neq \boldsymbol{o}_L \tag{7.52}$$

所以，$\boldsymbol{R}_{xx}$有下述特征分解形式：

$$\boldsymbol{R}_{xx}=\sum_{l=1}^{M_{\mathrm{eff}}}\mu_l\boldsymbol{u}_l\boldsymbol{u}_l^{\mathrm{H}}+\sum_{l=M_{\mathrm{eff}}+1}^{L}\mu_l\boldsymbol{u}_l\boldsymbol{u}_l^{\mathrm{H}} \tag{7.53}$$

式中：M_{eff}为$\boldsymbol{R}_{xx}$明显大于σ^2的特征值个数，且$M_{\mathrm{eff}}\geqslant M$；$\mu_l$和$\boldsymbol{u}_l$分别为$\boldsymbol{R}_{xx}$的特征值和对应的特征矢量，并且

$$\mu_1\geqslant\mu_2\geqslant\cdots\geqslant\mu_{M_{\mathrm{eff}}}\geqslant\mu_{M_{\mathrm{eff}}+1}\approx\cdots\approx\mu_L\approx\sigma^2 \tag{7.54}$$

由于$\sum_{l=1}^{L}\boldsymbol{u}_l\boldsymbol{u}_l^{\mathrm{H}}=\boldsymbol{I}_L$，进一步可得

$$\boldsymbol{R}_{xx-}=\sum_{l=1}^{L}(\mu_l-\sigma^2)\boldsymbol{u}_l\boldsymbol{u}_l^{\mathrm{H}} \tag{7.55}$$

也即$\boldsymbol{R}_{xx-}$有M_{eff}个明显大于0的特征值。

因为信号彼此独立，所以$\boldsymbol{R}_{ss}(\boldsymbol{\tau})$为$M\times M$维满秩矩阵（可以证明其还为正定厄尔米特矩阵），由此有

$$\operatorname{rank}(\boldsymbol{A}(\boldsymbol{\tau})\boldsymbol{R}_{ss}(\boldsymbol{\tau})\boldsymbol{A}^{\mathrm{H}}(\boldsymbol{\tau}))=M \tag{7.56}$$

其中，rank 表示矩阵的秩。

再注意到$\boldsymbol{R}_{ii}(\boldsymbol{\tau})$为非负定的厄尔米特矩阵：

$$z^{\mathrm{H}}\boldsymbol{R}_{ii}(\boldsymbol{\tau})z=\langle |z^{\mathrm{H}}\boldsymbol{i}(\boldsymbol{\tau},t)|^2\rangle\geqslant 0,\ \forall z\neq\boldsymbol{o}_L \tag{7.57}$$

所以$\boldsymbol{R}_{ii}(\boldsymbol{\tau})$近似可以写成

$$\boldsymbol{R}_{ii}(\boldsymbol{\tau})\approx\boldsymbol{V}_{ii}(\boldsymbol{\tau})\boldsymbol{V}_{ii}^{\mathrm{H}}(\boldsymbol{\tau}) \tag{7.58}$$

式中：$\boldsymbol{V}_{ii}(\boldsymbol{\tau})$为$L\times r_{\boldsymbol{R}_{ii}}$维列满秩矩阵，其列数$r_{\boldsymbol{R}_{ii}}$为$\boldsymbol{R}_{ii}(\boldsymbol{\tau})$明显大于0的特征值个数。又由于$\boldsymbol{R}_{xx-}$有$M_{\mathrm{eff}}$个明显大于0的特征值，而$M_{\mathrm{eff}}\geqslant M$，所以$\boldsymbol{V}_{ii}(\boldsymbol{\tau})$一定存在$M_{\mathrm{eff}}-M$个列矢量与$M$个待处理信号的正交表示时滞流形矢量线性无关，否则$\boldsymbol{V}_{ii}(\boldsymbol{\tau})$一定可以写成$\boldsymbol{V}_{ii}(\boldsymbol{\tau})=\boldsymbol{A}(\boldsymbol{\tau})\boldsymbol{T}$，其中$\boldsymbol{T}$为$M\times r_{\boldsymbol{R}_{ii}}$维矩阵，进一

步有

$$\boldsymbol{R}_{xx-}=\boldsymbol{A}(\boldsymbol{\tau})(\boldsymbol{R}_{ss}(\boldsymbol{\tau})+\boldsymbol{T}\boldsymbol{T}^{\mathrm{H}})\boldsymbol{A}^{\mathrm{H}}(\boldsymbol{\tau}) \tag{7.59}$$

这意味着 $\boldsymbol{R}_{xx-}$ 最多存在 M 个明显大于 0 的特征值，这在 $M_{\text{eff}}>M$ 时是不可能的；若 $M_{\text{eff}}=M$，则意味着虚拟干扰项可以忽略，这对应着窄带情形，或仅存在单个从阵列法线方向入射的信号。

不失一般性，假设 $\boldsymbol{V}_{ii}(\boldsymbol{\tau})$ 的前 $M_{\text{eff}}-M$ 列与 M 个待处理信号的正交表示时滞流形矢量线性无关，并记这 $M_{\text{eff}}-M$ 列对应的 $L\times(M_{\text{eff}}-M)$ 维子矩阵为 $\boldsymbol{L}(\boldsymbol{\tau})$，而将剩余的 $r_{\boldsymbol{R}_{ii}}-M_{\text{eff}}+M$ 列对应的 $L\times(r_{\boldsymbol{R}_{ii}}-M_{\text{eff}}+M)$ 维子矩阵写成 $\boldsymbol{A}(\boldsymbol{\tau})\boldsymbol{T}_A$ 的形式，其中 $\boldsymbol{T}_A$ 为 $M\times(r_{\boldsymbol{R}_{ii}}-M_{\text{eff}}+M)$ 维矩阵，这样，$\boldsymbol{R}_{ii}(\boldsymbol{\tau})$ 可以近似写成

$$\boldsymbol{R}_{ii}(\boldsymbol{\tau})\approx\boldsymbol{L}(\boldsymbol{\tau})\boldsymbol{L}^{\mathrm{H}}(\boldsymbol{\tau})+\boldsymbol{A}(\boldsymbol{\tau})\boldsymbol{T}_A\boldsymbol{T}_A^{\mathrm{H}}\boldsymbol{A}^{\mathrm{H}}(\boldsymbol{\tau}) \tag{7.60}$$

由此，$\boldsymbol{R}_{xx}$ 又可以重新写成

$$\boldsymbol{R}_{xx}=\boldsymbol{F}(\boldsymbol{\tau})\boldsymbol{\Phi}(\boldsymbol{\tau})\boldsymbol{F}^{\mathrm{H}}(\boldsymbol{\tau})+\sigma^2\boldsymbol{I}_L \tag{7.61}$$

式中：

$$\boldsymbol{F}(\boldsymbol{\tau})=[\boldsymbol{A}(\boldsymbol{\tau}),\boldsymbol{L}(\boldsymbol{\tau})] \tag{7.62}$$

$$\operatorname{rank}(\boldsymbol{F}(\boldsymbol{\tau}))=M_{\text{eff}} \tag{7.63}$$

$$\boldsymbol{\Phi}(\boldsymbol{\tau})=\operatorname{blkdiag}(\boldsymbol{R}_{ss}(\boldsymbol{\tau})+\boldsymbol{T}_A\boldsymbol{T}_A^{\mathrm{H}},\boldsymbol{I}_{M_{\text{eff}}-M}) \tag{7.64}$$

其中，blkdiag 表示块对角矩阵，

$$\operatorname{blkdiag}(\boldsymbol{A},\boldsymbol{B})=\begin{bmatrix}\boldsymbol{A} & \\ & \boldsymbol{B}\end{bmatrix} \tag{7.65}$$

另外，可以证明 $\boldsymbol{R}_{ss}(\boldsymbol{\tau})+\boldsymbol{T}_A\boldsymbol{T}_A^{\mathrm{H}}$ 为正定厄尔米特矩阵，所以为 $M\times M$ 维满秩矩阵，这样，$\boldsymbol{\Phi}(\boldsymbol{\tau})$ 亦为满秩矩阵，维数为 $M_{\text{eff}}\times M_{\text{eff}}$。

综上所述，我们最终可得

$$\boldsymbol{F}(\boldsymbol{\tau})\boldsymbol{\Phi}(\boldsymbol{\tau})\boldsymbol{F}^{\mathrm{H}}(\boldsymbol{\tau})\approx\sum_{l=1}^{M_{\text{eff}}}\underbrace{(\mu_l-\sigma^2)}_{>0}\boldsymbol{u}_l\boldsymbol{u}_l^{\mathrm{H}} \tag{7.66}$$

根据厄尔米特矩阵特征子空间理论，也即 $\boldsymbol{u}_{l_1}^{\mathrm{H}}\boldsymbol{u}_{l_2}=\delta(l_1-l_2)$，其中 $\delta(x)$ 为单位冲激函数：$\delta(x=0)=1$，$\delta(x\neq0)=0$，有下述结论成立：

$$(\boldsymbol{F}(\boldsymbol{\tau})\boldsymbol{\Phi}(\boldsymbol{\tau})\boldsymbol{F}^{\mathrm{H}}(\boldsymbol{\tau}))\boldsymbol{u}_l\approx\boldsymbol{o}_L,\ l=M_{\text{eff}}+1,M_{\text{eff}}+2,\cdots,L \tag{7.67}$$

又因为 $\operatorname{rank}(\boldsymbol{F}(\boldsymbol{\tau})\boldsymbol{\Phi}(\boldsymbol{\tau}))=M_{\text{eff}}$，所以

$$\boldsymbol{F}^{\mathrm{H}}(\boldsymbol{\tau})\boldsymbol{u}_l=\begin{bmatrix}\boldsymbol{A}^{\mathrm{H}}(\boldsymbol{\tau})\boldsymbol{u}_l\\ \boldsymbol{L}^{\mathrm{H}}(\boldsymbol{\tau})\boldsymbol{u}_l\end{bmatrix}\approx\boldsymbol{o}_{M_{\text{eff}}},\ l=M_{\text{eff}}+1,M_{\text{eff}}+2,\cdots,L \tag{7.68}$$

进一步可得

$$\boldsymbol{a}^{\mathrm{H}}(\tau_m,\theta_m)\boldsymbol{u}_l\approx0,\ l=M_{\text{eff}}+1,M_{\text{eff}}+2,\cdots,L,\ m=0,1,\cdots,M-1 \tag{7.69}$$

由此，可以构造如下秩-1 正交表示正交投影（OR-OP1）空间谱：

$$\mathcal{J}_{\text{OR-OP1}}(\theta)=(\boldsymbol{a}^{\text{H}}(\tau_0,\theta)\boldsymbol{U}_{\text{en}}\boldsymbol{U}_{\text{en}}^{\text{H}}\boldsymbol{a}(\tau_0,\theta))^{-1} \tag{7.70}$$

或其多时滞修正：

$$\mathcal{J}_{\text{OR-OP1}}(\theta)=\sum_{l=0}^{L-1}w_{\text{OR-OP1}}^{(l)}\left(\frac{\boldsymbol{a}^{\text{H}}(\tau_{l,\theta},\theta)\boldsymbol{a}(\tau_{l,\theta},\theta)}{\boldsymbol{a}^{\text{H}}(\tau_{l,\theta},\theta)\boldsymbol{U}_{\text{en}}\boldsymbol{U}_{\text{en}}^{\text{H}}\boldsymbol{a}(\tau_{l,\theta},\theta)}\right) \tag{7.71}$$

其中，$\boldsymbol{U}_{\text{en}}=[\boldsymbol{u}_{M_{\text{eff}}+1},\boldsymbol{u}_{M_{\text{eff}}+2},\cdots,\boldsymbol{u}_L]$，其列扩张空间又称为正交表示有效噪声子空间，$\boldsymbol{U}_{\text{en}}\boldsymbol{U}_{\text{en}}^{\text{H}}$为该空间的正交投影矩阵，$w_{\text{OR-OP1}}^{(l)}$为多时滞加权系数。

（1）对式（7.70）或式（7.71）所示空间谱进行谱峰搜索，即可获得信号波达方向的估计。为了实现无模糊信号波达方向估计，该方法除了要求待处理的M个信号具有线性无关的正交表示时滞流形矢量，同时还要求正交表示有效噪声子空间的正交补空间（可称为正交表示有效信号子空间）中不包含对应于非入射信号角度的其他正交表示时滞流形矢量。

故此，本节方法要求任意$M+1$个对应于不同角度的正交表示时滞流形矢量都是线性无关的。

（2）窄带条件下，$\boldsymbol{a}(\tau_0,\theta)=\text{e}^{-\text{j}\omega_0\tau_0}\boldsymbol{a}(\theta)$，并且$M_{\text{eff}}=M$，以及

$$\boldsymbol{U}_{\text{en}}=[\boldsymbol{u}_{M+1},\boldsymbol{u}_{M+2},\cdots,\boldsymbol{u}_L]=\boldsymbol{U}_{\text{n}} \tag{7.72}$$

此时有

$$\mathcal{J}_{\text{OR-OP1}}(\theta)=(\boldsymbol{a}^{\text{H}}(\theta)\boldsymbol{U}_{\text{n}}\boldsymbol{U}_{\text{n}}^{\text{H}}\boldsymbol{a}(\theta))^{-1}=\mathcal{J}_{\text{MUSIC}}(\theta) \tag{7.73}$$

因此，秩-1正交表示正交投影方法是窄带单极化多重信号分类（MUSIC[31]）方法的推广和发展。

（3）实际中，M_{eff}可能比较难以确定，可以考虑先采用波束扫描方法，根据谱峰个数和谱峰位置获得待处理信号数M和信号俯仰角θ_m的粗略估计，分别记作$\hat{M}$和$\hat{\theta}_m$，然后尝试$M_{\text{eff}}=\hat{M},\hat{M}+1,\cdots$，并进行谱比较。

这里再讨论一种同样无须正交表示有效子空间分离的正则化正交表示逆幂方法[117]。首先构造

$$\boldsymbol{R}_{\boldsymbol{xx}+}(\kappa)=\boldsymbol{R}_{\boldsymbol{xx}}+\kappa\boldsymbol{I}_L \tag{7.74}$$

其中，κ为正则化参数。

根据此前的讨论，有下述结论成立：

$$(\boldsymbol{R}_{\boldsymbol{xx}+}(\kappa))^{-n}\approx\sum_{l=1}^{M_{\text{eff}}}(\mu_l+\kappa)^{-n}\boldsymbol{u}_l\boldsymbol{u}_l^{\text{H}}+\sum_{l=M_{\text{eff}}+1}^{L}(\sigma^2+\kappa)^{-n}\boldsymbol{u}_l\boldsymbol{u}_l^{\text{H}} \tag{7.75}$$

再注意到

$$\sum_{l=M_{\text{eff}}+1}^{L}|\boldsymbol{a}^{\text{H}}(\tau_m,\theta_m)\boldsymbol{u}_l|^2\approx 0 \tag{7.76}$$

$$\mu_l>\sigma^2,\ l=1,2,\cdots,M_{\text{eff}} \tag{7.77}$$

所以

$$(\sigma^2+\kappa)^n\boldsymbol{a}^{\mathrm{H}}(\tau_m,\theta_m)(\boldsymbol{R}_{xx+}(\kappa))^{-n}\boldsymbol{a}(\tau_m,\theta_m)\approx\sum_{l=1}^{M_{\mathrm{eff}}}\left(\frac{\sigma^2+\kappa}{(\mu_l-\sigma^2)+(\sigma^2+\kappa)}\right)^n|\boldsymbol{a}^{\mathrm{H}}(\tau_m,\theta_m)\boldsymbol{u}_l|^2 \tag{7.78}$$

进一步可得

$$\lim_{\kappa\to-\sigma^2}(\sigma^2+\kappa)^n\boldsymbol{a}^{\mathrm{H}}(\tau_m,\theta_m)(\boldsymbol{R}_{xx+}(\kappa))^{-n}\boldsymbol{a}(\tau_m,\theta_m)=0 \tag{7.79}$$

由此，可定义下述正交表示逆幂（OR-IP）空间谱：

$$\mathcal{J}_{\mathrm{OR-IP}}(\theta)=\sum_{l=0}^{L-1}w_{\mathrm{OR-IP}}^{(l)}\left(\left|\frac{\boldsymbol{a}^{\mathrm{H}}(\tau_{l,\theta},\theta)\boldsymbol{a}(\tau_{l,\theta},\theta)}{(\mu_L+\kappa)^n\boldsymbol{a}^{\mathrm{H}}(\tau_{l,\theta},\theta)(\boldsymbol{R}_{xx+}(\kappa))^{-n}\boldsymbol{a}(\tau_{l,\theta},\theta)}\right|\right) \tag{7.80}$$

其中，$w_{\mathrm{OR-IP}}^{(l)}$为多时滞加权系数，μ_L为 $\boldsymbol{R}_{xx}$ 的最小特征值，这里作为噪声方差σ^2的近似。

虽然逆幂方法无须正交表示有效子空间的分离，但涉及正则化参数 κ 的选择，实际中其实现也比较困难。

(4) 若 $s_m(t)$ 的复振幅 $\varepsilon_m(t)$ 具有直线星座图（具有基带二阶完全非圆性），也即

$$\varepsilon_m(t)=s_m(t)\mathrm{e}^{-\mathrm{j}\omega_0 t} \tag{7.81}$$

$$s_m^*(t)=\varepsilon_m^*(t)\mathrm{e}^{-\mathrm{j}\omega_0 t}=\kappa_m\varepsilon_m(t)\mathrm{e}^{-\mathrm{j}\omega_0 t}=\kappa_m s_m(t)\mathrm{e}^{-\mathrm{j}2\omega_0 t} \tag{7.82}$$

其中，$|\kappa_m|=1$。

由此有

$$s_m(t+\tau)\mathrm{e}^{-\mathrm{j}\omega_0 t}=\varepsilon_m(t+\tau)\mathrm{e}^{\mathrm{j}\omega_0\tau} \tag{7.83}$$

$$s_m^*(t+\tau)\mathrm{e}^{\mathrm{j}\omega_0 t}=\kappa_m\varepsilon_m(t+\tau)\mathrm{e}^{-\mathrm{j}\omega_0\tau} \tag{7.84}$$

进一步构造下述宽带极化平滑复基带共轭增广矢量：

$$\underbrace{\begin{bmatrix}\boldsymbol{x}(t)\mathrm{e}^{-\mathrm{j}\omega_0 t}\\ \boldsymbol{x}^*(t)\mathrm{e}^{+\mathrm{j}\omega_0 t}\end{bmatrix}}_{\overset{\mathrm{def}}{=}\widetilde{\boldsymbol{x}}(t)}=\sum_{m=0}^{M-1}\widetilde{\boldsymbol{D}}_{\tau_m,\theta_m}\widetilde{\boldsymbol{\kappa}}_m\varepsilon_m(t+\tau_m)+\widetilde{\boldsymbol{\iota}}(\boldsymbol{\tau},t)+\widetilde{\boldsymbol{n}}(t) \tag{7.85}$$

式中：

$$\widetilde{\boldsymbol{D}}_{\tau_m,\theta_m}=[\widetilde{\boldsymbol{a}}_{\tau_m,\theta_m,1},\widetilde{\boldsymbol{a}}_{\tau_m,\theta_m,2}] \tag{7.86}$$

$$\widetilde{\boldsymbol{a}}_{\tau_m,\theta_m,1}=[\mathrm{e}^{\mathrm{j}\omega_0\tau_m}\boldsymbol{a}^{\mathrm{T}}(\tau_m,\theta_m),\boldsymbol{o}_L^{\mathrm{T}}]^{\mathrm{T}} \tag{7.87}$$

$$\widetilde{\boldsymbol{a}}_{\tau_m,\theta_m,2}=[\boldsymbol{o}_L^{\mathrm{T}},\mathrm{e}^{\mathrm{j}\omega_0\tau_m}\boldsymbol{a}^{\mathrm{T}}(\tau_m,\theta_m)]^{\mathrm{H}} \tag{7.88}$$

$$\widetilde{\boldsymbol{\kappa}}_m=[1,\kappa_m]^{\mathrm{T}} \tag{7.89}$$

$$\widetilde{\boldsymbol{\iota}}(\boldsymbol{\tau},t)=[\mathrm{e}^{-\mathrm{j}\omega_0 t}\boldsymbol{i}^{\mathrm{T}}(\boldsymbol{\tau},t),\mathrm{e}^{\mathrm{j}\omega_0 t}\boldsymbol{i}^{\mathrm{H}}(\boldsymbol{\tau},t)]^{\mathrm{T}} \tag{7.90}$$

$$\widetilde{\boldsymbol{n}}(t)=[\mathrm{e}^{-\mathrm{j}\omega_0 t}\boldsymbol{n}^{\mathrm{T}}(t),\mathrm{e}^{\mathrm{j}\omega_0 t}\boldsymbol{n}^{\mathrm{H}}(t)]^{\mathrm{T}} \tag{7.91}$$

现在考虑输入为$\widetilde{\boldsymbol{x}}(t)$的波束形成器设计问题，在此基础上推导增广处理后的波束扫描空间谱表达式。假设第 m 个信号的波达方向 θ_m为期望方向，同时抑制其他方向的信号以及噪声。

① κ_m未知：利用两个秩-1 波束形成器分别提取 $\varepsilon_m(t+\tau_m)$，也即设计所谓秩-2 波束形成器。

分别记两个秩-1 波束形成器的权矢量为$\widetilde{\boldsymbol{w}}_{\theta_m,1}$和$\widetilde{\boldsymbol{w}}_{\theta_m,2}$，相应的滤波输出分别为 $y_1(t)=\widetilde{\boldsymbol{w}}_{\theta_m,1}^{\mathrm{H}}\widetilde{\boldsymbol{x}}(t)$ 和 $y_2(t)=\widetilde{\boldsymbol{w}}_{\theta_m,2}^{\mathrm{H}}\widetilde{\boldsymbol{x}}(t)$，输出功率之和为

$$\sum_{i=1}^{2}\widetilde{\boldsymbol{w}}_{\theta_m,i}^{\mathrm{H}}\boldsymbol{R}_{\widetilde{x}\widetilde{x}}\widetilde{\boldsymbol{w}}_{\theta_m,i}=\mathrm{tr}(\widetilde{\boldsymbol{W}}_{\theta_m}^{\mathrm{H}}\boldsymbol{R}_{\widetilde{x}\widetilde{x}}\widetilde{\boldsymbol{W}}_{\theta_m}) \tag{7.92}$$

其中，tr 表示矩阵迹，$\widetilde{\boldsymbol{W}}_{\theta_m}$为波束形成权矩阵，

$$\widetilde{\boldsymbol{W}}_{\theta_m}=[\widetilde{\boldsymbol{w}}_{\theta_m,1},\widetilde{\boldsymbol{w}}_{\theta_m,2}] \tag{7.93}$$

若$\widetilde{\boldsymbol{w}}_{\theta_m,1}$和$\widetilde{\boldsymbol{w}}_{\theta_m,2}$均能无失真提取 $\varepsilon_m(t+\tau_m)$，则两者应满足下述约束条件：

$$\widetilde{\boldsymbol{W}}_{\theta_m}^{\mathrm{H}}\widetilde{\boldsymbol{D}}_{\tau_m,\theta_m}=\begin{bmatrix}\widetilde{\boldsymbol{w}}_{\theta_m,1}^{\mathrm{H}}\\ \widetilde{\boldsymbol{w}}_{\theta_m,2}^{\mathrm{H}}\end{bmatrix}[\widetilde{\boldsymbol{a}}_{\tau_m,\theta_m,1},\widetilde{\boldsymbol{a}}_{\tau_m,\theta_m,2}]=\boldsymbol{I}_2 \tag{7.94}$$

相应的秩-2 正交表示最小功率无失真响应波束形成器设计准则可以写成

$$\min_{\widetilde{\boldsymbol{W}}}\mathrm{tr}(\widetilde{\boldsymbol{W}}^{\mathrm{H}}\boldsymbol{R}_{\widetilde{x}\widetilde{x}}\widetilde{\boldsymbol{W}})\ \mathrm{s.t.}\ \widetilde{\boldsymbol{W}}^{\mathrm{H}}\widetilde{\boldsymbol{D}}_{\tau_m,\theta_m}=\boldsymbol{I}_2 \tag{7.95}$$

其中，$\widetilde{\boldsymbol{W}}$为待确定的 $2L\times2$ 维波束形成权矩阵。

采用拉格朗日乘子方法，可得问题（7.95）的解为

$$\widetilde{\boldsymbol{W}}_{\theta_m}=\boldsymbol{R}_{\widetilde{x}\widetilde{x}}^{-1}\widetilde{\boldsymbol{D}}_{\tau_m,\theta_m}(\widetilde{\boldsymbol{D}}_{\tau_m,\theta_m}^{\mathrm{H}}\boldsymbol{R}_{\widetilde{x}\widetilde{x}}^{-1}\widetilde{\boldsymbol{D}}_{\tau_m,\theta_m})^{-1} \tag{7.96}$$

由此，若扫描角为 θ，则可采用如下波束扫描权矩阵设计空间谱：

$$\widetilde{\boldsymbol{W}}_{\theta}=\boldsymbol{R}_{\widetilde{x}\widetilde{x}}^{-1}\widetilde{\boldsymbol{D}}_{\tau_{l,\theta},\theta}(\widetilde{\boldsymbol{D}}_{\tau_{l,\theta},\theta}^{\mathrm{H}}\boldsymbol{R}_{\widetilde{x}\widetilde{x}}^{-1}\widetilde{\boldsymbol{D}}_{\tau_{l,\theta},\theta})^{-1} \tag{7.97}$$

其中

$$\widetilde{\boldsymbol{D}}_{\tau_{l,\theta},\theta}=\mathrm{blkdiag}(\mathrm{e}^{\mathrm{j}\omega_0\tau_{l,\theta}}\boldsymbol{a}(\tau_{l,\theta},\theta),\mathrm{e}^{-\mathrm{j}\omega_0\tau_{l,\theta}}\boldsymbol{a}^*(\tau_{l,\theta},\theta)) \tag{7.98}$$

相应的增广秩-2 正交表示最小功率（OR-MP2~）波束扫描空间谱为

$$\mathcal{J}_{\mathrm{OR-MP2\sim}}(\theta)=\sum_{l=0}^{L-1}w_{\mathrm{OR-MP2\sim}}^{(l)}\mathrm{tr}((\widetilde{\boldsymbol{D}}_{\tau_{l,\theta},\theta}^{\mathrm{H}}\boldsymbol{R}_{\widetilde{x}\widetilde{x}}^{-1}\widetilde{\boldsymbol{D}}_{\tau_{l,\theta},\theta})^{-1}) \tag{7.99}$$

其中，$w_{\mathrm{OR-MP2\sim}}^{(l)}$ 为多时滞加权系数。

② κ_m已知：利用单个秩-1 波束形成器提取 $\varepsilon_m(t+\tau_m)$，也即

$$\widetilde{\boldsymbol{w}}_{\theta_m}^{\mathrm{H}}\underbrace{(\widetilde{\boldsymbol{a}}_{\tau_m,\theta_m,1}+\kappa_m\widetilde{\boldsymbol{a}}_{\tau_m,\theta_m,2})}_{\stackrel{\mathrm{def}}{=}\widetilde{\boldsymbol{a}}_{\tau_m,\theta_m}(\kappa_m)}=1 \tag{7.100}$$

相应的波束形成器设计准则为

$$\min_{\widetilde{\boldsymbol{w}}}\widetilde{\boldsymbol{w}}^{\mathrm{H}}\boldsymbol{R}_{\widetilde{x}\widetilde{x}}\widetilde{\boldsymbol{w}}\ \mathrm{s.t.}\ \widetilde{\boldsymbol{w}}^{\mathrm{H}}\widetilde{\boldsymbol{a}}_{\tau_m,\theta_m}(\kappa_m)=1 \tag{7.101}$$

其中，$\widetilde{\boldsymbol{w}}$为待确定的 $2L\times1$ 维波束形成权矢量。

利用拉格朗日乘子方法，可得问题（7.101）的解为

$$\widetilde{\boldsymbol{w}}_{\theta_m}=\frac{\boldsymbol{R}_{\widetilde{x}\widetilde{x}}^{-1}\widetilde{\boldsymbol{a}}_{\tau_m,\theta_m}(\kappa_m)}{\widetilde{\boldsymbol{a}}_{\tau_m,\theta_m}^{\mathrm{H}}(\kappa_m)\boldsymbol{R}_{\widetilde{x}\widetilde{x}}^{-1}\widetilde{\boldsymbol{a}}_{\tau_m,\theta_m}(\kappa_m)} \tag{7.102}$$

由于$|\kappa_m|=1$，所以κ_m可以写成$\kappa_m=\mathrm{e}^{\mathrm{j}\varphi_m}$，由此可以定义下述增广秩-1 正交表示最小功率（OR-MP1~）二维波束扫描谱：

$$\mathcal{J}_{\text{OR-MP1}\sim}(\theta,\varphi)=\sum_{l=0}^{L-1}w_{\text{OR-MP1}\sim}^{(l)}(\widetilde{\boldsymbol{a}}_{\tau_{l,\theta},\theta}^{\mathrm{H}}(\mathrm{e}^{\mathrm{j}\varphi})\boldsymbol{R}_{\widetilde{x}\widetilde{x}}^{-1}\widetilde{\boldsymbol{a}}_{\tau_{l,\theta},\theta}(\mathrm{e}^{\mathrm{j}\varphi}))^{-1} \tag{7.103}$$

其中，$w_{\text{OR-MP1}\sim}^{(l)}$为多时滞加权系数。

通过式（7.103）所示二维谱的谱峰位置可以实现θ_m和κ_m的同时估计，但是计算复杂度较高。

注意到

$$\frac{2}{\widetilde{\boldsymbol{a}}_{\tau_{l,\theta},\theta}^{\mathrm{H}}(\mathrm{e}^{\mathrm{j}\varphi})\boldsymbol{R}_{\widetilde{x}\widetilde{x}}^{-1}\widetilde{\boldsymbol{a}}_{\tau_{l,\theta},\theta}(\mathrm{e}^{\mathrm{j}\varphi})}=\frac{\widetilde{\boldsymbol{\kappa}}_{\varphi}^{\mathrm{H}}\widetilde{\boldsymbol{\kappa}}_{\varphi}}{\widetilde{\boldsymbol{\kappa}}_{\varphi}^{\mathrm{H}}(\widetilde{\boldsymbol{D}}_{\tau_{l,\theta},\theta}^{\mathrm{H}}\boldsymbol{R}_{\widetilde{x}\widetilde{x}}^{-1}\widetilde{\boldsymbol{D}}_{\tau_{l,\theta},\theta})\widetilde{\boldsymbol{\kappa}}_{\varphi}} \tag{7.104}$$

其中，$\widetilde{\boldsymbol{\kappa}}_{\varphi}=[1,\mathrm{e}^{\mathrm{j}\varphi}]^{\mathrm{T}}$。

注意到$\widetilde{\boldsymbol{\kappa}}_{\varphi}$的尺度变换不会改变$(\widetilde{\boldsymbol{\kappa}}_{\varphi}^{\mathrm{H}}\widetilde{\boldsymbol{\kappa}}_{\varphi})/(\widetilde{\boldsymbol{\kappa}}_{\varphi}^{\mathrm{H}}(\widetilde{\boldsymbol{D}}_{\tau_{l,\theta},\theta}^{\mathrm{H}}\boldsymbol{R}_{\widetilde{x}\widetilde{x}}^{-1}\widetilde{\boldsymbol{D}}_{\tau_{l,\theta},\theta})\widetilde{\boldsymbol{\kappa}}_{\varphi})$的值，所以可以通过下述优化问题的解重新设计空间谱：

$$\min_{\widetilde{\boldsymbol{\kappa}}}\widetilde{\boldsymbol{\kappa}}^{\mathrm{H}}(\widetilde{\boldsymbol{D}}_{\tau_{l,\theta},\theta}^{\mathrm{H}}\boldsymbol{R}_{\widetilde{x}\widetilde{x}}^{-1}\widetilde{\boldsymbol{D}}_{\tau_{l,\theta},\theta})\widetilde{\boldsymbol{\kappa}}\ \text{s.t.}\ \widetilde{\boldsymbol{\kappa}}^{\mathrm{H}}\widetilde{\boldsymbol{\kappa}}=1 \tag{7.105}$$

利用拉格朗日乘子方法，可得问题（7.105）的解满足

$$(\widetilde{\boldsymbol{D}}_{\tau_{l,\theta},\theta}^{\mathrm{H}}\boldsymbol{R}_{\widetilde{x}\widetilde{x}}^{-1}\widetilde{\boldsymbol{D}}_{\tau_{l,\theta},\theta})\widetilde{\boldsymbol{\kappa}}=\iota\widetilde{\boldsymbol{\kappa}} \tag{7.106}$$

其中，ι为拉格朗日乘子。

由式（7.106）可以看出，$\widetilde{\boldsymbol{\kappa}}$应为$\widetilde{\boldsymbol{D}}_{\tau_{l,\theta},\theta}^{\mathrm{H}}\boldsymbol{R}_{\widetilde{x}\widetilde{x}}^{-1}\widetilde{\boldsymbol{D}}_{\tau_{l,\theta},\theta}$的特征矢量，$\iota$为对应的特征值，并且

$$\widetilde{\boldsymbol{\kappa}}^{\mathrm{H}}(\widetilde{\boldsymbol{D}}_{\tau_{l,\theta},\theta}^{\mathrm{H}}\boldsymbol{R}_{\widetilde{x}\widetilde{x}}^{-1}\widetilde{\boldsymbol{D}}_{\tau_{l,\theta},\theta})\widetilde{\boldsymbol{\kappa}}=\iota\widetilde{\boldsymbol{\kappa}}^{\mathrm{H}}\widetilde{\boldsymbol{\kappa}}=\iota \tag{7.107}$$

所以$\widetilde{\boldsymbol{\kappa}}^{\mathrm{H}}(\widetilde{\boldsymbol{D}}_{\tau_{l,\theta},\theta}^{\mathrm{H}}\boldsymbol{R}_{\widetilde{x}\widetilde{x}}^{-1}\widetilde{\boldsymbol{D}}_{\tau_{l,\theta},\theta})\widetilde{\boldsymbol{\kappa}}$在$\widetilde{\boldsymbol{\kappa}}^{\mathrm{H}}\widetilde{\boldsymbol{\kappa}}=1$条件下的最小值为$\iota$也即$\widetilde{\boldsymbol{D}}_{\tau_{l,\theta},\theta}^{\mathrm{H}}\boldsymbol{R}_{\widetilde{x}\widetilde{x}}^{-1}\widetilde{\boldsymbol{D}}_{\tau_{l,\theta},\theta}$的最小特征值，由此$\mathcal{J}_{\text{OR-MP1}\sim}(\theta,\varphi)$可以简化为下述一维空间谱：

$$\mathcal{J}_{\text{OR-MP1}\sim}(\theta)=\sum_{l=0}^{L-1}w_{\text{OR-MP1}\sim}^{(l)}\mu_{\min}^{-1}(\widetilde{\boldsymbol{D}}_{\tau_{l,\theta},\theta}^{\mathrm{H}}\boldsymbol{R}_{\widetilde{x}\widetilde{x}}^{-1}\widetilde{\boldsymbol{D}}_{\tau_{l,\theta},\theta}) \tag{7.108}$$

式中：$\mu_{\min}(\cdot)$表示括号中矩阵的最小特征值。

根据$\mathcal{J}_{\text{OR-MP1}\sim}(\theta)$的谱峰位置可以估计信号的波达方向，记$\theta_m$的估计为$\hat{\theta}_m$，根据式（7.106）和式（7.107），$\widetilde{\boldsymbol{D}}_{\tau_{l,\hat{\theta}_m},\hat{\theta}_m}^{\mathrm{H}}\boldsymbol{R}_{\widetilde{x}\widetilde{x}}^{-1}\widetilde{\boldsymbol{D}}_{\tau_{l,\hat{\theta}_m},\hat{\theta}_m}$最小特征值所对应的特征矢量$\boldsymbol{l}_{\mathrm{ev},\hat{\theta}_m}$应与$\widetilde{\boldsymbol{\kappa}}_m$近似成比例关系，由此可按下述公式估计$\kappa_m$：

$$\hat{\kappa}_m=\boldsymbol{l}_{\mathrm{ev},\hat{\theta}_m}(2)/\boldsymbol{l}_{\mathrm{ev},\hat{\theta}_m}(1) \tag{7.109}$$

由于$\widetilde{\boldsymbol{\kappa}}_{\varphi}=[1,\mathrm{e}^{\mathrm{j}\varphi}]^{\mathrm{T}}$，也可以基于下述优化问题的解定义空间谱：

$$\min_{\widetilde{\boldsymbol{\kappa}}}\widetilde{\boldsymbol{\kappa}}^{\mathrm{H}}(\widetilde{\boldsymbol{D}}_{\tau_{l,\theta},\theta}^{\mathrm{H}}\boldsymbol{R}_{\widetilde{x}\widetilde{x}}^{-1}\widetilde{\boldsymbol{D}}_{\tau_{l,\theta},\theta})\widetilde{\boldsymbol{\kappa}}\ \text{s.t.}\ \widetilde{\boldsymbol{\kappa}}^{\mathrm{H}}\boldsymbol{\iota}_{2,1}=1 \tag{7.110}$$

利用拉格朗日乘子方法，可得上述问题的解为

$$\widetilde{\boldsymbol{\kappa}}_{\varphi|\theta}=\frac{(\widetilde{\boldsymbol{D}}_{\tau_{l,\theta},\theta}^{\mathrm{H}}\boldsymbol{R}_{\tilde{x}\tilde{x}}^{-1}\widetilde{\boldsymbol{D}}_{\tau_{l,\theta},\theta})^{-1}\boldsymbol{\iota}_{2,1}}{\boldsymbol{\iota}_{2,1}^{\mathrm{H}}(\widetilde{\boldsymbol{D}}_{\tau_{l,\theta},\theta}^{\mathrm{H}}\boldsymbol{R}_{\tilde{x}\tilde{x}}^{-1}\widetilde{\boldsymbol{D}}_{\tau_{l,\theta},\theta})^{-1}\boldsymbol{\iota}_{2,1}} \tag{7.111}$$

据此，$\mathcal{J}_{\text{OR-MP1}\sim}(\theta,\varphi)$可以重新定义为

$$\mathcal{J}_{\text{OR-MP1}\sim}(\theta)=\sum_{l=0}^{L-1}w_{\text{OR-MP1}\sim}^{(l)}\left(\frac{\boldsymbol{\iota}_{2,1}^{\mathrm{H}}(\widetilde{\boldsymbol{D}}_{\tau_{l,\theta},\theta}^{\mathrm{H}}\boldsymbol{R}_{\tilde{x}\tilde{x}}^{-1}\widetilde{\boldsymbol{D}}_{\tau_{l,\theta},\theta})^{-2}\boldsymbol{\iota}_{2,1}}{\boldsymbol{\iota}_{2,1}^{\mathrm{H}}(\widetilde{\boldsymbol{D}}_{\tau_{l,\theta},\theta}^{\mathrm{H}}\boldsymbol{R}_{\tilde{x}\tilde{x}}^{-1}\widetilde{\boldsymbol{D}}_{\tau_{l,\theta},\theta})^{-1}\boldsymbol{\iota}_{2,1}}\right) \tag{7.112}$$

同时$\hat{\kappa}_m$可以估计为

$$\hat{\kappa}_m=\frac{\boldsymbol{\iota}_{2,2}^{\mathrm{H}}(\widetilde{\boldsymbol{D}}_{\tau_{l,\hat{\theta}_m},\hat{\theta}_m}^{\mathrm{H}}\boldsymbol{R}_{\tilde{x}\tilde{x}}^{-1}\widetilde{\boldsymbol{D}}_{\tau_{l,\hat{\theta}_m},\hat{\theta}_m})^{-1}\boldsymbol{\iota}_{2,1}}{\boldsymbol{\iota}_{2,1}^{\mathrm{H}}(\widetilde{\boldsymbol{D}}_{\tau_{l,\hat{\theta}_m},\hat{\theta}_m}^{\mathrm{H}}\boldsymbol{R}_{\tilde{x}\tilde{x}}^{-1}\widetilde{\boldsymbol{D}}_{\tau_{l,\hat{\theta}_m},\hat{\theta}_m})^{-1}\boldsymbol{\iota}_{2,1}} \tag{7.113}$$

（5）令$\widetilde{\boldsymbol{U}}_{\mathrm{en}}$为$\boldsymbol{R}_{\tilde{x}\tilde{x}}$的次特征矢量（接近噪声方差$\boldsymbol{\sigma}^2$的较小特征值对应的特征矢量）所组成的标准正交矩阵，根据特征子空间理论，可得

$$\widetilde{\boldsymbol{\kappa}}_m^{\mathrm{H}}\widetilde{\boldsymbol{D}}_{\tau_m,\theta_m}^{\mathrm{H}}\widetilde{\boldsymbol{U}}_{\mathrm{en}}\widetilde{\boldsymbol{U}}_{\mathrm{en}}^{\mathrm{H}}\widetilde{\boldsymbol{D}}_{\tau_m,\theta_m}\widetilde{\boldsymbol{\kappa}}_m=0,\ m=0,1,\cdots,M-1 \tag{7.114}$$

这意味着

$$\det(\widetilde{\boldsymbol{D}}_{\tau_m,\theta_m}^{\mathrm{H}}\widetilde{\boldsymbol{U}}_{\mathrm{en}}\widetilde{\boldsymbol{U}}_{\mathrm{en}}^{\mathrm{H}}\widetilde{\boldsymbol{D}}_{\tau_m,\theta_m})=0,\ m=0,1,\cdots,M-1 \tag{7.115}$$

式中：det 表示矩阵的行列式。

由此，增广秩-2 正交表示正交投影（OR-OP2~）空间谱可以构造为

$$\mathcal{J}_{\text{OR-OP2}\sim}(\theta)=\sum_{l=0}^{L-1}w_{\text{OR-OP2}\sim}^{(l)}\left|\det{}^{-1}(\widetilde{\boldsymbol{D}}_{\tau_{l,\theta},\theta}^{\mathrm{H}}\widetilde{\boldsymbol{U}}_{\mathrm{en}}\widetilde{\boldsymbol{U}}_{\mathrm{en}}^{\mathrm{H}}\widetilde{\boldsymbol{D}}_{\tau_{l,\theta},\theta})\right| \tag{7.116}$$

其中，$w_{\text{OR-OP2}\sim}^{(l)}$为多时滞加权系数。

根据式（7.114），有

$$\frac{\widetilde{\boldsymbol{\kappa}}_m^{\mathrm{H}}\widetilde{\boldsymbol{D}}_{\tau_m,\theta_m}^{\mathrm{H}}\widetilde{\boldsymbol{U}}_{\mathrm{en}}\widetilde{\boldsymbol{U}}_{\mathrm{en}}^{\mathrm{H}}\widetilde{\boldsymbol{D}}_{\tau_m,\theta_m}\widetilde{\boldsymbol{\kappa}}_m}{\widetilde{\boldsymbol{\kappa}}_m^{\mathrm{H}}\widetilde{\boldsymbol{\kappa}}_m}=0,\ m=0,1,\cdots,M-1 \tag{7.117}$$

所以 $\mathcal{J}_{\text{OR-OP2}\sim}(\theta)$也可以重新定义为

$$\mathcal{J}_{\text{OR-OP2}\sim}(\theta)=\sum_{l=0}^{L-1}w_{\text{OR-OP2}\sim}^{(l)}\boldsymbol{\mu}_{\min}^{-1}(\widetilde{\boldsymbol{D}}_{\tau_{l,\theta},\theta}^{\mathrm{H}}\widetilde{\boldsymbol{U}}_{\mathrm{en}}\widetilde{\boldsymbol{U}}_{\mathrm{en}}^{\mathrm{H}}\widetilde{\boldsymbol{D}}_{\tau_{l,\theta},\theta}) \tag{7.118}$$

（6）窄带条件下，$\boldsymbol{a}(\tau_{l,\theta},\theta)=\mathrm{e}^{-\mathrm{j}\omega_0\tau_{l,\theta}}\boldsymbol{a}(\theta)$，所以

$$\widetilde{\boldsymbol{a}}_{\tau_{l,\theta},\theta,1}=[\boldsymbol{a}^{\mathrm{T}}(\theta),\boldsymbol{o}_L^{\mathrm{T}}]^{\mathrm{T}} \tag{7.119}$$

$$\widetilde{\boldsymbol{a}}_{\tau_{l,\theta},\theta,2}=[\boldsymbol{o}_L^{\mathrm{T}},\boldsymbol{a}^{\mathrm{T}}(\theta)]^{\mathrm{H}} \tag{7.120}$$

此时式（7.96）和式（7.102）中的波束形成器退化成窄带单极化宽线性（WL）波束形成器[118-120]，而式（7.112）和式（7.116）、式（7.118）中的方法退化成窄带条件下的单极化非圆多重信号分类（NC-MUSIC[8]）方法。

（7）本节方法涉及$\boldsymbol{R}_{xx}$、$\boldsymbol{R}_{\tilde{x}\tilde{x}}$的求逆和特征分解，实际中可利用多次观测快拍进行估计：

$$\hat{\boldsymbol{R}}_{xx} = \frac{1}{K}\sum_{k=0}^{K-1}\boldsymbol{x}(t_k)\boldsymbol{x}^{\mathrm{H}}(t_k) \tag{7.121}$$

$$\hat{\boldsymbol{R}}_{\tilde{x}\tilde{x}} = \frac{1}{K}\sum_{k=0}^{K-1}\tilde{\boldsymbol{x}}(t_k)\tilde{\boldsymbol{x}}^{\mathrm{H}}(t_k) \tag{7.122}$$

式中：K 为观测快拍数。

（8）本节方法还涉及信号相关系数的估计，注意到在本章假设下，信号相关系数满足下述公式：

$$\rho(\tau) = \frac{1}{L}\sum_{l=0}^{L-1}(r_{x_lx_l}(0) - \sigma^2)^{-1}(r_{x_lx_l}(\tau) - \sigma^2\delta(\tau)) \tag{7.123}$$

式中：

$$r_{x_lx_l}(\tau) = \langle x_l(t+\tau)x_l^*(t)\rangle \tag{7.124}$$

实际中可利用$\hat{\boldsymbol{R}}_{xx}$较小特征值的平均对噪声方差$\sigma^2$进行估计，然后利用多个观测快拍估计$\rho(\tau)$的离散值，再通过内插获得任意时延$\tau$所对应的信号相关系数估计。关于信号相关系数的内插，将在 7.1.4 节中进行讨论。

（9）看几个仿真例子，例中阵列为矢量天线等距线阵，矢量天线间距为半个信号中心波长；$L=6$；极化平滑信号中心频率为 24MHz，相对带宽为 20%，采样频率为 48MHz；考虑两个互不相关的等功率（极化平滑）信号，所有方法均为均匀时滞加权。

① 首先研究信号相关系数内插点数 N_{int}对 OR-OP1 方法性能的影响：图 7.2（a）所示为不同内插点数条件下，OR-OP1 信号分辨概率随信噪比变化的曲线，其中 $\theta_0=-2°$，$\theta_1=10°$，快拍数为 640，内插间隔为 40ns，$M_{\mathrm{eff}}=2$；图 7.2（b）所示为不同内插点数条件下，信号波达方向估计均方根误差随信噪比变化的曲线，其中 $\theta_0=-10°$，$\theta_1=12°$，快拍数为 640，内插间隔为 40ns，$M_{\mathrm{eff}}=2$。

可以看出，在上述条件下，当信号相关系数内插点数为 1 时，OR-OP1 性能较差，而当信号相关系数内插点数大于 1 时，OR-OP1 性能有较大改善，且对内插点数的变化不甚敏感，具有一定的鲁棒性。考虑到算法计算复杂度，信号相关系数内插点数取为 3 较为合理。鉴于此，以下实验中，信号相关系数内插点数 N_{int}均设为 3，内插间隔均为 40ns。

再研究有效秩参数 M_{eff}的选择对 OR-OP1 性能的影响：图 7.3（a）所示为不同有效秩参数选择条件下，OR-OP1 信号分辨概率随信噪比变化的曲线，其中 $\theta_0=-2°$，$\theta_1=10°$，快拍数为 640；图 7.3（b）所示为不同有效秩参数选择条件下，OR-OP1 信号波达方向估计均方根误差随信噪比变化的曲线，其中 $\theta_0=-10°$，$\theta_1=12°$，快拍数为 640。

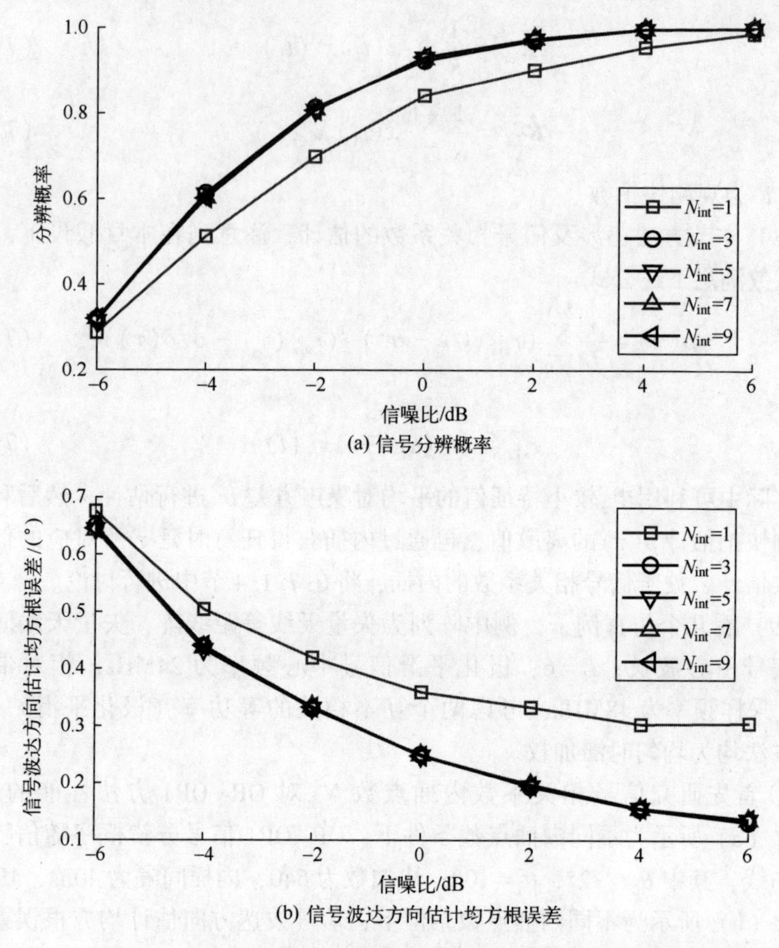

图 7.2 OR-OP1 方法信号波达方向估计性能随信号相关系数内插点数和信噪比变化的曲线

可以看出，OR-OP1 的性能对有效秩参数的选择较为敏感，在上述条件下，当 $M_{eff}=2$ 时，OR-OP1 的性能最优。以下实验中，M_{eff} 均设置为 2。

② 比较 OR-MP1 和 OR-OP1 的空间谱。图 7.4 所示为 OR-MP1 和 OR-OP1 空间谱的比较结果：图 7.4（a）所示为信号源相距较近时，OR-MP1 和 OR-OP1 空间谱的比较，其中 $\theta_0=0°$，$\theta_1=10°$，信噪比为 6dB，快拍数为 1280；图 7.4（b）所示为信号源相距较远时，OR-MP1 和 OR-OP1 空间谱的比较，其中 $\theta_0=-10°$，$\theta_1=10°$，信噪比为 6dB，快拍数为 1280。

可以看出，当信号源相距较远时，分别基于单秩波束扫描和有效子空间投影的 OR-MP1 和 OR-OP1 均能够较为准确地估计出信号波达方向；当信号源相距较近时，OR-OP1 仍然可以较好工作，但 OR-MP1 则无法成功分辨两个信号。

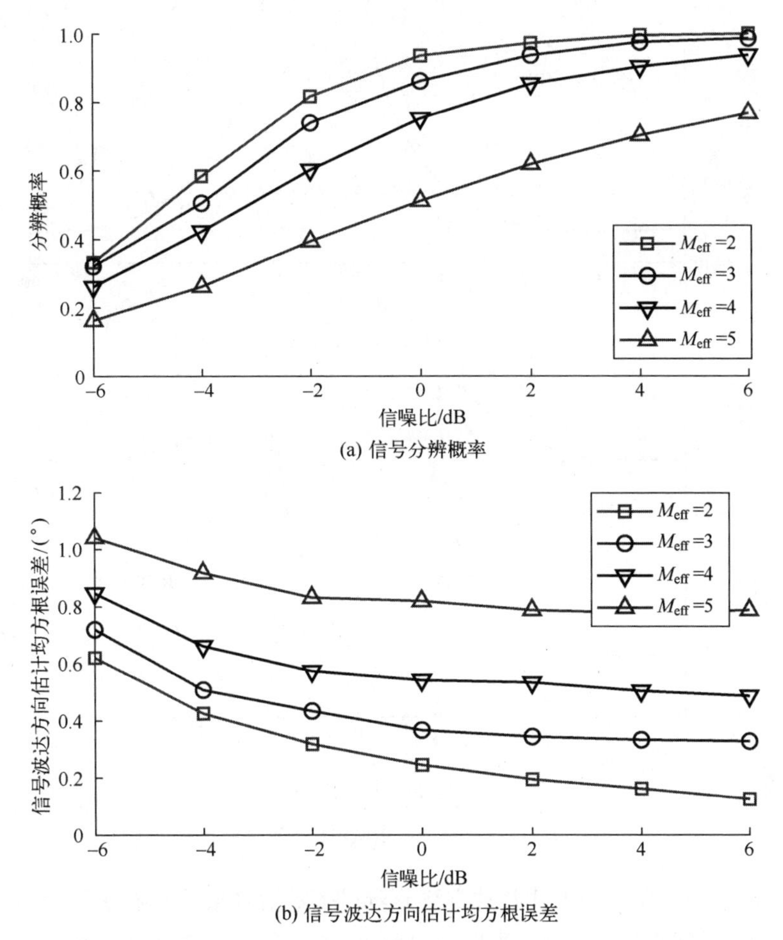

(a) 信号分辨概率

(b) 信号波达方向估计均方根误差

图 7.3　OR-OP1 方法信号波达方向估计性能随有效秩参数和信噪比变化的曲线

由此可见，有效子空间方法的分辨性能优于波束扫描方法，这一结论与窄带情形类似。

③ 比较 OR-OP1 与现有非相干信号子空间方法（ISM[37]）、相干信号子空间方法（CSM[121]）、信号子空间加权平均（WAVES[122]）方法、投影子空间正交性检验（TOPS[123]）方法、导向对齐有效投影（STEP[124]）方法等的信号分辨性能和波达方向估计精度，其中涉及子带分解的方法所用子带数为 64。

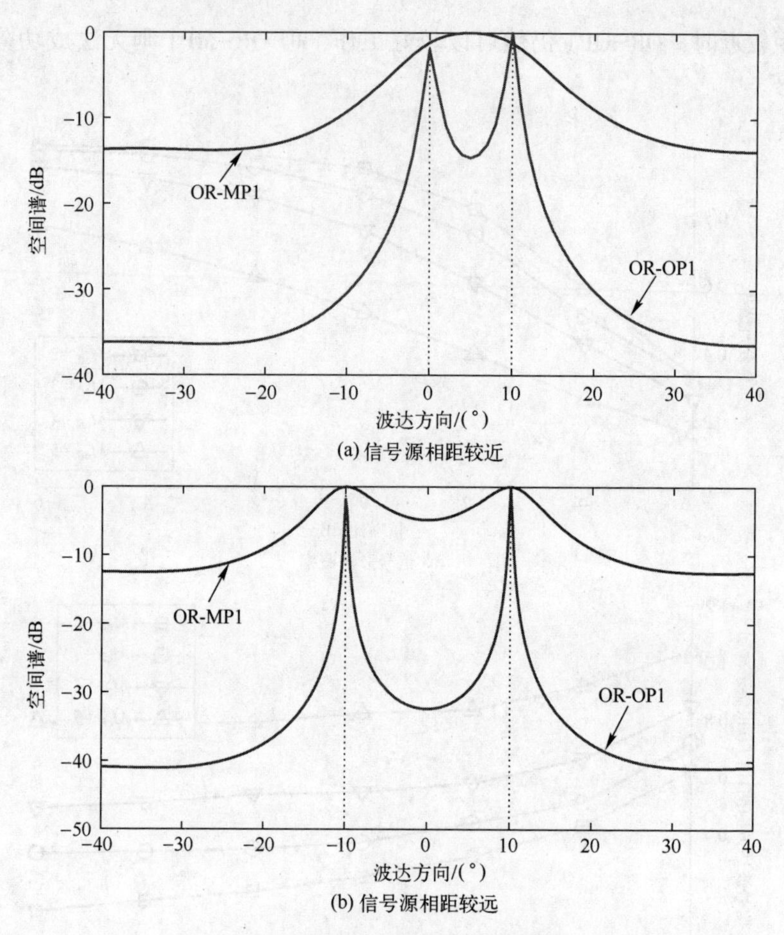

(a) 信号源相距较近

(b) 信号源相距较远

图 7.4 OR-MP1 和 OR-OP1 空间谱的比较

图 7.5（a）所示为上述各种方法分辨概率随信号角度间隔变化的曲线，其中 $\theta_0=-10°$，信噪比为 0dB，快拍数为 640；图 7.5（b）所示为各种方法分辨概率随快拍数变化的曲线，其中 $\theta_0=-2°$，$\theta_1=10°$，信噪比为 0dB；图 7.5（c）所示为各种方法分辨概率随信噪比变化的曲线，其中 $\theta_0=-2°$，$\theta_1=10°$，快拍数为 640。

可以看出，在上述条件下，OR-OP1 的分辨性能与 STEP 相近，且优于其他的比较方法。

图 7.6（a）所示为信号波达方向估计均方根误差随快拍数变化的曲线，其中 $\theta_0=-10°$，$\theta_1=12°$，信噪比为 0dB；图 7.6（b）所示为信号波达方向估计均方根误差随信噪比变化的曲线，其中 $\theta_0=-10°$，$\theta_1=12°$，快拍数为 640。

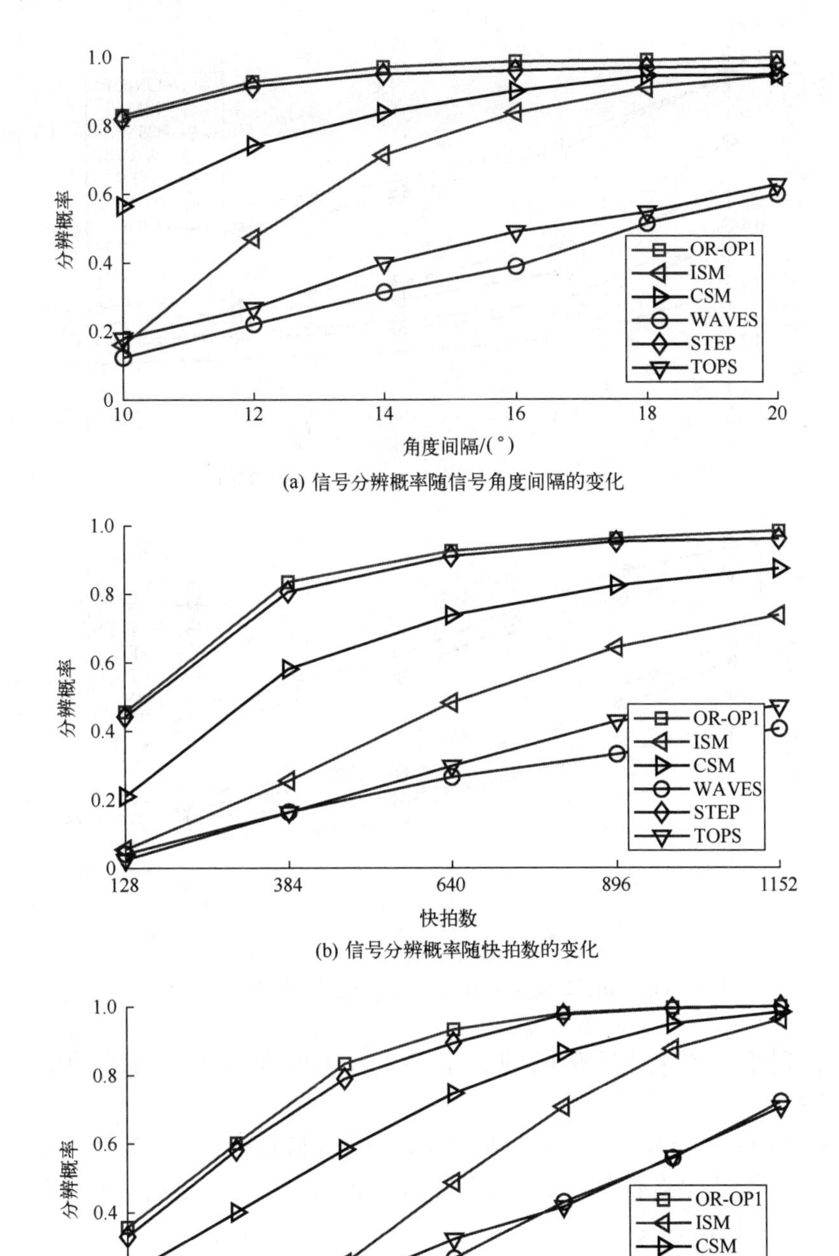

(a) 信号分辨概率随信号角度间隔的变化

(b) 信号分辨概率随快拍数的变化

(c) 信号分辨概率随信噪比的变化

图 7.5　OR-OP1 与现有一些方法信号分辨能力的比较

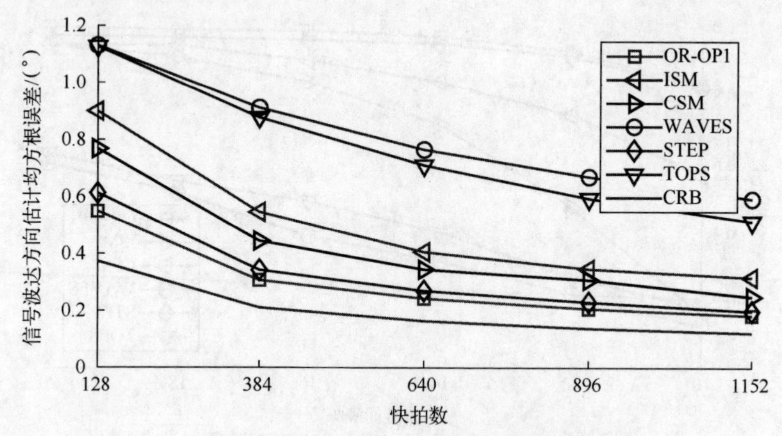

(a) 信号波达方向估计均方根误差随快拍数的变化

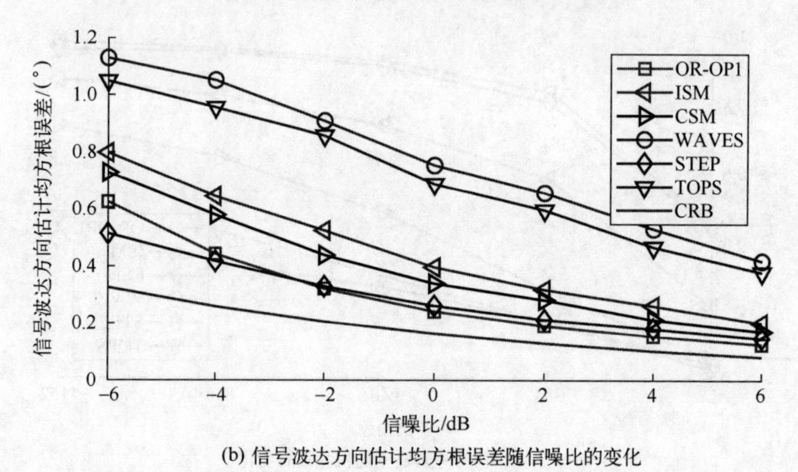

(b) 信号波达方向估计均方根误差随信噪比的变化

图 7.6 OR-OP1 与现有一些方法信号波达方向估计精度的比较

可以看到，在上述条件下，除了信噪比为-6dB 和-4dB 的情形，OR-OP1 性能均最优。

④ 比较 OR-OP1 方法与现有的宽带协方差矩阵稀疏表示（W-CMSR[132]）方法和宽带最小绝对收缩与选择算子（W-LASSO[129]）方法的信号分辨能力和波达方向估计精度。

图 7.7（a）所示为各种方法信号分辨概率随信号角度间隔变化的曲线，其中 $\theta_0=-10°$，信噪比为 0dB，快拍数为 640；图 7.7（b）所示为各种方法信号分辨概率随快拍数变化的曲线，其中 $\theta_0=-2°$，$\theta_1=10°$，信噪比为 0dB；图 7.7（c）所示为各种方法分辨概率随信噪比变化的曲线，其中 $\theta_0=-2°$，$\theta_1=10°$，快拍数为 640。

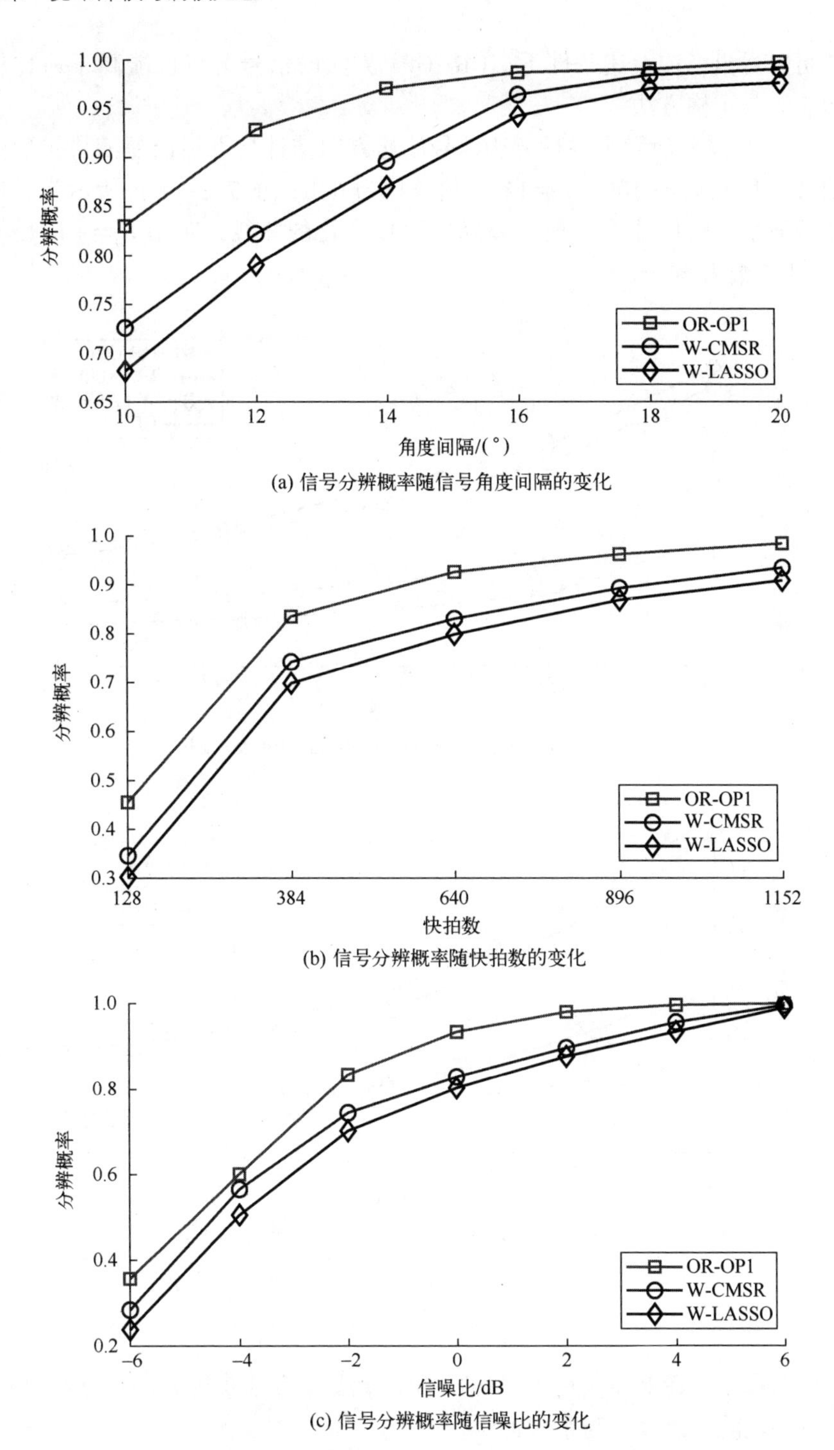

(a) 信号分辨概率随信号角度间隔的变化

(b) 信号分辨概率随快拍数的变化

(c) 信号分辨概率随信噪比的变化

图7.7　OR-OP1与现有稀疏表示及重构方法信号分辨能力的比较

可以看出，在上述条件下，OR-OP1 方法的信号分辨性能高于所比较的稀疏表示与重构方法。

图 7.8（a）所示为各种方法信号波达方向估计均方根误差随快拍数变化的曲线，其中 $\theta_0=-10°$，$\theta_1=12°$，信噪比为 0dB；图 7.8（b）所示为各种方法信号波达方向估计均方根误差随信噪比变化的曲线，其中 $\theta_0=-10°$，$\theta_1=12°$，快拍数为 640。

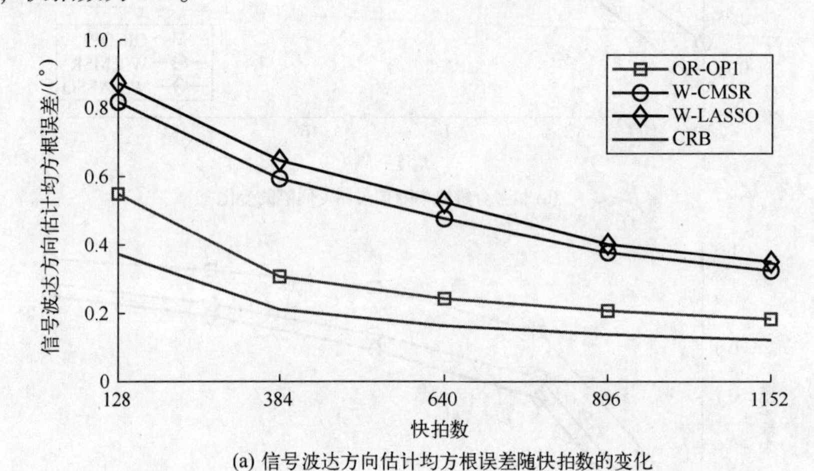

(a) 信号波达方向估计均方根误差随快拍数的变化

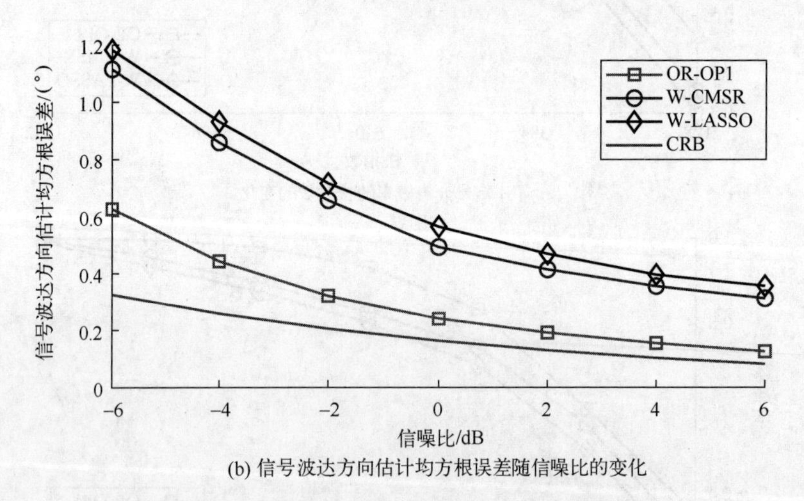

(b) 信号波达方向估计均方根误差随信噪比的变化

图 7.8 OR-OP1 与现有稀疏表示及重构方法信号波达方向估计均方根误差的比较

可以看出，在上述条件下，OR-OP1 方法的信号波达方向估计精度也要高于所比较的稀疏表示与重构方法。

⑤ 假设两个信号均为二阶完全非圆，比较 OR-OP1 和 OR-OP2~的性能：

图7.9（a）所示为信号分辨概率随信噪比变化的曲线，其中$\theta_0=0°$，$\theta_1=10°$，快拍数为640；图7.9（b）所示为信号波达方向估计均方根误差随信噪比变化的曲线，其中$\theta_0=-10°$，$\theta_1=20°$，快拍数为640。

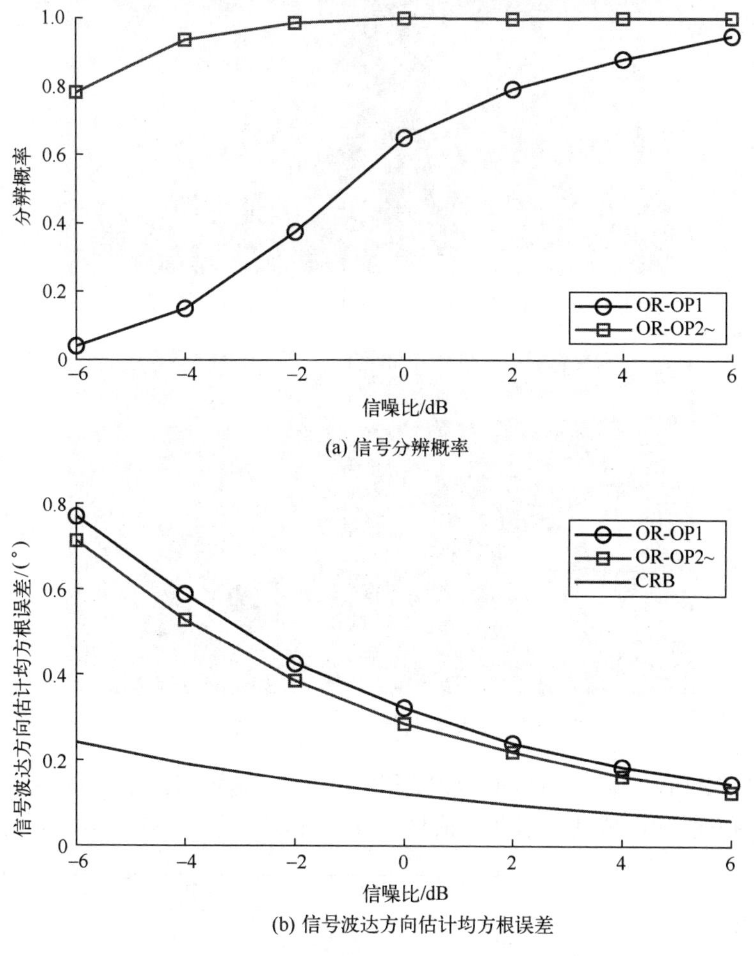

图7.9　信号二阶基带非圆性的利用对信号波达方向估计性能的改善结果图

由图中所示结果可以看出，通过增广处理利用信号的基带非圆性，正交表示正交投影方法的信号波达方向估计性能可有一定程度的提升。

⑥ 利用实测数据研究OR-OP1方法的性能。实验系统阵列包含8个等间隔排列的3元矢量天线，矢量天线间隔为0.9个信号中心波长，如图7.10所示；信号中心频率为2.4GHz，采样频率为25MHz，两个信号波达方向分别约为0°和14°，如图7.11所示，快拍数为1000。

图 7.10 24 元（$L=8$，$J=3$）矢量天线等距线阵实物图

图 7.11 实际实验场景：$\theta_0\approx0°$，$\theta_1\approx14°$

图 7.12 所示为对应的 OR-MP1 和 OR-OP1 空间谱，由所示结果可以看出，两种方法均能成功分辨两个信号，且具有较好的信号波达方向估计精度。

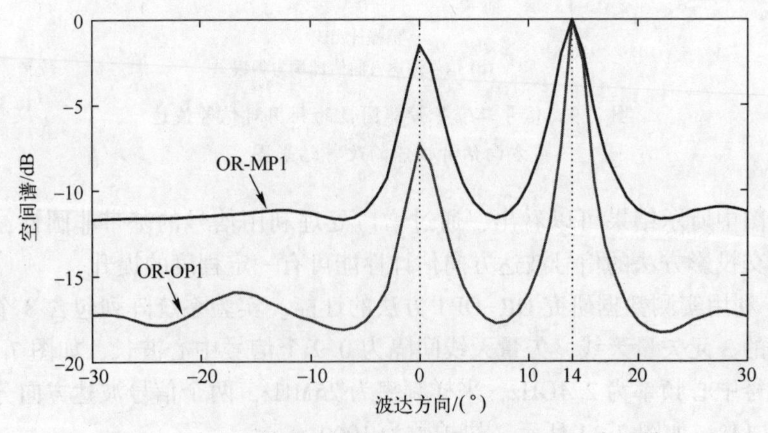

图 7.12 基于实测数据的 OR-MP1 和 OR-OP1 空间谱

进一步将阵列相对于信号源从-15°方向以一定速度转动到15°方向，图7.13所示为相应的OR-OP1动态空间谱。

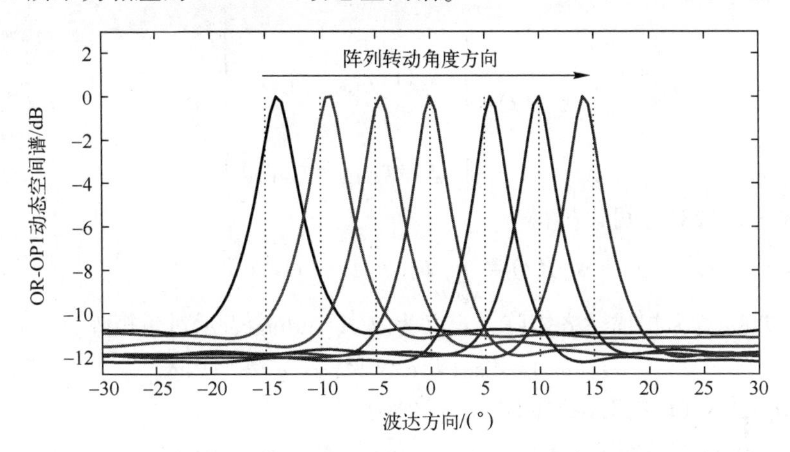

图7.13　基于实测数据的OR-OP1动态空间谱

7.1.3 导向对齐方法

首先考虑一种特殊情形：$\theta_n=90°$，此时第n个信号波同时到达所有矢量阵元，也即

$$\tau_{1,\theta_n}=\tau_{2,\theta_n}=\cdots=\tau_{L-1,\theta_n}=\tau_{0,\theta_n}=0 \tag{7.125}$$

于是$\boldsymbol{s}_n(t)$具有类窄带秩-1形式：$\boldsymbol{s}_n(t)=\boldsymbol{\iota}_L s_n(t)$，也即宽带极化平滑矢量$\boldsymbol{x}(t)$中的第$n$个信号分量$s_n(t)$是同相或者说对齐的。

但若$\theta_n\neq 90°$，由于传播时延的存在，$\boldsymbol{x}(t)$中的$s_n(t)$是非对齐的。为了使之对齐，需要对$s_n(t),s_n(t+\tau_{1,\theta_n}),\cdots,s_n(t+\tau_{L-1,\theta_n})$进行时延补偿，这可以通过下面将要讨论的导向对齐方法实现。

首先，根据有限时间傅里叶变换理论，$s_m(t+\tau_{l,\theta_m})$可以近似写成

$$s_m(t+\tau_{l,\theta_m})=\sum_{\omega_k\in\Omega}\mathrm{FTFT}_{\omega_k}(s_m(t+\tau_{l,\theta_m}))\mathrm{e}^{\mathrm{j}\omega_k t} \tag{7.126}$$

式中：Ω为信号的谱支撑区间；FTFT_{ω_k}表示有限时间傅里叶变换在频点ω_k处的值，

$$\mathrm{FTFT}_{\omega_k}(s_m(t+\tau_{l,\theta_m}))=\frac{1}{T_0}\int_0^{T_0}s_m(t+\tau_{l,\theta_m})\mathrm{e}^{-\mathrm{j}\omega_k t}\mathrm{d}t=\mathscr{S}_{m,l}(\omega_k) \tag{7.127}$$

其中，$\omega_k=2\pi k/T_0$，k为整数，T_0为观测时长。

进一步可得

$$s_m(t+\tau_{l,\theta_m}-\tau_{l,\theta})=\sum_{\omega_k\in\Omega}\mathrm{e}^{-\mathrm{j}\omega_k\tau_{l,\theta}}\mathscr{S}_{m,l}(\omega_k)\mathrm{e}^{\mathrm{j}\omega_k t} \tag{7.128}$$

式中：扫描角 $\theta\in\Theta$，其中 Θ 为感兴趣的角度区域。

再定义

$$\boldsymbol{s}_{m,\theta}(t)=\begin{bmatrix} s_m(t) \\ s_m(t+\tau_{1,\theta_m}-\tau_{1,\theta}) \\ \vdots \\ s_m(t+\tau_{L-1,\theta_m}-\tau_{L-1,\theta}) \end{bmatrix} \tag{7.129}$$

根据式（7.128），可以推得

$$\boldsymbol{s}_{m,\theta}(t)=\sum_{\omega_k\in\Omega}\boldsymbol{T}_\theta(\omega_k)\boldsymbol{\mathcal{S}}_m(\omega_k)\mathrm{e}^{\mathrm{j}\omega_k t} \tag{7.130}$$

式中：$\boldsymbol{T}_\theta(\omega_k)$为扫描对齐矩阵，定义为（其中 diag 表示对角矩阵）

$$\boldsymbol{T}_\theta(\omega_k)=\mathrm{diag}(1,\mathrm{e}^{-\mathrm{j}\omega_k\tau_{1,\theta}},\cdots,\mathrm{e}^{-\mathrm{j}\omega_k\tau_{L-1,\theta}}) \tag{7.131}$$

而$\boldsymbol{\mathcal{S}}_m(\omega_k)$为 $\boldsymbol{s}_m(t)$的有限时间傅里叶变换：

$$\boldsymbol{\mathcal{S}}_m(\omega_k)=\mathrm{FTFT}_{\omega_k}(\boldsymbol{s}_m(t))=[\mathcal{S}_{m,0}(\omega_k),\mathcal{S}_{m,1}(\omega_k),\cdots,\mathcal{S}_{m,L-1}(\omega_k)]^{\mathrm{T}} \tag{7.132}$$

再注意到 $\boldsymbol{x}(t)$的有限时间傅里叶变换为

$$\mathrm{FTFT}_{\omega_k}(\boldsymbol{x}(t))=\sum_{m=0}^{M-1}\boldsymbol{\mathcal{S}}_m(\omega_k)+\mathrm{FTFT}_{\omega_k}(\boldsymbol{n}(t)) \tag{7.133}$$

所以

$$\sum_{\omega_k\in\Omega}\boldsymbol{T}_\theta(\omega_k)\mathrm{FTFT}_{\omega_k}(\boldsymbol{x}(t))\mathrm{e}^{\mathrm{j}\omega_k t}=\boldsymbol{x}_\theta(t)=\boldsymbol{s}_\theta(t)+\boldsymbol{n}_\theta(t) \tag{7.134}$$

式中：

$$\boldsymbol{x}_\theta(t)=[x_0(t),x_1(t-\tau_{1,\theta}),\cdots,x_{L-1}(t-\tau_{L-1,\theta})]^{\mathrm{T}} \tag{7.135}$$

$$\boldsymbol{s}_\theta(t)=\sum_{m=0}^{M-1}\left(\sum_{\omega_k\in\Omega}\boldsymbol{T}_\theta(\omega_k)\boldsymbol{\mathcal{S}}_m(\omega_k)\mathrm{e}^{\mathrm{j}\omega_k t}\right)=\sum_{m=0}^{M-1}\boldsymbol{s}_{m,\theta}(t) \tag{7.136}$$

$$\boldsymbol{n}_\theta(t)=[n_0(t),n_1(t-\tau_{1,\theta}),\cdots,n_{L-1}(t-\tau_{L-1,\theta})]^{\mathrm{T}} \tag{7.137}$$

根据式（7.135）~式（7.137），我们称 $\boldsymbol{x}_\theta(t)$为导向延时矢量：

$$\boldsymbol{x}_\theta(t)=\sum_{m=0}^{M-1}\boldsymbol{s}_{m,\theta}(t)+\boldsymbol{n}_\theta(t) \tag{7.138}$$

若 $\theta=\theta_n$，其中 $0\leqslant n\leqslant M-1$，则

$$\boldsymbol{x}_{\theta_n}(t)=\sum_{m=0}^{M-1}\boldsymbol{s}_{m,\theta_n}(t)+\boldsymbol{n}_{\theta_n}(t) \tag{7.139}$$

其中

$$\boldsymbol{s}_{m,\theta_n}(t)=\begin{bmatrix} s_m(t) \\ s_m(t+\tau_{1,\theta_m}-\tau_{1,\theta_n}) \\ \vdots \\ s_m(t+\tau_{L-1,\theta_m}-\tau_{L-1,\theta_n}) \end{bmatrix} \tag{7.140}$$

所以

$$\boldsymbol{x}_{\theta_n}(t)=\boldsymbol{\iota}_L s_n(t)+\underbrace{\sum_{m=0,m\neq n}^{M-1}\boldsymbol{s}_{m,\theta_n}(t)}_{\stackrel{\text{def}}{=}\boldsymbol{i}_{\theta_n}(t)}+\boldsymbol{n}_{\theta_n}(t) \tag{7.141}$$

也即 $\boldsymbol{x}(t)$ 中的信号分量 $s_n(t)$ 在扫描角等于其俯仰角 θ_n 时将会被对齐，就好似其从 90°方向入射至阵列，此时其对 $\boldsymbol{x}_{\theta_n}(t)$ 的协方差矩阵也是秩-1 贡献。

7.1.3.1　I 型导向对齐正交投影方法

构造下述宽带极化平滑增广导向延时矢量：

$$\overline{\boldsymbol{x}}_\theta(t)=\overline{\boldsymbol{J}}\begin{bmatrix}\boldsymbol{x}_\theta(t)\\ \boldsymbol{x}_\theta(t-\tau_\alpha)\mathrm{e}^{\mathrm{j}\omega_\alpha t}\\ \boldsymbol{x}_\theta^*(t-\tau_\beta)\mathrm{e}^{\mathrm{j}\omega_\beta t}\end{bmatrix} \tag{7.142}$$

式中：τ_α 和 τ_β 为时延参数；ω_α 和 ω_β 为频率参数；$\overline{\boldsymbol{J}}$ 为 $2L\times 3L$ 维选择矩阵；若

$$\langle s_m(t)s_m^*(t-\tau_\alpha)\mathrm{e}^{-\mathrm{j}\omega_\alpha t}\rangle\neq 0,\ m=0,1,\cdots,M-1 \tag{7.143}$$

则选择矩阵为

$$\overline{\boldsymbol{J}}=[\boldsymbol{I}_{2L},\boldsymbol{O}_{2L\times L}] \tag{7.144}$$

若

$$\langle s_m(t)s_m(t-\tau_\beta)\mathrm{e}^{-\mathrm{j}\omega_\beta t}\rangle\neq 0,\ m=0,1,\cdots,M-1 \tag{7.145}$$

则选择矩阵为

$$\overline{\boldsymbol{J}}=\begin{bmatrix}\boldsymbol{I}_L & \boldsymbol{O}_L & \boldsymbol{O}_L\\ \boldsymbol{O}_L & \boldsymbol{O}_L & \boldsymbol{I}_L\end{bmatrix} \tag{7.146}$$

其中，$\boldsymbol{I}_m$、$\boldsymbol{O}_m$ 和 $\boldsymbol{O}_{m\times n}$ 仍分别表示 $m\times m$ 维单位矩阵、$m\times m$ 维零矩阵和 $m\times n$ 维零矩阵。

以式（7.144）所示选择矩阵为例，也即

$$\overline{\boldsymbol{x}}_\theta(t)=\begin{bmatrix}\boldsymbol{x}_\theta(t)\\ \boldsymbol{x}_\theta(t-\tau_\alpha)\mathrm{e}^{\mathrm{j}\omega_\alpha t}\end{bmatrix} \tag{7.147}$$

其协方差矩阵为

$$\boldsymbol{R}_{\bar{x}_\theta\bar{x}_\theta}=\langle\overline{\boldsymbol{x}}_\theta(t)\overline{\boldsymbol{x}}_\theta^{\mathrm{H}}(t)\rangle=\begin{bmatrix}\boldsymbol{R}_{\boldsymbol{x}_\theta\boldsymbol{x}_\theta}^{0}(0) & \boldsymbol{R}_{\boldsymbol{x}_\theta\boldsymbol{x}_\theta}^{\omega_\alpha}(\tau_\alpha)\\ (\boldsymbol{R}_{\boldsymbol{x}_\theta\boldsymbol{x}_\theta}^{\omega_\alpha}(\tau_\alpha))^{\mathrm{H}} & \boldsymbol{R}_{\boldsymbol{x}_\theta\boldsymbol{x}_\theta}^{0}(0)\end{bmatrix}=\boldsymbol{R}_{\bar{x}_\theta\bar{x}_\theta}^{0}(0) \tag{7.148}$$

式中：

$$\boldsymbol{R}_{\boldsymbol{x}_\theta\boldsymbol{x}_\theta}^{\omega}(\tau)=\langle\boldsymbol{x}_\theta(t)\boldsymbol{x}_\theta^{\mathrm{H}}(t-\tau)\mathrm{e}^{-\mathrm{j}\omega t}\rangle \tag{7.149}$$

进一步将 $\boldsymbol{R}_{\bar{x}_\theta\bar{x}_\theta}$ 分解为

$$\boldsymbol{R}_{\bar{x}_\theta\bar{x}_\theta}=\boldsymbol{R}_{\bar{x}_\theta\bar{x}_\theta,1}+\boldsymbol{R}_{\bar{x}_\theta\bar{x}_\theta,2} \tag{7.150}$$

式中：

$$\boldsymbol{R}_{\bar{x}_\theta \bar{x}_\theta,1} = \overline{\boldsymbol{P}} \boldsymbol{R}_{\bar{x}_\theta \bar{x}_\theta} \tag{7.151}$$

$$\boldsymbol{R}_{\bar{x}_\theta \bar{x}_\theta,2} = (\boldsymbol{I}_{2L} - \overline{\boldsymbol{P}}) \boldsymbol{R}_{\bar{x}_\theta \bar{x}_\theta} \tag{7.152}$$

其中

$$\overline{\boldsymbol{P}} = \overline{\boldsymbol{\Pi}} \underbrace{(\overline{\boldsymbol{\Pi}}^{\mathrm{H}} \overline{\boldsymbol{\Pi}})^{-1} \overline{\boldsymbol{\Pi}}^{\mathrm{H}}}_{=\overline{\boldsymbol{\Pi}}^{+}} = \overline{\boldsymbol{\Pi}} \overline{\boldsymbol{\Pi}}^{+} \tag{7.153}$$

$$\overline{\boldsymbol{\Pi}} = \begin{bmatrix} \boldsymbol{\iota}_L & \\ & \boldsymbol{\iota}_L \end{bmatrix} = \mathrm{blkdiag}(\boldsymbol{\iota}_L, \boldsymbol{\iota}_L) \tag{7.154}$$

再构造下述矩阵：

$$\boldsymbol{H}_{\bar{x}_\theta \bar{x}_\theta} = \boldsymbol{H}_{\bar{x}_\theta \bar{x}_\theta,1} + \boldsymbol{R}_{\bar{x}_\theta \bar{x}_\theta,2} \tag{7.155}$$

式中：$\boldsymbol{H}_{\bar{x}_\theta \bar{x}_\theta,1}$为$\boldsymbol{R}_{\bar{x}_\theta \bar{x}_\theta,1}$的权调整，定义为

$$\boldsymbol{H}_{\bar{x}_\theta \bar{x}_\theta,1} = \begin{bmatrix} \boldsymbol{R}_{\bar{x}_\theta \bar{x}_\theta,1}^{(11)} & \boldsymbol{\kappa}^{(1)} \boldsymbol{R}_{\bar{x}_\theta \bar{x}_\theta,1}^{(12)} \\ \boldsymbol{\kappa}^{(1)} \boldsymbol{R}_{\bar{x}_\theta \bar{x}_\theta,1}^{(21)} & \boldsymbol{R}_{\bar{x}_\theta \bar{x}_\theta,1}^{(22)} \end{bmatrix} \tag{7.156}$$

其中，$\boldsymbol{R}_{\bar{x}_\theta \bar{x}_\theta,1}^{(11)}$、$\boldsymbol{R}_{\bar{x}_\theta \bar{x}_\theta,1}^{(12)}$、$\boldsymbol{R}_{\bar{x}_\theta \bar{x}_\theta,1}^{(21)}$和$\boldsymbol{R}_{\bar{x}_\theta \bar{x}_\theta,1}^{(22)}$均为$\boldsymbol{R}_{\bar{x}_\theta \bar{x}_\theta,1}$的$L \times L$维子矩阵，权值$\boldsymbol{\kappa}^{(1)}$为非零实数。

(1) 若

$$|\gamma_0^{\omega_\alpha}(\tau_\alpha)| = |\gamma_1^{\omega_\alpha}(\tau_\alpha)| = \cdots = |\gamma_{M-1}^{\omega_\alpha}(\tau_\alpha)| = \gamma_\alpha \tag{7.157}$$

其中

$$\gamma_m^{\omega_\alpha}(\tau_\alpha) = \frac{(\langle s_m(t) s_m^*(t-\tau_\alpha) \mathrm{e}^{-\mathrm{j}\omega_\alpha t} \rangle)^*}{\langle s_m(t) s_m^*(t) \rangle} = \frac{(\langle s_m(t) s_m^*(t-\tau_\alpha) \mathrm{e}^{-\mathrm{j}\omega_\alpha t} \rangle)^*}{\sigma_m^2} \tag{7.158}$$

则令$\boldsymbol{\kappa}^{(1)} = \gamma_\alpha^{-1}$。

(2) 若$\gamma_0^{\omega_\alpha}(\tau_\alpha), \gamma_1^{\omega_\alpha}(\tau_\alpha), \cdots, \gamma_{M-1}^{\omega_\alpha}(\tau_\alpha)$不完全相同，则令$\boldsymbol{\kappa}^{(1)} = 1$。

综合式（7.141）和式（7.147），若$\theta = \theta_n$，可得

$$\bar{\boldsymbol{x}}_{\theta_n}(t) = \bar{\boldsymbol{s}}_{\theta_n}(t) + \bar{\boldsymbol{\iota}}_{\theta_n}(t) + \bar{\boldsymbol{n}}_{\theta_n}(t) \tag{7.159}$$

式中：

$$\bar{\boldsymbol{s}}_{\theta_n}(t) = \begin{bmatrix} \boldsymbol{\iota}_L s_n(t) \\ \boldsymbol{\iota}_L s_n(t-\tau_\alpha) \mathrm{e}^{\mathrm{j}\omega_\alpha t} \end{bmatrix} = \overline{\boldsymbol{\Pi}} \begin{bmatrix} s_n(t) \\ s_n(t-\tau_\alpha) \mathrm{e}^{\mathrm{j}\omega_\alpha t} \end{bmatrix} \tag{7.160}$$

$$\bar{\boldsymbol{\iota}}_{\theta_n}(t) = \begin{bmatrix} \boldsymbol{i}_{\theta_n}(t) \\ \boldsymbol{i}_{\theta_n}(t-\tau_\alpha) \mathrm{e}^{\mathrm{j}\omega_\alpha t} \end{bmatrix} \tag{7.161}$$

$$\bar{\boldsymbol{n}}_{\theta_n}(t) = \begin{bmatrix} \boldsymbol{n}_{\theta_n}(t) \\ \boldsymbol{n}_{\theta_n}(t-\tau_\alpha) \mathrm{e}^{\mathrm{j}\omega_\alpha t} \end{bmatrix} \tag{7.162}$$

根据式（7.159），$\boldsymbol{R}_{\bar{x}_{\theta_n} \bar{x}_{\theta_n},1}$具有下述形式：

$$\boldsymbol{R}_{\bar{x}_{\theta_n} \bar{x}_{\theta_n},1} = \boldsymbol{R}_{\bar{s}_{\theta_n} \bar{s}_{\theta_n}} + \overline{\boldsymbol{P}} \boldsymbol{R}_{\bar{\iota}_{\theta_n} \bar{\iota}_{\theta_n}} + \sigma^2 \overline{\boldsymbol{P}} \boldsymbol{I}_{2L} \tag{7.163}$$

式中：

$$\boldsymbol{R}_{\bar{s}_{\theta_n}\bar{s}_{\theta_n}}=\langle\bar{\boldsymbol{s}}_{\theta_n}(t)\bar{\boldsymbol{s}}_{\theta_n}^{\mathrm{H}}(t)\rangle \tag{7.164}$$

$$\boldsymbol{R}_{\bar{\iota}_{\theta_n}\bar{\iota}_{\theta_n}}=\langle\bar{\boldsymbol{\iota}}_{\theta_n}(t)\bar{\boldsymbol{\iota}}_{\theta_n}^{\mathrm{H}}(t)\rangle \tag{7.165}$$

以 $s_n(t)$ 为基准信号，对 $s_n(t-\tau_\alpha)\mathrm{e}^{\mathrm{j}\omega_\alpha t}$ 进行下述正交表示：

$$s_n(t-\tau_\alpha)\mathrm{e}^{\mathrm{j}\omega_\alpha t}=\gamma_n^{\omega_\alpha}(\tau_\alpha)s_n(t)+s_n^{\dashv}(t) \tag{7.166}$$

其中

$$s_n^{\dashv}(t)=s_n(t-\tau_\alpha)\mathrm{e}^{\mathrm{j}\omega_\alpha t}-\gamma_n^{\omega_\alpha}(\tau_\alpha)s_n(t) \tag{7.167}$$

可以证明：

$$\langle s_n^*(t)s_n^{\dashv}(t)\rangle=\langle s_n^*(t)s_n(t-\tau_\alpha)\mathrm{e}^{\mathrm{j}\omega_\alpha t}\rangle-\gamma_n^{\omega_\alpha}(\tau_\alpha)\langle s_n^*(t)s_n(t)\rangle=0 \tag{7.168}$$

$$\langle|s_n^{\dashv}(t)|^2\rangle=(1-|\gamma_n^{\omega_\alpha}(\tau_\alpha)|^2)\sigma_n^2 \tag{7.169}$$

利用式（7.167）所示定义，$\bar{\boldsymbol{s}}_{\theta_n}(t)$ 可以重新写成

$$\bar{\boldsymbol{s}}_{\theta_n}(t)=\overline{\boldsymbol{\Pi}}\begin{bmatrix}1\\ \gamma_n^{\omega_\alpha}(\tau_\alpha)\end{bmatrix}s_n(t)+\begin{bmatrix}\boldsymbol{o}_L\\ \boldsymbol{\iota}_L\end{bmatrix}s_n^{\dashv}(t) \tag{7.170}$$

所以 $\boldsymbol{H}_{\bar{x}_{\theta_n}\bar{x}_{\theta_n},1}$ 中对应着 $s_n(t)$ 的部分 $\overline{\boldsymbol{H}}_{s_ns_n,1}$ 具有下述形式：

$$\overline{\boldsymbol{H}}_{s_ns_n,1}=\sigma_n^2\begin{bmatrix}\boldsymbol{\iota}_L\boldsymbol{\iota}_L^{\mathrm{H}} & \kappa^{(1)}(\gamma_n^{\omega_\alpha}(\tau_\alpha))^*\boldsymbol{\iota}_L\boldsymbol{\iota}_L^{\mathrm{H}}\\ \kappa^{(1)}\gamma_n^{\omega_\alpha}(\tau_\alpha)\boldsymbol{\iota}_L\boldsymbol{\iota}_L^{\mathrm{H}} & \boldsymbol{\iota}_L\boldsymbol{\iota}_L^{\mathrm{H}}\end{bmatrix} \tag{7.171}$$

由此可以看出式（7.156）中引入权值 $\kappa^{(1)}$ 的作用。

（1）若 $\kappa^{(1)}|\gamma_n^{\omega_\alpha}(\tau_\alpha)|=1$，有

$$r_{\overline{\boldsymbol{H}}_{s_ns_n,1}}=\mathrm{rank}(\overline{\boldsymbol{H}}_{s_ns_n,1})=1 \tag{7.172}$$

$$\overline{\boldsymbol{H}}_{s_ns_n,1}=\sigma_n^2(\overline{\boldsymbol{\Pi}}\bar{\boldsymbol{h}}_n)(\overline{\boldsymbol{\Pi}}\bar{\boldsymbol{h}}_n)^{\mathrm{H}}=\sigma_n^2\bar{\boldsymbol{a}}_n\bar{\boldsymbol{a}}_n^{\mathrm{H}} \tag{7.173}$$

式中：

$$\bar{\boldsymbol{a}}_n=\overline{\boldsymbol{\Pi}}\bar{\boldsymbol{h}}_n \tag{7.174}$$

$$\bar{\boldsymbol{h}}_n=[1,\kappa^{(1)}\gamma_n^{\omega_\alpha}(\tau_\alpha)]^{\mathrm{T}} \tag{7.175}$$

（2）若 $\kappa^{(1)}|\gamma_n^{\omega_\alpha}(\tau_\alpha)|\neq 1$，有

$$r_{\overline{\boldsymbol{H}}_{s_ns_n,1}}=\mathrm{rank}(\overline{\boldsymbol{H}}_{s_ns_n,1})=2 \tag{7.176}$$

$$\overline{\boldsymbol{H}}_{s_ns_n,1}=\sigma_n^2(\bar{\boldsymbol{a}}_n\bar{\boldsymbol{a}}_n^{\mathrm{H}}+\bar{\boldsymbol{b}}_n\bar{\boldsymbol{b}}_n^{\mathrm{H}}) \tag{7.177}$$

其中

$$\bar{\boldsymbol{b}}_n=[\boldsymbol{o}_L^{\mathrm{T}},(1-(\kappa^{(1)})^2|\gamma_n^{\omega_\alpha}(\tau_\alpha)|^2)^{1/2}\boldsymbol{\iota}_L^{\mathrm{T}}]^{\mathrm{T}} \tag{7.178}$$

假设 $\boldsymbol{H}_{\bar{x}_{\theta_n}\bar{x}_{\theta_n}}$ 的主特征值个数为 $M_{\mathrm{eff},\theta_n,1}$，与 7.1.2.3 节中的有关分析类似，$\boldsymbol{H}_{\bar{x}_{\theta_n}\bar{x}_{\theta_n}}$ 可以近似写成

$$\boldsymbol{H}_{\bar{x}_{\theta_n}\bar{x}_{\theta_n}}\approx\overline{\boldsymbol{D}}(\theta_n)\overline{\boldsymbol{\Psi}}\overline{\boldsymbol{D}}^{\mathrm{H}}(\theta_n)+\sigma^2\boldsymbol{I}_{2L} \tag{7.179}$$

式中：$\overline{\boldsymbol{D}}(\theta_n)$ 为列满秩矩阵，可以写成

$$\overline{\boldsymbol{D}}(\theta_n)=[\overline{\boldsymbol{G}}(\theta_n),\overline{\boldsymbol{V}}(\theta_n)] \tag{7.180}$$

若 $r_{\overline{\boldsymbol{H}}_{s_n s_n},1}=2$，则

$$\overline{\boldsymbol{G}}(\theta_n)=[\overline{\boldsymbol{a}}_n,\overline{\boldsymbol{b}}_n] \tag{7.181}$$

若 $r_{\overline{\boldsymbol{H}}_{s_n s_n},1}=1$，则$\overline{\boldsymbol{G}}(\theta_n)=\overline{\boldsymbol{a}}_n$；$\overline{\boldsymbol{\varPsi}}$为 $M_{\mathrm{eff},\theta_n,1}\times M_{\mathrm{eff},\theta_n,1}$ 维满秩块对角矩阵。

由特征子空间理论，可得

$$\overline{\boldsymbol{G}}^{\mathrm{H}}(\theta_n)\overline{\boldsymbol{U}}_{\mathrm{en},1}(\theta_n)\overline{\boldsymbol{U}}_{\mathrm{en},1}^{\mathrm{H}}(\theta_n)\overline{\boldsymbol{G}}(\theta_n)\approx\boldsymbol{O}_{r_{\overline{\boldsymbol{H}}_{s_n s_n},1}},\ n=0,1,\cdots,M-1 \tag{7.182}$$

其中，$\overline{\boldsymbol{U}}_{\mathrm{en},1}(\theta_n)$为 $\boldsymbol{H}_{\bar{x}_{\theta_n}\bar{x}_{\theta_n}}$ 的 $2L-M_{\mathrm{eff},\theta_n,1}$ 个次特征矢量所组成的标准正交矩阵，其列扩张空间称为Ⅰ型导向对齐有效噪声子空间。Ⅰ型导向对齐有效噪声子空间的正交补空间称为Ⅰ型导向对齐有效信号子空间。

（1）若 $r_{\overline{\boldsymbol{H}}_{s_n s_n},1}=2$，可得

$$\overline{\boldsymbol{\varPi}}^{\mathrm{H}}\overline{\boldsymbol{U}}_{\mathrm{en},1}(\theta_n)\overline{\boldsymbol{U}}_{\mathrm{en},1}^{\mathrm{H}}(\theta_n)\overline{\boldsymbol{\varPi}}\approx\boldsymbol{O}_2 \tag{7.183}$$

（2）若 $r_{\overline{\boldsymbol{H}}_{s_n s_n},1}=1$，可得

$$\overline{\boldsymbol{h}}_n^{\mathrm{H}}\overline{\boldsymbol{\varPi}}^{\mathrm{H}}\overline{\boldsymbol{U}}_{\mathrm{en},1}(\theta_n)\overline{\boldsymbol{U}}_{\mathrm{en},1}^{\mathrm{H}}(\theta_n)\overline{\boldsymbol{\varPi}}\overline{\boldsymbol{h}}_n\approx 0 \tag{7.184}$$

又因为$\overline{\boldsymbol{h}}_n^{\mathrm{H}}\overline{\boldsymbol{h}}_n\neq 0$，由此可以推断$\overline{\boldsymbol{\varPi}}^{\mathrm{H}}\overline{\boldsymbol{U}}_{\mathrm{en},1}(\theta_n)\overline{\boldsymbol{U}}_{\mathrm{en},1}^{\mathrm{H}}(\theta_n)\overline{\boldsymbol{\varPi}}$为秩亏矩阵。

据此，可以构造下述Ⅰ型导向对齐正交投影（ST-OP1）空间谱：

$$\mathcal{J}_{\mathrm{ST\text{-}OP1}}(\theta)=|\det{}^{-1}(\overline{\boldsymbol{\varPi}}^{\mathrm{H}}\overline{\boldsymbol{U}}_{\mathrm{en},1}(\theta)\overline{\boldsymbol{U}}_{\mathrm{en},1}^{\mathrm{H}}(\theta)\overline{\boldsymbol{\varPi}})| \tag{7.185}$$

式中：$\overline{\boldsymbol{U}}_{\mathrm{en},1}(\theta)$为 $\boldsymbol{H}_{\bar{x}_\theta\bar{x}_\theta}$ 的 $2L-M_{\mathrm{eff},\theta,1}$ 个次特征矢量所组成的标准正交矩阵，其中 $M_{\mathrm{eff},\theta,1}$ 为 $\boldsymbol{H}_{\bar{x}_\theta\bar{x}_\theta}$ 的主特征值个数。$\overline{\boldsymbol{U}}_{\mathrm{en},1}(\theta)$的列扩张空间称为Ⅰ型导向有效噪声子空间，其正交补空间称为Ⅰ型导向有效信号子空间。

需要指出的是，若 $\boldsymbol{\kappa}^{(1)}=1$，仍可采用上述方法估计信号波达方向，具体步骤相同，不再重复。

若采用式（7.146）所定义的选择矩阵，则

$$\boldsymbol{R}_{\bar{x}_\theta\bar{x}_\theta}=\begin{bmatrix}\boldsymbol{R}_{x_\theta x_\theta}^{0}(0) & \boldsymbol{C}_{x_\theta x_\theta}^{\omega_\beta}(\tau_\beta)\\ (\boldsymbol{C}_{x_\theta x_\theta}^{\omega_\beta}(\tau_\beta))^{\mathrm{H}} & (\boldsymbol{R}_{x_\theta x_\theta}^{0}(0))^{*}\end{bmatrix} \tag{7.186}$$

式中：

$$\boldsymbol{C}_{x_\theta x_\theta}^{\omega}(\tau)=\langle\boldsymbol{x}_\theta(t)\boldsymbol{x}_\theta^{\mathrm{T}}(t-\tau)\mathrm{e}^{-\mathrm{j}\omega t}\rangle \tag{7.187}$$

再注意到

$$\begin{bmatrix}s_n(t)\\ s_n^{*}(t-\tau_\beta)\mathrm{e}^{\mathrm{j}\omega_\beta t}\end{bmatrix}=\begin{bmatrix}1\\ \eta_n^{\omega_\beta}(\tau_\beta)\end{bmatrix}s_n(t)+\begin{bmatrix}0\\ 1\end{bmatrix}s_n^{\vdash}(t) \tag{7.188}$$

式中：

$$\eta_n^{\omega_\beta}(\tau_\beta)=(\langle s_n(t)s_n(t-\tau_\beta)\mathrm{e}^{-\mathrm{j}\omega_\beta t}\rangle)^{*}/\sigma_n^2 \tag{7.189}$$

$$\langle s_n^{*}(t)s_n^{\vdash}(t)\rangle=\langle s_n^{*}(t)s_n^{*}(t-\tau_\beta)\mathrm{e}^{\mathrm{j}\omega_\beta t}\rangle-\eta_n^{\omega_\beta}(\tau_\beta)\langle s_n^{*}(t)s_n(t)\rangle=0 \tag{7.190}$$

$$\langle |s_n^{\vdash}(t)|^2\rangle = (1-|\eta_n^{\omega_\beta}(\tau_\beta)|^2)\sigma_n^2 \tag{7.191}$$

由此仍可以推得类似于 ST-OP1 的信号波达方向估计方法，我们称之为Ⅰ型共轭导向对齐正交投影（CST-OP1）方法。

7.1.3.2　Ⅱ型导向对齐正交投影方法

本节方法基于下述增广矩阵：

$$\boldsymbol{Q}_{\bar{x}_\theta \bar{x}_\theta} = \begin{bmatrix} \boldsymbol{R}_{x_\theta x_\theta}^{\omega_\alpha}(\tau_\alpha) & \boldsymbol{C}_{x_\theta x_\theta}^{\omega_\beta}(\tau_\beta) \\ (\boldsymbol{C}_{x_\theta x_\theta}^{\omega_\beta}(\tau_\beta))^* & (\boldsymbol{R}_{x_\theta x_\theta}^{\omega_\alpha}(\tau_\alpha))^* \end{bmatrix} \tag{7.192}$$

进一步将其分解为

$$\boldsymbol{Q}_{\bar{x}_\theta \bar{x}_\theta} = \boldsymbol{Q}_{\bar{x}_\theta \bar{x}_\theta,1} + \boldsymbol{Q}_{\bar{x}_\theta \bar{x}_\theta,2} \tag{7.193}$$

式中：

$$\boldsymbol{Q}_{\bar{x}_\theta \bar{x}_\theta,1} = \overline{\boldsymbol{P}}\boldsymbol{Q}_{\bar{x}_\theta \bar{x}_\theta} \tag{7.194}$$

$$\boldsymbol{Q}_{\bar{x}_\theta \bar{x}_\theta,2} = (\boldsymbol{I}_{2L} - \overline{\boldsymbol{P}})\boldsymbol{Q}_{\bar{x}_\theta \bar{x}_\theta} \tag{7.195}$$

再构造下述矩阵：

$$\boldsymbol{F}_{\bar{x}_\theta \bar{x}_\theta} = \boldsymbol{F}_{\bar{x}_\theta \bar{x}_\theta,1} + \boldsymbol{Q}_{\bar{x}_\theta \bar{x}_\theta,2} \tag{7.196}$$

其中，$\boldsymbol{F}_{\bar{x}_\theta \bar{x}_\theta,1}$ 为 $\boldsymbol{Q}_{\bar{x}_\theta \bar{x}_\theta,1}$ 的权调整，

$$\boldsymbol{F}_{\bar{x}_\theta \bar{x}_\theta,1} = \begin{bmatrix} \boldsymbol{Q}_{\bar{x}_\theta \bar{x}_\theta,1}^{(11)} & \kappa^{(2)}\boldsymbol{Q}_{\bar{x}_\theta \bar{x}_\theta,1}^{(12)} \\ \kappa^{(2)}\boldsymbol{Q}_{\bar{x}_\theta \bar{x}_\theta,1}^{(21)} & \boldsymbol{Q}_{\bar{x}_\theta \bar{x}_\theta,1}^{(22)} \end{bmatrix} \tag{7.197}$$

其中，$\boldsymbol{Q}_{\bar{x}_\theta \bar{x}_\theta,1}^{(11)}$、$\boldsymbol{Q}_{\bar{x}_\theta \bar{x}_\theta,1}^{(12)}$、$\boldsymbol{Q}_{\bar{x}_\theta \bar{x}_\theta,1}^{(21)}$ 和 $\boldsymbol{Q}_{\bar{x}_\theta \bar{x}_\theta,1}^{(22)}$ 为 $\boldsymbol{Q}_{\bar{x}_\theta \bar{x}_\theta,1}$ 的 $L\times L$ 维子矩阵，$\kappa^{(2)}$ 为非零实数。

若下述条件成立：

$$\frac{|\gamma_0^{\omega_\alpha}(\tau_\alpha)|}{|\eta_0^{\omega_\beta}(\tau_\beta)|} = \frac{|\gamma_1^{\omega_\alpha}(\tau_\alpha)|}{|\eta_1^{\omega_\beta}(\tau_\beta)|} = \cdots = \frac{|\gamma_{M-1}^{\omega_\alpha}(\tau_\alpha)|}{|\eta_{M-1}^{\omega_\beta}(\tau_\beta)|} = \frac{\gamma_\alpha}{\eta_\beta} \tag{7.198}$$

则令 $\kappa^{(2)} = \gamma_\alpha/\eta_\beta$；其他情况令 $\kappa^{(2)} = 1$。

当 $\theta=\theta_n$ 时，可以推得

$$\boldsymbol{F}_{\bar{x}_{\theta_n} \bar{x}_{\theta_n}} = \overline{\boldsymbol{\Pi}}\underbrace{\left(\sigma_n^2\begin{bmatrix} (\gamma_n^{\omega_\alpha}(\tau_\alpha))^* & \kappa^{(2)}(\eta_n^{\omega_\beta}(\tau_\beta))^* \\ \kappa^{(2)}\eta_n^{\omega_\beta}(\tau_\beta) & \gamma_n^{\omega_\alpha}(\tau_\alpha) \end{bmatrix}\right)}_{\stackrel{\text{def}}{=}\overline{\boldsymbol{\Lambda}}_n}\overline{\boldsymbol{\Pi}}^{\mathrm{H}} + \overline{\boldsymbol{F}}_{\text{sti}}(\theta_n) \tag{7.199}$$

其中，$\overline{\boldsymbol{F}}_{\text{sti}}(\theta_n) = \boldsymbol{F}_{\bar{x}_{\theta_n} \bar{x}_{\theta_n}} - \overline{\boldsymbol{\Pi}}\overline{\boldsymbol{\Lambda}}_n\overline{\boldsymbol{\Pi}}^{\mathrm{H}}$。

记 $r_{\overline{\boldsymbol{\Lambda}}_n} = \text{rank}(\overline{\boldsymbol{\Lambda}}_n)$，并假设 $\boldsymbol{F}_{\bar{x}_{\theta_n} \bar{x}_{\theta_n}}$ 的主奇异值个数为 $M_{\text{eff},\theta_n,2}$：

（1）若 $|\gamma_n^{\omega_\alpha}(\tau_\alpha)| \neq \kappa^{(2)}|\eta_n^{\omega_\beta}(\tau_\beta)|$，则 $r_{\overline{\boldsymbol{\Lambda}}_n}=2$，与 7.2.3 节的分析类似，此时 $\boldsymbol{F}_{\bar{x}_{\theta_n} \bar{x}_{\theta_n}}$ 可以近似写成

$$\boldsymbol{F}_{\bar{x}_{\theta_n} \bar{x}_{\theta_n}} \approx [\overline{\boldsymbol{\Pi}}, \overline{\boldsymbol{L}}(\theta_n)]\overline{\boldsymbol{\Sigma}}[\overline{\boldsymbol{\Pi}}, \overline{\boldsymbol{\Gamma}}(\theta_n)]^{\mathrm{H}} \tag{7.200}$$

式中：$\overline{\boldsymbol{L}}(\theta_n)$和$\overline{\boldsymbol{\Gamma}}(\theta_n)$均为$2L\times(M_{\mathrm{eff},\theta_n,2}-2)$维标准正交矩阵，并且$[\overline{\boldsymbol{\Pi}},\overline{\boldsymbol{L}}(\theta_n)]$和$[\overline{\boldsymbol{\Pi}},\overline{\boldsymbol{\Gamma}}(\theta_n)]$均为列满秩矩阵；$\overline{\boldsymbol{\Sigma}}$为$M_{\mathrm{eff},\theta_n,2}\times M_{\mathrm{eff},\theta_n,2}$维满秩块对角矩阵。

由特征子空间理论，可得

$$\overline{\boldsymbol{\Pi}}^{\mathrm{H}}\overline{\boldsymbol{U}}_{\mathrm{en},2}(\theta_n)\overline{\boldsymbol{U}}_{\mathrm{en},2}^{\mathrm{H}}(\theta_n)\overline{\boldsymbol{\Pi}}\approx\boldsymbol{O}_2 \tag{7.201}$$

式中：$\overline{\boldsymbol{U}}_{\mathrm{en},2}(\theta_n)$为$2L\times(2L-M_{\mathrm{eff},\theta_n,2})$维标准正交矩阵，其列矢量为$\boldsymbol{F}_{\bar{x}_{\theta_n}\bar{x}_{\theta_n}}$的$2L-M_{\mathrm{eff},\theta_n,2}$个较小奇异值所对应的左奇异矢量。此处，我们称$\overline{\boldsymbol{U}}_{\mathrm{en},2}(\theta_n)$的列扩张空间为Ⅱ型导向对齐有效噪声子空间，而称其正交补空间为Ⅱ型导向对齐有效信号子空间。

(2) 若$|\gamma_n^{\omega_\alpha}(\tau_\alpha)|=\kappa^{(2)}|\eta_n^{\omega_\beta}(\tau_\beta)|$，则$r_{\overline{\boldsymbol{\Lambda}}_n}=1$，此时有

$$\overline{\boldsymbol{\Lambda}}_n=\overline{\boldsymbol{p}}_n\overline{\boldsymbol{q}}_n^{\mathrm{H}} \tag{7.202}$$

其中，$\overline{\boldsymbol{p}}_n$和$\overline{\boldsymbol{q}}_n$为2×1 维矢量。

由此可得

$$\overline{\boldsymbol{p}}_n^{\mathrm{H}}\overline{\boldsymbol{\Pi}}^{\mathrm{H}}\overline{\boldsymbol{U}}_{\mathrm{en},2}(\theta_n)\overline{\boldsymbol{U}}_{\mathrm{en},2}^{\mathrm{H}}(\theta_n)\overline{\boldsymbol{\Pi}}\overline{\boldsymbol{p}}_n\approx0 \tag{7.203}$$

又因为$\overline{\boldsymbol{p}}_n^{\mathrm{H}}\overline{\boldsymbol{p}}_n\neq0$，由此可以推断$\overline{\boldsymbol{\Pi}}^{\mathrm{H}}\overline{\boldsymbol{U}}_{\mathrm{en},2}(\theta_n)\overline{\boldsymbol{U}}_{\mathrm{en},2}^{\mathrm{H}}(\theta_n)\overline{\boldsymbol{\Pi}}$为秩亏矩阵。

据此，可以构造如下Ⅱ型导向对齐正交投影（ST-OP2）空间谱：

$$\mathcal{J}_{\mathrm{ST\text{-}OP2}}(\theta)=\left|\det{}^{-1}(\overline{\boldsymbol{\Pi}}^{\mathrm{H}}\overline{\boldsymbol{U}}_{\mathrm{en},2}(\theta)\overline{\boldsymbol{U}}_{\mathrm{en},2}^{\mathrm{H}}(\theta)\overline{\boldsymbol{\Pi}})\right| \tag{7.204}$$

式中：$\overline{\boldsymbol{U}}_{\mathrm{en},2}(\theta)$为$2L\times(2L-M_{\mathrm{eff},\theta,2})$维标准正交矩阵，其列矢量为$\boldsymbol{F}_{\bar{x}_\theta\bar{x}_\theta}$的$2L-M_{\mathrm{eff},\theta,2}$个较小奇异值所对应的左奇异矢量，其中$M_{\mathrm{eff},\theta,2}$为$\boldsymbol{F}_{\bar{x}_\theta\bar{x}_\theta}$较大奇异值的个数；$\overline{\boldsymbol{U}}_{\mathrm{en},2}(\theta)$的列扩张空间称为Ⅱ型导向有效噪声子空间，其正交补空间称为Ⅱ型导向有效信号子空间。

若$\kappa^{(2)}=1$，仍然可以采用上述方法估计信号波达方向，具体步骤相同，不再重复。

(1) 实际中，$M_{\mathrm{eff},\theta,1}$和$M_{\mathrm{eff},\theta,2}$可能比较难以确定，可以联合下述无须导向有效子空间分离的导向对齐最小方差（STMV[125]）波束扫描空间谱进行信号波达方向估计：

$$\mathcal{J}_{\mathrm{STMV}}(\theta)=(\boldsymbol{\iota}_L^{\mathrm{H}}\boldsymbol{R}_{x_\theta x_\theta}^{-1}\boldsymbol{\iota}_L)^{-1} \tag{7.205}$$

其中

$$\boldsymbol{R}_{x_\theta x_\theta}=\boldsymbol{R}_{x_\theta x_\theta}^0(0)=\langle\boldsymbol{x}_\theta(t)\boldsymbol{x}_\theta^{\mathrm{H}}(t)\rangle \tag{7.206}$$

与7.1.2.3节中关于信号二阶基带非圆性利用的讨论类似，根据式（7.159）和式（7.160），导向对齐波束扫描空间谱也可以构造为

$$\mathcal{J}_{\mathrm{ST\text{-}MP1\sim}}(\theta)=\left|\mathrm{tr}((\overline{\boldsymbol{\Pi}}^{\mathrm{H}}\boldsymbol{R}_{\bar{x}_\theta\bar{x}_\theta}^{-1}\overline{\boldsymbol{\Pi}})^{-1})\right| \tag{7.207}$$

根据式（7.170），导向对齐波束扫描空间谱还可以构造为

$$\mathcal{J}_{\mathrm{ST\text{-}MP2\sim}}(\theta)=\mu_{\min}^{-1}(\overline{\boldsymbol{\Pi}}^{\mathrm{H}}\boldsymbol{R}_{\bar{x}_\theta\bar{x}_\theta}^{-1}\overline{\boldsymbol{\Pi}}) \tag{7.208}$$

（2）实际中，$\boldsymbol{R}_{\boldsymbol{x}_\theta \boldsymbol{x}_\theta}^{\omega}(\tau)$ 和 $\boldsymbol{C}_{\boldsymbol{x}_\theta \boldsymbol{x}_\theta}^{\omega}(\tau)$ 可以估计为

$$\hat{\boldsymbol{R}}_{\boldsymbol{x}_\theta \boldsymbol{x}_\theta}^{\omega}(\tau) = \frac{1}{K}\sum_{k=0}^{K-1}\boldsymbol{x}_\theta(t_k)\boldsymbol{x}_\theta^{\mathrm{H}}(t_k-\tau)\mathrm{e}^{-\mathrm{j}\omega t_k} \tag{7.209}$$

$$\hat{\boldsymbol{C}}_{\boldsymbol{x}_\theta \boldsymbol{x}_\theta}^{\omega}(\tau) = \frac{1}{K}\sum_{k=0}^{K-1}\boldsymbol{x}_\theta(t_k)\boldsymbol{x}_\theta^{\mathrm{T}}(t_k-\tau)\mathrm{e}^{-\mathrm{j}\omega t_k} \tag{7.210}$$

其中，$\boldsymbol{x}_\theta(t_k-\tau)$ 可通过式（7.134）实现。顺便指出，式（7.134）也可用于7.1.2节正交表示方法中信号相关系数离散值的估计。

下面看几个仿真例子，例中阵列为矢量天线等距线阵，其中 $L=6$；矢量天线间距为半个信号中心波长，$f_0=\dfrac{\omega_0}{2\pi}=400\mathrm{MHz}$。

对于ST-OP1，$f_\alpha=\dfrac{\omega_\alpha}{2\pi}=80\mathrm{MHz}$，$\tau_\alpha=0$，$\kappa^{(1)}=1.5$；对于CST-OP1，$f_\beta=\dfrac{\omega_\beta}{2\pi}=800\mathrm{MHz}$，$\tau_\beta=0$，$\kappa^{(1)}=1$；对于ST-OP2，$f_\alpha=f_\beta=80\mathrm{MHz}$，$\tau_\alpha=\tau_\beta=0$，$\kappa^{(2)}=1$。

（1）比较导向对齐正交投影方法ST-OP1、CST-OP1和ST-OP2与现有平均循环多重信号分类（ACM[126]）方法、广义循环多重信号分类（GCM[127]）方法、分数差阵（FrDCA[128]）循环平稳方法等的信号波达方向估计性能，考虑两个独立的等功率信号。

图7.14（a）所示为各种方法信号分辨概率随信号角度间隔变化的曲线，其中 $\theta_0=2°$，信噪比为0dB，快拍数为800，$M_{\mathrm{eff},\theta,1}=M_{\mathrm{eff},\theta,2}=3$；图7.14（b）所示为各种方法信号分辨概率随快拍数变化的曲线，其中 $\theta_0=2°$，$\theta_1=12°$，信噪比为0dB，$M_{\mathrm{eff},\theta,1}=M_{\mathrm{eff},\theta,2}=3$；图7.14（c）所示为各种方法信号分辨概率随信噪比变化的曲线，其中 $\theta_0=2°$，$\theta_1=12°$，快拍数为800，$M_{\mathrm{eff},\theta,1}=M_{\mathrm{eff},\theta,2}=3$。

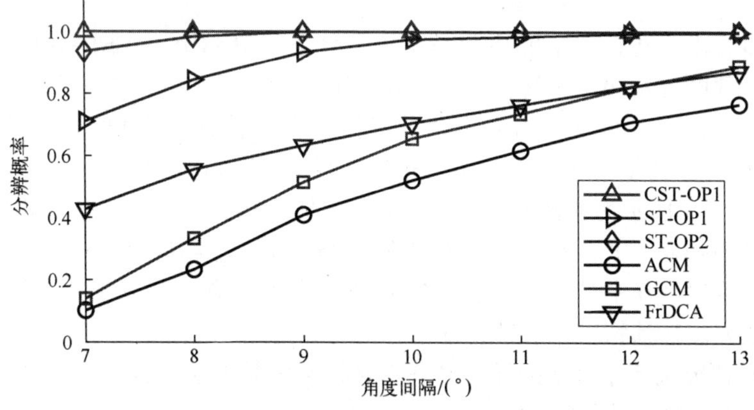

(a) 信号分辨概率随信号角度间隔变化的曲线

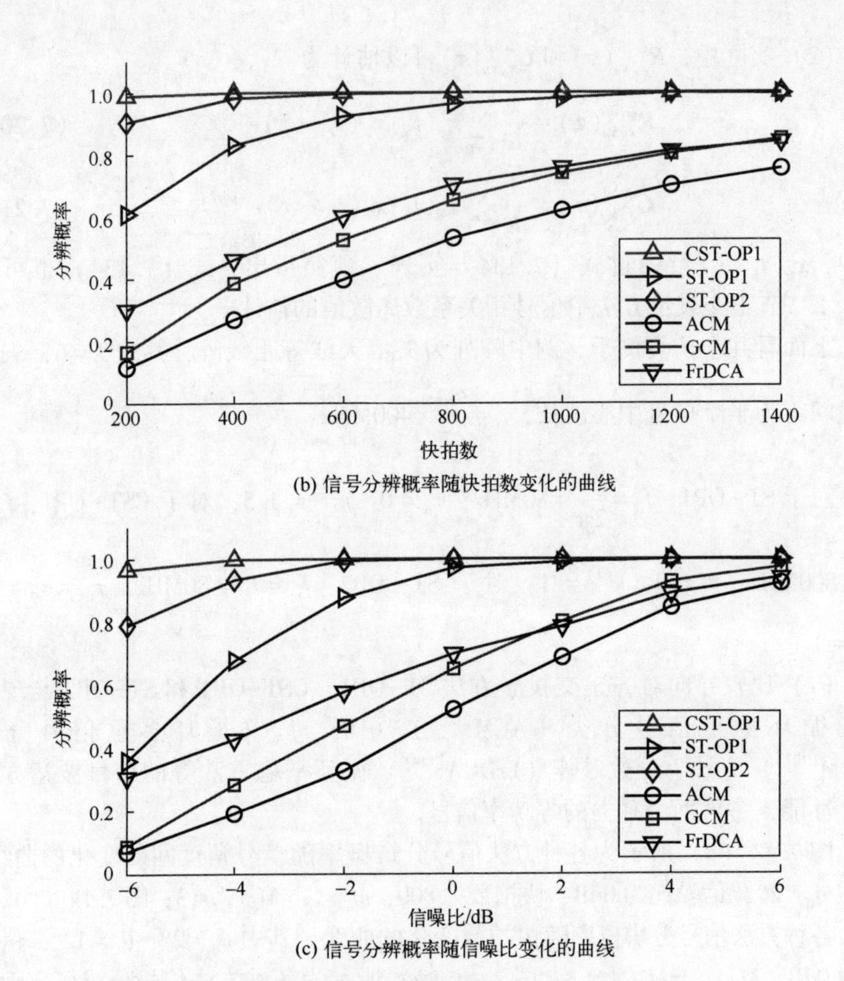

(b) 信号分辨概率随快拍数变化的曲线

(c) 信号分辨概率随信噪比变化的曲线

图 7.14 导向对齐正交投影方法与现有一些方法信号分辨能力的比较结果

可以看出，在较低信噪比和小快拍条件下，ST-OP1、CST-OP1 和 ST-OP2 与其他的方法相比，具有更强的信号分辨能力。

图 7.15（a）所示为各种方法信号波达方向估计均方根误差随快拍数变化的曲线，其中 $\theta_0=-10°$，$\theta_1=30°$，信噪比为 0dB，$M_{\text{eff},\theta,1}=M_{\text{eff},\theta,2}=3$；图 7.15（b）所示为各种方法信号波达方向估计均方根误差随信噪比变化的曲线，其中 $\theta_0=-10°$，$\theta_1=30°$，快拍数为 800，$M_{\text{eff},\theta,1}=M_{\text{eff},\theta,2}=3$。

可以看出，在上述条件下，导向对齐正交投影方法与其他的方法相比，信号波达方向估计精度有明显提高。

（2）研究欠定条件下的导向对齐正交投影信号波达方向估计，考虑 7 个统计独立的等功率信号。

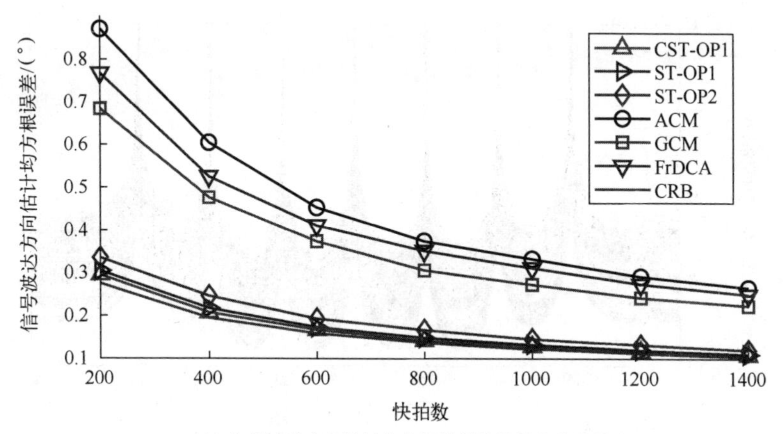

(a) 信号波达方向估计均方根误差随快拍数变化的曲线

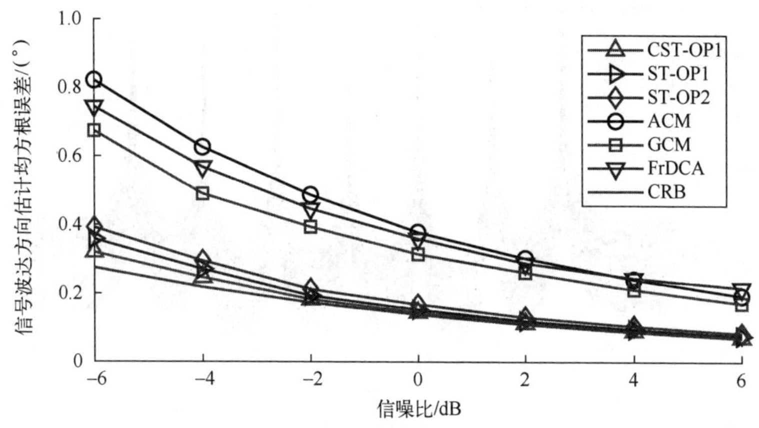

(b) 信号波达方向估计均方根误差随信噪比变化的曲线

图 7.15　导向对齐正交投影方法与现有一些方法信号波达方向估计精度的比较结果图

图 7.16 所示为欠定条件下的 CST-OP1 和 ST-OP2 空间谱，其中信号波达方向分别为-60°、-40°、-20°、0°、20°、40°、60°，信噪比为 6dB，快拍数为 1600，$M_{\mathrm{eff},\theta,1}=M_{\mathrm{eff},\theta,2}=3$。

由图中所示结果可以看出，CST-OP1 和 ST-OP2 均能够成功分辨 7 个信号。

（3）研究导向对齐正交投影信号波达方向估计方法的干扰抑制能力：图 7.17 所示为 2 个信号加 2 个干扰条件下的 ST-OP2 空间谱，其中 2 个信号的符号率为 4.8MHz，波达方向分别为-10°和 20°，信噪比为 30dB；2 个干扰的符号率为 1.6MHz，波达方向分别为-20°和 10°，干噪比为 10dB；快拍数为 1280，$M_{\mathrm{eff},\theta,2}=2$。

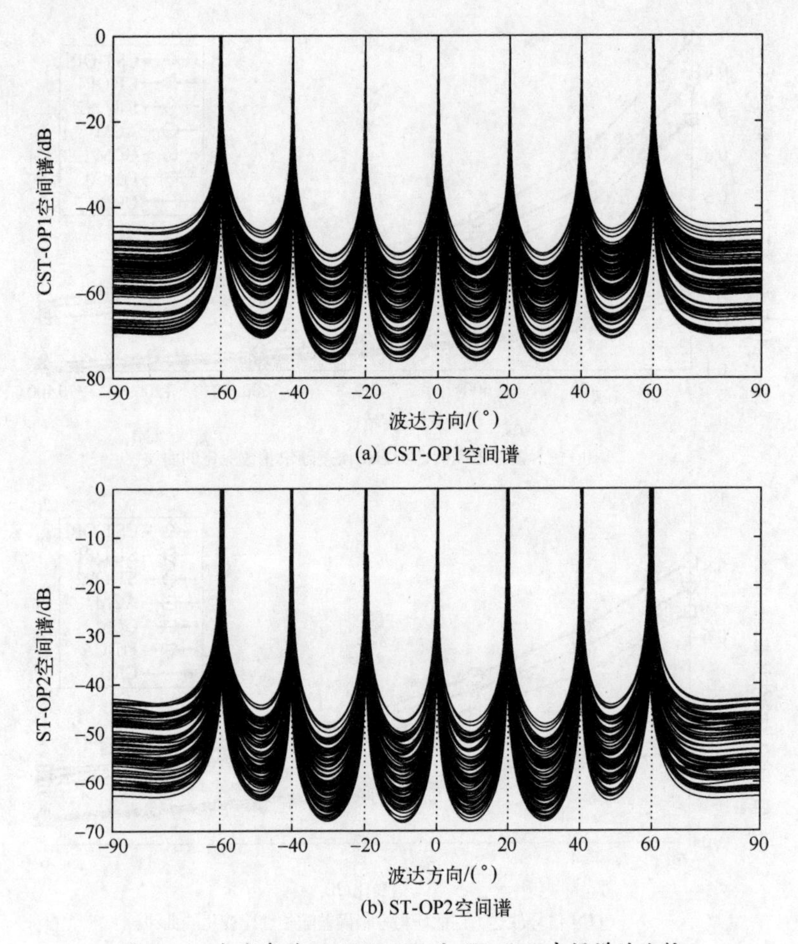

(a) CST-OP1空间谱

(b) ST-OP2空间谱

图 7.16　欠定条件下 CST-OP1 和 ST-OP2 空间谱的比较

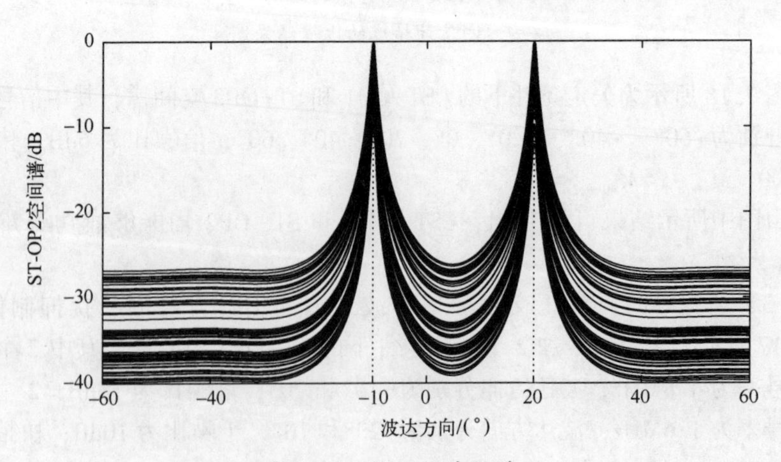

图 7.17　ST-OP2 空间谱

由图中所示结果可以看出，ST-OP2 可以成功辨识 2 个信号，而不受干扰的影响。

7.1.3.3　导向对齐旋转不变方法

本节所讨论的导向对齐旋转不变方法，可以基于式（7.155）所定义的 $\boldsymbol{H}_{\bar{x}_\theta \bar{x}_\theta}$，也可基于式（7.196）所定义的 $\boldsymbol{F}_{\bar{x}_\theta \bar{x}_\theta}$，分别称为Ⅰ型方法和Ⅱ型方法。

首先记 $M_{\mathrm{eff},\theta}$ 为 $\boldsymbol{H}_{\bar{x}_\theta \bar{x}_\theta}$ 或 $\boldsymbol{F}_{\bar{x}_\theta \bar{x}_\theta}$ 的主奇异值个数，也即 $M_{\mathrm{eff},\theta}=M_{\mathrm{eff},\theta,1}$ 或 $M_{\mathrm{eff},\theta}=M_{\mathrm{eff},\theta,2}$，同时记 $\overline{\boldsymbol{U}}_{\mathrm{es}}(\theta)$ 为由 $\boldsymbol{H}_{\bar{x}_\theta \bar{x}_\theta}$ 或 $\boldsymbol{F}_{\bar{x}_\theta \bar{x}_\theta}$ 的主左奇异矢量所组成的标准正交矩阵。

再定义

$$\overline{\boldsymbol{U}}_{\mathrm{es},1}(\theta)=\overline{\boldsymbol{J}}_1\overline{\boldsymbol{U}}_{\mathrm{es}}(\theta) \tag{7.211}$$

$$\overline{\boldsymbol{U}}_{\mathrm{es},2}(\theta)=\overline{\boldsymbol{J}}_2\overline{\boldsymbol{U}}_{\mathrm{es}}(\theta) \tag{7.212}$$

以及

$$\overline{\boldsymbol{H}}_{\mathrm{es}}(\theta)=\overline{\boldsymbol{U}}_{\mathrm{es},1}^{\mathrm{H}}(\theta)(\overline{\boldsymbol{U}}_{\mathrm{es},2}(\theta)-\overline{\boldsymbol{U}}_{\mathrm{es},1}(\theta)) \tag{7.213}$$

式中：

$$\overline{\boldsymbol{J}}_1=\begin{bmatrix}\boldsymbol{I}_{L-1} & \boldsymbol{o}_{L-1} & \boldsymbol{O}_{L-1} & \boldsymbol{o}_{L-1}\\ \boldsymbol{O}_{L-1} & \boldsymbol{o}_{L-1} & \boldsymbol{I}_{L-1} & \boldsymbol{o}_{L-1}\end{bmatrix} \tag{7.214}$$

$$\overline{\boldsymbol{J}}_2=\begin{bmatrix}\boldsymbol{o}_{L-1} & \boldsymbol{I}_{L-1} & \boldsymbol{o}_{L-1} & \boldsymbol{O}_{L-1}\\ \boldsymbol{o}_{L-1} & \boldsymbol{O}_{L-1} & \boldsymbol{o}_{L-1} & \boldsymbol{I}_{L-1}\end{bmatrix} \tag{7.215}$$

为两个 $(2L-2)\times 2L$ 维行选择矩阵，其中 $\boldsymbol{o}_n$ 表示 $n\times 1$ 维零矢量，$\boldsymbol{O}_n$ 表示 $n\times n$ 维零矩阵。

根据特征子空间理论，有

$$\overline{\boldsymbol{U}}_{\mathrm{es}}(\theta_n)=\overline{\boldsymbol{A}}(\theta_n)\overline{\boldsymbol{M}}(\theta_n) \tag{7.216}$$

式中：$\overline{\boldsymbol{M}}(\theta_n)$ 为 $M_{\mathrm{eff},\theta_n}\times M_{\mathrm{eff},\theta_n}$ 维满秩矩阵；$\overline{\boldsymbol{A}}(\theta_n)$ 为 $2L\times M_{\mathrm{eff},\theta_n}$ 维列满秩矩阵，定义为 $\overline{\boldsymbol{A}}(\theta_n)=\overline{\boldsymbol{D}}(\theta_n)=[\overline{\boldsymbol{G}}(\theta_n),\overline{\boldsymbol{V}}(\theta_n)]$ 或 $\overline{\boldsymbol{A}}(\theta_n)=[\overline{\boldsymbol{\Pi}},\overline{\boldsymbol{L}}(\theta_n)]$。

进而有

$$\overline{\boldsymbol{U}}_{\mathrm{es},1}(\theta_n)=\overline{\boldsymbol{J}}_1\overline{\boldsymbol{U}}_{\mathrm{es}}(\theta_n)=\overline{\boldsymbol{J}}_1\overline{\boldsymbol{A}}(\theta_n)\overline{\boldsymbol{M}}(\theta_n)=\overline{\boldsymbol{A}}_1(\theta_n)\overline{\boldsymbol{M}}(\theta_n) \tag{7.217}$$

$$\overline{\boldsymbol{U}}_{\mathrm{es},2}(\theta_n)=\overline{\boldsymbol{J}}_2\overline{\boldsymbol{U}}_{\mathrm{es}}(\theta_n)=\overline{\boldsymbol{J}}_2\overline{\boldsymbol{A}}(\theta_n)\overline{\boldsymbol{M}}(\theta_n)=\overline{\boldsymbol{A}}_2(\theta_n)\overline{\boldsymbol{M}}(\theta_n) \tag{7.218}$$

式中：

$$\overline{\boldsymbol{A}}_1(\theta_n)=\overline{\boldsymbol{J}}_1\overline{\boldsymbol{A}}(\theta_n) \tag{7.219}$$

$$\overline{\boldsymbol{A}}_2(\theta_n)=\overline{\boldsymbol{J}}_2\overline{\boldsymbol{A}}(\theta_n) \tag{7.220}$$

进一步定义

$$\overline{\boldsymbol{B}}(\theta_n)=\overline{\boldsymbol{A}}_1^{\mathrm{H}}(\theta_n)(\overline{\boldsymbol{A}}_2(\theta_n)-\overline{\boldsymbol{A}}_1(\theta_n)) \tag{7.221}$$

注意到

$$\overline{\boldsymbol{J}}_1\overline{\boldsymbol{G}}(\theta_n)=\begin{bmatrix}\boldsymbol{\iota}_{L-1}\\ \boldsymbol{\kappa}^{(1)}\gamma_n^{\omega_\alpha}(\boldsymbol{\tau}_\alpha)\boldsymbol{\iota}_{L-1}\end{bmatrix}=\overline{\boldsymbol{J}}_2\overline{\boldsymbol{G}}(\theta_n) \tag{7.222}$$

或者

$$\overline{\boldsymbol{J}}_1\overline{\boldsymbol{G}}(\theta_n)=\begin{bmatrix}\boldsymbol{\iota}_{L-1} & \boldsymbol{o}_{L-1}\\ \boldsymbol{\kappa}^{(1)}\gamma_n^{\omega_\alpha}(\boldsymbol{\tau}_\alpha)\boldsymbol{\iota}_{L-1} & \sqrt{1-(\boldsymbol{\kappa}^{(1)})^2|\gamma_n^{\omega_\alpha}(\boldsymbol{\tau}_\alpha)|^2}\boldsymbol{\iota}_{L-1}\end{bmatrix}=\overline{\boldsymbol{J}}_2\overline{\boldsymbol{G}}(\theta_n) \tag{7.223}$$

以及

$$\overline{\boldsymbol{J}}_1\overline{\boldsymbol{\Pi}}=\begin{bmatrix}\boldsymbol{\iota}_{L-1} & \\ & \boldsymbol{\iota}_{L-1}\end{bmatrix}=\overline{\boldsymbol{J}}_2\overline{\boldsymbol{\Pi}} \tag{7.224}$$

因此$\overline{\boldsymbol{B}}(\theta_n)$存在一列或两列为零矢量，也即$\overline{\boldsymbol{U}}_{\text{es}}(\theta_n)$的列扩张空间存在广义的旋转不变性，于是

$$\det(\overline{\boldsymbol{B}}(\theta_n))=0 \tag{7.225}$$

再注意到

$$\overline{\boldsymbol{H}}_{\text{es}}(\theta_n)\approx\overline{\boldsymbol{M}}^{\text{H}}(\theta_n)\overline{\boldsymbol{B}}(\theta_n)\overline{\boldsymbol{M}}(\theta_n) \tag{7.226}$$

而矩阵行列式有下述性质：

$$\det(\boldsymbol{AB})=\det(\boldsymbol{A})\cdot\det(\boldsymbol{B}) \tag{7.227}$$

$$\det(\boldsymbol{A}^{\text{H}})=(\det(\boldsymbol{A}))^* \tag{7.228}$$

其中，$\boldsymbol{A}$ 和 $\boldsymbol{B}$ 为任意方阵。

所以

$$\det(\overline{\boldsymbol{H}}_{\text{es}}(\theta_n))\approx|\det(\overline{\boldsymbol{M}}(\theta_n))|^2\det(\overline{\boldsymbol{B}}(\theta_n))=0 \tag{7.229}$$

由此，我们可以构造下述导向对齐旋转不变（ST-RI）空间谱：

$$\mathcal{J}_{\text{ST-RI}}(\theta)=|\det(\overline{\boldsymbol{U}}_{\text{es},1}^{\text{H}}(\theta)(\overline{\boldsymbol{U}}_{\text{es},2}(\theta)-\overline{\boldsymbol{U}}_{\text{es},1}(\theta)))|^{-1} \tag{7.230}$$

式（7.230）所示的导向对齐旋转不变宽带信号波达方向估计方法是窄带旋转不变信号参数估计技术（ESPRIT[32]）的宽带推广与发展。

下面看几个仿真例子，例中主要考虑Ⅰ型方法，阵列为矢量天线互质线阵，$L=6$，矢量天线关于半个信号中心波长的归一化位置矢量分别为$[0,0,0]^{\text{T}}$、$[0,0,2]^{\text{T}}$、$[0,0,3]^{\text{T}}$、$[0,0,4]^{\text{T}}$、$[0,0,6]^{\text{T}}$和$[0,0,9]^{\text{T}}$，信号中心频率为24MHz，相对带宽为40%，采样频率为48MHz；考虑两个互不相关的等功率信号。

（1）首先研究有效秩参数 $M_{\text{eff},\theta}$的选择对ST-RI性能的影响：图7.18所示为ST-RI在不同$M_{\text{eff},\theta}$条件下的空间谱，其中$\theta_0=-10°$，$\theta_1=10°$，快拍数为640，信噪比为6dB。

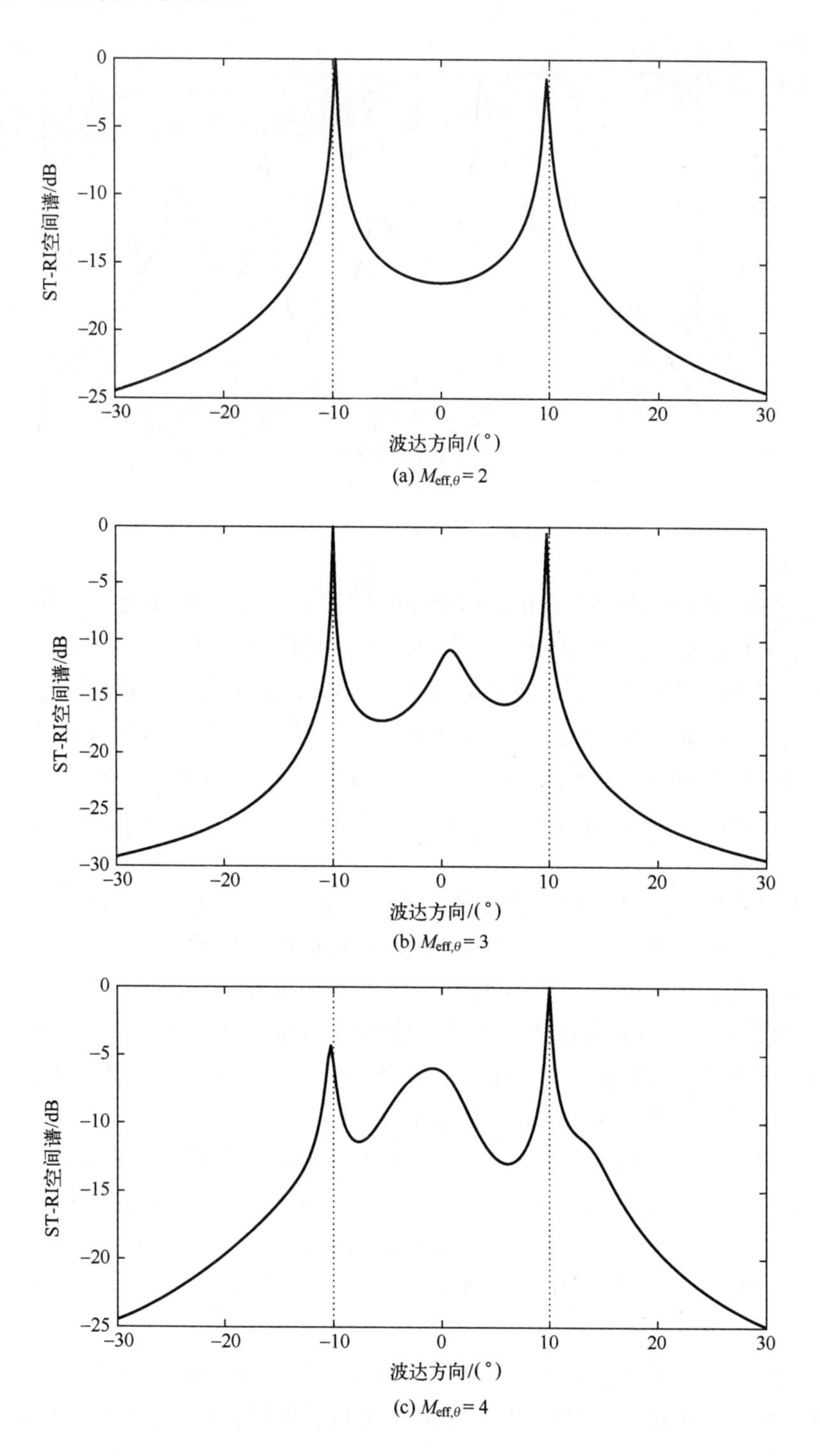
ST-RI空间谱/dB
波达方向/(°)
(a) $M_{\text{eff},\theta}=2$
ST-RI空间谱/dB
波达方向/(°)
(b) $M_{\text{eff},\theta}=3$
ST-RI空间谱/dB
波达方向/(°)
(c) $M_{\text{eff},\theta}=4$

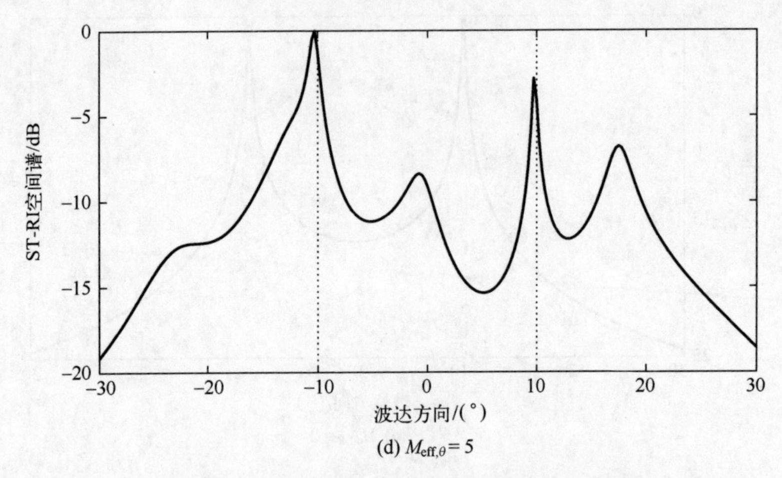

(d) $M_{\mathrm{eff},\theta}=5$

图 7.18 不同 $M_{\mathrm{eff},\theta}$ 条件下的 ST-RI 空间谱比较

由图中所示结果可以看出，ST-RI 空间谱受 $M_{\mathrm{eff},\theta}$ 的影响较大，对于某些大于 $M=2$ 的 $M_{\mathrm{eff},\theta}$，ST-RI 的信号波达方向估计精度可能会稍有提高，但是空间谱一般会出现伪峰，所以需要结合 $M_{\mathrm{eff},\theta}=M=2$ 条件下的结果剔除伪峰。

图 7.19（a）所示为信号分辨概率随 $M_{\mathrm{eff},\theta}$ 变化的曲线，其中 $\theta_0=4°$，$\theta_1=10°$，快拍数为 640，信噪比为 0dB；图 7.19（b）所示为信号波达方向估计均方根误差随 $M_{\mathrm{eff},\theta}$ 变化的曲线，其中 $\theta_0=-10°$，$\theta_1=45°$，快拍数为 640，信噪比为 0dB。

可以看出，ST-RI 的性能受 $M_{\mathrm{eff},\theta}$ 的影响较大，当 $M_{\mathrm{eff},\theta}=2$ 时，信号分辨概率最高，而当 $M_{\mathrm{eff},\theta}=3$ 时，信号波达方向估计均方根误差最小。

（2）比较 ST-RI 方法与现有相干信号子空间方法（CSM）、投影子空间正交性检验（TOPS）方法、宽带最小绝对收缩与选择算子（W-LASSO[129]）方法、宽带稀疏谱拟合（W-SpSF[130]）方法、导向对齐有效投影（STEP）方法等的信号分辨能力和波达方向估计精度。

图 7.20（a）所示为各种方法信号分辨概率随信号角度间隔变化的曲线，其中 $\theta_0=10°$，信噪比为 0dB，快拍数为 256，$M_{\mathrm{eff},\theta}=2$；图 7.20（b）所示为各种方法信号分辨概率随快拍数变化的曲线，其中 $\theta_0=10°$，$\theta_1=15°$，信噪比为 0dB，$M_{\mathrm{eff},\theta}=2$；图 7.20（c）所示为各种方法信号分辨概率随信噪比变化的曲线，其中 $\theta_0=10°$，$\theta_1=15°$，快拍数为 256，$M_{\mathrm{eff},\theta}=2$。

可以看出，在上述条件下，相比于现有方法，ST-RI 方法的信号分辨性能更强，其中相对于 STEP 的性能提升主要归因于对齐信号子空间严格旋转不变特性的应用。

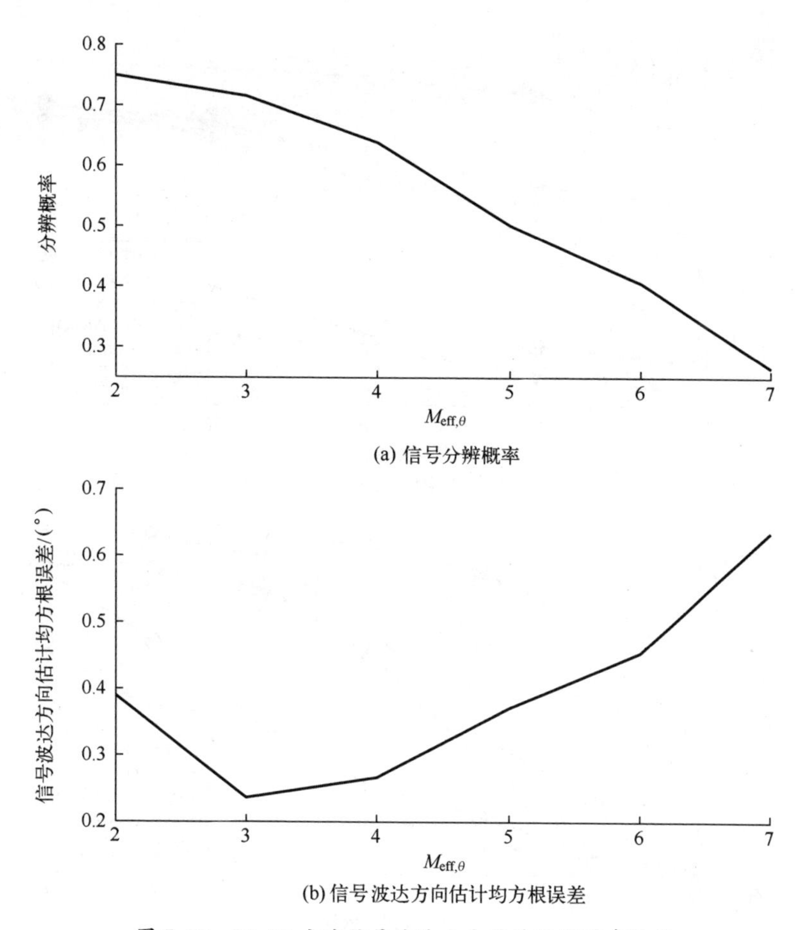

(a) 信号分辨概率

(b) 信号波达方向估计均方根误差

图 7.19　ST-RI 方法信号波达方向估计性能随有效秩参数 $M_{\mathrm{eff},\theta}$ 变化的曲线图

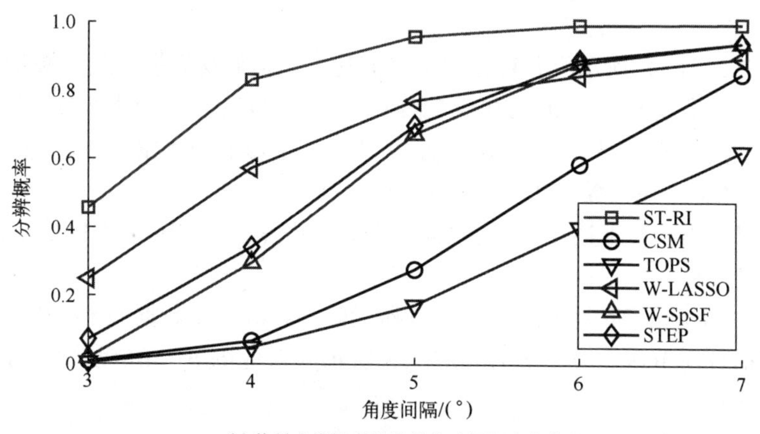

(a) 信号分辨概率随信号角度间隔变化的曲线

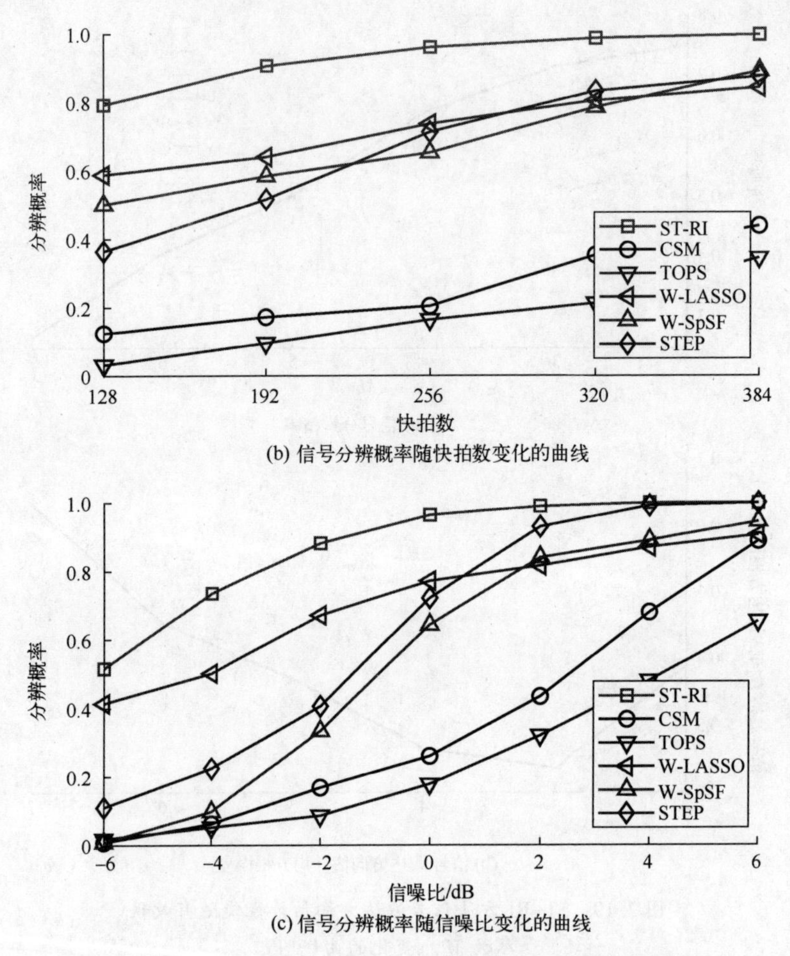

(b) 信号分辨概率随快拍数变化的曲线

(c) 信号分辨概率随信噪比变化的曲线

图 7.20 ST-RI 方法与现有一些方法信号分辨能力的比较

图 7.21（a）所示为各种方法信号波达方向估计均方根误差随快拍数变化的曲线，其中 $\theta_0=10°$，$\theta_1=20°$，信噪比为 0dB，$M_{\mathrm{eff},\theta}=2$；图 7.21（b）所示为各种方法信号波达方向估计均方根误差随信噪比变化的曲线，其中 $\theta_0=10°$，$\theta_1=20°$，快拍数为 256，$M_{\mathrm{eff},\theta}=2$。

可以看出，在上述条件下，相比于现有方法，ST-RI 方法的信号波达方向估计精度也有一定优势。

（3）图 7.22 所示为基于图 7.10 所示阵列系统实测数据的 ST-RI 空间谱，其中快拍数为 1000，$M_{\mathrm{eff},\theta}=5$；图 7.23 所示为对应的 ST-RI 动态空间谱，其中 $M_{\mathrm{eff},\theta}=1$。

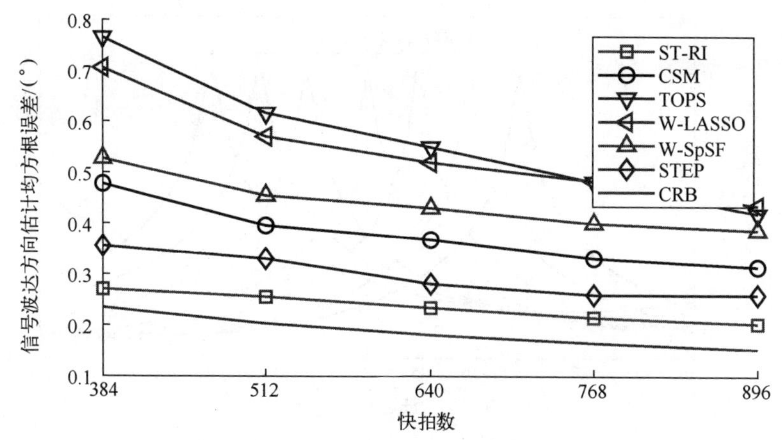

(a) 信号波达方向估计均方根误差随快拍数变化的曲线

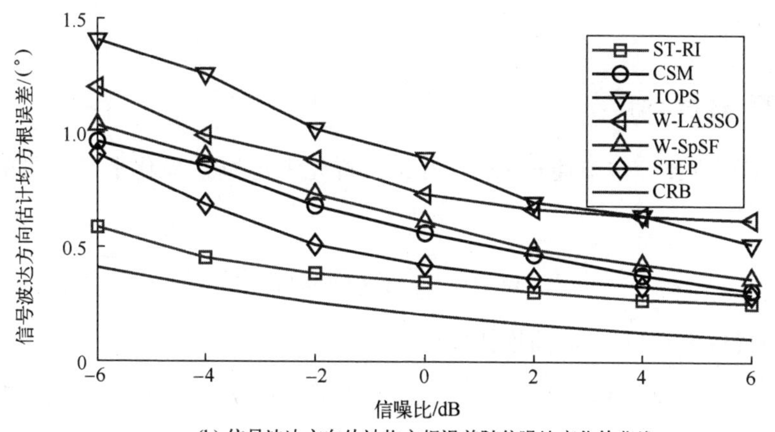

(b) 信号波达方向估计均方根误差随信噪比变化的曲线

图 7.21　ST-RI 方法与现有一些方法信号波达方向估计精度的比较

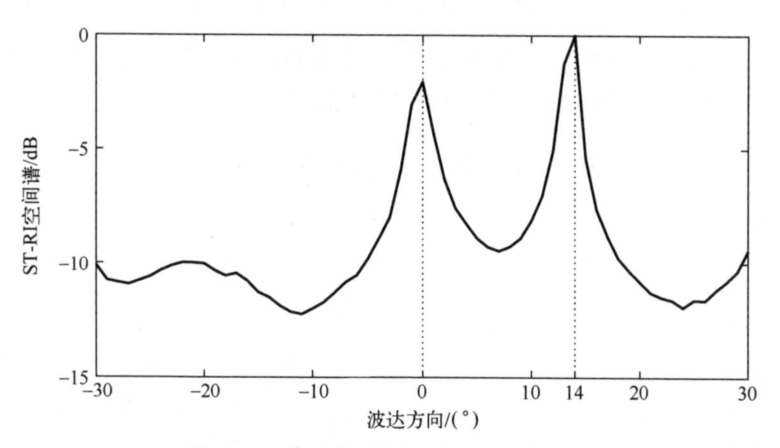

图 7.22　基于实测数据的 ST-RI 空间谱

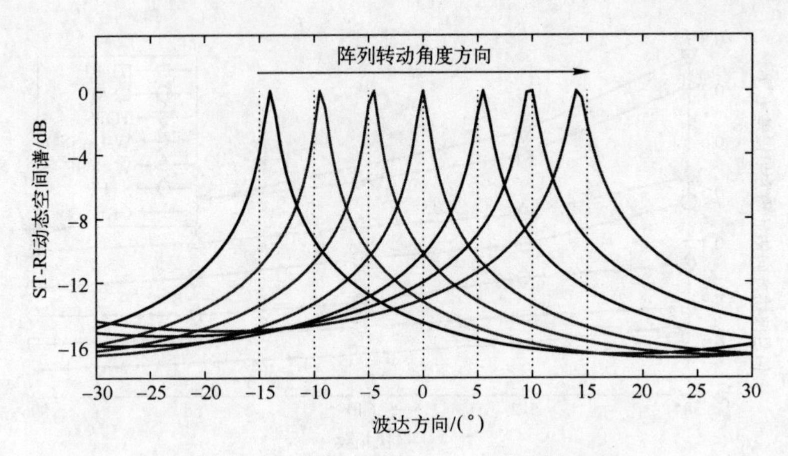

图 7.23 基于实测数据的 ST-RI 动态空间谱

7.1.4 核展开方法

为书写方便，本节简记 $\rho(\tau)$ 为 ρ_τ。首先考虑宽带极化平滑矢量的时滞堆栈：

$$\underline{\boldsymbol{x}}(t)=\sum_{m=0}^{M-1}\underline{\boldsymbol{s}}_m(t)+\underline{\boldsymbol{n}}(t) \tag{7.231}$$

式中：$\underline{\boldsymbol{s}}_m(t)$ 为 $\boldsymbol{s}_m(t)$ 的时滞堆栈矢量，

$$\underline{\boldsymbol{s}}_m(t)=[\boldsymbol{s}_m^{\mathrm{T}}(t),\boldsymbol{s}_m^{\mathrm{T}}(t-\Delta t),\cdots,\boldsymbol{s}_m^{\mathrm{T}}(t-(Q-1)\Delta t)]^{\mathrm{T}} \tag{7.232}$$

其中，Q 为整数，$Q-1$ 为时滞数，Δt 为时滞值；

$$\boldsymbol{s}_m(t)=[s_m(t+\tau_{0,\theta_m}),s_m(t+\tau_{1,\theta_m}),\cdots,s_m(t+\tau_{L-1,\theta_m})]^{\mathrm{T}} \tag{7.233}$$

此处 τ_{l,θ_m} 仍表示第 m 个入射信号波从第 l 个矢量阵元到参考阵元的传播时延。

宽带极化平滑时滞堆栈矢量的协方差矩阵为

$$\boldsymbol{R}_{\underline{x}\underline{x}}=\langle\underline{\boldsymbol{x}}(t)\underline{\boldsymbol{x}}^{\mathrm{H}}(t)\rangle=\sum_{m=0}^{M-1}\boldsymbol{R}_{\underline{s}_m\underline{s}_m}+\sigma^2\boldsymbol{I}_{LQ} \tag{7.234}$$

式中：$\boldsymbol{R}_{\underline{s}_m\underline{s}_m}=\langle\underline{\boldsymbol{s}}_m(t)\underline{\boldsymbol{s}}_m^{\mathrm{H}}(t)\rangle$ 为 $\underline{\boldsymbol{s}}_m(t)$ 的协方差矩阵，

$$\boldsymbol{R}_{\underline{s}_m\underline{s}_m}=\sigma_m^2\underbrace{\begin{bmatrix}\boldsymbol{R}_{\theta_m,11} & \cdots & \boldsymbol{R}_{\theta_m,1Q}\\ \vdots & \ddots & \vdots\\ \boldsymbol{R}_{\theta_m,Q1} & \cdots & \boldsymbol{R}_{\theta_m,QQ}\end{bmatrix}}_{\overset{\mathrm{def}}{=}\boldsymbol{R}_{\theta_m}} \tag{7.235}$$

其中

$$\boldsymbol{R}_{\theta_m,pq}=\begin{bmatrix}\rho_{-(p-q)\Delta t} & \cdots & \rho_{-\tau_{L-1,\theta_m}-(p-q)\Delta t}\\ \vdots & \ddots & \vdots\\ \rho_{\tau_{L-1,\theta_m}-(p-q)\Delta t} & \cdots & \rho_{-(p-q)\Delta t}\end{bmatrix} \tag{7.236}$$

核展开方法的主要思想是将 $\boldsymbol{R}_\theta$ 写成 $\sum_n \beta_n \boldsymbol{K}_n(\theta)$ 的形式，再对 $\boldsymbol{K}_n(\theta)$ 进行低秩逼近，其中

$$\boldsymbol{R}_{\theta,pq}=\begin{bmatrix}\rho_{-(p-q)\Delta t} & \cdots & \rho_{-\tau_{L-1,\theta}-(p-q)\Delta t}\\ \vdots & \ddots & \vdots\\ \rho_{\tau_{L-1,\theta}-(p-q)\Delta t} & \cdots & \rho_{-(p-q)\Delta t}\end{bmatrix} \tag{7.237}$$

$\beta_n \neq 0$，而 $\boldsymbol{K}_n(\theta)$ 称为核矩阵，它仅与信号波达方向有关，而与信号相关系数和功率谱密度无关。

核矩阵并不是唯一的，下面讨论三种构造方法。

7.1.4.1　内插矩阵方法

考虑下述信号相关系数的内插重构：

$$\rho_\tau = \sum_{n=-\infty}^{\infty} \rho_{\tau_n} \mathrm{Sae1}(\tau - \tau_n) \tag{7.238}$$

式中：$\tau_n = n\Delta\tau$，其中 n 为整数，$\Delta\tau < 2\pi/\mathrm{BW}$，BW 为信号带宽；$\rho_{\tau_0}=\rho_0=1$；

$$\mathrm{Sae1}(\tau)=\left(\frac{\sin\left(\dfrac{\pi\tau}{\Delta\tau}\right)}{\left(\dfrac{\pi\tau}{\Delta\tau}\right)}\right)\mathrm{e}^{\mathrm{j}\omega_0\tau}=\mathrm{Sa}\left(\frac{\pi\tau}{\Delta\tau}\right)\mathrm{e}^{\mathrm{j}\omega_0\tau} \tag{7.239}$$

为书写方便，将 $\mathrm{Sae1}(\tau)$ 简记为 $\mathrm{Sae1}_\tau$。

顺便指出，在 7.1.2 节中讨论关于正交表示方法中信号相关系数的估计问题时，所提及的内插公式即是此处的式（7.238）。

根据式（7.238），有

$$\boldsymbol{R}_\theta = \sum_{n=-\infty}^{\infty} \rho_{\tau_n} \underbrace{\begin{bmatrix}\boldsymbol{H}_{n,11}(\theta) & \cdots & \boldsymbol{H}_{n,1Q}(\theta)\\ \vdots & \ddots & \vdots\\ \boldsymbol{H}_{n,Q1}(\theta) & \cdots & \boldsymbol{H}_{n,QQ}(\theta)\end{bmatrix}}_{\stackrel{\mathrm{def}}{=}\boldsymbol{H}_n(\theta)} \approx \sum_{n=-N}^{N} \rho_{\tau_n} \boldsymbol{H}_n(\theta) \tag{7.240}$$

式中：整数 N 为单边内插点数；

$$\boldsymbol{H}_{n,pq}(\theta)=\begin{bmatrix}\mathrm{Sae1}_{-(p-q)\Delta t-\tau_n} & \cdots & \mathrm{Sae1}_{-\tau_{L-1,\theta}-(p-q)\Delta t-\tau_n}\\ \vdots & \ddots & \vdots\\ \mathrm{Sae1}_{\tau_{L-1,\theta}-(p-q)\Delta t-\tau_n} & \cdots & \mathrm{Sae1}_{-(p-q)\Delta t-\tau_n}\end{bmatrix} \tag{7.241}$$

我们将核矩阵 $\boldsymbol{H}_n(\theta)$ 称为内插矩阵，它仅与信号的波达方向有关，而与其相关系数和功率无关。另外，

$$\boldsymbol{H}_n(\theta)=\boldsymbol{H}_{-n}^{\mathrm{H}}(\theta) \tag{7.242}$$

关于 $\boldsymbol{R}_\theta$ 的内插，有两种特殊情形需要说明一下。

（1）信号满足窄带假设，此时有 $\rho_\tau\approx \mathrm{e}^{\mathrm{j}\omega_0\tau}$，所以没有必要再考虑对 ρ_τ 进行内插近似。由于 $\rho_\tau\approx \mathrm{e}^{\mathrm{j}\omega_0\tau}$，可以推得 $\boldsymbol{R}_\theta\approx\underline{\boldsymbol{a}}_{\omega_0,\theta}\underline{\boldsymbol{a}}_{\omega_0,\theta}^{\mathrm{H}}$，其中

$$\underline{\boldsymbol{a}}_{\omega_0,\theta}=[1,\mathrm{e}^{\mathrm{j}\omega_0\Delta t},\cdots,\mathrm{e}^{\mathrm{j}\omega_0(Q-1)\Delta t}]^{\mathrm{H}}\otimes[1,\mathrm{e}^{\mathrm{j}\omega_0\tau_{1,\theta}},\cdots,\mathrm{e}^{\mathrm{j}\omega_0\tau_{L-1,\theta}}]^{\mathrm{T}} \tag{7.243}$$

由于所有待处理信号的中心频率均假设为 ω_0，有时为了书写方便，会略去流形矢量符号下标中的 ω_0，换言之，如果符号下标中不包含 ω_0，则默认对应频点为信号中心频率 ω_0，也即 $\underline{\boldsymbol{a}}_\theta=\underline{\boldsymbol{a}}_{\omega_0,\theta}$。

特别地，当 $Q=1$ 时，关于 $\underline{\boldsymbol{a}}_{\omega_0,\theta}$ 的下述记法等同：

$$\underline{\boldsymbol{a}}_\theta=\boldsymbol{a}_{\omega_0,\theta}=\boldsymbol{a}_\theta=\boldsymbol{a}_{\omega_0}(\theta)=\boldsymbol{a}(\theta) \tag{7.244}$$

如果仍采用式（7.238）所示的内插公式，应考虑非常大的 $\Delta\tau$，使得 $\tau_{l,\theta}/\Delta\tau\to 0$，也即 $\mathrm{Sa}(\tau_{l,\theta})\approx\mathrm{Sa}(0)$，如图 7.24 所示，这样

$$\mathrm{Sae1}_{\tau_{l,\theta}}\approx\mathrm{Sa}(0)\,\mathrm{e}^{\mathrm{j}\omega_0\tau_{l,\theta}}=\mathrm{e}^{\mathrm{j}\omega_0\tau_{l,\theta}} \tag{7.245}$$

所以 $N=0$ 即可，此时 $\boldsymbol{R}_\theta\approx\boldsymbol{H}_0(\theta)$。

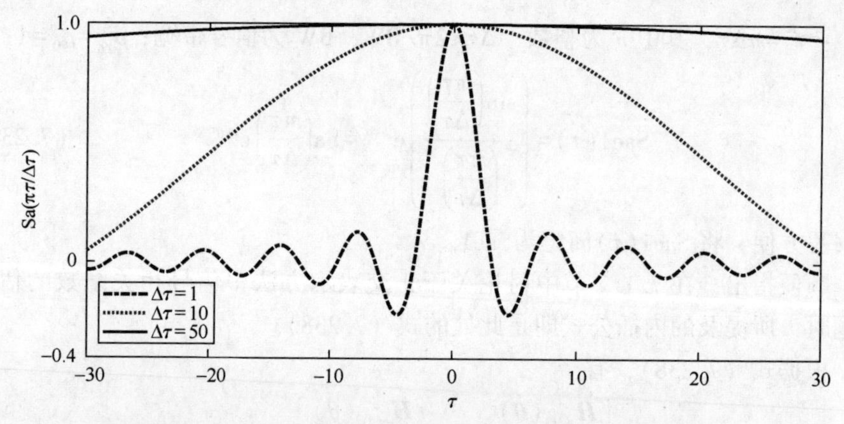

图 7.24　不同 $\Delta\tau$ 条件下，函数 $\mathrm{Sa}(\pi\tau/\Delta\tau)$ 随 τ 变化的曲线

（2）信号具有平坦功率谱 $\varrho_m(\omega_0)$，此时有

$$\rho_\tau=\frac{\dfrac{1}{2\pi}\displaystyle\int_{\omega_0-\mathrm{BW}/2}^{\omega_0+\mathrm{BW}/2}\varrho_m(\omega_0)\,\mathrm{e}^{\mathrm{j}\omega\tau}\mathrm{d}\omega}{\dfrac{1}{2\pi}\displaystyle\int_{\omega_0-\mathrm{BW}/2}^{\omega_0+\mathrm{BW}/2}\varrho_m(\omega_0)\,\mathrm{d}\omega}=\frac{\displaystyle\int_{\omega_0-\mathrm{BW}/2}^{\omega_0+\mathrm{BW}/2}\mathrm{e}^{\mathrm{j}\omega\tau}\mathrm{d}\omega}{\mathrm{BW}}=\mathrm{Sa}\left(\frac{\mathrm{BW}}{2}\tau\right)\mathrm{e}^{\mathrm{j}\omega_0\tau} \tag{7.246}$$

所以也没有必要进行内插近似。

如果仍采用式（7.238）所示的内插公式，则可令 $\Delta\tau=2\pi/\mathrm{BW}$，也即 $\tau_n=$

$2\pi n/\mathrm{BW}$，此时 $\rho_{\tau_n}=\delta(n)$，于是

$$\boldsymbol{R}_\theta=\boldsymbol{H}_0(\theta)=\boldsymbol{R}_\theta^{\mathrm{H}}=\boldsymbol{H}_0^{\mathrm{H}}(\theta) \tag{7.247}$$

由此特殊情形也可以看出，$\boldsymbol{H}_0(\theta)$为厄尔米特矩阵。

宽带条件下，若 $Q>1$，则 $\boldsymbol{H}_n(\theta)$的秩一般大于 1。此时可通过奇异值分解，对 $\boldsymbol{H}_n(\theta)$进行如下低秩近似：

$$\boldsymbol{H}_0(\theta)\approx\sum_{i=1}^{r_{0,\theta}}\mu_{0,\theta,i}\boldsymbol{u}_{0,\theta,i}\boldsymbol{u}_{0,\theta,i}^{\mathrm{H}}=\boldsymbol{U}_{0,\theta}\boldsymbol{D}_{0,\theta}\boldsymbol{U}_{0,\theta}^{\mathrm{H}} \tag{7.248}$$

$$\boldsymbol{H}_n(\theta)\approx\sum_{i=1}^{r_{n,\theta}}\mu_{n,\theta,i}\boldsymbol{u}_{n,\theta,i}\boldsymbol{v}_{n,\theta,i}^{\mathrm{H}}=\boldsymbol{U}_{n,\theta}\boldsymbol{D}_{n,\theta}\boldsymbol{V}_{n,\theta}^{\mathrm{H}}=\boldsymbol{H}_{-n}^{\mathrm{H}}(\theta),\ n\neq 0 \tag{7.249}$$

其中，$r_{n,\theta}$为 $\boldsymbol{H}_n(\theta)$主奇异值的个数，$\mu_{n,\theta,i}=\mu_{n,\theta,i}^*>0$；

$$\boldsymbol{U}_{0,\theta}=[\boldsymbol{u}_{0,\theta,1},\boldsymbol{u}_{0,\theta,2},\cdots,\boldsymbol{u}_{0,\theta,r_{0,\theta}}] \tag{7.250}$$

$$\boldsymbol{D}_{0,\theta}=\mathrm{diag}(\mu_{0,\theta,1},\mu_{0,\theta,2},\cdots,\mu_{0,\theta,r_{0,\theta}}) \tag{7.251}$$

$$\boldsymbol{U}_{n,\theta}=[\boldsymbol{u}_{n,\theta,1},\boldsymbol{u}_{n,\theta,2},\cdots,\boldsymbol{u}_{n,\theta,r_{n,\theta}}] \tag{7.252}$$

$$\boldsymbol{V}_{n,\theta}=[\boldsymbol{v}_{n,\theta,1},\boldsymbol{v}_{n,\theta,2},\cdots,\boldsymbol{v}_{n,\theta,r_{n,\theta}}] \tag{7.253}$$

$$\boldsymbol{D}_{n,\theta}=\mathrm{diag}(\mu_{n,\theta,1},\mu_{n,\theta,2},\cdots,\mu_{n,\theta,r_{n,\theta}}) \tag{7.254}$$

再注意到 $\rho_{\tau_{-n}}=\rho_{\tau_n}^*$，所以

$$\boldsymbol{R}_\theta\approx\underline{\boldsymbol{A}}_\theta\underline{\boldsymbol{\Theta}}_\theta\underline{\boldsymbol{A}}_\theta^{\mathrm{H}} \tag{7.255}$$

式中：

$$\underline{\boldsymbol{A}}_\theta=\underbrace{[\boldsymbol{V}_{N,\theta},\cdots,\boldsymbol{V}_{1,\theta},\boldsymbol{U}_{0,\theta},\boldsymbol{U}_{1,\theta},\cdots,\boldsymbol{U}_{N,\theta}]}_{\overset{\mathrm{def}}{=}[\underline{\boldsymbol{a}}_{\theta,1},\underline{\boldsymbol{a}}_{\theta,2},\cdots,\underline{\boldsymbol{a}}_{\theta,r_\theta}]} \tag{7.256}$$

其中，$r_\theta=r_{0,\theta}+2\sum_{n=1}^{N}r_{n,\theta}$；$\underline{\boldsymbol{\Theta}}_\theta$为满秩厄尔米特矩阵，

$$\underline{\boldsymbol{\Theta}}_\theta=\mathrm{blkdiag}(\boldsymbol{D}_{N,\theta,-},\boldsymbol{D}_{0,\theta},\boldsymbol{D}_{N,\theta,+})\boldsymbol{N}_{LQ,\theta}=\underline{\boldsymbol{\Theta}}_\theta^{\mathrm{H}} \tag{7.257}$$

其中

$$\boldsymbol{D}_{N,\theta,-}=\mathrm{blkdiag}(\rho_{\tau_{-N}}\boldsymbol{D}_{N,\theta},\cdots,\rho_{\tau_{-2}}\boldsymbol{D}_{2,\theta},\rho_{\tau_{-1}}\boldsymbol{D}_{1,\theta}) \tag{7.258}$$

$$\boldsymbol{D}_{N,\theta,+}=\mathrm{blkdiag}(\rho_{\tau_1}\boldsymbol{D}_{1,\theta},\rho_{\tau_2}\boldsymbol{D}_{2,\theta},\cdots,\rho_{\tau_N}\boldsymbol{D}_{N,\theta}) \tag{7.259}$$

$$\boldsymbol{N}_{LQ,\theta}=\begin{bmatrix} & & & & \boldsymbol{I}_{r_{N,\theta}}\\ & & & \boldsymbol{I}_{r_{N-1,\theta}} & \\ & & \iddots & & \\ & \boldsymbol{I}_{r_{N-1,\theta}} & & & \\ \boldsymbol{I}_{r_{N,\theta}} & & & & \end{bmatrix} \tag{7.260}$$

根据上述讨论，$\boldsymbol{R}_{\underline{xx}}$可以写成下述形式：

$$\boldsymbol{R}_{\underline{xx}}\approx\sum_{m=0}^{M-1}\sigma_m^2\underline{\boldsymbol{A}}_{\theta_m}\underline{\boldsymbol{\Theta}}_{\theta_m}\underline{\boldsymbol{A}}_{\theta_m}^{\mathrm{H}}+\sigma^2\boldsymbol{I}_{LQ} \tag{7.261}$$

式中：

$$\underline{\boldsymbol{A}}_{\theta_m}=\underbrace{[\boldsymbol{V}_{N,\theta_m},\cdots,\boldsymbol{V}_{1,\theta_m},\boldsymbol{U}_{0,\theta_m},\boldsymbol{U}_{1,\theta_m},\cdots,\boldsymbol{U}_{N,\theta_m}]}_{\stackrel{\text{def}}{=}[\underline{\boldsymbol{a}}_{\theta_m,1},\underline{\boldsymbol{a}}_{\theta_m,2},\cdots,\underline{\boldsymbol{a}}_{\theta_m,r_{\theta_m}}]} \tag{7.262}$$

其中，$r_{\theta_m}=r_{0,\theta_m}+2\sum_{n=1}^{N}r_{n,\theta_m}$，$\underline{\boldsymbol{\Theta}}_{\theta_m}$为满秩厄尔米特矩阵，

$$\underline{\boldsymbol{\Theta}}_{\theta_m}=\text{blkdiag}(\boldsymbol{D}_{N,\theta_m,-},\boldsymbol{D}_{0,\theta_m},\boldsymbol{D}_{N,\theta_m,+})\boldsymbol{N}_{LQ,\theta_m}=\underline{\boldsymbol{\Theta}}_{\theta_m}^{\text{H}} \tag{7.263}$$

其中

$$\boldsymbol{D}_{N,\theta_m,-}=\text{blkdiag}(\rho_{\tau_{-N}}\boldsymbol{D}_{N,\theta_m},\cdots,\rho_{\tau_{-2}}\boldsymbol{D}_{2,\theta_m},\rho_{\tau_{-1}}\boldsymbol{D}_{1,\theta_m}) \tag{7.264}$$

$$\boldsymbol{D}_{N,\theta_m,+}=\text{blkdiag}(\rho_{\tau_1}\boldsymbol{D}_{1,\theta_m},\rho_{\tau_2}\boldsymbol{D}_{2,\theta_m},\cdots,\rho_{\tau_N}\boldsymbol{D}_{N,\theta_m}) \tag{7.265}$$

$$\boldsymbol{N}_{LQ,\theta_m}=\begin{bmatrix} & & & & \boldsymbol{I}_{r_{N,\theta_m}}\\ & & & \boldsymbol{I}_{r_{N-1,\theta_m}} & \\ & & \iddots & & \\ & \boldsymbol{I}_{r_{N-1,\theta_m}} & & & \\ \boldsymbol{I}_{r_{N,\theta_m}} & & & & \end{bmatrix} \tag{7.266}$$

这里所讨论的低秩逼近处理方法，等价于将宽带信号近似成一个多秩信号，其中$\underline{\boldsymbol{a}}_{\theta_m,i}$可视为第 m 个信号的第 i 个主秩成分所对应的流形矢量，它仅与阵列几何结构及待估计的信号波达方向 θ_m 有关，而与信号功率和相关系数均无关。这一特点与常规窄带信号流形矢量相同，所以在实际测向系统中可以离线计算及建库。

不过，需要指出的是，$\underline{\boldsymbol{a}}_{\theta_m,i}$本身与内插点 τ_n 有关，内插误差与信号功率谱密度有一定关系。实际中可考虑离线建立多个采用不同内插点的主秩分量流形矢量库（不妨称之为主秩阵列流形），在进行信号波达方向估计时，根据信号功率谱密度的预估计结果选择合适的流形。

（1）波束扫描方法。

假设第 m 个信号的波达方向为期望方向，同时抑制其他方向上的信号以及噪声；采用 r_{θ_m} 个波束形成器进行滤波：

$$\underline{\boldsymbol{W}}_{\theta_m}=[\underline{\boldsymbol{w}}_{\theta_m,1},\underline{\boldsymbol{w}}_{\theta_m,2},\cdots,\underline{\boldsymbol{w}}_{\theta_m,r_{\theta_m}}] \tag{7.267}$$

其中，$\underline{\boldsymbol{W}}_{\theta_m}$为 $LQ\times r_{\theta_m}$ 维权矩阵，采用下面的设计准则：

$$\min_{\underline{\boldsymbol{W}}}\text{tr}(\underline{\boldsymbol{W}}^{\text{H}}\boldsymbol{R}_{\underline{\boldsymbol{x}}\underline{\boldsymbol{x}}}\underline{\boldsymbol{W}})\ \text{s.t.}\ \underline{\boldsymbol{W}}^{\text{H}}\underline{\boldsymbol{A}}_{\theta_m}=\underline{\boldsymbol{C}}_{\theta_m}^{\text{H}} \tag{7.268}$$

式中：$\underline{\boldsymbol{C}}_{\theta_m}$为 $r_{\theta_m}\times r_{\theta_m}$ 维约束矩阵。

图 7.25 所示为该多秩波束形成器的结构示意图。

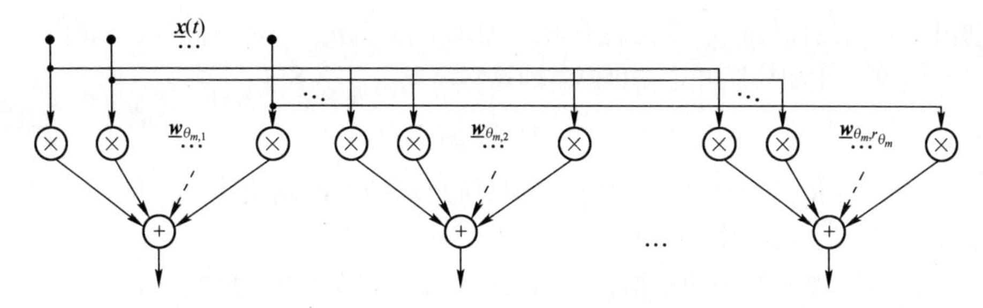

图 7.25　多秩波束形成器结构示意图

通过拉格朗日乘子方法，可得权矩阵的解为

$$\underline{W}_{\theta_m}=\underline{R}_{\underline{x}\underline{x}}^{-1}\underline{A}_{\theta_m}(\underline{A}_{\theta_m}^{\mathrm{H}}\underline{R}_{\underline{x}\underline{x}}^{-1}\underline{A}_{\theta_m})^{-1}\underline{C}_{\theta_m} \tag{7.269}$$

基于上述多秩波束形成原理，基于内插矩阵低秩逼近的 I 型核展开最小功率（KE-MP1）波束扫描空间谱可以构造为

$$\mathcal{J}_{\text{KE-MP1}}(\theta)=\operatorname{tr}(\underline{C}_{\theta}^{\mathrm{H}}(\underline{A}_{\theta}^{\mathrm{H}}\underline{R}_{\underline{x}\underline{x}}^{-1}\underline{A}_{\theta})^{-1}\underline{C}_{\theta}) \tag{7.270}$$

其中，$\underline{A}_{\theta}$和$\underline{C}_{\theta}$均离线确定。

若令

$$\underline{C}_{\theta}=[\underline{c}_{\theta,1},\underline{c}_{\theta,2},\cdots,\underline{c}_{\theta,r_{\theta}}] \tag{7.271}$$

则 $\mathcal{J}_{\text{KE-MP1}}(\theta)$可以重新写成

$$\mathcal{J}_{\text{KE-MP1}}(\theta)=\sum_{i=1}^{r_{\theta}}\underbrace{\underline{c}_{\theta,i}^{\mathrm{H}}(\underline{A}_{\theta}^{\mathrm{H}}\underline{R}_{\underline{x}\underline{x}}^{-1}\underline{A}_{\theta})^{-1}\underline{c}_{\theta,i}}_{\overset{\text{def}}{=}\mathcal{J}_{\text{KE-MP1},i}(\theta)}=\sum_{i=1}^{r_{\theta}}\mathcal{J}_{\text{KE-MP1},i}(\theta) \tag{7.272}$$

其中，$\mathcal{J}_{\text{KE-MP1},i}(\theta)$称为第 i 个主分量空间谱。

此处，$\underline{c}_{\theta,i}$可为单位矩阵$\boldsymbol{I}_{r_{\theta}}$的第 i 列，也可为$(\underline{A}_{\theta}^{\mathrm{H}}\underline{R}_{\underline{x}\underline{x}}^{-1}\underline{A}_{\theta})^{-1}$的第 i 个特征值所对应的特征矢量，对应的空间谱为$(\underline{A}_{\theta}^{\mathrm{H}}\underline{R}_{\underline{x}\underline{x}}^{-1}\underline{A}_{\theta})^{-1}$的第 i 个特征值。

（2）正交投影方法。

令$\underline{U}_{\text{en}}$为$\underline{R}_{\underline{x}\underline{x}}$的次特征矢量矩阵，根据特征子空间理论，可得

$$\underline{U}_{\text{en}}\underline{U}_{\text{en}}^{\mathrm{H}}\underline{A}_{\theta_m}=\boldsymbol{O}_{LQ\times r_{\theta_m}},\ m=0,1,\cdots,M-1 \tag{7.273}$$

所以可构造下述 I 型核展开正交投影（KE-OP1）空间谱：

$$\mathcal{J}_{\text{KE-OP1}}(\theta)=(\operatorname{tr}(\underline{A}_{\theta}^{\mathrm{H}}\underline{U}_{\text{en}}\underline{U}_{\text{en}}^{\mathrm{H}}\underline{A}_{\theta}))^{-1}=\left(\sum_{i=1}^{r_{\theta}}\underline{a}_{\theta,i}^{\mathrm{H}}\underline{U}_{\text{en}}\underline{U}_{\text{en}}^{\mathrm{H}}\underline{a}_{\theta,i}\right)^{-1} \tag{7.274}$$

① 信号满足窄带假设，$N=0$，$\Delta\tau$ 取值非常大，此时

$$\boldsymbol{H}_0(\theta_m)\approx\sum_{i=1}^{r_{0,\theta_m}}\mu_{0,\theta_m,i}\boldsymbol{u}_{0,\theta_m,i}\boldsymbol{u}_{0,\theta_m,i}^{\mathrm{H}}\approx\underline{a}_{\omega_0,\theta_m}\underline{a}_{\omega_0,\theta_m}^{\mathrm{H}}=\underline{a}_{\theta_m}\underline{a}_{\theta_m}^{\mathrm{H}} \tag{7.275}$$

所以 $r_{\theta_m}=r_{0,\theta_m}=1$，

$$\underline{A}_{\theta_m}=\boldsymbol{u}_{0,\theta_m,1}=\underline{a}_{\theta_m,1} \tag{7.276}$$

其中，$\underline{\boldsymbol{a}}_{\theta_m,1}$ 近似与 $\underline{\boldsymbol{a}}_{\omega_0,\theta_m}$ 成比例关系，也即 $\underline{\boldsymbol{a}}_{\theta_m,1}\approx\varsigma_m\underline{\boldsymbol{a}}_{\omega_0,\theta_m}=\varsigma_m\underline{\boldsymbol{a}}_{\theta_m}$，$\varsigma_m$ 为常数。

这样，Ⅰ型核展开正交投影空间谱将简化为

$$\mathcal{J}_{\text{KE-OP1}}(\theta)=(\underline{\boldsymbol{a}}_\theta^{\text{H}}\underline{\boldsymbol{U}}_n\underline{\boldsymbol{U}}_n^{\text{H}}\underline{\boldsymbol{a}}_\theta)^{-1} \tag{7.277}$$

其中，$\underline{\boldsymbol{U}}_n$ 为 $\boldsymbol{R}_{\underline{x}\underline{x}}$ 的 $LQ-M$ 个次特征矢量所组成的标准正交矩阵。当 $Q=1$ 时，此即窄带条件下的 MUSIC 方法。

② 信号具有平坦功率谱，考虑 $N=0$，$\Delta\tau=2\pi/\text{BW}$，则 $\underline{\boldsymbol{A}}_{\theta_m}=\boldsymbol{U}_{0,\theta_m}$，此时Ⅰ型核展开正交投影空间谱简化为

$$\mathcal{J}_{\text{KE-OP1}}(\theta)=\left(\sum_{i=1}^{r_{0,\theta}}\boldsymbol{u}_{0,\theta,i}^{\text{H}}\underline{\boldsymbol{U}}_{\text{en}}\underline{\boldsymbol{U}}_{\text{en}}^{\text{H}}\boldsymbol{u}_{0,\theta,i}\right)^{-1} \tag{7.278}$$

其中，$\boldsymbol{u}_{0,\theta,i}$ 为 $\boldsymbol{H}_0(\theta)$ 的第 i 个主特征矢量。

③ 信号复振幅具有直线星座图：

$$s_m(t)=\kappa_m^{-1}s_m^*(t)\text{e}^{\text{j}2\omega_0t}=\kappa_m^*s_m^*(t)\text{e}^{\text{j}2\omega_0t} \tag{7.279}$$

定义

$$\underbrace{\begin{bmatrix}\underline{\boldsymbol{x}}(t)\text{e}^{-\text{j}\omega_0t}\\ \underline{\boldsymbol{x}}^*(t)\text{e}^{+\text{j}\omega_0t}\end{bmatrix}}_{\overset{\text{def}}{=}\underline{\tilde{\boldsymbol{x}}}(t)}=\sum_{m=0}^{M-1}\begin{bmatrix}\underline{\boldsymbol{s}}_m(t)\text{e}^{-\text{j}\omega_0t}\\ \underline{\boldsymbol{s}}_m^*(t)\text{e}^{+\text{j}\omega_0t}\end{bmatrix}+\underbrace{\begin{bmatrix}\underline{\boldsymbol{n}}(t)\text{e}^{-\text{j}\omega_0t}\\ \underline{\boldsymbol{n}}^*(t)\text{e}^{+\text{j}\omega_0t}\end{bmatrix}}_{\overset{\text{def}}{=}\underline{\tilde{\boldsymbol{n}}}(t)} \tag{7.280}$$

可以证明，宽带极化平滑增广时滞堆栈矢量的协方差矩阵具有下述形式：

$$\boldsymbol{R}_{\underline{\tilde{x}}\underline{\tilde{x}}}=\langle\underline{\tilde{\boldsymbol{x}}}(t)\underline{\tilde{\boldsymbol{x}}}^{\text{H}}(t)\rangle=\sum_{m=0}^{M-1}\sigma_m^2\widetilde{\boldsymbol{R}}_{\theta_m,\kappa_m}+\sigma^2\boldsymbol{I}_{2LQ} \tag{7.281}$$

式中：

$$\widetilde{\boldsymbol{R}}_{\theta_m,\kappa_m}=\begin{bmatrix}\boldsymbol{R}_{\theta_m} & \kappa_m^*\boldsymbol{R}_{\theta_m}\underline{\boldsymbol{\Gamma}}_{\theta_m}\\ \kappa_m\underline{\boldsymbol{\Gamma}}_{\theta_m}^{\text{H}}\boldsymbol{R}_{\theta_m}^{\text{H}} & \underline{\boldsymbol{\Gamma}}_{\theta_m}^{\text{H}}\boldsymbol{R}_{\theta_m}\underline{\boldsymbol{\Gamma}}_{\theta_m}\end{bmatrix} \tag{7.282}$$

其中，$\underline{\boldsymbol{\Gamma}}_{\theta_m}$ 为对角矩阵，且 $\underline{\boldsymbol{\Gamma}}_{\theta_m}(i,i)=\underline{\boldsymbol{a}}_{2\omega_0,\theta_m}(i)$，简记成 $\underline{\boldsymbol{\Gamma}}_{\theta_m}=\text{diag}(\underline{\boldsymbol{a}}_{2\omega_0,\theta_m})$。

根据式（7.255），进一步有

$$\widetilde{\boldsymbol{R}}_{\theta_m,\kappa_m}=\begin{bmatrix}\underline{\boldsymbol{A}}_{\theta_m}\\ \kappa_m\underline{\boldsymbol{\Gamma}}_{\theta_m}^{\text{H}}\underline{\boldsymbol{A}}_{\theta_m}\end{bmatrix}\underline{\boldsymbol{\Theta}}_{\theta_m}\begin{bmatrix}\underline{\boldsymbol{A}}_{\theta_m}\\ \kappa_m\underline{\boldsymbol{\Gamma}}_{\theta_m}^{\text{H}}\underline{\boldsymbol{A}}_{\theta_m}\end{bmatrix}^{\text{H}} \tag{7.283}$$

式（7.283）又可以重新写成

$$\widetilde{\boldsymbol{R}}_{\theta_m,\kappa_m}=\underbrace{\begin{bmatrix}\underline{\boldsymbol{A}}_{\theta_m} & \\ & \underline{\boldsymbol{\Gamma}}_{\theta_m}^{\text{H}}\underline{\boldsymbol{A}}_{\theta_m}\end{bmatrix}}_{\overset{\text{def}}{=}\underline{\tilde{\boldsymbol{A}}}_{\theta_m}}\underline{\boldsymbol{\Omega}}_{\theta_m,\kappa_m}\underline{\boldsymbol{\Omega}}_{\theta_m,\kappa_m}^{\text{H}}\underbrace{\begin{bmatrix}\underline{\boldsymbol{A}}_{\theta_m} & \\ & \underline{\boldsymbol{\Gamma}}_{\theta_m}^{\text{H}}\underline{\boldsymbol{A}}_{\theta_m}\end{bmatrix}^{\text{H}}}_{\overset{\text{def}}{=}\underline{\tilde{\boldsymbol{A}}}_{\theta_m}^{\text{H}}} \tag{7.284}$$

其中，$\underline{\boldsymbol{\Omega}}_{\theta_m,\kappa_m}$ 为 $2r_{\theta_m}\times r_{\theta_m}$ 维列满秩矩阵，

$$\underline{\boldsymbol{\Omega}}_{\theta_m,\kappa_m}\underline{\boldsymbol{\Omega}}_{\theta_m,\kappa_m}^{\mathrm{H}}=\begin{bmatrix}\boldsymbol{I}_{r_{\theta_m}}\\ \kappa_m\boldsymbol{I}_{r_{\theta_m}}\end{bmatrix}\underline{\boldsymbol{\Theta}}_{\theta_m}\begin{bmatrix}\boldsymbol{I}_{r_{\theta_m}}\\ \kappa_m\boldsymbol{I}_{r_{\theta_m}}\end{bmatrix}^{\mathrm{H}} \tag{7.285}$$

由此，Ⅰ型增广核展开最小功率（KE-MP1～）波束扫描空间谱可以构造为

$$\mathcal{J}_{\text{KE-MP1}\sim}(\theta)=\operatorname{tr}(\underline{\widetilde{\boldsymbol{C}}}_{\theta}^{\mathrm{H}}(\underline{\widetilde{\boldsymbol{A}}}_{\theta}^{\mathrm{H}}\boldsymbol{R}_{\underline{\tilde{x}}\underline{\tilde{x}}}^{-1}\underline{\widetilde{\boldsymbol{A}}}_{\theta})^{-1}\underline{\widetilde{\boldsymbol{C}}}_{\theta}) \tag{7.286}$$

式中：$\underline{\widetilde{\boldsymbol{C}}}_{\theta}$为 $2r_{\theta}\times 2r_{\theta}$维约束矩阵；

$$\underline{\widetilde{\boldsymbol{A}}}_{\theta}=\operatorname{blkdiag}(\underline{\boldsymbol{A}}_{\theta},\underline{\boldsymbol{\Gamma}}_{\theta}^{\mathrm{H}}\underline{\boldsymbol{A}}_{\theta}) \tag{7.287}$$

$$\underline{\boldsymbol{\Gamma}}_{\theta}=\operatorname{diag}(\underline{\boldsymbol{a}}_{2\omega_0,\theta}) \tag{7.288}$$

若令$\underline{\widetilde{\boldsymbol{U}}}_{\mathrm{en}}$为 $\boldsymbol{R}_{\underline{\tilde{x}}\underline{\tilde{x}}}$的次特征矢量矩阵，则

$$\underline{\boldsymbol{\Omega}}_{\theta_m,\kappa_m}^{\mathrm{H}}\underline{\widetilde{\boldsymbol{A}}}_{\theta_m}^{\mathrm{H}}\underline{\widetilde{\boldsymbol{U}}}_{\mathrm{en}}\underline{\widetilde{\boldsymbol{U}}}_{\mathrm{en}}^{\mathrm{H}}\underline{\widetilde{\boldsymbol{A}}}_{\theta_m}\underline{\boldsymbol{\Omega}}_{\theta_m,\kappa_m}=\boldsymbol{O}_{r_{\theta_m}},\ m=0,1,\cdots,M-1 \tag{7.289}$$

也即$\underline{\widetilde{\boldsymbol{A}}}_{\theta_m}^{\mathrm{H}}\underline{\widetilde{\boldsymbol{U}}}_{\mathrm{en}}\underline{\widetilde{\boldsymbol{U}}}_{\mathrm{en}}^{\mathrm{H}}\underline{\widetilde{\boldsymbol{A}}}_{\theta_m}$是亏秩矩阵。

由此，Ⅰ型增广核展开正交投影（KE-OP1～）空间谱可以构造为

$$\mathcal{J}_{\text{KE-OP1}\sim}(\theta)=(\det(\underline{\widetilde{\boldsymbol{A}}}_{\theta}^{\mathrm{H}}\underline{\widetilde{\boldsymbol{U}}}_{\mathrm{en}}\underline{\widetilde{\boldsymbol{U}}}_{\mathrm{en}}^{\mathrm{H}}\underline{\widetilde{\boldsymbol{A}}}_{\theta}))^{-1} \tag{7.290}$$

对于窄带情形，有

$$\underline{\boldsymbol{A}}_{\theta_m}=\boldsymbol{u}_{0,\theta_m,1}=\underline{\boldsymbol{a}}_{\theta_m,1}\approx\varsigma_m\underline{\boldsymbol{a}}_{\theta_m} \tag{7.291}$$

并且

$$(\operatorname{diag}(\underline{\boldsymbol{a}}_{2\omega_0,\theta_m}))^{\mathrm{H}}\underline{\boldsymbol{a}}_{\theta_m}=(\operatorname{diag}(\underline{\boldsymbol{a}}_{2\omega_0,\theta_m}))^{\mathrm{H}}\underline{\boldsymbol{a}}_{\omega_0,\theta_m}=\underline{\boldsymbol{a}}_{\omega_0,\theta_m}^{*} \tag{7.292}$$

所以

$$\underline{\widetilde{\boldsymbol{A}}}_{\theta_m}\approx\varsigma_m\operatorname{blkdiag}(\underline{\boldsymbol{a}}_{\theta_m},\underline{\boldsymbol{a}}_{\theta_m}^{*})=\varsigma_m\underline{\widetilde{\boldsymbol{B}}}_{\theta_m} \tag{7.293}$$

由此，Ⅰ型增广核展开正交投影空间谱可以简化为

$$\mathcal{J}_{\text{KE-OP1}\sim}(\theta)=(\det(\underline{\widetilde{\boldsymbol{B}}}_{\theta}^{\mathrm{H}}\underline{\widetilde{\boldsymbol{U}}}_{\mathrm{n}}\underline{\widetilde{\boldsymbol{U}}}_{\mathrm{n}}^{\mathrm{H}}\underline{\widetilde{\boldsymbol{B}}}_{\theta}))^{-1} \tag{7.294}$$

其中，$\underline{\widetilde{\boldsymbol{U}}}_{\mathrm{n}}$为 $\boldsymbol{R}_{\underline{\tilde{x}}\underline{\tilde{x}}}$的 $2LQ-M$ 个次特征矢量所组成的标准正交矩阵，

$$\underline{\widetilde{\boldsymbol{B}}}_{\theta}=\operatorname{blkdiag}(\underline{\boldsymbol{a}}_{\theta},\underline{\boldsymbol{a}}_{\theta}^{*}) \tag{7.295}$$

7.1.4.2　合成矩阵方法

根据维纳-辛钦定理，有

$$\rho_{\tau}=\frac{1}{2\pi}\int_{-\infty}^{\infty}\varrho_{\omega}\mathrm{e}^{\mathrm{j}\omega\tau}\mathrm{d}\omega \tag{7.296}$$

式中：$\varrho_{\omega}=\varrho_m(\omega)/\sigma_m^2$，其中$\varrho_m(\omega)\geqslant 0$ 为第 m 个信号的功率谱密度。

基于谱分段，可将 ρ_{τ}近似写成

$$\rho_{\tau}\approx\frac{1}{2\pi}\sum_{n=0}^{N-1}\varrho_{\omega_n}\int_{\omega_n-\Delta\omega_n/2}^{\omega_n+\Delta\omega_n/2}\mathrm{e}^{\mathrm{j}\omega\tau}\mathrm{d}\omega=\sum_{n=0}^{N-1}\varrho_{\omega_n}\left(\frac{\Delta\omega_n}{2\pi}\right)\operatorname{Sae2}(\tau,\omega_n) \tag{7.297}$$

其中，$\Delta\omega_n>0$ 为谱分段间隔，整数 N 为谱分段数，

$$\mathrm{Sae2}(\tau,\omega_n)=\mathrm{Sa}\left(\frac{\Delta\omega_n}{2}\tau\right)\mathrm{e}^{\mathrm{j}\omega_n\tau}=\mathrm{Sae2}_{\tau,\omega_n} \tag{7.298}$$

由此有

$$\boldsymbol{R}_\theta \approx \sum_{n=0}^{N-1}\varrho_{\omega_n}\left(\frac{\Delta\omega_n}{2\pi}\right)\underbrace{\begin{bmatrix}\boldsymbol{\Pi}_{n,11}(\theta) & \cdots & \boldsymbol{\Pi}_{n,1Q}(\theta)\\ \vdots & \ddots & \vdots\\ \boldsymbol{\Pi}_{n,Q1}(\theta) & \cdots & \boldsymbol{\Pi}_{n,QQ}(\theta)\end{bmatrix}}_{\stackrel{\mathrm{def}}{=}\boldsymbol{\Pi}_n(\theta)} \tag{7.299}$$

式中：

$$\boldsymbol{\Pi}_{n,pq}(\theta)=\begin{bmatrix}\mathrm{Sae2}_{-(p-q)\Delta t,\omega_n} & \cdots & \mathrm{Sae2}_{-\tau_{L-1,\theta}-(p-q)\Delta t,\omega_n}\\ \vdots & \ddots & \vdots\\ \mathrm{Sae2}_{\tau_{L-1,\theta}-(p-q)\Delta t,\omega_n} & \cdots & \mathrm{Sae2}_{-(p-q)\Delta t,\omega_n}\end{bmatrix} \tag{7.300}$$

为了与内插方法相区别，我们将式（7.299）中的核矩阵$\boldsymbol{\Pi}_n(\theta)$称为$\boldsymbol{R}_\theta$的**合成矩阵**。除了代数形式不同，合成矩阵$\boldsymbol{\Pi}_n(\theta)$与内插矩阵$\boldsymbol{H}_n(\theta)$还有一点不同：对于任意$n$，$\boldsymbol{\Pi}_n(\theta)$均为厄尔米特矩阵。

（1）信号满足窄带假设，$N=1$，$\Delta\omega_0\to 0$，

$$\boldsymbol{\Pi}_0(\theta)\approx\underline{\boldsymbol{a}}_{\omega_0,\theta}\underline{\boldsymbol{a}}_{\omega_0,\theta}^{\mathrm{H}} \tag{7.301}$$

又$\varrho_{\omega_0}=2\pi/\Delta\omega_0$，所以仍有$\boldsymbol{R}_\theta=\underline{\boldsymbol{a}}_{\omega_0,\theta}\underline{\boldsymbol{a}}_{\omega_0,\theta}^{\mathrm{H}}$。

（2）信号具有平坦功率谱，$N=1$，$\varrho_{\omega_0}\Delta\omega_0=2\pi$，此时

$$\boldsymbol{\Pi}_0(\theta)=\begin{bmatrix}\boldsymbol{H}_{0,11}(\theta) & \cdots & \boldsymbol{H}_{0,1Q}(\theta)\\ \vdots & \ddots & \vdots\\ \boldsymbol{H}_{0,Q1}(\theta) & \cdots & \boldsymbol{H}_{0,QQ}(\theta)\end{bmatrix} \tag{7.302}$$

基于合成矩阵的低秩逼近，采用与内插方法完全类似的步骤，同样可以实现信号波达方向估计，我们称之为Ⅱ型核展开最小功率（KE-MP2）波束扫描方法和Ⅱ型核展开正交投影（KE-OP2）方法。

7.1.4.3 谱采样方法

核展开还有一种实现形式，主要基于下述谱采样定理：

$$\sum_{i=-\infty}^{\infty}\rho_{\tau+2\pi i/\Delta\omega}=\sum_{\omega_n\in\Omega}\varrho_{\omega_n}\left(\frac{\Delta\omega}{2\pi}\right)\mathrm{e}^{\mathrm{j}\omega_n\tau} \tag{7.303}$$

式中：$\omega_n=n\Delta\omega$，n为整数，$\Delta\omega$为谱采样间隔。

定义下述宽带极化平滑时滞堆栈矢量的相关函数矩阵：

$$\boldsymbol{R}_{\underline{x}\underline{x},i}=\langle\underline{\boldsymbol{x}}(t)\underline{\boldsymbol{x}}^{\mathrm{H}}(t-2\pi i/\Delta\omega)\rangle=\sum_{m=0}^{M-1}\boldsymbol{R}_{\underline{s}_m\underline{s}_m,i}+\sigma^2\delta(i)\boldsymbol{I}_{LQ}=\boldsymbol{R}_{\underline{x}\underline{x},-i}^{\mathrm{H}} \tag{7.304}$$

式中：

$$\boldsymbol{R}_{\underline{s}_m \underline{s}_m, i} = \langle \underline{\boldsymbol{s}}_m(t) \underline{\boldsymbol{s}}_m^{\mathrm{H}}(t-2\pi i/\Delta\omega) \rangle = \sigma_m^2 \underbrace{\begin{bmatrix} \boldsymbol{R}_{\theta_m,i,11} & \cdots & \boldsymbol{R}_{\theta_m,i,1Q} \\ \vdots & \ddots & \vdots \\ \boldsymbol{R}_{\theta_m,i,Q1} & \cdots & \boldsymbol{R}_{\theta_m,i,QQ} \end{bmatrix}}_{\stackrel{\mathrm{def}}{=} \boldsymbol{R}_{\theta_m,i}} \tag{7.305}$$

其中

$$\boldsymbol{R}_{\theta_m,i,pq} = \begin{bmatrix} \rho_{-(p-q)\Delta t+2\pi i/\Delta\omega} & \cdots & \rho_{-\tau_{L-1,\theta_m}-(p-q)\Delta t+2\pi i/\Delta\omega} \\ \vdots & \ddots & \vdots \\ \rho_{\tau_{L-1,\theta_m}-(p-q)\Delta t+2\pi i/\Delta\omega} & \cdots & \rho_{-(p-q)\Delta t+2\pi i/\Delta\omega} \end{bmatrix} \tag{7.306}$$

根据式（7.303），可以证明

$$\sum_{i=-\infty}^{\infty} \boldsymbol{R}_{\theta_m,i} = \sum_{\omega_n \in \Omega} \varrho_{\omega_n} \left(\frac{\Delta\omega}{2\pi}\right) \underline{\boldsymbol{a}}_{\omega_n,\theta_m} \underline{\boldsymbol{a}}_{\omega_n,\theta_m}^{\mathrm{H}} \tag{7.307}$$

其中，$\underline{\boldsymbol{a}}_{\omega_n,\theta_m}$ 的定义参见式（7.243）。

由此有

$$\sum_{i=-I}^{I} \boldsymbol{R}_{\underline{x}\underline{x},i} \approx \sum_{m=0}^{M-1} \sigma_m^2 \left(\sum_{\omega_n \in \Omega} \varrho_{\omega_n} \left(\frac{\Delta\omega}{2\pi}\right) \underline{\boldsymbol{a}}_{\omega_n,\theta_m} \underline{\boldsymbol{a}}_{\omega_n,\theta_m}^{\mathrm{H}} \right) + \sigma^2 \boldsymbol{I}_{LQ} \tag{7.308}$$

其中，I 为整数。

假设 $\omega_{n_1}, \omega_{n_2}, \cdots, \omega_{n_N} \in \Omega$，则

$$\sum_{\omega_n \in \Omega} \varrho_{\omega_n} \left(\frac{\Delta\omega}{2\pi}\right) \underline{\boldsymbol{a}}_{\omega_n,\theta_m} \underline{\boldsymbol{a}}_{\omega_n,\theta_m}^{\mathrm{H}} = \left(\frac{\Delta\omega}{2\pi}\right) \underline{\boldsymbol{F}}_{\theta_m} \underline{\boldsymbol{\Xi}}_m \underline{\boldsymbol{F}}_{\theta_m}^{\mathrm{H}} \tag{7.309}$$

式中：

$$\underline{\boldsymbol{F}}_{\theta_m} = [\underline{\boldsymbol{a}}_{\omega_{n_1},\theta_m}, \underline{\boldsymbol{a}}_{\omega_{n_2},\theta_m}, \cdots, \underline{\boldsymbol{a}}_{\omega_{n_N},\theta_m}] \tag{7.310}$$

$$\underline{\boldsymbol{\Xi}}_m = \mathrm{diag}(\varrho_{\omega_{n_1}}, \varrho_{\omega_{n_2}}, \cdots, \varrho_{\omega_{n_N}}) \tag{7.311}$$

（1）波束扫描方法。

假设第 m 个信号的波达方向为期望方向，同时抑制其他方向上的信号以及噪声；用 N 个波束形成器进行滤波，输出功率和为

$$\mathrm{tr}\left(\underline{\boldsymbol{W}}_{\theta_m}^{\mathrm{H}} \left(\sum_{i=-I}^{I} \boldsymbol{R}_{\underline{x}\underline{x},i} \right) \underline{\boldsymbol{W}}_{\theta_m} \right) \tag{7.312}$$

其中，$\underline{\boldsymbol{W}}_{\theta_m}$ 为 $LQ \times N$ 维波束形成矩阵。若第 n 个波束形成器仅用于提取第 m 个信号的第 n 个分量，则

$$\underline{\boldsymbol{W}}_{\theta_m}^{\mathrm{H}} \underline{\boldsymbol{F}}_{\theta_m} = \boldsymbol{I}_N \tag{7.313}$$

由此，以 θ_m 为期望方向的矩阵波束形成器，其权矩阵可采用下面的设计准则：

$$\min_{\underline{\boldsymbol{W}}} \mathrm{tr}\left(\underline{\boldsymbol{W}}^{\mathrm{H}} \left(\sum_{i=-I}^{I} \boldsymbol{R}_{\underline{x}\underline{x},i} \right) \underline{\boldsymbol{W}} \right) \ \text{s.t.}\ \underline{\boldsymbol{W}}^{\mathrm{H}} \underline{\boldsymbol{F}}_{\theta_m} = \boldsymbol{I}_N \tag{7.314}$$

通过拉格朗日乘子方法，可得其解为

$$\underline{\boldsymbol{W}}_{\theta_m}=\left(\sum_{i=-I}^{I}\boldsymbol{R}_{\underline{x}\underline{x},i}\right)^{-1}\underline{\boldsymbol{F}}_{\theta_m}\left(\underline{\boldsymbol{F}}_{\theta_m}^{\mathrm{H}}\left(\sum_{i=-I}^{I}\boldsymbol{R}_{\underline{x}\underline{x},i}\right)^{-1}\underline{\boldsymbol{F}}_{\theta_m}\right)^{-1} \tag{7.315}$$

基于上述波束形成原理，可以构造下述Ⅲ型核展开最小功率（KE-MP3）波束扫描空间谱：

$$\mathcal{J}_{\text{KE-MP3}}(\theta)=\operatorname{tr}\left(\underline{\boldsymbol{F}}_{\theta}^{\mathrm{H}}\left(\sum_{i=-I}^{I}\boldsymbol{R}_{\underline{x}\underline{x},i}\right)^{-1}\underline{\boldsymbol{F}}_{\theta}\right)^{-1} \tag{7.316}$$

式中：

$$\underline{\boldsymbol{F}}_{\theta}=[\underline{\boldsymbol{a}}_{\omega_{n_1},\theta},\underline{\boldsymbol{a}}_{\omega_{n_2},\theta},\cdots,\underline{\boldsymbol{a}}_{\omega_{n_N},\theta}] \tag{7.317}$$

其中，$\underline{\boldsymbol{a}}_{\omega,\theta}$的定义参见式（7.243）。

（2）子空间投影方法。

记$\underline{\boldsymbol{V}}_{\mathrm{en}}$为$\sum_{i=-I}^{I}\boldsymbol{R}_{\underline{x}\underline{x},i}$的次特征矢量矩阵，由特征子空间理论，可得

$$\underline{\boldsymbol{V}}_{\mathrm{en}}\underline{\boldsymbol{V}}_{\mathrm{en}}^{\mathrm{H}}\underline{\boldsymbol{F}}_{\theta_m}\approx\boldsymbol{O}_{LQ\times N},\ m=0,1,\cdots,M-1 \tag{7.318}$$

由此可以构造下述Ⅲ型核展开正交投影（KE-OP3）空间谱：

$$\mathcal{J}_{\text{KE-OP3}}(\theta)=\left(\operatorname{tr}\left(\underline{\boldsymbol{F}}_{\theta}^{\mathrm{H}}\underline{\boldsymbol{V}}_{\mathrm{en}}\underline{\boldsymbol{V}}_{\mathrm{en}}^{\mathrm{H}}\underline{\boldsymbol{F}}_{\theta}\right)\right)^{-1} \tag{7.319}$$

① 当信号带宽 BW→0 时，可取 $\Delta\omega\approx\text{BW}\to0$，这样，对于较小的$\tau$，有

$$\rho_{\tau}\approx\sum_{i=-\infty}^{\infty}\rho_{\tau+2\pi i/\Delta\omega}=\sum_{\omega_n\in\Omega}\varrho_{\omega_n}\left(\frac{\Delta\omega}{2\pi}\right)\mathrm{e}^{\mathrm{j}\omega_n\tau}\approx\mathrm{e}^{\mathrm{j}\omega_0\tau} \tag{7.320}$$

也即$I=0$，此时若$Q=1$，则 KE-OP3 退化为窄带 MUSIC 方法。

② 可以证明：

$$\mathcal{J}_{\text{KE-OP3}}(\theta)=\left(\sum_{\omega_n\in\Omega}\underline{\boldsymbol{a}}_{\omega_n}^{\mathrm{H}}(\theta)\underline{\boldsymbol{V}}_{\mathrm{en}}\underline{\boldsymbol{V}}_{\mathrm{en}}^{\mathrm{H}}\underline{\boldsymbol{a}}_{\omega_n}(\theta)\right)^{-1} \tag{7.321}$$

令$I=0$，则 KE-OP3 退化成宽带信号子空间空间谱（BASS-ALE[131]）方法：

$$\mathcal{J}_{\text{KE-OP3}}(\theta)=\mathcal{J}_{\text{BASS-ALE}}(\theta)=\left(\sum_{\omega_n\in\Omega}\underline{\boldsymbol{a}}_{\omega_n}^{\mathrm{H}}(\theta)\underline{\boldsymbol{U}}_{\mathrm{en}}\underline{\boldsymbol{U}}_{\mathrm{en}}^{\mathrm{H}}\underline{\boldsymbol{a}}_{\omega_n}(\theta)\right)^{-1} \tag{7.322}$$

其中，$\underline{\boldsymbol{U}}_{\mathrm{en}}$为$\boldsymbol{R}_{\underline{x}\underline{x}}$的次特征矢量矩阵。

当信号带宽较大时，ρ_{τ}的支撑较窄，所以若 $\Delta\omega\to0$，对于较小的τ，仍有

$$\sum_{i=-\infty}^{\infty}\rho_{\tau+2\pi i/\Delta\omega}\approx\rho_{\tau}=\sum_{\omega_n\in\Omega}\varrho_{\omega_n}\left(\frac{\Delta\omega}{2\pi}\right)\mathrm{e}^{\mathrm{j}\omega_n\tau} \tag{7.323}$$

这意味着，当信号带宽较大，且信号波扫过整个阵列的最大传播时延位于ρ_{τ}的支撑区间时，只要谱采样间隔足够小，可以不考虑ρ_{τ}的周期延拓操作，KE-OP3 方法和 BASS-ALE 方法的性能相仿。

③ 信号的复振幅具有直线星座图：定义

$$\widetilde{\boldsymbol{R}}_i=\begin{bmatrix}\widetilde{\boldsymbol{R}}_{i,11} & \widetilde{\boldsymbol{R}}_{i,12}\\ \widetilde{\boldsymbol{R}}_{i,21} & \widetilde{\boldsymbol{R}}_{i,22}\end{bmatrix} \tag{7.324}$$

式中：

$$\widetilde{\boldsymbol{R}}_{i,11}=\boldsymbol{R}_{\underline{\boldsymbol{x}}\underline{\boldsymbol{x}},i}=\langle\underline{\boldsymbol{x}}(t)\underline{\boldsymbol{x}}^{\mathrm{H}}(t-2\pi i/\Delta\omega)\rangle \tag{7.325}$$

$$\widetilde{\boldsymbol{R}}_{i,12}=\langle\underline{\boldsymbol{x}}(t)\underline{\boldsymbol{x}}^{\mathrm{T}}(t-2\pi i/\Delta\omega)\mathrm{e}^{-\mathrm{j}2\omega_0(t-2\pi i/\Delta\omega)}\rangle \tag{7.326}$$

$$\widetilde{\boldsymbol{R}}_{i,21}=\langle\underline{\boldsymbol{x}}^{*}(t)\underline{\boldsymbol{x}}^{\mathrm{H}}(t-2\pi i/\Delta\omega)\mathrm{e}^{\mathrm{j}2\omega_0 t}\rangle \tag{7.327}$$

$$\widetilde{\boldsymbol{R}}_{i,22}=\langle\underline{\boldsymbol{x}}^{*}(t)\underline{\boldsymbol{x}}^{\mathrm{T}}(t-2\pi i/\Delta\omega)\mathrm{e}^{\mathrm{j}2\omega_0(2\pi i/\Delta\omega)}\rangle \tag{7.328}$$

也即

$$\widetilde{\boldsymbol{R}}_i=\left\langle\begin{bmatrix}\underline{\boldsymbol{x}}(t)\mathrm{e}^{-\mathrm{j}\omega_0 t}\\ \underline{\boldsymbol{x}}^{*}(t)\mathrm{e}^{+\mathrm{j}\omega_0 t}\end{bmatrix}\begin{bmatrix}\underline{\boldsymbol{x}}(t-2\pi i/\Delta\omega)\mathrm{e}^{-\mathrm{j}\omega_0 t}\\ \underline{\boldsymbol{x}}^{*}(t-2\pi i/\Delta\omega)\mathrm{e}^{-\mathrm{j}2\omega_0(2\pi i/\Delta\omega)}\mathrm{e}^{+\mathrm{j}\omega_0 t}\end{bmatrix}^{\mathrm{H}}\right\rangle \tag{7.329}$$

注意到 $s_m(t)=\kappa_m^{*}s_m^{*}(t)\mathrm{e}^{\mathrm{j}2\omega_0 t}$，$s_m^{*}(t)=\kappa_m s_m(t)\mathrm{e}^{-\mathrm{j}2\omega_0 t}$，所以

$$\mathrm{e}^{-\mathrm{j}2\omega_0 t}\underline{\boldsymbol{s}}_m^{\mathrm{T}}(t-2\pi i/\Delta\omega)\mathrm{e}^{\mathrm{j}2\omega_0(2\pi i/\Delta\omega)}=\kappa_m^{*}\underline{\boldsymbol{s}}_m^{\mathrm{H}}(t-2\pi i/\Delta\omega)\underline{\boldsymbol{\Gamma}}_{\theta_m} \tag{7.330}$$

$$\mathrm{e}^{+\mathrm{j}2\omega_0 t}\underline{\boldsymbol{s}}_m^{*}(t)=\kappa_m\underline{\boldsymbol{\Gamma}}_{\theta_m}^{\mathrm{H}}\underline{\boldsymbol{s}}_m(t) \tag{7.331}$$

由此有

$$\widetilde{\boldsymbol{R}}_{i,12}=\sum_{m=0}^{M-1}\sigma_m^2\kappa_m^{*}\boldsymbol{R}_{\theta_m,i}\underline{\boldsymbol{\Gamma}}_{\theta_m} \tag{7.332}$$

$$\widetilde{\boldsymbol{R}}_{i,21}=\sum_{m=0}^{M-1}\sigma_m^2\kappa_m\underline{\boldsymbol{\Gamma}}_{\theta_m}^{\mathrm{H}}\boldsymbol{R}_{\theta_m,i} \tag{7.333}$$

$$\widetilde{\boldsymbol{R}}_{i,22}=\sum_{m=0}^{M-1}\sigma_m^2|\kappa_m|^2\underline{\boldsymbol{\Gamma}}_{\theta_m}^{\mathrm{H}}\boldsymbol{R}_{\theta_m,i}\underline{\boldsymbol{\Gamma}}_{\theta_m}+\sigma^2\delta(i)\boldsymbol{I}_{LQ} \tag{7.334}$$

相应地，

$$\sum_{i=-I}^{I}\widetilde{\boldsymbol{R}}_{i,12}=\sum_{m=0}^{M-1}\sigma_m^2\kappa_m^{*}\left(\sum_{i=-I}^{I}\boldsymbol{R}_{\theta_m,i}\right)\underline{\boldsymbol{\Gamma}}_{\theta_m} \tag{7.335}$$

$$\sum_{i=-I}^{I}\widetilde{\boldsymbol{R}}_{i,21}=\sum_{m=0}^{M-1}\sigma_m^2\kappa_m\underline{\boldsymbol{\Gamma}}_{\theta_m}^{\mathrm{H}}\left(\sum_{i=-I}^{I}\boldsymbol{R}_{\theta_m,i}\right) \tag{7.336}$$

$$\sum_{i=-I}^{I}\widetilde{\boldsymbol{R}}_{i,22}=\sum_{m=0}^{M-1}\sigma_m^2|\kappa_m|^2\underline{\boldsymbol{\Gamma}}_{\theta_m}^{\mathrm{H}}\left(\sum_{i=-I}^{I}\boldsymbol{R}_{\theta_m,i}\right)\underline{\boldsymbol{\Gamma}}_{\theta_m}+\sigma^2\boldsymbol{I}_{LQ} \tag{7.337}$$

又因为

$$\sum_{i=-I}^{I}\boldsymbol{R}_{\theta_m,i}\approx\sum_{\omega_n\in\Omega}\varrho_{\omega_n}\left(\frac{\Delta\omega}{2\pi}\right)\underline{\boldsymbol{a}}_{\omega_n,\theta_m}\underline{\boldsymbol{a}}_{\omega_n,\theta_m}^{\mathrm{H}} \tag{7.338}$$

同时

$$\underline{\boldsymbol{a}}_{\omega_n,\theta_m}^{\mathrm{H}}\underline{\boldsymbol{\Gamma}}_{\theta_m}=\underline{\boldsymbol{a}}_{\omega_n-2\omega_0,\theta_m}^{\mathrm{H}} \tag{7.339}$$

$$\underline{\boldsymbol{\Gamma}}_{\theta_m}^{\mathrm{H}}\underline{\boldsymbol{a}}_{\omega_n,\theta_m}=\underline{\boldsymbol{a}}_{\omega_n-2\omega_0,\theta_m} \tag{7.340}$$

所以

$$\sum_{i=-I}^{I}\widetilde{\boldsymbol{R}}_i\approx\sum_{m=0}^{M-1}\sigma_m^2\left(\frac{\Delta\omega}{2\pi}\right)\sum_{\omega_n\in\Omega}\varrho_{\omega_n}\widetilde{\boldsymbol{Q}}_{\omega_n,\theta_m,\kappa_m}+\sigma^2\boldsymbol{I}_{2LQ} \tag{7.341}$$

式中：

$$\widetilde{\boldsymbol{Q}}_{\omega_n,\theta_m,\kappa_m}=\underbrace{\begin{bmatrix}\underline{\boldsymbol{a}}_{\omega_n,\theta_m}\\ \kappa_m\underline{\boldsymbol{a}}_{\omega_n-2\omega_0,\theta_m}\end{bmatrix}}_{\stackrel{\text{def}}{=}\underline{\widetilde{\boldsymbol{a}}}_{\omega_n,\theta_m,\kappa_m}}\begin{bmatrix}\underline{\boldsymbol{a}}_{\omega_n,\theta_m}\\ \kappa_m\underline{\boldsymbol{a}}_{\omega_n-2\omega_0,\theta_m}\end{bmatrix}^{\mathrm{H}} \tag{7.342}$$

其中

$$\underline{\widetilde{\boldsymbol{a}}}_{\omega_n,\theta_m,\kappa_m}=\underbrace{\begin{bmatrix}\underline{\boldsymbol{a}}_{\omega_n,\theta_m} & \\ & \underline{\boldsymbol{a}}_{\omega_n-2\omega_0,\theta_m}\end{bmatrix}}_{\stackrel{\text{def}}{=}\underline{\widetilde{\boldsymbol{D}}}_{\omega_n,\theta_m}}\underbrace{\begin{bmatrix}1\\ \kappa_m\end{bmatrix}}_{\widetilde{\boldsymbol{\kappa}}_m} \tag{7.343}$$

再令$\underline{\widetilde{\boldsymbol{V}}}_{\mathrm{en}}$为$\sum_{i=-I}^{I}\widetilde{\boldsymbol{R}}_i$的次特征矢量矩阵，由特征子空间理论，可得

$$\widetilde{\boldsymbol{\kappa}}_m^{\mathrm{H}}(\underline{\widetilde{\boldsymbol{D}}}_{\omega_n,\theta_m}^{\mathrm{H}}\underline{\widetilde{\boldsymbol{V}}}_{\mathrm{en}}\underline{\widetilde{\boldsymbol{V}}}_{\mathrm{en}}^{\mathrm{H}}\underline{\widetilde{\boldsymbol{D}}}_{\omega_n,\theta_m})\widetilde{\boldsymbol{\kappa}}_m=0,\ m=0,1,\cdots,M-1 \tag{7.344}$$

由此可以构造如下Ⅲ型增广核展开正交投影（KE-OP3~）空间谱：

$$\mathcal{J}_{\text{KE-OP3\sim}}(\theta)=\Big(\sum_{\omega_n\in\Omega}\det(\underline{\widetilde{\boldsymbol{D}}}_{\omega_n,\theta}^{\mathrm{H}}\underline{\widetilde{\boldsymbol{V}}}_{\mathrm{en}}\underline{\widetilde{\boldsymbol{V}}}_{\mathrm{en}}^{\mathrm{H}}\underline{\widetilde{\boldsymbol{D}}}_{\omega_n,\theta})\Big)^{-1} \tag{7.345}$$

式中：

$$\underline{\widetilde{\boldsymbol{D}}}_{\omega_n,\theta}=\mathrm{blkdiag}(\underline{\boldsymbol{a}}_{\omega_n,\theta},\underline{\boldsymbol{a}}_{\omega_n-2\omega_0,\theta}) \tag{7.346}$$

当信号带宽 BW→0 时，可取 $\Delta\omega\approx\mathrm{BW}\to0$，$I=0$，$Q=1$，这样

$$\sum_{i=-\infty}^{\infty}\widetilde{\boldsymbol{R}}_i\approx\boldsymbol{R}_{\tilde{x}\tilde{x}}=\sum_{m=0}^{M-1}\sigma_m^2\widetilde{\boldsymbol{Q}}_{\omega_0,\theta_m,\kappa_m}+\sigma^2\boldsymbol{I}_{2L} \tag{7.347}$$

式中：

$$\widetilde{\boldsymbol{Q}}_{\omega_0,\theta_m,\kappa_m}=\underbrace{\begin{bmatrix}\boldsymbol{a}_{\omega_0,\theta_m}\\ \kappa_m\boldsymbol{a}_{-\omega_0,\theta_m}\end{bmatrix}}_{\stackrel{\text{def}}{=}\widetilde{\boldsymbol{a}}_{\omega_0,\theta_m,\kappa_m}}\begin{bmatrix}\boldsymbol{a}_{\omega_0,\theta_m}\\ \kappa_m\boldsymbol{a}_{-\omega_0,\theta_m}\end{bmatrix}^{\mathrm{H}} \tag{7.348}$$

其中

$$\widetilde{\boldsymbol{a}}_{\omega_0,\theta_m,\kappa_m}=\underbrace{\begin{bmatrix}\boldsymbol{a}_{\omega_0,\theta_m} & \\ & \boldsymbol{a}_{\omega_0,\theta_m}^{*}\end{bmatrix}}_{\stackrel{\text{def}}{=}\widetilde{\boldsymbol{D}}_{\omega_0,\theta_m}}\widetilde{\boldsymbol{\kappa}}_m \tag{7.349}$$

于是 KE-OP3~退化成下述窄带非圆多重信号分类（NC-MUSIC[8]）方法：

$$\mathcal{J}_{\text{KE-OP3\sim}}(\theta)=\det{}^{-1}(\widetilde{\boldsymbol{D}}_{\omega_0,\theta}^{\mathrm{H}}\widetilde{\boldsymbol{U}}_{\mathrm{n}}\widetilde{\boldsymbol{U}}_{\mathrm{n}}^{\mathrm{H}}\widetilde{\boldsymbol{D}}_{\omega_0,\theta})=\mathcal{J}_{\text{NC-MUSIC}}(\theta) \tag{7.350}$$

其中，$\widetilde{\boldsymbol{D}}_{\omega_0,\theta}=\mathrm{blkdiag}(\boldsymbol{a}_{\omega_0,\theta},\boldsymbol{a}_{\omega_0,\theta}^{*})$，$\widetilde{\boldsymbol{U}}_{\mathrm{n}}$为$\boldsymbol{R}_{\tilde{x}\tilde{x}}$的次特征矢量矩阵。

下面看几个仿真例子，例中阵列为矢量天线等距线阵，矢量天线间距为

半个信号中心波长，信号中心频率为24MHz，信号相对带宽为20%，采样频率为48MHz。对于三型方法，均取 $N=3$；对于Ⅲ型方法，$I=1$。

（1）考虑两个统计独立的等功率信号，比较三型核展开正交投影方法与现有一些子空间方法的信号波达方向估计性能。

图7.26（a）所示为各种方法信号分辨概率随信号角度间隔变化的曲线，其中 $\theta_0=-10°$，信噪比为0dB，快拍数为640，有效秩参数为8；图7.26（b）所示为各种方法信号分辨概率随快拍数变化的曲线，其中 $\theta_0=-2°$，$\theta_1=10°$，信噪比为0dB，有效秩参数为8；图7.26（c）所示为各种方法信号分辨概率随信噪比变化的曲线，其中 $\theta_0=-2°$，$\theta_1=10°$，快拍数为640，有效秩参数为8。

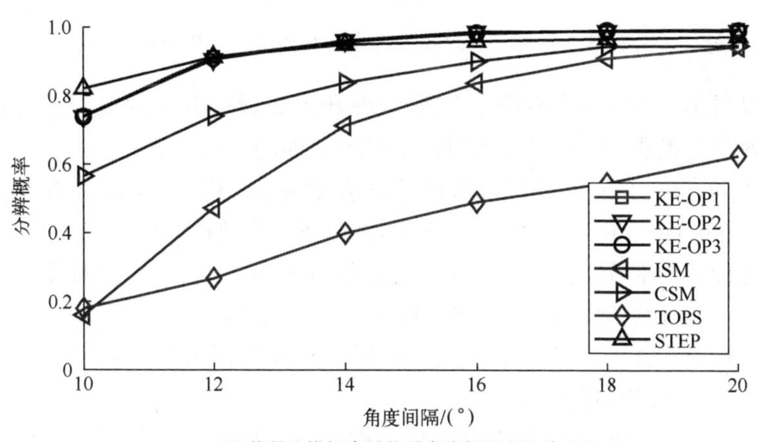

(a) 信号分辨概率随信号角度间隔变化的曲线

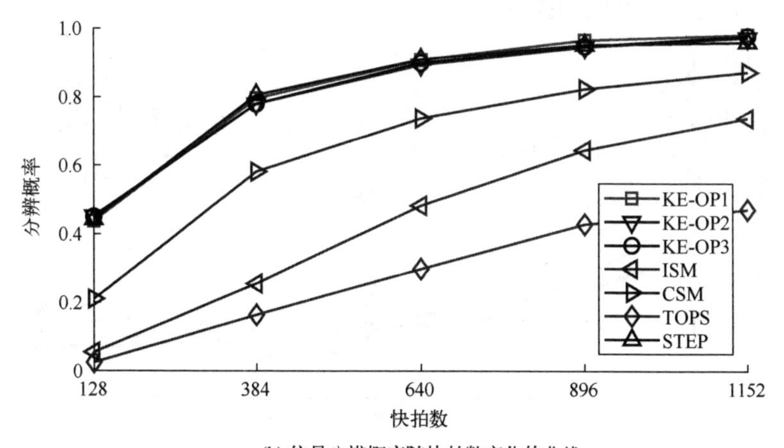

(b) 信号分辨概率随快拍数变化的曲线

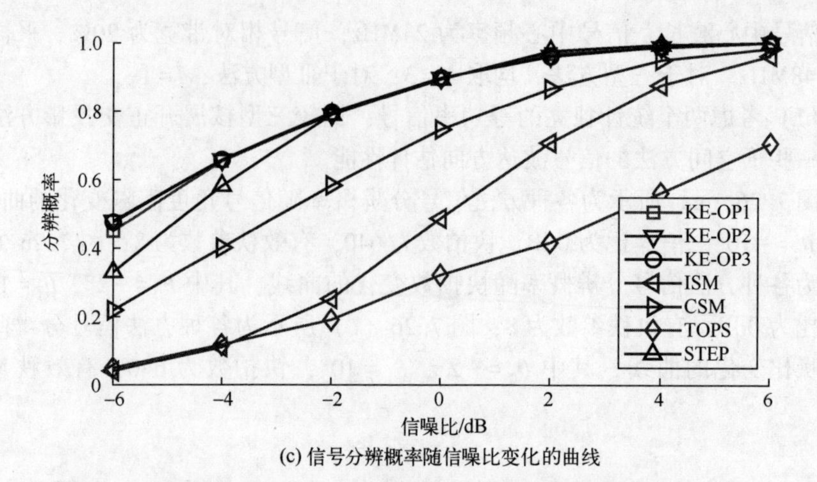

(c) 信号分辨概率随信噪比变化的曲线

图 7.26 核展开正交投影方法与现有一些方法信号分辨能力的比较

可以看出，在上述条件下，三型核展开正交投影方法的信号分辨性能与导向对齐有效投影 STEP 方法相当，都优于其他的比较方法。

图 7.27（a）所示为各种方法信号波达方向估计均方根误差随快拍数变化的曲线，其中 $\theta_0=-10°$，$\theta_1=12°$，信噪比为 0dB，有效秩参数为 8；图 7.27（b）所示为各种方法信号波达方向估计均方根误差随信噪比变化的曲线，其中 $\theta_0=-10°$，$\theta_1=12°$，快拍数为 640，有效秩参数为 8。

可以看出，在上述条件下，三型核展开正交投影方法的信号波达方向估计精度也要高于其他的比较方法。

（2）以Ⅰ型核展开正交投影方法为例，研究信号二阶基带非圆性利用对信号波达方向估计性能的提升。

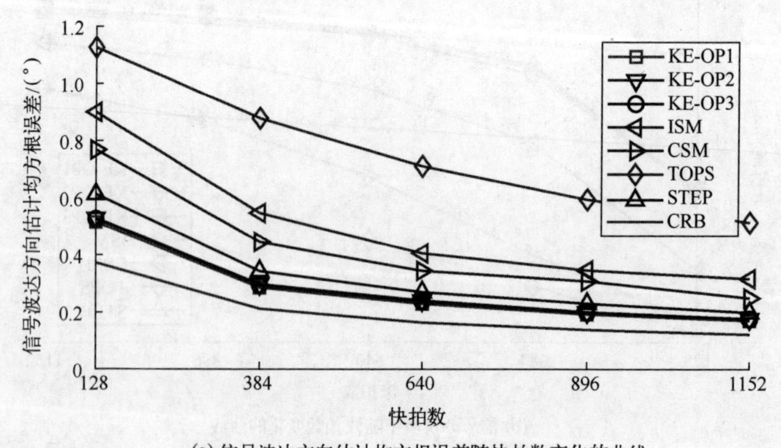

(a) 信号波达方向估计均方根误差随快拍数变化的曲线

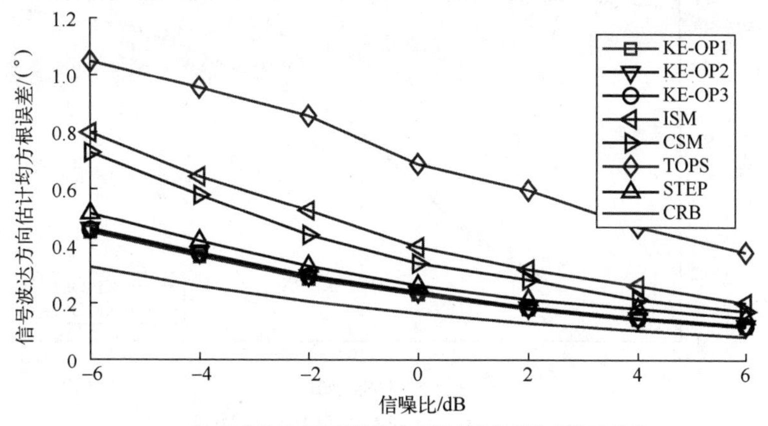

(b) 信号波达方向估计均方根误差随信噪比变化的曲线

图 7.27　核展开正交投影方法与现有一些方法信号波达方向估计精度的比较

图 7.28（a）所示为 KE-OP1 信号分辨概率随信噪比变化的曲线，其中 $\theta_0=0°$，$\theta_1=10°$，快拍数为 640；图 7.28（b）所示为 KE-OP1 信号波达方向估计均方根误差随信噪比变化的曲线，其中 $\theta_0=-10°$，$\theta_1=20°$，快拍数为 640。

可以看出，通过增广改进，核展开正交投影方法的信号波达方向估计性能有明显的提升。

7.1.4.4　核展开稀疏重构方法

如果不考虑时滞，也即 $Q=1$，则 $\boldsymbol{R}_{\underline{xx}}$退变为阵列输出协方差矩阵：

$$\boldsymbol{R}_{xx}=\langle \boldsymbol{x}(t)\boldsymbol{x}^{\mathrm{H}}(t)\rangle=\sum_{m=0}^{M-1}\sigma_m^2\boldsymbol{R}_{\theta_m,11}+\sigma^2\boldsymbol{I}_L \tag{7.351}$$

（1）根据内插核展开理论，有

$$\boldsymbol{R}_{\theta,11}\approx\sum_{n=-N}^{N}\rho_{\tau_n}\boldsymbol{H}_{n,11}(\theta) \tag{7.352}$$

式中：

$$\boldsymbol{H}_{n,11}(\theta)=\begin{bmatrix}\mathrm{Sae1}_{-\tau_n} & \cdots & \mathrm{Sae1}_{-\tau_{L-1,\theta}-\tau_n}\\ \vdots & \ddots & \vdots\\ \mathrm{Sae1}_{\tau_{L-1,\theta}-\tau_n} & \cdots & \mathrm{Sae1}_{-\tau_n}\end{bmatrix} \tag{7.353}$$

（2）根据合成核展开理论，有

$$\boldsymbol{R}_{\theta,11}\approx\sum_{n=0}^{N-1}\varrho_{\omega_n}\left(\frac{\Delta\omega_n}{2\pi}\right)\boldsymbol{\Pi}_{n,11}(\theta) \tag{7.354}$$

式中：

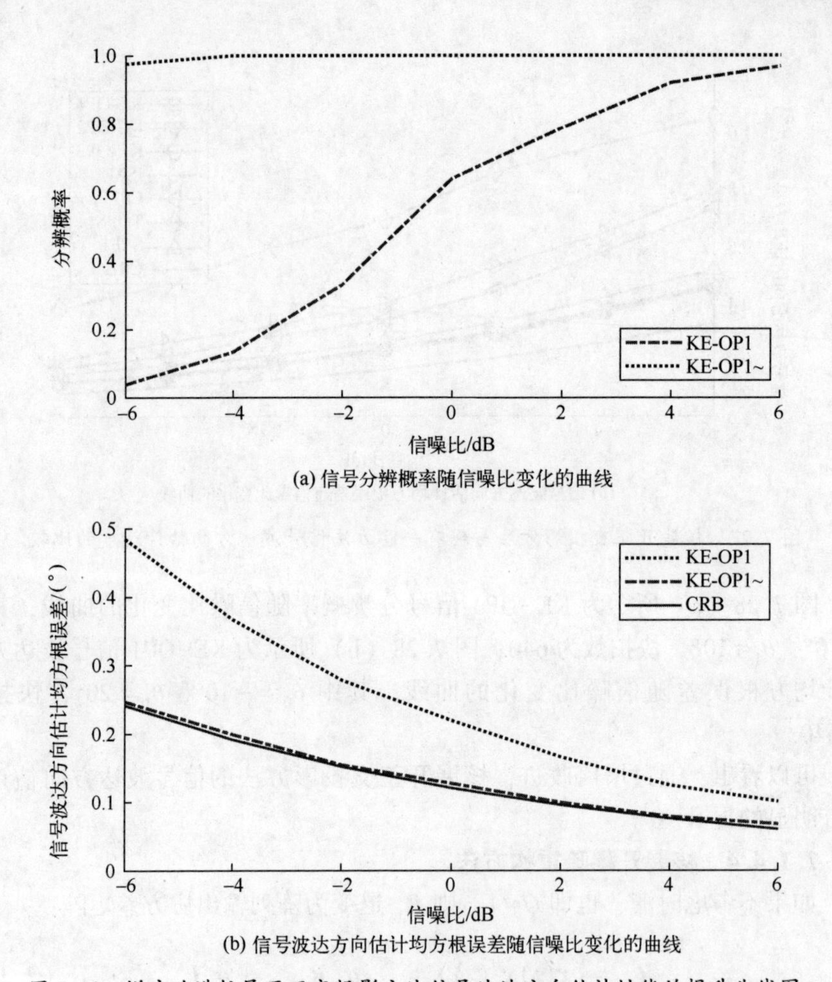

(a) 信号分辨概率随信噪比变化的曲线

(b) 信号波达方向估计均方根误差随信噪比变化的曲线

图 7.28　增广改进核展开正交投影方法信号波达方向估计性能的提升曲线图

$$\boldsymbol{\Pi}_{n,11}(\theta)=\begin{bmatrix} \mathrm{Sae2}_{0,\omega_n} & \cdots & \mathrm{Sae2}_{-\tau_{L-1,\theta},\omega_n} \\ \vdots & \ddots & \vdots \\ \mathrm{Sae2}_{\tau_{L-1,\theta},\omega_n} & \cdots & \mathrm{Sae2}_{0,\omega_n} \end{bmatrix} \tag{7.355}$$

（3）根据谱采样核展开理论，有

$$\sum_{i=-I}^{I}\boldsymbol{R}_{xx,i} \approx \sum_{m=0}^{M-1}\sigma_m^2\left(\sum_{\omega_n\in\Omega}\varrho_{\omega_n}\left(\frac{\Delta\omega}{2\pi}\right)\boldsymbol{a}_{\omega_n,\theta_m}\boldsymbol{a}_{\omega_n,\theta_m}^{\mathrm{H}}\right)+\sigma^2\boldsymbol{I}_{LQ} \tag{7.356}$$

其中

$$\boldsymbol{R}_{xx,i}=\langle \boldsymbol{x}(t)\boldsymbol{x}^{\mathrm{H}}(t-2\pi i/\Delta\omega)\rangle \tag{7.357}$$

$$\boldsymbol{a}_{\omega_n,\theta}=[1,\mathrm{e}^{\mathrm{j}\omega_n\tau_{1,\theta}},\cdots,\mathrm{e}^{\mathrm{j}\omega_n\tau_{L-1,\theta}}]^{\mathrm{T}} \tag{7.358}$$

由此，若记 $\boldsymbol{r}_{xx}$ 为 $\boldsymbol{R}_{xx}$ 或 $\sum_{i=-I}^{I}\boldsymbol{R}_{xx,i}$ 的第一列，则其有下述一般形式：

$$\boldsymbol{r}_{xx}=\sum_{m=0}^{M-1}\left(\sum_{n}\boldsymbol{k}_{\theta_m,n}k_{m,n}\right)+\sigma^2\boldsymbol{\iota}_{L,1} \tag{7.359}$$

式中：$\boldsymbol{k}_{\theta_m,n}$ 与待估计的信号波达方向 θ_m 有关，称为核矢量；$k_{m,n}$ 与信号波形有关，但与信号波达方向无关，称为核系数。

将感兴趣的角度区域 Θ 分成若干等份，间隔为 $\Delta\theta°$，比如若 $0°\leqslant\theta\leqslant 180°$，则用于稀疏表示与重构的离散角度集为 $\{0°,\Delta\theta°,2\Delta\theta°,\cdots\}$，假设其中一共包含 M_0 个角度作为备选，并且 $M_0\gg M$。

再假定核展开"$\sum_{n}\boldsymbol{k}_{\theta_m,n}k_{m,n}$"的阶/项数为 N_0，则根据式（7.359）可知，$\boldsymbol{r}_{xx}$ 有下述稀疏表示形式：

$$\boldsymbol{r}_{xx}\approx\boldsymbol{\mathcal{D}}\cdot\mathrm{vec}(\boldsymbol{\mathcal{S}}) \tag{7.360}$$

式中：vec 仍表示按列堆栈将矩阵转变为长矢量；

$$\boldsymbol{\mathcal{D}}=[\boldsymbol{\mathcal{D}}_{n_1},\boldsymbol{\mathcal{D}}_{n_2},\cdots,\boldsymbol{\mathcal{D}}_{n_{N_0}}] \tag{7.361}$$

为 $L\times M_0N_0$ 维字典矩阵，其中

$$\boldsymbol{\mathcal{D}}_n=[\boldsymbol{k}_{0°,n},\boldsymbol{k}_{\Delta\theta°,n},\boldsymbol{k}_{2\Delta\theta°,n},\cdots] \tag{7.362}$$

而 $\boldsymbol{\mathcal{S}}$ 为 $M_0\times N_0$ 维行稀疏矩阵，

$$\boldsymbol{\mathcal{S}}=[\boldsymbol{u}_1,\boldsymbol{u}_2,\cdots,\boldsymbol{u}_{M_0}]^{\mathrm{T}} \tag{7.363}$$

其中，$\boldsymbol{u}_1,\boldsymbol{u}_2,\cdots,\boldsymbol{u}_{M_0}$ 均为 $N_0\times 1$ 维矢量。根据行稀疏矩阵 $\boldsymbol{\mathcal{S}}$ 的 M 个非零行位置所对应的稀疏表示角度可估计信号的波达方向。

为此，考虑下述联合稀疏重构优化问题：

$$\min_{\boldsymbol{\mathcal{Z}}}\|\boldsymbol{\mathcal{Z}}\|_{2,1}\ \text{s. t.}\ \|\boldsymbol{r}_{xx}-\boldsymbol{\mathcal{D}}\cdot\mathrm{vec}(\boldsymbol{\mathcal{Z}})\|_2\leqslant\varsigma \tag{7.364}$$

其中，ς 为用来约束数据拟合误差的用户参数，$\boldsymbol{\mathcal{Z}}=[\boldsymbol{z}_1,\boldsymbol{z}_2,\cdots,\boldsymbol{z}_{M_0}]^{\mathrm{T}}$，"$\|\cdot\|_{2,1}$"表示 1、2 混合范数：

$$\|\boldsymbol{\mathcal{Z}}\|_{2,1}=\left\|\begin{bmatrix}\|\boldsymbol{z}_1\|_2\\ \|\boldsymbol{z}_2\|_2\\ \vdots\\ \|\boldsymbol{z}_{M_0}\|_2\end{bmatrix}\right\|_1 \tag{7.365}$$

其中，"$\|\cdot\|_1$"和"$\|\cdot\|_2$"分别表示 1 范数和 2 范数。

式（7.364）所示优化问题可以通过凸优化工具包 CVX 求解，将其解记为

$$\hat{\boldsymbol{\mathcal{S}}}=[\hat{\boldsymbol{u}}_1,\hat{\boldsymbol{u}}_2,\cdots,\hat{\boldsymbol{u}}_{M_0}]^{\mathrm{T}} \tag{7.366}$$

则核展开稀疏重构（KE-SR）空间谱可以构造如下：

$$\mathcal{J}_{\text{KE-SR}}(n\Delta\theta^\circ)=\|\hat{\boldsymbol{u}}_n\|_2 \tag{7.367}$$

根据谱峰位置即可获得信号波达方向的估计。

下面看几个仿真例子，以合成方法为例。例中阵列为矢量天线等距线阵，矢量天线间隔为半个信号中心波长，信号中心频率为 24MHz，信号相对带宽为 20%，采样频率为 48MHz。

(1) 首先研究合成谱分段数 N 对 KE-SR 方法信号波达方向估计性能的影响。为此，考虑两个独立的等功率信号，图 7.29（a）所示为不同合成谱分段数条件下，KE-SR 方法信号分辨概率随信噪比变化的曲线，其中 $\theta_0=-2°$，$\theta_1=10°$，快拍数为 640；图 7.29（b）所示为不同合成谱分段数条件下，KE-SR 方法信号波达方向估计均方根误差随信噪比变化的曲线，其中 $\theta_0=-10°$，$\theta_1=12°$，快拍数为 640。

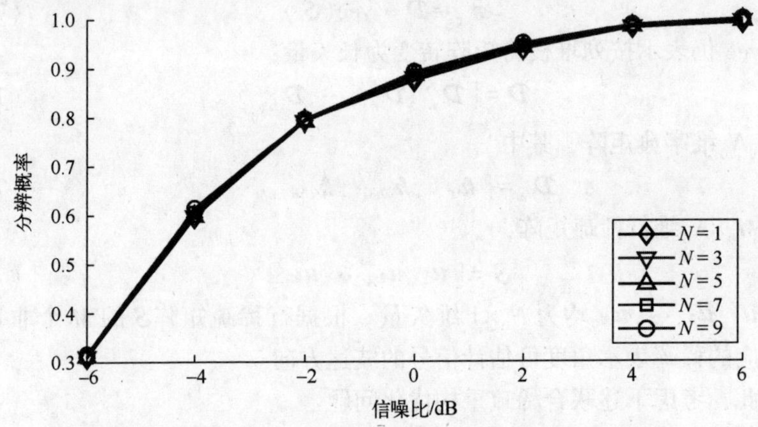

(a) 不同合成谱分段数条件下，信号分辨概率随信噪比的变化

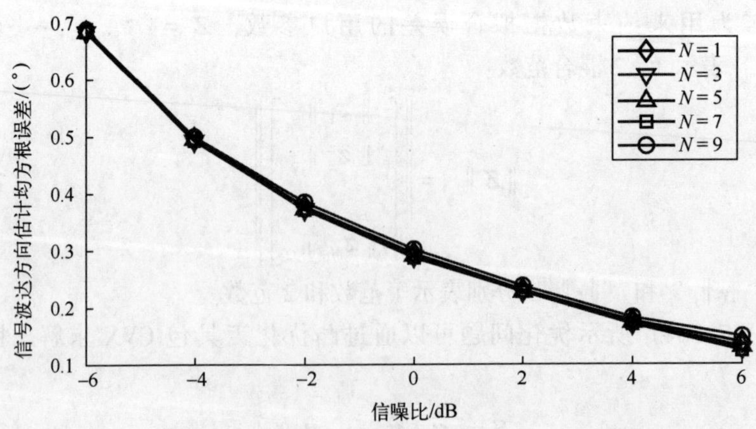

(b) 不同合成谱分段数条件下，信号波达方向估计均方根误差随信噪比的变化

图 7.29 KE-SR 方法的信号波达方向估计性能随合成谱分段数变化的曲线

可以看出，在上述条件下，N 的变化对 KE-SR 方法的信号分辨性能影响较小；当 $N>1$ 时，KE-SR 方法的信号波达方向估计精度稍有改善，但过大的 N 值也会导致信号波达方向估计精度的下降。综合考虑性能和复杂度，以下我们取合成谱分段数为 $N=3$。

（2）考虑两个统计独立的等功率信号，图 7.30（a）所示为信号源相距较远情形下的 KE-SR 空间谱，其中 $\theta_0=-10°$，$\theta_1=10°$，信噪比为 6dB，快拍数为 640；图 7.30（b）所示为信号源相距较近情形下的 KE-SR 空间谱，其中 $\theta_0=-5°$，$\theta_1=5°$，信噪比为 6dB，快拍数为 640。由图中所示结果可以看出，在上述条件下，KE-SR 方法可以成功分辨两个信号。

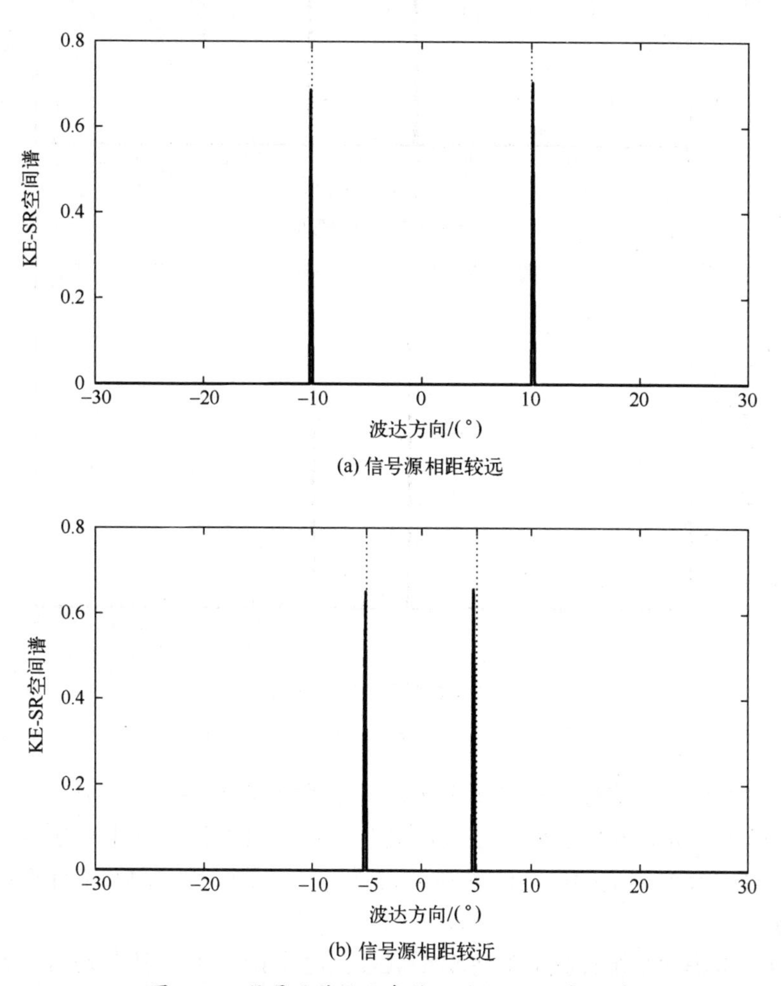

图 7.30　信号统计独立条件下的 KE-SR 空间谱

（3）考虑两个多径等功率信号，图 7.31（a）所示为多径时延大于信号相关时间情形下的 KE-SR 空间谱，其中 $\theta_0=-5°$，$\theta_1=5°$，信噪比为 6dB，快拍数为 640，多径时延为 200ns；图 7.31（b）所示为多径时延小于信号相关时间情形下的 KE-SR 空间谱，其中多径时延为 10ns，其他条件不变。

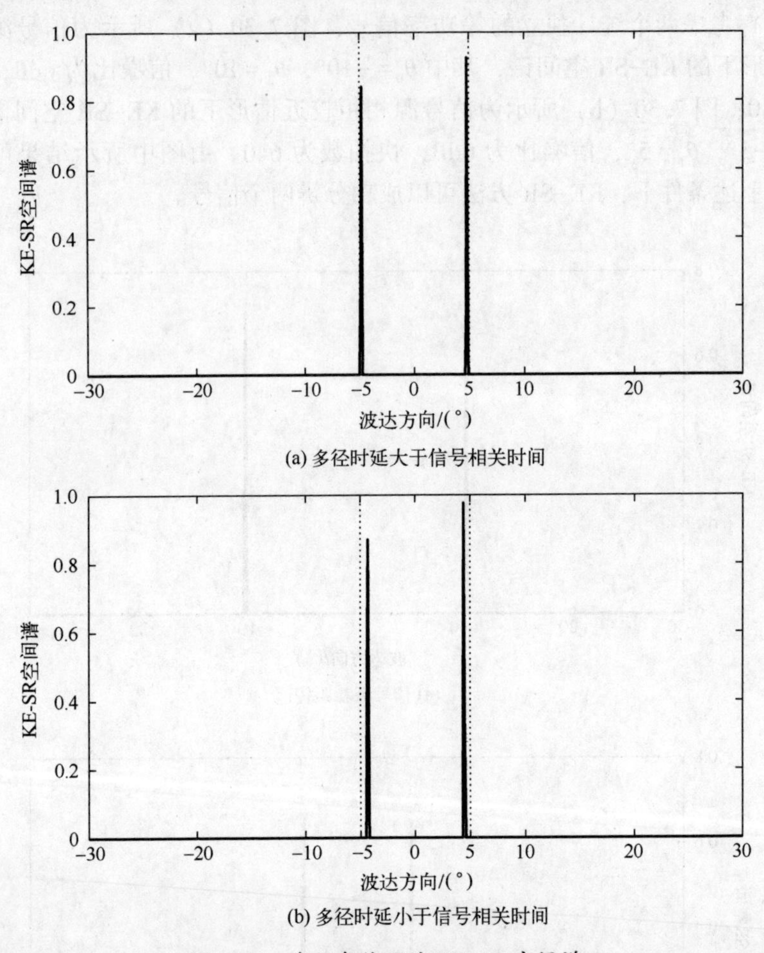

(a) 多径时延大于信号相关时间

(b) 多径时延小于信号相关时间

图 7.31 多径条件下的 KE-SR 空间谱

可以看出，当信号多径时延大于信号相关时间时，KE-SR 方法仍然能分辨两个信号，并较好估出两个信号的波达方向；当多径时延小于信号相关时间时，KE-SR 空间谱的谱峰位置则偏离了信号真实波达方向，估计性能有明显下降。

（4）考虑两个统计独立的等功率信号，比较 KE-SR 方法与现有一些子空间方法的信号波达方向估计性能。

图7.32（a）所示为各种方法分辨概率随快拍数变化的曲线，其中 $\theta_0=-2°$，$\theta_1=10°$，信噪比为0dB；图7.32（b）所示为各种方法分辨概率随信噪比变化的曲线，其中 $\theta_0=-2°$，$\theta_1=10°$，快拍数为640。

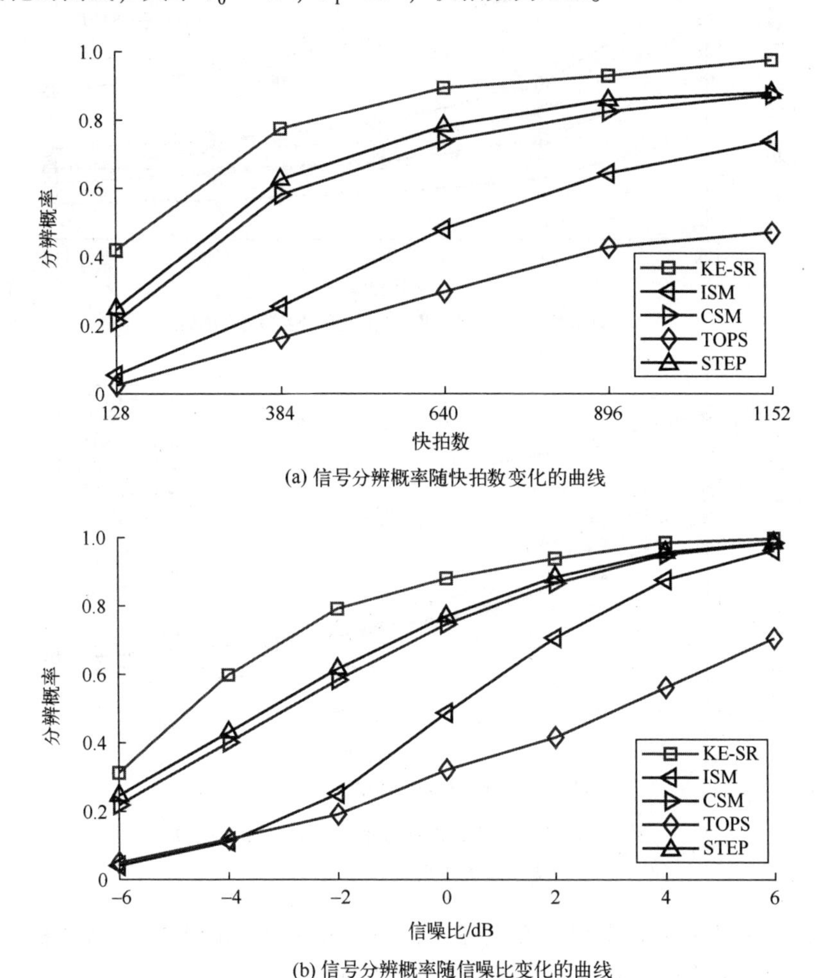

图7.32　KE-SR方法现有一些子空间方法信号分辨能力的比较

由图中所示结果可以看出，在上述条件下，KE-SR方法的信号分辨能力强于其他的比较方法。

图7.33（a）所示为各种方法信号波达方向估计均方根误差随快拍数变化的曲线，其中 $\theta_0=-10°$，$\theta_1=12°$，信噪比为0dB；图7.33（b）所示为各种方法信号波达方向估计均方根误差随信噪比变化的曲线，其中 $\theta_0=-10°$，$\theta_1=12°$，快拍数为640。

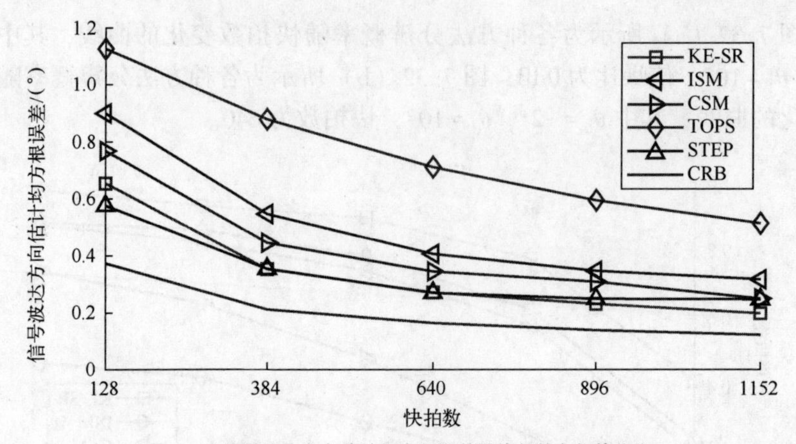

(a) 信号波达方向估计均方根误差随快拍数变化的曲线

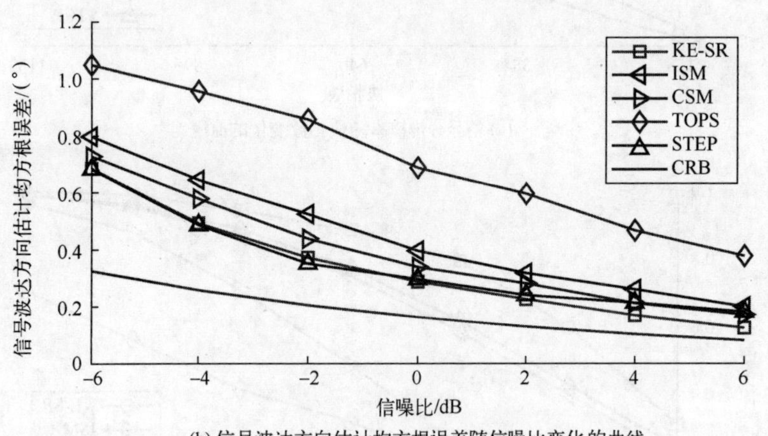

(b) 信号波达方向估计均方根误差随信噪比变化的曲线

图 7.33 KE-SR 方法与现有一些子空间方法的信号波达方向估计精度比较

由所示结果可以看出，在上述条件下，KE-SR 和 STEP 方法性能相近，且信号波达方向估计精度要高于其他的比较方法。

（5）考虑两个统计独立的等功率信号，比较 KE-SR 方法与现有的宽带协方差矩阵稀疏表示（W-CMSR[132]）方法和宽带最小绝对收缩与选择算子（W-LASSO[129]）方法等的信号波达方向估计性能。

图 7.34（a）所示为各种方法信号分辨概率随快拍数变化的曲线，其中 $\theta_0=-2°$，$\theta_1=10°$，信噪比为 0dB；图 7.34（b）所示为各种方法信号分辨概率随信噪比变化的曲线，其中 $\theta_0=-2°$，$\theta_1=10°$，快拍数为 640。

由图中所示结果可以看出，在上述条件下，KE-SR 方法的信号分辨能力略优于现有的 W-CMSR 和 W-LASSO 等方法。

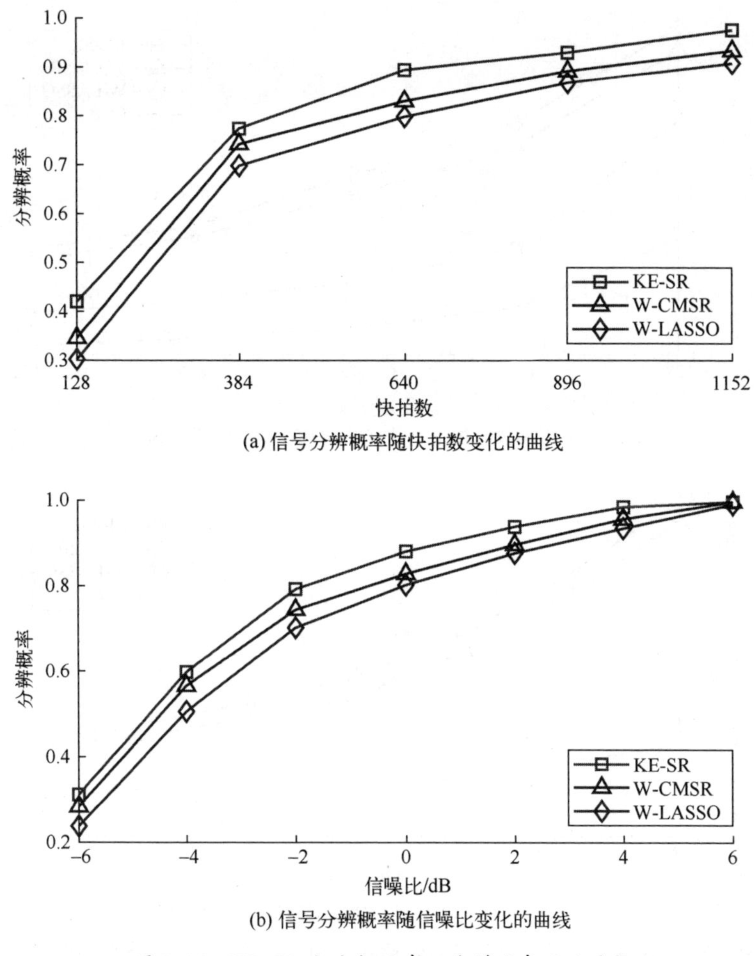

(a) 信号分辨概率随快拍数变化的曲线

(b) 信号分辨概率随信噪比变化的曲线

图 7.34　KE-SR 方法与现有一些稀疏表示及重构方法的信号分辨能力比较

图 7.35（a）所示为各种方法信号波达方向估计均方根误差随快拍数变化的曲线，其中 $\theta_0=-10°$，$\theta_1=12°$，信噪比为 0dB；图 7.35（b）所示为各种方法信号波达方向估计均方根误差随信噪比变化的曲线，其中 $\theta_0=-10°$，$\theta_1=12°$，快拍数为 640。

由所示结果可以看出，在上述条件下，KE-SR 方法的信号波达方向估计精度也优于 W-CMSR 和 W-LASSO 等方法。

（6）图 7.36 所示为基于图 7.10 所示阵列系统实测数据的 KE-SR 空间谱，其中快拍数为 1000，图 7.37 所示则是相应的 KE-SR 动态空间谱。

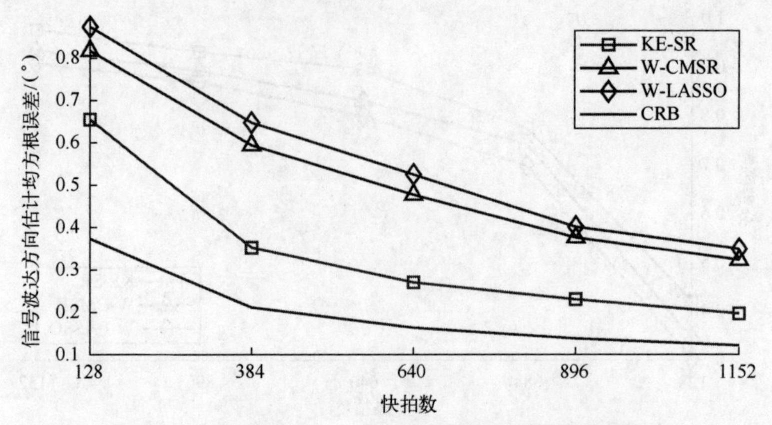

(a) 信号波达方向估计均方根误差随快拍数变化的曲线

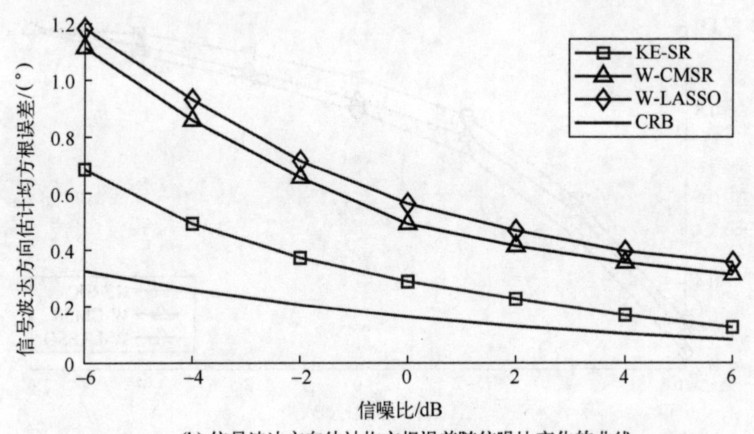

(b) 信号波达方向估计均方根误差随信噪比变化的曲线

图 7.35 KE-SR 方法与现有一些稀疏表示及重构方法的信号波达方向估计精度比较

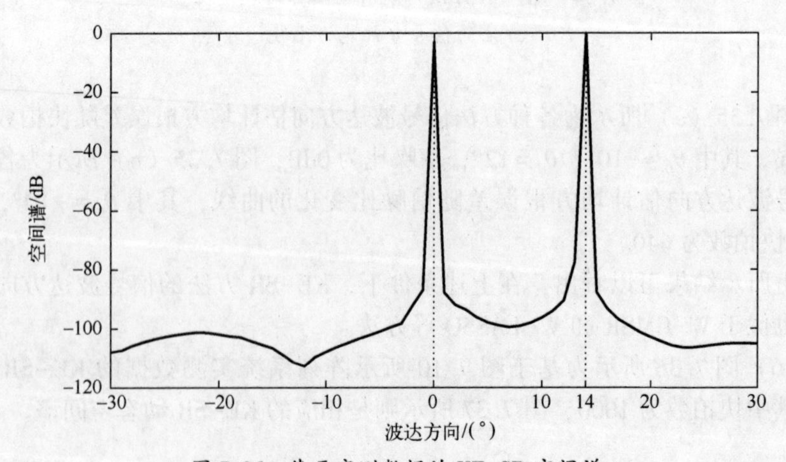

图 7.36 基于实测数据的 KE-SR 空间谱

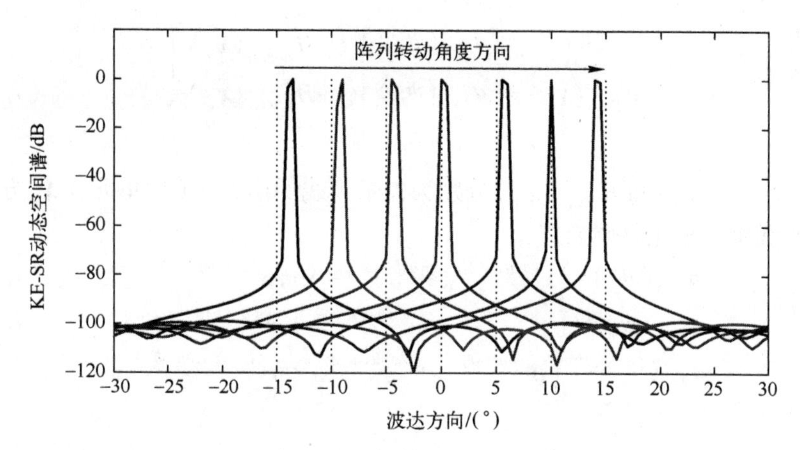

图 7.37　基于实测数据的 KE-SR 动态空间谱

7.1.5 子带分解与配对处理

基于 x 轴和 y 轴阵列观测数据，利用类似于 7.1.2 节至 7.1.4 节中所讨论的宽带降秩方法，可以获得信号的 x 轴锥角和 y 轴锥角的估计，再对三组估计结果进行配对处理。

但是，这些降秩方法主要针对小型阵列，对于尺寸较大的阵列，信号波传播时延较大，不同矢量阵元处的信号相关性也即谱对频率的积分较小，所以信号波达方向估计性能不太理想。

鉴于此，本节讨论一种子带分解降秩方法，用于上述配对处理，同时避免信号相关性衰减问题。

整个阵列的输出仍记为 $\boldsymbol{x}(t)$，根据 1.5.3 节的讨论，$\boldsymbol{x}(t)$ 的有限时间傅里叶变换具有下述形式：

$$\boldsymbol{x}(\omega_k) = \mathrm{FTFT}_{\omega_k}(\boldsymbol{x}(t)) = \sum_{m=0}^{M-1} \boldsymbol{s}_m(\omega_k) + \boldsymbol{n}(\omega_k) \tag{7.368}$$

式中：

$$\boldsymbol{s}_m(\omega_k) = \boldsymbol{a}_{h,\omega_k}(\boldsymbol{\chi}_m)h_m(\omega_k) + \boldsymbol{a}_{v,\omega_k}(\boldsymbol{\chi}_m)v_m(\omega_k) \tag{7.369}$$

其中，$\boldsymbol{\chi}_m = [\vartheta_m, \psi_m, \theta_m]^{\mathrm{T}}$，$h_m(\omega_k)$ 和 $v_m(\omega_k)$ 分别为第 m 个信号水平和垂直极化分量的有限时间傅里叶变换，$\boldsymbol{n}(\omega_k)$ 为噪声矢量的有限时间傅里叶变换；

$$\boldsymbol{a}_{h,\omega_k}(\boldsymbol{\chi}_m) = \begin{bmatrix} \boldsymbol{a}_{\omega_k,x}(\vartheta_m) \\ \boldsymbol{a}_{\omega_k,y}(\psi_m) \\ \boldsymbol{a}_{\omega_k,z}(\theta_m) \end{bmatrix} \otimes \begin{bmatrix} H_{\mathrm{H},\omega_k,0}(\boldsymbol{\chi}_m) \\ H_{\mathrm{H},\omega_k,1}(\boldsymbol{\chi}_m) \\ \vdots \end{bmatrix} \tag{7.370}$$

$$\boldsymbol{a}_{v,\omega_k}(\boldsymbol{\chi}_m)=\begin{bmatrix}\boldsymbol{a}_{\omega_k,x}(\vartheta_m)\\ \boldsymbol{a}_{\omega_k,y}(\psi_m)\\ \boldsymbol{a}_{\omega_k,z}(\theta_m)\end{bmatrix}\otimes\begin{bmatrix}H_{\mathrm{V},\omega_k,0}(\boldsymbol{\chi}_m)\\ H_{\mathrm{V},\omega_k,1}(\boldsymbol{\chi}_m)\\ \vdots\end{bmatrix} \tag{7.371}$$

其中，$H_{\mathrm{H},\omega_k,l}(\boldsymbol{\chi}_m)$和$H_{\mathrm{V},\omega_k,l}(\boldsymbol{\chi}_m)$分别为矢量天线的第$l$个传感单元在$\boldsymbol{\chi}_m$方向上的水平和垂直极化频率响应；

$$\boldsymbol{a}_{\omega_k,x}(\vartheta_m)=[\mathrm{e}^{\mathrm{j}\omega_k d\cos\vartheta_m/c},\mathrm{e}^{\mathrm{j}2\omega_k d\cos\vartheta_m/c},\cdots,\mathrm{e}^{\mathrm{j}(L-1)\omega_k d\cos\vartheta_m/c}]^{\mathrm{T}} \tag{7.372}$$

$$\boldsymbol{a}_{\omega_k,y}(\psi_m)=[\mathrm{e}^{\mathrm{j}\omega_k d\cos\psi_m/c},\mathrm{e}^{\mathrm{j}2\omega_k d\cos\psi_m/c},\cdots,\mathrm{e}^{\mathrm{j}(L-1)\omega_k d\cos\psi_m/c}]^{\mathrm{T}} \tag{7.373}$$

$$\boldsymbol{a}_{\omega_k,z}(\theta_m)=[1,\mathrm{e}^{\mathrm{j}\omega_k d\cos\theta_m/c},\mathrm{e}^{\mathrm{j}2\omega_k d\cos\theta_m/c},\cdots,\mathrm{e}^{\mathrm{j}(L-1)\omega_k d\cos\theta_m/c}]^{\mathrm{T}} \tag{7.374}$$

注意到

$$\hbar_m(\omega_k)=\rho_{\hbar v,m}(\omega_k)v_m(\omega_k)+\underbrace{(\hbar_m(\omega_k)-\rho_{\hbar v,m}(\omega_k)v_m(\omega_k))}_{\stackrel{\mathrm{def}}{=}i_{v,m}(\omega_k)} \tag{7.375}$$

$$v_m(\omega_k)=\rho_{v\hbar,m}(\omega_k)\hbar_m(\omega_k)+\underbrace{(v_m(\omega_k)-\rho_{v\hbar,m}(\omega_k)\hbar_m(\omega_k))}_{\stackrel{\mathrm{def}}{=}i_{\hbar,m}(\omega_k)} \tag{7.376}$$

式中：

$$\rho_{\hbar v,m}(\omega_k)=\frac{E(\hbar_m(\omega_k)v_m^*(\omega_k))}{E(|v_m(\omega_k)|^2)} \tag{7.377}$$

$$\rho_{v\hbar,m}(\omega_k)=\frac{E(v_m(\omega_k)\hbar_m^*(\omega_k))}{E(|\hbar_m(\omega_k)|^2)} \tag{7.378}$$

于是

$$s_m(\omega_k)=\boldsymbol{b}_{\hbar,\omega_k}(\boldsymbol{\chi}_m)\hbar_m(\omega_k)+\boldsymbol{a}_{v,\omega_k}(\boldsymbol{\chi}_m)i_{\hbar,m}(\omega_k) \tag{7.379}$$

抑或

$$s_m(\omega_k)=\boldsymbol{b}_{v,\omega_k}(\boldsymbol{\chi}_m)v_m(\omega_k)+\boldsymbol{a}_{\hbar,\omega_k}(\boldsymbol{\chi}_m)i_{v,m}(\omega_k) \tag{7.380}$$

式中：

$$\boldsymbol{b}_{\hbar,\omega_k}(\boldsymbol{\chi}_m)=\boldsymbol{\Xi}_{\omega_k}(\boldsymbol{\chi}_m)\boldsymbol{\rho}_{v\hbar,m}(\omega_k) \tag{7.381}$$

$$\boldsymbol{b}_{v,\omega_k}(\boldsymbol{\chi}_m)=\boldsymbol{\Xi}_{\omega_k}(\boldsymbol{\chi}_m)\boldsymbol{\rho}_{\hbar v,m}(\omega_k) \tag{7.382}$$

其中

$$\boldsymbol{\Xi}_{\omega_k}(\boldsymbol{\chi}_m)=[\boldsymbol{a}_{\hbar,\omega_k}(\boldsymbol{\chi}_m),\boldsymbol{a}_{v,\omega_k}(\boldsymbol{\chi}_m)] \tag{7.383}$$

$$\boldsymbol{\rho}_{v\hbar,m}(\omega_k)=[1,\rho_{v\hbar,m}(\omega_k)]^{\mathrm{T}} \tag{7.384}$$

$$\boldsymbol{\rho}_{\hbar v,m}(\omega_k)=[\rho_{\hbar v,m}(\omega_k),1]^{\mathrm{T}} \tag{7.385}$$

定义下述谱矩阵：

$$\boldsymbol{R}_{xx}(\omega_k)=E(\boldsymbol{x}(\omega_k)\boldsymbol{x}^{\mathrm{H}}(\omega_k)) \tag{7.386}$$

并令$\boldsymbol{U}_{\mathrm{n},\omega_k}$的列矢量为$\boldsymbol{R}_{xx}(\omega_k)$的次特征矢量，则

$$\boldsymbol{b}_{\hbar,\omega_k}^{\mathrm{H}}(\boldsymbol{\chi}_m)\boldsymbol{U}_{\mathrm{n},\omega_k}\boldsymbol{U}_{\mathrm{n},\omega_k}^{\mathrm{H}}\boldsymbol{b}_{\hbar,\omega_k}(\boldsymbol{\chi}_m)=0,\ m=0,1,\cdots,M-1 \tag{7.387}$$

$$\boldsymbol{b}_{v,\omega_k}^{\mathrm{H}}(\boldsymbol{\chi}_m)\boldsymbol{U}_{\mathrm{n},\omega_k}\boldsymbol{U}_{\mathrm{n},\omega_k}^{\mathrm{H}}\boldsymbol{b}_{v,\omega_k}(\boldsymbol{\chi}_m)=0,\ m=0,1,\cdots,M-1 \tag{7.388}$$

也即

$$\boldsymbol{\rho}_{vh,m}^{\mathrm{H}}(\omega_k)\boldsymbol{\Xi}_{\omega_k}^{\mathrm{H}}(\boldsymbol{\chi}_m)\boldsymbol{U}_{\mathrm{n},\omega_k}\boldsymbol{U}_{\mathrm{n},\omega_k}^{\mathrm{H}}\boldsymbol{\Xi}_{\omega_k}(\boldsymbol{\chi}_m)\boldsymbol{\rho}_{vh,m}(\omega_k)=0 \tag{7.389}$$

$$\boldsymbol{\rho}_{hv,m}^{\mathrm{H}}(\omega_k)\boldsymbol{\Xi}_{\omega_k}^{\mathrm{H}}(\boldsymbol{\chi}_m)\boldsymbol{U}_{\mathrm{n},\omega_k}\boldsymbol{U}_{\mathrm{n},\omega_k}^{\mathrm{H}}\boldsymbol{\Xi}_{\omega_k}(\boldsymbol{\chi}_m)\boldsymbol{\rho}_{hv,m}(\omega_k)=0 \tag{7.390}$$

其中，$m=0,1,\cdots,M-1$。

由于$\boldsymbol{\rho}_{vh,m}(\omega_k)$和$\boldsymbol{\rho}_{hv,m}(\omega_k)$均为非零矢量，所以有

$$\det(\boldsymbol{\Xi}_{\omega_k}^{\mathrm{H}}(\boldsymbol{\chi}_m)\boldsymbol{U}_{\mathrm{n},\omega_k}\boldsymbol{U}_{\mathrm{n},\omega_k}^{\mathrm{H}}\boldsymbol{\Xi}_{\omega_k}(\boldsymbol{\chi}_m))=0,\ m=0,1,\cdots,M-1 \tag{7.391}$$

由此可以定义下述子带合成空间谱：

$$\mathcal{J}(\boldsymbol{\chi})=\sum_{\omega_k\in\Omega}\left|\det{}^{-1}(\boldsymbol{\Xi}_{\omega_k}^{\mathrm{H}}(\boldsymbol{\chi})\boldsymbol{U}_{\mathrm{n},\omega_k}\boldsymbol{U}_{\mathrm{n},\omega_k}^{\mathrm{H}}\boldsymbol{\Xi}_{\omega_k}(\boldsymbol{\chi}))\right| \tag{7.392}$$

记$\{\hat{\vartheta}_{l_0},\hat{\vartheta}_{l_1},\cdots,\hat{\vartheta}_{l_{M-1}}\}$，$\{\hat{\psi}_{n_0},\hat{\psi}_{n_1},\cdots,\hat{\psi}_{n_{M-1}}\}$和$\{\hat{\theta}_{k_0},\hat{\theta}_{k_1},\cdots,\hat{\theta}_{k_{M-1}}\}$为三组角度估计结果，在这些角度对$\mathcal{J}(\boldsymbol{\chi})$进行三维谱峰搜索，根据谱峰位置即可实现配对。

以上讨论中，$\boldsymbol{R}_{xx}(\omega)$也可以用下述矩阵替代：

（1）若信号水平/垂直极化分量具有循环平稳性，则

$$\boldsymbol{R}_{xx}(\omega)\to\widetilde{\boldsymbol{R}}_{xx,\omega_\alpha}(\omega)=E(\boldsymbol{x}_{\omega_\alpha}(\omega)\boldsymbol{x}_{\omega_\alpha}^{\mathrm{H}}(\omega)) \tag{7.393}$$

式中：

$$\boldsymbol{x}_{\omega_\alpha}(\omega)=[\boldsymbol{x}^{\mathrm{T}}(\omega),\boldsymbol{x}^{\mathrm{T}}(\omega-\omega_\alpha)]^{\mathrm{T}} \tag{7.394}$$

式（7.392）中的$\boldsymbol{U}_{\mathrm{n},\omega_k}$利用$\widetilde{\boldsymbol{R}}_{xx,\omega_\alpha}(\omega_k)$的次特征矢量构造，$\boldsymbol{\Xi}_{\omega_k}(\boldsymbol{\chi})$的形式不变。

（2）若信号水平/垂直极化分量具有共轭循环平稳性，则

$$\boldsymbol{R}_{xx}(\omega)\to\widetilde{\boldsymbol{R}}_{xx,\omega_\beta}(\omega)=E(\boldsymbol{x}_{\omega_\beta}(\omega)\boldsymbol{x}_{\omega_\beta}^{\mathrm{H}}(\omega)) \tag{7.395}$$

式中：

$$\boldsymbol{x}_{\omega_\beta}(\omega)=[\boldsymbol{x}^{\mathrm{T}}(\omega),\boldsymbol{x}^{\mathrm{H}}(\omega_\beta-\omega)]^{\mathrm{T}} \tag{7.396}$$

式（7.392）中的$\boldsymbol{U}_{\mathrm{n},\omega_k}$利用$\widetilde{\boldsymbol{R}}_{xx,\omega_\beta}(\omega_k)$的次特征矢量构造，$\boldsymbol{\Xi}_{\omega_k}(\boldsymbol{\chi})$的形式不变。

（3）若信号水平/垂直极化分量复振幅具有直线星座图，则

$$\boldsymbol{R}_{xx}(\omega)\to\widetilde{\boldsymbol{R}}_{xx,\omega_0}(\omega)=E(\boldsymbol{x}_{\omega_0}(\omega)\boldsymbol{x}_{\omega_0}^{\mathrm{H}}(\omega)) \tag{7.397}$$

式中：

$$\boldsymbol{x}_{\omega_0}(\omega)=[\boldsymbol{x}^{\mathrm{T}}(\omega+\omega_0),\boldsymbol{x}^{\mathrm{H}}(\omega_0-\omega)]^{\mathrm{T}} \tag{7.398}$$

式（7.392）中的$\boldsymbol{U}_{\mathrm{n},\omega_k}$利用$\widetilde{\boldsymbol{R}}_{xx,\omega_0}(\omega_k)$的次特征矢量构造，$\boldsymbol{\Xi}_{\omega_k}(\boldsymbol{\chi})$按如下形式进行修正：

$$\boldsymbol{\Xi}_{\omega_k}(\boldsymbol{\chi})\to\begin{bmatrix}\boldsymbol{a}_{h,\omega_k}(\boldsymbol{\chi}) & & \boldsymbol{a}_{v,\omega_k}(\boldsymbol{\chi}) & \\ & \boldsymbol{b}_{h,\omega_k}(\boldsymbol{\chi}) & & \boldsymbol{b}_{v,\omega_k}(\boldsymbol{\chi})\end{bmatrix} \tag{7.399}$$

其中

$$\boldsymbol{a}_{\hbar,\omega_k}(\boldsymbol{\chi})=\begin{bmatrix}\boldsymbol{a}_{\omega_k+\omega_0,x}(\vartheta)\\\boldsymbol{a}_{\omega_k+\omega_0,y}(\psi)\\\boldsymbol{a}_{\omega_k+\omega_0,z}(\theta)\end{bmatrix}\otimes\begin{bmatrix}H_{\mathbf{H},\omega_k+\omega_0,0}(\boldsymbol{\chi})\\H_{\mathbf{H},\omega_k+\omega_0,1}(\boldsymbol{\chi})\\\vdots\end{bmatrix}\tag{7.400}$$

$$\boldsymbol{a}_{\mathcal{V},\omega_k}(\boldsymbol{\chi})=\begin{bmatrix}\boldsymbol{a}_{\omega_k+\omega_0,x}(\vartheta)\\\boldsymbol{a}_{\omega_k+\omega_0,y}(\psi)\\\boldsymbol{a}_{\omega_k+\omega_0,z}(\theta)\end{bmatrix}\otimes\begin{bmatrix}H_{\mathbf{V},\omega_k+\omega_0,0}(\boldsymbol{\chi})\\H_{\mathbf{V},\omega_k+\omega_0,1}(\boldsymbol{\chi})\\\vdots\end{bmatrix}\tag{7.401}$$

$$\boldsymbol{b}_{\hbar,\omega_k}(\boldsymbol{\chi})=\begin{bmatrix}\boldsymbol{a}^*_{\omega_0-\omega_k,x}(\vartheta)\\\boldsymbol{a}^*_{\omega_0-\omega_k,y}(\psi)\\\boldsymbol{a}^*_{\omega_0-\omega_k,z}(\theta)\end{bmatrix}\otimes\begin{bmatrix}H^*_{\mathbf{H},\omega_0-\omega_k,0}(\boldsymbol{\chi})\\H^*_{\mathbf{H},\omega_0-\omega_k,1}(\boldsymbol{\chi})\\\vdots\end{bmatrix}\tag{7.402}$$

$$\boldsymbol{b}_{\mathcal{V},\omega_k}(\boldsymbol{\chi})=\begin{bmatrix}\boldsymbol{a}^*_{\omega_0-\omega_k,x}(\vartheta)\\\boldsymbol{a}^*_{\omega_0-\omega_k,y}(\psi)\\\boldsymbol{a}^*_{\omega_0-\omega_k,z}(\theta)\end{bmatrix}\otimes\begin{bmatrix}H^*_{\mathbf{V},\omega_0-\omega_k,0}(\boldsymbol{\chi})\\H^*_{\mathbf{V},\omega_0-\omega_k,1}(\boldsymbol{\chi})\\\vdots\end{bmatrix}\tag{7.403}$$

其中，$\omega_k+\omega_0\in\Omega$，$\omega_0-\omega_k\in\Omega$。

7.2 降秩处理宽带信号波极化参数估计方法

假设矢量天线响应在信号处理带宽内近似与频率无关，此时阵列输出矢量可以写成

$$\boldsymbol{x}(t)=[\boldsymbol{x}_0^{\mathrm{T}}(t),\boldsymbol{x}_1^{\mathrm{T}}(t),\cdots,\boldsymbol{x}_{\dot{L}-1}^{\mathrm{T}}(t)]^{\mathrm{T}}\tag{7.404}$$

其中，$\dot{L}=3L-2$，$\boldsymbol{x}_l(t)$为第 l 个矢量天线的 $J\times1$ 维输出，

$$\boldsymbol{x}_l(t)=\sum_{m=0}^{M-1}\boldsymbol{\Xi}_{\mathrm{iso},m}\underbrace{\begin{bmatrix}h_m(t+\tau_{l,m})\\v_m(t+\tau_{l,m})\end{bmatrix}}_{\overset{\mathrm{def}}{=}\varsigma_m(t+\tau_{l,m})}+\boldsymbol{n}_l(t)\tag{7.405}$$

式中：

(1) $h_m(t)$和$v_m(t)$分别为第 m 个信号波的复解析水平和垂直极化分量，两者定义与式（1.32）和式（1.33）中的$\xi_{\mathbf{H},\mathrm{analytic}}(t)$和$\xi_{\mathbf{V},\mathrm{analytic}}(t)$类似，根据两者定义，$\varsigma_m(t)$的相关矩阵即为第 m 个信号的波相干矩阵：

$$\boldsymbol{C}_m=\boldsymbol{R}_{\varsigma_m\varsigma_m}=\langle\varsigma_m(t)\varsigma_m^{\mathrm{H}}(t)\rangle=\begin{bmatrix}\sigma^2_{h,m}&r_{v_mh_m}\\r_{h_mv_m}&\sigma^2_{v,m}\end{bmatrix}=\boldsymbol{R}^{\mathrm{H}}_{\varsigma_m\varsigma_m}\tag{7.406}$$

其中

$$\sigma_{h,m}^2=\langle |h_m(t)|^2\rangle \tag{7.407}$$

$$\sigma_{v,m}^2=\langle |v_m(t)|^2\rangle \tag{7.408}$$

$$r_{v_m h_m}=\langle h_m(t)v_m^*(t)\rangle=r_{h_m v_m}^* \tag{7.409}$$

（2）$\tau_{l,m}$为第 m 个信号波在第 l 个矢量天线和参考矢量天线间的传播时延：

$$\tau_{l,m}=\tau_l(\theta_m,\phi_m)=[\sin\theta_m\cos\phi_m,\sin\theta_m\sin\phi_m,\cos\theta_m]\boldsymbol{d}_l/c \tag{7.410}$$

其中，θ_m和ϕ_m分别为第 m 个信号的俯仰角和方位角，假定已通过某种方法估出，分别记为$\hat{\theta}_m$和$\hat{\phi}_m$。

（3）$\boldsymbol{\Xi}_{\text{iso},m}$为 $J\times2$ 维矩阵，其定义为

$$\boldsymbol{\Xi}_{\text{iso},m}=\boldsymbol{\Xi}_{\text{iso}}(\theta_m,\phi_m)=[\boldsymbol{b}_{\text{iso-H}}(\theta_m,\phi_m),\boldsymbol{b}_{\text{iso-V}}(\theta_m,\phi_m)] \tag{7.411}$$

其中，$\boldsymbol{b}_{\text{iso-H}}(\theta_m,\phi_m)$和$\boldsymbol{b}_{\text{iso-V}}(\theta_m,\phi_m)$分别为第 m 个信号的矢量天线水平和垂直极化流形矢量，为书写方便，下文将两者简记为$\boldsymbol{b}_{\text{iso-H},m}$和$\boldsymbol{b}_{\text{iso-V},m}$。

（4）$\boldsymbol{n}_l(t)$为第 l 个矢量天线的 $J\times1$ 维噪声矢量，仍假设其为极化–空间白、宽平稳随机矢量。

7.2.1 信号正交表示秩–2 滤波法

首先假设：

$$\frac{\langle h_m(t+\tau)h_m^*(t)\rangle}{\langle h_m(t)h_m^*(t)\rangle}=\frac{\langle v_m(t+\tau)v_m^*(t)\rangle}{\langle v_m(t)v_m^*(t)\rangle}=\rho(\tau) \tag{7.412}$$

基于 7.1.2 节所讨论的时滞信号正交表示理论，有

$$\varsigma_m(t+\tau_{l,m})=\rho(\tau_{l,m}-\tau_0)\varsigma_m(t+\tau_0)+\boldsymbol{i}_m^{(\tau_{l,m},\tau_0)}(t) \tag{7.413}$$

其中，τ_0为信号正交表示时延参数；

$$\boldsymbol{i}_m^{(\tau_{l,m},\tau_0)}(t)=\varsigma_m(t+\tau_{l,m})-\rho(\tau_{l,m}-\tau_0)\varsigma_m(t+\tau_0) \tag{7.414}$$

由此，可将$\boldsymbol{x}(t)$重新写成

$$\boldsymbol{x}(t)=\sum_{m=0}^{M-1}\boldsymbol{\Xi}_{\tau_0,m}\varsigma_m(t+\tau_0)+\boldsymbol{u}(\tau_0,t) \tag{7.415}$$

式中：

$$\boldsymbol{\Xi}_{\tau_0,m}=\boldsymbol{a}_{\tau_0,m}\otimes\boldsymbol{\Xi}_{\text{iso},m} \tag{7.416}$$

$$\boldsymbol{a}_{\tau_0,m}=[\rho(-\tau_0),\rho(\tau_{1,m}-\tau_0),\cdots,\rho(\tau_{L-1,m}-\tau_0)]^{\mathrm{T}} \tag{7.417}$$

此外

$$\boldsymbol{u}(\tau_0,t)=\boldsymbol{i}(\tau_0,t)+\boldsymbol{n}(t) \tag{7.418}$$

$$\boldsymbol{i}(\tau_0,t)=\sum_{m=0}^{M-1}\begin{bmatrix}\boldsymbol{\Xi}_{\text{iso},m}\boldsymbol{i}_m^{(0,\tau_0)}(t)\\ \boldsymbol{\Xi}_{\text{iso},m}\boldsymbol{i}_m^{(\tau_{1,m},\tau_0)}(t)\\ \vdots\\ \boldsymbol{\Xi}_{\text{iso},m}\boldsymbol{i}_m^{(\tau'_{L-1,m},\tau_0)}(t)\end{bmatrix} \tag{7.419}$$

综上所述，可以通过下述信号正交表示秩-2 波束形成技术，对$\varsigma_m(t+\tau_0)$进行重构：

$$\boldsymbol{x}_{\boldsymbol{W}_{\tau_0,m}}(t)=\boldsymbol{W}_{\tau_0,m}^{\text{H}}\boldsymbol{x}(t)=\sum_{m=0}^{M-1}\boldsymbol{W}_{\tau_0,m}^{\text{H}}\boldsymbol{\Xi}_{\tau_0,m}\,\varsigma_m(t+\tau_0)+\boldsymbol{W}_{\tau_0,m}^{\text{H}}\boldsymbol{u}(\tau_0,t) \tag{7.420}$$

其中，$\boldsymbol{W}_{\tau_0,m}$为$\acute{L}J\times 2$ 维秩-2 波束形成权矩阵，可通过如下优化准则进行设计：

$$\min_{\boldsymbol{W}}\operatorname{tr}(\boldsymbol{W}^{\text{H}}\boldsymbol{R}_{xx}\boldsymbol{W})\ \text{s.t.}\ \boldsymbol{W}^{\text{H}}\boldsymbol{\Xi}_{\tau_0,m}=\boldsymbol{I}_2 \tag{7.421}$$

通过拉格朗日乘子方法，可得 $\boldsymbol{W}_{\tau_0,m}$的解为

$$\boldsymbol{W}_{\tau_0,m}=\boldsymbol{R}_{xx}^{-1}\boldsymbol{\Xi}_{\tau_0,m}(\boldsymbol{\Xi}_{\tau_0,m}^{\text{H}}\boldsymbol{R}_{xx}^{-1}\boldsymbol{\Xi}_{\tau_0,m})^{-1} \tag{7.422}$$

由于滤波器具有无失真响应，也即

$$\boldsymbol{W}_{\tau_0,m}^{\text{H}}\boldsymbol{\Xi}_{\tau_0,m}\varsigma_m(t)=\varsigma_m(t) \tag{7.423}$$

所以

$$\boldsymbol{W}_{\tau_0,m}^{\text{H}}\boldsymbol{x}(t)\approx\varsigma_m(t+\tau_0) \tag{7.424}$$

这意味着

$$\boldsymbol{C}_m\approx\boldsymbol{W}_{\tau_0,m}^{\text{H}}\boldsymbol{R}_{xx}\boldsymbol{W}_{\tau_0,m}=(\boldsymbol{\Xi}_{\tau_0,m}^{\text{H}}\boldsymbol{R}_{xx}^{-1}\boldsymbol{\Xi}_{\tau_0,m})^{-1} \tag{7.425}$$

因此，可以采用下述公式估计第 m 个信号的波相干矩阵：

$$\hat{\boldsymbol{C}}_m=(\hat{\boldsymbol{\Xi}}_{\tau_0,m}^{\text{H}}\hat{\boldsymbol{R}}_{xx}^{-1}\hat{\boldsymbol{\Xi}}_{\tau_0,m})^{-1} \tag{7.426}$$

式中：$\hat{\boldsymbol{R}}_{xx}$为样本协方差矩阵；

$$\hat{\boldsymbol{\Xi}}_{\tau_0,m}=\hat{\boldsymbol{a}}_{\tau_0,m}\otimes\hat{\boldsymbol{\Xi}}_{\text{iso},m} \tag{7.427}$$

其中

$$\hat{\boldsymbol{a}}_{\tau_0,m}=[\rho(-\tau_0),\rho(\hat{\tau}_{1,m}-\tau_0),\cdots,\rho(\hat{\tau}'_{L-1,m}-\tau_0)]^{\text{T}} \tag{7.428}$$

$$\hat{\tau}_{l,m}=[\sin\hat{\theta}_m\cos\hat{\phi}_m,\sin\hat{\theta}_m\sin\hat{\phi}_m,\cos\hat{\theta}_m]\boldsymbol{d}_l/c \tag{7.429}$$

$$\hat{\boldsymbol{\Xi}}_{\text{iso},m}=[\boldsymbol{b}_{\text{iso-H}}(\hat{\theta}_m,\hat{\phi}_m),\boldsymbol{b}_{\text{iso-V}}(\hat{\theta}_m,\hat{\phi}_m)] \tag{7.430}$$

利用$\hat{\boldsymbol{C}}_m$，可以进一步估计第 m 个信号波的极化度为

$$\widehat{\text{DOP}}_m=\frac{\sqrt{(\hat{\boldsymbol{C}}_m(1,1)-\hat{\boldsymbol{C}}_m(2,2))^2+4|\hat{\boldsymbol{C}}_m(2,1)|^2}}{\hat{\boldsymbol{C}}_m(1,1)+\hat{\boldsymbol{C}}_m(2,2)} \tag{7.431}$$

当第 m 个信号波为部分极化时，$h_m(t)$ 和 $v_m(t)$ 之间的相关性使得$\varsigma_m(t+\tau_0)$和虚拟干扰矢量$\boldsymbol{i}(\tau_0,t)$之间也存在一定相关性，这限制了上述滤波方法的

性能。

当第 m 个信号波为完全极化时，

$$\boldsymbol{\varsigma}_m(t)=\begin{bmatrix}\cos\gamma_m \\ \sin\gamma_m \mathrm{e}^{\mathrm{j}\eta_m}\end{bmatrix}\varsigma_m(t)=\boldsymbol{p}_{\gamma_m,\eta_m}\varsigma_m(t) \tag{7.432}$$

其中，γ_m 和 η_m 分别为第 m 个信号波的极化辅角和极化相位差。

若是

$$\frac{\langle \varsigma_m(t+\tau)\varsigma_m^*(t)\rangle}{\langle \varsigma_m(t)\varsigma_m^*(t)\rangle}=\rho(\tau) \tag{7.433}$$

则

$$\varsigma_m(t+\tau_{l,m})=\rho(\tau_{l,m}-\tau_0)\varsigma_m(t+\tau_0)+i_m^{(\tau_{l,m},\tau_0)}(t) \tag{7.434}$$

其中

$$i_m^{(\tau_{l,m},\tau_0)}(t)=\varsigma_m(t+\tau_{l,m})-\rho(\tau_{l,m}-\tau_0)\varsigma_m(t+\tau_0) \tag{7.435}$$

于是有

$$\boldsymbol{\varsigma}_m(t+\tau_{l,m})=\rho(\tau_{l,m}-\tau_0)\underbrace{\boldsymbol{p}_{\gamma_m,\eta_m}\varsigma_m(t+\tau_0)}_{=\boldsymbol{\varsigma}_m(t+\tau_0)}+\underbrace{\boldsymbol{p}_{\gamma_m,\eta_m}i_m^{(\tau_{l,m},\tau_0)}(t)}_{=\boldsymbol{i}_m^{(\tau_{l,m},\tau_0)}(t)} \tag{7.436}$$

此时 $\boldsymbol{\varsigma}_m(t+\tau_0)$ 和虚拟干扰矢量 $\boldsymbol{i}(\tau_0,t)$ 是不相关的。

7.2.2 信号对齐秩-2 滤波法

暂不考虑噪声，我们有

$$\mathrm{FTFT}_{\omega_k}(\boldsymbol{x}_l(t))\approx\boldsymbol{\Xi}_{\mathrm{iso},m}\begin{bmatrix}\hbar_m(\omega_k) \\ \boldsymbol{v}_m(\omega_k)\end{bmatrix}\mathrm{e}^{\mathrm{j}\omega_k\tau_{l,m}}+\boldsymbol{i}_{l,m}(\omega_k) \tag{7.437}$$

其中

$$\boldsymbol{i}_{l,m}(\omega_k)=\sum_{n=0,n\neq m}^{M-1}\boldsymbol{\Xi}_{\mathrm{iso},n}\begin{bmatrix}\hbar_n(\omega_k) \\ \boldsymbol{v}_n(\omega_k)\end{bmatrix}\mathrm{e}^{\mathrm{j}\omega_k\tau_{l,n}} \tag{7.438}$$

利用 7.1.3 节所讨论的方法，可得

$$\sum_{\omega_k\in\Omega}\mathrm{e}^{-\mathrm{j}\omega_k\tau_{l,m}}\mathrm{FTFT}_{\omega_k}(\boldsymbol{x}_l(t))\mathrm{e}^{\mathrm{j}\omega_k t}\approx\boldsymbol{\Xi}_{\mathrm{iso},m}\boldsymbol{\varsigma}_m(t)+\boldsymbol{i}_{l,m}(t) \tag{7.439}$$

其中

$$\boldsymbol{i}_{l,m}(t)=\sum_{n=0,n\neq m}^{M-1}\boldsymbol{\Xi}_{\mathrm{iso},n}\boldsymbol{\varsigma}_n(t+\tau_{l,n}-\tau_{l,m}) \tag{7.440}$$

由此可以对第 m 个信号进行对齐：

$$\underbrace{\sum_{\omega_k\in\Omega}(\hat{\boldsymbol{T}}_m(\omega_k)\otimes\boldsymbol{I}_J)\boldsymbol{x}(\omega_k)\mathrm{e}^{\mathrm{j}\omega_k t}}_{=\boldsymbol{x}_{\hat{\boldsymbol{\tau}}_m}(t)}\approx\boldsymbol{\Xi}_m\boldsymbol{\varsigma}_m(t)+\boldsymbol{u}_{\hat{\boldsymbol{\tau}}_m}(t) \tag{7.441}$$

式中：

$$\hat{\boldsymbol{T}}_m(\omega_k)=\mathrm{diag}(1,\mathrm{e}^{-\mathrm{j}\omega_k\hat{\tau}_{1,m}},\cdots,\mathrm{e}^{-\mathrm{j}\omega_k\hat{\tau}_{L'-1,m}}) \tag{7.442}$$

$$\boldsymbol{x}(\omega_k)=\mathrm{FTFT}_{\omega_k}(\boldsymbol{x}(t)) \tag{7.443}$$

$$\hat{\boldsymbol{\tau}}_m=[1,\hat{\tau}_{1,m},\hat{\tau}_{2,m},\cdots,\hat{\tau}_{L'-1,m}]^{\mathrm{T}} \tag{7.444}$$

$$\boldsymbol{\Xi}_m=\boldsymbol{\iota}_{L'}\otimes\boldsymbol{\Xi}_{\mathrm{iso},m} \tag{7.445}$$

此外

$$\boldsymbol{u}_{\hat{\tau}_m}(t)=\boldsymbol{i}_{\hat{\tau}_m}(t)+\boldsymbol{n}_{\hat{\tau}_m}(t) \tag{7.446}$$

其中，$\boldsymbol{i}_{\hat{\tau}_m}(t)$和$\boldsymbol{n}_{\hat{\tau}_m}(t)$分别为与$\varsigma_m(t)$互不相关的未对齐信号矢量和噪声矢量，

$$\boldsymbol{i}_{\hat{\tau}_m}(t)=\sum_{n=0,n\neq m}^{M-1}\begin{bmatrix}\boldsymbol{\Xi}_{\mathrm{iso},n}\ \varsigma_n(t)\\ \boldsymbol{\Xi}_{\mathrm{iso},n}\ \varsigma_n(t+\tau_{1,n}-\hat{\tau}_{1,m})\\ \vdots\\ \boldsymbol{\Xi}_{\mathrm{iso},n}\ \varsigma_n(t+\tau_{L'-1,n}-\hat{\tau}_{L'-1,m})\end{bmatrix} \tag{7.447}$$

$$\boldsymbol{n}_{\hat{\tau}_m}(t)=[\boldsymbol{n}_0^{\mathrm{T}}(t),\boldsymbol{n}_1^{\mathrm{T}}(t-\hat{\tau}_{1,m}),\cdots,\boldsymbol{n}_{L'-1}^{\mathrm{T}}(t-\hat{\tau}_{L'-1,m})]^{\mathrm{T}} \tag{7.448}$$

根据式（7.441），可利用与 7.2.1 节类似的秩-2 滤波方法估计信号波的极化参数，简述如下：

（1）采用下述信号对齐秩-2 波束形成技术对$\varsigma_m(t)$进行重构：

$$\boldsymbol{x}_{\hat{\tau}_m,\boldsymbol{W}_m}(t)=\boldsymbol{W}_m^{\mathrm{H}}\boldsymbol{x}_{\hat{\tau}_m}(t)\approx\boldsymbol{W}_m^{\mathrm{H}}\boldsymbol{\Xi}_m\varsigma_m(t)+\boldsymbol{W}_m^{\mathrm{H}}\boldsymbol{u}_{\hat{\tau}_m}(t) \tag{7.449}$$

式中：$\boldsymbol{W}_m$按以下优化准则进行设计：

$$\min_{\boldsymbol{W}}\ \mathrm{tr}(\boldsymbol{W}^{\mathrm{H}}\hat{\boldsymbol{R}}_{\boldsymbol{x}_{\hat{\tau}_m}\boldsymbol{x}_{\hat{\tau}_m}}\boldsymbol{W})\ \ \mathrm{s.\,t.}\ \boldsymbol{W}^{\mathrm{H}}\hat{\boldsymbol{\Xi}}_m=\boldsymbol{I}_2 \tag{7.450}$$

其中，$\hat{\boldsymbol{R}}_{\boldsymbol{x}_{\hat{\tau}_m}\boldsymbol{x}_{\hat{\tau}_m}}$为$\boldsymbol{R}_{\boldsymbol{x}_{\hat{\tau}_m}\boldsymbol{x}_{\hat{\tau}_m}}=\langle\boldsymbol{x}_{\hat{\tau}_m}(t)\boldsymbol{x}_{\hat{\tau}_m}^{\mathrm{H}}(t)\rangle$的估计：

$$\hat{\boldsymbol{R}}_{\boldsymbol{x}_{\hat{\tau}_m}\boldsymbol{x}_{\hat{\tau}_m}}=\frac{1}{K}\sum_{k=0}^{K-1}\boldsymbol{x}_{\hat{\tau}_m}(t_k)\boldsymbol{x}_{\hat{\tau}_m}^{\mathrm{H}}(t_k) \tag{7.451}$$

而$\hat{\boldsymbol{\Xi}}_m$为$\boldsymbol{\Xi}_m$的估计：

$$\hat{\boldsymbol{\Xi}}_m=\boldsymbol{\iota}_{L'}\otimes\hat{\boldsymbol{\Xi}}_{\mathrm{iso},m} \tag{7.452}$$

通过拉格朗日乘子方法，可得$\boldsymbol{W}_m$的解为

$$\boldsymbol{W}_m=\hat{\boldsymbol{R}}_{\boldsymbol{x}_{\hat{\tau}_m}\boldsymbol{x}_{\hat{\tau}_m}}^{-1}\hat{\boldsymbol{\Xi}}_m(\hat{\boldsymbol{\Xi}}_m^{\mathrm{H}}\hat{\boldsymbol{R}}_{\boldsymbol{x}_{\hat{\tau}_m}\boldsymbol{x}_{\hat{\tau}_m}}^{-1}\hat{\boldsymbol{\Xi}}_m)^{-1} \tag{7.453}$$

（2）由于

$$\boldsymbol{W}_m^{\mathrm{H}}\hat{\boldsymbol{R}}_{\boldsymbol{x}_{\hat{\tau}_m}\boldsymbol{x}_{\hat{\tau}_m}}\boldsymbol{W}_m\approx\boldsymbol{C}_m \tag{7.454}$$

第 m 个信号的波相干矩阵可以估计为

$$\hat{\boldsymbol{C}}_m=(\hat{\boldsymbol{\Xi}}_m^{\mathrm{H}}\hat{\boldsymbol{R}}_{\boldsymbol{x}_{\hat{\tau}_m}\boldsymbol{x}_{\hat{\tau}_m}}^{-1}\hat{\boldsymbol{\Xi}}_m)^{-1} \tag{7.455}$$

利用$\hat{\boldsymbol{C}}_m$，可以根据式（7.431）估计第m个信号波的极化度。

7.2.3 核展开稀疏重构方法

本节考虑核展开的一种特殊情形：所有信号波均为完全极化，都具有平坦功率谱，且带宽相同，均为BW，此时有

$$\boldsymbol{\varsigma}_m(t)=[\cos\gamma_m,\sin\gamma_m e^{j\eta_m}]^T=\boldsymbol{p}_{\gamma_m,\eta_m}\varsigma_m(t) \tag{7.456}$$

$$\langle\varsigma_m(t+\tau)\varsigma_m^*(t)\rangle=\sigma_m^2\mathrm{Sa}\left(\frac{\mathrm{BW}}{2}\tau\right)e^{j\omega_0\tau} \tag{7.457}$$

其中，$\sigma_m^2=\langle|\varsigma_m(t)|^2\rangle$为第$m$个信号的功率。

由此有

$$\boldsymbol{y}_i=\langle\boldsymbol{x}(t)x_i^*(t)\rangle=\sum_{m=0}^{M-1}\boldsymbol{\Xi}_{\mathrm{syn},m}(\boldsymbol{\nu}_{i,m}^*\sigma_m^2\boldsymbol{p}_{\gamma_m,\eta_m})+\sigma^2\boldsymbol{\iota}_{L'J,i+1} \tag{7.458}$$

其中，$i=0,1,\cdots,J-1$，σ^2为噪声功率；

$$\boldsymbol{\Xi}_{\mathrm{syn},m}=\boldsymbol{a}_{\mathrm{syn},m}\otimes\boldsymbol{\Xi}_{\mathrm{iso},m} \tag{7.459}$$

$$\boldsymbol{a}_{\mathrm{syn},m}=\left[1,\mathrm{Sa}\left(\frac{\mathrm{BW}}{2}\tau_{1,m}\right)e^{j\omega_0\tau_{1,m}},\cdots,\mathrm{Sa}\left(\frac{\mathrm{BW}}{2}\tau_{L'-1,m}\right)e^{j\omega_0\tau_{L'-1,m}}\right]^T \tag{7.460}$$

$$\boldsymbol{\nu}_{i,m}=\boldsymbol{\iota}_{J,i}^T\boldsymbol{\Xi}_{\mathrm{iso},m}\boldsymbol{p}_{\gamma_m,\eta_m} \tag{7.461}$$

基于式（7.458）~式（7.461），可采用稀疏重构方法估计信号波的极化参数，下面简述之。

在估计出的M个信号波达方向附近，以间隔$\Delta\theta$°各选择若干个角度，作为稀疏重构离散角度集

$$\{\boldsymbol{\Theta}_0,\boldsymbol{\Theta}_1,\cdots,\boldsymbol{\Theta}_{M-1}\} \tag{7.462}$$

其中

$$\boldsymbol{\Theta}_m=\{(\theta_{m0},\phi_{m0}),(\theta_{m1},\phi_{m1}),\cdots\} \tag{7.463}$$

（1）根据式（7.458）~式（7.461），有

$$\boldsymbol{y}=\sum_{i=0}^{J-1}\boldsymbol{y}_i=\sum_{m=0}^{M-1}\boldsymbol{\Xi}_{\mathrm{syn},m}(\boldsymbol{\nu}_m\boldsymbol{p}_{\gamma_m,\eta_m})+\sigma^2\bar{\boldsymbol{\iota}}_J \tag{7.464}$$

其中

$$\boldsymbol{\nu}_m=\sum_{i=0}^{J-1}\boldsymbol{\nu}_{i,m}^*\sigma_m^2 \tag{7.465}$$

$$\bar{\boldsymbol{\iota}}_J=\sum_{i=0}^{J-1}\boldsymbol{\iota}_{L'J,i+1} \tag{7.466}$$

由此，$\boldsymbol{y}$有下述稀疏表示形式：

$$\boldsymbol{y}=\boldsymbol{\mathcal{D}}^{(1)}\boldsymbol{s}_{\mathrm{sv}} \tag{7.467}$$

式中：

① $\mathcal{D}^{(1)}$为字典矩阵：

$$\mathcal{D}^{(1)}=[\mathcal{D}_0,\mathcal{D}_1,\cdots,\mathcal{D}_{M-1},\bar{\boldsymbol{\iota}}_J] \tag{7.468}$$

$$\mathcal{D}_m=[\boldsymbol{\Xi}_{\text{syn}}(\theta_{m0},\phi_{m0}),\boldsymbol{\Xi}_{\text{syn}}(\theta_{m1},\phi_{m1}),\cdots] \tag{7.469}$$

其中

$$\boldsymbol{\Xi}_{\text{syn}}(\theta,\phi)=\boldsymbol{a}_{\text{syn}}(\theta,\phi)\otimes\boldsymbol{\Xi}_{\text{iso}}(\theta,\phi) \tag{7.470}$$

$$\boldsymbol{a}_{\text{syn}}(\theta,\phi)=\begin{bmatrix}1\\ \text{Sa}\left(\dfrac{\text{BW}}{2}\tau_1(\theta,\phi)\right)\text{e}^{\text{j}\omega_0\tau_1(\theta,\phi)}\\ \vdots\\ \text{Sa}\left(\dfrac{\text{BW}}{2}\tau_{L-1}(\theta,\phi)\right)\text{e}^{\text{j}\omega_0\tau_{L-1}(\theta,\phi)}\end{bmatrix} \tag{7.471}$$

$$\tau_l(\theta,\phi)=[\sin\theta\cos\phi,\sin\theta\sin\phi,\cos\theta]\boldsymbol{d}_l/c \tag{7.472}$$

② $\boldsymbol{s}_{\text{sv}}$为稀疏矢量：

$$\boldsymbol{s}_{\text{sv}}=[\boldsymbol{s}_{\text{sv},1}^{\text{T}},\boldsymbol{s}_{\text{sv},2}^{\text{T}},\cdots,s_{\text{sv},0}]^{\text{T}} \tag{7.473}$$

其中，$\boldsymbol{s}_{\text{sv},1}$，$\boldsymbol{s}_{\text{sv},2}$，…均为2×1维矢量，$s_{\text{sv},0}$为标量。

关于稀疏矢量$\boldsymbol{s}_{\text{sv}}$的求解，可考虑下述稀疏重构优化问题：

$$\min_{\boldsymbol{z}}\|\boldsymbol{z}\|_{2,1}\ \text{s. t.}\ \|\boldsymbol{y}-\mathcal{D}^{(1)}\boldsymbol{z}\|_2\leqslant\varsigma \tag{7.474}$$

式中：ς为用来约束数据拟合误差的用户参数，

$$\boldsymbol{z}=[\boldsymbol{z}_1^{\text{T}},\boldsymbol{z}_2^{\text{T}},\cdots,z_0]^{\text{T}} \tag{7.475}$$

$$\|\boldsymbol{z}\|_{2,1}=\left\|\begin{bmatrix}\|\boldsymbol{z}_1\|_2\\ \|\boldsymbol{z}_2\|_2\\ \vdots\\ z_0\end{bmatrix}\right\|_1 \tag{7.476}$$

其中，$\boldsymbol{z}_1$，$\boldsymbol{z}_2$，…均为2×1维矢量，z_0为标量。

式（7.474）所示优化问题可以通过凸优化工具包CVX求解，将其解记为

$$\hat{\boldsymbol{s}}_{\text{sv}}=[\hat{\boldsymbol{s}}_{\text{sv},1}^{\text{T}},\hat{\boldsymbol{s}}_{\text{sv},2}^{\text{T}},\cdots,\hat{s}_{\text{sv},0}]^{\text{T}} \tag{7.477}$$

若$\hat{\boldsymbol{s}}_{\text{sv},n}$为对应于第$m$个信号的非零矢量，则

$$\hat{\boldsymbol{s}}_{\text{sv},n}\approx\nu_m\boldsymbol{p}_{\gamma_m,\eta_m}=\nu_m[\cos\gamma_m,\sin\gamma_m\text{e}^{\text{j}\eta_m}]^{\text{T}} \tag{7.478}$$

由此可得下述信号波极化参数估计公式：

$$\hat{\gamma}_m=\arctan(|\hat{\boldsymbol{s}}_{\text{sv},n}(2)/\hat{\boldsymbol{s}}_{\text{sv},n}(1)|) \tag{7.479}$$

$$\hat{\eta}_m=\angle(\hat{\boldsymbol{s}}_{\text{sv},n}(2)/\hat{\boldsymbol{s}}_{\text{sv},n}(1)) \tag{7.480}$$

(2) 注意到

$$\boldsymbol{Y}=[\boldsymbol{y}_0,\boldsymbol{y}_1,\cdots,\boldsymbol{y}_{J-1}]=\sum_{m=0}^{M-1}\boldsymbol{\Xi}_{\mathrm{syn},m}\boldsymbol{P}_m+\sigma^2\underbrace{\begin{bmatrix}\boldsymbol{I}_J\\ \boldsymbol{O}_{(\acute{L}J-J)\times J}\end{bmatrix}}_{\bar{\boldsymbol{I}}_J} \tag{7.481}$$

式中：

$$\boldsymbol{P}_m=\sigma_m^2[\nu_{0,m}^*\boldsymbol{p}_{\gamma_m,\eta_m},\nu_{1,m}^*\boldsymbol{p}_{\gamma_m,\eta_m},\cdots,\nu_{J-1,m}^*\boldsymbol{p}_{\gamma_m,\eta_m}] \tag{7.482}$$

所以，$\boldsymbol{Y}$ 具有下述稀疏表示形式：

$$\boldsymbol{Y}=\boldsymbol{\mathcal{D}}^{(2)}\boldsymbol{\mathcal{S}}_{\mathrm{sm}} \tag{7.483}$$

式中：

① $\boldsymbol{\mathcal{D}}^{(2)}$ 为字典矩阵：

$$\boldsymbol{\mathcal{D}}^{(2)}=[\boldsymbol{\mathcal{D}}_0,\boldsymbol{\mathcal{D}}_1,\cdots,\boldsymbol{\mathcal{D}}_{M-1},\bar{\boldsymbol{I}}_J] \tag{7.484}$$

② $\boldsymbol{\mathcal{S}}_{\mathrm{sm}}$ 为稀疏矩阵：

$$\boldsymbol{\mathcal{S}}_{\mathrm{sm}}=[\boldsymbol{\mathcal{S}}_{\mathrm{sm},1}^{\mathrm{T}},\boldsymbol{\mathcal{S}}_{\mathrm{sm},2}^{\mathrm{T}},\cdots,\boldsymbol{\mathcal{S}}_{\mathrm{sm},0}^{\mathrm{T}}]^{\mathrm{T}} \tag{7.485}$$

其中，$\boldsymbol{\mathcal{S}}_{\mathrm{sm},1}$，$\boldsymbol{\mathcal{S}}_{\mathrm{sm},2}$，…均为 $2\times J$ 维矩阵，$\boldsymbol{\mathcal{S}}_{\mathrm{sm},0}$ 为 $J\times J$ 维矩阵。

关于稀疏矩阵 $\boldsymbol{\mathcal{S}}_{\mathrm{sm}}$ 的求解，可考虑下述稀疏重构优化问题：

$$\min_{\boldsymbol{Z}}\|\boldsymbol{Z}\|_{2,1}\ \text{s.t.}\ \|\boldsymbol{Y}-\boldsymbol{\mathcal{D}}^{(2)}\boldsymbol{Z}\|_2\leqslant\varsigma \tag{7.486}$$

式中：ς 仍为用来约束数据拟合误差的用户参数；

$$\boldsymbol{Z}=[\boldsymbol{Z}_1^{\mathrm{T}},\boldsymbol{Z}_2^{\mathrm{T}},\cdots,\boldsymbol{Z}_0^{\mathrm{T}}]^{\mathrm{T}} \tag{7.487}$$

$$\|\boldsymbol{Z}\|_{2,1}=\left\|\begin{bmatrix}\|\boldsymbol{Z}_1\|_2\\ \|\boldsymbol{Z}_2\|_2\\ \vdots\\ \|\boldsymbol{Z}_0\|_2\end{bmatrix}\right\|_1 \tag{7.488}$$

其中，$\boldsymbol{Z}_1$，$\boldsymbol{Z}_2$，…均为 $2\times J$ 维矩阵，$\boldsymbol{Z}_0$ 为 $J\times J$ 维矩阵。

式 (7.486) 所示优化问题仍可通过凸优化工具包 CVX 求解，将其解记为

$$\hat{\boldsymbol{\mathcal{S}}}_{\mathrm{sm}}=[\hat{\boldsymbol{\mathcal{S}}}_{\mathrm{sm},1}^{\mathrm{T}},\hat{\boldsymbol{\mathcal{S}}}_{\mathrm{sm},2}^{\mathrm{T}},\cdots,\hat{\boldsymbol{\mathcal{S}}}_{\mathrm{sm},0}^{\mathrm{T}}]^{\mathrm{T}} \tag{7.489}$$

若 $\hat{\boldsymbol{\mathcal{S}}}_{\mathrm{sm},n}$ 为对应于第 m 个信号的非零块矩阵，则

$$\hat{\boldsymbol{\mathcal{S}}}_{\mathrm{sm},n}\approx\sigma_m^2[\nu_{0,m}^*\boldsymbol{p}_{\gamma_m,\eta_m},\nu_{1,m}^*\boldsymbol{p}_{\gamma_m,\eta_m},\cdots,\nu_{J-1,m}^*\boldsymbol{p}_{\gamma_m,\eta_m}] \tag{7.490}$$

由此仍可得到第 m 个信号波的极化参数估计。

7.3 满秩处理方法

考虑与 7.1.4 节相同的处理模型，将阵列输出时滞堆栈协方差矩阵重写

成下述形式：

$$\boldsymbol{R}_{\underline{x}\underline{x}} = \boldsymbol{R}_{\underline{s}_0\underline{s}_0} + \underbrace{\sum_{m=1}^{M-1} \boldsymbol{R}_{\underline{s}_m\underline{s}_m} + \sigma^2 \boldsymbol{I}_{LQ}}_{\stackrel{\text{def}}{=}\boldsymbol{R}_{\boldsymbol{vv}}} \tag{7.491}$$

记波束形成器权矢量为$\underline{\boldsymbol{w}}$，其输出为 $y(t) = \underline{\boldsymbol{w}}^{\mathrm{H}} \underline{\boldsymbol{x}}(t)$，其中信号分量的功率为

$$\underline{\boldsymbol{w}}^{\mathrm{H}} \boldsymbol{R}_{\underline{s}_0\underline{s}_0} \underline{\boldsymbol{w}} = \sigma_0^2 \underline{\boldsymbol{w}}^{\mathrm{H}} \boldsymbol{R}_{\theta_0} \underline{\boldsymbol{w}} \tag{7.492}$$

输出干扰功率和为

$$\underline{\boldsymbol{w}}^{\mathrm{H}} \Big(\sum_{m=1}^{M-1} \boldsymbol{R}_{\underline{s}_m\underline{s}_m} \Big) \underline{\boldsymbol{w}} = \sum_{m=1}^{M-1} \sigma_m^2 \underline{\boldsymbol{w}}^{\mathrm{H}} \boldsymbol{R}_{\theta_m} \underline{\boldsymbol{w}} \tag{7.493}$$

为估计干扰波达方向及功率，可以设计下述波束形成器：

$$\min_{\underline{\boldsymbol{w}}} \underline{\boldsymbol{w}}^{\mathrm{H}} \boldsymbol{R}_{\underline{x}\underline{x}} \underline{\boldsymbol{w}} \text{ s. t. } \underline{\boldsymbol{w}}^{\mathrm{H}} \boldsymbol{R}_{\theta_m} \underline{\boldsymbol{w}} = 1 \tag{7.494}$$

利用拉格朗日乘子方法，可得其解为

$$\underline{\boldsymbol{w}}_{\theta_m} = \boldsymbol{\mu}_{\max} (\boldsymbol{R}_{\underline{x}\underline{x}}^{-1} \boldsymbol{R}_{\theta_m}) \tag{7.495}$$

其中，“$\boldsymbol{\mu}_{\max}(\cdot)$” 表示括号中矩阵最大特征值所对应的特征矢量。

基于上述满秩波束形成原理，可通过下述宽带满秩最小功率（FR-MP）波束扫描空间谱峰搜索进行干扰波达方向估计（该公式也可用于期望信号的波达方向估计）：

$$\mathcal{J}_{\text{FR-MP}}(\theta) = \underline{\boldsymbol{w}}_{\theta}^{\mathrm{H}} \boldsymbol{R}_{\underline{x}\underline{x}} \underline{\boldsymbol{w}}_{\theta} = \boldsymbol{\mu}_{\max}^{\mathrm{H}} (\boldsymbol{R}_{\underline{x}\underline{x}}^{-1} \boldsymbol{R}_{\theta}) \boldsymbol{R}_{\underline{x}\underline{x}} \boldsymbol{\mu}_{\max} (\boldsymbol{R}_{\underline{x}\underline{x}}^{-1} \boldsymbol{R}_{\theta}) \tag{7.496}$$

相应地，第 m 个干扰的功率可以估计为

$$\hat{\sigma}_m^2 = \underline{\boldsymbol{w}}_{\hat{\theta}_m}^{\mathrm{H}} \boldsymbol{R}_{\underline{x}\underline{x}} \underline{\boldsymbol{w}}_{\hat{\theta}_m} = \boldsymbol{\mu}_{\max}^{\mathrm{H}} (\boldsymbol{R}_{\underline{x}\underline{x}}^{-1} \boldsymbol{R}_{\hat{\theta}_m}) \boldsymbol{R}_{\underline{x}\underline{x}} \boldsymbol{\mu}_{\max} (\boldsymbol{R}_{\underline{x}\underline{x}}^{-1} \boldsymbol{R}_{\hat{\theta}_m}) \tag{7.497}$$

其中，$\hat{\theta}_m$ 为 θ_m 的估计值。

宽带满秩最小方差无失真响应（FR-MVDR）波束形成器权矢量采用以下设计准则：

$$\min_{\underline{\boldsymbol{w}}} \underline{\boldsymbol{w}}^{\mathrm{H}} \underbrace{\Big(\sum_{m=1}^{M-1} \hat{\sigma}_m^2 \boldsymbol{R}_{\hat{\theta}_m} + \hat{\sigma}^2 \boldsymbol{I}_{LQ} \Big)}_{\stackrel{\text{def}}{=}\hat{\boldsymbol{R}}_{\boldsymbol{vv}}} \underline{\boldsymbol{w}} \text{ s. t. } \underline{\boldsymbol{w}}^{\mathrm{H}} \boldsymbol{R}_{\theta_0} \underline{\boldsymbol{w}} = 1 \tag{7.498}$$

其中，$\hat{\sigma}^2$ 为 σ^2 的估计值，可通过 $\boldsymbol{R}_{\underline{x}\underline{x}}$ 较小特征值的平均获得。

通过拉格朗日乘子方法，可得式（7.498）的解为

$$\boldsymbol{w}_{\text{FR-MVDR}} = \boldsymbol{\mu}_{\max} (\hat{\boldsymbol{R}}_{\boldsymbol{vv}}^{-1} \boldsymbol{R}_{\theta_0}) \tag{7.499}$$

（1）若期望信号和干扰的复振幅均具有直线星座图，重写增广协方差矩阵为

$$\boldsymbol{R}_{\underline{\tilde{x}}\underline{\tilde{x}}} = \sigma_0^2 \widetilde{\boldsymbol{R}}_{\theta_0,\kappa_0} + \underbrace{\sum_{m=1}^{M-1} \sigma_m^2 \widetilde{\boldsymbol{R}}_{\theta_m,\kappa_m} + \sigma^2 \boldsymbol{I}_{2LQ}}_{\stackrel{\text{def}}{=}\boldsymbol{R}_{\underset{\sim}{\boldsymbol{vv}}}} \tag{7.500}$$

式中：$\widetilde{\boldsymbol{R}}_{\theta_m,\kappa_m}$的定义参见式（7.282），$\kappa_m=\mathrm{e}^{\mathrm{j}\varphi_m}$，其中 φ_0为期望信号非圆相角，φ_m为第 m 个干扰的非圆相角。

此时可考虑下述宽带增广满秩波束形成：

$$\min_{\underline{\boldsymbol{w}}} \underline{\boldsymbol{w}}^{\mathrm{H}}\boldsymbol{R}_{\underline{\tilde{x}}\underline{\tilde{x}}}\underline{\boldsymbol{w}} \text{ s. t. } \underline{\boldsymbol{w}}^{\mathrm{H}}\widetilde{\boldsymbol{R}}_{\theta_m,\kappa_m}\underline{\boldsymbol{w}}=1 \tag{7.501}$$

利用拉格朗日乘子方法，可得对应的权矢量为

$$\widetilde{\underline{\boldsymbol{w}}}_{\theta_m}=\boldsymbol{\mu}_{\max}(\boldsymbol{R}_{\underline{\tilde{x}}\underline{\tilde{x}}}^{-1}\widetilde{\boldsymbol{R}}_{\theta_m,\kappa_m}) \tag{7.502}$$

由此可以定义下述宽带增广满秩最小功率（FR-MP~）波束扫描谱：

$$\mathcal{J}_{\mathrm{FR\text{-}MP}\sim}(\theta,\varphi)=\widetilde{\underline{\boldsymbol{w}}}_{\theta}^{\mathrm{H}}\widetilde{\boldsymbol{R}}_{\underline{\tilde{x}}\underline{\tilde{x}}}\underline{\boldsymbol{w}}_{\theta}=\boldsymbol{\mu}_{\max}^{\mathrm{H}}(\boldsymbol{R}_{\underline{\tilde{x}}\underline{\tilde{x}}}^{-1}\widetilde{\boldsymbol{R}}_{\theta,\varphi})\boldsymbol{R}_{\underline{\tilde{x}}\underline{\tilde{x}}}\boldsymbol{\mu}_{\max}(\boldsymbol{R}_{\underline{\tilde{x}}\underline{\tilde{x}}}^{-1}\widetilde{\boldsymbol{R}}_{\theta,\varphi}) \tag{7.503}$$

式中：

$$\widetilde{\boldsymbol{R}}_{\theta,\varphi}=\begin{bmatrix} \boldsymbol{R}_{\theta} & \mathrm{e}^{-\mathrm{j}\varphi}\boldsymbol{R}_{\theta}\underline{\boldsymbol{\Gamma}}_{\theta} \\ \mathrm{e}^{\mathrm{j}\varphi}\underline{\boldsymbol{\Gamma}}_{\theta}^{\mathrm{H}}\boldsymbol{R}_{\theta}^{\mathrm{H}} & \underline{\boldsymbol{\Gamma}}_{\theta}^{\mathrm{H}}\boldsymbol{R}_{\theta}\underline{\boldsymbol{\Gamma}}_{\theta} \end{bmatrix} \tag{7.504}$$

其中，$\underline{\boldsymbol{\Gamma}}_{\theta}$的定义参见式（7.288），

$$\boldsymbol{R}_{\theta}=\begin{bmatrix} \boldsymbol{R}_{\theta,11} & \cdots & \boldsymbol{R}_{\theta,1Q} \\ \vdots & \ddots & \vdots \\ \boldsymbol{R}_{\theta,Q1} & \cdots & \boldsymbol{R}_{\theta,QQ} \end{bmatrix} \tag{7.505}$$

$$\boldsymbol{R}_{\theta,pq}=\begin{bmatrix} \rho_{-(p-q)\Delta t} & \cdots & \rho_{-\tau_{L-1,\theta}-(p-q)\Delta t} \\ \vdots & \ddots & \vdots \\ \rho_{\tau_{L-1,\theta}-(p-q)\Delta t} & \cdots & \rho_{-(p-q)\Delta t} \end{bmatrix} \tag{7.506}$$

与满秩宽带最小方差无失真响应波束形成类似，可通过下述步骤实现宽带增广满秩最小方差无失真响应（FR-MVDR~）波束形成：

① 根据 $\mathcal{J}_{\mathrm{FR\text{-}MP}\sim}(\theta,\varphi)$的谱峰位置估计干扰波达方向和非圆相角。

② 根据下述公式估计干扰功率：

$$\hat{\sigma}_m^2=\boldsymbol{\mu}_{\max}^{\mathrm{H}}(\boldsymbol{R}_{\underline{\tilde{x}}\underline{\tilde{x}}}^{-1}\widetilde{\boldsymbol{R}}_{\hat{\theta}_m,\hat{\varphi}_m})\boldsymbol{R}_{\underline{\tilde{x}}\underline{\tilde{x}}}\boldsymbol{\mu}_{\max}(\boldsymbol{R}_{\underline{\tilde{x}}\underline{\tilde{x}}}^{-1}\widetilde{\boldsymbol{R}}_{\hat{\theta}_m,\hat{\varphi}_m}) \tag{7.507}$$

其中，$\hat{\theta}_m$和$\hat{\varphi}_m$分别为干扰波达方向 θ_m和干扰非圆相角 φ_m的估计值。

③ 根据 $\boldsymbol{R}_{\underline{x}\underline{x}}$较小特征值的平均值估计噪声功率 σ^2，记作$\hat{\sigma}^2$。

④ 利用①和②中所得的干扰参数估计以及③中的噪声功率估计，按下式构造 FR-MVDR~波束形成权矢量：

$$\boldsymbol{w}_{\mathrm{FR\text{-}MVDR}\sim}=\boldsymbol{\mu}_{\max}(\hat{\boldsymbol{R}}_{\boldsymbol{vv}\sim}^{-1}\widetilde{\boldsymbol{R}}_{\theta_0,\kappa_0}) \tag{7.508}$$

式中：

$$\hat{\boldsymbol{R}}_{\boldsymbol{vv}\sim}=\sum_{m=1}^{M-1}\hat{\sigma}_m^2\widetilde{\boldsymbol{R}}_{\hat{\theta}_m,\hat{\varphi}_m}+\hat{\sigma}^2\boldsymbol{I}_{2LQ} \tag{7.509}$$

（2）若期望信号和干扰均满足窄带假设，且 $Q=1$，则 $\boldsymbol{R}_{\theta}=\boldsymbol{a}_{\theta}\boldsymbol{a}_{\theta}^{\mathrm{H}}$，其中 $\boldsymbol{a}_{\theta}$的定义参见式（7.243）和式（7.244），并且

$$\widetilde{\boldsymbol{R}}_{\theta,\kappa}=\begin{bmatrix}\boldsymbol{a}_{\theta}\boldsymbol{a}_{\theta}^{\mathrm{H}} & \kappa^{*}\boldsymbol{a}_{\theta}\boldsymbol{a}_{\theta}^{\mathrm{T}}\\ \kappa\boldsymbol{a}_{\theta}^{*}\boldsymbol{a}_{\theta}^{\mathrm{H}} & \boldsymbol{a}_{\theta}^{*}\boldsymbol{a}_{\theta}^{\mathrm{T}}\end{bmatrix}=\begin{bmatrix}\boldsymbol{a}_{\theta}\\ \kappa\boldsymbol{a}_{\theta}^{*}\end{bmatrix}\begin{bmatrix}\boldsymbol{a}_{\theta}\\ \kappa\boldsymbol{a}_{\theta}^{*}\end{bmatrix}^{\mathrm{H}}=\widetilde{\boldsymbol{a}}_{\theta,\kappa}\widetilde{\boldsymbol{a}}_{\theta,\kappa}^{\mathrm{H}} \tag{7.510}$$

由此

$$\boldsymbol{R}_{\underline{x}\underline{x}}^{-1}\boldsymbol{R}_{\theta}=\boldsymbol{R}_{\underline{x}\underline{x}}^{-1}\boldsymbol{a}_{\theta}\boldsymbol{a}_{\theta}^{\mathrm{H}} \tag{7.511}$$

$$\boldsymbol{R}_{\underline{\widetilde{x}}\underline{\widetilde{x}}}^{-1}\widetilde{\boldsymbol{R}}_{\theta,\kappa}=\boldsymbol{R}_{\underline{\widetilde{x}}\underline{\widetilde{x}}}^{-1}\widetilde{\boldsymbol{a}}_{\theta,\kappa}\widetilde{\boldsymbol{a}}_{\theta,\kappa}^{\mathrm{H}} \tag{7.512}$$

所以

$$\operatorname{rank}(\boldsymbol{R}_{\underline{x}\underline{x}}^{-1}\boldsymbol{R}_{\theta})=1 \tag{7.513}$$

$$\operatorname{rank}(\boldsymbol{R}_{\underline{\widetilde{x}}\underline{\widetilde{x}}}^{-1}\widetilde{\boldsymbol{R}}_{\theta,\kappa})=1 \tag{7.514}$$

这意味着$\boldsymbol{\mu}_{\max}(\boldsymbol{R}_{\underline{x}\underline{x}}^{-1}\boldsymbol{R}_{\theta})$即是$\boldsymbol{R}_{\underline{x}\underline{x}}^{-1}\boldsymbol{R}_{\theta}$非零特征值所对应的特征矢量：

$$\begin{aligned}&\mu_{\max}(\boldsymbol{R}_{\underline{x}\underline{x}}^{-1}\boldsymbol{R}_{\theta})\boldsymbol{\mu}_{\max}(\boldsymbol{R}_{\underline{x}\underline{x}}^{-1}\boldsymbol{R}_{\theta})=(\boldsymbol{R}_{\underline{x}\underline{x}}^{-1}\boldsymbol{R}_{\theta})\boldsymbol{\mu}_{\max}(\boldsymbol{R}_{\underline{x}\underline{x}}^{-1}\boldsymbol{R}_{\theta})\\ &\Rightarrow\\ &\boldsymbol{\mu}_{\max}(\boldsymbol{R}_{\underline{x}\underline{x}}^{-1}\boldsymbol{R}_{\theta})=\underbrace{\left(\frac{\boldsymbol{a}_{\theta}^{\mathrm{H}}\boldsymbol{\mu}_{\max}(\boldsymbol{R}_{\underline{x}\underline{x}}^{-1}\boldsymbol{R}_{\theta})}{\mu_{\max}(\boldsymbol{R}_{\underline{x}\underline{x}}^{-1}\boldsymbol{R}_{\theta})}\right)}_{=\varsigma_{\theta}}\boldsymbol{R}_{\underline{x}\underline{x}}^{-1}\boldsymbol{a}_{\theta}=\varsigma_{\theta}\boldsymbol{R}_{\underline{x}\underline{x}}^{-1}\boldsymbol{a}_{\theta}\end{aligned} \tag{7.515}$$

而$\boldsymbol{\mu}_{\max}(\boldsymbol{R}_{\underline{\widetilde{x}}\underline{\widetilde{x}}}^{-1}\widetilde{\boldsymbol{R}}_{\theta,\kappa})$即是$\boldsymbol{R}_{\underline{\widetilde{x}}\underline{\widetilde{x}}}^{-1}\widetilde{\boldsymbol{R}}_{\theta,\kappa}$非零特征值所对应的特征矢量：

$$\begin{aligned}&\mu_{\max}(\boldsymbol{R}_{\underline{\widetilde{x}}\underline{\widetilde{x}}}^{-1}\widetilde{\boldsymbol{R}}_{\theta,\kappa})\boldsymbol{\mu}_{\max}(\boldsymbol{R}_{\underline{\widetilde{x}}\underline{\widetilde{x}}}^{-1}\widetilde{\boldsymbol{R}}_{\theta,\kappa})=(\boldsymbol{R}_{\underline{\widetilde{x}}\underline{\widetilde{x}}}^{-1}\widetilde{\boldsymbol{R}}_{\theta,\kappa})\boldsymbol{\mu}_{\max}(\boldsymbol{R}_{\underline{\widetilde{x}}\underline{\widetilde{x}}}^{-1}\widetilde{\boldsymbol{R}}_{\theta,\kappa})\\ &\Rightarrow\\ &\boldsymbol{\mu}_{\max}(\boldsymbol{R}_{\underline{\widetilde{x}}\underline{\widetilde{x}}}^{-1}\widetilde{\boldsymbol{R}}_{\theta,\kappa})=\underbrace{\left(\frac{\widetilde{\boldsymbol{a}}_{\theta,\kappa}^{\mathrm{H}}\boldsymbol{\mu}_{\max}(\boldsymbol{R}_{\underline{\widetilde{x}}\underline{\widetilde{x}}}^{-1}\widetilde{\boldsymbol{R}}_{\theta,\kappa})}{\mu_{\max}(\boldsymbol{R}_{\underline{\widetilde{x}}\underline{\widetilde{x}}}^{-1}\widetilde{\boldsymbol{R}}_{\theta,\kappa})}\right)}_{=\widetilde{\varsigma}_{\theta,\kappa}}\boldsymbol{R}_{\underline{\widetilde{x}}\underline{\widetilde{x}}}^{-1}\widetilde{\boldsymbol{a}}_{\theta,\kappa}=\widetilde{\varsigma}_{\theta,\kappa}\boldsymbol{R}_{\underline{\widetilde{x}}\underline{\widetilde{x}}}^{-1}\widetilde{\boldsymbol{a}}_{\theta,\kappa}\end{aligned} \tag{7.516}$$

又因为

$$\boldsymbol{\mu}_{\max}^{\mathrm{H}}(\boldsymbol{R}_{\underline{x}\underline{x}}^{-1}\boldsymbol{R}_{\theta})\boldsymbol{R}_{\theta}\boldsymbol{\mu}_{\max}(\boldsymbol{R}_{\underline{x}\underline{x}}^{-1}\boldsymbol{R}_{\theta})=1 \tag{7.517}$$

$$\boldsymbol{\mu}_{\max}^{\mathrm{H}}(\boldsymbol{R}_{\underline{\widetilde{x}}\underline{\widetilde{x}}}^{-1}\widetilde{\boldsymbol{R}}_{\theta,\kappa})\widetilde{\boldsymbol{R}}_{\theta,\kappa}\boldsymbol{\mu}_{\max}(\boldsymbol{R}_{\underline{\widetilde{x}}\underline{\widetilde{x}}}^{-1}\widetilde{\boldsymbol{R}}_{\theta,\kappa})=1 \tag{7.518}$$

所以

$$|\varsigma_{\theta}|^{2}=(\boldsymbol{a}_{\theta}^{\mathrm{H}}\boldsymbol{R}_{\underline{x}\underline{x}}^{-1}\boldsymbol{a}_{\theta})^{-2} \tag{7.519}$$

$$|\widetilde{\varsigma}_{\theta,\kappa}|^{2}=(\widetilde{\boldsymbol{a}}_{\theta,\kappa}^{\mathrm{H}}\boldsymbol{R}_{\underline{\widetilde{x}}\underline{\widetilde{x}}}^{-1}\widetilde{\boldsymbol{a}}_{\theta,\kappa})^{-2} \tag{7.520}$$

此时宽带满秩最小功率方法和宽带增广满秩最小功率方法分别退化为窄带秩-1最小功率方法和窄带增广秩-1最小功率方法：

$$\mathcal{J}_{\text{FR-MP}}(\theta)=|\varsigma_{\theta}|^{2}(\boldsymbol{a}_{\theta}^{\mathrm{H}}\boldsymbol{R}_{\underline{x}\underline{x}}^{-1}\boldsymbol{a}_{\theta})=\frac{1}{\boldsymbol{a}_{\theta}^{\mathrm{H}}\boldsymbol{R}_{\underline{x}\underline{x}}^{-1}\boldsymbol{a}_{\theta}}=\mathcal{J}_{\text{MP}}(\theta) \tag{7.521}$$

$$\mathcal{J}_{\text{FR-MP}\sim}(\theta,\varphi)=|\widetilde{\varsigma}_{\theta,\kappa}|^{2}(\widetilde{\boldsymbol{a}}_{\theta,\kappa}^{\mathrm{H}}\boldsymbol{R}_{\underline{\widetilde{x}}\underline{\widetilde{x}}}^{-1}\widetilde{\boldsymbol{a}}_{\theta,\kappa})=\frac{1}{\widetilde{\boldsymbol{a}}_{\theta,\varphi}^{\mathrm{H}}\boldsymbol{R}_{\underline{\widetilde{x}}\underline{\widetilde{x}}}^{-1}\widetilde{\boldsymbol{a}}_{\theta,\varphi}}=\mathcal{J}_{\text{MP}\sim}(\theta,\varphi) \tag{7.522}$$

式中：

$$\widetilde{\boldsymbol{a}}_{\theta,\varphi}=\begin{bmatrix}\boldsymbol{a}_{\theta}\\ \mathrm{e}^{\mathrm{j}\varphi}\boldsymbol{a}_{\theta}^{*}\end{bmatrix} \tag{7.523}$$

(3) 为简单起见，本节仅针对一维空域讨论了满秩处理问题，所得方法实际上可以直接推广至整个阵列，以实现二维宽带满秩波束形成。由于原理和步骤与一维类似，不再作重复讨论。

(4) 如何基于宽带满秩处理，估计信号波的极化参数，是一个需要进一步研究的问题。

最后看一个简单的仿真例子，例中阵列为矢量天线等距线阵，信号和两个干扰中心频率均为 200MHz，相对带宽 50%，$\boldsymbol{R}_{\theta_m}$ 具有下述形式：

$$\boldsymbol{R}_{\theta_m}=\sum_{k=0}^{10}\sigma_m^2\underline{\boldsymbol{a}}_{\omega_k,\theta_m}\underline{\boldsymbol{a}}_{\omega_k,\theta_m}^{\mathrm{H}},\ m=0,1,2 \tag{7.524}$$

式中：

$$\omega_k=2\pi\cdot 10^6\cdot(150+10k) \tag{7.525}$$

$$\underline{\boldsymbol{a}}_{\omega_k,\theta}=\begin{bmatrix}1\\ \mathrm{e}^{-\mathrm{j}\omega_k\Delta t}\\ \vdots\\ \mathrm{e}^{-\mathrm{j}\omega_k(Q-1)\Delta t}\end{bmatrix}\otimes\begin{bmatrix}1\\ \mathrm{e}^{\mathrm{j}\omega_k\tau_{1,\theta}}\\ \vdots\\ \mathrm{e}^{\mathrm{j}\omega_k\tau_{L-1,\theta}}\end{bmatrix} \tag{7.526}$$

其中，$L=6$，$Q=2$，$\Delta t=10^{-6}\mathrm{s}$，$\tau_{l,\theta}=\dfrac{1}{3}10^{-8}l\sin\theta$。

期望信号波达方向为 0°，非圆相角为 10°，两个干扰波达方向分别为 25°和−10°，非圆相角分别为 30°和 60°；快拍数为 200，信干比 σ_0^2/σ_m^2 和信噪比 σ_0^2/σ^2 均为 0dB。

图 7.38 和图 7.39 所示为相应的宽带满秩最小功率波束扫描空间谱和宽带增广满秩最小功率波束扫描二维谱。

图 7.40 所示为窄带和宽带条件下，满秩最小方差无失真响应波束形成器输出信干噪比（最优值）随输入信噪比变化的曲线，其中期望信号波达方向为 0°，非圆相角为 10°，两个干扰波达方向分别为 25°和−10°，非圆相角分别为 30°和 60°；信干比为−20dB；对于窄带情形，$\boldsymbol{R}_{\theta_m}$ 具有下述形式：

$$\boldsymbol{R}_{\theta_m}=\sigma_m^2\underline{\boldsymbol{a}}_{\omega_5,\theta_m}\underline{\boldsymbol{a}}_{\omega_5,\theta_m}^{\mathrm{H}},\ m=0,1,2 \tag{7.527}$$

图 7.41 所示则是宽带条件下，宽带满秩和宽带增广满秩最小方差无失真响应波束形成器与窄带最小方差无失真响应（MVDR）波束形成器和窄带增广最小方差无失真响应（MVDR～[118]）波束形成器输出信干噪比的比较，其中期望信号的波达方向变为 45°，其他条件不变。

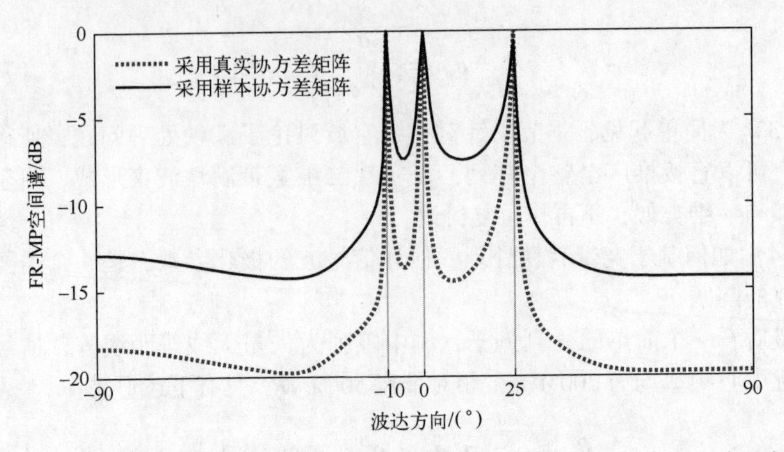

图 7.38 宽带满秩最小功率波束扫描空间谱图：采用真实和样本协方差矩阵

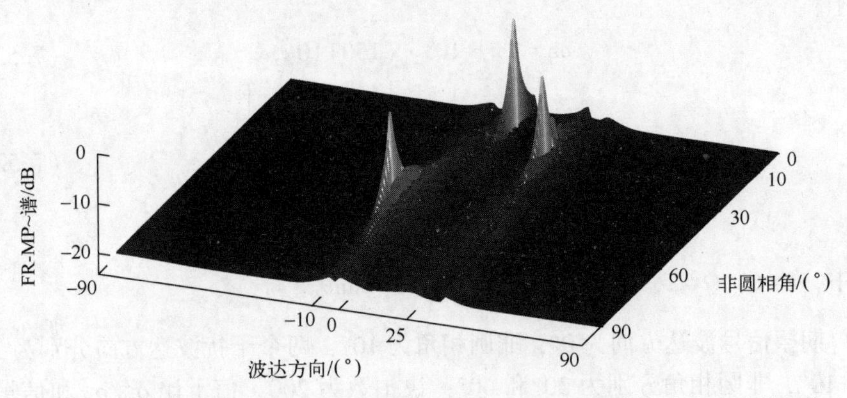

图 7.39 宽带增广满秩最小功率波束扫描二维谱图：采用真实增广协方差矩阵

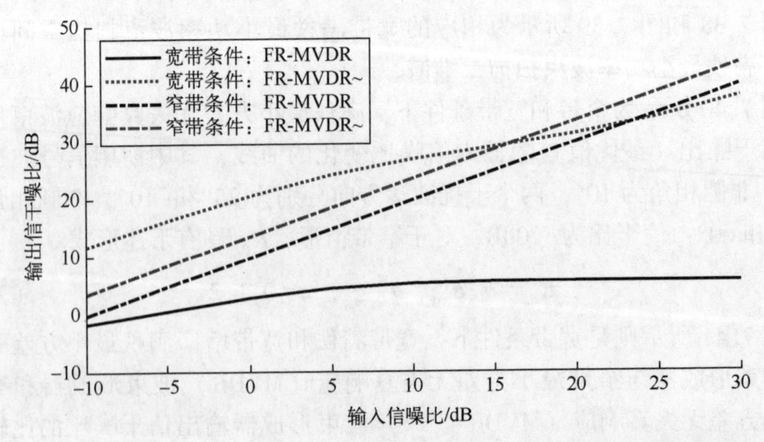

图 7.40 窄带与宽带条件下，宽带满秩（FR-MVDR）、宽带增广满秩（FR-MVDR~）最小方差无失真响应波束形成器输出信干噪比随输入信噪比变化的曲线

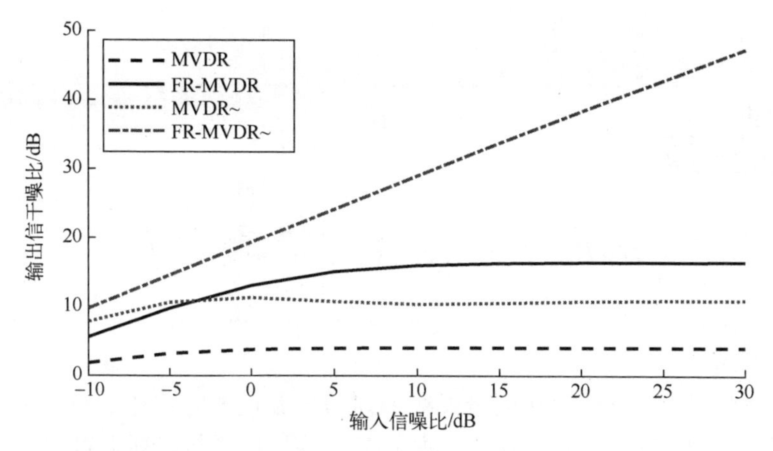

图 7.41 宽带条件下，宽带满秩（FR-MVDR）、宽带增广满秩（FR-MVDR~）、窄带最小方差无失真响应（MVDR）、窄带增广最小方差无失真响应（MVDR~）最小方差无失真响应波束形成器输出信干噪比的比较：期望信号波达方向为 45°

7.4 本章小结

本章讨论了极化平滑处理后正交表示、导向对齐、核展开等宽带降秩处理方法，以及在此基础上的波束扫描、子空间分解、稀疏表示与重构等非频域一维信号波达方向估计方法。通过子带分解参数配对，这些方法均可推广于二维。

本章也讨论了矢量天线响应近似频率无关条件下，宽带信号波的极化参数估计理论与方法；还讨论了矢量天线阵列宽带满秩处理理论，以及在此基础上的波束形成和信号/干扰参数估计方法。

本章所提出的上述理论与方法，为矢量天线阵列宽带信号处理提供了一系列新的思路。当然，一些工作仍是初步的，譬如虚拟干扰项抑制、有效秩参数确定、正则化参数选择、满秩处理信号波极化参数估计等，都是需要进一步研究的问题。

第 8 章

深度学习拟合与稀疏重构

本章将讨论深度学习在矢量天线阵列信号波达方向估计中的应用，主要思想是通过神经网络对阵列观测数据的某种特征信息与阵列入射信号波达方向之间的非线性映射关系进行学习和拟合，从分类的角度考虑信号波达方向估计问题。除此之外，本章还将讨论基于深度学习的稀疏重构的实现。

8.1 深度学习简介

深度学习的基础是多层深度神经网络，比如卷积神经网络（CNN）、循环神经网络（RNN）等，前者主要由输入层、卷积层、池化层、全连接层和输出层组成；后者输入为序列数据，具有记忆性和参数共享能力，可以较好利用序列的内在关联信息。

神经网络最基本的单元为神经元，其实质为一包含权重的函数，输入是上层神经元加权求和的结果，输出为

$$f\Big(\sum_i w_i x_i\Big) \tag{8.1}$$

其中，$f(x)$为一非线性函数，又称激活函数，x_i为上层第 i 个神经元的输出，w_i为对应的权重。

引入激活函数，比如 S 型函数 Sigmoid，双曲正切函数 Tanh，线性整流函数 ReLU 等，其主要目的是使神经网络具备非线性表达能力，以逼近某种非线性映射：

（1）Sigmoid 函数可将神经元的输出值映射到 0 和 1 之间，其表达式为

$$\mathrm{Sigmoid}(x)=\frac{1}{1+\mathrm{e}^{-x}} \tag{8.2}$$

（2）Tanh 函数可将神经元的输出值映射到−1 和 1 之间，其表达式为

$$\mathrm{Tanh}(x)=\frac{\mathrm{e}^{x}-\mathrm{e}^{-x}}{\mathrm{e}^{x}+\mathrm{e}^{-x}} \tag{8.3}$$

（3）ReLU 函数由简单的分段函数组成，其表达式为

$$\mathrm{ReLU}(x)=\begin{cases}x, x>0\\0, x\leqslant 0\end{cases} \tag{8.4}$$

三种激活函数的非线性曲线如图 8.1 所示。

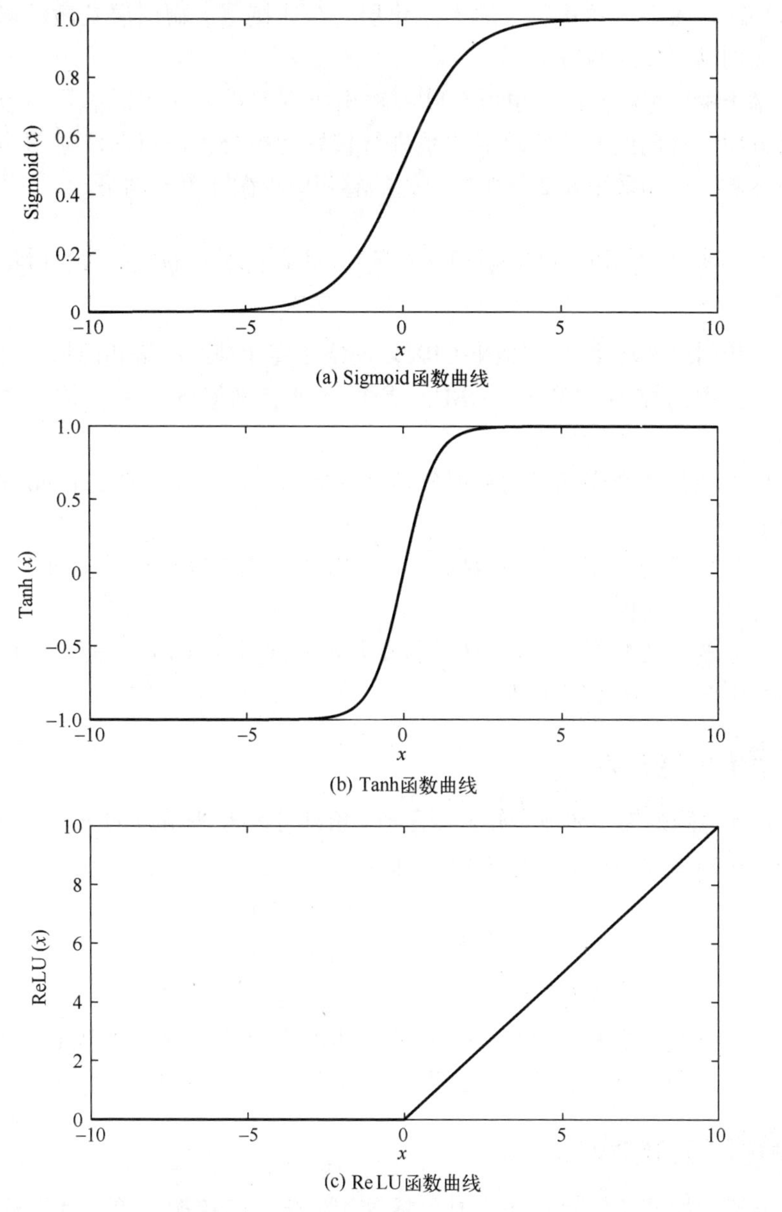

图 8.1　三种典型的激活函数曲线

神经网络训练、拟合的过程即是机器学习的过程，其实质是不断优化和更新网络参数，使得神经网络的输出误差尽可能小。

基于深度神经网络，可对阵列输出协方差矩阵和波束形成权矢量之间的非线性映射关系进行较好的拟合，通过深度学习方法实现快速波束形成。比如采用由输入层、卷积层、最大池化层、全连接层、输出层及激活函数层等所组成的卷积神经网络[133]。

基于深度神经网络，也可对阵列输出协方差矩阵和入射信号参数（比如波达方向）之间的非线性映射关系进行较好的拟合，通过深度学习方法估计信号参数。比如采用8.2节所要讨论的卷积门控循环单元网络。

8.2 基于卷积门控循环单元网络的信号波达方向估计[134]

卷积门控循环单元（CNN-GRU）网络是卷积神经网络和门控循环单元的结合，其中门控循环单元（GRU）是循环神经网络的一种变体，主要操作包括：

（1）将历史数据和当前数据分别经过重置门和更新门的Sigmoid函数进行激活。

（2）将历史数据和当前数据与（1）中的重置门输出通过Tanh函数激活，作为待更新的数据。

（3）将历史数据和（2）中的待更新数据同时与（1）中的更新门输出进行卷积组合，输出最终更新。

8.2.1 网络输入

记$\boldsymbol{r}$为阵列输出协方差矩阵$\boldsymbol{R}_{xx}$上三角部分元素所组成的矢量，并将$\boldsymbol{r}$拆分为实部和虚部两部分，作为神经网络的输入：

$$\boldsymbol{r}_{\text{cnn-gru}}=\frac{1}{\|\boldsymbol{r}\|_2}\begin{bmatrix}\operatorname{Re}(\boldsymbol{r})\\ \operatorname{Im}(\boldsymbol{r})\end{bmatrix} \tag{8.5}$$

其中，Re和Im分别表示实部和虚部，$\|\cdot\|_2$仍表示2范数。

若矢量天线数为L，且每个矢量天线均包括J个内部传感单元（共点或拉伸均可），则式（8.5）所示神经网络输入矢量$\boldsymbol{r}_{\text{cnn-gru}}$的维数为$(LJ+1)LJ\times 1$。

8.2.2 网络结构

卷积门控循环单元网络主要包括卷积池化、门控循环单元和全连接等三部分，如图8.2所示。该网络首先通过卷积池化进行特征提取，然后运用门控循环单元挖掘数据内在关联，最后通过全连接实现信号波达方向的分类。

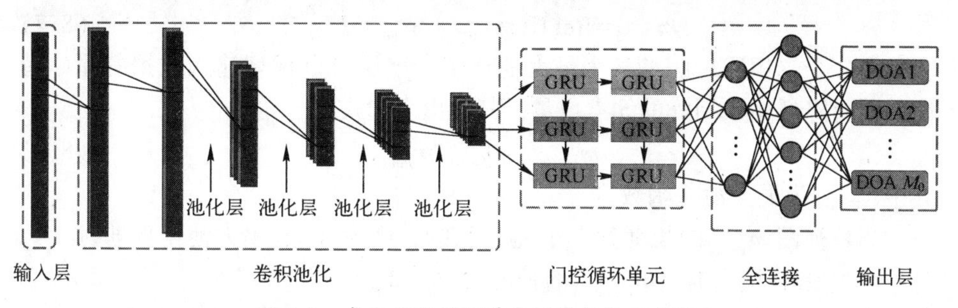

图 8.2　卷积门控循环单元网络结构示意图

图 8.3 所示为卷积池化部分的结构示意图，包括 6 个卷积层和 4 个池化层：

（1）每个卷积层包含不同数目的卷积核，数据经过卷积运算后输出多个特征图。

（2）池化层为最大池化层，以某区域内的最大值代表该区域的输出值，由此减少网络参数量。

（3）每个卷积层都后接批标准化层，以增强网络训练的稳定性。

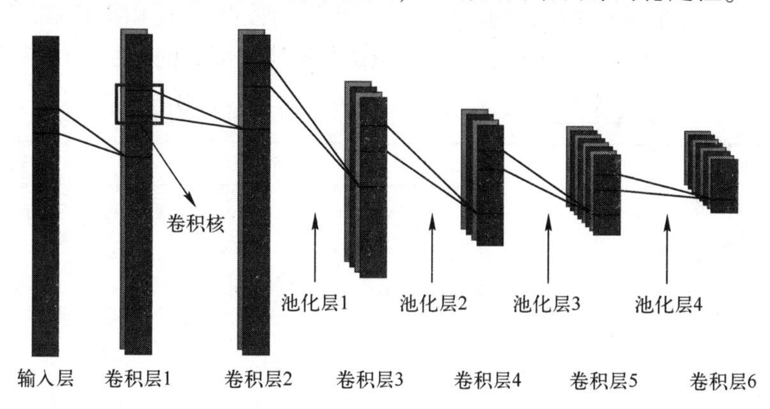

图 8.3　CNN-GRU 网络卷积池化部分的结构示意图

卷积池化部分的输入层数据为 $\boldsymbol{r}_{\text{cnn-gru}}$，其长度为 $(LJ+1)LJ$。若采用 SAME 填充，卷积核长度为 L_{ck}，卷积步进为 Δ_{conv}，则特征图的长度为 $\lceil (LJ+1)LJ/\Delta_{\text{conv}} \rceil$。

第 1 个卷积层输出的特征图为

$$\boldsymbol{m}_{\text{cnn},1} = \text{ReLU}(\boldsymbol{r}_{\text{cnn-gru}} * \boldsymbol{w}_{\text{cnn},1} + \boldsymbol{b}_{\text{cnn},1}) \tag{8.6}$$

式中：$\boldsymbol{w}_{\text{cnn},1}$ 和 $\boldsymbol{b}_{\text{cnn},1}$ 分别为第一个卷积层的权重矢量和偏置矢量。

第 2 个卷积层运用卷积核与第 1 个卷积层的输出进行卷积，输出的特征

图为

$$\boldsymbol{m}_{\mathrm{cnn},2}=\mathrm{ReLU}(\boldsymbol{m}_{\mathrm{cnn},1}*\boldsymbol{w}_{\mathrm{cnn},2}+\boldsymbol{b}_{\mathrm{cnn},2}) \tag{8.7}$$

第2个卷积层后面是一个最大池化层，该层可以保留输入数据的原始特征，同时降低输入矩阵的元素数量，其输出表达式为

$$\boldsymbol{m}_{\mathrm{pooling},1}=p_{\mathrm{local}}(\boldsymbol{m}_{\mathrm{cnn},2}) \tag{8.8}$$

其中，p_{local}为最大池化函数。

当特征图$\boldsymbol{m}_{\mathrm{cnn},2}$的长度为$L_{\mathrm{fp}}$，池化核的长度为$\Delta_{\mathrm{pol}}$，最大池化步进为$\Delta_{\mathrm{pol}}$，且采用VALID填充时，$\boldsymbol{m}_{\mathrm{pooling},1}$的长度为$\lfloor L_{\mathrm{fp}}/\Delta_{\mathrm{pol}}\rfloor$。

第1个池化层后面连接4个卷积层和3个池化层，其输出分别为

$$\boldsymbol{m}_{\mathrm{cnn},3}=\mathrm{ReLU}(\boldsymbol{m}_{\mathrm{pooling},1}*\boldsymbol{w}_{\mathrm{cnn},3}+\boldsymbol{b}_{\mathrm{cnn},3}) \tag{8.9}$$

$$\boldsymbol{m}_{\mathrm{pooling},2}=p_{\mathrm{local}}(\boldsymbol{m}_{\mathrm{cnn},3}) \tag{8.10}$$

$$\boldsymbol{m}_{\mathrm{cnn},4}=\mathrm{ReLU}(\boldsymbol{m}_{\mathrm{pooling},2}*\boldsymbol{w}_{\mathrm{cnn},4}+\boldsymbol{b}_{\mathrm{cnn},4}) \tag{8.11}$$

$$\boldsymbol{m}_{\mathrm{pooling},3}=p_{\mathrm{local}}(\boldsymbol{m}_{\mathrm{cnn},4}) \tag{8.12}$$

$$\boldsymbol{m}_{\mathrm{cnn},5}=\mathrm{ReLU}(\boldsymbol{m}_{\mathrm{pooling},3}*\boldsymbol{w}_{\mathrm{cnn},5}+\boldsymbol{b}_{\mathrm{cnn},5}) \tag{8.13}$$

$$\boldsymbol{m}_{\mathrm{pooling},4}=p_{\mathrm{local}}(\boldsymbol{m}_{\mathrm{cnn},5}) \tag{8.14}$$

$$\boldsymbol{m}_{\mathrm{cnn},6}=\mathrm{ReLU}(\boldsymbol{m}_{\mathrm{pooling},4}*\boldsymbol{w}_{\mathrm{cnn},6}+\boldsymbol{b}_{\mathrm{cnn},6}) \tag{8.15}$$

此处，$\boldsymbol{m}_{\mathrm{cnn},6}$为卷积池化部分的最后输出，也即门控循环单元部分的输入。

表8.1给出了当$LJ=8$时，CNN-GRU卷积池化部分的网络结构参数。

表8.1 $LJ=8$时卷积池化部分的网络结构参数

网络层	输出长度	特征图数目	内核长度
输入层	72	1	—
卷积层1	72	64	3
卷积层2	72	64	3
池化层1	24	64	3
卷积层3	24	128	3
池化层2	12	128	2
卷积层4	12	128	3
池化层3	6	128	2
卷积层5	6	256	3
池化层4	3	256	2
卷积层6	3	256	3

门控循环单元部分包含两个门控循环单元层，每个门控循环单元包含重置和更新两个门结构。

当 $LJ=8$ 时，卷积池化输出的维度为 3×1，所以每个门控循环单元层包含 3 个门控循环单元，如图 8.4 所示。

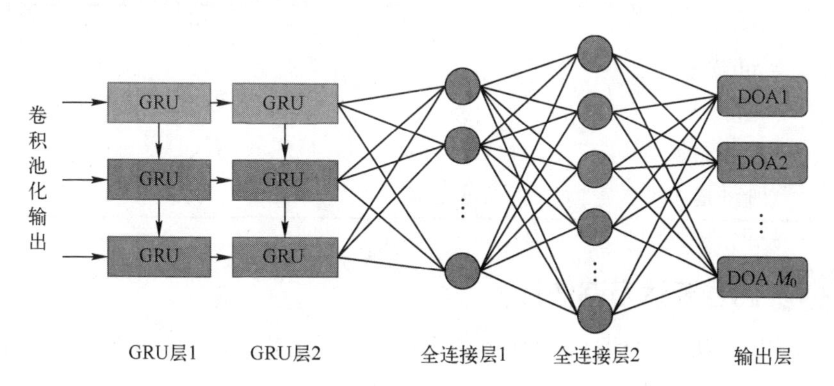

图 8.4　CNN-GRU 网络门控循环单元和全连接部分的结构示意图

两个门控循环单元层的输出分别为

$$\boldsymbol{m}_{\mathrm{gru},1}=\mathrm{Tanh}(\boldsymbol{w}_{\mathrm{gru},1}\boldsymbol{m}_{\mathrm{cnn},6}+\boldsymbol{b}_{\mathrm{gru},1}) \tag{8.16}$$

$$\boldsymbol{m}_{\mathrm{gru},2}=\mathrm{Tanh}(\boldsymbol{w}_{\mathrm{gru},2}\boldsymbol{m}_{\mathrm{gru},1}+\boldsymbol{b}_{\mathrm{gru},2}) \tag{8.17}$$

式中：$\boldsymbol{w}_{\mathrm{gru},1}$ 和 $\boldsymbol{b}_{\mathrm{gru},1}$ 分别为第 1 个门控循环单元层的权重矢量和偏置矢量；$\boldsymbol{w}_{\mathrm{gru},2}$ 和 $\boldsymbol{b}_{\mathrm{gru},2}$ 分别为第 2 个门控循环单元层的权重矢量和偏置矢量。

门控循环单元部分后接 3 个全连接层，用于将高维特征图转变为低维，实现最终的分类任务，其中前两个全连接层的输出分别为

$$\boldsymbol{m}_{\mathrm{fc},1}=\mathrm{ReLU}(\boldsymbol{w}_{\mathrm{fc},1}\boldsymbol{m}_{\mathrm{gru},2}+\boldsymbol{b}_{\mathrm{fc},1}) \tag{8.18}$$

$$\boldsymbol{m}_{\mathrm{fc},2}=\mathrm{ReLU}(\boldsymbol{w}_{\mathrm{fc},2}\boldsymbol{m}_{\mathrm{fc},1}+\boldsymbol{b}_{\mathrm{fc},2}) \tag{8.19}$$

式中：$\boldsymbol{w}_{\mathrm{fc},1}$、$\boldsymbol{w}_{\mathrm{fc},2}$、$\boldsymbol{b}_{\mathrm{fc},1}$ 和 $\boldsymbol{b}_{\mathrm{fc},2}$ 分别为第 1 个和第 2 个全连接层的权重矢量和偏置矢量。两个全连接层后面各有一个弃率为 0.5 的 Dropout 层，用于降低过拟合风险。

最后一个全连接层，也即输出层，起到分类的作用：

$$z_{\mathrm{predict}}=\mathrm{Sigmoid}(\boldsymbol{w}_{\mathrm{fc},3}\boldsymbol{m}_{\mathrm{fc},2}+\boldsymbol{b}_{\mathrm{fc},3}) \tag{8.20}$$

式中：$\boldsymbol{w}_{\mathrm{fc},3}$ 和 $\boldsymbol{b}_{\mathrm{fc},3}$ 为输出层的权重矢量和偏置矢量。

可以看到，上述卷积门控循环单元网络的卷积层和前两个全连接层的激活函数均为 ReLU，而最后一个全连接层的激活函数为 Sigmoid，以解决针对多信号波达方向估计任务的多标签分类问题。

表 8.2 给出了当 $LJ=8$ 时，CNN-GRU 门控循环单元和全连接部分的网络结构参数，其中 M_0 为信号波达方向分类数。

表 8.2 $LJ=8$ 时门控循环单元和全连接部分的网络结构参数

网络层	输出长度	特征图数
GRU 层 1	3	1024
GRU 层 2	3	1024
全连接层 1	2048	1
全连接层 2	4096	1
输出层	M_0	1

8.2.3 信号波达方向估计

在信号波达方向估计问题中，每个方向类别都对应一个标签 z_n，因此样本对应的真实标签为

$$z=(z_1,z_2,\cdots,z_{M_0}) \tag{8.21}$$

当信号实际波达方向属于第 n 个类别时，标签 z_n 为1，而其他标签为0。

数据输入到卷积门控循环单元网络后，经过各层前向传播运算，最后在输出层得到样本对应的预测标签：

$$z_p=(z_{p,1},z_{p,2},\cdots,z_{p,M_0}) \tag{8.22}$$

然后，在损失函数最小化准则下逐级进行反向传播，对各层参数进行调整。

此处选择交叉熵函数作为损失函数 Loss，并引入 2 范数正则化项：

$$\text{Loss}=-z_i^{(n)}\lg(z_{p,i}^{(n)})-(1-z_i^{(n)})(1-\lg(z_{p,i}^{(n)}))+\kappa\|\boldsymbol{w}\|_2^2 \tag{8.23}$$

式中：$z_i^{(n)}$ 是第 n 个类别下第 i 个样本的真实标签；$z_{p,i}^{(n)}$ 是网络训练后所得的对应预测标签；κ 为正则化参数；$\boldsymbol{w}$ 为网络权重矢量。

经过多次前向传播与反向传播，对网络参数进行不断的更新，直到预测标签与真实标签之间的误差稳定在最小值。

上述训练好的卷积门控循环单元网络即是基于深度学习的信号波达方向估计子，估计时首先利用阵列观测构造 $\boldsymbol{r}_{\text{cnn-gru}}$，然后将其输入网络，最后根据网络输出的预测标签直接进行信号波达方向估计。

8.3 迁移学习

利用直接微调和域对抗自适应，可基于卷积门控循环单元网络进行迁移学习，以进一步提高该网络的泛化能力。

8.3.1 直接微调

直接微调是将已经在源域训练好的神经网络在目标域继续训练，对神经

网络深层参数进行调整，使其能适应目标任务。

神经网络前若干层提取的特征属于共有基础特征，具有概括性。随着层数的加深，神经网络提取到的特征属于特定任务的特有特征。直接微调方法将神经网络提取概括性特征的前若干层看作特征提取器，利用训练好的网络参数作为目标域数据集训练的初始化参数，然后经过逐步迭代调整得到全局最优解。

在信号波达方向估计问题中，阵型、信号源数、信噪比以及快拍数等因素都会影响信号波达方向估计的性能。在训练环境中学习到的网络参数一般不能直接适应新的目标域任务。

为此，可将之前所讨论的 CNN-GRU 网络作为预训练网络，并固定一定层数的网络参数，将其迁移到目标域中不参与更新；同时利用目标域数据集对其他参与微调的若干网络层进行参数调整，以完成目标域的信号波达方向估计任务。

方案 1：重新训练，即固定 0 层，随机初始化所有网络层参数。

方案 2：固定前 2 层，也即固定前两个卷积层的网络参数不变，随机初始化后四个卷积层、两个门控循环单元层和三个全连接层的参数。

方案 3：固定前 4 层，也即固定前四个卷积层的网络参数不变，随机初始化后两个卷积层、两个门控循环单元层和三个全连接层的参数，如图 8.5 所示。

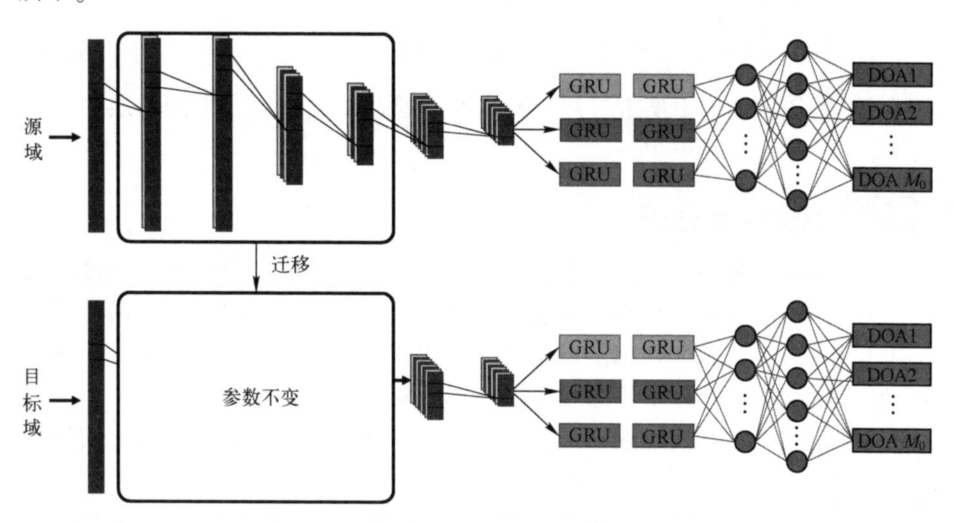

图 8.5　固定前 4 层的迁移学习模型示意图

方案 4：固定前 6 层，也即固定卷积池化部分的网络参数不变，随机初始化两个门控循环单元层和三个全连接层的参数。

方案 5：固定前 8 层，也即固定卷积池化和门控循环单元部分的网络参数不变，随机初始化全连接层的参数。

方案 6：固定前 10 层，也即固定卷积池化、门控循环单元部分和前两个全连接层的网络参数不变，仅随机初始化最后一个全连接层，也即输出层的参数，如图 8.6 所示。

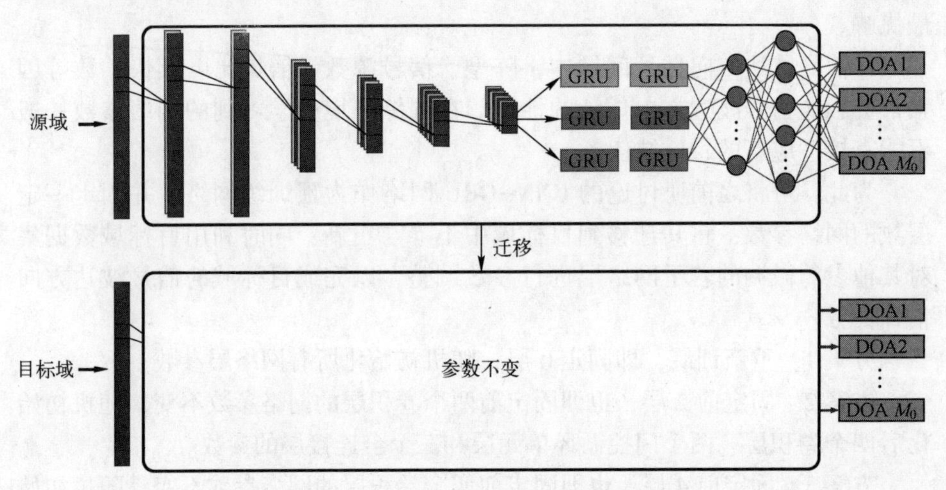

图 8.6 固定前 10 层的迁移学习模型示意图

上述不同迁移方案所对应的损失函数为

$$\text{Loss} = -\boldsymbol{z}_i^{(n)}\lg(\boldsymbol{z}_{p,i}^{(n)}) - (1-\boldsymbol{z}_i^{(n)})(1-\lg(\boldsymbol{z}_{p,i}^{(n)})) + \sum_{p=Q+1}^{P}\boldsymbol{\kappa}\|\boldsymbol{w}_p\|_2^2 \tag{8.24}$$

其中，Q 为固定的网络层数，P 为网络的总层数，$\boldsymbol{w}_p$ 为第 p 个网络层的权重矢量。

8.3.2 域对抗自适应

若目标域任务与源域任务相同，域特征空间相同，但目标域与源域的数据分布不同，相应的迁移学习定义为域自适应。由于目标域和源域的数据分布并不相同，在源域上训练的网络并不适用于目标域，因此域自适应问题的关键在于如何尽可能缩小目标域和源域之间的数据分布差异。

基于域对抗自适应的迁移学习网络包括特征提取器、信号波达方向预测器和域分类器等三个部分，如图 8.7 所示。

(1) 特征提取器由 CNN-GRU 网络的卷积池化和门控循环单元部分组成，用于对源域和目标域数据进行特征提取。

(2) 信号波达方向预测器和域分类器由全连接层组成，分别输出信号波达方向的预测标签和域分类标签，实现最终的分类任务。

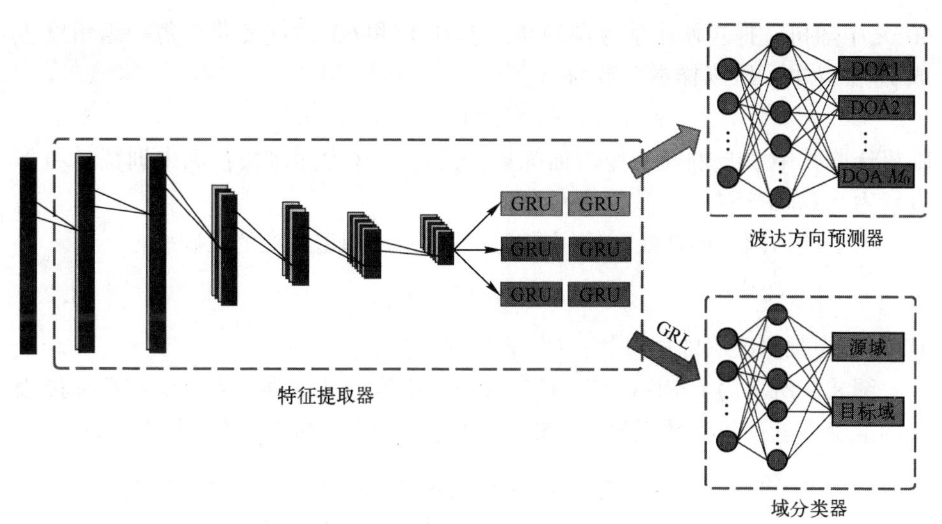

图8.7 基于域对抗自适应的迁移学习模型结构示意图

(3) 特征提取器和域分类器中间的梯度逆转层（GRL）对前向传播没有影响，但在反向传播时将进行梯度取反，以实现域自适应。

上述域对抗自适应方法可充分利用源域特征信息，实现目标域的信号波达方向估计。

下面考虑一个仿真例子，例中的网络搭建、训练和测试均基于TensorFlow深度学习框架，训练环境配置为NVIDIA GeForce GTX 1080 Ti；通过Adam优化算法进行网络参数更新，直至损失函数稳定于最小值。

源域阵列为8元单极化均匀圆阵，其半径为1.8个信号波长；目标域阵列为图8.8所示的8元多极化拉伸矢量天线等距线阵，天线单元间隔为半个信号波长。

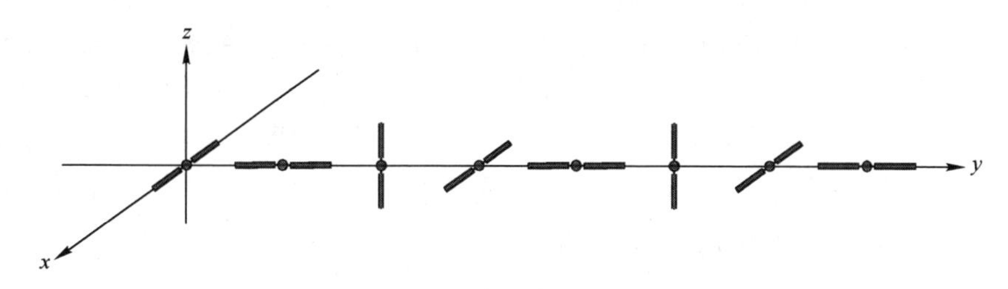

图8.8 目标域8元拉伸矢量天线等距线阵示意图

考虑两个非相关远场窄带信号的波达方向估计问题，为简单起见，假设两个信号源均位于xoy平面内，仅估计两者的方位角。

基于阵列观测模型构建源域和目标域数据集，假设信号波达方向在0°和60°之间变化，步进为0.5°，共有121个角度类别；极化参数在30°、35°、…、

60°之中随机选择；两个信号源的角度差在1°和60°之间变化，每一组角度生成10个样本，所以样本总数为

$$(119+118+\cdots+2+1)\cdot 10=71400$$

随机选取其中80%的样本作为训练集，其余20%为测试集；例中训练学习率设置为0.0001，迭代次数为200次。

为了评估网络的性能，使用准确率（Acc）判定分类的正确率：

$$\text{Acc}=(\hat{I}/I)\cdot 100\% \tag{8.25}$$

其中，$\hat{I}$为预测准确的样本数，I代表样本总数。

图8.9所示为CNN-GRU、CNN和GRU等三种深度学习方法在训练过程中的准确率随迭代次数变化的曲线，其中信噪比为10dB，快拍数为1000。

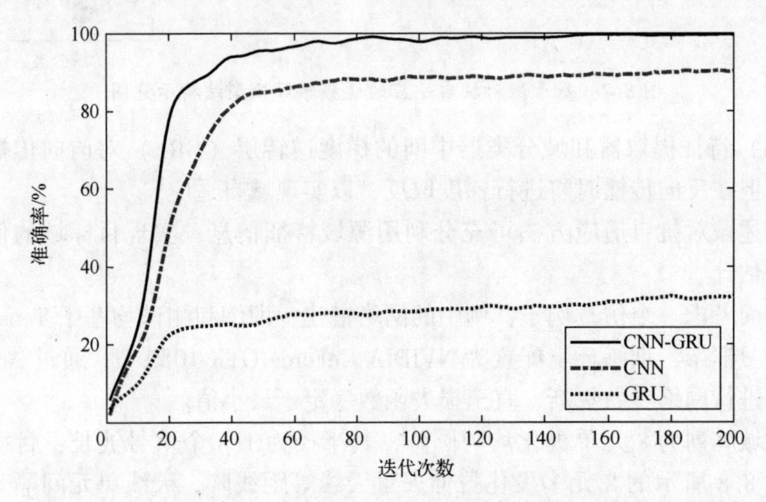

图8.9 三种深度学习方法训练过程中的准确率随迭代次数变化的曲线

可以看到，CNN-GRU准确率上升速度最快，且最早达到收敛状态，估计准确率可达99%以上，而CNN的准确率约为90%，GRU的准确率则不到40%。

表8.3所示为CNN-GRU、CNN和GRU在不同信噪比条件下的准确率对比结果，其中快拍数为1000；表8.4所示则为三种方法不同快拍数条件下的准确率对比结果，其中信噪比为10dB。

表8.3 三种深度学习方法在不同信噪比条件下的准确率对比结果

信噪比/dB	-4	-2	0	2	4	6	8	10
CNN-GRU	91.19	98.88	99.21	99.35	99.68	99.84	99.94	99.97
CNN	77.65	83.53	88.18	89.58	90.21	90.27	90.85	91.35
GRU	31.02	36.57	39.23	39.01	39.99	40.96	41.39	41.47

表 8.4　三种深度学习方法在不同快拍数条件下的准确率对比结果

快拍数	50	240	430	620	810	1000
CNN-GRU	96.64	99.65	99.71	99.87	99.88	99.97
CNN	75.23	84.45	88.53	87.85	88.91	90.92
GRU	28.27	29.31	31.83	35.03	37.87	39.55

下面比较三种深度学习方法的信号波达方向估计性能，假设两个信号源的方位角度差始终为 3°，角度变化区间为 0°~60°，步进为 0.5°。

图 8.10 所示为 CNN-GRU、CNN 和 GRU 等三种方法的信号波达方向估计结果，其中信噪比为 10dB，快拍数为 1000；图 8.11 所示则是当两个信号波达方向分别为 35°和 36°时的空间谱。

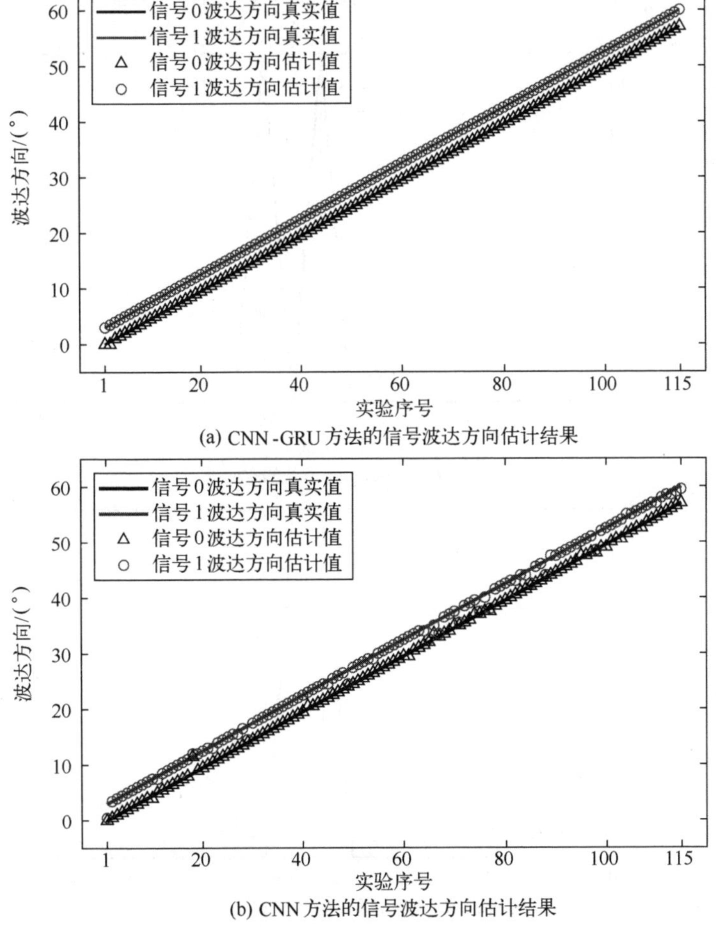

(a) CNN-GRU 方法的信号波达方向估计结果

(b) CNN 方法的信号波达方向估计结果

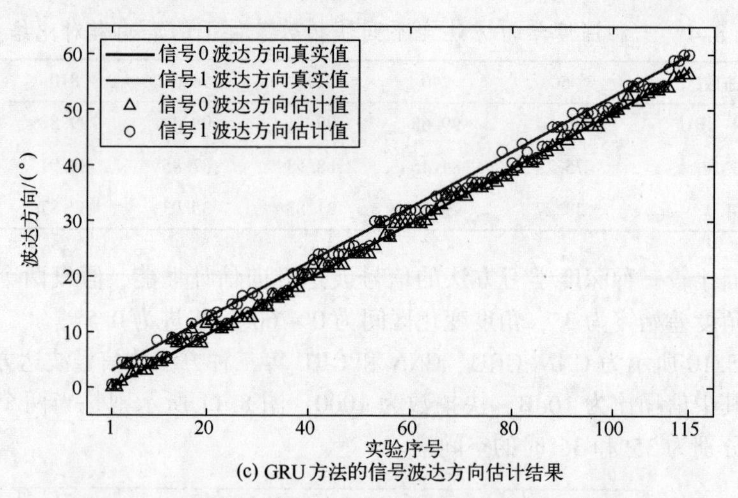

(c) GRU方法的信号波达方向估计结果

图 8.10 三种深度学习方法的信号波达方向估计结果比较

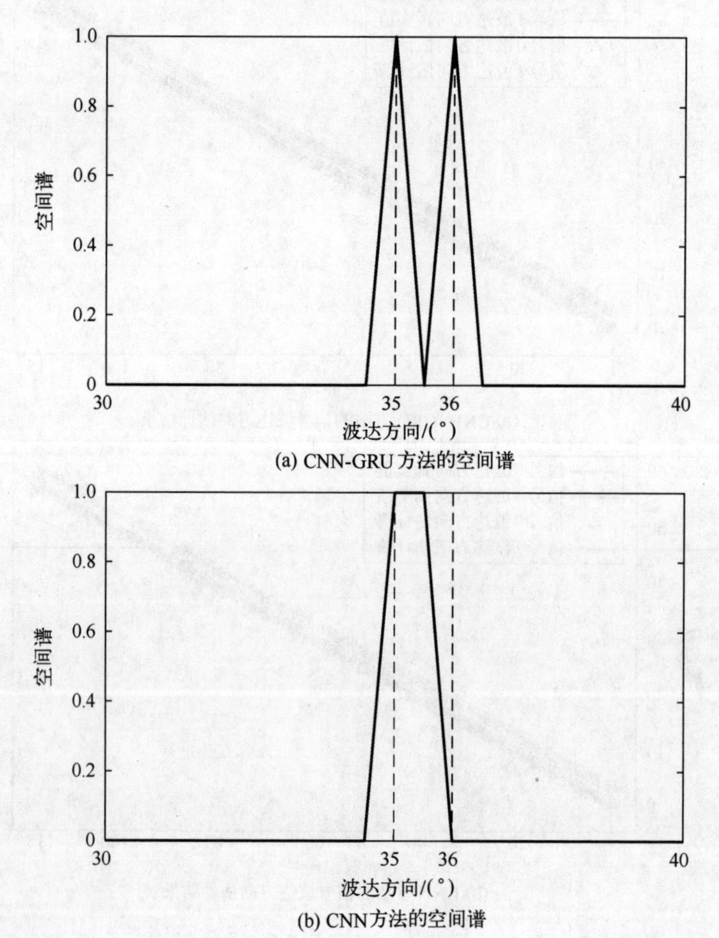

(a) CNN-GRU方法的空间谱

(b) CNN方法的空间谱

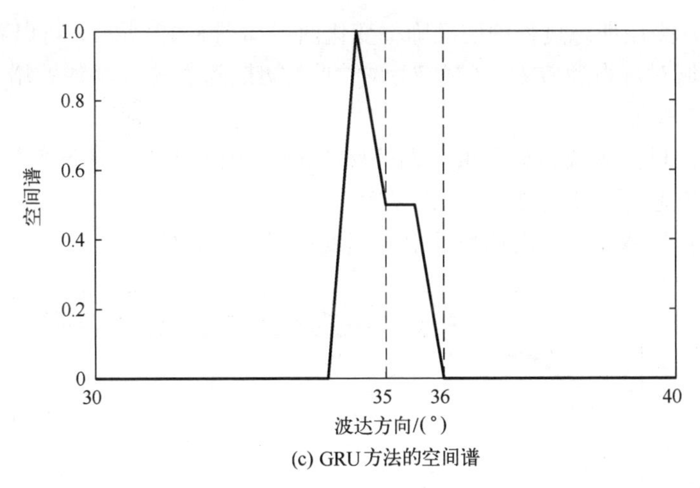

(c) GRU 方法的空间谱

图 8.11　两个信号波达方向分别为 35°和 36°时三种深度学习方法的空间谱比较

以上述源域 CNN-GRU 网络作为预训练网络，进一步通过直接微调和域对抗自适应进行深度迁移学习，以实现基于图 8.8 所示多极化拉伸矢量天线阵列的信号波达方向估计。

首先在训练好的 CNN-GRU 网络参数基础上，构建基于域对抗自适应的迁移模型，利用直接微调在目标域数据集上得到的先验信息，将预训练网络前 4 层的参数迁移到基于域对抗自适应的网络上，并与基于直接微调的网络、在目标域上重新训练的网络、以及源域预训练网络进行对比，结果如表 8.5 所示。

表 8.5　不同方法的训练效果对比

方法	每次迭代时间/s	准确率/%
域对抗自适应	79.39	96.93
直接微调	76.53	93.78
重新训练模型	83.48	98.14
预训练模型	—	1.36

由表 8.5 所示结果可以看出，基于域对抗自适应的信号波达方向估计方法在准确率上与重新训练的 CNN-GRU 网络方法相仿，且每次迭代的训练速度较快。

直接采用源域预训练好的网络进行目标域信号波达方向估计的效果较差，这也说明了迁移学习的必要性。直接微调方法虽然训练时间最短，但准确率不及域对抗自适应方法。

不同方法在训练过程中的准确率变化曲线如图 8.12 所示。可以看到：

（1）域对抗自适应方法的准确率在训练初期随着迭代次数的增加上升速度最快，并最早收敛。

（2）在目标域数据集上重新训练网络的方法虽然最终的准确率最高，但准确率上升速度不及域对抗自适应方法。

（3）直接微调方法准确率的上升速度在三者中最慢。

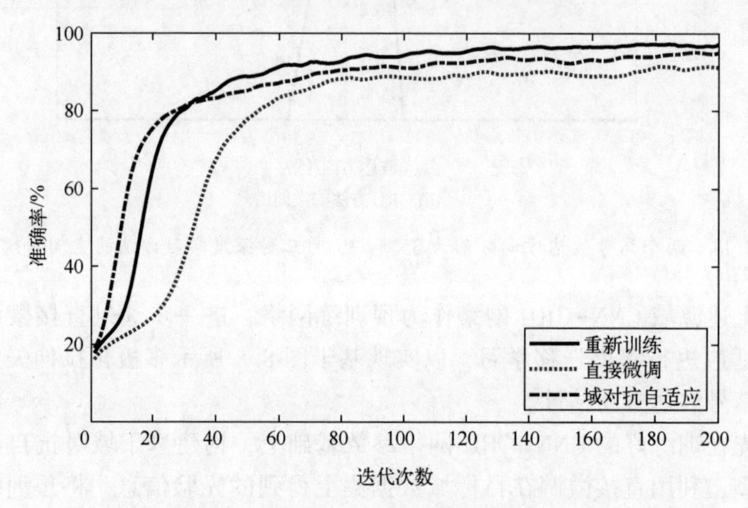

图 8.12　不同方法训练过程中的准确率随迭代次数变化的曲线

图 8.13 所示为域对抗自适应方法对两个波达方向间隔为 20°的目标域信号的波达方向估计结果，其中信噪比为 10dB，快拍数为 1000。

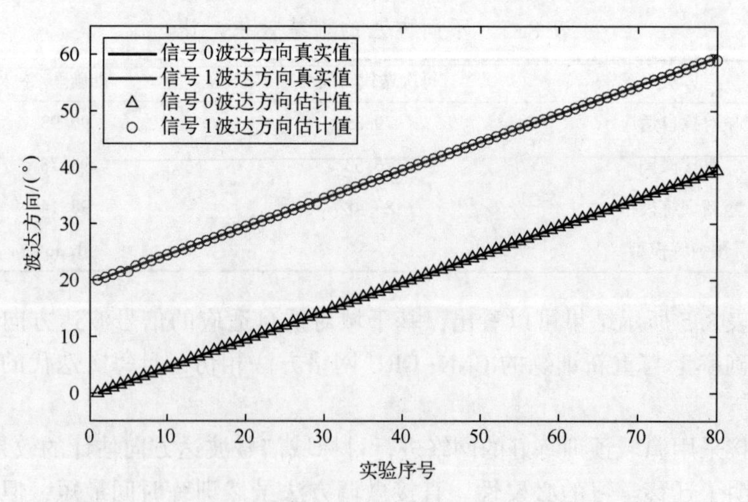

图 8.13　域对抗自适应方法的信号波达方向估计结果

8.4 基于深度学习的稀疏重构

在 3.3.2 节、5.2.2 节、7.1.4 节中，我们讨论了基于凸优化和正交匹配追踪等的稀疏重构方法。这些方法计算复杂度高，收敛速度慢，有些方法还需要手动设置参数。稀疏重构还可以采用迭代硬阈值（IHT[135-137]）求解方法，并通过深度神经网络加以实现。

8.4.1 一维情形

一维稀疏表示的一般形式为

$$\begin{aligned} \boldsymbol{y} &= \boldsymbol{\mathcal{D}}\boldsymbol{\mathcal{s}} = (\mathrm{Re}(\boldsymbol{\mathcal{D}})+\mathrm{j}\,\mathrm{Im}(\boldsymbol{\mathcal{D}}))(\mathrm{Re}(\boldsymbol{\mathcal{s}})+\mathrm{j}\,\mathrm{Im}(\boldsymbol{\mathcal{s}})) \\ &= (\mathrm{Re}(\boldsymbol{\mathcal{D}})\mathrm{Re}(\boldsymbol{\mathcal{s}})-\mathrm{Im}(\boldsymbol{\mathcal{D}})\mathrm{Im}(\boldsymbol{\mathcal{s}}))+\mathrm{j}(\mathrm{Re}(\boldsymbol{\mathcal{D}})\mathrm{Im}(\boldsymbol{\mathcal{s}})+\mathrm{Im}(\boldsymbol{\mathcal{D}})\mathrm{Re}(\boldsymbol{\mathcal{s}})) \end{aligned} \tag{8.26}$$

其中，$\boldsymbol{\mathcal{D}}$ 和 $\boldsymbol{\mathcal{s}}$ 分别为字典矩阵和稀疏矢量。

进一步考虑其实数形式：

$$\underbrace{\begin{bmatrix} \mathrm{Re}(\boldsymbol{y}) \\ \mathrm{Im}(\boldsymbol{y}) \end{bmatrix}}_{=\boldsymbol{u}} = \underbrace{\begin{bmatrix} \mathrm{Re}(\boldsymbol{\mathcal{D}}) & -\mathrm{Im}(\boldsymbol{\mathcal{D}}) \\ \mathrm{Im}(\boldsymbol{\mathcal{D}}) & \mathrm{Re}(\boldsymbol{\mathcal{D}}) \end{bmatrix}}_{=\boldsymbol{D}} \underbrace{\begin{bmatrix} \mathrm{Re}(\boldsymbol{\mathcal{s}}) \\ \mathrm{Im}(\boldsymbol{\mathcal{s}}) \end{bmatrix}}_{=\boldsymbol{s}} \tag{8.27}$$

这样，一维稀疏重构问题可以表述为

$$\min_{\boldsymbol{s}} \|\boldsymbol{s}\|_0 \ \text{s. t.}\ \|\boldsymbol{D}\boldsymbol{s}-\boldsymbol{u}\|_2^2 \leqslant \varsigma \tag{8.28}$$

其中，ς 为拟合误差控制参数。

对于式（8.28）所示问题，存在一些近似求解方法，比如基追踪、匹配追踪、正交匹配追踪、子空间追踪、迭代硬阈值等，这里主要考虑迭代硬阈值方法。

（1）一维迭代硬阈值方法。

一维迭代硬阈值方法的主要步骤如下：

① 初始化：

$$\boldsymbol{s}^{(0)} = \boldsymbol{o} \tag{8.29}$$

② 更新：

$$\boldsymbol{s}^{(k+1)} = \boldsymbol{f}_{\mathrm{HT},N}(\boldsymbol{s}^{(k)} + \boldsymbol{D}^{\mathrm{T}}(\boldsymbol{u}-\boldsymbol{D}\boldsymbol{s}^{(k)})) \tag{8.30}$$

式中：$N \geqslant M$，M 为信号源数；$\boldsymbol{f}_{\mathrm{HT},N}(\boldsymbol{x})$ 为一维硬阈值运算符，其输出为与 $\boldsymbol{x}$ 同维数的矢量，其第 i 个元素为

$$\left(\frac{\boldsymbol{x}(i)}{|\boldsymbol{x}(i)|-|\varsigma_N|}\right)\max(|\boldsymbol{x}(i)|-|\varsigma_N|, 0) \tag{8.31}$$

其中，ς_N 为将 $\boldsymbol{x}$ 元素按其绝对值从大到小重排后所得矢量的第 $N+1$ 个元素。

③ 重复上述步骤②，直至满足迭代终止条件。

（2）一维神经网络结构。

根据式（8.30），可得

$$\boldsymbol{s}^{(k+1)}=\boldsymbol{f}_{\mathrm{HT},N}(\boldsymbol{D}^{\mathrm{T}}\boldsymbol{u}+(\boldsymbol{I}-\boldsymbol{D}^{\mathrm{T}}\boldsymbol{D})\boldsymbol{s}^{(k)}) \tag{8.32}$$

所以一维稀疏重构可以通过图 8.14 所示的多层深度神经网络加以实现[138]，其中第 k 层网络结构具有如下形式（图 8.15）：

$$\boldsymbol{z}^{(k+1)}=\mathrm{ReLU}_N(\boldsymbol{\Xi t}+\boldsymbol{\Pi z}^{(k)}) \tag{8.33}$$

式中：$\boldsymbol{t}$ 为训练/测试数据；$\boldsymbol{z}^{(k)}$ 和 $\boldsymbol{z}^{(k+1)}$ 分别为第 k 层网络的输入和输出，此处设定 $\boldsymbol{z}^{(0)}=\boldsymbol{o}$；$\boldsymbol{\Xi}$ 和 $\boldsymbol{\Pi}$ 的元素为网络参数，通过训练数据进行学习；ReLU_N 为非线性激活函数，与一维硬阈值运算符 $\boldsymbol{f}_{\mathrm{HT},N}(\cdot)$ 的作用类似，如图 8.16 所示。

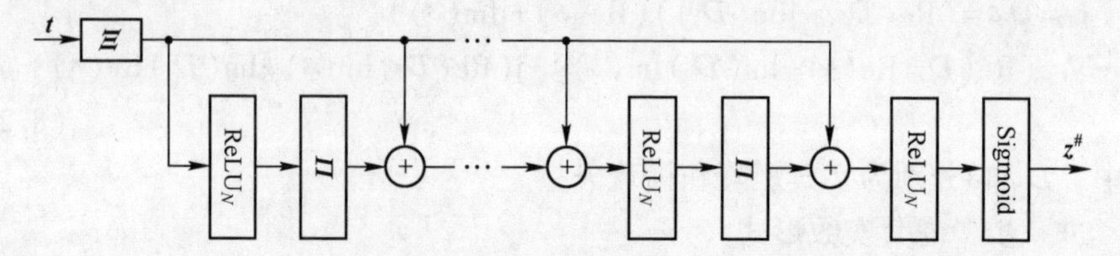

图 8.14 一维迭代硬阈值稀疏重构多层深度神经网络结构框图

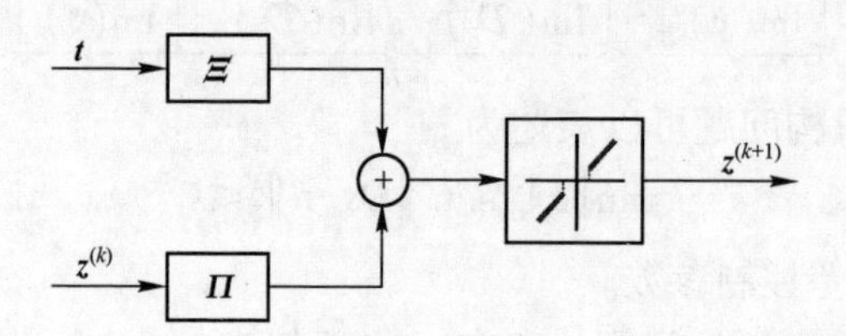

图 8.15 一维迭代硬阈值稀疏重构第 k 层网络结构框图

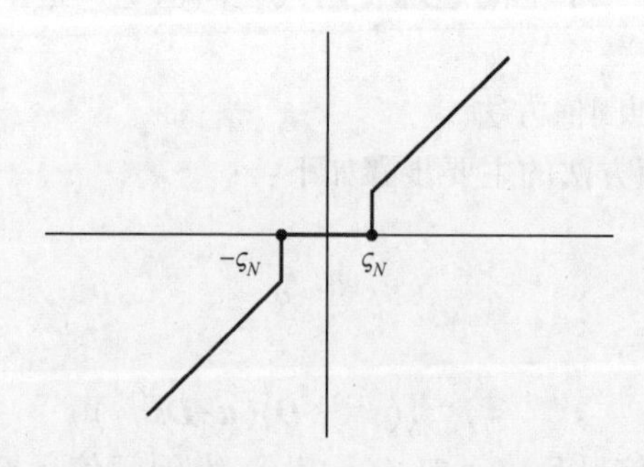

图 8.16 $\mathrm{ReLU}_N(\boldsymbol{x})$ 对 $\boldsymbol{x}(i)$ 的变换曲线

图 8.14 所示一维迭代硬阈值稀疏重构多层深度神经网络，一共包括 K 层如图 8.15 所示的网络和 1 个 Sigmoid 输出层（若需要稀疏矢量的估计，Sigmoid 输出层可以去掉），每经过一次激活，相当于重构稀疏矢量被更新一

次，$\boldsymbol{\Xi}$ 和 $\boldsymbol{\Pi}$ 所有层共用。

各层网络输出如下：

$$z^{(1)}=\text{ReLU}_N(\boldsymbol{\Xi t}+\boldsymbol{\Pi z}^{(0)})=\text{ReLU}_N(\boldsymbol{\Xi t}) \tag{8.34}$$

$$z^{(2)}=\text{ReLU}_N(\boldsymbol{\Xi t}+\boldsymbol{\Pi z}^{(1)}) \tag{8.35}$$

$$z^{(3)}=\text{ReLU}_N(\boldsymbol{\Xi t}+\boldsymbol{\Pi z}^{(2)}) \tag{8.36}$$

$$\vdots$$

$$z^{(K)}=\text{ReLU}_N(\boldsymbol{\Xi t}+\boldsymbol{\Pi z}^{(K-1)}) \tag{8.37}$$

$$z^{(K+1)}=\text{ReLU}_N(\boldsymbol{\Xi t}+\boldsymbol{\Pi z}^{(K)}) \tag{8.38}$$

$$z^{\#}=\text{Sigmoid}(z^{(K+1)}) \tag{8.39}$$

其中，$z^{\#}$为神经网络输出预测标签。

将训练样本输入网络，经过各层前向传播计算，在输出层得到训练样本对应的预测标签 $z^{\#}$。然后，在损失函数最小化准则下逐级进行反向传播，对网络参数进行调整，直至损失函数稳定在最小值。

8.4.2 二维情形

二维稀疏表示的一般形式为

$$\begin{aligned}\boldsymbol{Y}&=\boldsymbol{\mathcal{D}}\boldsymbol{\mathcal{S}}\boldsymbol{\mathcal{C}}^{\text{H}}\\&=(\text{Re}(\boldsymbol{\mathcal{D}})\text{Re}(\boldsymbol{\mathcal{S}})-\text{Im}(\boldsymbol{\mathcal{D}})\text{Im}(\boldsymbol{\mathcal{S}}))\text{Re}(\boldsymbol{\mathcal{C}}^{\text{T}})+(\text{Re}(\boldsymbol{\mathcal{D}})\text{Im}(\boldsymbol{\mathcal{S}})\\&\quad+\text{Im}(\boldsymbol{\mathcal{D}})\text{Re}(\boldsymbol{\mathcal{S}}))\text{Im}(\boldsymbol{\mathcal{C}}^{\text{T}})+\text{j}(\text{Re}(\boldsymbol{\mathcal{D}})\text{Im}(\boldsymbol{\mathcal{S}})+\text{Im}(\boldsymbol{\mathcal{D}})\text{Re}(\boldsymbol{\mathcal{S}}))\text{Re}(\boldsymbol{\mathcal{C}}^{\text{T}})\\&\quad-\text{j}(\text{Re}(\boldsymbol{\mathcal{D}})\text{Re}(\boldsymbol{\mathcal{S}})-\text{Im}(\boldsymbol{\mathcal{D}})\text{Im}(\boldsymbol{\mathcal{S}}))\text{Im}(\boldsymbol{\mathcal{C}}^{\text{T}})\end{aligned} \tag{8.40}$$

其中，$\boldsymbol{\mathcal{D}}$ 、$\boldsymbol{\mathcal{C}}$ 和$\boldsymbol{\mathcal{S}}$ 分别为两个字典矩阵和稀疏矩阵。

进一步考虑其实数形式：

$$\underbrace{\begin{bmatrix}\text{Re}(\boldsymbol{Y})\\\text{Im}(\boldsymbol{Y})\end{bmatrix}}_{=\boldsymbol{U}}=\underbrace{\begin{bmatrix}\text{Re}(\boldsymbol{\mathcal{D}}) & -\text{Im}(\boldsymbol{\mathcal{D}})\\\text{Im}(\boldsymbol{\mathcal{D}}) & \text{Re}(\boldsymbol{\mathcal{D}})\end{bmatrix}}_{=\boldsymbol{\Gamma}}\underbrace{\begin{bmatrix}\text{Re}(\boldsymbol{\mathcal{S}}) & \text{Im}(\boldsymbol{\mathcal{S}})\\\text{Im}(\boldsymbol{\mathcal{S}}) & -\text{Re}(\boldsymbol{\mathcal{S}})\end{bmatrix}}_{=\boldsymbol{S}}\underbrace{\begin{bmatrix}\text{Re}(\boldsymbol{\mathcal{C}}^{\text{T}})\\\text{Im}(\boldsymbol{\mathcal{C}}^{\text{T}})\end{bmatrix}}_{=\boldsymbol{\Psi}^{\text{T}}} \tag{8.41}$$

这样，二维稀疏重构问题可以表述为

$$\min_{\boldsymbol{S}}\|\boldsymbol{S}\|_0 \text{ s. t. } \|\boldsymbol{\Gamma S \Psi}^{\text{T}}-\boldsymbol{U}\|_{\text{F}}^2\leqslant\varsigma \tag{8.42}$$

其中，ς仍为拟合误差控制参数。

（1）二维迭代硬阈值方法。

关于式（8.42）所示问题，可采用本节所讨论的二维迭代硬阈值方法进行近似求解。

由于

$$\text{vec}(\boldsymbol{\Gamma S \Psi}^{\text{T}})=(\boldsymbol{\Psi}\otimes\boldsymbol{\Gamma})\text{vec}(\boldsymbol{S}) \tag{8.43}$$

根据 8.4.1 节的讨论，$\mathrm{vec}(\boldsymbol{S})$ 可按下述一维迭代硬阈值公式进行更新：

$$\begin{aligned}\mathrm{vec}(\boldsymbol{S}^{(k+1)}) &= \boldsymbol{f}_{\mathrm{HT},N}(\mathrm{vec}(\boldsymbol{S}^{(k)}) + (\boldsymbol{\Psi}\otimes\boldsymbol{\Gamma})^{\mathrm{T}}(\mathrm{vec}(\boldsymbol{U}) - (\boldsymbol{\Psi}\otimes\boldsymbol{\Gamma})\mathrm{vec}(\boldsymbol{S}^{(k)})))\\ &= \boldsymbol{f}_{\mathrm{HT},N}(\mathrm{vec}(\boldsymbol{S}^{(k)}) + (\boldsymbol{\Psi}\otimes\boldsymbol{\Gamma})^{\mathrm{T}}\mathrm{vec}(\boldsymbol{U}) - (\boldsymbol{\Psi}\otimes\boldsymbol{\Gamma})^{\mathrm{T}}(\boldsymbol{\Psi}\otimes\boldsymbol{\Gamma})\mathrm{vec}(\boldsymbol{S}^{(k)}))\end{aligned} \tag{8.44}$$

再注意到

$$\begin{aligned}&\mathrm{vec}(\boldsymbol{S}^{(k)}) + (\boldsymbol{\Psi}\otimes\boldsymbol{\Gamma})^{\mathrm{T}}\mathrm{vec}(\boldsymbol{U}) - (\boldsymbol{\Psi}\otimes\boldsymbol{\Gamma})^{\mathrm{T}}(\boldsymbol{\Psi}\otimes\boldsymbol{\Gamma})\mathrm{vec}(\boldsymbol{S}^{(k)})\\ &= \mathrm{vec}(\boldsymbol{S}^{(k)}) + (\boldsymbol{\Psi}^{\mathrm{T}}\otimes\boldsymbol{\Gamma}^{\mathrm{T}})\mathrm{vec}(\boldsymbol{U}) - ((\boldsymbol{\Psi}^{\mathrm{T}}\boldsymbol{\Psi})^{\mathrm{T}}\otimes(\boldsymbol{\Gamma}^{\mathrm{T}}\boldsymbol{\Gamma}))\mathrm{vec}(\boldsymbol{S}^{(k)})\end{aligned} \tag{8.45}$$

$$\boldsymbol{S}^{(k+1)} = \mathrm{dvec}(\mathrm{vec}(\boldsymbol{S}^{(k+1)})) \tag{8.46}$$

所以对应的二维迭代硬阈值更新公式可以写成

$$\boldsymbol{S}^{(k+1)} = \boldsymbol{F}_{\mathrm{HT},N}(\boldsymbol{S}^{(k)} + \boldsymbol{\Gamma}^{\mathrm{T}}(\boldsymbol{U} - \boldsymbol{\Gamma}\boldsymbol{S}^{(k)}\boldsymbol{\Psi}^{\mathrm{T}})\boldsymbol{\Psi}) \tag{8.47}$$

式中：$\boldsymbol{F}_{\mathrm{HT},N}(\boldsymbol{X})$ 为二维硬阈值运算符，

$$\boldsymbol{F}_{\mathrm{HT},N}(\boldsymbol{X}) = \mathrm{dvec}(\boldsymbol{f}_{\mathrm{HT},N}(\mathrm{vec}(\boldsymbol{X}))) \tag{8.48}$$

（2）二维网络结构。

根据式（8.47），二维稀疏重构可以通过图 8.17 所示的多层深度神经网络加以实现[139]，其中第 k 层网络结构如下（图 8.18）：

$$\boldsymbol{Z}^{(k+1)} = \mathrm{ReLU}_N(\boldsymbol{\Theta}\boldsymbol{T}\boldsymbol{\Omega} + \boldsymbol{Z}^{(k)} - \boldsymbol{\Lambda}\boldsymbol{Z}^{(k)}\boldsymbol{\Sigma}) \tag{8.49}$$

式中：$\boldsymbol{T}$ 为训练/测试数据；$\boldsymbol{Z}^{(k)}$ 和 $\boldsymbol{Z}^{(k+1)}$ 分别为第 k 层网络的输入和输出；$\boldsymbol{\Theta}$、$\boldsymbol{\Omega}$、$\boldsymbol{\Lambda}$ 和 $\boldsymbol{\Sigma}$ 的元素为网络参数，通过训练数据进行学习，所有网络层共用；

$$\mathrm{ReLU}_N(\boldsymbol{X}) = \mathrm{dvec}(\mathrm{ReLU}_N(\mathrm{vec}(\boldsymbol{X}))) \tag{8.50}$$

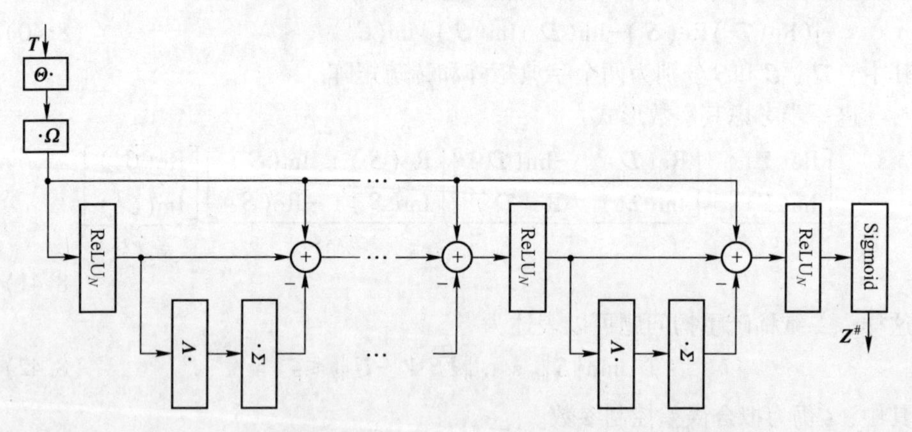

图 8.17 二维迭代硬阈值稀疏重构多层深度神经网络结构框图

本节所讨论的基于深度学习的稀疏重构方法主要通过训练数据学习与字典矩阵有关的网络参数，所以无须阵列校正（对于此前各章所讨论的方法，即使信号存在特殊性质可资利用，一般也需要对阵列进行部分校正[140]），理论上也不存在离格问题。若字典矩阵包括水平和垂直极化两部分，可以联合

使用 0 范数和 2 范数。

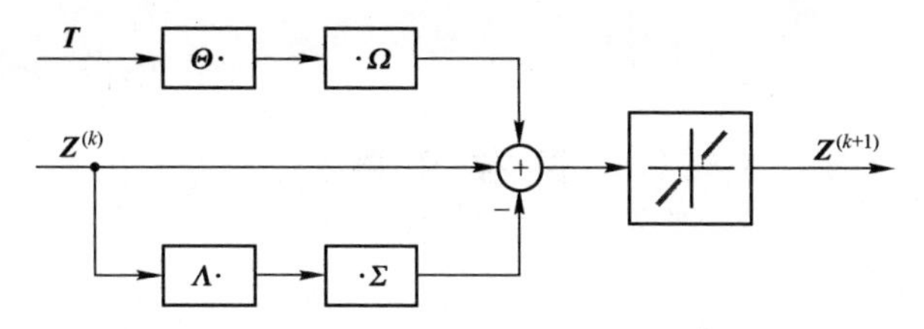

图 8.18　二维迭代硬阈值稀疏重构第 k 层网络结构框图

最后看一个例子，例中 $L=15$，$M=2$，$\vartheta_0=70°$，$\vartheta_1=95°$，$\psi_0=85°$，$\psi_1=105°$，信噪比为 10 dB，快拍数为 500；信号波极化参数已知，采用 5.2.2 节所讨论的方法进行波达方向估计，其中稀疏重构通过深度学习实现。图 8.19 所示为相应的二维波达方向估计结果。

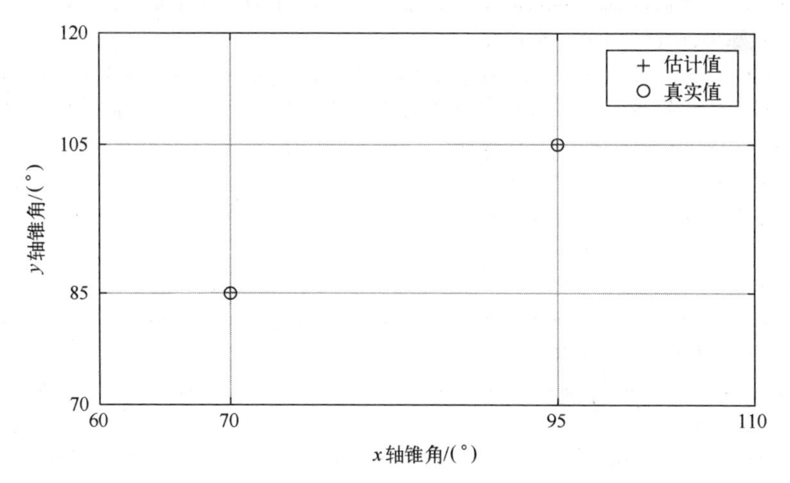

图 8.19　基于深度学习稀疏重构的二维波达方向估计结果

8.5 本章小结

本章主要讨论了基于深度学习的非线性拟合方法在矢量天线阵列信号波达方向估计中的应用，还讨论了基于深度学习的一维、二维稀疏重构方法，可以用来快速实现 3.3.2 节、5.2.2 节、7.1.4 节等所需的稀疏重构运算，由于无须阵列校正以及字典矩阵预设，容差性也更高。

本章的工作还是初步的，如何利用深度学习进行信号波极化参数估计是需要进一步研究的问题。

参考文献

[1] Picinbono B. On instantaneous amplitude and phase of signals [J]. IEEE Transactions on Signal Processing, 1997, 45(3): 552-560.

[2] Nehorai A, Paldi E. Vector-sensor array processing for electromagnetic source localization [J]. IEEE Transactions on Signal Processing, 1994, 42(2): 376-398.

[3] Nehorai A, Tichavsky P. Cross-product algorithms for source tracking using an EM vector sensor [J]. IEEE Transactions on Signal Processing, 1999, 47(10): 2863-2867.

[4] Shlivinski A. Time-domain circularly polarized antennas [J]. IEEE Transactions on Antennas and Propagation, 2009, 57(6): 1606-1611.

[5] Giuli D. Polarization diversity in radars [J]. Proceedings of the IEEE, 1986, 74(2): 245-269.

[6] 庄钊文, 肖顺平, 王雪松. 雷达极化信息处理及其应用 [M]. 北京: 国防工业出版社, 1999.

[7] Ko H C. On the reception of quasi-monochromatic, partially polarized radio waves [J]. Proceedings of the IRE, 1962, 50(9): 1950-1957.

[8] Charge P, Wang Y D, Saillard J. A non-circular sources direction finding method using polynomial rooting [J]. Signal Processing, 2001, 81(8): 1765-1770.

[9] Deschamps G A. Techniques for handling elliptically polarized waves with special reference to antennas: Part Ⅱ — Geometrical representation of the polarization of a plane electromagnetic wave [J]. Proceedings of the IRE, 1951, 39(5): 540-544.

[10] Balanis C A. Antenna theory analysis and design [M]. New Jersey: John Wiley & Sons, Hoboken, 2016.

[11] Sinclair G. The transmission and reception of elliptically polarized waves [J]. Proceedings of the IRE, 1950, 38(2): 148-151.

[12] Wong K T, Song Y, Fulton C J, et al. Electrically "long" dipoles in a collocated/orthogonal triad - for direction finding and polarization estimation [J]. IEEE Transactions on Antennas and Propagation, 2017, 65(11): 6057-6067.

[13] Khan S, Wong K T, Song Y, et al. Electrically large circular loops in the estimation of an incident emitter's direction-of-arrival or polarization [J]. IEEE Transactions on Antennas and Propagation, 2018, 66(6): 3046-3055.

[14] 史树理. 基于矢量天线阵列的极化波束方向图综合与信号参数估计 [D]. 北京: 北京理工大学, 2020.

[15] Farina D J. Superresolution compact array radiolocation technology (SuperCART) project [R]. Flam and Russell Technical Report, 1990.

[16] Penno R P, Pasala K M. Theory of angle estimation using a multiarm spiral antenna [J]. IEEE Transactions on Aerospace and Electronic Systems, 2001, 37(1): 123-133.

[17] Compton R T. The tripole antenna: An adaptive array with full polarization flexibility [J]. IEEE Trans-

actions on Antennas and Propagation, 1981, 29(6): 944-952.

[18] 许京伟, 朱圣祺, 廖桂生, 等. 频率分集阵雷达技术探讨 [J]. 雷达学报, 2018, 7(2): 167-182.

[19] 王文钦, 张顺生. 频控阵雷达技术研究进展综述 [J]. 雷达学报, 2022, 11(5): 830-849.

[20] Ahsan F, Chi T Y, Cho R, et al. EMvelop stimulation: Minimally invasive deep brain stimulation using temporally interfering electromagnetic waves [J]. Journal of Neural Engineering, 2022, 19, 046005.

[21] Xiao J J, Nehorai A. Optimal polarized beampattern synthesis using a vector antenna array [J]. IEEE Transactions on Signal Processing, 2009, 57(2): 576-587.

[22] Li J, Stoica P, Zheng D M. Efficient direction and polarization estimation with a COLD array [J]. IEEE Transactions on Antennas and Propagation, 1996, 44(4): 539-547.

[23] 王立程. 频控阵波束方向图综合与目标定位方法研究 [D]. 北京: 北京理工大学, 2021.

[24] Xiong J, Wang W Q, Shao H Z, et al. Frequency diverse array transmit beampattern optimization with genetic algorithm [J]. IEEE Antennas and Wireless Propagation Letters, 2017, 16: 469-472.

[25] 胡万秋. 三极化阵列天线波束控制技术研究 [D]. 长沙: 国防科学技术大学, 2015.

[26] Van Veen B D, Buckley K M. Beamforming: A versatile approach to spatial filtering [J]. IEEE ASSP Magazine, 1988, 5(4): 4-24.

[27] Van Trees H L. 最优阵列处理技术 [M]. 汤俊, 万群, 等译. 北京: 清华大学出版社, 2007.

[28] 庄钊文, 徐振海, 肖顺平. 极化敏感阵列信号处理 [M]. 北京: 国防工业出版社, 2005.

[29] Lu Y, Xu Y G, Huang Y L, et al. Diversely polarised antenna-array-based narrowband/wideband beamforming via polarisational reconstruction matrix inversion [J]. IET Signal Processing, 2018, 12(3): 358-367.

[30] Ferrara E R, Parks T M. Direction finding with an array of antennas having diverse polarizations [J]. IEEE Transactions on Antennas and Propagation, 1983, 31(2): 231-236.

[31] Schmidt R. Multiple emitter location and signal parameter estimation [J]. IEEE Transactions on Antennas and Propagation, 1986, 34(3): 276-280.

[32] Roy R, Kailath T. ESPRIT—Estimation of signal parameters via rotational invariance techniques [J]. IEEE Transactions on Acoustics, Speech, and Signal Processing, 1989, 37(7): 984-995.

[33] Weiss A J, Friedlander B. Direction finding for diversely polarized signals using polynomial rooting [J]. IEEE Transactions on Signal Processing, 1993, 41(5): 1893-1905.

[34] Pezeshki A, Van Veen B D, Scharf L L, et al. Eigenvalue beamforming using a multirank MVDR beamformer and subspace selection [J]. IEEE Transactions on Signal Processing, 2008, 56(5): 1954-1967.

[35] 张贤达. 矩阵分析与应用 [M]. 北京: 清华大学出版社, 2004.

[36] Cox H. Resolving power and sensitivity to mismatch of optimum array processors [J]. The Journal of the Acoustical Society of America, 1973, 54(3): 771-785.

[37] Wax M, Shan T J, Kailath T. Spatio-temporal spectral analysis by eigenstructure methods [J]. IEEE Transactions on Acoustics, Speech, and Signal Processing, 1984, 32(4): 817-827.

[38] 鄢社锋, 马远良. 传感器阵列波束优化设计及应用 [M]. 北京: 科学出版社, 2009.

[39] 陈益凯. 基于四维天线理论和强互耦效应的阵列天线技术研究 [D]. 成都: 电子科技大学, 2011.

[40] 贺冲. 时间调制阵列理论与应用研究 [D]. 上海: 上海交通大学, 2015.

[41] 姚阿敏. 时间调制阵列天线的研究 [D]. 南京: 南京理工大学, 2017.

[42] 陈靖峰．时间调制阵列理论与测向技术研究［D］．上海：上海交通大学，2018.
[43] Daly M P, Bernhard J T. Directional modulation technique for phased arrays［J］. IEEE Transactions on Antennas and Propagation, 2009, 57(9): 2633-2639.
[44] Daly M P, Bernhard J T. Beamsteering in pattern reconfigurable arrays using directional modulation［J］. IEEE Transactions on Antennas and Propagation, 2010, 58(7): 2259-2265.
[45] Shi H Z, Tennant A. Simultaneous, multichannel, spatially directive data transmission using direct antenna modulation［J］. IEEE Transactions on Antennas and Propagation, 2014, 62(1): 403-410.
[46] Zhu Q J, Yang S W, Yao R L, et al. Directional modulation based on 4-D antenna arrays［J］. IEEE Transactions on Antennas and Propagation, 2014, 62(2): 621-628.
[47] Hu J S, Shu F, Li J. Robust synthesis method for secure directional modulation with imperfect direction angle［J］. IEEE Communications Letters, 2016, 20(6): 1084-1087.
[48] Shu F, Xu L, Wang J Z, et al. Artificial-noise-aided secure multicast precoding for directional modulation systems［J］. IEEE Transactions on Vehicular Technology, 2018, 67(7): 6658-6662.
[49] Qiu B, Tao M L, Wang L, et al. Multi-beam directional modulation synthesis scheme based on frequency diverse array［J］. IEEE Transactions on Information Forensics and Security, 2019, 14(10): 2593-2606.
[50] Cheng Q, Fusco V, Zhu J, et al. SVD-aided multi-beam directional modulation scheme based on frequency diverse array［J］. IEEE Wireless Communications Letters, 2020, 9(3): 420-423.
[51] Zhang B, Liu W. Multi-carrier based phased antenna array design for directional modulation［J］. IET Microwaves, Antennas and Propagation, 2018, 12(5): 765-772.
[52] Fuchs B, Fuchs J J. Optimal polarization synthesis of arbitrary arrays with focused power pattern［J］. IEEE Transactions on Antennas and Propagation, 2011, 59(12): 4512-4519.
[53] Compton R T. On the performance of a polarization sensitive adaptive array［J］. IEEE Transactions on Antennas and Propagation, 1981, 29(5): 718-725.
[54] Poon A S Y, Brodersen R W, Tse D N C. Degrees of freedom in multiple-antenna channels: A signal space approach［J］. IEEE Transactions on Information Theory, 2005, 51(2): 523-536.
[55] Lee J H, Choi J, Lee W H, et al. Array pattern synthesis using semidefinite programming and a bisection method［J］. ETRI Journal, 2019, 41(5): 619-625.
[56] Schmid C M, Schuster S, Feger R, et al. On the effects of calibration errors and mutual coupling on the beam pattern of an antenna array［J］. IEEE Transactions on Antennas and Propagation, 2013, 61(8): 4063-4072.
[57] Wahlberg B G, Mareels I M Y, Webster I. Experimental and theoretical comparison of some algorithms for beamforming in single receiver adaptive arrays［J］. IEEE Transactions on Antennas and Propagation, 1991, 39(1): 21-28.
[58] 李昊．基于矢量天线选择的非圆信号波达方向与极化参数估计［D］．北京：北京理工大学，2021.
[59] Rahamim D, Tabrikian J, Shavit R. Source localization using vector sensor array in a multipath environment［J］. IEEE Transactions on Signal Processing, 2004, 52(11): 3096-3103.
[60] 徐友根，刘志文，龚晓峰．极化敏感阵列信号处理［M］．北京：北京理工大学出版社，2013.
[61] Xu Y G, Liu Z W. Polarimetric angular smoothing algorithm for an electromagnetic vector-sensor array［J］. IET Radar, Sonar and Navigation, 2007, 1(3): 230-240.

[62] Shan T J, Wax M, Kailath T. On spatial smoothing for direction-of-arrival estimation of coherent signals [J]. IEEE Transactions on Acoustics, Speech, and Signal Processing, 1985, 33(4): 806-811.

[63] Takao K, Kikuma N. An adaptive array utilizing an adaptive spatial averaging technique for multipath environments [J]. IEEE Transactions on Antennas and Propagation, 1987, 35(12): 1389-1396.

[64] Zoltowski M D, Wong K T. ESPRIT-based 2-D direction finding with a sparse uniform array of electromagnetic vector sensors [J]. IEEE Transactions on Signal Processing, 2000, 48(8): 2195-2204.

[65] Wang J W, Huang Z A, Xiao Q, et al. High-precision direction-of-arrival estimations using digital programmable metasurface [J]. Advanced Intelligent Systems, 2022, 4: 2100164.

[66] Lin M T, Gao Y, Liu P G, et al. Super-resolution orbital angular momentum based radar targets detection [J]. Electronics Letters, 2016, 52(13): 1168-1170.

[67] 王永良，丁前军，李荣锋．自适应阵列处理 [M]. 北京：清华大学出版社，2009.

[68] Reed I S, Mallett J D, Brennan L E. Rapid convergence rate in adaptive arrays [J]. IEEE Transactions on Aerospace and Electronic Systems, 1974, 10(6): 853-863.

[69] 廖桂生，陶海红，曾操．雷达数字波束形成技术 [M]. 北京：国防工业出版社，2017.

[70] Park H R, Li J, Wang H. Polarization-space-time domain generalized likelihood ratio detection of radar targets [J]. Signal Processing, 1995, 41(2): 153-164.

[71] Pastina D, Lombardo P, Bucciarelli T. Adaptive polarimetric target detection with coherent radar Part I: Detection against Gaussian background [J]. IEEE Transactions on Aerospace and Electronic Systems, 2001, 37(4): 1194-1206.

[72] Park H R, Wang H. Adaptive polarization-space-time domain radar target detection in inhomogeneous clutter environment [J]. IEE Proceedings - Radar Sonar Navigation, 2006, 153(1): 35-43.

[73] Lombardo P, Pastina D, Bucciarelli T. Adaptive polarimetric target detection with coherent radar Part Ⅱ: Detection against non-Gaussian background [J]. IEEE Transactions on Aerospace and Electronic Systems, 2001, 37(4): 1207-1220.

[74] De Maio A, Ricci G. A polarimetric adaptive matched filter [J]. Signal Processing, 2001, 81(12): 2583-2589.

[75] 沈雷．二维/三维极化敏感阵列目标极化检测与信号参数估计方法研究 [D]. 北京：北京理工大学，2018.

[76] Liu J, Liu W J, Chen B, et al. Modified Rao test for multichannel adaptive signal detection [J]. IEEE Transactions on Signal Processing, 2016, 64(3): 714-725.

[77] Liu J, Zhang Z J, Yang Y, et al. A CFAR adaptive subspace detector for first-order or second-order Gaussian signals based on a single observation [J]. IEEE Transactions on Signal Processing, 2011, 59(11): 5126-5140.

[78] Hurtado M, Nehorai A. Polarimetric detection of targets in heavy inhomogeneous clutter [J]. IEEE Transactions on Signal Processing, 2008, 56(4): 1349-1361.

[79] Pascal F, Chitour Y, Quek Y. Generalized robust shrinkage estimator and its applications to STAP detection problem [J]. IEEE Transactions on Signal Processing, 2014, 62(21): 5640-5651.

[80] Hurtado M, Zhao T, Nehorai A. Adaptive polarized waveform design for target tracking based on sequential Bayesian inference [J]. IEEE Transactions on Signal Processing, 2008, 56(3): 1120-1133.

[81] Xiao J J, Nehorai A. Joint transmitter and receiver polarization optimization for scattering estimation in clutter [J]. IEEE Transactions on Signal Processing, 2009, 57(10): 4142-4147.

[82] Huynen J R. Measurement of the target scattering matrix [J]. Proceedings of the IEEE, 1965, 53(8): 936-946.

[83] Kay S M. 统计信号处理基础——估计与检测理论 [M]. 罗鹏飞, 张文明, 刘忠, 等译. 北京: 电子工业出版社, 2006.

[84] 胡科晓. 雷达目标散射矩阵估计及发射接收极化优化设计 [D]. 北京: 北京理工大学, 2018.

[85] Wang J, Nehorai A. Adaptive polarimetry design for a target in compound-Gaussian clutter [J]. Signal Processing, 2009, 89(6): 1061-1069.

[86] Wang J, Dogandzic A, Nehorai A. Maximum likelihood estimation of compound-Gaussian clutter and target parameters [J]. IEEE Transactions on Signal Processing, 2006, 54(10): 3884-3898.

[87] De Maio A. Polarimetric adaptive detection of range-distributed targets [J]. IEEE Transactions on Signal Processing, 2002, 50(9): 2152-2159.

[88] Gogineni S, Nehorai A. Polarimetric MIMO radar with distributed antennas for target detection [J]. IEEE Transactions on Signal Processing, 2010, 58(3): 1689-1697.

[89] Calderbank R, Howard S D, Moran B. Waveform diversity in radar signal processing: A focus on the use and control of degrees of freedom [J]. IEEE Signal Processing Magazine, 2009, 26(1): 32-41.

[90] Hurtado M, Xiao J J, Nehorai A. Target estimation, detection, and tracking: A look at adaptive polarimetric design [J]. IEEE Signal Processing Magazine, 2009, 26(1): 42-52.

[91] Sira S P, Li Y, Papandreou-Suppappola A, et al. Waveform-agile sensing for tracking: A review perspective [J]. IEEE Signal Processing Magazine, 2009, 26(1): 53-64.

[92] 朱圣棋, 余昆, 许京伟, 等. 波形分集阵列新体制雷达研究进展与展望 [J]. 雷达学报, 2021, 10(6): 795-810.

[93] Moffet A T. Minimum-redundancy linear arrays [J]. IEEE Transactions on Antennas and Propagation, 1968, 16(2): 172-175.

[94] Pal P, Vaidyanathan P P. Nested arrays: A novel approach to array processing with enhanced degrees of freedom [J]. IEEE Transactions on Signal Processing, 2010, 58(8): 4167-4181.

[95] Vaidyanathan P P, Pal P. Sparse sensing with co-prime samplers and arrays [J]. IEEE Transactions on Signal Processing, 2011, 59(2): 573-586.

[96] Ishiguro M. Minimum redundancy linear arrays for a large number of antennas [J]. Radio Science, 1980, 15(6): 1163-1170.

[97] Qin S, Zhang Y M, Amin M G. Generalized coprime array configurations for direction-of-arrival estimation [J]. IEEE Transactions on Signal Processing, 2015, 63(6): 1377-1390.

[98] Robison A D. Parallel computation of sparse rulers [EB/OL]. (2014-01-14) [2019-03-12]. https://software.intel.com/en355us/articles/parallel-computation-of-sparse-rulers.

[99] Liu C L, Vaidyanathan P P. Super nested arrays: Linear sparse arrays with reduced mutual coupling, Part I: Fundamentals [J]. IEEE Transactions on Signal Processing, 2016, 64(15): 3997-4012.

[100] Zheng Z, Wang W Q, Kong Y Y, et al. MISC array: A new sparse array design achieving increased degrees of freedom and reduced mutual coupling effect [J]. IEEE Transactions on Signal Processing, 2019, 67(7): 1728-1741.

[101] Liu J Y, Zhang Y M, Lu Y L, et al. Augmented nested arrays with enhanced DOF and reduced mutual coupling [J]. IEEE Transactions on Signal Processing, 2017, 65(21): 5549-5563.

[102] Liu C L, Vaidyanathan P P. Super nested arrays: Linear sparse arrays with reduced mutual coupling,

Part Ⅱ: High-order extensions [J]. IEEE Transactions on Signal Processing, 2016, 64(16): 4203-4217.

[103] Fang Y, Wu J J, Huang B. 2D sparse signal recovery via 2D orthogonal matching pursuit [J]. Science China Information Sciences, 2012, 55(4): 889-897.

[104] Caiafa C F, Cichocki A. Multidimensional compressed sensing and their applications [J]. Wiley Interdisciplinary Reviews: Data Mining and Knowledge Discovery, 2013, 3(6): 355-380.

[105] 庄俊鹏. 窄带信号波达方向估计中的稀疏线阵设计 [D]. 北京: 北京理工大学, 2020.

[106] Shen Q, Liu W, Cui W, et al. Extension of nested arrays with the fourth-order difference co-array enhancement [C]// IEEE International Conference on Acoustics, Speech, and Signal Processing. 2016: 2991-2995.

[107] Ahmed A, Zhang Y M, Himed B. Effective nested array design for fourth-order cumulant-based DOA estimation [C]// IEEE Radar Conference. 2017: 998-1002.

[108] Wong K T, Yuan X. "Vector cross-product direction-finding" with an electromagnetic vector-sensor of six orthogonally oriented but spatially noncollocating dipoles/loops [J]. IEEE Transactions on Signal Processing, 2011, 59(1): 160-171.

[109] 悦亚星. 基于多极化阵列的信号多维参数闭式估计方法研究 [D]. 北京: 北京理工大学, 2021.

[110] 陈宝林. 最优化理论与方法 [M]. 北京: 清华大学出版社, 2005.

[111] Hawes M, Mihaylova L, Liu W. Location and orientation optimization for spatially stretched tripole arrays based on compressive sensing [J]. IEEE Transactions on Signal Processing, 2017, 65(9): 2411-2420.

[112] Srinivas M, Patnaik L M. Adaptive probabilities of crossover and mutation in genetic algorithms [J]. IEEE Transactions on Systems, Man, and Cybernetics, 1994, 24(4): 656-667.

[113] 赵拥军, 李冬海, 赵闯, 等. 宽带阵列信号波达方向估计理论与方法 [M]. 北京: 国防工业出版社, 2013.

[114] 黄昱淋. 基于降秩处理的宽带信号波达方向估计 [D]. 北京: 北京理工大学, 2020.

[115] 王永良, 陈辉, 彭应宁, 等. 空间谱估计理论与算法 [M]. 北京: 清华大学出版社, 2004.

[116] 张小飞, 李建峰, 徐大专, 等. 阵列信号处理及 MATLAB 实现 [M]. 北京: 电子工业出版社, 2020.

[117] Huang Y L, Xu Y G, Lu Y, et al. Envelope aligned inverse power scanning for direction of arrival estimation of circular and noncircular wideband source signals [J]. IET Microwaves, Antennas and Propagation, 2018, 12(9): 1494-1503.

[118] Chevalier P, Blin A. Widely linear MVDR beamformers for the reception of an unknown signal corrupted by noncircular interferences [J]. IEEE Transactions on Signal Processing, 2007, 55(11): 5323-5336.

[119] Chevalier P, Delmas J P, Oukaci A. Properties, performance and practical interest of the widely linear MMSE beamformer for nonrectilinear signals [J]. Signal Processing, 2014, 97: 269-281.

[120] Xu Y G, Huang Y L, Liu J F, et al. Non-circularity coefficient estimation of the SOI for narrowband widely linear beamforming [J]. IET Microwaves, Antennas and Propagation, 2019, 13(5): 649-659.

[121] Wang H, Kaveh M. Coherent signal-subspace processing for the detection and estimation of angles of arrival of multiple wide-band sources [J]. IEEE Transactions on Acoustics, Speech, and Signal Processing, 1985, 33(4): 823-831.

[122] Di Claudio E D, Parisi R. WAVES: Weighted average of signal subspaces for robust wideband direction finding [J]. IEEE Transactions on Signal Processing, 2001, 49(10): 2179-2191.

[123] Yoon Y S, Kaplan L M, McClellan J H. TOPS: New DOA estimator for wideband signals [J]. IEEE Transactions on Signal Processing, 2006, 54(6): 1977-1989.

[124] Yin B J, Xu Y G, Huang Y L, et al. Direction finding for wideband source signals via steered effective projection [J]. IEEE Sensors Journal, 2018, 18(2): 741-751.

[125] Krolik J, Swingler D. Multiple broad-band source location using steered covariance matrices [J]. IEEE Transactions on Acoustics, Speech, and Signal Processing, 1989, 37(10): 1481-1494.

[126] Yan H Q, Fan H H. Wideband cyclic MUSIC algorithms [J]. Signal Processing, 2005, 85(3): 643-649.

[127] Liu Z M, Huang Z T, Zhou Y Y. Generalized wideband cyclic MUSIC [J]. EURASIP Journal on Advances in Signal Processing. doi: 10.1155/2009/539727.

[128] Liu J Y, Lu Y L, Zhang Y M, et al. DOA estimation with enhanced DOFs by exploiting cyclostationarity [J]. IEEE Transactions on Signal Processing, 2017, 65(6): 1486-1496.

[129] Hu N, Xu D Y, Xu X, et al. Wideband DOA estimation from the sparse recovery perspective for the spatial-only modeling of array data [J]. Signal Processing, 2012, 92(5): 1359-1364.

[130] He Z Q, Shi Z P, Huang L, et al. Underdetermined DOA estimation for wideband signals using robust sparse covariance fitting [J]. IEEE Signal Processing Letters, 2015, 22(4): 435-439.

[131] Buckley K M, Griffiths L J. Broad-band signal-subspace spatial-spectrum (BASS-ALE) estimation [J]. IEEE Transactions on Acoustics, Speech, and Signal Processing, 1988, 36(7): 953-964.

[132] Liu Z M, Huang Z T, Zhou Y Y. Direction-of-arrival estimation of wideband signals via covariance matrix sparse representation [J]. IEEE Transactions on Signal processing, 2011, 59(9): 4256-4270.

[133] Ramezanpour P, Rezaei M J, Mosavi M R. Deep-learning-based beamforming for rejecting interference [J]. IET Signal Processing, 2020, 14(7): 467-473.

[134] 李明月. 基于深度学习的信号波达方向估计方法研究 [D]. 北京: 北京理工大学, 2021.

[135] Blumensath T, Davies M E. Iterative thresholding for sparse approximations [J]. Journal of Fourier Analysis and Applications, 2008, 14: 629-654.

[136] Blanchard J D, Ke Wei J T. CGIHT: conjugate gradient iterative hard thresholding for compressed sensing and matrix completion [J]. Information and Inference: A Journal of the IMA, 2015, 4: 289-327.

[137] Han P X, Niu R X, Eldar Y C. Modified distributed iterative hard thresholding [C]// IEEE International Conference on Acoustics, Speech, and Signal Processing. 2015: 3766-3770.

[138] Ye C Y. Tissue microstructure estimation using a deep network inspired by a dictionary-based framework [J]. Medical Image Analysis, 2017, 42: 288-299.

[139] Ye C Y, Li Y X, Zeng X Z. An improved deep network for tissue microstructure estimation with uncertainty quantification [J]. Medical Image Analysis, 2020, 61: 1-18.

[140] 万群, 邹麟, 陈慧. 电磁矢量传感器阵列信号处理 [M]. 北京: 国防工业出版社, 2017.